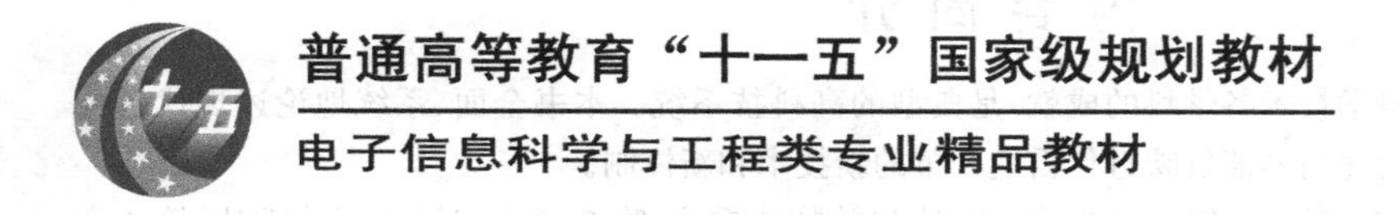

雷达系统

（第5版）

张明友　汪学刚　编著

電子工業出版社
Publishing House of Electronics Industry
北京・BEIJING

内 容 简 介

雷达——汇集了现代电子科学技术各学科的成就，是典型的高科技系统。本书全面、系统地论述现代各种类型雷达的构成、功能和应用，所述内容能反映近代雷达变革的新技术和新体制。

全书共12章，内容包括：第1章导论；第2章连续波雷达和单脉冲雷达；第3章边扫描边跟踪雷达；第4章脉冲多普勒雷达；第5章相控阵雷达；第6章数字阵列雷达；第7章脉冲压缩雷达；第8章合成孔径雷达；第9章双基地雷达；第10章超视距雷达；第11章超宽带雷达技术；第12章毫米波雷达。其内容是建立在系统收集目前国内外相关研究资料的基础上编写而成的。

本书既论述国内外雷达系统现状，又阐明雷达未来的发展趋势。其原理部分的阐述力求简明，其应用部分紧密联系实际，力求理论性、实用性、系统性和方向性相结合，构成一部总结雷达系统新成果的雷达专业教材。全书内容全面，题材新颖，论述简明，由浅入深，注重基本理论与实际应用的联系，可作为高等院校电子工程等相关专业本科生和硕士研究生的教材，也可供从事电子和雷达工程的科技人员参考。

图书在版编目(CIP)数据

雷达系统/张明友，汪学刚编著. —5版. —北京：电子工业出版社，2018.5
ISBN 978-7-121-33956-1

Ⅰ.①雷… Ⅱ.①张… ②汪… Ⅲ.①雷达系统—高等学校—教材 Ⅳ.①TN95

中国版本图书馆CIP数据核字(2018)第065498号

策划编辑：王晓庆　陈晓莉
责任编辑：王晓庆　　特约编辑：陈晓莉
印　　刷：北京盛通商印快线网络科技有限公司
装　　订：北京盛通商印快线网络科技有限公司
出版发行：电子工业出版社
　　　　　北京市海淀区万寿路173信箱　邮编：100036
开　　本：787×1092　1/16　印张：29.5　字数：868千字
版　　次：2001年5月第1版
　　　　　2018年5月第5版
印　　次：2022年10月第8次印刷
定　　价：79.00元

凡所购买电子工业出版社图书有缺损问题，请向购买书店调换。若书店售缺，请与本社发行部联系。联系及邮购电话：(010)88254888，(010)88258888

质量投诉请发邮件至 zlts@phei.com.cn，盗版侵权举报请发邮件至dbqq@phei.com.cn。

本书咨询联系方式：wangxq@phei.com.cn。

第5版前言

信息科技的迅猛发展已成为世界科技变革发生和发展的驱动力量，雷达在现代高科技战场上的地位和作用尤其突出。雷达作为一种感知器，能够感知人眼无法感知的对象，被称为“千里眼”，在发现目标、测距、测速、成像和识别目标属性等任务中都离不开它。在军事上，各种先进的武器装备离开了雷达所提供的信息支持，其效能都将难以高效地发挥。在民用上，雷达涉及天文、地理、气象、测绘、交通等领域，它是集中了现代电子科学技术各学科成就的高科技系统，其军事和民用的巨大发展潜力和应用前景使雷达受到国内外广泛关注，因此各国都在竞相发展各种类型的雷达装备。

本教材可供电子工程有关专业的本科生作为教材和毕业设计参考资料，也可供硕士研究生作为教材，同时对电子工程类科技人员也是重要的参考资料。

在2001年我们所编《雷达系统》(高等学校电子工程类规划教材)原书和2006年、2011年和2013年经修改的第2版、第3版和第4版基础上，第5版删减了第4版中第2章(雷达中信号检测过程)和第9章(天基雷达(SBR)系统和技术)，并在搜索国内外大量新文献、参考了诸如P. E. Pace著《低获概率雷达的检测与分类(第2版)》[34]等著作后，对原书做了较大的修改和增订，以满足雷达技术迅速发展和现代教学的需要。全书共分12章：第1章导论；第2章连续波雷达和单脉冲雷达；第3章边扫描边跟踪雷达；第4章脉冲多普勒雷达；第5章相控阵雷达；第6章数字阵列雷达；第7章脉冲压缩雷达；第8章合成孔径雷达；第9章双基地雷达；第10章超视距雷达；第11章超宽带雷达技术；第12章毫米波雷达。

在改编本书时我们注意了以下几点：

(1) 坚持由浅入深的原则，所述内容能反映当前雷达变革的新技术和新体制。

(2) 在所介绍的各种类型的雷达中，各章具有独立性，根据教学需求和教学时数的多少，可取舍各章节内容，50学时课程的本科生的重点为第1～5章、第7章和第8章。其余各章可作为该专业毕业设计的参考资料和供硕士研究生使用。

(3) 为反映未来雷达技术的发展，在改编本教材时，增添或拓宽了数字阵列雷达、超宽带雷达和毫米波雷达等章，并在当前具有代表性的两类体制——相控阵雷达和合成孔径雷达两章中引入了多个应用实例，供硕士研究生和科技人员参考。

(4) 本书是在前续“雷达原理”课程基础上编写的，有关雷达原理及雷达各分系统在本书中不再重述。

本书受电子科技大学“十三五”规划研究生教材建设资助出版。

本书除第4章由汪学刚教授编写外，其余章节都由张明友教授编写。在编写过程中，郑小亮硕士和陈辅新副教授为书稿做了认真、仔细的校正，在此表示感谢！此外，我们还得到了肖先赐教授、王建国教授、邱文杰教授、周正欧教授、吕幼新教授、张伟研究员、陈祝明教授、姒强副教授、江朝抒副教授、王洪副教授、周云副教授、邹林副教授、钱璐副研究员等的帮助，在此对他们表示谢意！谨以本书献给已故前主编向敬成教授。

由于作者水平有限，难免有疏漏与不当之处，敬请读者提出批评并指正。

编 著 者
2018 年 4 月

目 录

第1章 导 论

雷达(Radar)是“Radio Detection and Ranging”缩写的音译,其基本功能是利用目标对电磁波的散射而发现目标,并测定目标的空间位置。近年来,由于雷达采用了一些新理论、新技术(尤其数字化技术和高速软件编程技术)和新器件,雷达技术进入了一个新的发展阶段。特别是电子计算机的应用,以及各类新型光电集成元器件的出现,给现代雷达带来了根本性的变革。雷达的功能已超出了“无线电检测和测距”的含义,它还可以提取有关目标的更多信息,诸如测定目标的属性、目标的识别等。

雷达是集中了现代电子科学技术各种成就的高科技系统。众所周知,雷达已成功地应用于地面(含车载)、舰载、机载方面,这些雷达已经在执行着各种军事和民用任务。近年来,雷达应用已经向外层空间发展,出现了空间基(卫星载、航天飞机载、宇宙飞船载)雷达。同时雷达也向空间相反方向发展,出现了各种探地雷达,它已经或将要应用于探雷、资源勘探、地下构造“窥探”、地面危险物品侦察等方面。另外,民用各部门诸如气象、天文、遥感测绘、船只导航、直升机和汽车防撞、交通管制等领域中,雷达的应用越来越广泛,而且在数量上民用将远大于军用。总之,雷达应用的完整目录将需要列许多页,而且每年都增加新的条目。不过,应用的主要领域依然如表1.1所示。

表1.1 雷达应用[3]

空中监视	远程预警(包括机载预警)、地面控制的拦截、武器系统目标截获、测高和三坐标雷达、机场和空中航线监视
空间和导弹监视	弹道导弹告警、导弹截获、卫星监视
表面搜索和战场监视	海面搜索和导航、港口和航道控制、地面测绘、入侵检测、迫击炮和火炮定位、机场飞机跑道控制
跟踪和制导	高射炮火控、机载或舰载火控、导弹制导、靶场测量、卫星测量、精密进场和着陆
气象雷达	降雨和风的观察和预测、气象回避(对飞机)、晴空湍流探测、云能见度指示器
天文和大地测量	行星观测、地球勘测、电离层探测

本章主要介绍雷达的性能参数和技术参数,雷达的对抗和雷达的未来发展。本书的其余各章是在《雷达原理(第4版)》的基础上,首先在导论中对雷达的性能和发展作了概述,然后从第2章起介绍各种雷达系统的组成、工作原理和应用。本书将分别介绍诸如连续波雷达、单脉冲雷达、脉冲多普勒雷达、脉冲压缩雷达、边扫描边跟踪雷达等熟知的雷达,还介绍目前大家关注的相控阵雷达、数字阵列雷达、合成孔径雷达。由于后3种雷达技术上紧密联系,因此这几种雷达在所介绍的相关内容上分别轻重不同地分配在不同章节之中。最后,本书还简要介绍双基雷达、超视距雷达、超宽带雷达和毫米波雷达,它们也是今后发展的潜在雷达。

1.1 现代雷达发展史上的一些重大事件[1]、[3]、[5]、[11]

在第二次世界大战全面开战前夕,诞生了电子新系统——雷达。时至今日,在这风风雨雨的近80年中,雷达经历了许多重大的事件,现作简要回顾。

1864年,英国人麦克斯韦(James C. Maxwell)建立了无线电(电磁)波理论的基本公式。

1886—1888年,德国人海因里奇·赫兹(Heinrich Hertz)验证了麦克斯韦的电波理论,获知它具有与光波相同的电波传播特性。

1897年，俄国人亚历山大·波波夫验证了利用无线电波可探测物体。

1903—1904年，德国人克里斯琴·赫尔斯迈耶(Christian Hulsmeyer)研制出原始的船用防撞雷达并获得专利权。

1922年，英国人M. G. 马可尼(M. G. Marconi)在接受无线电工程师学会(IRE)荣誉奖章的讲话中，提出了一种船用防撞测角雷达的建议。

1925年，美国人G. 布赖特(G. Breit)和M. 图夫(M. Tuve)，通过阴极射线管观测到来自电离层的第一个短脉冲回波。

1934年，海军研究实验室(Naval Research Lab.)的R. M. 佩奇(R. M. Page)拍摄了第一张来自飞机的短脉冲回波照片。

1935年，由英国人和德国人第一次验证了对飞机目标的短脉冲测距。

1937年，由英国人罗伯特·沃森·瓦特(Robert Watson-Watt)设计的第一部可使用的雷达"Chain Home"在英国建成。

1938年，美国陆军通信兵的SCR—268成为首次实用的防空火控雷达，后来生产了3100部。该雷达探测距离大于100海里，工作频率为200MHz。

1939年，研制成第一部实用舰载雷达——XAF，安装在美国海军纽约号(New York)战舰上，对飞机的探测距离为85海里。

1941年12月，那时已生产了100部SCR—270/271陆军通信兵预警雷达。其中一部雷达架设在檀香山，它探测到了日本飞机对珍珠港的入侵。但是，将该反射回波信号误认为是友军飞机，铸成了大悲剧。

1943年，同盟国用装备雷达的舰船来探测德国潜艇的通风管，导致德国海军蒙受重大损失。

20世纪30年代，除英国、美国外，法国、苏联、德国和日本同时致力于雷达的研制。第二次世界大战期间，在英国的帮助下，美国在雷达方面的研制大大地超过了德国和日本，并在保证同盟国的胜利方面发挥了重要作用。在第二次世界大战末期，由于微波磁控管的研制成功和微波技术在雷达中的应用，使雷达技术得到了飞速的发展。与此同时，由于第二次世界大战中雷达所起的作用很大，因此出现了对雷达的电子对抗，研制了大量的各种频段的对雷达进行电子侦察与干扰的装备，并成立了反雷达的特种部队。

从20世纪50年代末以来，由于航天技术的飞速发展，飞机、导弹、人造卫星及宇宙飞船等均采用雷达作为探测和控制手段，因此各种类型飞行器载雷达得到飞速发展。尤其从20世纪末期以来，有源相控阵雷达在第四代和第五代战斗机中的应用，美国在F—22战斗机和F—35联合战斗机中配备以AN/APG—77、AN/APG—79和AN/APG—81为代表的有源相控阵雷达，标志着机载有源相控阵雷达性能已突破，并已可实战应用。另外，在20世纪60年代中期，由于反洲际弹道导弹系统提出了高精度、远距离、高分辨力和多目标测量的要求，使雷达技术进入蓬勃发展的时期。特别是20世纪80年代以后，由于弹道导弹具有突防能力、破坏力大，并能携带子母弹头、核弹头等优越性，而成为现代战争中最具有威胁性的攻击性武器之一。为了对付这一威胁，美国等均加强了对弹道导弹防御系统的研究和部署。

弹道导弹防御系统可分为战区导弹防御(TMD)系统和国家导弹防御(NMD)系统。这类系统是一种将各种反导武器综合在一起的"多层"防御体系。它以陆地、海面和空中为基点，全方位地实施拦截任务，在来袭导弹初始段、飞行段或再入段中将入侵导弹等武器予以摧毁。

战略弹道导弹防御系统中，一般由光、电、红外探测分系统，信息传输分系统和指挥控制中心等部分组成。其中，导弹预警中心主要由陆基相控阵雷达网、超视距雷达网、红外预警卫星网和天基预警雷达网组成四合一的探测系统。这种四合一的战略导弹探测系统，除了能可靠地探测敌方从任意地点发射的战略和战术导弹，提供比较充裕的预警时间及敌方的战略、战术导弹攻防态势信息外，还能提供空间卫星和载人航天器的信息。

表1.2列出了不同阶段用于探测弹道导弹等突防兵器常用的雷达及其功能。TMD和NMD系统对雷达的性能和功能提出了很高要求，促使雷达技术的发展迈入更高的发展阶段。

表1.2　用于探测弹道导弹等突防兵器的常用雷达及其功能

突防阶段	类　型	功　能
初始段（助推段）	星载雷达 星载红外遥感 预警机预警雷达 地面远程雷达	探测 探测导弹发射 目标探测 目标探测
中段	预警机预警雷达 地面远程雷达	目标探测 目标探测
再入段	目标（指示）跟踪雷达 拦截导弹的制导雷达 导弹末制导	引导 照射跟踪 寻的跟踪

1.2　雷达技术发展现状[1]、[5]、[11]、[9]

强大的军事能力大多源自其接入电磁频谱的能力。获取电磁频谱（EMS）是现代军事行动的先决条件。显然，电磁频谱不应再被视为使能因素，而是一个重要的作战域，与陆、海、空、天域行动等同。因此，电磁频谱已经成为21世纪至关重要的作战域。

陆、海、空、天和赛博行动日益依赖对电磁频谱的获取。所有联合功能——机动、火力、指挥控制、情报、防护以及供给均依靠应用频谱的能力。

由于严酷的环境、难对付的目标、稀缺的电磁频谱等诸多挑战，对雷达在多功能和多模式方面的性能需求也相应提高。这就呼唤创新性方法的出现，以更好地利用雷达提供的固有信息。

雷达技术发展现状可概括为以下几个方面。

① 军用雷达面临电子战中反雷达技术的威胁，特别是有源干扰和反辐射导弹的威胁。现在发展了多种抗有源干扰与抗反辐射导弹的技术，包括自适应天线方向图置零技术、自适应宽带跳频技术、多波段公用天线技术、诱饵技术、低截获概率技术等。

② 隐身飞机的出现，使微波波段目标飞机的雷达横截面积 σ 减少得很显著（10^{-2}m^2 量级），则要求雷达的灵敏度相应提高同样量级。目前反隐身雷达已采用低频段（米波、短波等）雷达技术、双（多）基地雷达技术、无源定位技术等。

③ 巡航导弹与低空飞机飞行高度低至10m以下，目标横截面积小到 $0.1\sim0.01\text{m}^2$。因此，对付低空入侵是雷达技术发展的又一挑战。采用升空平台技术、宽带雷达技术、脉冲多普勒雷达技术及毫米波雷达技术能有效对付低空入侵。

④ 成像雷达技术的发展，为目标识别创造了前所未有的机会。目前工作的合成孔径雷达分辨力已达1m×1m，0.3m×0.3m的系统已研制成功，为大面积实时侦察与目标识别创造了条件。多频段、多极化合成孔径雷达已投入使用。

⑤ 航天技术的发展为空间雷达技术的发展提供了广泛的机会。高功率的卫星监视雷达、空间基侦察与监视雷达、空间飞行体交会雷达等成为雷达家族新的成员。

⑥ 探地雷达是雷达发展的另一重要方向。目前已有多种体制的探地雷达，用于对地雷、地

下管道探测和高速公路质量检测等目的。树林下及沙漠下隐蔽目标的探测已取得重要的实验成果，UHF/VHF 频段的超宽带合成孔径雷达已取得突破性进展。

⑦ 毫米波雷达在各种民用系统中（如场面监视、海港及边防监视、船舶导航、直升机和无人驾驶汽车的防撞等）大显身手。欧美已开发出 77GHz 和 94GHz 的汽车防撞雷达，为大规模生产汽车雷达创造了条件。在研制的用于自动装置的雷达中，最高频率已达 220GHz。

纵观来看，当前雷达面临着所谓“四大”威胁，即快速应变的电子侦察及强烈的电子干扰；具有掠地、掠海能力的低空、超低空飞机和巡航导弹；使雷达散射面积成百上千倍减小的隐身飞行器；快速反应自主式高速反辐射导弹。因此，对雷达的要求越来越高。首先，它应减少雷达信号被电子环境监测器（ESM）、反辐射导弹（ARM）截获的概率，使雷达信号更难于被这些装置发现和跟踪。同时，雷达应保证实时、可靠地从极强的自然干扰（杂波）和人为干扰中检测大量目标。由于目标的雷达横截面积从很低值（“隐身”目标）到相当高值（大舰只、大飞机或强杂波）的范围内变化，所以还要求雷达有很大的工作动态范围和很高的虚警鉴别力，即使在多目标（如群目标袭击）环境中也如此。此外，还应当采用目标分类和威胁估计，并将被处理的数据有效地传送给电子计算机和终端录取及显示装置，且要简便易行。

“四大”威胁的出现和发展并非意味着雷达的“末日”到来。为了对付这些挑战，雷达界已经并在继续开发一些行之有效的新技术，例如图 1.1 中所列的频率、波束、波形、功率、重复频率等雷达基本参数的捷变或自适应捷变技术；功率合成、匹配滤波、相参积累、恒虚警处理（CFAR）、大动态线性检测器、多普勒滤波技术；低截获概率（LPI）技术；极化信息处理技术；扩谱技术；超低旁瓣天线技术；多种发射波形设计技术；数字波束形成技术等。对抗“四大”威胁必然是上述一系列先进技术的综合运用，而非某一单项技术手段所能奏效。在采用上述新技术的基础上，已经并正在研制各种新体制雷达，诸如，无源雷达、双（多）基地雷达、相控阵雷达、数字阵列雷达、机（或星）载预警雷达、稀布阵雷达、多载频雷达、噪声雷达、谐波雷达、微波成像雷达、毫米波雷达、激光雷达及冲击雷达等，并且与红外技术、电视技术等构成一个以雷达、光电和其他无源探测设备为中心的极为复杂的综合空地一体化探测网，充分利用联合监视网在频率分集、空间分集和能量分集上的特点，在实现坐标和时间的归一化处理基础上，达到互相补充和信息资源共享。由于提取的是来自若干传感器的信息，而不是其中一个传感器单独给出的数据，所以大大提高了系统的目标测量与识别、反隐身、抗干扰和反摧毁的能力，从而使“四大”威胁同样会面临极度的困境。这就是事物发展的规律，雷达技术和反雷达技术必将在相互斗争中前进和发展。

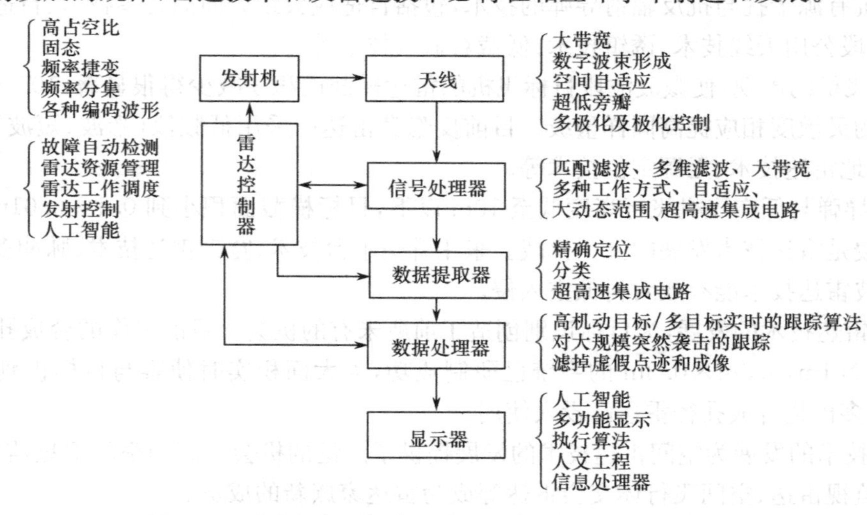

图 1.1　雷达各主要部分可采用的先进技术的归纳表示图

当前对于雷达的另一个要求是多功能与多用途。在现代雷达应用中，由于作战空间和时间的限制，加之快速反应能力的要求和系统综合性的要求，雷达必须具备多功能和综合应用的能力。例如，要求一部雷达能同时对多目标实施搜索、截获、跟踪、识别及武器制导或火控等功能；要求雷达与通信、指挥控制、电子战等功能构成综合体。它涉及综合(共享)孔径天线技术，综合射频系统技术，综合信号处理和综合数据处理技术，光电子技术以及软件无线电技术等领域的研发。

1.3 雷达的主要性能指标和技术参数[1]、[3]、[6]、[9]

1.3.1 概述

典型脉冲雷达的原理框图如图 1.2 所示。按照常规雷达工程的习俗，雷达可分为 7 个分系统。在比较复杂的系统中，雷达的工作受计算机控制，由同步装置启动各个专门动作，从而控制发射时序、接收机选通和增益调整、信号处理和显示。同步装置控制调制器给射频(RF)放大器加上高压脉冲，与此同时来自激励器的 RF 激励信号加到该放大器上。由此产生的高功率射频脉冲通过传输线送往收发开关，再通过收发开关把能量送往天线向空间辐射。图中所示天线为反射面型。由伺服放大器驱动天线基座并控制其机械转动。天线起着将电磁能量耦合到大气中并接收由目标散射回来的电磁能量的作用，它通常会形成一个集中向某一给定方向传播电磁波的波束。位于天线波束内的物体或目标将会截取一部分传播的电磁能量，且将被截取的能量向各个方向散射，其中有些能量会向雷达的方向反射(反向散射)，回波信号重新进入天线，并由双工器与接收机相连。由激励器过来的本振信号将回波频率变换成中频，然后在接收机中进行放大和滤波，之后进行更精细的信号处理。处理后的信号通过一个包络检测器将脉冲波形恢复，并对该波形进行显示或用于进一步的视频处理，从而发现目标并测量其位置、速度等参数。

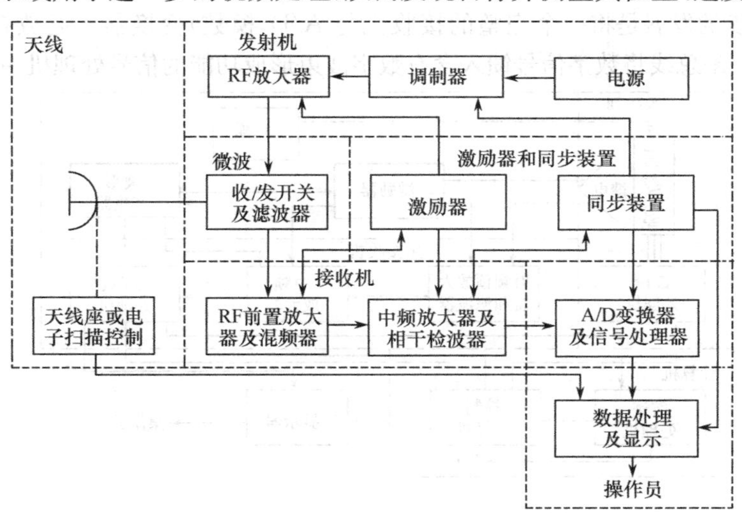

图 1.2　典型脉冲雷达的原理框图

针对具体的雷达应用，图 1.2 中的框图有许多种变化。例如，图 1.3 给出了由计算机控制的现代无源相控阵雷达系统的框图，该系统利用了无源相控阵列。雷达同步器现在是一个专门的数字硬件单元，它接收控制计算机来的信息，并将它们转换成波形选择和定时控制，以及信号处理机采样选通。激励器和调制器也在数字控制下合成载频和波形调制。控制计算机还产生波束切换和处理机选通。波控处理机控制着建立发射波束与接收波束方向与形状的移相器的设置，接收机路径和增益设置也受计算机控制，以使由于干扰或杂波所引起的过载的机会最小。对于每次排定的雷达动作（发射和接收某一特定波束位置上的一个或多个脉冲），选择波形和接收机—处理机配置，以使性能最佳。这类雷达的成功工作，无论是在时间还是在发射机能量方面，都需要有详细的环境和可用雷达的资源的知识。

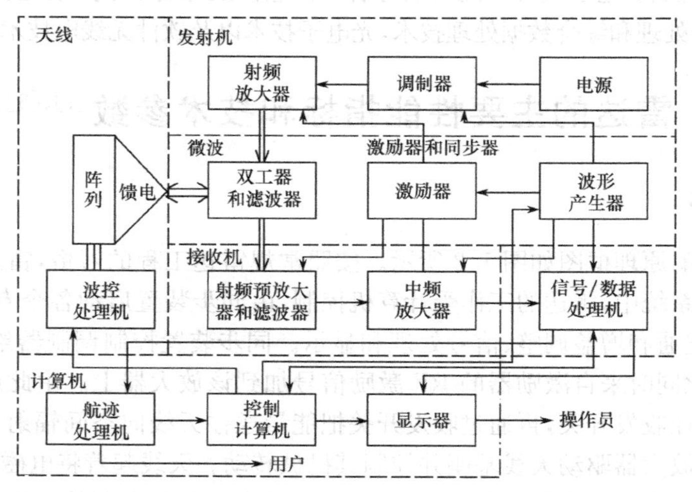

图 1.3　典型无源相控阵雷达框图[3]

相控阵雷达近来的一种趋势是在阵列的每个单元（行、列或子阵）上放置一个收/发组件。每个组件由一个功率放大器、一个双工器和一部接收用低噪声放大器组成。有源电子扫描阵列（简称 AESA）雷达的框图如图 1.4 所示，图中给出了激励器接入阵列的馈电网络。发射机末级放大器现在位于每个单元的收/发组件中。回波信号由每个组件的低噪声放大器通过馈电网络进入主接收机。进一步的发展是将一个完整的接收机与 A/D（模数）变换器一起放在了每个组件中，A/D变换器通过一条总线将数字信号馈入含有数字波束形成功能的信号处理机中。

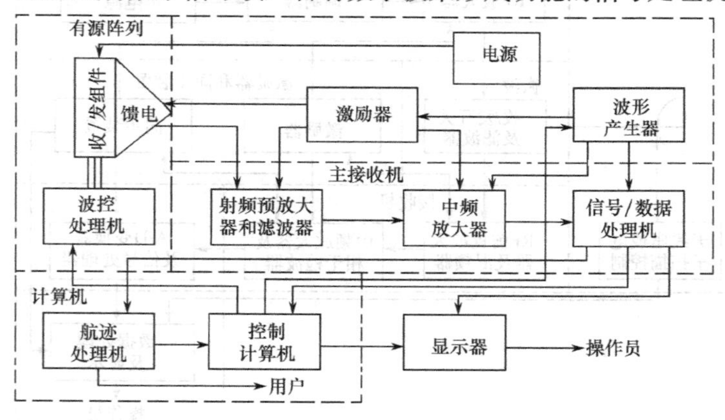

图 1.4　典型有源阵列雷达框图[3]

图 1.5 示出了进入雷达信号管理的各单元。雷达信号处理的目的是为了检测期望回波信号和排除噪声、干扰、杂波中不期望的回波信号。它包括如下部分，详见参考文献[11]、[3]。

① 匹配滤波器：使雷达接收机输出信噪比达到最大，也就使回波信号的检测能力最大化。

② 检测器/积累器：用方便高效的方法处理许多来自目标区的接收脉冲，以便充分利用目标反射回的信号能量。

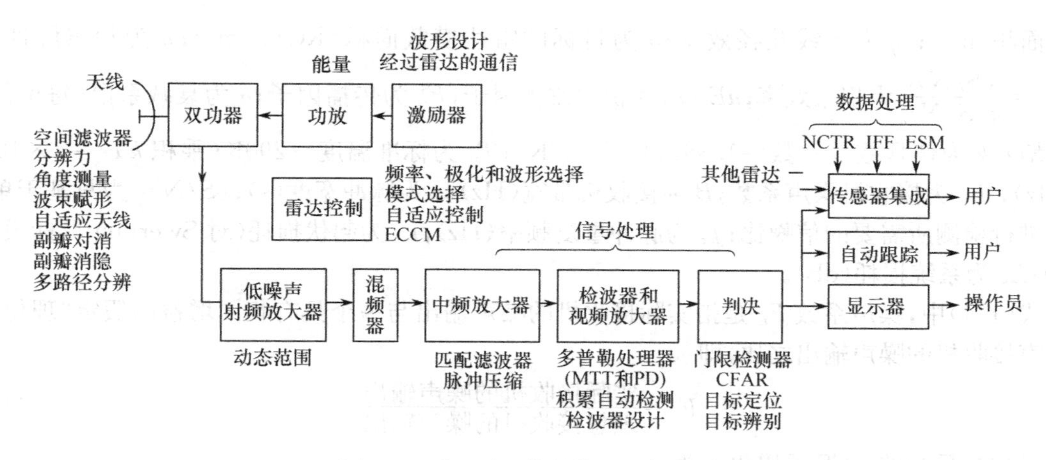

图 1.5　进入雷达信号管理的各单元

③ 减少杂波：为了消除或者减少不想要的杂波而采用的一种或几种方法。这些方法中，基于多普勒频移来滤波运动目标杂波的方法是最重要的。

④ 恒虚警：当雷达不能消除不想要的回波时，采用的在门限检测器输出端保持恒定虚警概率技术。

⑤ 电磁兼容性(EMS)：消除进入雷达接收机的其他雷达和其他设备辐射的电磁辐射干扰。

⑥ 电子反干扰(ECCM)：是指在军事雷达中，用来减少或消除人为干扰、欺骗和其他敌对的有源和无源的降低雷达性能的电子方法。电子反干扰措施存在于整个雷达系统中，而不只是信号处理中的一部分。

⑦ 门限检测：用来决定雷达的输出是否是期望的信号。

在上述雷达信号处理内容中，所关心的雷达信号的自动检测器包括如下内容：

- 把雷达威力区域量化为距离或角度分辨单元；
- 对距离分辨单元的输出作采样，每单元至少一个采样(实现时要多于一个)；
- 在做检测判决前，在接收机中通过信号处理去掉噪声、杂波、干扰；
- 实使对每个分辨单元采样积累；
- 当接收机无法去除所有杂波和干扰时，用恒虚警率(CFAR)电路保持虚警率；
- 根据杂波图提供的杂波位置；
- 通过自动跟踪器或其他数字处理机，并利用门限检测选取作进一步处理的目标回波；
- 检测判决后进行距离和角度的测量。

有关上述雷达信号的检测与估计内容可参阅参考文献[38]，详细介绍参见《雷达系统(第4版)》第2章的内容。

1.3.2　主要战术性能指标和技术参数[3]、[6]、[11]

雷达的性能分为雷达的战术性能和雷达的技术性能。雷达的战术性能是指雷达完成战术任务的能力；雷达的技术性能是指雷达的技术参数。

1. 雷达作用距离方程

在“雷达原理”课程已导出雷达方程为

$$R_{\max}^4=\frac{P_{\mathrm{av}}GA\eta\sigma nE_{\mathrm{i}}(n)F^4\mathrm{e}^{-2\alpha R_{\max}}}{(4\pi)^2kT_0F_{\mathrm{n}}(B\tau)f_{\mathrm{r}}(S/N)_1L_{\mathrm{f}}L_{\mathrm{s}}} \tag{1-1}$$

式中，$R_{\max}$为最大雷达作用距离(m)；P_{av}为平均发射机功率(W)；G为天线增益(dB)；A为天线实际面积(m^2)；η 为天线孔径效率；σ 为目标的雷达横截面积(RCS)(m^2)；n 为积累脉冲数；$E_i(n)=\frac{(S/N)_1}{n(S/N)_n}$为积累效率；$nE_i(n)$为积累改善因子；$F^4$ 为传播因子；α 为衰减系数(每单位距离奈培)；k 为玻耳兹曼常数$=1.38\times10^{-23}$(J/K)；T_0 为标准温度$=290$K(乘积 $kT_0=4\times10^{-21}$ W/Hz)；F_n 为接收机噪声系数；B 为接收机带宽(Hz)；τ 为脉冲宽度(s)；$(S/N)_1$ 为只基于单个脉冲进行检测所需要的信噪比；f_r 为脉冲重复频率(Hz)；L_f 为起伏损耗(对 Swerling 目标模型)(dB)；L_s 为系统损耗(dB)。

式(1-1)中，噪声系数 F_n 是指实际接收机的噪声输出与一个具有相同增益的假定"理想"最低噪声接收机的噪声输出之比，即

$$F_n=\frac{\text{实际接收机的噪声输出}}{\text{理想接收机的噪声输出}} \tag{1-2}$$

式(1-1)中，目标的 RCS 可以表示为

$$\sigma=4\pi\,\frac{\text{单位立体角的反射波}}{\text{入射雷达波的功率密度}} \tag{1-3}$$

这是 RCS 的通用定义，它的优点是使雷达方程式写起来更简单。若用几何截面积、反射系数及方向系数来描述的 RCS，其意义更加明了，可充分体现了它们之间的关系[参阅文献 6]。

式(1-1)中信号能量可表示为

$$\text{信号能量}=K_c\,\frac{P_{av}G\sigma A_e t_{ot}}{R^4} \tag{1-4}$$

在任意一段积累时间内，从目标接收的能量如下：

$$\text{接收到的信号能量}\approx\frac{P_{av}G\sigma A_e t_{int}}{(4\pi)^2R^4} \tag{1-5}$$

式中，$K_c=1/(4\pi)^2$；A_e 为天线的有效面积($=A\eta$)；t_{ot}为目标驻留时间；t_{int}为积累时间。

在常规雷达设计中，乘积 $B\tau\approx1$。平均功率表示成 $P_{av}=P_t\tau f_r=E_p f_r$，$E_p$ 是一个发射脉冲内的能量。n 个脉冲总的发射能量为 $E_t=nE_p$。矩形脉冲的信噪比可表示成能量比，因为$S/N=(E/\tau)/N_0B=E/(N_0B\tau)$，其中，$E$ 是接收脉冲的能量，N_0 是每单位带宽的接收机噪声功率。当 $B\tau=1$ 时，$(S/N)_1=(E/N_0)_1$。忽略传播因子、大气衰减和起伏损耗，则探测雷达距离方程可写成

$$R_{max}^4=\frac{E_tGA\eta\sigma E_i(n)}{(4\pi)^2kT_0(E/N_0)_1L_s} \tag{1-6}$$

这个雷达方程可应用于任何一种波形，不只是矩形脉冲，只要接收时采用匹配滤波器并且正确定义能量参数就行。

2. 雷达的主要战术指标

以下仅讨论雷达在单载频(未编码)脉冲工作条件下的战术性能。

(1) 雷达的探测范围

雷达对目标进行连续观测的空域，叫做探测范围，又称威力范围，是对各不同仰角、方位角的探测距离之综合。它决定于雷达的最小可测距离和最大作用距离，以及最大和最小仰角与方位角的探测范围。

(2) 测量目标参数的精确度或误差

精确度高低是以测量误差的大小来衡量的。测量方法不同精确度也不同。误差越小，精确度越高。雷达测量精确度的误差通常可分为系统误差、随机误差和疏失误差。所以往往对测量结果规定一个误差范围，例如，规定距离精度 $R'=(\Delta R)_{min}/2$；最大值法测角精度 $\theta'=(1/5\sim1/10)\theta_{0.5}$，等信号法测角精度比最大值法高，对跟踪雷达，单脉冲制为$(1/200)\theta_{0.5}$，圆锥扫

描制为$(1/50)\theta_{0.5}$（其中$(\Delta R)_{\min}$为距离分辨力，$\theta_{0.5}$为半功率波束宽度）。

（3）分辨力

这是指对两个相邻目标的区分能力。两个目标在同一角度但处在不同距离上，其最小可区分的距离（$\Delta R_{\min}$）称为距离分辨力，如图1.6(a)所示。其定义为：在采用匹配滤波的雷达中，当第一个目标回波脉冲的后沿与第二个目标回波脉冲的前沿接近重合以致不能区分出是两个目标时，作为可分辨的极限，这个极限间距就是距离分辨力，一般认为是

$$(\Delta R)_{\min}=c\tau/2 \tag{1-7}$$

式(1-7)表明，由于光速c是常数，所以τ（脉冲宽度）越小，距离分辨力越好。由此可知，为提高距离分辨力，需采用窄脉冲。例如，$\tau=1\mu s$时，$(\Delta R)_{\min}=150m$。若要求$(\Delta R)_{\min}=15m$，则需采用$\tau=0.1\mu s$的窄脉冲，如图1.6(b)所示。

两个目标处在相同距离上，但角位置有所不同，最小能够区分的角度称为角分辨力（在水平面内的分辨力称为方位角分辨力，在垂直面内的分辨力称为俯仰角分辨力），如图1.6(c)所示。它与波束宽度有关，波束越窄，角分辨力越高。

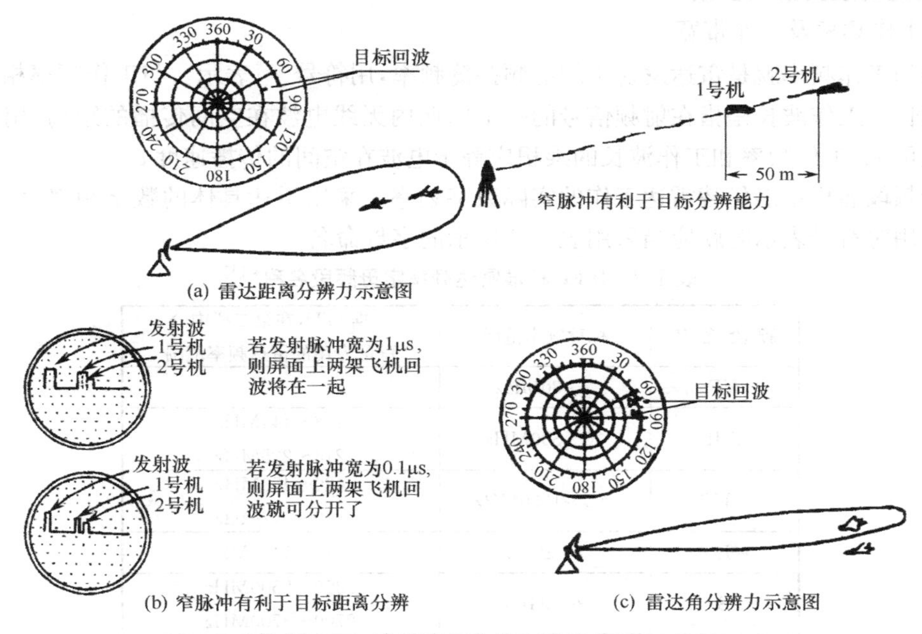

图1.6　雷达距离分辨力的示意图

（4）数据率

数据率是雷达对整个威力范围完成一次探测（对这个威力范围内所有目标提供一次信息）所需时间的倒数。也就是单位时间内雷达对每个目标提供数据的次数，它表征着搜索雷达和三坐标雷达的工作速度。例如，一部10s完成对威力区范围搜索的雷达，其数据率为每分钟6次。

（5）抗干扰能力

雷达通常在各种自然干扰和人为干扰（ECM）的条件下工作，其中主要是敌方施放的干扰（无源干扰和有源干扰）。这些干扰最终作用于雷达终端设备，严重时可能使雷达失去工作能力。所以近代雷达必须具有一定程度的抗干扰能力。

（6）工作可靠性

雷达要能可靠地工作。硬件的可靠性，通常用两次故障之间的平均时间间隔来表示，称为平均无故障时间，记为MTBF。这一平均时间越长，可靠性越高。可靠性的另一标志是发生故障

以后的平均修复时间，记为MTTR，它越短越好。在使用计算机的雷达中，还要考虑软件的可靠性。军用雷达还要考虑战争条件下雷达的生存能力。

(7) 体积和质量

总的说来，希望雷达的体积小、质量轻。体积和质量决定于雷达的任务要求、所用的器件和材料。机载和空间基雷达对体积和质量的要求很严格。

(8) 功耗及展开时间

功耗指雷达的电源消耗总功率。展开时间指雷达在机动中的架设和撤收时间。这两项性能对雷达的机动性十分重要。

(9) 测量目标坐标或参数的数目

目标坐标是指目标的方位、斜距和仰角(或高度)。目标的参数除目标的坐标参数以外，还指目标的速度和性质(如机型、架数、敌我)。对于边扫描边跟踪雷达，还要对多批目标建立航迹，进行跟踪。此时，跟踪目标批数、航迹建立的正确率也是重要的战术指标。

3. 雷达的主要技术参数

(1) 工作频率及工作带宽

雷达的工作频率就是雷达发射机的射频振荡频率，用符号 f_0 表示。与工作频率相应的波长称工作波长。工作波长是指在射频信号的一个周期内无线电波在空间传播的距离，用符号 λ 表示。由此可见，工作频率和工作波长的乘积应等于电波在空间的传播速度 c。

字母频段名称不能代替雷达工作的实际数字频率。采用雷达具体的数字频率总是合适的，但当希望用短符号表示时就应当采用表1.3所示的字母命名。

表1.3　IEEE标准雷达频率字母频段名称*[1]

频段命名	标称频率范围	依据ITU，在第二栏中分配的专用的雷达频率范围
HF	3～30MHz	
VHF	30～300MHz	138～144MHz 216～225MHz
UHF	300～1000MHz	420～450MHz 850～942MHz
L	1～2GHz	1215～1400MHz
S	2～4GHz	2300～2500MHz 2700～3700MHz
C	4～8GHz	5250～5925MHz
S	8～12GHz	8500～10680MHz
Ku	12～18GHz	13.4～14.0GHz 15.7～17.7GHz
K	18～27GHz	24.05～24.25GHz
Ka	27～40GHz	33.4～36GHz
V	40～75GHz	59～64GHz
W	75～110GHz	76～81GHz 92～100GHz
MM	110～300GHz	126～142GHz 144～149GHz 231～235GHz 238～248GHz

*来自“IEEE Standard Letter Designations for Radar-Frequency Band”，IEEE Std 521-1984。

雷达的工作频率主要根据目标的特性、电波传播条件、天线尺寸、高频器件的性能、雷达的测量精确度和功能等要求来决定。工作带宽主要根据抗干扰的要求来决定。一般要求工作带宽为工作中心频率的5%～10%,超宽带雷达为25%以上。

传播与分辨力的频率依赖性导致对利用不同波段的优先选择和限制,如表1.4所示。当然,在许多情况下使用的波段得到了扩展,例如,在L波段采用很大的天线和针对电离层传播效应的补偿来提供精确跟踪,或者采用抑制雨杂波干扰的专门多普勒处理和用高功率克服大气衰减以及有限孔径尺寸在C波段或X波段进行搜索。不过,一旦雷达波段、雷达的总尺寸和功率建立了起来,搜索和跟踪功能的潜力就会受到极大的制约。

表1.4 雷达频段用法[1]

频　段	用　法
HF	超视距雷达,以实现很远的作用距离,但具有较低的空间分辨力和精度
VHF和UHF	远程视线监视(200～500km),具有中等分辨力和精度,无气象效应
L波段	远程监视,具有中等分辨力和适度气象效应
S波段	中程监视(100～200km)和远程跟踪(50～150km),具有中等精度,在雪或暴雨情况下有严重的气象效应
C波段	近程监视、远程跟踪和制导,具有高精度,在雪或中雨情况下有更大气象效应
X波段	明朗天气或小雨情况下的近程监视;明朗天气下高精度的远程跟踪,在雨条件下减为中程或近程(25～50km)跟踪
Ku和Ka波段	近程跟踪和制导(10～25km),专门用在天线尺寸很有限且不需要全天候工作时,更广泛应用于云雨层以上各高度的机载系统中
V波段	当必须避免信号在较远距离上被截获时,用于很近距离跟踪(1～2km)
W波段	很近距离跟踪和制导(2～5km)
更高MM波段	很近距离跟踪和制导(<2km)

(2) 发射功率

发射功率的大小影响作用距离,对于相同的发射脉冲串,若发射功率大则作用距离大。发射功率分脉冲功率和平均功率。雷达在发射脉冲信号期间所输出的功率称脉冲功率,用P_t表示;平均功率是指一个重复周期T_r内发射机输出功率的平均值,用P_{av}表示。它们的关系为

$$P_{av}=P_t\tau/T_r \tag{1-8}$$

式中,$P_t\tau$为发射机的脉冲能量,它是发射机的脉冲功率与脉冲宽度的乘积。要增大雷达的探测距离,既要依靠高脉冲功率,但又不能单纯依靠它,因为高频大功率的产生受到器件、电源容量和效率等因素限制。一般远程警戒雷达的脉冲功率为几百千瓦至兆瓦量级,中、近程火控雷达为几千瓦至几百千瓦量级。

(3) 调制波形、脉冲宽度和重复频率

早期雷达发射信号采用单一的脉冲波形幅度调制,现代雷达则采用多种调制波形以供选择。

脉冲宽度指发射脉冲信号的持续时间,用τ表示。一般在0.05～20μs之间,它不仅影响雷达探测能力,还影响距离分辨力。早期雷达的脉冲宽度是不变的,现代雷达常采用多种脉冲宽度的信号以供选择。当采用脉冲压缩技术时,发射脉冲时宽度可达数百微秒。

脉冲重复频率指雷达每秒发射的射频脉冲的个数,用f_r表示。脉冲重复频率的倒数叫脉冲重复周期,它等于相邻两个发射脉冲前沿的间隔时间,用T_r表示。雷达的脉冲重复频率f_r一般在50～2000Hz之间(相应的T_r为20000～500μs)。它们既决定了雷达单值测距范围,又影响不模糊测速区域大小。为了满足测距测速的性能要求,现代雷达常采用多种重复频率或参差重复频率。

(4) 天线的波束形状、增益和扫描方式

天线的功能是辐射电磁能量或接收电磁能量。天线方向图是一种辐射电场，该电场是以瞄准线波束中心为基准的角度函数。辐射图的各个部分称为波瓣，可以分为主瓣、旁瓣和后瓣。主瓣被定义为含有最大辐射方向的波瓣。旁瓣是指非指定的任意方向辐射的波瓣。后瓣是指位于主瓣相反方向范围内的波瓣。旁瓣电平通常被表示为需探究波瓣的功率密度与主瓣的功率密度之比。

一般来说，人们感兴趣的是辐射方向图的三个特征：主瓣宽度、主瓣增益及旁瓣相对强度。

天线的辐射强度是每个单位立体角内的功率。天线主瓣的功率增益被定义为最大方向的辐射强度与天线接收来自发射机的净功率比的 4π 倍。可以用 Kraus 近似法估计出天线增益的近似表示为

$$G=\eta\frac{4\pi}{\theta_\alpha\theta_\beta}=\eta G_{\mathrm{D}} \tag{1-9}$$

式中，θ_α 是方位面的半功率波束宽度(弧度)；θ_β 是俯仰面的半功率波束宽度(弧度)；G_{D} 是天线方向性系数；η 是天线孔径辐射效率

$$\eta=p_{\mathrm{rad}}/p_{\mathrm{in}} \tag{1-10}$$

即 η 是天线辐射功率 p_{rad} 与总的输入功率 p_{in} 之比。半功率波束宽度是其辐射强度为最大波束值的一半的两个方向之间的夹角。也可以用实际孔径面积 A 把天线增益近似表示成

$$G\approx\frac{4\pi\eta A}{\lambda^2}G_{\mathrm{D}} \tag{1-11}$$

可见，天线实际孔径面积 A 越大，则天线的增益越大，雷达最大探测距离就越远。

对分布在孔径上的场进行傅里叶变换，可以获得任何天线孔径的天线辐射方向图。例如，矩形孔径天线的辐射方向图为

$$\theta_\alpha\theta_\beta=\frac{0.88\lambda}{d_\alpha d_\beta} \tag{1-12}$$

式中，d_α 是方位面的孔径尺寸；d_β 是俯仰面的孔径尺寸(尺寸单位同工作波长 λ 的单位)。如果孔径照射是均匀的，则辐射强度的方向图为 $(\sin x/x)^2$。最高旁瓣电平为 −13dB。

➢ 波束宽度：主瓣的宽度称为波束宽度。它是波束相对的边缘之间的角度。波束通常不是对称的，因此通常要区分方位波束宽度和垂直波束宽度。米波雷达的波束宽度在 10°量级，而厘米波雷达的波束宽度在几度。

➢ 波束形状：图 1.7(a)示出高增益天线方向图。雷达要么采用扇形波束或余割平方形波束，要么采用笔形波束。图 1.7(b)中水平面内的笔形波束宽度等于或几乎等于垂直面内的波束宽度。其波束宽度一般小于几度，通常为 1°。这样大小的波束宽度用于必须要有精确的位置测量和同时要有好的方位与仰角分辨力的雷达中。跟踪雷达、三坐标雷达(能测量仰角及方位和距离的转动式对空监视雷达)和许多相控阵雷达普遍采用笔形波束。

➢ 扇形波束：如图 1.7(c)所示，其中一个角度比另一个小。在采用扇形波束的对空监视雷达中，方位波束宽度通常为 1°或几度，而仰角波束宽度或许可以是方位波束宽度的 4～10 倍。在要搜索大空域的二维(距离和方位)对空监视雷达中也可见到扇形波束。窄波束宽度是在水平坐标内的，以便获得精确的方位角测量。采用宽仰角波束宽度是为了获得良好的仰角覆盖，但牺牲了精确的仰角测量。

简单的笔形波束在搜索大角度空域方面有困难。采用大量扫描的笔形波束(如 3～9 个)可解决这一问题，这在一些三坐标雷达中可以看到。有时在三坐标雷达中，在垂直方向采用叠层波束覆盖。这种叠层波束由许多邻接的固定笔形波束组成，如图 1.7(d)所示。以往通常采用 6～16 个邻接波束。

通常，要对扇形波束的形状进行修正以获得更完整的覆盖。一个余割平方形波束示意图，如图 1.7(e)所示。

顺便提及一下，在二维搜索雷达中，所需的覆盖方向图通常如图 1.7(f)所示，其中远波瓣覆盖了从地平线到 θ_1 的角度，而增宽的主瓣边缘则扩展至 θ_2。为了得到恒定高度从 θ_1 和 θ_2 的探测等高线，天线增益的方程式如下：

$$G(\theta)=G(\theta_1)\frac{\csc^2\theta_2}{\csc^2\theta_1},\quad (\theta_1<\theta<\theta_2) \tag{1-13}$$

因为能量被分散到上方仰角，与宽度为 θ_1 的简单扇形波束的增益 G_m 相比，得到的余割平方天线方向图在 $\theta<\theta_1$ 范围内的峰值增益 G_{cs} 有所降低。通过对上部分能量的积分，可发现

$$G_{cs}=\frac{G_m}{L_{cs}}=\frac{G_m}{2-\theta_1\cot\theta_2}=G_m\eta_{cs} \tag{1-14}$$

式中，L_{cs} 为余割平方损耗，η_{cs} 为相应的效率因子。为了覆盖上部分，孔径效率被降低了至多 3dB（通常为 2～2.5dB）。

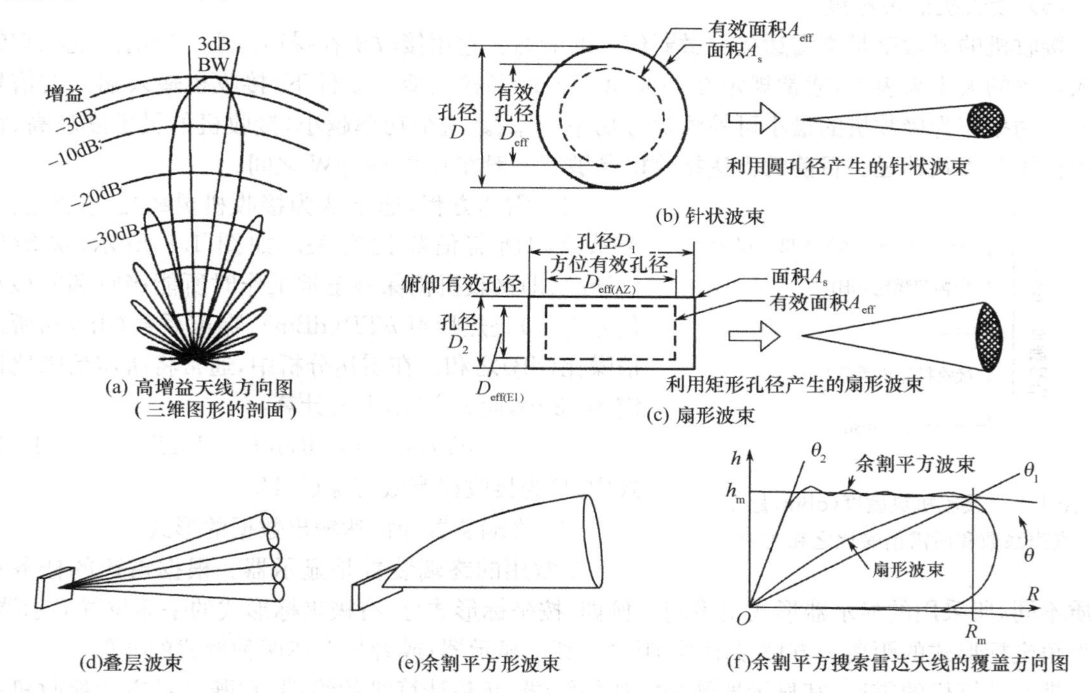

图 1.7　针状、扇形和余割平方形波束的示意图

➢ 波束边缘：由于随着偏离波束中心角度的增加，主瓣值越来越下降，为了使波束宽度的任何值都具有意义，必须规定什么是波束的边缘。

或许最容易定义的波束边缘是主瓣两边的零点。但是，从雷达工作的角度看[图 1.7(a)]，更现实的定义是把波束边缘定义为功率下降到波束中央功率某任意选定的分数值的点。最常用的分数值是 1/2。用分贝表示的话，1/2 是－3dB。因此，在这些点之间测出的波束宽度称为 3dB 波束宽度(BW)。

➢ 带宽：天线的带宽被定义为天线性能符合规定标准的频率范围，通常规定为辐射中心频率周围的频率范围。

➢ 极化：天线辐射波形的极化是描述电场矢量时变方向和相对幅度的波特征(由瞬时电场矢量画出的曲线表征)，辐射极化可以是线性的、圆的或者椭圆的。

搜索和跟踪目标时，天线的主瓣在雷达的探测空域内以一定的规律运动，称为扫描，它可分为机械扫描和电扫描两大类。按照扫描时波束在空间的运动规律，扫描方式大致可分为圆周扫描、圆锥扫描、扇形扫描、锯齿形扫描和螺旋扫描等。常规的两坐标警戒雷达一般采用机械方式的圆周扫描，炮瞄雷达在跟踪时可以采用圆锥扫描。相控阵雷达是电扫描的，波束指向由计算机决定，不要求阵列天线在空间作连续机械运动。有的雷达同时采用机械扫描和电扫描两种方式，例如有的三坐标雷达在方位上采用机械扫描，在仰角上采用电扫描。它还可以用相扫与相扫或相扫与频扫结合构成二维空间扫描。

目前，尽管有源电扫阵列（AESA）看似占优势，其实它们只是众多天线类型中的一种。不同用途雷达还采用裂缝天线、波导裂缝天线、倒喇叭天线、反射天线、微带贴片天线、螺旋天线、八木天线、对数周期天线、单极天线、偶极子天线、环天线以及简单的线天线等。与大名鼎鼎的 AESA 相比，这些类型的天线应用较广泛，应用的平台更多，频率范围也更宽。因此，在天线设计中，研究人员面临着数学与建模、电磁理论、机械灵活性、材料科学等各种技术挑战。

（5）接收机的灵敏度

接收机的灵敏度是指雷达接收微弱信号的能力。它用接收机在噪声电平一定时所能感知的输入功率的大小来表示，通常规定在保证 50%～90%检测概率条件下，接收机输入端回波信号的最小功率作为接收机的最小可检测信号功率 $P_{r,min}$。这个功率越小，接收机的灵敏度越高，雷达的作用距离就越远。目前的雷达接收机灵敏度一般在 0.01～1pW 之间。

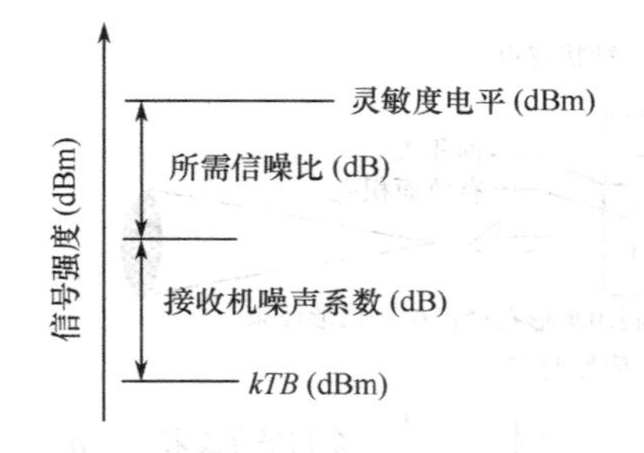

图 1.8　接收机灵敏度（dBm）是 kTB、噪声系数和所需信噪比之和的示意图

根据雷达方程，通常认为接收机灵敏度与带宽、噪声系数和所需信噪比有关。如图 1.8 所示，灵敏度（dBm）（即接收机仍保持正常工作时所能接收到的最小信号电平）是热噪声 kTB（dBm）、噪声系数（dB）和所需信噪比（dB）之和。在雷达分析中，通常将所需信噪比设定为 13dB，而 kTB 由下式计算：

$$kTB = -114\text{dBm} + 10\ \log B \tag{1-15}$$

式中，B 为接收机有效带宽（MHz）。

（6）终端装置和雷达输出数据的形式

最常用的终端装置是显示器。根据雷达的任务和性质不同，所采用的显示器形式也不同。例如，按坐标形式分，有极坐标形式的平面位置显示器；有直角坐标形式的距离—方位显示器、距离—高度显示器；或者是上述两种形式的变形。

带有计算机的雷达，其显示器既是雷达的终端，又是计算机的终端，它既显示雷达接收机输出的原始信息，又显示计算机处理以后的各种数据。在半自动录取的雷达中，仍然依靠显示器来录取目标的坐标。在全自动录取的雷达中，显示器则是人工监视的主要工具。显示器和键盘的组合，常作为人与计算机对话的手段。

（7）电源供应

功率大的雷达，电源供应是个重要的问题。特别是架设在野外无市电供应的地方，需要自己发电。电源的供应除了考虑功率容量外，还要考虑频率。地面雷达可以用 50Hz 交流电，船舶和飞机上的雷达，为了减轻质量，采用高频的交流电源，最常用的是 400Hz。

1.3.3　雷达战术、技术性能与技术参数的关系[9]、[11]

确定雷达性能的 4 个重要指标是：检测的可靠性，目标参数估计的精度，多目标的分辨力和目标估计的模糊度。信噪比（SNR）影响检测的可靠性和估计的精度，信号的带宽影响所有性能的度量，信号的波形影响估计的模糊度，而波形的重复性影响检测、估计和模糊度，上述内容将在“信号估计和检测”和“现代信号理论”两门课程[32]、[38]深入介绍。

为了保证雷达的战术、技术指标得到满足，必须合理地选择雷达的基本技术参数。下面以常规雷达的波长、脉冲重复频率、脉冲宽度、天线方向图和功率增益系数、接收机通频带及发射功率等技术参数的选择为例，来说明它们对雷达战术、技术指标的影响，从中可了解到选择技术参数时会遇到许多互相矛盾的要求。因此在设计时需要进行综合分析和权衡，合理地折中解决。

1. 工作波长 λ 的选择

① 从提高接收机灵敏度来看，必须考虑所选波长下的接收机内部噪声和大气噪声的大小及电磁波在大气中的衰减，希望波长选择得长一些。

② 从提高距离分辨力、角度分辨力和天线增益的角度来看，希望波长选择得短一些。

大家知道，在单载频工作条件下距离分辨力$(\Delta R)_{\min}$可用下式来表示：

$$(\Delta R)_{\min}=c\tau/2 \tag{1-16}$$

式中，c 为电波传播速度；τ 为脉冲宽度。

然而，为了保证脉冲波形的完整，通常要求

$$\tau \geqslant QT_{\mathrm{hf}} \tag{1-17}$$

$$T_{\mathrm{hf}}=\lambda/c \tag{1-18}$$

式中，T_{hf}为高频振荡周期；Q 为高频振荡回路的品质因数。

由式(1-16)～式(1-18)可见，λ 越短，T_{hf}就越小，τ 也可做得较窄，因而可提高距离分辨力。

至于角度分辨力，它与天线波束宽度 θ 有关，而 θ 由下式确定：

$$\theta=\eta_1\lambda/D \tag{1-19}$$

式中，η_1 为与天线口径场分布有关的系数；D 为天线口径宽度；λ 为工作波长。由式(1-19)可见，λ 越短，则 θ 越窄，角度分辨力就越高。

另外，从提高天线增益 G 的角度来看，天线增益由下式确定：

$$G=\frac{4\pi\eta_{\mathrm{A}}A_{\mathrm{a}}}{\lambda^2}=\frac{4\pi A_{\mathrm{e}}}{\lambda^2} \tag{1-20}$$

式中，$A_{\mathrm{e}}=\eta_{\mathrm{A}}A_{\mathrm{a}}$；$\eta_{\mathrm{A}}$ 为天线口径面积利用系数；A_{a} 为天线几何面积。显然，在天线有效面积 A_{e} 一定的情况下，λ 越短，G 就越高。在 G 一定的情况下，λ 越短，天线的尺寸越小，便于架设、撤收，机动性能好。

③ 从雷达的用途来看，雷达的用途与波长有关，因为目标的散射性能与波长有关。而目标对电磁波的散射情况是：当目标尺寸远大于波长时，目标对电磁波以散射为主，以绕射为辅，目标的有效散射面积大；当目标尺寸远小于波长时，目标对电磁波以绕射为主，以散射为辅，目标的有效散射面积小。

因此，用于探测炮弹、潜艇的潜望塔等目标的雷达，以及用于测雨的气象雷达（以雨滴为目标），其工作波长相对要短。另外，从反隐角度看，波长在两个极端即米波或毫米波较好。

④ 从地面或水面的反射影响来看：水平极化的米波雷达，由于地面反射的影响，波瓣发生了分裂，雷达的探测距离在有些仰角上比自由空间增大；而在有些仰角上比自由空间减小，掌握目标情况可能出现不连续。地面反射对厘米波雷达的影响则较小，故中等作用距离的引导雷达，均采用厘米波段；作用距离较远的警戒雷达常采用分米波或米波波段。

⑤ 从杂波干扰的影响来看：这里所说的杂波干扰，是指云、雨气象干扰和地物、海浪等回波干扰。云、雨、地物、海浪等的回波显示在荧光屏上，形成了对辨识目标回波的干扰。为了便于从杂波中辨识目标，显然是输入接收机的信杂比越大越好。在目标（飞机）与云、雨相混的情况下，

由于目标(飞机)的尺寸远大于水滴的尺寸，依据目标的反射特性，显然采用大的λ，可以提高输入信杂比；当目标(飞机)以地物(建筑物、山峦)为背景时，由于目标(飞机)的尺寸远小于地物的尺寸，依据目标的反射特性，显然采用小的λ较好，但是，实践证明，λ太小将会出现相反的效果。所以，λ的减小是有限度的。总之，工作波长的选择，应根据雷达的用途而定。

2. 脉冲重复频率的选择

① 我们知道，常规雷达天线扫描引起的干扰背景起伏$\left|\frac{\Delta U_a}{U_a}\right|$可表示为

$$\left|\frac{\Delta U_a}{U_a}\right|_{max}=1.43\frac{\Omega_a}{\theta_{0.5}f_r}=\frac{1.43}{n} \tag{1-21}$$

式中，Ω_a为天线转速；n为可积累的脉冲数。由式(1-21)可看出，在其他参数保持一定时，为了减小天线扫描引起的背景起伏，希望重复频率f_r选择得高一些。

对于动目标显示雷达，“盲速”v_{rbn}可表示为

$$v_{rbn}=n(\lambda f_r/2)\quad (n=1,2,3,\cdots) \tag{1-22}$$

由此可知，为使第一盲速超过被探测动目标的最大速度，也希望f_r选择得高一些。

另外，固定目标受外界引起的内部运动引起的背景起伏可表示为

$$\sigma_f=K_g(\sigma_{vn}/\lambda f_r) \tag{1-23}$$

式中，K_g为由地形特点和气象条件决定的系数；σ_{vn}为干扰背景合成信号的均方值。所以，从减小σ_f来看，亦希望f_r选择得高一些。

② 为了保证测距的单值性，脉冲重复频率又不能选择得太高。脉冲重复频率通常按下列关系式进行选择：

$$f_{r,max\,\mathrm{I}}\leqslant\frac{c}{(2.4\sim 2.5)R_{max\,\mathrm{I}}},\quad f_{r,max\,\mathrm{II}}\leqslant\frac{c}{(2.4\sim 2.5)R_{max\,\mathrm{II}}} \tag{1-24}$$

式中，$R_{max\,\mathrm{I}}$为正常显示时的最大作用距离；$R_{max\,\mathrm{II}}$为动目标显示时的最大作用距离；$f_{r,max\,\mathrm{I}}$为正常显示时最高脉冲重复频率；$f_{r,max\,\mathrm{II}}$为动目标显示时最高脉冲重复频率。有时按式(1-24)两种情况求出的脉冲重复频率是不一致的，这时应折中考虑。也可采用参差脉冲重复频率的方法。

③ 在同样检测概率情况下，增加脉冲积累数可增大探测距离，而脉冲积累数可表示为

$$n=(\theta_{0.5}/\Omega_a)f_r \tag{1-25}$$

式中，$\theta_{0.5}$为半功率点波瓣宽度；Ω_a为天线转速(度/秒)。可见，提高脉冲重复频率，可以增大雷达的最大探测距离。但是，脉冲重复频率的提高不是无限制的，通常应在保障最大无模糊距离大于最大探测距离的条件下来提高。

④ 从发射管所允许的最大平均功率来看，发射管的平均功率越高，则其温度上升越快。为了保障发射管能够正常地工作，必须不超过其允许的最大平均功率。因为$P_{av}=P_t\tau f_r$在脉冲功率和脉冲宽度已定的情况下，平均功率随脉冲重复频率的上升而上升。当最大平均功率被限定后，就必须限定最高脉冲重复频率。在实际工作中，最高脉冲重复频率为

$$f_{r,max}=P_{av,max}/P_t\tau \tag{1-26}$$

3. 脉冲宽度的选择

对于脉冲宽度的选择，也应全面考虑。例如脉冲宽度越窄，则对稳定性的要求将越高；另外对于非脉冲压缩雷达而言，为了提高接收机的灵敏度，希望脉冲宽度选择得宽一些。因为要使接收机得到最佳的性能，则要求接收机通频带宽B为脉冲宽度τ的倒数，即$B=1/\tau$。而接收机灵敏度与B是成反比的，所以接收机灵敏度与脉冲宽度是成正比的。这样一来，从雷达的最大作用距离考虑，在其他参数不变的情况下，要提高接收机灵敏度则要增大脉冲宽度。

在雷达脉冲重复频率和脉冲功率不变的情况下，为了提高发射机平均功率(不超过允许值)来增加雷达作用距离，也希望选用较宽的脉冲。但是，为了减小杂波干扰强度，提高雷达抗杂波干扰能力，则希望脉冲宽度选择得窄一些。同时，为了提高雷达距离分辨力，也希望脉冲宽度选择得窄一些。

从雷达距离分辨力和最小作用距离的观点出发，脉冲宽度可按下列表达式选择：

$$\tau \geqslant (2\Delta R_{\min}/c) \text{ 或 } \tau = (2R_{\min}/c) - t_r \tag{1-27}$$

式中，$\Delta R_{\min}$ 为雷达距离分辨力；$R_{\min}$ 为所要求的最小作用距离；t_r 为收/发开关恢复时间。

总之，在所要求的保真度一定的情况下，若脉冲宽度加宽，则接收机的通频带可以变窄，因而输出的噪声功率就小些，于是最大探测距离就增加，而且增大脉冲宽度要比增大脉冲功率容易。但是，脉冲宽度的增加，将会导致距离分辨力的下降，故脉冲宽度的增加也是有限度的。

此外，从抑制云、雾、雨、雪等气象干扰和人为的消极干扰考虑，需减小脉冲宽度，而从抑制敌机所施放的噪声干扰考虑，选择较宽的脉冲宽度，可以提高雷达抗噪声干扰的性能。

4. 天线的方向图和功率增益系数的选择

从角坐标测量的精度考虑，在天线的实际尺寸所允许的情况下，若选择天线方向图的垂直波瓣宽度 θ_α 和水平波瓣宽度 θ_β 越小，波瓣越尖锐，则角坐标的测量精度就越高。

下面，天线方向图的选择分别从水平波束、垂直波束宽度和旁瓣电平几方面来考虑。

① 水平波束的选择：以地面对空搜索雷达为例，它通常采用最大值法来测定目标方位角。为了提高方位角分辨力和减小测角误差，提高天线增益，减小干扰强度，希望水平波束选择得窄一些。但为了提高目标检测概率，要求天线每扫描一周能接收到足够多的回波脉冲数(一般要求远大于 10)，则希望水平波束选择得宽一些。

当天线扫描速度保持一定时，为了减小天线扫描所引起的干扰背景起伏和减小天线尺寸，也希望采用较宽的水平波束。以地面对空搜索雷达为例，其水平波束宽度大约为 1° 左右。

在良好的信号分辨力情况下，测向的方位均方误差约为

$$\sigma_\alpha = (0.15 \sim 0.25)\theta_\alpha \tag{1-28}$$

式中，θ_α 为天线水平波束宽度。由此可得到水平波束宽度为

$$\theta_\alpha = \sigma_\alpha/(0.15 \sim 0.25) \tag{1-29}$$

当 θ_α 大于显示器亮点直径 d_0 时，最大值测向时的方位分辨力 $\Delta\alpha$ 近似等于水平波束宽度 θ_α，即

$$\Delta\alpha \approx \theta_\alpha \tag{1-30}$$

通常 σ_α 和 $\Delta\alpha$ 都是给定的，所以，θ_α 可按式(1-29)和式(1-30)来计算。如果按式(1-29)所计算出来的 $\theta_\alpha > \Delta\alpha$，则应通过信号处理等途径来解决。为了使方位分辨力具有一定的余量，通常 θ_α 应取得略小于 $\Delta\alpha$。

② 垂直波束的选择：为了最有效地利用雷达发射功率，对于飞行高度为 h 的动目标，只要它位于雷达威力范围内，不论其距离远近，由该目标所反射回来的回波功率最易保持恒定。而当目标在最大高度 $h_{\max}$ 上飞行时，其回波功率也不应小于接收机所必需的最小接收功率 $P_{r,\min}$。以地面对空搜索雷达为例，为了满足上述要求，常采用余割平方垂直波束。

因此对于地面搜索雷达，垂直波束宽度 θ_β 可按下式计算：

$$\theta_\beta = \beta_{\max} - \beta_{\min} \tag{1-31}$$

式中，$\beta_{\max}$ 为余割平方天线波束的最大仰角；$\beta_{\min}$ 为余割平方天线波束的最小仰角。

通常 $\beta_{\max}$ 按下式计算：

$$\sin\beta_{\max} = h'/r' \tag{1-32}$$

式中，r' 为确保使防空系统有足够的准备时间，雷达所必需的作用距离；h' 为与 r' 相对应的目标

离地面的高度。

β_{min}为波束在地平线上最低的仰角，它由最远而且最低的动目标在空间的位置来确定。由于β_{min}一般很小，因此，β_{min}可按下式近似计算：

$$\beta_{min} \approx h_1/R_{max} \tag{1-33}$$

式中，h_1为在雷达最大作用距离处的空间目标离地平线的高度；R_{max}为雷达最大作用距离。考虑到地球的曲率，则有

$$\beta_{min} \approx (h_2/R_{max}) - (R_{max}/2R_e) \tag{1-34}$$

式中，h_2为最大作用距离处的空间动目标离地表面的高度；R_e为在标准大气折射下，地球等效半径，近似值为8500km。有时按式(1-34)算出的β_{min}很小，需采用架高天线。

为了减小固定目标干扰强度，垂直波束下边缘应尽量地陡。

③ 天线旁瓣电平应选择得足够低，因为旁瓣电平太高，会使雷达受到严重的有源和/或杂波干扰，同时也会造成能量的分散。但天线实现低旁瓣有一定技术困难，所以应根据实际要求予以折中考虑。一般而言，第一旁瓣电平与主瓣电平之比应小于－20dB以上，对于低旁瓣天线，则要求做到小于－30dB或－35dB以上。

④ 波瓣图的形状，应根据雷达的战术用途来选择。精密跟踪雷达，选择θ_β、θ_α均小的针状波束；测高雷达选择θ_β小、θ_α大的扇形波束；搜索雷达常采用余割平方波束。

⑤ 天线功率增益系数按式(1-9)确定：

$$G = \eta G_D \tag{1-35}$$

式中，η为孔径辐射效率，一般可取为0.6左右；G_D为天线方向性系数，它可按下式确定：

$$G_D = \frac{4\pi}{\theta_\alpha \theta_\beta} \tag{1-36}$$

式中，θ_β为垂直波束宽度；θ_α为水平波束宽度。

5. 接收机噪声系数和通频带的确定

雷达接收机接收微弱信号的能力，通常用最小门限信号功率来描述。最小门限信号功率(接收机门限灵敏度)可按下式计算：

$$P_{r,min} = kT_0 F_n BM \tag{1-37}$$

式中，$k = 1.38 \times 10^{-23}\,W \cdot s/°$；标准温度$T_0 = 290K$；$kT_0 = 4 \times 10^{-21}\,W/Hz$；$F_n$为接收机噪声系数(噪声系数的大小，是雷达接收微弱信号的主要性能指标，噪声系数小，说明接收机内部噪声小，因此雷达作用距离就远)；B为接收机通频带宽；M为识别系数，识别系数是系统综合性能指标，它与显示器类型、回波积累数、操作员水平等多种因素有关。

为了求$P_{r,min}$，则必须先求出F_n、B和M。下面我们仅介绍F_n和B的一般计算方法，识别系数M与接收机中的中频、视频带宽有关，还与脉冲积累、天线波束、显示器等有关，在此不做论述。

① 接收机噪声系数的确定。例如，对于图1.9所示的接收机框图，在中频增益较高时，总的噪声系数可近似表示为

$$F_n = F_1 + (F_2 - 1)/G_1 + (F_3 - 1)/G_1 G_2 + \cdots \tag{1-38}$$

式中，各参数如图中所标志，其中L_n、F_1和G_1分别为有损耗的射频输入网络的损耗、噪声系数和传输衰减系数；F_2、G_2分别为射频放大器的噪声系数和增益；L_C为混频器的变频损耗；N_R为有效噪声温度同标准噪声温度之比；F_{IF}、G_{IF}分别为第一级中放的噪声系数和增益。测出或计算出上述参数即可确定噪声系数F_n。

② 接收机通频带的确定。对于非脉冲压缩雷达，接收机最佳通频带为

$$B_{opt} = \begin{cases} 1/\tau_1 & \text{动目标显示时} \quad (1\text{-}39a) \\ 1/\tau_2 & \text{正常显示时} \quad (1\text{-}39b) \end{cases}$$

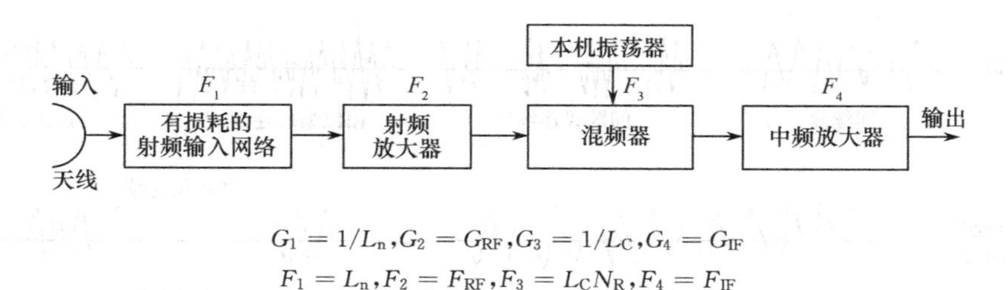

$$G_1 = 1/L_n, G_2 = G_{RF}, G_3 = 1/L_C, G_4 = G_{IF}$$
$$F_1 = L_n, F_2 = F_{RF}, F_3 = L_C N_R, F_4 = F_{IF}$$

图 1.9　影响接收机总噪声系数的因素的概念图

式中，τ_1 为动目标显示时的脉冲宽度；τ_2 为正常显示时的脉冲宽度。对于脉冲压缩雷达，一般选择 $B_{opt} = B$，B 为脉压波形的带宽。

为了使非相参雷达接收机在高频振荡器和本振频率产生一定漂移时也能稳定地接收信号，则接收机通频带还需考虑一定的裕量。当采用自动频率微调时，这一裕量应等于自动频率微调系统误差的两倍。一般自动频率微调系统的误差为 0.25MHz 左右，所以，这时接收机总通频带为

$$B_{ov} = B_{opt} + \Delta f' \tag{1-40}$$

式中，$\Delta f'$ 为接收机附加通频带，一般为 0.5MHz。

6. 发射机脉冲功率的计算

例如，若天线采用扇形波束，则发射机脉冲功率 P_t 可按下式计算：

$$P_t = \frac{64\pi^3 R_{max}^4 P_{r,min}}{L_{tr} L_r G^2 \lambda^2 \sigma F_t^2 F_r^2} \tag{1-41}$$

式中，R_{max} 为雷达最大作用距离；$P_{r,min}$ 为接收机门限灵敏度；L_{tr} 为发射机到天线的传输衰减系数，如为 0.9；L_r 为天线到接收机的传输衰减系数；F_t 为从发射天线到目标的传播因子①；F_r 为从目标到接收天线的传播因子；G 为天线功率增益；λ 为雷达工作波长；σ 为目标有效散射截面积。

假如天线采用余割平方波束，则在相同的作用距离情况下，所需的发射机脉冲功率 $P_{t,csc}$，除上述参数外，还需考虑天线垂直波束宽度 θ_β 和余割平方波束最低的仰角 β_{min} 等参数。则所需要的平均发射功率为

$$P_{av} = P_t \tau f_r \tag{1-42}$$

7. 雷达波形的选择

雷达波形的选择有赖于雷达探测的目标类型、目标的周围环境，以及要提取的目标信息。在一般情况下，雷达的信号波形应当能够同时满足以下的要求：①具有足够的能量，以保证发现目标和准确地测量目标的参数；②具有足够的目标分辨力；③对于不需要的回波，有良好的抑制能力。

例如，最近 20 年研制的低截获概率(LPI)雷达波形有频率调制和相位编码波形、脉冲编码的大时带积连续波形及随机信号波形等，这些往往通过发射长持续时间/低功率的信号来降低其被发现的可能性。

雷达有各种不同的用途，满足一切用途和要求的波形是不存在的。所以，信号波形的设计，要按照雷达的实际用途和具体要求来决定。多用途的雷达，则常常有多种可用的信号波形，根据工作的需要随时加以变换，以达到最佳的工作效果。

图 1.10 概括了已广泛使用的雷达波形类型(部分只画出其包络)。

① 传播因子定义为在天线最大值方向上目标处于同一位置情况下，与自由空间相比场强的损耗。

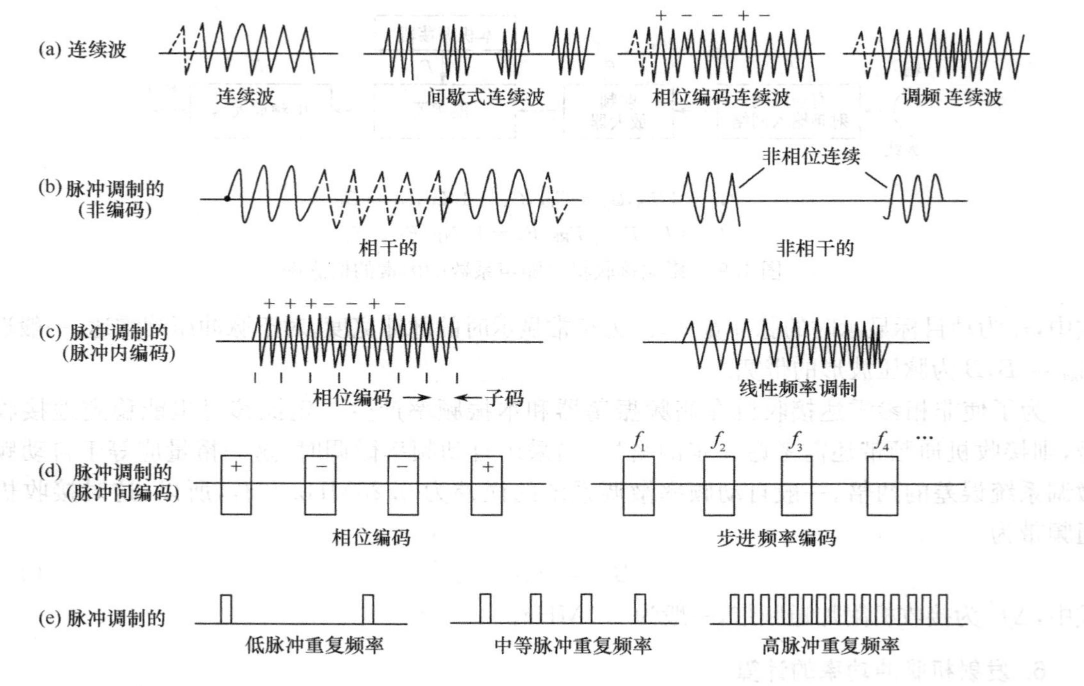

图 1.10　雷达波形的主要类型的示意图

对于监视雷达，几乎常常需要图 1.10(b)左边所示的相干脉冲串波形。另外，还采用一些复杂的脉冲串波形，其参数是可变的，可变参数有：①单个脉冲内的调制，包括宽度、幅度、相位或频率的调制；②脉冲间的频率步进；③脉冲间的相位变化；④脉冲间的间隔变化等。图 1.11 所示为一些可变参数的示意图(只画出波形的包络)。在最新设计的雷达系统中，通常有 10 种或更多的适合地面监视和边扫描边跟踪系统的波形，而机载火控雷达系统可能有 25 种以上的波形。

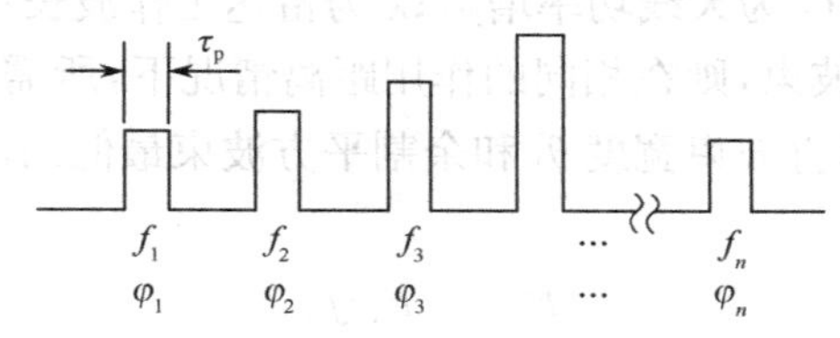

图 1.11　脉冲串的可变参数的示意图

表 1.5 列出了目前常用雷达信号的种类及特点，在此不再一一论述。

表 1.5　常用雷达信号的种类及特点

信 号 种 类	信 号 特 点	备 注
简单脉冲信号	载频、重复频率和脉冲宽度不变或慢速变化	早期雷达常用信号
PRI 捷变信号	脉冲重复间隔 PRI(脉冲间或脉冲组间)迅速变化，包括 PRI 参差、PRI 滑变和 PRI 抖动等多种形式	用于动目标显示、脉冲多普勒和仰角扫描等雷达
频率捷变信号	信号载频(脉冲内、脉冲间或脉冲组间)快速变化	用于雷达抗干扰的频率捷变雷达
频率分集信号	同时或接近同时发射的具有两个以上载频的信号	用于雷达抗干扰的多频雷达
极化捷变信号	射频信号的极化方式(脉冲内、脉冲间或脉冲组间)快速变化	用于雷达抗干扰的极化方式迅速变化的信号
双脉冲信号	在每个 PRI 内有两个相邻(间距通常为其脉冲宽度的若干倍)的脉冲	通常用于抗回答式干扰信号

(续表)

信号种类	信号特点	备注
两路信号	具有一定相关性的两路不同PRI的信号同时发射，两路信号的频率可以相同也可以不同	用于反侦察及抗干扰信号
脉冲压缩信号	具有很大的时宽带宽积，包括线性调频信号、非线性调频信号、二相编码信号、多相编码信号和频率编码信号等	用于远程预警雷达及高分辨力雷达
脉冲编码信号	多为脉冲串形式，采用脉冲位置编码或脉冲幅度编码（脉冲有无）	用于航管、敌我识别和指令系统等
相参脉冲串信号	在每个PRI内发射多个相邻的脉冲，包括均匀脉冲串信号、非均匀脉冲串信号和频率编码脉冲串信号等	它是一种大时宽信号，用于雷达搜索、跟踪等
连续波信号	在时间上是连续出现的，包括单频连续波信号、多频连续波信号、调频连续波信号和二相编码连续波信号等	用于对目标的速度测量、雷达高度计和防撞雷达等
分布频谱信号	具有噪声/伪噪声调制特性，时宽带宽积较大，包括噪声/伪噪声调频或调相信号等	可在进行复杂的信号处理后检测目标，用于目标识别、抗干扰等
沃尔什函数信号	其波形和正弦波不一样，它是方波正交函数集信号，其优点为可提高距离和速度分辨力	作为另一类雷达信号的载波
冲激信号	具有超宽带性能，无载波的信号	用于目标识别、高分辨目标成像

现以图1.12所示的典型雷达采用脉冲波形为例[1]，例中的峰值功率 $P_t=1\text{MW}$，脉冲宽度 $\tau=1\mu\text{s}$，脉冲重复周期 $T_r=1\text{ms}=1000\mu\text{s}$（这些数字只是为了举例说明，并不对应于任何一部特定雷达，但它们与中程对空监视雷达所预期的参数相类似）。脉冲重复频率 f_r 为1000Hz，它提供150km或81n mile的最大非模糊作用距离。重复脉冲串波形的平均功率（P_{av}）等于 $P_t\tau/T_r=P_t\tau f_r$。因此，这种情况下的平均功率为 $10^6\times10^{-6}/10^{-3}=1\text{kW}$。雷达波形的占空因子定义为雷达辐射的总时间与雷达可以辐射的总时间之比，即 $\tau/T_r=\tau f_r$，或等效为 P_{av}/P_t。在这种情况下，占空因子为0.001。脉冲能量等于 $P_t\tau$，即1J（焦耳）。如果雷达可检测 10^{-12}W的信号，则回波要比所发射的信号电平低180dB。短宽脉冲波形是有吸引力的，因为在接收微弱回波信号时，强发射机信号并不辐射。

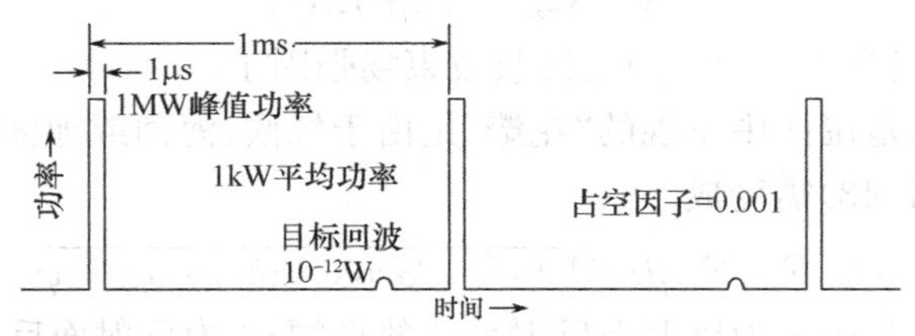

图1.12 脉冲波形举例图，具有中程对空监视雷达所用的典型值。矩形脉冲表示脉冲调制的正弦波

总的来说，雷达的技术性能常受到在杂波中检测小目标的需求而确定。除上面讨论的技术性能参数外，其相关的分机技术性能参数还包括动态范围、相位噪声、系统稳定性、隔离、杂散和其他硬件有关的技术性能参数，在此不再一一介绍。

1.4 雷达的威力范围与低被截获概率性能

1.4.1 雷达的威力范围

雷达的威力范围是指雷达发现目标的立体空间。它既和雷达本身各技术参数这些内部因素有关，又和目标、地面或海面、大气等这些外部因素有关。

当雷达波束的低缘照射一个反射表面时，会使天线的方向图出现成瓣效应。可通过在所形成的雷达威力范围图的某一目标高度上，画一条线就能够直观地估算出在该高度处的探测距离。

在实际应用中，常采用雷达威力图来表示垂直或水平方向的威力区域。雷达计算的垂直威力范围的一个例子是 AN/SPS—49 远程舰载空中警戒雷达，如图 1.13 所示。

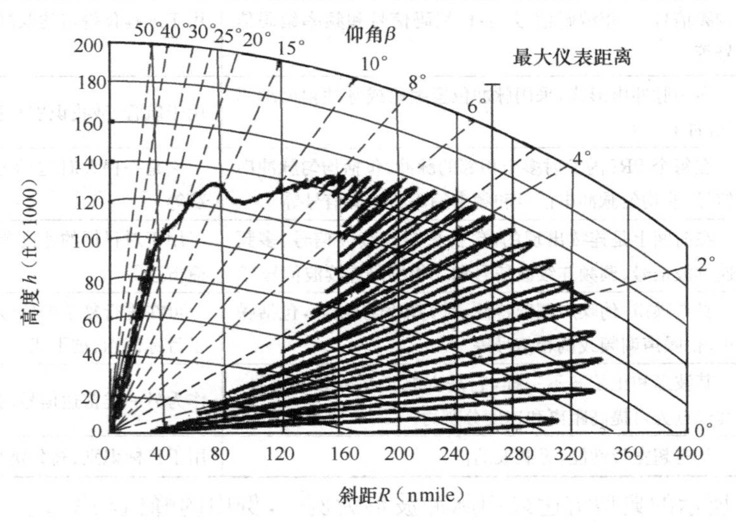

图 1.13 RaytheonAN/SPS—49 雷达计算垂直威力范围图[1]

远程模式，天线旋转速率为 6 圈/分钟（rpm），探测概率 $P_d=0.50$，虚警概率 $P_{fa}=10^{-6}$，Swerling Case 1 目标，雷达横截面积 $\sigma=1m^2$，3 级海情，天线高度 75ft。此雷达工作在 850～942MHz，天线增益 $G=29dB$，平均发射功率 $P_{av}=13kW$（Vilhem Gregers-Hansen 和 Raytheon 公司提供）

图 1.13 是对 $\sigma=1m^2$ 的雷达目标横截面积计算而得，不同的 σ 会有不同的结果。图中的等高距离线是以原点为中心的圆弧度。等高线是向下弯曲的曲线，其曲率与假想的地球曲率相等。

斜距 R 根据最大作用距离方程和方向图传播因子计算而得，即

$$R=R_{max}\sqrt{E_t(\beta)E_r(\beta)} \tag{1-43}$$

式中，$E_t(\beta)$为发射波束场强因子；$E_r(\beta)$为接收波束场强因子。

图 1.13 的垂直威力范围图中呈现的“花瓣”是由于气候、海面或地面等因素对雷达探测范围影响的结果。因此，式(1-43)需变成

$$R=R_{max}E_r(\beta)\sqrt{1+\alpha^2+2\alpha\cos(4\pi h/\lambda\sin\beta)+\psi} \tag{1-44}$$

式中，$\alpha=\rho E_2(\beta)/E_1(\beta)$，其中 ρ 为反射面反射系数的振幅；ψ 为反射面反射系数的相位；$E_1(\beta)$为垂直直射波场强因子；$E_2(\beta)$为垂直反射波场强因子。

搜索雷达的威力范围不仅指作用距离，同时也包括覆盖的空域（通常为全方位空域）。常规雷达是用波束扫描方式覆盖指定空域的。由于对检测数据率有一定要求，扫描周期的最大值受到限制，设该值为 T_s，搜索空域角为 Ω，波束空间为 Θ，搜索以均匀步进方式进行，则在某一位置波束驻留的时间为$(\Theta/\Omega)T_s$，即波束空间角越小，波束驻留的时间也越短。三坐标雷达由于波束空间角小，波束驻留时间短，往往成为雷达设计的焦点之一。

在雷达设计时，首先要满足的战术、技术性能参数是其威力范围，由此导出所需的平均发射功率。然而，在无干扰和有干扰情况下，在同一威力范围内，所需的平均发射功率却相差很大。

1.4.2　低(被)截获概率雷达及其关键技术

目前,许多雷达用户都将低截获概率(LPI)和低识别概率(LPID)描述为一种重要的战术需求。

LPI雷达是一种利用特殊发射波形来防止非合作截获接收机截获和检测其发射信号的雷达。LPI一词是指雷达的一种特性,得益于雷达的低功率、大带宽、频率变化以及其他的设计属性,使得被动的截获接收机难以检测。

LPID雷达是一种利用特殊发射波形来防止非合作截获接收机截获和检测其发射信号,即使被截获,其发射波形的调制方式及其参数也难以被识别的雷达。也就是说,LPID雷达是一种具有特定波形的LPI雷达。

虽然LPID雷达一定是LPI雷达,但LPI雷达不一定是LPID雷达。LPI和LPID雷达都试图在比检测/干扰它的截获接收机更远的距离上检测目标。

值得注意的是,定义一部雷达是LPI和/或LPID雷达都必须涉及相应的截获接收机的定义。或者说,一部成功的LPI雷达会使检测/截获其发射信号的截获接收机难以对其进行测量。

前面已提到,现代战争对雷达的生存提出了日益严峻的挑战。最有效反侦察和反ARM的方法是雷达自身的隐蔽,低(被)截获概率(LPI)技术是其中的方法之一。

如果某机载雷达的发射波被另一架飞行器或地面上的截获接收机(Intercept Receiver,IR)探测到的可能性很小,那么,此种特性就称之为低(被)截获概率(Low Probability of Intercept,LPI)。

低(被)截获概率雷达的定义是“雷达探测到敌方目标的同时,敌方截获到雷达信号的概率最小”。有的作者将低被截获概率雷达简称为低截获概率雷达。

从地面雷达方程,可以得到雷达探测距离为

$$R_{\max}^4=\frac{P_tG_t\sigma G_r\lambda^2}{(4\pi)^3kT_0B_rF_r(S/N)_{r,\min}} \tag{1-45}$$

式中,P_t为发射信号功率(天线端);G_t为发射天线功率增益;G_r为接收天线功率增益;σ为雷达目标有效散射面积;λ为雷达工作波长;T_0为标准噪声温度(290K);k为玻耳兹曼常数;B_r为接收机带宽;F_r为接收机噪声系数;$(S/N)_{r,\min}$为接收机最小可检测信噪比。

截获接收机按信标方程可表述为

$$R_{i,\max}^2=\frac{P_tGG_i\lambda^2}{(4\pi)^2kT_0B_iF_i(S/N)_{i,\min}} \tag{1-46}$$

式中,P_t为雷达发射机功率;G为雷达天线在截获接收机天线方向上的增益;G_i为截获接收机天线在雷达发射天线方向上的增益;B_i为截获接收机带宽;F_i为截获接收机噪声系数;$(S/N)_{i,\min}$为截获接收机可识别的最小信噪比。

如果要求地面雷达发现目标而又不被截获接收机截获,在最大灵敏度条件下($R_{\max}=R_{i,\max}$),应使雷达接收机工作在门限电平以上,而截获接收机则处在门限电平以下,即

$$\frac{4\pi}{\sigma}R_{\max}^2\left(\frac{G_i}{G_r}\right)\left(\frac{G}{G_t}\right)\left(\frac{B_r}{B_i}\right)\left(\frac{F_r}{F_i}\right)\left(\frac{(S/N)_{r,\min}}{(S/N)_{i,\min}}\right)\leqslant 1 \tag{1-47}$$

式(1-47)称为低(被)截获概率方程。定义A_R为

$$A_R=\left(\frac{G_t}{G}\right)\left(\frac{G_r}{G_i}\right)\left(\frac{B_i}{B_r}\right)\left(\frac{(S/N)_{i,\min}}{(S/N)_{r,\min}}\right) \tag{1-48}$$

我们称A_R为低(被)截获概率改善因子,于是有

$$R_{\max}^2 \leqslant \frac{\sigma}{4\pi}\left(\frac{F_i}{F_r}\right)A_R \tag{1-49}$$

令 $\Delta R = R_{\max} - R_{i,\max}$。当 $\Delta R = 0$ 时的 $R_{\max}$ 称为寂静雷达的临界距离。当 $\Delta R > 0$ 时，雷达能先发现敌机而不被敌机截获，当 $\Delta R < 0$ 时，则敌机能先发现雷达。当 $\sigma = 1\text{m}^2$，$F_r/F_i = 1$ 时，$R_{\max}^2 = A_R/4\pi$。图 1.14 是 $\sigma = 1\text{m}^2$ 时雷达免遭截获的最大作用距离 $R_{\max}$ 与所需低截获概率改善因子 A_R 的关系图。在曲线的上部区域，雷达具有良好的 LPI 特性。LPI 雷达的 LPI 改善因子可以作为评估雷达 LPI 性能的定量标准。

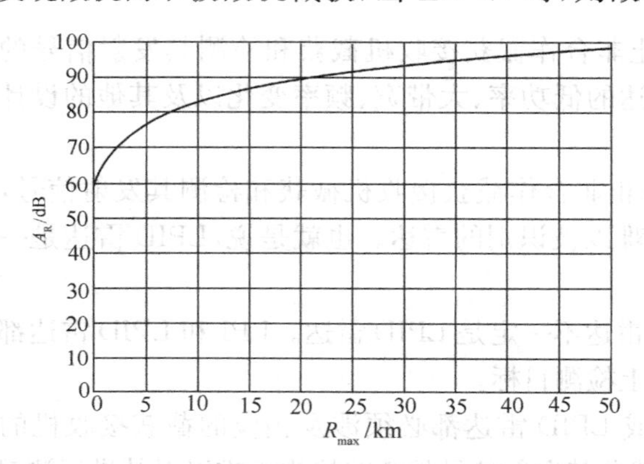

图 1.14　雷达免遭截获的最大作用距离 $R_{\max}$ 与所需低截获概率改善因子 A_R 的关系图

从图 1.14 可以直接得到一定的雷达作用距离下对 LPI 改善因子的要求。例如，对于 30km 的距离，该数值为 94dB。假设给出雷达合理的参数：雷达接收天线和截获接收机天线增益之比 G_r/G_i 为 30dB，剩下的问题是如何获得另外所需的 64dB。如果仅是采用脉冲压缩和相参积累技术，获得 64dB 是有困难的，特别是在雷达作用距离需进一步提高的情况下。所以提高低截获改善因子不是一件容易的事。

截获接收机有 4 种类型：雷达预警接收机（RWR）；ECM 截获接收机系统；陆基无源探测系统（DOA 和 EL），以及 ARM。RWR 一般只检测主瓣辐射，其他的截获接收机检测旁瓣辐射。

LPI 所用的战术包括限制雷达工作时间，尽可能利用间接情报和侦察信息，充分依靠机载无源探测器，仅仅搜索目标所在的窄扇区。

LPI 设计的主要对策是利用相对于截获接收机的优势：

➢ 为了去交织并且识别来源，截获接收机必须检测单个脉冲；

➢ 信道带宽受限，雷达接收机能够分离间隔很近的信号。

因此，通过加长相干积分时间，增加瞬时带宽，可以降低峰值功率，提高 LPI 性能。

提高天线增益，减小旁瓣电平，提高占空比及提高接收机灵敏度能同样降低峰值功率。

LPI 的性能可以通过几种特殊技术得到进一步提高。其中最重要的是功率管理——使峰值发射功率正好处于被附近飞机的截获接收机有效截获的阈值以下，而又处于雷达可以检测到飞机的阈值以上。

提高 LPI 性能的特殊技术包括：①使用高倍的脉冲压缩，把雷达信号扩展到一个非常宽的瞬时带宽上；②在不同的频率上同时发射多波束，减小帧扫描时间限制对积分时间的约束；③随机改变波形参数，干扰截获接收机对信号的分离和识别；④伪装成敌方波形。

许多特征组合起来有助于防止 LPI 雷达被现代截获接收机所发现。这些特征集中在天线（天线方向图及扫描样式）和发射机（发射波形）上。

下面简介几种 LPI 的关键技术。

1. 通过功率管理躲避截获

式(1-45)表明，$R_{\max}$ 值一旦确定，就意味着在其特定范围内雷达可探测到敌机，而敌方的截获接收机不能发现雷达，这就要求雷达发射功率必须小于这个 $R_{\max}$ 所对应的发射功率值。换言之，如果雷达的实际发射功率使得其威力超过这个 $R_{\max}$ 值，就会招致截获接收机先发现雷达的危险。因此，低截获概率雷达必须采用功率管制技术。

LPI 发射机的一个特征是功率管理(使用固态雷达和相控阵组合的优点之一)。当然,LPI 的最佳策略是根本不辐射,次佳的策略是管理所辐射的功率。功率管理是通过天线控制发射功率电平的能力,以限制功率使其恰好能满足在一定距离/雷达截面积条件下的探测需求。发射也可在时间上限制(短的驻留时间)。随着宽带脉冲压缩连续波发射技术的使用,发射功率只需几瓦(相同检测性能的低工作比脉冲雷达需要几十千瓦)。LPI 雷达工作在低信噪比条件下,要注意的是,雷达对目标的检测性能不是取决于其波形特性,而取决于从目标返回的发射能量。

表面看来,一部雷达要想避免被一部它能够探测到的目标的雷达发现是不可能的。因为雷达用以探测该目标所必须发射的峰值功率(P_{det}),与目标距离的 4 次幂成正比,即

$$P_{det}=k_{det}R^4 \tag{1-50}$$

并且使得目标上的截获侦察机能够探测到该雷达所需要的峰值功率 P_{int} 仅与目标距离的平方成正比,即

$$P_{int}=k_{int}R^2 \tag{1-51}$$

然而,通过改变相干积分时间、带宽、天线增益、工作因子、接收灵敏度,能够使比例因子 k_{det} 比 k_{int} 小很多。结果,目标被雷达探测所需的功率 P_{det} 对距离 R 的曲线下降了,以致在相当长的范围与雷达被截获侦察机探测所需功率 P_{int} 对距离 R 的比值相交。

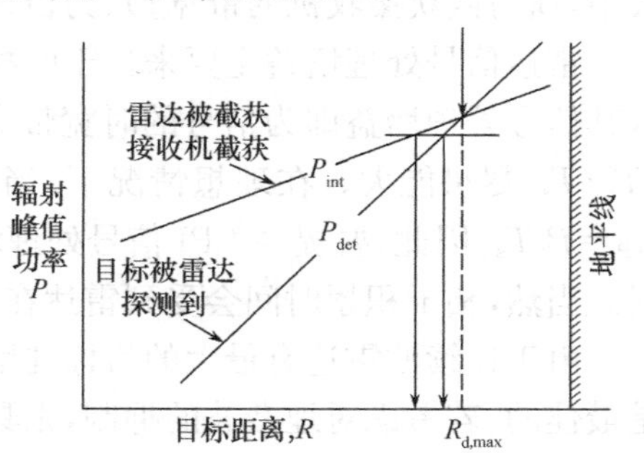

图 1.15　目标被雷达探测所需功率 P_{det} 对距离 R 的曲线[6]

两直线的交点处的距离 $R_{d,max}$——在此距离处,$P_{det}=P_{int}$——是 LPI 设计距离,如图 1.15 所示。

将雷达的峰值功率设置在刚低于相对应的 $R_{d,max}$ 功率,并且当目标逐渐靠近时逐步降低值功率,雷达就能够避免被截获侦察机探测到。

2. 宽带、低旁瓣、高增益、自适应天线技术

LPI 天线的辐射方向图必须具有极低的旁瓣。发射方向图的低旁瓣可以减少截获接收机从天线旁瓣截获射频发射的概率。

在避免主波束截获的条件下,$G=G_t$,仍假设 $F_r=F_i$,$\sigma=1\text{m}^2$,则式(1-49)变化为

$$R_{max}^2\leqslant\frac{1}{4\pi}\left(\frac{G_r}{G_i}\right)\left(\frac{B_i}{B_r}\right)\left\{\frac{(S/N)_{i,min}}{(S/N)_{r,min}}\right\} \tag{1-52}$$

于是,设避免主瓣截获条件的 LPI 改善因子 A_m 为

$$A_m=\left(\frac{G_r}{G_i}\right)\left(\frac{B_i}{B_r}\right)\left\{\frac{(S/N)_{i,min}}{(S/N)_{r,min}}\right\}=\left(\frac{G_r}{G_i}\right)K_P \tag{1-53}$$

式中,K_P 为信号处理增益。如果要使雷达旁瓣免遭截获,即 $G=G_s$,G_s 为旁瓣电平,则有

$$R_{max}^2\leqslant\frac{1}{4\pi}A_s=\frac{1}{4\pi}\left(\frac{G_t}{G_s}\right)A_m \tag{1-54}$$

式中,A_s 称为雷达在旁瓣上免遭截获的 LPI 改善因子,A_s 应比主瓣截获时的 LPI 改善因子 A_m 高出一个雷达天线主旁瓣比值。由于旁瓣截获对于侦察机和反辐射导弹具有重要意义,所以低旁瓣是低截获概率雷达必不可少的。

低旁瓣是低截获概率雷达必不可少的。也就是说,LPI 天线必须具有一个旁瓣很低的发射辐射方向图。发射方向图中的低旁瓣降低了现代截获接收机探测到从天线方向图旁瓣所辐射的射频(RF)的可能性。采用锥削照射,可以将旁瓣电平降到−13dB 以下。通常,常规雷达的旁瓣电平在−20dB 是可以接受的,但是 LPI 雷达则需要超低旁瓣(−45dB)。

总之,提高天线增益,减小旁瓣电平,提高占空比以及提高接收机灵敏度能同样降低峰值功

率。综上所述,通常雷达对天线要求既有窄的高增益主波束,又有低旁瓣。但从天线理论中知道,这两者是相互矛盾的。解决的办法之一是改变天线孔径的馈电电场分布,如改变阵列天线阵元间的功率分配;办法之二是采取自适应旁瓣对消技术。详细的讨论可参考天线设计有关书籍。

3. 信号处理增益

根据式(1-53),并认为截获接收机的带宽与雷达接收机的带宽相同,信号处理增益 K_P 为

$$K_P=(B_i T_s)(T_c/T_s) \tag{1-55}$$

式中,B_i为截获接收机的带宽;T_s为雷达在目标上的驻留时间;T_c为雷达信号相参处理时间。

雷达信号处理增益主要来自于匹配滤波(相关接收)和相干积累。一般意义上的脉冲压缩技术其信号处理增益即为信号的时宽带宽积,而对 LPI 雷达而言,要求信号处理增益 $K_P=(B_i T_s)(T_c/T_s)$尽可能大。在理想情况下,当相参处理时间 T_c等于雷达在目标上的驻留时间 T_s时,$K_P=B_i T_s$。因此,要提高 LPI 信号处理增益,必须使用信号,增加发射信号的带宽和相干积累时间。当然,相干积累时间会受到雷达在目标上的驻留时间的限制。

由于连续波雷达有最大的目标驻留时间,所以在雷达体制上对于 LPI 雷达来说连续波雷达是最佳的。若考虑对地杂波的抑制,则具有高占空比的脉冲多普勒雷达是最佳的。

4. 改变雷达信号特征及其工作参数

(1) 采用宽瞬时带宽信号

在雷达信号方面可采用伪随机脉冲压缩编码信号,该信号比其他方式能够更均匀扩展脉冲的频谱,而且大量不同的伪随机编码可以很容易地产生出来,伪随机编码还可以被设计成任意长度,从而获得任意想要的带宽。

(2) 采用参数随机化信号

在信号密集环境中,截获接收机常通过去交织(分选)和识别来成功地截获目标信号。尤其通过获取各种参数来识别 LPI 雷达,这些参数包括到达角、载波频率、扫描速率、调制周期、波束宽度和极化等。随机改变 LPI 雷达的任一参数,都会给截获接收机造成混乱。如果被截获接收机截获了,还可以用扫描方法制造识别混乱。

这方面的主要内容有波束自适应、波形捷变、频率捷变(分集)和重频抖动等。波束自适应前面已提到过。波形捷变由于增加了雷达发射波形的随机性,使其具有似噪声特性,波形自由度大,被截获率低,因而具有优良的抗截获性能。

频率捷变是抗有源干扰的有效措施之一,也是提高 LPI 性能的重要手段,因为截获接收机在进行分选处理时,频率是一个重要的参数。然而频率捷变用来抗分选是有一定条件的,目前截获接收机的频率覆盖范围从几十兆赫兹到几十吉赫兹,要使频率跳出截获接收机的覆盖范围已不大可能。频率捷变增大了侦察接收机的带宽,从而提高了雷达的 LPI 改善因子。同时,也增加了截获接收机的分选工作量。在信号密度很小的情况下,这种工作量的增加给截获接收机造成的困难是微不足道的,但在高密度信号环境下却具有重要意义。总之,频率捷变要提高 LPI 性能有两个前提:第一,高的信号密度环境;第二,较高的雷达配备密度。这表明,雷达的联网工作或设置诱饵系统是提高 LPI 性能的重要措施之一。频率分集本是为了提高雷达的检测性能,作为 LPI 雷达的一项措施,其主要用途也是增大分选难度。重频抖动也用于抗分选,有资料表明:当重频抖动超过 20% 时,截获接收机就难以分选。

(3) 不同频率多波束扫描

雷达通过加长相干积分时间,增加瞬时带宽,可以降低峰值功率,提高 LPI 性能。

对于必须搜索一立体空间的雷达的任何一种操作模式，通过增加相干积分时间降低峰值功率的能力受到能够接受的帧扫描时间的限制。然而，通过不同频率进行多波束辐射可以大大增加驻留时间。在极端情况下，如图 1.16 所示，相干积分时间等于总帧时间 T，雷达也就不必扫描了。

5. 高灵敏度、大动态接收机

图 1.16　可用足够的波束填满整个搜索空间，使相干积分时间等于总帧时间 T

接收机的灵敏度决定了雷达能检测的最小信号。高灵敏度接收机是 LPI 雷达的基本要求，它必须具备大的动态范围，以适应工作环境的需要。

在 LPI 和截获接收机设计中最大的共同突破将会出现在信号处理能力上。在此不再讨论。

综上所述，LPI 雷达需具有宽带周期调制的连续波辐射，并采用具有不常见扫描调制的天线低旁瓣，或宽不扫描调制的天线低旁瓣，也可采用宽不扫描发射波束与一组静止接收波束的组合，也可以使用极化调制。发射机采用宽带调制技术（为了所需要的距离分辨力）和功率管理的结合，以及为了达到所希望大气衰减量的频率选择策略。也就是说宽带信号在时间上分散开，并在伪随机时间出现在伪随机方向等措施。

总之，LPI 技术是雷达抗侦察、抗干扰和抗摧毁战术技术的综合体现，才能使雷达具有良好的 LPI 性能，以适应未来战争的需要。

1.5　电子战及有关雷达对抗概述

最近，《电子防御杂志》(JED) 主编 John Knowler 在《电子战的巨变》一文中指出：电子战几个重大的趋势已经形成，从根本上改变了电子战与其他军事要素之间的集成方式，下面就列举其中几个重大的变化。

过去：低密度 / 高需求的电子战平台。

现在：分布式电子战能力，能集成到大多数武器系统中。

过去：单功能的、联合式的电子战系统。

现在：多功能、多频段的电子战系统。

过去：非外科手术式干扰，会惊动敌方并带来电磁自扰问题。

现在：与目标相匹配的精确外科手术式干扰，同时能减少对己方电磁行动的影响。

过去：电子战主要用于对其他任务提供支持。

现在：电子战就是任务，夺取战斗空间频谱控制本身就是所有行动必不可少的一个战略。

过去：平台自带（非组网的）电子战，主要实施自卫。

现在：网络化电子战系统，能够实现协同目标定位和干扰。

目前 DARPA 以及各军种实验室开展的几个项目充分说明了这种趋势。

1.5.1　电子战名称内涵

电子战作为动态性很强的领域，随着电子技术的进步，电子战装备的发展及其在战争中的作用和地位的不断提高，电子战这一名称的内涵也在不断地演变和深化。

20 世纪 80 年代后，人们认识到，反辐射导弹的功能是摧毁敌方的电磁辐射源，它成为电磁斗争的一个重要手段，并成为计划和实施电子战的一个不可缺少的组成部分。为此，1990 年 6 月，美国国防部颁布了新的电子战定义为：

电子战是使用电磁能确定、利用、削弱或以破坏、摧毁、扰乱等手段，阻止敌方使用电磁频谱和保护己方使用电磁频谱的军事行动。

从而，电子战成为名副其实的攻防兼备、软/硬一体的作战能力，这是电子战理论的一个重大发展。

在现代战争中，对指挥、控制与通信(C^3)系统已有高度依赖性，破坏了敌方的C^3系统就掌握了战争的主动权。这种电子战运用上的指导思想形成了C^3对抗战略的理论基础。在C^3对抗中，电子战具有举足轻重的重要地位，意味着它不再仅仅是作战平台的一种防御性措施，而是与火力、机动等具有同等地位的战斗力要素。因此海湾战争后，将电子战又重新定义如下。

电子战(EW)——使用电磁能和定向能控制电磁频谱或攻击敌方的任何军事行动，电子战包括电子攻击、电子防护和电子战支援三个组成部分。

① 电子攻击(EA)——其组成部分包括以削弱、压制或摧毁敌方战斗力为目的，使用电磁能或定向能攻击其人员、设施或装备。它利用电磁能量阻止或削弱敌方有效利用电磁频谱和武器的使用。

② 电子防护(EP)——其组成部分包括为保护人员、设施和装备在己方实施电子战或敌方运用电子战削弱、压制或摧毁己方战斗能力时不受任何影响而采取的各种措施。

③ 电子战支援(ES)——其组成部分包括由指挥官分派或在其直接控制下，为搜索、截获、识别和定位有意或无意电磁辐射源，以达到立即辨认威胁之目的而实施的各种行动。由此，电子战支援为立即决策提供所需信息。这些立即决策包括电子战行动、威胁回避、目标确定和其他战术行动。

新的电子战定义大大扩展了电子战概念的内涵：

① 使用的不仅仅是电磁能，而且包括定向能等。

② 电子战已具有更明显的进攻性质，电子战攻击的目标不再仅仅是敌方使用电磁频谱的设备或系统，还包括敌方的人员和设施。

③ 实施电子战的目的也不仅仅是控制电磁频谱，而是着眼于敌方的战斗能力。

④ 防止自我干扰和“电子自杀”事件成为电子防护的重要组成部分。新的电子战定义为电子战开拓了广阔的发展前景，成为电子战发展史上一个新的重要里程碑。

图 1.17 所示为现阶段电子战的基本概念图。

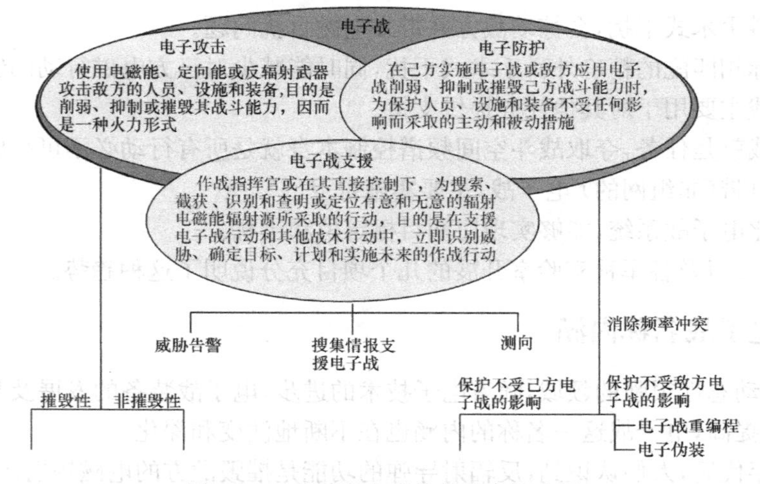

图 1.17　现阶段电子战的基本概念图

1.5.2 雷达干扰和抗干扰的若干领域简介[69]

现代雷达的干扰／抗干扰技术，是一对矛盾的两个方面，它们相互斗争、相互促进、不断发展。然而，“没有干扰不了的雷达，也没有抗不了的干扰”，关键在于你掌握多高的技术，拥有多大的资源。

雷达干扰与抗干扰的斗争，已在空域、时域、频域、功率域、调制域、极化域内全面展开。

现在对上述各域内雷达的干扰和抗干扰措施简要列出如下。

1. 在空域内的干扰和抗干扰措施

雷达在空域内的抗干扰措施主要有超低旁瓣天线、旁瓣对消、旁瓣匿隐、单脉冲角度跟踪、相控阵天线扫描捷变、超分辨合成孔径成像和雷达组网。主要的对抗措施是分布式干扰和投掷式（或拖曳式）干扰。

2. 在频域内的干扰和抗干扰措施

雷达在频域内的抗干扰措施主要有宽带频率捷变、窄带滤波（含 PD、MTD、MTI）、频谱扩展（含脉冲压缩）等。主要的对抗措施是宽带、快速、精确的频率瞄准干扰和快速高精度的复制干扰。

3. 在时域内的干扰和抗干扰措施

雷达在时域内的抗干扰措施主要有距离选通、抗距离拖曳、重频捷变等。主要的对抗措施是同步干扰、杂乱脉冲干扰和复合干扰。

4. 在功率域内的干扰和抗干扰措施

雷达在功率域内的抗干扰措施主要有恒虚警处理、自动增益控制、大信号限幅、目标幅度起伏特性识别等。主要的对抗措施是噪声干扰、杂乱脉冲干扰和目标幅度起伏特性模拟干扰。

5. 在调制域内的干扰和抗干扰措施

雷达在调制域内的抗干扰措施主要有线性调频、相位编码、信号参数捷变等。主要的对抗措施是转发调制干扰和高精度的复制干扰。

6. 在极化域内的干扰和抗干扰措施

雷达干扰和抗干扰在极化域内的斗争是一个尚待发展的领域，雷达在极化域内的抗干扰措施主要有极化捷变和极化选择、极化识别等。主要的对抗措施是随机极化干扰和极化模拟干扰。

上述域内所采取的干扰和抗干扰措施，部分已列在图 1.16 中。下面，我们仅对上述域中有关雷达的侦察与干扰，雷达的反侦察和反干扰及隐身和反隐身技术进行介绍，其他内容在此不再展开讨论。

1.5.3 对雷达的侦察与干扰

雷达侦察是无线电侦察的一种。侦察的主要对象是各种类型的雷达。侦察设备首先要截获所侦察的雷达信号，然后检测其参数，通常包括发射载频、跳频范围、调制形式、脉冲宽度、脉冲重复周期、脉冲强度、天线扫描形式、天线极化形式、波瓣形式等。这些参数可作为进一步判断雷达的性能、用途和工作状态的依据。根据对雷达侦察所获得的情报，可以实施己方的警戒回避、施放干扰和火力摧毁等。

就电子干扰而言，根据雷达工作是基于利用无线电波信号来完成探测目标这一特点，对雷达进行干扰可从两个方面来考虑。

第一种是无源干扰。例如，在空中撒下轻如鹅毛的铝箔片或涂覆金属的塑料条，以形成一片片的干扰云带，这是增强反射波进行干扰的情况。这类干扰所用的器材本身并不辐射无线电波，只以反射作用来干扰敌方雷达的正常工作，故称为“无源干扰”。

第二种是有源干扰。利用无线电设备发射某种形式的干扰信号，以扰乱和欺骗敌方雷达。例如，由飞机携带的干扰机(吊舱)，当飞进雷达作用区域内时施放杂乱无章的干扰信号；或者制造假的目标回波。这类干扰是由干扰机有意地辐射无线电波去扰乱雷达的正常工作状态，故称“有源干扰”。

对各种雷达的干扰，总的可归纳如下：

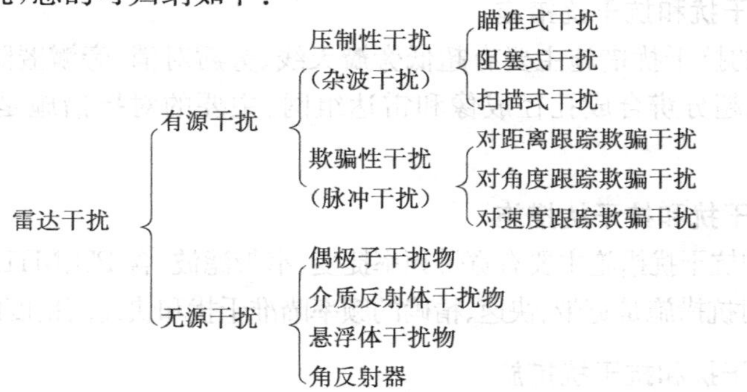

值得注意的是，随着各种新体制雷达的出现，雷达抗干扰技术也在相应发展。目前为了提高雷达的抗干扰能力，除采取了一些对付雷达干扰的具体措施外，同时在工作频率上也向更高的无线电波段扩展，这就要求雷达干扰设备也能在更高的波段辐射干扰信号。由于各种新型雷达的使用日益增多，不仅使得空间雷达信号的密度加大，而且雷达信号的波形也复杂得多了。为了适应这种情况，在雷达干扰中也开始采用多波束技术，并且出现了“自适应干扰”、“自动干扰功率分配”等新的干扰技术。这些新技术的应用，使干扰设备能对真有威胁性的信号先在空间进行鉴别，选择出威胁最大的雷达信号，然后根据截获的雷达信息迅速分析出该种雷达信号的参数，依次识别雷达所属的类型，确定位置，显示雷达信号的变换情况并且能自动选用适当的干扰方法，决定干扰的施放时间、方向、频率、功率及干扰样式等，以便实施有效的干扰。电子计算机(微型机)在干扰技术中的广泛应用将为干扰向自动化发展创造了良好的条件，它具有在很短的时间内完成分析、处理、存储大量参数的能力。这对于目前空间密集各种信号的情况下，能够迅速地截获各种雷达信号，并自动而准确地控制多部干扰机对各类不同的雷达同时实施干扰，是十分重要的。

1.5.4 雷达的反侦察和反干扰

干扰的作用是扰乱和破坏敌方雷达正常探测目标的功能。为了抵制和消除干扰的影响，一般要从战术上采取相应的措施。

从战术的角度考虑，目前所采用的反侦察、反干扰的措施有：

① 在保证雷达能正常完成战斗任务的前提下，尽量缩短雷达的开机时间，以降低敌方侦察设备截获雷达信号的机会和减小干扰机对雷达的干扰效果。

② 在雷达网中储备战时雷达工作频率，这种频率在平时是严格控制使用的，以防被侦察，到战时才出其不意突然使用。

③ 配置各种体制和波长的雷达共同执行一种任务，当某一种雷达受到干扰时，其他雷达仍能正常工作。

④ 随着导弹技术的发展，近来有一种专门寻找杂波源的导弹，当发现雷达受到杂波干扰时即行发射，并顺着杂波飞向干扰辐射源予以击毁，这可以说是对抗雷达干扰的最积极的办法。

⑤ 雷达战术隐蔽的伪装与机动，如迷彩伪装、假雷达、烟幕伪装、频率伪装、天然伪装等。

⑥ 采用电子诱饵与引偏技术。如对干扰源采取干扰欺骗措施，设置简易的辐射源，用以破坏反辐射导弹导引头的正确跟踪，引偏反辐射导弹，使其不能击中真正的雷达设备。在大型骨干雷达旁，加装辐射源诱饵，使反辐射导弹偏离雷达，是保护雷达的重要措施。例如，美国的"爱国者"防空导弹系统，在每一个作战阵地上都布置了3～4部有源雷达诱饵，可以覆盖120°的扇区，每一部诱饵覆盖约30°的区域，只向一个方向发射，诱饵所辐射的功率进入反辐射导弹导引头的主瓣区，最终诱使反辐射导弹飞向偏离主雷达的某一点（诱饵附近，反辐射导弹杀伤范围以外），起到保护的作用。

⑦ 减少雷达本身的热辐射、带外辐射。常用反辐射导弹的导引头采用无源导引和红外导引，因此要减少雷达本身的热辐射和带外辐射。为此，可采用吸收材料、覆盖材料和冷却系统，或者把雷达电源置于掩体内。

⑧ 投放专用介质。可通过投放专用介质，破坏雷达与反辐射导弹之间的电磁波传播条件。这种专用介质有烟幕、气溶胶和其他屏蔽介质，为使介质电离，可喷洒一些易电离物质，如钠、钾等。

除上述战术措施外，常用的雷达反侦察和反干扰技术措施种类繁多，内容也很丰富，由于篇幅有限，不做详细讨论，现归纳如下：

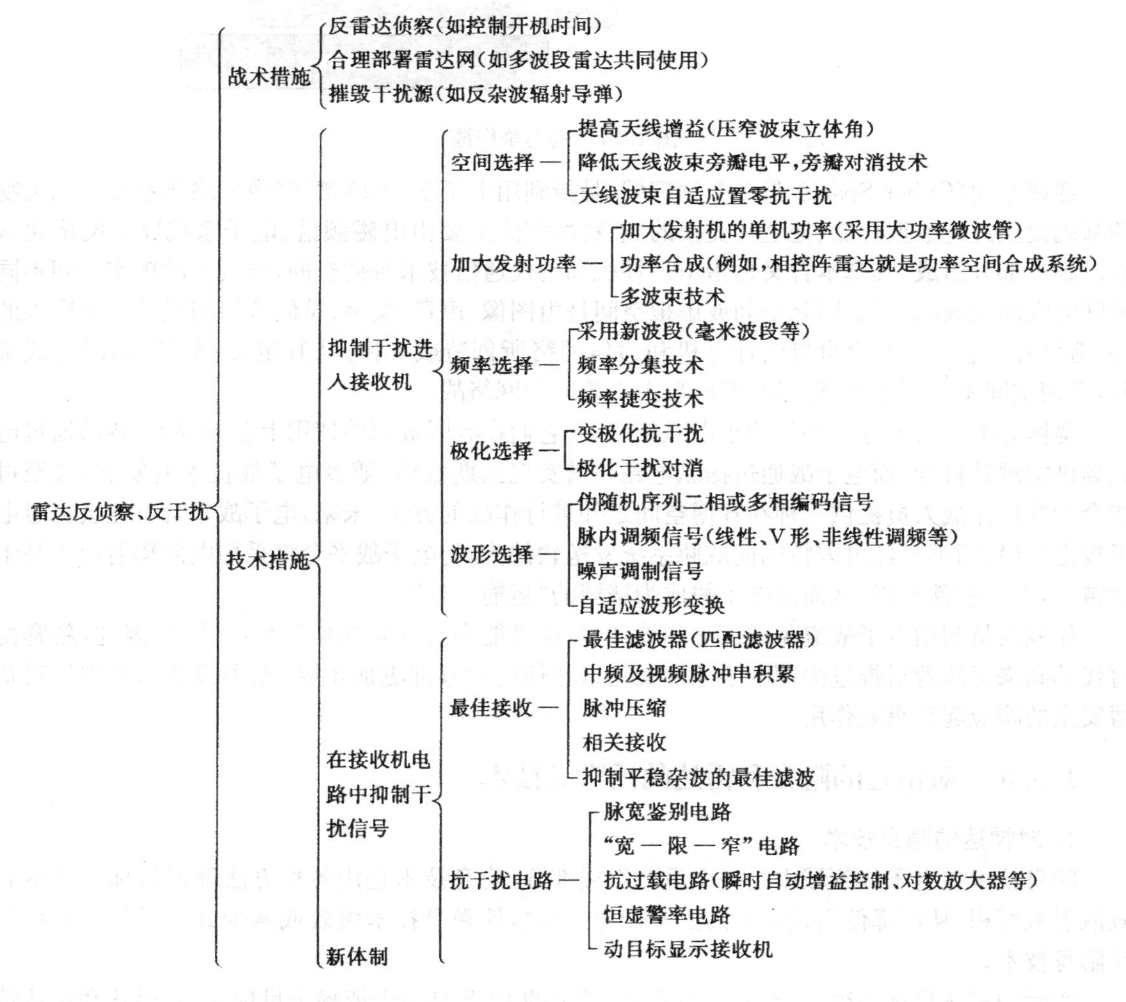

1.5.5 赛博时代的电子战[95]

在21世纪，出现了新的威胁，一个陆、海、空、天以外的"第五作战域"—— 赛博空间。这对电子战提出了更高的要求。“赛博”(Cyber 的音译，希腊语之含意为“舵手”、“驾驶者”) 技术已经不是新的话题。随着网络化信息技术的迅猛发展，不可避免地会出现一些能意识到，甚至意识不到的漏洞，而善于利用这些漏洞的“赛博”技术便会乘虚而入或实施攻击。图 1.18 示出赛博杀伤链。

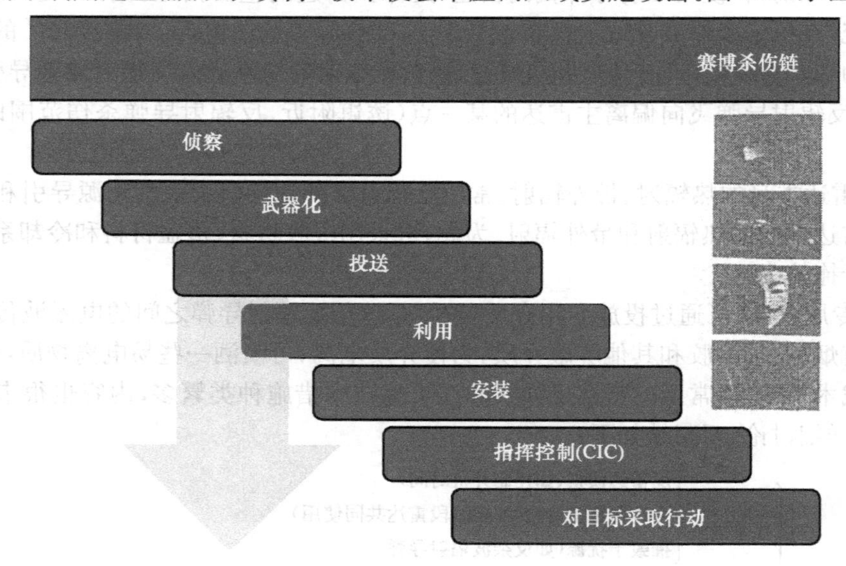

图 1.18　赛博杀伤链

赛博空间(Cyber Space) 是一个物理域，是指利用电子学、电磁谱，经由网络化系统和相关物理基础设施进行数据存储、处理和交换的域。赛博空间主要由电磁频谱、电子系统以及网络化基础设施三部分组成。其基本含义是指由计算机和现代通信技术所创造的，与真实的现实空间不同的网际空间或虚拟空间。网际空间或虚拟空间是由图像、声音、文字、符码等所构成的一个巨大的“人造世界”，它由遍布全世界的计算机和通信网络所创造或支撑。从其定义、范畴、作战方式来看，赛博空间不等同于网络空间，赛博攻击不等同于网络战。

赛博和电子战的存在都依赖于电磁频谱，但它们在有限资源的使用上差异很大。赛博通过电磁频谱实现其目标，而电子战通过操纵电磁频谱实现预期效果。随着电子战技术的发展，甚至可能会为赛博作战人员提供一种在赛博空间之外进行作战的方法。未来，电子战平台可能会通过电子攻击手段，而不是经由因特网向威胁系统发送软件代码。电子战平台将采用电磁辐射而不是干扰雷达，嵌入软件代码，从而使电子战成为赛博的“运输工具”。

作战人员利用电子战避免被探测和被摧毁，这可能会改变赛博空间里的冲突。因此，新赛博时代的到来意味着对推进尖端电子战发展比以往任何时候都更加重要。电子战域的改进将对赛博安全的响应起到重要作用。

1.5.6　对雷达的隐身和雷达的反隐身技术

1. 对雷达的隐身技术

隐身技术在电子战领域中是一个重要组成部分。隐身技术是用各种方法降低目标的雷达有效散射截面积，从而降低雷达对它的探测能力。反之，使隐身技术失效或减少其效果的技术称为反隐身技术。

实际的雷达目标是很复杂的。一般来说，目标的 RCS 是一个依赖于目标大小、形状和雷达特性的复杂参数。与之有关的雷达参数有：雷达频率；雷达观测目标的方位角；雷达极化方式等。对于双基地雷达来讲，RCS 是发射机和接收机两者的观测角和极化方式的函数。总的来说，要减少目标的雷达的RCS回波方法有4种：① 改变外形；② 应用雷达吸收材料；③ 无源对消；④ 有源对消。改变形状基于雷达对目标的威胁限于一确定而有限的锥形区内。雷达吸收材料用来加强改变外形技术的效果或者用于改变外形不起作用或无法改变外形时的效果。一般来说，雷达吸收材料有4种：宽带吸收材料，窄带或谐振型吸收材料，综合前两种性能的混合吸收材料及表面涂覆材料。应用无源对消技术有可能大大地减少目标的RCS，但该方法只在窄带内对一段狭窄的方向区域内有效。有源对消依赖于目标上的附加有源信号源，但必须仔细控制辐射能力。在这减小RCS的4种方法中，只有改变外形和雷达吸收材料的技术已经用于战术中。

根据目前达到的技术状态，隐身飞机对微波雷达的RCS减小了20～30dB。例如，非隐身的战斗机的RCS为1～5m^2，非隐身轰炸机如B—52的RCS为40m^2；而隐身的F—117A的RCS为0.02m^2，F—22的RCS为0.05m^2，B—2隐身轰炸机的RCS在1～0.1m^2之间。

显然，在电子战的环境中，飞机采用隐身技术可以减少被雷达探测和被导弹攻击的机会，减小雷达的探测距离；另外，还可降低所配置的自卫干扰机的发射功率。

飞机的自隐蔽距离SSR(Self-Screening Range)可用下式定量地计算：

$$R_{ss} = \left(\frac{P_{tr}}{P_{tj}} \frac{G_r}{G_j} \frac{\sigma}{4\pi} \frac{B_j}{B_r} \frac{J}{S}\right)^{1/2} \tag{1-56}$$

式中，R_{ss}为SSR值；P_{tr}为雷达发射功率；P_{tj}为自卫干扰机的发射功率；G_r为雷达天线增益；G_j为自卫干扰机天线增益；σ为飞机的RCS；B_j为自卫干扰机带宽；B_r为雷达带宽；J/S为自卫干扰机与雷达之信号功率比。

在式(1-56)中，除RCS外，假定其他条件相同，如果RCS由非隐身轰炸机的40m^2变为隐身轰炸机的0.1m^2，则后者的SSR将减小为前者的5%。另外，除自卫干扰机发射功率外，假定其他条件相同，如果前后者的SSR维持相同，则后者的自卫干扰机功率要低得多。这对于降低飞机的有效载荷和降低功率消耗都是极为有利的。

2. 雷达的反隐身措施

隐身技术是现代突防目标用以降低其信号特征，使之难被发现的“低可观测性”技术的通称。实际上，隐身飞行器不是完全“看不见的”，只是发现距离缩短了。现代雷达应该能在各种干扰存在的恶劣环境下发现小RCS的隐身目标，同时为了避免反辐射导弹的攻击，雷达本身还应是低被截获概率的。所以反隐身技术必然是一系列先进技术的综合运用，并非某一单项技术手段所能奏效的。表1.6列出了隐身技术的局限性和反隐身技术措施。

表1.6　隐身技术的局限性和反隐身技术措施

隐身技术的局限性	(1) 被照射物体大小与雷达波长相近时，从该物体反射的回波会产生谐振现象，形成较强的反射波 (2) 隐身飞行器用吸波涂料，在对付长波长雷达时，吸波涂层难以达到所要求的厚度，吸波效果不明显 (3) 在高频区(20GHz以上)，机体不平滑部位都会产生角反射，从而导致RCS增大 (4) 当目标散射角大于130°时，目标的雷达有效散射面积明显增加 (5) 隐身目标的雷达散射面积减小通常是对单基地雷达的后向散射而言的，其侧面、背面腹部是薄弱环节 (6) 雷达吸波材料对于无载波脉冲基本上无吸收作用 (7) 隐身飞行器所采用的隐身外形、材料、涂层只在一定的频率范围内起作用
反隐身技术措施	(1) 采用米波雷达，增加雷达的工作波长 优点：可提高探测隐身目标的能力 缺点：为保持窄波束和足够的分辨力，天线必须与波长成比例地增大 (2) 采用毫米波雷达 优点：提高了反隐身能力 缺点：电波传播受大气的影响衰减较严重，作用距离近

（续表）

<table>
<tr><td rowspan="11">反隐身技术措施</td><td>(3) 采用超视距雷达
优点：① 超视距雷达的工作频率为2～60MHz，在此波段，被照射目标会产生较强的谐振型后向散射；②ARM和外形隐身技术对该雷达影响很小</td></tr>
<tr><td>(4) 采用双基地或多基地雷达系统
优点：降低了隐身效能，生存力强
缺点：仅能在发射机波束与接收机的作用范围相交的区域发现目标</td></tr>
<tr><td>(5) 采用天基探测系统，将系统安装在卫星上，雷达从空中俯视隐身目标的上部</td></tr>
<tr><td>(6) 在边远地区设置无人操纵雷达，仰视飞越上空的隐身飞行器
优点：扩展视野，提高生存力</td></tr>
<tr><td>(7) 采用超宽带雷达
优点：① 所发射的极窄脉冲具有很宽的频率范围，可覆盖整个L、S和C波段；② 不是利用多普勒效应来测量目标的速度，而是利用信号的某种编码来识别目标</td></tr>
<tr><td>(8) 采用多频谱体制
优点：① 可提高检测概率；② 常与无源雷达和红外探测器配合使用</td></tr>
<tr><td>(9) 采用高功率激光雷达
优点：精度高，抗干扰，超低空跟踪性好</td></tr>
<tr><td>(10) 提高雷达发射能量：① 采用大时带宽信号的脉冲压缩技术；② 采用有源相控阵技术
优点：① 可增加探测目标的距离，而不降低其分辨力；② 可将多个发射单元的功率在空间合成，形成高能脉冲</td></tr>
<tr><td>(11) 采用抗干扰技术：频率捷变、频率分集、扩频技术、低旁瓣窄波束天线、旁瓣相消等
优点：① 避免或减少干扰信号进入雷达波束；② 对已进入接收机的干扰，也可设法改善其信噪比</td></tr>
</table>

除利用有源探测系统探测隐身目标外，人们自然会想到应用无源探测系统探测隐身目标的可能性。所谓无源探测系统，就是利用目标（如飞机、导弹、军舰、运动车辆等）的有意辐射（如雷达、通信机发射的电磁波）或无意辐射（红外线、热辐射等）来探测其存在，识别其特性，判断其位置的设备。此外，欧美等国正在研制诸如多天线雷达等反隐身雷达。

几种可能的无源反隐身系统为：① 毫米波辐射计；② 红外成像探测器；③ 热成像探测器；④ 射频探测器；⑤ 地球磁场变异探测器；⑥ 激光／气体分光仪传感器。

1.6 未来雷达新概念和雷达系统功能发展趋势

1.6.1 未来雷达新概念

在此，我们引用法国雷达专家F. le Chevalier提出的未来电磁检测新概念。他认为未来雷达将向时间—空间—频率资源管理和宽带雷达方向发展。下面介绍他的主要观点。

未来雷达将有可能实现更高的反应能力和形势评估性能要求，这些新技术包括发射/接收、天线阵、自适应处理、目标分类和模拟工具等方面，将取得新的进展。

➢ 在发射和接收方面，由于集成和封装技术的新进展使高品质（高频谱纯度和高动态范围）的多通道发射和接收系统的设计和工业化生产成为可能，并可在发射/接收时在不同方向上采用准同时波束。

➢ 高分辨力合成孔径雷达的发展推动了宽带发射/接收的发展。现已在X波段上得到10%带宽的相干频率捷变和高于50MHz的瞬时带宽。在以后几年内，将能得到执行各种雷达功能的100MHz～2GHz带宽的集成系统。

由于接收需要高动态范围，加上电子战所需的大带宽，高质量的模数和数模变换技术得到迅速发展，模数变换现在的水平是8位、1GHz采样，将发展到8位、5GHz采样；数模变换则推动了高性能可编程波形合成器的发展。

➢ 在天线阵方面，目前用有源天线阵的电子扫描已是成熟技术，可实现高度自适应的发射/接收工作模式，从而实现多波束、多频率模式以满足不断增长的监视、跟踪和形势评估需求；雷达、电子战和隐蔽通信功能综合的公用孔径也可用甚宽带过采样阵列实现，其带宽为 40% 到一个倍频程，此公用孔径可置于飞机不同位置而成为“灵巧蒙皮”。在宽带分布和瞄准(Pointing) 上则用真实时间延迟而不用相位加权来实现，同时用光处理方式实现大规模连接。

➢ 在自适应处理上，时 — 空自适应处理(STAP) 发展很快。对于运动平台，由于杂波回波的多普勒扩展，其最小可探测目标的径向速度受到限制，所以时 — 空自适应处理是对机载监视系统的一个主要需求：利用二维多普勒 —— 角度处理，若已知在运动平台上杂波回波的多普勒频率与它们的到达角直接相关，则便可探测慢速度目标。

➢ 自动分类是对雷达系统的另一项主要要求，可以利用很多不同的特性进行目标识别，例如利用由目标运动部件形成的多普勒频谱信征、合成孔径雷达信征、极化特性、高距离分辨力分布及低频雷达谐振特性等。

➢ 雷达信征模拟技术现已成熟，它可用于预测目标识别、波形优化，预测天线与平台结构间的相互作用，优化雷达与其平台的设计和安装。

目前，雷达尚有某些基本限制，包括物理限制和技术限制。其中物理限制因素有角度分辨力、电波传播、杂波影响、雷达信征和能量限制等。

从时间 — 空间 — 频率资源管理到宽带雷达，这就是未来雷达的基本概念。这些新概念讲得具体一点有：

➢ 时 — 空最佳化(如 DBF、伪装发射/接收、交替扫描、探测前跟踪、长积累时间等)；

➢ 频率最佳化(如频率自适应、合成带宽、低频率工作等)；

➢ 位置/地点最佳化(如采用公用孔径、雷达 —EW— 通信一体化、双基地工作等)；

➢ 甚宽带工作。

时间是一个重要参数，所以应该把重点放在时 — 空资源管理最佳化上。数字波束形成(DBF)是一项可进行时 — 空资源最佳化的成熟技术。DBF 的重要特点是能够利用自适应天线处理来抑制干扰，甚至抑制主瓣内的干扰；而且在中、近距离上不必补偿发射增益/损耗，从而提高了数据刷新率。

还可以改进DBF以便在照射扇区内发射不同的波形，如在不同方向发射不同的载频，由天线单元发射不同的频率。这是一种赋色伪装发射(Coloured Transmission)，它可有效衰减发射时的杂波回波(而接收时则用数字波束形成来衰减)，也是对抗旁瓣假回波干扰的有效措施。

由于当今的电扫率已达到足以在两个相继脉冲间完成扫描，而且现代合成器也能在相似的时间范围内改变波形，因而可能实现不同类型的“交替扫描”(Interleaved Scanning)。此时不同的波形在不同的(不一定是相邻的) 方向准同时发射。这种模式可视为“准宽波束” 模式，可从特定方向的准同时探测和每一方向上对波形的准独立自适应两方面得到好处。这种模式可用于实现这样的STAP技术：只用一个接收通道便能进行运动目标的探测和跟踪，同时在地面跟踪雷达中实现高角度分辨力技术以进行多路抑制。总之，“交替扫描” 模式将为实现对抗多个威胁所必需的“边跟踪边扫描边分析” 模式开辟道路。

探测前跟踪(Track Before Detect，TBD) 技术可得到探测距离的实际增益，它相当于降低首次探测门限并在跟踪过程中消除剩余虚警，而它对硬件并无特别要求。

运用长积累时间可较好地降低相位噪声，更好地分辨相隔很近的目标，但牺牲了珍贵的时间资源。

频率最佳化是满足雷达新需求的另一个重要方法。可以使雷达载频与其环境相适应的办法是通过频率捷变，或让雷达以不同的带宽工作。雷达最佳载频通常是在权衡不同工作模式(如监视和跟踪) 及气象性能后得到的。如果实现了恰当的自适应频率控制，能在一个倍频程上或双频雷达上进行频率捷变，那么雷达性能就能显著提高。例如，结合使用公用孔径宽带系统，未来雷达系统的性能肯定能大大改善。

合成带宽(又称步进频率) 模式利用了综合脉冲压缩波形，其主要优点是可在接收时利用窄带宽，并在脉冲间进行相干变换以覆盖整个带宽。而低频率雷达则有特殊的用处，战场上来袭的特殊可探测目标引起了对 HF、VHF 和 UHF 雷达的重视。对丛林穿透探测，或一般地说对超视线探测，使用这些频率好处明显。但应考虑多路径衰减问题。

在位置 / 地点最佳化方面，主要是采用雷达 —EW— 通信一体化问题和双基地工作模式。显然，自我保护所需要的全景监视和环境评估导致将天线置于平台(如飞机、舰船、车辆等) 的各个不同部位。因此，利用公用孔径较容易用同一天线的系统来实现不同的功能。此外，高通用系统间的兼容性要求应对电磁信号的发射/ 接收进行更加有序、更加自适应的控制，这更促进了电磁兼容管理的高水平集成。

公用孔径与航空电子设备集成在一起将促进系统的一体化和模块化，从而减少工作和维护费用。雷达 —EW— 通信系统一体化更有效地满足了新的对安全性的要求，无疑是个新的革新概念。

全球持久监视、传感器间干扰最小及雷达要求隐蔽等因素的需求，将促进双基地系统的使用。

在时间限制很严格而且资源得到最佳利用的情况下，宽带雷达可在照射时间和宽带工作二者之间进行平衡，并具有更强的电子抗干扰能力和更高的威胁分析效率。

用甚宽带宽(一般为 10% 的瞬时相对带宽) 可以实现上述性能，而且可在一定程度上消除多路径效应的影响。对于空对地监视，宽带雷达还可实现同时 SAR 模式和 MTI 模式。而在较低频率，超宽带系统是唯一拥有反隐身能力(尤其在低频率工作时)、能执行有效的地对低空探测和从车辆或直升机上穿透丛林进行探测的系统。超宽带系统足以满足地对空隐身探测、空对地穿透丛林探测，甚至是穿透地面探测的需要。

F. le Chevalier 列出了未来新技术的研究领域与应用一览表(见表 1.7)，这个表可以作为确定今后研发雷达主攻方向的参考。

表 1.7　未来新技术的研究领域及其应用

应用 \ 研究领域		空间/时间探测	ECCM/识别/双基地	高精度定位	T/R 高捷变性/高灵敏度	甚宽带阵列	环境/目标 EM 模拟	融合
监视	AEM	DBF、STAP、交替扫描	ECCM	远程定位/分辨			低频率、天线安装	雷达/SIGINT
	海上巡逻	DBF、交替扫描	ECCM	远程定位/分辨			目标和杂波	雷达/SIGINT
	空对地监视	STAP、交替扫描	ECCM	远程定位/分辨	宽带 SAR/MTI	宽带 SAR/MTI、UWB、FOPEN	低频率、目标、杂波、天线安装	雷达/SIGINT
防空	从飞机上防空	交替扫描	ECCM/识别/双基地		公用孔径	公用孔径		形势评估
	地面雷达防空	DBF、交替扫描	ECCM/识　别	V-UHF 定位、插入光学部件		宽带抗多路(高/低频率)	环境/目标(低/高频率)	低 / 高频率
保护	机载自我保护	DBF、交替扫描	识别	插入光学部件	公用孔径(如雷达 -EW)	公用孔径(高/低频率)		MAW、形势评估
	舰载自我保护	DBF、交替扫描	识别/双基地	抗回波起伏	公用孔径(如 W- 通信)	宽带抗多路		导弹探测

（续表）

应用 \ 研究领域		空间/时间探测	ECCM/识别/双基地	高精度定位	T/R 高捷变性/高灵敏度	甚宽带宽阵列	环境/目标 EM 模拟	融合
攻击	导弹突防	DBF、交换扫描	ECCM/识别				环境 / 目标	
	飞机	DBF、STAP、交换扫描	ECCM/识别/双基地	SAR 干涉仪	公用孔径	宽带 SAR/MTI、公用孔径		形势评估
识别	地面目标	DBF、STAP、交替扫描		自动聚焦(ISAR)	宽带 SAR/ISAR/MTI	宽带 SAR/ISAR/MTI	目标、低频率、环境	多传感器识别
	空中目标	DBF、交替扫描		自动聚焦(ISAR)	公用孔径、合成带宽	ISAR、高距离分辨力	目标(运动部件)	多传感器识别

由表 1.7 可见，目前先进的雷达技术，不是 DBF、STAR、交替扫描，就是甚宽带阵列和宽带雷达；不是高 ECCM、高识别、双基地，就是数据融合和环境模拟；不是高精度定位，就是高捷变、高灵敏度。总之，一切都在高技术上下工夫，常规雷达技术已经不在讨论之列。国际时下流行的是 SAR/ISAR/MTI、STAP、DBF、COTS、UHF、UWB、OCPA(Optically Controlled Phased Array)、fusion 等，早已不限于地面平台技术了，我们应当探索这些未来雷达新概念。

此外，第 9 届军用雷达峰会主席 J. R. Guerci 在有关雷达的发展路线图访谈录中指出[96]：在雷达前端硬件的最新发展方面，数字固态前端的持续进步为雷达以全新方式工作带来了新的机会。加上不断增强的嵌入式计算能力，MIMO 雷达、认知雷达等新型先进雷达模式和架构正在出现。

在扩展多功能雷达的功能方面，现在越来越强调雷达要在工作频率、带宽、极化、甚至协同工作模式上（如双基地和多基地工作以及网络连通等）具有极大的灵活性。从这一点来说，雷达前端的"数字化"是一个使能器，多频段、宽带孔径则是另一个重要"使能器"。

在实时雷达信号处理和嵌入式计算的最新发展方面，实时雷达信号处理的发展得益于一代 FPGA 和通用 GPU 的巨大进步。这些都是增强现代雷达的智能的重要使能器。

总之，雷达传感器是最重要的军事传感器之一，简单来说，雷达技术的关键是如何使系统能够通过网络更紧密更协同地工作和分担任务。并且，在不远的将来，由操作人员驱动的行动将转变成通过包括解决不同雷达任务的传感器来解决面临的各类任务。

1.6.2 雷达系统功能发展趋势[11]、[44]

近年来，两个重要的相关研究可能会使雷达性能产生新的改进。它们是：(1) 分集，高度灵活的数字技术形式；(2) 采用智能或认知的处理技术。它们形成的强大组合有助于为智能自适应雷达网络铺平道路。

当代军事监视传感器系统趋于实现智能自适应雷达网络。组网雷达系统有两个重要特征：节点空间分散（即发射机和接收机位置分散）和数据处理集中（即通过一个节点的接收机中处理实现多部接收机输出的组合）。

目前雷达系统功能设计上有一系列的巨大变化，主要有以下四个主要转型。

1. 网络/信息使能作战

多部 LPI 雷达可以联网组成一个"系统的系统"，其作为网络中心战体系结构中的一个部分，能够悄悄地收集与共享各种监视和目标瞄准数据。在此涉及的网络中心战概念由信息网络、传感器网络和武器网络组成，然后提供一套度量方法来量化网络化为军事行动带来的附加值，以及考虑对网络的电子攻击。

网络中心战(NCW)是由平台中心战发展而来的,是一个集成了C2、传感器和武器等所谓网络的分布式系统。为了追求任务执行效率的最大值,NCW融合了网络上的所有平台来扩展传感器和武器系统的能力。网络的作用是在C2、传感器及武器节点间采集、处理和分发不间断的信息流,同时利用和阻止敌人在这方面的能力(制信息权)。基于平台中心战的战斗能力是单个平台的叠加(N个节点,则总功效值为N),与之相比,NCW的战斗能力是按指数效应增长的(N个节点,则总功率值为N^2)。总功效值的指数优势使NCW节点具有机动性强和攻击准确的优点。

组网传感器和平台可用性将在下列几个方面影响协同传感器的功能设计。

① 多传感器/多平台/网络中心战:要求在一个平台(如飞机的前视雷达加侧视辅助装备)上,或者在不同平台之间(如多平台区域监视)雷达的协同应用、兼容性和对对抗的鲁棒性。这将拓宽智能雷达管理技术的应用领域,从单传感器优化到多传感器系统操作。

② 隐蔽工作(如多基地/无源模式、中性模式):隐蔽性和ECCM正在向多基地模式或"中性"模式(不针对正在进行的功能模式)转化。

③ 非常高的精度(使针对干扰环境下的难以捕获的目标)。通过多传感器组网测量,可以提高定位精度和识别性能。

④ 对地面移动目标的火控:对于机载地面移动目标捕获,至少需要结合两个平台,以获得所要求的精度。

这种配置还将为多平台交战、结合隐身平台和提高整体效率的多基地模式(生存能力+精度)开辟新的道路。

2. 反隐身和与电子战的交互

为了应付前面所述的各种特殊情况(如智能对抗、复杂环境、濒海作战等),反隐身和电子战适应性的交互将是对未来系统的一个主要要求。与有源天线的使用及具有图形适应性(Aiagram Adaptivity)、发射和接收数字波束形成等一起,雷达功能智能管理当然是未来优化设计中的一个关键因素。

为了使平台的效率和生存能力最大化,在许多情况下,特别是在高度集成的平台(军舰和战机)上,需实现电子系统功能一体化。电子系统(装备)一体化、智能化设计是当今世界的潮流,是发展方向。一体化和智能化是电子装备潜力发掘最大化,也是追求最高性能价格比的有力举措。

这里所指一体化是利用宽带相控阵和软件无线电技术,从顶层对雷达、电子战、通信等功能进行一体化设计。它涉及综合射频传感器、综合射频孔径、统一光电网络和软件架构设计等技术。

反隐身(如无人机、巡航导弹等)探测将通过优化宽带雷达模式和扫描策略,或者利用低频雷达的特性,以及非视距探测(如树叶穿透机载或地面雷达、地面波和天波地面雷达)得到。

3. 复杂环境中的识别和精度

识别一个迫切需要的能力,需要特殊的硬件和软件性能。

对于远距离空中目标识别(如非合作目标识别),综合使用喷气发动机调制及高的距离分辨力特征将需要相干宽带识别模式,与探测和确认模式一起进行优化。

通过要求宽带高品质发射和接收以及强大信号处理的分辨力更高的SAR,机载雷达对地面目标的识别将成为可能。对于这些应用,使用偏振测定法能够显著地提高其性能。

4. 认知雷达的研发[94]

今后,人工智能将翻天覆地的变化,雷达系统也不例外。纵观当前发射机/接收机技术的研究和技术突破,越来越倾向于基于软件的系统,灵活性对于基于软件的系统将是一个驱动因素。

目前正在关注能够解决大量不同任务，即软件可重构的单个雷达系统。

多年以来，已经看到雷达系统自适应的效果，将密切关注雷达“感知行动”周期的扩展，这正是认知雷达概念的研究目标。

图 1.19 示出了这种认知雷达系统的高级功能框图。这种结构综合了自适应发射机、接收机和处理器的优势，具备智能控制器和存储器的性能，可记住以前确定的控制策略以及新获得的策略(已证实在以前确定策略时未预测到的状况下是有益的)。此外，数据库存储器还保存着雷达以前采集的或从其他外部源所获得的可用于其知识辅助决策处理的目标与环境的相关信息。

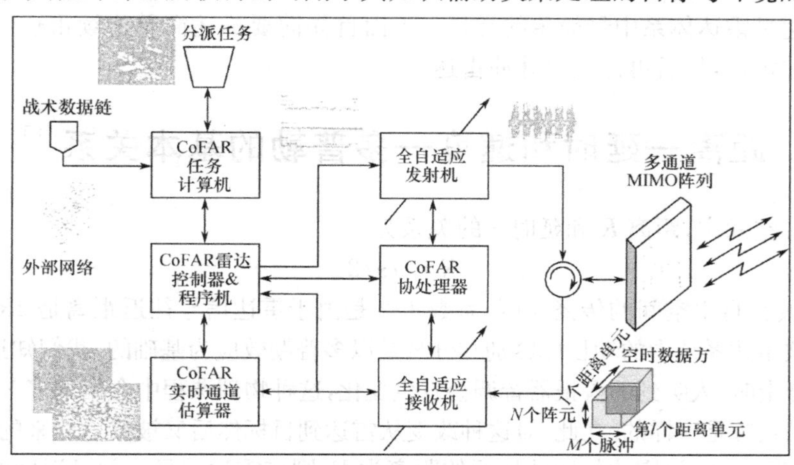

图 1.19　全自适应认知雷达(CoFAB)结构的高级示例

认知雷达系统的三个最基本的特点：①智能信号处理，基于雷达对其周围环境的感知而建立；②接收机至发射机的反馈，能促进雷达智能处理能力的发展；③回波信息的存储功能，采用 Bayesian 方法通过航迹跟踪实现对目标的检测。目前正在将认知雷达概念与人工智能、自适应系统、波形分集、知识辅助系统及生物科学(试图解释人类与其他生物如何感知并智能地起作用或适应环境)等相结合，通过设计使系统具有感知环境与自身智能调整的自主能力，从而将人类从指令和控制环中解放出来。

总的来说，认知雷达系统具有许多潜在优势，包括可能在改善传感器系统性能的同时降低未来雷达系统的成本等。但是由于其采用多项新技术，这些新技术的研究和应用具有许多潜在风险，对于研究者来说，还必须充分认识并解决认知雷达存在的缺陷和风险。

总的来说，雷达领域中，未来的雷达将是分布式的、认知的、多基地的、光谱的，而且可能由无人平台携载。最新知识和思想有：

- 与无线通信的频谱共享
- 通信与雷达的组合——机动雷达
- MIMO 用于广域监视
- 比单基地雷达便宜的多基地雷达
- 认知雷达(自适应射频放大器)
- 建筑内的态势感知(使用 WIFI 射频信号)
- 使用多路技术探测建筑物后面的情况

上述这些雷达系统的功能转型要求在所涉及的各种技术上有更深入的发展和突破。我国的雷达技术的发展需要大批具有多元科学知识并对该领域有浓厚兴趣的有志之士，用新观念和新技能来塑造未来的雷达系统。这是编写本书的目的。

第2章　连续波雷达和单脉冲雷达

本书的前三版都是用一整章讨论连续波(CW)雷达。由于随着时间的推移,CW雷达的作用已经发生了改变,所以本书不再单列一章。两章合并后,定名本章为连续波雷达和单脉冲雷达。

连续波雷达是雷达体系中最简单的类型。下面首先简要描述简单连续雷达,调频连续波雷达和调相连续波雷达,然后再讨论单脉冲雷达。

2.1　距离—延时和速度—多普勒的基本关系[1]、[3]、[4]

假定在自由空间中,距离 R 和延时 τ 的关系为

$$R = c\tau/2 \tag{2-1}$$

式中,c 是电磁波在自由空间的传播速度,系数 1/2 是由于雷达信号往返距离是 $2R$。

简单连续波雷达系统中的动目标鉴别和分辨是以多普勒效应为基础的。我们知道,当救护车相对于人开来和开走时,人听到的警报器音调会发生变化,这种物理课程中介绍的多普勒现象与雷达中涉及的多普勒效应是一样的。在此,对这种改变从雷达到目标然后又被反射回来的电磁波信号频率的多普勒效应感兴趣。设雷达与运动目标的距离为 R,则在雷达到目标并且返回的双程路径中,波长 λ 的总数为 $2R/\lambda$,每个波长对应 2π rad 的相位变化,双程传播路径的总相位变化就是

$$\varphi = 2\pi \times (2R/\lambda) = 4\pi R/\lambda \tag{2-2}$$

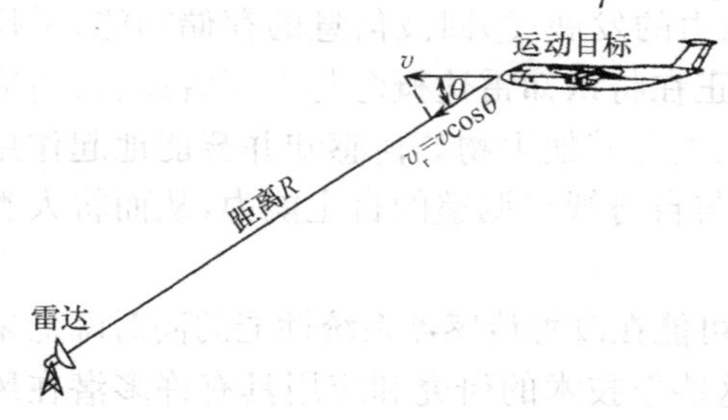

图 2.1　推导多普勒频移的雷达和目标几何图。图中雷达、目标和目标行进方向都在同一个平面上

如果目标相对于雷达运动,R 和相位都会随着时间发生变化。求式(2-2)关于时间的导数,可得相位随时间的变化率,即角频率为

$$\omega_d = \frac{d\varphi}{dt} = \frac{4\pi}{\lambda}\frac{dR}{dt} = \frac{4\pi v_r}{\lambda} = 2\pi f_d \tag{2-3}$$

式中,$v_r = dR/dt$ 是径向速度(m/s),或者距离随时间的变化率。参见图 2.1,如果目标的速度矢量与雷达和目标间的视线夹角为 θ,那么 $v_r = v\cos\theta$,这里 v 是速度或者速度矢量的幅度。相位 φ 随时间的变化率是角频率 $\omega_d = 2\pi f_d$,这里 f_d 是多普勒频移,因而从式(2-3)可得

$$f_d = 2v_r/\lambda = 2f_0 v_r/c \tag{2-4}$$

$f_0 = c/\lambda$ 和 $c = 3 \times 10^8$ m/s 分别是雷达工作频率和电磁波的传播速度。如果多普勒频移以赫兹(Hz)为单位,而径向速度和雷达波长的单位分别为节(简记 kt)和米(m),则式(2-4)可表示为

$$f_d(\text{Hz}) = \frac{1.03 v_r(\text{kt})}{\lambda(\text{m})} \approx \frac{v_r(\text{kt})}{\lambda(\text{m})} \tag{2-5}$$

单位为赫兹的多普勒频移也可近似表示为 $3.43 v_r f_0$,其中雷达工作频率 f_0 和径向速度 v_r 的单位分别为 GHz 和 kt。多普勒频移是径向速度和各种雷达频段的函数,其关系图形如图 2.2 所示。

根据经验,在 X 波段(10GHz),目标径向速度为 1n mile/h,多普勒频移大约为 30Hz。利用这个经验公式和频率的线性外推法,还可确定其他频率上的多普勒频移。例如,在 L 波段

(1GHz)，当速度为 1n mile/h 时，便等于 3Hz，在 Ka 波段(35GHz)时，速度为 1n mile/h 时，为 105Hz，等等。不同雷达波段和各种目标速度时的多普勒频移已列入表 2.1 中。

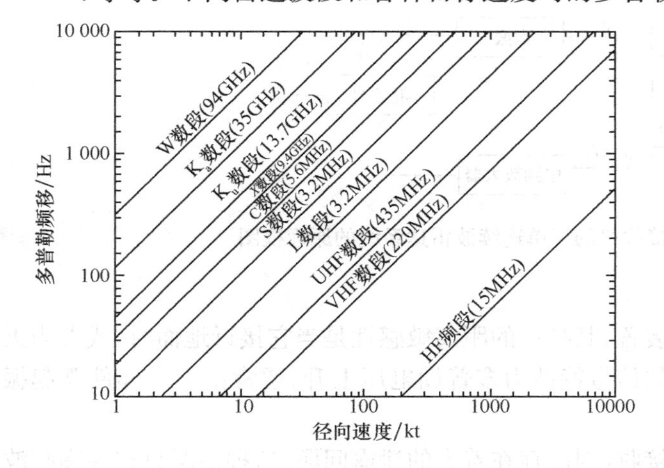

图 2.2 运动目标的多普勒频移是目标的径向速度和雷达频段的函数

表 2.1 各种雷达波段和目标速度的多普勒频移(Hz)

雷达波段	目标径向速度	
	m/s	n mile/h
L(1GHz)	6.67	3.98
S(3GHz)	20.0	8.94
C(5GHz)	33.3	14.9
X(10GHz)	66.7	29.8
Ku(16GHz)	107	47.7
Ka(35GHz)	233	104
W(95GHz)	633	283

2.2 简单连续波雷达系统[3]、[4]

最简单的连续波雷达的方框图如图 2.3 所示。频率为 f_0 的连续波发射机的输出经环行器后加至天线。天线发射的电波传播到动目标上并由之反射回来后再由天线接收。电波的频率现在为 f_0+f_d，它通过环行器后加到接收机。因为环行器不能对发射机和接收机进行完全的隔离，所以一些频率为 f_0 的发射信号还会漏入接收机。

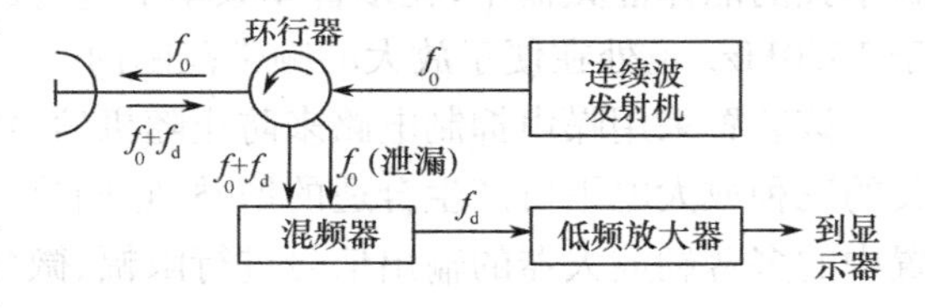

图 2.3 具有零差拍接收机的简单连续波雷达系统的原理框图

在接收机前端的混频器将接收信号与发射信号进行差拍形成频率为 f_d 的差拍信号。该信号经低频放大器放大后便送至显示器。

简单的连续波雷达发射非调制波，它是以多普勒效应为基础来检测目标的，但不能测定目标距离。

在图 2.3 所示的简单连续波雷达中，对发射/接收间环行器隔离度的要求取决于发射信号的功率电平和接收机的灵敏度。在高功率雷达中，往往会要求比环行器所能提供的还要高的隔离度。因而对这些雷达就必须采用其他的隔离技术，例如双天线方式。

上述简单零差拍连续波雷达的主要缺点是灵敏度差。这是由于闪烁噪声(来自雷达内部的电子器件)的缘故，其功率谱强度会随频率的倒数变化。因此，在低的多普勒频率上，闪烁噪声非常强，并在低频放大器中与多普勒信号一起被放大。避免这种问题的一个办法是在中频上放大接收信号，这时的闪烁噪声可忽略不计，而后再经差拍就降为低频率信号。图 2.4 所示的简单双天线结构连续波雷达系统中的接收机称为超外差式接收机。

在超外差式接收机中，因所获得的中频信号频率相当高(如 60MHz)，所以闪烁噪声便可忽略不计。中频放大器的输出信号与本振的中频信号混频后就可获得基带(多普勒频率)信号。

这类连续波雷达经常用于交警的测速、汽车防撞、武器寻的、人员探测等，因为它们不需要距离信息。下面以连续波近炸引信和警用雷达为例。

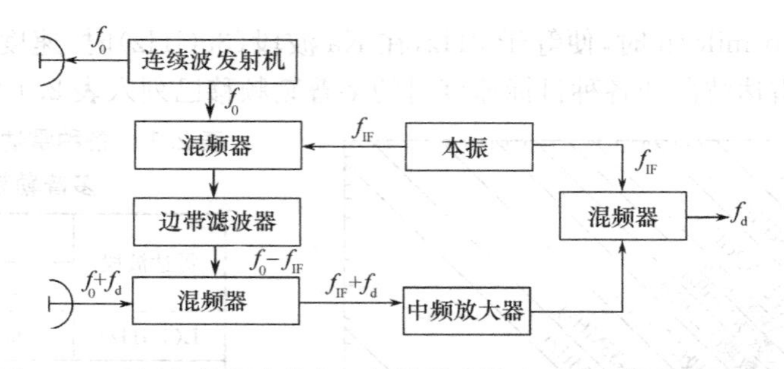

图 2.4 采用超外差式接收机的简单连续波雷达系统的原理框图

例 2.1 连续波近炸引信。

基本型近炸引信是一种连续波零拍装置，其唯一的距离敏感性是当它接近地面时，或者当天线方向图截获到某一架飞机时表现出来的信号特性为多普勒电压上升。通常由单个部件既起振荡器又起混频器或检波器的作用。

近炸引信采用公共天线进行发射和接收，因此存在着大的泄露问题。这种情况只在甚高频波段内是允许的，因为这时目标（地面或飞机）的反射信号很大。通常是采用弹体外壳作为端馈式天线，但有时也使用单独的横向偶极子天线和环形天线，以避免前进方向上的零点。

该装置要求尺寸小、保存时间长、成本低和在高加速度下能可靠工作。因为采用集成元件的全固态电路的质量非常轻，因此制成的复杂电路允许近炸引信能经受大于 100000g 的加速度。

例 2.2 警用雷达。

警用雷达是连续波零拍雷达技术的一种直接应用，利用可控泄露将所要求的本振信号馈送到单独的晶体混频器中，在多普勒频率上进行放大。而采用 10525MHz 这个频率（50mile/h 相当于 1570Hz）正处在便于放大的频带范围内。

该装置采用噪声抑制电路来防止随机信号或噪声进入计数器中。雷达可调节与抑制噪声有关的三种放大电平可产生合适的增益，它们分别用来探测近距离、中距离和远距离汽车。再对装置中的多普勒放大器的输出信号进行限幅、微分和积分。每个脉冲经微分后都对后面的积分起一定的确定作用，因此频率越高，输出越大。此直流数值使一个直接刻度为速度的仪表或记录装置动作。用音叉来校准该设备。有些装置提供了猝发模式，在汽车改变速度之前就可测出它。

连续波雷达的体系结构具有三种常用的类型：(1) 频率调制雷达，包括 FMCW 和频移键控（跳频）；(2) 相位调制雷达，包括多相调制（多相键控）和多时调制；(3) 综合(1) 和(2) 两类调制的雷达，本章将简要介绍(1) 和(2) 两类雷达，有关这 2 类雷达所采用的脉冲压缩概念将在第 7 章中讨论。

2.3 调频连续波雷达[2]、[3]、[4]、[6]

发射连续波（CW）的雷达或为脉冲延迟测距而将发射脉冲靠得很近的雷达，用一种称为频率调制（FM）测距的技术来测距。在该技术中，发射波的频率是改变的，通过观测调制与回波中对应调制之间的时延来确定距离（图 2.5），即由 $\Delta f = kt$，得 $t = \Delta f/k$，$R = ct/2$。

设计一个能够在强杂波背景下检测小目标的高动态范围 FMCW 雷达面临两个主要的挑战，第一是线性扫频信号的产生，第二是控制发射机相位噪声向接收机的泄漏。

调频连续波（FM-CW）雷达系统利用在时间上按某一调制规则改变发射信号的频率，并测量接收信号相对于发射信号的频率差 f_b 的方法来测定目标距离。其发射频率与接收频率的相对关系不仅可测量目标距离，而且还要测量目标径向速度 v_r。设发射信号频率为三角波调制的线性调频波其从动目标反射回来的接收信号频率的变化，如图 2.6 所示。我们从剖析如图 2.6 所示的一个三角波 FMCW 波形和带有多普勒频移的接收信号着手。三角波调制分为两个线性调频部分，一部分为正斜率，另一部分为负斜率。使用三角波调频波形，所测目标的距离和多普勒频率都能通过计算两个差拍频率的和与差来分别提取。图 2.6(a) 中两条曲线上峰值之间的频率差为 f_b；两个连续峰值之间的时间差 t_r 就是信号从雷达发射到目标再返回雷达接收机的时间。因此，如果发射机和接收机放在同一位置，则目标距离为 $R = ct_r/2$。

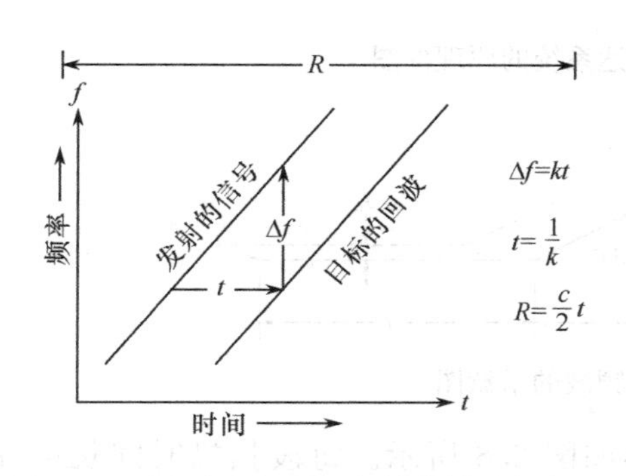

图 2.5　在调频测距中，发射信号的频率是线性变化的，而且检测发射机频率与目标回波频率的瞬时频差 Δf。目标的往返传输时间 t，从而目标的距离 R 正比于该频差

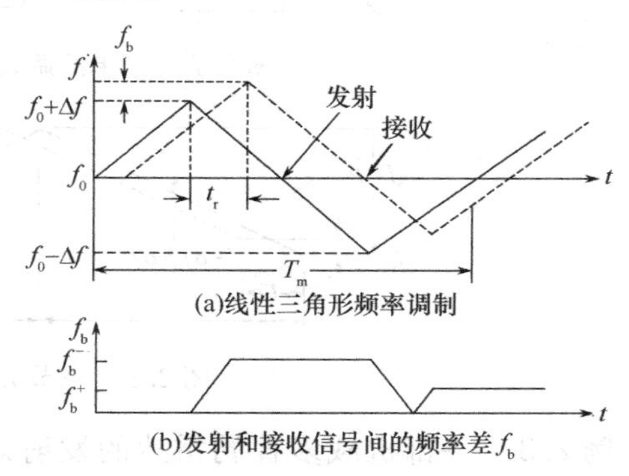

图 2.6　发射信号的线性调频和反射回来的接收信号频率的变化示意图

当两条曲线均为正斜率时，简单的几何关系指出两条曲线之间的瞬时频率差 f_b 为

$$f_b^+ = \frac{8\Delta fR}{cT_m} - f_d \tag{2-6}$$

式中，f_d 为目标的多普勒频率，Δf 为频率调制的范围，T_m 为调制周期，频率调制的速率 $f_m = 1/T_m$。

同样，当两条曲线均为负斜率时，两曲线的瞬时频率差为

$$f_b^- = \frac{8\Delta fR}{cT_m} + f_d \tag{2-7}$$

经推导，距离为

$$R = \frac{cT_m}{8\Delta f}\langle f_b\rangle \tag{2-8}$$

式中，$\langle f_b\rangle = (f_b^+ + f_b^-)/2$ 为平均频率差，且径向速度 v_r 为

$$v_r = \frac{\lambda}{4}(f_b^- - f_b^+) \tag{2-9}$$

因此，可利用测量发射和接收信号间瞬时频率差 f_b 来确定目标距离 R 和径向速度 v_r。用于测量 R 和 v_r 的简单调频连续雷达系统的框图如图 2.7 所示。

某些调频连续波雷达系统还采用如图 2.8 所示的与线性调频方法相类似的调频方法。这种调制方式在曲线未调制部分($\mathrm{d}f/\mathrm{d}t = 0$)，可对速度 v_r 进行单独的测量。频率—时间曲线的其余部分与上面讨论过的线性调频完全相同。在此期间的 f_b^+ 和 f_b^- 与上面给出的相同。由于已从曲线的未调制部分确定了 f_d，所以只需要一个频率差 f_b^+ 或 f_b^- 来确定距离 R，另一个可用做校正 R 的计算值。此外，加入未调制部分后，可测量多个目标，下面举例说明。

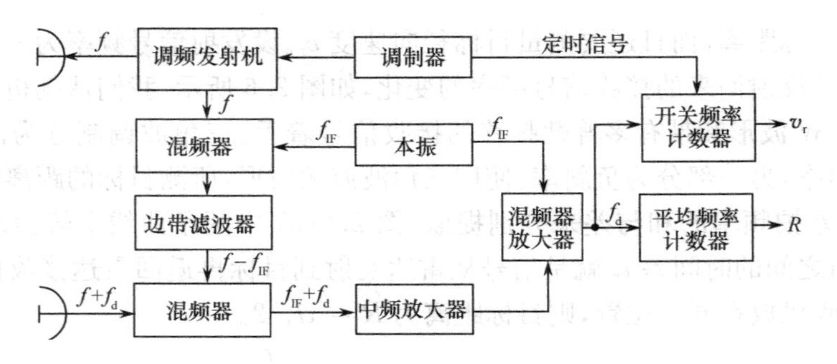

图 2.7　简单的调频连续波雷达系统的原理框图

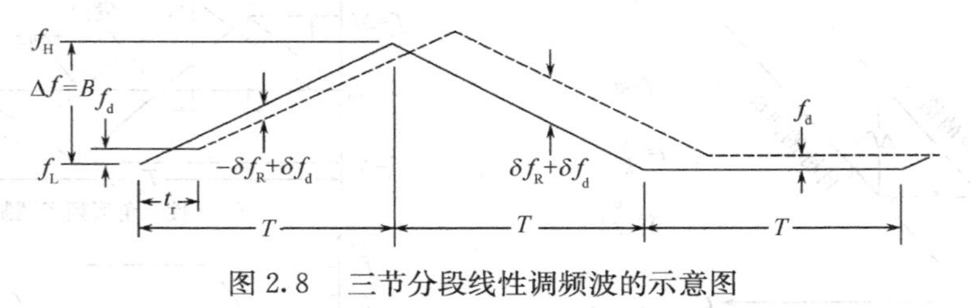

图 2.8　三节分段线性调频波的示意图

例 2.3　一部机载多普勒雷达的发射调制波形如图 2.8 所示。每段扫描时间长度 T 为 10ms，低频端正好为 10GHz，扫描带宽 $\Delta f=B=2\text{MHz}$，正斜率扫描时回波谱线分别为 −38655Hz、−50878Hz和 −85487Hz。负斜率扫描时回波谱线分别为 +74513Hz、+86665Hz和 +95802Hz，水平扫描时回波谱线分别为 +24005Hz、+22462Hz 和 −5487Hz，求三个目标的距离和接收速度。

解： 从水平扫描段可知，存在三个目标的多普勒频移分别为 24005Hz、22462Hz 和 −5487Hz。

由图 2.8 可见：

$$\begin{aligned}&\text{正斜率扫频时}\quad f_b^+=-\delta f_R+\delta f_d\\&\text{负斜率扫频时}\quad f_b^-=\delta f_R+\delta f_d\end{aligned}\tag{2-10}$$

式中，δf_R 是由目标距离引起的频移，δf_d 为目标运动引起的多普勒频移，即 f_d，由式(2-10)可知

$$f_d=(f_b^++f_b^-)/2\tag{2-11}$$

现在来判断哪三对 f_b^+ 和 f_b^- 分别对应的三个目标。

① 假设 $f_b^+=-38655\text{Hz}$，$f_b^-=74513\text{Hz}$，则由式(2-11)得

$$f_d=(-38655+74513)/2=17929(\text{Hz})$$

显然，它并不与已知三个目标之一的 f_d 相匹配，不是正确的一对。

② 假设 $f_b^+=-38655\text{Hz}$，$f_b^-=86665\text{Hz}$，则由式(2-11)得

$$f_d=(-38655+86665)/2=24005(\text{Hz})$$

显然是三个目标的 f_d 之一。

③ 假设 $f_b^+=-38655\text{Hz}$，$f_b^-=95802\text{Hz}$，得

$$f_d=(-38655+95802)/2=28574(\text{Hz})$$

它不符合已知三个目标的 f_d 之一。

因此，$f_b^+=-38655\text{Hz}$ 与 $f_b^-=86665\text{Hz}$ 这一对是正确的(f_d)，它的接近速度为 $v=\lambda f_d/2=360$ (m/s)，所以

$$R=\frac{cT\delta f_R}{2\Delta f}=47000(\text{m})$$

同理，可求得 $f_b^+=-50\ 878\text{Hz}$，$f_b^-=95802\text{Hz}$ 是一对正确的 f_d，且可求得 $v_r=337\text{m/s}$ 和

$R=55000\text{m}$。$f_b^+=-85487\text{Hz}$ 和 74513Hz 也是一正确对，可求得 $v_r=-83.3\text{m/s}$（目标背向雷达运动），$R=60000\text{m}$。

调频连续波雷达系统获得的距离分辨力 δR，将取决于测量频率差 f_b 的分辨力或精度。精度 δf_b 将取决于调频带宽 $B=(\Delta f)$，以及调频波形能保持的线性度。例如，对于线性调频，δf_b（以及 δR）将取决于带宽和调制的线性。调制的非线性由 $\delta f/B$ 给出，此处 δf 是离开线性调制的偏差。调制的非线性应比时间带宽积的倒数小得多，也就是波形的 f_m/B 不能严重地影响可获得的最大距离分辨力。由于 B 确定最大距离分辨力，即 $\delta R=c/2B$；而 f_m 确定最大的无模糊距离，即 $R_u=c/2f_m$，所以对于给定的 δR 和 R_u，对线性度的限制由非线性度 $\ll f_m/B=\delta R/R_u$ 确定。因此，对于 30cm 的距离分辨力和 1km 的最大无模糊距离，调频波形的非线性度必须小于 0.03%。

FMCW 雷达目前被广泛使用，其框图如图 2.9 所示。这种雷达采用两副天线（一副发，一副收），其发射波形是线性（或非线性）频率调制，可以采用直接数字合成产生；接收波形先经一个低噪声放大器（LNA）放大，然后和发射波形进行相关（或者混频），以获得目标的差频（零中频检测）。采用模拟解调获得中频（IF）差拍信号后，通过模数转换器（ADC）进行数字化。输入信噪比为 SNR_{Ri} 的数字信号经一个或多个傅里叶变换处理后，得到其距离（也可能是多普勒）像。正如图 2.9 所示，通常也采用一个或多个傅里叶变换处理后，得到其距离（也可能是多普勒）像。正如图 2.9 所示，通常也采用一定数量的积累来提高输出信噪比 SNR_0。积累改善 SNR_0 的原因在于在一定距离单元上积累的噪声能量从一个积累周期到另一个积累周期是变化的，而目标的回波能量直接与积累的时间成正比。增加积累时间可以大大改善 SNR_0，目标的检测与跟踪在积累后再进行[43]。

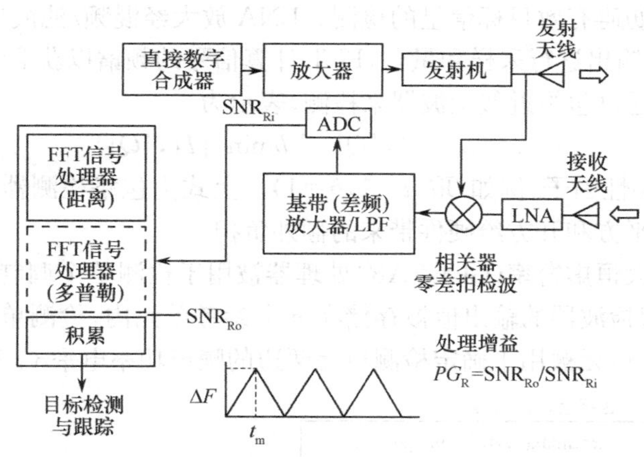

图 2.9　FMCW 雷达的框图

注意，尽管图 2.9 中给出的是一种模拟处理技术，互相关（或零中频检测）也可以采用数字化处理。

下面用图 2.10 所示单个天线零差拍三角波 FMCW 雷达，简要介绍其目标检测原理[43]。图 2.10 中在搜索模式，它能够直接测量目标的无模糊距离和速度，同时保持低的截获概率。该系统采用单天线，使用一个三角波发生器去调制连续波发射源。对于低功率的单天线系统，采用环形器可以同时进行发射和接收。对于较高功率的系统，发射机的噪声边带将会掩盖有效目标，从而使得接收机灵敏度下降。这种情况下，系统中必须采用分置的发射和接收天线。

为了使得单天线同时收发的 FMCW 发射机更有效地工作，系统采用了一种反射功率对消器（RPC）。RPC 可以自适应地对消发射/接收直达分量，而正是该分量限制了单天线连续波雷达的动态范围。对于线性扫频，由于其瞬时带宽小，一个简单的 RPC 在宽带扫频期间就能够完

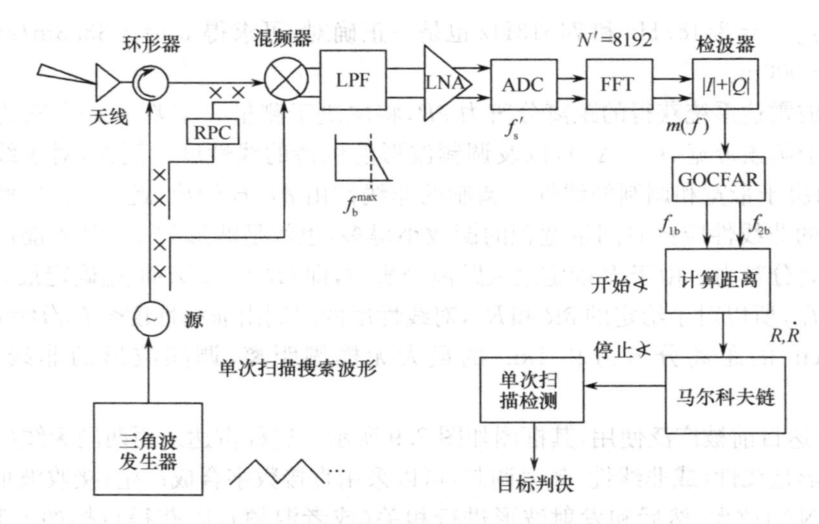

图 2.10　零差拍三角波 FMCW 雷达框图

成自适应处理。

目标回波信号是通过天线接收的，它是由发射波形经时延后的复制样本组成。发射信号和接收信号的瞬时频差始终正比于信号往返的回波时延，因此测量这个频差就能得到目标的距离。这个频差通过零差拍混频处理获得，接收的回波频率（差拍频率）由混频器—低通滤波器输出后级的频谱分析获得。低通滤波器的作用是只通过感兴趣的差拍频率（最大的期望差拍频率为 f_b），同时还减少了强干扰信号进入低噪声放大器（LNA）的可能性，而这些干扰信号会产生带内虚假信号和失真，从而妨碍有效目标信号的检测。LNA 放大经混频/滤波后的信号，模数转换器（ADC）对 LNA 的复数输出进行采样和量化，FFT 计算信号的频谱以获取每次扫频的距离像。

复数 FFT 的输出通过包络近似检波器来检测，表示为

$$x=a\max\{|I|,|Q|\}+b\min\{|I|,|Q|\}$$

式中：a、b 都是简单的乘性因子（例如，取 $a=1,b=1$）。上式为包络检测器提供了一种合理的近似，避免了包络检波器平方和开方给硬件带来的额外负担。

图 2.11 所示的取大恒虚警率（GOCFAR）处理器被用于检测单个调制周期内位于杂波边缘的可能目标。包络近似检波器的输出值被存储在 n 个参考单元内，检测单元位于中间。参考单元紧邻的两边都有 n 个单元被用于确定检测单元两边的噪声功率电平 y_1 和 y_2。

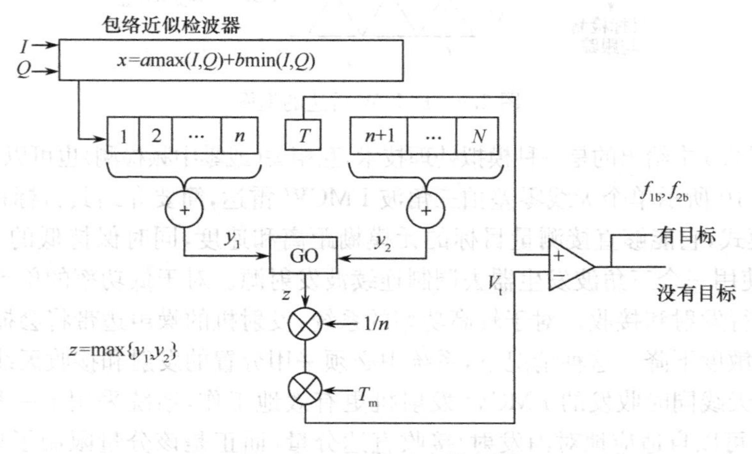

图 2.11　GOCFAR 处理器

注意，每个参考单元或滤波器的宽度为 Δf(Hz)。阈值电压 V_t 是通过选择 y_1 和 y_2 的最大值、经参考单元数 n 归一化后再由阈值乘法器以 T_m 获得的。当测试滤波器的输出幅度大于阈值电压时，目标在正斜率和负斜率(差拍频率 f_{1b}、f_{2b})的距离像上都被判决到。其他 CFAR 结构也可采用，这取决于系统系统工作的场景。

对于每个调制周期，单个目标就会导致多个 GOCFAR 的距离检测，这取决于目标的尺寸和距离分辨力 ΔR 的大小。每次检测都对其距离 R_T 和方位角 θ_a 进行标记。为了减小虚假目标判决的概率，对每次扫描都进行检测后积累(Postdetection Integration)。对于每次距离检测，实现检测后积累的简单方法是采用状态数为 N_M 的离散时间马尔科夫链(Markov Chain)，其后是单次扫描角阈值处理器。检测后积累的马尔科夫链状态转移图如图 2.12 所示。当状态到达 N_X，$\Theta_{start}=\theta_a$时，这就标志着目标方位角位置的起始，对于 R_T 处的每次检测，状态链前进一级(检测概率为 P)。根据随后接收到的该距离单元上 GOCFAR 的不同输出，状态链前一级(检测概率为 P)。根据随后接收到的该距离单元上 GOCFAR 的不同输出，状态要么前进，要么后退。对于随后在 R_T 处的每次丢失，状态后退一级(检测概率为 $q=1-p$。)当状态退回到 N_Y，$\Theta_{stop}=\theta_a$ 时，这就标志着目标在方位角范围内的结束。

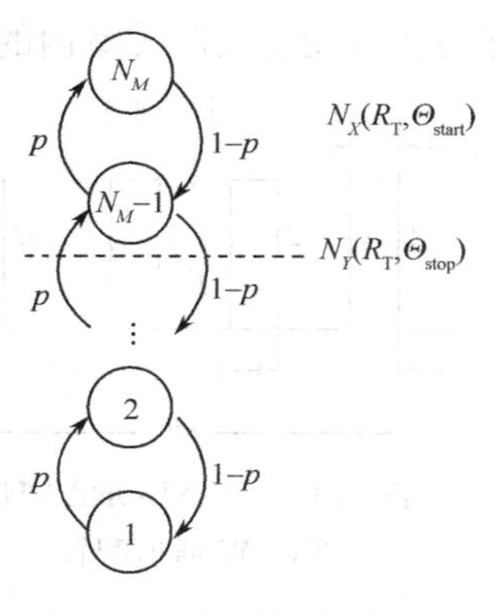

图 2.12　采用检测后积累的马尔科夫链状态转移图

每次检波后积累的输出都有其目标距离 R_T 和方位角范围 $\Delta\Theta=|\Theta_{start}-\Theta_{stop}|$，然后单次扫描角阈值处理器对 $\Delta\Theta$ 进行比较，如果 $T_A\leqslant\Delta\Theta\leqslant T_B$，就判断在当前距离和扫描位置上有一个目标。阈值 T_A(低限)和 T_B(高限)取决于信噪比，并且是目标距离、RCS 和所用的频域 STC 的函数。每次扫描判决的目标通常都经一个选通处理、再经扫描间相关后送入一个跟踪序列。

最后介绍一部 PANDORA FMCW 雷达[43]。针对诸多不同研究活动的并行阵列(PANDORA)是一部 LPI 实验雷达，它被设计为可以在 X 波段上产生 8 个不同的(但是同时的)窄带 FMCW 信号，这些信号可以相加混合并且发射。4 通道的 PANDORA 雷达框图如图 2.13 所示。多通道多频率发射机由一个 FMCW 波形发生器和一个功率合成器模块组成，其接收机包含一

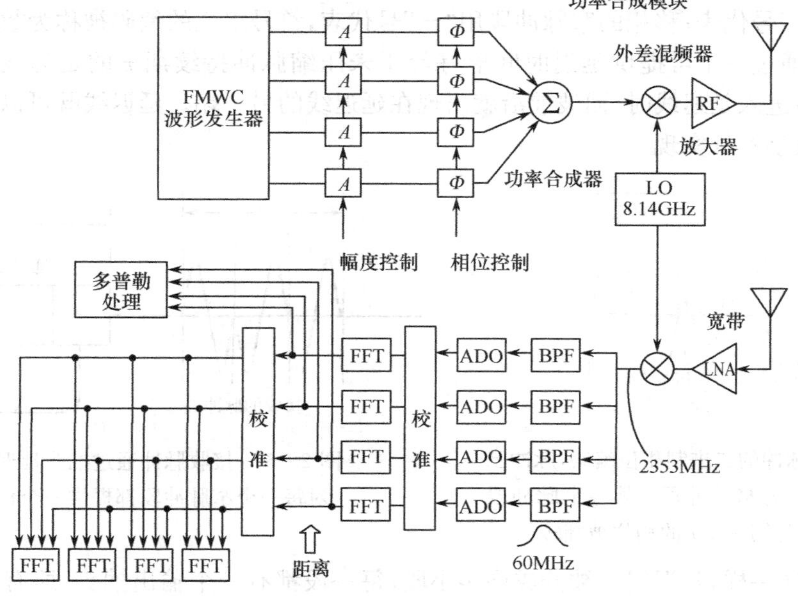

图 2.13　PANDORA 雷达的框图

个宽带的 LNA、一个功率分配器模块、用于每个 FMCW 通道的拉伸处理、一个非相干的处理器和一个高分辨力的 FFT。

该雷达采用了两副隔离度良好的天线，一副用于发射，一副用于接收。为了消除近场杂波，发射和接收都采用笔形波束。距离是不模糊的，多普勒的模糊是可控的，方法是确保一个特定目标的多普勒在调制带宽内的变化小于谱宽 Δf（限于一个距离单元内）。

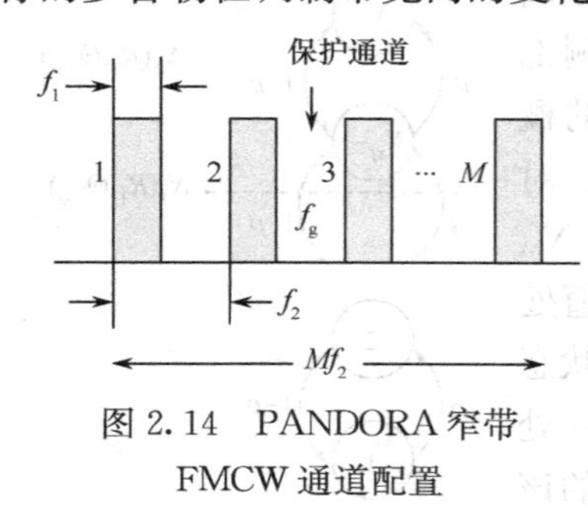

图 2.14 PANDORA 窄带 FMCW 通道配置

PANDORA LPI 雷达的主要贡献在于其无须超大瞬时带宽的超宽带处理能力。每个通道的中心频率各不相同，其调制带宽 $f_1=48$MHz，保护通道 $f_g=56$MHz。保护通道有助于保护通道间的隔离，也使得其获得的分辨力比其各扫频的要高。8 个通道（9.378GHz～10.154GHz）总的调制带宽为 776MHz，相应的距离分辨力 $\Delta R=0.19$m，而不是 $\Delta F=48$MHz 所对应的 $\Delta R=3.1$m。每个通道产生的窄带 FMCW 信号如图 2.14 所示，以说明覆盖整个带宽的各个通道。

2.4 调相连续波雷达

2.4.1 二进制相位编码调制概念[2]

随着廉价、紧凑的集成电路的出现，尤其是非线性型电路的出现，小型雷达可用移位寄存器来产生编码信号。目前常见的有两种类型的相位编码技术：二相码和多相位码。因为两种类型编码技术确定距离的原理相同，这里就只介绍比较简单的二相码。在这种编码方式中，发射脉冲的无线电频率的相位被调制，调制用两个增量 0°和 180°。每一个发射脉冲，实际上，被划分为两个等长度的窄脉冲段。根据预先决定的二进制编码，某些无线电频率脉冲段的码的相位被移相 180°，这可以由图 2.15 中的三个窄脉冲段的码来说明。（因此可相当容易地辨别各相位，波长已经被随意地增加到一个周期只包含窄脉冲段）。

以书面形式表示编码的普通速记方法是用符号“＋”与“－”代表各窄脉冲段。没有被移相的窄脉冲段用“＋”号代表；移相的窄脉冲段用“－”号代表，符号组成的编码被称为数字。

接收回波通过一个可提供延迟时间恰好等于未压缩脉冲持续期 τ 的延迟线（图 2.16），因此，当回波后沿进入延迟线时，回波前沿就出现在延迟线的另一端。延迟线既可以用模拟器件来实现，也可用数字器件实现。

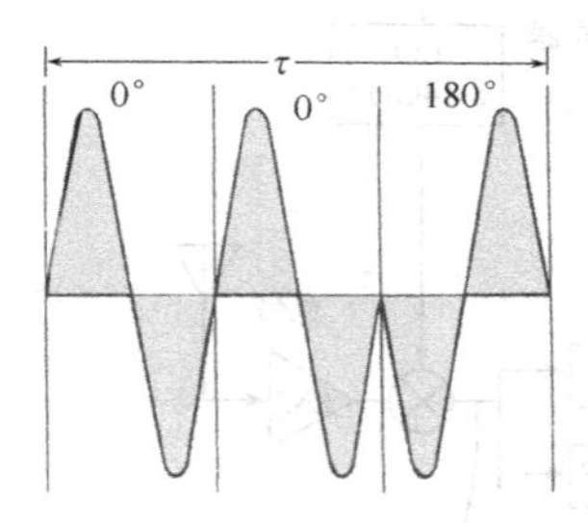

图 2.15 发射脉冲的二进制相位编码，脉冲已被划分为窄脉冲段；某些窄脉冲段（这里是第三个）的相位被翻转

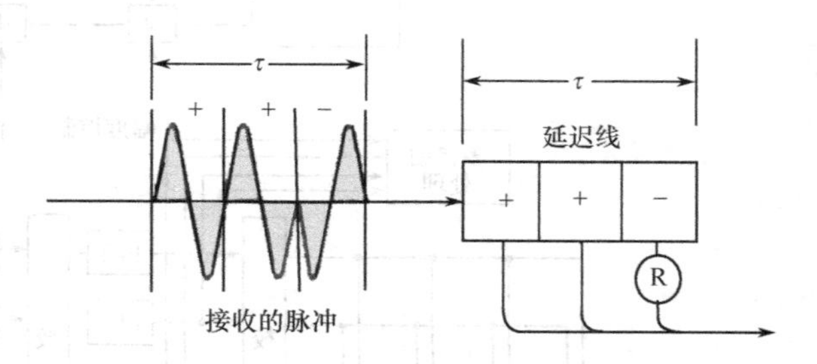

图 2.16 接收脉冲通过抽头延迟线，对每一个窄脉冲段都提供一个抽头

与发射脉冲一样，延迟线也被分成许多小段，每一段都有一个输出抽头，所有的抽头被连到一个公共的输出终端上，在任何瞬间，该终端处的信号对应当前占据延迟线各段所接收脉冲的任

何子段之总和。

现在，在某些输出端嵌入180°相位反转器R，它们的位置与发射脉冲中存在移相的子脉冲的位置相一致，因此，当接收脉冲完全通过延迟线时，所有的抽头输出端都是同相的(图2.16)，于是，它们的和等于脉冲幅度乘以所包含的子脉冲个数。

相位编码波是加入数字相位调制的连续波信号。距离是通过测量同一码段的发射和接收之间的时延获得的，也就是上面所述是通过接收信号的某一段时延信号的相关处理获得的，对应的相关函数的最大值的时延就是传播时间，即可求得目标距离。

2.4.2 相位编码调制连续波雷达[3]、[6]

相位编码调制连续波雷达系统采用每经过时间 τ_1 便将离散相移加至发射的连续波信号的方法来形成相位编码波形，以测量目标的距离。反射波形与存储的发射波形相关，当接收波形与存储波形间出现最大相关便提供目标距离信息。对于高距离分辨力雷达，发射信号的自相关函数必须具有窄的峰值和低的旁瓣。

一个更具有实际意义的例子表示在图2.17和图2.18中。这个码共有7位。假设没有损失，压缩脉冲的幅度是未被压缩脉冲的7倍，而且压缩脉冲的宽度仅为未被压缩脉冲的1/7。

该例二相码及其形成的连续波调制波形如图2.19所示，其中，图2.19(a)为二相码；图2.19(b)为调制后的连续波波形；图2.19(c)为未调制的连续波波形。这种码在连续波雷达系统中具有周期性，即重复出现。

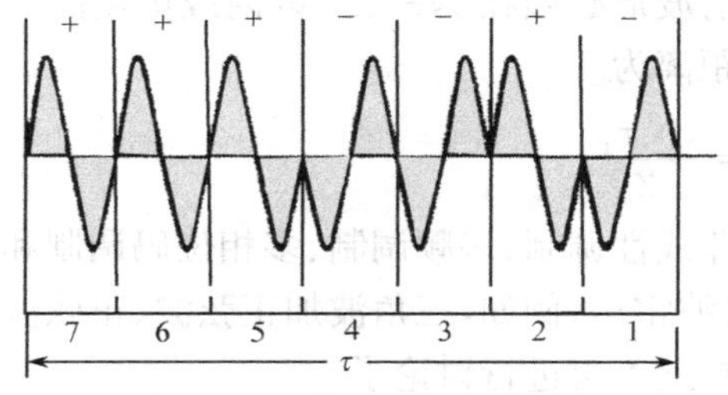

图2.17 7位二进制相位编码

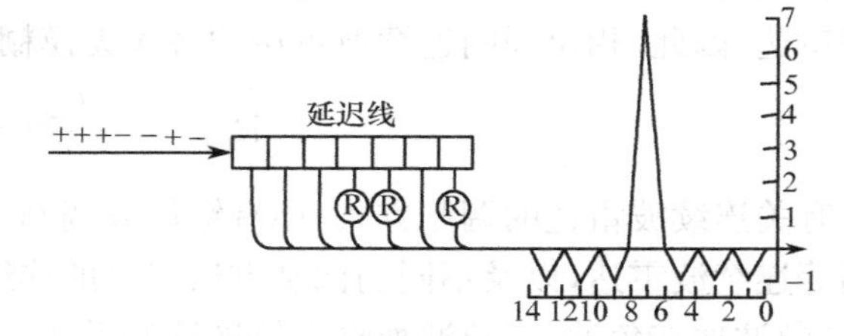

图2.18 当7位相位编码通过适当抽头处带有相位反转器的延迟线时所产生的输出

最大周期长度码的二相码的自相关函数便具有良好距离分辨力特性。利用线性反馈移位寄存器就非常容易产生这类码。最大长度码的长度为 $N=2^n-1$，此处 n 是形成码的移位寄存器的级数。由于码是周期性的，其自相关函数在 $t=0$ 处及 $N\tau_1$ 的整数倍处有峰值 N，而在其他各处均为 -1，如图2.20所示。

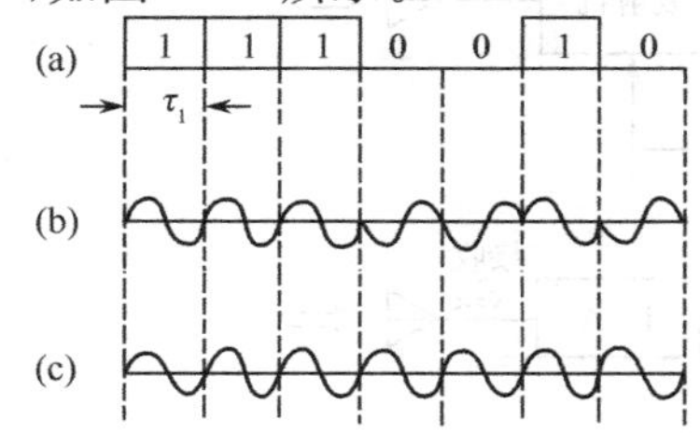

图2.19 二相码及其形成的连续波调制波形图

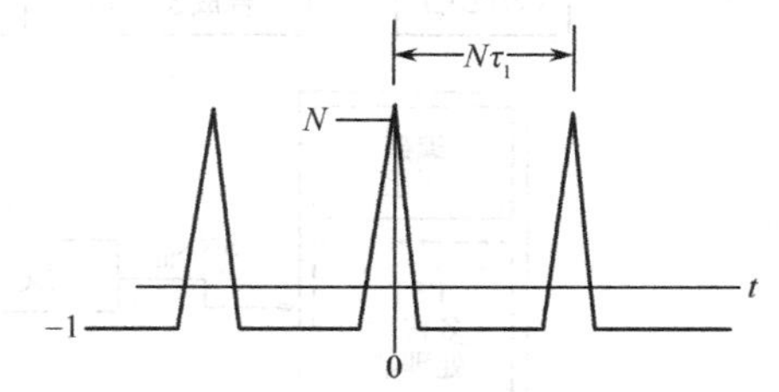

图2.20 长度为 N 的最大周期长度二相码的自相关函数图。码的每一个时间段为 $\tau_1 N$

可产生最大长度码的三级线性反馈移位寄存器的例子，如图2.21所示。第2级和第3级的输出由模数2运算器(自由进位)求和，总和又加至第1级。这三级移位寄存器，初始状态都置于1或1和0的组合，全零的初始状态形成全零序列，因此，这种状态被排除。输出长度为 $N=2^3-1=$

7 的序列，这就是在码重复之前能产生的最大长度序列码。反馈接至移位寄存器的不同级，就产生可以是也可以不是最长的不同的编码序列。然而，对于给定的 n 级移位寄存器，就可以有多种形成最大长度码(也就是长度 $N=2^n-1$ 的码) 的反馈连接。例如，对于七级移位寄存器，能形成 18 种不同的最长码，每种码的长度 $N=127$。

相位调制连续波雷达可采用将接收波形与存储的发射码进行相关的方法来测定目标距离；也可采用将接收波形与发射码的延迟信号相关的方法来测定目标距离。因为若延迟等于发射信号的传输时间，自相关函数便为最大值，否则为最小值。因此，调节延迟时间，使自相关函数达到最大值，就可得到目标距离。实现这种方法的雷达如图 2.22 所示。在用移位寄存器产生编码的雷达系统中，很容易实现这种延迟。第 n 级移位寄存器的输出对于 $n-1$ 级的输出延迟一个时钟周期。因此，用附加级联的方法可获得任何要求的延迟。

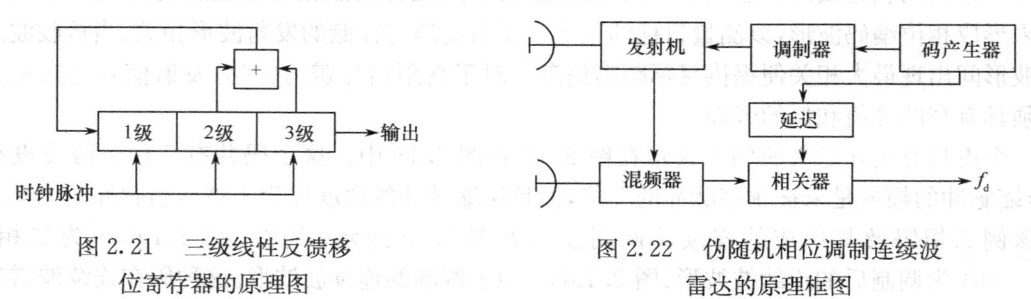

图 2.21　三级线性反馈移位寄存器的原理图

图 2.22　伪随机相位调制连续波雷达的原理框图

在相位调制连续波雷达中，为消除距离模糊，发射波形必须在 $N\tau_1$(s) 以内或更短的时间内返回雷达。因此，相位调制连续波雷达的最大无模糊距离为

$$R_{\max}=\frac{cT_{\max}}{2}=\frac{cN\tau_1}{2}$$

有关连续波雷达的调制方式，还有锯齿波调制、非线性调制、多频调制、多相位码调制和噪声调制等连续波雷达，以及不同的调制方法组合的连续波雷达，例如，三角波加正弦波、正弦波加噪声、三角波加三角波、三角波加噪声等连续波雷达。在此不再进行讨论了。

最后简要介绍一个相位编码雷达的概念[43]。相位编码雷达的框图如图 2.23 所示。相位编码雷达也可以采用直接数字合成产生发射波形。相位编码雷达发射波形采用可变的相位调制和/或频率调制产生，目标回波经放大、基于本地振荡器(LO)的下变频后，经 ADC 数字化。数字化的采样点采用一个数字压缩器进行处理，以获得发射编码与接收信号的互相关。

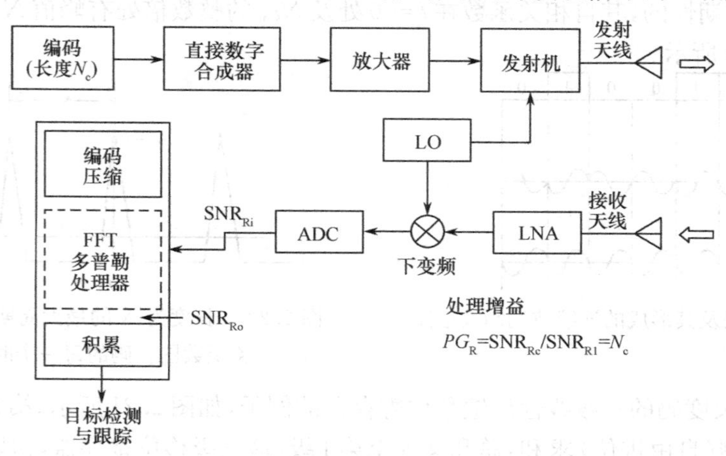

图 2.23　相位编码雷达的框图

对于子码数为 N_c 的相位调制连续波波形，其处理增益为码周期与发射带宽 $1/t_b$ 的乘积，其中 t_b 为子码周期，即

$$PG_R = T(1/t_b) = (N_c t_b)/t_b = N_c$$

在相位编码雷达中，回波信号采用数字技术压缩，非相干积累也可以增加其处理增益。相移键控雷达的其他细节将在第 7 章中给出。

2.5 圆锥扫描(顺序天线波束转换)雷达简介[1]、[2]

雷达不仅能够确定目标的存在，还能确定目标的距离和一维、二维角坐标位置，跟踪雷达系统可采用：①单脉冲跟踪器(STT)，②自动检测和跟踪(ADI)，③相控阵雷达跟踪，④边跟踪和边扫描(TWS)四种类型来提供目标的航迹，其中相控阵雷达和边跟踪边扫描(TWS)也可归于 ADT 类型。

雷达能够跟踪目标的距离、角度和速度等。本章讨论的这种跟踪雷达主要功能为单目标的角跟踪。它与随后将讨论的监视或边扫描边跟踪雷达的区别在于，跟踪雷达的波束对目标的出现及其运动做出响应，并将目标作为自动跟踪环的一部分。

早期的跟踪雷达在两个角度进行跟踪时，以时分方式采用单个波束进行工作。这类使用一个波束时分的雷达称为圆锥扫描跟踪雷达，它属于用顺序波瓣法测角。这种体制的雷达，当目标偏离等信号轴时，要获得误差信号，至少要经过一个完整的圆锥扫描周期。因此存在获取误差信号的时间长，对快速目标测角误差大，而且还存在着因目标有效反射面积随机变化敏感等因素而引起的回波信号振幅起伏和易受敌方角度欺骗等干扰等缺点。

单脉冲雷达属于用同时波瓣法测角。这种雷达只需要比较各波束接收的同一个回波脉冲，就可以获得目标位置的全部信息。这也就是“单脉冲”这一术语的来源。当然这里并不是指只发射一个脉冲，仍然是发射一串脉冲，但角误差信息只需要接收一个回波脉冲就能提取。因此，单脉冲雷达获得误差信息的时间可以很短，与圆锥扫描雷达相比，它的测角精度高，抗干扰能力强。

应该注意，在测量或跟踪一个目标之前，必须首先将目标从周围环境中分辨和检测出来，并将其信号选为测量和跟踪的目标。

我们先简要介绍一下早期的圆锥扫描雷达。

雷达对目标进行角跟踪的最早方法是，通过快速地把天线波束从天线轴的一边转换到另一边来检测目标相对于天线轴的位置，如图 2.24 所示。这种形式的原始跟踪雷达，它使用相位可以转换的辐射单元组成的阵列天线，以便提供两个波束位置来做波束转换。雷达操纵人员观察一个显示器，显示器可并排地显示出这两个波束位置时的视频回波。当目标在轴上时，两个脉冲的幅度是相等的[如图 2.24(a)所示]；当目标偏离轴线时，两个脉冲就不相等了[如图 2.24(b)所示]。旋转轴和天线波束轴之间的夹角称为偏置角。雷达操纵人员观察到误差的存在及其方向就能转动天线以恢复两个波束位置之间的平衡。这就提供了一个人工的跟踪环路。

这种波束转换技术发展成波束环绕目标连续旋转的圆锥扫描跟踪的示意图，如图 2.25 所示。采用角误差检测电路产生跟踪误差的电压输出，其大小与跟踪误差成正比，相位或极性取决于误差的方向。这个误差信号可推动伺服系统把天线转向适当的方向，以使误差减少到零为止。

天线的馈源做机械运动以获得连续的波束扫描，因为当馈源偏离焦点时天线波束也就偏离轴线。典型的情况是馈源环绕着焦点做圆周运动，使得天线波束环绕着目标做相应的圆周运动。圆锥扫描雷达的典型框图如图 2.26 所示。图中含有一个距离跟踪系统，采用距离波门使雷达接收机仅在预期会出现跟踪目标的时刻才接通，这样在距离上能自动跟踪目标。距离波门排除了

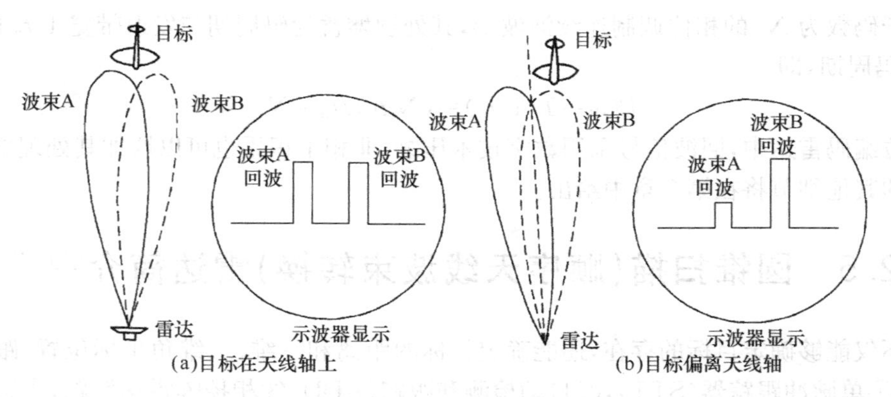

图 2.24　在一个坐标中通过转换波束位置测量角度偏移的示意图

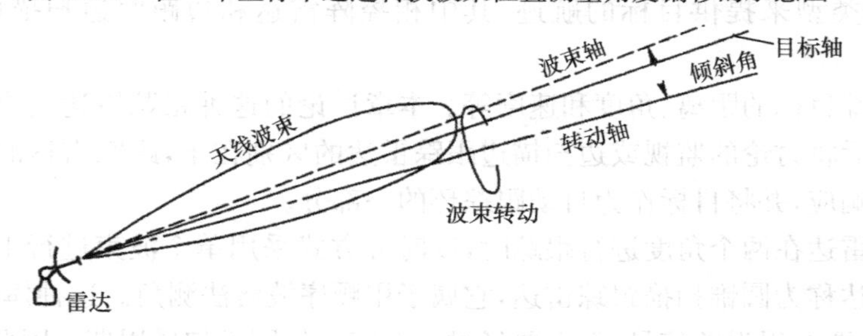

图 2.25　圆锥扫描跟踪的示意图

不需要的目标和噪声。系统中还含有 AGC 电路,使角灵敏度(误差检波器对每度误差输出的电压伏数)同回波信号幅度无关而维持常数。因而角跟踪闭环的增益也是常数,这是稳定角跟踪所必需的条件。

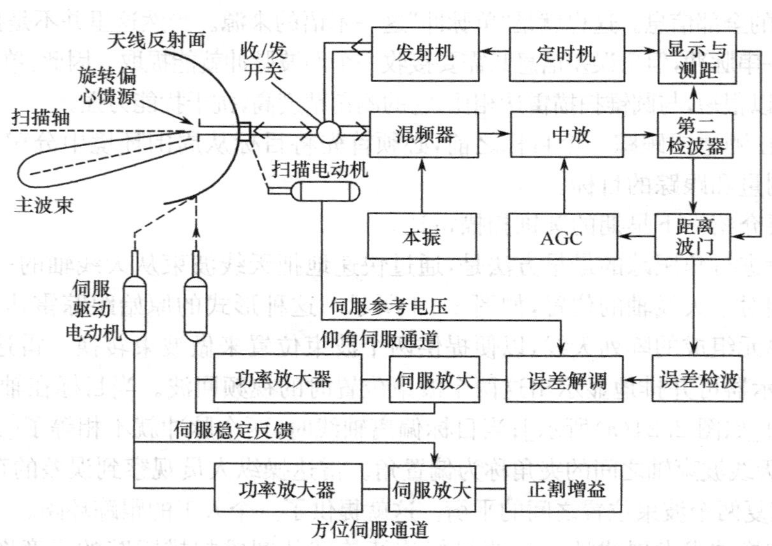

图 2.26　圆锥扫描雷达的典型框图

馈源的扫描运动可以是旋动的,也可以是章动的。旋动馈源在做圆周运动时由于自转而导致极化的旋转。章动馈源在扫描时不使极化面旋转,其运动就像人手做圆圈运动时一样。

雷达视频输出脉冲的包络中含有角跟踪误差信息,圆锥扫描系统中扫描波束、目标和误差电压间的关系如图 2.27 所示。接收到的脉冲串由 AGC 环路保持在平均幅度 E_0 上。因此,在扫描频率 f_s 上,瞬时脉冲幅度包络带有正弦曲线调制的误差信息。调制百分数正比于角跟踪误差，包络函数相对于波束扫描位置的相位含有方向信息。一对相位检波器利用从扫描电动机送来的参考输入完成角跟踪误差信号的检测(误差解调)。这两个相位检波器实质上是求点积的器件，它们的正弦波参考信号频率都是扫描的频率，而相互间具有一定的相位关系，以致可从一个相位检波器获得仰角误差，而从另一个相位检波器获得方位误差。例如，可以把扫描的顶点位置定为扫描频率余弦函数的零相位点。当目标在天线轴上方时，这就提供了正比于角误差的正电压输出。加到第二个相位检波器的参考信号和第一个参考信号是相差为 90°的关系，这就提供了一个正比于方位角误差的电压，其极性对应于误差的方向。

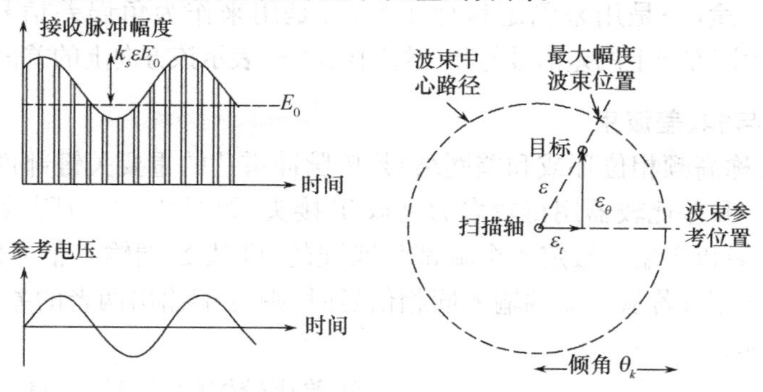

图 2.27　圆锥扫描雷达中的误差检测

2.6　单脉冲(同时天线波束转换)雷达[1]、[2]、[3]、[11]

单脉冲是通过比较在两个或更多天线波束内同时接收到的信号，来获得目标角度位置信息的一项雷达技术。这项技术的优点是具有更高的测量效率，更高的数据率，基本上无目标闪烁效应并减小了易干扰性。

单脉冲的定向原理是：用几个独立的接收支路来同时接收目标的回波信号，然后再将这些信号的参数加以比较(比幅或比相)，从中获取角误差信息。因此，多路接收技术是单脉冲雷达必不可少的。在讨论单脉冲雷达实现时，有时依据天线的实现方案可将系统分成幅度、相位和 Σ－Δ 类型。下面介绍几种常用的单脉冲雷达。

2.6.1　振幅和差单脉冲雷达

1. 角误差信号

如图 2.28 所示，雷达天线在一个角平面内有两个部分重叠的波束。振幅和差单脉冲雷达取得角误差信号的基本方法是将这两个波束同时收到的信号进行和、差处理，分别得到和信号、差信号。图 2.28(b)、(c)所示为与和、差信号相对应的和、差波束，其中差信号就是该角平面内的角误差信号，也就是我们感兴趣的信号。

由图 2.28(a)可知，若目标位于天线轴线方向(等信号轴方向)，即目标的误差角 $\varepsilon=0$，则两个波束各自接收到的回波信号振幅相同，两者的差信号振幅为 0。如果目标有一误差角 ε，例如偏在波束 1 方向，则波束 1 接收到的信号振幅大于波束 2 的信号振幅，且 ε 越大则两信号振幅的差值也越大，也就是说差信号的振幅与误差角 ε 成正比。如果目标偏离在天线轴线的另外一侧，则两波束接收信号振幅差值的符号将会改变，即差信号的相位将改变。所以差信号的振幅(两波束接收信号的振幅差)表示目标误差角 ε 的大小，而差信号的相位，则反映在它与两波束接收信号之和(和信号)同相或反相上，从而表示了目标在该平面内偏离天线轴线的方向。

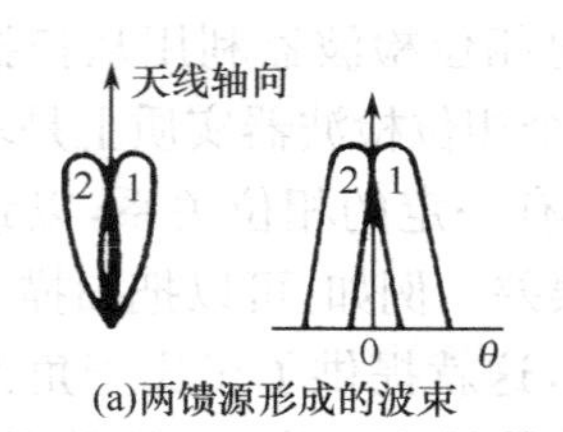

(a)两馈源形成的波束

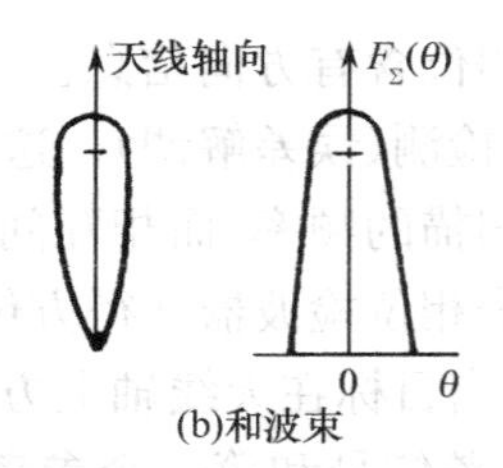

(b)和波束

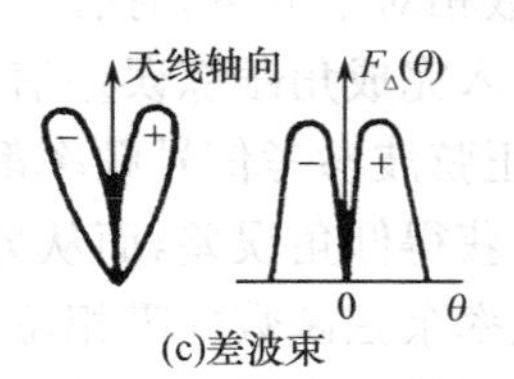

(c)差波束

图 2.28　振幅和差单脉冲雷达波束的示意图

和信号有两种用途，一是用来测定目标距离，二是用来作为角误差信号的相位比较基准，图 2.28(c)中"+"表示该方向上的差信号与和信号同相，"−"表示该方向上的差信号与和信号反相。

2. 和差比较器与和、差波束

和差比较器(又称高频相位环或和差网络)是单脉冲雷达的重要关键部件，由它完成和、差处理，形成和、差波束。和差比较器用得较多的是双 T 接头，如图 2.29(a)所示。它有 4 个端口：Σ(和)端、Δ(差)端、1 端和 2 端。假定 4 个端都是匹配的，则从 Σ 端输入信号时，1、2 端便输出等幅同相信号，Δ 差无输出；若从 1、2 端输入同相信号时，则 Δ 端输出两者的差信号，Σ 端输出和信号，如图 2.29(a)所示。

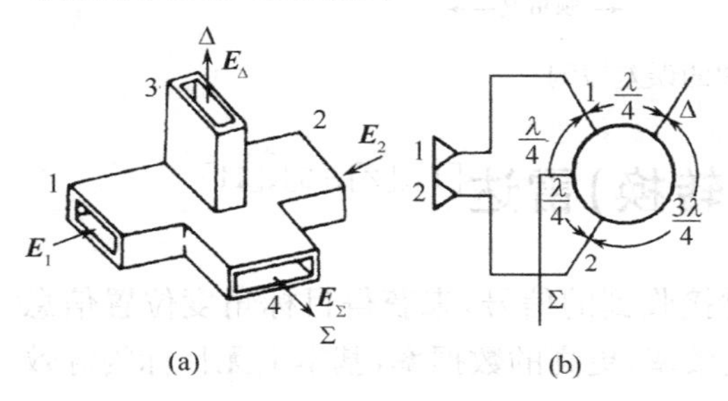

图 2.29　双 T 接头及和差比较器的示意图

和差比较器的示意图如图 2.29(b)所示，1 到 Σ 与 2 到 Σ 均要经过 $\lambda/4$，因此在 Σ 端同相相加；而 1 端到 Δ 端经过 $\lambda/4$，2 端到 Δ 端经过 $3\lambda/4$，两者相差 $\lambda/2$，因此在 Δ 端反相相加。和差比较器的 1、2 端与形成两个波束的两相邻馈源 1、2 相连。

发射时，从发射机来的信号加到和差比较器的 Σ 端，故 1、2 端输出等幅同相信号，两个馈源被同相激励，并辐射出相同的功率，结果两波束在空间各点产生的场强同相相加，形成发射和波束 $F_\Sigma(\theta)$，如图 2.29(b)所示。

接收时，回波脉冲同时被两个波束的馈源所接收。两波束接收的信号振幅有差异(视为目标偏离天线轴线的程度)，但相位相同(为了实现精密跟踪，波束通常做得很窄，对处在和波束照射范围内的目标，两馈源因靠得很近故接收到的回波的波程差可忽略不计)。这两个相位相同的信号分别加到和差比较器的 1、2 端。

这时，在 Σ 端完成两信号同相相加，输出和信号。设和信号为矢量 $\boldsymbol{E}_\Sigma$，其振幅为两信号振幅之和，相位与到达和端的两信号相位相同，且与目标偏离天线轴线的方向无关。

假定两个波束的方向性函数完全相同，设为 $F(\theta)$，两波束接收到的信号电压振幅为 E_1、E_2，并且到达和差比较器 Σ 时保持不变，设两波束相对天线轴线的偏角为 δ，则对于偏离天线轴线 θ 角方向的目标，其和信号振幅为

$$\begin{aligned}\boldsymbol{E}_\Sigma &= |\boldsymbol{E}_\Sigma| = E_1 + E_2 = AF_\Sigma(\theta)F(\delta-\theta) + AF_\Sigma(\theta)F(\delta+\theta) \\ &= AF_\Sigma(\theta)[F(\delta-\theta)+F(\delta+\theta)] = AF_\Sigma^2(\theta)\end{aligned} \tag{2-12}$$

式中，$F_\Sigma(\theta)$为发射和波束方向性函数，而 $F(\delta-\theta)+F(\delta+\theta)$ 为接收和波束方向性函数，它与发射和波束方向性函数完全相同；A 为比例系数，它与雷达参数、目标距离、目标特性等因素有关。

在和差比较器的 Δ 端，两信号反相相加，输出差信号，设为矢量 $\boldsymbol{E}_\Delta$。若到达 Δ 端的两信号用矢量 $\boldsymbol{E}_1$、$\boldsymbol{E}_2$ 表示，它们的振幅仍为 E_1、E_2，但相位相反，故差信号的振幅为

$$\boldsymbol{E}_\Delta = |\boldsymbol{E}_\Delta| = |\boldsymbol{E}_1 - \boldsymbol{E}_2|$$

$\boldsymbol{E}_{\Delta}$ 与方向 θ 的关系用上述同样方法可以求得，即

$$\boldsymbol{E}_{\Delta}=AF_{\Sigma}(\theta)[F(\delta-\theta)-F(\delta+\theta)]=AF_{\Sigma}(\theta)F_{\Delta}(\theta) \tag{2-13}$$

式中

$$F_{\Delta}(\theta)=F(\delta-\theta)-F(\delta+\theta)$$

即和差比较器 Δ 端对应的接收方向性函数为原来两方向性函数之差，其方向图如图 2.28(c)所示，称为差波束。

现假定目标的误差角为 ε，则差信号振幅为

$$|\boldsymbol{E}_{\Delta}|=AF_{\Sigma}(\varepsilon)F_{\Delta}(\varepsilon) \tag{2-14}$$

在跟踪状态下，ε 很小，将 $F_{\Delta}(\varepsilon)$在 0 处展开成泰勒级数并忽略高次项，则

$$F_{\Delta}(\varepsilon)\approx F_{\Delta}(0)+F'_{\Delta}(0)(\varepsilon-0)=F'_{\Delta}(0)\varepsilon \tag{2-15}$$

上式成立是因为在天线轴处 $F_{\Delta}(0)=0$，然后将式(2-15)代入式(2-14)，得

$$|\boldsymbol{E}_{\Delta}|=AF_{\Sigma}(\varepsilon)F'_{\Delta}(0)\varepsilon=AF_{\Sigma}(\varepsilon)F_{\Sigma}(0)\frac{F'_{\Delta}(0)}{F_{\Sigma}(0)}\varepsilon\approx AF_{\Sigma}^{2}(\varepsilon)\eta\varepsilon \tag{2-16}$$

因 ε 很小，式(2-16)中 $F_{\Sigma}(\varepsilon)\approx F_{\Sigma}(0)$，$\eta=F'_{\Delta}(0)/F_{\Sigma}(0)$。由式(2-16)可知，在一定的误差角范围内(跟踪范围内)，差信号的振幅$|\boldsymbol{E}_{\Delta}|$与误差角 ε 成正比。

另外，$\boldsymbol{E}_{\Delta}$ 的相位则与 $\boldsymbol{E}_1$ 和 $\boldsymbol{E}_2$ 中的大者相同。假设目标偏在波束 2 一侧，则 $\boldsymbol{E}_2>\boldsymbol{E}_1$，此时 $\boldsymbol{E}_{\Delta}$ 与 $\boldsymbol{E}_2$ 同相位，反之则与 $\boldsymbol{E}_1$ 同相位。由于在 Δ 端 $\boldsymbol{E}_1$ 和 $\boldsymbol{E}_2$ 的相位相反(两者相差 180°或相差半波长)，故目标偏于天线轴的侧向不同时，$\boldsymbol{E}_{\Delta}$ 的相位差是 180°。

因此，Δ 端输出差信号的振幅大小表明了目标误差角 ε 的大小，差信号的相位则表明了目标偏离天线轴线的方向。

由于 $\boldsymbol{E}_{\Sigma}$ 的相位与目标偏向无关，所以和信号 $\boldsymbol{E}_{\Sigma}$ 用来作为相位基准，用它与差信号 $\boldsymbol{E}_{\Delta}$ 的相位进行比较，就可以鉴别出目标偏离天线轴线的方向。

可见，振幅和差单脉冲雷达是依靠和差比较器的作用来得到图 2.28 所示的和、差波束。差波束用于测角。和波束用于发射、观察和测距；和波束信号还用来做相位鉴别器的相位比较基准。

3. 相位检波器和角误差信号的变换

和差比较器 Δ 端输出的高频角误差信号还不能用来控制天线跟踪目标，必须把它转换成直流误差电压，其大小应与高频角误差信号的振幅成比例；其极性应由高频角误差信号的相位来决定。这一变换由相位检波器来完成。

将和、差信号通过各自的接收通道，经变频、中放后一起加到相位检波器上进行相位检波。和信号作为相位检波器的基准信号。相位检波器输出为

$$U=K_{\mathrm{d}}U_{\Delta}\cos\varphi \tag{2-17a}$$

式中，K_{d} 为检波系数；$U_{\Delta}\propto|\boldsymbol{E}_{\Delta}|$，为中频差信号振幅；$\varphi$ 为和、差信号之间的相位差，只有两个值 0 或 π，因此

$$U=\begin{cases}K_{\mathrm{d}}U_{\Delta}, & \varphi=0\text{ 时}\\ -K_{\mathrm{d}}U_{\Delta}, & \varphi=\pi\text{ 时}\end{cases} \tag{2-17b}$$

因为加在相位检波器上的中频和、差信号均为脉冲信号，故相位检波器输出为正或负极性的视频脉冲($\varphi=\pi$ 为负极性)，其幅度与差信号的振幅(即目标误差角 ε)成比例，脉冲的极性(正或负)则反映了目标偏离天线轴线的方向。把它变成相应的直流误差电压后，加到伺服系统的控制天线向减小误差的方向运动就可实现角跟踪。图 2.30 画出一相位检波器输出视频脉冲幅度 U 与目标误差角 ε 的关系曲线，通常称为角鉴别特性。

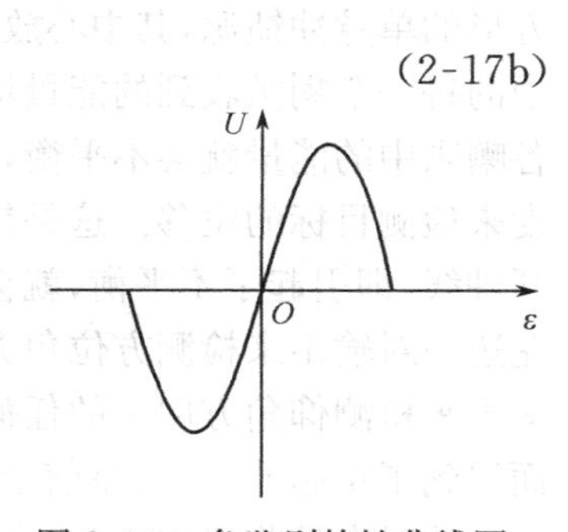

图 2.30　角鉴别特性曲线图

4. 单平面振幅和差单脉冲雷达及自动增益控制

图 2.31 是单平面振幅和差单脉冲雷达的组成框图，其工作过程为：发射信号加到和差比较器的 Σ 端，分别从 1、2 端输出同相信号激励两个馈源。接收时，两波束的馈源接收到的信号分别加到和差比较器的 1、2 端，Σ 端输出和信号，Δ 端输出差信号（高频角误差信号）。和、差两路信号分别经过各自的接收系统（称为和、差支路）。中放后，差信号作为相位检波器的输入信号，和信号分为三路：第一路经检波视放后做测距和显示用；第二路用在相位检波器上做基准信号；第三路用做和、差两支路的自动增益控制。和、差两中频信号在相位检波器上进行相位检波，输出就是视频角误差信号，将其变成相应的直流误差电压后，加到伺服系统上，来控制天线转动使其跟踪目标。和圆锥扫描雷达一样，进入角跟踪之前，必须先进行距离跟踪，并由距离跟踪系统输出一距离波门加到差支路的中放上，使被选目标的角误差信号通过。

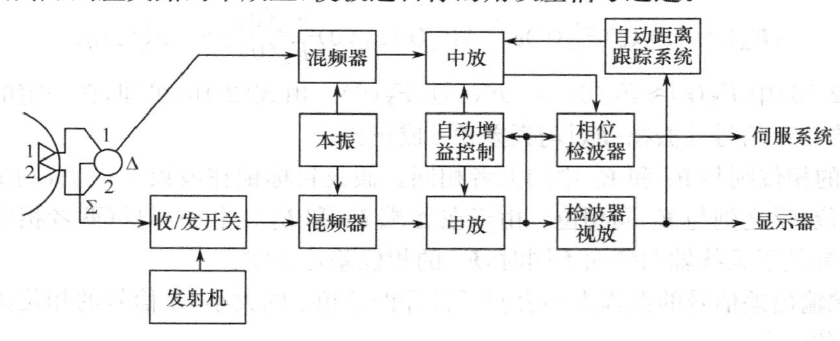

图 2.31　单平面振幅和差单脉冲雷达的组成框图

为了消除目标回波信号的振幅变化（因目标大小、距离、有效散射面积变化而造成的目标回波信号的振幅变化）对自动跟踪系统的影响，需要采用自动增益控制。它是用和支路信号经自动增益控制电路，同时去控制和、差两支路的中放增益。因为单脉冲雷达是在同一瞬间把和、差两支路的信号作比较，所以要求和、差两信道的特性严格一致，这是单脉冲雷达的特点，它对接收机（多通道）的一致性要求特别高。自动增益控制是用和信号同时对和、差支路进行自动增益控制，又称归一化处理。自动增益控制电压与和信号的幅度成正比，而和、差支路的放大量则与自动增益控制电压成反比，即与和信号幅度成反比。所以和支路输出电压基本上维持常数，差支路中放输出电压与 $F_{\Delta}(\theta)/F_{\Sigma}(\theta)$ 成比例。$F_{\Sigma}(\theta)$ 是和波束方向图函数，$F_{\Delta}(\theta)$ 是差波束方向图函数。

5. 双平面振幅和差单脉冲雷达

为了对空中目标进行自动方向跟踪，必须在方位和仰角两个平面上进行角跟踪。这就必须获得方位和仰角两个误差信号。为此需要用 4 个馈源照射一个反射体，以形成 4 个对称的相互部分重叠的波束。常规的四喇叭方形馈源所用的微波电路如图 2.32(a)所示，这种采用四喇叭方形的单脉冲馈源，其中心放在焦点上。它是对称的，当“目标回波（斑点）”落在中心时，四喇叭中的每一个喇叭收到的能量均相等。如果目标离开轴线，就会使“目标回波（斑点）”移动，于是在各喇叭中的能量就会不平衡，如图 2.32(b)所示，雷达通过比较在各个喇叭中激起的回波信号幅度来检测目标的位移。这是靠采用微波混合电路使两对喇叭的输出相减来完成的。只要目标离开轴线，即引起了不平衡，就会有敏感器混合件给出信号输出。从图 2.32 右边一对输出中减去左边一对输出来检测方位角方向上的任何不平衡，同时从图 2.32 下面一对输出中减去上面一对输出来检测仰角方向上的任何不平衡。图 2.32(a)所示中的比较器实现了馈源输出的加减，从而得到了单脉冲的和、差信号。

此时在接收机中，有 4 个和差比较器和三路接收机（和支路、方位差支路、仰角差支路）、两个

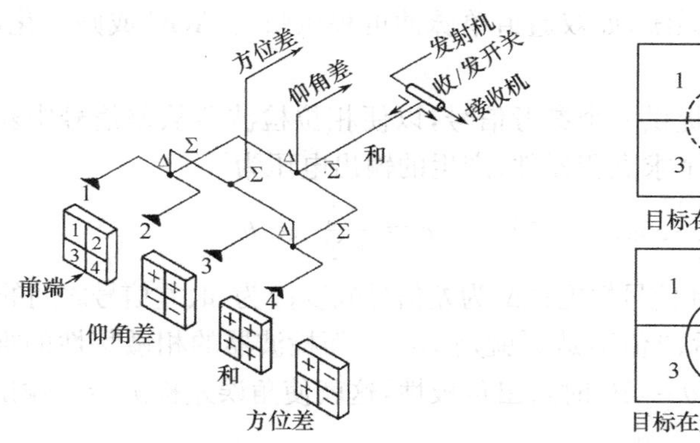

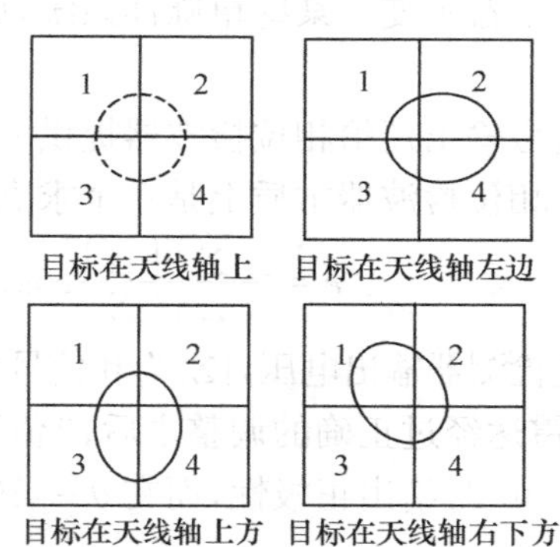

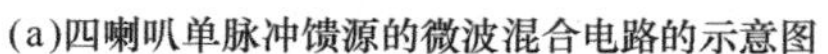
(a)四喇叭单脉冲馈源的微波混合电路的示意图

(b)四喇叭单脉冲馈源“目标回波(斑点)”位置的示意图

图 2.32　四喇叭单脉冲馈源的概念图

相位鉴别器和两路天线控制系统等。图 2.33 是双平面振幅和差单脉冲雷达的原理框图。图中A、B、C、D 分别代表 4 个馈源。显然，4 个馈源同相辐射时共同形成和方向图。接收时，4 个馈源接收信号之和(A+B+C+D)为和信号(比较器 3 的 Σ 端输出)，(A+C)−(B+D)为方位角误差信号(比较器 3 的 Δ 端输出)，(A+B)−(C+D)为仰角误差信号(比较器 4 的 Σ 端输出)，而(A+D)−(B+C)为无用信号，被匹配吸收负载所吸收。

和差比较器 Δ 端的输出称为差信号。当目标在轴线上时，差信号为零。当目标偏离轴线的位移增加时，差信号的幅度就会增加。当目标从中心的一边变到另一边时，差信号的相位改变 180°。四喇叭输出的总和提供一个参考信号，以便即使目标回波信号在大动态范围内变化时仍能得到稳定的角跟踪灵敏度(每度误差的电压伏数)。为了保持角跟踪环路增益的恒定以达到稳定的自动角跟踪，AGC 是必要的。

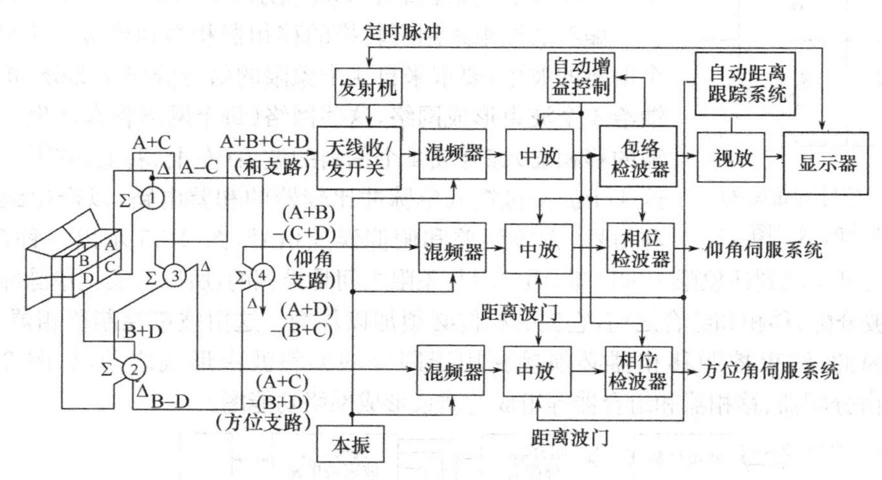

图 2.33　双平面振幅和差单脉冲雷达的原理框图

在图 2.33 中，射频和信号、仰角差信号、方位差信号采用同一个本振各自变换成中频(IF)，以便在中频上仍维持相对的相位关系。将中频和信号检波后输出，变成视频输出给测距机。测距机确定所需目标回波的到达时刻，并提供波门脉冲以使部分接收机只在所需期待目标的短暂时间内接通。将经过波门选通的视频用来产生正比于 Σ 或|Σ|的 AGC 直流电压，再用此电压控制三路中放通道增益。即使目标回波信号在很大的动态范围内变化，AGC 通过控制增益或除以|Σ|也能使角跟踪灵敏度(每度误差的电压伏数)不变。为了稳定自动角跟踪，必须用 AGC 保持

角跟踪环路的增益不变。某些单脉冲系统，如双通道单脉冲可提供瞬时 AGC 或归一化，在此不再叙述。

中频和信号输出还给相位检波器提供一个参考信号，以便相位检波器从差信号中获得角跟踪误差电压。相位检波器本质上是一个求点积器件，产生的输出电压为

$$e=\frac{|\Sigma||\Delta|}{|\Sigma||\Sigma|}\cos\theta \qquad 或 \qquad e=\frac{\Delta}{|\Sigma|}\cos\theta \tag{2-18}$$

式中，e 为误差检测器输出电压，$|\Sigma|$ 为和信号幅度；$|\Delta|$ 为差信号幅度；θ 为和、差信号之间的相角。

通常，在雷达经过正确的调整之后，θ 值不是 0°就是 180°。而检波器的相敏特性的唯一目的就是为了在 $\theta=0°$ 时给出正极性，而在 $\theta=180°$ 时给出负极性，这就使角误差检测器的输出带有方向指示。

在脉冲跟踪雷达中，角误差检波器输出是双极性的视频。也就是说，视频脉冲的幅度正比于角误差，而其极性（正、负）对应于误差的方向。这个视频通过一个矩形波串电路进行处理，使电容器充电到视频脉冲的峰值电压，并保持住电荷，直到下一个脉冲到来时电容器才放电，并再次充电到新脉冲的电平。经过适当低通滤波得到的直流误差电压输出送给伺服放大器，用以校正天线的位置。

6. 采用阵列天线的振幅比较单脉冲跟踪[2]、[22]

（1）简述

采用阵列天线比采用反射天线完成振幅比较单脉冲跟踪更为复杂。单脉冲跟踪至少需产生 5 个波束，即发射波束和 4 个偏斜的误差检测波束。反射天线可采用 4 个或 5 个喇叭（或更多个）作为馈电器，每个馈电器产生一个偏斜的波束。而阵列天线不能这样做。因此，常将阵列分成 4 个象限，每个子阵仅在轴线上产生一个较宽的波束，如图 2.34 所示。

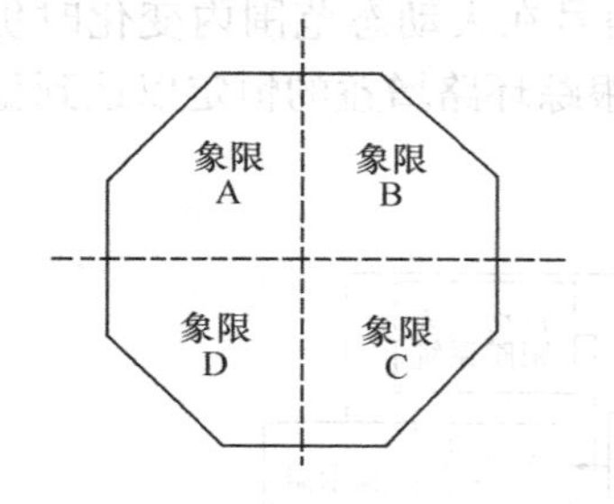

图 2.34　单脉冲跟踪的阵列划分的示意图

偏斜的波束采用可转换的移相器相继地形成。为同时建立 4 个偏斜的波束，要求来自 4 个象限的信号分成 4 部分，将它们轮流馈给 4 个波束形成网络，这些网络（每个网络含有产生一个波束所需的移相器）综合成 4 个偏斜的波束（左上、右上、右下和左下部）。这 4 个波束被馈入单脉冲比较器的和差电路，以产生跟踪所需的和信号、方位误差和俯仰误差信号，图 2.35 示出一种简化框图。由于相控阵列可获取到达象限上的能量，而象限与象限之间是异相的，所以为实现单脉冲跟踪，在 4 个象限信号被分配、移相和组合之前，它们的相位必须加以均衡。这由波束控制移相器完成，无需附加电路。因此，波束控制移相器必须接在用于跟踪的偏斜波束形成之前，如图 2.35 所示。图 2.36示出由分配器、移相器和组合器等组成的波束形成网络功能图。

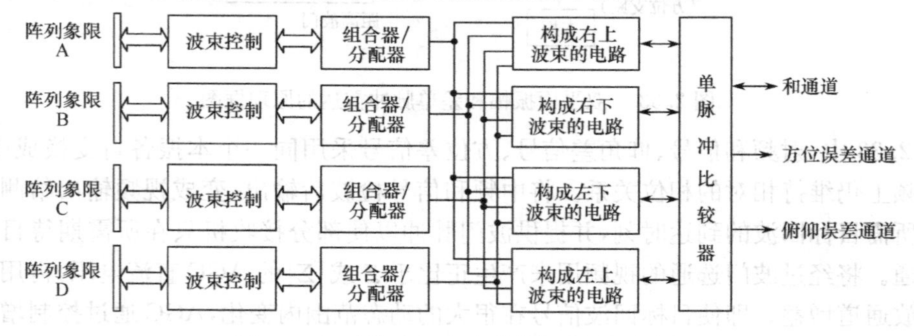

图 2.35　单脉冲跟踪阵列的简化原理框图

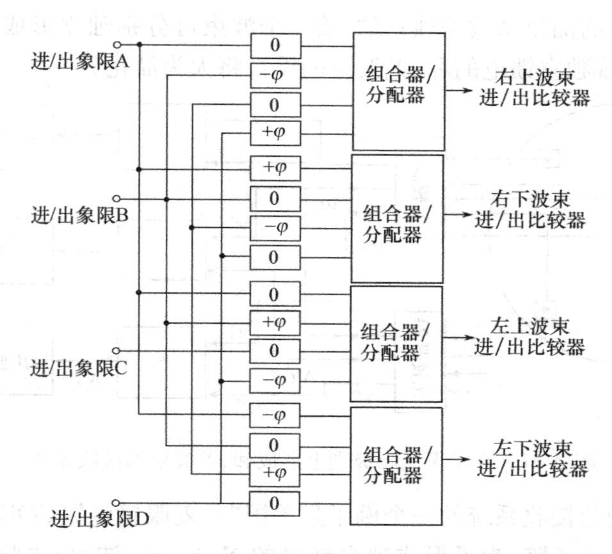

图 2.36　阵列单脉冲跟踪的波束形成网络的示意图

值得一提的是，上述组态并不适合于空馈透镜阵列。另外，阵列也不一定分成4个象限，目前已有分成高达16部分的阵列跟踪的研究，而且具有一定的优点，在此不再进一步讨论。

通常，相控阵跟踪雷达按其馈源技术而分为比幅与比相两大类。透镜式阵列的作用像一个高频透镜；反射式阵列的作用像一个抛物反射面。它们都可以采用前面讲过的多喇叭馈源或多模馈源，在使馈源最佳化方面通常考虑的因素也是一样的。在分支馈电的阵列里，可以用两个一半的阵列，像比相跟踪一样检测单脉冲角误差(如顶部和底部两半可以用于检测仰角)。这种两个一半的用比相检测角误差的天线阵通常对和波瓣图提供良好的照射锥削，但是差信号电场在阵列中心达到峰值且具有一个突然的180°相位变化，在幅度最大点上出现这种极陡的不连续性会产生不希望有的高旁瓣。采用诸如分开的馈源等技术可得到所需要的差信号电场分布形状。

测量雷达可使用单脉冲电扫描相控阵以满足同时跟踪多批目标的要求。例如，多目标跟踪雷达(MOTR)。美国的AN/TPQ—39提供了一个60°的电子脉冲-脉冲波束覆盖锥角，外加机械底座运动装置以覆盖整个半球，在±30°电扫范围内都能保持高精度和高效率，而且此覆盖范围可以按需要机械地移动，以便与被跟踪目标一起最佳地移动电扫描覆盖范围。

(2) 在子天线阵级别上实现和、差波束的独立形成[8]

在二维相位扫描的平面相控阵接收天线上，由于阵面中天线单元数目众多，数千甚至数万个，因而要在天线单元级别上，形成独立的和、差波束将造成设备量急剧增大与成本增加。比较合理的解决方法是将整个平面相控阵接收天线分成若干子阵，如M个子阵，在子天线阵级别上形成独立的符合单脉冲测量要求的多个接收波束。

为此，首先将天线阵面分为4个象限，每个象限划分为同样多的子天线阵，再按前面讨论的相位和、差单脉冲测角原理，将4个对称子阵的接收输出信号通过子阵和、差波束形成网络，即比较器分别形成子天线阵的和差输出Σ_i、ΔA_i与ΔE_i。将每个子阵比较器输出的Σ_i、ΔA_i与ΔE_i分别进行相加，最后得到Σ_i、ΔA_i与ΔE_i三个波束。在相加时，这三个波束按各自的加权函数进行加权，因而得到独立最佳的三个波束。波束相加的示意图如图2.37所示。

和波束相加Σ、方位差波束相加$\Sigma\alpha$及仰角差波束$\Sigma\beta$的输出分别为：

$$\Sigma = \sum_{i=1}^{M/4} w_i \Sigma_i, \quad \Sigma\alpha = \sum_{i=1}^{M/4} w'_i \Delta\alpha_i, \quad \Sigma\beta = \sum_{i=1}^{M/4} w''_i \Delta\beta_i \tag{2-19}$$

由于形成三个波束的加权系数是独立的，故三个波束可分别独立形成。此外，由于采用子阵后数目已经不多，故实现独立馈电的和、差波束的设计将大为简化。

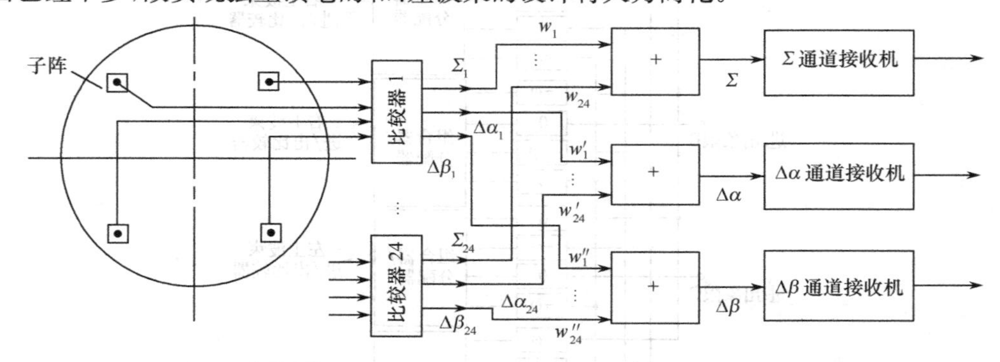

图 2.37　在子天线阵级别上形成和、差波束的接收系统

采用这种单脉冲测角接收系统的一个例子是美国“丹麦眼镜蛇”(COBRA DANE)相控阵雷达，其天线阵面分为 96 个子阵，为了形成独立馈电的 Σ、$\Delta\alpha$、$\Delta\beta$ 波束，先将与阵列中心对称的 4 个子阵的输出送至一个单脉冲比较器，获得 Σ_i、$\Delta\alpha_i$ 和 $\Delta\beta_i$ 三个波束。由于共有 96 个子阵，故一共有 24 个这样的单脉冲比较器和 24 组波束。

另一个例子是美国海军 AEGIS 系统中使用的 S 波段 AN/SPY－1 相控阵雷达，它共有4480 个天线单元，每一天线单元有一个移相器。4 个移相器由一个驱动器控制。每 32 个天线单元组成一个组件，因此，一共有 140 个组件。两个组件结合成一个接收子天线阵，总共有 70 个接收子天线阵。每两个接收子阵结合成一个发射子阵。因此，总共有 35 个发射子阵，有 35 部子阵发射机。和波束、方位差波束、仰角差波束在接收子阵级别上形成，得到独立馈电的和、差波束，克服了抛物面单脉冲跟踪天线上难以解决的“和差矛盾”。

对一维相位扫描的相控阵雷达，如只在仰角上进行相位扫描，方位上机械扫描的三坐标雷达，由于天线单元数目较少(一般不高于 100)，故实现独立馈电的和波束与仰角差波束不会带来很大的设计困难。对一维线阵，并将线阵分为若干子天线阵情况时，可采用 Zolotarev 分布实现和、差波束的最佳分布。

对并馈线阵，为了获得接近于常见图 2.38 所示和差波束的径照射函数中图 2.38(c)所示的理想差波束口径照射函数，可以采用带均衡器的馈电网络，如图 2.39 所示。

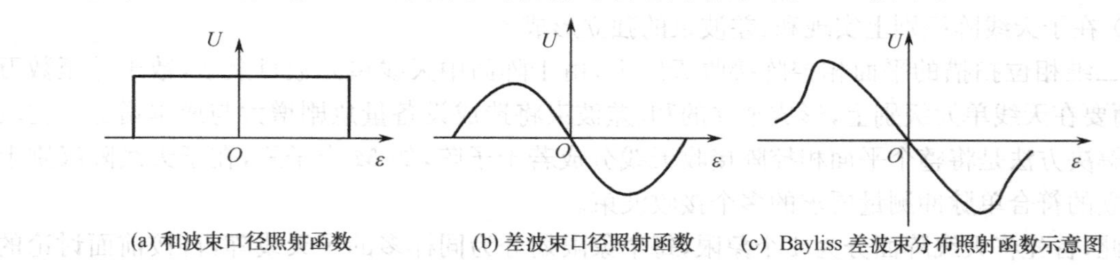

图 2.38　和差波束的口径照射函数

由于均衡器的作用，阵列中心附近的单元，在差波束的口径照射函数中，不再是最大值，而接近于零。因此，差波束口径照射函数接近于理想的情况。中间子阵与左右两个子阵分别形成和、差波束后再行相加，这与图 2.39所示面阵的情况是一样的。同样可以将线阵分为更多的子阵，在子阵级别上实现独立的具有不同照射函数的和、差波束，以满足和、差波束的不同要求。

在两个正交角坐标系中进行单脉冲角度跟踪需要三个通道或三路接收机。三路接收机必须保持幅度、相位的平衡。为简化此问题，曾考虑过仅需要一路或两路接收机的单脉冲雷达，它只要通过某种方法使和、差信号合并，并能在输出端分开。这些技术对 AGC 或其他处理技术有某些优点，但其代价是信噪比有损耗，或者方位和仰角信号之间有互相耦合。应该指出，AGC 环路的特性对于单脉冲的性能非常关键，单脉冲的主要优点是没有目标闪烁误差。AGC 的功能是当目标信号幅度随距离或目标起伏而变化时，保证误差通道内恒定的回路增益。对目标距离变化的补偿由慢速 AGC 环得到，而目标起伏只能采用快速 AGC 去除。

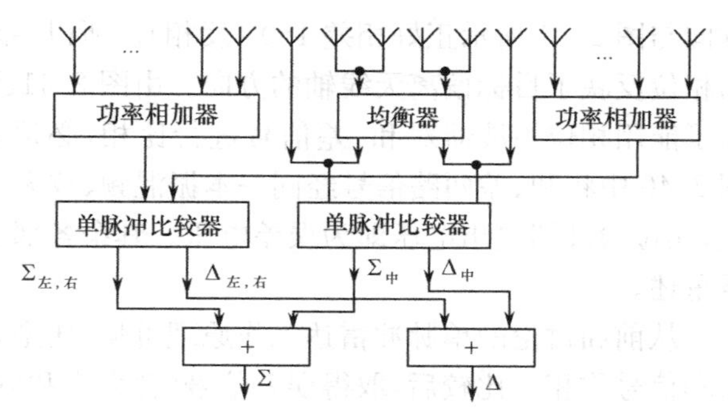

图 2.39　采用均衡器的相控阵单脉冲和差波束形成网络

2.6.2　相位和差单脉冲雷达

图 2.40 是一个单平面相位和差单脉冲雷达的原理框图，它是基于相位法测角原理工作的。它的两个天线相距为 d（d 大于数个波长，即相距较远）。每个天线孔径产生一个以天线轴为对称轴的波束。在远区，两个方向图几乎完全重叠。对于波束内的目标，两波束所收到的信号振幅近似相等。当目标偏离对称轴时，两天线接收信号由于波程差引起的相位差为

$$\varphi=\frac{2\pi}{\lambda}d\sin\theta,\quad \varphi\approx\frac{2\pi}{\lambda}d\theta\quad（当\ \theta\ 很小时）\tag{2-20}$$

式中，d 是天线间距，θ 是目标对天线轴的偏角。所以两天线收到的回波为相位差是 φ 且幅度相同的信号，并通过和差比较器取出和信号与差信号。由此对两个天线收到的信号的相位差进行测量，可得到目标的角度 θ。相位比较单脉冲雷达有时被称为干涉仪雷达。

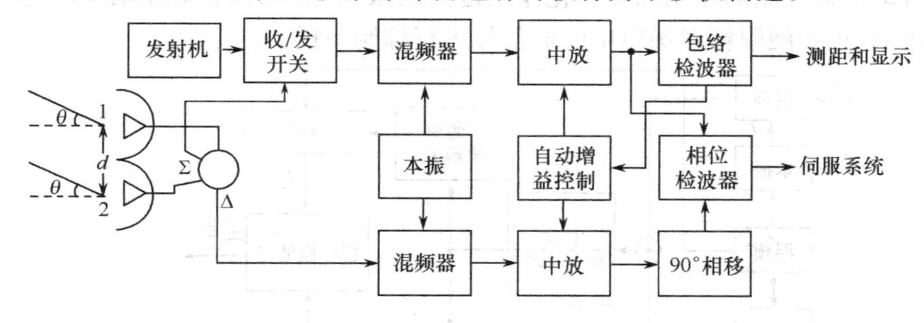

图 2.40　单平面相位和差单脉冲雷达的原理框图

利用图 2.41 的矢量图，可以求得和信号 $\boldsymbol{E}_\Sigma$ 和差信号 $\boldsymbol{E}_\Delta$。

和信号为

$$\boldsymbol{E}_\Sigma=\boldsymbol{E}_1+\boldsymbol{E}_2$$

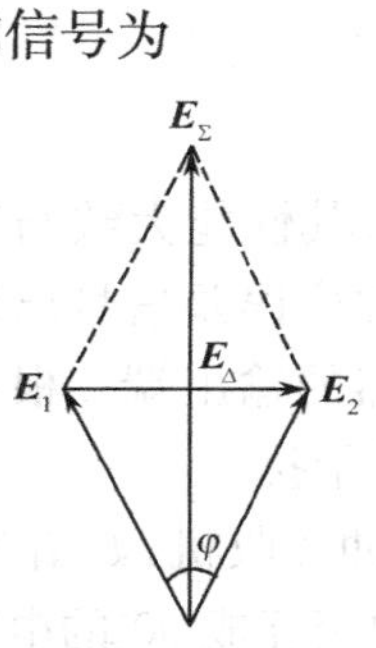

和信号幅度为　$|\boldsymbol{E}_\Sigma|=2|\boldsymbol{E}_1|\cos(\varphi/2)$

差信号为　$\boldsymbol{E}_\Delta=\boldsymbol{E}_2-\boldsymbol{E}_1$

差信号幅度为　$|\boldsymbol{E}_\Delta|=2|\boldsymbol{E}_1|\sin(\varphi/2)=2|\boldsymbol{E}_1|\sin\left(\frac{\pi}{\lambda}d\sin\theta\right)$

当 θ 很小时　$$|\boldsymbol{E}_\Delta|\approx|\boldsymbol{E}_1|\frac{2\pi}{\lambda}d\,\theta\tag{2-21}$$

图 2.41　矢量图的示意图

图 2.41 所示的是假设目标偏在天线 1 一边的各信号间的相位关系，此时 $\boldsymbol{E}_1$ 超前 $\boldsymbol{E}_2$；若目标偏在天线 2 一边，则差信号矢量的

方向与图 2.41 所示正好相差 180°(反相)。所以,差信号的大小反映了目标偏离天线轴的程度,而相位反映了目标偏离天线轴的方向。由图 2.41还可看出,和、差信号相位正好相差 90°。因此为了能用相位检波器对和、差信号进行比相,必须先把其中任一路先移相 90°,然后再来比相。图 2.40 中将和、差两路信号经同一本振混频、放大后,差信号预先移相 90°,然后加到相位检波器上,相位检波器输出电压即为误差电压。其余各部分的工作情况与振幅和差单脉冲雷达相同,不再重述。

从前面讨论的单脉冲雷达工作原理可见,典型单脉冲雷达是三路接收机同时工作,将差信号与和信号作相位比较后,取得误差信号(含大小和方向)。因此工作中要求三路接收机的工作特性严格一致(相移、增益要一致)。各路接收机幅—相特性不一致的后果是测角灵敏度降低并产生测角误差。

相对于流行的幅度比较单脉冲方法,相位比较单脉冲方法很少应用。

2.6.3 单通道和双通道单脉冲雷达

单脉冲雷达也可以用少于三个的中频通道来构成,只要通过某种方法使和、差信号合并,并能在输出端分开。这些技术对 AGC 或其他处理技术有某些优点,但其代价是信噪比有损耗,或者方位和仰角信号之间互相耦合。

图 2.42 所示为一个单通道单脉冲系统(SCAMP),图中只画出一个坐标角跟踪(系统具有两种坐标跟踪能力),它在一个中频通道里用和信号去归一化差信号,得到所需的、不变的角误差灵敏度。每个信号用各自不同频率的本振从高频混频到不同的中频频率。在一个中放里进行放大,其带宽足以通过所有三个不同频率的信号。在中放输出端对信号硬限幅,并用三个窄带滤波器加以分离。然后用两个信号的本振和第三个信号的本振之间的差频将其中的两个信号差拍,使三个信号都变为同一个频率。于是可以用一般的相位检波器或者简单地用幅度检波器取得角误差电压。自动增益控制的作用和归一化作用是由硬限幅完成的,它对差信号产生一个弱信号且受抑制的作用,正如硬限幅对噪声中的弱信号进行抑制一样。

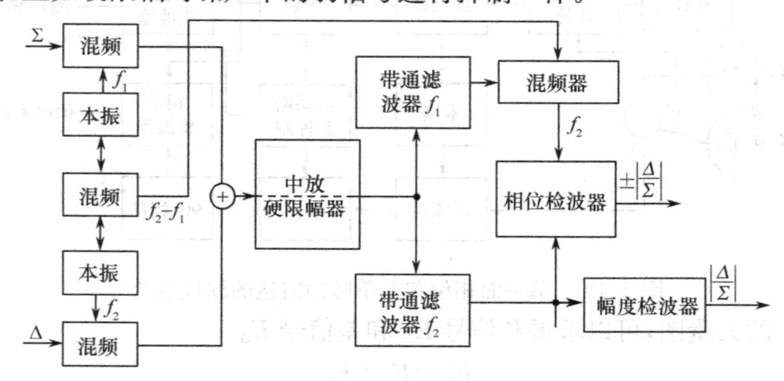

图 2.42 单通道单脉冲跟踪系统的原理框图

单通道单脉冲实际上提供的是瞬时 AGC 作用。在有热噪声存在时,其性能大致与三通道单脉冲一样。但其限幅处理产生一个严重的互相耦合问题,使得一部分方位误差信号出现在俯仰角误差检波器的输出端,而俯仰角误差信号却出现在方位角误差检波器的输出端。根据接收机的组成及中频频率的选择,这种交叉调制可能产生严重的误差且容易受干扰。

在高频上将和信号与差信号合并以后也可以采用一种双通道的单脉冲接收机,如图 2.43 所示。微波分解器是一个在圆波导中做机械旋转的高频耦合环。在此波导中用互成 90°的电场极化激励方位和俯仰两个差信号。进入耦合器的能量含有两个差信号成分，它们分别按耦合器角位置$\omega_s t$的余弦和正弦变化。这里，ω_s为旋转的角速度。混合电路把组合了的差信号Δ加到和信号Σ里去，除两个输出($\Sigma+\Delta$和$\Sigma-\Delta$)的调制函数差180°之外，其中每一个都类似于圆锥扫描跟踪的输出。在一个通道损坏的情况下，这种雷达能像仅在接收时进行波束扫描的圆锥扫描雷达一样工作，其性能基本上与圆锥扫描雷达相同。两个通道的角误差信息彼此反相，其优点是接收信号中的信号起伏在提取角误差信息的中频输出(检波后相减器)中抵消。对数中放实质上是起了瞬时AGC的作用，给出需要不变的由和信号归一化的差信号角误差灵敏度。检波后的Δ信息是双极性的视频，误差信息就包含在它的正弦包络里。用角解调方法将此信号分解成两个成分，即方位和俯仰的误差信息。利用从旋转耦合器的驱动装置来的参考信号，解调器从Δ中取出正弦和余弦成分，以给出方位和俯仰的误差信号。双通道单脉冲技术已用于跟踪雷达AN/SPG—55和导弹靶场测量雷达AN/FPQ—10。由微波分解器产生的调制作用对测量雷达的应用是有影响的，因为它在信号中增添了频谱成分，以致使这种雷达在要增加脉冲多普勒跟踪能力时遇到困难。

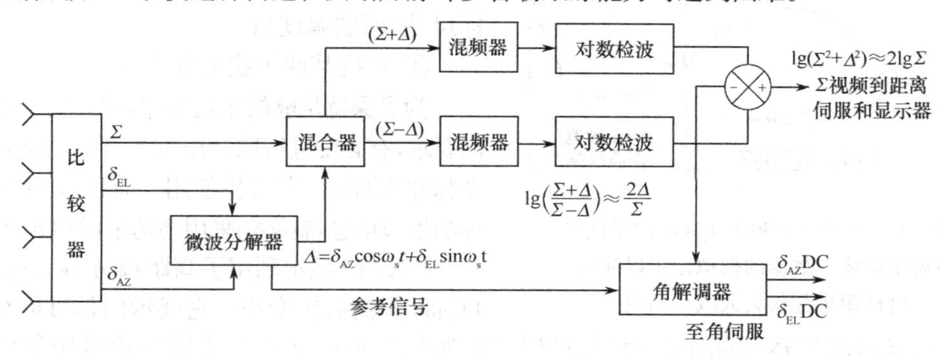

图 2.43　双通道单脉冲雷达系统的原理框图

只有在两个中频通道都工作时，这个系统才有瞬时AGC作用。而在一个通道损坏的情况下，系统虽然仍能工作，但性能却降低了。因此，无论如何，在接收机输入端都有3dB的信噪比损耗，虽然这个损耗可用和信号信息相参叠加的方法补偿一部分。设计微波分解器要尽量减小损耗，而且精度要求很高才能减小方位与俯仰两通道之间的互耦。利用铁氧体器件来代替机械旋转的耦合器，可以改进分解器的性能。

多年来的技术进步使得接收机的体积更小、性能更好，以致这类用接收机性能换取减少通道数量的折中方法变得不重要了。

2.6.4　锥脉冲雷达

锥脉冲(也称补偿扫描)是一种雷达跟踪技术，是单脉冲和圆锥扫描的结合，这是使用两个通道而不是三个通道得到单脉冲优点的另一种尝试。它采用两个按相反方向偏离天线中心轴的同时波束，且像圆锥扫描雷达波束扫描一样旋转。由于它们同时存在，因此可以从一对波束获取单脉冲信息。单脉冲信息被测量的那个平面在旋转。因此，高度和方位信息是顺序相接的，必须加以分离以便在每个跟踪坐标中使用。由于圆锥单脉冲采用同时波束方法测角，因此不会发生如传统圆锥扫描雷达那样使锥脉冲的精度因回波信号的幅度起伏而降低。该方法不能像真正的单脉冲测量那样实现单个脉冲的测量。因此，雷达数据率比三通道系统低。虽然圆锥单脉冲只需要两部接收机，但存在需要机械旋转两个波束的缺点。这使需要在旋转过程中保持极化方向不变尤其困难。类似其他单通道、双通道单脉冲系统，时间和技术的进步已使圆锥扫描方法过时了。

2.7 特殊单脉冲技术[2]

2.7.1 高距离分辨力单脉冲

高距离分辨力在单脉冲雷达的应用中为改善性能和提取目标信息提供的方法。其基本途径是提供足够的距离分辨力以分辨出目标上的若干主要散射体，并经单脉冲处理确定每一个散射体的距离、方位和高度。这将提供目标位置的三维(3D)雷达图像，并提供第四维数据，即通过每一个散射体回波的幅度测定目标尺寸。其优点如下：

① 对于需要精确跟踪目标上的点(如重心)的应用，可大大减少目标角度和距离的闪烁；

② 大大减少了雨杂波、海杂波和金属箔条干扰，这些干扰将随距离分辨力的提高而降低；

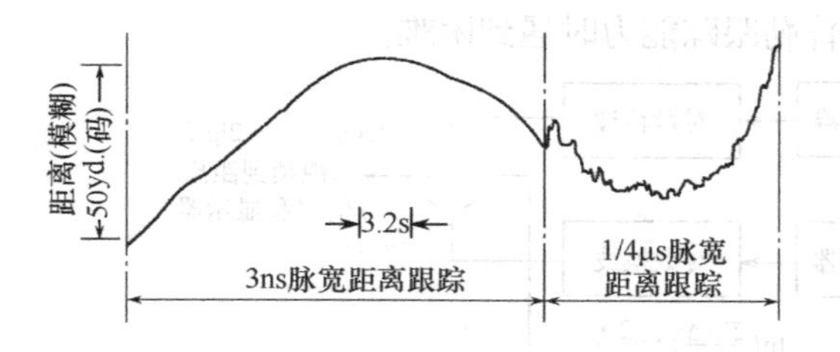

图 2.44 比较 3ns 和 1/4μs 跟踪的闭环距离跟踪输出数据的模拟记录以演示目标距离起伏大大减小曲线

③ 可提供目标识别用的三维目标图像和目标尺寸(回波幅度)；

④ 对抗某些干扰的复杂发射波形。

为了保持足够的平均功率，满足雷达探测距离的要求，有必要进行脉冲压缩。有效的宽带声表面波脉冲压缩滤波器可供使用。而且，如果要处理目标的细节信息，就必须采用高速采样和数字化技术。

图 2.44 显示利用了高距离分辨力技术之后，目标距离的起伏变小。它展示的是目标在进行近似为等距离飞行时雷达所测出的距离，目标的真实偏移可以从距离曲线的走势中得到。对于 0.25μs 的脉冲宽度，随机波动的典型值 2.74～3.66m(均方根值)。然而，虽然对于 3ns 的脉冲宽度距离闪烁已基本上消除了，但由目标重心起伏而引起的小误差却仍存在。

一个高距离分辨力单脉冲雷达的视频输出测量值如图 2.45 所示。图中描述的是雷达分辨出一"超星座"飞机主要散射体的单脉冲和信号的距离—角度轮廓。单脉冲差信号双极性视频的极性确定方位，而其幅度可测量每个反射器到天线轴线的偏移量(只标出了方位角的轴线)。平

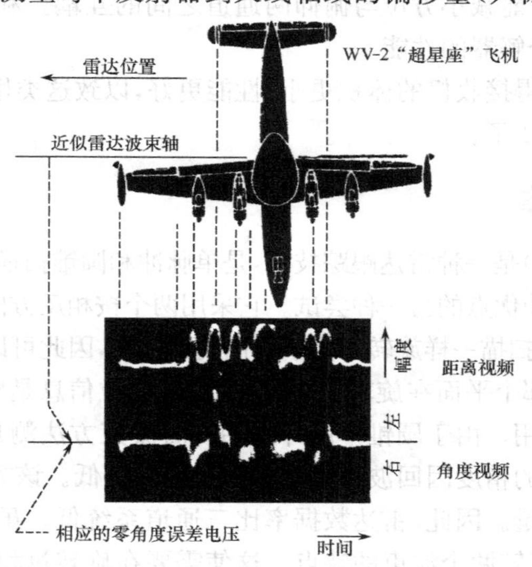

图 2.45 来自飞行中的"超星座"飞机的高距离分辨力的单脉冲距离和角度视频图

(雷达工作于 X 波段、1°波束宽度和 3ns 脉冲宽度；角度视频是根据天线轴和偏移量对目标方位的测量)

均双极性视频可减少目标重心均方根值的误差。

在一定的条件下，有可能通过跟踪一个距离单元中的目标，并利用其他距离单元中的单脉冲误差来取得几个散射体的相对角度。要根据实现这种技术，所有被分析的目标必须同时在天线的波束之内，而且每个目标必须占有不同的距离分辨单元。

图 2.46 为多目标单脉冲跟踪的原理图，在天线波束内同时存在多个距离上可分辨的目标。标有"A"字的目标经单脉冲误差校正后，其跟踪误差为 0。出现在其他距离单元中的目标给出了它们相对于被跟踪目标的相对角度，而根据在这些其他距离单元中的单脉冲跟踪误差，可预示它们相对的相互位置。由此各个目标能以三维(距离、相对方位和相对俯仰)来求得。

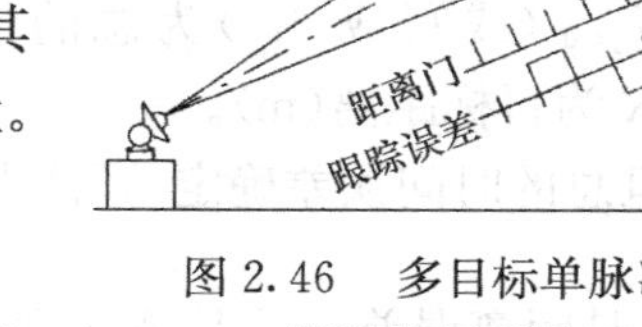

图 2.46　多目标单脉冲跟踪的原理图

这种技术的精度与下列因素有关：

① 由误差通道视频幅值与和通道视频幅值之比中得出的跟踪误差；

② 误差通道幅值与和通道幅值之比必须是误差角的已知函数；

③ 方位和俯仰跟踪误差必须彼此独立，相互无影响。

2.7.2　双波段单脉冲雷达

双波段单脉冲能在一个天线上有效地组合两个特征互补的射频频段特性。X 波段(9GHz)和 Ka 波段(35GHz)的组合是非常有用的。X 波段能够很好地实现探测量程和跟踪精度，其不足之处是低角度的多路径范围性能差和该波段的抗干扰性能差。Ka 波段虽然受大气衰减和雨衰减的限制，但它能在低角度多路径范围内提供很高的精确度，并且这个波段是电子干扰技术很难攻克的一个波段。

美国海军研究实验室(NRL)已经设计出了一种叫 TPAKX 的测量雷达(在 Ka 波段和 X 波段的跟踪雷达)，可用于导弹靶场和训练靶场。设计这套系统的目的是在诸如导弹目标溅落时能够精确跟踪，并且在 X 波段受到干扰时用 Ka 波段仍能精确跟踪。

荷兰 Hallandse Signal-apparaten 公司已开发出相似的 X 波段和 Ka 波段的系统用于战术上的用途。其中的一种雷达系统是地面型，被称为 Flycatcher，是机动防空武器系统的一部分；而另一种雷达系统(Goalkeeper)则是用在舰载防空武器上，用做格林机枪的火控装置。这两种系统都充分利用了两个波段的优点，以提供多路径和 ECM 环境下的精确跟踪。

2.8　跟踪精度[1]、[3]

决定跟踪雷达精度的主要因素包括：

➢ 角闪烁，或称角噪声。它通常发生在复杂目标上，该目标在雷达分辨单元内具有多个散射中心。角闪烁可能是在目标的距离很近时的主要测角误差源，因距离越近，目标的角度延伸越大。它影响所有的跟踪雷达。

➢ 接收机噪声。它影响所有的跟踪雷达，主要决定远距离的跟踪精度；

➢ 目标回波的幅度起伏。随着目标相对雷达视角的改变，由多散射中心构成的复杂目标回波幅度将出现起伏(目标的偏航、横滚和俯仰会引起视角改变，直线飞行的目标也会引起视角改变)。它中影响圆锥扫描雷达和顺序波束转换雷达，不影响单脉冲跟踪雷达。

影响跟踪雷达的总精度的其他因素包括天线座、天线转台的结构特性和伺服系统、确定视轴指向的方法、天线波束宽度、大气影响和多路径影响。

2.8.1 距离跟踪精度

测距误差可分为距离偏差和距离噪声。距离偏差是由未能精确测量相对于零距离的目标延时产生的。产生这种测定的不精确的因素很多，包括时间鉴别器的漂移、零距离测定的不确切及距离时钟频率的不稳定等。这些误差可用下列公式表示

$$\Delta T_{p(td)} = \Delta T_B + \Delta T_C R \tag{2-22}$$

式中，$\Delta T_{p(td)}$（或写成 δ_{T_p}）为总的传播时间误差（s）；ΔT_B 为时偏误差（s）；ΔT_C 为时钟误差（s/m）；R 为目标距离（m）。

一旦总的时间误差确定，距离误差可按下式求得

$$\delta_R = c\delta_{T_p}/2 \tag{2-23}$$

式中，δ_R 是距离误差；c 为传播速度（m/s）；δ_{T_p} 是总的传播时间误差（s）。

在精确的测距系统中，往往采用高度稳定的频率源来作为数字距离计数器的时钟，以便能将距离偏差减至最小。

距离噪声可能有几种来源，包括热噪声、脉冲重复频率抖动和雷达系统内的其他不稳定部分。在设计完善的雷达系统中，脉冲重复频率的抖动和其他系统感应的噪声源可以设法减少。因此，距离噪声的主要来源便是热噪声。

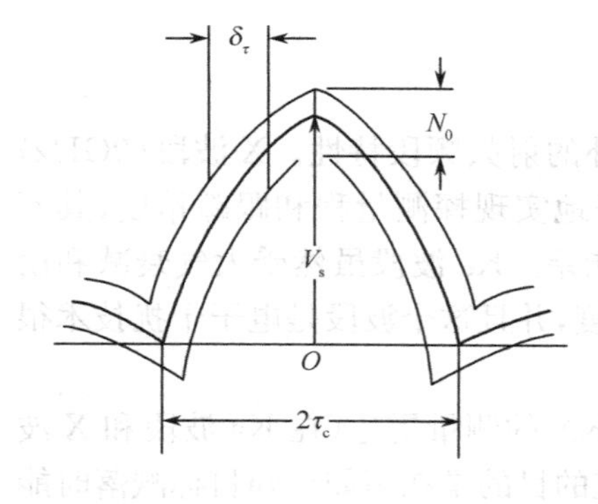

图 2.47 距离噪声误差的示意图

图 2.47 所示为信号加噪声和到达时间误差之间的关系。如果将图 2.47 的信号形状简化成三角形，或时间误差 δ_{T_p} 取在 0 和信号峰值之间的平均斜率上，则信号、噪声和时间误差之间的关系成为一种简单的比例关系，即

$$\delta_\tau / N_0 = 2\tau_c / V_s \tag{2-24}$$

式中，δ_τ 为 RMS 时间到达误差；N_0 为 RMS 噪声误差；V_s 为峰值信号电压；τ_c 为脉冲宽度（若采用脉冲压缩则为被压缩的脉冲宽度）。

由上述比例关系求解到达时间误差，并将功率信噪比替代电压之比，由此来获得距离噪声误差的表示式为

$$\frac{S}{N} = \frac{1}{2}\left(\frac{V_s}{N_0}\right)^2 \tag{2-25}$$

式中，S/N 为功率信噪比。则

$$\delta_\tau = \frac{2\tau_c}{\sqrt{2S/N}} \tag{2-26}$$

Barton 和 Ward 对上面推导所取得过分简单化的方法进行了修改。对于单脉冲的到达时间精度的关系式，改成

$$\delta_\tau = \frac{\tau_c}{2\sqrt{S/N}}\text{（单脉冲）} \quad \text{或} \quad \delta_\tau = \frac{1}{2B\sqrt{S/N}}\text{（单脉冲）} \tag{2-27}$$

式中，B 为与脉冲 τ_c 匹配的带宽。

距离测量几乎不用单脉冲来实现。对于多脉冲，Barton 和 Ward 给出的到达时间误差为

$$\delta_\tau = \frac{1}{2B\sqrt{f_r T_d (S/N)}}\text{（多脉冲）} \quad \text{或} \quad \delta_\tau = \frac{\tau_c}{2\sqrt{f_r T_d (S/N)}}\text{（多脉冲）} \tag{2-28}$$

式中，f_r 为脉冲雷达的脉冲重复频率，T_d 为观察时间（在此时间内积累测量的数据）。

利用下式可从到达时间误差求出距离误差为

$$\delta_R = c_p\delta_\tau/2 \tag{2-29}$$

式中，δ_R 为 RMS 距离误差；c_p 为传播速度。

应该指出，在式(2-27)和式(2-28)中给出的关系式是假定在观察期间无由于目标运动而产生的误差。这只有当距离测量获得目标的运动参数的先验知识时才成立。在无先验知识的一般情况下，长的观察时间将降低(而不是增强)距离精度。

2.8.2 角度跟踪精度

有几种因素确定雷达在角度维上定位一个目标的精度：

① 天线波束宽度，窄天线波束定位目标精度较高；

② 信号/干扰比(较高的比率得到较精确的定位)；

③ 目标的幅度起伏(闪烁)；

④ 目标的相位起伏(闪烁)和在跟踪雷达场合中的伺服系统的噪声。

角闪烁、接收机噪声和幅度起伏对跟踪雷达测量精度的影响是距离的函数。图 2.48 示出跟踪雷达中作为距离函数的几种重要的误差分量。由两根合成误差曲线可知，角闪烁误差与距离成反比，接收机噪声引起的误差与距离的平方成正比，幅度起伏和伺服噪声产生的误差都与距离无关。圆锥扫描的天线扫掠的测角精度受目标幅度闪烁的影响，而单脉冲时却无多大影响。

信号/噪声比是影响精度的首要因素。图中标明"接收机噪声"的线代表在接收机中产生的相对随机噪声干扰(随距离而变)。对于给定的 RCS 目标，噪声的影响随目标距离而增大。下面将导出，由噪声引起的误差与电压信号/噪声比成反比。

类似距离跟踪精度的分析，可导出由到达时间误差推导角噪声误差。图 2.49 所示其概念图。假设波束形状是三角形，或假设误差斜率取 0 到峰值增益的半程(近似为 3dB 波束宽度)，则存在比例关系为

$$\delta_\theta/N_0 = 2\theta_3/V_s \tag{2-30}$$

式中，δ_θ 为 RMS 角误差；θ_3 为 3dB 波束宽度；N_0 为 RMS 噪声电压；V_s 为峰值信号电压。

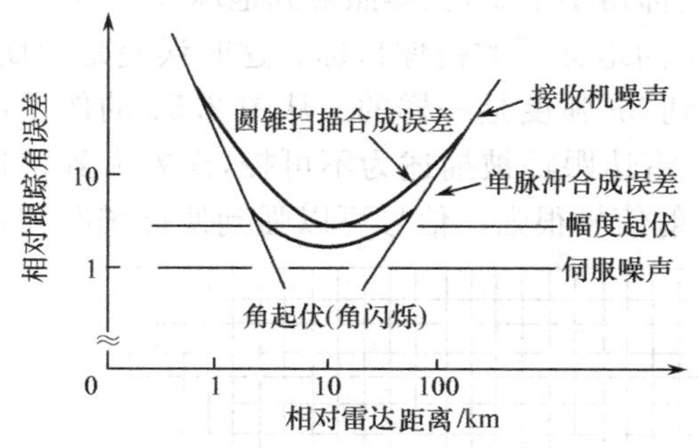

图 2.48 角闪烁、幅度起伏、接收机噪声和伺服噪声引起的角跟踪误差与距离的关系图

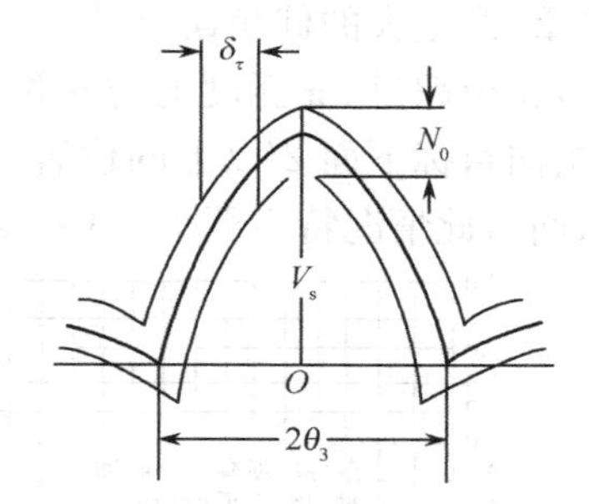

图 2.49 角噪声误差的示意图

为求解 δ_θ 的比例关系，类似于式(2-25)和式(2-26)代入功率信噪比，得

$$\delta_\theta = \frac{2\theta_3}{\sqrt{2S/N}} \tag{2-31}$$

与距离精度一样，Barton 和 Ward 将上述关系式修改成

$$\delta_\theta = \frac{\theta_3}{K_{AM}\sqrt{2\tau BS/N}} \tag{2-32}$$

式中，δ_θ 是由噪声引起的 RMS 角误差；θ_3 为天线的 3dB 波束宽度；K_{AM} 为常数，其值取决于角测

量的形式(单脉冲或圆锥扫描);τ 为脉冲宽度;B 为等效的噪声带宽;S/N 为功率信噪比(大于6dB 时成立)。

对于一个恒定 RCS 目标,由噪声引起的误差与距离的 4 次方成比例。

目标引起的角误差主要由目标的相位起伏或角闪烁引起。角闪烁误差是线性误差。也就是说,误差的量值用米表示,而不是用度表示。线性闪烁误差只是目标特性和频率的函数,而不是距离的函数。在图 2.50 中可以看到,对应于一个恒定线性误差的角闪烁误差与距离成反比,当目标接近雷达时,角闪烁误差就增加。

$$\delta_{\theta_G}=K_G/R \tag{2-33}$$

式中,δ_{θ_G} 是由目标闪烁引起的角误差;K_G 为常数,其值取决于目标测量间距和目标闪烁的参数;R 是目标的距离。

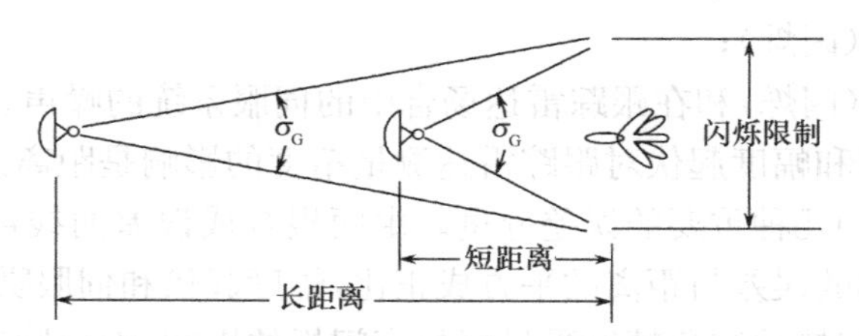

图 2.50　闪烁误差的概念图

在跟踪雷达中,目标幅度起伏引起跟踪误差,它与导出其跟踪信息的相继的目标幅度变化有关。

多路径引起的角误差:从雷达到目标及从目标到雷达存在一个以上传播路径时就产生多路径。低角跟踪时,在俯仰角中多路径是一个主要问题,尤其对于低仰角的目标最为严重。图 2.44给出了 S 频段雷达 AN/FP516 低仰角误差测量的实验结果,它是飞机在低空飞行时的距离函数。降低多路径的措施之一是使低俯仰波束变得很窄。本例中天线波束宽度为 2.7°。飞机在 3300 英尺的高度上等高飞行。开始跟踪时的仰角为 4°。在此仰角高度上,天线的旁瓣打地,多路径对角精度的影响较小。图 2.51 的中间仰角小于 2°,主瓣照射到地球表面,表面反射波的影响变得严重,产生大的仰角误差,导致天线指向地面下的镜像目标。这时误差是周期的,因为对雷达来说,相位超过 2π 弧度的与相位在 0 到 2π 弧度是一样的。从图 2.51 的例子可以看到,天线有时指向目标下面 2°以上的位置。此时雷达跟踪被描述为不可控,误差大到雷达丢失跟踪。光滑水面时此情况特别严重,因为表面反射信号很强。信号可以强到使传统跟踪雷达无

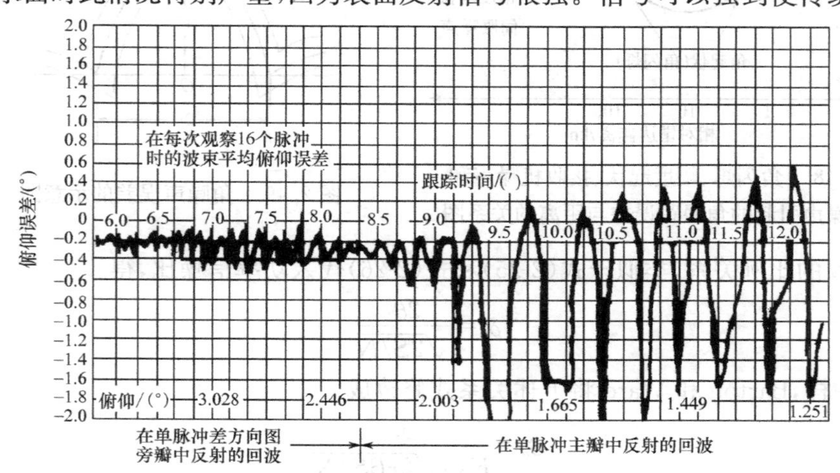

图 2.51　由多路径引起的俯仰角误差例子(S 波段)

法保持低空目标的跟踪。根据 Batron 的分析[3]，水平区域内，表面反射系数超过 0.7，且目标在 0.7 波束宽度以下时，“雷达具有跟踪水平面上或接近水平面处反射重心的强烈趋势”（图 2.51 的数据没有出现这种现象）。

图 2.52 示出为一个总的角误差例子。它是用 AN/FPS—16(V) 测试用跟踪雷达对特定 $5m^2$ 目标在俯仰角大于 6°时给出的误差估计。

最好的跟踪雷达测角精度达到 0.1 毫弧度，这是不容易达到的，只有进行及时的精确校准，并且非常关注所有影响跟踪精度的内部因素和外部因素才能达到。

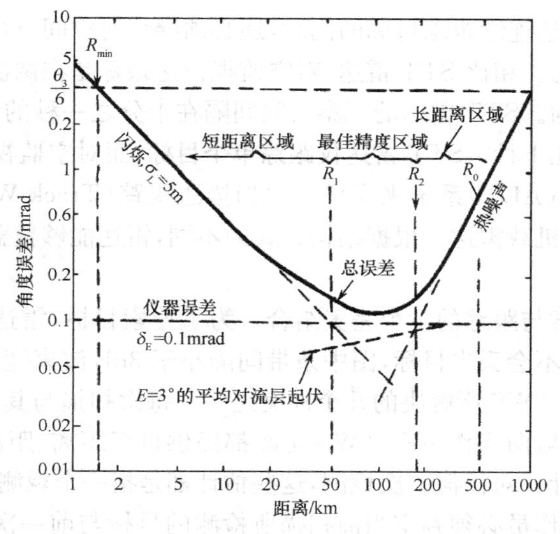

图 2.52　用 AN/FPS—16(V) 对特定目标估计的误差

第3章　边扫描边跟踪雷达

3.1　概　　述[1]、[6]

在很多情况下，在雷达连续跟踪目标的同时，还必须继续对空间进行扫描搜索。这种工作状态称为边扫描边跟踪状态。相比STT雷达，对空监视雷达跟踪是在两次观察目标之间长得多的时间(低数据率)内完成的。STT雷达的观察时间间隔在十分之一秒的量级上，而对空监视雷达观察时间间隔为几秒到几十秒。STT雷达仅跟踪单个目标，而对空监视雷达可以跟踪几百批目标，它由自动检测和跟踪(ADT)系统来完成。边扫描边跟踪(Track-While-Scan，TWS)雷达包括地面监视雷达、多功能机载雷达。根据结构方式的不同，雷达能够覆盖整个前半球或只能覆盖有限角度的扇形区。

边跟踪边扫描是搜索与跟踪的一个完美结合。为了搜索目标，雷达重复扫描一条或多条光带，如图3.1所示，这样，不会丢失目标，图中条带间隔小于3dB波束宽度。因此，同一目标常常被多个条带检测到，这是TWS所解决的几个冲突之一。每次扫描与其他各次扫描无关，无论目标何时被检测到，雷达一般向操作员和TWS功能都提供目标距离、距离变化率(多普勒)、方位(角)和高度(仰角)的估计。对任何一次检测，这些估计都是指一个观测值。

在单纯的搜索中，操作员必须判定当前扫描所检测的目标与前一次或前几次扫描所得的是否相同。但是，用了TWS，这个判定肯定是自动完成的。该判定所用的算法是雷达中最复杂的算法问题之一。

在相继扫描的过程中，TWS保持对每一个有效目标的相对飞行路径的精确跟踪。这个处理由迭代的5个基本步骤组成：预处理、相关、跟踪初始化或终止(删除)、滤波以及波门形成(见图3.2)。在此，先做一下简述。

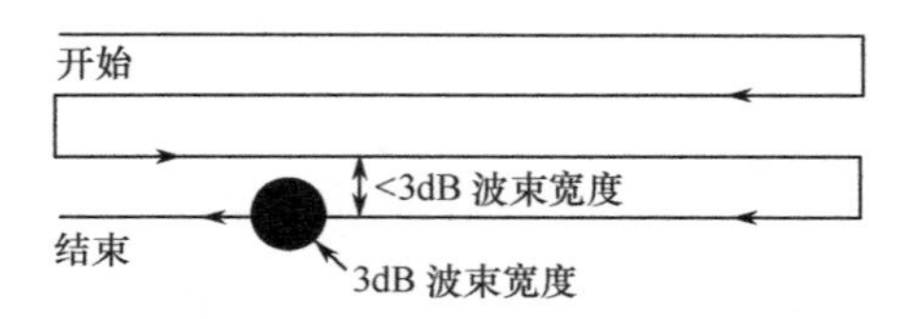

图3.1　一个典型的4条带的光栅扫描

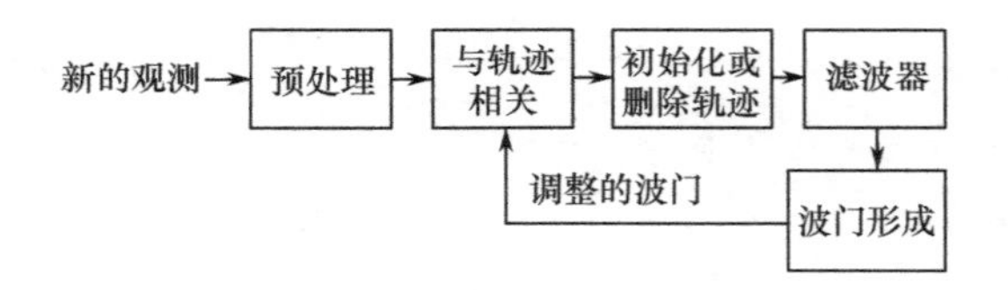

图3.2　在边扫描边跟踪处理中的5个基本步骤

1. 预处理

在这一步，对每次新的观察，可能执行两个重要的操作。首先，如果在前一次处理中，已检测到一个有相同的距离、距离变化率和角度位置的目标，那么就可组合扫描的重叠条带线及观测结果。其次，倘若还不能定位，就把每个观测值转化到一个固定的坐标系统，比如N、E、D(北、东、下)。角度估计可方便地用公式直接表示为方向余弦——目标方位(角)与N轴、E轴、D轴之间所夹角度的余弦。通过简单地乘以距离、距离变化率和角度位置的方向余弦，就可将距离、距离变化率和角度位置投影到N轴、E轴、D轴。

2. 相关

这一步的目的是确定一次新的观测值是否应当被指派给一个现存的轨迹(或称航迹)。根据迄今为止指派给轨迹的观察，跟踪滤波器精确地将跟踪的各参数的 N、E、D 分量值扩充到当前的观察时间。然后，滤波器在下次观测时预测这些分量将为何值。

根据滤波器导出的准确的统计，一个衡量测量和预测中最大误差的波门被置于轨迹预测的各个分量周围，如图 3.3 所示。对这个轨迹，如果下次观测值落入所有波门内，这次观测值就被赋予给这个轨迹。图 3.4 示出观测值与轨迹做相关处理的波门。

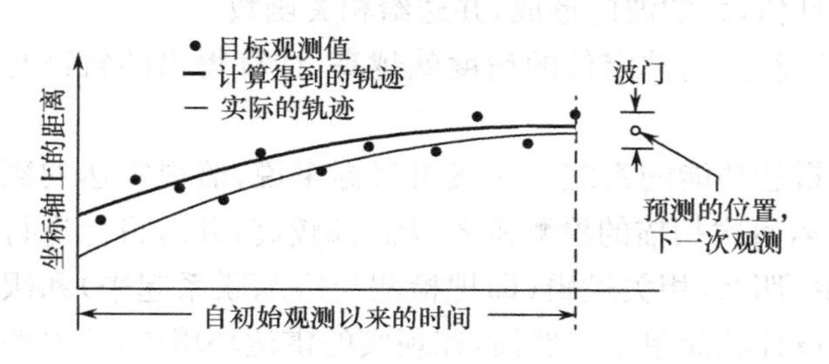

图 3.3　目标参数之一的一个分量(N、E 或 D)的典型轨迹。图中给出了在下次观测时刻的预测值，以及用于将观测与轨迹做相关处理的波门

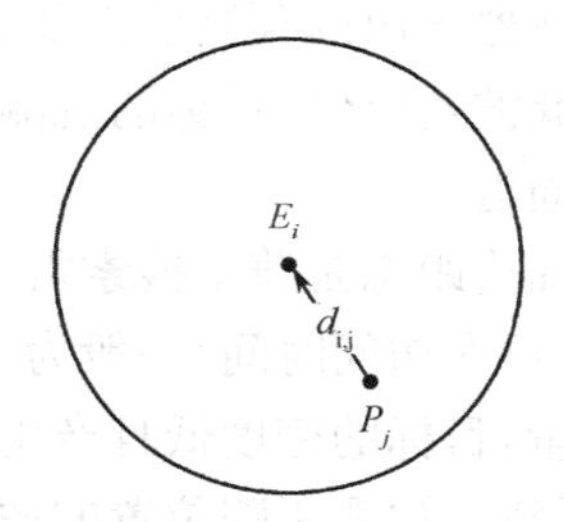

图 3.4　观测值与轨迹做相关处理的波门。波门的大小对应于可能的最大统计距离 d，一个有效的观测值可能产生于这次轨迹

自然，当接收到很接近的观测值时，在分配上有可能发生冲突，为了使分配容易解决，对观察的所有分量，通过将分量的测量值与估计值之间的差归一化和组合，就可算出由涉及的一次轨迹或数次轨迹得到的各个观察值的统计距离。每次轨迹都对准一个波门，波门的半径对应于测量值和预测值之间可能的最大统计距离。

典型冲突的举例如图 3.5 所示。观测值 P_1 落入两个不同轨迹(E_1 和 E_2)的波门里，观测值 P_2 和 P_3 都落入轨迹 E_2 的波门中，通常可用以下方法解决这样的冲突：

➢ 因为 P_1 是唯一落入轨迹波门 E_1 的观测值，而轨迹 E_2 有观测值 P_2 和 P_3 在其波门内。所以将观测值 P_1 指派给轨迹 E_1。

➢ 因为 P_2 到波门中心的距离 $d_{2,2}$ 小于 P_3 到波门中心的距离 $d_{2,3}$，所以将观测值 P_2 指派给轨迹 $T_2$①。

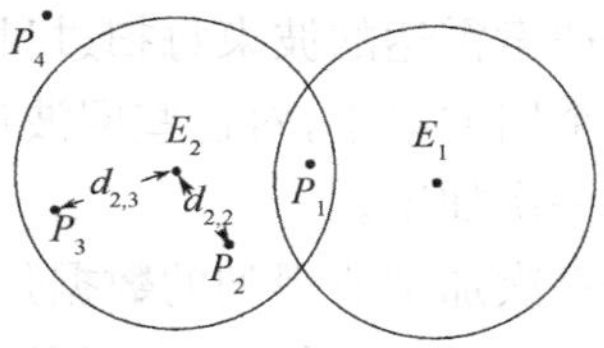

图 3.5　当目标的相距很近时，会出现典型的冲突现象。这里，用于轨迹 E_2 和轨迹 E_1 的波门相重叠

3. 轨迹的建立和终止

若一个新的观测值，如图 3.5 中的 P_4，没有落入现有的轨迹波门中时，则需建立一个新的轨迹。若建立之，则在紧接着来到的扫描(或可能就是此次的下一次扫描)时，第二次观测值就与这次轨迹相关。若不建立之，则该观测值就被认为是一个虚警，并被丢弃。类似地，来自一个目标的观测数据在给定数目的扫描中，若没有一个新的观测值可与已存在的某个轨迹相关，则该轨迹被删除或称航迹终止。

原则上，用雷达天线的两次相继扫描获得的目标位置信息，可以进行航迹起始。实际上，航迹起始需要三次或多次扫描获得目标信息才能建立一条航迹。

此外，需采用杂波图用来存储固定杂波位置，防止在真实目标检测的同时由杂波起始目标航迹。

当不在杂波图中存储的杂波位置上收到新的检测时，雷达就试图将它并联到已存在的航迹上去。

① 这种情况的限制是，对于观察值落入当前轨迹的波门的观察，快的跟踪不能被启动。相应地，因为竞争的观察值被指派给轨迹 P_3，落入 P_3 的观察值被舍弃。

4. **滤波**

这与单目标跟踪时的滤波功能相似。根据每个轨迹的预测值和新的测量值之间的偏差，调整对应的轨迹，新的预测得以形成，随之得到对观测和预测的精确估计值(称为航迹平滑)。

5. **波门的形成**

由滤波器导出的预测值以及精确的统计值，新的波门形成，并送给相关函数。

由于滤波器所致，目标的观测时间越长，新波门被定位的精度就越高，计算得出的轨迹与真实轨迹越逼近。

边扫描边跟踪是兼备搜索雷达和跟踪雷达功能的系统。对飞机目标来说，监视雷达的额定扫描时间(再次访问时间)一般为 4～12s。若每次扫描的检测概率(P_d)都较高，并对目标进行精确定位测量，目标的密度低且产生的虚警少，那么，相关逻辑(即把检测与跟踪联系起来)和跟踪滤波器(平滑和预测跟踪位置的滤波器)的设计就简单了。然而，在现实的雷达环境中，这些假设极少能得到满足，所以自动跟踪系统的设计是复杂的。因为在实际情况中，会遇到目标信号衰落(由于多路传播、盲速和大气环境引起的目标强度的变化)、虚警(由噪声、杂波和干扰引起)和对雷达参数的估值不准(由于噪声、天线不稳定，目标不能分辨，目标分裂，多路传播及传播效应的影响)。跟踪系统必须处理所有这些问题。

由此可见，这类 ADT 系统的功能包括目标检测(第 2 章已经介绍)，航迹建立，航迹相关，航迹更新，航迹平滑(滤波)和航迹终止。下面对上述几个基本步骤中的有关内容进行分析和讨论。

3.2 雷达信息二次处理的任务[10]、[59]、[60]

搜索雷达的波束每扫过目标一次，就可以得到一个回波串。而有关目标的所有信息都包含在这个回波串中，对这些回波进行处理，检测目标的有无，录取目标的坐标数据，通常称为雷达信息的一次加工。

一次加工所得到的数据是孤立的、离散的，并且还有虚警和漏情，因而不能直接得出目标的航迹和判明目标的规律。所以需要根据目标运动的相关特性把一次加工所得的数据做进一步的处理，即为二次加工。二次加工是把一次加工所得的数据连成航迹，剔除虚警，补上漏情，对每条航迹给出目标的运动参数，如速度、航向、加速度、未来的位置等，最后送到显示器上显示出来。

在旧式雷达系统中，二次加工是靠人工标图和计算的。在新式雷达系统中，二次加工主要是利用电子计算机自动完成，此外还需要一些专用的电子设备与计算机配合工作。

本章介绍的二次处理是单个雷达站多个扫描周期的信息处理，内容包括航迹的外推与滤波原理及方法，航迹建立与相关算法。

为了做出有目标的判决和确定目标的航迹参数，必须分析几个扫描周期内获得的信息。自然，根据三个或三个以上相邻扫描周期的目标点迹，所得到的正确发现概率更大。同时，根据多个点迹的位置可以确定目标飞行方向(航向)，测量点迹之间的距离可算出目标飞行速度(航速)。

前述所有工作的最终目的是确定目标运动轨迹(航迹)。从原理上讲，这些工作可以公式化，并可交给计算机完成。为说明二次处理任务的实质，下面分析在几个扫描周期内雷达操作员的工作(或者自动处理时，计算机的工作)。当显示屏上在某个扫描周期内出现亮点时，操作员把它当成可能的目标点进行记录，并起始可能的航迹。因为缺少目标的运动参数，因此不可能预测它在下一个扫描周期内所处的位置，但可以利用有关目标类型和可能的目标速度范围等先验信息。

例如，现代的空气动力学目标速度变化范围为 $v_{\min}=0.1\text{M}$，$v_{\max}=2.5\text{M}$(M 即马赫，1M＝

340m/s)。这样，在屏幕上出现下一个目标点的可能区域，为以第一当前点为中心的环(如图 3.6 所示)。环的内、外边界圆周半径分别为 $R_{\min}$ 和 $R_{\max}$，它们由目标速度范围确定。

$$R_{\min}=v_{\min}T, \qquad R_{\max}=v_{\max}T \tag{3-1}$$

式中，T 为雷达扫描周期。

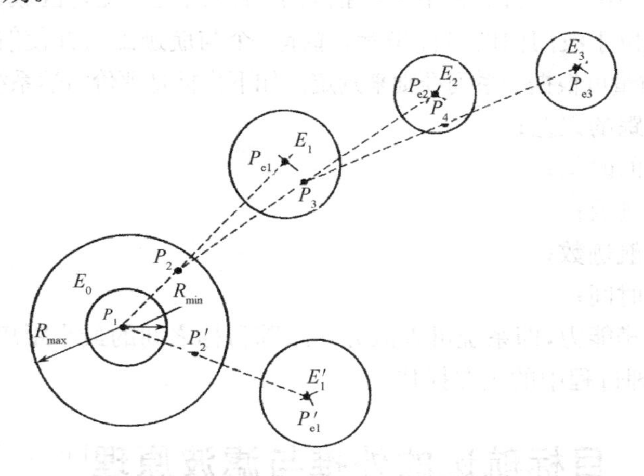

图 3.6 二次处理的原理示意图

由此方法获得的区域称为零外推区域(E_0)或第一截获波门。当下一次扫描出现当前点 P_2 和 P_2'，并进入目标可能出现区域(E_0)时，操作员(或自动化设备)就可确定目标速度 v 和方向 θ，即

$$v=\sqrt{\Delta x^2+\Delta y^2}/T, \quad \theta=\arctan(\Delta y/\Delta x) \tag{3-2}$$

二次处理中第一项工作的实质是确定目标的运动参数。通过计算目标运动参数，不难估计目标在下一扫描周期所处位置的坐标。计算目标在下一扫描周期的坐标称为外推(预测)，而算出的坐标所对应的点称为外推点 P_{e1}(P'_{e1})。

很明显，下一个当前点 P_3 与外推点 P_{e1} 是不重合的，因为外推点的计算是有误差的，这些误差是由目标运动参数的计算误差和目标可能的机动所引起的。因此，为了选择目标，可在外推点 P_{e1} 周围划出一个足够小的区域 E_1(或 E_1')，这个区域就叫外推波门。划出该区域的过程称为目标波门选通。

当然，外推区域 E_1(或 E_1')的尺寸可以取得比 E_0 小，因为产生 E_1(或 E_1')时，利用了前两个扫描周期获得的关于目标运动参数的后验信息。随着关于目标运动参数的信息增加和可靠性的提高，每一个新的扫描周期的外推波门都有可能减小。但是，最小的波门尺寸受外推误差、测量误差和目标机动可能性的限制。

通常，在同一波门内会出现多个点，这些点可能是虚假的目标或其他真实目标。因此，为了航迹延续，必须从波门内的多个点中选择一个，把波门内的所有点迹进行比较，并按某种准则选择其中一个点。比较的准则常选点到波门中心的距离，对进入波门的点迹进行比较的过程叫做核对，它实现点迹与航迹配对。

很明显，几个周期后随机航迹因在相应扫描周期内缺少目标点而不再继续(如图 3.6 的 E_1' 内)。因此，利用几个周期的回波点可以提高目标正确发现概率，同时也降低了虚警概率。此外，还可以确定目标运动参数(如速度、加速度等)，通过航迹平滑可更精确地测定目标坐标。

雷达信息二次处理过程可分为两个阶段：建立目标航迹(如发现航迹)；目标航迹的跟踪。

二次处理中的目标航迹的建立可以是目测的(由操作员完成)或自动的(由计算机完成)。航迹自动建立的过程叫做自动截获。航迹跟踪是连续地进行点迹与航迹相关，坐标平滑和计算目标运动参数的过程。自动航迹跟踪常简称为自动跟踪。

二次处理在航迹建立与航迹跟踪阶段的基本操作步骤是：

① 确定目标运动参数(如航向、航速、加速度)；

② 目标坐标的外推与平滑(滤波)；

③ 波门选通——划出一个目标在下一扫描周期可能出现的位置区域；

④ 核对——比较位于波门内的目标坐标，选择一个与航迹配对并使航迹继续。

上述操作完成的质量可根据一系列准则来判定。如下指标是评价雷达系统中二次处理的质量：

① 目标外推与跟踪的误差；

② 目标连续跟踪的时间；

③ 同时跟踪的航迹数；

④ 同时跟踪的假航迹数；

⑤ 假航迹存续的时间；

⑥ 系统跟踪的分辨能力，即系统可以区分的跟踪目标之间的最小距离。

下面讨论二次处理过程中的主要操作。

3.3 目标航迹的外推与滤波原理[10]、[59]、[60]

3.3.1 二次处理系统输入信号的统计特性

送到二次处理系统输入端的信号为目标点和虚假点的坐标测量值。一次处理系统测量的坐标是存在一定误差的，因此，表示目标位置的信号是以有用信号加噪声的形式出现的。在直角坐标系中可以写成

$$\begin{cases} x(t) = x(a,t) + \Delta x(t) \\ y(t) = y(b,t) + \Delta y(t) \\ H(t) = H(c,t) + \Delta H(t) \end{cases} \tag{3-3}$$

式中，$x(a,t)$、$y(b,t)$、$H(c,t)$ 为时间的函数，表示坐标真实值(目标的航迹)；$\Delta x(t)$、$\Delta y(t)$、$\Delta H(t)$ 为使航迹产生偏差的干扰信号。

目标运动的轨迹与很多因素和条件有关，如飞行高度、速度、机动可能性，等等。此外，目标航迹受一系列随机因素的影响，如敌人的对抗手段、媒质的非一致性、控制的不精确。

通常目标航迹可用随机函数表示。要精确地表示该函数，必须知道其分布规律或确定其参数的变化规律。但确定这些规律并非总是可行的，因此只能做出关于目标运动特性的几种假设，根据目标类型来选择其运动模型。下面讨论空气动力目标的运动模型。

1. 目标航迹模型

空气动力目标的运动轨迹是时间上的随机函数，但目标是有足够惰性的实体，并作某些近似，以使其航迹接近于平滑的时间函数。通常目标航迹可分成匀速直线段和机动段，它们随机地轮流出现。最简单的航迹近似模型是用 m 阶多项式表示的，记为

$$x(a,t) = \sum_{k=0}^{m} a_k t^k \quad 和 \quad y(b,t) = \sum_{k=0}^{m} b_k t^k \tag{3-4}$$

式中，系数 a_k、b_k 反映相应坐标的运动参数(如初始位置、速度、加速度等)。

很明显，多项式阶数越高，近似表达越精确，同时处理系统也越复杂。多项式阶数的选择取决于对目标运动方式的假设。对匀速直线运动，常只选一阶多项式；对机动目标，常选二阶多项式。

多项式模型的不足之处，是没有考虑不可预见的目标机动能力。更新的模型，是在对参数的

统计特性作某种假设之后的随机过程模型。

2. **误差(干扰)的统计特性**

二次处理的误差(干扰)为:坐标测量误差和虚假目标点迹。

引起坐标测量误差的原因有:内部噪声和外部噪声,雷达测量系统的不完善,测量系统内信号的快速起伏,手动或自动测量时操作员的主观错误,等等。这些误差产生偏离真实航迹的随机坐标偏移。对这些误差常采用下面的先决条件加以限制:

(1) 确定目前前置点的工作通常在计算机中进行的,即为外推。目标运动一般是三个坐标的运动,但在正交坐标中,三个坐标的运动是互相独立无关的,可以把目标的运动分解到三个坐标中分别加以考虑。因此,我们下面只讨论一个坐标(x)的问题。

(2) 第 i 时刻的单次测量误差服从正态分布。

(3) 在时刻 $t_1,t_2,\cdots,t_n$ 的测量误差 $\Delta x_1,\Delta x_2,\cdots,\Delta x_n$ 的集合通常服从 n 维正态分布,随机值的相关性用误差相关矩阵表示

$$\boldsymbol{R}=\begin{bmatrix} R_{11} & R_{12} & \cdots & R_{1n} \\ R_{21} & R_{22} & \cdots & R_{2n} \\ \vdots & \vdots & & \vdots \\ R_{n1} & R_{n2} & \cdots & R_{nn} \end{bmatrix} \tag{3-5}$$

矩阵的对角线元素是相应测量的方差。当测量间隔的周期长时,常把它们之间的相关性忽略,相关矩阵将成为对角矩阵。如果所有测量的精度一样,则对角线上的元素都相等。

虚假点迹可能随机地和不相关地出现在雷达的整个扫描区域内。从统计学的观点看,它们可用时间上平均密度 β 或扫描区单位面积上的平均密度 γ 表示。

圆周扫描(扇形扫描)时,单位面积上的虚假点迹密度用以下方法确定。

在距离上把扫描区分成宽为 Δr 的距离环,Δr 等于距离分辨率。很明显,这样的距离环个数为 $r_{\max}/\Delta r$,一个扫描周期 T 内,在空间可能出现的虚假点迹数为 βT。

若时间继续,则在每个环上出现平均虚假点迹数是相同的,进入一个环的虚假点迹有

$$\gamma'=\frac{\beta T}{r_{\max}}\Delta r$$

距离 r 处的环的面积为

$$s_{\mathrm{r}}=\pi\left(r+\frac{\Delta r}{2}\right)^2-\pi\left(r-\frac{\Delta r}{2}\right)^2$$

得 $s_{\mathrm{r}}=2\pi r\Delta r$,则单位面积的假点迹数为

$$\gamma=\frac{\gamma'}{s_{\mathrm{r}}}=\frac{\beta T}{2\pi r\, r_{\max}} \tag{3-6}$$

通常假点迹是互不相关的。在面积上分布规律取等概率的,即

$$W_{\mathrm{v}}(\Delta x,\Delta y)=\gamma \tag{3-7}$$

在完成二次处理基本操作的过程中,虚假点的出现会影响波门选择点迹的质量。

3.3.2 常规的目标坐标和运动参数的外推与滤波原理

外推的任务是预告下一个时刻目标的位置,外推的根据是前一时刻测得的坐标数据。很明显,目标的未来位置与前面的位置有关,而且预测的时间越短,这种联系越紧密。

滤波(平滑)理解为,确定在已观察时间内的目标坐标和参数的近似值。

为完成上述任务通常做下述假设:

① 系统只跟踪一个目标。

② 输入数据是用直角坐标表示的,下面只考虑 x 坐标。

③ 事先知道目标运动规律。常用多项式模型表示其运动规律，即

$$x(a,t)=\sum_{k=0}^{m}a_k t^k \tag{3-8}$$

④ 在时刻 $t_1,t_2,\cdots,t_n$ 得到的坐标测量值为 $x_1,x_2,\cdots,x_n$。

⑤ 测量误差服从正态分布。

完成上述任务需要以下阶段：

① 以测量数据为基础，寻找目标运动参数的估计值 $\hat{a}_0,\hat{a}_1,\cdots,\hat{a}_m$，这些值在某种准则下最符合真实值 $a_0,a_1,\cdots,a_m$。

② 假定目标的运动规律不变，寻找目标坐标的外推值。

根据所选准则，我们先简要讨论最大似然法和最小二乘法两种滤波方法。当测量误差为正态分布且与坐标测量值之间互不相关时，最小二乘法就成为最大似然法的一种特例。在 3.4 节我们将讨论递推式滤波。

1. 最大似然法滤波

设在 $t_1,t_2,\cdots,t_n$ 时刻得到目标坐标测量值 $x_1,x_2,\cdots,x_n$（见图 3.7）。在任一时刻的坐标真实值由下式确定

$$x(a,t_i)=\sum_{k=0}^{m}a_k t_i^k \tag{3-9}$$

最大似然法的实质是：选择系数 $a_0,a_1,\cdots,a_m$，使测量值 $x_1,x_2,\cdots,x_n$ 相对于坐标真实值的概率最大。选择的系数是最大似然意义下对真实值的估计。

为了确定上述概率，必须知道航迹参数为真实值的条件下，随机值 $x_1,x_2,\cdots,x_n$ 的条件分布规律。

考虑到采用的假设条件，这里的分布律是正态的。似然函数可写成

$$L(x/a)=W[(x_1,x_2,\cdots,x_n)/a]$$

$$=\frac{1}{(2\pi)^{n/2}\mid R\mid^{1/2}}\exp\left\{-\frac{1}{2}\sum_{i=1}^{n}\sum_{j=1}^{n}\frac{K_{ij}}{\mid R\mid}[x_i-x(a,t_i)][x_j-x(a,t_j)]\right\} \tag{3-10}$$

式中，$|R|$ 为测量误差相关矩阵行列式；K_{ij} 为行列式元素的代数余子式，去掉行列式 $|R|$ 的第 i 行第 j 列并乘以 $(-1)^{i+j}$ 后便可得到它。

$x_1,x_2,\cdots,x_n$ 分布概率的最大值与似然函数的极大值相对应。确实，从图 3.8 可看到，对一次测量，随机值 x 取从 x_1 到 $(x_1+\mathrm{d}x)$ 的概率为 $W(x_1/a)\mathrm{d}x$。相应地，随机值 x 取从 x_2 到 $(x_2+\mathrm{d}x)$ 的概率等于 $W(x_2/a)\mathrm{d}x$。非常明显，总有不等式成立，即

$$W(x_1/a)\mathrm{d}x>W(x_2/a)\mathrm{d}x \tag{3-11}$$

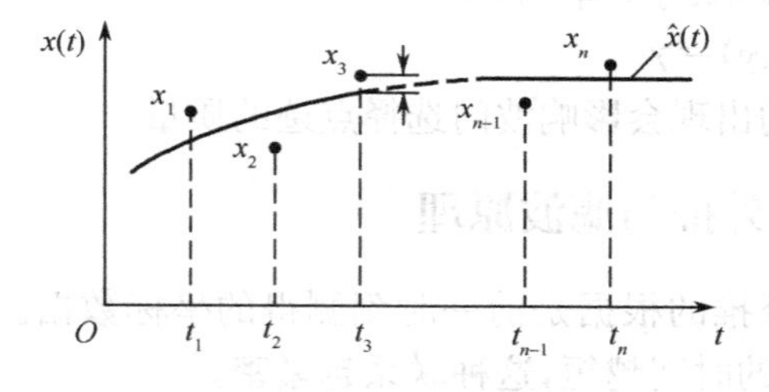

图 3.7　坐标滤波原理的示意图

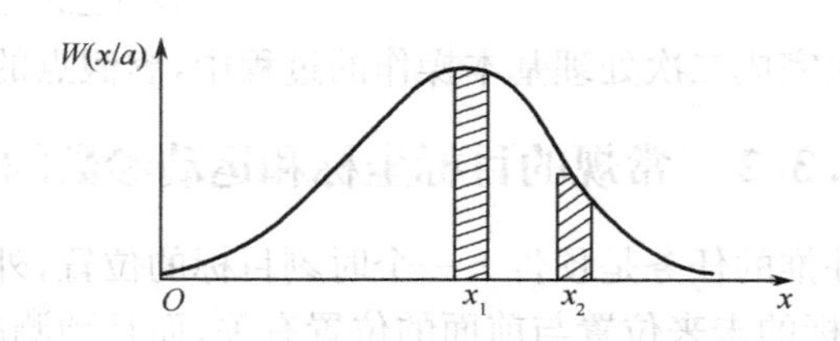

图 3.8　最大似然法的示意图

同样的结论可用于随机值的集合。这样，参数估计值应该对应于似然函数的最大值。通常对似然函数取对数，有

$$\ln L(x/a)=\ln W(x_1/a,x_2/a,\cdots,x_n/a)$$

$$= \ln C - \frac{1}{2}\sum_{i=1}^{n}\sum_{j=1}^{n}\left\{\frac{K_{ij}}{|R|}[x_i - x(a,t_i)][x_j - x(a,t_j)]\right\}$$

$$= \ln C - \theta/2 \tag{3-12}$$

式中,C 为常数值。

当上式第二项的绝对值最小时,将有最大值。去掉常数,得到寻找航迹参数估值的条件为

$$\theta = \sum_{i=1}^{n}\sum_{j=1}^{n}\left\{\frac{K_{ij}}{|R|}[x_i - x(a,t_i)][x_j - x(a,t_j)]\right\} = \min \tag{3-13}$$

参数估计值从以下方程组的解获得

$$\left.\frac{\partial\theta}{\partial a_0}\right|_{a_0=\hat{a}_0} = 0, \left.\frac{\partial\theta}{\partial a_1}\right|_{a_1=\hat{a}_1} = 0, \cdots, \left.\frac{\partial\theta}{\partial a_m}\right|_{a_m=\hat{a}_m} = 0$$

因此,为寻找航迹参数的估计值,必须对表达式(3-13)求导,令导数为0,求解获得的方程组。

2. 最小二乘法滤波与外推

最小二乘法滤波与外推的实质是,航迹参数的估计值应保证在时刻 $t_1, t_2, \cdots, t_n$ 的测量值与真实值之间偏差的平方和最小。用数学表达式写成

$$\theta = \sum_{i=1}^{n}[x_i - x(a,t_i)]^2 = \min \tag{3-14}$$

显然,寻找估计值的过程也就是解方程组

$$\left.\frac{\partial\theta}{\partial a_0}\right|_{a_0=\hat{a}_0} = 0, \left.\frac{\partial\theta}{\partial a_1}\right|_{a_1=\hat{a}_1} = 0, \cdots, \left.\frac{\partial\theta}{\partial a_m}\right|_{a_m=\hat{a}_m} = 0$$

该方法是最大似然法的特例。

确实,当所有的测量互不相关时,式(3-13)中的相关矩阵为

$$\begin{bmatrix} \sigma_{11}^2 & 0 & \cdots & 0 \\ 0 & \sigma_{22}^2 & \cdots & 0 \\ \vdots & \vdots & & \vdots \\ 0 & 0 & \cdots & \sigma_{nn}^2 \end{bmatrix} = \begin{bmatrix} \sigma_1^2 & 0 & \cdots & 0 \\ 0 & \sigma_2^2 & \cdots & 0 \\ \vdots & \vdots & & \vdots \\ 0 & 0 & \cdots & \sigma_n^2 \end{bmatrix} \tag{3-15}$$

式中,σ_i^2 为第 i 次测量的方差。

该矩阵对应的行列式的值为

$$|R| = \sigma_1^2\sigma_2^2 \cdot \cdots \cdot \sigma_n^2$$

除 $i=j$ 以外,对所有的 i、j 值,代数余子式 K_{ij} 都等于0。当 $i=j$ 时,代数余子式的值为

$$K_{ij} = \sigma_1^2\sigma_2^2 \cdot \cdots \cdot \sigma_{i-1}^2\sigma_{i+1}^2 \cdot \cdots \cdot \sigma_n^2$$

比值为

$$K_{ij}/|R| = 1/\sigma_i^2$$

这样式(3-13)变为

$$\theta = \sum_{i=1}^{n}\frac{1}{\sigma_i^2}[x_i - x(a,t_i)]^2 \tag{3-16}$$

如果所有测量的精度都相等,即 $\sigma_1^2 = \sigma_2^2 = \cdots = \sigma_n^2 = \sigma^2$,约去常数 $1/\sigma^2$,得到最小二乘的表达式。对非常精度测量,必须利用式(3-16),即求偏差的平方和时必须加权,权值等于 $1/\sigma_i^2$。有时把该方法称为加权平均法。

现在来完成多项式运动模型的滤波与外推任务。考虑到所采用运动模型,式(3-14)可写成如下形式

$$\theta=\sum_{i=1}^{n}(x_i-a_0-a_1t_i-a_2t_i^2-\cdots-a_mt_i^m)^2$$

对上式进行微分，并令其等于0，得 $m+1$ 元方程组

$$\begin{cases}-2\sum_{i=1}^{n}(x_i-\hat{a}_0-\hat{a}_1t_i-\cdots-\hat{a}_mt_i^m)=0\\ -2\sum_{i=1}^{n}(x_i-\hat{a}_0-\hat{a}_1t_i-\cdots-\hat{a}_mt_i^m)t_i=0\\ \cdots\cdots\\ -2\sum_{i=1}^{n}(x_i-\hat{a}_0-\hat{a}_1t_i-\cdots-\hat{a}_mt_i^m)t_i^m=0\end{cases}$$

约去常系数，并逐项求和得

$$\begin{cases}\hat{a}_0n+\hat{a}_1\sum_{i=1}^{n}t_i+\cdots+\hat{a}_m\sum_{i=1}^{n}t_i^m=\sum_{i=1}^{n}x_i\\ \hat{a}_0\sum_{i=1}^{n}t_i+\hat{a}_1\sum_{i=1}^{n}t_i^2+\cdots+\hat{a}_m\sum_{i=1}^{n}t_i^{m+1}=\sum_{i=1}^{n}x_it_i\\ \cdots\cdots\\ \hat{a}_0\sum_{i=1}^{n}t_i^m+\hat{a}_1\sum_{i=1}^{n}t_i^{m+1}+\cdots+\hat{a}_m\sum_{i=1}^{n}t_i^{2m}=\sum_{i=1}^{n}x_it_i^m\end{cases}$$

如测量次数 $n\geqslant m+1$，则方程可求解。例如，用一阶多项式做近似，即目标做匀速直线运动，为估计 a_0 和 a_1 需要不少于两次的测量。对二阶多项式必须有三次测量，并以此类推。

根据线性方程组求解规则，方程组的解为

$$\hat{a}_i=\Delta_i/\Delta$$

式中，Δ 为由未知量 $\hat{a}_0,\hat{a}_1,\cdots,\hat{a}_m$ 的系数组成的行列式；Δ_i 为除 $\hat{a}_i$ 的系数用方程右边代替以外，其他与 Δ 相同的行列式。

解方程组后，可以得到 $0\leqslant t\leqslant t_n$ 内任何时刻的坐标平滑值，即

$$x(\hat{a},t)=\hat{a}_0+\hat{a}_1t+\cdots+\hat{a}_mt^m$$

可见，为求取上式中的所有系数，必须保存 $n\geqslant m+1$ 个周期的测量值，所以这种方法称为有限记忆滤波。

假设目标运动规律在未来一段时间内不变，则可得出时间间隔 τ 后的坐标外推值为

$$x_e(t_n+\tau)=\hat{a}_0+\hat{a}_1(t_n+\tau)+\cdots+\hat{a}_m(t_n+\tau)^m \tag{3-17}$$

必须注意到，多项式的阶数越高，近似航迹就越接近真实值。通常讨论两种目标运动假设：①目标做匀速直线运动；②目标以固定转弯半径做圆周运动。

下面将详细讨论这两种假设条件下的外推问题。

3.3.3　匀速直线运动目标航迹的外推

外推公式的推导：

匀速直线运动时，真实航迹用一阶多项式表示，即

$$x(a,t)=a_0+a_1t$$

用最小二乘法求解系数的方程为

$$\begin{cases}\hat{a}_0n+\hat{a}_1\sum_{i=1}^{n}t_i=\sum_{i=1}^{n}x_i\\ \hat{a}_0\sum_{i=1}^{n}t_i+\hat{a}_1\sum_{i=1}^{n}t_i^2=\sum_{i=1}^{n}t_ix_i\end{cases} \tag{3-18}$$

系数值为

$$\hat{a}_0=\Delta_0/\Delta=\begin{vmatrix}\sum_{i=1}^{n}x_i & \sum_{i=1}^{n}t_i\\ \sum_{i=1}^{n}t_ix_i & \sum_{i=1}^{n}t_i^2\end{vmatrix}\Bigg/\begin{vmatrix}n & \sum_{i=1}^{n}t_i\\ \sum_{i=1}^{n}t_i & \sum_{i=1}^{n}t_i^2\end{vmatrix}=\frac{\sum_{i=1}^{n}x_i\sum_{i=1}^{n}t_i^2-\sum_{i=1}^{n}t_ix_i\sum_{i=1}^{n}t_i}{n\sum_{i=1}^{n}t_i^2-\left(\sum_{i=1}^{n}t_i\right)^2} \tag{3-19}$$

$$\hat{a}_1=\Delta_1/\Delta=\begin{vmatrix}n & \sum_{i=1}^{n}x_i\\ \sum_{i=1}^{n}t_i & \sum_{i=1}^{n}t_ix_i\end{vmatrix}\Bigg/\begin{vmatrix}n & \sum_{i=1}^{n}t_i\\ \sum_{i=1}^{n}t_i & \sum_{i=1}^{n}t_i^2\end{vmatrix}=\frac{n\sum_{i=1}^{n}t_ix_i-\sum_{i=1}^{n}x_i\sum_{i=1}^{n}t_i}{n\sum_{i=1}^{n}t_i^2-\left(\sum_{i=1}^{n}t_i\right)^2} \tag{3-20}$$

通常在探测目标的过程中，由于雷达测量坐标的过程是离散的，而且天线波束的转动一般是恒速的，所以测量的时间正比于测量的次数。于是多项式中自变量 t 用 nT 表示，T 为天线的转动周期。

举例说，出现第一次信息的时间为 0，即 $t_1=0$。那么 $t_2=T,t_3=2T,t_i=(i-1)T$，$t_n=(n-1)T$，把 $t_i=(i-1)T$ 代入系数 $\hat{a}_0$ 和 $\hat{a}_1$ 的表达式，并参考已知关系式，得

$$\sum_{i=1}^{n}(i-1)=\frac{n(n-1)}{2},\qquad \sum_{i=1}^{n}(i-1)^2=\frac{n(n-1)(2n-1)}{6}$$

最后得到

$$\hat{a}_0=\frac{\sum_{i=1}^{n}x_i\frac{n(n-1)(2n-1)}{6}T^2-\sum_{i=1}^{n}(i-1)x_iT^2\frac{n(n-1)}{2}}{nT^2\frac{n(n-1)(2n-1)}{6}-\left[\frac{n(n-1)}{2}\right]^2T^2}$$

$$=\sum_{i=1}^{n}\frac{4(n+1)-6i}{n(n+1)}x_i=\sum_{i=1}^{n}\eta_{a_0}(i)x_i \tag{3-21}$$

$$\hat{a}_1=\frac{n\sum_{i=1}^{n}(i-1)x_iT-\frac{n(n-1)}{2}T\sum_{i=1}^{n}x_i}{nT^2\frac{n(n-1)(2n-1)}{6}-\left[\frac{n(n-1)}{2}\right]^2T^2}$$

$$=\sum_{i=1}^{n}\frac{6(2i-n-1)}{T(n^2-1)n}x_i=\sum_{i=1}^{n}\eta_{a_1}(i)x_i \tag{3-22}$$

式中

$$\eta_{a_0}(i)=\frac{4(n+1)-6i}{n(n+1)},\quad \eta_{a_1}(i)=\frac{6(2i-n-1)}{T(n^2-1)n} \tag{3-23}$$

为加权系数。

假设 $n=2$[即两点外推，已知第一点坐标(x_1,y_1)和第二点坐标(x_2,y_2)，外推第三点坐标(x_3,y_3)]，则有

$$\hat{a}_0=x_1,\quad \hat{a}_1=(x_2-x_1)/T=v_x$$

求最近一次测量时的坐标平滑值为

$$\hat{x}_n=\hat{a}_0+(n-1)T\hat{a}_1$$

$$=\sum_{i=1}^{n}\left[\frac{4(n+1)-6i}{n(n+1)}+\frac{T(n-1)6(2i-n-1)}{Tn(n^2-1)}\right]x_i$$

$$\hat{x}_n=\sum_{i=1}^{n}\frac{6i-2n-2}{n(n+1)}x_i=\sum_{i=1}^{n}\eta_n(i)x_i \tag{3-24}$$

式中

$$\eta_n(i)=\frac{6i-2n-2}{n(n+1)} \tag{3-25}$$

为加权系数。

m 个扫描周期后的外推值表达式为

$$\begin{aligned}\hat{x}_{n+m} = \hat{x}_n + \hat{a}_1 mT &= \sum_{i=1}^{n}\left[\frac{6i-2n-2}{n(n+1)} + \frac{6mT(2i-n-1)}{Tn(n^2-1)}\right]x_i \\ &= \sum_{i=1}^{n}\eta_{n+m}(i)x_i \end{aligned} \tag{3-26}$$

式中,加权系数为

$$\eta_{n+m}(i) = \frac{(6i-2n-2)(n-1)+6m(2i-n-1)}{n(n^2-1)} \tag{3-27}$$

一个扫描周期后的外推值($m=1$)为

$$\hat{x}_{n+1} = \sum_{i=1}^{n}\frac{6i-2n-4}{n(n-1)}x_i = \sum_{i=1}^{n}\eta_{n+1}(i)x_i \tag{3-28}$$

式中,加权系数为

$$\eta_{n+1}(i) = \frac{6i-2n-4}{n(n-1)} \tag{3-29}$$

例如,当用两次测量($n=2$)时,平滑和外推值为

$$\begin{cases}\hat{x}_n = x_2 \\ \hat{x}_{n+1} = 2x_2 - x_1 = x_2 + v_x T\end{cases}$$

上式还可用两点进行简单外推获得。同样可得到用三次测量($n=3$)[三点加速外推,由已知第一点、第二点、第三点的坐标各为(x_1,y_1)、(x_2,y_2)、(x_3,y_3),外推第四点坐标(x_4,y_4)],则有表达式

$$\begin{cases}\hat{x}_n = \dfrac{5}{6}x_3 + \dfrac{2}{6}x_2 - \dfrac{1}{6}x_1 \\ \hat{x}_{n+1} = \dfrac{4}{3}x_3 + \dfrac{1}{3}x_2 - \dfrac{2}{3}x_1\end{cases} \tag{3-30}$$

此外,还可采用三点圆弧外推,即假设目标以等切线速度做圆周运动,圆心为 x-y 平面上某点,已知第一、第二、第三点坐标分别为(x_1,y_1)、(x_2,y_2)、(x_3,y_3),第四点坐标(x_4,y_4)的外推法,在此不做讨论了。

从上面的计算中,可以看出以下结论:

① 对 n 阶运动方程,需已知 $n+1$ 点数据才能外推;

② 外推阶数越高,越能适应目标的机动,当目标有加速度时,三点外推就比两点外推好。但这是不考虑测量误差时的结论。当存在测量误差时,情况并非一定如此。

3.4 航迹参数的递推式滤波(平滑)[35]、[38]、[75]

3.3 节讨论的最小二乘法滤波作为航迹参数估计的最优化方法,是以选取固定数量的测量值为基础的,用非递推算法计算外推值。不足之处有:

① 为了获得可以接受的估值精度,需要较多的前面的测量值(正常5～6个);如果同时处理大量的目标,则大大增加对存储器容量的需求。

② 估值精度受所用存储前面的数据个数限制。

③ 在航迹起始阶段(n 次测量时间),输出数据有不希望的延时。

所以常选用本节讨论的递推式滤波方法。

一般边扫描边跟踪雷达是在不断地扫描的基础上跟踪目标。而在相控阵雷达中,则可在短暂

停顿扫描的基础上进行跟踪。由3.3节讨论已知,边扫描边跟踪雷达主要工作过程如下。

1. 目标位置的自动测量

边扫描边跟踪雷达有二坐标雷达、三坐标雷达等。在一次天线扫描中,它们可以测出搜索空域中目标的距离R和方位α坐标值,或距离R、方位α和仰角β三个坐标值。目标的距离可以通过距离波门来自动测量,而对目标的角度要通过统计估值的方法来测定。

2. 对目标的跟踪、估值和预测

对目标的跟踪主要有两个任务:一个是通过测得的一连串目标位置数据,用尽可能高的精度对目标的位置、速度等状态做出即时估值;另一个任务是预测下一次扫描时目标的位置,形成距离、方位波门,以便截取下一个目标回波,并进行相关。

由于存在噪声和干扰,所以所测得的目标数据总是含有随机误差,只能对目标当前坐标和外推坐标加以"估计"。对目标当前坐标"估值"是平滑问题,而对目标外推坐标"估值"是预测问题。平滑和外推计算统称滤波"估值"。平滑和外推的计算是航迹跟踪的主要任务,统称为航迹跟踪计算。因此,系统的跟踪算法必须使计算机能够对目标位置的粗略估计进行处理,并产生三项输出:对当前位置的平滑估计、对当前速度的平滑估计及预测未来的位置。

许多跟踪滤波器都在各种雷达中得到了应用,除3.2节中所介绍的方法外,常用的方法有:①α-β算法;②α-β-γ算法;③ 滑动窗最小平方多项式算法;④ 最小平方衰减记忆算法;⑤ 卡尔曼滤波算法等。

下面我们对卡尔曼滤波和α-β两种跟踪算法做一简介。

3.4.1 卡尔曼滤波

卡尔曼滤波是根据最小均方误差准则建立起来的估计方法,它是递归式滤波器,只需要两个样点就可以开始平滑和外推计算。下面先看有关两个例子,然后讨论卡尔曼滤波。

例3.1 首先讨论平面雷达边扫描边跟踪问题。所谓平面雷达,即只测量目标的距离和方位,而不测量目标仰角和高度的雷达。采用边扫描边跟踪体制,就是天线每旋转一周,仅得到目标的一次数据。设取样的周期为T(这里,T表示天线旋转一周的时间),在k时刻(即$t=kT$)被跟踪的目标处于距离$R+r(k)$。所以在$k+1$时刻目标的距离为$R+r(k+1)$。R表示目标的平均距离,而$r(k)$和$r(k+1)$表示对平均距离R的偏移量,这正是所需要估计的量。假定$r(k)$是均值为零的随机过程。

设目标的径向速度为$\dot{r}(k)$。由于T不是太大,所以可取一阶近似,有

$$r(k+1)=r(k)+T\dot{r}(k) \tag{3-31}$$

同样,设目标在k时刻的径向加速度为$\ddot{r}(k)=u(k)$,有

$$Tu(k)=\dot{r}(k+1)-\dot{r}(k) \tag{3-32}$$

式(3-31)称为距离方程,式(3-32)称为加速度方程。设加速度$u(k)$是一个零均值的平稳白噪声过程,且在时间间隔T之间不相关,即$E[u(k+1)u(k)]=0$。这种对飞行体加速度的假定是相当合理的,因为由发动机推力的短时间不规则性或阵风等随机因素引起的加速度大致符合这种模型。

现令$Tu(k)\triangleq u_1(k)$,$u_1(k)$同样是白噪声过程,则式(3-32)可写成

$$\dot{r}(k+1)=\dot{r}(k)+u_1(k) \tag{3-33}$$

可见,飞行体的速度$\dot{r}(k)$符合一阶自回归模型。

由式(3-31),有

$$T\dot{r}(k+1) = r(k+2) - r(k+1) \tag{3-34a}$$

对式(3-33) 两边乘 T,再将式(3-31) 代入,则有

$$T\dot{r}(k+1) = r(k+1) - r(k) + Tu_1(k) \tag{3-34b}$$

令式(3-34a) 和式(3-34b) 相等,则得

$$r(k+2) = 2r(k+1) - r(k) + Tu_1(k) \tag{3-35}$$

对距离 $r(k)$ 来说,式(3-35) 是一个二阶动态方程,而白噪声加速度过程正是这个随机距离过程的激励函数。因为二阶动态过程可用一阶自回归矢量信号表示,本例也不例外。这里,定义具有两个分量的矢量信号 $\boldsymbol{s}(k)$,一个分量为距离 $s_1(k) = r(k)$,另一个分量为径向速度 $s_2(k) = \dot{r}(k)$。将这种表示法应用于式(3-31) 和式(3-32),则有

$$s_1(k+1) = s_1(k) + Ts_2(k)$$
$$s_2(k+1) = s_2(k) + u_1(k) \tag{3-36a}$$

此两式可合写成一个矢量方程,即

$$\boldsymbol{s}(k+1) = \begin{bmatrix} s_1(k+1) \\ s_2(k+1) \end{bmatrix} = \begin{bmatrix} 1 & T \\ 0 & 1 \end{bmatrix} \begin{bmatrix} s_1(k) \\ s_2(k) \end{bmatrix} + \begin{bmatrix} 0 \\ u_1(k) \end{bmatrix} \tag{3-36b}$$

或写成

$$\boldsymbol{s}(k+1) = \boldsymbol{A}\,\boldsymbol{s}(k) + \boldsymbol{w}(k)$$

此方程即为一阶自回归矢量信号模型。

例 3.2 对于上例所述雷达跟踪问题,如果待估计的信号不仅有距离 $r(k)$ 和径向速度 $\dot{r}(k)$,而且要估计方位角 $\theta(k)$ 及其角速度 $\dot{\theta}(k)$,此时信号矢量 $\boldsymbol{s}(k)$ 是 4 个分量的矢量,即

$$\boldsymbol{s}(k) = \begin{bmatrix} r(k) \\ \dot{r}(k) \\ \theta(k) \\ \dot{\theta}(k) \end{bmatrix} \tag{3-37}$$

然而,很多平面雷达只测量距离和方位,相应的变化率可按式(3-31) 导出,因而,观测矢量可写成

$$\boldsymbol{x}(k) = \begin{bmatrix} x_1(k) \\ x_2(k) \end{bmatrix} = \begin{bmatrix} r(k) + n_1(k) \\ \theta(k) + n_2(k) \end{bmatrix} = \boldsymbol{C}\boldsymbol{s}(k) + \boldsymbol{n}(k) \tag{3-38}$$

式中,$n_1(k)$ 和 $n_2(k)$ 分别为相应的观测加性白噪声。显然,此时列 $q = 4$,行 $r = 2$,且观测矩阵 $\boldsymbol{C}$ 可表示为

$$\boldsymbol{C} = \begin{bmatrix} 1 & 0 & 0 & 0 \\ 0 & 0 & 1 & 0 \end{bmatrix}$$

综上所述,信号模型与观测模型的矢量形式可用图 3.9 表示。

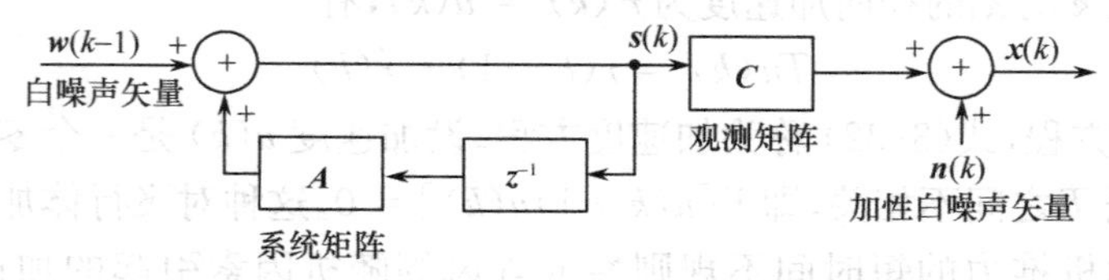

图 3.9 矢量信号模型及观测模型

现在的问题是,如果信号的状态模型及观测模型已经正确建立,如何根据观测矢量 $\boldsymbol{x}(k)$,最佳地估计信号矢量 $\boldsymbol{s}(k)$(滤波问题) 或 $\boldsymbol{s}(k+1/k)$(预测问题)。这里所谓的最佳,是指矢量信号各分量的估计值的均方误差同时达到最小。以滤波问题为例,就是使

$$E\{[s_j(k) - \hat{s}_j(k)]^2\} \quad (j = 1,2,\cdots,q) \tag{3-39}$$

同时达到最小。我们首先讨论这种矢量最佳滤波，即矢量卡尔曼滤波问题，然后再研究矢量卡尔曼预测问题。

矢量卡尔曼滤波方程组关系式为：

（1）滤波方程

$$\hat{\boldsymbol{s}}(k)=\boldsymbol{A}\hat{\boldsymbol{s}}(k-1)+\boldsymbol{K}(k)[\boldsymbol{x}(k)-\boldsymbol{C}\boldsymbol{A}\hat{\boldsymbol{s}}(k-1)] \tag{3-40}$$

（2）增益方程

$$\boldsymbol{K}(k)=\boldsymbol{P}_1(k)\boldsymbol{C}^{\mathrm{T}}[\boldsymbol{C}\boldsymbol{P}_1(k)\boldsymbol{C}^{\mathrm{T}}+\boldsymbol{R}(k)]^{-1} \tag{3-41}$$

式中

$$\boldsymbol{P}_1(k)=\boldsymbol{A}\boldsymbol{P}(k-1)\boldsymbol{A}^{\mathrm{T}}+\boldsymbol{Q}(k)$$

（3）滤波均方误差

$$\boldsymbol{P}(k)=\boldsymbol{P}_1(k)-\boldsymbol{K}(k)\boldsymbol{C}\boldsymbol{P}_1(k) \tag{3-42}$$

式(3-40)～式(3-42)构成了矢量卡尔曼滤波器，它适用于由下述状态方程和观测方程所描述的模型

$$\boldsymbol{s}(k)=\boldsymbol{A}\hat{\boldsymbol{s}}(k-1)+\boldsymbol{w}(k-1) \tag{3-43}$$

$$\boldsymbol{x}(k)=\boldsymbol{C}\boldsymbol{s}(k)+\boldsymbol{n}(k) \tag{3-44}$$

式中，$\boldsymbol{s}(k)$ 为信号矢量，$\hat{\boldsymbol{s}}(k)$ 为估计信号矢量；$\boldsymbol{x}(k)$ 为观测矢量；$\boldsymbol{w}(k)$ 为白噪声矢量；$\boldsymbol{n}(k)$ 为观测噪声矢量。

$\boldsymbol{R}(k)=E[\boldsymbol{n}(k)\boldsymbol{n}^{\mathrm{T}}(k)]$ 为观测协方差矩阵；$\boldsymbol{Q}(k)=E[\boldsymbol{w}(k)\boldsymbol{w}^{\mathrm{T}}(k)]$ 为系统噪声协方差矩阵。注意，若噪声矢量各分量之间不相关，则协方差矩阵 $\boldsymbol{R}(k)$ 与 $\boldsymbol{Q}(k)$ 为对角阵。

$\boldsymbol{P}(k)=E[\boldsymbol{e}(k)\boldsymbol{e}^{\mathrm{T}}(k)]$ 为误差协方差矩阵；$\boldsymbol{A}$ 为系统转移矩阵；$\boldsymbol{C}$ 为观测矩阵。

应该指出，对于时变系统信号模型和时变观测模型，系统矩阵 $\boldsymbol{A}$ 及观测矩阵 $\boldsymbol{C}$ 皆为时变的，用 $\boldsymbol{A}(k)$ 和 $\boldsymbol{C}(k)$ 表示。

根据式(3-40)～式(3-42)，矢量卡尔曼滤波算法可用图 3.10 所示的运算步骤完成，即在已知$(k-1)$ 时刻信号的估计量 $\hat{\boldsymbol{s}}(k-1)$ 并获得 k 时刻观测矢量的基础上，寻求在 k 时刻信号的最佳估计 $\hat{\boldsymbol{s}}(k)$，其运算流程可归纳如下：

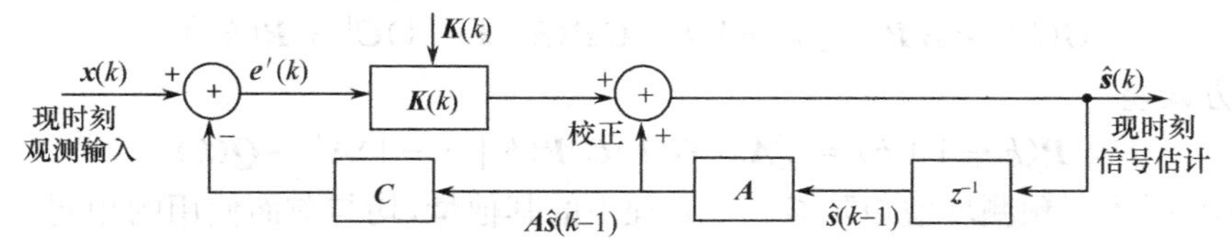

图 3.10　矢量卡尔曼滤波器的运算框图

① 对$(k-1)$ 时刻信号的估计量 $\hat{\boldsymbol{s}}(k-1)$ 左乘以系统矩阵 $\boldsymbol{A}$，得到$(k-1)$ 时刻对 k 时刻信号的预测值 $\hat{\boldsymbol{s}}(k\mid k-1)=\boldsymbol{A}\hat{\boldsymbol{s}}(k-1)$。

② 用观测矩阵 $\boldsymbol{C}$ 左乘 $\hat{\boldsymbol{s}}(k\mid k-1)$，得到现时刻观测矢量的估计 $\hat{\boldsymbol{x}}(k\mid k-1)=\boldsymbol{C}\boldsymbol{A}\cdot\hat{\boldsymbol{s}}(k-1)$。

③ 用 $\boldsymbol{x}(k)$ 减去 $\hat{\boldsymbol{x}}(k\mid k-1)$，得到新数据矢量的预测残差 $\boldsymbol{e}'(k)$。

④ $\boldsymbol{e}'(k)$ 前乘以增益矩阵，得到校正项。该校正项加上$(k-1)$ 时刻对 k 时刻信号的预测值，即得到 k 时刻矢量信号的最佳估计 $\hat{\boldsymbol{s}}(k)$。

⑤ 将 $\hat{\boldsymbol{s}}(k)$ 存储起来，以供求 $\hat{\boldsymbol{s}}(k+1)$ 时使用，如此循环下去。

应该指出，在应用上述矢量卡尔曼滤波算法时，系统矩阵 $\boldsymbol{A}$ 及观测矩阵 $\boldsymbol{C}$ 必须事先给出，并存储在计算机中。$\boldsymbol{A}$ 矩阵、$\boldsymbol{C}$ 矩阵可以由系统的物理模型给出，也可以用分析输入数据的方法得出。

实现上述卡尔曼滤波算法，还必须给出滤波增益矩阵 $\boldsymbol{K}(k)$。由式(3-40)～式(3-42)可知，增益矩阵 $\boldsymbol{K}(k)$ 与输入数据无关，只与噪声协方差矩阵 $\boldsymbol{R}(k)$ 和 $\boldsymbol{Q}(k)$ 有关，而 $\boldsymbol{R}(k)$ 和 $\boldsymbol{Q}(k)$ 是由信号模型与观测模型给出，认为是已知的。因此，$\boldsymbol{K}(k)$ 可以先通过计算求出，并存入计算机，这样

可以加快计算速度，但要求的存储量大。为了节省存储量，可以按式(3-41)和式(3-42)递推算出 $\boldsymbol{K}(k)$。这样做，会使每次迭代的计算量增加。由式(3-41)和式(3-42)递推 $\boldsymbol{K}(k)$ 的流程图如图3.11所示。

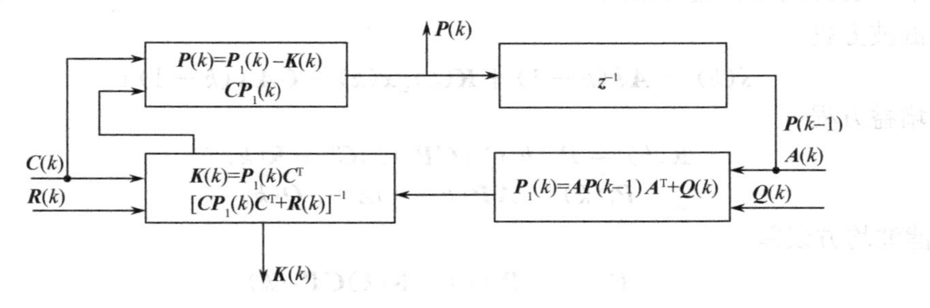

图3.11 $\boldsymbol{K}(k)$ 递推算法的流程图

式(3-41)中必须进行的矩阵求逆运算，这在原理上没有问题，但求逆的矩阵是 $(r\times r)$ 维，r 是观测矢量的维数，若 r 很大，则求逆的运算量将会很大。通常希望 r 小些，以避免系统的成本太高。在某些实际系统中，矢量 $\boldsymbol{s}(k)$ 中可能有高达12～15个状态变量，而观测矢量 $\boldsymbol{x}(k)$ 中仅用2～3个观测变量。为解决 r 较大时计算量将会大大增加这一问题，还可以采用Mendel给出的计算逆矩阵的定理。

最后应该指出，上述 $\boldsymbol{K}(k)$ 的递推算法中，还可以同时得到预测和滤波误差的协方差矩阵 $\boldsymbol{P}_1(k)$ 和 $\boldsymbol{P}(k)$，因而可以随时监视预测和滤波的均方误差的大小。

3.4.2 卡尔曼一步预测

同样，卡尔曼一步预测算法的关系式为

预测方程

$$\hat{\boldsymbol{s}}(k+1\mid k)=\boldsymbol{A}\hat{\boldsymbol{s}}(k\mid k-1)+\boldsymbol{G}(k)[\boldsymbol{x}(k)-\boldsymbol{C}\hat{\boldsymbol{s}}(k\mid k-1)] \tag{3-45}$$

预测增益

$$\boldsymbol{G}(k)=\boldsymbol{A}\boldsymbol{P}(k\mid k-1)\boldsymbol{C}^{\mathrm{T}}[\boldsymbol{C}\boldsymbol{P}(k\mid k-1)\boldsymbol{C}^{\mathrm{T}}+\boldsymbol{R}(k)]^{-1} \tag{3-46}$$

预测均方误差

$$\boldsymbol{P}(k+1\mid k)=[\boldsymbol{A}-\boldsymbol{G}(k)\boldsymbol{C}]\boldsymbol{P}(k\mid k-1)\boldsymbol{A}^{\mathrm{T}}+\boldsymbol{Q}(k) \tag{3-47}$$

在上述方程中，引入了预测增益矩阵 $\boldsymbol{G}(k)$，方程中的其他量，均与前面使用的相同。

通过推导可得矢量信号的预测估计与滤波估计之间的关系

$$\hat{\boldsymbol{s}}(k+1\mid k)=\boldsymbol{A}\hat{\boldsymbol{s}}(k) \tag{3-48}$$

这表明，在忽略白噪声 $\boldsymbol{w}(k)$ 的情况下，信号的最佳一步预测估计应等于信号的滤波估计左乘以矩阵 $\boldsymbol{A}$。滤波方程式(3-40)两边左乘矩阵 $\boldsymbol{A}$ 并使用式(3-48)，可得到预测方程(3-45)。且有 $\boldsymbol{G}(k)=\boldsymbol{A}\boldsymbol{K}(k)$[若 $\boldsymbol{A}$ 为时变的，则 $\boldsymbol{G}(k)=\boldsymbol{A}(k)\boldsymbol{K}(k)$]。这表明预测增益矩阵与滤波增益矩阵也是用矩阵 $\boldsymbol{A}$ 联系起来的。

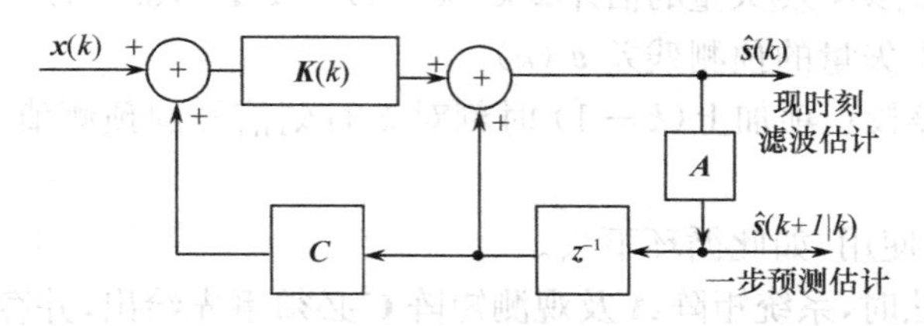

图3.12 同时实现矢量信号滤波与预测的运算框图

应用上述矢量信号滤波与预测之间的有趣关系，特别是式(3-48)的关系，可以建立同时实现矢量信号的滤波与预测的运算流程图，如图3.12所示。请注意，图3.12与图3.5完全一致，唯一的差别是延时与左乘 $\boldsymbol{A}$ 交换了位置。这并不影响滤波输出 $\hat{\boldsymbol{s}}(k)$。再应用式(3-48)便可得到预测输出 $\hat{\boldsymbol{s}}(k+1\mid k)$。

3.4.3 用于雷达跟踪的卡尔曼滤波算法

现在继续讨论平面雷达边扫描边跟踪飞机的例子。在雷达中，发射与接收脉冲之间的延时提供了目标距离 r 的估计，而检测目标时刻的天线位置提供了目标方位 θ 的估计。典型的雷达天线转速为 $6 \sim 15\text{r/min}$，因而数据的时间间隔 T 相应为 $4 \sim 10\text{s}$。也就是说，跟踪滤波器每隔 T 秒更新一次。

在例 3.1 中，已得出

$$r(k+1) = r(k) + T\dot{r}(k) \quad 和 \quad \dot{r}(k+1) = \dot{r}(k) + u_1(k) \tag{3-49}$$

同样地，可以写出相对于某平均值的方位偏移量 $\theta(k+1)$ 及方位速度 $\dot{\theta}(k+1)$ 的差分方程式

$$\theta(k+1) = \theta(k) + T\dot{\theta}(k) \quad 和 \quad \dot{\theta}(k+1) = \dot{\theta}(k) + u_2(k) \tag{3-50}$$

式中，$u_2(k)$ 代表方位角速度在估计取样间隔 T 内的变化量，也假定它是零均值的白噪声过程，即 $E[u_2(k)] = 0$，$E[u_2(k+1)u_2(k)] = 0$。同时假定 $u_1(k)$ 与 $u_2(k)$ 分别代表 $\dot{r}$ 和 $\dot{\theta}$ 的机动噪声，即经过 T 秒递推间隔后径向速度与方位速度的改变量，它们是目标偏离恒速轨道的原因。可以想象，它们均会以某种方式随 T 的增大而变大。例如，设 T 秒内有一恒力作用，则 $u_1(k) = T\ddot{r}(k)$，$u_2(k) = T\ddot{\theta}(k)$。实际上，由于 T 秒内作用于目标的外力是随机的，因而才可把 $u_1(k)$ 与 $u_2(k)$ 看成白噪声序列。

由式(3-49) ~ 式(3-50) 这样一组状态方程，唯一地描述了目标的状态。为了更加简明地表示这些信号，可写成矢量形式，即用矢量信号表示上述 4 个差分方程，得出矢量模型为

$$\begin{bmatrix} s_1(k+1) \\ s_2(k+1) \\ s_3(k+1) \\ s_4(k+1) \end{bmatrix} = \begin{bmatrix} r(k+1) \\ \dot{r}(k+1) \\ \theta(k+1) \\ \dot{\theta}(k+1) \end{bmatrix} = \begin{bmatrix} 1 & T & 0 & 0 \\ 0 & 1 & 0 & 0 \\ 0 & 0 & 1 & T \\ 0 & 0 & 0 & 1 \end{bmatrix} \begin{bmatrix} s_1(k) \\ s_2(k) \\ s_3(k) \\ s_4(k) \end{bmatrix} + \begin{bmatrix} 0 \\ u_1(k) \\ 0 \\ u_2(k) \end{bmatrix} \tag{3-51}$$

或者写成

$$\boldsymbol{s}(k+1) = \boldsymbol{A}\boldsymbol{s}(k) + \boldsymbol{u}(k) \tag{3-52}$$

下面再写出雷达的观测模型。雷达传感器每 T 秒提供一次关于距离 $r(k) = s_1(k)$ 和方位 $\theta(k) = s_3(k)$ 的带有噪声的观测数据，观测数据序列可表示为

$$x_1(k) = s_1(k) + n_1(k), \quad x_2(k) = s_3(k) + n_2(k) \tag{3-53}$$

与例 3.2 讨论的情况一样，观测矢量模型可写为

$$\begin{bmatrix} x_1(k) \\ x_2(k) \end{bmatrix} = \begin{bmatrix} 1 & 0 & 0 & 0 \\ 0 & 0 & 1 & 0 \end{bmatrix} \begin{bmatrix} s_1(k) \\ s_2(k) \\ s_3(k) \\ s_4(k) \end{bmatrix} + \begin{bmatrix} n_1(k) \\ n_2(k) \end{bmatrix}$$

或写成

$$\boldsymbol{x}(k) = \boldsymbol{C}\boldsymbol{s}(k) + \boldsymbol{n}(k) \tag{3-54}$$

式中

$$\boldsymbol{x}(k) = \begin{bmatrix} x_1(k) \\ x_2(k) \end{bmatrix}, \quad \boldsymbol{n}(k) = \begin{bmatrix} n_1(k) \\ n_2(k) \end{bmatrix}$$

矩阵 $\boldsymbol{C}$ 为

$$\boldsymbol{C} = \begin{bmatrix} 1 & 0 & 0 & 0 \\ 0 & 0 & 1 & 0 \end{bmatrix} \tag{3-55}$$

通常假设 $n_1(k)$ 和 $n_2(k)$ 为零均值的白噪声，其方差分别为 σ_r^2 和 σ_θ^2，而且 $n_1(k)$ 和 $n_2(k)$ 互不相关，即 $E[n_1(k)n_2(k)] = 0$。

虽然在下面的讨论中把观测数据及被估计的飞行参量规定为平稳过程，因而其方差不随 k 变化，但是非平稳过程情况也容易处理。例如，角度观测误差也许是由于阵风作用于天线造成的，

而这些阵风在一天的某段时间内较大，因而会出现非平稳情况。

本例中给出观测噪声的协方差矩阵为

$$\boldsymbol{R}(k)=E[\boldsymbol{n}(k)\boldsymbol{n}^{\mathrm{T}}(k)]$$
$$=\begin{bmatrix}E[n_1^2(k)] & E[n_1(k)n_2(k)]\\ E[n_1(k)n_2(k)] & E[n_2^2(k)]\end{bmatrix}=\begin{bmatrix}\sigma_r^2(k) & 0\\ 0 & \sigma_\theta^2(k)\end{bmatrix} \tag{3-56}$$

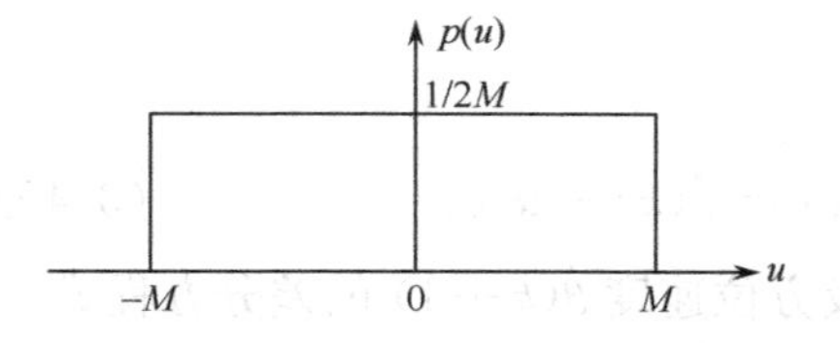

图 3.13　r 方向和 θ 方向都均匀分布的加速度 u(k) 的概率密度图

而系统噪声或机动噪声的协方差矩阵可写为

$$\boldsymbol{Q}(k)=E[\boldsymbol{u}(k)\boldsymbol{u}^{\mathrm{T}}(k)]=\begin{bmatrix}0&0&0&0\\0&\sigma_1^2&0&0\\0&0&0&0\\0&0&0&\sigma_2^2\end{bmatrix} \tag{3-57}$$

式中，$\sigma_1^2=E[u_1^2(k)]$，$\sigma_2^2=E[u_2^2(k)]$ 分别代表 T 乘以径向加速度的方差和 T 乘以方位加速度的方差。径向加速度和方位加速度与发动机推力的随机变化及随机阵风的扰动有关，其方差都可以看作与时间无关。为了简化分析，假设加速度 $u(k)$ 无论在 r 方向或者在 θ 方向上都是均匀分布的，即 r 和 θ 的加速度 $u(k)$ 的概率密度函数在 $[-M,+M]$ 内均匀分布 $[p(u)=1/2M]$，其中 M 为径向和横向的最大加速度，如图 3.13 所示。由此不难算出 $u(k)$ 的方差为

$$\sigma_u^2=\int_{-\infty}^{+\infty}u^2p(u)\mathrm{d}u=\frac{1}{2M}\int_{-M}^{M}u^2\mathrm{d}u=M^2/3 \tag{3-58}$$

由于 $u_1=Tu$，$u_2=u_1/R$，R 是飞机与雷达的平均距离，故式(3-57) 中的方差为

$$\sigma_1^2=T^2\sigma_u^2,\quad \sigma_2^2=\sigma_1^2/R^2 \tag{3-59}$$

有了 σ_1^2 和 σ_2^2 两个参量就可确定矩阵 $\boldsymbol{Q}(k)$。至此，已拥有完全确定图 3.10 的卡尔曼滤波运算的全部信息。

启动卡尔曼滤波器需要得到第一个估计，以及相应于这一估计的第一个误差协方差矩阵。这可用几种方法求得，但在这里我们不准备详细讨论这一问题。我们将采用所谓准最佳方法来给出起始条件，它适用于本题中平面雷达这种使用两个观测数据(距离和方位) 的情况。

设想测量两次，即 $k=1$ 和 $k=2$ 时对距离偏移与方位偏移各测两次，其中第一组数据 $\boldsymbol{x}(1)$ 可以用来估计距离和方位，但不能估计距离变化率和方位变化率，只有获得了前两组观测数据 $\boldsymbol{x}(1)$ 和 $\boldsymbol{x}(2)$ 后，滤波器才启动。利用 $\boldsymbol{x}(1)$ 和 $\boldsymbol{x}(2)$，就可得有 4 个分量的信号矢量信号 $\hat{\boldsymbol{s}}(2)$

$$\hat{\boldsymbol{s}}(2)=\begin{bmatrix}\hat{s}_1(2)=\hat{r}(2)=x_1(2)\\ \hat{s}_2(2)=\hat{\dot{r}}(2)=\dfrac{1}{T}[x_1(2)-x_1(1)]\\ \hat{s}_3(2)=\hat{\theta}(2)=x_2(2)\\ \hat{s}_4(2)=\hat{\dot{\theta}}(2)=\dfrac{1}{T}[x_2(2)-x_2(1)]\end{bmatrix} \tag{3-60}$$

上式表明，距离和方位估计就是最近一次的雷达读数，而速度的准最佳估计是两个读数之差除以 T，即承认观测值是在无噪声和目标等运动情况下得到的。此公式直观看来是合理的，而且还符合飞机为一阶系统动态特性的假定[忽略了式(3-52) 中加速度的影响]。还应指出，式(3-60) 就是所谓的两点外推，它能不断利用最新一组数据估计距离和方位，用最新两组数据估计距离速度和方位速度。这种滤波器本质上是非递归滤波器。在雷达跟踪问题上，它在跟踪精度上比卡尔曼滤波器要低得多，但其所需的计算机处理时间和存储容量较少。

以上讨论中，把观测数据及被估计的飞行参量规定为平稳过程。为了推广应用到非平稳过程(此时系统参数是时变的)，应将信号模型及观测模型改写成

$$\boldsymbol{s}(k+1)=\boldsymbol{A}(k)\boldsymbol{s}(k)+\boldsymbol{w}(k) \tag{3-61}$$

$$\boldsymbol{x}(k)=\boldsymbol{C}(k)\boldsymbol{s}(k)+\boldsymbol{n}(k) \tag{3-62}$$

式中，$\boldsymbol{s}(k)$ 和 $\boldsymbol{w}(k)$ 均为 n 维列矢量；由 k 到 $(k+1)$ 的转移矩阵 $\boldsymbol{A}(k)$ 为 $n\times n$ 方阵；观测数据 $\boldsymbol{x}(k)$ 和 $\boldsymbol{n}(k)$ 为 m 维列矢量；观测矩阵 $\boldsymbol{C}(k)$ 为 $m\times n$ 矩阵；$\boldsymbol{w}(k)$ 和 $\boldsymbol{n}(k)$ 假定是均值为零的白噪声过程，且两者互不相关，它们的协方差矩阵各为

$$\left.\begin{aligned} E[\boldsymbol{w}(k)\boldsymbol{w}^{\mathrm{T}}(j)]&=\boldsymbol{R}(k)\delta_{kj}\\ E[\boldsymbol{n}(k)\boldsymbol{n}^{\mathrm{T}}(j)]&=\boldsymbol{Q}(k)\delta_{kj}\end{aligned}\right\} \tag{3-63}$$

而且都与时间 k 有关。这种白噪声的定义是白噪声概念在非平稳随机过程中的推广；各线性变换矩阵 $\boldsymbol{A}(k)$ 及 $\boldsymbol{C}(k)$ 对于非平稳随机过程而言都是时间 k 的函数，而且 $\boldsymbol{s}(k)$ 和 $\boldsymbol{C}(k)\boldsymbol{s}(k)$ 的均值都不一定为零。

最后指出，卡尔曼滤波器采用线性递推的方法获得系统状态的最佳估计，所以适应性强，应用范围广，外推和平滑数据的精度高，是计算航迹数据等应用的一种好方法，这是它的优点。但是，它要求目标的状态模型是已知的，这常常不易做到。此外，由于它是递推计算的，如果模型与实际情况有较大的出入，可能使估计误差越来越大，造成滤波器的发散，这是一个重要的缺点。再者，卡尔曼滤波的计算量也较大，当状态的维数是 n 时，每收到一次观测数据，大约需要 $3n^3$ 次乘除法运算和 $3n^3$ 次加减法运算，所以在给定场合下是否采用卡尔曼滤波器，应根据数据的精度要求及计算机的实时处理能力等因素来决定。

还应该指出，虽然在线性系统中最常用的滤波算法是卡尔曼滤波算法，当目标的运动状态方程和传感器的测量方程在同一坐标系下均为线性方程，且观测噪声为零均值的高斯白噪声时，卡尔曼滤波算法是最小方差意义下的最优滤波算法。但在实际情况下目标运动状态往往在直角坐标系下描述，而传感器的观测值是在极坐标系下或球坐标系下测得的，因此，状态方程和测量方程不可能在同一坐标系下都是线性方程。此时还要解决的是非线性系统中的目标跟踪问题。

在卡尔曼滤波器中以目标轨道为直线作模型，而测量噪声和轨道扰动的模型是零均值白色高斯噪声时，则卡曼滤波方程简化为 α-β 跟踪器方程，其中的 α、β 由卡尔曼滤波程序依次计算。

布莱克曼指出："机载雷达经验表明，处理丢失数据问题、可变的测量噪声统计特性问题和具有动态能力的机动目标问题时，卡尔曼滤波器的多功能性是不可缺少的"。由于使用了更多的信息，卡尔曼滤波器的性能优于 α-β 跟踪器。然而，当目标机动的统计特性未知时，或在密集目标环境内简化计算很重要时，可以考虑使用 α-β 跟踪器。

3.4.4 α-β 滤波器

在一系列目标检测的基础上，上面讨论了卡尔曼自动跟踪器对目标的当前位置和速度进行平滑（滤波）估计，还预测它的位置和速度。另一种实现该功能的方法是利用 α-β 滤波器。

α-β 滤波器最早是为了改善边扫描边跟踪雷达的跟踪性能而提出的。这种体制的雷达，在天线波束一次扫过目标期间，大约能收到几个至几十个目标回波脉冲，但从一串回波脉冲到下一串回波脉冲则相隔一个天线扫描周期，可长达数秒。因而这种雷达的距离和角度跟踪系统处于采样跟踪状态，从而要求跟踪系统具有对目标状态进行预测的能力，以防止下一次取样之前雷达已失去对目标的跟踪。

α-β 滤波是以输入为均匀变化的信号为前提的。当得到 k 时刻的测量值 $\boldsymbol{x}(k)$ 后，按下列方程对信号 $\boldsymbol{s}(k)$ 进行估计：

$$\hat{s}(k)=\hat{s}(k\mid k-1)+\alpha[x(k)-\hat{s}(k\mid k-1)] \tag{3-64}$$

$$\hat{\dot{s}}(k)=\hat{\dot{s}}(k\mid k-1)+\frac{\beta}{T}[x(k)-\hat{s}(k\mid k-1)] \tag{3-65}$$

一步预测为
$$\hat{s}(k \mid k-1) = \hat{s}(k-1) + T\hat{\dot{s}}(k-1) \tag{3-66}$$
$$\hat{\dot{s}}(k \mid k-1) = \hat{\dot{s}}(k-1) \tag{3-67}$$
式中，$\hat{s}(k)$ 是第 k 个周期的平滑坐标；$\hat{s}(k \mid k-1)$ 是在第 $(k-1)$ 个周期内计算所得的第 k 个周期的外推坐标；$x(k)$ 是第 k 个周期录取的坐标；$\hat{\dot{s}}(k)$ 是第 k 个周期的速度估计；T 是天线扫描周期；校正系数 α 和 β 分别为位置和速度平滑系数。它们可以是常数，也可以随取样序列分段改变。现引入以下记号：

滤波估计矢量 $\quad \hat{\boldsymbol{s}}(k) = [\hat{s}(k), \hat{\dot{s}}(k)]^{\mathrm{T}}$

预测估计矢量 $\quad \hat{\boldsymbol{s}}(k \mid k-1) = [\hat{s}(k \mid k-1),\ \hat{\dot{s}}(k \mid k-1)]^{\mathrm{T}}$

状态转移矩阵 $\quad \boldsymbol{A} = \begin{bmatrix} 1 & T \\ 0 & 1 \end{bmatrix}$

滤波增益矩阵 $\quad \boldsymbol{K} = [\alpha \quad \beta/T]^{\mathrm{T}}$

观测矩阵 $\quad \boldsymbol{C} = [1 \quad 0]$

则可写出 α-β 滤波的矢量矩阵表达式。式(3-66) 和式(3-67) 写成矩阵形式为
$$\hat{\boldsymbol{s}}(k \mid k-1) = \boldsymbol{A}\hat{\boldsymbol{s}}(k-1) \tag{3-68}$$
同样，式(3-64) 和式(3-65) 写成矩阵形式为
$$\hat{\boldsymbol{s}}(k) = \hat{\boldsymbol{s}}(k \mid k-1) + \boldsymbol{K}[x(k) - \boldsymbol{CA}\hat{\boldsymbol{s}}(k \mid k-1)] \tag{3-69}$$
由上两式可知，α-β 滤波是一种递推滤波，其运算流程如图 3.14 所示。

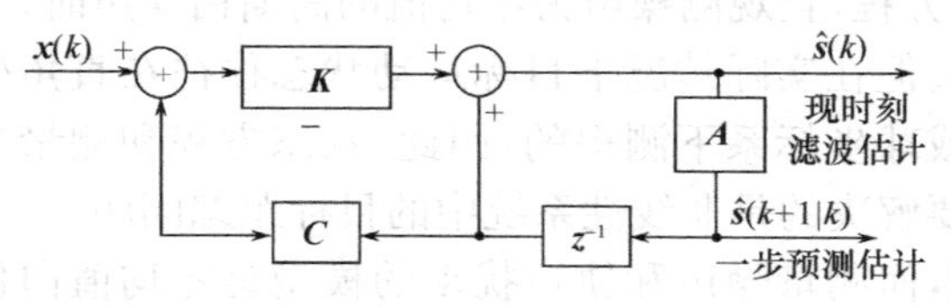

图 3.14　同时实现矢量信号滤波与预测的常增益 $\alpha\beta$ 滤波的运算框图

将式(3-68) 和式(3-69) 及图 3.14 与卡尔曼滤波方程式(3-40) 和预测方程式(3-45) 及图 3.12 相比较，显然它们具有相同的结构形式，不同之处仅在于卡尔曼滤波增益 $K(k)$ 是时变的，而 α-β 滤波增益 K 是恒定的、非时变的。因此，可以认为 α-β 滤波是卡尔曼滤波的特例。

α-β 滤波器实质上是一个二阶线性定常系统，它有两个自由参数，即 α 和 β。因此可以用线性系统的理论讨论 α-β 滤波器的性质和选择 α 和 β 的数值。通过计算可以求得位置估值和速度估值的等效传递函数 $H_{\hat{s}}(z)$ 和 $H_{\hat{\dot{s}}}(z)$ 分别为
$$H_{\hat{s}}(z) = \frac{\hat{s}(z)}{x(z)} = \frac{\alpha z\left(z + \dfrac{\beta-\alpha}{\alpha}\right)}{z^2 - (2-\alpha-\beta)z + (1-\alpha)} \tag{3-70}$$
$$H_{\hat{\dot{s}}}(z) = \frac{\hat{\dot{s}}(z)}{x(z)} = \frac{\dfrac{\beta}{T}z(z-1)}{z^2 - (2-\alpha-\beta)z + (1-\alpha)} \tag{3-71}$$
由上两式可以看出，滤波器的特征方程为
$$z^2 - (2-\alpha-\beta)z + (1-\alpha) = 0 \tag{3-72}$$
根据稳定性判据可知，滤波器的稳定区域是由
$$2\alpha + \beta < 4,\ 0 < \alpha < 2,\ 0 < \beta < 4 \tag{3-73}$$
所规定的三角形，如图 3.15 所示。只要 α 和 β 的取值落在这个区域之内，滤波器就是稳定的。

α 和 β 值的选择除了满足稳定性条件外，还要考虑对滤波器暂态和稳态性能的要求。就滤波器的暂态特性而言，可分为过阻尼、欠阻尼和临界阻尼三种情况。这三种情况的区域划分如图 3.16 所示。工程上常采用临界阻尼状态。

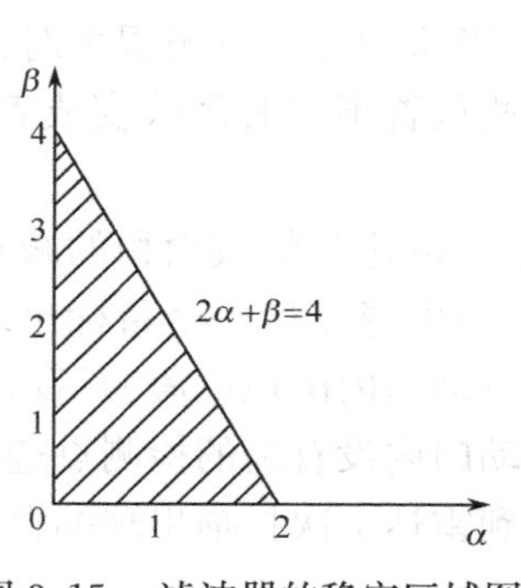

图 3.15　滤波器的稳定区域图

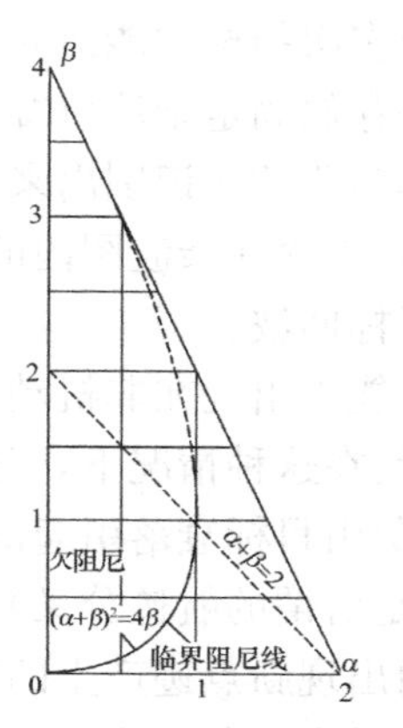

图 3.16　稳定区域划分图

在临界阻尼状态时，特征方程的根是两个正的重根 r，由此可建立起求解 α-β 参数值的关系式来，即

$$(z-r)^2 = z^2-(2-\alpha-\beta)z-(1-\alpha)$$

比较上式两边的各个系数，可得

$$2r = 2-\alpha-\beta, \quad r^2 = 1-\alpha$$

因此在临界阻尼状态时 α 与 β 的关系式为

$$\beta = 2-\alpha-2\sqrt{1-\alpha}$$

α 是位于 0～1 间的某一个数值，它的数值可以根据系统所要求的阻尼比和自然谐振频率来确定。若要求系统的带宽越大，α 就应越大，这时平滑越差；反之，α 越小，系统带宽就越小，平滑将越好。

3.5　航迹建立与航迹相关[10]、[59]、[60]

边扫描边跟踪体制，由计算机实现对多批目标的跟踪任务。在这样的雷达系统中，对于雷达所录取的目标坐标（简称点迹），送到计算机以后，首先要判断每个点迹是属于新发现的目标，还是属于已发现并且建立了航迹（把同一批目标的各点迹连接成一条线称航迹）的目标。由于是多批目标跟踪，已经建立航迹的目标不只是一个，因而还要进一步确定新录取的点迹是属于已经建立航迹的目标中哪一个目标的点迹，这种对点迹与已有航迹之间归属关系的判别，叫做航迹相关。下面分别介绍航迹的建立与航迹相关的概念。

3.5.1　航迹的建立和终止

1. 航迹建立

在雷达扫描过程中，从一次处理设备中可以得到多个目标的点迹。此外，还会不时出现假点迹。因此，送到二次处理设备的点迹有来自真实目标的，也有假的。还有部分真实点迹可能没有送到二次处理设备。

在跟踪目标之前，必须建立其航迹。为此，要选择可以得出发现航迹结论的点迹，并确定航迹参数（航向、速度等），该过程称为点迹截获（发现航迹）。截获可以是自动的（自动截获）和半自动的（有操作员参与）。

原则上，用雷达天线的两次相继扫描获得的目标位置信息可以进行航迹起始。实际上，航迹起始需要三次或多次扫描获得的目标信息。在视场中仅有一架或几架飞机时，两次扫描就够了。当视场中存在很多回波时，需要一次或多次额外的扫描以防止虚假的航迹初起始。因此，更常说的是需要三次或多次扫描才能建立一条航迹。

杂波图用来存储固定杂波位置，防止在真实目标检测的同时由杂波起始目标航迹。虽然这种航迹最终可以作为假的而识别出来并废弃掉，但是，当这种虚假航迹很多时，便会过多占用时间和计算机的空间。包含在杂波图内的杂波回波是一些位置不随时间改变或者是位置改变得太慢而不感兴趣的目标回波。

一种目标可能不出现在非机动门内的原因是它的雷达反射截面积的减小或衰减，导致雷达没有检测到目标。在这种情况下，当机动门中存在噪声尖峰或另一个目标出现时，可能出现错误的航迹。为了避免由目标衰落引起的问题和在大的机动门内出现虚假的指示，航迹被分成两条独立的航迹（这就是所谓的航迹分叉）。一条为在非机动门内没有新的检测点迹的原始航迹，另一条是基于机动门内出现新点迹产生的新航迹。在接收到雷达下次扫描出现的目标位置后（有时在两次扫描后），决定丢失哪条航迹。

跟踪通常在笛卡儿坐标系内进行，但是相关门在极坐标系(r,θ)内定义。

通常，自动航迹截获是检验统计假设：

H_0—— 获得的与取样值 $x_1,x_2,\cdots,x_n$ 相关的点迹是属于假航迹的假设；

H_1—— 取样值属于真实航迹的假设。

假设 H_0 与 H_1 的似然函数分别为

$$W(x_1,x_2,\cdots,x_n \mid H_0) \text{ 和 } W(x_1,x_2,\cdots,x_n \mid H_1)$$

那么，根据最小平均代价准则的最佳截获方法为

$$\frac{W(x_1,x_2,\cdots,x_n \mid H_1)}{W(x_1,x_2,\cdots,x_n \mid H_0)} \geqslant \frac{P(H_0)c_{10}}{P(H_1)c_{01}} \tag{3-74}$$

即形成似然比并与门限比较，门限与由第一、二类错误引起的代价虚警代价 c_{10} 和漏警代价 c_{01} 有关，还和有无真实航迹的先验概率 $P(H_1)$ 和 $P(H_0)$ 有关。上式中 $x_1,x_2,\cdots,x_n$ 表示在 n 个扫描周期获得的点迹坐标。

上述算法实现起来很复杂。因此，常适当地使用更简单的算法，就是采用 m/n 或 n/n 准则进行设计。这样，若在 n 个相邻扫描中获得 m 个相关点迹（属于一条航迹的），则认为发现了航迹。

新航迹的发现过程是从出现单个点迹未进入任何已有的波门，而在点迹周围产生第一截获波门开始的。

如果在下一个扫描周期，有一个或几个点迹进入第一截获区域，则它们中的每一个都用来延续可能的新航迹。然后根据两个相应点的坐标进行外推，产生新的相关区域（波门），而接下来的第三个扫描周期出现的点迹若进入这个区域，则与相应航迹相关。对新点迹的相关配对工作继续进行，直到完成发现航迹的准则（转入跟踪）或满足撤销航迹的准则。截获过程所完成的操作包括外推坐标和点迹选通。

m 值和 n 值的选择取决于真实航迹的发现概率和进入跟踪的假航迹数。随着 m 值的减小，将增加发现真实航迹的概率。实际中常选取 m 为 $2\sim3$，而 n 为 $3\sim4$。完成航迹起始准则后将转入跟踪。

撤销已跟踪航迹的准则，常采用在连续 k 个扫描周期中未出现被跟踪目标的点迹。对假航迹的跟踪，必然会增加对存储器的容量和跟踪设备的运行速度的要求。

2. 航迹终止

如果雷达在一次特殊的扫描内没有接收到目标的信息，适当考虑缺少的数据后可继续进行平滑和预测（有时被称为滑行）。当来自一个目标的数据在相继的一些扫描中都丢失了，航迹便被终止。虽然，用来确定航迹终止的准则依赖于应用，但人们建议，有了三次目标报告就建立航迹，而五次连续丢失数据便终止航迹。

3. 基于分区的跟踪

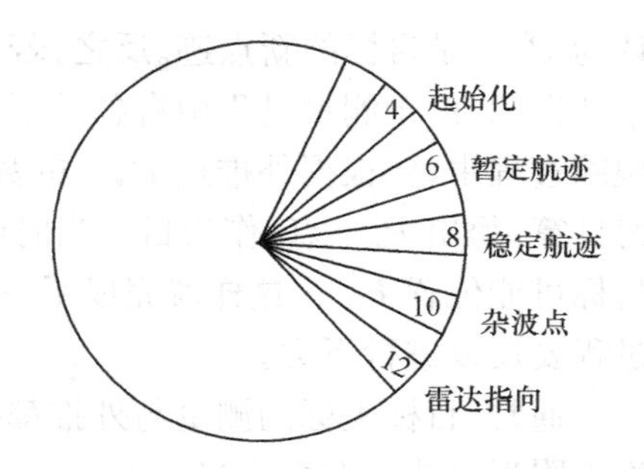

图 3.17　基于分区的边扫描边跟踪系统的多种操作

为了避免将所有的新检测与所有现存的航迹进行相关，相关和航迹更新过程可以在分区的基础上进行。例如，360°的方位覆盖可以分成64个扇面。图3.17显示了由Trunk给出的第4到第12号分区。Trunk给出的动作如下：

(1) 雷达已经报出所有11号分区内的所有检测点，正在获取第12号分区的检测点。

(2) 检查来自9、10、11号分区的检测点，看它们是否与存储在杂波图内的第10分区杂波单元相关。任何与杂波单元有关的点迹将检测文件中删除。

(3) 检查来自7、8、9号分区内的点迹，看是否与8号分区内的稳定航迹关联。此时，所有来自9号和9号以下分区的杂波检测点都被删除。从检测文件中删除与稳定航迹关联的检测点，并用该检测点更新合适的航迹，如像α-β跟踪器中所做的那样。

(4) 优先考虑稳定的航迹。因此，稳定的航迹检查后，再检查两个区域内的暂定的航迹。

(5) 剩下的既与杂波单元无关，又与已有航迹无关的检测点用来起始新的暂定航迹。暂定航迹和杂波单元一起建立，一直到获得足够信息来决定两者中哪一种将被删除为止。

3.5.2　目标航迹的相关

二次加工的首要问题是连航迹，就是把来自一次加工的各点数据中属于同一批目标的各点连接成一条航迹。这个过程对于人工标图来说似乎是很普通的事，但是计算机实现起来，却是一个复杂的专门问题。

在信号检测中，把属于同一批目标的一串回波进行数字积累，按照一定准则进行信号检测。这也是一种目标相关问题。但是这种相关方法是很简单的，只要按照同一距离单元判断即可。也就是说，凡是在同一距离单元中相继若干个雷达重复周期内（脉冲积累数）的回波都被认为是同一批目标的回波，所以只要按距离单元进行检测就行了。

但是把这种方法用于航迹相关是不行的。因为航迹相关和信号检测的工作条件是不同的，在检测中相继两个信号间的时间以脉冲重复周期（1毫秒级）来衡量，而在航迹相关中相继两个数据之间的时间都是以天线扫描周期（10秒级）来衡量。在前一种情况下，在相继两次数据到来的时间内，目标移动的距离与所用距离单元比较总是可以忽略的，至于方位角与仰角的变化就更小而不必考虑，而在后一种情况下，相继两次数据到来的时间内，目标移动的距离，一般来说远大于一个距离单元，反之，同一距离单元内相继两次坐标数据也不会属于同一批目标。因此，在连航迹时不可能采用检测中的简单方法。

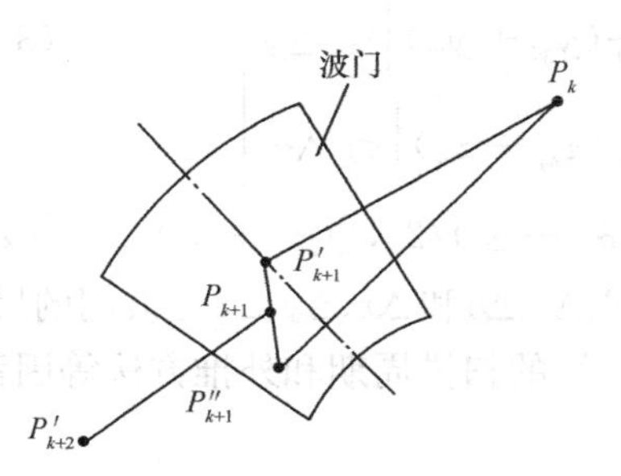

图 3.18　已有航迹与点迹的相关的示意图

当不在杂波图中存储的杂波位置上收到新的检测时，雷达就试图将它连到已经存在的航迹上去。与已有航迹的相关过程由为每一条航迹建立一个小的搜索窗口或波门来协助。下次扫描出现的点变预计在窗口或波门中出现。

现在看图3.18，设P_k是目标在第k次扫描周期内的平滑数据。从P_k出发，计算出第$(k+1)$次扫描周期内的外推点P'_{k+1}，以P'_{k+1}为中心，确定一个“相关范围”，即波门。如果在第$(k+1)$次扫描周期内，雷达录取的点迹P''_{k+1}，落在波门以内，则认为P''_{k+1}与P'_{k+1}相关，并

认为 P''_{k+1} 是目标的新点迹。反之，若 P''_{k+1} 落在波门以外，则认为不相关。点迹的数据是由雷达测量获得的，由于测量过程中有各种干扰和不稳定的因素存在，测量数据包含有随机误差，所以在跟踪过程中，要根据外推点 P'_{k+1} 的数据和雷达测量的点迹 P''_{k+1} 的数据，按照一定的准则进行平滑计算，得出 P_{k+1} 点，作为目标当时的真实位置。然后，从 P_{k+1} 点出发再外推出下一扫描周期内目标可能位置 P'_{k+2}，这样就完成了一次航迹相关和平滑与外推的计算任务。在跟踪过程中，上述过程要反复进行下去。

通常，目标坐标的测量与外推都存在误差，所以外推点 P'_{k+1} 与当前点并不重合。此外，在外推点附近可能存在多个当前点。

因此，二次处理中航迹相关的任务是分析外推点与最新扫描周期获得的当前点之间的位置关系，并选取一个最有可能属于目标航迹的当前点。目标航迹相关的过程也叫航迹选择。选择目标航迹的过程包括两个阶段：波门选通，核对（信息比较）—— 选择点迹与航迹配对。

1. 目标点的波门选通[10]、[55]、[56]

在一般情况下，目标是在空间运动的，所以相关范围（波门）应是三坐标的，即立体的相关体积。波门的形式根据数据所采用的坐标系统有两种形式（见图 3.19），在球坐标系中，波门形式如图 3.19(a) 所示，它由距离 R_m 和 R_M，方位角 α_m 和 α_M，仰角 β_m 和 β_M 组成。在直角坐标系中，波门形式如图 3.19(b) 所示，它由 x_m、x_M、y_m、y_M 及 z_m 和 z_M 组成。两种波门的中心都是外推点 P。若点迹的坐标 (R,α,β) 或 (x,y,z) 满足不等式

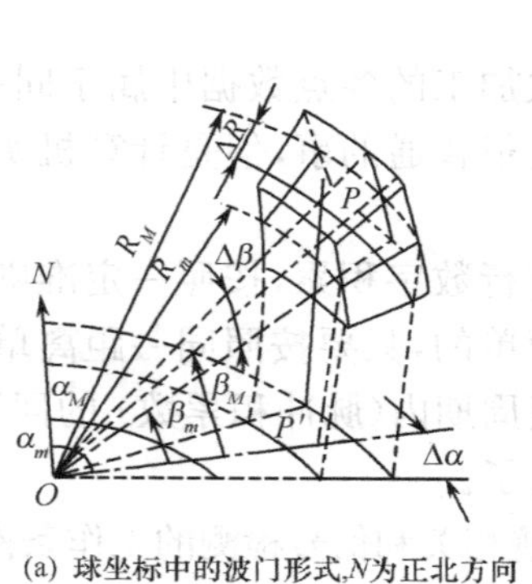

(a) 球坐标中的波门形式，N为正北方向

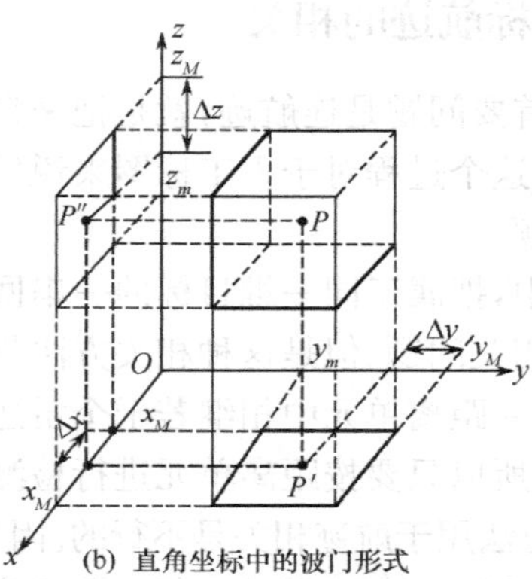

(b) 直角坐标中的波门形式

图 3.19　两种坐标系统的波门形式的示意图

$$\left.\begin{aligned} &\left|R-\frac{1}{2}(R_M+R_m)\right| \leqslant \Delta R \\ &\left|\alpha-\frac{1}{2}(\alpha_M+\alpha_m)\right| \leqslant \Delta\alpha \\ &\left|\beta-\frac{1}{2}(\beta_M+\beta_m)\right| \leqslant \Delta\beta \end{aligned}\right\} \quad 和 \quad \left|\begin{aligned} &x-\frac{1}{2}(x_M+x_m)\right| \leqslant \Delta x \\ &\left|y-\frac{1}{2}(y_M+y_m)\right| \leqslant \Delta y \\ &\left|z-\frac{1}{2}(z_M+z_m)\right| \leqslant \Delta z \end{aligned}\right\} \tag{3-75}$$

则认为该点迹和原来的航迹相关。两式中 $[(R_M+R_m)/2]$，$[(\alpha_M+\alpha_m)/2]$，$[(\beta_M+\beta_m)/2]$，$[(x_M+x_m)/2]$，$[(y_M+y_m)/2]$，$[(z_M+z_m)/2]$ 是外推点 P 的坐标，ΔR、$\Delta\alpha$、$\Delta\beta$ 和 Δx、Δy、Δz 是波门的尺寸，它由雷达测量误差、目标的运动速度、目标的机动规律、雷达天线的扫描周期和外推方法等因素决定，这里不详细讨论。

2. 航迹相关 —— 点迹核对

在波门产生的过程中可能有这样的情况存在，即在一个波门内出现多个点迹，这些点迹中有的是由噪声或其他目标产生的。这时，需要对进入波门内的点作进一步的选择（核对）。核对是对

新来的点与外推点进行位置比较，比较的结果是判定哪一个点更接近给定的目标。点迹核对也叫点迹与航迹相关。

核对是统计学的任务。即利用统计学方法区分跟踪目标点迹与假点迹。当前点相对于目标航迹（外推点）的散布服从两维正态分布（见图 3.20）。

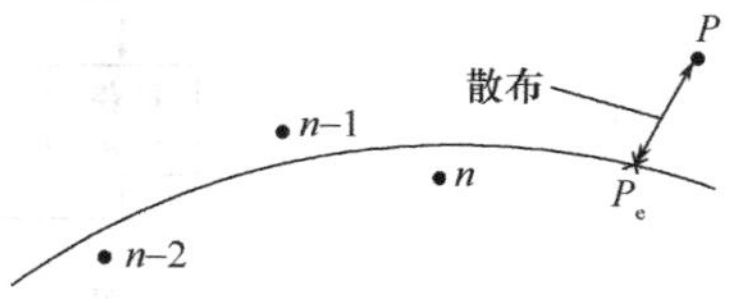

假点迹的概率分布密度是均匀的，即

$$W(\Delta x,\Delta y)=\gamma \tag{3-76}$$

图 3.20　点迹相对于航迹的散布的示意图

这里的 γ 值可以通过实验确定，即

$$\gamma = N_f/(nS)$$

式中，N_f 为 n 个扫描周期内，在扫描区（面积 S）内的假点迹总数。假点迹的重要特点是它们互不相关。

判断实现相关的方法概括起来有两种，即"波门法"和"检索法"。

下面讨论最常用的一些点迹选择方法。

(1) 波门法

① 单个波门法

此方法的实质是，在外推点周围划出一个区域（波门）。进行选择的判决逻辑规则如下：

- 如果点迹进入波门，则认为它属于该航迹；
- 未进入波门的点迹被认为是假的；
- 如果波门内一个点迹都没有，则把外推点当成目标点迹；
- 波门内进入多个点迹，产生的不确定性由专门的规则解决。

这些规则可以是：

把进入波门的点迹都当成真实目标，并对每个点都连航迹。这样，假航迹将在接下来的几个扫描的周期中消失。

把第一个进入波门的点迹当成真实点。但这种方法不是最佳的。

选择波门尺寸会存在矛盾，即当目标点迹进入波门的概率增加的同时，也使假点迹进入波门的概率增加。矛盾的解决办法是寻找最佳波门。该任务完成是通过对假设进行检验：

假设 H_0—— 确定点迹为假；

假设 H_1—— 确定点迹来自被跟踪目标。

要进行判决，需对似然比和相应准则的门限值 l 进行比较。如果满足下面不等式，则接受点迹属于目标的判决

$$\frac{W(\Delta x,\Delta y \mid H_1)}{W(\Delta x,\Delta y \mid H_0)} \geqslant l \tag{3-77}$$

波门选通可以理解为分出一个目标可能出现的区域。波门选通采用不同的物理和数学方法。

采用波门法进行航迹相关的原理方框图如图 3.21 所示。由雷达接收机来的信号分为两路，其中首次出现的目标回波经捕获设备，将其坐标数据（一般是连续两个点的坐标）送入外推计算机中。外推计算机对每批目标进行外推计算，求出目标的外推点及波门前后沿的坐标数据，并将这些数据送到波门设备。波门设备由实时控制的数/模变换器构成，产生出与被捕获目标在时间上相应的模拟波门，波门的大小由前述的相关范围决定。接收机另一路输出到量化电路。量化电路的输出经过一个门，该门受波门设备所产生的波门信号控制，只有当波门信号来时，门才开启，波门内的信号才能通过。由于每一波门都和与其相应的回波信号在时间上重合，所以可以保证已捕获的每批目标都送入后面的检测设备和录取设备，经过一次加工，把新录取的目标坐标数据送入计算机，以便外推下一个当前点。在这种方法中，目标的航迹相关是靠波门本身实现，凡是进入同一个波门的信号就是相关，为同一批目标。

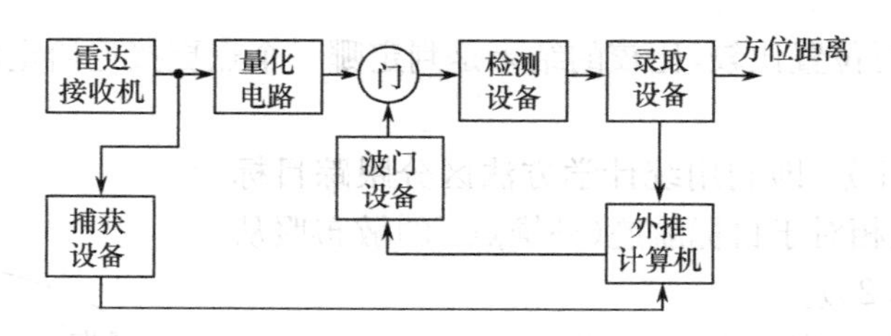

图 3.21　用波门法进行航迹相关的原理方框图

上面讨论的是一条航迹和一个新点迹的情况，且点迹在波门之内，所以问题很简单。在实际跟踪过程中，问题复杂得多，因为航迹的数目很多，雷达一次录取的点迹数更多，航迹相关就呈现出复杂的情况，需要加以分析和判断。若在航迹相关过程中，波门内不出现点迹，这可能是目标机动，飞出波门之外，或是目标回波衰落，没有满足检测准则，因而没有点迹被录取下来。这时可加大下一次的相关波门，就有可能重新录取这一航迹的点迹。

② 最小椭圆偏差法：椭圆偏差值为

$$\Delta=\sqrt{\frac{\Delta x^2}{\sigma_{\Delta x}^2}+\frac{\Delta y^2}{\sigma_{\Delta y}^2}} \tag{3-78}$$

很明显，该值越小，点迹属于被跟踪航迹的概率越大。因此，现在的任务是确定每个进入波门的点的椭圆偏差 $\Delta_1, \Delta_2, \cdots, \Delta_n$，而后比较这些值并选择最小的。

该方法的优点是，当波门内的点迹超过一个时，可以找到更好的判决。其缺点是实现复杂化，还必须知道点迹的散布特征。

③ 最小距离法：该方法用于沿 x 轴、y 轴有相同点迹散布规律的情况，即 $\sigma_{\Delta x}=\sigma_{\Delta y}=\sigma$ 时的情况。这样椭圆变成了圆，即

$$\Delta x^2+\Delta y^2=R^2 \tag{3-79}$$

式中，R 表示外推点与新来点之间的距离。R 越小，该点的概率密度越大。点越接近外推点，它属于该目标的概率越大。

最小距离法的优点是：技术实现简单；不需要知道点迹的散布特征。

其不足之处是，只能用于各坐标测量方差相同的情况。

(2) 检索法

波门法的实质是根据外推计算机算出的相关区域数据，产生出模拟的相关波门信号。用此信号去选择接收机输出的回波信号，把数据上的相关转化为时间上的相关。但是这种转化并不是完全必要的。完全可以直接按照式(3-75) 从数据上去判断是否相关，这就是“检索法”。除此之外这两种方法还有个显著不同点：波门法的波门是在对应的预期的目标到来之前就开始产生，一旦该目标到来之后，相关过程也就结束。而检索法则是在目标到来之后才开始判断各外推波门是否相关，且与哪一个相关。

检索法的原理框图如图 3.22 所示。其工作原理大致如下：

像波门法一样，目标信号从雷达接收机输出，经量化电路、检测、录取设备，将目标的信号和坐标参数变为数字数据。另外，在计算机中将外推波门计算出来，把外推波门或相关区域数据与目标坐标数据进行比较，看是否满足式(3-75)。这个过程就叫“检索”。因为在多批目标情况下外推波门数据也是多批的(同时送入检索方框)，而目标数据则是实时的，依次送入检索方框中，每批目标数据与所有波门数据比较一次，看与哪个波门相关，这是一个检索过程，经检索后，目标数据配上与之相关波门的批号，送入外推方框，为下一次外推做好准备。

与波门法一样，外推一般都是在计算机中进行的。而检索则有两种实现的途径：一种是在计算机中进行的，称软设备法；另一种是用专门的检索器进行，称硬设备法。下面分别进行叙述。

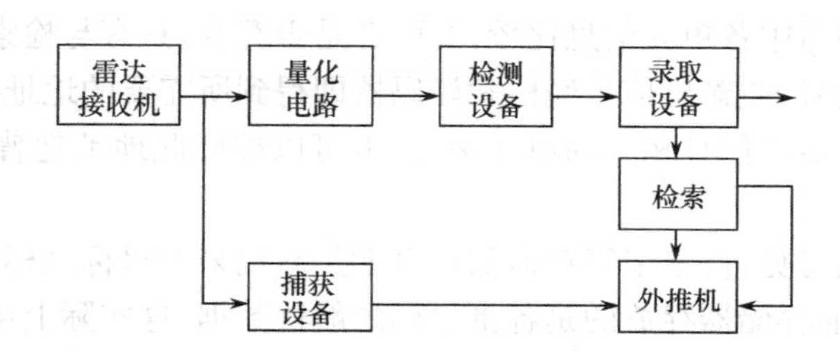

图 3.22　检索法的原理框图

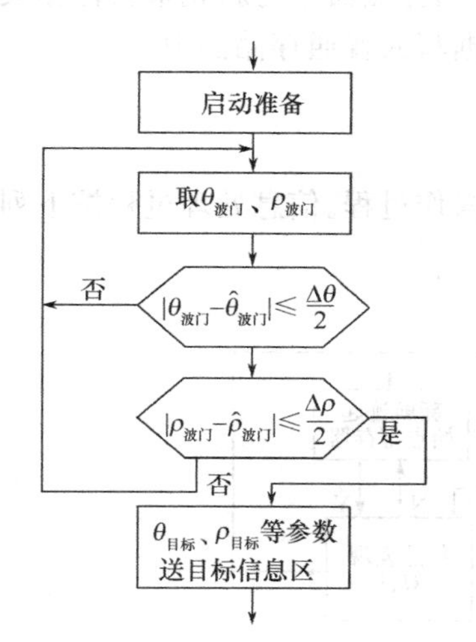

图 3.23　检索程序的流程框图

① 软设备法

在检索法中，外推波门数据不需要排队，直接送入内存储器中专门为相关检索用的“相关区”(目标的批号也随相应的外推数据一起存入相关区中)，等待目标数据来到时进行检索。检索程序的示意框图如图 3.23 所示。图中 $\theta_{波门}$ 与 $\rho_{波门}$ 是波门中心(目标的前置点)坐标。$\Delta\theta$、$\Delta\rho$ 是波门宽度，当判断出目标相关，即同时满足方位和距离上的相关准则后，即将此目标的数据送目标信息存储区(旧信息存储区)，按波门信号所带的批号，寻找同一批目标信息的地址，作为旧信息保存起来。

计算机执行检索程序需要较长的时间，而检测录取目标信息的时间很短。为解决这个矛盾，计算机存储器中要有一个目标信息缓冲存储区，目标信息到来时立即存入此存储区，再按检索的速度逐一取出进行检索。显然，缓冲存储区容量应考虑能存下所有连续到来而又来不及检索的目标信息。所需单元数可按波门法中考虑波门设备套数的方法决定。因为只有同一方位上的目标才会引起上面的矛盾。当然，这只考虑了有用信号，如果考虑到干扰存在，缓冲存储区的容量要相应地增大。

和波门法比较，由于这时利用内存储器单元，而不是另增加设备，所以有更大的灵活性，有利于处理多批目标。

程序检索法所需的比较次数随目标和波门的数增加。假定被跟踪目标批数即波门数是固定的，比较次数与目标批数成正比。如果对所有目标都进行跟踪则比较次数与目标批数平方成正比。这个工作量将是很大的。即使跟踪目标批数固定，但是由于检测录取不受波门限制，而是全程检测，如果在雷达探测范围内存在大量干扰信号和固定目标，就将引起计算机的过载。这是这种方法的一个缺点。而在波门法中，只有波门内的信号才被检测，这种问题就不太严重。

② 硬设备法

图 3.24 中检索方框也可以用专门的硬设备——关联存储器来实现。

关联存储器是一种按信息内容寻找地址的方式工作的存储器。一般存储器输入的是地址码，输出的是按地址所存储的信息。关联存储器则与此相反，它输入的是检索的信息，简称“检索字”，而输出的却是所需检索的地址码。图 3.24 是关联存储器的示意图。存储器的每个单元存各被检索的信息。检索时用

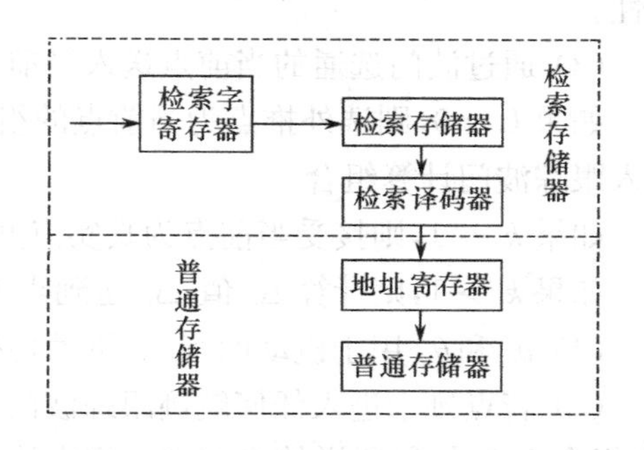

图 3.24　关联存储器的流程框图

检索字信息与检索存储器中各单元信息比较，看两者是否符合。只有与检索字信息符合的存储单元读出线上才有输出信号，此输出信号经检索译码器即得到所需要的地址码，可以按照地址码把检索信息存入普通存储器中信息相关的单元中去，也可以按照此地址把普通存储器中信息相关的单元的信息读出来。

对照航迹相关检索可见，检索字寄存器的信息就是新到来的目标坐标数据，检索存储器中存放的是各波门数据。普通存储器存放的是各批目标的航迹数据，这实际上可能只是二次加工计算机存储体中的一部分，即它的"目标区"。检索输出的地址就是普通存储器中与新到来目标相关的目标信息的地址。按此地址将检索字寄存器中的新目标坐标数据写入普通存储器中。

3.5.3 二次处理的典型算法流程

下面讨论二次信息处理算法结构图(见图 3.25) 上的整个操作过程。信息处理过程按下列顺序完成：

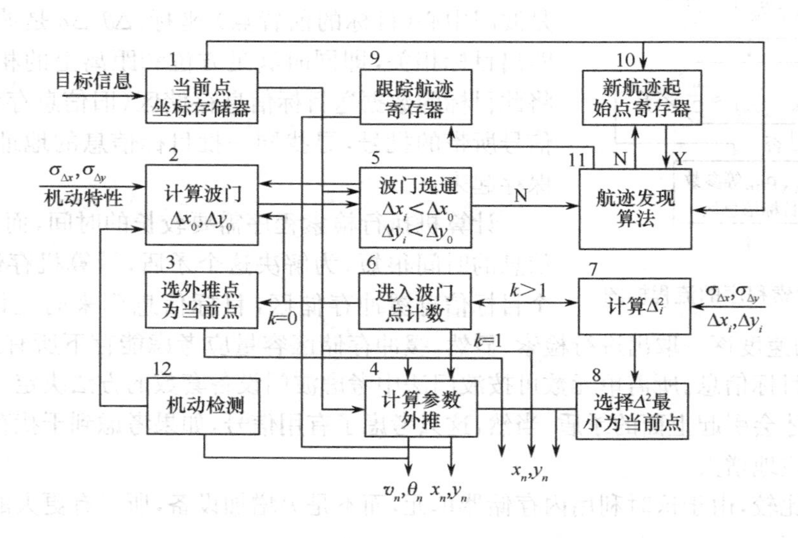

图 3.25　二次信息处理典型算法的原理图

(1) 从一次处理设备来的目标信息送到当前点坐标存储器，在此进行积累。在 n 个扫描周期内获得这些信息，用于确定目标运动参数和进行坐标外推。

(2) 目标当前坐标送波门选通组合。在该组合也输入波门尺寸 $\Delta x_0,\Delta y_0$。在组合 2 中产生的波门尺寸取决于当前点与外推点之间的偏差均方差 $\sigma_{\Delta x}$、$\sigma_{\Delta y}$，以及有无目标机动特性及目标丢点特性。

(3) 通过波门选通的当前点送入当前点计数组合。从这里算法开始分支。

如果 $k=0$，则选外推点为当前点的组合 3 工作。外推点作为当前点输出。当前点丢点的特征送入跟踪波门计算组合。

如果 $k=1$，则接受当前点为真实点并输出。

如果 $k>1$，则计算 Δ_i^2 值，Δ_i^2 送到当前点选择组合(组合 8)。

(4) v_n 和 θ_n 用于机动的判断。机动特征送入波门宽度计算组合。

(5) 若点迹未进入任何航迹跟踪波门，则与保存在存储器(组合 10) 的新航迹起始点进行比较(组合 11)。如果所说的点迹进入相应的第一截获波门，则作为起始点写入组合 10。如果满足撤销准则，则抛弃相应的起始点。

上述操作在每个扫描周期后重复进行。

在雷达信息一次处理和二次处理阶段，处理的信息只来自单个雷达上。指挥自动化系统在完成指挥控制任务时，必须有足够大空域范围内的目标信息，只靠单个雷达站是保证不了的。因此只有用多个雷达站组成一个雷达网来获取信息。处理多个雷达站所获信息的任务是形成总的空情态势图。

处理多个雷达站信息的过程称为三次处理，也称为“情报综合”，或“信息融合”。在此不再介绍。

边扫描边跟踪系统的跟踪性能是与目标探测、参数估计、跟踪算法、关联方式等都有关的综合性问题。综合判定系统的跟踪性能与及其最佳跟踪器的构成，是一个有待实践来解决的问题，现在已经引起普遍的重视。

第 4 章　脉冲多普勒雷达

脉冲多普勒(PD)雷达是在动目标显示(MTI)雷达①基础上发展起来的一种新型雷达体制。这种雷达具有脉冲雷达的距离分辨力和连续波雷达的速度分辨力，有强的抑制杂波能力，因而能在较强的杂波背景中分辨出动目标回波。20 世纪 60 年代，为了解决机载下视雷达强地杂波的干扰，研制了脉冲多普勒体制雷达，简称 PD 雷达。PD 雷达明显地提高了从运动杂波中检测目标的能力。

本章以机载 PD 雷达为例，首先阐述 PD 雷达的基本概念，着重分析 PD 雷达的信号与杂波谱，讨论 PD 雷达信号处理和数据处理的一般方法，最后简要分析 PD 雷达的距离性能。

4.1　脉冲多普勒雷达基本概念[2]、[6]、[11]、[19]

4.1.1　PD 雷达的定义

PD 雷达是通过脉冲发射并利用多普勒效应检测目标信息的脉冲雷达。关于 PD 雷达的精确定义，1970 年 M. I. 斯科尔尼克指出 PD 雷达应具有如下三点特征：

① 具有足够高的脉冲重复频率，以致不论杂波或所观测到的目标都没有速度模糊；

② 能实现对脉冲串频谱单根谱线的多普勒滤波，即频域滤波；

③ 由于重复频率(PRF)很高，通常对所观测的目标产生距离模糊。

近年来关于 PD 雷达的定义有所延伸，上述定义仅适用于高 PRF 的 PD 雷达，而不适用所有种类的 PD 雷达。20 世纪 70 年代中期，中 PRF 的 PD 雷达体制研制成功，并迅速在机载雷达中得到广泛应用。这种 PD 雷达的 PRF 虽比普通脉冲雷达的 PRF 要高，但不足以消除速度模糊；其 PRF 虽比高 PRF 的 PD 雷达要低，但又不足以消除距离模糊。可以认为这种中 PRF 的 PD 雷达是既有距离模糊，又有速度模糊的双重模糊雷达。但它同高 PRF 的 PD 雷达一样，依然在频域上进行多普勒滤波。

20 世纪 70 年代发展起来的动目标检测(MTD)雷达，是由线性动目标显示对消电路加窄带多普勒滤波器组所组成。这种雷达通常采用低 PRF，因而没有距离模糊，但又在频域上进行滤波，具有速度选择能力，因此也可以认为这样一类雷达属于低 PRF 的 PD 雷达。

显然，无论是中 PRF 的 PD 雷达，还是低 PRF 的 PD 雷达，都不能满足斯科尔尼克的 PD 雷达所规定的全部三个条件，但都能满足其中的第二个条件，即实现频域滤波。看来一个关于 PD 雷达的广义定义已经得到雷达界广大人士的赞同，即能实现对雷达信号脉冲串频谱单根谱线滤波(频域滤波)，具有对目标进行速度分辨能力的雷达，就可称为 PD 雷达。

4.1.2　PD 雷达的分类

图 4.1 给出了 PD 雷达的各种类型。每种雷达在性能上都有很大差别。最佳选择取决于对雷达的使用要求。许多雷达要在相当大的条件范围内使用，单一雷达类型是不能满足要求的。许多现代雷达是多种工作方式的，也就是说，它们能起到图 4.1 所示的两种或两种以上雷达的作

① MTI 雷达已在《雷达原理》课程中作过介绍。

用。为了说明PD雷达的分类，下面先给出三种波形PD雷达的性能比较的结论。在后面讨论PD雷达杂波谱时再详细分析。

低PRF的PD雷达是PRF足够低，可不模糊地测量距离的雷达。在下一个脉冲发射之前，发射脉冲要能传播到所需的最大距离并从那里返回。不模糊距离R_u为

$$R_u=\frac{c}{2f_r} \tag{4-1}$$

式中，c为光速，f_r为脉冲重复频率。

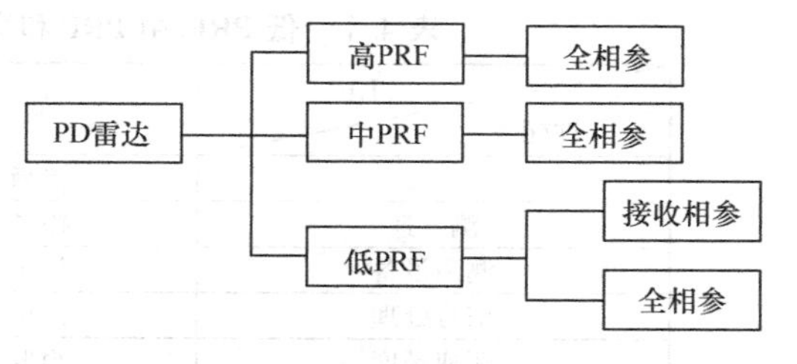

图4.1　PD雷达的分类图

低PRF和中PRF之间的分界线没有一个特定的数字，而在某种程度上取决于应用场合。例如，一部典型的机载雷达的PRF可能为1kHz，其不模糊距离为150km。

低PRF的PD雷达可用一梳状滤波器抑制主瓣杂波。由于目标距离信息是清晰的，因此只有和目标有相同距离的地杂波才能对目标形成干扰，这对信号检测是有利的。由于PRF低，所以主瓣杂波频谱宽度将占据PRF间隔的很大一部分，特别是在大的方位扫描角情况下有时可达50%。这样滤除主瓣杂波后的可用检测区就很小了。使用低PRF的机载PD雷达的方位扫描范围将受到限制。另外，地面低速动目标无法滤除，常混杂在主瓣杂波中。

高PRF的PD雷达其PRF足够高，对所有感兴趣的目标速度都能不模糊地测量。可以不模糊地测量的最大多普勒频移为

$$f_{\text{dmax}}=f_r=\frac{2v_{\text{rmax}}}{\lambda} \tag{4-2}$$

式中，λ为发射信号波长。

机载速度为2马赫的典型X波段(9GHz)雷达的PRF为250kHz，以便确保对一个同样高速目标进行探测和不模糊地测量其速度。从式(4-1)可以看到，对应的无模糊距离仅为600m。因此，一个在150km距离上的目标是距离高度模糊的。

最初服役的机载PD雷达采用的是高PRF波形，因而为作战飞机提供了有效的下视发现低空运动目标的能力。这种PD雷达对目标有非常好的速度分辨力，有一个很宽阔的无杂波检测区。凡是接近速度大于载机地速的目标都能在无杂波区检测，完全不受地、海杂波的影响，限制其检测能力的仅是接收机的内部噪声。由于这种波形对目标距离是模糊的，必须采用多PRF测距或线性调频法测距，增加了设备的复杂性。高PRF的PD雷达的另一个缺点是由于距离重叠效应而形成的极高的旁瓣杂波电平，所以对于出现在旁瓣杂波区内的目标的检测性能很差。

中PRP的PD雷达为距离和多普勒两者都产生模糊的PD雷达。中PRF的PD雷达看起来像是综合了高和低PRF的PD雷达两者的缺点，但却是近年来得到实际应用的一种性能优越的PD雷达。它虽然没有低PRF的PD雷达那样低的旁瓣杂波，但却比高PRF的PD雷达的旁瓣杂波低得多。因此，中PRF的PD雷达在旁瓣杂波区内对目标的检测性能优于高PRF的PD雷达。

虽然中PRF波形通常对目标的距离和速度都是模糊的，但目前对这两者解模糊的问题都已解决，因而，中PRF往往是机载雷达的最佳波形选择。表4.1是低PRF、中PRF和高PRF的PD雷达波形的性能比较。

PD方法与在雷达原理课程中讨论过的MTI方法的不同在于，PD多普勒滤波器在一个窄带滤波器中完成对所选信号的相干积累，而MTI则通过一宽响应频带传递目标信号，并依靠后续的视频积累器从扩展的脉冲串中恢复信号能量。

在通常被称为动目标显示器(MTI)的低PRF雷达中，人们所关心的距离是不模糊的，但速

度通常是模糊的。尽管 MTI 雷达和 PD 雷达的工作原理是相同的，但通常并不把 MTI 雷达列入 PD 雷达。表 4.2 给出了 MTI 雷达和 PD 雷达的比较。

表 4.1　低 PRF、中 PRF 和高 PRF 的 PD 雷达波形的性能比较

性能 \ PRF	低	中	高
测　距	清晰	模糊	模糊
测　速	模糊	模糊	清晰
测距设备	简单	复杂	复杂
信号处理	简单	复杂	复杂
测速精度	很低	高	最高
旁瓣杂波电平	低	中	高
主瓣杂波抑制	差	良	优
允许方位扫描角	小	中	大
分辨地面动目标和空中目标的能力	差	良	优

表 4.2　MTI 雷达和 PD 雷达的比较

	优　点	缺　点
MTI 雷达 低 PRF	1. 根据距离可区分目标和杂波； 2. 无距离模糊； 3. 前端 STC 抑制了旁瓣检测和降低对动态范围的要求	1. 由于多重盲速，多普勒能见度低； 2. 对慢目标抑制能力低； 3. 不能测量目标的径向速度
PD 雷达 中 PRF	1. 在目标的各个视角都有良好的性能； 2. 有良好的慢速目标抑制能力； 3. 可以测量目标的径向速度； 4. 距离遮挡比高 PRF 时小	1. 有距离幻影； 2. 旁瓣杂波限制了雷达性能； 3. 由于有距离重叠，导致稳定性要求高
PD 雷达 高 PRF	1. 在目标的某些视角上可以无旁瓣杂波干扰； 2. 唯一的多普勒盲区在零速； 3. 有良好的慢速目标抑制能力； 4. 可以测量目标的径向速度； 5. 仅检测速度可提高探测距离	1. 旁瓣杂波限制了雷达性能； 2. 有距离遮挡； 3. 有距离幻影； 4. 由于有距离重叠，因此导致稳定性要求高

PD 雷达主要应用于那些需要在强杂波背景下检测动目标的雷达系统。表 4.3 列出了 PD 雷达的典型应用和要求。虽然 PD 雷达的基本原理也可应用于地面雷达，但本章主要讨论 PD 雷达在机载雷达中的应用。

表 4.3　PD 雷达的典型应用和要求

雷达应用	要　求
机载或空间监视	探测距离远；距离数据精确
机载截击或火控	中等探测距离；距离和速度数据精确
地面监视	中等探测距离；距离数据精确
战场监视（低速目标检测）	中等探测距离；距离和速度数据精确
导弹寻的头	可以不要真实的距离信息
地面武器控制	探测距离近；距离和速度数据精确
气象	距离和速度数据分辨力高
导弹告警	探测距离近；非常低的虚警率

4.2　脉冲多普勒雷达的杂波[1]、[3]、[6]、[12]

4.2.1　PD 雷达的性能指标

PD 雷达的性能可用杂波衰减和杂波下可见度来描述。脉冲多普勒系统的杂波衰减 CA 可

定义为对某一速度目标的杂波和信号功率输入比$(C/S)_i$与输出比$(C/S)_o$的比值，即

$$\mathrm{CA}(v_r)=\frac{(C/S)_i}{(C/S)_o}\bigg|_{v_r} \tag{4-3}$$

式中，v_r为径向速度。这些参数的描述在图4.2中有所说明。其中输入杂波和信号功率是在接收机宽带部分基于单个脉冲测量得到的，而输出电平则在包含此信号的窄带滤波器之后测量得到。输出杂波剩余来自目标多普勒滤波器的旁瓣响应，以及杂波频谱对滤波器的渗透(由于其肩部响应和雷达系统的不稳定性)。在一个稳定的系统中，CA由滤波器响应来确定，并等于速度v_r(从零开始算)时的肩部或旁瓣抑制电平。在一个具有理想滤波器的系统中，CA由系统的不稳定性确定，用距载波$f_d=2v_r/\lambda$处的噪声边带电平来度量。

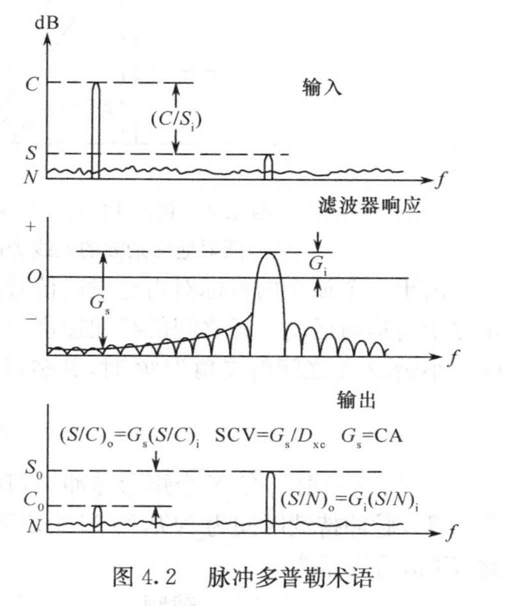

图4.2 脉冲多普勒术语

杂波下可见度与MTI情况下一样的方式定义，但只对某一速度带内的目标：

$$\mathrm{SCV}(v_r)=\frac{\mathrm{CA}(v_r)}{D_{xc}} \tag{4-4}$$

式中，检测因子D_{xc}为当已知有后续处理(可能包括后续滤波器输出的非相干积累)时，检测所需的$(S/C)_o$。

其他必须定义的PD雷达特性为相对于与发射波形匹配的滤波器的损耗。

上述性能指标均与杂波谱有关，因此本节主要讨论PD雷达的杂波谱。

4.2.2 机载下视PD雷达的杂波谱

多普勒雷达的基本特点之一，是在频域—时域分布相当宽广且功率相当强的背景杂波中检测出有用的信号。这种背景杂波通常被称为脉冲多普勒杂波，其杂波频谱是多普勒频率—距离的函数。由于杂波频谱的形状和强度决定着雷达对具有不同多普勒频率的目标的检测能力，因此，研究PD雷达的杂波具有十分重要的意义。

对于理想的固定不运动的PD雷达而言，它的地面杂波频谱在零多普勒频率附近极窄的范围内，其回波功率的计算与脉冲雷达相似。在PD雷达处于运动的情况下，例如下视的机载PD雷达，当该雷达相对地面运动时，其杂波频谱就被这种相对运动的速度所展宽。本节将以机载下视PD雷达为例，对PD雷达的地面杂波及其频谱特征进行分析，并且根据杂波的分布情况讨论脉冲重复频率的选择。

机载下视PD雷达与地面之间存在着相对运动，再加上雷达天线方向图的影响，使PD雷达地面杂波的频谱发生了显著的变化。这种显著变化，就是地面杂波被分为主瓣杂波区、旁瓣杂波区和高度线杂波区。图4.3所示为机载下视PD雷达的典型情形。图中，v_R为载机地速，Ψ为地速矢量与地面一杂波A之间的夹角，Ψ_0为地速矢量与主波束最大值方向之间的夹角，v_T为目标飞行速度，Ψ_T为目标飞行方向与雷达和目标间视线夹角。

通常，机载PD雷达可以观测到飞机、汽车、坦克、轮船等离散目标和地物、海浪、云雨等连续目标。假若雷达发射信号形式为均匀的矩形射频脉冲串信号，则该矩形脉冲串信号的频谱分布是由它的载频频率f_0和边频频率$f_0\pm nf_r$上的若干条离散谱线所组成(n是整数)，其频谱包络为$\sin x/x$形式。

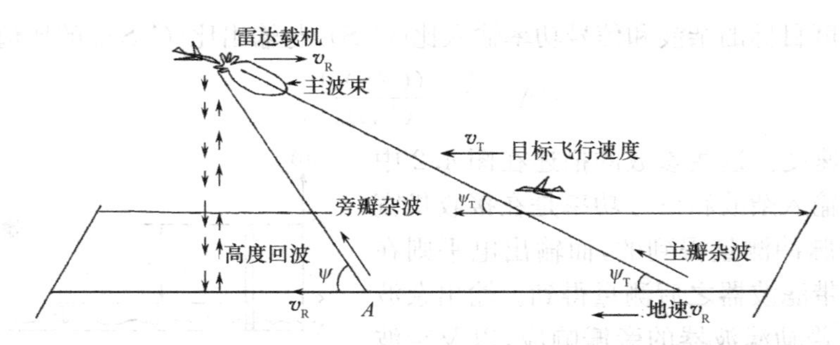

图 4.3 机载 PD 雷达下视情况的示意图图示说明了扫描主波束、照射地面杂波的天线旁瓣以及来自雷达正下方的强高度回波

由于一个孤立的目标对雷达发射信号的散射(调制)作用所产生的回波信号的多普勒频移，正比于雷达与运动目标之间的径向速度 v_r，所以当雷达平台以地速 v_R 水平移动，地速矢量与地面一小杂波 A 之间的夹角为 Ψ 时，其多普勒频移为

$$f_d=\frac{2v_R}{\lambda}\cos\Psi \tag{4-5}$$

PD 雷达发射具有 N 个矩形脉冲串，其载频为 f_0，脉宽为 τ，脉冲重复频率为 f_r，脉冲间隔周期为 T_r，脉冲持续时间为 NT，则 N 个矩形脉冲串傅里叶变换的正频率部分如图 4.4 所示。因此，$F(\omega)$可表示为

载频　　包络　　下边带　　上边带

$$F(j\omega)=\frac{A\tau N}{2}\left\{\frac{\sin(\omega-\omega_0)\dfrac{NT_r}{2}}{(\omega-\omega_0)\dfrac{NT_r}{2}}+\sum_{n=1}^{+\infty}\frac{\sin\left(n\omega_r\dfrac{T_r}{2}\right)}{n\omega_r\dfrac{T_r}{2}}\left[\frac{\sin(\omega-\omega_0+n\omega_r)\dfrac{NT_r}{2}}{(\omega-\omega_0+n\omega_r)\dfrac{NT_r}{2}}+\frac{\sin(\omega-\omega_0-n\omega_r)\dfrac{NT_r}{2}}{(\omega-\omega_0-n\omega_r)\dfrac{NT_r}{2}}\right]\right\} \tag{4-6}$$

式中，$A\tau N/2$ 是包络的峰值幅度。我们知道，在傅里叶分析中，幅度 A 被定义为载波的峰值幅度。假设 A 是电压，则其频谱是电压相对于频率变化的频谱图。进一步讲，由于能量正比于电压的平方，通过对傅里叶变换给定的幅度值取平方，我们可获得脉冲信号的能量频谱，如图 4.5 所示。当然，能量等于功率乘以时间。

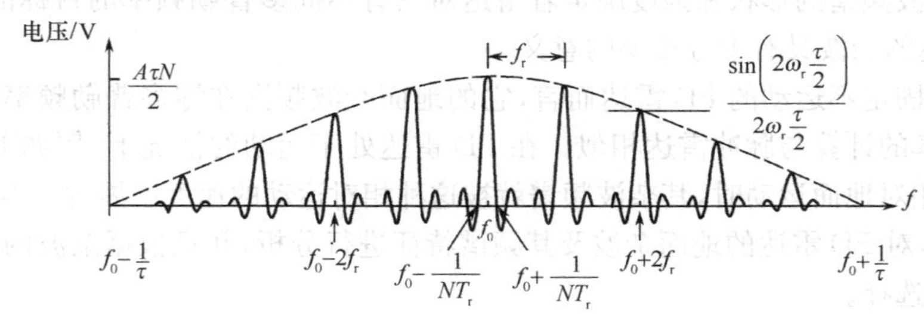

图 4.4 具有 N 个脉冲的矩形波序列傅里叶变换的正频率部分。脉冲宽度为 τ，载频为 f_0，PRF(脉冲重复频率)为 f_r，脉冲间隔周期为 T_r

下面，我们来讨论杂波谱。

高 PRF 脉冲多普勒雷达中的脉冲串产生一个线谱，如图 4.6(a)所示，谱线间的间隔等于 PRF。图 4.6(b)画出了载波频率 f_0 与两条邻近的谱线 f_0+f_r 和 f_0-f_r，其中 f_r 是脉冲重复频率。由于目标上的驻留时间有限，以及杂波引入的调制之类的其他因素影响，接收信号的频谱并不是严格的线谱。在载波频率 f_0 处有来自雷达下面直接反射引起的大的高度回波。这些回波可能比较大。这个高度回波因相对速度为零，而没有多普勒频移。因频谱的折叠或混叠，高度回

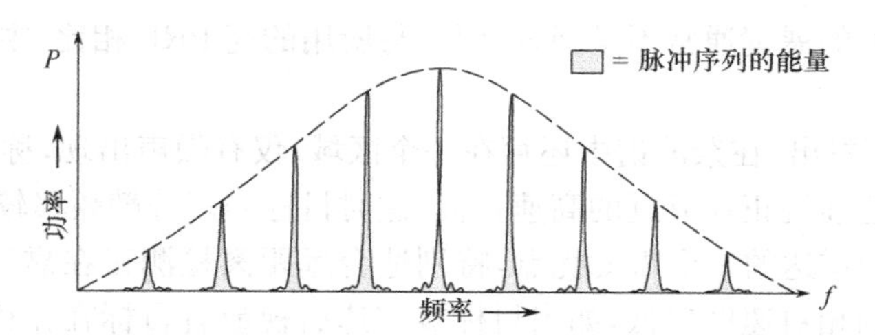

图 4.5　如果信号傅里叶变换所表示的幅度是电压，则幅度平方相对于频率变化的图表是信号的功率谱，该图表覆盖的区域相应于信号的能量

波(和谐的其余部分)在频率 $f_0 \pm nf_r$ 处重复出现，其中 n 是整数。也可能有发射机信号泄漏到接收机。采用中心频率在 f_0 的零凹口滤波器可消除高度杂波和发射机泄漏。

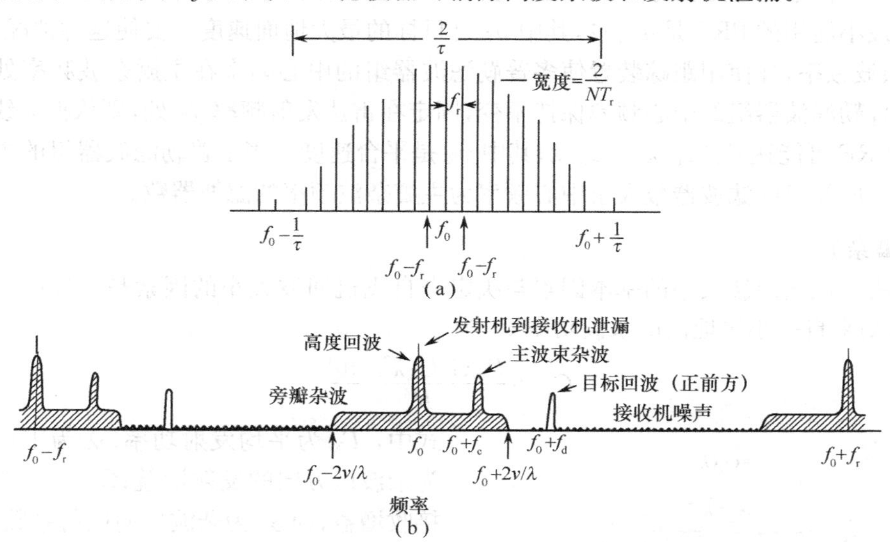

图 4.6　(a)由 N 个矩形正弦波脉冲构成的脉冲串的发射频谱。脉冲串的载频为 f_0，脉冲宽度为 τ，脉冲重复频率 $f_r=1/T_r$，总的持续时间为 NT_r。谱线的零点宽度(图中未指明)为 $2/NT_r$。(b)高脉冲重复频率多普勒雷达在 RF 载频 f_0 附近的一部分接收信号频谱

天线旁瓣照射杂波的入射角范围较大(从 0°到几乎 90°)，使杂波的多普勒频移扩展到相对于载波和其他的谱线达到几乎 $\pm 2v/\lambda$ 处，v 是雷达的绝对速度。为了方便，在图 4.6(b)中旁瓣杂波谱区的形状画成均匀的。然而，在实际中杂波谱的形状并不是均匀的。通常，旁瓣杂波的多普勒频移离载波越远，旁瓣杂波的幅度就越小。

在高脉冲重复频率多普勒雷达中，由于有许多距离模糊的脉冲同时照射杂波区，天线的旁瓣杂波较大。当占空比为 50%时，天线旁瓣同时照射天线覆盖范围内一半的杂波，比低 PFR 的 AMTI 雷达多得多。脉冲多普勒雷达中大的旁瓣杂波说明了为什么它要求改善因子通常比同样性能的 AMTI 雷达更高。

可以看到，旁瓣杂波所占据的多普勒频域范围相对较大。为了从旁瓣杂波区中检测运动目标，可用具有自适应门限的窄带多普勒滤波器组。为了防止旁瓣杂波淹没小的运动目标，与常规天线相比，脉冲多普勒雷达的天线应有超低旁瓣。

雷达主瓣杂波通常幅度较大，如图 4.6(b)所示。它出现在旁瓣杂波区的某个地方。当雷达天线在角度上扫描时，主瓣杂波的多普勒频移也跟着移动，使主瓣杂波在回波信号谱上的位置也随之发生变化。与 AMTI 雷达一样，平台运动也会影响主瓣杂波的宽度。然而，在脉冲多普勒

雷达中，这种谱的宽度的展宽通常不是问题，因为与所用的高 PRF 相比，主瓣杂波即使谱宽展宽了，也是比较小的。

从图 4.6(b)还可看出，在杂波谱中还存在一个区域，仅有噪声出现，称为无杂波区或接收机噪声区，它对应于雷达前视正在靠近的高速目标，这时目标的多普勒频移较大。无杂波区的存在是高 PRF 脉冲多普勒雷达的一个重要优点，特别适合远距离检测正在靠近的高速目标的场合。另一方面，如果目标的相对速度较低，如当目标被雷达后视或者目标在作横向运动时，回波可能会落在杂波区内，目标的可检测性将比在无杂波区的高速目标低得多。这样的低多普勒频移的目标只能在比处、离无杂波区内高速目标近得多的距离上才能被高 PRF 脉冲多普勒雷达检测到。

如上所述，选择如此高的 PRF，是为了使多普勒频率没有模糊及杂波谱没有折叠。通过检查图 4.6(b)的谱可决定要求的 PRF。如果多普勒滤波器组的中心频率始终保持在主瓣杂波的频率处，则最小能用的 PRF 是 $4v_T/\lambda$，其中 v_T 是目标的最大地面速度。要使这种情况实现，必须知道主瓣杂波频率，并使用跟踪装置使多普勒滤波器组的中心频率在主瓣杂波频率处。另一方面，如果多普勒滤波器组的中心频率保持不变，固定在雷达发射频率 f_0 处，则依据天线的最大方位扫描角，PRF 可能达到 $4v_T/\lambda+2v_R/\lambda$，其中 v_R 是平台速度。当多普勒滤波器组的中心频率在雷达频率时，所要求的滤波器数大于中心频率为主瓣杂波频率的滤波器数。

1. 主瓣杂波

通常，决定地面回波大小的基本因素与决定来自飞机回波大小的因素是一样的。若给定发射频率 f_0，则来自一小块地面的杂波功率 C_∞ 为

$$C_\infty=\frac{P_{av}G_TG_R\lambda^2\sigma^0\,dA}{R^4} \tag{4-7}$$

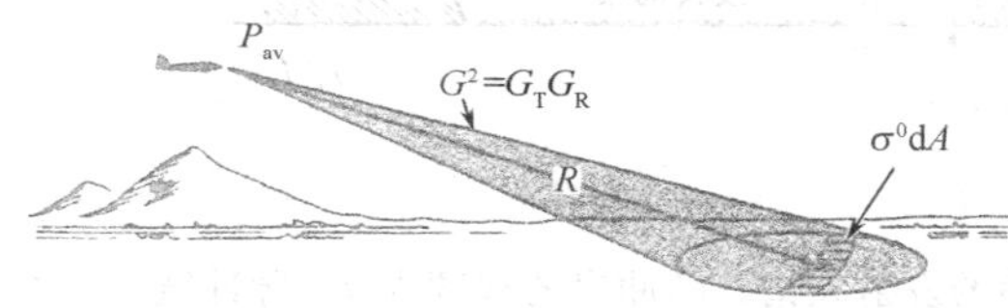

图 4.7　一块地面产生的回波功率大小的决定因素包括：雷达天线的双向增益、到地面块的距离、地面块的面积和其反向散射系数 σ^0

式中，P_{av} 为平均发射功率；λ 为工作波长；G_T 为杂波区方向的发射增益；G_R 为杂波区方向的接收增益；而 σ^0 为杂波后向散射系数，它表示地面面积的微小增量 dA 的雷达截面积，如图 4.7 所示。

因此，来自距离 R 处、增量面积为 dA 的单块杂波区的杂波噪声比为

$$C/N=\frac{P_{av}G_TG_R\lambda^2\sigma^0\,dA}{(4\pi)^3R^4L_ckT_sB_n} \tag{4-8a}$$

式中，L_c 为杂波损耗因子；k 为玻耳兹曼常数，等于 1.38054×10^{-23} W(Hz/K)；T_s 为系统噪声温度，单位为 K；B_n 为多普勒滤波器带宽。

来自每个雷达分辨单元的杂波噪声比是式(4-8a)的积分。其积分区域是地面上每个模糊单元的距离和多普勒范围。在某些简化条件下，积分可以用解析式表示，但通常都采用数值积分。

由式(4-8a)，用交叉的阴影面积代替 dA 并在主波束内对所有的阴影面积相加的方法，可近似得到主波束杂波功率与噪声功率比

$$C/N=\frac{P_{av}\lambda^2\theta_{az}(c\tau/2)}{(4\pi)^3L_ckT_sB_n}\sum\frac{G_TG_R\sigma^0}{R^3\cos\alpha} \tag{4-8b}$$

式中，求和式 $\sum$ 中的边界为发射波束和接收波束的较上者顶端和底端边沿；θ_{az} 为方位半功率点波束宽度，单位为 rad；τ 为压缩后的脉冲宽度；α 为杂波区的入射余角；其他参数的含义与式(4-8a)的相同。

机载下视 PD 雷达天线的波束，在某一时刻照射地面时是照射一个地面区域，在此区域内各

同心圆环带地面相对载机有着不同的方向。因此，那些不同的环带地面相对载机具有不同的径向速度，并分别相应地产生杂波，这些杂波的总和就构成了主瓣杂波。其多普勒中心频率（主波束中心 Ψ_0 处对应的多普勒频率）为

$$f_{\mathrm{MB}}=f_{\mathrm{d}}(\Psi_0)=\frac{2v_{\mathrm{R}}}{\lambda}\cos\Psi_0 \tag{4-9a}$$

假设天线主波束的宽度为 θ_{B}，则主瓣杂波的边缘位置间的最大多普勒频率差值为

$$\Delta f_{\mathrm{MB}}=f_{\mathrm{d}}\left(\Psi_0-\frac{\theta_{\mathrm{B}}}{2}\right)-f_{\mathrm{d}}\left(\Psi_0+\frac{\theta_{\mathrm{B}}}{2}\right)\approx\frac{2v_{\mathrm{R}}}{\lambda}\theta_{\mathrm{B}}\sin\Psi_0 \tag{4-9b}$$

机载 PD 雷达的主瓣杂波的强度与发射功率、天线主波束的增益、地物对电磁波的反射能力、载机与地面之间的高度等因素有关，其强度可以比雷达接收机的噪声强 70～90dB。机载 PD 雷达的主瓣杂波的频谱与天线主波束的宽度 θ_{B}、方向角 Ψ_0、载机速度 v_{R}、发射信号波长 λ、发射脉冲重复频率 f_{r}及回波脉冲串的长度、天线扫描的周期变化、地物的变化等因素有关。例如，由于天线波束扫描地面时方向角 Ψ_0 通常处在不断变化的状态且受 $|\cos\Psi_0|\leqslant1$ 的限制，所以，主瓣杂波的多普勒频率 f_{MB}也在不断变化，并且变化范围在 $\pm2v_{\mathrm{R}}/\lambda$ 之内。当 PD 雷达使用均匀脉冲串信号时，其频谱的幅度受 $\sin x/x$ 函数限制。$\sin x/x$ 正是单个矩形脉冲的频谱。

2. 旁瓣杂波

天线旁瓣接收到的雷达回波都是无用的，所以可称其为旁瓣杂波（Side Clutter）。除了高度回波，旁瓣杂波不如主瓣杂波能量集中（每单位多普勒频率上的功率较小），但它占据了很宽的频带。

在任何方向上（包括朝后的方向）都有旁瓣，所以，即使不考虑天线的俯视角，总存在指向前方、后方以及前后之间各个方向上的旁瓣。因此，旁瓣杂波占据的频带从相应于雷达速度的正频率（$f_{\mathrm{d}}=2v_{\mathrm{R}}/\lambda$）变化到相等的负频率（小于发射机的频率情况，$f_{\mathrm{d}}=-2v_{\mathrm{R}}/\lambda$），如图 4.8 所示。

旁瓣杂波带来的恶劣影响的程度取决于雷达频率分辨力；雷达距离分辨力；旁瓣增益；雷达高度和反向散射系数和入射角等。

雷达天线的旁瓣波束增益通常要比它的主波束增益低得多。旁瓣杂波的强度也与载机的高度、地物的反射特性、载机的速度、天线的参数有关。设旁瓣波束照射到的地面某点与地速 v_{R} 的夹角为 Ψ，其多普勒频率则为 $f_{\mathrm{d}}=(2v_{\mathrm{R}}/\lambda)\cos\Psi$，由于 Ψ 的变化范围是 0°～360°，若设旁瓣杂波区的多普勒频率范围为 $\pm f_{\mathrm{c,max}}$，则

$$f_{\mathrm{c,max}}=2v_{\mathrm{R}}/\lambda \tag{4-10}$$

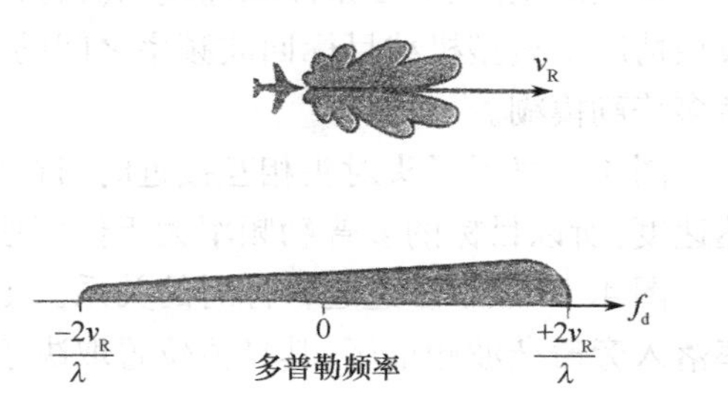

图 4.8　由于在各个方向上都存在旁瓣，所以旁瓣杂波从相应于雷达速度的正频率（$f_{\mathrm{d}}=2v_{\mathrm{R}}/\lambda$）变化到相同的负频率（$f_{\mathrm{d}}=-2v_{\mathrm{R}}/\lambda$）

当 PD 雷达不运动时，旁瓣杂波与主瓣杂波在频域上相重合；当 PD 雷达运动时，旁瓣杂波与主瓣杂波就分布在不同的频域上。也就是说，用多普勒频移 $f_{\mathrm{c,max}}=\pm2v_{\mathrm{R}}/\lambda$ 来描述机载 PD 雷达的地面杂波时，因为主波束的方向角与旁瓣波束的方向角是不等值的，所以在频域上的主瓣杂波与旁瓣杂波是不同的。此外，因为在某一时刻主波束的方向角与旁瓣波束的方向角数值不相等，往往使它们所探测到的地物也不相同，回波也就不相同；即使地物相同，由于主波束增益与旁瓣波束增益不相同，它们的回波强度也有显著的差别。

3. 高度线杂波

当机载下视 PD 雷达做平行于地面的运动时，与速度矢量成 Ψ 角的地面回波多普勒频率为 $(2v_{\mathrm{R}}/\lambda)\cos\Psi$。当天线方向图中的某个旁瓣垂直照射地面时，是属于 $\Psi=90°$和 $f_{\mathrm{d}}=0$ 的情况。

通常，把机载下视 PD 雷达的地面杂波中 $f_d=0$ 位置上的杂波叫做高度线杂波。高度线杂波与发射机泄漏相重合(发射机泄漏不存在多普勒频移)，且高度线杂波离雷达距离近，加之垂直反射强，所以在任何时候，在零多普勒频率处总有一个较强的“杂波”。

4. 无杂波区

上述情况表明，机载下视 PD 雷达的地面杂波是由主瓣杂波、旁瓣杂波和高度线杂波所组成。通常恰当选择雷达信号的脉冲重复频率 f_r，使得其地面杂波既不重叠也不连接，从而出现了无杂波区。也就是说，在无杂波区中，其频谱中不可能有地面杂波，只有接收机内部热噪声的部分。

在图 4.3 中，当具有速度 v_T 的目标处于主波束照射之下，v_T 与雷达和目标间视线的夹角为 Ψ_T 时，则其回波多普勒频移为

$$f_{MB}+f_T=f_{MB}+(2v_T/\lambda)\cos\Psi_T \tag{4-11}$$

它是否出现无杂波区，不但取决于脉冲重复频率 f_r，而且与载机速度 v_R 和发射信号的波长 λ 有关。通常，PD 雷达的发射信号总是矩形脉冲，回波脉冲串信号总是受到天线方向图的调制，地物回波形成的杂波在频率轴上总是以 $\sin x/x$ 函数为包络，以发射脉冲重复频率 f_r 为间隔而重复出现的离散谱线系列所构成。其中每一条谱线的形状受天线照射时间(与脉冲重复频率一起决定回波脉冲串长度)及天线方向图扫描两者双重调制，并与地面上物体的反射特征有关。考虑地面杂波的随机性，在通常情况下，会使每条谱线的形状展宽为高斯曲线形状。PD 雷达回波信号的频谱中既有目标的多普勒信号频谱，又有目标环境中产生的脉冲多普勒杂波频谱，它们两者均与相应的多普勒频率及其距离因素有关。PD 雷达地面杂波的计算非常复杂，在此不作讨论。但只有对地面杂波有了充分的认识和掌握了它的频谱特征之后，才可以利用现有的信号检测理论最有效地提取回波信息。

5. 杂波频谱与目标的多普勒频率间关系

对主瓣杂波、旁瓣杂波和高度回波特性逐一熟悉之后，现简要了解一下合成杂波频谱及其与典型情况下典型机载目标回波频率之间的关系。我们还是假设脉冲重复频率 PRF 足够高，可避免多普勒模糊。

图 4.9 显示了头对头相互接近时目标频率与杂波频率间的关系。由于目标接近速率大于雷达速度，所以目标的多普勒频率大于任何地面回波的频率。

图 4.10 显示了追赶目标时的关系。由于目标接近速率小于雷达速率，所以目标的多普勒频率落入旁瓣杂波频谱区，其具体位置取决于雷达的接近速率。

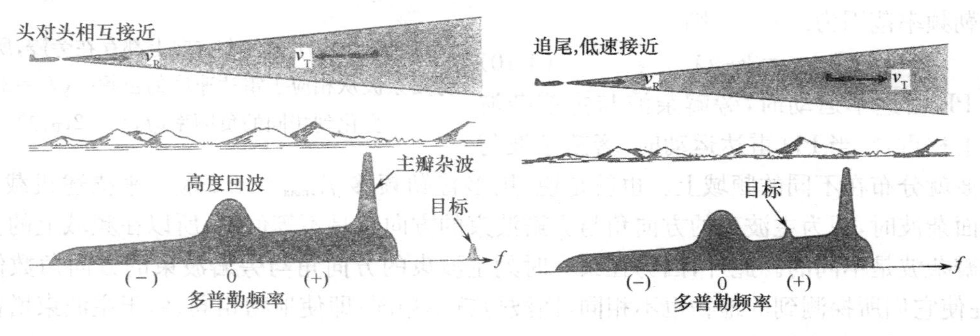

图 4.9　目标的多普勒频率大于任一地面回波的多普勒频率

图 4.10　目标的多普勒频率落入旁瓣杂波区

在图 4.11 中，目标速度垂直于雷达视线，目标的多普勒频率与主瓣杂波相同。幸运的是这种情况很少发生且持续时间很短。

在图 4.12 中，目标接近速率为 0，目标与高度回波具有相同的多普勒频率。

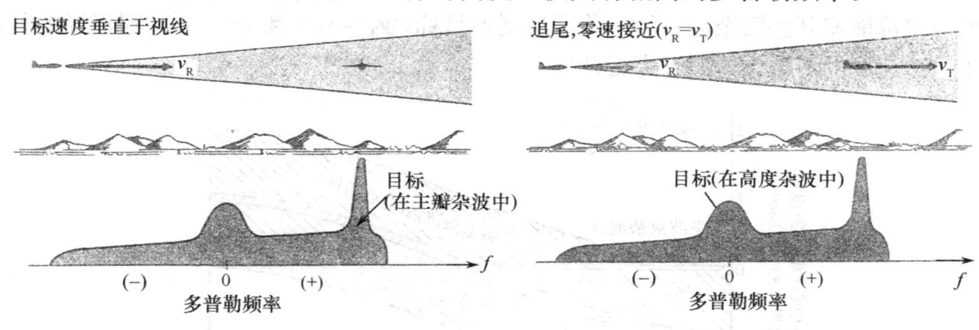

图 4.11　目标被主瓣杂波遮盖，幸运的是这种情况不常发生且持续时间很短

图 4.12　目标被高度回波遮盖

图 4.13 中有两个正在远离的目标。目标 A 的离开速率大于雷达的对地速度(v_R)，所以该目标清楚地出现在旁瓣杂波频谱负端的左边。而目标 B 的离开速率小于 v_R，所以该目标出现在旁瓣杂波频谱的负半部分。

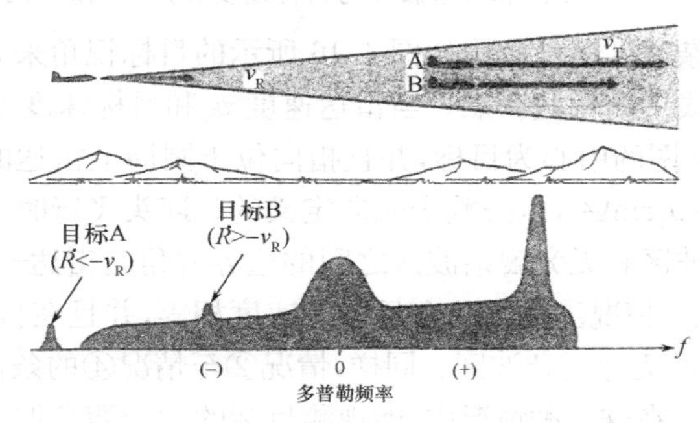

图 4.13　如果接近速率小于$-v_R$，目标 A 清楚地出现在旁瓣杂波频谱的左边；否则，目标 B 出现在旁瓣杂波频谱的负半部分

综合以上情况，目标回波多普勒频率与地面回波多普勒频率之间在任意情况下的关系可以方便地用图显示(见图 4.14)。需要记住的是，脉冲重复频率较低时会出现多普勒模糊，这种模糊可能引起目标接近速率与地面区域差异很大，使得它们具有相同的多普勒频率。

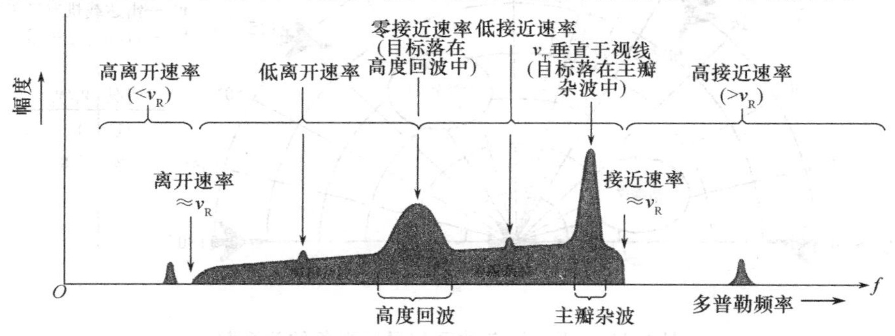

图 4.14　对于不同的目标接近速率，目标多普勒频率与地面杂波频谱之间的关系(假定没有出现多普勒频率模糊)

图 4.15 所示为各种不同的杂波多普勒频率区。它们是天线方位和雷达与目标之间相对速度的函数，再次说明这是对无折叠频谱而言的。纵坐标是目标速度的径向或视线分量，以雷达平台的速度为单位，因而主波束杂波区位于零速度处，而旁瓣杂波区频率边界随天线方位成正弦变

化。这就给出了目标能避开旁瓣杂波的多普勒区域。例如，若天线方位角为 0°，则任一迎头目标($v_T\cos\Psi_T>0$)都能避开旁瓣杂波；反之，若雷达尾追目标($\Psi_T=180°$和 $\Psi_0=0°$)，则目标的径向速度必须大于雷达速度的 2 倍方能避开旁瓣杂波。

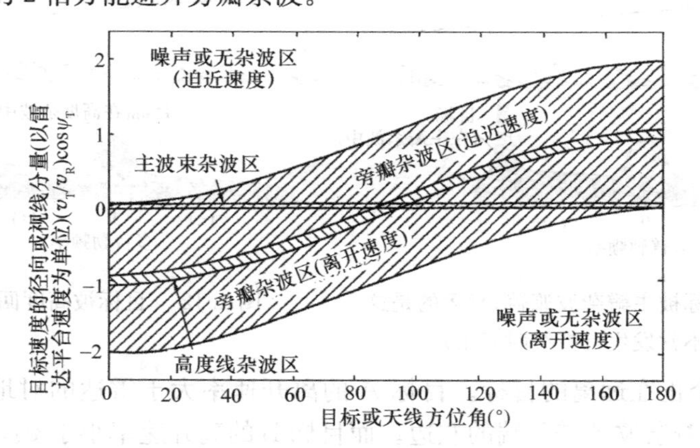

图 4.15　杂波区和无杂波区与目标速度和方位角的关系图

无旁瓣杂波区和旁瓣杂波区还可以用如图 4.16 所示的目标视角来表示。这里假设截击航路几何图为雷达和目标沿直线飞向一截获点。当雷达速度 v_R 和目标速度 v_T 给定时，雷达观测角 Ψ_0 和目标的视角 Ψ_T 是常数。图的中心为目标，并且指向位于圆周上雷达的角度为视角。视角和观测角满足关系式 $v_R\sin\Psi_0=v_T\sin\Psi_T$，是按截击航向定义的。迎头飞行时，目标的视角为 0°，尾追时则为 180°。对应于旁瓣杂波区和无旁瓣杂波区之间的边界视角是雷达—目标相对速度比的函数。如图 4.16 给出了 4 种情况。情况①是雷达和目标的速度相等，并且在目标速度矢量两侧、视角从迎头≈60°都是能观测目标的无旁瓣杂波区。同样，情况②至情况④的条件是目标速度为雷达速度的 0.8 倍、0.6 倍和 0.4 倍。在这三种情况中，能观测目标的无旁瓣杂波区将超过相对目标速度矢量的视角，可达±78.5°。再次说明，上述的情况都假设是在截击航路上。很明显，目标无旁瓣杂波区的视角总是位于波束视角的前方。

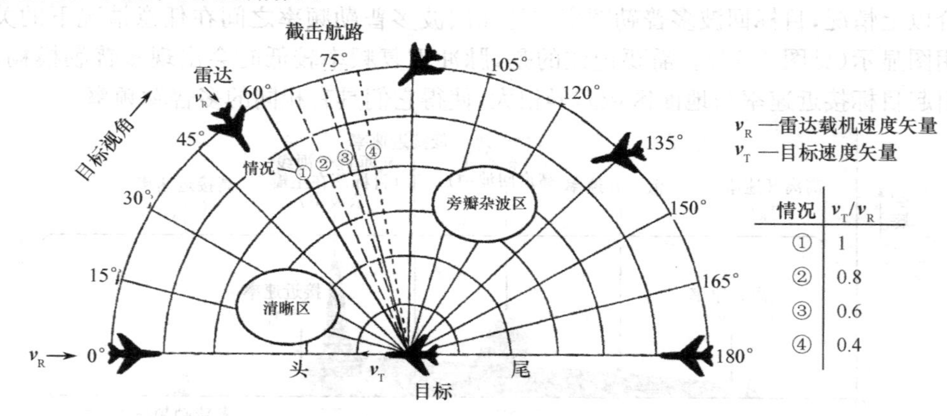

情况	v_T/v_R
①	1
②	0.8
③	0.6
④	0.4

图 4.16　无旁瓣杂波区与目标视角的关系图

注意：高度线杂波区和主波束杂波区的宽度随条件而变化。

4.2.3　三种 PD 雷达脉冲重复频率选择的比较

前面已经提到，PD 雷达与目标相对静止时，其地面杂波频谱分布在零频附近很窄的范围内；PD 雷达与目标相对运动时，其地面杂波频谱被展宽。除了目标及其环境因素外，选择 PD 雷达发射脉冲重复频率 f_r 的高低，可以改变其地面杂波频谱的分布情况。

通过杂波谱的分析可知，PD 雷达脉冲重复频率的选择是一个很重要的问题，下面对 PD 雷达的 PRF 选择做个比较。

1. 低 PRF 情况

对于低 PRF 情况旁瓣杂波在距离上重叠很少，但在频域上高度重叠。低 PRF 雷达特点为：

➢ 没有距离模糊，但有许多多普勒模糊（盲速）。

➢ 在远距离由于地球的曲率没有杂波，因而可在无杂波情况下工作。

➢ 旁瓣杂波并不像在高 PRF 脉冲多普勒系统中一样重要。

➢ 在相同的性能下，要求的平均功率和天线孔径乘积比高 PRF 脉冲多普勒雷达小。

➢ 通常比高 PRF 脉冲多普勒雷达更简单。费用通常比同样性能的高 PRF 脉冲多普勒雷达少得多。

一般对远距离（100km 以上）低速机载下视雷达可考虑采用低脉冲重复频率的机载动目标显示雷达（AMTI）。它采用偏置相位中心天线技术以后，主瓣杂波谱宽被压窄，可得到较好的 MTI 性能。目前美国海军用的低空预警飞机 E—2C 及以色列战斗机上的 Volvo 雷达都采用低脉冲重复频率的 AMTI 体制。

表 4.4 列出低 PRF 模式的优、缺点。

表 4.4　低 PRF 模式的优、缺点

优　点	缺　点
1. 空—空仰视和地图测绘性能好	1. 空—空俯视性能不好，大部分目标回波可能和主瓣杂波一起被抑制掉
2. 测距精度高，距离分辨力高	2. 地面动目标可能是个问题
3. 可采用简单的脉冲延时测距	3. 多普模糊一般很严重，难以解决
4. 可通过距离分辨抑制一般的旁瓣回波	

2. 中 PRF 情况

由于地面旁瓣杂波按重复周期在时域中是重叠的，结果使远距离目标回波可能处于近距离的旁瓣杂波中。并且旁瓣杂波谱有一定的重叠，因而测距、测速都存在一定的模糊。由于照射距离模糊单元的脉冲较少，所以中 PRF 脉冲多普勒雷达天线旁瓣看见的杂波少于高 PRF 脉冲多普勒雷达。回波谱旁瓣区的杂波电子越低，具有低多普勒速度的目标的检测越好（如后视目标以及几乎横向运动的目标）。与高 PRF 脉冲多普勒雷达相比，能在更远距离检测速度慢的运动目标。然而，PRF 的减少会使 PRF 线靠得更近，旁瓣杂波区将重叠，不会出现像高 PRF 脉冲多普勒雷达那样的无杂波区。尽管低 PRF 会使频谱上的高 PRF 线折叠起来产生旁瓣杂波，使旁瓣杂波增加，但由于在中 PRF 时接收的脉冲较少，这种增加不会完全消除用中 PRF 接收较少脉冲而降低杂波所带来的好处。

因此，中 PRF 雷达的特点为：

➢ 具有距离和多普勒模糊。

➢ 没有高 PRF 系统存在的无杂波区，因此，高速目标的检测性能不如高 PRF 系统。

➢ 较小的距离模糊意味着天线旁瓣看见的杂波较少，因此，与高 PRF 系统相比，可在更远距离检测低相对速度目标。

➢ 中 PRF 系统相当于用高速目标的检测能力换取低速目标的更好检测，因此，如果只有一个系统可用的话，战斗机或截击机应用雷达更愿意采用中 PRF 系统。

➢ 与高 PRF 系统相比，可获得更好的距离精度和距离分辨力。

➢ 为了减少旁瓣杂波，天线必须有低的旁瓣。

在同时存在主瓣杂波和强旁瓣杂波时，中等的 PRF 被认为是探测尾随目标提供良好全方位覆盖的一个解决方案。如果要求的最大作用距离不特别远，PRF 可设置得足够高，以提供主瓣杂波的周期性频谱线之间合适的间距，而又不招致特别严重的距离模糊。

表 4.5 列出中 PRF 模式的优、缺点。

表 4.5　中 PRF 模式的优、缺点

优　点	缺　点
1. 全方位性能好，即抗主瓣杂波和旁瓣杂波的性能都较满意	1. 低、高接近速率目标的探测距离均受旁瓣杂波的限制
2. 易于消除地面动目标	2. 距离和多普勒模糊都必须解决
3. 有可能采用脉冲延时测距	3. 需采取专门措施抑制强地面目标旁瓣杂波

3. 高 PRF 情况

高 RPRF 雷达特点为：

➢ 多普勒频率没有模糊，但有盲速，但存在许多距离模糊。

➢ 在无杂波区可以检测远距离高速接近目标。

➢ 低径向速度目标通常被距离上折叠起来的近距离旁瓣杂波淹没在多普勒频域区，检测效果较差。

➢ 与低 PRF 系统相比，高 PRF 导致更多的杂波通过天线旁瓣进入雷达，因而要求更大的改善因子。

➢ 为了使旁瓣杂波最小，天线旁瓣必须十分低。

➢ 同其他的雷达相比，距离精度和距离上分辨多个目标的能力比其他雷达差。

高 PRF 工作的主要限制是：当对付低接近速率的尾随（tail-as-pect）目标时，旁瓣杂波可降低雷达的探测性能。在战斗机雷达典型采用的高 PRF 上，事实上从所有目标来的回波被压扁（压缩）到一个比目标回波占据的区域稍宽的中间距离。因此，旁瓣杂波只能通过回波的多普勒频率分辨来抑制。

主瓣杂波问题可通过工作于高 PRF 来解决。主瓣杂波的谱宽一般只是真实目标多普勒频带宽度的小部分，因此工作于高 PRF 时，主瓣杂波不会显著地侵占可能出现目标的频谱范围。此外，由于工作于高 PRF 时所有明显的多普勒模糊都被消除，所以可根据多普勒频率抑制主瓣杂波而不会同时将目标回波抑制掉。只有当目标飞行方向和雷达视线几乎成直角时（这种情况很少发生而且通常只维持很短时间），目标回波才具有与杂波相同的多普勒频率并被抑制掉。

以高 PRF 工作还有一些重大优点：首先，在旁瓣杂波的中心谱线频带与该频带的第一个重复图形之间，展现出一个绝对没有杂波的区域（见图 4.17）。接近目标的多普勒频率正好在该区域内，该区域正是长距离测距所希望的。其次，接近速率可直接通过检测多普勒频率而测量。再次，对给定的峰值功率，只要提高 PRF 直到占空比达到 50%，就可简单地将平均发射功率增大到最高。低 PRF 时也能得到高的占空比，但是这要求增大脉冲宽度和采用大的脉冲压缩比，才能提供用低 PRF 工作所必需的距离分辨力。

表 4.6 列出高 PRF 模式的优、缺点。

图 4.18 给出了中、高脉冲重复频率时，雷达探测性能随进入方向和作用距离随载机高度的变化。纵坐标表示载机的高度，横坐标表示检测概率为 85%时的作用距离 R_{85}。从图中可知，迎面攻击时高脉冲重复频率优于中脉冲重复频率。尾随时，在低空，中脉冲重复频率优于高脉冲重复频率；在高空，高脉冲重复频率优于中脉冲重复频率。

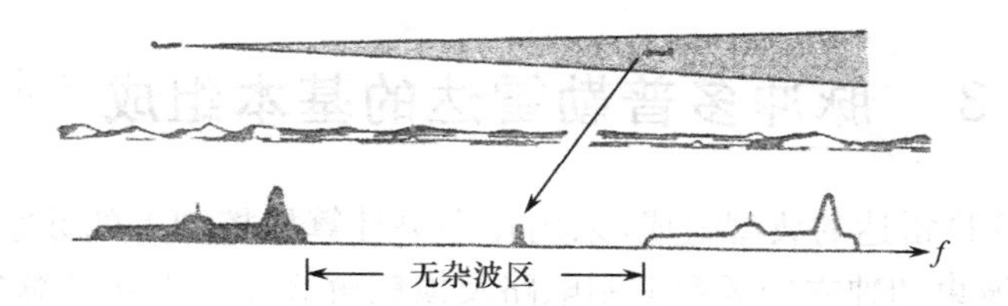

图 4.17　高 PRF 提供一个可探测高接近速率目标的无杂波区

表 4.6　高 PRF 模式的优、缺点

优　点	缺　点
1. 头部能力好：高接近速率目标出现在无杂波频谱区内	1. 对低接近速率的目标，探测距离可能因旁瓣杂波而下降
2. 提高 PRF 可得到高的平均功率(若需要，只要适量的脉冲压缩就可使平均功率最大)	2. 不能使用简单而精确的脉冲延时测距法
3. 抑制主瓣杂波时不会同时抑制掉目标回波	3. 接近速率为零的目标可能与高度回波及发射机溢漏一起被抑制掉

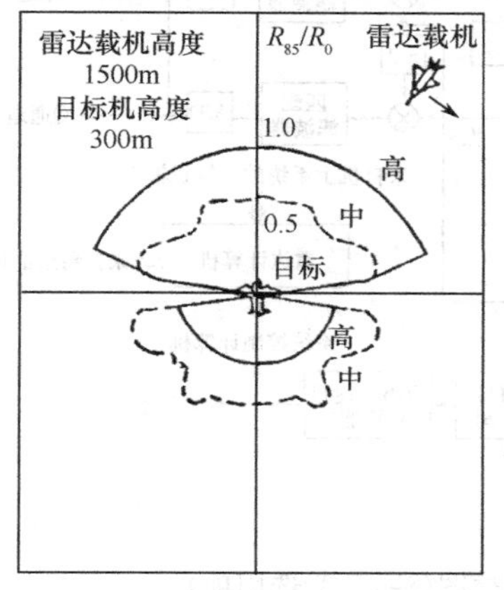

(a) 探测性能与进入角的关系图

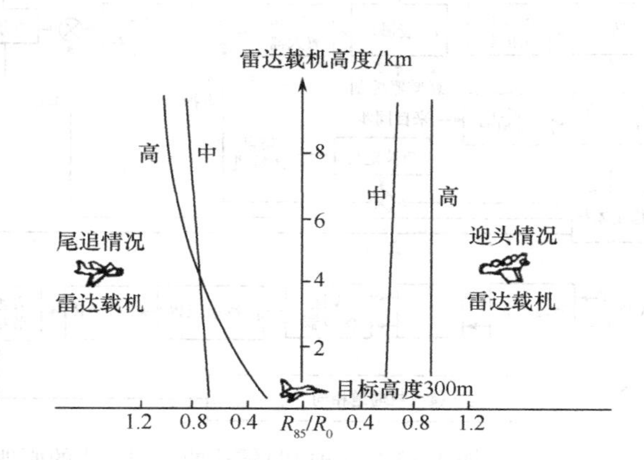

(b) 作用距离与载机高度的关系图

图 4.18　中、高 PRF 时作用距离随载机高度的变化的例图

(R_0 为单位信噪比的距离，目标高度为 300m)

综上所述，PRF 是雷达设计师所必须进行的首要选择之一。并且，在设计多功能雷达时，空—空能力的要求和将该雷达用于空—地的可能性表现为一系列的工作模式，它们用不同波形来满足其各自的特殊任务。

表 4.7 归纳了三种 X 波段的机载雷达的“典型”PRF 值。表中所列 PRF 和占空比仅仅是为了说明三种 PRF 雷达的差异(特别是占空比)。为了便于比较，表中还包括 UHF 波段低 PRF 宽域监视 AMTI 雷达的数据。

表 4.7　三种 PRF 模式的比较

雷　达	PRF*	占空比*
X 波段高 PRF 脉冲雷达	100～300kHz	＜0.15
X 波段中等 PRF 脉冲雷达	10～30kHz	0.05
X 波段低 PRF 脉冲雷达	1～3kHz	0.005
UHF 低 PRF AMTI	300kHz	低

* 这些只是举例说明值。真实雷达可以用大于或小于所示值的值。

美国 F—15、F—16 和 F—18 战斗机上的 PD 雷达兼有中、高两种脉冲重复频率。高空预警飞机 AW—ACS 上的 E—3 雷达只有高脉冲重复频率。如果允许采用几种参数的话，那么交替使用中、高 PRF 的方法，或者再加上在上视时采用低 PRF 的方法，并在低、中 PRF 时配合采用脉冲压缩技术，将是在所有工作条件下得到远距离探测性能的最有效的方法。

4.3 脉冲多普勒雷达的基本组成[2]、[11]

图 4.19 是一种 PD 雷达的典型组成，采用在中央计算机控制下的数字信号处理结构，包括发射机抑制电路、主波束和独立的旁瓣抑制电路及模糊解算器。雷达计算机在接收机载系统的输入(如惯导单元和操纵员控制指令)后，如同一位熟练的控制员那样完成对雷达的控制。它本身还包含跟踪回路、自动增益控制(AGC)滤波回路、天线扫描方式产生器及杂波定位和目标处理功能(如求质心)。此外，当雷达采用边扫描边跟踪方式时，计算机可完成多目标跟踪功能，而且还可完成雷达的自检和例行校准。为简单起见，图中仅给出搜索处理组成。

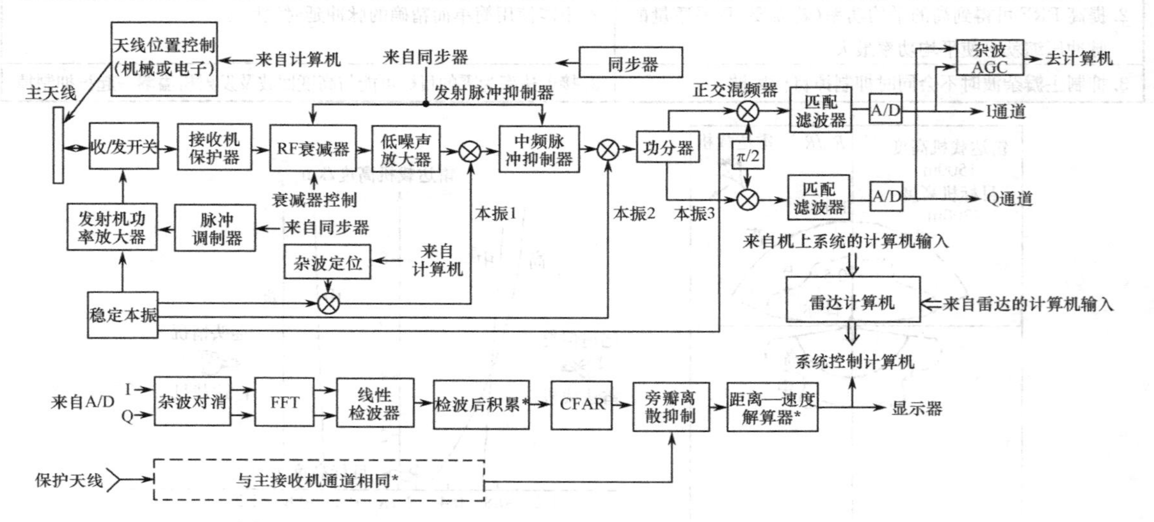

图 4.19 一种 PD 雷达的典型组成的原理框图(注：* 为选用项)

1. 收/发开关

在 PD 雷达中，收/发开关通常都是诸如环行器等无源器件，可在发射和接收之间将天线有效地切换。由于铁氧体环行器隔离度的典型值为 20～25dB，因此尚有相当大的能量耦合到接收机。

2. 接收机保护器(R/P)

接收机保护器是一个快速响应的大功率开关，可防止由收/发开关泄漏过来的大功率发射机输出信号损坏高灵敏度的接收机前端。为了使发射脉冲之后的距离门中的灵敏度降低至最小，接收机保护器必须具有快速恢复的能力。

3. 射频衰减器

射频(RF)衰减器不仅可抑制由 R/P 进入接收机的发射机泄漏(这就不会使接收机发生饱和，否则将延长发射机关机后的恢复时间)，而且能控制进入接收机的输入信号电平。所接收到的信号电平始终低于饱和电平。比较典型的方法是，在搜索时采用杂波 AGC，而在单目标跟踪时采用目标 AGC，以防止假信号的产生而使性能降低。

4. 杂波定位

通常，作为稳定本振一部分的压控振荡器(VCO)与主波束杂波差频后得到零频或直流。当杂波为直流时，就降低了对同相(I)和正交(Q)通道的幅度平衡和相位平衡的要求。这是因为由不平衡所导致的镜像将落于直流的附近，可以很容易地将它和主波束杂波一起滤除。

5. 发射脉冲抑制器

接收机中频段提供的发射脉冲抑制器可进一步衰减发射机泄漏，是一种波门选取器件。

6. 信号处理

通过正交混频，接收机的模拟输出信号下变频为基带信号。同相信号和正交信号经匹配滤波器滤波，由 A/D 变换为数字信号。A/D 之后一般是延迟线杂波对消器和多普勒滤波器组，为的是用来抑制主波束杂波和进行相参积累。

滤波器组通常采用 FFT 来实现或当滤波器较少时用离散傅里叶变换(DFT)来完成。合适的加权可用来降低滤波器的旁瓣。

I/Q 合成近似形成 FFT 输出的电压包络，也可以用检波后积累(PDI)，即每个距离门—多普勒滤波器的输出在几个相参周期内线性相加。PDI 的输出再与恒虚警(CFAR)处理形成的检测门限比较。

在 CFAR 电路之后是离散的旁瓣抑制逻辑电路及距离模糊和速度模糊解算器(如果需要的话)。最后的检测输出被送往雷达显示器和计算机。

下节将对脉冲多普勒雷达的信号处理做进一步的说明[6]。

4.4 脉冲多普勒雷达的信号处理[1]、[2]、[3]、[6]、[19]、[30]

4.4.1 概述

PD 雷达同常规脉冲雷达的主要区别在于 PD 雷达利用了目标回波中携带的多普勒信息，在频域实现目标和杂波的分离，它可从很强的地物杂波背景中检测出运动目标回波，并能精确地测速。

PD 雷达可以把位于某一距离上、具有某一多普勒频移的目标回波检测出来，而把其他的杂波和干扰滤除。PD 雷达的主要滤波方法是采用邻接的窄带滤波器组或窄带跟踪滤波器，把所关心的运动目标过滤出来。并且窄带滤波器的频率响应应当设计为尽量与目标回波谱相匹配，以使接收机工作在最佳状态。因此，PD 雷达信号处理部分比常规脉冲雷达和动目标显示雷达的信号处理要复杂得多。在这一节里，我们将详细讨论 PD 雷达的信号处理方法。

为说明脉冲多普勒雷达的信号处理，我们采用图 4.20 所示的一种典型机载 PD 雷达的原理框图，以此图为例来说明 PD 雷达的信号处理中抑制各种杂波和检测出运动目标回波的基本方法。

图 4.21 示出一种在采用多普勒滤波的低 PRF 雷达中的信号处理功能框图[6]。

图 4.22 示出中 PRF 工作方式的雷达信号处理过程框图，它与图 4.23 所示的低 PRF 信号处理非常相似，但有三个主要区别。首先，由于距离模糊妨碍了灵敏度时间控制的使用，所以需要另外的增益控制来避免 A/D 转换的饱和。其次，为了进一步减弱旁瓣杂波(工作于中 PRF 时，由于距离模糊，旁瓣杂波堆积得更深)，多普勒滤波器的通频带可能被做得相当窄。再次，为解决距离和多普勒模糊，需要做进一步的处理。

在改善尾追性能方面可以采用几种措施来改善在严重的杂波环境中对低接近速率目标的(检测)性能。因为问题的根源是旁瓣杂波，所以合理的做法是首先使天线旁瓣最小化。

对于给定的旁瓣电平，通过将多普勒滤波器通频带变窄，低接近速率目标必须抗争的旁瓣回波数量可被进一步减少。但是通过将脉冲变窄和使用更多的距离门①，需抗争的杂波还可进一

① 对一个给定的占空比，遮蚀程度一定时，通过脉冲压缩可以进一步增加距离门，同时不损失信号能量。

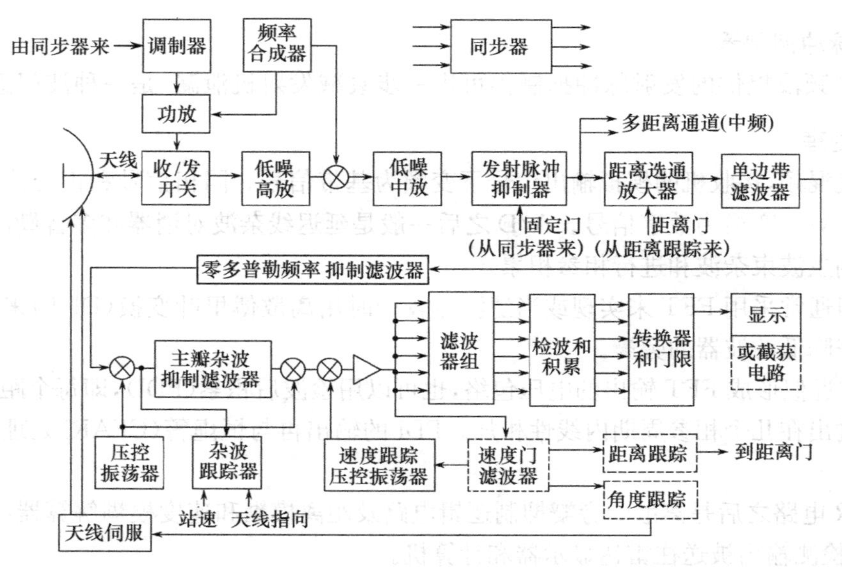

图 4.20　一种典型机载 PD 雷达的组成框图

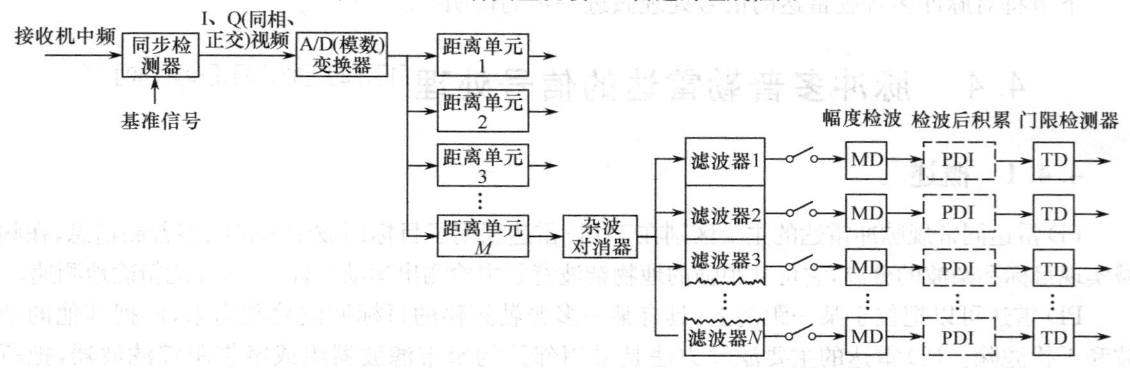

图 4.21　在采用多普勒滤波的低 PRF 雷达中的信号处理功能，在此处理中可以避开主瓣杂波，杂波对消器可被省掉

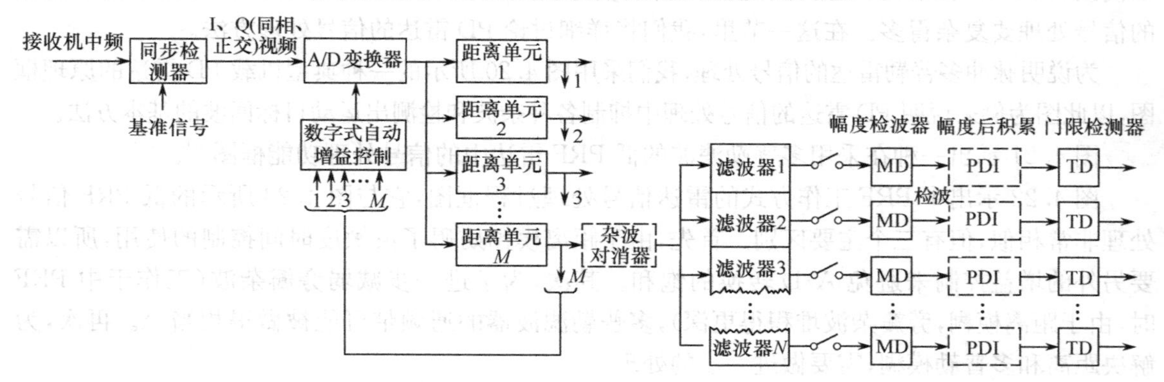

图 4.22　对中 PRF 工作方式信号处理的运用过程。可选用杂波对消器，以减少动态范围满足多普勒滤波器的需要。如果滤波器积累时间小于目标驻留时间，那么可在检波后添加累积器(PDI)

步减少，但其代价是更大的复杂性和更低的占空比。尽管这样，由于有发射机泄漏和高度回波，雷达对零接近速率目标仍是看不见的，在恒定距离内，零接近速率目标是被追踪的目标。

解决这个问题的一个很吸引人的办法是：当远距离处的前半球(迎头)目标是探测重点

时，采用高 PRF；当远距离处的前半球目标和后半球(尾随)目标都需要探测时，交替使用中、高 PRF。

实现这一方法的有效途径在图 4.23 中说明。在间隔的天线扫描线上交替使用高、中 PRF 工作方式。在上一帧中指派高 PRF 方式的扫描线，在下一帧中则指派中 PRF 方式的扫描线，反之亦然。由于相邻扫描线是重叠的，所以对高、中 PRF 两种工作方式都可得到完整的立体角覆盖。超出中 PRF 方式所能检测范围的快速接近速率目标在高 PRF 就能被检测到。低接近速率目标，以及任何高 PRF 工作时可能被遮蔽的近距离的目标，用中 PRF 工作方式均可被检测到。

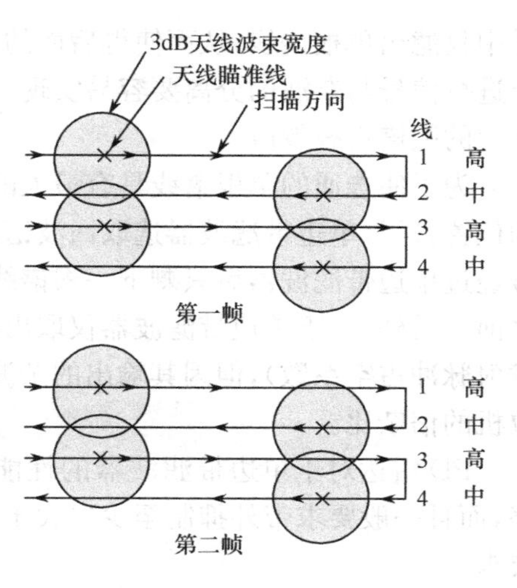

图 4.23　在间隔的搜索扫描线上交替采用高、中 PRF，可在迎头攻击和尾随追击时得到最大探测距离

当交织使用 PRF 时，通过只处理落入多普勒清晰区的回波，高 PRF 方式的信号处理器的复杂程度可被大大减小(图 4.24)。当然，这个回波首先要从杂波中分出来，杂波包括主瓣杂波、旁瓣杂波和高度杂波。但只要将接收机输出送到一个或多个宽带通滤波器，就很容易完成这个任务。在完成自动增益控制后，其输出加到适当长的多普勒滤器组。

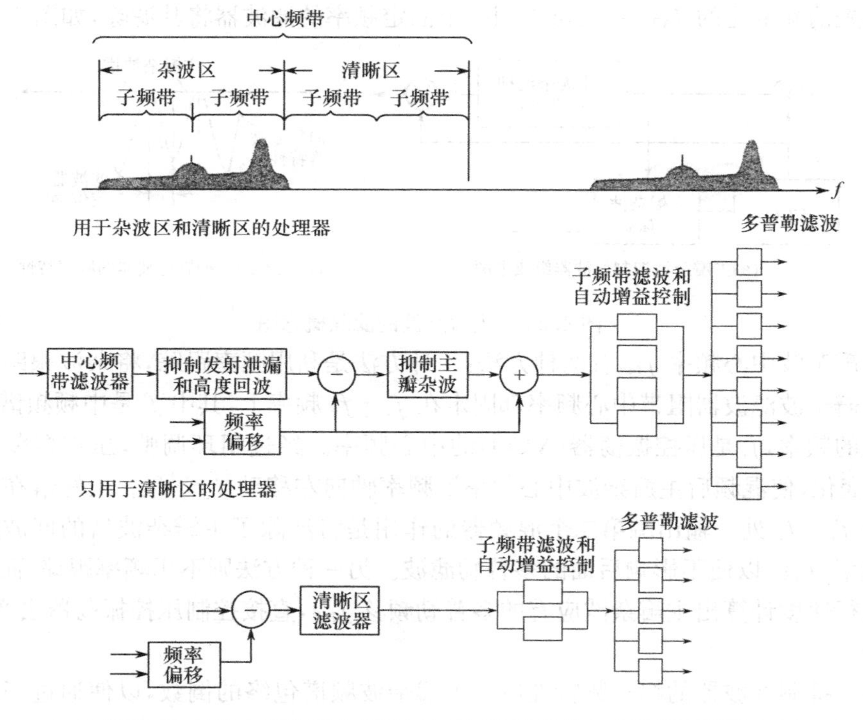

图 4.24　当交替使用中、高 PRF 时，只处理落入多普勒清晰区的回波，可以简化工作于高 PRF 时的信号处理

4.4.2　抑制各种杂波的滤波器和恒虚警处理(CFAR)

1. 单边带滤波器

单边带滤波器是一个带宽近似等于脉冲重复频率 f_r 的带通滤波器，其主要作用是从回波频

谱中只滤出单根谱线，从而使得后面的各种滤波处理在单根谱线上进行。这比在整个频谱范围上进行信号与杂波的分离要容易实现。使用单边带滤波器还可以避免后面信号处理过程中可能产生的频谱折叠效应。

为了使选通的单根谱线具有最大的信号功率，并且当 f_r 改变时不必改变单边带滤波器通带的位置，通常单边带滤波器选取回波谱的中心谱线。单边带滤波器一般设置在中频，由于中频信号经过单边带滤波器后只剩下一根谱线，成为连续波，因此距离选通波门必须设在单边带滤波器之前。另外，由于单边带滤波器仅取出回波信号的单根谱线，因而使信号功率下降了 d^2 倍（d 为发射脉冲占空系数），但因其输出的杂波和噪声功率也同样减小，所以单边带滤波器并不降低接收机的信杂比。

PD 雷达对于单边带滤波器的性能参数如稳定性、矩形系数、插入损耗等都要求得十分严格，而且一般要求带外抑制至少要大于 60dB，因此通常是采用石英晶体滤波器来满足这些技术要求。

2. 主瓣杂波抑制滤波器

主瓣杂波的干扰最强，常常比目标回波能量要高出 60～80dB。为了减轻后面多普勒滤波的负担，尤其是采用数字滤波技术时，为了减小数字部分的动态范围，同时保证对主瓣杂波有足够的抑制能力，必须采用主瓣杂波抑制滤波器先对主瓣杂波进行抑制。由于主瓣杂波的位置是随着天线指向和载机速度的不同而变化的，抑制主瓣杂波常用的方法是首先确定它的频率 f_{MB}，用一个混频器先消除变化的 f_{MB}后，就可以用一个固定频率的滤波器将其滤除，如图 4.25(a)所示。

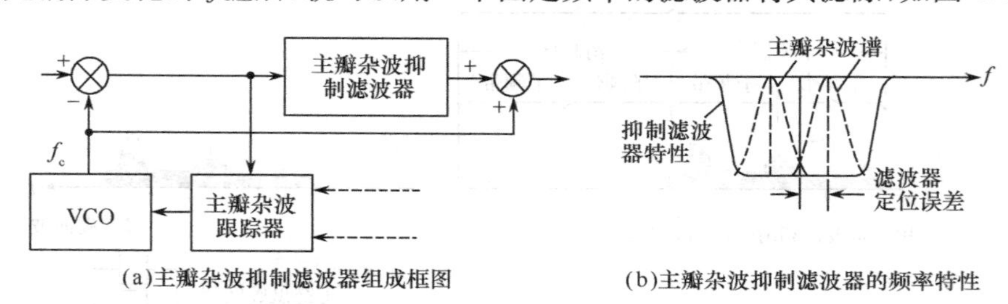

(a)主瓣杂波抑制滤波器组成框图　　(b)主瓣杂波抑制滤波器的频率特性

图 4.25　主瓣杂波的滤除概念图

确定主瓣杂波中心频率 f_{MB}有两种方法：一种方法是利用频率跟踪，将杂波跟踪器中鉴频器的零点和主瓣杂波滤波器阻带中心频率都固定在 f_I-f_c 频率上，其中 f_I是中频频谱中对应于发射中心谱线的频率，f_c是压控振荡器（VCO）的中心频率。经过闭环调整，压控振荡器的振荡频率跟随 f_{MB}变化，使混频后主瓣杂波中心频率沿频率轴向左移动 f_c+f_{MB}，正好落在抑制滤波器的阻带中心 f_I-f_c 处。输出端第二个混频器的作用是将滤除了主瓣杂波后的回波频谱再恢复到原来的频率位置，以便不影响后面的多普勒滤波。另一种方法则不用频率跟踪，而是由天线指向和载机飞行速度计算出主瓣杂波应有的多普勒频移 f_{MB}，直接控制压控振荡器去产生 f_c+f_{MB}的振荡频率。

主瓣杂波抑制滤波器的幅—频特性应是主瓣杂波频谱包络的倒数，以使通过滤波器后输出的杂波频谱可近似为平坦的特性。考虑到抑制滤波器总会有一定的定位误差，因此抑制带应取得稍宽一些，如图 4.25(b)所示。从匹配滤波理论的角度来看，由于主瓣杂波是色噪声，因此主瓣杂波抑制滤波器相当于一个白化滤波器，经过主瓣杂波抑制之后，后面的多普勒滤波器可以按照白噪声中的匹配滤波理论来进行设计。

在有些 PD 雷达中，往往同时采用高、中两种脉冲重复频率。高重复频率主要用于检测无杂波区中的目标，而当目标处于旁瓣杂波区时，则采用中重复频率。这样的 PD 雷达，当它工作于高重复频率时，可将单边带滤波器和主瓣杂波抑制滤波器的作用合并，而用一个无杂波区滤波器来完成，其频率响应如图 4.26 所示。而当此 PD 雷达工作于中重复频率时，由于存在速度模糊，不能使用单边带滤波器，在这种情况下，一般利用上面提到的后一种方法计算出主瓣杂波中心频率 f_{MB}，然后采用类似 MTI 雷达中杂波对消的方法来抑制主瓣杂波。

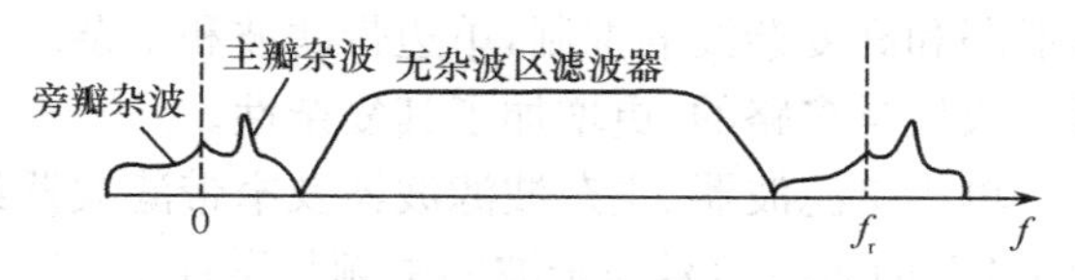

图 4.26　无杂波区滤波器的频率特性的示意图

3. **高度杂波的滤除**

高度杂波是由地面的垂直反射所形成的杂波，它比漫反射所形成的旁瓣杂波要强得多。当载机水平飞行时，高度杂波的多普勒频移为 0，通常可以采用一个单独的固定频率抑制滤波器——零多普勒频率滤波器来滤除它。这个滤波器所获得的附加好处是它可以进一步抑制由发射机直接进入到接收机的泄漏。如果后面的多普勒滤波器组有足够的动态范围，则可以不必单独设置这个滤波器，只需断开滤波器组中落入高度杂波区的那些子滤波器的输出，即可方便地达到滤除高度杂波的目的。

由于高度线杂波比漫散的旁瓣杂波大很多，而且频谱宽度也较窄，因此通常还可采用以下两种方法来滤除：其一是使用可防止检测高度线杂波专用的 CFAR 电路；其二是使用航迹消隐器除去最后输出的高度线杂波。

4. **多普勒滤波器组**

多普勒滤波器组是覆盖预期的目标多普勒频移范围的一组邻接窄带滤波器。当目标相对于雷达的径向速度不同，即多普勒频移不同时，它将落入不同的窄带滤波器。因此，窄带多普勒滤波器组起到实现速度分辨和精确测量的作用。由此可见，它是 PD 雷达中不可缺少的组成部分。

多普勒滤波器组可以设在中频，也可以设在视频。由于视频滤波比较简便，尤其是采用数字技术时，在视频进行处理可以大大降低对采样率的要求，因此多普勒滤波器组一般多设在视频。根据匹配滤波理论，为使接收机工作在最佳状态，每个滤波器的带宽应设计得尽量与回波信号的谱线宽度相匹配。这个带宽同时确定了 PD 雷达的速度分辨能力和测速精度。

实现多普勒滤波器组可采用模拟和数字滤波技术，两种方法各有优缺点。采用模拟滤波器，由于体积、质量、精度及插入损耗等因素的限制，很难满足 PD 雷达高性能的技术要求。目前，由于数字技术的发展，多普勒滤波器组基本上都是采用数字滤波方法来实现。随着数字器件工作速度的不断提高，集成规模不断扩大，数字处理所具有的体积小、质量轻及高精度、高可靠性、低功耗、适应性强等优点越来越突出。特别是近年来可编程的数字信号处理机的出现，使得一部数字信号处理机可以完成包括多普勒滤波在内的多种任务，并能满足 PD 雷达采用多种脉冲重复频率及实现多种功能的要求。

5. **恒虚警处理(CFAR)**

由于 PD 雷达的杂波分布情况比较复杂，目标回波可能落入杂波区也可能落入无杂波区，两种区域中干扰的强度相差很大。经过以上各种滤波处理之后，信号的背景干扰仍包含很宽的幅度范围。因此，PD 雷达必须采用 CFAR 处理技术，以便防止干扰增大时虚警概率过高，保证当噪声、杂波和干扰功率或其他参数发生变化时，输出端的虚警概率保持恒定。根据杂波环境的不同及对雷达性能要求的不同，在 PD 雷达中可以采用参量法或非参量法 CFAR 处理技术，根据背景干扰电平来自动调节检测门限，以达到使虚警概率恒定的目的。

综上所述，脉冲多普勒雷达接收机系统是一复杂的信号处理系统，在这一系统中包括对发射机泄漏和高度杂波的抑制，单边带滤波和主杂波抑制，窄带滤波器组，视频积累和恒虚警检测，而且接收机是多路的，更增加了其复杂性。

单边带滤波器、主杂波滤波器及窄带滤波器组相对于信号与杂波谱的关系如图 4.27 所示。图 4.27(a)表示信号与杂波的中频频谱；图 4.27(b)表示单边带滤波器；图 4.27(c)表示主杂波滤波器，该滤波器凹口设置在固定频率 f_0上；图 4.27(d)表示窄带滤波器组，它的中心频率可设置在某一个便于处理的中频 f_I上。若用零中频处理时，f_I也可为零。

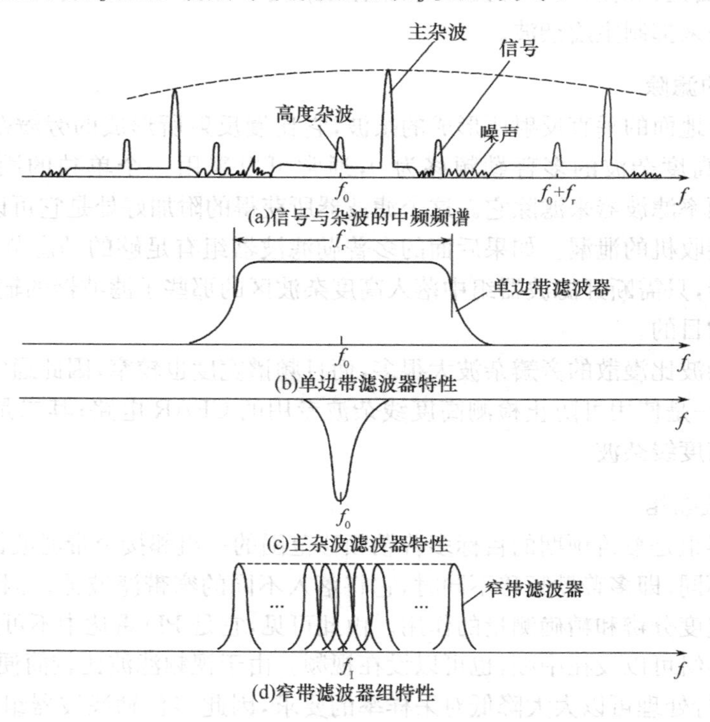

图 4.27　各种滤波器的相对关系的示意图

4.4.3　滤波器组的具体处理方法

前面我们分析了 PD 雷达的典型结构及一般的信号处理方法。PD 雷达信号处理的基本方式是在杂波抑制滤波器后，串接和信号谱线相匹配的窄带滤波器组。因此下面主要讨论滤波器组的具体处理方法。

1. 中频信号处理

中频信号处理的组成框图如图 4.28 所示。在搜索雷达中一般应有 m 个并联的距离门通道(图 4.28 中仅画出了一路)，相邻距离门在距离上相差 ΔR，距离门的作用为：

① 距离量化，并由此提取距离信息；

② 消除本距离单元以外的杂波，首先从时间上进行分辨。

在跟踪雷达中，处于跟踪状态时所需并联的距离通道数目可以大为减少，一般等于 2，取前波门和后波门两路。

每一距离门对应一个距离单元和相应的一条距离通道，每一通道有一单边带滤波器，用它来选取中心频率附近目标可能出现的频率范围，然后送到窄带滤波器去提取速度信息。

脉冲多普勒雷达无模糊的测速范围为$-f_r/2$ 至 $f_r/2$，故单边带滤波器的带宽为一个脉冲重复周期 T_r。

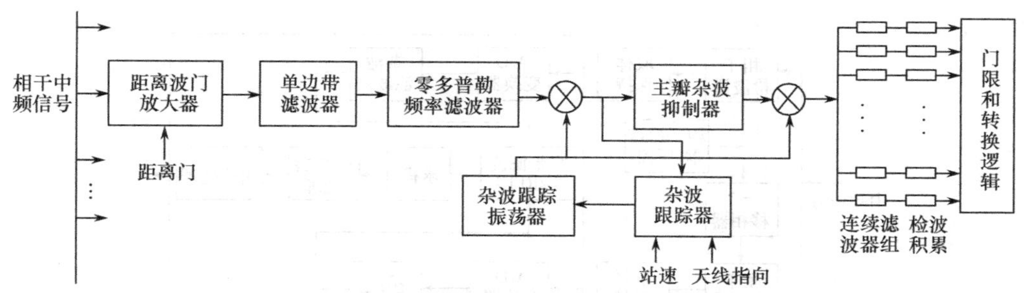

图 4.28　中频距离门多普勒滤波器组的原理框图

单边带输出到窄带滤波器组以前尚需经过零多普勒滤波(高度杂波滤波)和主瓣杂波滤波。信号经主瓣杂波滤波器后,其输出再次和杂波跟踪振荡器混频,使信号的频谱位置复原到原来的位置上,便于下面继续在中频范围内进行多普勒信号处理,如图 4.29 所示。

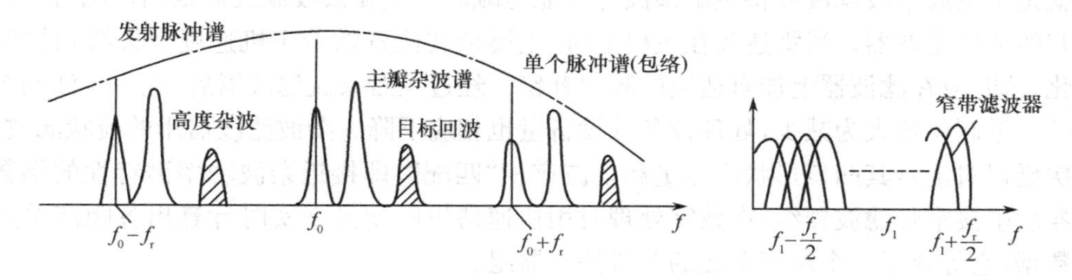

图 4.29　相干脉冲串的频谱及相应窄带滤波器组的示意图

窄带滤波器的宽度、形状和信号谱线相匹配。当天线扫过目标得到 N 个回波脉冲时,则此 N 个脉冲串包络的傅里叶变换决定了每根谱线的形状和宽度。通常这一频谱宽度为$1/NT_r$。脉冲数目越多,对应的谱线宽度越窄而谱线的幅度越大。N 个相干脉冲通过通带宽度为 $1/NT_r$的窄带滤波器相当于对 N 个回波脉冲进行相参积累,覆盖全部测速范围 f_r所需要的滤波器数目为

$$\frac{f_r}{1/NT_r}=N \tag{4-12}$$

窄带滤波器的频带宽度也决定了测速的精度和分辨力。在测速误差和分辨力允许的条件下,可以放宽对滤波器频带的要求,增加带宽可以相应地减少滤波器的数目和设备的复杂性,这时滤波器输出可以经检波后再积累,这种积累是非相参积累。当检波前信噪比≫1 时,由于非相参积累引起的损失很小,其效果接近于相参积累。

2. 零中频信号处理

中频多普勒处理中存在一些缺点,例如,窄带中频滤波器做好后相干积累的时间就已确定,而不能适应各种不同情况。用相控阵和其他快速扫描天线时,晶体滤波器中的振荡不能立即衰减以适应新位置的相干积累,特别是,当用数字技术对信号进行处理时,在中频进行是不适当的,这就导致了零中频多普勒信号处理。零中频处理就是将中频信号经相干检波器后变成视频信号进行滤波,为避免检波引起的频谱折叠,保持区分正负频率的能力,采用正交双通道处理。图 4.30为零中频信号处理的原理框图。两信道的参考电压相位相差 90°,相当于把中频信号矢量 $\boldsymbol{S}$ 分解成同相分量 I 和正交分量 Q,两路的合成矢量幅度为$(I^2+Q^2)^{1/2}$对应于中频矢量的幅度,而相角 $\arctan(Q/I)$表示中频信号的相位。

I 和 Q 两路信号各经取样电路在距离上量化(取样间隔应不大于信号带宽倒数的一半为好),相当于一个距离单元。然后送到模拟/数字变换器,将视频模拟信号幅度分层后转换成数字信号,一般采用二进制码。二进制码的位数应考虑到杂波幅度的变化范围。由于主瓣杂波要求

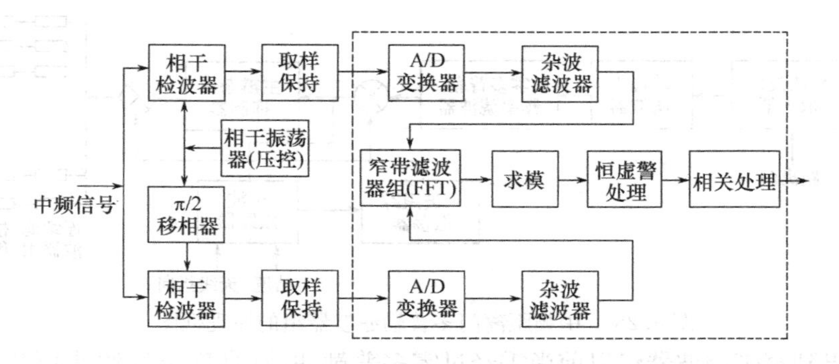

图 4.30　零中频信号处理的原理框图

大的动态范围，二进制码的位数增加，会明显加大信号处理设备的设备量。因此数字信号处理的第一步就是用主瓣杂波滤波器将主瓣杂波尽可能地减弱。主瓣杂波滤波器根据情况可采用递归或非递归的梳齿滤波器。当雷达放在飞机上时，主瓣杂波位置随着飞机速度及天线扫描的情况发生变化，这时应在滤波器上加自适应的频率补偿。经过主瓣杂波滤波器后，处理杂波剩余及信号所需的二进制位数大为减少，处理设备的设备量也相应下降。杂波滤波器用的梳状滤波器(一次或二次延迟对消)，其凹口形状应尽量和杂波谱相"匹配"，即接近杂波功率谱特性的倒数。杂波滤波器后串接窄带滤波器组，在数字处理时用快速傅里叶变换来实时计算出各距离单元信号的频谱数据，它等效于多个距离单元的窄带滤波器组。

FFT 输出的信号再用求模和恒虚警电路加以处理。恒虚警电路应根据剩余杂波的强度自动调节检测门限，使虚警概率保持一定，超过门限的信号被送到相关信息处理机，对相继超过门限的信号进行相关积累和判决，以确定是否是目标。如果判定是目标，将目标的距离、方位、速度等数据送到显示器或数据处理计算机。

3. 窄带滤波器组的实现

要实现频率域上对回波信号的准匹配滤波，必须采用杂波滤波器后串接和信号相匹配的窄带滤波器。当目标速度未知时，应采用邻接的窄带多普勒滤波器组来覆盖目标可能出现的全部多普勒频率范围。其实现方法有模拟式、数字式(快速傅里叶变换)和近代模拟式[线性调频频谱变换(CT)]三种。

(1) 模拟式

早期解决这一问题的办法是在每一个距离门后采用并联的中心频率各不相同的窄带模拟滤波器组，如晶体滤波器、陶瓷滤波器、机械带通滤波器(如螺旋滤波器)等。根据信号从哪一个滤波器输出来决定它的频率，即对每一距离门后输出的信号进行频谱分析，而用距离门输出来保证在距离上的分辨。

若距离扫描全程的距离单元数为 M，每一距离门所需滤波器数为 N[由式(4-12)决定]，则总的窄带滤波器数目为 $M\times N$。以低重复频率 $f_r=2\text{kHz}$ 为例，设距离分辨单元(距离门宽度)$\tau=1\mu\text{s}$，频率分辨单元(窄带滤波器带宽)$B=200\text{Hz}$，则所需滤波器数目为

$$M=T_r/\tau=500,\quad N=f_r/B=10,\quad M\times N=5000$$

这样大数量的模拟滤波器，不仅设备十分庞大，而且各路滤波器输出信号的检测也较为复杂，这不是解决问题的办法。由于上述缺点，故早期的这种固定频率模拟滤波器组目前已舍弃不用，而由数字式滤波方法所取代，尤其是当要求的滤波器数目很大时，数字滤波方式无论在体积、质量、精度、可靠性方面，以及在灵活改变脉冲间距与进行加权和带宽处理等方面都具有明显的优点。

(2) 数字式——快速傅里叶变换

数字式方法形成多普勒滤波器组的实质是用数字方法计算离散信号的频谱，每个固定频率分量的输出就相当于中心频率在此固定频率上的窄带滤波器的输出。目前使用的计算方法是采用快速傅里叶变换，它是离散傅里叶变换(DFT)最主要的一种快速计算方法。从1965年开始采用一种新的、计算量大为减少的快速算法，即库利—图基(Cooley-Tukey)算法。它采用迭代的计算法分步实现离散的傅里叶变换，这种计算法所需的计算次数大为减少，例如当 $N=2^r$ 时，则快速算法只需要进行 $1/2Nr=1/2N\log_2 N$ 次复数的乘法和加法即可完成DFT运算，即分为 r 次迭代，每次进行 N 复数相乘。快速算法和直接DFT运算相比较，运算量的减少大约为

$$\frac{N^2}{Nr/2}=\frac{2N}{\log_2 N}=\frac{2N}{r} \tag{4-13}$$

例如，当 $N=1024=2^{10}$ 时，$2N/r\geqslant 200$，这是一个非常可观的数字。因此FFT的出现和实现使雷达信号的实时处理变成了现实，它不仅提高了信号分析和处理的速度，扩大了信号分析和处理的应用范围，而且还起着沟通时域分析(或处理)与频域分析(或处理)的桥梁作用。可以说，FFT对数字信号处理的发展起着变革性的作用。

关于FFT的原理和方法这里不再介绍，请参阅有关数字信号处理的参考书。

(3) 近代模拟式——线性调频频谱变换

近年来，由于电荷耦合器件(CCD)和声表面波器件(SAW)的迅速发展，利用现代的模拟器件来实现窄带滤波器组的多普勒滤波已成为可能。这种变换的数学模型是利用线性调频信号来实现对任一输入信号的频谱分析，即完成对输入信号的傅里叶变换。

若输入信号为 $g(t)$，则其傅里叶变换为

$$G(\omega)=\int_{-\infty}^{+\infty} g(t)\mathrm{e}^{-\mathrm{j}\omega t}\mathrm{d}t$$

当信号只存在于有限区间时，实际的积分限也是有限。将上面的傅里叶变换式进行变量代换，令 $\omega=\mu\tau$，则

$$G(\mu\tau)=\int_{-\infty}^{+\infty} g(t)\mathrm{e}^{-\mathrm{j}\mu\tau t}\mathrm{d}t$$

由于

$$-\mu\tau t=\frac{1}{2}[\mu(\tau-t)^2-\mu\tau^2-\mu t^2] \tag{4-14a}$$

故得到的频谱函数为

$$\begin{aligned}G(\mu\tau)&=\int_{-\infty}^{\infty} g(t)\mathrm{e}^{\mathrm{j}\mu(\tau-t)^2/2}\mathrm{e}^{-\mathrm{j}\mu\tau^2/2}\mathrm{e}^{-\mathrm{j}\mu t^2/2}\mathrm{d}t=\mathrm{e}^{-\mathrm{j}\mu\tau^2/2}\int_{-\infty}^{+\infty} g(t)\mathrm{e}^{-\mathrm{j}\mu t^2/2}\mathrm{e}^{\mathrm{j}\mu(\tau-t)^2/2}\mathrm{d}t\\&=\mathrm{e}^{-\mathrm{j}\mu\tau^2/2}[g_k(t)\otimes \mathrm{e}^{\mathrm{j}\mu t^2/2}]\end{aligned} \tag{4-14b}$$

式中

$$g_k(t)=g(t)\mathrm{e}^{-\mathrm{j}\mu t^2/2}$$

上面的结果说明，要求一个信号的傅里叶变换，可通过以下途径得到：

① 将信号 $g(t)$ 与负斜率线性调频本振 $\mathrm{e}^{-\mathrm{j}\mu t^2/2}$ 相乘，得到一个新的信号 $g_k(t)$；

② 将 $g_k(t)$ 通过一个脉冲响应为正斜率的线性调频信号 $\mathrm{e}^{\mathrm{j}\mu t^2/2}$ 的滤波器，得到 $g_k(t)$ 与 $\mathrm{e}^{\mathrm{j}\mu t^2/2}$ 的卷积输出；

③ 滤波器输出还有剩余平方相位项，再与一个负斜率线性调频信号 $\mathrm{e}^{-\mu\tau^2/2}$ 相乘，将其消去(如果只要求得到频谱的振幅，则不必去消除剩余相位项)。

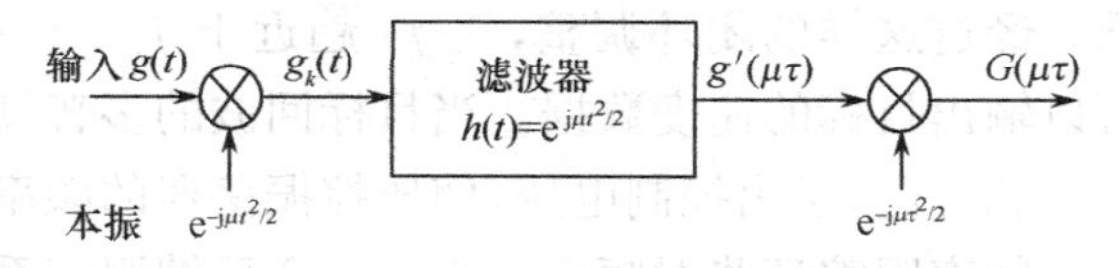

图4.31 线性调频信号频谱分析的原理图

用这个办法，在傅里叶变换过程中，多次借助于线性调频信号，故称之为线性调频(频谱)变换，如图4.31所示。

4.5 脉冲多普勒雷达的数据处理[11]、[19]

对雷达数据进行处理的目的是最大限度地提取雷达目标的坐标信息。经过处理后的数据可用于雷达的各个跟踪环路，以形成对目标的高精度实时跟踪。本节将讨论 PD 雷达的数据处理问题，主要涉及 PD 雷达的跟踪及测距和测速模糊的解算。

4.5.1 脉冲多普勒雷达的跟踪

PD 雷达具有两种跟踪体制，即单目标跟踪和多目标跟踪。前者采用类似常规跟踪系统的角度、距离和速度跟踪伺服回路，后者采用边扫描边跟踪的方法。

1. 单目标跟踪系统

(1) 角度跟踪系统

PD 雷达的单目标角度跟踪与常规雷达相同，可用顺序波束序列转换或单脉冲体制。

在 PD 雷达中实现单脉冲体制是很困难的，这是因为有匹配多路（一般是二路）接收通道问题。这些接收机的每一路都必须有复杂的杂波抑制滤波器，并且进行相位匹配才能正常跟踪。多极点的杂波滤波器具有很陡的相位——多普勒频率特性，因此匹配是相当困难的。

波束序列转换体制只需要一个杂波滤波器，因此可以避免多路匹配问题。虽然扫描体制会引起主瓣杂波的展宽，但是这种展宽通常是允许的，因为由此而产生的低频调幅边带落在主瓣杂波抑制滤波器之内。

近几年发展起来的合并通道技术为解决多路匹配问题提供了新的途径。合并通道技术是将由单脉冲天线接收的信号在高频端调制成具有某种波束序列转换形式的信号，然后再在视频端用信号处理的方法把三路信号分离出来。这种体制只需要一路接收通道，没有多路匹配问题，同时又保持了单脉冲体制的优越性。

(2) 速度（多普勒频率）跟踪系统

频率跟踪环路根据频率敏感元件的不同可以分为锁频式和锁相式两种。

锁频式跟踪环路用鉴频器作为敏感元件，其原理框图如图 4.32 所示。一般鉴频器的中心频率不是 0，而是调在 f_2，被跟踪信号的频率是 f_0+f_d。带通滤波器的通带由信号频率决定。在跟踪相参谱线时，带通滤波器和鉴频器的带宽对应一根频线的宽度。压控振荡器和鉴频器的电压频率特性曲线如图 4.33 所示。

跟踪环路一开始可以工作在搜索状态，在压控振荡器输入端加上一个周期变化的电压，使压控振荡器频率在预期的多普勒频率范围内变化。当搜索到目标时，目标回波频率 f_0+f_d 与压控振荡器频率 $f_0-f_2+f'_d$ 差拍后，得到频率为 $f'_2=f_2+f_d-f'_d$ 的差拍信号，该信号通过窄带滤波器后进入鉴频器。此时可用附加的截获电路控制环路断开搜索，转入跟踪状态。如果此时 $f'_d>f_d$，差拍后信号谱线的中心频率 $f'_2<f_2$。这时，鉴频器将输出正电压，使压控振荡器频率降低。经过这样的闭环调整，使 f'_d 趋近于 f_d。压控振荡器频偏 f'_d 经过频率输出电路的变换，就可以输出目标的速度数据。当目标回波的多普勒频率发生变化时，由鉴频器判断出频率变化的大小和方向，送出控制电压，使压控振荡器的频率产生相应的变化，从而实现自动频率跟踪。

频率跟踪环路对频率而言是一个反馈跟踪系统。其中混频器是一个比较环节；窄带滤波器可近似为增益为 K' 的放大环节；鉴频器是一个变换元件，它在线性工作范围的传递函数为

$$K''=\Delta u/\Delta f$$

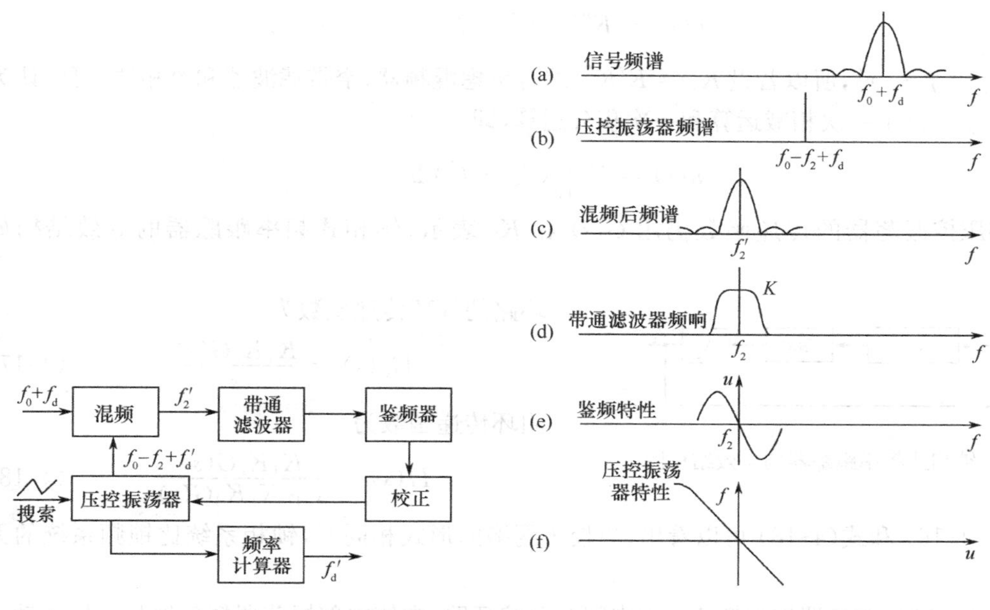

图 4.32　锁频式频率跟踪器的原理框图

图 4.33　压控振荡器和鉴频器的电压频率特性曲线的示意图

式中，K''是鉴频器的灵敏度（或称鉴频斜率），它的量纲是 V/Hz；校正网络的传递函数为 $G(s)$，由系统设计决定；压控振荡器也是放大环节，它的输入是经过校正网络的误差电压，输出是频率，K_2是压控振荡器的电压控制斜率，量纲是 Hz/V。若用 $K_1=K'K''$表示窄带滤波器与鉴频器的合成传递函数，则锁频式频率跟踪器的等效结构如图 4.34 所示。

环路的开环传递函数为

$$H_0(s)=K_1K_2G(s) \tag{4-15}$$

闭环传递函数为

$$H(s)=\frac{H_0(s)}{1+H_0(s)}=\frac{K_1K_2G(s)}{1+K_1K_2G(s)} \tag{4-16}$$

图 4.34　锁频式频率跟踪器的等效结构图

由式(4-16) 可以看出，若希望环路是一阶无静差系统，则校正网络 $G(s)$ 必须包含一个积分环节。

由图 4.32 锁相式频率跟踪器的原理框图。可以看出，除了将频率变化的敏感元件换成鉴相器外，其他部分与锁频式频率跟踪器基本相同。

鉴相器的输入信号是一个固定频率为 f_2 的基准信号，另一个是经混频和滤波后的被测信号。当两个信号频率不同时，鉴相器的输出是它们的差拍信号。两个输入信号频率相同时，鉴相器输出的是直流信号，直流电压的大小比例于两个输入信号的相位差。锁相式频率跟踪器的工作过程与锁频式频率跟踪器的工作过程很相似，因此不再重复。当f_d' 不等于 f_d 时，混频器输出差拍频率信号，它通过低通滤波器后对压控振荡器形成正弦调制。这样混频后的$f_2'(t)$ 也是正弦调频信号，它与基准信号f_2 鉴相后的输出就是上下不对称的非正弦信号，该信号中的直流分量会控制压控振荡器作相应的变化，结果使f_d' 逐渐趋近 f_d。在锁相理论中，这个过程叫做频率牵引。如果锁相环的捕捉带不够宽，则还需要附加搜索与捕获电路，帮助环路进入跟踪状态。锁相式频率跟踪回路在稳态时可以有相位误差，但没有频率误差。此时，鉴相器的输出信号是一个缓慢变化的直流电压。

当输入和输出信号的相位差很小时，锁相环等效于一个线性负反馈系统，其中，混频器仍等效为比较元件。窄带滤波器只让中心频率处的一根谱线通过，仍可以看作是放大环节，其传递函数是 K'。鉴相器的输出电压正比于两个输入信号的相位差，即

$$u(t) = K''\int_0^t (f'_2 - f_2)\mathrm{d}t$$

因为$f'_2 - f_2 = f_d - f'_d$，所以若设 $K_1 = K'K''$。综合考虑混频器、窄带滤波器和鉴相器，可以认为信号 f_d 和f'_d 进行了一次相减运算和一次积分运算，即

$$u(t) = K_1\int_0^t (f_d - f'_d)\mathrm{d}t$$

校正网络和压控振荡器的传递函数仍用 $G(s)$ 和 K_2 表示。锁相式频率跟踪器的等效结构如图 4.35 所示。

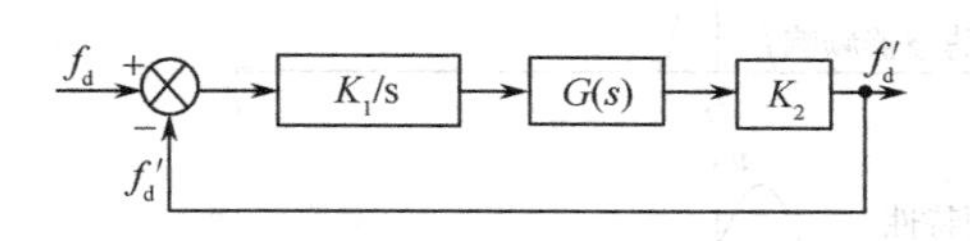

图 4.35 锁相式频率跟踪器的等效结构图

环路的开环传递函数为

$$H_0(s) = \frac{K_1K_2G(s)}{s} \tag{4-17}$$

闭环传递函数为

$$H(s) = \frac{K_1K_2G(s)}{s + K_1K_2G(s)} \tag{4-18}$$

比较式(4-16) 和式(4-18) 可以看出，当校正网络的形式相同时，锁相系统比锁频系统的无差度高一阶。

由于锁相系统用鉴相器作为敏感元件来闭合跟踪环路，它使内部振荡器精确地与目标运动产生相移同步。因为回波信号的相位相应于目标的径向距离，所以锁相系统实质上构成了一个距离跟踪系统。但是由于射频相位是高度模糊的，所以实际上很难把相位信息转换成真实的距离数据。

从以上讨论可以看出，由于锁相式频率跟踪器采用鉴相器作为敏感元件，相当于引入了一个积分环节，使锁相系统比锁频系统的无差度高一阶。因此，锁相系统是测量多普勒频率的优选装置，其理论上的稳态测速误差为 0。

首先，为了保证锁相系统处于跟踪状态，压控振荡器的相位总得基本同步地跟随信号相位变化，它们之间的误差不能超过信号周期的几分之一。因此，对雷达设备的稳定性提出了较高的要求。其次，要使目标机动引起的相位动态滞后不超过允许范围，锁相系统的通带应足够宽，但带宽的增大会使由噪声引起的跟踪误差增加。当系统的带宽一定时，锁相系统就存在最大可跟踪目标加速度的限制，而在锁频系统中就无此限制。

(3) 距离跟踪系统

距离跟踪系统的基本原理与常规脉冲雷达相同，但脉冲多普勒雷达的距离环路中还加入了速度选择，如图 4.36 所示。经过单边带滤波器和窄带多普勒滤波器以后，信号接近于连续波，失去了距离信息。因此距离门必须加到速度选择之前的宽带中放部分。这时，实现分裂门跟踪几乎需要完整的高增益双接收机通道，每个通道包括在前端的中频距离波门和单边带滤波器，而且只有在两路完全平衡时，距离误差信号才是正确的。由于两个完整的高增益接收通道的匹配相当困难，所以阻碍了分裂门的应用。

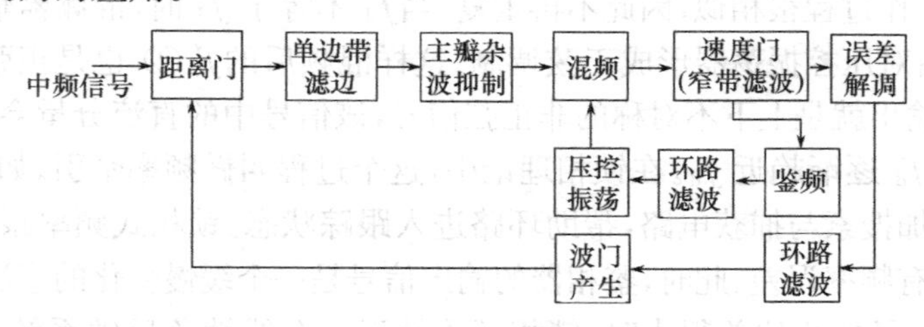

图 4.36 距离跟踪环路的原理框图

解决这个问题的一个方法是采用一个接收通道的跳动波门(时分早晚门) 跟踪。在这种跟踪

方案中，距离门用一个低频参考信号进行脉冲位置调制或跳动其脉冲宽度的一小部分。这种跳动调制了信号能量。结果在每一根目标回波信号谱线上都形成调幅边带。将窄带速度跟踪滤波器的包络检波输出进行相位检波，利用跳动的振荡器作参考信号，就可以得到一个误差信号。这个误差信号的极性取决于波门 —— 目标误差的方向，幅度取决于误差幅度（当误差较小时）。为了和角度跟踪回路的序列波束转换相适应，跳动频率和波束转换频率在谐波之间应是不相关的。由于波门跳动的频率一般远低于脉冲重复频率，而距离误差信号是用跳动频率做参考信号进行相位检波得到的，所以会增大距离误差信号提取的延迟时间。

另外，中频门也能采用单通道工作方式。例如中频换向门，它是用前、后波门控制中频信号的相位，使目标中频回波分别被前、后波门选通的部分的中频相位相反，然后再单通道解调。这样中频门要复杂些，而且速度测量必须分路进行。

跨过多个脉冲周期的跟踪可以用一个具有比一个脉冲周期长的时间基准的距离跟踪器实现。

2. 四维分辨跟踪系统[1]、[2]

单目标的速度跟踪和角跟踪与连续波系统相似，采用单通道的速度跟踪滤波器测速以及圆锥扫描或单脉冲系统测角。在脉冲多普勒雷达中实现单脉冲角跟踪是较困难的，这是因为单脉冲所需要的多路接收机（典型的是三路接收机），其增益和相位要求一致。由于在这些接收机通道中每一路都含有复杂的杂波抑制滤波器，它们的带宽很窄，通常是多极点的滤波器。由于这些多极点的杂波抑制滤波器具有很陡的相位频率特性，因此难以做到三路相位一致。如果采用圆锥扫描或顺序波瓣进行角跟踪则不存在多通道之间相位一致的问题，因而比较容易实现。

距离跟踪类似于典型脉冲雷达的距离跟踪，不同的是在典型的脉冲雷达中波门分裂是在视频部分完成的，因此距离跟踪系统的接收机可以不独立。而脉冲多普勒雷达由于单边带滤波器和距离门的存在，这时波门分裂必须在接收机的中频部分完成，被波门分裂的回波信号要进行单边带滤波、零多普勒滤波、主杂波跟踪滤波以及目标速度跟踪滤波等，因此为了实现距离跟踪，对于每一重复频率需要两个几乎完整的接收机通道，而且为了能通过脉间周期和在遮挡期间进行跟踪，还需要一些特别的措施，比典型脉冲雷达距离跟踪要复杂得多。脉冲多普勒雷达距离跟踪和角跟踪是以速度跟踪为前提的，角跟踪又是以距离跟踪为前提的，只有实现了速度跟踪和距离跟踪以后才能实现角跟踪。同时能实现速度跟踪、距离跟踪、角跟踪（方位和仰角都实现跟踪）的系统称为四维分辨系统，具有四维分辨能力的系统可以在时间、空间和速度上分辨各类目标的回波信号。

综合前述的距离、速度、两个角度（方位角和俯仰角）4 个跟踪回路，就构成具有四维分辨能力的跟踪系统，它的典型组成原理框图如图 4.37 所示。

在图 4.37 中，接收机采用三个输入通道（Σ，$\Delta\alpha$ 和 $\Delta\beta$），其输入信号由单脉冲天线形成，这些天线的输入信号由产生发射频率的同一频率合成器激励的本机振荡器并下变频至中频。距离跟踪器工作在 Σ 通道上，通过在中频上加一个分裂门到 Σ 通道上产生 Δ_r 信号，Σ 距离门加到两个角误差通道和 Σ 通道。接着将包括 Δ_r 的四个构成的通道的信号被下频变至第二中频，其中的窄带滤波器用于在脉冲串范围里的积累。这种滤波之后，Σ 通道信号进一步分成用做两个角误差检波器的参考相位输入，同时作为鉴频器的输入，鉴频器的输出经一低通滤波器（均衡器）控制 VCO，该 VCO 是下变频至第二中频的输入之一。距离误差检波器控制加到第一中频放大器的距离门，同时距离误差检波器分别输出至图中两个 AGC，角误差检波器控制天线的伺服系统。

角度上的分辨由角跟踪系统和波束宽度决定，跟踪伺服系统使天线对准目标。这样，只有在这个方向上处于波束宽度内的信号才能被接收到，进入各个通道。距离上的分辨由距离跟踪系统和距离门的宽度决定。距离门加在 4 个通道的宽带第一中放部分，使只有对应这个距离范围的目标才能进入各个通道。由于距离跟踪环路中也加入了速度选择 —— 窄带的第二中放，经过它只

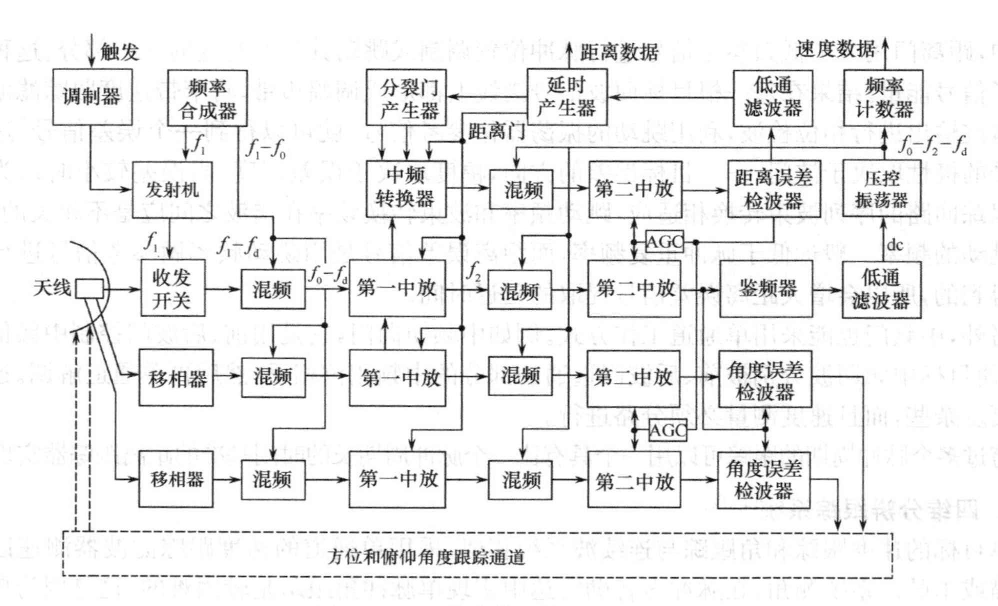

图 4.37　四维分辨系统的原理框图

滤出回波中心谱线，信号被大大展宽，趋向于连续波。因此，距离波门必须加到速度选择的宽带中放部分。经窄带滤波后的距离误差信号由相位检波器提取。

这个系统的特点是在 4 个通道中都加入了由速度跟踪回路控制的多普勒窄带滤波器，即第二中放，使得速度在给定范围内的目标才能进入各个通道。

四维分辨系统的主要优点是能在速度坐标即多普勒频率上分辨目标。甚至在短时间内两个目标出现在同样的角度和距离上，只要速度有一定的差别，就可以分开。举个例子来看：若一个导弹与助推器分离的径向速度是 $v_r = 1\text{m/s}$，脉冲宽度是 $1\mu\text{s}$，则从距离上分开这两个目标需要 150s。而当发射频率是 $f_t = 5\,600\text{MHz}$ 时，两个目标间的多普勒频率差为 $\Delta f_d = 2f_t v_r/c \approx 37\text{Hz}$。因此，如果系统所用的窄带滤波器的带宽小于 20Hz，则可立即将这两个目标分开。

四维分辨系统的另一个重要的特性是由于加了窄带滤波器，只能通过相应的一根回波谱线，从而滤除了噪声，所以可以提高信噪比。下面进行一些简要的推导，看看在这种系统中，经过距离选通和多普勒跟踪系统窄带滤波器过滤后，功率信噪比 $(S/N)_f$ 提高了多少。

以 S 表示接收机输入端信号脉冲功率，N 表示折合到接收机输入端的噪声功率（下面的功率都表示折合到输入端的值）。接收机中频带宽为 B，脉冲宽度为 τ，重复周期 $t_r = 1/f_r$，并设多普勒频率跟踪系统窄带滤波器带宽为 B_f。经过窄带滤波器后只滤出中心谱线，中心谱线功率为 $S(\tau/t_r)^2$。经过距离门选通后噪声功率为 $N\tau/t_r$，再经过窄带滤波器过滤后噪声功率为 $N\tau B_f/t_r B$。因此，经过多普勒跟踪系统窄带滤波后，输出端功率信噪比为

$$\left(\frac{S}{N}\right)_f = \frac{S(\tau/t_r)^2}{N\tau B_f/t_r B} = \frac{S}{N}\frac{f_r}{B_f}B\tau \tag{4-19}$$

式中，S/N 为单个脉冲输入的信噪比。

式(4-19) 也可以变换为与能量比 R 的关系。据定义

$$R = 2E/N_0 \tag{4-20}$$

式中，E 为信号能量，$E = S\tau$，N_0 为噪声功率谱密度，$N_0 = N/B$。所以

$$R = 2B\tau S/N \tag{4-21}$$

将式(4-21) 代入式(4-19)，可得

$$\left(\frac{S}{N}\right)_f = \frac{Rf_r}{2B_f} \tag{4-22}$$

能量比 R 也意味着是与单个脉冲匹配系统输出能达到的峰值信噪比。而重复频率 f_r 要比窄带滤波器通带 B_f 大很多倍，因此经过窄带滤波后功率信噪比大大提高。它的物理意义的频域解释是：窄带滤波器只选出了信号的中心谱线（只有脉冲串才能形成线状谱）。距离门选通作用降低了噪声功率密度；窄带滤波器又只让与信号中心谱线在同样频率范围的噪声通过，排除了其他频率范围的噪声。因此功率信噪比大大提高。时域解释是：距离门排除了波门以外的噪声；窄带滤波器相当于一个长时间常数的积累器，参加积累的脉冲数目为 $f_r/2B_f$ 个。由于积累作用，信号被叠加，噪声被平滑，因此信噪比得到提高。

四维分辨系统的上述优点决定了它具有很强的抗干扰能力。它是要求能在强杂波干扰环境下工作的雷达（如机载下视雷达）所必须采用的体制。

在典型的四维跟踪系统中，由于距离选通必须加在速度选通之前的宽带中频部分，比较靠近接收机的前端，所以距离选通时波门的跃变容易产生寄生假目标。

将距离跟踪置于速度选通之前是由于速度跟踪是在单谱线进行，使得在速度跟踪后无法提取距离信息。但是如果对相参脉冲串的所有谱线进行速度跟踪，则经过速度选通后仍是脉冲信号，这样距离跟踪就可以置于速度选通后的视频部分，从而避免波门选通时产生虚假目标。图 4.38就是一种采用这种方案的四维跟踪/搜索雷达的目标检测系统原理框图。

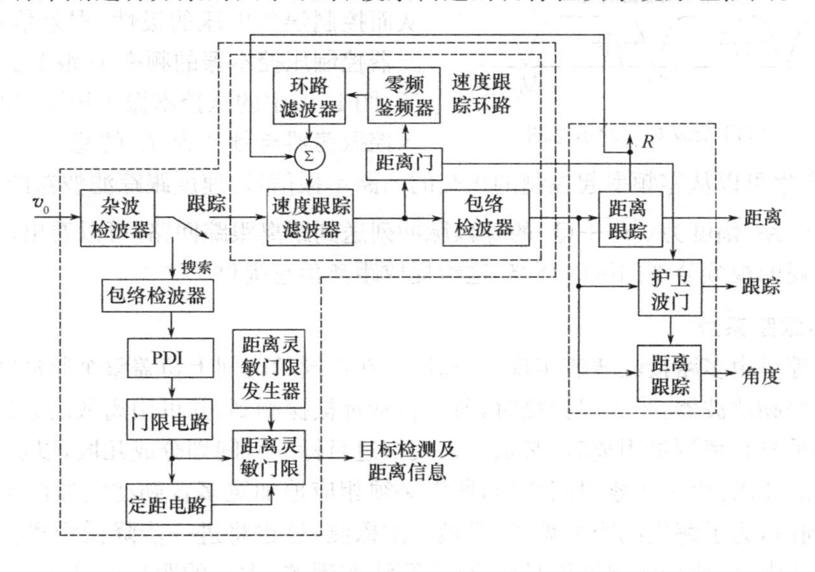

图 4.38　四维跟踪/搜索雷达的目标检测系统原理框图

该系统的速度跟踪环路采用零中频处理的梳状跟踪滤波器方案。有关速度跟踪和距离跟踪部分的原理框图如图 4.39 所示。速度跟踪滤波器形成零中频梳状跟踪滤波器，它扫过由杂波对消器的通带决定的模糊多普勒频率窗口，如图 4.39 所示。

为了克服盲相和测定目标速度的方向，从 MTI 杂波对消到零频鉴频器采用了正交双通道处理。速度跟踪滤波器由视频混频器和延迟线周期滤波器构成。视频混频器的输入信号是经 MTI 杂波对消后的双极性脉冲信号，它的包络被多普勒频率 f_d 调幅。视频正交检波器的另一输入是压控本振输出的两路正交的正、余弦信号，其振荡频率为 f_1。当 f_1 等于 f_d 时，视频检波器的输出为等幅脉冲列；当 f_1 不等于 f_d 时，输出为 $|f_d-f_1|$ 频率调幅的双极性脉冲信号。延迟线周期滤波器是一个频率固定的梳状滤波器，它的通带频率固定在 $0, f_r, 2f_r\cdots\cdots$ 上。只有当 $|f_d-f_1|$ 落在梳状滤波器的通带之内，信号才能通过。否则，若 f_1 与 f_d 相差较大，则差频落入梳状滤波器的止带，即被抑制。速度跟踪滤波器输出的脉冲信号经距离门选通送到零频鉴频器。距离门的作用

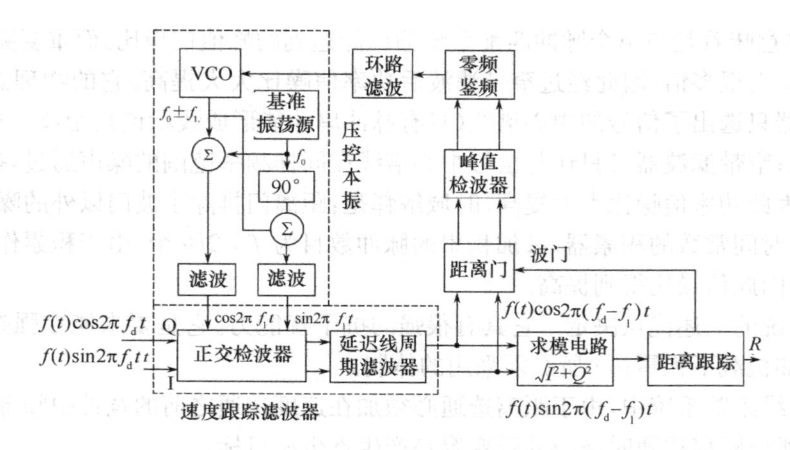

图 4.39　距离跟踪和速度跟踪环路的原理框图

是只允许特定距离的目标回波通过，并经过峰值检波器检出双极性脉冲的包络，以增强误差频率 $|f_d - f_1|$ 分量。零差拍鉴频器可以感知这一误差频率，输出与它成比例的误差信号，并由I、Q通道的超前和滞后关系自动判识 f_1 高于还是低于 f_d，从而控制误差电压的极性。误差信号通过环路滤波器控制压控本振的频率 f_1 跟随 f_d 变化，形成闭环。图4.40中的压控本振采用了中心频率为 f_0 的压控振荡器与频率为 f_0 的稳定参考振荡器混频的方案，用来产生可以从零频率起控制的正交的两路本振信号。速度跟踪滤波器的I、Q两路输出信号经过求模电路，幅度为 $\sqrt{I^2+Q^2}$ 的等幅脉冲列送到距离跟踪回路。可以看出，这时距离跟踪就可以采用常规的视频分裂门跟踪环路，这给提取距离信息提供了方便。

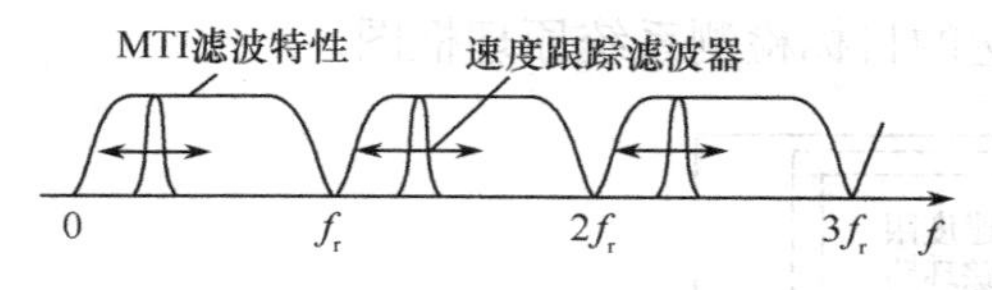

图 4.40　MTI 杂波对消的示意图

3. 多目标跟踪系统

多目标跟踪可由多路接收通道实现。距离波门在不同的时间上覆盖整个脉冲间隔，每一通道中都有一组多普勒滤波器。当天线扫描时，所有目标都被探测到，并可用离散的数据进行跟踪。当采用多重脉冲重复频率测量距离时，必须将天线扫过目标的时间划分成几段，以适应测距系统所需的多次观测的要求。由于积累时间变短，所以必须相应地加宽多普勒滤波器的带宽，这会使探测距离减短。同时，为了解决测距模糊，需要做几次探测，这也将进一步降低距离性能。在先进的脉冲多普勒雷达中，多普勒滤波器组是用 FFT 算法实现的，大量的距离门和多普勒滤波器组都是在信号处理机中形成的。

虽然多目标跟踪不是脉冲多普勒雷达所特有的工作体制，但是与单目标跟踪时的情况一样，由于 PD 雷达具有四维分辨能力，所以在很多场合，特别是在强杂波干扰环境下，它有着常规雷达所无法比拟的优良性能。

4.5.2　测距和测速模糊的解算

1. 测距和测速模糊的基本概念

为了提高检测性能，PD雷达常采用高 PRF 信号，以便在频率域获得足够宽的无杂波区。当脉冲重复频率很高时，对应一个发射脉冲产生的回波可能要经过几个周期以后才能被接收到，如图 4.41 所示。图中对应目标的真实距离是 R，而按照常规方法读出的目标距离是 R_a，产生的误差是

$$\Delta R = n(c/2f_r) \tag{4-23}$$

式中，n 是正整数，c 是光速。

上述这种由于目标回波的延迟时间可能大于脉冲重复周期，使收、发脉冲的对应关系发生混乱，同一距离读数可能对应几个目标真实距离的现象叫做测距模糊，距离读数 R_a 叫做模糊距离。

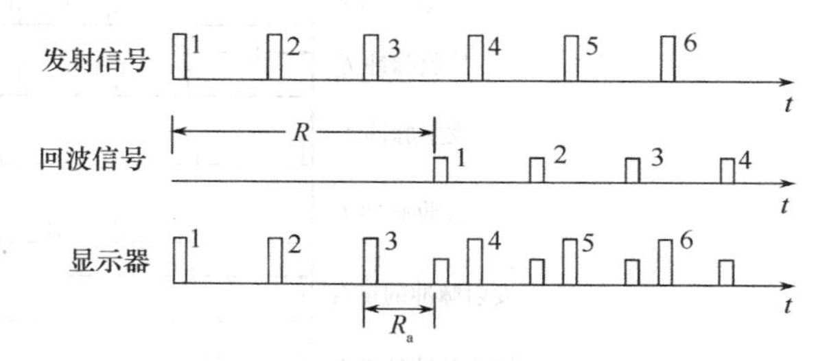

图 4.41　测距模糊的产生的示意图

高 PRF 信号并不是脉冲多普勒雷达所采用的唯一的一种信号。实际上，地面和舰载远程雷达采用的是低 PRF 信号，在这种情况下高 PRF 信号是不适宜的。而机载 PD 雷达为了获得上视、下视、全方位和全高度攻击多种功能，同一部雷达可能要采用高、中、低等几种不同 PRF 信号。当脉冲重复频率比较低时，目标回波的多普勒频移可能超过脉冲重复频率，使回波谱线与发射信号谱线的对应关系发生混乱，如图 4.42 所示。相差 nf_r 的目标多普勒频移会读做同样的多普勒频移，测量出的一个速度可能对应几种真实速度，这种现象叫做测速模糊，图 4.42 中的 v_a 称为模糊速度。

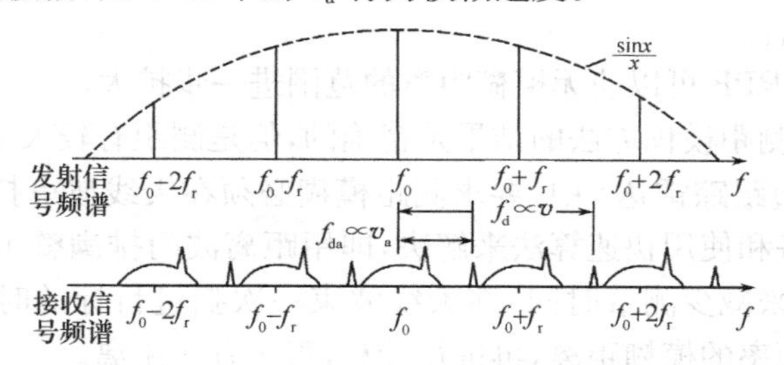

图 4.42　测速模糊的产生的示意图

采用高 PRF 时，雷达的最大探测距离远大于模糊距离，存在距离模糊；采用低 PRF 信号时会产生测速模糊；而使用中 PRF 信号有可能同时发生测距和测速模糊。一般来说，模糊问题是不可避免的，因此必须设法扩大测距和测速的不模糊范围。

脉冲多普勒雷达的最大不模糊距离和速度有以下限制，即

$$R_{\max}v_{\max} = \lambda c/8 \tag{4-24}$$

式中，λ 是雷达波长，c 是光速。式(4-24)表明，λ 越大，最大不模糊距离和速度的乘积就越大。但选用较长的波长会使雷达设备的体积增大，这在机载雷达中更是不现实的。

目前，扩大测距和测速不模糊范围的基本方法是对发射信号进行某种形式的调制，在接收到信号进行解调时，通过运算消除模糊。常用的调制方式有以下几种：连续或分挡地改变脉冲重复频率；对射频载波进行线性或正弦调频；某种形式的脉冲调制，如脉冲宽度调制、脉冲位置调制和脉冲幅度调制等。

2. 测距模糊的解算

(1) 多重脉冲重复频率测距法

多重脉冲重复频率测距法是利用几种不同的脉冲重复频率信号测距。该方法首先顺序用各个重复频率测出对应的模糊距离，再将这些测量值加以比较或计算处理，得到无模糊的真实距离。

我们首先来看两个脉冲重复频率的情况。

假设雷达交替地以重复频率 f_{r_1} 和 f_{r_2} 工作。通过记忆比较装置，把两次的发射脉冲 f_{r_1} 与发射脉冲 f_{r_2} 重合，接收脉冲 f_{r_1} 与接收脉冲 f_{r_2} 重合，如图 4.43 所示。

采用双重 PRF 所能达到的最大无模糊距离 $R_{u,\max}$ 由 f_{r_1} 和 f_{r_2} 最大公约频率 $1/t_u$ 决定。

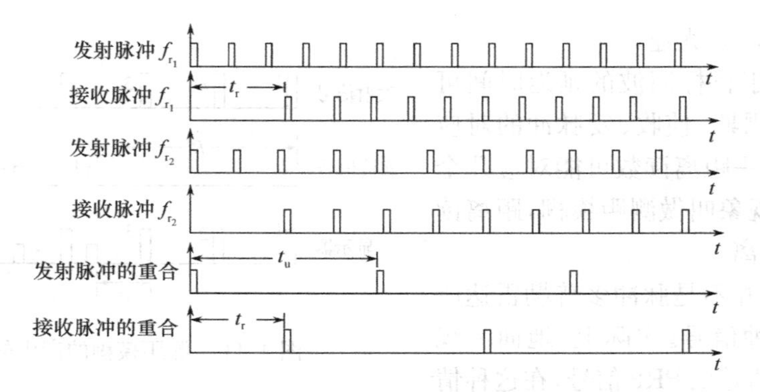

图 4.43　双重 PRF 测距原理的例图

$$R_{u,max} = ct_u/2 \tag{4-25}$$

例如，当 $f_{r_1} = 10\text{kHz}$，$f_{r_2} = 11\text{kHz}$ 时，最大公约频率为 $1/t_u = 1\text{kHz}$，因此最大无模糊距离 $R_{u,max} = ct_u/2 = 150\text{km}$。

在实际雷达中，由于多目标和杂波干扰的存在，不能把接收回波直接重合，而是用距离波门来代替接收脉冲进行重合。

采用三个或更多的 RPF 可以使无模糊距离的范围进一步扩大。

这种记忆重合消除测距模糊方法的结果是精确的，但是测距有较大的延迟。在要求快速消除模糊的系统（如边扫描边跟踪雷达）中，要求测距模糊必须在天线波束扫过目标的时间内分辨。这时，需要通过增加设备和使用快速算法来解决，即用距离波门排满整个重复周期，每个距离门后采用并行的接收通道来减少测量时间。在天线波束一次扫过目标的时间内，几次变换重复频率，然后测定相应重复频率的模糊距离，再进行计算，得出真实距离。

假设在重复周期 T_1 中排满 m_1 个波门，在重复周期 T_2 中排满 m_2 个波门，且 $m_1 > m_2$，距离分辨单元与距离门宽度相同，都是 T_G。在 T_1 和 T_2 的最小公倍周期内，两种重复频率下测量到的同一目标的回波只能重合一次。如果目标回波重合时，目标用重复频率 f_{r_1} 测出的模糊距离为 A_1，同一目标用重复频率 f_{r_2} 测得的模糊距离为 A_2（这里 A_1 和 A_2 都归一化为一个距离分辨单元量程，所以它们都是正整数），那么测距模糊的解算问题就是如何根据 A_1 和 A_2 来计算目标的真实距离。由图 4.43 可以看出，目标的真实距离满足以下关系：

$$R = (N_1 m_1 + A_1) cT_G/2 \text{ 和 } R = (N_2 m_2 + A_2) cT_G/2 \tag{4-26}$$

式中，$cT_G/2$ 是一个常数因子，它不影响算法的讨论，因此可以忽略。这时得到的距离是距离分辨单元归一化后的数值。为了有别于 R，我们记之为 x。

用数学语言表述上述解模糊问题就是：已知 A_1 和 A_2，求解以下的同余式组：

$$x \equiv A_1 (\text{mod } m_1) \text{ 和 } x \equiv A_2 (\text{mod } m_2) \tag{4-27}$$

根据同余定理（即孙子定理），当 m_1 和 m_2 互为素数时，满足式(4-27) 的解为

$$x \equiv M_1' m_2 A_1 + M_2' m_1 A_2 (\text{mod } m_1 m_2) \tag{4-28}$$

式(4-28) 中的常数 M_1' 和 M_2' 由下式决定：

$$M_1' m_2 = 1(\text{mod } m_1) \text{ 和 } M_2' m_1 = 1(\text{mod } m_2) \tag{4-29}$$

式中，M_1' 是一个最小正整数，它被 m_2 乘后对 m_1 的剩余为 1，M_2' 的意义与 M_1' 相同。此时，目标的真实距离为

$$R = cT_G x/2 \tag{4-30}$$

当系统的两种重复频率的比值 $m_1 : m_2$ 确定以后，常数 M_1' 和 M_2' 即可确定。按照式(4-28) 和式(4-30) 就可以迅速计算出真实距离，消除测距模糊。

当 m_1 和 m_2 互为素数时，双重 PRF 测距系统的最大无模糊距离可扩大为

$$R_{u,max} = cT_G m_1 m_2/2 \tag{4-31}$$

对于一般的 k 重 PRF 测距系统，在重复周期 $T_1, T_2, \cdots, T_k$ 中分别排满 $m_1, m_2, \cdots, m_k$ 个波门，且它们的波门宽度均为 T_G。不失一般性，可设 $m_1 > m_2 > \cdots > m_k$。如果测量到对应 k 种 PRF 的模糊距离分别为 $A_1, A_2, \cdots, A_k (A_i < m_i)$，则真实的归一化距离满足同余式组

$$x \equiv A_1 (\text{mod } m_1), x \equiv A_2 (\text{mod } m_2), \cdots, x \equiv A_k (\text{mod } m_k) \tag{4-32}$$

如果 $k \geqslant 2$，而且 $m_1, m_2, \cdots, m_k$ 是两两互素的，即 $(m_i, m_j) = 1, i \neq j$，令

$$M = m_1 m_2 \cdots m_k = M_1 m_1 = M_2 m_2 = \cdots = M_k m_k$$

则式(4-28) 的正整数解是

$$x \equiv A_1 M_1' M_1 + A_2 M_2' M_2 + \cdots + A_k M_k' M_k (\text{mod } M) \tag{4-33}$$

这里，M_i' 是同余式

$$M_i' M_i \equiv 1 (\text{mod } m_i) \tag{4-34}$$

的最小正整数解，$i = 1, 2, \cdots, k$。

系统的最大无模糊距离为

$$R_{u,max} = cT_G m_1 m_2 \cdots m_k/2 \tag{4-35}$$

为了增大无模糊测距范围，通常总是选择 $m_1, m_2, \cdots, m_k$ 为最相近的一些互素的数值。

脉冲重复频率的选择应使其最大公约频率对应所需要的最大无模糊距离，而脉冲宽度的选择应使在一个无模糊周期内相邻两个脉冲重复频率的脉冲除一个以外，前后脉冲均不会出现虚假重合，如图 4.43 所示。如果发射脉冲的重合频率为 f_c，则可按下式选择脉冲重复频率：

$$f_c = f_{r_1}/M_1 = f_{r_2}/M_2 = \cdots = f_{r_k}/M_k \tag{4-36}$$

脉冲宽度应满足

$$\tau \leqslant (1/m_1 m_2 \cdots m_k f_c) \tag{4-37}$$

实际中应用得最多的是双重和三重 PRF 测距系统。在进一步讨论双重和三重 PRF 测距系统在实际应用中的一些问题之前，我们先来分析一下选择参数 m_1 时应该考虑的几个因素。因为 m_1 个波门覆盖了重复周期 T_1 间隔，除去发射脉冲，还得需要 $m_1 - 1$ 个并行接收通道，从减少设备和缩短捕获时间考虑，应选用较小的 m_1。另一方面，m_1 较大时最大无模糊距离大，而且当重复频率变化时，平均功率变化小。再者，为了提高距离分辨力，波门宽度 T_G 必须很小。这也要求 m_1 大。此外，m_1 的大小还会影响到发射脉冲对回波的遮挡概率，有关这方面的问题，我们将举例说明。在实际系统中确定 m_1 时，应综合考虑以上各因素。例如，三重 PRF 测距系统的 m_1 通常在 8～50 范围内选择。

下面，用实例说明双重和三重 PRF 测距系统消除测距模糊的过程及它们的适用场合。

首先考虑双重 PRF 测距系统。我们设计一个中 PRF 雷达，要求该系统有 150km 的无模糊距离，即相当于 $f_r = 1\text{kHz}$。中 PRF 雷达的典型数值是 10kHz 左右。若设 $f_{r_1} = 10\text{kHz}$，则可得

$$m_2 = f_{r_1}/f_r = 10$$

选择 $m_1 = m_2 + 1 = 11$ 时，最大发射脉冲宽度为

$$\tau \leqslant \frac{1}{11 \times 10 \times 10^3} = 9.1 \times 10^{-6} (\text{s}) = 9.1 (\mu\text{s})$$

这时，系统的最大分辨误差可达 1365m。有这样大的分辨误差的雷达是没有实用价值的。

如果把 m_2 增大到 100，$m_1 = 1 + m_2 = 101$，那么对应的 f_r 就是 100Hz，最大无模糊距离可增大为 1500km。这时的最大发射脉冲宽度为

$$\tau \leqslant \frac{1}{101 \times 100 \times 10^2} = 0.99 \times 10^{-6} \text{s} = 0.99 (\mu\text{s})$$

这样的脉冲宽度是实际系统使用的一个典型数值。由式(4-26)可算出

$$1 \equiv M_1' m_2 \equiv 100M_1' \equiv M_1' \pmod{101}$$

因此
$$M_1' = 100;1 \equiv M_2' m_1 \equiv 101M_2' \pmod{100}$$

因而 $M_2' = 1$。如果 $A_1 = 40, A_2 = 47$,则

$$x \equiv 101 \times 47 + 40 \times 10000 \pmod{10100} \equiv 404747 \pmod{10100} = 747(\text{余数})$$

实际距离为

$$R = \frac{1}{2} c x T_{\rm G} = \frac{1}{2} \times 3 \times 10^5 \times 0.99 \times 10^{-6} \times 747 = 119.295(\text{km})$$

如果我们要求最大无模糊距离仍为150km,而将脉冲重复频率 $f_{\rm r_1}$ 提高到100kHz,那么

$$m_2 = f_{\rm r_1}/f_{\rm r} = 100, \quad m_1 = 1 + m_2 = 101$$

这时的最大发射脉冲宽度为

$$\tau \leqslant \frac{1}{101 \times 100 \times 10^3} = 0.099 \times 10^{-6}(\text{s}) = 0.099(\mu\text{s})$$

像这样窄的发射脉冲,需要相当高的峰值功率才能达到一定的平均功率,这在实际上是行不通的。因此,双重PRF方法只适用于中PRF的测距系统,尤其是远距离用雷达。

高PRF雷达可采用三重或多重PRF测距系统。例如,在前述系统中采用三重脉冲重复频率测距。如果我们选定 $m_1 : m_2 : m_3 = 11 : 10 : 9$,则最大发射脉冲宽度

$$\tau \leqslant \frac{1}{9 \times 10 \times 11 \times 10^3} = 1.01 \times 10^{-6}(\text{s}) = 1.01(\mu\text{s})$$

三重脉冲重复频率分别为

$$f_{\rm r_1} = f_{\rm c} m_2 m_3 = 90\text{kHz}$$

$$f_{\rm r_2} = f_{\rm c} m_1 m_3 = 99\text{kHz}$$

$$f_{\rm r_3} = f_{\rm c} m_1 m_2 = 110\text{kHz}$$

可算出 $M_1' = 6, M_2' = 9, M_3' = 5$。若测得 $A_1 = 10, A_2 = 9, A_3 = 8$,则

$$\begin{aligned} x &\equiv 10 \times 6 \times 9 \times 10 + 9 \times 9 \times 11 \times 10 + 8 \times 5 \times 11 \times 10 \pmod{990} \\ &\equiv 17819 \pmod{990} \equiv 989(\text{余数}) \end{aligned}$$

目标真实距离为

$$R = \frac{1}{2} c x T_{\rm G} = \frac{1}{2} \times 3 \times 10^5 \times 1.01 \times 10^{-6} \times 989 = 149.843(\text{km})$$

(2) 连续改变脉冲重复频率测距法

这种方法的原理是,发现目标后立即调整PRF,并使目标回波始终位于相邻两个发射脉冲的中间,也就是保持目标回波的延时与脉冲重复周期为 $(n+1/2)$ 倍的关系。即目标距离为

$$R(t) = \frac{1}{2} c \left(n + \frac{1}{2}\right) T_{\rm r}(t) \tag{4-38}$$

式中,n 是正整数,$T_{\rm r}(t)$ 为脉冲重复周期,是随时间变化的。将重复频率 $f_{\rm r}(t) = 1/T_{\rm r}(t)$ 代入式(4-38),得

$$R(t) f_{\rm r}(t) = \frac{1}{2} c \left(n + \frac{1}{2}\right)$$

上式对时间求导数,得

$$R'(t) f_{\rm r}(t) + R(t) f_{\rm r}'(t) = 0$$

由上式可解出

$$R(t)=\frac{R'(t)f_{\rm r}(t)}{f'_{\rm r}(t)} \tag{4-39}$$

因此，在满足前述把目标回波保持在每个脉冲周期的中点的前提下，测出距离波门的移动速度 $R'(t)$、PRF 的瞬时值 $f_{\rm r}(t)$ 和 PRF 的变化率 $f'_{\rm r}(t)$，根据式(4-39)就可以计算出目标的无模糊距离。

如果需要在较大的范围内跟踪目标，必须防止脉冲重复频率变化太大。一个合适的方法是限制 PRF 的变化不超过 2∶1。当达到上下极限时，PRF 相应地减半或加倍。这时目标回波差不多仍处在脉冲周期的中点，因而能够连续跟踪。

连续改变 PRF 测距法只能用于单个目标跟踪。这个方法的优点是目标回波永远不会被发射脉冲遮挡，脉冲的占空系数可以取得很大。其缺点是测距精度低，因为导数的测量误差较大。另外，由于 PRF 连续可变，它的高次谐波会进入中频通带，形成多普勒频带内的虚假信号。因此，在 PD 雷达中很少采用这种方法。

(3) 射频调频测距法

射频调频测距法是对发射载频进行线性(或正弦)调制测距的方法，最早用于连续波雷达。将这种方法用于脉冲多普勒雷达时，只是把连续变化的载频变成脉冲变化的。载频调制周期对应于最大无模糊距离，为了消除测距模糊，它应该远大于脉冲重复周期。

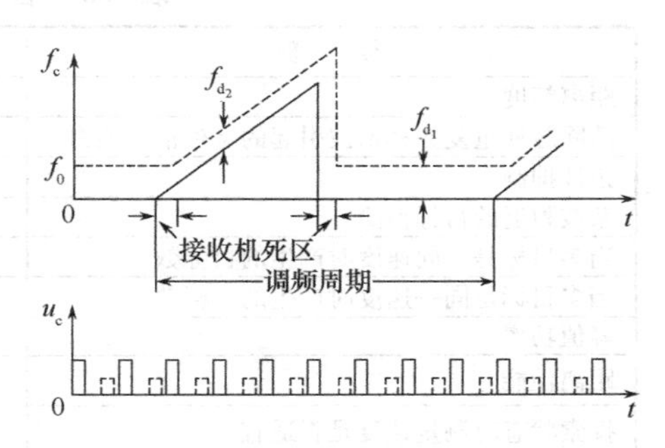

图 4.44　线性调频测距原理的示意图

线性调频测距原理如下所述：

雷达发射的高重复频率脉冲串的载频分为两部分，一部分载频不变，另一部分载频随时间线性增长，频率变化率是 $k_{\rm FM}$，如图 4.44 所示。

非调频部分的信号用于测量目标回波的多普勒频移 $f_{\rm d}$。当雷达工作于线性调频状态时，目标回波除了多普勒频移外，还有一个与距离成正比的频移 $\Delta f(=f_{d_2}-f_{d_1})$。目标回波的真实延时为 $\Delta f/k_{\rm FM}$，所以可以求出目标的真实距离为

$$R=c\Delta f/2k_{\rm FM} \tag{4-40}$$

这种测距方法适用于单目标跟踪。如果在同一天线波束和同一距离通道内有多个目标，两种状态下的脉冲串的各多普勒频率不可能与各个目标配成对。因此，在多目标环境下，需要增加大量的距离门，以防止混乱。

线性调频测距系统的测量精度主要取决于频率变化率和多普勒滤波器组的分辨力。由于线性变化的载频会使地面杂波频谱展宽，而且较大的频偏会增加设备的复杂性，因此 $k_{\rm FM}$ 不能取得过大。多普勒滤波器组的带宽也不能做得很窄，由此会引起频率测量误差。最大的频率测量误差可达到子滤波器带宽的一半。由于以上原因，实际的线性调频测距系统的精度都比较低。

线性调频测距方法比较简单，而且获得数据迅速，因此适用于对目标测距精度要求不高的边扫描边跟踪雷达。

(4) 脉冲调制测距法

脉冲调制测距法是通过改变发射脉冲的波形参数(幅度、宽度和位置)，对接收到的回波信号加以识别和计算处理来消除测距模糊的方法。以脉冲位置调制为例，如果发射几个周期后舍去一个周期不发射(或将此周期的发射脉冲移位 —— 提前或滞后一段时间发射)，然后测量从舍去发射到第一次距离门中没有回波所经过的周期的数目 n，则目标无模糊距离是

$$R=(nT_r+t_a)/2 \tag{4-41}$$

式中，T_r 是脉冲重复周期；t_a 是目标模糊距离所对应的回波延时，其测距原理如图 4.45 所示。

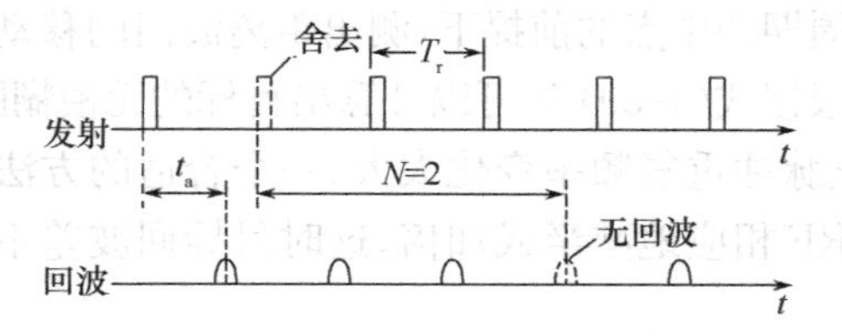

图 4.45　脉冲位置调制测距原理的示意图

脉冲位置调制会改变信号的频谱结构，从而影响测速性能。而且这种方法不能解决遮挡问题，因此实际上也很少被采用。脉冲宽度调制和脉冲幅度调制也有类似的问题。脉冲宽度调制和脉冲位置调制的误差可能较大，因为遮挡和跨接使接收调制被对消，而脉冲幅度调制在发射机和接收机的硬件中都难以实现。因此脉冲调制的实用价值不大。

(5) 各种测距方法的性能比较

各种测距方法的性能比较见表 4.8。

表 4.8　各种测距方法的性能比较

参　　数	多重 PRF	连续可变 PRF	线性载波调频	正弦载波调频
距离精度	优	差	差	一般
消除脉冲重复频率谐波引起的寄生信号能力	优	很差	优	优
杂波抑制	优	好	好	好
杂波附近的目标检测	优	好	差	好
当多目标是不同速度时产生的目标数	无	无	少	无
当多目标是同一速度时产生的目标数	多	少	少	少
峰值功率	高	低	低	低
距离性能	好	优	好	优
搜索状态时测量速度是否适宜	是	否	是	否
通过遮挡的跟踪	优	优	差	差
跟踪时需要的距离波门接收机数目	≥1	≥1	…	≥1
搜索时需要的距离波门接收机数目	多	…	≥1	…
辅助设备数量	一些	多	少	少

各种调制中没有一种总是最好的，最好的选择取决于应用场合及其限制。一般来说，在要求距离数据精确的场合采用多重 PRF 测距系统，在强调简单的场合就采用调频系统，而连续脉冲重复频率方式由于严重的寄生信号问题看来是完全不实用的。

3. 测速模糊的解算

多重 PRF 信号也可以用来消除测速模糊。这时，利用多普勒滤波器组在每个重复频率下测出模糊速度，再根据余数定理，用与式(4-33)类似的公式，可推导出目标的真实相对速度。

在某些情况下，多重 PRF 法的应用受到限制。比如，用固定点的 FFT 做多普勒滤波器组时，对应于不同的脉冲重复频率，FFT 的点数是不变的，因而子滤波器的带宽不同。这相当于多普勒频率的分辨单元不同，因此余数算法就不适用了。

另一种常用的方法是利用距离跟踪的粗略微分数据来消除测速模糊。设模糊多普勒频移 f_{da} 与真实目标的多普勒频移 f_d 相差 Kf_r，因此无模糊多普勒频率是

$$f_d=Kf_r+f_{da} \tag{4-42}$$

式中的 K 可以用由距离跟踪回路测得的距离微分后对应的多普勒频率 f_{dr} 和模糊速度 f_{da} 算出

$$K=\mathrm{int}[(f_{dr}-f_{da}/f_r)] \tag{4-43}$$

式中，int[·]是取整运算。对应目标的无模糊相对速度为

$$v=\lambda f_d/2 \tag{4-44}$$

通常，由距离跟踪系统得到的 f_{dr} 的误差比较大，但只要 f_{dr} 与真实的无模糊多普勒频移 f_d 的误差

小于 $f_r/2$ 就可以得到正确的结果。对式(4-43)进行一些修正，可以提高算法的可靠性和计算精度。

4.6 脉冲多普勒雷达的距离性能[1]、[2]

我们知道，一般雷达在未考虑积累和大气衰减时的作用距离方程为

$$R_0^4=\frac{P_tG^2\lambda^2\sigma}{(4\pi)^3kT_0BN_FL} \tag{4-45}$$

式中，P_t 为脉冲发射功率；G 为天线增益；λ 为雷达工作波长；σ 为目标的雷达横截面积；k 为玻耳兹曼常数；T_0 为环境热力学温度，常温一般选 290K；B 为检波前接收系统的噪声带宽；N_F 为系统噪声系数；L 为传播与系统损失因子；R_0 为信噪比为 1 的雷达作用距离。

在 PD 雷达中，对信号的处理是依据动目标回波的多普勒效应，在频域实现了回波谱的谱线分离。被接收的回波信号经过接收机前端的变频、放大后，还要经过距离门选通、单边带滤波器、主瓣杂波抑制、多普勒窄带滤波等处理。这些处理对信号、杂波和噪声在检测前的功率都产生了影响。因此必须对一般的雷达作用距离方程加以修正，才能在 PD 雷达中应用。本节首先研究影响 PD 雷达距离性能的主要因素，进而讨论 PD 雷达的距离方程，并对 PD 雷达与常规脉冲雷达的距离性能作比较。

4.6.1 影响 PD 雷达距离方程的主要因素

1. 发射脉冲遮挡效应

在 PD 雷达中一般采用较高的脉冲重复频率，当采用高或中脉冲重复频率时，测距都会产生模糊，也就是目标回波延时可能超过一个脉冲重复周期。这样在回波由一个重复周期移动到相邻的一个重复周期时，就会发生发射脉冲对回波的“遮挡”现象。由于发射脉冲期间关闭了接收机，因此遮挡住的回波部分不能被接收，降低了回波有效宽度，如图 4.46 所示。可接收的回波宽度由 τ 降低为 τ_s，回波的有效功率减少，因而减小了雷达作用距离。当回波全部被发射脉冲挡住时，影响最严重，使作用距离降为 0—— 称为盲距。

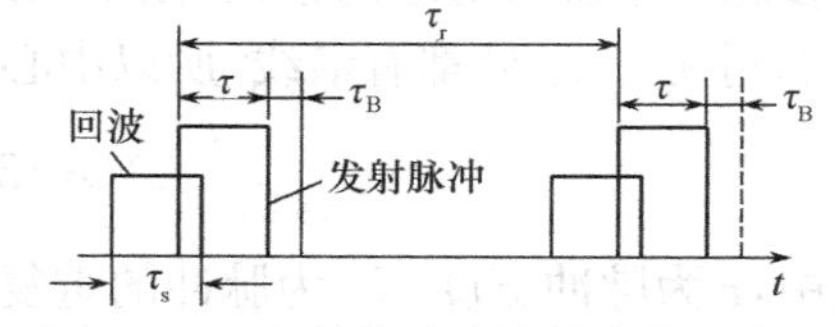

图 4.46 发射脉冲遮挡效应的示意图

若考虑了收/发开关的恢复时间和接收机闭塞脉冲的作用，则在图中发射脉冲结束后的时间间隔内也会发生遮挡作用。

如 τ_s 为已知值，则可直接代替脉冲宽度 τ 代入距离方程来计算遮挡的影响。但通常回波的位置不确定，因此遮挡的影响可以用概率平均的方法研究。一般重复频率越高，发射脉冲越宽，遮挡的平均影响越严重。

2. 跨越效应

PD 雷达在探测应用时，距离门并不跟随着回波移动，而是采用一组时间上连续的互不交叠的距离门覆盖整个重复周期。这样就可能产生下面的情况：回波脉冲不是完全进入一个距离门，而是跨接在两个相邻的距离门中间 —— 产生了跨越，如图 4.47 所示。

图 4.47 中波门宽度为 T_G，回波与第一个被跨越的波门重合的宽度是 T_{s1}；与第二个被跨越的波门重合的宽度是 T_{s2}。很明显，在一个波门内脉冲的能量损失了。因而跨越效应的影响也是减少了雷达作用距离。

跨越一般与遮挡一起用统计平均的方法研究。若采用比回波更宽的距离门，可以降低跨越发生的概率。但带来的问题是经距离门选通后有更多的噪声将进入多普勒滤波器，另外测距精度与

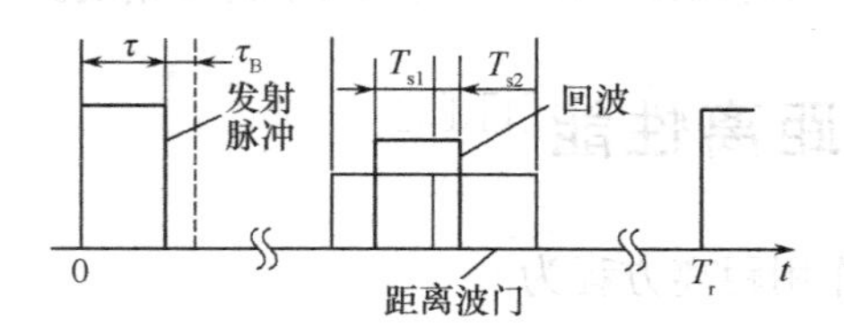

图 4.47　跨越效应的示意图

分辨力也降低了。如果用交叠门去代替连续门，也可以降低跨越损失。但由于信号处理器的路数增多，增加了设备的复杂性和成本。

3. 频域处理和带宽的影响

遮挡和跨越的影响都发生在时域，并假定雷达发射矩形脉冲，而且是在距离门以前接收机的通带足够宽的条件下进行分析的，即忽略了距离门以前的波形失真。距离门选通后，回波经过单边带滤波器，它的带宽等于脉冲重复频率，因此信号通过它之后只滤出了一条谱线(一般取中心谱线)，使得提供检测的回波功率大大降低(杂波与噪声的功率由于带宽的限制也随之降低)。

回波经过主瓣杂波抑制滤波器，在机载 PD 雷达的下视工作情况，主瓣照射引起的地杂波是极强的。从最佳接收的角度看，此滤波器可近似为白化滤波器。但在主瓣杂波被滤除的同时，那些多普勒频移正好落在主瓣杂波频率上的动目标回波谱也被滤除了。这就是频域中的遮挡现象。

经主瓣杂波抑制后，回波进入多普勒滤波器组。每个子滤波器的带宽大于或等于回波谱线宽度，当目标多普勒频移不是正好对准一个子滤波器的中心时，将产生一些损失。如果滤波器的响应、信号频率和频谱的形状是已知的，损失可以算出。但与回波对距离波门的跨越不同，用 FFT 算法构成多普勒滤波器组时，相邻子滤波器的通带是互相交叠的，因此回波谱线跨越子滤波器引起的损失比起回波对距离门跨越引起的损失要小得多。

下面我们考虑一下单边带滤波器对信号功率的影响，并做初步估算。

单边带滤波器的输入是回波相参脉冲串，输出是其中心谱线对应的连续波。图 4.48 画出了相参脉冲串及其对应的频谱。图中，脉冲峰值电压为 U，则单位电阻上的脉冲功率为 $P=U^2/2$。考虑到在 $\pm f_c$ 处都有谱线，所以中心谱线的功率为

$$2(U\tau/2T_r)^2=\frac{1}{2}U^2(\tau/T_r)^2=Pd^2 \tag{4-46}$$

式中，τ 为脉冲宽度，T_r 为脉冲的重复周期，$d=\tau/T_r$ 为脉冲占空系数。即经过单边带滤波器后，信号的功率降低了，取出的中心谱线功率为原输入脉冲功率的 d^2 倍，$d<1$。

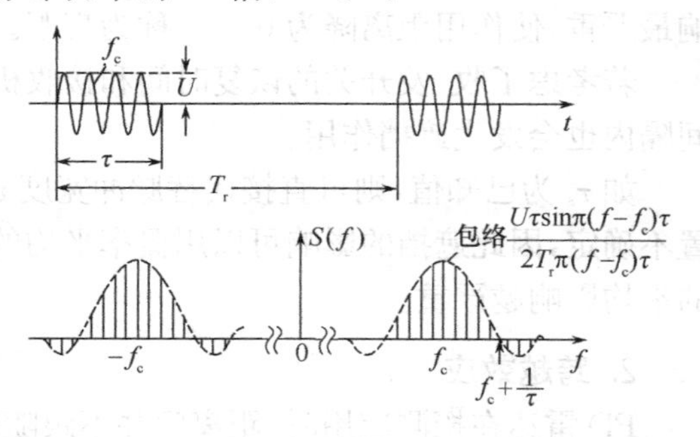

图 4.48　相参脉冲串及其频谱的示意图

由于发射脉冲遮挡和回波跨越距离波门的影响，使回波的有效宽度降低为 τ_s。因而综合考虑上面三种因素的影响，使 PD 雷达检测回波信号功率折合到输入端的功率值比常规雷达的功率值降低，降低的因子是

$$(\tau_s/T_r)^2=d_s^2, \Delta d_s<1 \tag{4-47}$$

式中，$d_s=\tau_s/T_r$ 为考虑了遮挡和距离门选通后的回波信号占空系数。

另外，伴随回波的噪声功率也会受到 PD 雷达信号处理方式的影响，在常规雷达中折合到输入端的噪声功率为 kT_0BN_F，在 PD 雷达中经过距离波门选通后，噪声功率降低了，降低因子为 $d_G=T_G/T_r$。其中 T_G 为距离波门宽度，d_G 为距离波门的占空系数。经过多普勒滤波器组的处理，使 PD 雷达的噪声带宽比常规雷达的噪声带宽大大缩小，为一个窄带滤波器通带所对应的等效噪声带宽 B_n。

因此 PD 雷达检测前的噪声功率折合到雷达输入端为

$$P_{\mathrm{n}} = kT_0 B_{\mathrm{n}} N_{\mathrm{F}} d_{\mathrm{G}} \tag{4-48}$$

4.6.2 PD 雷达的距离方程

PD 雷达的作用距离除了受上述信号处理中的各种因素的影响外，还受地面杂波情况的影响，如有无杂波、杂波的分布与强弱等因素。当目标回波谱线处于无杂波区，距离性能就很好。当回波谱线处于旁瓣杂波区，距离性能就差些。若回波谱线恰好与主瓣杂波重合，则无法检测，作用距离为 0。下面分别讨论前两种情况的距离方程。

1. 无杂波区的距离方程

以机载 PD 雷达为例，在上视工作情况时接收信号中不存在地杂波干扰。在高 PRF 下视工作情况时，存在地杂波干扰，但接收信号频谱中存在着无杂波区。当运动目标的多普勒频移落入无杂波区时，在检测中与目标回波抗衡的只有系统噪声。

考虑前述 PD 雷达的工作特点，根据式(4-47) 检测前的信号有效功率折合到雷达输入端为

$$P_{\mathrm{r}} = \frac{P_{\mathrm{t}} G^2 \lambda^2 \sigma}{(4\pi)^3 R^4 L} d_{\mathrm{s}}^2 \tag{4-49}$$

而检测前的噪声功率折合到雷达输入端的值 P_{n} 为式(4-48) 表示的值。令式(4-49) 与式(4-48) 相等，则可导出无杂波区的 PD 雷达信噪比为 1 时的距离方程为

$$R_0^4 = \frac{P_{\mathrm{t}} G^2 \lambda^2 \sigma}{(4\pi)^3 k T_0 B_{\mathrm{n}} N_{\mathrm{F}} L} \frac{d_{\mathrm{s}}^2}{d_{\mathrm{G}}} \tag{4-50}$$

$$D_{\mathrm{p}} = (M+1)(d_{\mathrm{s}}^2 / d_{\mathrm{G}}) \tag{4-51}$$

式中，设 M 为相邻发射脉冲之间所分割的邻接等宽距离波门的数目。则式(4-50) 可以表示为

$$R_0^4 = \frac{P_{\mathrm{t}} G^2 \lambda^2 \sigma D_{\mathrm{p}}}{(4\pi)^3 k T_0 B_{\mathrm{n}} N_{\mathrm{F}} L (M+1)} \tag{4-52}$$

若将脉冲发射功率 P_{t} 用平均发射功率 P_{av} 来表示，则有

$$P_{\mathrm{t}} = P_{\mathrm{av}} T_{\mathrm{r}} / \tau = P_{\mathrm{av}} / d \tag{4-53}$$

并设

$$D_{\mathrm{av}} = d_{\mathrm{s}}^2 / d d_{\mathrm{G}} \tag{4-54}$$

则式(4-50) 还可以表示为

$$R_0^4 = \frac{P_{\mathrm{av}} G^2 \lambda^2 \sigma D_{\mathrm{av}}}{(4\pi)^3 k T_0 B_{\mathrm{n}} N_{\mathrm{F}} L} \tag{4-55}$$

式(4-50)、式(4-52) 和式(4-55) 为 PD 雷达的无杂波区信噪比为 1 的距离方程的三种表达式。其中 D_{p}、D_{av} 分别表示脉冲发射功率 P_{t} 恒定、平均发射功率 P_{av} 恒定时，PD 雷达的距离损失系数，分别由式(4-51) 和式(4-54) 决定。

当要求信噪比为 S/N 时作用距离 R 与 R_0 的关系为

$$R = \frac{R_0}{\sqrt[4]{S/N}} \tag{4-56}$$

2. 旁瓣杂波区的距离方程

在机载 PD 雷达下视工作情况时，有地杂波存在，若目标回波的多普勒频移落在旁瓣杂波区内，检测时与信号抗衡的分量是杂波与噪声之和。此时 PD 雷达信噪比为 1 的距离方程可表示为

$$R_0^4 = \frac{P_{\mathrm{av}} G^2 \lambda^2 \sigma D_{\mathrm{av}}}{(4\pi)^3 [C + k T_0 B_{\mathrm{n}} N_{\mathrm{F}}] L} \tag{4-57}$$

式中，C 为通过多普勒窄带滤波器以后的杂波功率，其他符号意义同前。

式(4-57) 只是一个原理性公式，因为式中的杂波功率 C 的计算受具体应用情况中很多条件

的影响，是较复杂的。在高 PRF 工作时，由于杂波在时域高度重叠，可以假定旁瓣杂波强度与目标距离无关，此时如算出旁瓣杂波在频域分布的统计平均规律，利用式(4-54) 可以估算处于旁瓣杂波区的具有一定多普勒频移的目标所对应的作用距离。

4.6.3 PD 雷达与常规脉冲雷达距离性能的比较

常规脉冲雷达无杂波时信噪比为 1 的作用距离方程为

$$(R_0)_{\mathrm{p}} = \left[\frac{P_{\mathrm{av}}G^2\lambda^2\sigma/d}{(4\pi)^3 kT_0BN_{\mathrm{F}}L}\right]^{1/4} \tag{4-58}$$

式中，d 为发射脉冲占空系数。

PD 雷达信噪比为 1 的无杂波区作用距离方程为(考虑遮挡和跨越损失后的平均作用距离)

$$\overline{(R_0)}_{\mathrm{d}} = \left[\frac{P_{\mathrm{av}}G^2\lambda^2\sigma\overline{D}_{\mathrm{av}}}{(4\pi)^3 kT_0BN_{\mathrm{F}}L}\right]^{1/4} \tag{4-59}$$

假设两种雷达的平均发射功率 P_{av}、天线增益 G、工作波长 λ、目标的横截面积 σ 和接收机的噪声系数 N_{F}、损耗因子 L 等参数都相同，则两种雷达信噪比为 1 的作用距离为

$$\frac{(\overline{R}_0)_{\mathrm{d}}}{(R_0)_{\mathrm{p}}} = \left(\frac{\overline{D}_{\mathrm{av}}Bd}{B_{\mathrm{n}}}\right)^{1/4} \tag{4-60}$$

下面通过一个计算实例，将两种雷达的距离性能做一下比较。

设常规脉冲雷达的参数是：脉冲重复频率 $f_{\mathrm{r}} = 1\mathrm{kHz}$，脉冲宽度 $\tau = 1\mu\mathrm{s}$，则脉冲占空系数 $d = 0.001$，接收机通带 $B = 1/\tau = 1\mathrm{MHz}$。

设 PD 雷达的参数是：脉冲重复频率 $f_{\mathrm{r}} = 50\mathrm{kHz}$，脉冲宽度 $\tau = 1\mu\mathrm{s}$，若距离门宽度 $T_{\mathrm{G}} = \tau$，则脉冲间隔周期中的波门数 $M = 19$。设两种雷达天线波束照射目标的时间都是 $t_{\mathrm{c}} = 0.01\mathrm{s}$。多普勒窄带滤波器的噪声带宽选为 $B_{\mathrm{n}} = 1/t_{\mathrm{c}} = 100\mathrm{Hz}$(在重复频率间隔中相应有 500 个子滤波器)。平均距离损失系数可以计算出来为 $\overline{D}_{\mathrm{av}} = (7M+1)/12(M+1) \approx 0.56$。

将上述参数代入式(4-60)，可得

$$\frac{(\overline{R}_0)_{\mathrm{d}}}{(R_0)_{\mathrm{p}}} = \left(\frac{\overline{D}_{\mathrm{av}} \times 10^6 \times 10^{-3}}{10^2}\right)^{1/4} = (10\overline{D}_{\mathrm{av}})^{1/4} \approx 1.54 \tag{4-61}$$

由此计算实例的结果看出：在输出信噪比都为 1 的情况下，PD 雷达在有杂波干扰但目标回波多普勒频移落在无杂波区时，考虑了遮挡和跨越损失后的平均作用距离，比常规脉冲雷达没有杂波干扰时的作用距离还要大。若常规脉冲雷达也工作在同样杂波干扰情况下，距离性能还要大大变坏。

PD 雷达距离性能的优越性主要是由它的工作体制和信号处理方式决定的。PD 雷达采用相参体制，利用了目标运动的多普勒效应，检测实质上是在频域进行的。所以虽然存在地杂波干扰，但目标的多普勒频移若落入无杂波区，杂波对检测不起干扰作用。另外信号处理采用距离门和多普勒窄带滤波，实质上是相参积累器。多普勒窄带滤波器的带宽 B_{n} 选择等于 $1/t_{\mathrm{c}}$，对应将 t_{c} 间隔中的信号回波进行了相参积累。

而常规脉冲雷达一般采用非相参体制，接收机的特性近似匹配于单个脉冲。通带 $B \approx 1/\tau$。式(4-58) 是表示单次测量时的作用距离方程。若考虑增加非相参积累，信噪比将得到改善，则两种雷达在无杂波干扰时的距离性能将趋于接近。

若在常规脉冲雷达中也采用相参体制，并采用相应的最佳接收机处理回波信号，则会发现由于常规雷达多采用低 PRF，发生在时域的遮挡和跨越损失小，在无杂波干扰情况下的作用距离将大于工作在高、中 PRF 的 PD 雷达。从实质上看此时的“常规脉冲”雷达就是一种低 PRF 的 PD 雷达。这正是某些机载 PD 雷达在上视工作条件下采用低 PRF 的原因。

第 5 章　相控阵雷达

所谓“相控阵”，即“相位控制阵列”的简称。顾名思义，相控阵天线是由许多辐射单元排列而成的，而各个单元的馈电相位是由计算机灵活控制的阵列。相控阵天线是相控阵雷达的关键组成部分。相控阵天线技术的进步，在很大程度上取决于有关电子器件和新结构、新工艺技术的进展及计算机技术、固态技术、信号处理技术、光电子技术的发展，相控阵技术才能真正取得实质性的进展并被广泛应用，目前仍然处于迅速发展的激烈变化的时期。

采用有源相控阵天线的雷达系统能够满足不断增长的雷达任务灵活性和多工作模式的需要。它们允许波束高速捷变、雷达多功能运行，以及结合能量管理的工作模式，也可以有确定的或自适应性的方向图形成。因而可以满足对高性能雷达系统日益增长的需要，诸如多目标跟踪、远作用距离、高数据率、自适应抗干扰、快速识别目标、高可靠性以及同时完成目标搜索、识别、捕获和跟踪等多种功能。本章重点论述相控阵的基本原理和相控阵雷达各组成部分的功能。

应用于相控阵天线中的新技术包括两大类型：一类是针对相控阵天线的关键部件，如移相器、时间延迟器、发射/接收组件、相控阵天线的馈线网络等；另一类是将先进的数字信号处理技术应用于相控阵天线的波束形成、波束指向与波束形状的捷变，以及相控阵雷达信号处理，如自适应数字式波束形成技术、空时二维自适应滤波处理数字式发射/接收组件，以及将这两者均包容在内的、概念更宽的、在第 6 章中将介绍的“数字阵列”(Digital Array)等。

5.1　相控阵列的基本原理[2]、[8]、[11]

通常，相控阵天线的辐射元少的有几百，多的则可达几千，甚至上万。每个阵元(或一组阵元)后面接有一个可控移相器，利用控制这些移相器相移量的方法来改变各阵元间的相对馈电相位，从而改变天线阵面上电磁波的相位分布，使得波束在空间按一定规律扫描。阵列天线有两种基本的形式，一种称为线阵列，所有单元都排列在一条直线上；另一种称为面阵列，辐射单元排列在一个面上，通常是一个平面。为了说明相位扫描原理，我们讨论图 5.1 所示 N 个阵元的线性阵列的扫描情况，它由 N 个相距为 d 的阵元组成。假设各辐射元为无方向性的点辐射源，而且同相等幅馈电(以零号阵元为相位基准)。在相对于阵轴法线的 θ 方向上，两上阵元之间波程差 $d\sin\theta$ 引起的相位差为

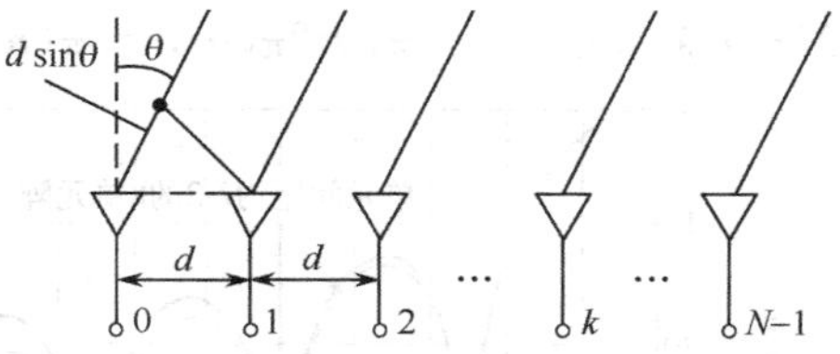

图 5.1　线阵列天线的示意图

$$\psi=\frac{2\pi}{\lambda}d\sin\theta \tag{5-1}$$

式中，λ 为接收信号的波长。则 N 个阵元在 θ 方向远区某一点辐射场强的矢量和为

$$E(\theta)=\sum_{k=0}^{N-1}E_k\mathrm{e}^{\mathrm{j}k\psi}=E\sum_{k=0}^{N-1}\mathrm{e}^{\mathrm{j}k\psi} \tag{5-2}$$

式中，E_k 为各阵元在远区的辐射场强，当 E_k 均等于 E 时后一等式才成立。实际上远区 E_k 不一定均相等，因各阵元的馈电一般要加权。为讨论方便起见，假设等幅馈电，且忽略因波程差引起

的场强差别，也就是假设为远区各阵元的辐射场强近似相等，E_k 可用 E 表示。显然，当 $\theta=0$ 时，电场同相叠加而获得最大值。

方向图是表征天线产生电磁场及其能量空间分布的一个性能参量。天线的辐射特性可以用场强（或功率）方向图、相位方向图和极化方向图三者来完备地描述。通常人们比较关心场强方向图。

根据等比级数求和公式及尤拉公式，式(5-2)可写成

$$E(\theta)=E\frac{e^{jN\psi}-1}{e^{j\psi}-1}=E\frac{e^{j\frac{N}{2}\psi}(e^{j\frac{N}{2}\psi}-e^{-j\frac{N}{2}\psi})}{e^{j\frac{\psi}{2}}(e^{j\frac{\psi}{2}}-e^{-j\frac{\psi}{2}})}=E\frac{\sin(N\psi/2)}{\sin(\psi/2)}e^{j\frac{N-1}{2}\psi} \tag{5-3}$$

将式(5-3)取绝对值并归一化后，得各向同性单元阵列的归一化场强方向图 $F_a(\theta)$ 为

$$F_a(\theta)=\frac{|E(\theta)|}{|E_{\max}(\theta)|}=\frac{\sin(N\psi/2)}{N\sin\psi/2}=\frac{\sin[\pi N(d/\lambda)\sin\theta]}{N\sin[\pi(d/\lambda)\sin\theta]} \tag{5-4}$$

并示于图 5.2 中。当各个阵元不是无方向性的，而其阵元场强方向图为 $F_e(\theta)$时，则阵列的场强方向图变为

$$F(\theta)=F_a(\theta)F_e(\theta) \tag{5-5}$$

式(5-5)即为阵列天线的方向图乘积定理。式中，$F_a(\theta)$称为阵列场强方向图因子，有时简称阵因子，而 $F_e(\theta)$称为阵元场强方向图因子。

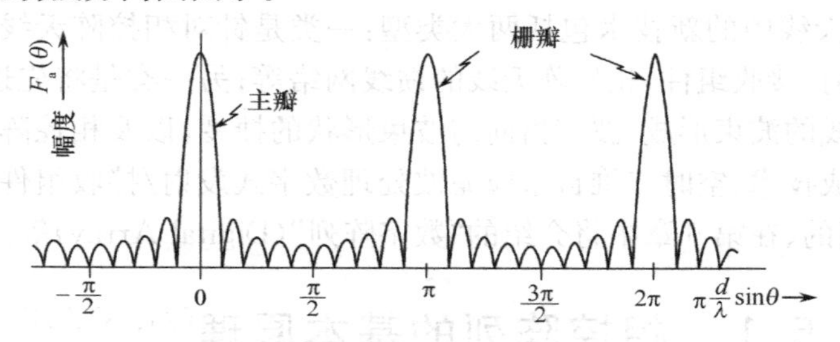

图 5.2　10 元阵因子的示意图

图 5.3 示出一个单元间距为 λ/2 的均匀照射 8 单元阵列的辐射方向图。当式(5-4)中的 $N\pi(d/\lambda)\sin\theta=0,\pm\pi,\pm2\pi,\cdots,\pm n\pi$（$n$ 为整数）时，$F_a(\theta)$的分子式项为 0。而当 $\pi(d/\lambda)\sin\theta=0,\pm\pi,\pm2\pi,\cdots,\pm n\pi$ 时，由于分子和分母均为 0，所以 $F_a(\theta)$值不确定。利用罗比塔法则，当$\sin\theta=\pm n\lambda/d$，$n=0,1,2,\cdots$时，$F_a(\theta)$为最大值，这些最大值都等于 N。在 $n=0$ 时的最大值称为主瓣，n 为其他时的最大值均称为栅瓣。栅瓣的间隔是阵元间距和波长的函数。栅瓣出现的角度 θ_{GL}为

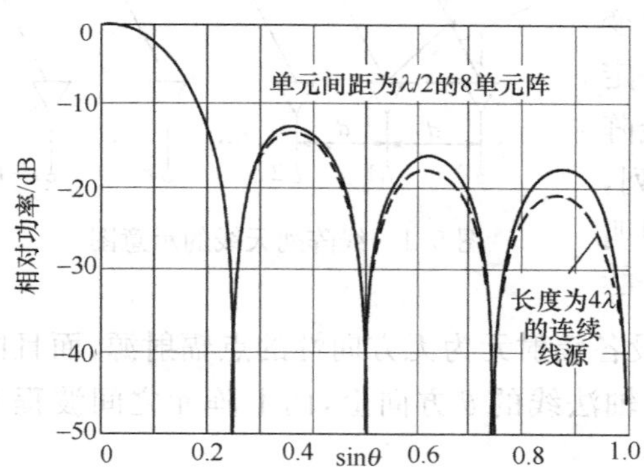

图 5.3　间距为 λ/2 的 8 单元阵列辐射方向图

$$\theta_{GL}=\arcsin(\pm n\lambda/d) \tag{5-6}$$

式中，n 是整数。当 $d=\lambda$ 时，$\theta_{GL}=90°$。当 $d/\lambda=0.5$ 时，由于 $\sin\theta_{GL}>1$ 不可能成立，所以空间不会出现第一栅瓣。

当 θ 很小时，$\sin\pi[(d/\lambda)\sin\theta]\approx\pi(d/\lambda)\sin\theta$，式(5-4) 可近似为

$$F_a(\theta)\approx\frac{\sin[N\pi(d/\lambda)\sin\theta]}{N\pi(d/\lambda)\sin\theta} \tag{5-7}$$

在天线方向图中两个关键参数是半功率主瓣宽度 $\theta_{0.5}$ 和旁瓣电平。在式(5-7) 中当θ很小时，则有 $\sin\theta\approx\theta$，令 $N\pi(d/\lambda)\theta=u$，因此式(5-7) 就变成归一化辛格函数 $\sin u/u$ 形式，如图 5.4 所示。

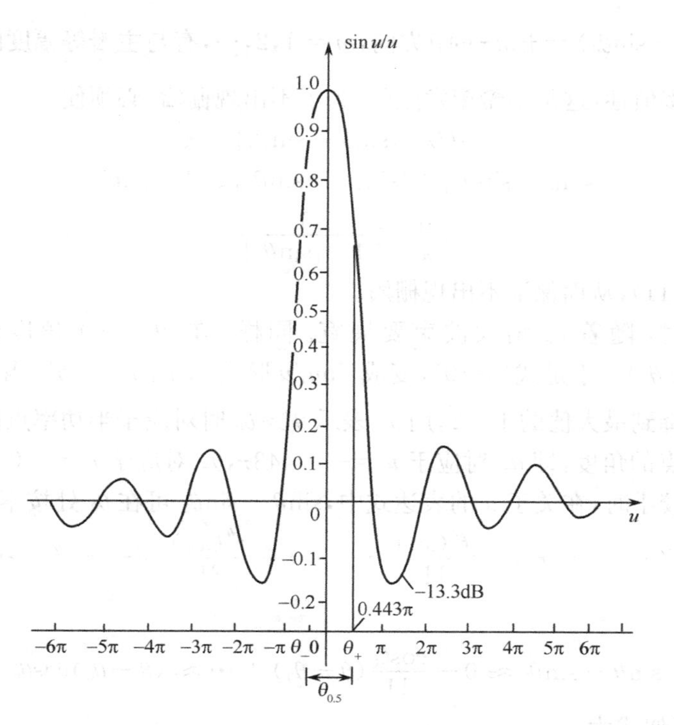

图 5.4 归一化辛格函数曲线

为了使波束在空间迅速扫描，可在每个辐射元之后接一个可变移相器，如图 5.5 所示。设各单元移相器的相移量分别为 0，φ，2φ，…，$(N-1)\varphi$。由于单元之间相对的相位差不为 0，所以在天线阵的法线方向上各单元的辐射场不能同相相加，因而不是最大辐射方向。当移相器引入的相移 φ 抵消了由于单元间波程差引起的相位差，即 $\psi=\varphi=2\pi(d/\lambda)\sin\theta_0$ 时，则在偏离法线的 θ_0 角度方向上，由于电场同相叠加而获得最大值。这时，波束指向由阵列法线方向（$\theta=0$）变到 θ_0 方向。简单地说，在图 5.5 中，MM' 线上各阵元激发的电磁波的相位是相同的，称同相波前，波束最大值方向与其同相波前垂直。可见，控制各种移相器的相移可改变同相波前的位置，从而改变波束指向，达到扫描的目的。此时，式(5-2) 变成

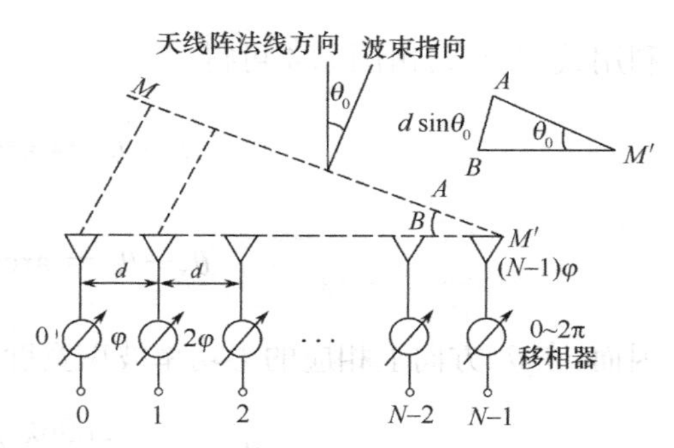

图 5.5 相位扫描原理的示意图

$$E(\theta)=E\sum_{k=0}^{N-1}\mathrm{e}^{\mathrm{j}k(\psi-\varphi)} \tag{5-8}$$

式中，ψ 为相邻单元间的波程差引入的相位差，φ 为移相器的相移量。令

$$\varphi=2\pi(d/\lambda)\sin\theta_0 \tag{5-9}$$

则对于各向同性单元阵列，由式(5-7) 得扫描时的场强方向图为

$$F_{\mathrm{a}}(\theta)=\frac{\sin[N\pi(d/\lambda)(\sin\theta-\sin\theta_0)]}{N\sin[\pi(d/\lambda)(\sin\theta-\sin\theta_0)]} \tag{5-10}$$

由式(5-10) 可看出：

(1) 在 $\theta=\theta_0$ 方向上 $F_{\mathrm{a}}(\theta)=1$，有主瓣存在，且主瓣的方向由 $\varphi=(2\pi/\lambda)d\sin\theta_0$ 决定，只要控制移相器的相移量 φ 就可控制最大辐射方向 θ_0，从而形成波束扫描。

(2) 在$\frac{\pi d}{\lambda}(\sin\theta-\sin\theta_0)=\pm m\pi$的$\theta$方向，$m=1,2,\cdots$，有与主瓣等幅度的栅瓣存在。栅瓣的出现使测角存在了多值性，这是不希望发生的。为了不出现栅瓣，必须使

$$\pi(d/\lambda)\ |\sin\theta-\sin\theta_0|<\pi \tag{5-11}$$

因为
$$|\sin\theta-\sin\theta_0|\leqslant|\sin\theta|+|\sin\theta_0|\leqslant 1+|\sin\theta_0|$$

所以，只要
$$\frac{d}{\lambda}<\frac{1}{1+|\sin\theta_0|} \tag{5-12}$$

就一定能满足式(5-11)，从而保证不出现栅瓣。

(3) 波束扫描时，随着θ_0增大波束要展宽。同样，在$(\theta-\theta_0)$角度较小时，可令$u=N\pi[(d/\lambda)(\sin\theta-\sin\theta_0)]$，于是式(5-10)，变成$\sin u/u$形式。由图5.4可见，当$u=\pm 0.443\pi$时，天线场强方向图的值降到最大值的$1/\sqrt{2}$。用$\theta_+$表示$\theta>\theta_0$时对应于半功率点的角度，$\theta_-$表示$\theta<\theta_0$时对应于半功率点的角度，即$\theta_+$对应于$u=+0.443\pi$，$\theta_-$对应于$u=-0.443\pi$。

在$\theta-\theta_0$角度较小时，在关于u的表达式中，$\sin\theta-\sin\theta_0$可在θ_0处按泰勒级数展开

$$f(x)=f(x_0)+\frac{f'(x_0)}{1!}(x-x_0)+\frac{f''(x_0)}{2!}(x-x_0)^2+\cdots \tag{5-13}$$

取前两项，得

$$\sin\theta-\sin\theta_0\approx 0+\frac{\cos\theta_0}{1!}(\theta-\theta_0)+\cdots\approx(\theta-\theta_0)\cos\theta_0$$

代入式(5-10)，得近似式为

$$F_a(\theta)\approx\frac{\sin[N(d/\lambda)\cos\theta_0\pi(\theta-\theta_0)]}{N(d/\lambda)\cos\theta_0\pi(\theta-\theta_0)} \tag{5-14}$$

利用式(5-14)，由图5.4可得

$$\theta_+-\theta_0=\arcsin\frac{0.443\lambda}{Nd\cos\theta_0}\approx\frac{0.443\lambda}{Nd\cos\theta_0}$$

$$\theta_--\theta_0=\arcsin\frac{-0.443\lambda}{Nd\cos\theta_0}\approx\frac{-0.443\lambda}{Nd\cos\theta_0}$$

因而，在θ_0方向上相应的半功率波束宽度$\theta_{0.5s}$为

$$\theta_{0.5s}\approx\frac{0.886\lambda}{Nd\cos\theta_0}(\text{rad})\approx\frac{50.8\lambda}{Nd\cos\theta_0}(°)=\frac{\theta_{0.5}}{\cos\theta_0} \tag{5-15}$$

可见，θ_0方向的半功率波束宽度$\theta_{0.5s}$与扫描角余弦值$\cos\theta_0$成反比。θ_0愈大，波束展宽愈厉害，当$\theta_0=60°$时，$\theta_{0.5s}\approx 2\theta_{0.5}$。

式(5-15)适用于均匀线源分布，它很少用在雷达中。对于一个间距为d的N个单元的线阵，用$a_0+2a_1\cos(2\pi n/N)$形式的在平台上加余弦的孔径照射，波束宽度近似为

$$\theta_{0.5}\approx\frac{0.886\lambda}{Nd\cos\theta_0}[1+0.636(2a_1/a_0)^2] \tag{5-16}$$

式中，a_0和a_1是常数，在孔径照射中的参数n表示单元的位置。因为照射是假设关于中心单元对称的，n取$\pm1,\pm2,\cdots,\pm(N-1)/2$值，天线孔径照射覆盖跨度从均匀照射到阵列的末端跌落到零的台坡照射(假定孔径照射是延伸到阵列单元末端外的$d/2$处)。尽管上述适用于线阵，类似的结果也可从平面孔径得到；这就是说，波束宽度近似地与$\cos\theta_0$成反比变化。

(4) 波束扫描时，随着θ_0增大，对应天线增益下降。对于等幅照射，面积为A的无损耗口径，其法线方向波束的增益由下式确定：

$$G_0 = 4\pi(A/\lambda^2) \tag{5-17}$$

因相控阵列的总面积定义为

$$A = Na$$

式中，a 表示阵列中每一个阵元占的面积，N 为阵元总数，如图 5.6 所示。当面天线阵由 N 个等间距辐射元组成，且间距 $d = \lambda/2$ 时，有

$$A = Nd^2 = (N\lambda^2/4)$$

代入式(5-17)得法线方向的增益为

$$G_0 = N\pi$$

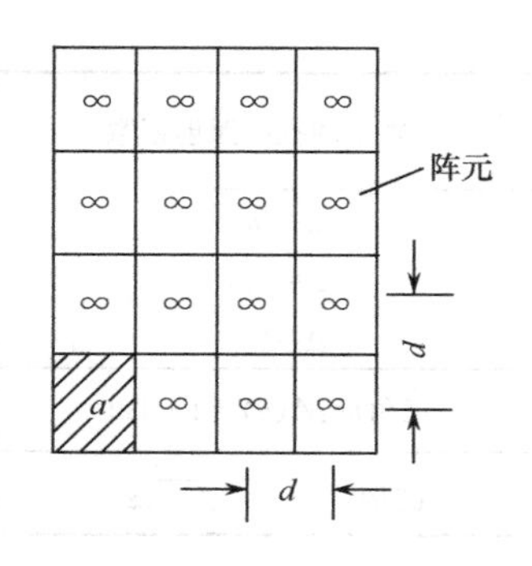

图 5.6　等间距辐射元面阵的面积估算图

在任意的扫描方向 θ_0 时，天线口径在扫描方向垂直面的投影为 $A_{\theta_0} = A\cos\theta_0$。如果将天线考虑为匹配接收天线，则扫描波束所收集的能量总和正比于天线口径的投影面积 A_{θ_0}，所以增益为

$$G_{0s} = 4\pi A_{\theta_0}/\lambda^2 = (4\pi A/\lambda^2)\cos\theta_0 = N\pi\cos\theta_0 \tag{5-18}$$

可见，增益随扫描角增大而减小。

总之，在波束扫描时，扫描的偏角 θ_0 越大，波束越宽，天线增益越小，因而天线波束性能变差。一般，天线扫描角限制在 60°之内。

以上所述的是等间距等幅值阵列，这种阵列的方向图为辛格函数所决定的旁瓣电平高(第一旁瓣为－13.2dB)，不利于雷达的抗干扰。为了降低旁瓣电平，常采用等间距幅度加权阵列或密度加权阵列。所谓等间距幅度加权，即各辐射元馈电振幅大小不等，一般馈给阵列中间的辐射元功率大些，周围的辐射元功率小些，最常用的加权函数为泰勒分布。所谓密度加权，指天线的阵元按一定疏密程度排列，天线阵中心附近阵元数密些，周围阵元数稀些，而每个阵元的幅度均相等。与等幅等距阵列相比，阵元数减少了，加权后天线增益有所降低，降低的程度与阵元数减少的程度成正比。波瓣宽度(主要决定于阵列的尺寸)基本一样，而主瓣周围的旁瓣电平有所降低。然而，密度加权阵列是以提高远角度旁瓣电平为代价(由此而降低增益)来换取主瓣附近的旁瓣电平降低的，所以有得有失。

在有源相控阵列中，为了简化结构，减少发射机品种，提高互换性，所以大型有源相控阵雷达以采用等幅阵元的密度加权阵列天线为主。

对于非均匀激励的阵列，计算波束宽度和旁瓣电平常采用数值计算法。表 5.1 列出了几种孔径照射函数的远场辐射方向图的主要参数。

表 5.1　几种孔径照射函数的远场辐射方向图的主要参数

z 轴上的孔径照射函数	相对的最大指向性	半功率波束宽度/(°)	主瓣与第一旁瓣强度比值/dB
均匀的：$A(z)=1$	1	$51\lambda/d$	13.2
余弦：$A(z)=\cos^n(\pi z/2)$；			
$n=0$	1	$51\lambda/d$	13.2
$n=1$	0.810	$69\lambda/d$	23
$n=2$	0.667	$83\lambda/d$	32
$n=3$	0.575	$95\lambda/d$	40
$n=4$	0.515	$111\lambda/d$	48
抛物线状：$A(z)=1-(1-\Delta)z^2$；			
$\Delta=1.0$	1	$51\lambda/d$	13.2

（续表）

z 轴上的孔径照射函数	相对的最大指向性	半功率波束宽度/(°)	主瓣与第一旁瓣强度比值/dB
$\Delta=0.8$ $\Delta=0.5$ $\Delta=0$	0.994 0.970 0.833	$53\lambda/d$ $56\lambda/d$ $66\lambda/d$	15.8 17.1 20.6
三角形：$A(z)=1-\|z\|$	0.75	$73\lambda/d$	26.4
圆形：$A(z)=\sqrt{1-z^2}$	0.865	$58.5\lambda/d$	17.6

5.2 相控阵雷达的基本组成[2]、[11]、[17]

相控阵雷达的组成方案很多，目前典型的相控阵雷达用移相器控制波束的发射和接收，共有两种组成形式，一种称为有源相控阵列，每个天线阵元用一个接收机和发射功率放大器，如图 5.7(a)所示；另一种称为无源相控阵列，它公用一个或几个发射机和接收机，如图 5.7(b)所

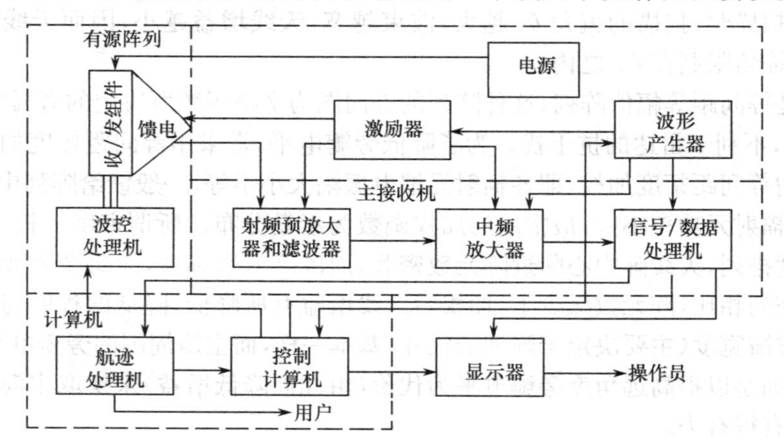

(a) 有源相控阵雷达框图

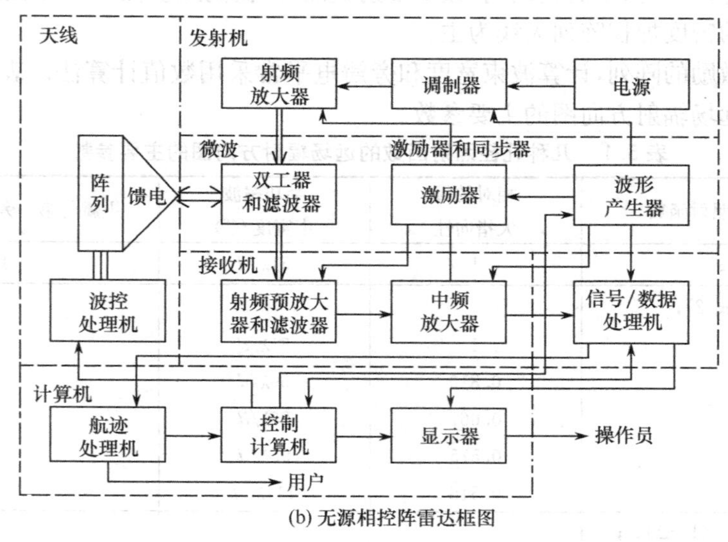

(b) 无源相控阵雷达框图

图 5.7　典型的相控阵雷达组成的原理框图

示。下面用图 5.7(b)所示的无源相控阵雷达，原理框图简要说明工作过程。中心计算机根据数据处理后的有关目标的位置坐标，指令波控机(一台专用于计算和控制相移量的计算机)计算并控制天线阵中各移相器的相移量，使天线波束按指定空域搜索或跟踪目标。目标回波又经阵列传输到接收机，接收机输出的是模拟信号，经模/数转换后在数字信号处理机中处理后送入数据处理机中，中心计算机对目标(坐标、速度和航向等)参数进行平滑，从而得出目标位置和速度等的外推数据。根据外推数据，中心计算机再进一步判断目标的轨迹和威胁程度，确定对各目标搜索或跟踪的程序。由此控制全机各系统，从而使雷达工作状态自动地适应空间目标的情况。

顺便指出，相位扫描是属于电扫描的方法之一，另一种实现电扫描的方法是采用频率扫描，其天线也由 N 个一定间距的阵元组成，如图 5.8 所示。与相位扫描不同之处在于，它不是靠移相器在不同阵元中产生相位差，而是通过延迟线产生相位差。不同频率的输入信号依次经过延迟线(长度为 l)后分别送往各阵元，这样，各阵元之间的输入信号便会产生相应的相位差。因此，和相位扫描一样，一定的频率对应一定的相位差，可以形成一个特定指向的波束。这种通过改变雷达的工作频率，使天线的波束实现扫描的雷达称为频率扫描雷达。其组成原理框图如图 5.9所示。

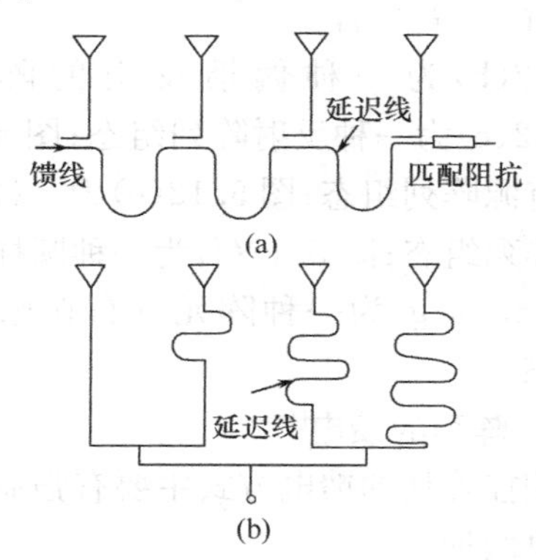

图 5.8　频率扫描天线的馈电方式的示意图

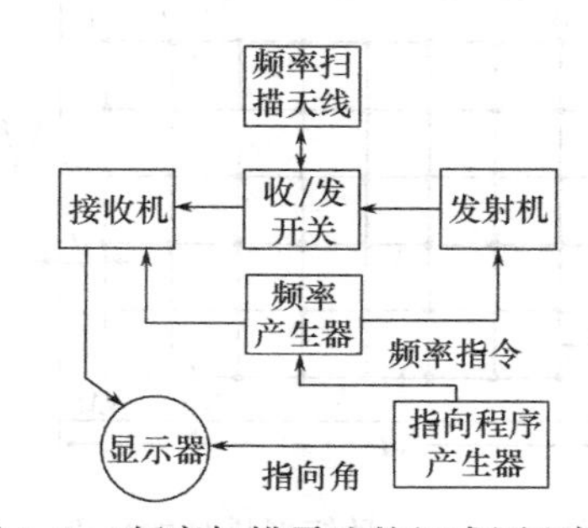

图 5.9　频率扫描雷达的组成原理框图

5.3　相位扫描系统的组成及工作原理[11]、[17]

相控阵雷达的相位扫描系统包括天线阵、移相器、波束指向控制器、波束形成网络等。

5.3.1　阵列的组态和馈电方式

1. 辐射单元

图 5.10 示出相控阵天线最流行的单个辐射单元的略图。阵列天线尺寸是有限的，所以单个辐射器的性能将取决于它放置在阵列中的位置。位于边缘或者在边缘附近的单元所受的环境影响，不同于在阵列中心附件的单元所受的影响。

2. 阵列的组态

辐射结构是任何天线的工作端口，在相控阵列中，它们往往是按周期网络排列的众多离散辐射元的集合。常见的辐射元是半波振子、喇叭口、缝隙振子和微带偶极子等。常见的排列方式有矩形、正三角形、六角形和随机排列等。图 5.11 所示为一种矩形排列的平面相控阵天线。

目前，相控阵天线的阵面大都为平面阵，因为平面阵便于波束指向的配相计算和控制。当然，还有各种不同的阵列组态，如图 5.12 所示。图 5.12(a)为一种透镜式的阵列组态；

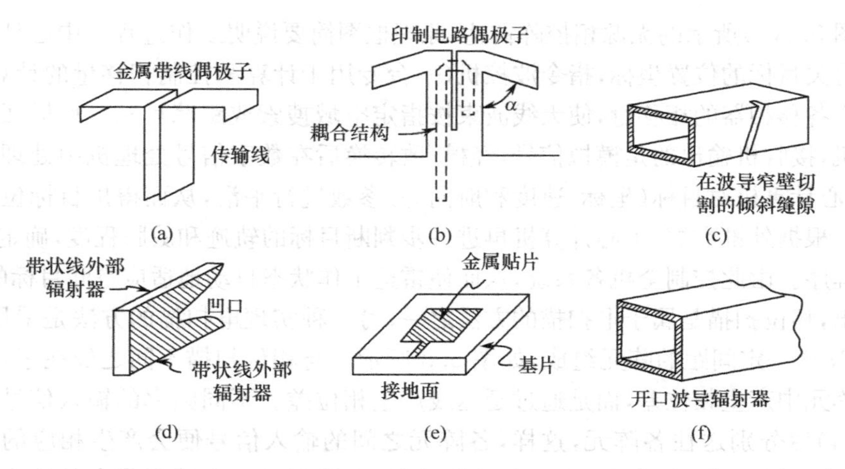

图 5.10 相控阵天线的单个辐射单元的略图

(a)带有传输线的金属带状线偶极子；(b)表示有耦合结构(虚线)的印制电路偶极子(实线)；(c)在波导窄壁切割的缝隙，倾斜决定从缝隙耦合的能量的数量；(d)在带状线中的缺口辐射器，辐射是朝这个图的右边的；(e)矩形贴片辐射器；(f)开口波导辐射器

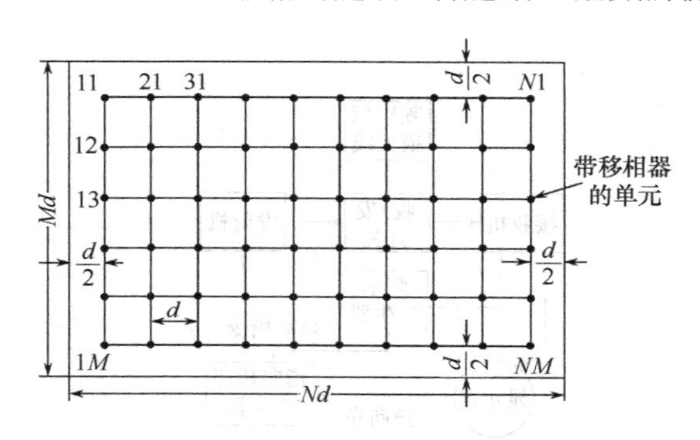

图 5.11 一种矩形排列的平面相控阵天线的示意图

图 5.12(b)为一种偏馈反射的阵列组态；图 5.12(c)为一种反射阵列组态；图 5.12(d)为一种有源阵列组态；图 5.12(e)为一种与飞机共形的阵列组态；图 5.12(f)为一种圆柱形阵列组态；图 5.12(g)为一种阵元分布在球体上的阵列组态。

3. 阵列的馈电[8]

相控阵列的馈电方式主要有强制馈电和光学馈电两种。

(1) 强制馈电系统

图 5.13(a)所示为一个由公共源经功率分配器/组合器强制馈电到各个阵元的阵列。图 5.13(b)所示为常见的几种强制馈电方式，即端馈、中心馈电、等路径长度馈电和组合馈电。

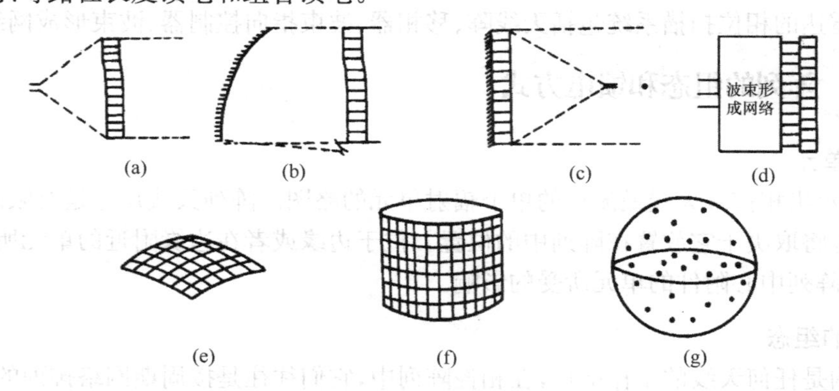

图 5.12 阵列的不同组态的示意图

(2) 光学馈电系统

光学馈电系统又称为空间馈电，它分为透镜式馈电和反射镜式馈电两种，如图 5.14 所示。光学馈电很像几何光学中由抛物反射镜或光学透镜聚焦平行光线的过程，不过在此处的反射面

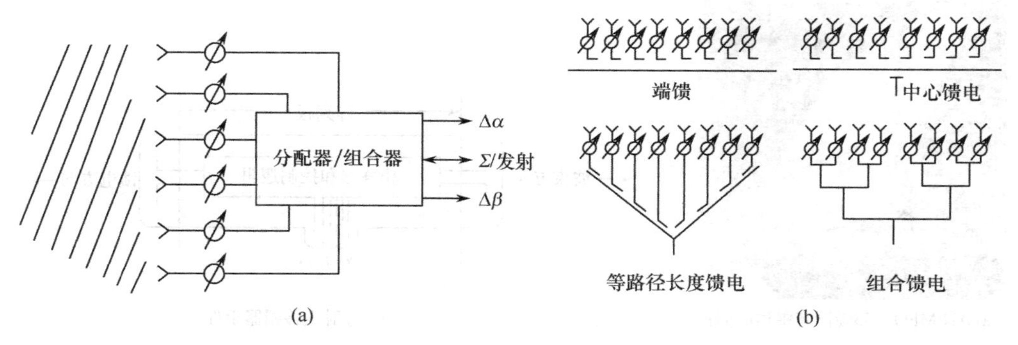

图 5.13　几种强制馈电方式的示意图

及透镜中装的是大量移相器，电波照射到反射面或透镜孔面时，由各连接移相器的辐射元接收并移相，然后反射或透射，再由辐射元将电波辐射出去。由于孔面上有众多的辐射元，它们各自辐射的电场在空间矢量相加，就可将波束"聚焦"成窄波束。当以适当的规律改变各移相器的相对相移量时，可以实现波束扫描。图 5.14(a)为空馈透镜式馈电阵列，图中 Σ、$\Delta\alpha$ 和 $\Delta\beta$ 分别表示和信号、方位差信号和高低角差信号。每个阵元均为中间一个移相器前后各接一个辐射元，即有两个阵面，一个接收，另一个发射。图 5.14(b)为反射镜式馈电阵列。它只有一个阵面，与移相器连接的辐射元先接收电波，经移相器移相后，到短路端反射回来，再移相一次，经同一个辐射元再辐射出去。

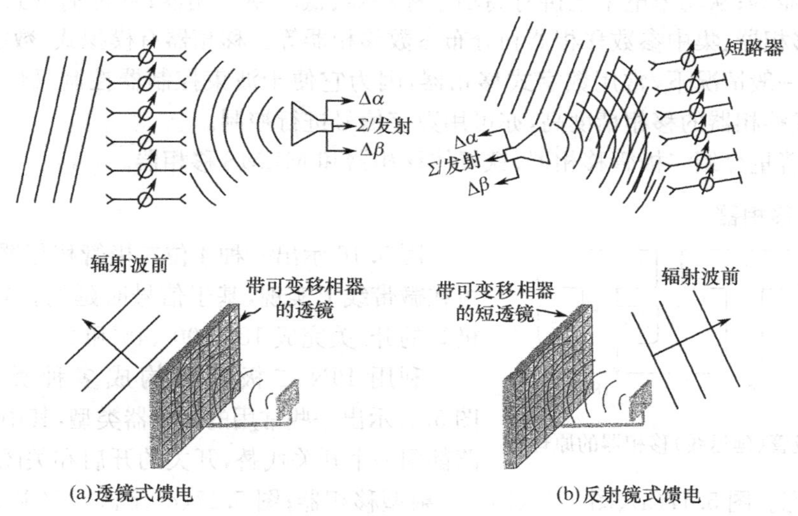

图 5.14　空间馈电的两种方式的示意图

由于馈源辐射为球面波，而透镜式和反射镜式的阵面均为平面，这将产生球面径差，引起附加相移，造成扫描角误差，对此必须加以修正。这项修正可在波束控制器配相时解决，即让旁边移相器的相移量小于中间移相器的相移量，以抵消球面径差引起的附加相位滞后。

采用光学馈电时，雷达本身结构可大体不变，只需要做一个带移相器的阵列天线，因此相对比较简单。图 5.15(a)示出采用透镜式馈电的 AN/MPQ—53 爱国者雷达照片，其天线由主天线(图中圆阵列)和几个小天线组成，馈电系统在阵面的背后，这些天线可执行目标搜索和跟踪、对导弹的控制和导引，以及敌我识别和电子战等功能。图 5.15(b)为用于该雷达上的透镜式移相器组件示意图。

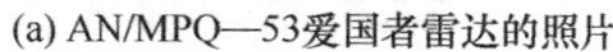

(a) AN/MPQ—53爱国者雷达的照片

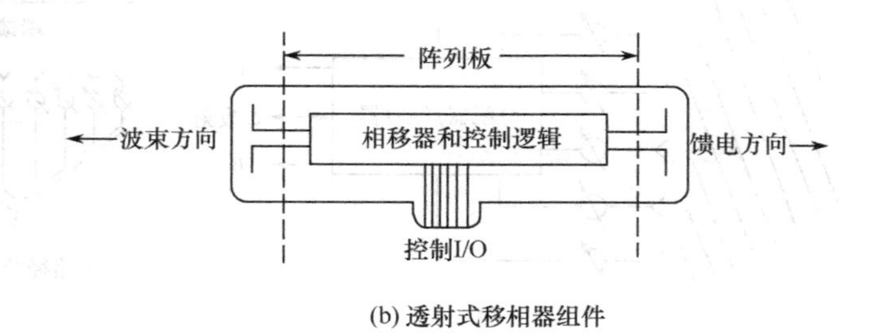

(b) 透射式移相器组件

图 5.15　空间馈电的两种方式的示意图

5.3.2　移相器

相控阵天线实施电扫描的关键器件之一是移相器。在实用中不仅要求它能控制相位改变的绝对值，还要求在不同状态下引起的幅度和相位变化小且均匀。因此对移相器的要求是有足够的移相精度，性能稳定，插入损耗要小，用于发射阵时要有足够的功率容量，频带要足够宽，开关时间短(惯性小)，激励功率小(易于控制)等。移相器种类很多，从材料上讲有二极管移相器、铁氧体移相器、场效应晶体管移相器、铁电陶瓷移相器、分子极化控制移相器和微电子机械系统(MEMS)移相器等；从功率电平上讲有高功率移相器、低功率移相器；从传输形式上讲有波导移相器、同轴线移相器、集中参数移相器和分布参数移相器等。移相器有模拟式、数字式和模拟/数字控制式等。一般情况下，常用数字式移相器，因为它便于波束控制器控制且性能稳定。而模拟/数字控制式移相器的移相精度高，亦可用数字信号进行控制。

下面我们着重介绍二极管移相器、铁氧体移相器和 MEMS 移相器。

1. 二极管移相器

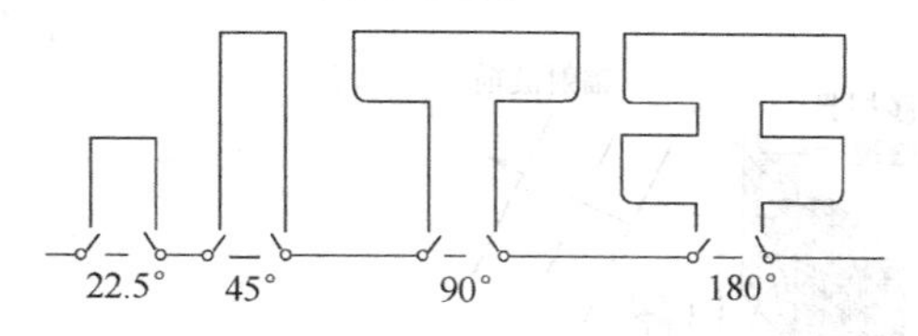

图 5.16　二极管(延迟线)移相器的原理图

图 5.16 示出一种 4 位二极管移相器的原理图。它可在微带线上实现，基于信号时延的长短不同，通过二极管的开/关完成 180°、90°、45°和 22.5°等 4 类相移。

利用 PIN 二极管可构成多种类型的移相器。图 5.17示出一些常用的移相器类型，其中 PIN 二极管电路都用一个开关代替，开关的开启和关闭对应于二极管的两种工作状态。图 5.17(a)、图 5.17(b)为反射型移相器；图 5.17(c)、图 5.17(d)为开关线(加载线)型移相器；图 5.17(e)为高通、低通移相器。

图 5.17(a)所示反射型移相器中，三个 PIN 二极管的不同通断状态对应不同的短路线长度，从而对应不同的相移量。图 5.17(b)所示的反射型移相器是采用环行器或 3dB 正交耦合器与两个分路二极管相连。当二极管开路时，它们对输入信号"开路"，则相移为 0°；反之，当二极管接通时，它们对输入信号"短路"，则相移为 180°。其中耦合器可设计成具有宽频带，而移相器的带宽也由耦合器决定。若要求两个二极管状态之间的相移较小些，可插入一小段线来实现。这种反射型移相器的主要优点是每位(bit)只需用两个二极管。图 5.17(c)为开关线型移相器，它是由 PIN 管控制信号使输入端信号或经传输线 L_1 输出或经 L_2 输出，从而得到不同的相移量。例如开关 A 打开而 B 闭合时，由于 $\lambda/4$ 线，它在 T 形接头处呈现开路，因而射频信号由输入端经 L_1 输出，相移量为 $\varphi_1 = 2\pi L_1/\lambda$；反之，当 A 闭合而 B 打开时，信号由输入端经 L_2 输出，则相移量

为 $\varphi_2=2\pi L_2/\lambda$，两者相位差为 $2\pi(L_1-L_2)/\lambda$。图 5.17(d)为加载开关线型移相器，它主要通过在传输线路上跨接的一对 PIN 二极管的状态之间转换，得到所需的相位变化。当二极管开路时负载阻抗为 $\mathrm{j}Z_{\mathrm{N}}$，导通时为 $-\mathrm{j}Z_{\mathrm{N}}$，它们的相位变化式为

$$\varphi=2\arctan\frac{Z_{\mathrm{N}}}{1-Z_{\mathrm{N}}^2/2} \tag{5-19}$$

图 5.17(e)示出高通、低通型移相器，它是利用开关接在集总参数的超前和滞后网络实现相移的。当开关接在高通滤波器上时，相位为 $+\varphi/2$，开关接在低通滤波器上时，相位变为 $-\varphi/2$。这种移相器只限于较低频率工作。

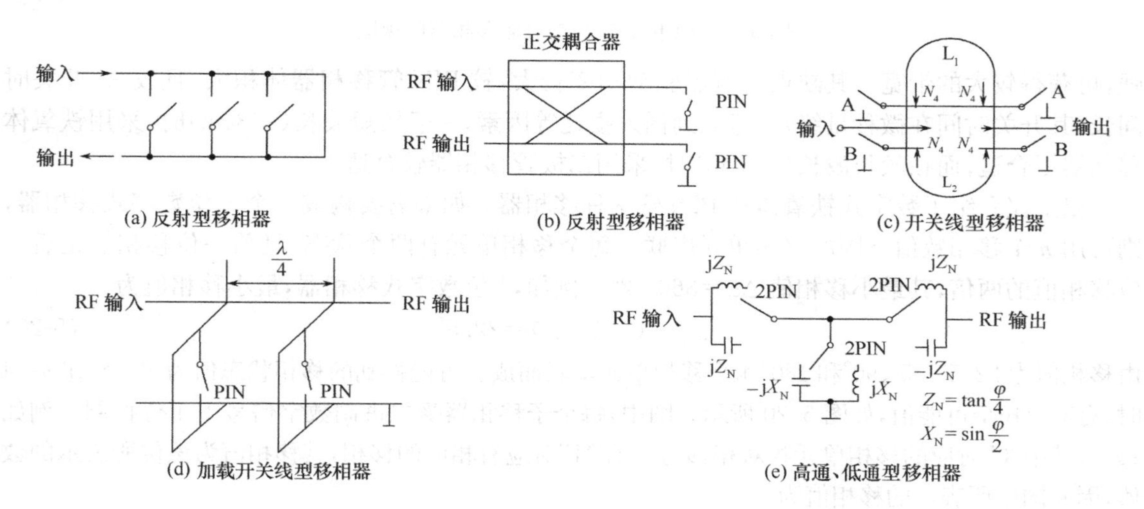

图 5.17 常用的移相器类型的原理图

PIN 二极管移相器的主要优点是体积小，质量轻，便于装在固态集成电路中，开关动作快(开关时间为 50ns～2μs)，驱动功率小(1～2.5mW)，几乎不受温度影响，目前承受功率已达到峰值功率 1kW，平均功率 200W。其缺点是带宽较窄，抗辐射能力较差和插入损耗较大，其中插入损耗是其主要限制。目前场效应晶体管移相器由于其驱动功率小，因而在有源相控阵雷达中有取代它的趋势。

2. 铁氧体移相器

铁氧体是一种磁性元件，当它做移相器使用时，需外加激励脉冲电流，使它的磁化状态改变，从而在高频电路中得到所需要的相移量。图 5.18 为一种 4 位数字式铁氧体移相器的结构示意图，波导中心沿纵向相邻放置四段不同长度但截面尺寸相同的铁氧体棒。两相邻铁氧体棒间夹入与铁氧体介电常数差不多的介质片，用来隔离铁氧体间的耦合，铁氧体棒中心穿过磁化导线，导线穿过波导侧壁引出，铁氧体两端的凸起部分用于匹配。图 5.19 是铁氧体的磁滞回线。若通过磁化导线加入一个振幅足够的脉冲电流，可使铁氧体磁化到饱和状态。当脉冲除去后，铁氧体被锁在剩磁感应强度点 $+B_{\mathrm{R}}$ 或 $-B_{\mathrm{R}}$(视脉冲电流的极性而定)，这两个剩磁感应强度对应于两个不同的导磁系数($\mu=B/H$)，从而使该段有铁氧体的波导对应于不同的相移量[说明：在均匀理想电介质中，正弦波场强为 $E=E_0\cos(\omega t-kz+\varphi)$，$H=H_0\cos(\omega t-kz+\varphi)$，式中 k 表示单位长度的相移量，亦即相位常数。其中 $k=\omega/v$，而 $v=1/\sqrt{\varepsilon\mu}$，可见，导磁系数不同，其相移就不同，$z$ 表示长度]。由于铁氧体具有两种不同的 μ 导致的两种相移状态，所以可用做二进制数字式移相器。

铁氧体移相器的主要优点是可耐较大功率，插入损耗可做得较小(0.5～1dB)，抗辐射能力

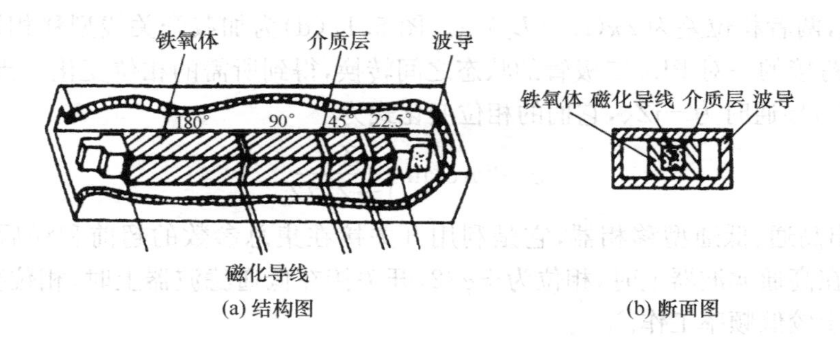

图 5.18　4 位数字式铁氧体移相器的视图

强,可获得较大的带宽。其缺点是所需驱动功率较大,较 PIN 管移相器体积大,且较重,开关时间长(其开关时间在微秒量级)。考虑到插入损耗等因素,一般较短波长(<3cm)时,采用铁氧体移相器更合适;而在较长波长(>3cm)时,采用二极管移相器较合适。

以上仅介绍了数字式铁氧体和 PIN 管两种移相器。如果需要构成一个 n 位数字式移相器,则可用 n 个移相数值不同的移相单元串联。每个移相单元有两个状态,且前一位移相值是后一位移相值的两倍,其最小移相值 $\Delta\varphi=360°/2^n$。例如,4 位数字式移相器,最小移相值为

$$\Delta\varphi=(360°/2^4)=22.5° \tag{5-20}$$

由移相值为 22.5°、45°、90°和 180° 4 个移相单元串联而成。可能得到的移相状态值为 2^n 个,在 $n=4$ 时,有 $2^4=16$ 个可能值,如图 5.20 所示。图中,每个子移相器受二进制数字信号中 1 位控制。例如 1010,其中"0"对应的移相单元相对相移为 0,而"1"对应有相应的移相,其移相值为该位所表示的数值,因此图中所表示的移相值为

$$\varphi=1\times180°+0\times90°+1\times45°+0\times22.5°=225°$$

这种 4 位移相器可以从 0°～337.5°每隔 22.5°取一个值,共有 16 个移相状态值。

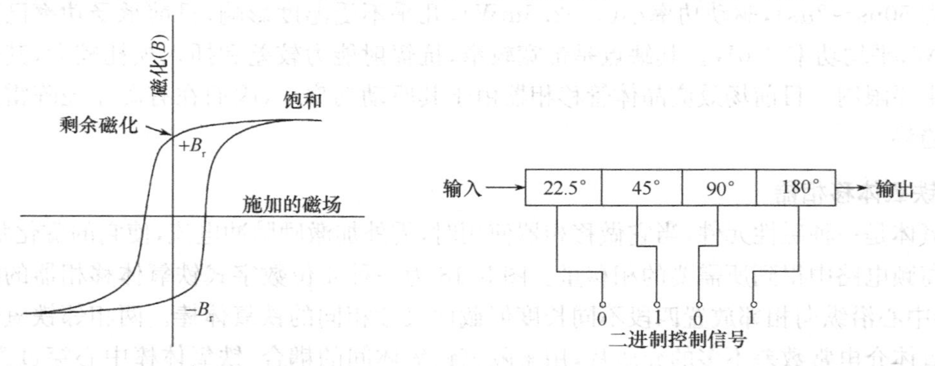

图 5.19　铁氧体的磁滞回线图　　图 5.20　4 位数字式移相器的原理图

由于数字式移相器的移相值是不连续的,所以相扫雷达的波束移动只能做步进式扫描(即计算机控制移相器,使天线波束在确定的仰角和方位角上,发射一定数量的探测脉冲后,再移到另一个仰角或方位上停下来,又发射一定数量的探测脉冲,以此类推)。

值得注意的是,任何可实现的相位控制均不能做到理想的精确,因为移相器的量化及阵列中各部件的精度等都会引起相位误差。这些误差会影响天线增益、波束指向精度,以及天线方向图的均方根值旁瓣等。图 5.21 说明了相位量化的概念和引入的误差。图 5.22 说明了相位量化引起的典型的天线增益损失。

数字式控制的"n"位移相器的 2^n 个移相状态,它们以 $2\pi/2^n$ 的相位间隔分开,对于用图 5.21 所示

这种阶梯形式来近似所要求的线性相位滞后所导致的均方根旁瓣电平为

$$均方根旁瓣电平\approx\frac{5}{2^{2n}N} \qquad (5\text{-}21)$$

式中，N 为阵列的单元数，n 为位数。均方根旁瓣电平与 N 和 n 的关系曲线如图 5.23 所示。由图可见，对于 $N=1000$，均方根旁瓣电平为-50dB 的阵列，要求移相器的位数 $n=5$，而 $N=10000$，均方根旁瓣电平为-50dB 的阵列，$n=3$ 即可。所以可从总体对均方根旁瓣电平的要求来选定移相器的位数 n。

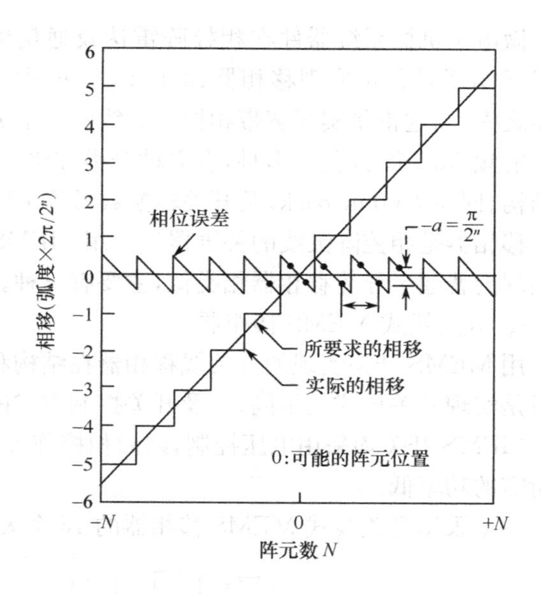

图 5.21 量化引起的相位误差关系图

由上面讨论可知，采用数字移相器造成了周期性的锯齿形相位误差，从而产生较高的相位量化旁瓣和较大的波束指向偏移。为了降低相位量化旁瓣电平，提出了打乱相位量化误差周期性的设想，即采用随机馈相法，在此不再深入讨论，可看有关参考资料。

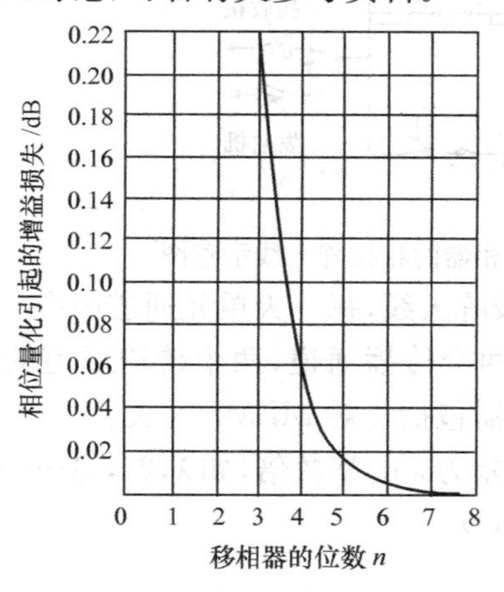

图 5.22 典型的相位量化引起的无线增益损失曲线

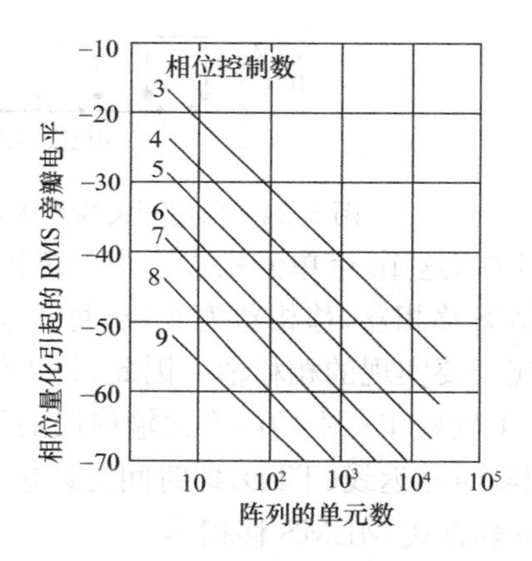

图 5.23 均方根旁瓣电平与阵列单元数的关系曲线

3. 微电子机械开关与移相器[8]、[11]

微电子机械系统(Micro-Electro-Mechanical Systems，MEMS)又称微机械电子系统或微机电系统。微电子机械系统是采用集成电路(IC)批量生产工艺在半导体材料上制作的微型器件与器件阵列，对 MEMS 来说，所谓微型，是指其器件尺寸在微米至毫米量级。

MEMS 的基本工作原理在于：应用静电场、磁场等使 MEMS 微型结构完成吸动、移动或转动，从而使微型结构能实现一定的功能。

MEMS 在相控阵天线中有多种应用，其中之一是用 MEMS 实现移相器的相移功能和实现宽带相控阵雷达要求的实时延迟线(TTD)即时间延迟单元(TDU)。

由于制造 MEMS 的工艺是一种基于微加工的技术，可融合到三维单片微波集成电路(3D MMIC)中，因而有利于将 MEMS 与以 MMIC 实现的固态 T/R 组件结合。

(1) MEMS 射频开关器件

微电子机械系统器件在相控阵雷达及通信天线中应用最多的首先是各种开关器件，利用MEMS开关器件可实现移相器、时间延迟单元（TDU）等功能。开关器件可用于各种可调谐滤波器之中，而这正是实现宽带相控阵天线的一个关键。

射频MEMS开关有多种，有多种分类方法。按射频信号传输路径、结构形式、执行机构、拓扑结构、回拉力（pull-back）及开关转换数目等可以有多种划分。

移相器是相控阵天线的关键器件。用MEMS开关实现的移相器的形式与用PIN开关二极管实现的普通半导体移相器相类似，主要有三种。

① 开关线式MEMS移相器

用MEMS开关实现的开关线移相器在结构和工作原理上均与半导体开关线移相器一样，差别只是实现开关形式的不同，以及开关控制方式的不同。

MEMS开关均采用电压控制，因而相控阵天线波束控制的功率要求较PIN二极管移相器开关所需的功率低。

一个采用开关线式MEMS移相器的16个天线单元的相控阵线阵如图5.24所示。

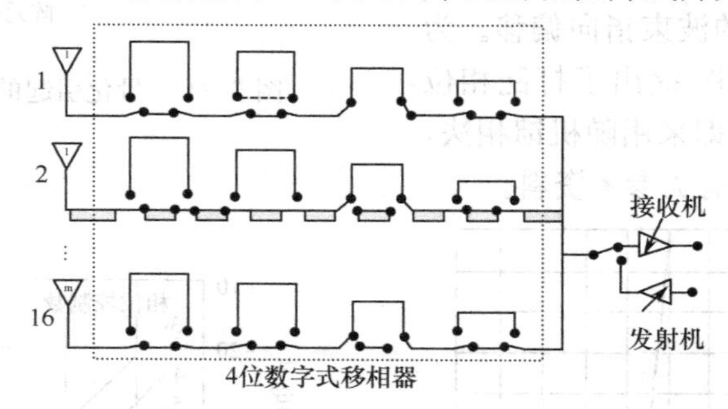

图5.24　采用开关线式MEMS移相器的相控阵天线示意图

图5.24中，这16个单元构成一个无源相控阵线阵天线，每一天单元通道中有一个采用开关线式的MEMS移相器，移相器为4位，每1位包括两个传播通道，两个传输通道的电长度不相等，其差对应于要实现的相移值。因此，每1位移相器包括4对MEMS开关。

如果每1位移相器中的两个传输线段的长度相差为λ的整数倍，如λ，2λ，4λ……则该开关可以用于实现实时延迟线（TTD）即时间延迟单元（TDU）。

② 电桥耦合式MEMS移相器

电桥耦合式MEMS移相器的工作原理与用PIN开关二极管实现的移相器是一样的。

MEMS电容式开关用于相控阵天线中的移相器的工作原理图如图5.25所示。

要用3dB电桥与半导体开关的数字式移相器已有很成熟的应用。图5.25中，将原半导体称相器中的PIN二极管改由MEMS电容式开关代替，用一个3dB电桥和三个MEMS开关实现两位相移，相移大小决定于传输线长度Δl_1与Δl_2及开关电容器的电容值大小。

③ 分布式MEMS移相器

如图5.26所示的传输线上分别并联了许多MEMS电容式开关，控制不同开关的通断状态，信号在此传输线上输出端的相位与输入端的相位差即是这段传输线实现的相移差。这一带有分布式射频开关的传输线即是一个分布式MEMS移相器。

5.3.3　波束指向控制器

平面相控阵天线需要一个能二维控制波前的高流量控制系统。该波束指向控制器由配相计算机和移相器的激励器组成。阵列控制大致有三种通用的控制结构，如图5.27所示。

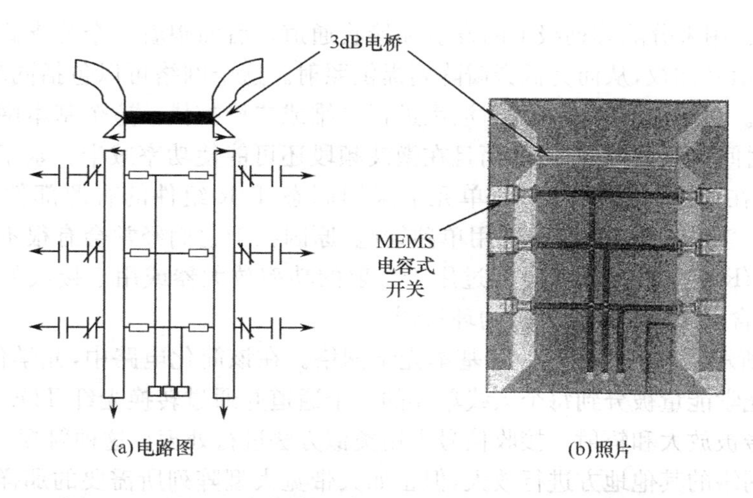

图 5.25　MEMS 电容式开关用于两位移相器的原理图及实例

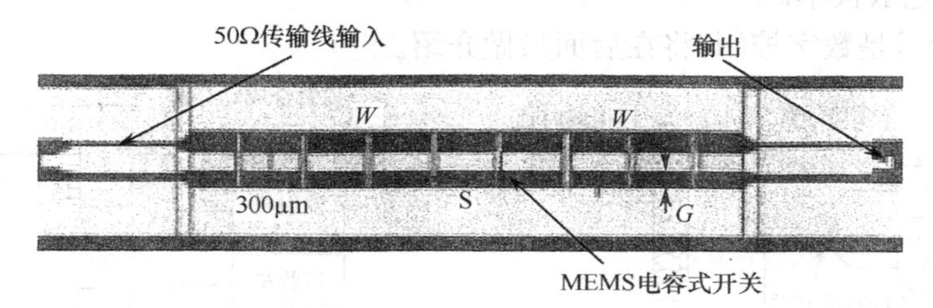

图 5.26　分布式 MEMS 移相器原理图

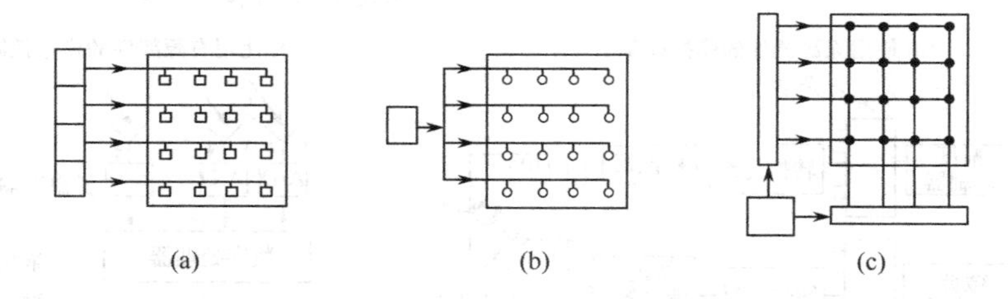

图 5.27　三种通用的波束控制结构的示意图

第一种形式是一种集中式的阵列控制系统，由一中央波束控制计算机对阵列中的每一单元产生一连串的相移指令。在这种方案中，无论是相移指令的计算，还是相移指令的传送都是按严格的先后顺序来完成的，也就是说按计算—传送—计算这样的周期来完成。图 5.27(a)是传统的集中控制方案的一种改进，它引入了某种并行机制。虽然同一行中的不同单元仍按照严格的时间顺序传递数据，但在同一列上的相应单元可以同时接收到各自相应的数据。图 5.27(b)可称为半分布控制方案，它将原来由单一中央波束控制计算机所承担的任务转为由多个处理器共同承担。图 5.27(c)是分布控制方案，这是一种基于单元一级的阵列控制方案。阵列中的每个单元都拥有一个具有独立计算能力的控制器，它根据广播方式传送的相位梯度计算出相应单元的相位值，这种方案的特点是所有的单元可以共享同一指令源。对于整个阵列中的各个单元而言，它们都具有相同的相位梯度，因此相位梯度可以用广播方式并行地传送到所有的单元，从而可将所有的控制总线减少到只有一个公用的串行传送总线。

1. 波束形成方式与相关结构简介[8]、[11]

根据系统要求及物理限制，模拟、光学及数字技术可应用于对阵列天线的控制。这些方式的最基本控制电路如图 5.28 所示。模拟控制的最简单示意图如图 5.28(a)所示，它可包括一个环行器或 T/R 开关，用来分隔阵列级上的发射和接收通道。后面跟着一个分支式功分器网络，用来对单元级上的信号加权，从而为低旁瓣阵列提供照射。这个网络可以包括同时或转换的和波束及差波束形成。移相器或时延器件对波束进行一维或二维扫描。这个基本网络存在环行器、功分器、相位或时间控制器件的损耗，而且在微波频段还可能使功率减半。基于这个原因，目前更普遍的做法是在一些子阵级或每个单元上采用固态 T/R 组件的有源部件的模拟控制，如图 5.28(b)所示。其中，发射和接收采用单独馈电，原因在于它们经常会有很不同的旁瓣要求。每个端口接到 T/R 组件，这里，信号通过用于发射的功率放大器或用于接收的低噪声放大器。固态组件常常包含用来分离两个通道的环行器。

图 5.28(c)所示是阵列控制的一个基本光学网络。在该简化电路中，光学信号由射频信号进行幅度调制，光学能量被分到每个天线单元的一个通道并通过转换光纤 TDU 进行时间延迟。检波后，射频信号被放大和辐射。接收信号也用类似方法进行处理。这种射频/光学通道效率较低，而且需要在网络的其他地方进行放大，但正如大带宽大型阵列所需要的那样，该技术能够提供精确时延，而且色散很小。

图 5.28(d)所示是数字控制，将在后面另做介绍。

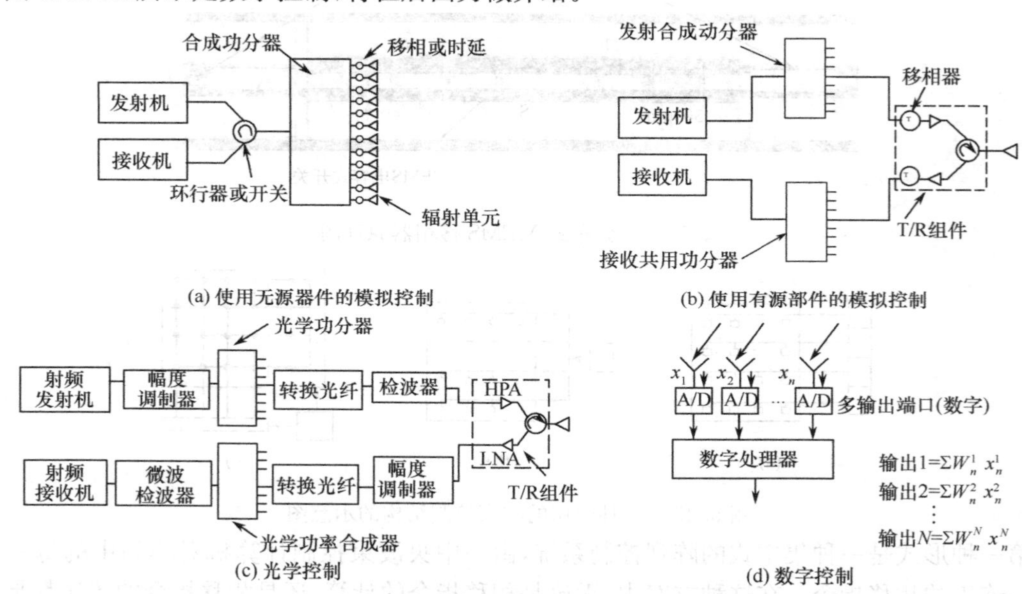

图 5.28 几种阵列控制方式

用于光学阵列控制的真实网络比图 5.28(a)和(b)所示的简单网络往往要复杂得多，而且每个控制端口可能使用独立的光源。将来，光学系统可能会通过微机电系统(MEMS)镜像开关并使用多个互联的网络来形成独立多波束。

2. 波束控制系统的组成[8]、[11]

波束控制系统的组成有很大的灵活性，它与天线阵面的大小、移相器负载的差异及技术的进步等有很大的关系。图 5.29 所示为一般的波束控制系统的组成框图，它包括波束控制计算机、修正码存储设备、波束控制信号的传输分配总路线、子天线阵波束控制计算机、波束控制数码寄存器与驱动器、相应的控制软件及电源设备等。

相控阵雷达的波束控制计算机接收来自雷达控制计算机的天线波束位置信息，这通常以波束控制数码(α,β)的形式给出(如图 5.29 所示)，也可以用球坐标点(φ,θ)或直角坐标点(x,y,z)给出。此时，波束控制数码由波束控制计算机通过计算后给出。

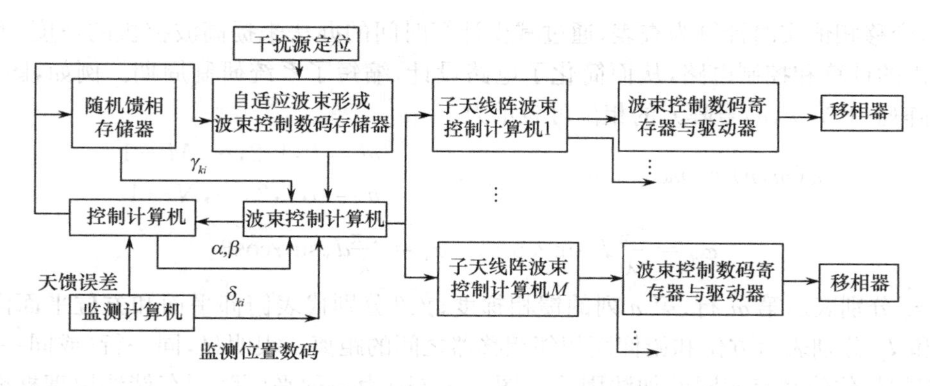

图 5.29　波束控制系统的组成框图

各种相位修正需要的存储器及其计算测试设备也是波束控制系统的重要组成部分。寄存器和驱动器的负载是移相器，在有的波束控制系统中，寄存器和驱动器可以由同一电路完成。由于集成电路技术的进步，目前已可将其设计成专用集成电路（ASIC），可以为一个移相器或为多个安装在同一机箱内的多个移相器设计相应的 ASIC 电路。

波束控制计算机可以分散成多个子天线阵，即每个子天线阵有一个波束控制计算机。每个子天线波束控制计算机与雷达总的波束控制计算机之间的信号传输由波束控制信号的传输分配总线实现。在大型二维相控扫描的相控阵雷达中，传输分配总线已开始采用光纤来实现。

在图 5.29 所示的波束控制系统组成框图中还包括一个自适应波束形成波束控制数码存储器，它的作用之一是根据干扰源定位设备测出的外来干扰的方向，提供预先计算好的波束控制数码，在干扰方向形成接收波束凹口。

对于二维相位扫描的平面相控阵天线，由于总的移相器数目很大，对一个矩形阵列是两个方向单元数目 M（仰角方向）与 N（方位方向）之积，即 $M\times N$，大体上总的单元数目为 5000～10000 个，如美国海军"宙斯盾"系统中的 AN/SPY—1 相控阵雷达，阵元总数为 4480×4 个，美国用于反导的 THAAD 系统中的 X 波段相控阵雷达的天线单元总数为 27500 个。因此，降低波束控制系统的设备量，对降低波束控制系统与整个相控阵雷达的成本有重要作用。

从长远来看，分布式阵列控制方案有较大的吸引力。随着单片集成电路技术的发展，可望将相移存储器、计算单元、驱动单元集成在一块单片集成电路上，还可用光纤传输，解决单元控制器的体积、连接等问题，而且能精确、快速产生波束控制和其他校正信号，可靠性高。图 5.30为一种雷达相控阵天线的分布波束控制框图。这种方案尤其适合于要求进行增益和相位控制的超大型阵列、非平面或共形阵列以及有源孔径阵列。

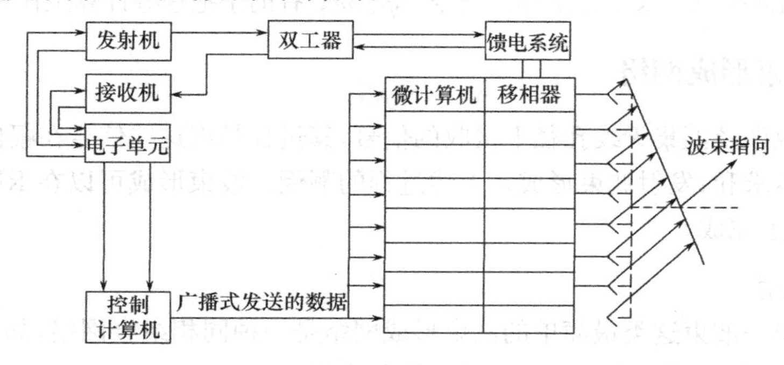

图 5.30　雷达相控阵天线的分布波束控制框图

虽然分布控制式波控机比集中控制式波控机速度快得多，但目前实现起来难度较大。因此，还可采用一种基于存储的波控方法，该方法是将相移量的累加计算从波控机中进行改成在波控机外进行，变移相值实时计算为查表，通过减少计算时间的办法来提高波控机的速度，而且可省去累加所需的计算和控制电路，从而简化了电路设计，缩短了系统研制周期。例如，图 5.31(a)所示平面阵列中第(m,n)号阵元的相位可表示为

$$\varphi(m,n)=m\varphi_m+n\varphi_n+\Delta\varphi_{mn},\qquad \begin{cases}m=0,1,2,\cdots,M-1\\ n=0,1,2,\cdots,N-1\end{cases} \tag{5-22}$$

式中

$$\varphi_m=\frac{2\pi}{\lambda}d_x\sin\gamma\cos\theta,\quad \varphi_n=\frac{2\pi}{\lambda}d_y\sin\gamma\cos\theta \tag{5-23}$$

式中，φ_m、φ_n 分别表示第 m 行、第 n 列的馈相梯度；γ、θ 分别代表俯仰平面和方位平面内波束指向角；d_x 和 d_y 分别表示方位和俯仰面相邻相移器之间的距离。很明显，同一行(或同一列)上各单元，它们的相位值都有相同的加法因子。图 5.31(b)为一种平面阵列存储法原理框图。一旦收到指向指令 γ、θ，马上就从各单元的存储器中查取 $m\varphi_m$ 和 $n\varphi_n$，相加并加入对应各单元中预存的相位补偿量 $\Delta\varphi_{m,n}$后，即可得到所要求的 $\varphi(m,n)$。

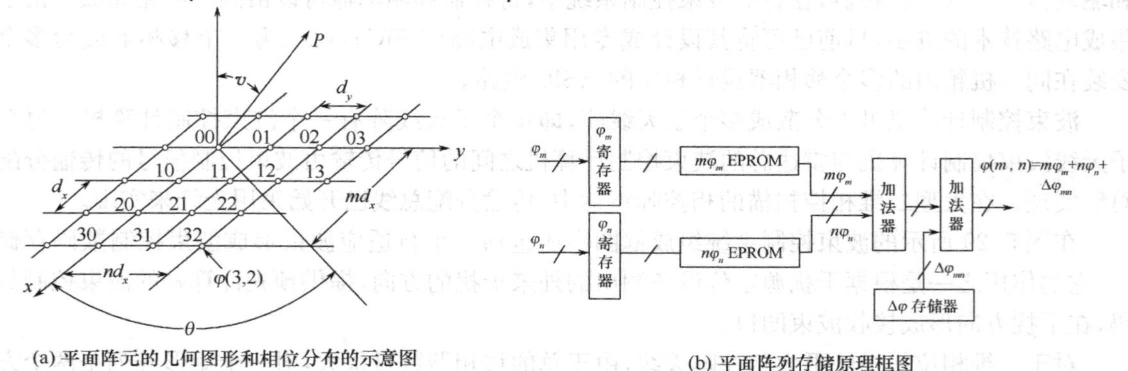

(a) 平面阵元的几何图形和相位分布的示意图　　(b) 平面阵列存储原理框图

图 5.31　平面阵列阵元分布的示意图和存储原理图

通常需要用计算机来完成对相控阵天线的控制计算。计算机可以补偿因微波元件、工作环境以及单元的实际位置所引起的许多已知相位误差。例如，如果插入相位以及相差相位的变化(可能是从移相器到移相器产生的)是已知的，那么它可以在计算中加以考虑。横跨阵面已知的温度变化所引起的相位误差也可以得到补偿。许多馈电(如光学馈电或串联馈电)在每一个移相器输入端并不提供等相位激励。由这些馈电引起的有关相位激励是频率的已知函数。在这些情况下，计算机必须提供一个基于阵列中单元位置和工作频率的修正。

对于具有几千个单元的大型阵列，需要进行大量的计算以确定各单元的配相。这些计算工作必须在很短的时间内完成。采用正交相位指令 $m\varphi_m$、$n\varphi_n$ 有助于把这些计算工作量减到最少。

5.3.4　波束形成网络

接收波束形成涉及汇集天线孔径上接收的信号，其过程是将这些信号在幅值和相位上加权，然后将加权的样本求和；发射波束形成是上述过程的颠倒。波束形成可以在 RF 上完成，也可转换成在 IF 或基带上完成。

1. RF 波束形成

在空间形成单一波束这类最简单的波束形成网络是一种同相组合网络，如图 5.32(a)所示。这类网络显然是可逆工作的，它适合于发射和接收应用。

对于相控阵雷达，常规方法是在每个阵元加一个移相器实现相位控制，如图 5.32(b)所示。此外，一种能同时实现相位和幅度控制的器件是图 5.33 所示的矢量调制器，它由一个 3dB 同相

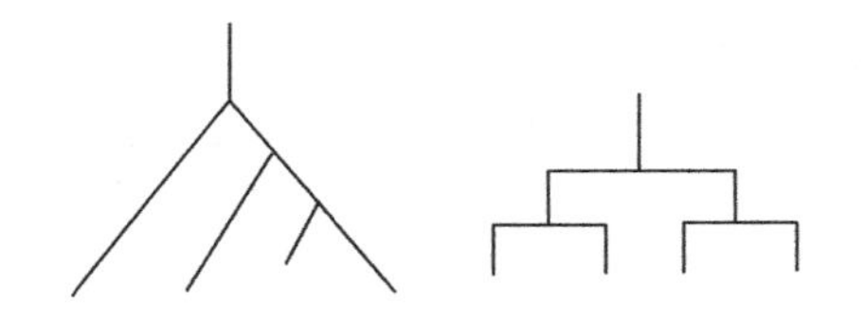

(a) 同相组合馈电的 RF 形成网络

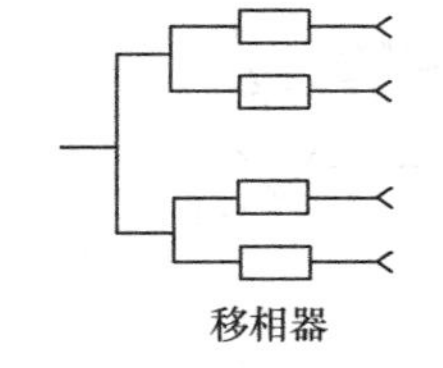

(b) 具有移相器的组合馈电的 RF 形成网络

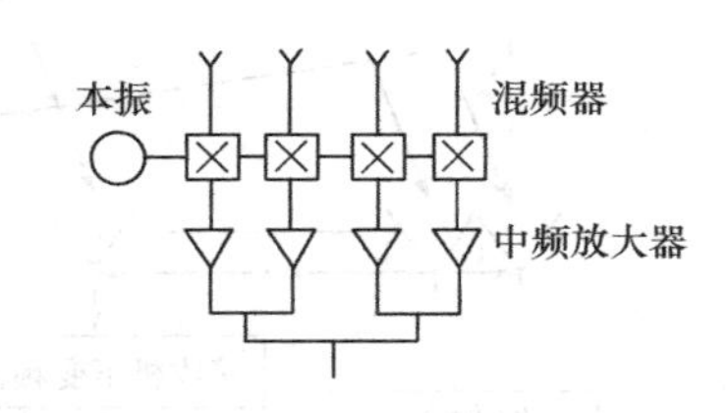

(c) IF 波束形成网络

图 5.32　波束形成网络的原理图

组合器、两个可控衰减器和一个 3dB 正交耦合器组成。输入信号由正交耦合器分成一对正交的分量，每个分量分别用衰减器控制衰减，然后将所得的矢量用一个同相组合器相加。在理论上它能在 0°～90°的相位范围以及在一定衰减值之间衰减范围内调整矢量。

正交耦合器　衰减控制　同相组合器
RF 输入　0°　1　−90°　2　50Ω

图 5.33　矢量调制器的原理图

2. IF 波束形成

为在接收阵列中实现 IF 波束形成，首先将每个阵元接收的 RF 信号经相参下变频产生 IF 信号。这需要将一个相干的 RF 本振信号分配到每个阵元的混频器上。由于下变频处理有损耗(5～6dB)，所以要求灵敏度高时，需在每个混频器后加一个低噪声放大器，如图 5.32(c)所示。

对于一个发射模式工作的阵列，来自波束形成器的 IF 信号需要在每个阵元上相参地变换成 RF 信号。由于上变频工作在相当低的功率电平上，所以在每个阵元上需要 RF 功率放大。此外，由于放大器、下变频和上变频具有不可逆性，因此，在许多场合下，发射采用 RF 波束形成，接收则采用 IF 波束形成。

3. 数字波束形成

(1) 数字波束形成概念

波束形成(接收时)也可在基带上完成。目前数字波束形成(DBF)逐渐在雷达系统中得到应用。在数字波束形成系统中，信号的信息必须以数字形式来表示。由于信号的幅度和相位都必须表示成数字形式，所以为表示来自每一接收通道的复信号，必须要用两个实数。其过程如下：天线阵的 N 个接收单元对目标和干扰在阵列孔径上产生的场分布进行空间采样，得到 N 个复信号；接收机将信号下变频至零中频，得到表示信号实部和虚部的 $2N$ 个视频信号；然后通过同时工作的 $2N$ 个 A/D 变换器转换成同相和正交的数码信号，代表空间采样值的幅度和相位；N 个复数信号 x_n 存储在存储器内；最后，专用处理器对这些信号进行加权叠加，产生规定的输出信号(或波束)。现以图 5.34(a)来说明，图中示出均匀间隔为 d 的天线阵，辐射场的平面波 E 从 θ 方向入射，第 n 个阵元接收到的窄带模拟信号为 $\upsilon_n=A(t)\times \mathrm{e}^{\mathrm{j}(\omega t+\varphi_0+\varphi_n)}$，它具有相同的振幅，不同的相位 $\varphi_n=(n-1)d(2\pi/\lambda)\sin\theta$，其中 φ_0 为信号初相位(下面分析时假设 $\varphi_0=0$)，λ 为波长，相位 φ_n 取决于阵元到同相波前的距离。信号 υ_n 下变频到基带，而相位 φ_n 保持在同相(I)和正交(Q)通道中，输出复视频信号的实部和虚部分别为

$$\upsilon_{I_n}=\mathrm{Re}\{A(t)\mathrm{e}^{\mathrm{j}\varphi_n}\},\quad \upsilon_{Q_n}=\mathrm{Im}\{A(t)\mathrm{e}^{\mathrm{j}\varphi_n}\} \tag{5-24}$$

然后，在时间 t_m 取样、数字化，得

$$x_{I_n}=\mathrm{Re}\{A(t_m)\mathrm{e}^{\mathrm{j}\varphi_n}\},\quad x_{Q_n}=\mathrm{Im}\{A(t_m)\mathrm{e}^{\mathrm{j}\varphi_n}\} \tag{5-25}$$

再乘以一个复加权向量 W，$x_{I_n}=\mathrm{Re}\{A(t_m)W\mathrm{e}^{\mathrm{j}\varphi_n}\}$，$x_{Q_n}=\mathrm{Im}\{A(t_m)W\mathrm{e}^{\mathrm{j}\varphi_n}\}$。求和后便得输出信号为

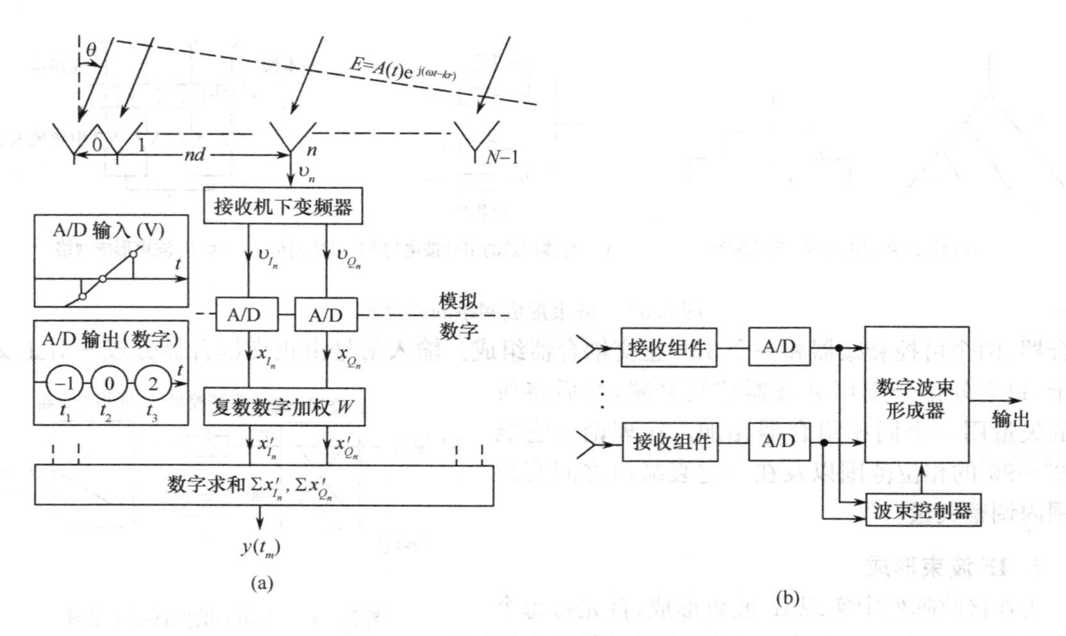

图 5.34　数字波束形成的原理框图

$$y(t_m)=A(t_m)\sum_{i=1}^{N}W_{ij}\,\mathrm{e}^{\mathrm{j}(i-1)d\frac{2\pi}{\lambda}\sin\theta} \tag{5-26}$$

式中，$A(t_m)$ 是 t_m 时刻的复信号包络；$i=1,2,\cdots,N$ 表示天线阵元的编号；j 表示预先规定了性能的第 j 个波束，W_{ij} 是以某个最佳判据(如最大信噪比、最小均方误差等）为依据选取的复加权系数。通过一专用数字计算机进行处理，以改变复加权系数就可得到不同要求的波束。这种方法保持了相应天线孔径上的全部信息，即 N 个单元信号 $\{x_n\}$，它与数字处理一起提供了很大的灵活性。图 5.34(a) 常画成图 5.34(b) 的形式，图 5.35 为一种数字波束形成雷达的概念设计框图。

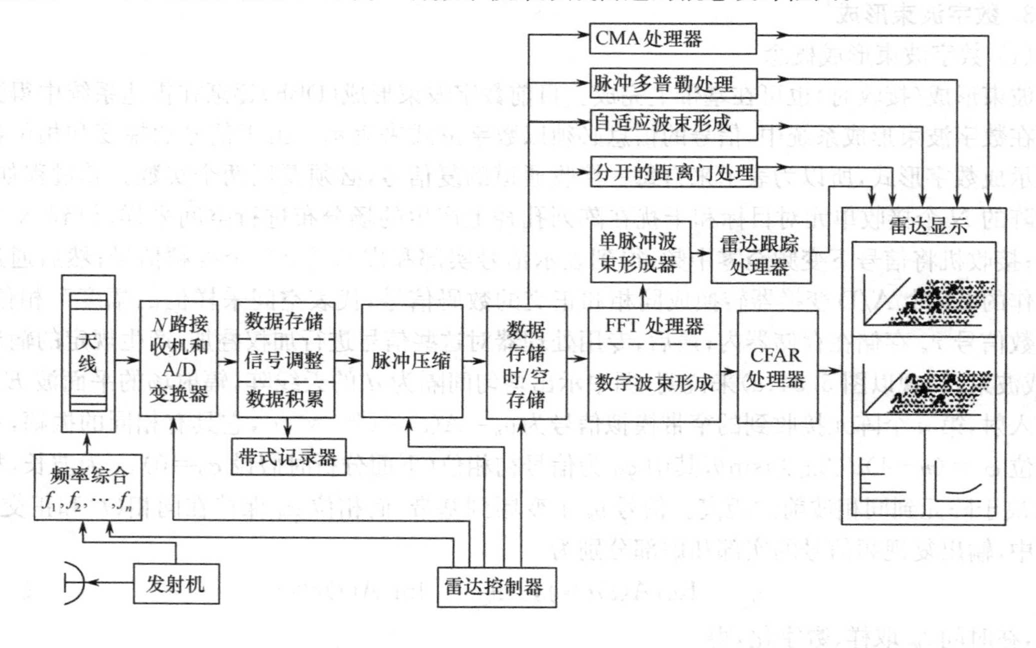

图 5.35　一种数字波束形成雷达的概念设计框图

(2) 采用自适应数字波束形成技术的雷达系统的优点

① 能同时形成多个独立可控的波束，以适应特定的干扰环境及对多个目标进行探测和跟踪。

② 波束位置的无惯性捷变，可实现重复周期内的波束时分控制及功率分配。

③ 天线方向图能实现对有源干扰的自适应置零，从而有效地抑制干扰。

④ 系统的实时自校准功能及时地补偿系统参数的失配及其随时间的变化，从而能获得低旁瓣的天线方向图。

⑤ 系统具有自检及故障诊断功能。

一个采用开环自适应控制的数字波束形成原理框图如图 5.36 所示。由于开环系统中能用较少的输入数据描述外部环境特性以及能在大动态范围内抑制干扰，因而近年来受到广泛的重视。从系统结构来看，每一个阵元对应一个接收机通道，所以接收机和 A/D 变换器应安装在天线阵上，而光纤传输系统由于其容量大、质量轻、抗干扰性能好，应用它连接天线阵面与波束形成及控制处理器。

数字波束形成器是一个专用计算机。波束形成方法在雷达、声呐及通信系统中均有应用，时域法有延迟求和、插值波束形成(低通、带通)、移位边带波束形成等；频域法有离散傅里叶变换法、相移波束形成等。对于战略相控阵雷达，宜采用能产生多个独立可控波束的方法。对于处理器的结构，为达到高速实时处理的要求，常采用能完成并行流水处理的阵列结构。

天线波束指向及方向图形状的自适应控制可以用硬件或软件实现，同样为了高速实现常以硬件使用为主，但为了有一定的灵活性及适应性也配以部分软件成为可编程控制器。选择自适应算法时，收敛速度是一个关键因素。对三种类型的算法性能进行分析比较和计算机模拟表明，最小均方误差(LMS)算法的主要问题是收敛速度慢，采样矩阵求逆(SMI)法有较快的收敛速度，但数值稳定性较差，对运算精度要求高。SMI 法是对最小二乘问题的正则方程进行求解，由于对信号协方差阵的估计过程中出现矩阵相乘的运算，会使最后求解的矩阵方程的条件数变坏。第三种方法是递归最小二乘(RLS)算法，这种方法可利用正交变换通过对输入数据矩阵直接进行运算来求得最佳权值，算法收敛速度快，数值稳定性好。

(3) 自适应数字波束形成处理器

为满足实时处理的要求，处理器应能实现高速运算，根据当前及未来计算机技术的发展，宜选择具有分布式多处理器结构的并行、流水处理方式。对于分布式多处理器系统，有 4 种类型的结构形式可供选择。

① 单指令多数据流(SIMD)处理器：采用集中控制，其特点是系统的指令和数据都存在一个主存储器中，系统由许多个处理单元(PE)形成阵列结构，按照集中控制、分散运算的方式工作。

② 多指令多数据流(MIMD)处理器：处理器阵列结构中存在着多个指令处理部件，能同时处理多条指令，每个处理器则按照它自己的指令流工作。

③ Systolic 阵列处理器：结构特点是模拟化、规则性、只与邻接处理单元连接和交换数据、按全局同步时钟的节拍工作。计算是以高度并行和流水的方式进行的。

④ 波前阵处理器(WAP)：其特点一是处理单元按自定时、数据驱动的方式进行计算，不需要全局同步时钟；二是结构的规则性、模块化和本地连接特性与 Systolic 阵列结构一样。

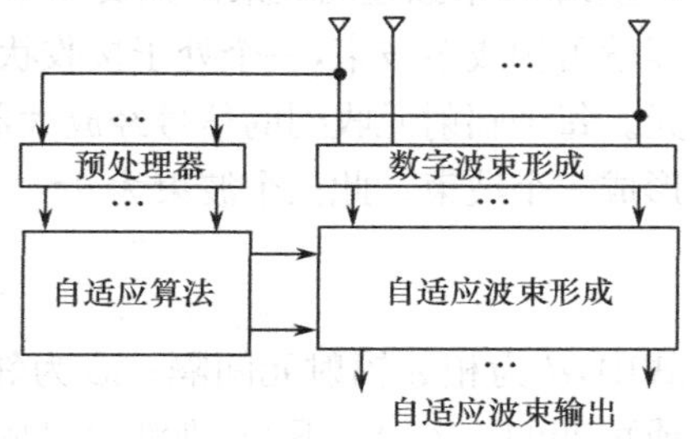

图 5.36　开环自适应控制的数字波束形成的原理图

图 5.37 示出一种自适应有源相控阵雷达的数字自适应波束形成器的简化框图。

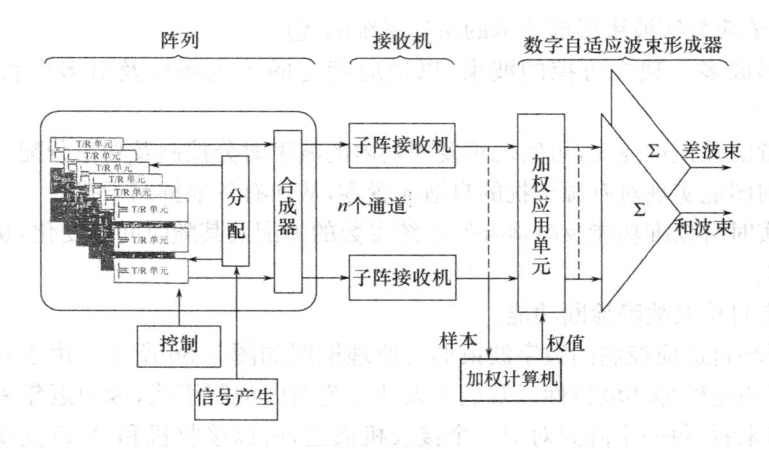

图 5.37 一种数字自适应波束形成器的简化框图[184]

4. 多波束形成

(1) 形成发射多波束的方法

为了扩大发射波束的照射范围，提高相控阵雷达搜索和跟踪数据率，实现自适应的能量管理等，均要求形成多个发射波束。实现多个发射天线波束的方法有多种，其中包括采用数字波束形成的方式。

相控阵发射多波束形成方法主要有如下 4 种。

① 在 RF 形成多个发射波束。这种方法按时间先后形成多个发射波束，用一套移相器即可实现，其前提条件是快速的波束控制响应时间和波束转换时间。

② 在视频形成多个发射波束。采用基于 DDS 的数字 T/R 组件的有源相控阵雷达所形成的多个发射波束仍然是按时间先后分别形成的，只是不需要 RF 移相器，各天线单元通道中的相位梯度的实现是在视频，由二进制的数字控制信号实现的，因此这是一种数字波束形成方法。

③ 采用多波束形成网络。从后面要讨论的 Blass 多波束形成方法和 Butler 多波束矩阵中将会看到，所形成的多个发射波束公用了同一天线孔径，而且在时间上是同时形成的。

④ 将大型发射相控阵天线分为几个发射阵面，每个发射阵面形成一个独立的发射波束。

(2) 形成接收多波束的方法

为了要同时满足定位精度高，搜索和跟踪时数据率高以及对旁瓣和方向图能进行控制等要求，就需要形成多波束。接收多波束形成(MBF)种类很多，这里介绍几种方法。

① 移相法多波束形成网络

相控阵的特性之一是可在单个孔径天线阵中同时形成独立的多波束。原则上，N 个辐射元可产生约 N 个独立的波束。只要在形成单波束的线阵列天线的每个单元的输出端装上附加的移相器就可构成多波束，一个处于接收状态的三波束形成网络如图 5.38 所示。该例子中共有三个辐射元。每个辐射元收到的信号经放大器后均分别通过三个移相器，然后按一定规律三路一组相加而形成三个波束。此三个波束为 $\theta=0$、$\theta=-\theta_0$ 和 $\theta=+\theta_0$ 三个方向，其中 θ_0 由下式决定：

$$\frac{2\pi}{\lambda}d\sin\theta_0=\Delta\varphi\ [\text{或}\ \theta_0=\text{srcsin}(\Delta\varphi\lambda/2\pi d)] \tag{5-27}$$

式中，d 为相邻辐射元间隔；$\Delta\varphi$ 为邻近辐射元之间插入的相移差值。相移差值 $\Delta\varphi$ 可以是固定的或可变的。若 $\Delta\varphi$ 不变，则波束是固定的；若 $\Delta\varphi$ 可变，波束可在空间进行扫描。多个波束可用类似的思路用多个移相器组来实现。

用移相法可构成处于接收状态的多波束，也可构成处于发射状态的多波束。而在某些应用

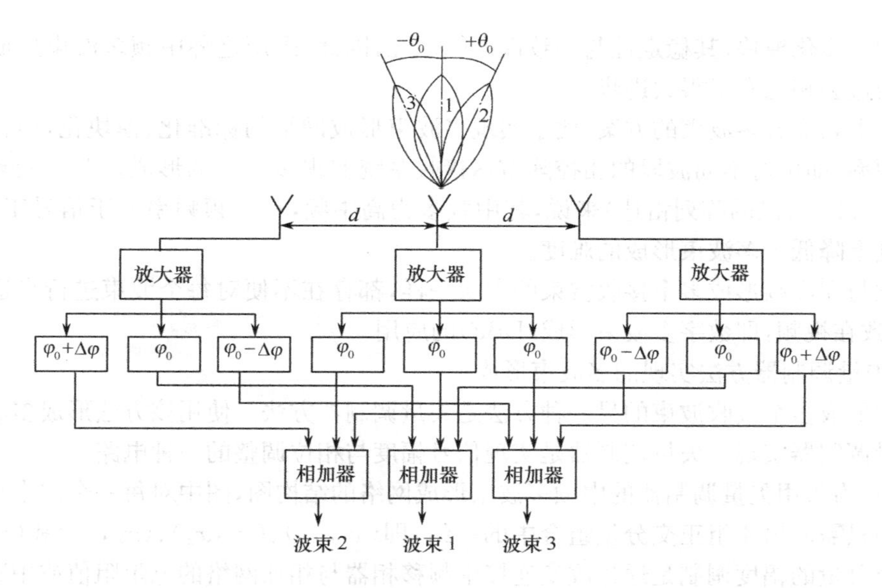

图 5.38　用移相法获得三波束的原理图

中只在接收状态构成多波束，而发射状态形成包含整个多波束接收范围的宽的辐射方向图。

② 采用时间延迟线的多波束形成网络

如果采用图 5.39 所示的在子天线阵级别上形成多个接收波束，而固定移相器在中频实现，则子天线阵上的高频放大器应置换为包含混频器与中频放大器等的子天线阵通道接收机。这种采用中频延迟线结构实现的子天线阵多波束形成网络如图 5.40 所示。

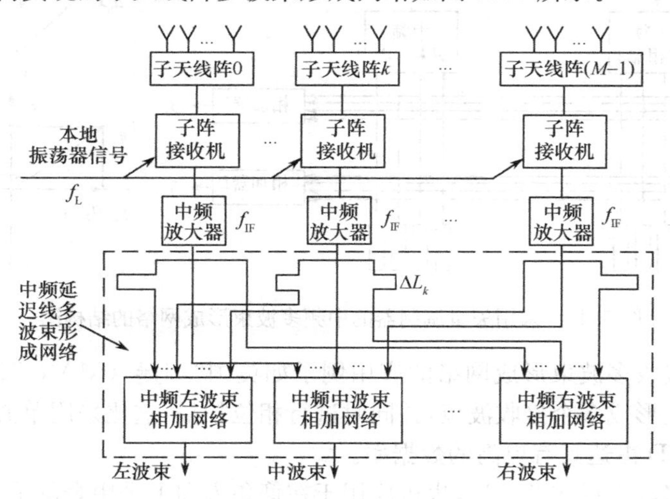

图 5.39　采用中频延迟线结构实现的子天线阵多波束形成网络[8]

若要形成 $2k+1$ 个波束，$k=\pm1,\pm2,\cdots$，其中 $k=0$ 为中间波束。为使形成的第 k 个波束偏离中间波束的角度为 $\Delta\theta_k$，相邻子天线阵之间所需的固定移相器的相移值为 $\Delta\phi_k$，则它所对应的时间延迟 $\Delta\tau_k$ 的电缆长度 ΔL_k 具有以下关系

$$\Delta\varphi_k=2\pi f_{IF}\Delta\tau_k=2\pi f_{IF}\Delta\varphi_k/v \tag{5-28}$$

式(5-28)中，v 为电波在电缆或其他时间延迟传输线中的传播速度，与传输介质的电介常数 ε_r 有关，对于用空气介质电缆作延迟线的传输线，v 接近于光速。

由于微波集成电路的高速发展及微电子组装技术的进步，通道接收机已可做成高集成和高密度组装的小型化模块，其稳定性与一致性亦能保证，因此，采用这种中频多波束形成系统在技术实现上与过去相比有了很大进步。

采用在中频形成多波束的方案，便于实现多波束形成网络的标准化、模块化，而且只要改变本振信号频率，即可对不同波段的相控阵雷达接收系统实现多波束的形成。对于低频相控阵雷达（如 HF，VHF 波段的阵列雷达）来说，其中频多为高中频，且中频频率大于信号工作频率，这在一定程度上降低了多波束形成的难度。

在中频与在高频形成多个接收波束的方法一样，都存在不便对每个波束进行自适应控制的缺点，这导致在视频，即数字多波束形成（DBF）的应用。

③ 用矢量调制器方法实现的多波束形成

在中频形成多个接收波束的另一种方法是矢量调制器方法。使用该方法形成多波束需要的相移由矢量调制器实现。矢量调制器是实现信号幅度与相位调整的一种电路。

图 5.40 为采用矢量调制器的中频多波束形成网络的结构图，图中对每一个波束相加器在中频移相器中只需取出 4 组正交分量组合中的一组，即(x_0,x_1)、(x_1,x_2)、(x_2,x_3)和(x_3,x_4)中的一组。每个分量的幅度调制是通过改变连接中频移相器与相加网络的电阻阻值或中频放大器中的衰减器来实现的。将这些耦合器加权电阻集装在一块或多块印制板上，可以得到结构紧凑、工作性能稳定的中频多波束形成网络。

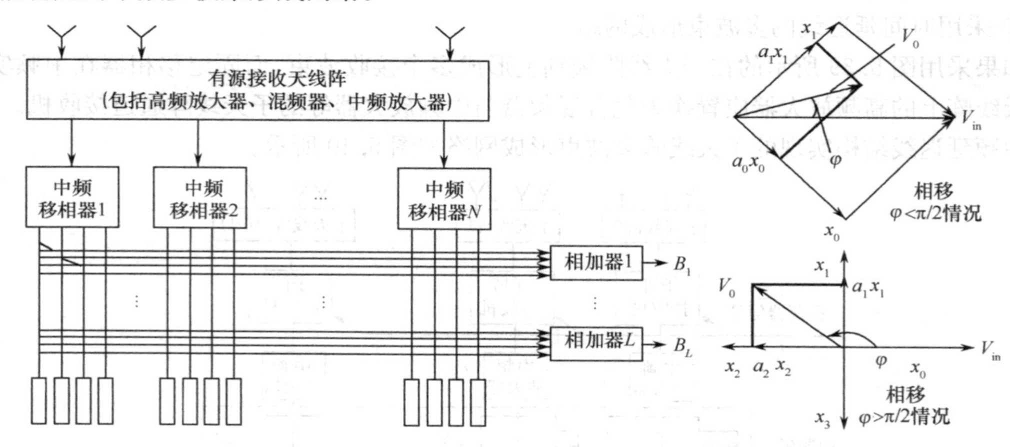

图 5.40　采用矢量调制器的中频多波束形成网络的结构图

采用这种中频接收多波束形成网络的应用例子如英国“圆堡”（MARTELLO）三坐标雷达，该雷达在仰角方向上形成多个接收波束，并同时进行相位扫描，这比采用单波束在仰角方向上进行相位扫描的普通 3D 雷达具有更高的数据率。

这种中频接收多波束形成的方法，也可应用于在仰角方向上采用余割平方宽发射波束，接收采用多波束的三坐标雷达之中。用此方法可以产生布满整个发射波束仰角空域覆盖范围的多个波束，并使仰角宽发射波束的情况下用多波束接收天线进行测高。

④ 中频实现的 Butler 接收多波束[8]

Butler 多波束矩阵，既可用于发射也可用于接收。当用于接收时，均可在中频实现多波束的形成。Butler 多波束形成网络所用的基本元件是 3dB 电桥和固定移相器。其工作原理可从 4 单元组成的 4 个波束的多波束形成网络中看出。4 个天线单元 Butler 波束形成网络原理如图 5.41 所示。它形成的 4 个波束指向也示于图中。线单元，相位要滞后 π/2，4 号天线单元较 2 号天线单元也滞后 π/2。然后，其工作原理便可按利用 3dB 电桥的两个输出端之间存在 π/2 的相移，因此 2 号单元接收到的信号经过 3dB 电桥延迟 π/2 后与 1 号单元接收到的信号，在电桥左输出端可实现同相相加的两单元原理加以说明。4 个天线单元的 Butler 矩阵多波束有两层 3dB 电桥，并要求有固定移相器。

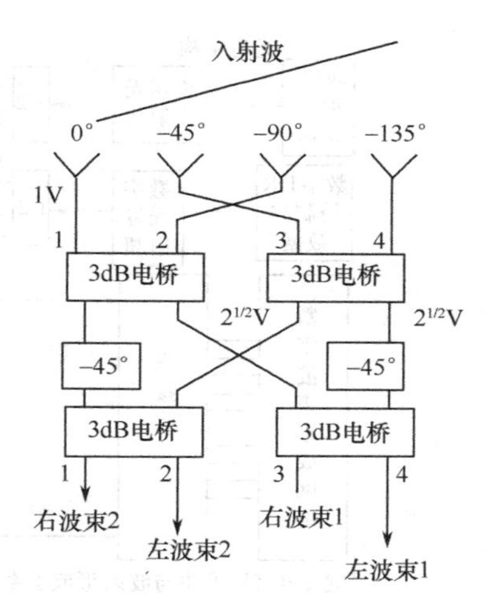

图 5.41　4 个天线单元 Butler

Butler 矩阵多波束是同时形成多个波束的方法，每个波束均利用了整个阵面的天线孔径，都能获得整个阵面提供的天线增益，因而是无损的多波束形成方法，它在发射与接收天线中均可采用。由于 Butler 矩阵形成的多波束具有正交性，每一波束最大值方向均与其他波束的零值方向重合。因此，Butler 矩阵多波束是天线方向图综合的有力工具。

⑤ 在光频上实现的多波束形成系统[8]

在光频上采用光纤实现的多波束形成系统对所需的时间延迟补偿比较有利，因而可做成具有大瞬时带宽的多波束系统。

图 5.42 所示为在子天线阵级别上用光纤实现的多接收波束原理图。

图 5.42 中每个子天线阵接收机的输出信号经过光调制器，对来自激光源的光信号进行强度调制，然后转移至光载波上，经光分配器分为多路（图中所示为三路），用于形成多个相邻波束。

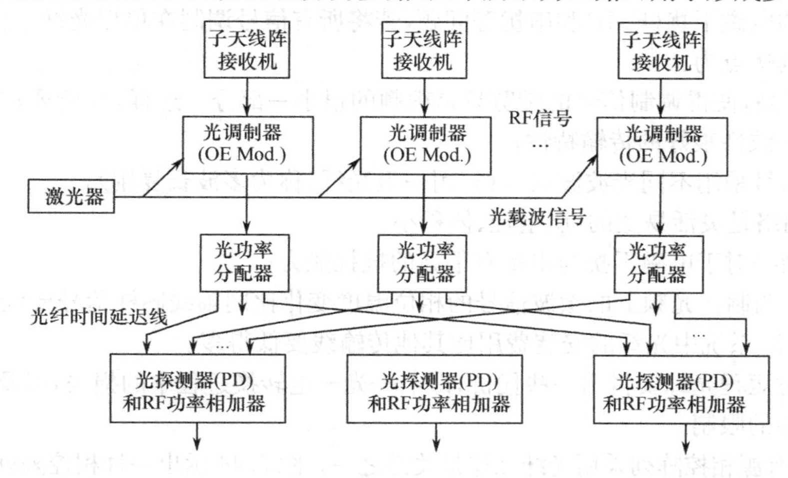

图 5.42　在子天线阵级别上用光纤实现的多接收波束原理图

光功率分配器可采用星形光耦合器实现。图 5.42 中经一分为三的光功率分配器分路的光载波信号经过不同的光纤延迟，分别至相应的相加网络，先经过光探测器（PD）还原为射频信号，然后在 RF 功率相加器中实现功率合成，最后得到相应波束的输出。

光纤使孔径和 IMA 子系统在机体内的放置具有很大的灵活性。光纤固有的低传输损耗和高抗噪声特征消除了长度与布线方面的限制。与多芯铜电缆相比，光纤的其他潜在优势是尺寸小，质量轻。

有源 ESA 采用光电技术的另一种好处是：有宽瞬时带宽（>500MHz）工作模式时，可以进行子阵列级的实时延迟（TTD）波束控制。

一种可能的光电结构示于图 5.43 中。该结构以单模光纤为基础，能保证满足模拟式射频光纤链路接近载波和动态范围的指标。使用波长分割多路复用（WDM）技术简化信号形成、波束形成子系统以及构成孔径的 T/R 模块之间的线路连接。这样，一条光纤就能携带射频 T/R 本振、数控数据和数字化接收信号。

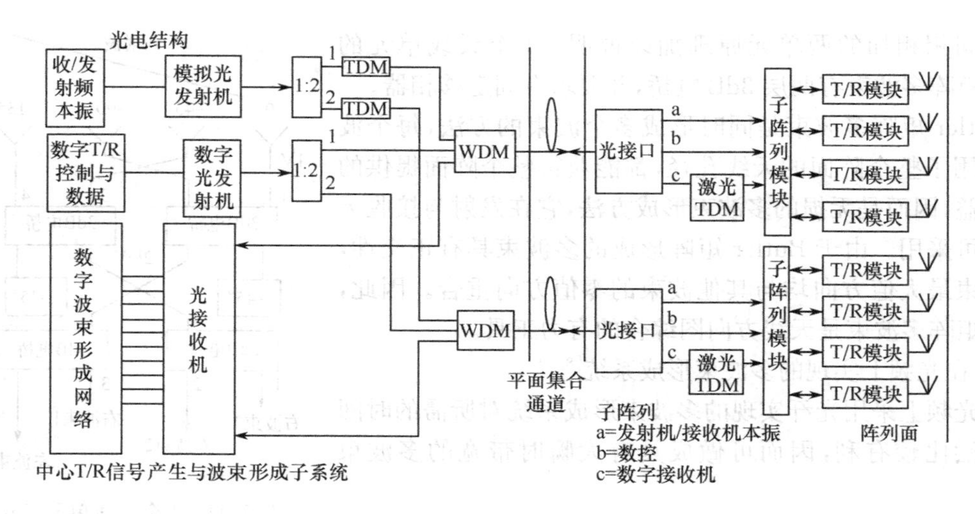

图 5.43　光电结构

应该指出，有源相控阵列每个有源组件与中央控制部件都要有 RF 信号和控制信号的接口。阵列通常由上千个辐射单元组成，其馈电网络十分复杂，幅相要求相当严格，因此降低其成本显得非常重要。另外，虽然采用 GaAs-MMIC 可简化传送分配系统，但许多 MMIC 模块的互连会造成难以克服的电磁干扰(EMI)和串扰等问题，若将所有信号调制在单根光纤上传输，就可获得很大的好处。其优点为：

(a) 光频很高，使得调制信号的带宽只是载频的很小一部分。这样，在所要求的微波工作频段内就能获得一致性很好的传输特性；

(b) 多个信号采用不同光波波长，可复用一根光纤(称为多波长复用)；

(c) 分配网络是灵活易变的，质量轻、体积小；

(d) 分配网络对于电磁干扰与串扰有很高的抗扰能力；

(e) 光纤中调制在光频上的微波信号的相位温度变化比同轴线同样信号要低一个数量级；

(f) 在相控阵系统中光纤的安装费用比其他传输线要低得多。

其缺点是对短程光纤要付出一些代价，即电—光—电转换过程中的损失，以及由这些转换所引起的动态范围的限制。

因此，机载有源相控阵列采用光纤互连是关键之一。图 5.44 示出一种相控阵列天线的光学控制的和 FED 的单片集成电路。整个采用光纤传输的有源相控阵雷达的示意图，如图 5.45所示。

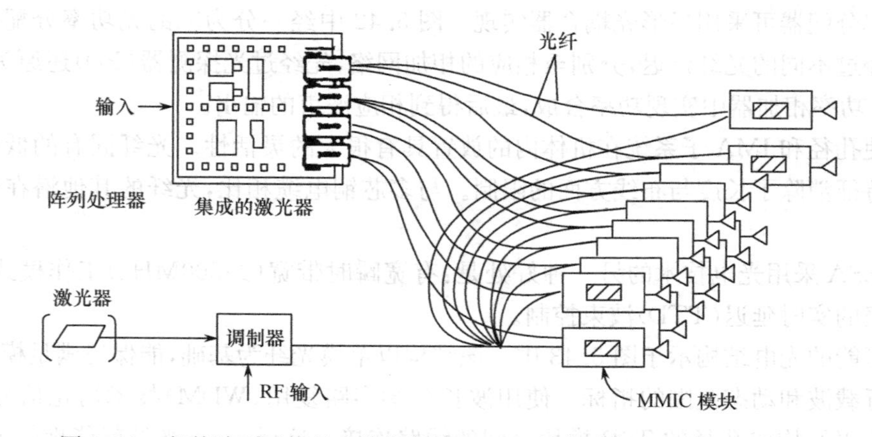

图 5.44　相控阵列天线的光学控制的和 FED 的单片集成电路的示意图

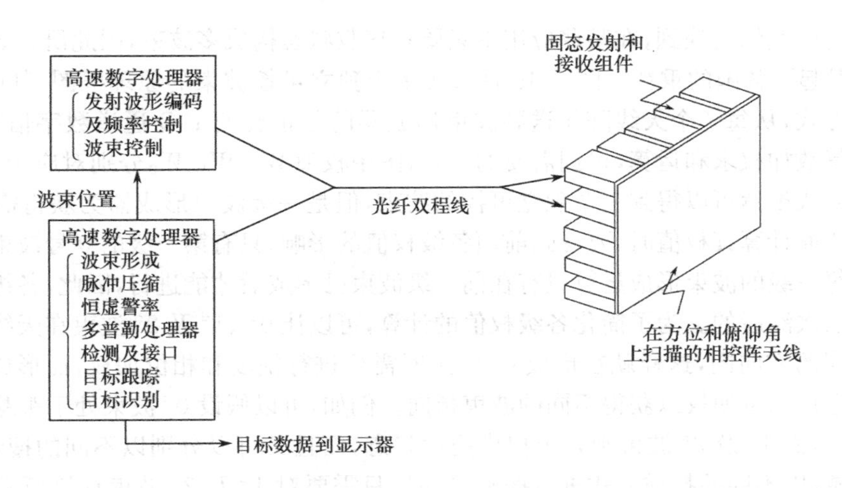

图 5.45　采用光纤传输的有源相控阵雷达的示意图

⑥ 用罗特曼透镜实现多波束[6]

一个非常方便的实现方法是罗特曼(Rotman)透镜,这是早期 Gent bootlace 透镜的一种演变,它具有在一个扫描平面内可形成三个焦点的特性。罗特曼透镜能够在超过 45°的范围内提供良好的宽角扫描特性。图 5.46 为罗特曼透镜的示意图,图中画出了通过透镜的几个射线路径及相关的辐射波前。

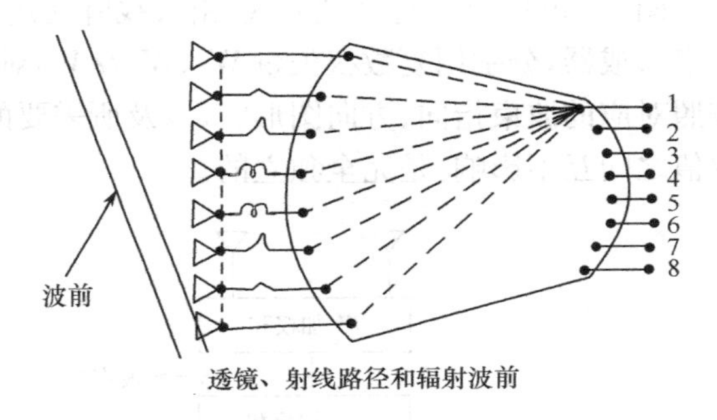

图 5.46　罗特曼透镜、射线路径和辐射波前

已经研制出一种罗特曼透镜,并进行了测试,该罗特曼透镜将作为电子扫描天线的方位波束形成器(如图 5.47 所示)。这种透镜是美国佐治亚大学为美国陆军研究实验室(ARL)开发的罗特曼透镜的简化型。为了简化生产工艺设计,取消了“魔 T”,但在性能上几乎没有损失。后期改进包括插入一个相位补偿网络。为了控制波束选择能力,提出了两种$M \times N$的波束开关网络的概念。一种是采用能够高速激励的传统 PIN 二极管,而另一种则采用能够处理大功率应用的光激发硅片。

电子扫描天线体系结构的最后视图如图 5.48 所示。从图中可看出,该结构有两个罗特曼透镜,一个用于发射,另一个用于接收。罗特曼透镜的阵列端采用低噪声放大器或功率放大器与八路封装件(octo-pac)连接。这些放大器与仰角移相器串联,最后串联到贴片天线阵。

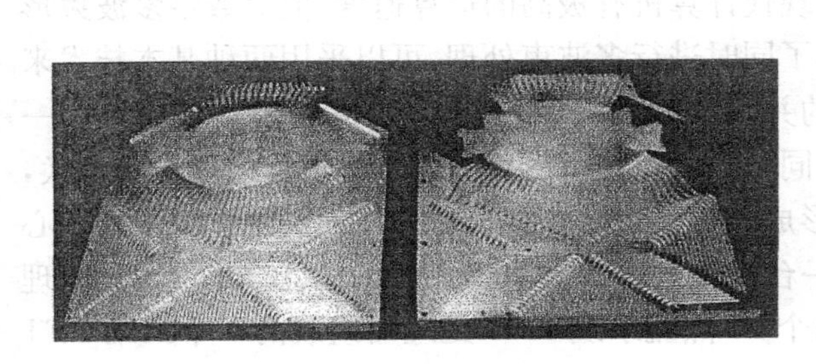

图 5.47　罗特曼透镜波束形成器

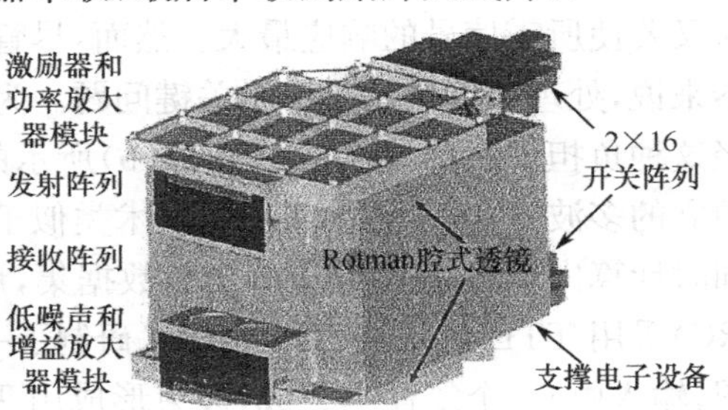

图 5.48　第一个电子扫描阵列样机的最终体系结构

⑦ 数字多波束形成

用模拟技术形成多波束的缺点主要是旁瓣电平高,稳定性差,更重要的是对付有源干扰无自

适应能力。前面我们已谈到，在某些应用中只要求接收状态构成多波束，因此研究数字多波束形成(DMBF)引起了各国的重视。图 5.49 是形成多个独立可控波束的原理框图，其中图 5.49(a)是串级处理方式，从每一个天线阵元送到波束形成器的是正交的 I、Q 通道数字信号，在波束形成器中完成复数加权求和运算，得到需要的波束，图中权值 W_0、W_1、W_2分别对应于 0#，1# 及 2# 波束。这种方式虽然可以得到三个独立可控的波束，但是一级波束形成器为获得需要的波束形状及扫描方式而计算其权值时，要受到前面各级权值的影响，只有第一级的 0 号波束不受其他各级的影响。每一级的波束形成运算只有在前一级波束已形成后才能进行，因此，各级形成的波束在时间上是依次滞后的。为了简化各级权值的计算，可以让 0#、1# 及 2# 波束在天线阵正侧视时具有完全相同的方向图，这样就在形成 0# 波束时需要进行幅度和相位加权，而形成 1# 和 2# 波束时只需要进行相位加权以获得不同的波束指向。例如，可以假设 0# 波束处于跟踪状态而指向某一固定方向，而 1# 及 2# 波束则处于扫描搜索状态，而且又可以分别以不同的搜索速度，在不同的搜索空域，以不同的扫描方式进行搜索，这时，只需要对 1# 及 2# 波束计算所需要的相位权值并进行相位加权，便能得到需要的波束。

图 5.49(b)是并行处理方式，由天线阵元送来的 I、Q 通道数字信号并行输入到 0#、1# 及 2# 波束形成器，分别用复数权矢量 W_0、W_1 及 W_2 对输入信号进行加权求和得到各波束输出，权值是按照对应的波束指向、方向图形状，以及所需要的搜索或跟踪方式来确定的，这时各波束对应的权值之间互不影响，是完全独立的。

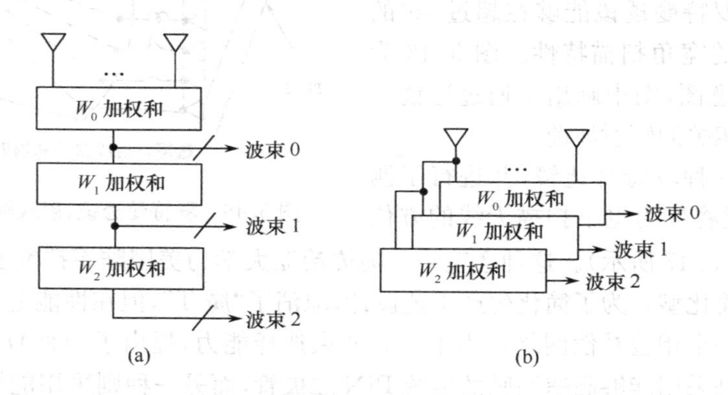

图 5.49　形成多个独立可控波束的原理图

数字多波束形成系统的结构与下列因素有关：波束形成算法，输入传感器的个数，需要的数据吞吐量，输入数据的带宽和采样率，信号的动态范围。数字多波束形成雷达的核心是数字波束形成计算机，其功能为：一是产生多波束，二是完成自适应处理，既要使干扰机的干扰信号最小，同时又要使所需信号的响应最大。然而，尽管现代计算机有极高的运算速度，但对数字多波束形成器来说，处理速度仍然是一个关键问题。为了同时进行多波束处理，可以采用两种基本技术来减轻这种负担。一种技术是图 5.49(b)所示的并行处理方法，用一组分立的波束形成器产生一组独立的多波束；第二种波束形成技术类似于同时对所有接收的射频信号进行快速傅里叶变换，即同时计算出 N 个正交波束的全套数据集，形成一组多波束响应。例如，加拿大通信研究中心(CRC)采用 TTL 和高速 CMOS 技术研制了一台二维数字多波束形成器。图 5.50(a)为其原理框图，输入由 64 个复样本组成，波束形成用两个 16 点流水线 FFT 处理器组成的一个二维 FFT 来实现。这种波束形成器可按 3.2μs 的最大更新速率产生 256 个波束输出。图 5.50(b)为 64 个阵元数字波束形成雷达示意图。

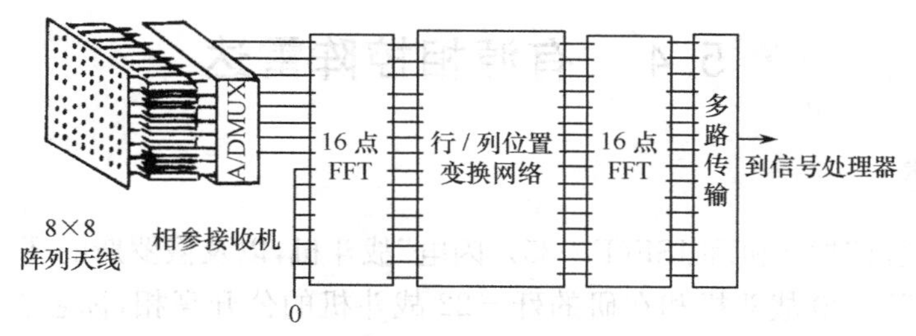

(a) 与64阵元平面阵列接口的接收数字波束形成器原理图

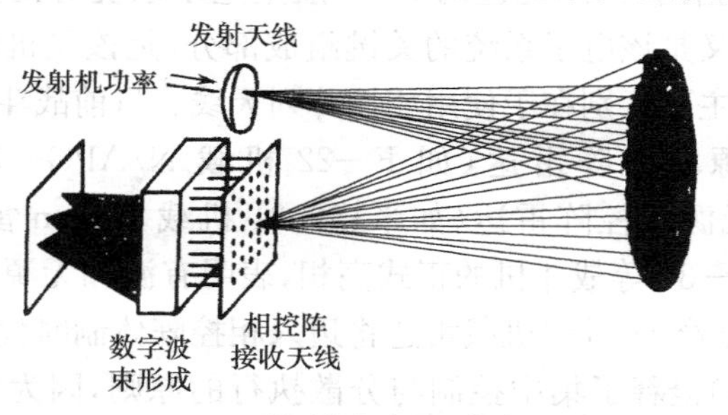

(b) 64阵元数字波束形成雷达示意图

图 5.50　二维数字多波束形成器的原理框图及实现方法的概念图

5.3.5　雷达管理器

采用自适应技术的有源相控阵雷达能自适应地使雷达参数最佳化来满足正在变化的目标参数和环境的影响。其可采用的特殊性为：①数字波束形成；②波形产生和选择；③波束管理；④频率选择；⑤任务调度；⑥目标跟踪等。

雷达管理器用于控制并使雷达信号和数据等处理最佳，以便在一个目标最接近于天线宽边时的时间上执行这些任务。

雷达功能必须以共同纵坐标来处理信号产生，波束指向、驻留、发射、接收，信号处理和数据提取，以便每个处理（过程）确保正确的参数用来执行所要求的任务。图 5.51 示出在任务调度中所用的典型处理。

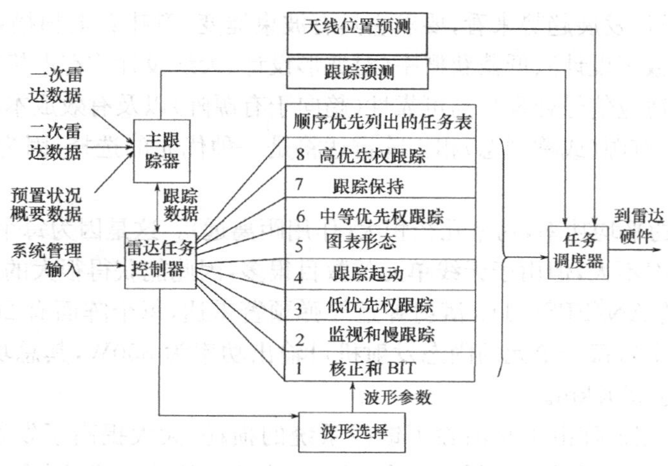

图 5.51　雷达任务调度处理

5.4 有源相控阵雷达

5.4.1 概述

美国F—22“猛禽”战斗机和JSF(F—35)“闪电”战斗机，以及俄罗斯的T—30战斗机和T—50战斗机，中国的歼—20战斗机和在研的歼—22战斗机的公开亮相，标志着21世纪先进战斗机(ATF)时代的到来。应该指出，采用先进的ATF航空电子系统对提高战斗机的作战能力起到了决定性的作用。而雷达又是该电子系统的关键组成部分，是该飞机的“耳目”。新一代战斗机载雷达与往日传统雷达的主要区别在于使用相控阵列天线。目前战斗机载相控阵雷达的研究发展有两条路子：一是有源相控阵雷达（如F—22机载N/APG—77雷达和F—35机载AN/APG—81雷达），二是无源相控阵雷达（如米格—31机载Zoslon雷达和法国Rafale机载RBE—2雷达）。F—22和F—35等战斗机的正式亮相，表明有源和无源相控阵雷达先后将在新一代战斗机上服役，从而标志着21世纪机载雷达将迈入相控阵体制时代。

有源电扫描阵列（AESA）诠释了集中控制与分散执行的原则，因为它将雷达功能分配给成百上千个集中控制的小型独立“雷达”。AESA雷达能力因此跨上新的台阶，使其成为网络化联合布局功能强大的自主传感器。目前新一代战斗机均配备AESA雷达。近来，AESA技术也将装备无人机用于监视和侦察任务。

无源相控阵雷达是公用一个或几个高功率发射机，通过功率分配器激励阵列天线，通过组合器实现信号的接收。这类雷达的接收机和发射机与常规雷达雷同，在此不再深入介绍。

有源相控阵雷达中，其射频功率通过阵列结构中的组件放大到辐射所需的电平，而且通常由阵列单元或子阵列中的某种功率“模块”（或T/R模拟）来实现。

在AESA雷达中，T/R组件通常包括低噪声接收机、功率放大器以及数字控制相位/延迟与增益单元，提供改进的波束控制灵活性与相当低的旁瓣。通过编程，每个T/R组件都可以起到发射机、接收机以及“雷达”的作用，被赋予各种任务。全部T/R组件一起组成一部功能强大的雷达，可以同时执行不同的任务。先进处理器负责管理源自诸多独立T/R组件的数据，融合并生成综合图像。

从今后雷达的设计发展趋势来看，要求它具有波束捷变（意味着电扫描）、多功能（要求宽频带）、自适应（趋向于数字设计）、低截获概率（对波形设计、天线设计均有严格要求）、抗干扰（意味着天线超低旁瓣、自适应信号处理）、高可靠性（趋向于有源阵）以及有效成本（意味着组件可自动化生产）。由此可见，有源（或称固态）相控阵雷达将是一种优先的选择，因为它具有下列优异的性能：

① 易于获得大的平均功率，功率孔径积大（作用距离远）。这是因为每个天线单元都有它自己的功率源，虽然功率不大，但由于天线单元的数目很多，因此能获得很大的总平均功率。例如，美国雷声公司研制的AN/FPS—115潜射弹道导弹预警雷达，每个阵面有2677个辐射单元（其中有源单元为1792个），每个单元的固态发射机可输出功率为350W，其总功率可达600kW，对导弹的搜索距离可达4800km。

② 效率高，固态相控阵由于它消除了馈线系统的损耗，大大提高了发射机功率的有效性。典型的大功率发射机馈线系统的损耗大约为5dB，即有2/3的功率消耗在馈线的各环节上，只有1/3的功率辐射到空间。雷达发射机是最大的电力消耗者，采用固态相控阵后，由于发射机功率的有效性显著提高，促使电源消耗大大下降。

③ 可靠性高，因为大功率器件是雷达可靠性的薄弱环节，现在改为数千个小功率的固态组件，故障率低，所以有极高的可靠性。一般阵面50%的单元失效时雷达仍能正常工作，10%的单元失效时系统性能只是略有下降，平均故障时间(MTBF)≥10万小时。

④ 由于相移是在发射机的低电平上进行的，而且馈线和移相器的损耗对性能没有影响，可使用成本低又精确的低功率移相器。

⑤ 组合馈电既轻又便宜，因为功率分配是低电平，在馈线的输入端功率和电压只有数十瓦和数十伏，而且有源阵列中的功率分配和组合有可能采用光纤。

⑥ 容易实现数字波束形成，实现多目标跟踪和自适应阵列处理，因而具有多种工作状态瞬时自动转换、快速识别目标和自适应抗干扰的能力。

图5.52示出固态相控阵雷达的功能框图，其中图5.52(a)为固态相控阵雷达的组合布局，系统的组成分为三个主要部分。图中，有源电扫描阵列(AESA)的作用是调整信号、控制波束的指向和形状、辐射和接收能量。这一部分通常包括T/R组件阵列及其支撑结构、将直流电源和射频信号与所有组件连接起来的连接器、热控制设备、阵列的低噪声电源和数字式波束控制器。

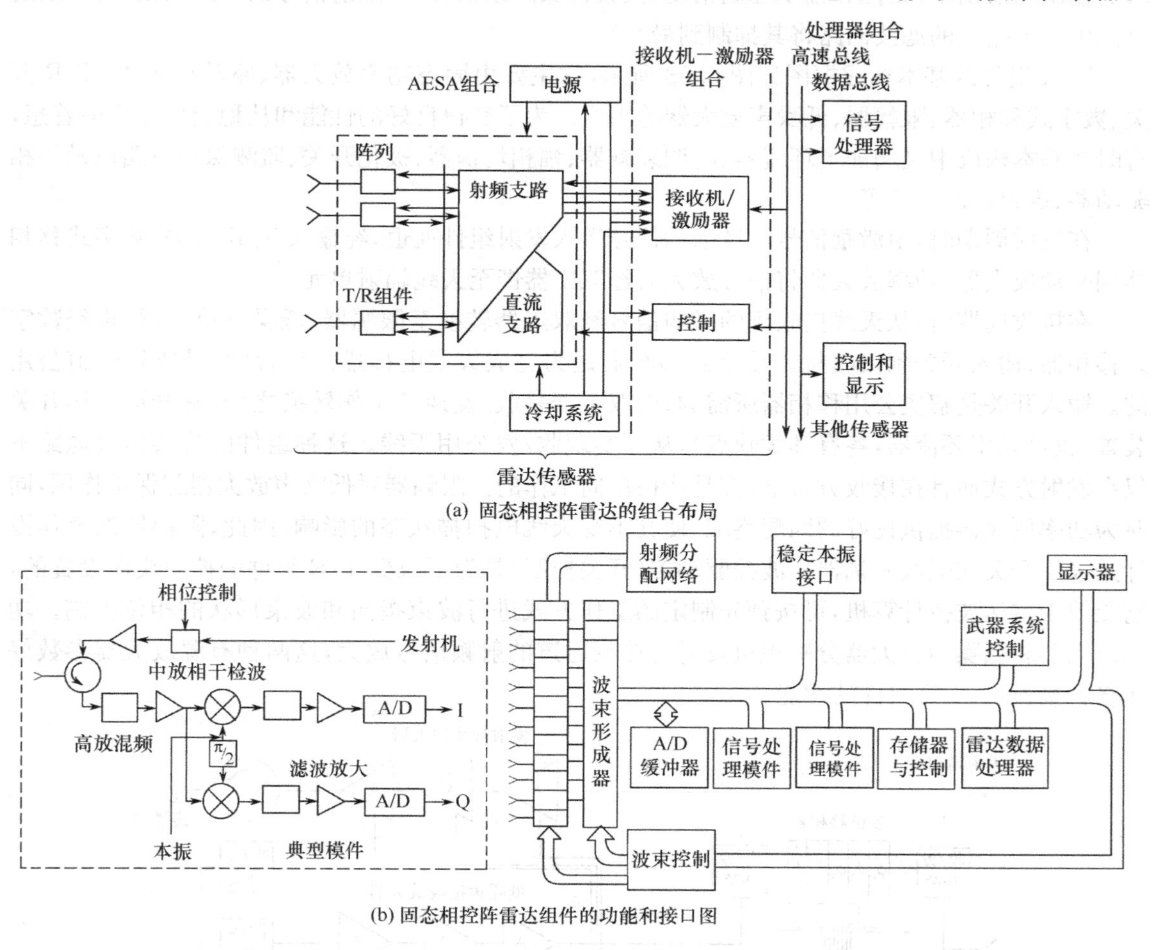

(a) 固态相控阵雷达的组合布局

(b) 固态相控阵雷达组件的功能和接口图

图5.52 固态相控阵雷达的功能框图

接收机—激励器(R_x/E_x)组合部分的作用是控制雷达工作方式和定时、选定激励波形以及将接收信号变为数字信号进行处理。这一部分还包括一个控制器，对雷达系统的工作实施全面控制并监视雷达系统的全部性能。

处理器组合部分的作用就是从数字信息源中取出目标信息，并将其变换成显示系统所要求的综合数据形式。这种处理器与主机分开的布局形式也有助于多个传感器公用计算机，以解决显示前的利用效率和数据合成问题。

固态相控阵雷达在结构上与其他常规雷达之间最明显的差别在于：无机械扫描设备，高功率微波信号产生于T/R组件，而T/R组件紧靠在辐射口径的背面。图5.52(b)示出固态相控阵雷达的组件功能和接口图。

大多数固态相控阵列可分成6个基本单元：①辐射结构；②射频组件；③射频波束形成网络；④波束控制器；⑤供电系统；⑥散热系统。本节仅讨论射频组件及射频波束形成网络。

5.4.2　固态T/R组件的基本组成

有源ESA的关键组成部分是T/R模块，它是由微电路板上的有限数量的单片微波集成电路实现的。工作在X波段或更高波段上的单片集成电路是由砷化镓制成的。关键电参数有：模块的输出峰值功率，相位和幅度控制精度，接收机噪声系数，以及发射信号的噪声调制(必须通过直流供电电路中的滤波回路将其抑制到最小)。

T/R组件的基本构成框图如图5.53所示，它主要由固态功率放大器、驱动放大器、T/R开关、数字式移相器、限幅器、低噪声放大器等组成。为了获得良好的性能和从稳定可靠方面着想，有时在基本构成中又增加了环流器、电调衰减器、幅相均衡器、极化开关、监测保护电路以及移相驱动器、逻辑控制电路等。

在发射周期时，由激励信号源送来的信号送入发射组件通道，经输入T/R开关、数字式移相器到驱动放大器，功率放大器将信号放大后经双工器馈至天线辐射单元。

在接收周期时，从天线接收到的微弱信号经双工器转换至限幅器、低噪声放大器，再经数字式移相器、输入开关到接收机。数字式移相器是为完成天线电扫描而设置的，是收发通道公用的。输入开关是解决公用移相器所需的，而双工器是收/发通道工作转换之用(它既可采用开关装置，也可采用环流器，各有其优缺点)，从而实现收/发公用天线。这种组件的公共信号通路不仅在发射方式而且在接收方式下，都是严格单向工作的。限幅器对低噪声放大器起保护作用，同时为功率放大器提供良好的匹配终端，使其不受天线电扫描状态的影响，因此，限幅器的最佳设计是采用开关式吸收限幅器。波控驱动器(开关控制)是为了减少T/R组件的控制线而设置的，它受控于雷达波控计算机，可按预先制定的工作方式进行波束指向和波束形状的相位控制。功率放大器和低噪声放大器分别担负发射与接收通道的射频信号放大，这两种有源放大器参数好坏将直接影响T/R组件的性能。

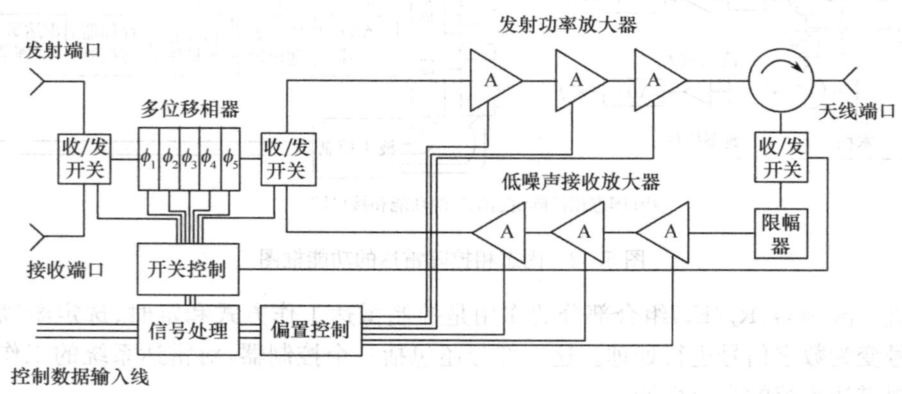

图5.53　固态T/R组件的基本构成框图

下面介绍目前已采用的几种 T/R 模块[1]、[6]。

① 在理想情况下，模块中的所有电路都应该能集成在一块晶片上。但是，由于不同功能模块之间条件要求的差异，实现这一目标的技术至今还没解决。因此，电路就根据各种不同的功能被划分开来，各部分被封装在不同的芯片内。这些芯片在混合微电路中被连接起来。图 5.54示出一个 X 波段集成 T/R 模块的照片。

图 5.54　X 波段集成 T/R 模块

② 图 5.55 是一个 X 波段集成 T/R 模块的照片，大小为 0.89ft×0.16ft×4.857ft(宽×高×长)。T/R 组件的宽和高都是为满足阵列单元在最高频率的大角度间距而确定的。两个完整的 T/R 功能封装在一个模块里面以简化结构，满足阵列栅格尺寸的限制。这两个 T/R 功能公用共同的稳压器和数字控制功能，但它们有独立的相位、幅度和极化设置。在该模块的歧管端(manifold side)，一个 RF 端口用于发射和接收信号，通过双向组合器将输入口连接到 T/R 功能。6 条馈通线用于控制数据输入。该模块控制器的配置能够存储 16 种模块设置(波束指向设置)，以便于快速实现波束和功能之间的切换。

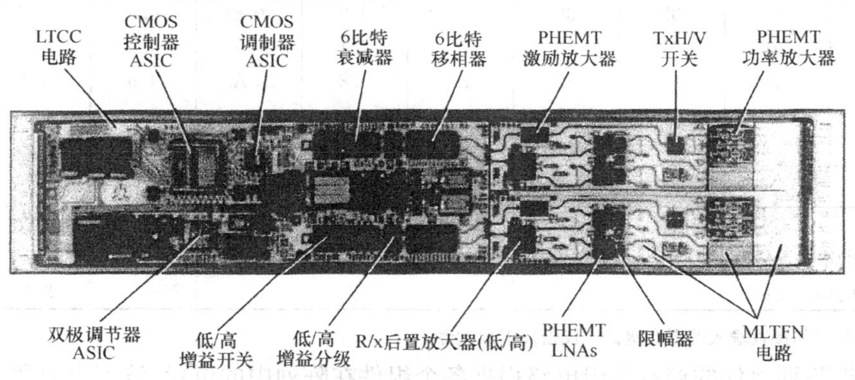

图 5.55　一个 X 波段集成 T/R 模块

阵列的极化多样性是大范围应用所必需的，它通过在模块中使用可选的线性极化来实现。

T/R 模块结构已从“砖块”式发展到“瓦片”状，以氮化镓 T/R 模块为代表的新一代半导体器件将可能取代现有的砷化镓 T/R 模块，从而进一步提升 AESA 雷达的性能。图 5.56 显示了在 AESA 上应用的一个标准化的 T/R 模块。这种结构的关键组成就是一个非常小的瓦片状的 T/R 模块(对 X 波段，模块大小为 15mm×15mm×5.6mm)，其中包含了完整的收发模块、控制电路和发射单元。这些天线能与飞机等复杂结构的蒙皮很好地吻合，不但能应用到以前不能安装天线的地方，如飞机的机翼、起落架、直尾翼和货舱中，而且避免了雷达截面积的增大。图 5.57是一个应用到二维曲面一体化天线上的一种先进 T/R 模块。

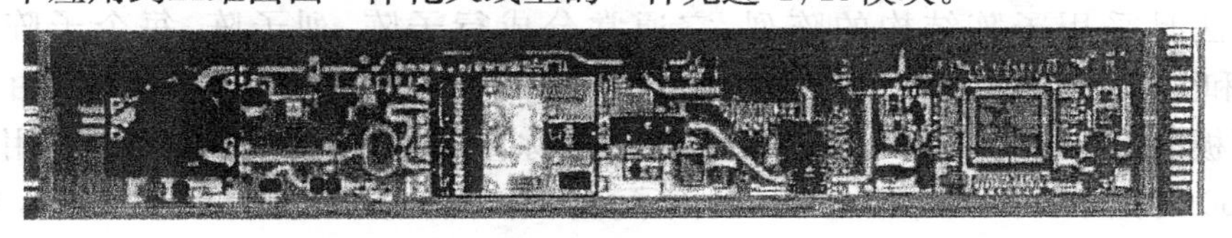

图 5.56　在当前 AESA 上应用的标准化的 T/R 模块

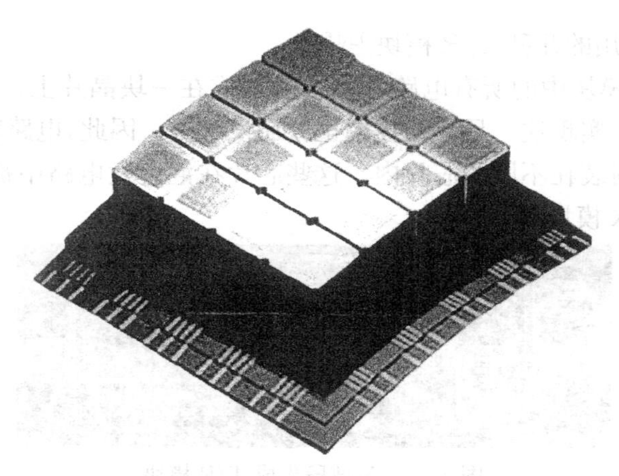

图 5.57 应用于二维曲面一体化天线上的先进 T/R 模块

表 5.2 列出了几种典型的集成 T/R 模块性能特性和灵敏度。

表 5.2 集成的 T/R 模拟性能特性和灵敏度

性能特性									
频　率	发射模拟			接收模拟				尺寸/cm³	质量/kg
	RF功率/W	增益/dB	效率/%	增益/dB	噪声系数/dB	均方根相位误差			
						增益/dB	相位/°		
L波段*	11	35	30	30	3.0	0.8	5.0	65.5	0.11
S波段	10	31	16	25	4.1	0.5	4.0	39.3	0.07
S波段	2	23	22	27	3.8	N. A.	4.6	47.5	0.10
S/X波段**	2	30	25	…	…	…	…	4.1	N. A
X波段	2.5	30	15	22	4.0	0.6	6.0	11.5	0.02
性能灵敏度									
参　数				发射			接收		
对漏极电压的增益灵敏度				1dB/V			1dB/V		
对漏极电压的相位灵敏度				4°/V			2°/V		

*包括发射输出和接收输入的混合级。**仅指发射放大器。

有源相控阵列组件的控制逻辑电路根据各个组件在阵列中的位置、波束指向和载频，为各组件计算适当的移相器相位指令，此外，它还提供功率放大器程序增益控制和周期转换功能。

应该指出，对于高增益有源相控阵天线，所需辐射单元和移相器的数量有几千个。因此，其成本是很高的。为了降低成本和空间，需要将辐射器，移相器模块(或 T/R 模块)，馈线网络和相应的控制电路集成为一个子阵集块。因此，阵列可采用子阵排列的结构。

5.4.3 有源阵列的结构体系[11]

机载有源 ESA 列结构设计的具体实现有不同方法，一种方法被称为“粘贴结构”(stick architecture)，图 5.58 和图 5.59 对这种实现方法进行了图解说明。

另一方法是采用子阵结构的阵列，它通常分成行子阵、列子阵，每个子阵分开馈电。图 5.60(a)和图 5.60(b)示出构成孔径的两种基本方法。在图 5.60(a)中，阵列是由与阵面垂直安装的印制板电路构成的，这种安装称“砖块”式(或称直线式)子阵结构，其馈电常用立体组合馈电，如图 5.60(c)所示。图 5.60(b)所示的面子阵是“瓦片”式(或称分层式)结构，每一层完成一项或几项特定的功能，如相移、功放等。它安装成一个多层阵列，其馈电为平面组合馈电，如

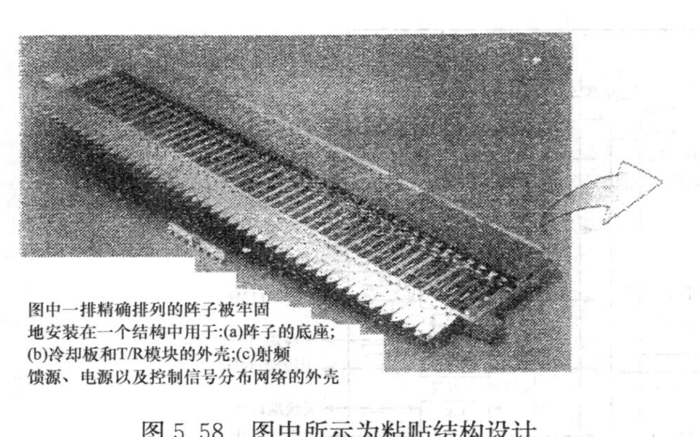

图 5.58　图中所示为粘贴结构设计的有源 ESA 的一个粘贴片

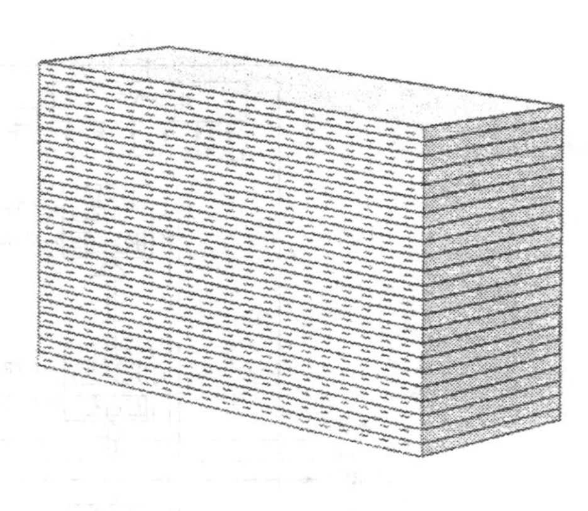

图 5.59　一个粘贴片被牢固地置于另一个粘贴片的上面来形成一个完整的阵列

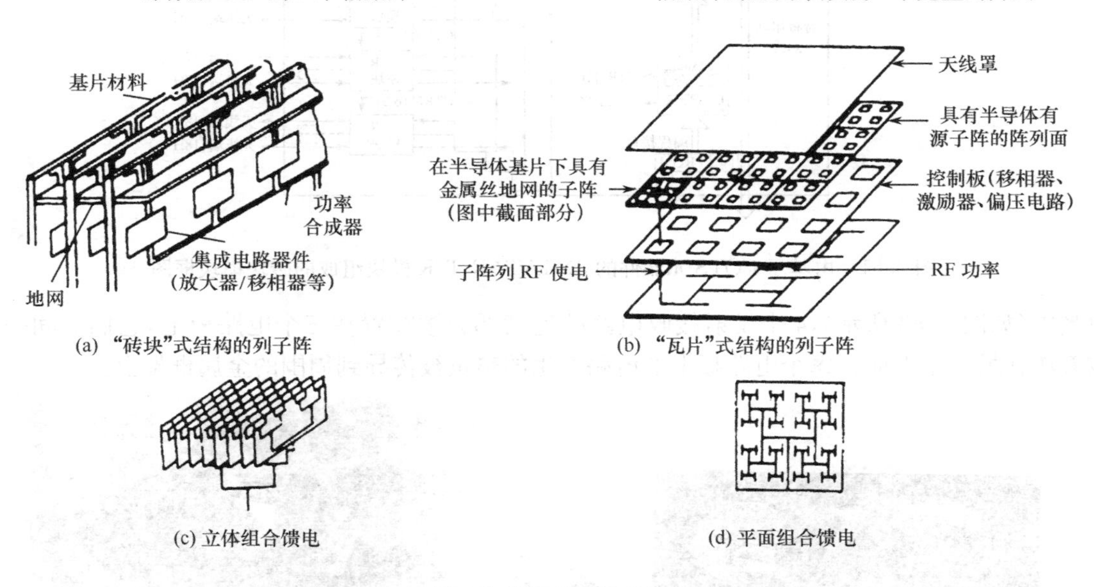

图 5.60　采用子阵列排列的阵列结构的示意图

图 5.60(d)所示。上述两种结构的子阵列可以采用单片有源集成电路,也可采用混合有源集成电路。"砖块"和"瓦片"这两个术语是指安装的方式,而不是孔径的结构。我们可以用瓦片结构组装成列子阵形式的阵列,只要其平面的射频功放器按列编址,也可以把子阵作为"砖块"结构,从天线孔径背面插入组件形成面子阵。

当阵列可以有较大的厚度时,可用"砖块"结构。扩大体积便有更大的电路空间,更好的热控制(用空气或液体冷却)和更方便的维护(通过移走砖块)。在每个砖块内,电路可用单片集成电路或混合集成电路制造。砖块结构的主要优点是,对振子和其他非平面类型天线单元具有兼容性,与用于瓦片结构的平板印刷天线单元比较,这些单元具有较大的带宽。

图 5.61 示出一个由基于 COTS 元器件的 8×1ATAR(发射时交换极化)T/R 模块组成的砖块式模块框图。

瓦片结构具有一些潜在的优点,主要是它可做得很薄,体积很小,能和飞机共形。这种结构的缺点为:不易于做到精确的渐变功率分布,因此通常不用于低旁瓣阵列。此外,难于驱热,还因采用贴片和印刷的振子单元,其频带较窄,也难于维护。

图 5.62 示出一种实现"瓦片"结构的一些具有一角硬币大小的三维四线路模块。在每个模

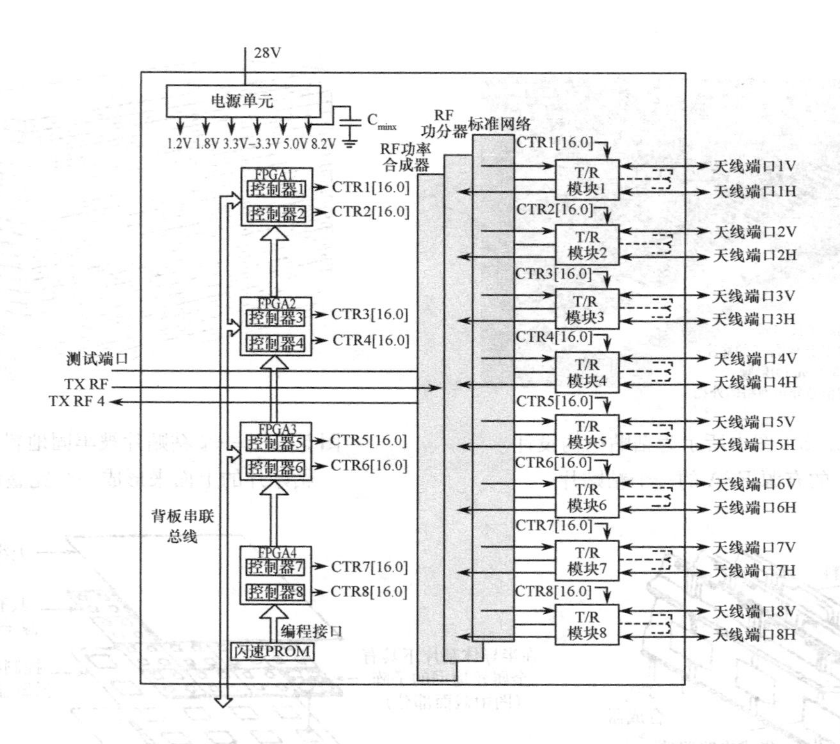

图 5.61　由基于 COTS 元器件的 8×1ATAR T/R 模块组成的砖块模块框图

块当中(如图 5.63 所示),4 个发射接收电路的连续部分被放置在三个电路板上,它们之间一个被安放在另一个上面。每个电路板上的电路产生的热量被传导到周围的金属框架上。

图 5.62　图中所示为一个一角硬币大小的四通道三维 T/R 模块

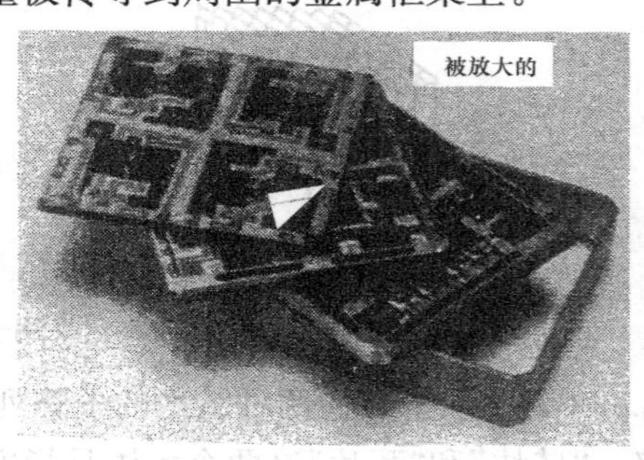

图 5.63　在模块中,4 个 T/R 模块的连续部分被置于三个板上,板上的热量通过周围的金属框架被传出去

模块被夹在冷却板之间,冷板上有射频信号、直流电源,以及控制信号的狭槽(如图 5.64 所示)。

对减小旁瓣来说,每个模块中的相位和增益的精确控制是至关重要的。因此提供了综合的自动检测和校准功能。为了解决制造公差,每个模块的原始校正值在模块的控制电路中被设计成具有永久记忆。

图 5.65 示出一种法国的瓦片天线和一种瑞典的瓦片天线。

图 5.66 示出一种采用微波多芯片模块(MCM)和光纤等技术构成的“瓦片”式有源子阵列结构。采用“瓦片”式子阵结构往往要求采用 MMIC。

图 5.67 示出一种新型共形相控阵雷达模块的结构。通过将收发模块、环形器和辐射元合并为一个射频前端,可以方便地将这个前端从侧面安装到基板上。基板由好几层堆砌而成。

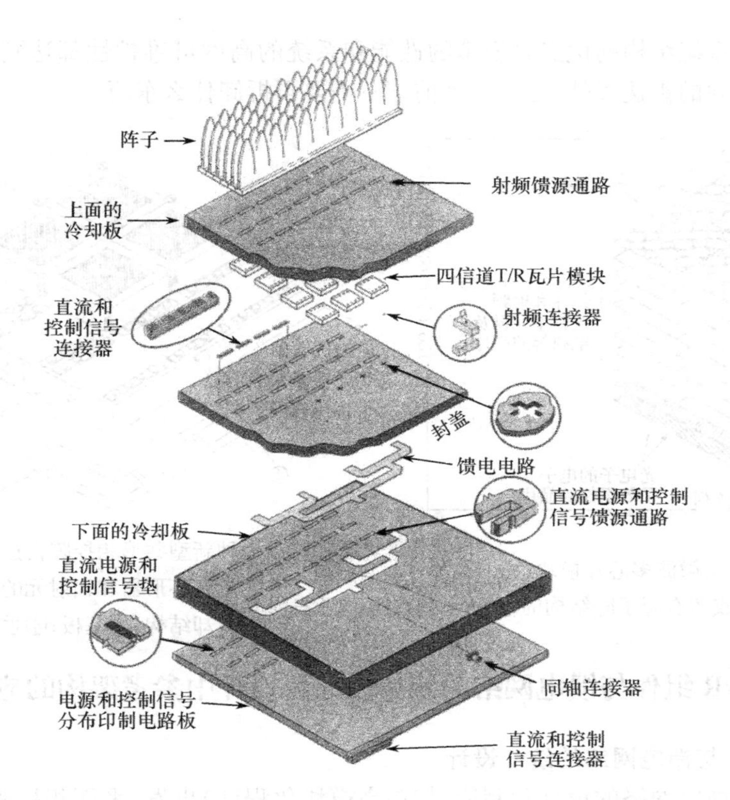

图 5.64 "瓦片"结构体系。四信道三维 T/R 模块被夹在两个冷却板中间。射频输入、输出信号，控制信号，以及直流馈源在底下的冷却板中的狭缝中传输。来自阵子馈源的射频信号和传向阵子馈源的信号在上面的冷却板的狭缝中传输

(a)法国的瓦片天线

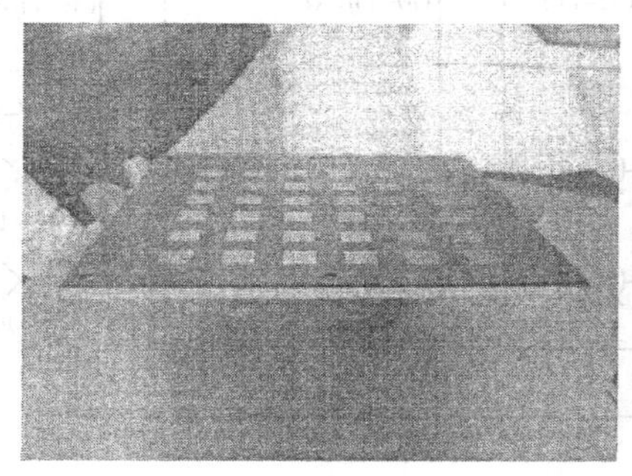

(b)瑞典的瓦片天线

图 5.65 法国和瑞典的瓦片天线

图 5.67中的第一层(见图中②)是高输出功率需要的使用冷却液体的冷却层。在低功率的应用场合,可以简单地用一块金属板来取代。多层基板包括的电源供应、射频和数字信号传输等都被安排在冷却结构的后面。基板的前端的电气连接通过一种同轴插拔式的垂直馈电通道横穿冷却

结构实现。这种系统结构的优点是模拟的性能和系统的高度可维护性都达到最优。在维护时，除了需要打开阵列的雷达罩外，更换一个前端不需要再拆卸什么东西。

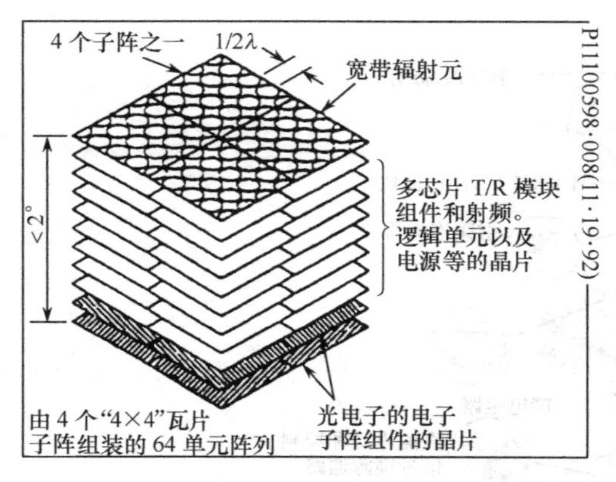

图 5.66 一种采用微波多芯片模块(MCM)和光纤等技术构成的有源子阵结构的示意图

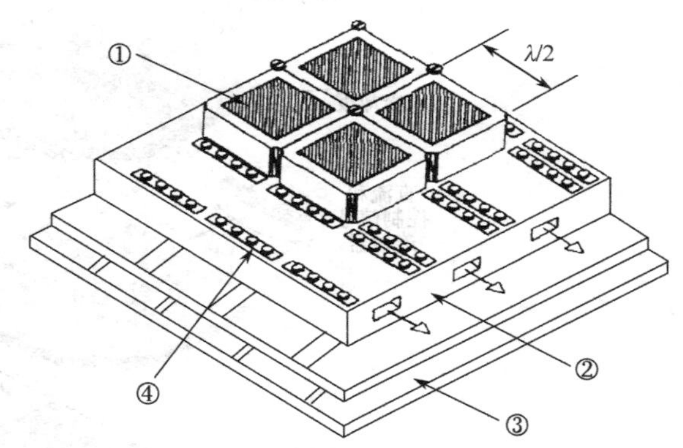

图 5.67 一种新型共形相控阵雷达模块的结构图
①带有环形器和辐射元的收发模块；
②冷却结构；③基板；④垂直互连结构

5.4.4 T/R 组件与馈电网络的统一设计及设计中参考架构的应用[8]、[68]

1. T/R 组件与馈电网络的统一设计

如果从简化馈电网络的设计和制造(如提高模块化程度)出发，平面相控阵天线的馈线网络仍然可以按行、列方式进行分层。

图 5.68 中共有 M 个行馈电网络和一个列馈电网络，因而整个平面相控阵天线分为一个列线阵和 M 个行线阵。

图 5.68 所示行线阵可以是并联馈电网络，也可以是串联馈电网络或带有延迟线的串联馈电网络。由于只有一层移相器。因此，波束控制系统没有简化，但每一个移相器均可独立控制，波束控制系统可独立地用于补偿各个单元通道中的相位误差。

图 5.69 所示为将平面相控阵天线分为一个行线阵和 N 个列线阵的情况。

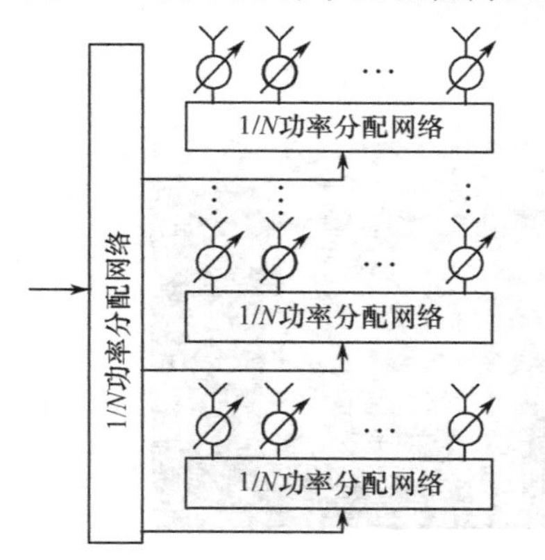

图 5.68 平面相控阵天线分两层馈相时的馈电网络划分方式

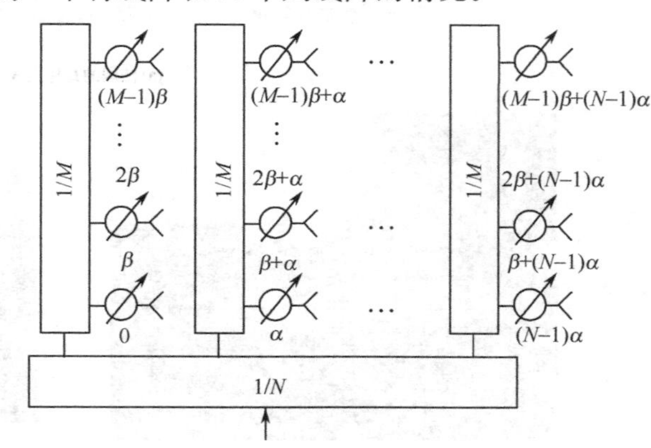

图 5.69 平面相控阵天线分为一个行线阵和 N 个列线阵

按行、列方式馈电的有源平面相控阵天线原理图如图 5.70 所示，它是将平面相控阵天线分为多个列馈的例子。该雷达工作在 S 波段，是一有源相控阵天线，其发射馈线包括一个行馈和多个列馈，每一列馈为一个功率分配网络，其多个输出端分别接入该列天线各 T/R 组件中功率放大器的输入端。T/R组件里接收电路的输出信号传送至接收馈线功率相加器的输入端，经功率合成后再经下变频器、中放、模数变换(A/D)，变为二进制信号，传送至数字式的行馈波束形成网络。

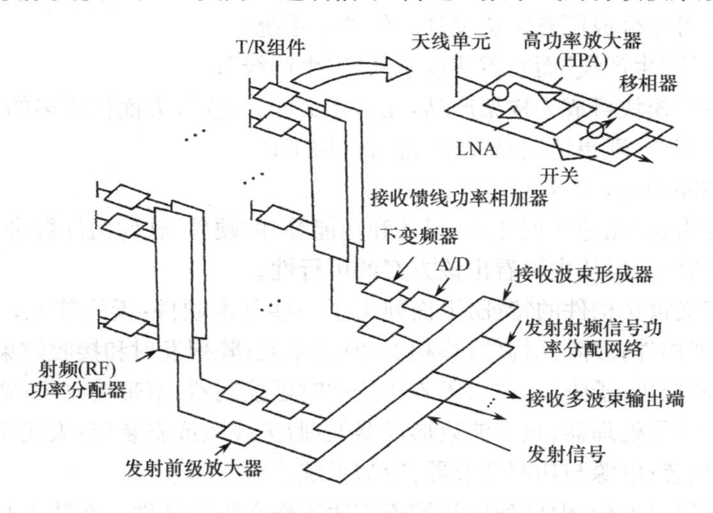

图 5.70　按行、列方式馈电的有源平面相控阵天线原理图

2. 雷达设计中参考架构的应用[68]

利用雷达软、硬件的参考架构，通过最大程度的重复使用和低风险设计，能实现经济性雷达系统的开发。缩短设计周期并提高新雷达集成与试验的效率可以降低成本，这对于保持世界级相控阵雷达的竞争力和领先性是至关重要的。本节简介通用地基雷达、海基雷达参考架构使用的算法，以及雷达软件和硬件构件块(或"部件")的概念。

(1) 雷达参考架构

任何类型的 AESA 雷达都可由以下 4 个特征来描述。[74]：

- AESA 类型：全视场(FFOV)，有限视场(LFOV)。
- 机械结构类型：固定，机械控制。
- RF 带宽类型：窄带(NB)阵列，宽带(WB)阵列。
- 天线波束形成类型：刚性布线波束形成器，数字波束形成器(DBF)。

执行不同任务的组合雷达，例如弹道导弹防御(BMD)或防空作战(AAW)雷达，可以选择一种 AESA 雷达架构。例如，一种使用数字波束形成器(DBF)的参考架构如图 5.71 所示。

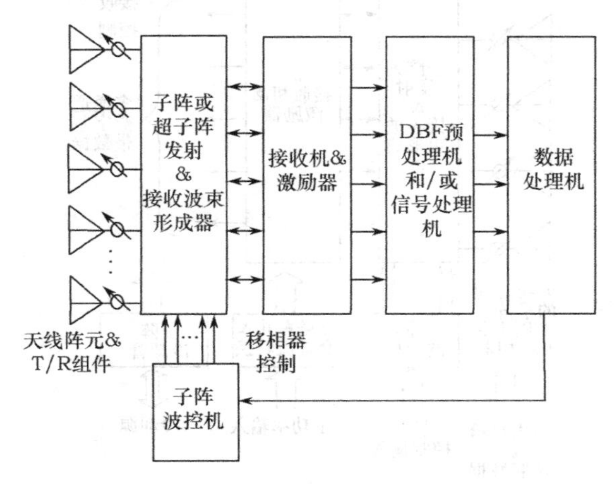

图 5.71　数字波束形成器 AESA 雷达架构

尺寸可变雷达架构研发的目标很多，以下仅列出其中一部分：

- 能用“雷达构件块”构成不同尺寸的雷达，满足不同的任务和要求；
- 雷达构件块可组合成所有雷达硬件和软件子系统；
- 可建立构件块“生产线”而非雷达或子系统“生产线”；
- 成功研发后的模块可成为构架产品，无须在文件、试验等方面做更多的工作；
- 构件块很少需要(理想情况是无须)进行再加工；
- 构件块的性能稳定，成本低；
- 组合成任意雷达(无论任何任务、尺寸和性能等)的硬件、软件构件数量充足。

以上清单并不完整，但从中可看出该方案的可行性。

为了更好地定义雷达构件的特征，下面列出了一些基本硬件：天线阵元；T/R 组件；天线阵列构件；天线子阵列构件；多阵元构件；移相器；时延单元；阵列发射和接收波束形成器；子阵或超子阵波束形成器；波控机；子阵波控机；子阵相位和时延控制器；窄带接收机；宽带接收机；窄带激励器；宽带激励器；信号处理器；数字波束形成器处理；天线座或安装架；天线座或安装架控制器；数据处理器；结构包装；电源与功率调节器；冷却系统。

尽管以上硬件清单不全，但已列出相控阵雷达工作必需的硬件。在数据和信号处理器内，还有一些软件功能项，包括：资源管理器；雷达调度程度；雷达硬件指令生成；目标回波处理；搜索处理；跟踪处理；分类、识别、确认处理；截击支持(空中导弹防御)；天线座/安装架控制；INS/GPS 处理；坐标变换；波形匹配滤波；检测处理(噪声、CFAR 等)；后检测处理(内插、峰值检测、单脉冲)；数据记录；故障检测和故障隔离；校准和校正；机内自检；操作指南；数字仿真；硬件在线仿真；场景生成；操作员显示；操作员控制；外部通信；数据报告生成；任务前的数据生成。

以上软件清单也不完整，但列出了不同类型相控阵雷达工作所需的软件处理“构件”。

为了定义侯选雷达架构的“构件块”，必须首先建立基本规则。实际上，构件块采用之前定义的软、硬件独特组合形式，附带了启发式架构。有效构件块列举如下：

全视场(FFOV)子阵块；有限视场(LFOV)子阵块；信号处理软件块；搜索、跟踪、分类、识别和确认(CDI)软件块。

其中，FFOV 子阵块功能图，如图 5.72 所示。图 5.73 示出信号处理软件块，图 5.74 示出搜索、跟踪和 CDI 软件块。

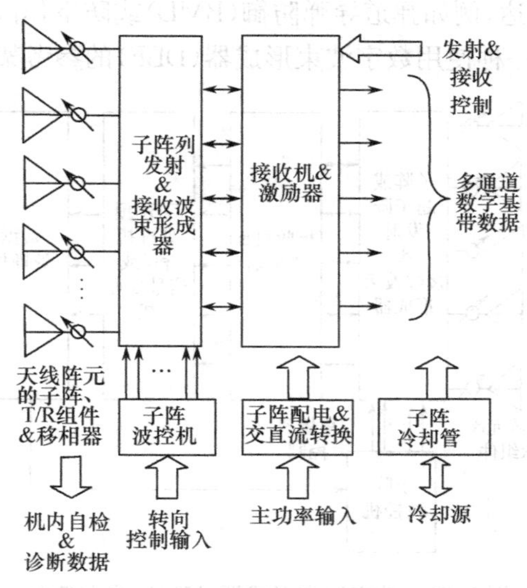

图 5.72 FFOV 子阵块功能图

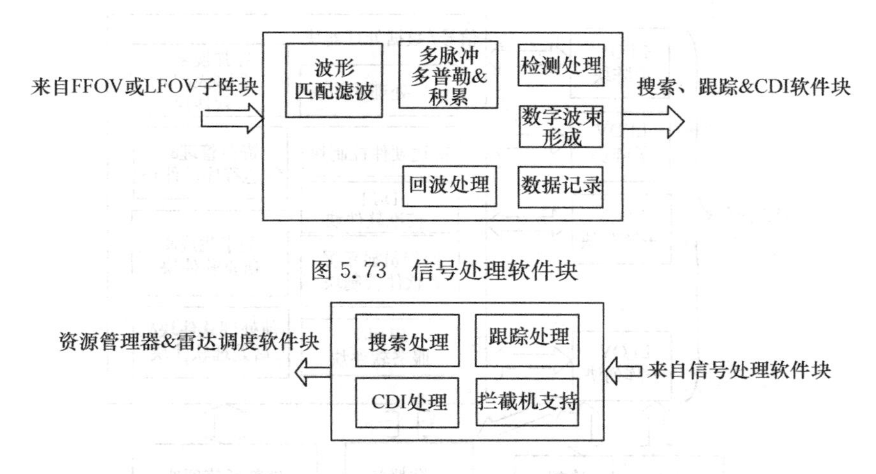

图 5.73　信号处理软件块

图 5.74　搜索、跟踪和 CDI 软件块

(2) 可重用雷达算法和处理方法

在此，基于这样一前提：选择一种合适的雷达硬件参考架构，可组合成任何新雷达，实现期望的任务功能或处理。为实现此可行性，要求建立具有参考架构和可重用软件能力的库。

一些通用雷达算法包括：数字脉冲压缩（匹配滤波）；恒虚警率（CFAR）处理；空域搜索光栅生成；水平搜索栅栏生成；相干脉冲积累；非相干脉冲积累；单脉冲处理和多普勒处理；天线移相器计算；资源管理和雷达调度；卡尔曼跟踪滤波器；多假设航迹关联；贝叶斯目标分类器；基于证据理论（D—S 理论）的目标分类器；基于决策树的目标分类器；天线座稳定和控制。

以上算法和处理能力具有积木式特点，所以只要正确设计和运用，具有高度的可重用性。

(3) 雷达组合实例

为说明以上介绍的概念，下面给出了两个基于雷达参考架构和基于可重用软件算法的组合雷达实例。图 5.75 和图 5.76 示出了使用该实例组合成的两种型号雷达：72 个子阵的固定、宽带 FFOV 雷达，185 个子阵的底座控制的宽带 LFOV 雷达。

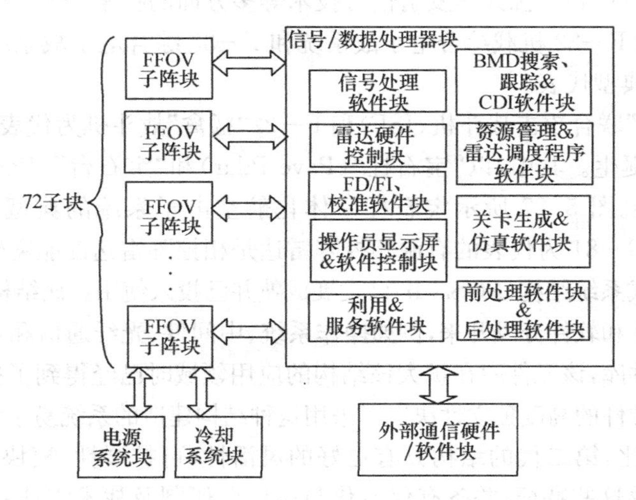

图 5.75　72 个子阵的固定、带宽 FFOV 雷达

下面我们分别介绍相控阵雷达在新一代战斗机和弹道导弹防御（BMD）系统中的应用，因为它们是目前相控阵雷达具有代表性的两类最重要应用。

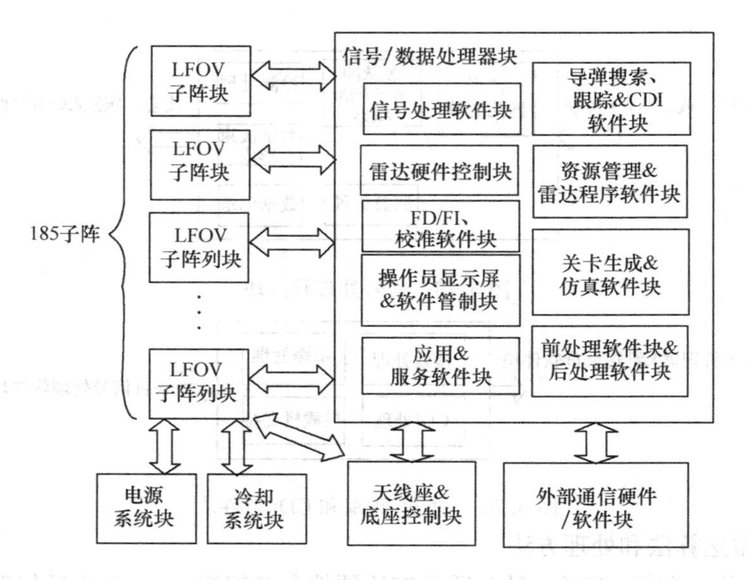

图 5.76　185 个子阵的底座控制的宽带 LFOV 雷达

5.5　有源相控阵雷达在第四代战斗机中的应用[70]、[125]、[129]、[130]

基于宽带 AESA 技术的多功能传感器不再局限于待定频率,加上数字式接收机以及波形发生器和其他航电技术将增强 F—22 和 F—35 等新一代作战飞机的性能。F—22 和 F—35 的通信、导航和识别(CNI)组件是大型的多功能、软件化装置。应用宽带 AESA 技术,CNI 组件可以获得附加功能,其中可能包括电子攻击。从而实现雷达与电子战设备一体化。

机载雷达与电子战设备一体化关键技术主要包括共孔径天线、系统资源管理、数据融合和高速信号处理等。除了上述关键技术之外,实现机载雷达与电子战设备一体化还涉及数据传输总线技术、模块化技术、雷达和干扰共享发射信号技术等多方面的技术。

目前,美国研制的 F—22 机载综合电子战系统和 F—35 综合电子战系统是机载雷达与电子战设备一体化技术的典型代表。

以 F—35"闪电 II"联合攻击战斗机(JSF)和 F—22"猛禽"战斗机为代表的战斗机的出现,标志着第四代战斗机的诞生。其中,以"宝石柱"(Pave Pilar)和"宝石台"(Pave Pace)为代表的第一代航空电子系统(见图 5.77 所示宝石柱一体化航空电子系统的典型结构),其中以 AN/APG—79 和 AN/APG—81 为代表的有源相控阵雷达是相控阵雷达性能突破的里程碑。

第二代雷达开放式系统结构(ROSA II)已发展成熟并已投入使用。该结构包含多个结构层,这种分层结构将底层硬件和软件分隔开来,例如操作系统、中间件、光纤通信和计算机平台等。该结构同时也包括一组元件库,该元件库在扩大该结构的应用领域时已经得到了扩展。库元件或新研制元件的可替换性和硬件的高度独立性决定了采用这种结构建造的系统易于维护和升级。

与第一代雷达相比,第二代的结构具有更好的灵活性,可扩展性、模块性、轻便性和可维护性。ROSA II主要改善这些特征,并备有仪器化与测试台研制及战术雷达系统研制的强大基础设施。这一点的关键技术是分离,分离元器件间的接口并定义。

图 5.78 示出了组成软件和混合软硬件系统的 ROSA II 的分层结构。该结构在开放性方面的一些重要部分如图中所示。

该结构为多层构造,可从该结构的较低层部件分离应用模块(软件状况下)或元件,如图

5.78 中方框所示。这些通用元件被写入一个特定应用程序接口(API),其中包括与 RTCL 的通用接口和与操作系统的通用 POSIX 兼容接口。RTCL 可从在用单个中间件或多个中间件的专用部分中分离元器件。运用该方法可使元器件与 RTCL 支持的任何中间件共同使用,同时若系

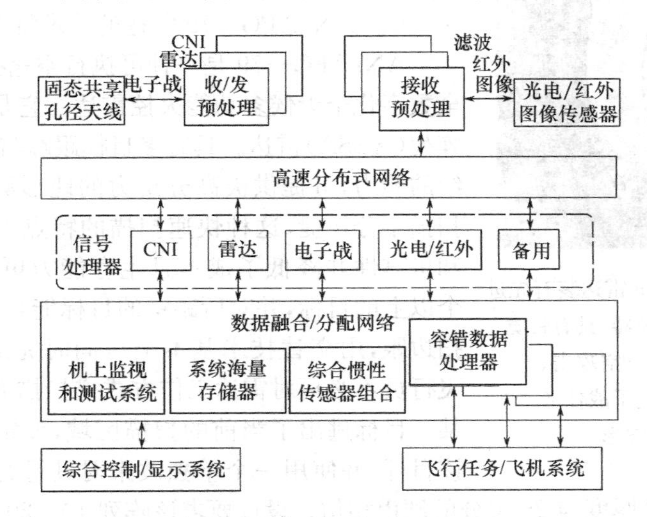

图 5.77 宝石柱一体化航空电子系统的典型结构

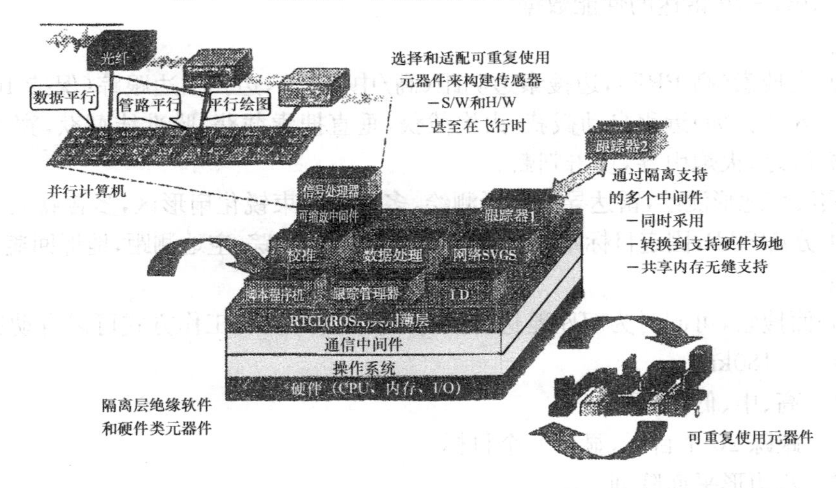

图 5.78 ROSA Ⅱ 的基础是分层结构,可以根据中间件的特性或其他进程间通信机理(比如共享内存)分离出应用模块及其代码。应用部分易于在系统中交换,元件库有助构造系统

统工程有要求,甚至可与多个中间件共同使用。无须更改元器件应用代码,仅改变配置就可以完成以上工作。该特征的好处是元器件的位置是透明的。

第四代战斗机所采用的 AN/APG—79 和 AN/APG—81 有源相控阵雷达的技术特点如下。

5.5.1 有源相控阵技术

波束电子扫描的有源相控阵天线替代无源电扫描相控阵天线和机械扫描天线可以认为是天线的数字化,具有实现波束捷变、目标信号的最佳检测、空—空/空—地同时多功能,兼容雷达、武器控制和电子对抗等特点。

1. AN/APG—79 雷达

AN/APG—79 雷达从一开始就要求具有最大的目标检测能力,能够渗透到敌方领空,对多

图 5.79　AN/APG—79 雷达装有先进的 4 信道接收机/激励器，具有带宽能力，能够产生空—空攻击、空—地攻击以及电子战任务所需的多种波形

目标实现“先敌发现、先敌攻击、先敌击落”。因此，采用有源相控阵技术是唯一选择。图 5.79示出 AN/APG—79 有源相控阵雷达照片。

(1) AN/APG—79 雷达的技术特点

AN/APG—79 是一种可执行空-空和空-地作战任务的全数字化全天候多功能火控雷达。它是一种宽带有源电扫阵列(AESA)雷达。具有多目标跟踪与高分辨 SAR 地形测绘的能力，可提供极高分辨力的地形测绘。该雷达的波束扫描十分快捷，这种快速扫描的特点大大增强了雷达功能和可靠性并降低了成本且生存能力更强。可同时跟踪 20 个以上的目标，并对所跟踪的目标能自动建立跟踪文件，边扫边跟，用交替技术基本上可同时完成空空和空地功能。飞行员不必再对雷达工作方式或扫描方式进行选择。即使某一目标逃出了当前的扫描区域，该雷达还可重新探测到该目标，并使用一个单独波束对其进行跟踪。该雷达使用的T/R组件非常薄，其厚度与 25 美分的硬币相仿。设计要求该阵列 10～20 年之内不需要维护。

(2) AN/APG—79 雷达的性能数据

工作方式

空—空：速度搜索(高 PRF)，边搜索边测距(高/中 PRF)，边扫描边跟踪(保持 10 个目标，显示 8 个目标)近程自动截获，火炮截获，垂直搜索截获，瞄准线截获，宽角截获，单目标跟踪，火炮引导，攻击判断。

空—地：实波束地形测绘，雷达导航地形测绘，多普勒波束锐化扇形区，多普勒波束锐化贴片，中分辨 SAR，固定目标跟踪，地面动目标指示与跟踪，空地测距，地形回避，精确速度更新。

空—海：海面搜索，可同时为双座舱进行两种不同工作方式，工作方式可以自动选择。

作用距离　>180km

重复频率　高、中、低 PRF

跟踪能力　跟踪 20 个目标，显示 8 个目标

天线形式　八边形平面阵列

A/D 变换　空—空：11 位，5MHz；空—地：6 位，58MHz

处理机　运算速度 6000 万次/s 复数运算(2000 万次/s 复数运算供扩容用)

存储能力 2MB，256KB 16 位工作存储(1752A)

LRU　三个(电源、雷达接收机、可编程信号处理机)

MTBF　是 AN/APG—73 的 5 倍

BIT　可把故障隔离到单个组件，快速更换，无须拆机架

ECCM　比 AN/APG—73 强得多

2. AN/APG—81 雷达的研制简况

该雷达是诺斯罗普·格鲁门公司继 AN/APG—77、AN/APG—79 之后为 JSF(F—35)联合攻击战斗机研制的一部 AESA 多功能火控雷达，其独特之处在于，AN/APG—81 不再是一个独立的电子设备，而被称为“多功能综合射频系统”(MIRFS)，作为 JSF 综合传感器系统(ISS)的一部分。

F—35 的 AESA 非常有效，并且可与机载传感器，如分布式孔径(DAS)系统和数据融合系

统等配合工作。F—35 的分布式孔径系统非常灵敏，能为飞行员提供 360 度全方位态势感知信息。在“红旗”演习期间，分布式孔径系统能发现 1200 英里远发射的导弹。

F—35 的数据融合系统处理威胁信息以确定所探测的目标。在处理完数千个信号特征后，飞机可能会建议飞行员根据情况利用机上的光电目标瞄准系统(EOTS)或 AESA 雷达搜集更多信息。发现导弹的 F—35 将与其他 F—35 和空天联合作战中心(CAOC)共享数据，空天联合作战中心将管理美军及其盟军飞机和卫星搜集的所有数据，其位于地面的大型计算机处理这些数据，并将其提供给未能采集到足够信息的飞机。目标一旦被识别，搜集工作即完成。然后，飞机的融合中心给出将要打击的目标、采用何种武器、先打击哪个目标的建议。

F—35 的电子战和 ISR 能力是通过每秒能完成一万亿次运算的中央处理器实现的，其机载电子战系统能够识别敌雷达与电子战的辐射，并将相关信息提交给飞行员，飞行员用光电目标瞄准系统对准要打击的目标、决定是用动能武器还是用电子手段摧毁目标。其中 AN/APG—81 有 1000 多个宽频带 T/R 组件，辐射单元为钉状辐射体，使天线表面呈现凹凸不平的奇异形状，有助于降低天线的反射，提高隐身效果，$1m^2$ 目标的探测距离为 170km 以上。该雷达能够实时跟踪目标、监测敌人电子辐射信号和干扰敌雷达，能够同时承担通信、干扰或目标搜索等任务。空地模式包括超高分辨合成孔径成像(SAR)、动目标显示(MTI)和地形跟随等。图 5.80 示出 AN/APG—81 雷达天线外形照片。不过，美国认为 APG-81 AESA 雷达易受赛博(cyber)武器的攻击。解决该问题的办法是进行软件升级。

另外，还有由诺斯罗普·格鲁门公司针对 F—16 飞机升级而研制的一部高性能有源相控阵火探雷达 APG—83。它是一部尺寸可变捷变波束雷达(SABR)，其尺寸规格是可变的，也可装备在其他多种载机平台上。

除美国外，俄罗斯第四代战斗机上的机载“雪豹”雷达系统可在 10000m 高空发现 400km 处的空中目标，它可同时监视 30 个目标，并同时指挥射击 8 个目标。俄罗斯第五代战斗机 PAK FA/T－50 装备 NIIP 公司研制的 PAK－FA AESA 雷达，雷达使用约 1500 个 T/R 模块，峰值功率可能达到 18kW，对 RCS 为 $2.5m^2$ 的目标，作用距离为 350～400km。图 5.81 示出俄罗斯第五代战斗机雷达的天线阵面。

图 5.80　F—35 联合攻击战斗机装备的 AN/APG—81 雷达 AESA 天线近视图

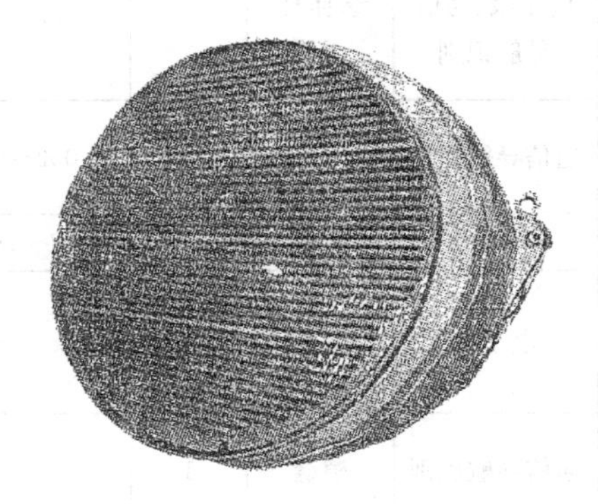

图 5.81　俄罗斯第五代战斗机 T-50 的雷达的天线阵面

5.5.2　天线配置分布情况

公用孔径天线技术是一种新的相控阵天线技术，它利用宽带多波束技术将多个天线的功能结合到一个孔径中，实现雷达与电子战及其他电磁功能的集成。如 F－35 战斗机的第四代“高度综合化"航电系统将通用数字系统综合的思想应用到了射频(RF)综合中,通过模块化和现场可重构,从硬件层面综合了通信、雷达和电子战设备。从公用孔径天线角度来看,F—35 突出了天线孔径的综合化设计,使每副天线能够完成多种功能,成为真正的公用孔径天线,进而达到了减少天线数量,降低平台雷达横截面积(RCS)等目的。

目前公用孔径天线的方法主要有两种,一种是通用孔径的多重使用,另一种是将一个大的孔径分成多个子孔径,每个子孔径执行一项特定的功能。一体化系统在通用模块的基础上,系统的不同功能之间共享孔径、接收和发射、信号和数据处理器、显控终端等硬件资源,综合利用时间、能量、频率、天线波束等软资源,实现了一体化功能。

F—22 与 F—35 战斗机上天线的配置分别列在表 5.3和表 5.4 中。

表 5.3 F—22 的综合天线孔径分布情况

孔径*	用途	类型**	#单元个数	频段(GHz)	安装位置	功 能
1	雷达	有源电子扫描阵列	2000	8～12	机头	雷达、无源目标指示
2～7	电子战	螺旋	1	2～18	前部—左,右 后部—左,右 顶部/底部	雷达告警接收机(RWR)
8～13	电子战	对数周期	1	2～6	飞机水平周线	电子对抗-Tx(发射机)
14～19	电子战	对数周期	1	6～18	飞机水平周线	电子对抗-Tx(发射机)
13～14	通信导航识别	多臂螺旋天线	8臂	0.2～2	顶/底部	敌我识别询问
15～16	雷达、电子战	多臂螺旋天线	8臂	0.2～2	左/右	雷达告警接收机、状态感知、电子对抗、SAS
17～18	电子战、通信导航识别	多匝环天线	1	0.03～0.2	顶部/顶部	VHF 电台、SINCGARS、自卫
20	电子战、通信导航识别	多匝环天线	1	0.03～0.2	底部	甚高频全向无线信标(VOR)、定位仪、无线电信标、自卫、SINCGRAS、VHF 电台
20～21	通信导航识别	多匝环天线	1	0.002～0.03	左/右	HF 通信,11 号数据链
20～21	电子战	螺旋	1	2～18	顶部/底部	电子对抗-Rx(接收机)
22～33	电子战	螺旋	1	2～18	6个左 6个右	态势感知(SA)、前扇区一两个阵列,每个阵列采用一个雷达告警接收机单元。方位和俯仰测向
34～35	通信导航识别	隙缝	1	5	前部—底部 后部—底部	微波着陆系统(MLS)
36～43	电子战	螺旋	1	0.5～2	4个左 4个右	态势感知、前扇区一两个阵列,每个阵列采用一个雷达告警接收机单元。方位和俯仰测向
44～45	通信导航识别	线性阵列	8	1～1.1	前部、左、右	敌我识别询问
46～47	通信导航识别	隙缝	1	1～1.1	顶部/底部	敌我识别应答
48～49	通信导航识别	隙缝	1	0.9～1.2	顶部/底部	联合战术信息分发系统/塔康

(续表)

孔径*	用途	类型**	#单元个数	频段(GHz)	安装位置	功能
50	通信导航识别	隙缝	4	1.2～1.5	顶部	全球定位系统
51～52	通信导航识别	隙缝	1	0.2～0.4	顶部/底部	UHF电台,HAVEQUICK
53	通信导航识别	隙缝	2	0.1～0.33	底部	ILS下滑信道定位仪
54		隙缝	1	0.076	底部	ILS无线电信标台
55	通信导航识别	隙缝	1	0.2～0.4	顶部	UHF卫星通信
56	通信导航识别	对数周期	1	15	前部—底部	ACLS/PCSB(航空母舰自动着陆系统/脉码扫描波束)
57～59	通信导航识别	有源电子扫描阵列	100	10	前部—左机翼 前部—右机翼 机尾	通用宽带数据链(CHBDL)
60～62	通信导航识别	有源电子扫描阵列	64	保密	前部—左机翼 前部—右机翼 机尾	协同交战能力(CEC)
63～64	通信导航识别	铁氧体	1	2～30	左/右	高频通信,11号数据链

表5.4　F—35的综合天线孔径分布情况

孔径*	用途	类型**	#单元个数	频段(GHz)	安装位置	功能
1	雷达、电子战、通信导航识别	宽带电扫描阵列	3000	6～18	机头	空—空和空—地雷达、雷达告警接收机、电子对抗、态势感知、无源目标指示、通用宽带数据链、航空母舰自动着陆系统、武器数据链
2～3	电子战、通信导航识别	宽带电扫描阵列	200	6～18	左机翼—后部 右机翼—后部	雷达告警接收机、电子对抗、态势感知、无源目标指示、通用宽带数据链
4～6	电子战、通信导航识别	宽带电扫描阵列	64	2～6	左机翼—后部 右机翼—后部 机尾	雷达告警接收机、电子对抗、态势感知、数据链、微波着陆系统
7～8	电子战	螺旋	1	2～18	顶/底	雷达告警接收机、电子对抗接收机
9～12	通信导航识别	多臂螺旋天线	8臂	0.2～2	两个顶部 两个底部	UHF电台、GPS、HAVEQUICK、空军卫星通信(AFSAT)、下滑信标、JTIDS、塔康、敌我识别应答/空中交通警戒与防撞系统(TCAS)、空战机动性测量设备(ACAS)、空战机动性测量设备(ACMI)(在4个孔径间分配功能以与覆盖范围和功能组合相匹配)

*所有孔径数量;

**天线类型是概念性的。

5.5.3 火控雷达技术

随着对机载火控雷达技术起着推动作用的微电子技术、计算机技术、超宽带技术、复杂信号产生与处理技术、多通道多维信息处理技术和天线技术的迅速发展，火控雷达的性能和功能得到了极大的拓展。

1. 高分辨率合成孔径成像和地面动目标显示技术

高分辨率合成孔径成像(SAR)和地面动目标显示(GMTI)是战机探测、识别和跟踪地面静止或运动目标进行精确打击的关键。高速大容量信息处理、宽带信号形成、高精度惯导、载机运动补偿及多通道处理等技术已取得突破性进展，为 SAR 和 GMTI 创造了条件，目前，最高的成像分辨率已达到 0.5m 以下，侧视、前斜视成像技术逐渐成熟。SAR 和 GMTI 将成为火控雷达的主要工作模式。

2. 复杂信号形成和宽带射频接收技术

第四代战斗机雷达是一个宽带多功能系统，完成有源探测、无源探测、告警接收、电子干扰、导弹制导、导航/通信/识别(CNI)。信号形式有相位调制、脉冲调制、多斜率线性调频、宽带线性调频；具备高纯频谱、宽带多点快速捷变频、大动态接收范围性能；提供高稳定基准信号、高精度频率可控本振信号等；各种抗干扰和特殊工作波形，如同时发射和接收的频率捷变技术(STAR)、同时频率捷变技术、随机 PRF 捷变技术等；接收链路中的模块兼顾不同的应用。进一步发展复杂信号的产生和宽带多功能接收技术有助于确保第四代战斗机雷达的高性能。

3. 目标探测技术

在杂波下，尽可能远地探测和跟踪低可探测目标或隐身目标是现代战机面临的主要问题，也是重大的研究课题。多假设跟踪(MHT)、检测前跟踪(TBD)和双门限检测等多种检测方法，利用波束捷变多次扫描积累，降低首次检测门限来显著提高对低可探测目标的探测距离。对前视阵列的空时自适应处理(STAP)也进行了大量的工作，由于机载雷达在下视工作时，面临严重的地杂波问题，其杂波分布范围广，强度大，同时载机运动使杂波进一步扩展，导致目标尤其是低速目标淹没在杂波中，影响目标检测，STAP 可以有效抑制和滤除地面杂波，探测出慢速目标或低可探测目标。以上这些方法，计算量非常大，随着高速大容量计算机的发展，有望实际应用于机载火控雷达。

5.5.4 综合系统设计技术

美国空军研究实验室(AFRL)传感器部希望开发有源和无源射频传感技术，使下一代飞机能够在充满对抗和挑战的环境中同步探测、跟踪、成像和分类/识别目标。名为“多源集成射频”(SMIRF)的项目将从根本上组合雷达告警接收机(RWR)/电子支援措施(ESM)系统的性能和雷达的性能，以及其他性能等。“多源集成射频”技术将使无源/有源射频传感器系统能够遂行“感知和规避”无人机、单/双基地和多基地雷达、信号情报(SIGINT)、测量与特征情报(MASINT)、电子战以及 GPS 等多种功能。

综合射频孔径是航空电子设备未来发展的重心。分属各种航空电子设备的众多传感器的射频孔径通过分析综合可将孔径类型减少到 5 种通用孔径并归纳成三个主要分系统：综合了雷达、EW、数据链和雷达高度表的 C/X/Ku 波段分系统；宽带 EW 分系统；综合 CNI 射频分系统。

为了同时执行多个功能，从功能方面将几种天线综合为一个共享孔径的做法需要一种宽带孔径，这种孔径能产生多个可以单独控制的波束。该方法颇具技术挑战性，因为同时工作的各系统的许多信号之间产生的互调制引起了隔离和控制等待解决的重大难题，这就要在时间上进行多路分配，并对孔径进行分割，以缓解这些困难。

就雷达/EW 主孔径而言，将它设计成一个宽带多功能 ESA，它将连续覆盖 C 波段高端、X 波段和 Ku 波段，它将使雷达、EW 和数据链按顺序运行或同时运行。将部署多个阵列（两个或三个阵列）来达到必要的角度覆盖范围。阵列的尺寸和形状由于安装而限制范围、雷达旁瓣要求、角度分辨率、增益和发射功率要求确定。为了满足各种波束形成要求，将每个阵列分割成许多子阵列（可能 30 个以上），使孔径适合特殊功能，并保证几种功能的同时运行。

图 5.82 示出了雷达/EW 系统的综合方框图。经射频转接网络，将来自共享孔径（具有所要求的空间和频率范围）的多路接收信号分配给一组接收机。在解调和数字化处理后，在将数据转送给飞机中心航电进行处理之前，要先对其进行预处理。发射波形和本振信号均由可编程波形产生器提供。

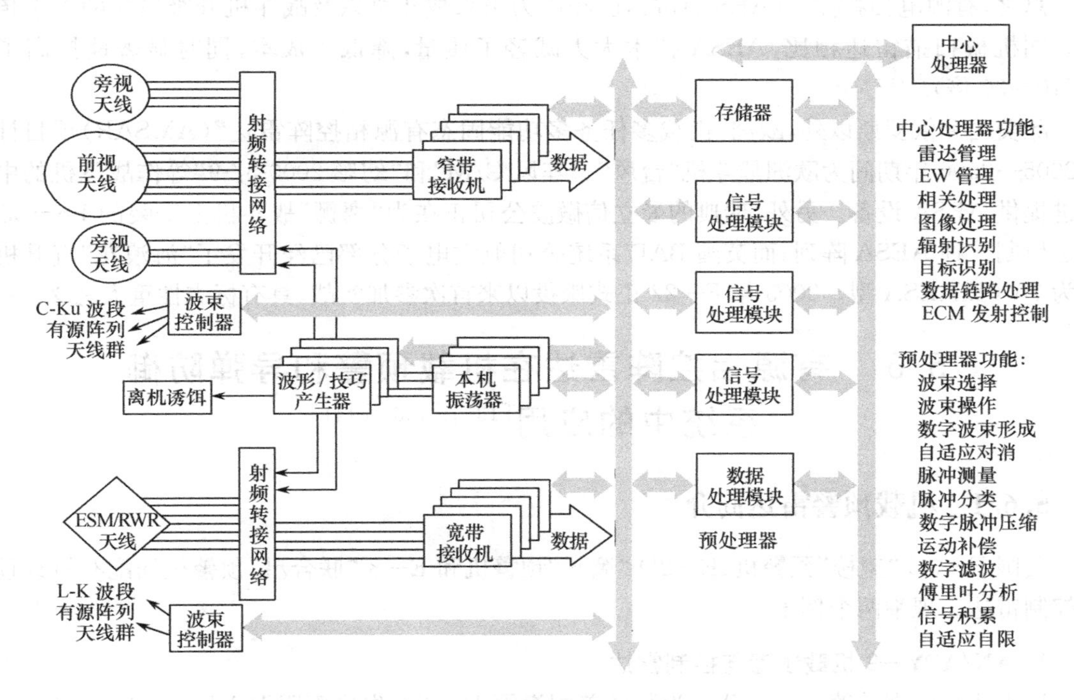

图 5.82　综合射频传感器的原理图

发射信号和接收信号的处理由射频转接矩阵完成，该矩阵支持共享资源的重构，实现多余度或柔性下降（性能略有下降，但仍能可靠工作）。由一组通用射频模块制成的多通道射频处理机产生所需要的波形和所需要的接收功能。在将一组精简传感器数据传送给中心航电进行处理之前，要对其进行专门的高速预处理，该处理要进行数字波束形成，并完成其他数据密集、具有极高吞吐量的传感器的特定任务。

美国第四代战斗机 JSF 飞机的综合传感器系统（1SS）和多功能综合射频系统（MIRFS）仍处于定型改善阶段，但是其公用模块、资源共享和重构的设计思想将是今后机载雷达设计的一个方向。综合射频传感器系统具有如下特点：系统体系结构按照规范的物理和电气接口标准，实现模块化设计，是一个开放、可编程、可扩展的硬件平台；系统功能软件化，综合射频传感器系统由若干个可编程模块和软件模块按一定的接口标准构成，其处理功能与软件模块相对应，而不是与硬件模块相对应，而且要通过共享硬件资源，由软件模块利用同一种或通过将多个硬件模块组合成一个完整的射频功能硬件模块组合来完成多种功能,而且随着需求的变化与技术的进步,可以方便地拓展新的功能。对核心模块可以采取冗余设计,互为备份,提高可靠性。以JSF的MIRFS为例,采用分布式宽带多功能孔径替代现有战斗机上为数众多的天线,利用综合传感器实时功能控制和资源管理软件,对兼顾雷达、电子侦察、电子干扰与通信、导航和识别功能的多功能公用射频模块进行实时控制、组合和资源分配,使系统设计师用尽量少的资源构建出一个兼容目标探测、跟踪、攻击、态势感知、CNI、ECM和ESM多功能一体化的航电系统,而且使其成本、质量、功耗、失效率大大下降。

除了以上4个关键技术外,目前在机载雷达方面,美国空军研究人员的兴趣集中在:分布式感知体系架构,分布式有源探测,上式有源和无源跟踪,分布式有源和无源成像,分布式有源和无源识别和分类,合成孔径雷达探测、跟踪、成像和识别以及全自适应(FAR)探测、跟踪、成像和识别。

总之,有源电扫相控阵(AESA)雷达已经成为未来战斗机以及战斗机升级项目的首选传感器。同机械扫描雷达相比,AESA技术大大减轻了质量,降低了成本,同时显著地提高了性能(10~30倍)。

除美国和俄罗斯以外,欧洲"机载多任务多功能固态有源相控阵雷达"(AMSAR)项目计划在2005—2006年期间为欧洲战斗机"台风"、"阵风C/M"和"幻影2000-5/-9"等作战飞机的中期改进提供AESA设备。另外,瑞典的爱立信微波公司正在为"鹰狮"战斗机上安装的PS—05/A雷达研制一种AESA阵列,而英国BAE系统公司航空电子分部已经开发了"海浪花"直升机雷达为7000E AESA型。2005年F—22正式服役以来首次参加实战,具有标志性重大意义。

5.6 有源相控阵雷达在机载预警和导弹防御系统中的应用[135]、[136]、[141]

5.6.1 机载预警雷达简介

美国E—3C"望楼"预警机、E—2D"鹰眼"预警机和E—8"联合星"预警机均配有机载预警与控制雷达。现举两个例子。

1. AN/APY—9机载预警与控制雷达

该雷达是洛克希德·马丁公司为装备美国海军E—2D"先进鹰眼"(Advanced Hawkeye)机载预警与控制(AEW&C)飞机设计的一种有源相控阵雷达。与装备在E—2C/E—2C"鹰眼"2000飞机上的AN/APS—145雷达相比,雷达在技术上实现了两代飞跃。APY—9雷达还具备监视广域海面和沿海地区/战区的能力、防御导弹的能力,以及提供综合化空中战场态势图的能力。图5.83示出AN/APY—9雷达的旋转天线罩,雷达天线罩直径9.1m,雷达天线罩厚度8.1m。

2. MESA预警雷达

该雷达是诺斯罗普·格鲁门公司为澳大利亚的Wedgetail飞机生产的L频段AESA监视雷达。采用了第四代多功能电扫阵列(MESA)。MESA将脉冲多普勒雷达模式用于空中搜索,而用脉冲模式进行海面搜索。MESA雷达可用于包括机载、地面、海上、环境、毒品拦截及边境巡逻在内的任务,还能探测低空飞行的飞机、直升机、战术弹道导弹以及杂波环境下静止或运动的目标。图5.84示出MESA机载预警雷达的"高帽子"天线。我国也已研制出配有数字相控阵天线的机载预警雷达。

图 5.83　AN/APY—9 雷达的旋转天线罩

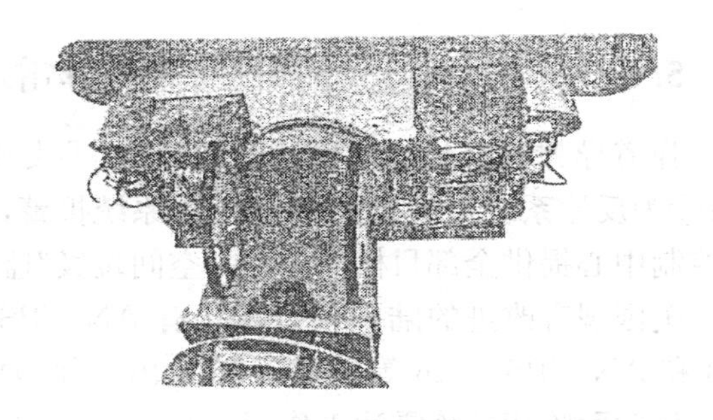

图 5.84　MESA 机载预警雷达的"高帽子"天线

5.6.2　导弹防御系统概述

美国加紧发展弹道导弹(TBM)系统的同时，也大力发展弹道导弹防御(BMD)系统，弹道导弹防御系统可分为战区导弹防御(TMD)系统和国家导弹防御(NMD)系统。

就 TMD 系统而言，目前常见的战区反导系统包括美国"爱国者"系列、"萨德"、俄罗斯 S—300、S—400、欧洲"紫苑—30"、以色列"箭—3"、中国"红旗—9"等。

由于美国"爱国者-3"的反导拦截距离相对较近，因此美国研制出另一种末段高空区域防御系统，该系统简称为萨德反导系统（Terminal High Altitude Air Defense，THAAD）。

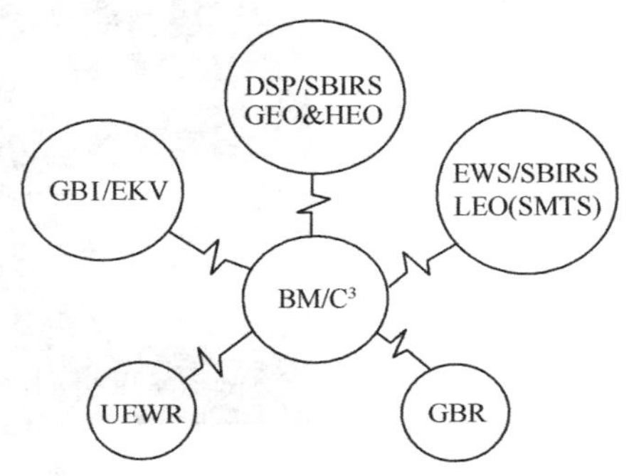

图 5.85　NMD 系统的组成的示意图

萨德末段高空区域防御系统由携带 8 枚拦截弹的发射装置、AN/TPY—2 为雷达、火控与通信系统及作战管理系统组成。

作为战区弹道导弹防御系统(TBMDS)的一部分，我们所关注的 AN/TPY—2 弹道导弹防御雷达是一种高分辨率、移动式、可快速部署的 X 波段雷达，能够提供远程捕获、精确跟踪及识别近、中程弹道导弹。该雷达的探测距离达 4000km，分辨率高，可识别弹头、诱饵及干扰物。据美导弹防御局称，AN/TPY—2 雷达扩大了弹道导弹防御系统的作战空间，可干扰敌军的突防能力。AN/TPY—2 弹道导弹防御雷达可以在全球部署终端模式或前端模式。终端模式部署时，AN/TPY—2 弹道导弹防御雷达可以作为"末段高空区域防御武器系统"(THAAD)的搜索、探测、跟踪、识别和火控雷达，使末段高空区域防御导弹拦截并摧毁敌方威胁。前端模式部署时，AN/TPY—2 雷达可以探测、识别和跟踪处于飞行上升段的敌方弹道导弹，并向战区弹道导弹防御系统(TBMDS)提供信号。

NMD 系统的基本作战模式实际上也是目标信号获取与处理的过程，最终的结果表现为用拦截导弹拦截并摧毁来袭的洲际弹道导弹的弹头。NMD 是一个很复杂的系统，主要由陆基拦截导弹/外大气层杀伤武器(GBI/EKV)、陆基雷达(GBR)、作战管理与指挥、控制、通信(BM/C^3)系统，改进的预警雷达(UEWR)以及由地球同步轨道(GEO)卫星、高椭圆轨道(HEO)卫星和低轨道(LEO)卫星构成的预警卫星/天基红外(EWS/SBIRS)五大部分构成，如图 5.85 所示。下面先简要介绍 UEWR，然后介绍 GBR。

5.6.3　陆基弹道导弹预警相控阵雷达(UEWR)简介[95]、[135]、[136]、[137]

弹道导弹预警相控阵雷达的任务为：①发现所有威胁导弹，提供发点和落点预报及时间预报；②为反导系统提供报警；③为防御系统报警，为制导雷达指示目标，提供交班信息；④向指挥和控制中心提供全部目标信息；⑤“空间垃圾”监视；⑥轨道目标识别；⑦中低轨卫星编目。

美国现有改进的陆基预警雷达有 AN/FPS—115(Pave Paws)，AN/FPS—120，AN/FPS—123 和 AN/FPS—126 等。图 5.86 示出一种 NMD—UEWR 雷达系统的照片。

该两面阵相控阵雷达工作于 420～450MHz 的频率(对应的波长为 0.67～0.71m)，搜索模式中带宽为 100kHz，跟踪模式中带宽为 1MHz，它具有检测、跟踪和识别多目标的能力，能准确地测量出弹道导弹目标的弹发点、弹着点以及目标的空间坐标位置和速度矢量信息。

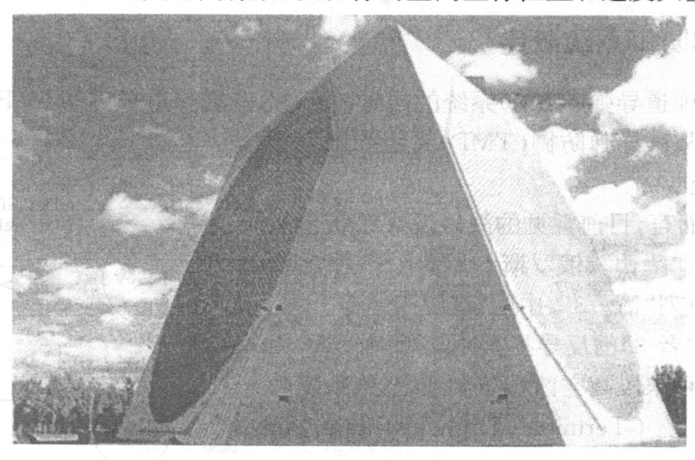

图 5.86　改进的预警雷达的照片

“Pave Paws”系统通常是两个圆形平面相控阵，每个阵面后倾 20°角，两阵列装在 32m 高的建筑物相邻边上。停留在建筑物紧靠阵面的两个角落上的结构塔可横跨阵面移动，工作台通过上升或下降便能接近特定阵元。

控制台可显示各种数据，如特定轨道目标数据、能量管理信息、系统状态等。设备监控系统有故障警报和专用打印输出，图形显示器可提供任何故障精确定位。

该 Pave Paws 雷达是较为实用的固态空间相控阵雷达，它的设计有以下特点：①它是第一部采用全固态两维相扫的空间探测相控阵雷达；②雷达天线阵列设计成为密度加权平面阵。它采用等幅馈电的方法，又控制有源单元的信号幅度以改变阵列的照射梯度。在每个有 102 英尺宽的阵面上由 1792 个有源单元和 885 个无源单元构成的 306m 有效阵列孔径中，分成了 56 个子阵，其阵列中心子阵的稀疏因子为 0.78，并由此逐渐降低，直到阵列边缘子阵的稀疏因子降到 0.37 以下。波束控制计算机可在数毫秒时间量级内改变阵列的相位波前平面。

Pave Paws 雷达两阵面之间的夹角为 120°，波束方位覆盖 240°，仰角覆盖 3°～85°，对 $10m^2$ 雷达横截面积的目标探测距离为 5500km。每个阵面的平均功率约为 150kW(功率孔径积约为 $5.8\times10^7 W\cdot m^2$)。两个阵面组合在一起给雷达的计算机综合处理显示器以 240°的视野，在这个角度之间，用电子方法在几微秒内将其波束从一个目标移至另一个目标，因而它就能几乎同时跟踪大量的目标。表 5.5 列出了 Pave Paws 雷达的性能参数。

全固态相控阵 Pave Paws 雷达，其发射机使用的是双极硅超高频晶体管功率放大器。具体阵列组件的要求如下：

① 用约 50000 只功率晶体管来产生发射的射频功率；

② 提供低噪声接收机的前置放大；

③ 提供 4 位移相功能来进行发射和接收的波束控制。

表 5.5 还列出了关键的收发组件电性能要求。制造发射机固态组件的主要困难在于必须保证所有性能参数的重复性(在这里是 7200 次)，这是很重要的，而且是很难做到的。这一点在表 5.5 中体现不明显。在发射机研制中主要考虑的问题(除造价外)是：①便于生产制造；②为了长寿命采用留有余地(可靠的)设计；③可维护性，要便于现场维修。

表 5.5　Pave Paws 雷达的性能参数

性能参数	收发组件性能
工作频率：420～450MHz(对应波长 0.67～0.71m)	频率：433MHz±13MHz
作用距离：5000km ($\sigma=10m^2$)	射频功率输出：284～440W
峰值功率：582.4kW	脉冲宽度：0.25～16μs
平均功率：145kW	脉冲工作比：0%～25%
天线：双阵面平面阵(每个阵面的天线“功率—孔径”乘积)约为 5.8×10^7W・m²	效率：42%(平均)
每阵列孔径：30.6m	幅度误差：0.25dB
每阵面单元数：2677 个辐射单元，其中有源单元 1792 个，无源单元 885 个。阵列分成 56 个子阵，每个子阵由 32 个收发组件、一个子阵激励器和一个 32V 直流电源组成	相位误差：3°
阵元形式：伞形振子	相位跟踪误差：14°(均方根)
天线阵面倾角：20°	相位稳定度：25°(峰值)
天线增益：38.4dB	脉冲降落：0.7dB(最大)
波束宽度：2°/2.2°(发射/接收)	上升时间：3μs(标称值)
方位覆盖：每个阵面方位 120°，所以双阵面为 240°，三维面 360°	谐波：−90dB
倾角覆盖：3°～85°	接收增益：27dB±1dB
天线极化：右旋圆极化/左旋圆极化(发射/接收)	噪声系数：2.9dB(最大均方根值)
主波束零深：偏轴 2.6°	限幅器功率容量：440W(脉宽 16μs，工作比 25%时)
第一旁瓣：偏轴 3.4°(最大值)	相位跟踪：10°(均方根值)
搜索模式带宽：100kHz	动态范围：临界灵敏度：2～28dB・mW
跟踪模式带宽：1MHz	移相器位数：4 位
最好距离分辨率：150m	移相器误差：4.6°(均方根值)
	雷达平均故障间隔时间：可达 450h(规定 32h)
	平均维修间隔时间：60min
	雷达基地定员：约 200 人

5.6.4　陆基雷达(GBR)

弹道导弹在助推段从零开始逐渐加速，飞行中弹体与尾流具有强烈的红外线辐射和巨大的雷达反射面积，空基或地基的战略远程警戒雷达据此可发现、跟踪、识别目标。在中间飞行段，弹头与末级弹体分离，沿固定弹道惯性飞行；弹头中间飞行段突防方法很多，如采用隐身、投放干扰丝和充气假目标，或末级弹体炸成碎片形成干扰碎片云等。再入段具有大气过滤作用，另外，战略弹道导弹的高速弹头与大气摩擦会产生等离子尾流，这有利于雷达的跟踪、识别；突发弹道可以是集中式、分导式或机动式多弹头，以使拦截系统难度加大，雷达系统的识别任务就是从密集目标环境中准实时地识别一个或几个真弹头。

GBR 具有很强的识别能力，由此开始区分诱饵和弹头，所以该雷达是 NMD 系统关键的组成部分。GBR 的主要功能为：①发现、捕获、跟踪弹道导弹和潜射弹道导弹(SLBM)；②为大气层内外拦截目标提供有关目标的精确信息；③跟踪和制导反弹道导弹；④目标分类、识别；⑤杀伤评估和提供后续拦截信息。

发现发射段的目标并进行目标指示后，可使用陆基的探测和识别雷达，根据加速(制动)值和等离子体反射面积等，便于在大气层中识别目标，易于区分真假目标。因此，反导雷达更应该大力提高对弹道导弹快速变化的距离参数和角坐标的处理速度(即提高数据提取速度)。

图 5.87　一个 NMD-GBR 的照片

GBR 功率和孔径特性的主要确定因素是宽角搜索,其次较为重要的因素是要求同时跟踪大量目标。因此 GBR 采用的有源相控阵雷达具有以下特点:①大口径 X 波段有源相控阵天线,高角度分辨率;②全固态;③大瞬时带宽,在子阵级别上实现时间延迟;④在每个子天线实现分布式 RF、波束控制、电源与液冷;⑤采用光纤连接的分布式子阵波束控制;⑥盲配 RF 与液冷插头座;⑦可分拆运输;⑧高作战有效性。

图 5.87 示出一个 NMD 系统的 X 频段 GBR 照片,相控阵 GBR 用于捕获、跟踪和识别中加段和末段来袭目标,同时引导 ERIS、HEDI 等功能拦截导弹,并能评估杀伤效果。图 5.88 示出 GBR-P 的设计概念图。

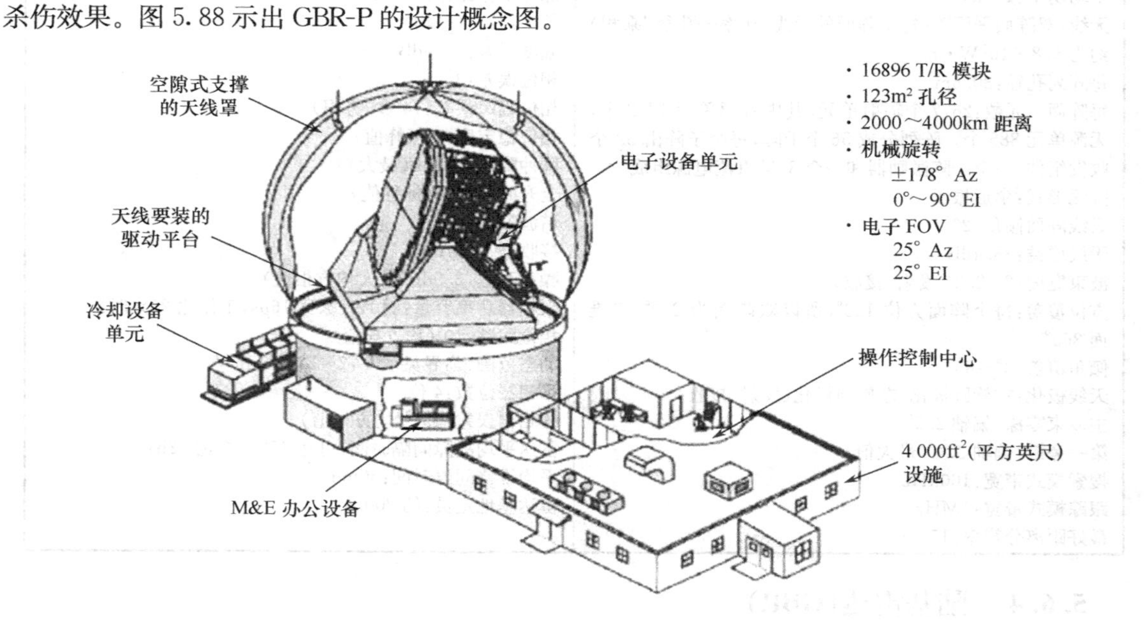

图 5.88　GBR-P 设计概念和天线的视图

图 5.89 示出一种 GBR 的有源相控阵雷达天线功能框图。

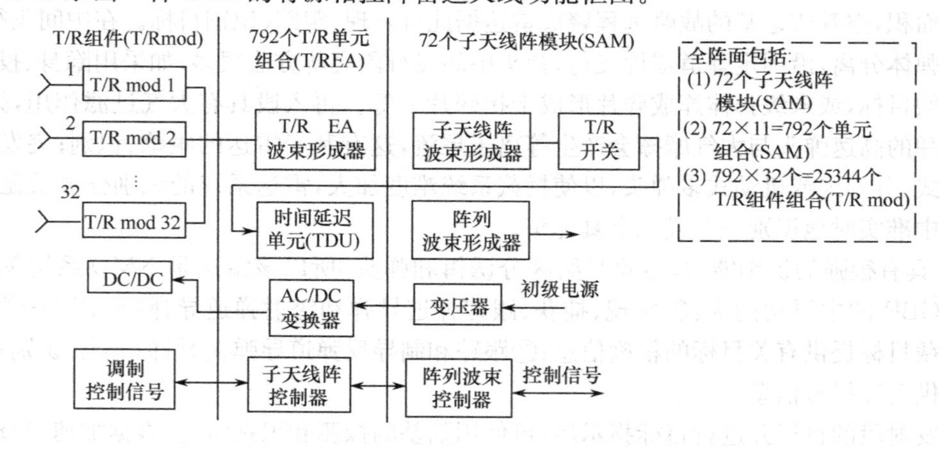

图 5.89　GBR 有源相控阵雷达天线功能框图

从图 5.89 中可见，每 32 个 T/R 组件构成一个 T/R 组合（T/R EA），每 11 个 T/R 组合构成一个子天线阵模块（SAM）。因此，GBR 的整个天线阵包括 72 个子天线阵模块（SAM）、792 个 T/R 组合、25344 个 T/R 组件。在 72 个子天线阵模块级别上设置了时间延迟单元（TDU），为宽角扫描情况下实现大的瞬时信号带宽（≥1GHz）提供了条件。

➢ 大扫描角。在子天线阵模块级别上设置了时间延迟单元（TDU），为在宽带条件下实现大角度（53°×53°）相位扫描提供了保证。

➢ 具有大天线口径，角度分辨力高。该雷达的天线方位与仰角波束宽度约为 0.4°与 0.8°。

➢ 对每一个子天线阵模块（SAM）均采用了分布式的射频（RF）信号、逻辑信号、电源功率和液冷管道总线系统。

➢ 波束控制子系统与雷达控制系统之间采用光纤传送控制信号并有相应电/光、光/电转换接口。

➢ 射频与水冷均采用盲配连接器。

➢ 具有高机动性性能，可采用飞机运输。

➢ 工作有效性高。

表 5.6 列举了 NMD 系统目前及计划中 UEWR 和 XBR 的技术参数和测量能力比较。

表 5.6　NMD 系统目前及计划中 UEWR 和 XBR 技术参数及测量能力

雷达类型	AN/FPS—115	BMWES	UEWR	XBR
工作频率	420～450MHz	同左	同左	10GHz
作用距离	5500km（σ=10m²） 3120km（σ=1m²）	同左	9317km（σ=10m²） 5238km（σ=1m²）	4000km
方位	120°（单面阵） 240°（双面阵）	同左	同左	178°
仰角	3°～85°	同左	同左	0°～90°
带宽	100kHz（搜索） 1MHz（跟踪）	100～600kHz（搜索） 5～10MHz（跟踪）	≤30MHz	1GHz
距离分辨率	1500m（搜索） 150m（跟踪）	250～500m（搜索） 15～30m（跟踪）	≥5m	15cm*
角波束宽度	2.2°	2°	2.2°	0.14°
横向分辨率（目标距离2000km）	75km*	70km*	75km*	5km
峰值功率	582.4kW（单面阵） 1164.8kW（双面阵）		1164.8kW	
平均功率	150kW	255kW	150kW	170kW*
天线形式	双阵面圆口径密度加权阵	同左	同左	机电扫描
天线阵直径	22m（利用）	25.6m	32m	12.5m
每阵面单元数	总单元数 2677 有源单元数 1792 无源单元数 885		总单元数 5354（扩展） 有源单元数 3584（扩展） 无源单元数 1770	
阵列子阵数	56		112	
每子阵单元数	32		同左	
天线阵倾角	20°		同左	

(续表)

雷达类型	AN/FPS—115	BMWES	UEWR	XBR
双面阵夹角	60°		同左	
天线阵增益	38dB		41dB	
天线副瓣电平	第一旁瓣电平＜－20dB 第二旁瓣电平＜－30dB		同左	
天线极化	左/右旋极化		同左	
工作比	25%		25%	
波形	搜索 0.3～8ms(100kHz 宽带) 跟踪 0.25～16ms(1MHz 宽带)		同左	
MTBF	323h		同左	
MTTR	60min		同左	
雷达站工作人员	200 人		同左	

* =估计值。

此外，采用 S—400 和 S—500 三级防空导弹的俄罗斯 NMD 系统，也配置 X 波段雷达，能对 600km 内的目标实现捕获、跟踪与识别中段和末段来袭目标。

我国早在 20 世纪 70 年代，已研制了 7010 陆基战略预警雷达，如图 5.90 所示。目前，中国陆基相控阵战略预警雷达也在互联网上曝光，如图 5.91 所示。

图 5.90　20 世纪 70 年代中国研制的 7010 陆基战略预警雷达

图 5.91　中国陆基相控阵战略预警雷达在互联网曝光

5.7 陆基监视和跟踪相控阵雷达的观测空域和搜索与跟踪方式

雷达的主要性能以其战术和技术指标来衡量。主要战术和技术指标首先决定了该雷达要完成的各项任务。下面仅对这种雷达的观测空域和搜索与跟踪方式做一介绍。

5.7.1 雷达观测空域[8]、[17]、[45]

陆基空间探测相控阵雷达的观测范围主要决定于雷达的最大作用距离(R_{max})、最小作用距离(R_{min})、方位观测范围(Φ_r) 和仰角观测范围(θ_r)。而雷达的最大作用距离又分为搜索最大作用距离和跟踪最大作用距离。

1. 监视雷达的检测距离方程

对雷达作用距离的要求主要决定于要观测的空间目标的轨道分布高度和它们的雷达散射面积(RCS)。对 RCS = 1m² 的空间目标,陆基空间雷达的最大搜索距离大体在 3000 ~ 5000km 范围内。常用的监视雷达方程为

$$R_{\mathrm{d}}=\left[\frac{P_{\mathrm{av}}A_{\mathrm{r}}t_{\mathrm{s}}\sigma}{4\pi kT_0L_{\mathrm{s}}N_{\mathrm{f}}(S/N)\Omega_{\mathrm{s}}}\right]^{1/4} \tag{5-29}$$

式中,R_d 为检测距离;P_{av} 为平均功率;A_r 为接收天线的有效面积;t_s 为搜索完整个空域所需的时间(称搜索时间);σ 为目标有效散射面积;N_f 为系统的噪声系数;k 为玻耳兹曼常数(1.38×10^{-23}W/Hz·K);T_0 为接收分系统的等效噪声温度 = 290K;L_s 为雷达的系统损失;(S/N) 为目标检测所需的信噪比;Ω_s 为搜索空域所要求的立体角范围。

式(5-29) 所说明的基本要点就是最大检测距离主要取决于发射机平均功率和接收天线有效口径的乘积($P_{av}A_r$),而发射增益或发射天线有效口径是不重要的。波长(或频率) 通过 σ 与雷达搜索能力有间接的关系。对大的球形面弹体而言,σ 与波长无关,但对圆锥形截面的飞行弹头而言,则 $\sigma\propto\lambda^2$。由此可知,搜索雷达工作在尽可能低的频率(长的波长) 是有利的,其工作波长 λ 尽可能与目标尺寸相似,但还稍小于目标尺寸。

下面简要说明一下为什么主要用于预警用的陆基空间雷达并不采用大口径接收天线、小口径发射天线的双天线,而且工作频率不选甚高频而选在超高频频段的原因是:

① 发射和接收两者并用一个孔径,能够导致建筑物较小,从而降低了成本,另一方面,具有较大的发射孔径也可增加跟踪容量;

② 陆基空间探测雷达是用来搜索和跟踪大气层中的洲际弹道导弹目标的,雷达波束必须穿过电离层,因而要遭受到自然电离现象,例如极光所导致的电离现象(如 β 黑晕) 引起的折射和衰减影响。通常,在这个高度电离影响的强度是随雷达工作频率的平方而减小的,因而工作频率的选择由甚高频(VHF) 提高到超高频(UHF)。所以常选 P/L 波段(300 ~ 1000MHz)。此外,由式(5-29) 可知,R_d^4 与搜索空域 Ω_s 成反比,与搜索完整个空域所花费的时间 t_s 成正比。因此,相控阵雷达的控制软件可根据执行搜索任务的不同,预先安排好若干种雷达搜索方式,尽可能降低搜索空域 Ω_s 和增加搜索时间 t_s,使 t_s/Ω_s 增大。

下面我们对这类型距离方程做进一步的分析。

作用距离 R_d 由给定概率 P_d 发现目标的范围来确定。雷达的作用距离不仅仅取决于雷达自身的技术特性,还取决于目标的特点(有效反射面积及其运动特点)。因此,在确定 R_d 时,首先应确定目标类型。对于空间飞行的弹道导弹,应计算其探测特性,把目标反射的信号作为正常的随

机过程。这符合这样的假设，即在二次辐射方向图的部分波瓣内，功率分布接近指数分布，而幅度分布则接近瑞利分布。

假设目标的探测幅度为瑞利起伏是完全可以的。对洲际导弹的探测概率通过把相应观察角的概率进行平均来评估。

我们以瑞利起伏的目标为依据，计算雷达的作用距离。因为，这种情况具有很大的实际意义。

通常，通过对一组脉冲信号进行相干处理，可发现弹道导弹的相干脉冲组的探测概率为

$$P_{\mathrm{d}} = P(q, F, n) \tag{5-30}$$

式中，q 为每个脉冲的信噪比；F 为虚警率；n 为脉冲组的脉冲数量。

陆基空间探测雷达的虚警率通常选择为 $10^{-4} \sim 10^{-6}$。

组内脉冲的数量取决于整个探测时间 T_{H}、脉冲重复周期 T_{r} 和雷达在给定扇区内的角通道数量 S，其相互关系为

$$nST_{\mathrm{r}} = T_{\mathrm{H}}$$

根据式(5-30) 已知 n、F 和给定概率 P_{d}，求出信噪比 q，用雷达方程确定雷达作用距离为

$$R_{\mathrm{d}}^{4} = \frac{P_{\mathrm{t}} G_{\mathrm{t}} A_{\mathrm{r}} l_{\mathrm{c}} \sigma}{(4\pi)^{2} P_{\min}} \tag{5-31}$$

式中，P_{t} 为发射机功率；G_{t} 为发射天线增益；A_{r} 为接收天线有效面积；σ 为在观察期 T_{H} 内有效反射面积平均值；l_{c} 为信号在传播中的损耗系数；$P_{\min} = qkT_{\mathrm{ef}}\Delta f_{\mathrm{np}}$ 为接收机灵敏度(信号门限值)；Δf_{np} 为接收机多普勒滤波器带宽；kT_{ef} 为接收机输入端本机噪声功率密度；k 为玻耳兹曼常数($1.4 \times 10^{-23}\,\mathrm{W/Hz \cdot K}$)；$T_{\mathrm{ef}}$ 为接收机有效噪声温度。

通常 Δf_{np} 与探测信号长度 τ_{u} 之间的关系由近似关系式 $\Delta f_{\mathrm{np}} = 1/\tau_{\mathrm{u}}$ 确定。接近最佳的探测特性保障对包含在包络平方和中的信号进行跨周期处理。信噪比 q(每一脉冲) 与积累脉冲数 n 的对应关系见图5.92。由于跨周期处理的效果取决于信号起伏的有效频谱宽度 Δf_{φ}，图 5.92 中的探测特性用于三种起伏参数：$\Delta f_{\varphi} T_{\mathrm{H}} = 0$(慢起伏)，$\Delta f_{\varphi} T_{\mathrm{H}} \gg 1$(快起伏) 和 $\Delta f_{\varphi} T_{\mathrm{H}} = 1$(中间情况)。

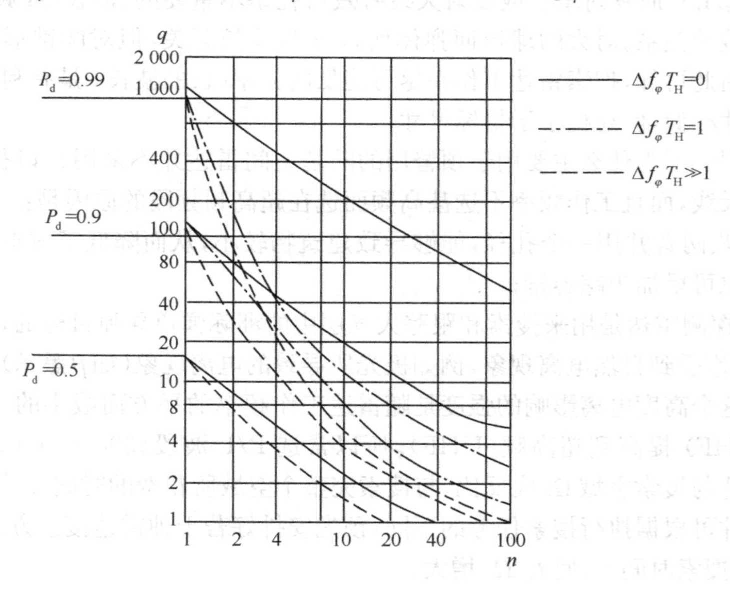

图 5.92 脉冲组内每一个脉冲的信噪比 q 与积累脉冲数 n、探测概率 P_{d} 的关系曲线

由图 5.92 可以看出相干脉冲组的最佳和准最佳探测特性，对于 $n = 8$，当概率 P_{d} 为 $0.5 \sim 0.99$ 时，对于慢起伏，q 值在 $3 \sim 300$ 范围内变化，对于快起伏，q 值在 $2 \sim 8$ 范围内变化。

在自动化探测雷达中，为了提高工作速度和处理系统的容量，使用数字双门限探测电路取代

模拟积累，按“n”中取“k”的规则工作。在该电路中，如果 n 个可能的脉冲中有 k 个脉冲超过幅度门限（该门限由虚警率 F 确定），那么，就确定有目标。

对于独立起伏的矩形脉冲组，准确探测概率为

$$P_{\mathrm{d}}=\sum_{i=k}^{n}C_n^iP_0^i(1-P_0)^{n-i} \tag{5-32}$$

式中，P_0 为每一个脉冲超过门限的概率，如图 5.92 所示。脉冲组的虚警概率为

$$P_{\mathrm{fa}}=\sum_{i=k}^{n}C_n^iF_0^i(1-F_0)^{n-i} \tag{5-33}$$

式中，F_0 为每一个噪声超过门限的概率。

在某些典型的情况下，数字探测概率与信噪比 q 值的关系如图 5.93［根据式(5-32)的计算和图 5.92 的曲线所示］。

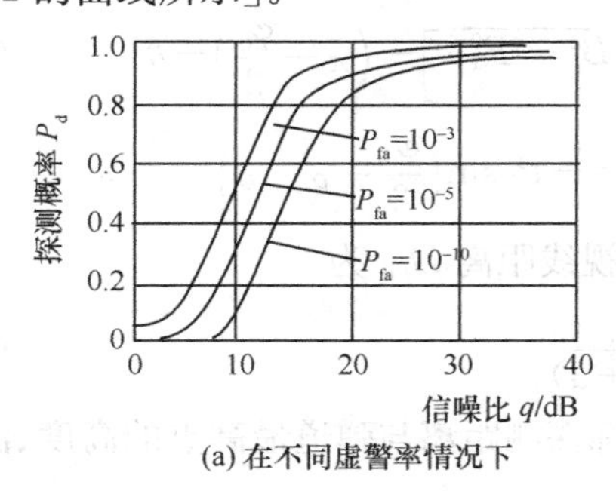

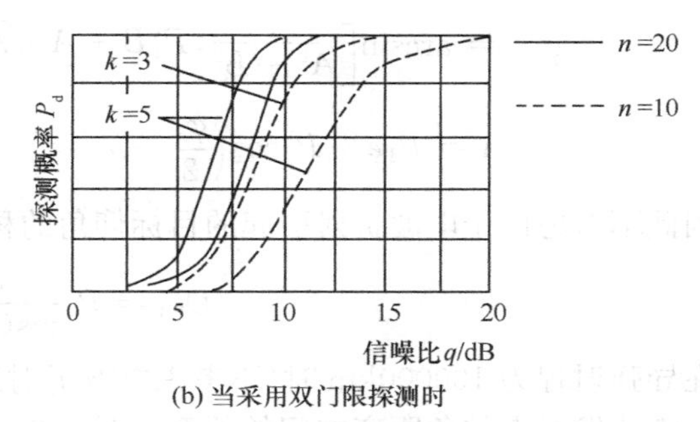

图 5.93　探测概率与信噪比的关系曲线

如果有 k 个目标回波，不尽能够发现目标，同时能够测定目标轨迹参数。

当 $100>n>6$，$P_{\mathrm{d}}=0.5$ 和 $P_{\mathrm{fa}}=10^{-4}\sim10^{-6}$ 时，数字积累的能量损失与平方积累相比只有几分贝。这样，对于多种目标（有效反射面积有慢起伏和快起伏），对 n 个脉冲组的数字检测与下列信噪比的门限有关（$P_{\mathrm{fa}}=10^{-6}$，$n=10\sim20$）：

当 $P_{\mathrm{d}}=0.99$ 时，$q=10\sim25\mathrm{dB}$；

当 $P_{\mathrm{d}}=0.5$ 时，$q=5\sim10\mathrm{dB}$。

下面以 AN/FPS—50 雷达为例来评估远程探测雷达的作用距离。

为便于计算，取雷达特性参数如下：$P_{\mathrm{t}}=10\mathrm{MW}$，$G_{\mathrm{t}}=2500$，$A_{\mathrm{r}}=1000\mathrm{m}^2$，$\tau_{\mathrm{u}}=2000\mu\mathrm{s}$，$L_{\mathrm{c}}=0.5$，$q=200$，$T_{\mathrm{ef}}=700°$，符合接收机的灵敏度 $P=10^{-15}\mathrm{W}$。这样，根据式(5-31)，当目标反射面积为 $\sigma=1\mathrm{m}^2$ 时，雷达作用距离为 5300km。

为了减少探测时间，通常在几个仰角进行空间行扫描，即所谓栅形扫描。这样，实际探测距离取决于导弹轨迹与探测面的交叉点，可能大大小于雷达的计算作用距离。因此，就必须选择最佳探测仰角和扫描栅的数量。雷达布置在洲际导弹的飞行平面上就足以说明问题。

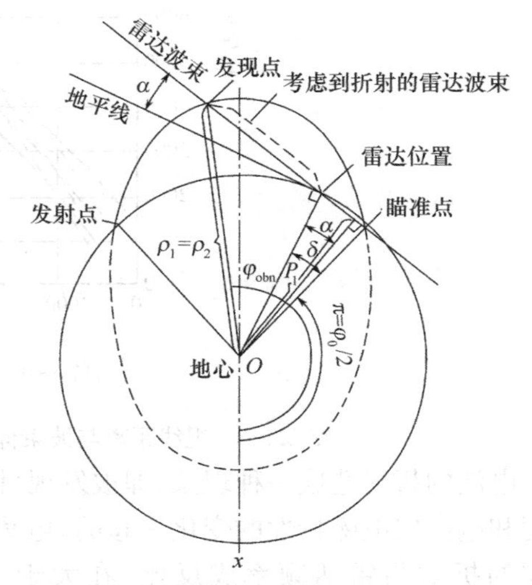

图 5.94　确定目标探测距离的示意图

不考虑地球自转和电磁波的折射，在计算时必须确定雷达波束与导弹椭圆轨迹的交叉点坐标。在以地心为原点和经过导弹椭圆轨道最高点的连线为 x 轴正向（图 5.94）的极坐标系中，雷达波束方程为

$$\rho_1 = \frac{P_1}{\cos\left(\varphi + \frac{\varphi_0}{2} + \alpha - \delta\right)}, \quad P_1 = R\cos\alpha \tag{5-34}$$

式中，ρ_1 为雷达波束的矢量半径；P_1 为雷达波束参数；φ 为中心角；φ_0 为导弹飞行角距离；α 为超过无线电视线的波束的角度；δ 为雷达离开导弹瞄准点的角距离；R 为地球半径。

在该坐标系中，导弹椭圆轨道的极坐标方程可写为

$$\rho_2 = \frac{P_2}{1 + e\cos\varphi}, \quad e = \frac{H_a}{R\left(1 - \cos\frac{\varphi_0}{2}\right) + H_a} \tag{5-35}$$

式中，ρ_2 为椭圆的矢量半径；P_2 为椭圆参数；e 为偏心率；H_a 为导弹轨迹最高点的高度。

假设目标发现点 $\rho_1 = \rho_2$，在目标的发现时刻，计算雷达到目标的角距离为

$$\varphi_{obn} = \arcsin\left[\frac{1}{A^2 + B^2}\left(P_1 B + A\sqrt{A^2 + B^2 - P_1^2}\right)\right] - \left(\pi - \frac{\varphi_0}{2}\right) - \delta \tag{5-36}$$

$$A = P_1 e + P_2\cos\left(\frac{\varphi_0}{2} + \alpha - \delta\right), \quad B = -P_2\sin\left(\frac{\varphi_0}{2} + \alpha - \delta\right)$$

因此不考虑由于电波折射引起的目标仰角的移动，视线距离 D_{PB} 为

$$D_{PB} = R\frac{\sin\varphi_{obn}}{\cos(\varphi_{obn} + \alpha)} \tag{5-37}$$

在导弹射程为 100000km 时（不考虑电波折射），目标探测距离与弹道最高点的高度、波束仰角以及雷达发射点的角距离之间的关系见图 5.95。

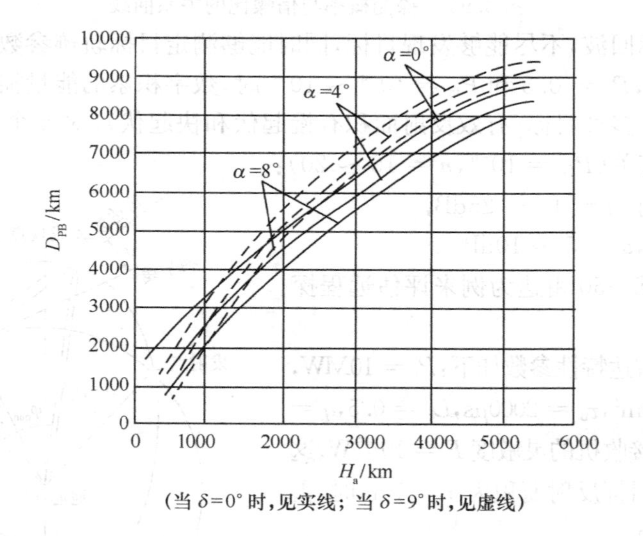

图 5.95　视线距离与波束仰角 α 和雷达发射点距离之间的关系曲线

电波的折射造成一种现象，即被发现目标的仰角要比实际大。电波的折射是由于大气层上层密度和电离层电磁特性的变化引起的。电离层上层的折射与雷达类型和其载频无关，而电离层下层的折射与雷达频率成反比。在大于 5000MHz 的频率上，电离层的影响不大，而在小于 5000MHz 的频率上，电离层的影响很明显。对于小于 5000MHz 频率的信号，电离层的折射如同低层大气层的折射。电离层对低频信号的折射值，与电离层昼夜的变化有关。

2. 雷达在跟踪状态下的方程

如果雷达必须完成跟踪任务，那么，发射增益 G_t 就变得重要了。雷达跟踪状态下的方程为

$$R_{tr}=\left[\frac{(P_{av}A_rG_t)\sigma t_{tr}}{(4\pi)^2kT_0L_s(E/N_0)}\right]^{1/4}=\left[\frac{(P_{av}A_rA_t)\sigma}{4\pi kT_0L_s(E/N_0)}\frac{t_{tr}}{\lambda^2}\right]^{1/4} \tag{5-38}$$

式中，用信号能量与噪声能量之比(E/N_0)来代替式(5-38)中的信号噪声比 S/N(功率)；t_{tr} 为跟踪某一目标的时间。

式(5-38)说明，为了增加对某一目标的跟踪距离，除了分配给它更多的跟踪时间 t_{tr} 外，$R_{tr}\propto(P_{av}A_rG_t)$。在相控阵发射天线的口径面积 A_t 一定的情况下，降低雷达信号波长，可提高发射天线增益，发射信号照射目标的功率更集中，因而可提高雷达跟踪作用距离。这就是主要用于跟踪的 GBR 选用 X 波段的重要原因。

这里必须特别指明，式(5-38)是用 t_{tr} 时间对一个目标进行跟踪时的情况，当陆基空间探测相控阵雷达要同时对多个目标进行跟踪时，用于对每一个目标的跟踪时间 t_{tr} 就会变小，相应地导致跟踪距离的降低。

陆基空间探测相控阵雷达一般均要同时完成搜索和跟踪两种功能，这时，用于对每一个目标的跟踪时间(t_{tr})还可能进一步降低。为了保证两种工作状态下有大体相协调的作用距离，必须合理分配搜索状态和跟踪状态下的雷达波束照射时间。

3. 雷达方位观察空域和仰角观察空域

陆基空间探测相控阵雷达方位观察空域是指当相控阵天线面不动的情况下天线波束在方位上最大的相控扫描范围。角度上的观察空域(以立体角 Ω 或方位观察域和仰角观测空域的乘积 $\phi\cdot\theta$ 来表示)的确定，与空间探测相控阵雷达要执行的任务、观察目标所在距离的远近、目标在空间分布状况、目标在观察空域中的飞行时间、测量目标精度要求等有关。雷达观察空域在地面的投影面积与方位观察空域观察范围成正比，与雷达作用距离的平方成正比。如果雷达观察的目标所在距离远，则方位观察空域 ϕ 较小是可以允许的，如果雷达观察目标在较近的距离范围内，则方位观察空域 ϕ 不宜太小。

解决相控阵雷达增大空间探测范围的方法，在采用平面相控阵雷达情况下，除了将单个面阵的方位观察范围尽可能扩大，例如扩大到$\pm60^\circ$以外，还可以采用多个阵面的方法，例如用双面阵可以将方位观察增加到 $180^\circ\sim240^\circ$，也可采用三面阵或四面阵实现 360° 全方位覆盖。另一种解决方法是将平面相控阵天线安装在一个机械转动平台上。相控阵天线的朝向可以根据要观察目标的飞行轨迹，事先进行设定，这使一部空间探测相控阵雷达具有更大的工作灵活性。

5.7.2 陆基空间相控阵雷达的搜索方式[8],[17]

陆基空间探测相控阵雷达可能要在三种情况下进行搜索：第一，没有目标指示数据，这时空间探测雷达需要监视雷达空域中可能出现的新的空间目标。由于没有任何有关目标的先验知识，即没有关于目标的位置参数、没有目标进入雷达观察空域的航向和时间等可作为安排搜索方式的目标指示数据。这时，雷达需要自主进行搜索。第二，有目标指示数据。即空间探测相控阵雷达在执行某一具体任务之前，已经掌握要观测目标的初步数据，例如目标的某些特性，进入观察空域的航向、时间以及随时间变化的大体坐标位置，目标的理论轨道参数等。这些数据可用于作为对该目标进行搜索的引导数据。这时，空间探测相控阵雷达可在较小的搜索空域内对其进行搜索。第三种情况为跟踪丢失后的重照工作方式。空间探测相控阵雷达在对目标进行跟踪的过程中，一旦发生目标丢失，需要安排在原来跟踪预测(外推)位置附近的一个小的搜索区域内进行搜索，以便重新捕获该目标，继续维持对该目标的跟踪。

1. 搜索数据率

搜索数据率的计算和分配是安排搜索过程及搜索过程控制中的一个重要调节参数。为搜索完一个规定的空域，用φ,θ分别表示方位和仰角的搜索范围，$\Delta\varphi$、$\Delta\theta$分别表示相控阵天线搜索波束的半功率点宽度，则搜索时间t_s又可表示为

$$t_s=\varphi\theta NT_r/(\Delta\varphi\Delta\theta) \tag{5-39}$$

由于相控阵天线波束宽度是随天线波束的扫描角度而变化的，在扫描过程中相邻天线波束的间隔（波束跃度）也不一定正好是波束的半功率点宽度。因此，更为准确的t_s计算公式为

$$t_s=K_\varphi K_\theta NT_r \tag{5-40}$$

式中，K_φ为覆盖整个方位搜索范围φ所需的波束位置数目，大体上与上式中的$\varphi/\Delta\varphi$接近；K_θ为仰角平面上的波束位置数目，与上式中的$\theta/\Delta\theta$相近。K_φ与K_θ可简称为“波位”数目。K_φ、K_θ的计算方式相同，当天线波束偏离天线法线方向扫描至$\pm\varphi_{max}$时，K_φ为

$$K_\varphi=2P_b+1 \tag{5-41}$$

如果相控阵雷达在搜索过程中已发现一些目标，在搜索间隔时间t_{si}以内用于确认与跟踪这些目标所花费的全部时间为t_{tt}，则搜索间隔时间t_{si}应为

$$t_{si}=t_s+t_{tt} \tag{5-42}$$

此式表明，搜索间隔时间要大于搜索时间，如在t_{si}内用于跟踪目标所花费的时间增大，则搜索时间间隔相应增加，搜索数据率将会降低。由此式还可看出，若允许的搜索间隔时间t_{si}越大，则可增大t_s与t_{tt}，增加t_s意味着可扩展搜索范围或增加每一个搜索波束位置上的驻留时间，而增加t_{tt}意味着可提高跟踪采样率（跟踪数据率）或增加跟踪目标的数目。

雷达允许的搜索间隔时间t_{si}主要取决于目标穿过雷达搜索屏的时间Δt_p和要求的搜索过程中对目标的累积发现概率。例如，若要求空间目标飞越设置的雷达搜索区域的时间为t_{si}/n，即$\Delta t_p\geqslant nt_{si}$，则在$\Delta t_p$内，对目标进行搜索照射的次数有$n$次，若每次搜索时对目标的发现概率为$P_d$，则根据搜索累积检测概率$P_c$与$P_d$的关系，可确定$n$的选择。

$$P_c=1-(1-P_d)^n \tag{5-43}$$

对超远程的陆基空间探测相控阵雷达，由于重复周期长，导致搜索时间t_s很大，t_{si}也相应增加，有可能导致不能保证$n=2$或3；当$n<1$时，便没有时间用于跟踪。因此，在搜索到预定的目标，对其进行跟踪后，应调整搜索时间和t_{si}。总之，要在t_s与t_{tt}之间进行折中。

为了缩短搜索时间t_s，必须采用多波束发射和多波束接收，用m个通道同时处理，搜索时间t_s将变为

$$t_s=K_\varphi K_\theta NT_r/m \tag{5-44}$$

t_s将缩小m倍，t_s及t_{si}的缩短，是靠增加接收馈线系统、波束控制系统和接收系统的复杂性及设备量而得到的，每个波位上的信号能量也相应降低，信号的能量也应重新进行分配。

2. 搜索方式

根据空间探测相控阵雷达承担的任务，充分利用相控阵天线波束的灵活性和空间探测相控阵雷达信号波形的多样性，可以获得多种搜索工作方式。

(1) 分区搜索与重点空域的搜索

将整个搜索区域分为多个子搜索区，每个子搜索区内可按不同重复周期、不同的波束驻留时间来安排搜索时间及不同的搜索间隔时间。

在若干个子搜索区内可以选择个别搜索区为重点搜索空域，对该重点搜索区分配更多的信号能量，以保证更远的作用距离。

(2) 同时对远区及近区进行搜索

陆基空间探测相控阵雷达搜索远距离目标时，重复周期长，所需信号能量大，即信号脉冲宽

度也较宽。当预计搜索的远距离目标所在的距离，只在重复周期的后半部或后 $T_r/3$ 时间段内时，可将对这类目标的搜索距离波门安排在重复周期的后半部或后三分之一时间段内，而将重复周期的前半段时间或前 2/3 段时间用于对近距离目标进行搜索，这将有利于部分地克服陆基空间探测相控阵雷达由于作用距离很远而带来的提高搜索数据率和跟踪数据率的困难。

图 5.96 为在一个重复周期内同时对远区及近区进行搜索的示意图。

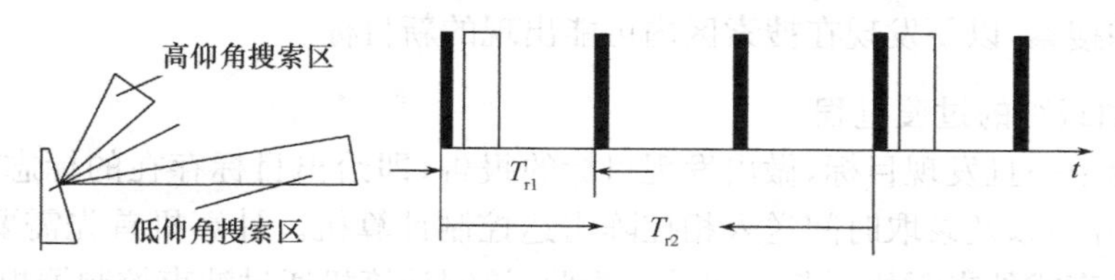

图 5.96　同时对远区及近区进行搜索的示意图

图 5.96 上所示的低仰角和高仰角搜索区分别为远程搜索区和近程搜索区。远距离搜索区的搜索波门只占 T_{r2}/n，例如 $n=3$。

令远距离搜索脉冲宽度为 τ_2，在重复周期余下的时间里，若安排 m 个窄脉冲(脉宽为 τ_1)，则其重复周期 T_{r1} 接近为

$$T_{r1}=\frac{(1-1/n)T_{r2}-\tau_2}{m} \tag{5-45}$$

(3) 多波束同时搜索

为了降低搜索间隔时间或提高搜索数据率，除了降低波束驻留时间 N 以外，还必须采用多波束同时搜索，如图 5.97 所示，在每一个重复周期内，将 m 个脉冲发往相邻的 m 个方向，接收时同时用多个接收波束接收。多个接收波束安排可以有多种方式，图 5.97 中以 $m=3$ 为例需形成 10 个接收波束，可利用上、下波束和左、右波束和信号幅度比较在搜索时进行单脉冲测角。如采用数字方法形成接收多波束(DBF)，多个接收波束的安排方式可做得更为灵活。

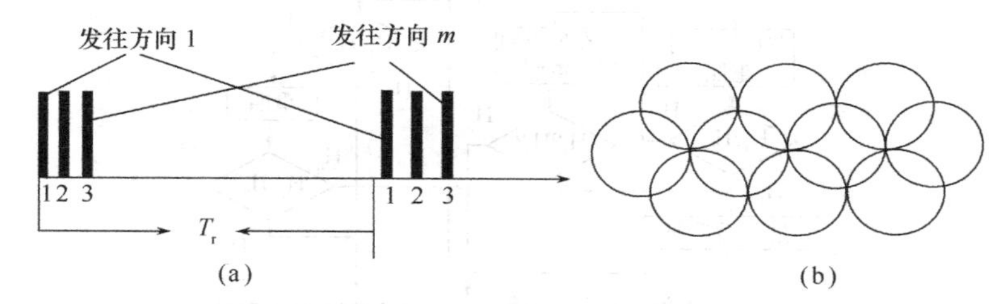

图 5.97　多方向发射信号(a)和同时接收多波束安排(b)的示意图

(4) 搜索波束的相交电平与扫描方式

与机械扫描雷达不同，相控阵天线波束指向不能连续移动(扫描)，只能按一定波束跃度作离散移动。搜索过程中天线波束的扫描方式有两种。一种与机械扫描雷达天线波束的扫描相似，当 N 较大时，每个重复周期天线波束以较小的波束跃度在角度上移动；当 N 较小时，例如 $N=1$，则相邻搜索波束间距只能大致上与波束半功率电宽度一致，如两者皆已确定，则波束相交电平也就确定，搜索时存在较大的天线波束覆盖损失。

强调合理安排搜索波束扫描方式的重要原因之一是要降低搜索时天线波束的覆盖损失。

5.7.3　相控阵雷达的跟踪工作方式[8]、[17]

陆基空间探测相控阵雷达的主要工作方式是跟踪工作方式。发现目标时在搜索方式下完成，而对空间目标参数及其飞行轨迹的测量以及对目标的分类、识别、登录与编目，则都是在跟踪工作方式下完成的。

从搜索状态下发现目标，无论是新出现的空间目标还是有目标指示数据(引导数据)的目标，转化为对其进行跟踪之前都必须有一个确认过程或捕获过程。由于它在信号能量分配、数据采样安排等方面与跟踪工作方式相似，故将其放在跟踪工作方式里进行讨论。

陆基空间探测相控阵雷达跟踪方式的安排与要跟踪的目标数目及对跟踪精度的要求密切相关。空间探测相控阵雷达在许多情况下都要求在跟踪已发现(已捕获)的多批目标的情况下还要维持对搜索区的搜索，以便发现在搜索区内可能出现的新目标。

1. 从搜索到跟踪的过渡过程

在搜索过程中一旦发现目标，做出发现目标的报告，即给出目标存在的标志，并将目标位置(方位、仰角和距离)以及录取时间送入相控阵雷达控制计算机。计算机首先需要确认其是真目标还是接收机噪声或外来干扰引起的虚警。为此，控制计算机通过波束控制器提供“重照”指令，暂时中断搜索过程，在原来发现目标的波束位置上再进行1～2次探测照射，并以发现目标的距离作为中心，形成一个宽度较窄的“搜索确认”距离波门，其宽度ΔR_c与目标最大可能飞行速度$v_{\max}$、从发现目标到实施重照的时间差Δt_c及搜索时的测距误差($\Delta\tau$)有关。ΔR_c为

$$\Delta R_c \geqslant k_{RC} v_{\max}(\Delta t_c + \Delta\tau) \tag{5-46}$$

式中，系数k_{RC}用于考虑重照时尚不知道目标的运动方向；$\Delta\tau$测距误差还包括采用线性调频(LFM)脉冲压缩信号再观测运动目标时存在的回波信号多普勒频移与目标距离之间存在的耦合误差，它与LFM信号的调频带宽ΔF及脉冲宽度τ有关

$$\Delta\tau = f_d / \Delta F \cdot \tau \tag{5-47}$$

为了不因“确认波门”太窄而丢失目标，ΔR_c应大一些，但为了减少接收机噪声和外界干扰引起的虚警，又希望ΔR_c尽可能缩小。在按式(5-47)选取确认波门的宽度以后，可以考虑适当降低检测门限，以提高检测概率。目标确认过程往往按预先设定的程序进行，如图5.98所示。

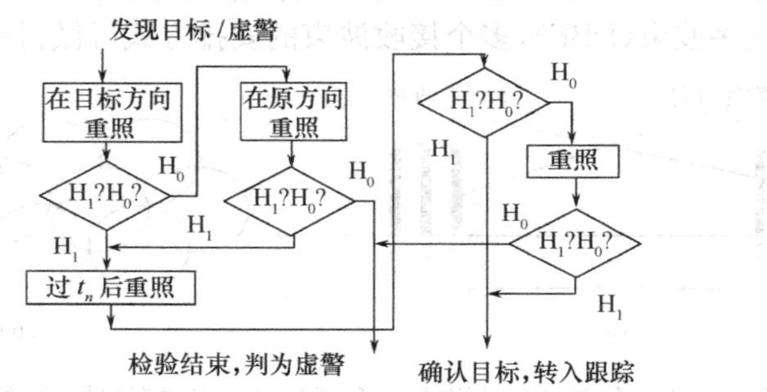

图5.98　目标确认过程的逻辑的示意图

图5.98中H_1表示有目标，H_0表示无目标，如按此图所示逻辑，最短的确认时间要求重照两次，最长的确认时间为重照4次。当然，可以根据不同情况，设置不同的目标确认过程的逻辑，例如，用更多的重照次数。但必须考虑到，当存在较多虚警及多目标情况下，用于重照次数的增加将导致信号能量资源的浪费，雷达的数据处理量也将大幅度上升，使雷达数据率(搜索数据率和跟踪数据率)大为降低。

2. 跟踪数据率与目标跟踪状态的划分

跟踪数据率或其倒数，即跟踪采样间隔时间，对相控阵雷达多目标跟踪性能有很大影响。正确选定跟踪采样间隔时间对确保跟踪的连续性(不丢失目标)、可靠性和跟踪精度有重要意义。不适当地提高跟踪数据率会使雷达系统设备量急剧增加，不利于降低相控阵雷达的成本。

如果相控阵雷达对每一个跟踪目标都要采用高的跟踪数据率，那么，时间和信号能量都是不

够的。合理的解决途径是:利用相控阵天线波束扫描的灵活性,对不同目标选用不同的跟踪数据率。为此,将被跟踪的目标分成若干类,对不同类别的目标采用不同的跟踪采样间隔时间。例如,对还处于跟踪过渡过程中的目标,用较短的采样间隔时间,这类目标的跟踪状态可称为 a 状态,跟踪采样间隔时间为 t_{tia}。对已经稳定跟踪的目标,可视其重要性和威胁度大小分成若干种跟踪状态。例如,重要性或威胁度大的目标,跟踪状态定为 b 状态,跟踪采样间隔时间也较小,为 t_{tib};重要性或威胁度小的目标,跟踪采样间隔时间可以较大。在观测卫星时,对参数已知的或轨道参数稳定的卫星,跟踪数据率可以降低;而轨道参数不稳定的或新发现的卫星,跟踪数据率应该较高。对已稳定编目的卫星,跟踪数据率可以降低;而对刚编目卫星,则应提高。

当搜索空域小和跟踪目标数目少时,跟踪数据率也可提高,这些自适应的工作状态的改变均在雷达控制计算机的控制下完成。

在相控阵雷达的系统设计阶段,可预先安排若干种跟踪状态,对不同的跟踪状态分配不同的跟踪采样间隔时间和跟踪时间,信号波形也可按不同的跟踪状态进行改变。

以 4 种跟踪状态为例,每种跟踪状态所对应的跟踪间隔时间及跟踪时间可分别表示为

$$
\begin{aligned}
&t_{ti1}=0.25\text{s}, && t_{t1}=N_1 T_\tau \\
&T_{ti2}=0.5\text{s}, && t_{i2}=N_2 T_\tau \\
&t_{ti3}=1\text{s}, && t_{t3}=N_4 T_\tau \\
&T_{ti4}=2\text{s}, && t_{t4}=N_4 T_\tau
\end{aligned}
\tag{5-48}
$$

实际上,为适应空间探测相控阵雷达执行不同任务的需要,目标跟踪状态还应更多,例如由 4 种增加到 8 种。

为了便于用时间分割方法进行多目标跟踪,跟踪时间需集中在一起。因此,各种跟踪状态对应的跟踪间隔时间应是最小跟踪间隔时间的整数倍。

3. 边搜索边跟踪(TWS)与跟踪加搜索(TAS)工作方式

相控阵雷达在搜索过程中发现目标之后,一方面要对该目标进行跟踪,同时还要继续对整个监视空域进行搜索。一种工作方式称为边搜索边跟踪(TWS)方式,另一种跟踪工作方式称为跟踪加搜索(TAS)方式。为了节省发射功率和设备量,对搜索数据率应尽可能放宽要求,允许较大的搜索间隔时间;但是,为了保证跟踪可靠性和跟踪精度,为了便于满足多目标航迹相关等要求,跟踪间隔时间却又应小些,即跟踪数据率要高些。要解决这一矛盾,就需把跟踪时间安插在搜索时间内。图 5-99 是相控阵雷达搜索加跟踪工作方式的示意图。

图 5.99(a)所示为在三个跟踪区域内已有目标存在的情况,假定这些目标的跟踪数据率都一样,跟踪间隔均为 t_{ti}。天线波束还没搜索完整个监视区域时,由于跟踪数据率较搜索数据率高得多,故必须暂时中断搜索过程,将天线波束用于跟踪。图 5.99(b)表示搜索与跟踪时间的分配方式。

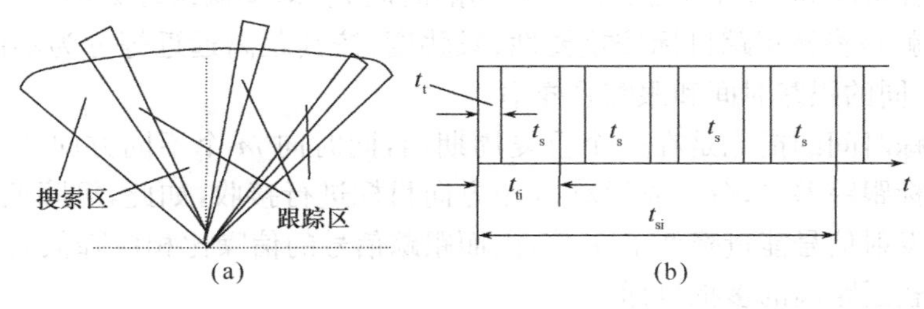

图 5.99　相控阵雷达搜索加跟踪工作方式的示意图

图 5.99 所示是比较简单的情况。前面已说明,在对多目标进行跟踪时,有多种跟踪状态,相应地则有多种不同的跟踪间隔时间,因此,跟踪多目标用的边搜索边跟踪工作方式,其时间关系

要更复杂一些。以4种工作状态为例，图5.100为多目标跟踪情况下搜索时间与跟踪时间的关系图。

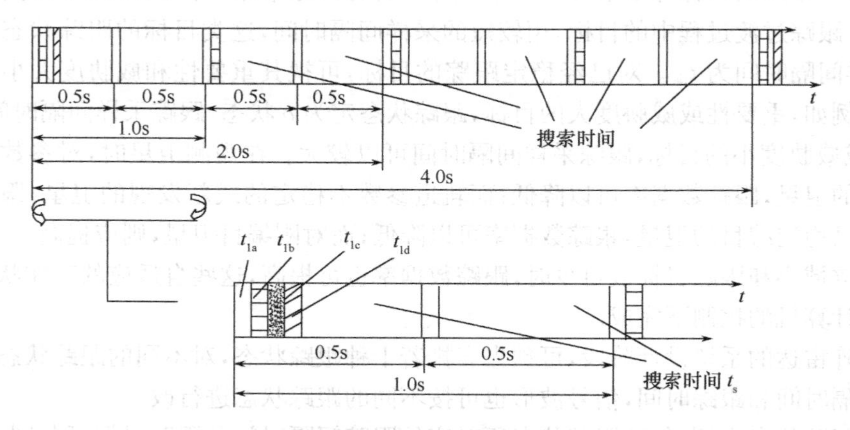

图5.100　多种跟踪状态情况下搜索时间与跟踪时间的关系图

图5.100所示为搜索加跟踪工作方式是依靠相控阵天线波束搜索的灵活性和时间分割原理实现的。

4. 跟踪时间的计算

在搜索加跟踪工作状态下，雷达信号能量要分别分配给搜索与跟踪，即要将雷达观察时间在搜索方式与跟踪方式之间进行分配。当跟踪目标数目增多，又要求高的跟踪采样率时，用于跟踪的信号能量和波束驻留时间就会挤占搜索所需的信号能量或波束驻留时间，即使在完全停止搜索状态之后，也不可能保证按要求的跟踪数据率对所有目标进行跟踪。

这里要讨论的是在搜索间隔时间 t_{si} 之内所花费的总的跟踪时间，即在式(5-45)的 t_{tt}。对 n_i 个目标进行一次跟踪采样所要求的跟踪时间 t_t 还决定于跟踪波束驻留时间 $N_t T_r$、跟踪间隔时间 t_{ti}，对比较简单的跟踪状态，当每一天线波束指向都用相同的 $N_t T_r$ 时，跟踪时间 t_t 为

$$t_t = n_t N_t T_r \tag{5-49}$$

由于搜索间隔时间 t_{si} 远大小跟踪间隔时间 t_{ti}，故在 t_{si} 内要多次对目标进行跟踪，因此，在 t_{si} 内的总的跟踪次数应为 t_{si}/t_{ti}，故在 t_{si} 内总的跟踪时间 t_{tt} 应为

$$t_{tt} = (t_{si}/t_{ti})\, n_t N_t T_r \tag{5-50}$$

若将式(5-49)代入式(5-42)，得

$$t_{si} = t_s + (t_{si}/t_{ti})\, n_i N_t T_r \tag{5-51}$$

由此式可得跟踪数据率、搜索数据率与跟踪目标数目及有关跟踪参数的关系。

从式(5-50)可以看出，为了减小用于跟踪的总时间 t_{tt}，在跟踪目标数目 n_t 不变的条件下必须降低跟踪波束驻留时间($N_t T_r$)与提高跟踪间隔时间 t_{ti}(即降低跟踪数据率)。调节总跟踪时间 t_{tt} 的另一措施就是将被跟踪目标按重要性、威胁度，按其距离远近等分为不同跟踪状态的目标，对它们给予不同的跟踪时间和跟踪采样率。

另一降低跟踪时间的措施是在一个重复周期内，同时向 m 个不同方向的跟踪目标发射信号，接收时，按目标跟踪差异，分别先后对 m 个方向目标进行接收，如此，可降低跟踪时间 m 倍，但由于每个方向发射信号能量降低了 m 倍，因而跟踪信号的信噪比相应降低为原来的 $m^{1/4}$。这种方式适合跟踪较近距离的多批目标。

5. 跟踪目标数目的计算

在边搜索边跟踪工作状态下，能跟踪的目标数目是一个重要战术指标，对相控阵雷达的设备

量影响很大。跟踪目标数目可参照图 5.100 所示的搜索与跟踪时间关系计算。

对上述比较简单的跟踪状态，由式(5-51)可得跟踪目标数目 n_t 为

$$n_t=\frac{(t_{si}-t_s)t_{ti}}{t_{si}}\frac{1}{N_t T_r} \tag{5-52}$$

此式的物理意义很明显。对于较复杂的跟踪状态，仍以 4 种跟踪状态为例，先看跟踪时间 t_t 与跟踪目标数目的关系。设在一个重复周期内有 m 个脉冲可用于跟踪 m 个方向的目标，在一个重复周期内，能跟踪的平均目标数目为 $m_p(m_p \leqslant m)$，处于 4 种跟踪状态的目标数分别为 n_{ta}、n_{tb}、n_{tc}、n_{td}，则用于这 4 种跟踪状态的目标跟踪时间分别为

$$\left.t_{ta}=\frac{n_{ta}N_t}{F_r m_p},\quad t_{nb}=\frac{n_{tb}N_t}{F_r m_p},\quad t_{tc}=\frac{n_{tc}N_t}{F_r m_p},\quad t_{td}=\frac{n_{td}N_t}{F_r m_p}\right\} \tag{5-53}$$

式中，N_t 为每次跟踪所用的脉冲数，即重复周期数，极限情况下，$N_t=1$；F_r 为雷达信号的重复频率。

按图 5.93 所示情况，若设搜索间隔时间 t_{si} 与跟踪间隔时间之比为 ρ_j，j 为跟踪状态的代号(a, b, c, d)，于是搜索间隔时间 t_{si} 可表示为

$$t_{si}=t_s+\rho_a t_{ta}+\rho_b t_{tb}+\rho_c t_{tc}+\rho_d t_{td} \tag{5-54}$$

式中，搜索时间 t_s 按式(5-44)计算。

如果搜索时间和最大允许的搜索间隔时间是给定的。那么，允许的最大跟踪目标数目便完全确定，其计算公式为

$$n_{ta}+n_{tb}\frac{\rho_b}{\rho_a}+n_{tc}\frac{\rho_c}{\rho_a}+n_{td}\frac{\rho_d}{\rho_a}\leqslant\frac{F_r m_p}{(N_t\rho_a)(t_{si}-t_s)} \tag{5-55}$$

能跟踪的目标总数 n 为

$$n=n_{ta}+n_{tb}+n_{tc}+n_{td} \tag{5-56}$$

式(5-54)和式(5-55)表明，跟踪目标数目与重复频率及每个周期内能独立跟踪的目标数目 m_p 成正比，而与用于跟踪的重复周期数(N_t)成反比。若用于搜索的总搜索时间 t_s 越小，而允许的搜索间隔时间越大，则跟踪目标数目将因($t_{si}-t_s$)的增加而增加。最小跟踪间隔时间 t_{tia} 对跟踪目标数目影响最大，n 随着 t_{tia} 的降低而减少，t_{tia} 的影响在式(5-55)中是通过 ρ_a 表示的。从物理概念来说，若 t_{tia} 很小，则在 t_{si} 时间内，就要对 a 跟踪状态的目标跟踪许多次，搜索过程将不断被跟踪状态所中断。

5.8　相控阵雷达技术的优缺点及发展趋势

1. 相控阵雷达的特点

相控阵雷达的主要特点如下。

(1) 电扫描天线固定

由于天线不需要机械驱动，尺寸通常可做得很大，目前地面预警相控阵雷达的天线阵长达百米、宽达几十米，因而提高了雷达威力，增大了雷达探测距离，不存在机械扫描误差，角跟踪和距离跟踪精度高，天线可以做得很牢固，具有较好的抗爆能力。

(2) 波束理想灵活

天线阵列可同时形成多波束，各个波束又具有不同的功率、波束宽度、驻留时间、重复频率和重复照射次数等，并且这些波束可以分别控制和统一控制。这样，其中有些波束可用做一般搜索，有的做重点搜索，有些波束可用来跟踪目标等。根据目前的技术水平，大型相控阵雷达一般能同

时搜索1000个以上目标或同时跟踪100～200个以上目标。因而，具有多功能和对付多目标的能力。此外，波束扫描不受机械惯量的限制，波束移动很快，可以在几微秒内指向预定的方向，比一般机械扫描要快100万倍。因此，对相控阵雷达来说，即使波束很窄，由于波束移动得很快，在不降低测量精度的条件下，也可保持一定的数据率。更重要的是，相控阵雷达可以突破电波在空间传输所需时间的限制，从而具有较高的数据率。

(3) 辐射功率大

由于相控阵雷达可用于天线辐射单元一样多的发射源，因此总发射功率可以大大提高。通常情况下，成千上万个发射源合成的总功率可达十几兆瓦至几十兆瓦，加之大尺寸的天线，使得相控阵雷达能较方便地把探测导弹头的作用距离提高到100km以上。

(4) 自适应能力强

电子计算机已成为相控阵雷达的“大脑”，它能根据变化多端的空情实时确定雷达的最佳工作方案，以满足各种复杂要求。例如，它能“记忆”空中原有目标的批量及其所在轨道的参数，在发现新目标后，能够同原有“记忆”数据对照及时加以识别，并按其需要分类加以处理(监视、跟踪和制导等)。也就是说，相控阵雷达具有高度的自适应能力。

(5) 可靠性高

由于天线阵列中的辐射元很多，并联工作的发射源和电路也很多，即使其中的部分组件损坏时，对雷达性能影响不大。例如，在工作中有10%的阵列元件损坏时，天线增益只不过降低1dB，相当于抛物面天线中辐射器产生的孔面阴影一样，对天线方向图和方向系数的影响都不大。又如多部发射机工作时，部分发射机失效，也不会严重影响雷达工作。此外，由于大量采用低功率发射组件，而且天线阵列不需要使用故障率较高的机械转动装置，可以有效地解决高频馈电部分的高压击穿问题。这样一来，相控阵雷达的可靠性就大大提高了。

(6) 抗干扰性能好

由于波束的形状和扫描方式可以改变，脉冲重复频率和宽度也可以改变，在一定范围内工作频率和调制方式也可以改变。显然，这种方便的信号处理和灵活的控制，便于综合运用抗干扰技术。例如综合运用单脉冲、脉冲压缩、频率分集、频率捷变和旁瓣抑制等技术，既提高了测定目标参数的精度又提高了抗干扰性能。可以说，相控阵雷达是目前最具有抗干扰潜在性能的一种雷达体制。

(7) 扫描范围有限

目前平面天线阵产生的波速通常在90°×120°立体角(俯仰角±45°和方位角±60°)范围内扫描。为了在半球空域内监视目标，往往需要采用三个或4个平面阵。

(8) 体积庞大，结构复杂

洲际弹道导弹预警系统的相控阵雷达通常有上万个T/R模块，雷达高达十几层楼房，占地面积1万平方米以上，可见体积庞大，结构复杂，因而造价高，维护费用也大，但与达到同样性能的超远程机械扫描雷达相比，后者造价更高，并且这些雷达彼此不易控制，难以协调工作。因此，相控阵雷达仍是优选的方案，并得到了大力发展。

2. 相控阵雷达的发展趋势

相控阵雷达是采用多种高技术的产物。计算机技术、固态技术、信号处理技术、光电子技术等的进展，对相控阵雷达的发展将起巨大的推动作用。反之，相控阵雷达需求的日益增长，将促进上述技术的发展。

相控阵雷达的技术发展趋势主要反映在以下几方面[128]：

(1) 增加带宽

在所有雷达应用中，首先的发展趋势是应提供一个大的带宽，或是把几个窄带信号合成为一个宽带信号，或是瞬时宽带或超宽带信号。把一组窄带信号合成为宽带信号的问题是要占用测量时间的。而在相控阵雷达中，时间又极其珍贵。

替代合成宽带信号的可以是瞬时宽带信号；最终，将导致用真实时延波束形成取代移相器。

(2) T/R 模块

T/R 模块是有源相控阵雷达的重要功能元件之一。在有源相控阵雷达中，这样的组件有几百个到几千个，极个别情况甚至有几万个。这类器件有两个值得关注的参数，即功率增加效率(PAE) 和芯片价格。

下面讨论功率增加效率。

图 5.101(b) 示出采用 MESFET 技术后功率增加效率随 RF 频率变化的情况。“功率增加效率(PAE)”定义为输出、输入功率的差与器件消耗的电源功率之比。由图可见，频率相对低(1GHz) 时，PAE 可接受。在 Ka 波段(对跟踪精确度有利)，该效率降到 20% 以下。在 X 波段，PAE 约为 40%。这就是说，若要获得 10kW 的辐射功率，消耗电源功率应在 25kW 以上，即必须想方设法带走这 15kW 的热量。对于 PHEMT 技术[图 5.101(a)]，其 PAE 在 10GHz 时要比 MESFET 高，而在更高的频率上同样也很低。

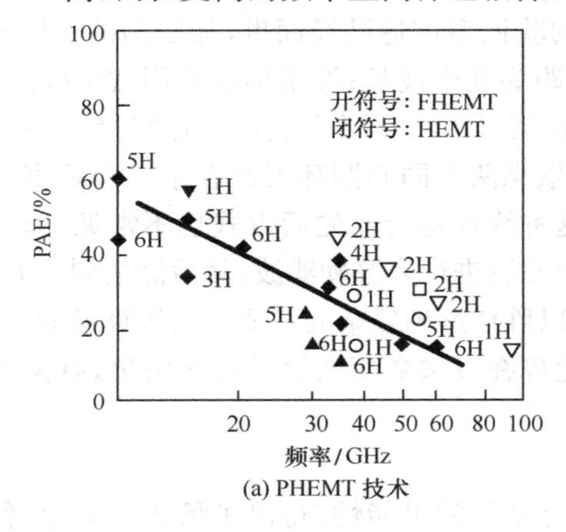

(a) PHEMT 技术

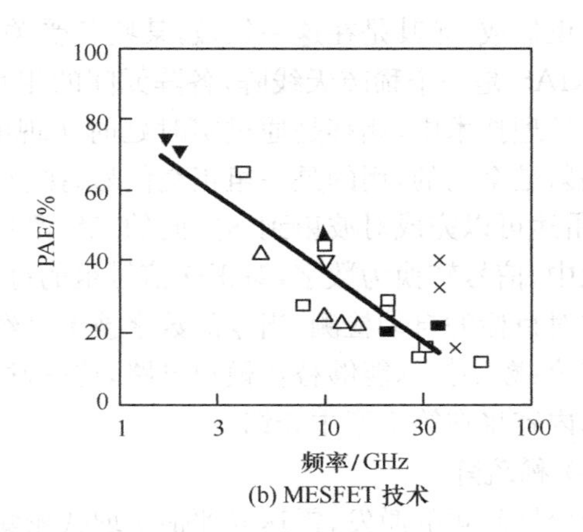

(b) MESFET 技术

图 5.101　PHEMT 技术和 MESFET 技术的功率增加效率(PAE) 随频率变化情况的统计结果

另一个重要的问题是单片微波集成电路(MMIC) 系的成本。晶片价格是一个关键问题，当其性能容限可以放宽时，成品率也可大大提高。

(3) 移相器技术

目前，已初步寻求到几种代替砷化镓移相器的技术。即 ① 微机电开关(MEMS)；② 压控介质移相器；③ 光子技术。

对于具有低损耗(1.5dB)、低功耗(1mW) 和低成本(每个移相器仅 10 美元) 的 4 位 X 波段移相器而言，研制 MEMS 集成电路机械开关移相器大有希望。如果能实现此种移相器，就有可能将其应用到由一个功率放大器馈电给很多低成本移相器的无源相位 — 相位扫描阵列中。功率放大器使用的不是电子管，而是一个固态放大器。这将降低所需的收/发模块数量，因而大大降低相位 — 相位扫描阵列的成本。

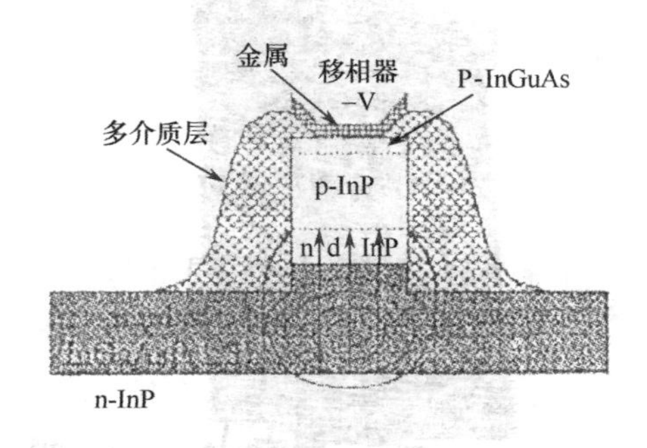

图 5.102　光移相器的示意图

图 5.102 示出一种光移相器，图中，RF 信号调制在激光器发射的光信号上。通过改变光波导

的折射指数，使传播路径输出端处光信号的相位得以改变。经光延迟后，信号被下变频 RF 信号，固然其相位也有改变。

(4) 可能的辐射器设计

相控阵的另一个优势集中在辐射单元和单元的承载结构上。当然如前所述，技术的发展趋势是朝着更大带宽方向的，一个典型的应用需求是 30% 的相对带宽。另一个仅次于带宽问题的共性特征是质量。已研究出了解决质量问题的不同办法。一个非常典型的例子是星载 L 波段(25cm 波长) 充气式微带阵列。该天线带宽相对较小，但却是双极化的。一个 $10\times3m^2$ 孔径的阵列，其质量为 100kg。人们从不同角度研究了微带阵列，有时还结合对不同介质材料的选用来减小阵列的质量。

一直在研究的还有共形面天线，尤其是它在机载相控阵雷达中的应用。关于这一点，值得一提的是可能已看到这样一个趋势，就是在同一个天线孔径内组合不同的组件进行多个 RF 频带的辐射。

(5) 用数字器件代替模拟器件

相控阵系统设计的重点是增强数字处理技术的能力；用数字技术替代模拟技术，最终允许数字的波束形成。尤其是在这一领域，某些备受关注的验证型雷达已经面世，如法国的 RIAS 地基雷达。RIAS 是一个稀疏天线阵，各阵元间的相互间距为几个波长；波束形成采用数字处理技术。在这种处理技术中，相移是通过实时延时实现的，在信号数字化后完成这一点很简单。RIAS 雷达的辐射是全向的，用的是一组正交信号。接收时，依靠两个同心圆环天线在水平和垂直方向的位移，雷达可以完成对波束到达方向的三维测量。这种线性运行的先后方式也不常见，即在每一个阵元中，信号转换为数字，对正交信号组的每一个回波进行多普勒滤波，然后测估到达方向，最后完成对目标的自动检测。当今的数字技术已经可以胜任这种复杂的需要巨大运算量的过程。

结论：数字技术能够替代模拟电路，这一发展趋势在过去数年间就已崭露头角。有关数字阵列雷达内容将在第 7 章中介绍。

(6) 稀疏阵

受价格问题的激发，雷达界评估了取代密集填充栅阵的可能性，得出了稀疏阵概念。各种验证型雷达已经面世，然而它们在雷达中的应用还仅限于地基高频雷达。

图 5.103　固态相控阵雷达的照片

这种技术在雷达中应用的主要缺点是会影响天线的增益和旁瓣。

综上所述，相控阵雷达实际上在 20 世纪 60 年代初期随着数字移相器和相位扫描体制的采用至今，以 AN/APG—77、AN/APG—79 和 AN/APG—81 为代表的机载有源相控阵雷达，以“Pave Paws”(AN/FPS—115) 和 XBR 为代表的陆基空间相控阵雷达，以及 20 世纪 70 年代后，美、苏、英、法等国就开始研制可批量生产的“战术”相控阵雷达，最著名的防空雷达诸如美海军的 AN/SPY—1 和陆军的 AN/MPQ—53 爱国者雷达，以及 AN/TPQ—36 和 AN/TPQ—37 炮位侦察雷达等，可作为相控阵雷达的代表。我国研制的固态相控阵雷达，如图 5.103 所示。

一般而言，今后发展类似于“Pave Paws”、“丹麦眼镜蛇(AN/FPS—108)”、“鸡舍”等那样体积巨大、成本昂贵的系统，为数不会很多，因此将不是主要方向，而发展战术相控阵雷达的时机正趋于成熟。可以预见，随着微波技术(尤其是超大规模集成电路和超高速集成电路技术)、具有人工智能的高速微机和固态功率源技术、自适应阵列处理技术以及新型信号处理器结构等的发展，可使相控阵雷达性能不断提高，成本显著下降，结构明显改进，因而战术多功能相控阵雷达的数量将会有惊人的增长。

下面，我们举几个有代表性的例子来说明相控阵雷达的发展趋势。

(1) 机载相控阵雷达

机载相控阵雷达的发展趋势可以用两种雷达做代表：其一是E—8A和E—8C远程侦察机上的联合监视目标攻击雷达系统(JSTARS)，它是一部X波段的先进的多态旁视相控阵雷达(AN/APY—3)，该雷达具有动目标显示监视状态、合成孔径状态、固定目标显示状态以及武器制导状态。它用于监视战场以及到敌军后方之间的区域，覆盖范围为168km×180km。此外，法国、英国、西德和意大利也研制了功能类似的远程侦察相控阵雷达。这种雷达在海湾战争的实战中证明是有效的，今后将发展其改进型。值得关注的另一载体是将出现的E—10监视飞机。E—10集空中监视、地面动目标显示以及信号情报搜集于一身，一并执行空/空、空/地作战指挥以及战场情报搜集和监视等任务。

正在为E—10监视飞机研制的MP—RTIP雷达，设计用于远距离探测小型、甚至是隐身的目标，特别是巡航导弹。该有源电扫描相控阵雷达增加的一些特殊能力，如电子监视和定向能源武器等，有关方面更为保密。MP—RTIP能够定位隐身的机载目标并干扰其上的计算机和制导系统，通过应用X波段雷达能量的聚焦波束，其效果足以干扰对象偏离航程。它在8～10GHz带宽内能进行精确地聚焦，具有武器效应。其二是战斗机载相控阵雷达。目前，战斗机载相控阵雷达的研究发展有两条路子：一是有源相控阵雷达(如AN/APG—77、AN/APG—79和AN/APG—81雷达)，二是无源相控阵雷达(如前苏联的米格—31机载Zoslon雷达和法国Rafale机载RBE2雷达)。

(2) 陆(海)基防空雷达

海湾战争后，“飞毛腿”一类战术导弹的严重威胁，迫使美国及其盟国把发展战区(战术)导弹防御(TMD)技术作为国防高科技计划的重点。由于相控阵雷达具有多功能、快速扫描，能对付多目标等固有特性。因此，它将在TMD中担负着监视与火控的主要角色。现有的诸如陆基“爱国者”的AN/MPQ—53(C波段)和海基“宙斯盾”的AN/SPY—1(S波段)等雷达将得到改造，并进入21世纪。此外，军级地对空导弹系统也将专门配置相控阵火控雷达。

值得注意的是，目前已报道英国的多功能电子扫描自适应雷达(MESAR)(E/F波段)，其特点是应用一有源固态阵列天线，并采用数字波束形成器来实现自适应阵列处理。类似的报道还有西德的电子可控雷达ELRA(S波段)等，这类雷达在性能上将有飞跃。

综上所述，可以看到相控阵雷达的发展趋势如下所述。

(1) 改造与研制并举

今后，实战证明行之有效，诸如上面列举的AN/TPS—59、AN/APY—3、AN/MPA—53和AN/SPY—1、AN/SPG—77、AN/SPG—79、AN/SPG—81和AN/FPS—115等相控阵雷达将引入更新的技术，主要从扩大工作范围、提高作用距离、增强识别真假目标能力以及自适应抗干扰等方面来提高性能。它们在21世纪仍然有立足之地。

另一方面，着手研制体制新、性能更高的有源相控阵雷达，诸如采用共同多芯片封装、通(共)用模块、先进的数据分布网络，综合核心处理器以及雷达、通信和电子对抗一体化技术和体系。数字阵列雷达(DAR)又是相控阵雷达的发展趋势之一。

(2) 向固态化、积木化、通用化和数字化方向发展

超高速、超大规模集成电路，具有人工智能的高速微机和固态功率源这三者的发展，必将为有源相控阵雷达创造条件。全固态化是提高可靠性的重要因素，而模块化可适合于大批量生产，从而降低成本。为使相控阵雷达向多用途方向发展，还必须实现结构积木化。

(3) 向多功能、高性能和智能化方向发展

未来的相控阵雷达要求能同时完成诸如搜索、识别、捕获、跟踪、飞机引导、导弹制导、火炮控制以及侦察和干扰等多种功能，因此其性能上必然向大带宽、多极化、多频段、多工作模式及自适应方向发展。

值得注意的是，具有高处理能力、高可靠性、灵活的可扩充性和易于自适应控制的多芯片多模式雷达信号处理结构将被采用。这种结构将应用于预期 21 世纪开发的数字相控阵雷达中。光电子技术也将对未来相控阵列的发展产生重大的影响，如在相控阵天线系统中采用新颖的光学 RF 波束控制以及利用光纤传输和对射频信号进行分配等将得到应用。神经网络技术用以展示阵列的精确测向能力，一旦阵面出现误差时，它能训练有素地修正阵列误差。总之，利用人工智能的高速微机和分布的处理结构，将使相控阵雷达向智能化方向发展。

第6章　数字阵列雷达

6.1　概　　述

数字阵列雷达(Digital Array Radar,DAR)是一种接收和发射波束都采用数字波束形成技术的全数字阵列扫描雷达,它是数字雷达的主要类型。由于模拟雷达对来自内部和外部的射频干扰以及对温度和湿度都很敏感,而且模拟器件价格较贵。此外,数字雷达可通过改变程序来执行根本不同的工作模式,这是模拟雷达无法实现的。所以正如在电子系统中数字技术正在取代模拟技术一样,数字雷达正在取代模拟雷达。

今天,数字技术已无处不在(Ubiquitous),数字是"信息的DNA",是描述进入信息化时代的主要特征。随着电子技术,尤其是超大规模数字电路、多元件T/R模块、微处理芯片等元器件以及光纤的发展,开放的数字雷达将会逐渐替代模拟雷达,因为开放的系统易于加入可获得更高性能的模块,而不需要提升整个系统,故而其可编程性、通用性、互换性和移植性更强、更经济。因此,未来的新型雷达系统将是数字的、开放的结构。总的来看,数字雷达是相干的;这些雷达基于开放式结构、商用现货(COTS)硬件和商用操作系统;实时处理仍然是雷达设计目标;中央处理单元(CPU)、图像处理单元(GPU)、存储器和输入/输出(I/O)单元是关键驱动器;软件定义雷达(SDR)仍然是主要发展趋势。

目前,雷达面临在严重的杂波环境中检测小目标,且抗多种干扰源。数字阵列雷达可更好地抗射频干扰和其他环境因素影响,由于数字阵列雷达的收/发波束均以数字方式形成,所以拥有许多模拟雷达所不具备的优良性能。其数字数据可加以编程且精确地处理,能很精确地增强弱目标信号并滤掉杂波信号,从而提高雷达的检测和跟踪能力。采用可编程的数字控制系统给雷达的发射特性和装备带来灵活性,可使单个系统在完全不同模式之间或雷达工作方式之间瞬时转换。此外,雷达软件的设计/样机/测试的重复过程比模拟硬件的设计/样机/测试的重复过程实现快得多。数字阵列雷达还具有改善时—能资源管理,提高可靠性,延长寿命和降低成本的潜力。

我们已在第5章的有源相控阵雷达一节中,对有源相控阵雷达的组成、数字波束形成(Digital Beam Forming,DBF)等作过介绍,本章仅针对数字阵列雷达(DAR)的组成,数字雷达阵列的数字化要求,数字阵列雷达的数字波束形成分系统、数字接收机和数字发射机作概念性介绍。最后,简要介绍分集多输入/多输出(MIMO)数字阵列雷达的原理。

6.2　数字阵列雷达的主要组成[80]、[81]

6.2.1　主要组成

数字阵列雷达系统的基本组成框图如图6.1所示。系统工作时,根据工作模式,信号处理系统控制波束在空间进行扫描,实现收/发数字波束形成。

该系统发射时,由控制处理系统产生每个天线单元的幅/相控制字,对各T/R组件的信号产生器进行控制而产生一定频率、相位、幅度的射频信号,并输出至对应的天线单元,最后由各阵元的辐射信号在空间合成所需的发射方向图。

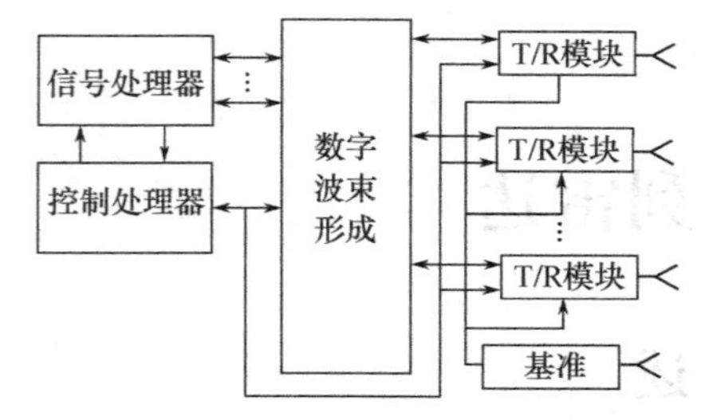

图 6.1　数字阵列雷达系统的基本组成框图

接收时，每个 T/R 组件接收天线各单元的微波信号，经过下变频形成中频信号，经中频A/D采样处理后输出 I/Q 回波信号。多路数字化 T/R 组件输出的大量回波数据通过高速数据传输系统传送至实时信号处理机。实时信号处理机完成自适应波束形成和软件化信号处理，如脉冲压缩、MTI、MTD、PD 等。

1. 数字 T/R 组件

数字阵列雷达的核心部分是数字 T/R 模块，如图 6.2 所示。它包含了整个发射机、接收机、激励器和本振信号发生器。模块的唯一模拟输入是为系统所有单元提供相干的基准本振信号。这样，T/R 模块可以当作一个完整的发射机和接收机分系统。其功能很类似于许多软件可编程无线电结构的前端[①]。T/R 模块的模块化结构使人们能对各种应用所要求的专用工作频率和功率电平作相同的基本设计。数字 T/R 组件能完成各种不同形式发射信号的产生和转换。其次，它能实现频率的转换，在发射通道把数字信号转换为射频信号，在接收通道把接收到的目标模拟信号转换为信号处理机所需的数字信号。另外，发射信号所需的相移完全用数字的方法实现，因此其移相的位数可以做得很高。再者，采用中频采样的数字接收机可使 I、Q 正交两路达到很高的指标，因此数字 T/R 组件的收发通道是一个广义的概念，可简单地分成发射数字波束形成通道和接收数字波束形成通道。

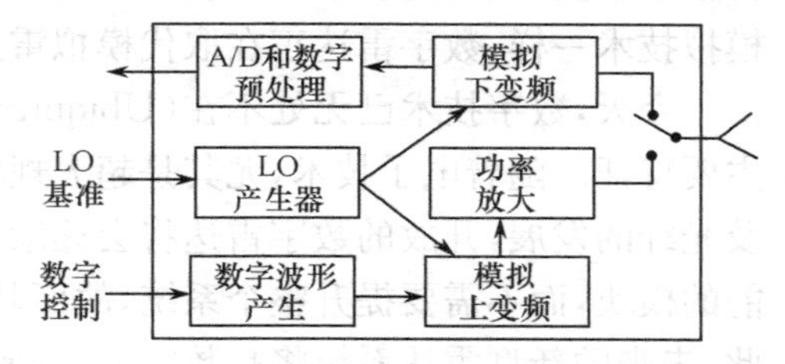

图 6.2　数字阵列雷达 T/R 模块框图

基于直接数字合成器(Direct Digital Synthesizer，DDS)的数字 T/R 组件是数字阵列雷达的关键部分之一。DDS 的幅度和相位近似连续可调，因而可用图 6.2 中构成数字阵列雷达的 T/R 组件实现波形产生和幅相调整。T/R 组件包括了频率源、DDS、功放、混频、滤波、A/D 变换等。

数字 T/R 组件有多种实现方式，如集中式频率源数字 T/R 组件、分布式频率源数字 T/R 组件等。其主要研究内容为：

(1) 数字 T/R 组件的体系结构；

(2) 基于 DDS 技术的发射信号产生技术，包括波形产生技术和频率扩展技术；

(3) 基于 DDS 的幅相控制技术，包括幅相控制技术和频率扩展对幅相的影响；

(4) DDS 寄生响应、相位截断误差、幅度量化误差等对波形产生的影响；

(5) 数模一体化设计理论；

(6) 数字 T/R 组件的一致性和稳定性；

(7) T/R 组件的光控技术。

这方面内容读者可参阅有关文献，在此不再展开讨论。

2. 数字波束形成

数字波束形成(DBF)是一种以数字技术来实现波束形成的技术。波束形成处理器将数字的幅度和相位的权值在所有通道信号求和之前加到每一个输入信号中，它保留了天线阵列单元信

① 两者区别在于在给定一个标准平台情况下，“全数字化”的阵列雷达系统不一定用“全软件化”实现，而“全软件化”的软件无线电系统必须是“全数字化”的。

号的全部信息，并可以构成空间受控的一个或多个定向波束从而获得优良的波束性能。例如，可自适应地形成波束以实现空域抗干扰；可进行非线性处理以改善角分辨力。此外，数字波束形成还可以同时形成多个独立可控的波束而不损失信噪比；波束特性由权矢量控制，因而灵活可变；天线具有较好的自校正和低旁瓣性能。数字波束形成的很多优点是模拟波束形成不可能具备的，对提高雷达的性能有着深远的影响，因而越来越得到人们的重视。

数字波束形成技术的优点并不仅仅体现在接收模式下，在发射模式下同样具有许多独特的优势。

3. 大容量高速数据传输技术

大容量高速数据传输是实现数字阵列单元(DAU)与数字处理系统之间的数据交换所必不可少的。有多种办法来实现大容量高速数据传输。例如采用光纤和低压差分传输(LVDS)，其传输速率都能达到几百兆。

LVDS是一种小振幅差分信号技术，使用非常低的幅度信号(约350mV)，通过一对差分PCB走线或平衡电缆或光纤来传输数据。它允许单个信道的传输数据率达到每秒数百兆比特(MB)。与LVDS相比，光纤传输具有传输距离远、传输数据率高、延迟低、质量轻、保密性能好等优点，其传输数据率可达千兆以上。

4. 高性能软件化信号处理机

数字阵列雷达需要一个功能强大的处理平台来进行任务控制、时序产生、校正处理、波束控制、目标跟踪和显示处理等工作。因此，对采用总线结构的高性能信号处理机进行研究是十分必要的。

6.2.2 一部数字阵列雷达实验样机[82],[83]

1. DAR实验样机的布局

根据图6.1所示DAR的主要组成框图，下面我们介绍一部由美海军研究署(ONR)发起的，由MIT/LL、NRL/DC和NSWC/DD三机构参与研制的数字阵列雷达实验样机系统。

图6.3(a)示出该DAR系统的概念设计结构图。它由三个子系统即T/R组件板、DBF信号处理器和波形产生器组成。图6.3(b)是图6.3(a)的另一种画法。该DAR的大部分元器件是市

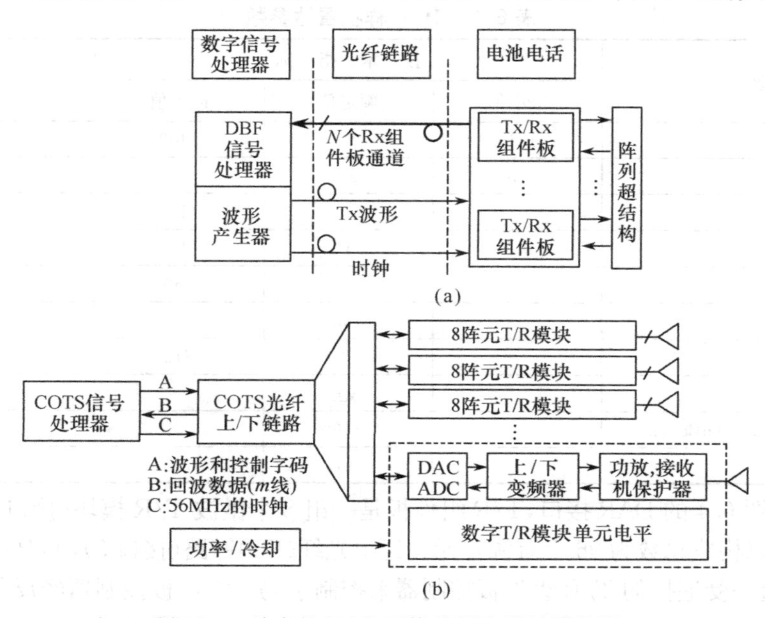

图6.3 基本的DAR系统的概念设计结构图

场上可买到的商业成品(Commercial-off-the-shelf,COTS)。图中,COTS处理器产生数字波形码和控制信息,并提供一个56MHz基点时钟。码和信息脱线(机)产生并存储在存储器中,在雷达工作期间,数据和56MHz时钟各自在单根光纤上传输并直通阵列孔径上的一个光分布网络的天线端,在网络中的每根光纤输出到8个数字T/R模块构成的一组,每个T/R模块单元由DAC、ADC、FPGA(Field Programmable Gate Array)模块、上变频器、滤波器和功率放大器以及接收机组成,在单个天线单元后面接有双工器和接收机保护器。每个来自T/R模块的回波数据经光纤路由至处理器。

图6.4示出该DAR实验样机的布局。

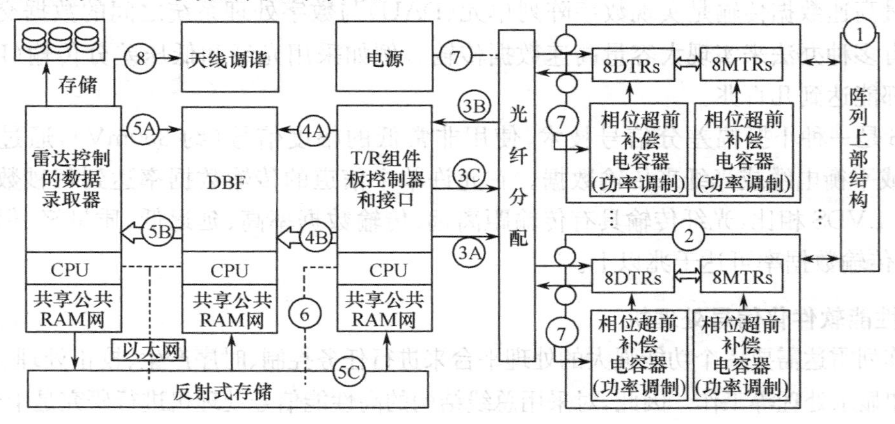

图6.4 DAR实验样机的布局

由于L波段模拟产品已较成熟,而且低频器件的级增益较高,寄生效应小,从海基和天基数字雷达的成本和覆盖范围考虑,所以选用L波段。另外,为控制成本,DAR样机是一部96个阵元的系统。具体技术参数列在表6.1中。

该样机的微波部分由混频器、滤波器、放大器和随后的两级功率放大器及驱动放大器组成。数字部分由诸如FPGA、位串行器和解串行器,以及发射的D/A变换列和接收A/D变换列等核心技术组成。

表6.1 DAR样机雷达参数

参数	技术指标			现状
	最小值	额定值	最大值	
工作频率(MHz)	1215		1400	√
峰值功率(kW)	15	20		未解决
占空比(%)			10	√
PRF(kHz)	0.3	1	10	√
脉冲宽度(μs)	1		150	√
有源单元(#)		100		√
瞬时带宽(kHz)			815	√
线性FM		是		√
时钟基底相位噪声(CW)(dBc/Hz)		−160		√
S/C改善(dB)		85	100	未解决

表6.2列出图6.4的DAR接口,T/R组件板是一组8个微波T/R模块(接口2),该样机设计成12个组件板,以构成总数为96个有源阵元。经由光纤(FO)链路(接口3),T/R组件板接收基带传递数据,并通过一受遥控的T/R组件板控制器来控制字码。组件板控制器经反射式存储器和共享公共RAM网络(Scramnet)板(接口分别为5C和6)接收来自雷达控制器的指令,诸如定时门和

波形参数指令等。反射式存储器是一个环状基面的高速网状存储器，它均分在不加软件的多路计算机系统中，Q数据和I数据从T/R组件板控制器传至DBF子系统（接口4B），在被处理的波束数据被录取后，该样机进行脱线处理。接口8是使阵元阻抗调谐到最佳匹配的控制线。

表6.2 DAR实验样机接口

接　口	说　明
1	阵列超结构后端
2	T/R组件板内DTR至MTR
3A，3B和3C	光组件板通道，时钟和波形
4A和4B	定时和I/Q数据
5A，5B和5C	FPDP，波束的数目和反射式存储器
6	以太网路由和电缆线
7	输入交流电源孔
8	天线调谐（阻抗）的控制输入

2. 阵列天线和T/R模块

该阵列天线是一个矩形，轴对称的平板结构，如图6.5所示。阵面分布了224个辐射单元，在该样机中，一个有源T/R模块馈入一个辐射阵元，除阵列配置96个这样的阵元外，其余的阵元均被端接，从而改善了相对小面阵列的天线响应。阵元的周围是介质衬底的贴片，贴片在中间被短路且偏馈。圆形贴片的另一特性是谐振频率响应被仿成平方根的球形Bessel函数的形状。贴片影响雷达的输出信号的谐波，以改善电磁的兼容性。

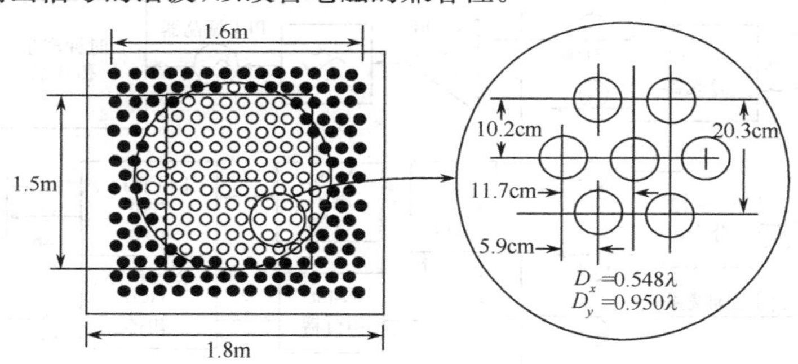

图6.5　阵列天线布局和内部阵元的间隔图

图6.6示出单个微波T/R（MTR）模块和阵面的圆形辐射阵元图。MTR模块采用两级超外差系统，且在激励器和接收机链之间纷享滤波通路。从数字段到T/R模块的接口对发射和接收

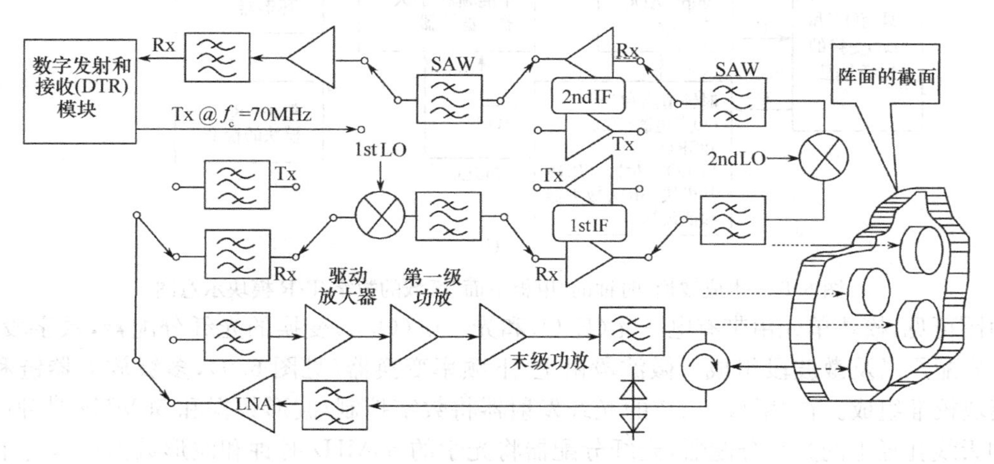

图6.6　单个微波T/R模块和阵面的圆形辐射阵元图

均是70MHz中频(IF)信号。图6.7(b)示出用左图测得的接收机的IF输出级的通频带响应。滤波器响应由末级IF上的SAW滤波器而得。为使ADC之后的混淆最小和抑制IF附近的寄生(杂散)频率,SAW滤波器是必需的,SAW带宽为1MHz,它容许1MHz Chirp波形由ADC加以数字化。由图6.6可见,在MTR模块的第二级IF中的两个SAW滤波器是改善对杂散和谐波的抑制。

表6.3列出该数字T/R模块性能技术参数,图6.8(b)是图6.8(a)的另一种表示形式。

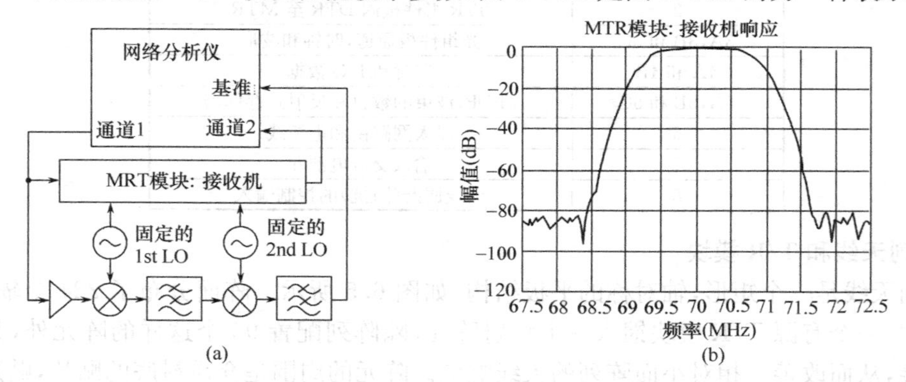

图6.7 末级IF接收机的带宽特性曲线及其测试布局图

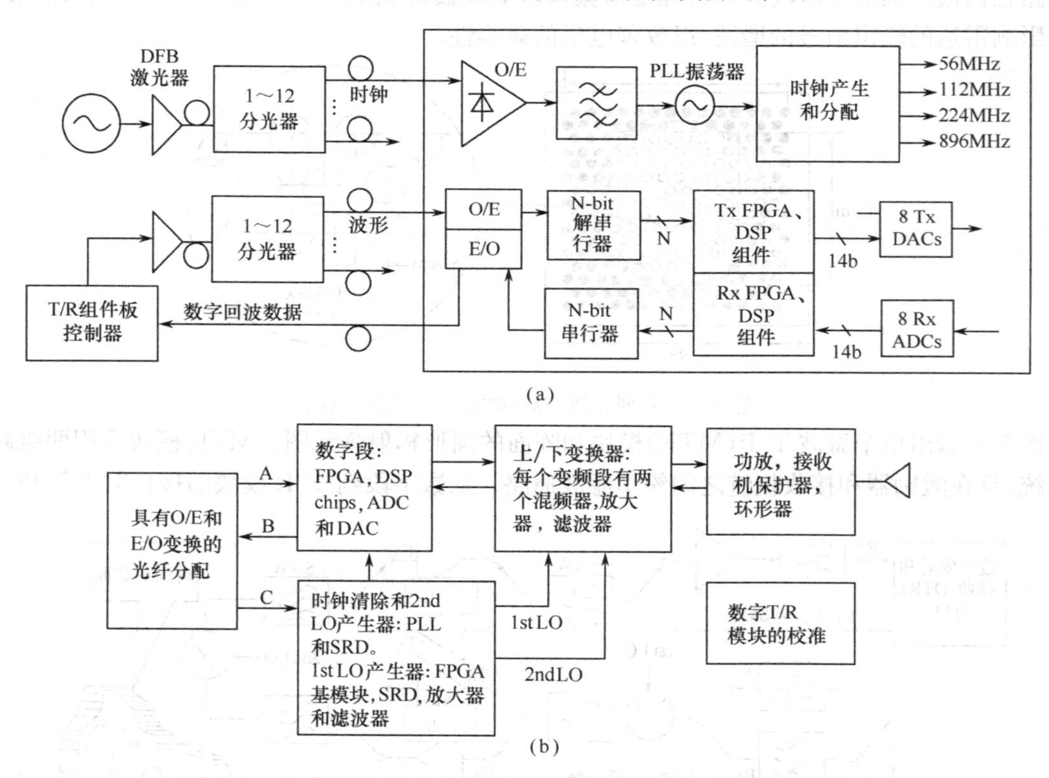

图6.8 生成波形/时钟的“甲板下面”区域的数字T/R模块示意图

由图可见,模块单元由带有电—光(E/O)和光—电(O/E)变换的光纤分配器,数字段,时钟和LO分配段以及微波段组成。微波段由上/下频率变换器(见图6.9),多级放大器链和数字T/R模块校准组成。在“甲板下面”的光纤发射器将数字控制/波形数据和56MHz时钟的光脉冲送到天线孔径上的光纤分配器,光纤分配器将光学的56MHz时钟和波形数据送入每个T/R模块中的光检测器中,在光检波和缓冲之后,56MHz时钟的噪声性能由一个锁相回路来改善,并且加到产生第二个LO频率的微波电路。第一个LO频率由一个FPGA基模块和微波电路中的一个乘法器来产生，数字控制/波形数据通过在一个FPGA(编程的模块)中的几种运算在基带上被译码和调节，然后基带波形经一个DAC数字化频率转换并变换到末级IF。IF波形被上变频到发射的频段，功率放大后经一个双工器/环形器耦合到一个天线单元。回波信号被接收，并经一个带有接收机保护器的双工器加到一个下变频器。在数字段中，基带回波信号被变换成数字信号，并通过光纤分配系统加到“甲板下面”的处理器。

表6.3　数字T/R模块性能技术参数

参　数	数　值	
频 率	1215～1400MHz	
峰值/平均功率	50/5W级的耦合，C类(末级)	
模块效率	>25%	
带 宽	<10MHz	
噪声系数	4dB	
前端动态范围	单音(1MHz)	85 dB
	双音	70 dB
相位噪声(CW)	基底	−160 dBc/Hz
	100Hz	−110 dBc/Hz

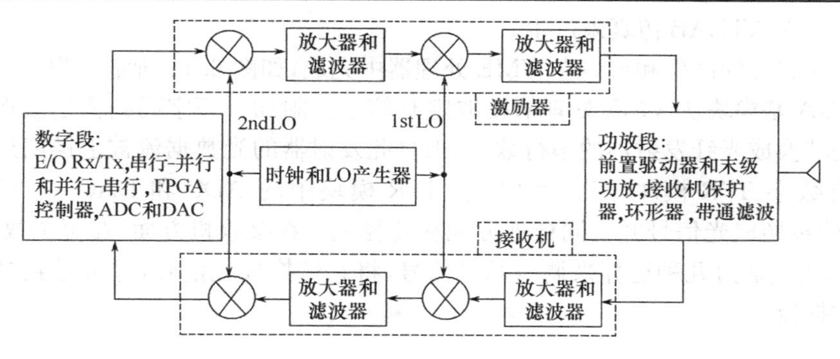

图6.9　上/下变频器的原理图

3. 光纤(FO)上/下链路和分配

在基带数字数据如何被路由、处理和转换成模拟的和数字的信号方面，数字T/R(DTR)是比较复杂的，在舰基的装备中，T/R组件板控制器(见图6.4)和DBF分系统被安装在甲板之下，它们离阵面至少30m，如图6.8(a)所示，发射数据在T/R组件板控制器上产生，并转换为串行比特(bit)流。这数据流在1300nm的标准波长上光学地变换成单一模式(接口3A)(在图6.6中未画出光学收发机)。

根据T/R组件板中光变换的形式，在T/R组件板中，光—电(O/E)PIN变换器将光数据流转换成一个光电管—电平(PECL)信号。

56MHz的基点时钟在一个超低噪声晶体振荡器中产生，在分成12个相等的光信号之前，56MHz振荡器经过低通滤波和光学变换，然后在每个T/R组件板中由一个Agilent HFBR－53D5光收发信号机将被分的光学信号光检测。如图6.8(a)所示，在光—电变换后的电信号被带通滤波，并被锁相在56MHz上的一个低噪声的锁相环(PLL)振荡器上。PLL振荡器重新建立基点时钟的噪声基底，这已受到E/O-O/E变换和甲板之下的分布式反馈激光器(DFB)的噪声衰变到由在相同56MHz的PLL振荡器建立的基底上。

为了说明PLL振荡器的用处，在一个56MHz的PLL振荡器和一个具有1～12个分光器的

E/O-O/E 光链路之间作一相位噪声的比较，如图 6.10 所示，图 6.8(a)示出在输入到一个频率乘法器之前的基点时钟，光电检波和滤波。频率乘法器产生的 4 个固定的频率为：×1，×2，×4和×16。第二个 LO 在一个 224MHz 的固定频率的×4 孔上产生。正如所料，在频率倍乘 4 之后噪声基底上升了 12dB。

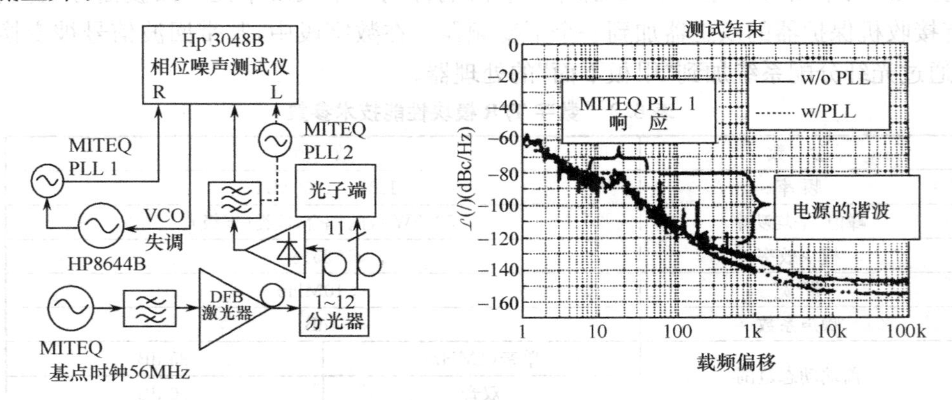

图 6.10　基点时钟与光纤(FO)上链路的相位噪声比较：有和无 PLL 振荡器情况的曲线

在图 6.8(a)中未画出第一个 LO 是由代表 Δ-Σ 编码序列的串行比特(bit)流产生的，Δ-Σ 序列可脱线用一个 MATLAB 仿真来产生。

发射的雷达波形的产生和编码在 VME 处理器中完成，如图 6.11 所示。为设定驻留时间和波形参数，FPGA 基模块从 VME 处理器提取定时信息并附加一短字码到雷达波形数据上。接着将全部字码转换成光纤发射器的串行数据，来自此发射器的光数据流被上链路送到孔径天线并分配到所有数字 T/R 模块。为计时数字 T/R 模块中的 ADC 和 DAC 并产生 LO 频率，56MHz 时钟被转换成光信号并且同样地分配在孔径上。在接收机方面，在每个数字 T/R 模块上的 FPGA 基模块通过几种运算来调节基带信号，将它转换成光信号，并传送到“甲板下面”作附加处理的数据流。

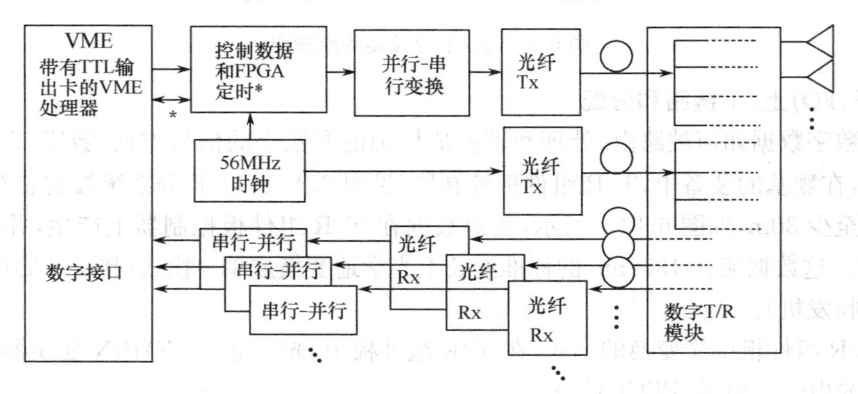

图 6.11　COTS 处理器，光纤上/下链路和分配的原理图

4. 数字段和 DBF 的概念设计

在上/下变频器之前的数字段完成数字数据的发射和接收，如图 6.12 所示。在数字段的发射一边将来自“甲板下面”的光串行数据流转换成电串行数据。然后，包含波形和控制字码的串行数据流转换成以 56MHz 基本时钟速率的并行数字码，并行数字码通过一个 FPGA 基模块来调整，它执行相位/幅度控制，幅值和相位均衡，低通抖动信号的注入，并从基带频率变换成末级 IF，末级 IF 被多路分成 8 个独立通道信号，每个通道为一组 8 个单元的子阵。每个通道输入上

变频器的一个 14 位(bit)DAC。在数字段接收这一边,基本上逆向执行上述发射功能。在末级 IF 上的输入波形通过一个 ADC(在 56MHz 上 14 位)加以采样,如图 6.12 所示。数字化的数据是利用最初的由实数据到 I/Q 样本的转换来调节接收的数据,通过对数据加一个 FIR 滤波完成对 I 和 Q 的变换。

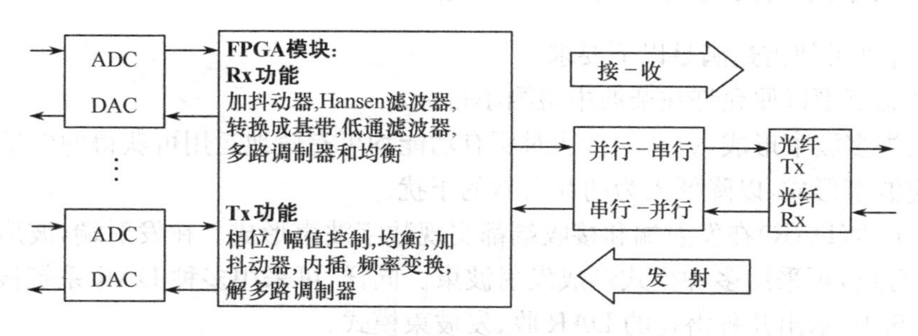

图 6.12　T/R 模块数字段的发射/接收信号流图

基于传统的 RISC 或 DSP 的数字处理技术对小的 DBF 实现是适合的,而对较大规模的 DBF 系统则要求采用专用集成电路(Application-Specific-Integrated-Circuits,ASIC)或 FPGA 来实现,以满足实时数据率的要求,采用 FPGA 将得到具有所要求数字硬件效能的软件设计的优点,DBF 采用一个 COTS 基的 VME 产品,VME 板容许每个 FPGA 有高达 4 个 FO I/O 通道和一个外部时钟输入。单块板供 8 个 T/R 组件板的波束形成要求,这意味着对于 96 个阵元的测试阵列需要两个卡(型板)。

为在 DBF 子系统中的阵元(通道)之间有精确的幅值和相位匹配和控制,所以要求均衡。来自 T/R 组件板的数据作为 8 个通道(每个辐射元一个通道)多路复用 I 和 Q 信号,I 和 Q 信号馈入一个供均衡用的 20 个抽头,16 位的复 FIR。CLB(Configurable Logic Block)是构成逻辑电路的功能器件。一个 Virtex CLB 器件有两个直立的单片组件,它包含两个逻辑单元。一个逻辑单元是 CLB 的基本标准组件,它包含一个有 4 个输入的函数发生器,进位逻辑和一个存储单元。制成一个由 4 个 FIR 和加法器构成的复数 FIR 大约需要 1200 个单片组件,串行位流的实现要求每个样本 16 个循环,因此所要求的时钟速率仅为 56MHz。

一个基本的并行多路复用乘法器的执行要求约 10000 个单片组件。为使在 FPGA 中可获得资源最佳化,在波束形成的加权应用中的复数乘法器的阵列将按复式的输入数据率运行,图 6.13示出 DBF 子系统的基本示意框图。

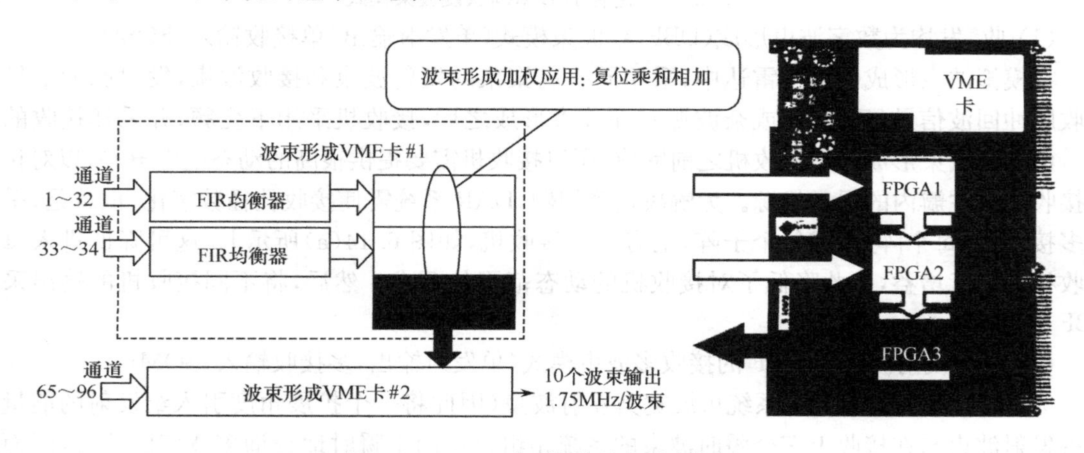

图 6.13　DBF 子系统的基本示意框图

6.3 数字阵列雷达的阵列数字化要求[81]

6.3.1 数字阵列雷达的4种工作模式简介

采用数字阵列可使雷达满足以下要求：

① 提高动态范围以便允许在杂波中检测小目标。

② 在接收端多波束形成，有利于雷达对所有功能均可有效地运用可获得的能量。

③ 自适应波束形成，以降低人为的和自然的干扰。

数字阵列雷达(DAR)在发射端和接收端都实现数字波束形成。在发射端，波形直接在阵列的每个阵元中合成，可采用多种模式形成发射波束。同样，可采用多种DAR系统接收孔径形成接收波束。图6.14示出几种潜在的DAR收、发波束模式。

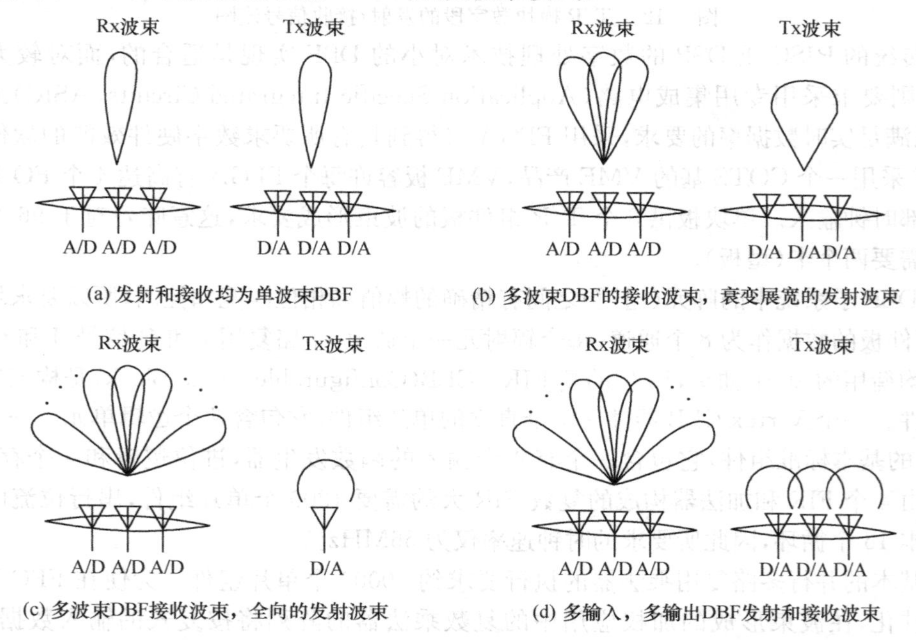

图6.14 潜在的DAR收、发波束模式

(1) 收、发均为数字波束形成(DBF)单波束模式(单发射输出，单接收输入，SOSI)

在模拟波束形成(ABF)雷达中，采用同一高聚束的发射波束和接收波束，发射脉冲信号和接收脉冲回波信号(目标和/或杂波源)，在波束形成之后，接收机采用下变频，并采样接收的信号。由于其波束形成是在接收机之前完成，所以接收机需要提供很高的动态范围电平，以对付位于接收波束主瓣内的强干扰源。为解决这个问题，DAR系统需使接收孔径数字化[也就是，采用许多接收机，每个阵元(或每个子阵)上有一个接收机，如图6.14(a)所示]。这可降低进入每个接收机的干扰增益，由此降低了对接收机的动态范围的要求。然后，将不同接收机的输出采用DBF来合成。

(2) 展宽发射波束和DBF的接收多波束模式(单发射输出，多接收输入，SOMI)

为加速搜索功能，DAR系统可展宽其发射波束(因此将一个扩展角度引入给发射的能量)，这种发射波束与在接收上多个瞬时波束的系统相组合可用于瞬时地查询多波束的位置，因而减少了搜索一个空域所需的时间，如图6.14(b)所示。对于1维孔径，按$M:1$展宽意味着产生一个等于$\theta \cdot M$的半功率波束宽度(HPBW)的波束，其中θ是完全聚束天线的HPBW。对于二维孔径，"M：1波束展宽"是指增大$M-1$倍的天线半功率波束横截面(HPBC)的处理。当HPBC的增益相对于一个无衰变展宽的波束降低$(M-1)$时，就可取得有效的M：1的波束展宽。实际上，由于各种原因，有效的展宽是难以取得的。

(3) 全向发射波束和DBF的接收多波束模式

如上所述的DBF系统不是没有问题的，其中之一是DAR扫描功能是步进的，而不是瞬时实现的，为弥补这缺陷，可考虑图6.14(c)所示的结构，它采用低增益发射天线(即有一个宽发射波束的天线)和一个具有高方向性的多个邻接的接收波束的组合，称其为"泛探(意为'全向')"的雷达结构。发射波束照射一个很宽角的扇形区，容许雷达始终探测各区域。由于发射天线增益较低，所以需要较高的发送/积累时间。然而，这对提高多普勒分辨力有好处。

(4) MIMO DBF的收、发波束模式(多发射输出，多接收输入，MOMI)

"泛探"(即"全向"之意)雷达的最佳属性是以多输入/多输出(MIMO)模式工作的DAR系统，如图6.14(d)所示。在发射上，DAR孔径被细分成M个低增益阵元(或子阵)，每一个阵元(或子阵)辐射单一的正交编码波形(注意：各个发射的信号并不合成单个聚束的波束，替而代之，辐射的能量将覆盖一个宽角度的扇形面)。在接收上，在每个独立的接收机上的信号经一组M个的匹配滤波器组处理，如图6.15所示。其中，每个滤波器与一个发射波形匹配，因而各自可恢复由各单个发射信号形成的回波，从而构成总共为$M \times N$个匹配滤波器的输出。因为每个发射单元和接收单元的测位是已知的，所以这些$M \times N$个信号可加以定向和合成(类似于正规的发射和接收波束形成)来构成一个或多个指向的波束。进一步的积累(即多普勒处理)可用于保持所要求的灵敏度。

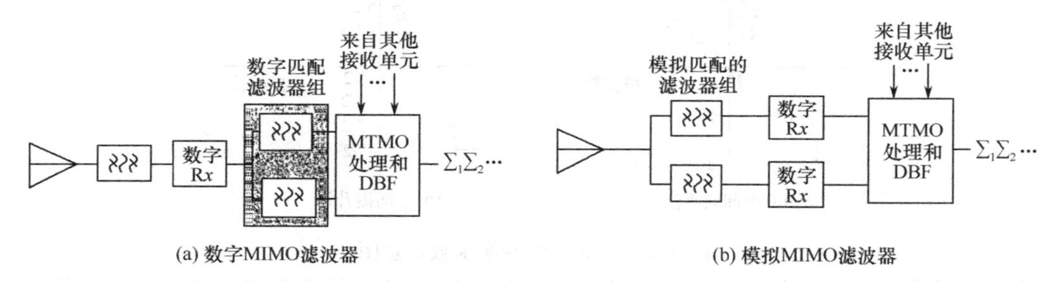

图6.15　MIMO接收机结构

图6.16示出将阵列单元组合成若干子阵实现模拟波束形成层面，然后一起实现数字接收波束形成层面的示意图。

在图6.16中可见，数字接收通道恰好像子阵列排列，接收阵列常采用随机化的和重叠的邻接两种子阵形式。阵列形状和子阵组态的选择趋向于与系统用途有关。例如，线性阵列适合于许多机载雷达，反之，圆形阵列适合于地(表)基多功能雷达。

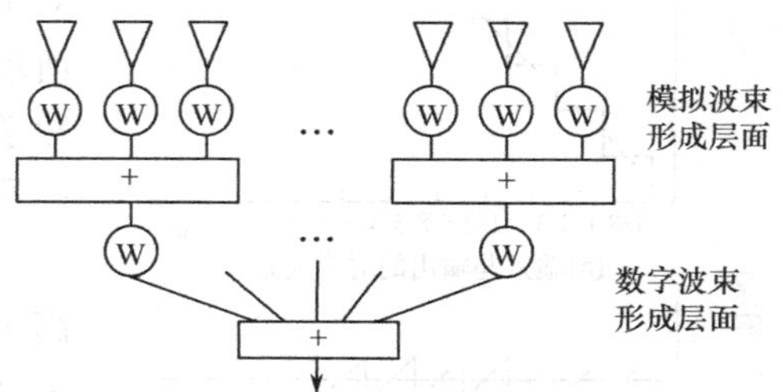

图6.16　将阵列单元组合成若干子阵实现模拟波束形成层面，然后一起实现数字接收波束形成层面的示意图

阵元电平数字化这一术语用于表示阵列的完全数字化，也就是每个子阵含单个天线阵元。阵列数字化的关键器件是数字T/R组件，它是基于DDS技术的移相功能代替传统的微波数字移相器，用其幅度控制功能代替传统的微波数控衰减器，将波束形成和波形形成融合在一起，实现DBF的功

能。在数字发射机中，数字 T/R 组件幅度和相位调整是在数字部分（也就是在 DDS 中）实现的，因此保证上变频通道幅度、相位的线性对最终发射波束形成是至关重要的，也就是说应使经 DDS 完成幅相控制的较低频率信号变换到射频所引入的幅相误差尽可能小。

在数字接收机中，直接输出数字 I/Q 信号，这属于数字接收机的范畴，但接收支路设计的重点是多路接收支路之间具有良好的相似性，通道具有大动态范围，特别是通道的无杂散动态范围。下面仅对数字阵列的动态范围做一讨论。

6.3.2 数字阵列雷达的动态范围[56]

在 DAR 的雷达接收机中，动态范围反映雷达能处理最大信噪比（SNR）受 ADC 的分辨力所限制的程度。

1. ADC 的动态范围

下面我们先讨论 ADC 的动态范围（ADC-DR）。我们知道，ADC 将一个连续的输入电压变换为可用二进制编码表示的离散输出电平，其最小的离散电压步距称为量化电平。变换通常在相同间隔的时间点上进行，这就是我们所说的均匀采样时间。代表 ADC 输出与输入对应关系的变换函数如图 6.17 所示。图 6.17(a)、图 6.17(b)分别显示了 3 位的“中间取平”和“中间提升”两种方法，其中，x 轴是模拟输入，y 轴代表数字输出。在“中间取平”的结构中输出 y 有一个零电平，由于电平数量的总数通常是 2 的幂次方，所以正电平的数量和负电平的数量是不相等的。在本图例中，负电平比正电平多一个。显然，“中间取平”方法具有不对称的输出。

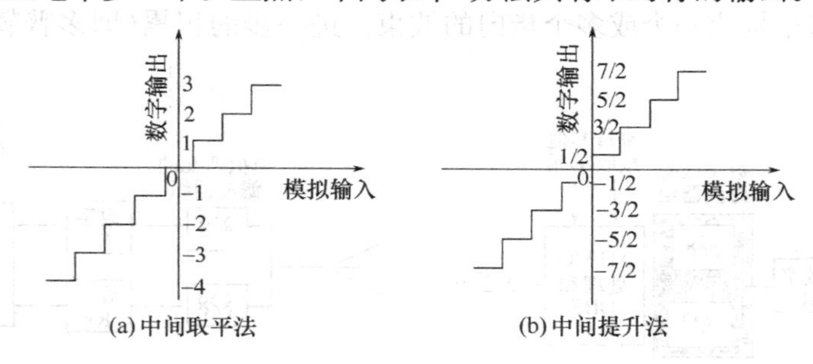

图 6.17　ADC 的变换函数示意图

“中间提升”方法中输出 y 没有零电平，它含有相等的正电平数和负电平数，因此其输出是对称的。我们通常用正弦波来测试高频 ADC，由于正弦波是对称的，所以通常采用“中间提升”模式。

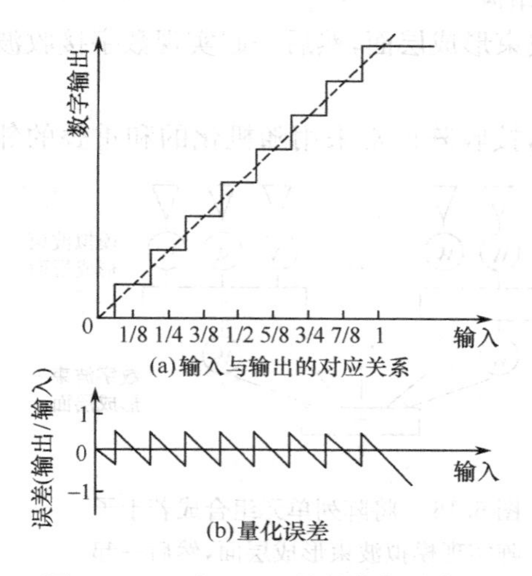

图 6.18　理想 ADC 的性能的示意图

图 6.18 表示了理想 ADC 的变换特性。如果输入相对于时间成线性增长，则其输出和量化误差就如图 6.18 所示。显然，量化过程是一个非线性过程，因此很难进行数学分析。对于实际的 ADC 来说，要使其量化电平达到一致也有相当困难，所以其量化误差会比理想状态更差。

ADC 的最大输入信号通常定义为振幅与 ADC 的最高电平相匹配的正弦波。如果信号比这个最大电平还大，则输出波形将被限幅。如果一个输入信号比该信号小，则不是所有的比特位都能被置位。

在 DAR 接收机中，动态范围反映雷达能处理最大信噪比（SNR）受 ADC 的分辨力所限制的程度。

ADC 的最大输入信号通常定义为振幅与 ADC 的最高电平相匹配的正弦波。如果信号比这个最大电平还大，则输出波形将被限幅。如果一个输入信号比该信号小，则不是所有的二进制位都能被置位。最大电平通常决定动态范围的上限。如果没有噪声且输入电压与 ADC 的最大范围区配，则最大电压 V_{max} 为

$$2V_{max} = 2^b Q \text{ 或 } V_{max} = 2^{(b-1)} Q \tag{6-1}$$

式中，b 为位数；Q 为每一量化电平的电压。该等式说明了正弦波可以达到最大量化电平的顶部和最小量化电平的底部。

幅度与最大电平匹配的正弦波的功率为

$$P_{max} = V_{max}^2/2 = 2^{2(b-1)}Q^2/2 = 2^{2b}Q^2/8 \tag{6-2}$$

式中，输入阻抗假设为单位阻抗。我们通常感兴趣的是功率比值，因此在使用功率比值时将删除阻抗。但是，在某些计算中则需要包含阻抗以获得实际的功率值。

如果没有噪声，则将能引起最低有效位(LSB) 产生变换的电压认为是最小信号，否则，ADC 将难以检测到信号。在这一条件下，最小电压 V_{min} 等于一个量化电平，或

$$2V_{min} = Q \tag{6-3}$$

相应的功率为

$$P_{min} = V_{min}^2/2 = Q^2/8 \tag{6-4}$$

动态范围可以定义为 P_{max} 和 P_{min} 的比值，写为

$$\text{ADC-DR} = P_{max}/P_{min} = 2^{2b} \tag{6-5}$$

通常将它写成对数形式为

$$\text{ADC-DR} = 10\lg(P_{max}/P_{min}) = 20b\lg(2) \approx 6.02b(\text{dB}) \tag{6-6}$$

这就是为什么我们通常称 ADC 的动态范围为 6.02dB/ 位。

然而，接收机的动态范围还取决于接收机和 ADC 前端的放大器性能。

在正弦波的真实值和它的量化值之间就存在一个差值(误差)。因为误差可以是量化电平范围内的任意值，所以我们有理由假设误差的概率在量化电平 Q 上是均匀分布的。这样，幅度的概率密度函数即为 $1/Q$。从量化误差可以求得量化噪声功率为

$$N_b = \frac{1}{Q}\int_{-Q/2}^{Q/2} x^2\,\mathrm{d}x = \frac{Q^2}{12} \tag{6-7}$$

有时把这个量当作接收机的灵敏度电平。在这一条件下，利用式(6-2)，可以得到最大信噪比 (S/N) 为

$$\left(\frac{S}{N}\right)_{max} = \frac{P_{max}}{N_b} = \frac{3}{2}2^{2b} \tag{6-8}$$

这个量可以用对数形式表示为

$$\left(\frac{S}{N}\right)_{max}(\text{dB}) = 10\lg\left(\frac{P_{max}}{N_b}\right) = 10\lg(1.5) + 20b\lg(2) = 1.76 + 6.02b(\text{dB}) \tag{6-9}$$

式(6-6) 和式(6-9) 之间的差别是因子 1.76，这是因为两个等式中的下限不同。后者考虑了理想 ADC 的量化噪声。

2. DAR 的动态范围问题

最大动态范围的要求多半是针对杂波或干扰。因此，杂波动态范围的要求可归纳为

$$\text{要求的动态范围} = \frac{\text{累计的杂波功率}}{\text{噪声功率}} \tag{6-10}$$

由图 6.18 可知，ADC 可理解为无压缩雷达的脉冲，所以杂波功率是通过在脉冲宽度和天线波束方向图(近似为主波束宽度) 范围里所累计的杂波回波而得。特定系统所要求的动态范围可用下式获得，即

$$\int_{r_0}^{r_0+l}\frac{P_tG_tG_r\theta\sigma^0\lambda^2}{(4\pi)^3Lr^3}\mathrm{d}r_0\times\frac{1}{kTF_nB}=\frac{P_tG_tG_r\theta\sigma^0\lambda^2}{2kTF_nB(4\pi)^3L}\left[\frac{1}{r_0^2}-\frac{1}{(r_0+l)^2}\right] \tag{6-11}$$

式中，P_t 为峰值发射功率；G_t 和 G_r 分别为发射天线增益和接收天线增益；θ 为波束宽度；σ^0 为杂波反射率；r_0 为起始距离；l 为脉冲宽度所对应的长度；λ 为波长；L 为总损耗；k 为玻耳兹曼常数；T 为温度；F_n 为噪声系数和 B 为带宽。

通过将一大天线分成若干子阵，每个子阵有其自己的 ADC，式(6-11)中的 G_r(接收天线增益)项被化为每个 ADC 的增益 G_E(看成较小天线增益)的组合。假设在接收上采用 DBF，接收阵列采用 N 个数字接收机，也就是在阵列中每个接收机取样单个阵元(或子阵)的输出。这就在接收之前天线增益从 G_r 降到 G_E(G_E 为单个阵元的增益)，因而增益降低高达 N(即 $G_E \geqslant G_r/N$)倍，因此，与常规雷达相比，接收机上的杂波功率可降低 N 倍，从而降低了动态范围的要求。现在整个雷达系统的动态范围 DR 由 ADC 的动态范围 ADC-DR 和被组合的子阵数目而定，即

$$\mathrm{DR}=\mathrm{ADC\text{-}DR}\left(\frac{\#\text{子阵}}{\text{子阵比(率)}}\right) \tag{6-12}$$

式中，子阵比(率)或是重叠比(率)(对于重叠的子阵而言)，或是最大值与平均值的比(率)(对于不同阵元数目的随机子阵而言)。即使从 ADC 到 ADC 的 ADC 噪声是相关的，仍然可确保动态范围获得改善。图 6.19 示出利用数字化的子阵可获得动态范围的改善的曲线。

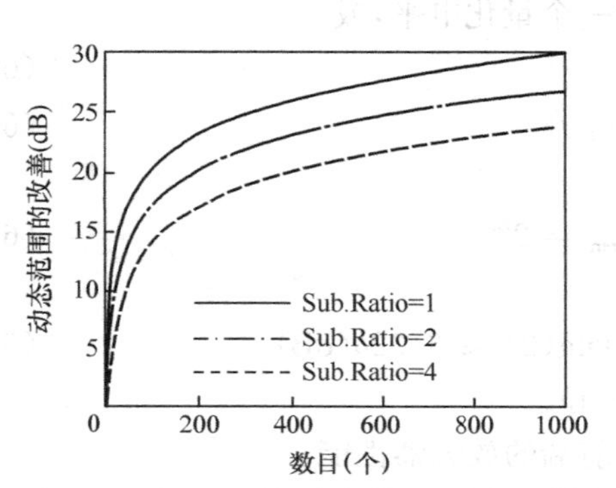

图 6.19　利用数字化的子阵可获得动态范围的改善的曲线

加大相控阵列雷达天线的数字化将导致动态范围，多波束形成和自适应波束形成等性能定量地改善。

表 6.4 概括了应该采用的结构形式，并可看到随着大型相控阵雷达中数字通道数目的增加，可获得其性能改善和功能增加。

表 6.4　合适结构的概括

数字通道数目	所选通道形式	雷达功能
1	Σ	检测目标
2 ～ 3	$\Sigma\ \ \Delta\alpha\ \ \Delta\beta$	·同上功能 ·角估计
3 ～ 4	$\Sigma\ \ \Delta\alpha\ \ \Delta\beta\ \ \Delta r$ SLB	·同上全部功能 ·旁瓣消隐
5 ～ 32	$\Sigma\ \ \Delta\alpha\ \ \Delta\beta$ SLB① SLCs②	·同上全部功能 ·干扰置零
32 ～ 64	子阵和 SLCs	·同上全部功能 ·改善动态范围
64 ～ 256	子 阵	·同上全部功能 ·多波束形式(MBF)
256 ～ 1000	子 阵	·同上全部功能 ·更好的 MBF 和 DR
阵元数字化		·上述各功能更好

① SLB(旁瓣消隐)，② SLC(旁瓣对消)。

6.4 数字阵列雷达中的一些关键器件简介[51]、[52]

随着诸如DSP、FPGA和ASIC等芯片以及光电技术和数字技术水平的发展，数字阵列雷达正在变成现实。目前，数字阵列所涉及的关键器件，诸如T/R组件以及ADC、DAC、DDS、DDC、DUC、FFT等所采用的DSP、FPGA、ASIC芯片在市场上已有出售，读者可参阅有关公司的产品目录。在此仅对这些器件作一简介。

1. 数字信号处理(DSP)器件

DSP在本质上是一个简化的最佳通用的微处理(μP)。最初，在一个简化μP中只保留了内存读取、内存存储、加/减和逻辑运算等功能。为使它的结构适合连续信号的计算，DSP的关键性的改进是增加了乘法累加运算(MAC)。信号处理的算法通常是基于卷积的方法。在满足采样定理的条件下，卷积可以使离散样本序列能等效地表示连续信号。基于卷积的算法可以对信号进行合成、滤波和变换，可以使得处理完全等价于模拟处理的情况。由于模拟器件的灵活性、精度、可重复性相对较差，因此，它经常被可编程的DSP器件代替。DSP的编程既可以用汇编语言又可以用C语言，极大地方便了DSP开发人员。普遍应用于数字阵列雷达中。

2. 现场可编程门阵列(FPGA)器件

FPGA是一种含有可编程连接和逻辑功能单元的阵列，甚至在做成产品以后也可以重定义。FPGA作为一种处理数字逻辑的器件是20世纪80年代中期出现的。FPGA是为多层电路而设计的，能够在一个单独的芯片上处理复杂的电路。

当前，随着电子技术与工艺的发展，数字集成电路从中小规模集成电路发展到大规模、超大规模集成电路(VLSI)。而可编程逻辑器件已发展为现场可编程器件，到今天已经发展成现场可编程逻辑门阵列(FPGA)和复杂可编程逻辑器件(CPLD)阶段，可以完成极其复杂的超大规模组合逻辑与时序逻辑。随着处理技术与工艺的发展，超大规模、超高速、低功耗的新型可编程逻辑器件不断推陈出新，为实现最新的片上系统(SoC)提供了强大的技术基础。将FPGA和DSP进行比较后，得出的结论是:FPGA比DSP有更高的计算效率。对专用的算法，如FFT、卷积、数字滤波和FEC，这个结论可能是正确的。这些算法都有其所谓有限的数据范围，FFT需要的数据限于输入码组中的数据点，滤波需要的数据是一组延迟抽头和权值。卷积可以在信号码组上完成(利用FFT)，或者利用传输功能的零极化公式在数据流上完成。在这些情况下，数据的范围都是十分有限的，对这些算法进行有限范围的算法(类似ISA)拓扑。数字滤波、FFT等在拓扑上都类似硬件指令集，因此可用FPGA实现。FPGA的预先制作的，因此可以被更快地使用，而且价格较为低廉。因为FPGA的配置可用来对系统进行升级，或者修改系统的错误，从而使它们对原型制作来说是非常理想的FPGA现在应用于各种配置中，例如在多模式和可重构系统中。所以在满足数字阵列雷达的需求方面非常有用。

3. 专用集成电路(ASIC)器件

当DSP已经无法胜任处理某一问题/或已经超过其计算能力时，研究人员就没有任何可选余地，只能用ASIC来实现某些设计部件。ASIC的速度很快，功耗小，但通常要等IC试制完成后才能进行全面的测试。无论选择哪一种设计方法，一旦ASIC制作完成，算法就被“冻结”在硬件中，即使要做很小的改动也需花费很多时间，而且也很昂贵。

ASIC实现的主要优点是它的运算速度比较快，但这一优点实际上是用低效率来换取的。无线设备的大部分功能是以实时事件驱动的，比如输入一帧数据或者需要进行某种测量等。由于一种的 ASIC 工作速度要比实时系统所要求的要快，所以 ASIC 很大一部分时间是空闲着的，但仍要消耗功率。这样 ASIC 使用晶体管的效率并不高，存在较大资源浪费。

从期望减小硅片寸尺的角度来说，对每一种特定的算法或者所选择的方案都相应地设计一种专用的 ASIC 芯片，显然是太昂贵了，所以就出现了所谓的“参数化”ASIC 芯片的概念。在这种情况下，设计师把有些类似的算法用单独的 1 片 ASIC 来实现，而在某一时刻所使用的特定算法通过对 ASIC 进行参数“编程”来实现。

4. DSP/FPGA 和 ASIC 混合的多处理器件

当系统的性能要求超过现有的处理器容量时，可以利用多种方法来解决这个问题，包括定制的 ASIC、特定功能的 DSP 核、多处理器结构以及可重构的结构。这些方法一般可以分为两类：多处理加速和硬件加速。多处理通过将计算密集型的任务按照需要分解到多个处理器上可以实现对任务的加速。

一种流行的技术趋势就是在 ASIC 内部使用 DSP 核，从而为 ASIC 提供一定程度的灵活性。另一种提高 DSP 性能的流行方法是与高速存储器一起并行放置多个 DSP。FPGA 也可以用来增强一个给定的 DSP。一个算法的并行路径可以在 FPGA 上实现，而 DSP 则处理算法的顺序部分和其他通用部分。可以对 FPGA 进行编程来实现任意数量的并行路径。这些操作数据路径可以由简单和复杂函数的任意组合来构成，例如加法器、桶型移位器、计数器、MAC 器、比较器和相关器等。FPGA 的某些系列还能够进行部分修改，而器件的其他部分仍然在系统中发挥作用。

5. A/D 变换器和 D/A 变换器

图 6.20(a)示出模拟信号处理示意图。而模拟信号的数字处理要求在处理之前使用模拟信号到数字信号的转换器(ADC)来采样模拟信号，还要求利用数字信号到模拟信号的转换器(DAC)将处理过的数字信号再转换回模拟形式，如图 6.20(b)所示。

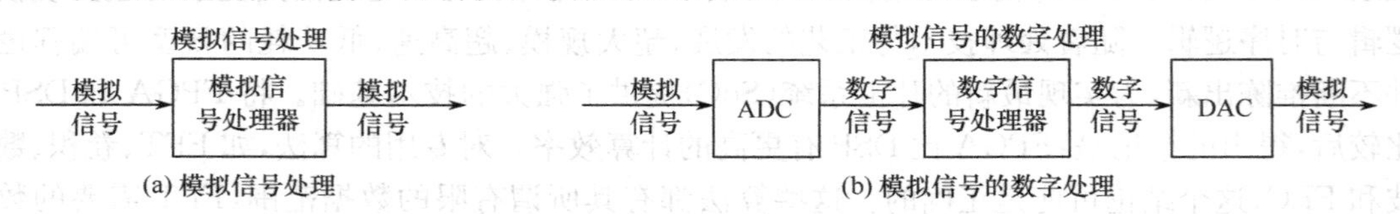

图 6.20　模拟信号与数字信号处理

ADC 和 DAC 器件的发展和广泛的应用与数字技术的发展是分不开的。ADC 将一个连续的输入电压变换为可用二进制编码表示的离散输出电平。A/D 变换器是决定数字接收机性能的关键器件。最高采样速率和有效的字长是影响数字接收机带宽和动态范围的关键参数。目前宽带数字接收机研究的主要目标是实现至少 1GHz 的带宽和 8 位的动态范围。高速多位(如 100MHz，12 位以上)A/D 转换器的应用，不仅提高了数字接收机的工作频率，扩展了工作带宽，而且 A/D 转换器有效位数的增加，也大大扩展了接收机的动态范围。

随着高速高分辨力 A/D 变换器的发展和高速数字信号处理硬件速度的进一步提高，雷达接收机的数字化程度必将进一步提高。在不久的将来构造一部瞬时带宽 1GHz，动态范围 60dB 以上的数字接收机是极有可能的。

A/D 转换器(DAC)可以把编码和量化信号转换为一个模拟信号。DAC 的转换速率一般用建立时间来表达(用 μs 或 ns)，也有的与 ADC 一样用采样速率来表达(用 Ksps、Msps 或 Gsps)。超高速的 DAC 建立时间＜50ns；而用采样速率表达时，其采样速率＞1Gsps。

DAC 的也发展很快，目前可供选择的 DAC 器件很多，位数有 6、8、10、12、14、16 甚至更高，转换速度可达几百 GHz。

在微波范围，已经表明了在 3Gsps 工作的 DAC 具有 8 位分辨力。在 DDS 系统中，该 DAC 可以产生高达 1.5GHz 的频率，寄生信号抑制动态范围为 50dBc 的正弦波。

6. 直接数字合成(DDS)器件

(1) 全数字 DDS 模块

全数字 T/R 模块用 DDS 的相移功能替代传统微波数字控制的移相器，用 DDS 的幅值控制功能替代传统微波数字控制的衰减器，它兼备波形生成和波束形成，并且完成数字发射波束形成，目前，DDS 在相位，频率和幅值控制方面可提供很高的精度。

与经典的有源相控阵天线相比，基于 DDS 的数字阵列天线有以下显著的优点：

(1) 发射模式下，幅度和相位控制精度高，有利于实现低旁瓣发射波束，以免干扰其他的雷达系统，并且能精确在某些方向形成零点。

(2) 波束扫描速度快，控制灵活，波束易于按照期望赋形，适合特别指向需要的方向。

(3) 发射模式系统设备量小，不需要专用高频网络，校准系统及移相器，高频损耗小，上变频后直接线性放大，能量利用率高。

(4) 控制时钟可以实现真正时间延迟，克服天线孔径渡越时间的难题。

图 6.21 所示为频率、相位、幅值数字控制的全数字 DDS 框图。

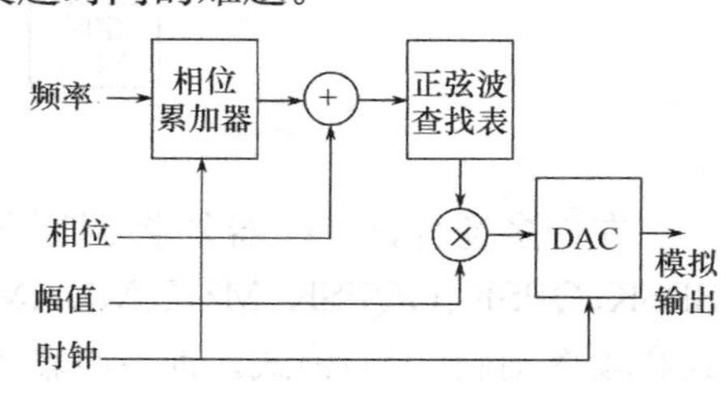

图 6.21 全数字 DDS 框图

DDS 采用全数字结构，其输出频谱杂散分量较大，输出频率也较低。所以，DDS 技术应用于微波频段时常需要频带扩展。随着数字电路技术和微电子技术的发展，DDS 与模拟的直接频率合成技术相结合，使具有高频分辨力的微波直接频率合成器的实现成为可能。

全数字 T/R 模块用 DDS 的相移功能替代传统微波数字控制的移相器，用 DDS 的幅值控制功能替代传统微波数字控制的衰减器，它兼备波形生成和波束形成，并且完成数字发射波束形成，目前，DDS 在相位，频率和幅值控制方面可提供很高的精度。

综上所述，DDS 技术有许多无法替代的优点，它是一种新型的频率、相位波形合成技术，它充分利用了目前大规模集成电路的快速、低功耗、大容量、体积小等特点，与传统的频率合成器相比，具有相位噪声低、频率分辨力高、转换迅速等优点，它的频率、相位变化连续性可以用于相位及频率调制，快速频率变换特性可用于频率捷变和扩频系统，因此 DDS 可广泛地应用于雷达、电子对抗、移动通信等领域。随着大规模集成电路在工艺和材料上的不断创新和近年来对其算法的不断改进，DDS 的工作频率低和杂散电平高两个短处也在不断地克服和改善。DDS 越来越因其明显的优势而备受瞩目，成为目前广为关注的频率合成技术。

7. 数字下变频(DDC)器件

专用 DDC 芯片设计数字接收机是有效的方法之一。数字下变频器(DDC)的工作原理本质上与模拟下变频器是一样的，是输入信号与本振信号的乘法运算。在模拟下变频器中，混频器的非线性和模拟本地振荡器的频率稳定度、边带、相位噪声等都是难以彻底解决的问题。这些问题在数字下变频中是不存在的。数字下变频器的运算速度决定了其输入信号数据流可达到的最高速率，相应地也限定了 A/D 变换器的最高采样速率。现在国外 DDC 专用模块能处理的最高数据率为 100Mbps 左右，所以在很多应用场合来说是不够的，而且很多其他设计参数上也受到某种程度上的限制，比如信号带宽和 NCO 初相设定等。因此，对于现在

100Mbps 以上数据率的 DDC 需要采用一定条件下的结构等效，并采用高速 FPGA 技术实现，比如采用多相结构等。

数字下变频(DDC)是中频数字接收机的关键技术，通过将宽带大数据流变成窄带低数据流，以便 DSP 实时处理。

8. 数字上变频(DUC)器件

数字上变频器的主要功能是对输入数据进行各种调制和频率变换，即在数字域内实现调制和混频。专用 DUC 芯片设计数字发射机是有效的方法之一。

数字上变频(Digital Up Converter，DUC)是将调制后的数字基波 $I(n)$、$Q(n)$信号变换到中频或射频。DUC 一般由成形滤波器、内插滤波器、定时与载波 NCO、复调制乘法器组成，如图 6.22所示。

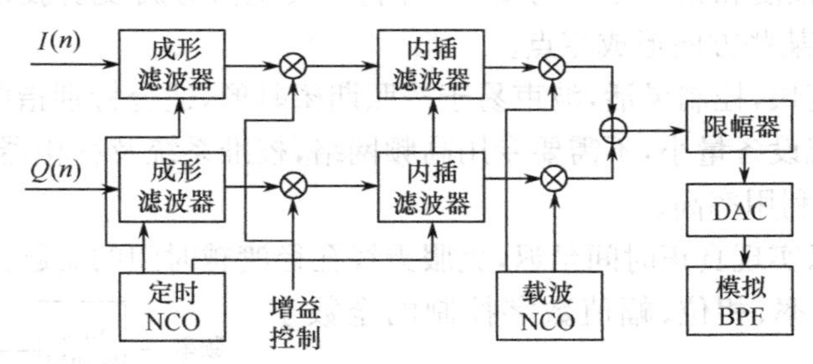

图 6.22 数字上变频

在许多场合，DUC 器件将调制与数字上变频结合在一起，调制包括常见的数字调制如 BPSK、QPSK、OQPSK、MSK、MQAM 和模拟调制 FM 等。许多 DUC 芯片都具有矢量调制模式和频率调制(FM)模式。前者将输入的基带 I、Q 信号对复载波进行正交调制，变换到中频；后者将输入信号首先进行频率调制，得到基带(零中频)复值 FM 信号，再对复载波进行正交调制，变换到中频、射频。

每个 DUC 产生一个单通道，多个 DUC 可产生多通道信号，当然也可用 DFT 综合滤波器组来产生多通道信号。

9. 快速傅里叶变换器件

数字化输出 FFT 运算处理后，将在频域执行运算。采用 FFT 芯片实现运算，可以处理同时到达的多个信号。使用多个并行 FFT 运算来执行多个独立的 FFT，然后把它们组合成单个 FFT 输出。从而实现了快速运算。

10. 全数字 T/R 组件

(1) 全数字 T/R 组件概念

数字阵列雷达和软件化雷达的核心技术就是全数字的 T/R 组件。数字 T/R 组件的突出优点在于其幅度、相位和频率的自适应控制性能，其应用前景被十分看好。当前存在的主要问题是绝大多数数字 T/R 组件必须要有上下变频，从而导致了系统的复杂性和成本的增加。然而，随着数字电路的迅速发展和 MMIC 技术的日渐成熟，这种 T/R 组件将显示出越来越强的生命力。最近数年来，数字系统技术的发展已成为发展潮流，致使以前由模拟系统执行的许多功能都逐渐地被数字系统所代替。

图 6.23 示出了相控阵雷达数字收发组件的原理方框图。图中，包括了集中式频率源数字 T/R 组件原理方框图、分布式频率源数字 T/R 组件原理方框图以及射频数字 T/R 组件原理方框图。随着 DDS 和 A/D 转换器技术水平的不断提高，数字 T/R 组件的集成度和数字化程度将不断提高，数

字 T/R 组件与现在大量使用的射频 T/R 组件相比，其优点将会越来越突出。

全数字 T/R 模块的主要内容和关键技术如下：

➢ 全数字 T/R 模拟的结构，包括电路形式，接口控制样式，结构型式等。

➢ 雷达的发射和测试信号的产生技术，它是基于 DDS 的(波形产生和扩频技术等)。

➢ 基于 DDS 的高精度的幅值/相位控制技术。

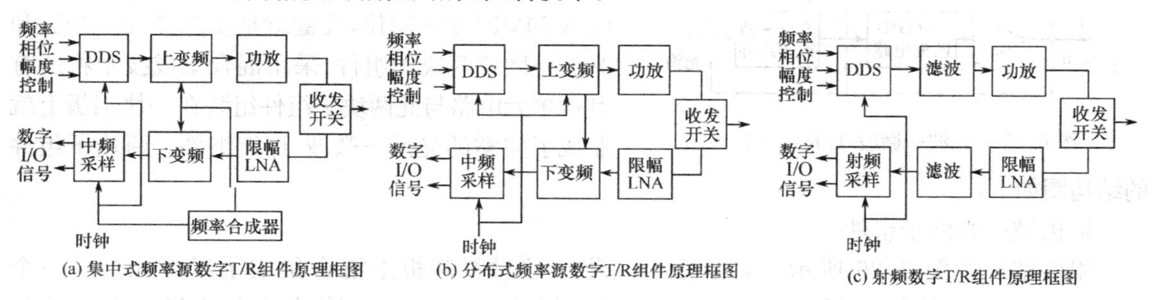

(a) 集中式频率源数字T/R组件原理框图　(b) 分布式频率源数字T/R组件原理框图　(c) 射频数字T/R组件原理框图

图 6.23　数字 T/R 组件原理方框图

➢ 研究全数字 T/R 模块幅值/相位稳定性技术。

➢ 研究全数字 T/R 模块工程应用的可实现性。

图 6.24 示出数字 T/R 模块的简化设计框图。

由图 6.24 可见，用一条控制总线提供定时和波形参数的控制信息；来自模块的数字接收数据在其数字波束形成和处理系统中合成；模块同步通过公共时钟信号加到每个模块上来实现。数字阵列天线具备收/发两种工作模式：

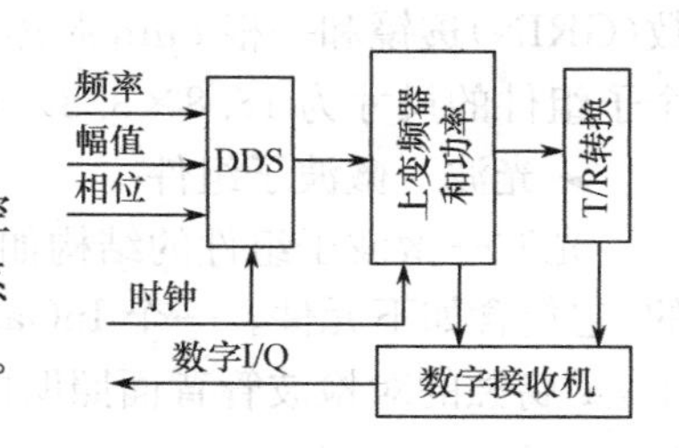

图 6.24　数字 T/R 模块框图

发射模式：利用 DDS 技术来实现发射波束形成所需幅度和相位加权，波形产生和上变频所需的频率源(称其为发射的 DBF 技术)。

接收模式：采用 DDS 技术来产生下变频所用的 LO 信号。在此也用做数字 I/Q(称其为数字接收机技术)。

数字 T/R 的核心技术是将 DDS 技术与雷达信号产生的频率源和幅相控制融合为一体，从而实现数字阵列天线发射波束的数字控制，即发射数字波束形成，以及基于 A/D 变换的接收数字波束形成技术。

该模块框图中还有用于模块校正的部件和接口(图中未画出)。模块发射机可利用模块接收机来监视，以校正由功率放大器引起的失真，测试和校正信号可通过测试孔和调整孔实现若干模块发射输出的匹配和若干模块接收机的匹配。

(2) 光控 T/R 组件概念[52]、[166]

应该指出，现代相控阵雷达的信号馈送已成为设计师的难题，仅就移相器的控制线而言，每个 T/R 组件中的移相器至少要 n 根控制线(n 为移相器位数)，其指令形式是 n 位并行的二进制字。某些类型的数字移相器，对每一位还要求一根辅助控制线，这样控制线的数量还要加倍，对于大型相控阵天线，T/R 组件数达 $10^3 \sim 10^4$，因此，由光纤传输线代替传统的波导、同轴线和微带线给相控阵雷达带来了明显优点。光纤具有优良的电学性能，如大带宽、高隔离度和低损耗等，光纤实现的调制带宽可高达 100GHz。光纤及其子系统正在成为新一代相控阵雷达(也包含其他雷达、通信和电子战应用)的必不可少的组成部分。随着技术的发展，光纤引入相控阵不仅是代替金属传输线，而已发展为可完成信号分配，波束形成与控制等功能，因此导致产生了多种光学元件、电—光元件、光波—微波 T/R 组件以及集成光子系统。

(3)光波—微波 T/R 组件

一个用于相控阵雷达的 3～6GHz 光波—微波 T/R 组件的框图如图 6.25 所示。此组件是光学波束形成的一个关键部件，在此介绍组件本身的结构。图 6.25 中的低噪声放大器(LNA)、激励放大器(DRA)，以及阻抗匹配电路均可采用标准的 GaAsMMIC 工艺制作，关键就是实现微波→光波和光波→微波两块子组件，采用混合集成技术将所有其他单元电路与此两块子组件组装在一块铝板上就制成了完整的光波—微波 T/R 组件。两块子组件的结构图如下：

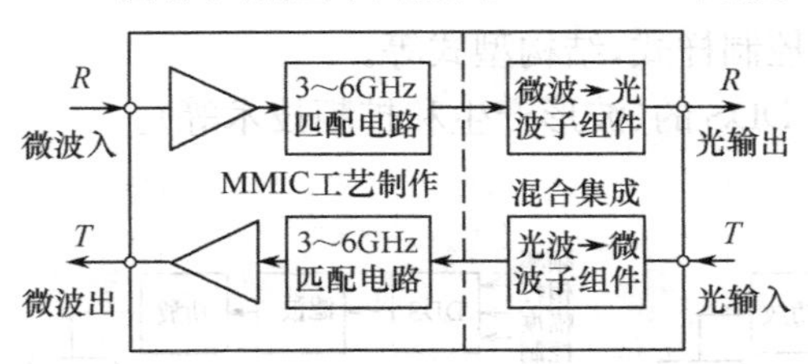

图 6.25　光波—微波 T/R 组件结构图

➢ 微波—光波子组件

组件结构如图 6.26 所示。它是在金属化的硅材料基板上混合集成了以下元件。一个 InGaAsP的 DFB 激光二极管(它工作在 10GHz，发射波长 1.3μm，阈值电流小于 25mA)、一个玻璃球透镜、一个 YIG 膜光学隔离器(隔离度大于 30dB、磁场由共形磁铁提供)、一个介质梯度指数(GRIN)透镜和一根 8μm 芯体的单模光纤，另外还有一个检波器监视激光器的背面光输出，整个子组件的尺寸为 18.8×3.8×1.0mm³。

➢ 光波—微波子组件

光波—微波子组件的结构如图 6.27 所示。它也是在金属化的硅材料基板上混合集成制得的，它包含如下元件。一个 InGaAsPIN 光检波器(暗电流小于 0.5mA、响应度为0.85A/W)、一个 54°腐蚀的对检波管背面照明的硅调谐镜和一根 8μm 芯体的单模光纤。整个子组件的尺寸为 4.3mm×3.8mm×1.0mm。

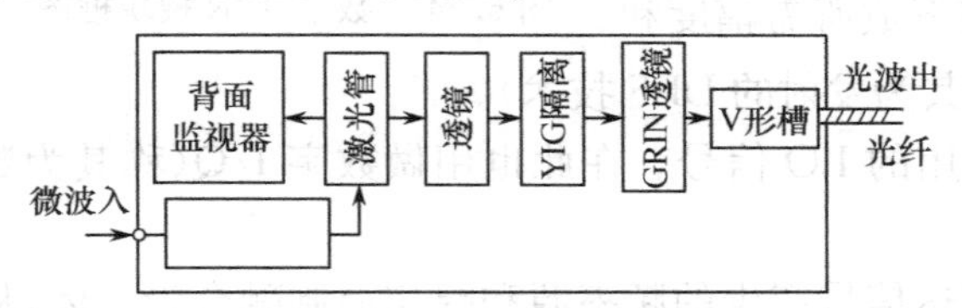

图 6.26　微波—光波子组件的基本结构

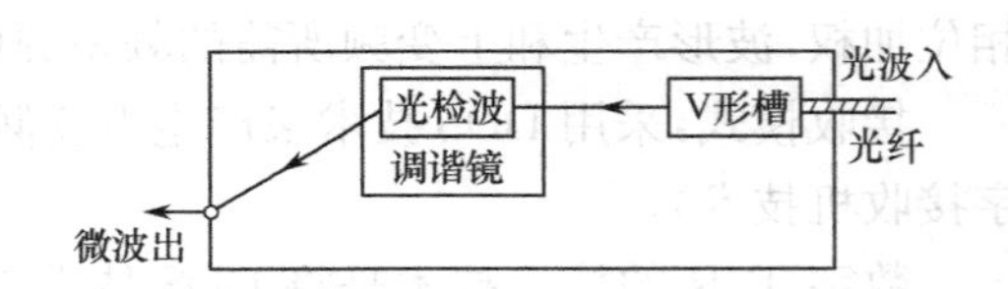

图 6.27　光波—微波子组件的基本结构

顺便画出的光学实时时延波束形成结构，如图 6.28 所示。其工作频段为 3～6GHz，它包含三种高性能的集成光电子元件，一个是前面介绍过的光波—微波 T/R 组件、一个也是前面介绍过的 6 位光学时延单元、另一个是 1×8 光功率分配/合成器。此光学时延波束形成系统的质量可降为同类电学时延波束形成系统质量的 1/4 以下。这类系统最终将取代目前正在采用的电学波束形成系统。

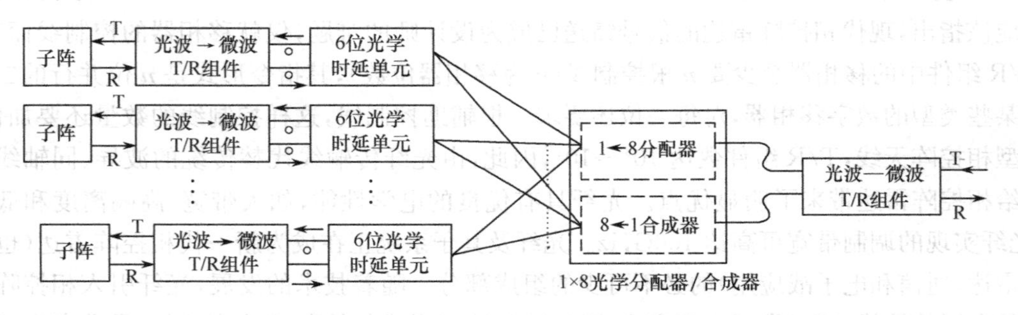

图 6.28　3～6GHz 光学时延波束形成的实验结构

6.5 数字波束形成[51]、[79]、[80]、[81]、[84]、[89]

全数字化相控阵列雷达不仅接收波束形成以数字方式实现，而且发射波束形成同样以数字技术实现。

数字波束形成技术充分利用阵列天线所获取的空间信息，通过信号处理技术使波束获得超分辨率和低旁瓣的性能，实现了波束的扫描、目标的跟踪以及空间干扰信号的置零，因而数字波束形成技术在雷达信号处理、通信信号处理以及电子对抗系统中得到了广泛的应用。数字波束形成是把阵列天线输出的信号进行A/D采样数字化后送到数字波束形成器的处理单元，完成对各种信号的复加权处理，形成所需的波束信号。只要信号处理的速度足够快，就可以产生不同指向的波束。下面对接收数字波束形成和发射数字波束形成作一说明。

数字波束形成(DBF)是在相控阵天线波束形成原理的基础上，引入先进的数字信号处理方法而建立起来的一门新技术，其基本原理与相控阵常规雷达的DBF是类似的，都是通过控制阵列天线每个阵元激励信号的相位和幅度等参数来产生方向可变的波束。

数字阵列雷达(DAR)——收发全DBF相控阵雷达，其核心技术是利用DDS技术将信号产生、频率源、幅相控制融于一体，构成全数字T/R组件，其主要优点是：

(1) 发射波束的形成和扫描采用全数字方式，波束扫描速度更快，控制更灵活；

(2) 幅度和相位连续精确可调，易于实现低旁瓣的发射波束和发射波束置零；

(3) 模块之间的幅相校正只需通过改变模块中的DDS的控制因子来实现，而无须校正元件；

(4) DDS技术既能实现移相和幅度加权，又能实现本振信号的产生，因而未来的收发全DBF相控阵雷达将无须宽带的本振分网络而只需向每个模块送入单一的连续波时钟信号；

(5) 对大阵列，长脉冲信号而言，孔径的渡越时间是个难以克服的问题，而发射DBF技术则可通过巧妙的操纵它的时钟信号来实现真正的延时。

收发全DBF阵列雷达的基本思想如图6.29所示，系统的核心技术是全数字T/R组件，其主要特征在于：利用DDS技术完成了雷达信号产生、频率源和幅相控制的一体化实现，其控制组件的输入、输出信息都是数字化的，而所有组件的同步则是靠施加于每一组件的一公用的时钟来实现的。

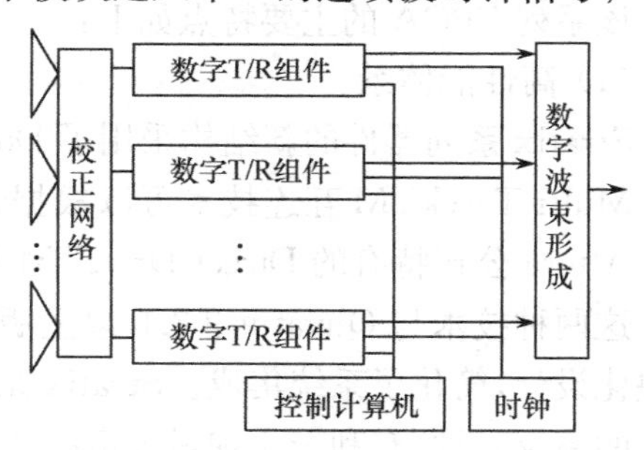

图6.29 收发全DBF阵雷达原理框图

6.5.1 接收数字波束形成

接收数字波束形成就是在接收模式下以数字技术来形成接收波束。接收数字波束形成系统主要由天线阵单元、接收组件、A/D变换器、数字波束形成器、控制器和校正单元组成。

在DAR中接收数字波束形成系统将空间分布的天线阵列各单元接收到的信号分别不失真地进行放大、下变频等处理变为中频信号，再经A/D变换器转变为数字信号。然后，将数字化信号送到数字处理器进行处理，形成多个灵活的波束。数字处理分成两个部分：波束形成器和波束控制器。波束形成器接收数字化单元信号和加权值而产生波束；波束控制器则用于产生适当的加权值来控制波束。

6.5.2 FPGA 数字波束形成器的实现概念[79]、[89]

由于 DAR 的数字波束形成一般是通过 DSP 或 FPGA 用软件实现的，所以具有很高的灵活性和可扩展性。

下面先对 FPGA 器件的现状做一说明。FPGA 器件在数字阵列雷达中可完成数字波束形成、高速高效数字上/下变频器、实时数字调制和解调以及数字基带处理等功能。目前FPGA 器件在系统门数、存储能力、I/O 引脚数及功耗等方面已有很大提高。例如美国设计厂商 Xilinx 推出了内部集成 CPU 内核的 FPGA 产品系列 Virtex－Ⅱ，其内部工作时钟可达 420MHz 以上，最大规模可达 800 万门(XC2V8000)，18×18 乘法器最多可达 168 个以上。表 6.5 列出 Stratix 系列 FPGA 的主要内部资源。

表 6.5 Stratix 系列 FPGA 的主要内部资源

特　性	EPIS10	EPIS20	EPIS25	EPIS30	EPIS40	EPIS60	EPIS80
逻辑单元(LEs)	10570	18460	25660	32470	41250	57120	79040
M512RAM 模块	94	194	224	295	384	574	767
M4K RAM 模块	60	82	138	171	183	292	364
MegaRAM 模块	1	2	2	4	4	6	9
RAM 总量(位)	920448	1669248	1944576	3317184	3423744	5215104	7427520
DSP 模块	6	10	10	12	14	18	22
嵌入式乘法器(9×9)	48	80	80	96	112	144	176
锁相环	6	6	6	10	12	12	12
用户最多可用 I/O	426	586	706	726	822	1022	1238

该系列 FPGA 的主要特点如下：

(1) 高性能体系

Stratix 系列器件的新结构采用了 Direct DriveTM 技术和快速连续 Multi TrackTM 互连技术。Multi TrackTM 互连技术可以根据走线不同长度进行优化，改善内部模块之间的互连性能。Altera 公司特有的 Direct DriveTM 技术保证片内所有函数可以直接连接使用同一布线资源。这两种技术与 QuvatusⅡ2.0 以上版本软件提供的 Logic Lock(tm)功能相结合，便于进行模块化设计，简化了系统集成。Stratix 系统器件片内的全局和本地时钟资源提供了多达 40 个独立的系统时钟，有利于实现最丰富的系统性能；全新的布线结构，分为三种长度的行列布线，在保证延时可预测的同时，增加了布线的灵活性。

(2) 大容量存储资源

Stratix 器件中的 TriMatrix 存储结构具有多达 7Mbit 的嵌入存储器和多达 8Tbps 的总存储带宽；有三种不同的嵌入存储模块类型，它们都具有混合宽度数据和混合时钟模式以及嵌入移位寄存器功能，可用于多种不同的场合：

① 512bit M512 模块(512×1bit～32×18bit)

512 位模块加上校验，可用于接口速率适配的 FIFO。

② 4Kbit M4K 模块(4096×1bit～128×36bit)

4K 位模块加上校验，可用于小型数据块存储和多通道 I/O 协议。

③ 512Kbit MegaRAM 模块(64×9bit～4K×144bit)

512Kbit RAM 加上校验，可用于存储大型数据块或者 NiosTM 现嵌入式处理器软核代码等。其中 4Kbit M4K 模块和 512Kbit MegaRAM 模块支持完全的双端口模式。所有存储资源分布在整个器件中，设计者可根据设计的存储器类型和容量大小，通过 Altera Quartus Ⅱ软件的 MegaFunction 函数，灵活选择不同参数，配置成特定存储容量的 RAM、DPRAM、FIFO 等特殊模块。

(3) 高带宽 DSP 模块

Stratix DSP 模块包括硬件乘法器、加法器、减法器、累加器和流水线寄存器。各个功能单元之间有专用的走线，具有针对 Stratix 器件内部大量存储器的专用存储器结构接口，因此通过优化设计，每个 DSP 模块可提供高达 2.4GMACS 的数据吞吐性能，并且具有尽可能小的布线拥塞。

图 6.30 示出数字波束形成的 FPGA 执行过程的框图。图中 CORDIC(Coordinate Rotatian Digital Computer)算法的知识，可参考文献[80]。

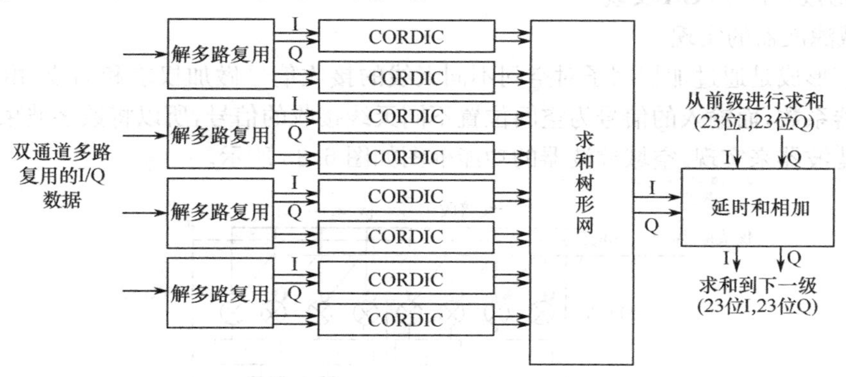

图 6.30 数字波束形成的 FPGA 执行过程的框图

6.5.3 一个由 FPGA 结合 DSP 实现 8 个阵元的数字波束形成器的例子[89]

1. 简介

数字波束形成器一般由两个主要部分组成(如图 6.31 所示)：一部分是以数字信号处理器和自适应算法为核心的最优(次优)权值产生网络，另一部分是以动态自适应加权网络构成的自适应波束形成网络。波束形成算法是波束形成的核心和理论基础，它通过接收的信号和一些先验知识计算出加权因子，然后再对输入的信号在波束形成网络中进行加权处理完成波束形成。

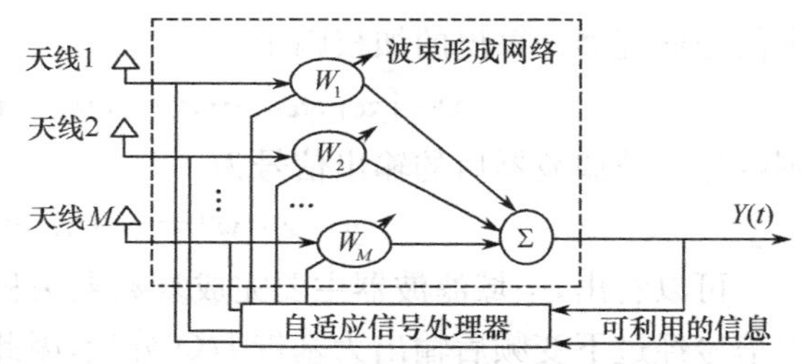

图 6.31 数字波束形成器原理框图

本例阵列天线由 8 单元圆形阵组成，自适应信号处理器由 TI 公司的 TMS320C6701 完成，而波束形成网络由三片 FPGA 来实现，系统组成框图如图 6.32 所示。

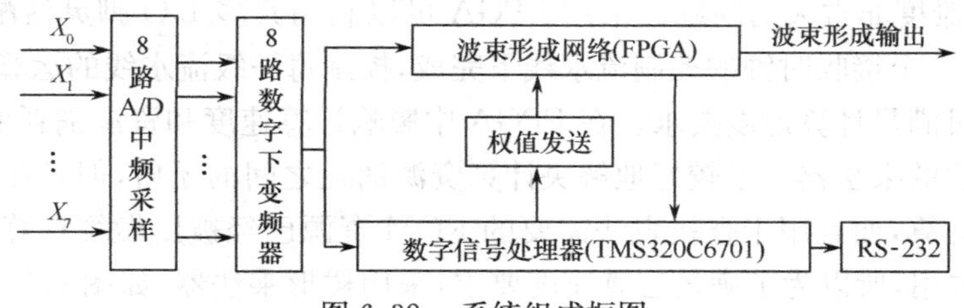

图 6.32 系统组成框图

阵列天线接收信号经过 A/D 和下变频器件后输出基带(I/Q)数据进 FPGA,8 路接收信号的基带数据 I/Q 分量(每路 I/Q 分量均为 12 位)进入 FPGA 后,一方面在统一的采样时钟控制下完成加权求和运算;另一方面为 DSP 算法运算提供样本数据。系统工作流程为:当 DSP 中的算法需要样本数据时,请求 FPGA 在内置双口 RAM 中缓存一定的接收数据,FPGA 再通知 DSP 读出完成算法运算,DSP 在算法运算完成后将权值写回到 FPGA 的权值寄存器中,然后再请求数据,依次循环,而 FPGA 利用权值对每一个样本数据进行加权运算。在此,DSP 完成波束形成算法采用一种准实时方式进行,FPGA 进行波束形成的加权因子采用块方式更新,由 DSP 通过算法算出送给 FPGA。系统调试时波束形成前后的数据可通过 DSP 从 FPGA 中读出送给 RS-232 串口存入计算机,通过软件将数据在计算机中通过图形可直观显示。

2. 波束形成器的 FPGA 实现

(1) 空域滤波器的实现

数字波束形成是通过加权因子对空间不同天线的接收信号做加权求和而成,由于加权因子相当于滤波器系数,而输入的信号为空间位置不同天线接收的信号,所以将数字波束形成器等同于一个空域滤波器来实现,空域滤波器的功能框图如图 6.33 所示。

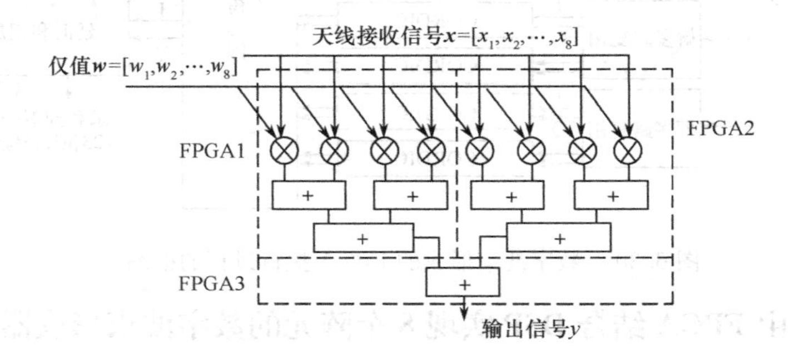

图 6.33　空域滤波器的功能框图

设天线阵为 8 元圆阵,接收信号为

$$\boldsymbol{x}=[x_1,x_2,\cdots,x_8],x_m=x_{mi}+\mathrm{j}x_{mq}\quad(m=1,2,\cdots,8)$$

由信号处理器计算出的加权因子

$$\boldsymbol{w}=[w_1,w_2,\cdots,w_8],w_m=w_{mi}+\mathrm{j}w_{mq}\quad(m=1,2,\cdots,8)$$

则经过空域滤波器后的输出信号为

$$\boldsymbol{y}=\boldsymbol{x}\cdot\boldsymbol{w}^{\mathrm{H}}=x_1\cdot w_1+x_2\cdot w_2+\cdots+x_8\cdot w_8$$

可以看出,空域滤波器主要完成复数乘法和复数加法运算。对于一个 8 元圆阵天线,每路输出信号经过下变频后输出为基带 I/Q 分量,因此一个 8 元圆阵的空域滤波器实际要完成实数的 32 个乘法和 30 个加法运算。在宽带信号系统中,天线接收的数据速率很高,所以计算量相当大,用一般的 DSP 在一个采样样本的时间间隔内很难实时完成,而且把高速多路的数据流送入到 DSP 中是一个难度非常大的问题。采用 FPGA 可以利用其多 I/O 脚灵活配置,接收多路数据,数据运算在同一个接收时钟的控制流水线下完成,控制每一级流水线的运算时间小于一个样本的采样时间即可满足计算速度要求。在 FPGA 中影响计算速度和资源消耗的主要是乘法器,虽然采用查找表法的乘法器可以较好地解决计算资源消耗之间的矛盾,但是在本例中由于需要多个乘法器并行运算,而且用于查找表法需要的 ROM 资源已经被用做缓存算法需要的样本数据的双口 RAM 占用,所以为了满足运算速度要求,采用树形乘法器,如图 6.34所示。树形乘法器基本原理是将被乘数的每一位与乘数相与,然后将所有的相与结果逐级移位相加。由于高位加法的进位会严重影响计算速度，所以我们用并行相乘与相加再结合流水线进行，这样可将高位加法分为多个低位加法逐级流水线进行，以便提高运算速度。

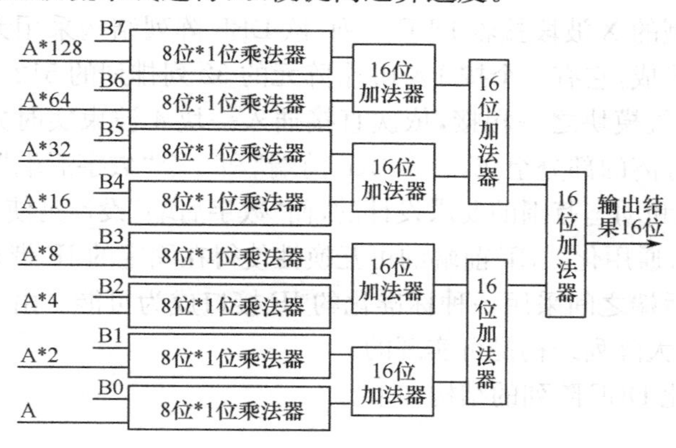

图 6.34　8 位树形乘法器结构图

(2) 双口 RAM 的实现

双口 RAM 采用 FPGA 中的 EAB(嵌入式阵列块)来实现，EPF10K130E 中有 16 个 EAB 单元，每个 EAB 单元可以构成一个 256×16 位的双口 RAM。在本例中，DSP 中的波束形成算法要求每一路数据缓存 500 个采样点，则对于每一路的 I/Q 分量总共需要 1000×12 位的 RAM 容量，每一片 EPF10K130E 同时缓存 4 路数据，每一路数据需要的 RAM 由 4 个 EAB 构成，因此 8 圆阵天线总共需要两片 FPGA 完成数据缓存和空域滤波。其双口 RAM 采用 ALTERA 公司直接提供的库函数构成，只需要设计写数据地址产生电路和读写数据控制电路即可。

(3) 数据接口

数据输入/输出采用锁存器方式进行，所有的运算操作在统一的数据输入时钟下进行，这样可以保证数据经过流水线后加权求和的均为同一快拍的采样数据，保证了 8 路数据的同步。

(4) 工作过程

在数据同步时钟的控制下，数据从下变频器件基带输出，锁存进 FPGA，在下一个时钟到来时，将数据一面送入空域滤波器的流水线中完成波束形成，一面送入双口 RAM 电路中，FPGA 中置一计数器产生写地址，每计数到 500 时，停止写入数据到双口 RAM 中，同时通知 DSP 数据准备好。DSP 每次向 FPGA 申请数据时会将该计数器清零重新记数产生写地址。加权权值由 DSP 根据算法运算完成后写入 FPGA 中的权值寄存器中，由 FPGA 在数据同步时钟的控制下统一更新权值，保证 8 路数据权值的一致性。

(5) 芯片及资源占用情况

在实际实现过程中，将 8 路输入数据分为两组，每 4 路由一片 FPGA 完成加权求和运算，两片 FPGA 最终的输出结果再在第三片 FPGA 中完成求和输出以及其他处理，具体任务分配见图 6.33 空域滤波器的功能框中的虚线部分。前两片 FPGA 选用 ALTERA 公司的 EPF10K130EQC240-1，其最大可用 I/O 脚为 186 个，逻辑单元(LE)为 6656 个，EAB(嵌入式阵列块)为 16 个，可提供 RAM 容量为 65536 位，最后一片求和的 FPGA 占用很少的资源，考虑该片 FPGA 还要进行其他数据处理，在此选用 ALTERA 公司的 EPF10K50EQC240-1 完成。

9×9 位的符号复数乘法器占用资源 964 个逻辑单元(LE)，FPGA1 和 FPGA2 中的双口 RAM 各占用嵌入式阵列块(EAB)的比特数为

$$4\times2\times12\times500=48000(\text{位})$$

波束形成加权运算总共采用 8 级流水线操作，运算速度最高可达 70.42M，可满足 20M 的基带数据速率。

6.5.4 一部32个通道的即插即用X波段数字波束形成接收阵列的例子[64]

下面介绍一个初型的X波段接收DBF阵列，该DBF阵列结构采用无子阵的在方位平面中的列级别的数字波束形成，它有一个按1×16个阵元的32列排列的512个阵元的矩形孔径。每列与32个紧凑的接收机模块之一相接，依次直接插入一块4波束实时并行处理器板中。DBF接收机模块由两个可分离的部分组成，一个“RF前端”和一个“数字后端”。RF前端针对特定的相控阵列的频率、带宽和动态范围的要求设计的，而“数字后端”设计是使工作在不同频率上的几种不同RF前端的接口通用化。RF前端的可互换性使得在固定的IF带宽和动态范围情况下实现在RF前端和数字后端之间采用一种标准化的IF接口成为可能。由于可用较多的模块来构建大的阵列孔径，所以大阵列结构是可实现的。

接收阵列的模块化DBF阵列的结构如下。

1. 简介

该阵列结构以在方位平面中的32个自由度为特色，它源于32个独立的数字接收机通道，而且在方位平面中具有形成32个完全独立的瞬时波束的潜力。构成阵列孔径有效的32列的每一列用一根带有GPO“按钮”连接器的短电缆与一个独立的数字接收机模块相接，在俯仰平面中采用在每个阵列的列之内的提供的波束形成网络实现一个无扫描的阵列方向图。

每个数字接收机模块包含一块RF接收机板(RF前端)和一块数据集合(捕获)板(数字后端)，它们一起封装在模块的铝壳中。这些板接收LO，时钟和偏置信号，并经单根80个插头连接器输出其全部采样数据。这种连接器容许数字接收机模块直接插入一块构成阵列基板的数字信号处理器板。阵列孔径板横跨背面和数字接收机，如图6.35所示。

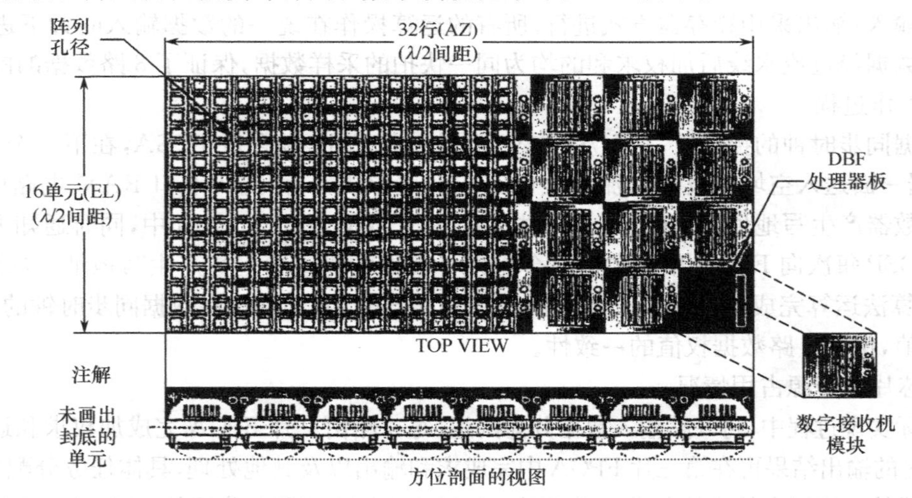

图6.35 X波段模块DBF阵列设计的阵列孔径板横跨背面和数字接收机顶部视图和侧视图

2. 数字接收机模块

图6.36和图6.37分别示出RF接收机板的框图和样机的照片。RF接收机板采用一个具有镜像抑制混频器的单级下变频器，以减少组件的计算和成本。这种结构的附加优点是它只要求一个LO，可免除对每个输入通道需产生和分配多路的LO信号。裸印模的MMIC放大器和混频器芯片用在一个混合电路中，可免除需要外部的偏置和阻抗匹配电路。RF滤波器，RF混合电路和LO功率分配器是在一块PTFE基片上的微带中实现的，IF混合电路和滤波器采用封装的集总元件的组件来实现。GPO“按钮”连接器用于RF和LO的输入，与插入式和自由运转

概念一致。RF 接收机消耗 2.88W DC 功率，且具有 2"×2"尺寸大小，它装在一个 4×4 的 X 波段阵列阵元之下。目标数据集合板的简化框图及其样本照片分别如图 6.38 和图 6.39所示。来自 RF 接收机板的 IF 输出馈入数据集合板上的一个 14 位、65MHz A/D 变换器。来自 A/D 变换器的输出送入一个 FPGA，它经下变频实现 I/Q 分解成独立的基带 I 和 Q 通道，并经一个 I/Q 抽头滤波器的数字均衡。一个 80 引线的按钮连接器用于将数据集合模块与处理器板相接。

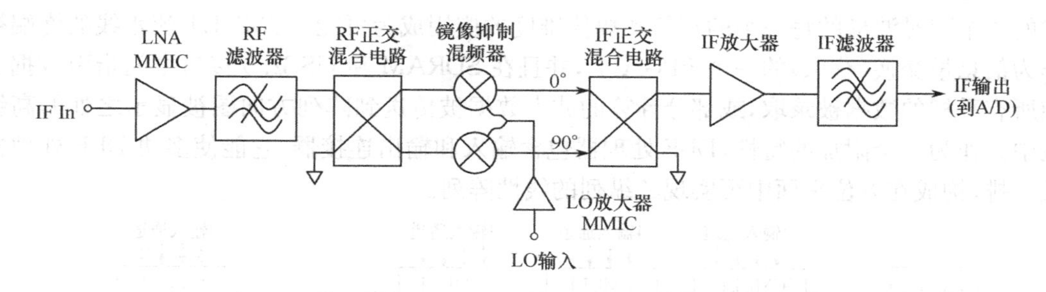

图 6.36　RF 接收机板的框图

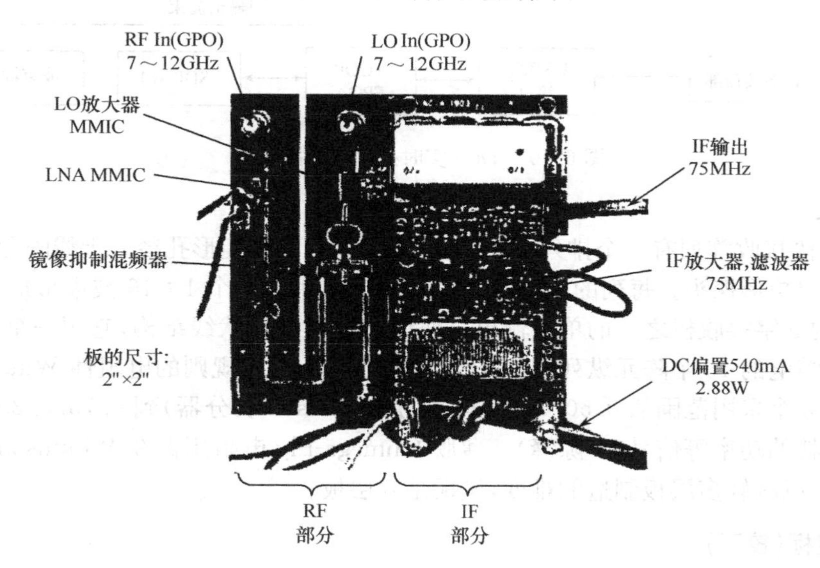

图 6.37　初型的 X 波段 RF 接收机板照片(示出左边的 RF 下变频器和右边的 IF 放大器)

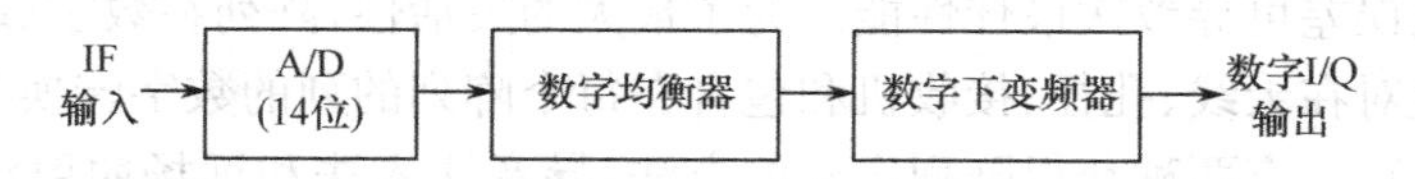

图 6.38　数据集合板的框图

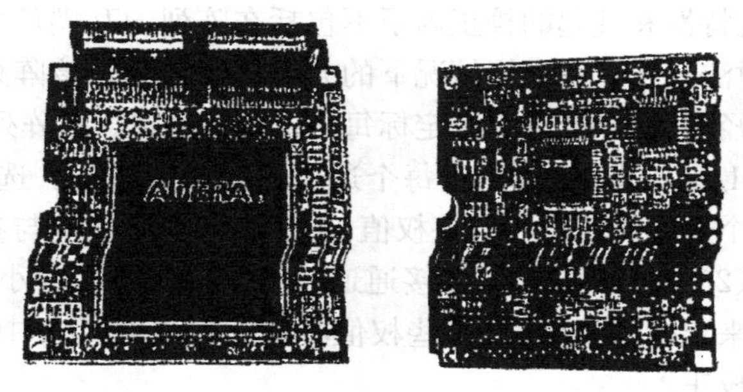

图 6.39　数据集合板的照片(分别从左到右示出顶面和底面)

3. DBF 处理器板

DBF 处理器板的框图如图 6.40 所示，有 8 个以流水线结构排列的 8 个复倍乘器(CMULT)FP 的芯片。每个 FPGA 接收来的 4 个独立的数字接收机模块的数字 I/Q 输入。然后，CMULT FPGA 通过在每个通道内加上单个复权值执行实时波束形成。这权值将在一个高级的计算机中脱机计算，并以 480MB/s 经 USB2.0 接口向上寄存(加载)到 CMVLT FPGA 上。这能使以并联形式的 4 个瞬时波形的每一个的相位和幅值锥度的应用成为可能。CMVLT 流水线的终端被馈到作为信息量交换(获取)的一个 FPGA 上，并且在 SDRAM 和 USB2.0 接口之间指引数据。这能使所有采样的数据被录取，或部分计算的波束数据被传送到阵列方向图被显示之处的高级计算机中。作为一个附加的特性，DBF 处理器包含输入和输出连接器，它能使多块 DBF 处理器连接成一排，构成在方位平面中可实现的纵列的线性阵列。

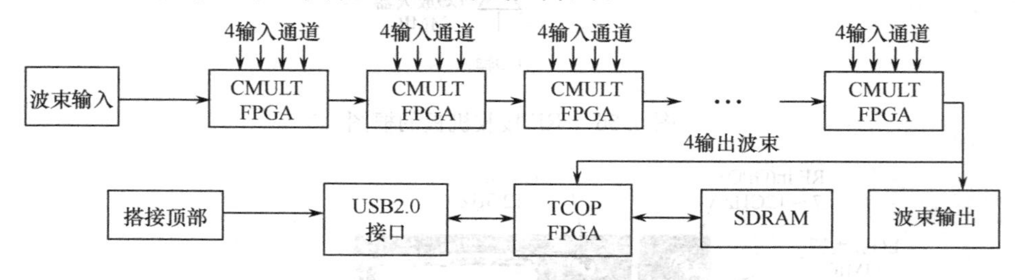

图 6.40　DBF 实时处理器板的框图

4. 孔径板

这种 X 波段接收阵列有一个排列成 32 列的 512 个阵元的矩形孔径。天线阵元是馈入 10% 带宽补片的单层矩形探头。每列的 16 个阵元加以组合，用做一个 1∶16 波束形成器，以产生馈到 32 个紧凑的数字接收机之一的单个输出。波束形成器是带状线结构，它用一个 25dB nbar 5 台劳孔径分布馈电的 16 个阵元纵列。25dB 泰勒分布用一个不规则的电阻性 Wilkinson 功分器来实现的。有 6 个采用范围从 0.50/0.50(均匀的 Wilkinson 功分器)到 0.75/0.25 的 16∶1 波束形成器的独特的功率等信号区(隙缝)。薄膜 Ohmega-Ply 电阻用做在 Wilkinson 功率分配器中的负载电阻，以减轻多层板制造的难度，该板是 8 层板。

5. 阵列定标(校正)

阵列定标(校正)是降低旁瓣电平和改善波束指向精度必不可少的。在无校正情况下，相位和幅值方面的系统误差可导致次最佳性能。为了最大的灵活性，阵列在数字域中被定标，通道电平的数字校正权值对在天线、孔径、接收机和包含在每个阵列的列的数字转换器硬件中产生的幅值和相位失配的校正。有两种获得阵列定标的方法：导音注入法和远场照射法。导音注入涉及将一个已知信号，或导音输入进紧接天线纵列之后的接收机通道。这种方法使通道硬件的传输特性可加以确定，但通道特性和继起的校正因子不包括在阵列的互耦环境中的天线阵元方向图的特性。相反，远场照射法包含了在互耦情况下的方向图的影响。该阵列同时采用上述两种方法来校正。首先去掉孔径，利用导音注入来定标每个接收机通道。在阵列的中心频率上，利用数字接收机模块的分离的 I/Q 输出，脱机测量每个通道的相位和幅值。选择一个通道充当基准，每个非基准通道将有一个选择的相位和幅值权值，用于校正它的响应与参考通道响应之间的差别。在这样列的窄带宽(20MHz)情况下，跨接通道的相位变化是十分小的，而且可能在每个通道之内加入单个复权值来定标整个带宽，这些权值将被编程入 FPGA 中，因而在信号进入处理器之前通道的失配得到校正。

可利用通道均衡技术，附加的对消比性能可在 20MHz 带宽范围内取得，数据集合板包含一个可执行 10 抽头延时的 FIR 滤波器的 FPGA。这个滤波器能使 10 个复值校正置于的 20MHz 带宽范围内频带中任意位置上。用导音注入法完成初始阵列定标后。数字波束形成将处于可工作条件中，意味着它能用于测量阵列方向图。在该点上，远场校准技术将用于进一步完成由于单元方向图和互耦的校正。

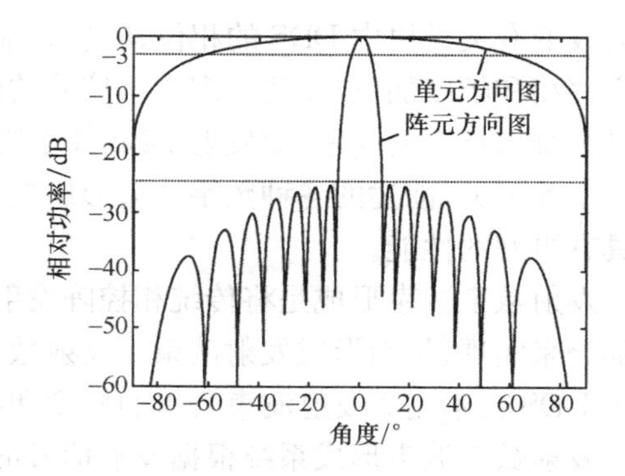

图 6.41　在 25dB nbar 5 台劳加权的情况下，计算的 1×16 列的固定俯仰平面方向图

6. **预期的方向图**

阵列有一个固定的俯仰平面方向图，它由加在阵列的 1×16 列内的波束形成器上的 25dB nbar 5 台劳幅值权值产生。预期的方向图如图 6.41 所示。

4 波束数字波束形成器在方位平面提供给出多达 4 个完整瞬时波束的全部 DBF。图 6.42 分别示出分别对 −60°，−25°，15°和 30°扫描的 4 个瞬时波束。2，3 或 4 个波束的群集也可用数字波束形成器来构成和扫描。一个对 30°扫描的 4 波束的密群集如图 6.43 所示。每个波束与其最邻近波不相隔 1.5°。

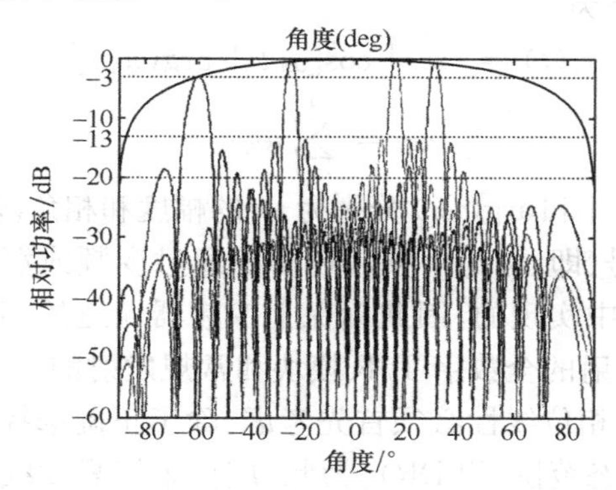

图 6.42　计算的方位平面方向图，在 −60°，−25°，15°和 30°上示出 4 个完整的独立方向图

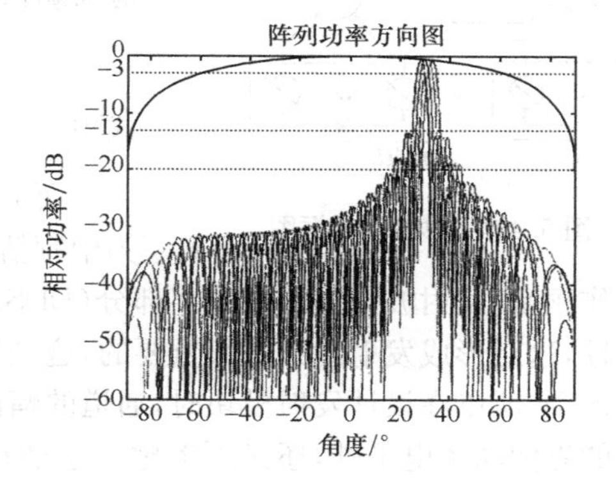

图 6.43　计算的方位平面方向图，示出扫描到 30°的 4 波束集群的例子

综上所述，上述 DBF 阵列的结构可在今后采用更高级别的集成的和定制的部件，诸如 ASIC 等来实现实时的数字波束形成算法。一个大的阵列可采用更多的模块和更多的处理器板来构成。由于波束合成是数字完成的，所以这种结构消除了采用一个公共 RF 馈电，最终将会降低成本。

6.5.5　发射数字波束形成

通常，人们认为 DBF 技术只能用于接收模式，而从相控阵雷达发射波束形成的机理，DBF 技术同样适用于发射模式。在传统的相控阵雷达发射波束所需要的幅度与相位是在射频阶段通过衰减器和移相器来实现的，而从数学意义上来讲，加权和移相可以在信号与天线阵元之间整个传输通道的任意一级来加以实现。随着 DDS 技术的发展，利用 DDS 技术将雷达信号产生频率源和幅相控制融为一体，从而实现相控阵天线发射波束的全数字控制，称为发射数字波束形成。

与传统的相控阵天线相比，发射数字波束形成有如下优点：①发射波束的形成和扫描采用全数字方式，波束扫描的速度更快，控制灵活；②幅度和相位连续可调，控制非常精确，易于实现低旁瓣的发射波束，并可望在发射状态下形成零点；③各天线阵元通道之间的幅相校正易于实现，只需改变有关模块中 DDS 的相位、幅度控制因子，不需要专门的校正元器件；④DDS 技术既能实现移相和幅度加权，又能实现本振信号的产生；⑤对于大阵列、长脉冲信号而言，孔径的渡越时间是个难以克服的问题，而发射 DBF 技术则可以通过控制时钟来实现真正的延时。

由此可见，前述的各种数字波束形成技术也可用于发射波束的形成，使得相控阵雷达发射波束具有更好的性能。

发射数字波束形成是将传统相控阵发射波束形成所需的幅度加权和移相从射频部分放到数字部分来实现，从而形成发射波束。发射数字波束形成系统的核心是全数字 T/R 组件，它可以利用 DDS 技术完成发射波束所需的幅度和相位加权以及波形产生和上变频所必需的本振信号。

发射数字波束形成系统根据发射信号的要求，确定基本频率和幅/相控制字，并考虑到低旁瓣的幅度加权，波束扫描的相位加权以及幅/相误差校正所需的幅相加权因子，形成统一的频率和幅/相控制字来控制 DDS 的工作，其输出经过上变频模式形成所需工作频率。

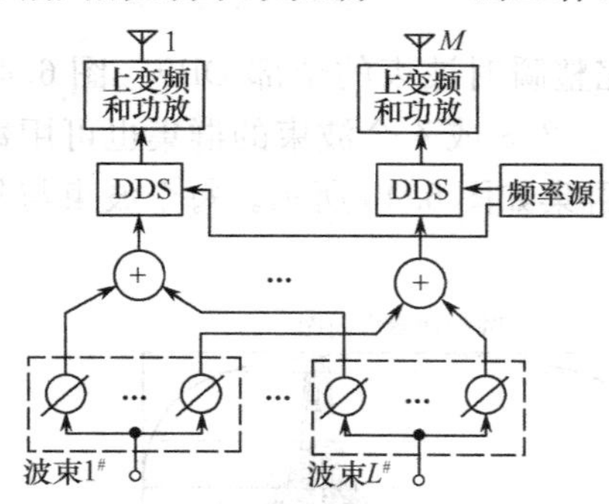

图 6.44　发射 DBF 框图

图 6.44 为同时产生 L 个发射波束的发射 DBF 框图。波束 i 的权为 $w_{l1}, \cdots, w_{lM}$，$l=1,2,\cdots,L$。各波束的各路基带数字信号经上变频和功放由 M 个相加器相加后，送 DDS(直接数字频率合成器)。DDS 根据合成权值形成中频或射频信号为

$$x_i(t) = |w_i| \cos[\omega_0 t + \arg(w_i)] \tag{6-13}$$

式中

$$w_i = \sum_{i=1}^{l} w_{li} \tag{6-14}$$

而 $|w_i|$ 和 $\arg(w_i)$ 分别为 w_i 的幅度和相角。若 $x_i(t)$ 为中频信号(即 ω_0 为中频)，还需要通过变频或混频变至发射工作频率。发射波束形成在数字部分(DDS) 中实现的，因此确保上变频器通道的幅值和相位的线性，这对形成发射波束是很重要的，这是发射的全数字 T/R 模块和常规发射的 T/R 模块的主要区别。所以在设计发射模块时，通道的幅值相位线性必须首先考虑。除了正确选择频率源和通道的界面功率电平外，还必须考虑无杂散动态范围(SFDR)。为此，应该采用高度线性的功率放大器。发射 DBF 模块框图如图 6.45 所示。

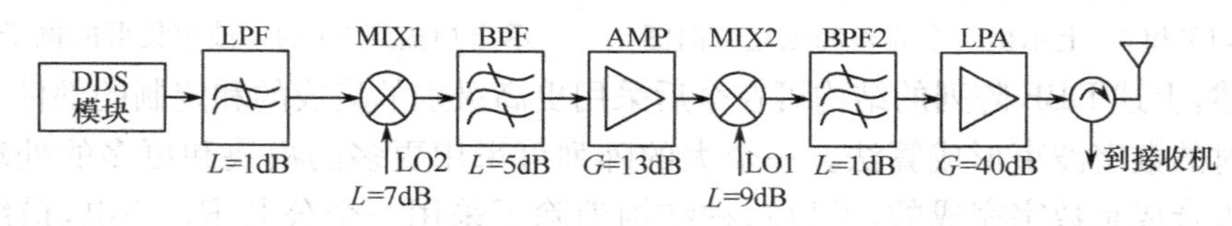

图 6.45　发射的 DBF 模块框图

6.6　数字雷达接收机和发射机原理[49]、[51]、[79]、[85]、[86]、[87]

数字接收机可以对复杂的宽带调制雷达信号进行数字化处理，实现精确测量，大大改进对信号的分选和识别。在灵敏度检测方面大大提高了对低截获概率雷达的检测能力，配以数字阵列，可以更精确地进行辐射源定位。

6.6.1　数字接收机的组成

传统的雷达接收机 I/Q 解调由模拟电路完成，如图 6.46 所示。I/Q 通道的混频器采用等频的 LO，但其间的相位相差 90°，两个通道的增益必须匹配。如果这两个要求在雷达频带内的所有频

率不能完全满足，那么其动态范围下降。同时由于相位和增益失配，虚假目标将会出现。另一个缺点是两路通道需要两个 A/D 变换器，ADC 之间的失配会进一步降低其性能。

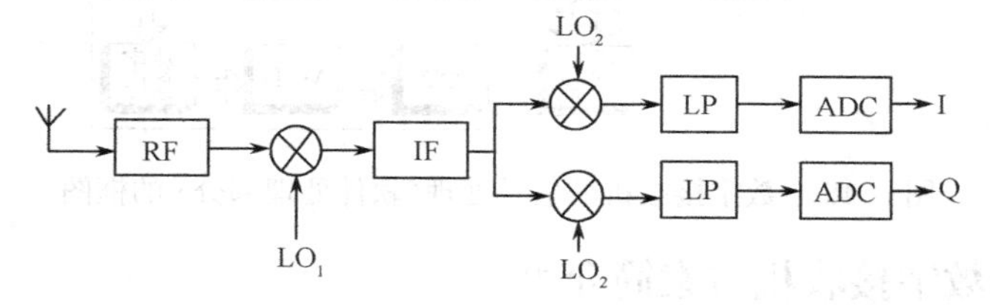

图 6.46　传统的雷达接收机结构

数字接收机是将输入信号在射频或中频上直接进行A/D变换(ADC的输出是数字化后的数据)，经数据存储，再进行数字信号处理的接收机。因此，信号在高端的直接采样是实现数字化的前提，采样越靠近天线，数字化的程度越高。由于受高速 A/D 变换器和高速数字处理电路当前技术的限制，目前尚不能直接进行射频信号的 A/D 变换和数据存储，但在中频数字化已充分体现其优越性并得到了广泛的应用。

采用数字化接收技术后由于在中频直接采样，并由数字混频器进行检波，较好地解决了传统接收机的上述问题。其次，传统正交双通道接收机的动态范围受模拟乘法器的限制，只能做到 30dB 左右，而用数字化接收技术后，其动态范围只受到 A/D 变换器件采样位数和系统噪声的限制，可以做到 60dB 以上的动态范围。

数字接收机的处理方法的主要优点得益于数字信号处理技术。一旦信号被数字化后，随后的处理都将是全数字的。数字信号处理技术由于不存在模拟电路中的温度漂移、增益变化或直流电平漂移等现象，所以具有更好的稳定性。这样也就不需要采用过多的校正措施。如果采用高分辨力频谱估计技术，可以使频率分辨力做得很高。

实现数字化接收的方法有很多种，工程上常采用专用集成电路(ASIC)、现场可编程门阵列(FPGA)、专用高速数字处理(DSP)芯片器件来实现。

图 6.47 示出数字雷达接收机组成框图。与模拟接收机相比，数字雷达接收机有两点明显的差别。其一是利用直接数字合成器(DDS)，其二是直接 IF 采样和数字下变频技术。利用这两种先进的数字技术，数字雷达接收机可产生和处理各种形式的复杂波形，其性能明显地优于模拟接收机。

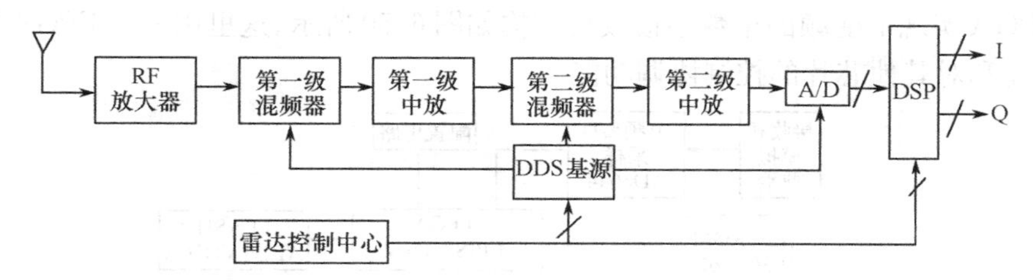

图 6.47　数字雷达接收机组成框图

此外，接收的信号处理可全部由软件完成，图 6.48 示出数字接收机的信号处理(软件处理部分)的框图(限于篇幅，本章不再讨论)。软件的运行平台是 Matlab 5.1 版本，软件由系统仿真、发射通道控制和接收波束形成三模块组成。可利用系统仿真产生的数据用于检验接收波束形成软件的正确与否，该部分软件主要产生各种分布的噪声和一定入射方向，不同多普勒频率的信号，发射通道控制软件采用Matlab语言和C语言混合编程方式控制DDS和发射接口控制电路，它完成发射通道校正、发射波束控制和接收校正信号产生三种功能的控制，这三种控制方式与工作过程相关联。

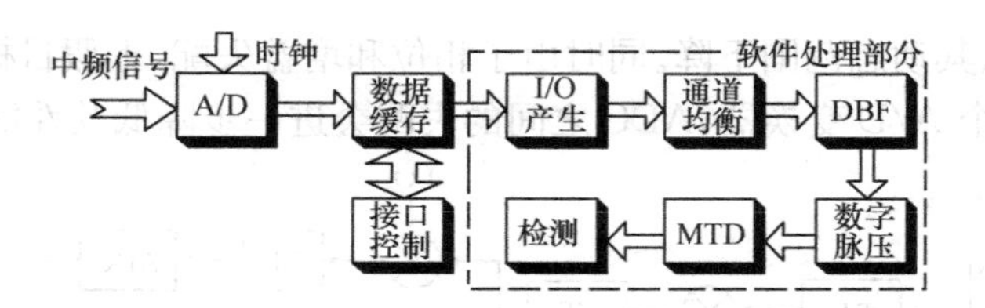

图 6.48　数字接收机的信号处理(软件处理部分)的框图

6.6.2　几种数字接收机方案简介[49]

全数字接收机主要采用在中频频段进行载波信号数字化的方案[45]。在这类方案中数字下变频可以用专用数字下变频器件(如 Intersil 公司推出的 HSP50214B) 实现,也可以采用可编程器件 FPGA 实现。图 6.49 给出了下变频采用专用芯片的全数字接收机硬件实现结构。它主要由模拟预处理,ADC,DDC,CPLD 和高速 DSP 组成。接收机前端接收的射频信号经模拟混频器混频后被转换成固定速率的中频模拟信号(如 21.4MHz 的中频信号)。中频模拟信号通过 A/D 转换器件转换为数字信号。专用可编程数字下变频器件 50214B 完成下变频、抽取和滤波等功能,从而将中频信号转换为低速的基带信号输出到 DSP。DSP 器件完成对基带信号的处理,主要实现三个估计(频偏估计、载波相们估计和符号定时误差估计) 和两种滤波(频偏估计、载波相位估计后的卡尔曼滤波,符号定时误差估计后的插值滤波) 以及符号特征提取,符号判决和各种解码功能。处理后的数字信号写入 SDRAM,由 PCI 芯片连到 PC 上存储、显示,或经过 D/A 变换还原为模拟信号送到用户终端,其中 CPLD 或 FPGA 器件主要负责各个部件的协调和控制。

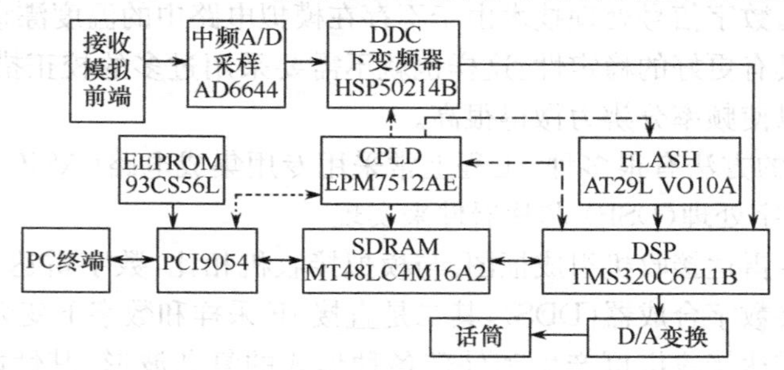

图 6.49　使用专用下变频器件的中频全数字接收机硬件框图

采用 FPGA 实现下变频的全数字接收机结构如图 6.50 所示。这里用一块 FPGA 器件实现数字下变频功能和对其他芯片的控制协调功能。

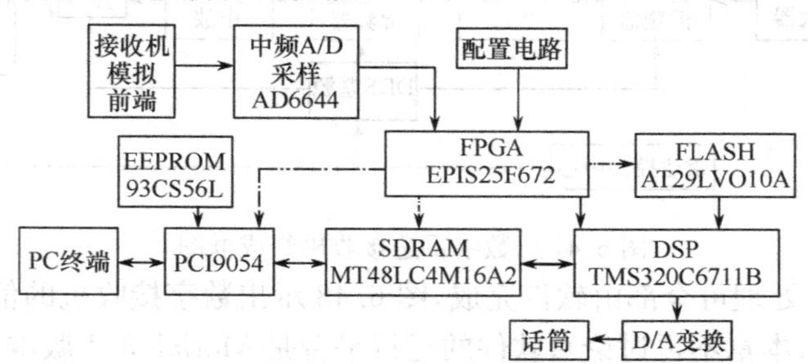

图 6.50　采用 FPGA 实现下为频的全数字接收机结构[45]

6.6.3　基于 Xilinx FPGA 的数字接收机简介

最后我们简要介绍一个基于 FPGA 的数字接收机。图 6.51 是基于 Xilinx FPGA 的某数字化接收机结构图。

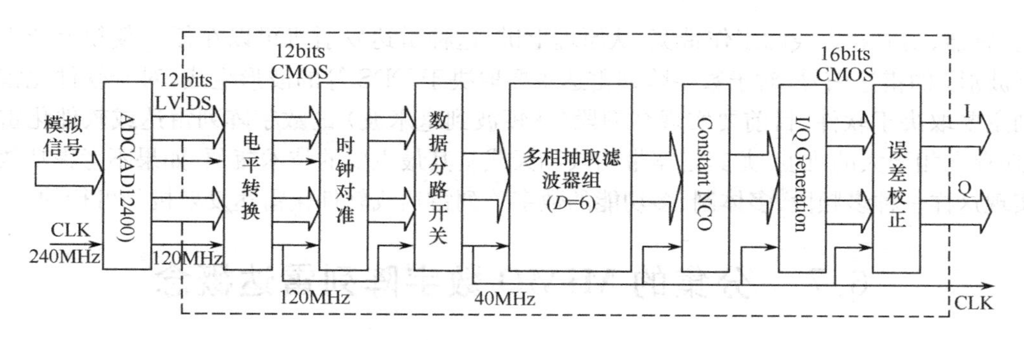

图 6.51　基于 Xilinx FPGA 的数字化接收机

系统由 ADC 与 DDC 模块组成，ADC 选用 AD 公司的 AD12400，DDC 模块在一块 FPGA 中实现。系统工作时，由外部时钟源提供与发射机同源的工作时钟，时钟频率为 240MHz。输入模拟信号经 ADC 后，输出两路 12 位差分数据，两路数据之间相差半个时钟周期，同时输出 120MHz 的差分时钟信号。经电平转换和时钟对准后送入数据分路开关，分为 6 路数据经多相抽取滤波器组滤波，再经常数 NCO 混频及 I/Q 生成，形成 I、Q 两路 16 位数据，最后再经误差校正后，分 I/Q 两路信号输出，同时输出 40MHz 的同步时钟信号提供给基带处理单元，在系统中数字下变频模块的全部功能由 FPGA 实现。

值得关注的是，FPGA 包含大量的逻辑电路资源，其工作方式与 PDSP(Programmable Digital Signal ProCessor) 的指令排队工作方式有着本质的不同，具有极高的运算速度。目前，FPGA 的规模越来越大，嵌入的各种硬件功能模块也越来越多，一部分系统的 FPGA 还嵌入了 PDSP。现在的 FPGA 可以做到单片集成射频接收、解调、DDC、纠错、测距、测速、遥测等功能，实现真正意义上的 SoC(System on Circuit)，其可靠性、功耗和成本都将得到极大的优化。

6.6.4　雷达数字发射机原理简介

直接数字波形合成的实现包括三个过程：一是调制过程，形成调制后的基带 I/Q 信号；二是将基带 I/Q 信号数字上变频到适当的中频或射频；三是将数字中频或射频信号经 DAC 和模拟滤波器形成发射信号，如图 6.52 所示。

图 6.52　直接数字波形合成示意图

一种数字化或软件化的雷达发射机框图如图 6.53 所示。它与数字化或软件化干扰发射机是完全类似的，所不同的就是用于产生雷达波形的 DDS 或不同的 DSP + 软件而已，其硬件构成则完全一样。另外，雷达发射机所需的信号带宽相对要宽一些，对信号处理的速度要求要高一些，相应数字上变频、D/A 等的速率都需提高。所需发射的雷达信号波形 $a(n)$，$\varphi(n)$ 求出后，雷达波形产生器输出的正交数据 $I(n)$，$Q(n)$ 分别为

$$I(n) = a(n)\cos\varphi(n), \quad Q(n) = a(n)\sin\varphi(n) \tag{6-15}$$

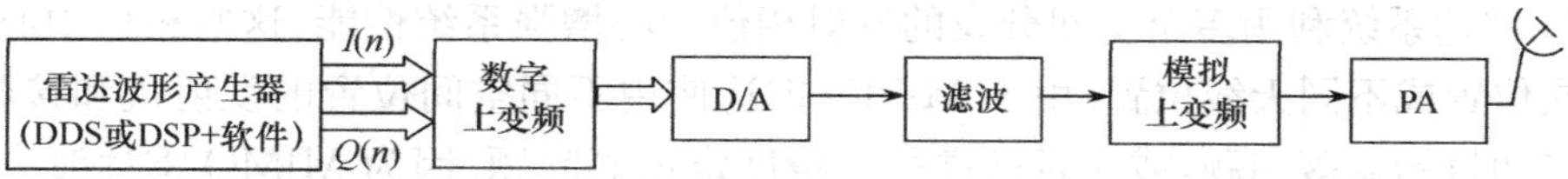

图 6.53　数字化或软件化雷达发射机框图

$I(n)$、$Q(n)$ 经过正交数字上变频和 D/A 变换即可得到一个中频信号，然后通过模拟上变频，将其搬移到所需的雷达信号载频上，再经功率放大后，通过雷达天线辐射出去，主要取决于模

拟上变频器、功放和天线的工作带宽。从原理上讲，这种雷达发射机可以在任一载频上产生任何体制(波形)的雷达信号，对于数字阵列雷达主要取决于DDS等的波形生成，对于软件化雷达而言，则主要取决于软件。目前要实现全频段(从短波到毫米波)的数字阵列雷达或软件化雷达发射机还存在相当大的难度，尤其是宽带功放和天线是其最主要的技术瓶颈。如果不考虑功放和天线，实现这样一种多频段、多体制、多功能的数字阵列雷达或软件化雷达发射机是可行的。

6.7 分集的MIMO数字阵列雷达概念

6.7.1 概述[159]、[177]、[178]

在通信系统中，有采用4种分集方案：时间分集、频率分集、极化分集和空间分集。与它们类似的方案可用于雷达，时间在目标跟踪雷达中是一种有限物理量，因此不是一种有效的技术。已证实在UWB雷达中采用极化分集是有好处的，但其能力受目标的散射性限制。在窄带雷达中可采用多频段，但它要求采用更宽的带宽，用以改善距离分辨力。而采用空间分集可通过从多个角度观察目标来改善提取目标的信息。

近10年来，使用一个以上空间分集发射机和/或接收机站的雷达系统应用广泛。这些雷达系统分别被称作多基地雷达、多站点雷达系统、组网雷达和MIMO雷达。

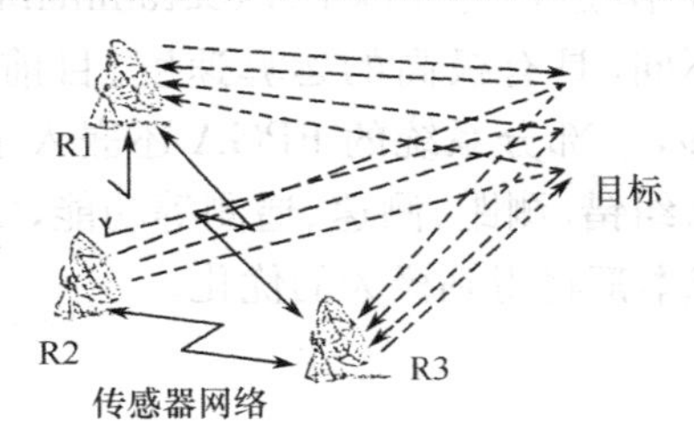

图6.54　连接了三个发射机的传感器网络的例子

应该指出，组网雷达系统有时也被称为空间多输入多输出(MIMO)雷达系统，它由许多分置的雷达系统(发射和接收传感器)组成，每个系统都具有发射独立正交波形(以避免干扰)的能力和同步接收、处理所有发射波形的能力。图6.54给出了一个通过网络连接三个雷达节点的组网雷达系统的例子。三部雷达均已捕获到目标，正在用天线波束跟踪目标。雷达系统R1、R2和R3分别发射不同的波形，但都能接收和处理从目标采集到的所有三种波形。网络的使用使得每个系统能够非相干(使用正交波形)或相干地分享它的目标信息，其中的每部雷达都共有精确的空间和时间知识。得益于近年来在带宽线网络、大容量传输线、多通道电子扫描天线、高速低成本数字处理器和精确的同步系统的技术进步，网络雷达系统的实现已是可行的。

术语“MIMO”(Multiple-Input Multiple-Output)借用于通信。此方法可以大大增加通信信道的吞吐量。MIMO雷达的定义为：使用多个发射机发射分离的发射波形(分别由多个接收机接收回波)且能联合处理多个天线接收信号的雷达系统。其特点在于N个发射天线和M个接收天线可以形成$N \times M$个Tx/Rx(发射/接收)对，其中从第n个发射天线到目标，再到第m个接收天线的每个传播路径都可以用于信号处理。这一点可用瞬时多路复用、空间编码和/或正交波形来完成。

MIMO雷达系统利用多个空间分离的发射相位中心增强系统性能。这些相位中心位于单个天线的不同位置或不同天线位置。由于MIMO雷达使用不同空间位置的发射机和接收机，因而可以解决诸如目标衰落问题，或对目标进行高精度定位等问题。因为MIMO雷达波束形成利用发射相位中心空间分集技术，该技术不适用于常规雷达。与常规雷达相比，MIMO雷达计算量较大，但其可使用较少的阵元或尺寸实现同样的分辨率，从而降低系统的成本。

目前，可以将MIMO雷达分成两类，一类是相关MIMO雷达(雷达天线并置)，另一类是统计

MIMO 雷达(雷达天线分置)。其中并置天线的 MIMO 雷达代表一种全新的颇具前景的雷达理论和技术,而采用分置天线的 MIMO 雷达只是多基地雷达的一种特例。

6.7.2 一种采用并置天线和编码信号的 MIMO 雷达[177]、[178]

1. 简介

常规采用并置天线的雷达,采用窄发射天线波束,可认为是按序进行空间扫描的传统监视雷达的替换品。其弊端为在给定的监视时间内只能接收到每个目标的几个回波脉冲,通常不足以抑制杂波。而且在停留时间期间,由于采用窄波束按序扫描空间,不能完成许多必要功能。

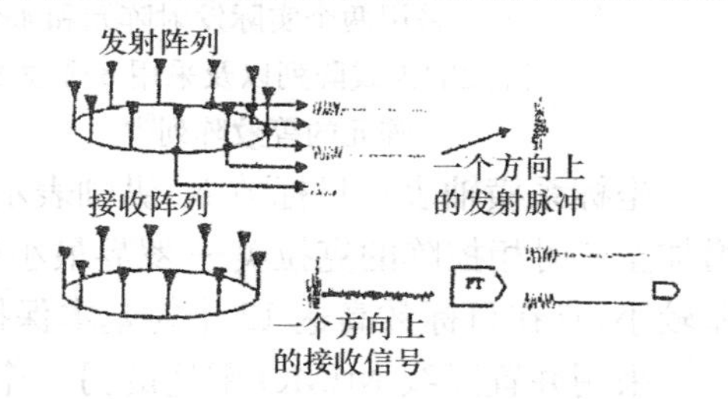

图 6.55 RIAS(SIAR) 原理

下面,引入参考文献[178]提供的一种新的、颇具前景的 MIMO 雷达概念。这种采用并置天线和编码信号的 MIMO 雷达是法国的 RIAS 雷达。RIAS 是"综合脉冲和孔径雷达"的英文缩写。该雷达工作于米波波段。其天线系统由稀疏圆形接收和发射阵列组成,一个在另一个里面,如图 6.55 所示。发射阵列的所有阵元都同时发射相互正交的频偏信号。对于一个目标,拥有所有发射信号之和,发射信号的特定相移取决于目标位置、目标速度、频率和发射阵元的位置等。因为正交,这些信号互不干扰。接收阵列的每个阵元接收所有频率时的反射信号,分隔它们并适当处理。目标坐标和径向速度取决于接收信号的相移。在此,仅讨论对扇区的超快监视(每个发射脉冲期间) 和对多频信号的压缩。

适当处理接收信号,RIAS 能综合监视广阔扇区内的跟踪目标,在发射端和接收端进行数字处理。

参考文献[159] 给出了第一类 MIMO 雷达的首次详细研究结果。作者强调发射端和接收端的全数字天线阵列在如何对发射能量进行空间分布并在接收端进行收集和优化"时间 — 能量管理" 方面具有很大的灵活性。

众所周知,如果监视扇区和监视时间固定不变,那么搜索模式下雷达接收机输入端的 SNR 基本不取决于发射波束宽度(即不取决于发射天线增益)。增加目标观察时间基本上能补偿因扩大发射波束宽度而造成的照射功率的降低。

MIMO 雷达发射阵列的 M 个阵元在大型扇区内辐射 M 个互相正交信号。N 阵元接收阵列的每个阵元都接收所有编码信号,并分隔它们。对所有 $M \times N$ 个信号进行匹配处理,于是得到窄接收波束,并且不用进行波束扫描就能监视大型扇区。

2. 增大自由度的好处

显然,上述 MIMO 雷达因为提高了自由度获得了很多重要的优势。由图 6.56 可见,MIMO 雷达虚拟列阵元数大于物理阵元数。

有效填充稀疏天线的阵元能够扩大总的天线孔径,可以降低旁瓣,使波束宽度变窄,从而获得更高的角度分辨力。

由于空间自由度的明显增加,因而雷达能够独立确定更多的目标,文献[179]、[180] 介绍了目标"可识别性" 概念来描述上述特性,详细介绍了当信号干噪比为无穷大或快拍数无穷大时,能唯一解决多少目标的参数估算问题。

图 6.57 示出了由 10 个接收阵元(一个发射阵元) 组成的传统线性相控阵天线曲线和有 10 个发射 / 接收阵元的相同 MIMO 阵列曲线,所有阵元间距为半个波长。具有相同雷达的横截面的 K 个目标位于相同距离处,角度分别为 0°、± 10°、± 20° 等。

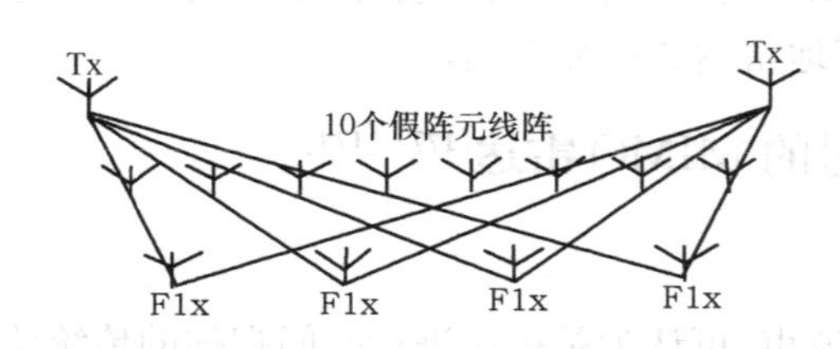

图 6.56 采用两个实际发射阵元和 4 个接收阵元的天线阵列以及采用 8 个收发阵元的等效阵列[181]

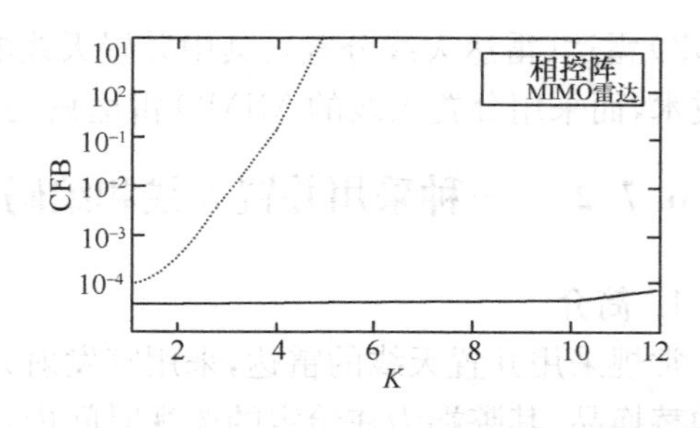

图 6.57 传统阵列和 MIMO 阵列参数的可识别性

坐标系横轴表示目标数 K。纵轴表示 0° 目标的克拉美—罗界误差。可以看出，当目标数从 1 增加至 6 时相控阵的克拉美—罗界最小误差迅速增大。MIMO 雷达的相应克拉美—罗界最小误差较小，且在目标数高达 12 个时基本保持不变。

采用并置天线 MIMO 雷达的另一个重要特征是天线阵列的适应性能更好。在 MIMO 雷达中，每个目标总共被 M 个具有不同相移的发射信号照射。不同目标相移也不同，所以不同目标的照射信号相互线性独立且不相关，可以直接应用有效自适应算法。

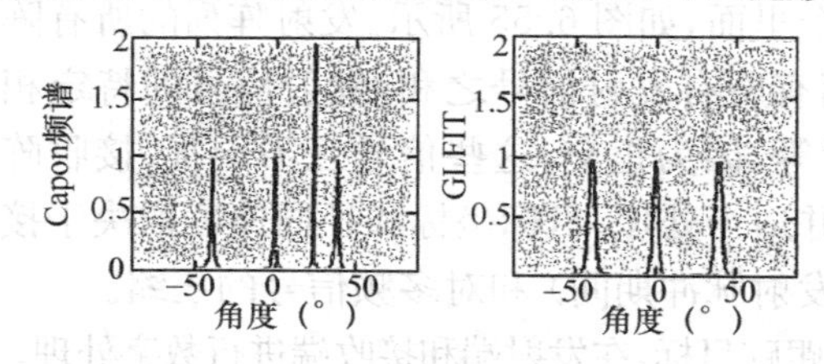

图 6.58 采用 Capon 算法(左) 和广义最大似然比算法(右) 的目标定位[78]

图 6.58 给出了在有三个目标和一个强干扰场景中确定目标角度的情况[180]。均匀线性 MIMO 阵列含有 10 个收发天线阵元。左侧是应用 Capon 算法的结果，空间频谱有三个目标和一个干扰。右侧是应用广义似然比算法的结果，显然，在 Capon 算法中出现的干扰引起的峰值频谱被抑制了，但是目标定位精度比较差。综合上述两种方法，只有目标定位的精度较高。

此外，它还可采用发射波束优化等技术。从而使该 MIMO 雷达成功用于大范围扫描雷达。

6.7.3 分集的(或称统计的)MIMO 雷达[159]、[177]、[178]

1. 概述

分集的(或称统计的)MIMO 雷达有别于通过在接收阵列上高度相关的信号，寻求最大优化相干处理增益的相控阵雷达，因为这类相控阵雷达对于目标的方向起伏引起的性能衰落无能为力，而分集的 MIMO 雷达基于双基理论模型将证实优于传统的波束形成方法。

由图 6.59 可见，雷达目标在不同的散射方向提供了丰富的散射信号，考虑地物等环境对目标不同部分散射信号的反射，雷达接收的信号应是诸多径信号的叠加。具有与通信中角度扩展相似的特性，因此，相距一定间隔的两个散射单元间的散射信号有闪烁特性。理论和实验均表明，雷达目标在姿态和方向上的微小变化，都将导致雷达回波的 RCS(雷达横截面积) 的严重起伏，甚至可达 10～25dB。这种回波信号的起伏十分类似于移动信道的信号衰落，将严重影响常规雷达的探测性能。正因为雷达

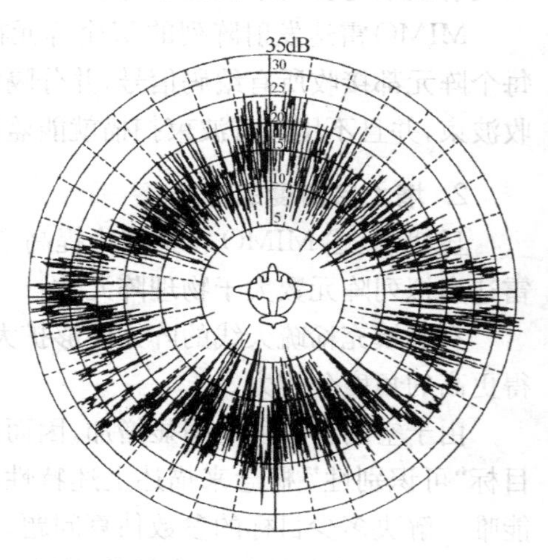

图 6.59 以方位角为变量的雷达的反向散射

($\lambda = 10$cm，引自文献[1])

回波信号具有某些与移动通信信道相似的特性，因此将在移动通信中得到广泛采用的 MIMO 概念，引申用于解决雷达信号接收和目标探测问题，是一种可行的尝试。

由此可知，开发分集的(或称统计的)MIMO 雷达的促动因素为：

(1) 雷达目标提供一个如图 6.59 所示丰富的散射环境；

(2) 常规雷达经受目标回波起伏 5 ～ 25dB；

(3) 慢目标信号回波起伏(Swerling I 型) 会引起目标 RCS 的严重衰落，从而降低雷达的性能；

(4) 在分集的 MIMO 中，采用空间分布的多个发射机和接收机，利用独立的发射和接收信号，从多个方向对目标散射的分集可改善雷达性能。

常规雷达中，目标的闪烁看作是一个降低雷达性能的麻烦(干扰) 参数。因为这类雷达只要观察角很小的变化就会引起 RCS 大的起伏，源于这类雷达的反射能量严重地取决于到目标的距离和接收目标反射能量的视角之故。然而，分集的 MIMO 雷达则对它取相反的观点，即可利用目标闪烁来改善雷达的参数测量。这就是我们要研究分集的 MIMO 阵列雷达的原因。下面作概念性讨论。

设雷达有 M 个发射天线，发射信号分别是 $s_1(t), s_2(t), \cdots, s_M(t)$，且各发射信号在空间是相互独立的。经空间发射信道后到达目标，再经目标散射后，部分散射信号经接收信道被接收天线接收，设共有 N 个接收天线。当然接收天线也可以与发射天线公用。分集的 MIMO 雷达与传统雷达概念最大的不同，是通过对各天线阵元间距的选择，使各发射信号之间，以及各接收信号之间是相互独立的，这样便可利用空间分集的思想，改善和提高雷达对目标的探测性能。也就是说，常规的相控阵雷达和分集的 MIMO 雷达，虽然都可用类似图 6.14 来表示阵列波束，但分集的 MIMO 雷达的接收阵和发射阵是分置(双基) 的，而且其阵元之间的间隔是大的，以使各发射信号之间以及各接收信号之间相互独立的，分集的 MIMO 雷达基本原理示意图如图 6.60 所示。

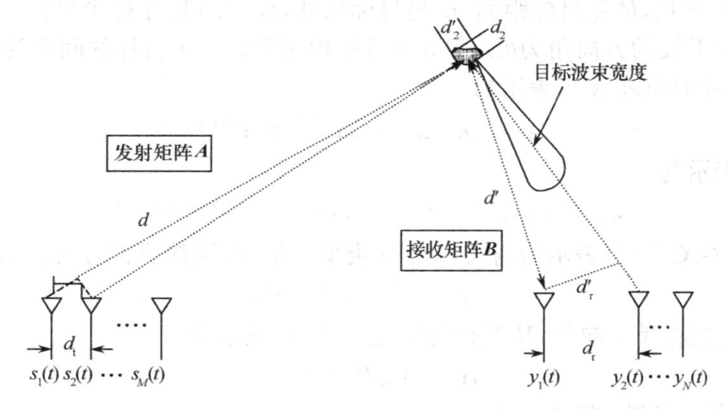

图 6.60　空间分集(统计)MIMO 雷达基本原理示意图

现假设俯仰方向将阵面分成 M 个子阵，如图 6.59 所示，并且用数字方法产生不同的发射波形，使每个子阵发射的波形 $s_1(t), s_2(t), \cdots, s_M(t)$ 相互正交。由于各子阵信号的正交性，在空间不能同相位叠加合成高增益的窄波束，而是形成图 6.61(a) 所示的发射低增益宽波束，与图 6.14 中所示的宽发窄收波束类似[见图 6.61(b)]。由于阵面被分成 M 个子阵，波束主瓣增益减小 M 倍，发射功率被分用到 M 个子阵，每个子阵发射功率为原发射总功率的 $1/M$。

应该指出的是，宽带分集的 MIMO 数字阵列雷达是相控阵雷达的一种工作模式。当雷达工作在目标跟踪或制导状态时，如果各子阵(或阵元) 发射波形相同，则系统即可切换为普通相控阵雷达工作模式。

2. 收发全分集 MIMO 原理

空间收发全分集 MIMO 雷达原理如图 6.61 所示。设目标距离为 R，发射天线共有 M 个阵元，

阵元间距为 d_t；接收天线共有 N 个阵元，接收天线阵元间距为 d_r，目标尺寸为 D。发射天线各阵元发射信号分别为 $s_1(t), s_2(t), \cdots, s_M(t)$，构成发射信号矢量为

$$\boldsymbol{s}(t) = [s_1(t), s_2(t), \cdots, s_M(t)]^{\mathrm{T}} \tag{6-16}$$

接收信号矢量为

$$\boldsymbol{y}(t) = [s_1(t), s_2(t), \cdots, s_M(t)]^{\mathrm{T}} \tag{6-17}$$

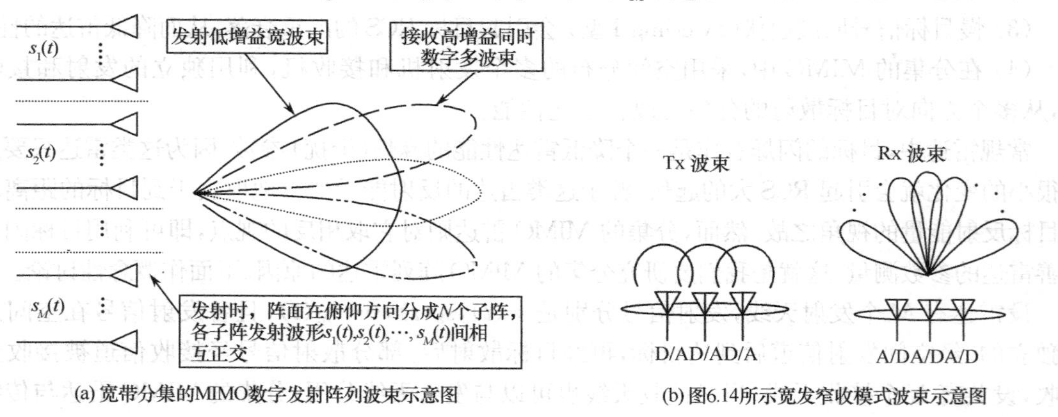

图 6.61　分集的 MIMO 数字阵列波束示意图

为使整个雷达系统能工作在 MIMO 状态，即各阵元信号独立，或信号具有大的角度扩展，阵元间距 d_t 或 d_r（统一用 d 表示）应满足如下约束条件

$$d \geqslant \lambda R/D \tag{6-18}$$

式中，λ 是雷达载波波长，R 是目标距离，D 是目标尺寸。设空间共有 Q 个目标（或散射单元），第 q 个目标相对第 m 个天线的方向角为 θ_{mq}，第 q 个目标相对于第一个目标的间距为 Δ_q，第 q 个目标的散射系数为 α_q，则发射矩阵 $\boldsymbol{A}$ 可表示为

$$\boldsymbol{A} = [\boldsymbol{a}_1, \boldsymbol{a}_2, \cdots, \boldsymbol{a}_M]^{\mathrm{T}} \in \boldsymbol{C}^{M\times Q} \tag{6-19}$$

式中，矢量 $\boldsymbol{a}_m$ 可表示为

$$\boldsymbol{a}_m = [1, \mathrm{e}^{-\mathrm{j}(2\pi\Delta_2/\lambda)\sin(\theta_{m2})}, \cdots, \mathrm{e}^{-\mathrm{j}(2\pi\Delta_Q/\lambda)\sin(\theta_{mQ})}]^{\mathrm{T}} \tag{6-20}$$

同理，接收矩阵 $\boldsymbol{B} \in \boldsymbol{C}^{Q\times N}$ 可表示为与式(6-17) 类似的形式。则接收信号可表示为

$$y(t) = \boldsymbol{H}^{\mathrm{T}}\boldsymbol{s}(t) + \boldsymbol{v}(t) \tag{6-21}$$

式中，$\boldsymbol{v}(t)$ 是 N 维接收噪声向量，$\boldsymbol{H}$ 是信道向量矩阵，可表示为

$$\boldsymbol{H} = \boldsymbol{A\Sigma B} \in \boldsymbol{C}^{M\times N} \tag{6-22}$$

式中，$\boldsymbol{\Sigma}$ 为目标散射对角阵，即 $\boldsymbol{\Sigma} = \mathrm{diag}[\alpha_1, \alpha_2, \cdots, \alpha_Q]$。

根据式(6-22) 接收的信号进行匹配滤波和处理，实现对目标的检测和参数估计，其中向量矩阵 $\boldsymbol{H}$ 的估计更为重要，采用正交发射信号是一种有效的估计方法。

这类MIMO雷达包含多种类型的雷达系统，如图6.62所示。雷达信号从发射机传播至目标、然后径目标反射回传至接收机的过程认为是信道传播。目标位置、速度和其他目标特征确定信道特征，并常用“信道矩阵”来描述。雷达的最终目的简化为对此矩阵的估计。

3. “统计 MIMO 雷达”的新颖性

通过平滑信号起伏来降低能量损耗在多年前就已经在雷达理论和实践中得到研究和解决。应用两种信号的“经典”探测特性说明了该问题的实质（见图 6.63）。曲线 1 为幅度固定的信号，曲线 2 为幅度起伏的信号（基于是瑞利概率分布）。可以看出，幅度起伏造成的能量损耗只在高探测概率时出现，并随着所需探测概率的增大而快速增加。

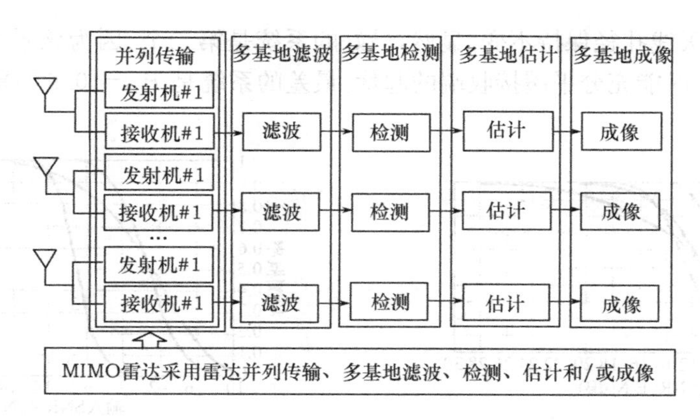

图 6.62　MIMO 雷达系统的定义

众所周知，对同一目标的非相关起伏信号进行非相参联合处理能平缓起伏。一种方法是对照射信号进行频率分集，另一种方法是对发射和/或接收天线进行空间分集，以便在不同方向观察目标。该方法是用多站点雷达系统（MSRS）实现的，该雷达系统也被称作多基地雷达、多站点雷达或组网雷达系统。

在文献[182]中，MSRS 的定义是"包含几个用于融合和联合处理所有传感器中每个目标信息的空间分置发射、接收和（或）收发设施的雷达系统。"根据此定义，"分集的 MIMO 雷达"只是 MSRS 的一个特例。

4. 检测特性

若将通信经验直接用于"分集的 MIMO 雷达"，试图采用多个天线来最大限度地平缓信号起伏，以得到更好的检测特性。然而，这种做法行不通。

图 6.64 示出了平缓起伏与起伏不相关的非相参联合处理信号数量 mn 之间的关系曲线[181]（当然，mn 为整数时增益值才有意义）。总的信号能量和总的天线孔径保持不变。可以看出，甚至在检测概率很高时，如果 mn 仅仅是 3…5，能量增益也将增大。mn 的进一步增大将引起饱和。

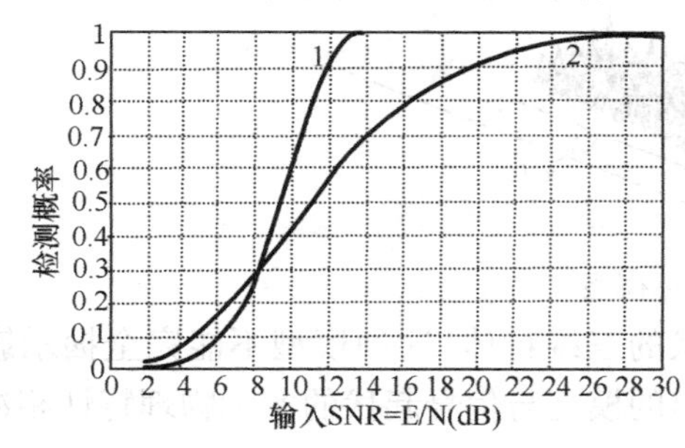

图 6.63　不起伏信号 1 与起伏信号 2 的检测特性

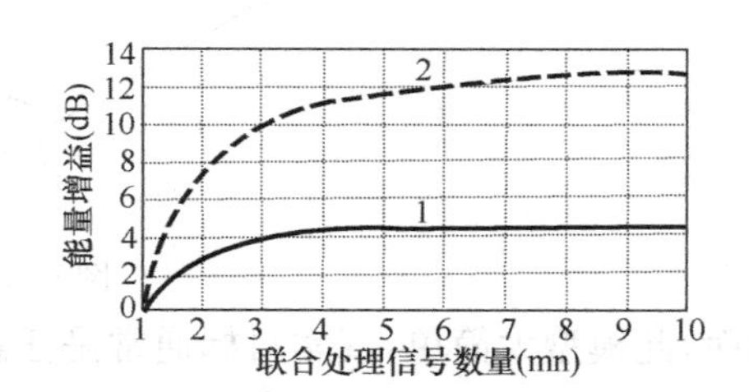

图 6.64　能量增益与不起伏非相参信号之和的关系曲线

1—$P_d = 0.9$；2—$P_d = 0.99$；3—$P_{fa} = 10-4$

该结论可用图 6.65 所示的检测特性加以说明，曲线 1 和曲线 2 重复图 6.63 中的曲线，曲线 3、曲线 4 和曲线 5 是信号数量 mn 为 3、10 和 30 时所进行的联合处理。根据上述特性，如果仅联合处理 3…4 这样的信号，那么联合处理就会产生有效的能量增益。因此，就检测性能而言，如果已有 3…4 个空间分集的接收天线，那么使用空间分集发射天线的 MIMO 雷达就完全不合适。进一步增加总的信号数量，能量增益只在高检测概率和低检测概率能量损耗时稍有增加，这在搜索模式下很典型。问题是：非相关起伏总信号的概率密度并不倾向于非起伏信号的概率密度。因此，此种情况下使用"分集的 MIMO 雷达"情况会更糟。

在跟踪模式下采用 4 个发射天线的 4 个接收天线的三种系统的检测特性示于图 6.66 中。总的发射能量和总的天线孔径保持不变。显然，最好的系统是第二个，因为该系统能有效综合目标的最大入射能量，同时能充分平缓接收端的起伏。最差的系统是 $P_d = 0.9$ 时能量损耗为 6dB 的 MIMO 雷达系统。

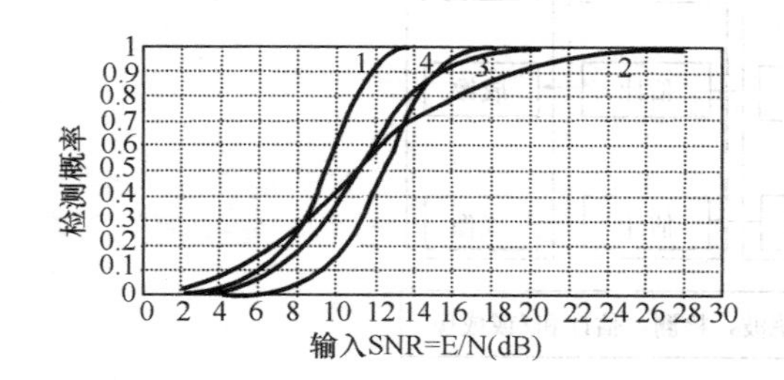

图 6.65　不相关起伏信号(3、4 和 5) 非相参信号之和分别为 3、10 和 30 时的检测特性。1 和 2 曲线与图 6.62 中的相同。$P_{fa} = 10^{-4}$

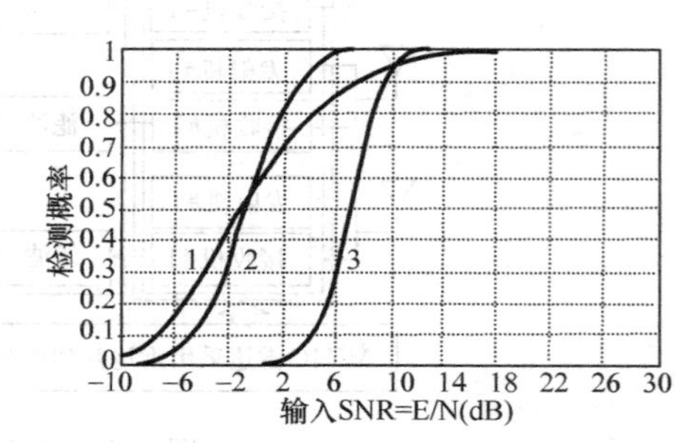

图 6.66　跟踪模式下采用 4 部发射天线和 4 部接收天线的检测特性

1. 相参发射与接收阵列(文献[182] 中的术语 SISO)；
2. 相参发射与多个接收阵列(文献[182] 中的术语 SIMO)；
3. 多个发射与接收阵列("分集的 MIMO 雷达")

5. 目标模型:非相关起伏

对于多站点雷达系统及其特例"分集的 MIMO 雷达"，解释接收天线输入端的非相关起伏信号是很重要的。参考文献[182] 的作者提出了一种目标模型，并推导出了相应的表达式。作者称他们将经典的 Swerling 信号起伏模型推广至空间分集观测。因此，他们认为此结果在雷达理论中起了重要作用。模型示于图 6.67 中。每个目标都被建模为随机散射体的两维矩形集合。

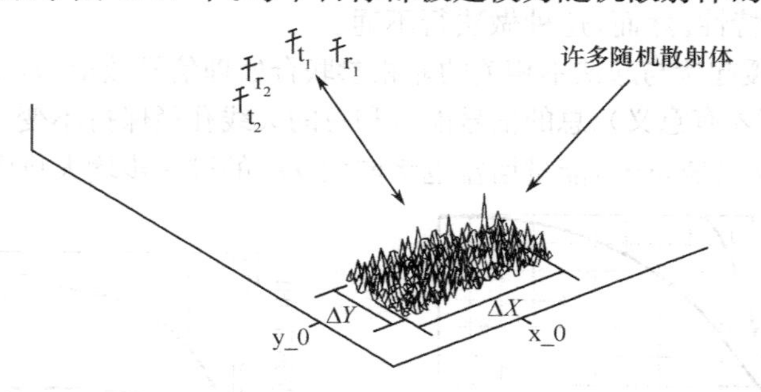

图 6.67　目标模型

然而，此模型太简单，真实目标通常是任意形状的三维特体。这种模型不能完全揭示影响真实目标信号空间相关的决定性参数。其次，作者提出的模型与信号起伏的实际物理特性相冲突。

事实上，雷达接收机端的信号起伏不是散射体的随机特性造成的。

目标上的小散射点不是随机的。如果目标尺寸远远大于照射信号的波长，那么各个散射点至雷达天线的距离差将大大超过波长。接收机输入端不同散射体的部分信号相位可能为任意值，所有部分信号之和就是随机的。即便真实目标围绕其质量中心有轻微的随机旋转，都会使距离发生大的改变(相比于波长)。因此，不同散射点处的部分信号的相位会发生剧烈变化。正是这种情况造成了总信号的幅度和相位起伏。

如果散射点数量很大，其信号强度近似相等，于是就有了众所周知的 Swerling 模型 1 和模型 2。

当然，在正式考虑接收信号时都认为这些信号是随机的，原因是散射点是随机的，相位随机的不同非随机散射点的信号之和是随机的。然而，每个模型都应尽可能接近建模物体的实际特性(不用大幅增加模型的复杂性)。尤其是文献中的模型不能说明目标静止或目标尺寸小于信号波长时信号无起伏的原因。

有关 MIMO 雷达详细的检测性能讨论,可参阅参考文献[175]、[176]。

6.8 基于子阵列发射阵列的 MIMO 阵列布阵优化研究[92]

MIMO 雷达的发射/接收阵列是凝视而不是扫描,阵列波束方向图较宽,这些都意味着该种雷达更适合搜索而不是跟踪;MIMO 系统通过凝视获得的相干增益可以在一定程度上补偿波束增益的损失;相干 MIMO 能产生较大的虚拟阵列,从而使天线的复杂性降至最小。

T. D. Graham 等提出了一种子阵级发射阵列的多输入多输出(MIMO)雷达。该雷达通过控制子阵的大小和数目,可优化雷达角度分辨率、灵敏度及计算复杂度。

6.8.1 简介

前面已提到,MIMO 雷达系统利用多个空间分离的发射相位中心增强系统性能。这些相位中心位于单个天线的不同位置或不同天线位置。

对于波束形成处理,各发射通道独立的 MIMO 雷达发射正交信号,生成比单个发射阵列更窄的波束宽度(更好的分辨率及角度估计精度)。该优势可用来表示产生比实际阵列更大的虚拟阵列。举一个简单的例子,如图 6.68 所示,假设阵元数为 5 的均匀线阵。#1 阵元和#5 阵元是发射子阵,接收阵列为#1 阵元和#5 阵元之外的其余阵列。因此,通过子阵相位中心位置与子阵内阵元位置可以得出虚拟阵列的长度为 9 个阵元。图 6.68 给出了发射子阵如何通过空间分集产生虚拟阵列。发射阵元数为 N 的最大虚拟阵元数为$(2N-1)$。

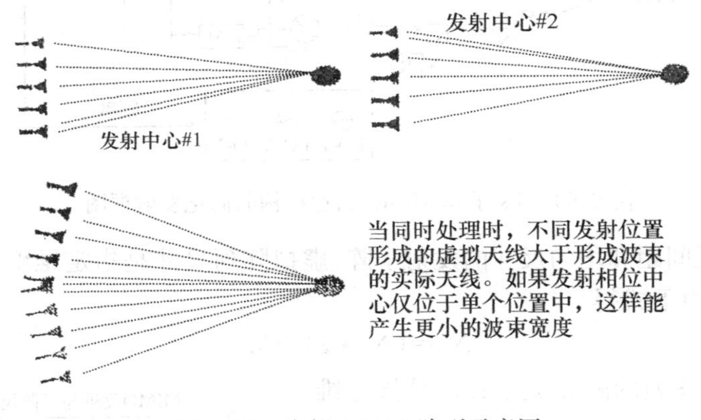

图 6.68 虚拟 MIMO 阵列示意图

MIMO 雷达为了在接收端分离出不同发射阵元的信号,要求发射信号为正交信号或非相参信号。实现正交性的方法包括时间、频率、脉内编码和多普勒编码。在此假设每个发射子阵发射脉内编码连续波形,其中所述的 MIMO 雷达结构和技术也同样适用于其他正交波形。

MIMO 雷达在理论方面的研究已超过 10 年,然而,由于信号处理、频谱、硬件以及其他条件的限制,系统实现性很少。假设 MIMO 雷达发射阵列为均匀线阵,每个阵元有接收通道。由于发射机是低增益全向辐射,因此需要更长的积累时间达到常规雷达的信噪比(长时间积累可提高多普勒分辨率)。

在功能雷达中实现 MIMO 技术需要之前有关 MIMO 雷达文献中的相关要求,以适应现有硬件技术、处理和谱可用性等限制。作为这些限制的示例,从典型空域搜索雷达的每个阵元传送编码波形要求同时发射正交波形,每个阵元的接收信号均需要进行滤波处理,这样能显著降低信号处理器的尺寸、重量、功率以及成本。虽然在处理器中完成时间一正交(比如从边缘阵元的乒乓发射)的影响更小,但通过位于边缘的辐射阵元发射明显更高的功率才能实现类似功率孔径产物,这样会在实现过程中存在一定困难。对于这两种场景,全向发射实际上会浪费角度空间部分的雷达能量,它们不是要求的那部分搜索空域(如果空域小于全向的)。此外,在检测有运动特征的目标时,长时间的相参积累不适用。比如,高距离变化率的目标在驻留时间内可能跨域多个距离门或多普勒单元,导致性能下降。有多种方法以增加计算为代价解决这个问题。

6.8.2 动态发射子阵结构

1. 动态 MIMO 雷达发射子阵结构

发射相位中心的空间分集形成虚拟阵列。发射阵列不要求每个阵元正交发射,子阵阵元可以作为单个发射机,其发射相位中心与其他子阵存在偏移。所有阵元接收每个子阵发射的波形并进行通道分离处理,便可形成虚拟阵列,实现 MIMO 的优势。

图 6.69 给出了发射子阵布阵的 MIMO 雷达结构的简化发射框图。对于指定雷达系统,最大子阵数量受到以下条件限制,如阵元数量、带宽、处理、功率和积累时间。

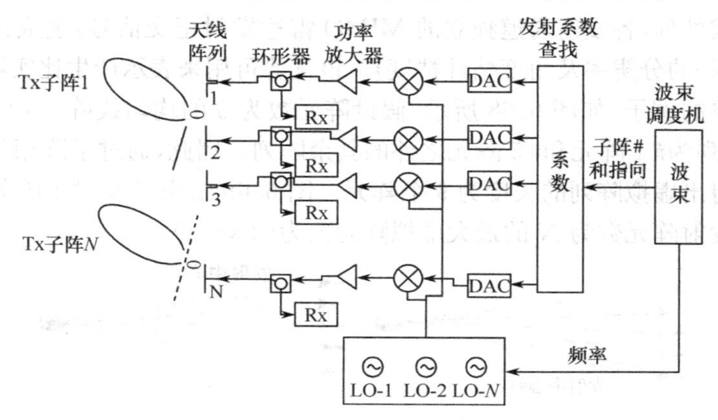

图 6.69 Tx 子阵 MIMO 雷达结构的简化发射框图

给定半波长阵元间距和均匀尺寸的发射子阵,虚拟阵列尺寸是指定维度阵元数量和每个子阵阵元数量的函数,由下式得

$$N_v = (N_t \cdot 2) - M \tag{6-23}$$

式中 N_v 是虚拟阵列的阵元数量;N_t 是指定维度的阵列尺寸;M 是每个子阵的阵元数量。N_v 与 N_t 之比是 MIMO 改善因子,表示最大波束宽度变窄。图 6.70 给出了 $N_t = 100$ 时整数因子为 100 的数据点。从图中可以看出,信号处理器复杂性随子阵的数量近似线性变化,这是由于接收信号积累之前必须对每个相位中心的信号进行通道分离,因此有两个子阵的系统会有接近两倍的处理负担。具体过程会进一步影响处理器复杂性。例如,若系统要求采用比常规结构更高的带宽实现波形分离,则要求更多的处理器实现高数据率处理,如图 6.70 所示的运行。

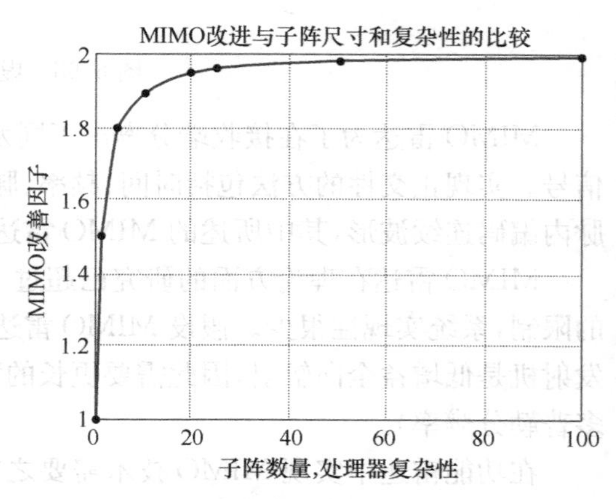

图 6.70 性能和处理器复杂性与 100 个阵元阵列的发射子阵尺寸的比较

图 6.70 给出用相对较少的子阵实现大部分的 MIMO 改善因子，由图可见，增多子阵数量，以及加大处理器复杂性，对 MIMO 改善因子并无多大改善。

2. 结构特性和影响

雷达天线的增益可近似为

$$G=\frac{4\pi \cdot A_e}{\lambda^2} \tag{6-24}$$

式中，G 是天线增益；A_e 是有效孔径；λ 是天线波长。则雷达系统第 i 个发射子阵的增益可表示为

$$G_i=\frac{4\pi \cdot M_x \cdot \mathrm{d}x \cdot M_y \cdot \mathrm{d}y \cdot \rho}{\lambda^2} \tag{6-25}$$

式中，M_x 是子阵 X 维度的阵元数量；M_y 是子阵 Y 维度的阵元数量；$\mathrm{d}x$ 是 X 维度的阵元间距；$\mathrm{d}y$ 是 Y 维度的阵元间距；ρ 是系统有效孔径。在不降低波束扫描效率的前提下，选择每个维度中的阵元数量进行任意排布，充分利用 MIMO 雷达系统的优势提高多普勒分辨率和角度准确性，使雷达有效地进行空域搜索。在这种结构中，需要同时接收多个波束，覆盖更大的发射搜索空域。

通过调整发射子阵的尺寸，可以动态调节雷达系统，将指定搜索扇形和接收角度分辨率的能量管理最优化。采用这种方法，发射子阵的数量以及布置可确定虚拟阵列的尺寸。应用空域搜索时，这种过程会产生相同的空域搜索检测特性（指定目标上特定 SNR 的距离、空域和更新率），并提高角度分辨率、多普勒分辨率以及精度。分辨率的改善是由于波束宽度变窄，会随虚拟阵列尺寸变化。准确性改善有多种情况：

- 波束宽度变窄会增加单脉冲灵敏度，（与单脉冲改进因子成比例）。
- 随机阵元相位和/或幅度误差导致阵列指向误差的下降。单个实际阵元在虚拟阵列上布置 N 次，其中 N 是发射子阵的数量。
- 由于平均多个发射子阵实际位置的影响（这样会改变实际目标与补充散射体之间双向路径长度），多路径感应的偏差会下降。

波束宽度下降对精度的影响是随后讨论的重点。

图 6.71 以一个四阵元为例，用以说明为何随机阵元相位的阵列指向误差和/或平均误差的幅度误差的下降。随机误差项将趋于平均在组合多个阵元的虚拟阵列中的那些位置。虚拟阵列在阵列中可产生更高的阵元密度，在旁瓣控制时利用幅度加权对阵列指向误差的影响更大。这种影响的相关详细分析以及计算加权的方法将在下面做进一步研究。

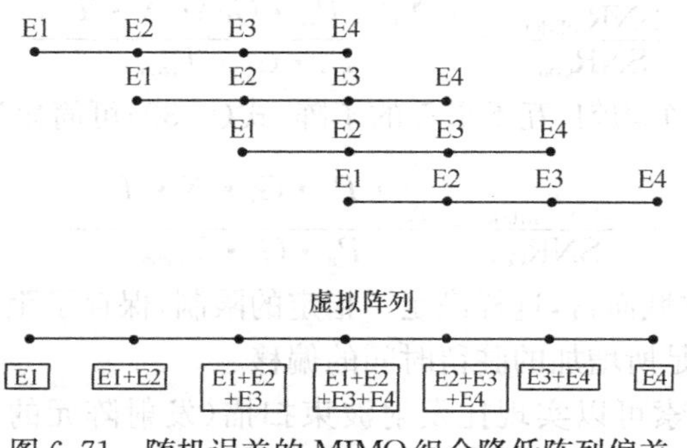

图 6.71　随机误差的 MIMO 组合降低阵列偏差

在此分析了减少多径误差的方法。通过改变直径路径和反射路径的总长度，发射相位中心和相关散射位置的物理多样性可减小多径组合和衰减的大幅摆动。图 6.72 和图 6.73 给出了这种情况。该现象也降低了多径感应的目标回波波动。通过调整发射相位中心位置可进一步描述该特性。

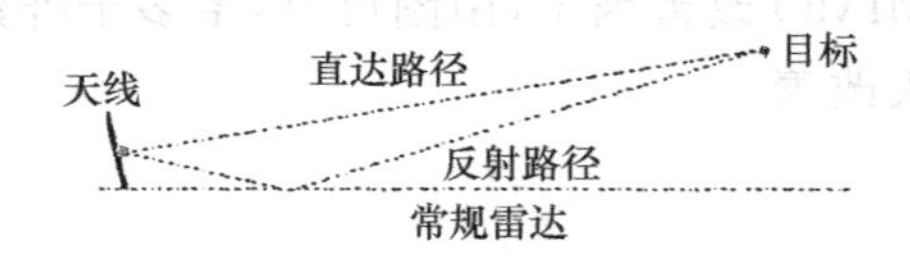

图 6.72　常规多路径反射

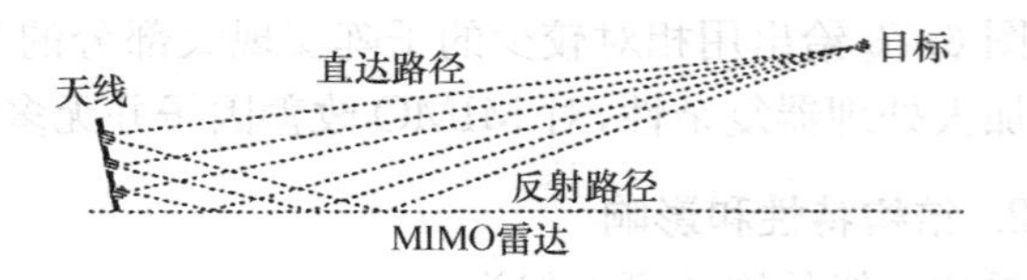

图 6.73　MIMO 多路径反射

3. 空域搜索的 SNR

从信噪比(SNR)角度看，满足以下条件时，MIMO 和单输入多输出(SIMO 或“常规雷达”)处理是等效的：

- 搜索区域大于等于 MIMO 雷达发射子阵固有的波束宽度；
- 与 MIMO 有关的长时间停留不会引起未提及的其他损耗(比如目标距离或多普勒走动模糊)。

常规雷达系统的信噪比可由雷达距离公式得到

$$\mathrm{SNR}=\frac{P_{\mathrm{av}}\cdot G_{\mathrm{t}}\cdot G_{\mathrm{r}}\cdot T_{i}\cdot\sigma\cdot\lambda^{2}}{(4\pi)^{3}R^{4}kT_{\mathrm{s}}L}\tag{6-26}$$

式中，P_{av}是平均功率；T_i 是积累时间；G_{t} 是发射增益；G_{r} 是接收增益；σ 是目标 RCS；λ 是波长；R 是目标距离；k 是玻尔兹曼常数；T_{s} 是系统噪声温度；L 是系统损耗。对于采用发射子阵的 MIMO雷达而言，考虑到子阵，则可将式(6-26)重新修改为

$$\mathrm{SNR}_{\mathrm{MIMO}}=\frac{\left(\sum_{i=1}^{x}P_{\mathrm{a}i}\cdot G_{\mathrm{t}i}\right)\cdot T_{i}\cdot G_{\mathrm{k}}\cdot\sigma\cdot\lambda^{2}}{(4\pi)^{3}R^{4}kT_{\mathrm{s}}L}\tag{6-27}$$

式中，i 表示第 i 个子阵；x 是子阵数量。因此雷达系统总发射功率和发射增益为各个子阵发射功率和增益之和。于是常规雷达的 SNR 和 MIMO 子阵的 SNR 之比为

$$\frac{\mathrm{SNR}_{\mathrm{MIMO}}}{\mathrm{SNR}_{\mathrm{Con}}}=\frac{\left(\sum_{i=1}^{x}P_{\mathrm{a}i}\cdot G_{\mathrm{t}i}\right)\cdot T_{i\,\mathrm{mimo}}}{P_{\mathrm{a}}\cdot G_{\mathrm{t}}\cdot T_{i\,\mathrm{con}}}\tag{6-28}$$

式中，下标 MIMO 表示 MIMO 雷达；Con 表示常规雷达。假设 MIMO 雷达子阵的波束宽度小于角度搜索范围，相对于 SIMO 而言，MIMO 所用的积累时间与子阵数量成正比。为了实现空域覆盖范围的波束扫描，MIMO 雷达的波束是常规雷达的波束的 X 倍。因此

$$T_{i\mathrm{mimo}}=X\cdot T_{i\mathrm{con}}\tag{6-29}$$

和

$$\frac{\mathrm{SNR}_{\mathrm{MIMO}}}{\mathrm{SNR}_{\mathrm{Con}}}=\frac{\left(\sum_{i=1}^{x}P_{\mathrm{a}i}\cdot G_{\mathrm{t}i}\right)\cdot X\cdot T_{i\mathrm{con}}}{P_{\mathrm{a}}\cdot G_{\mathrm{t}}\cdot T_{i\mathrm{con}}}\tag{6-30}$$

假设整个阵列分为 X 个均匀、互不重叠的子阵，式(6-30)可简化为

$$\frac{\mathrm{SNR}_{\mathrm{MIMO}}}{\mathrm{SNR}_{\mathrm{Con}}}=\frac{\frac{1}{X}\cdot P_{\mathrm{a}}\cdot G_{\mathrm{t}}\cdot X\cdot T_{i\,\mathrm{con}}}{P_{\mathrm{a}}\cdot G_{\mathrm{t}}\cdot T_{i\,\mathrm{con}}}\tag{6-31}$$

因此，对于指定搜索空域而言，这样满足了指定的限制，保存了距离、空域和更新率。有效辐射功率(ERP)的下降几乎是所增加的驻留时间的偏移。

MIMO 雷达全空域搜索可以实现比发射波束扫描(发射阵元的幅度和相位不形成发射波束)更有效的搜索功能。发射波束扫描常用于照射雷达指定方向辐射方向图以适合所要求的搜索空域和多普勒分辨率。但是，发射波束扫描功能比 MIMO 雷达的效果差，旁瓣位置会带来波束损耗。在 MIMO 发射子阵结构中，通过优化子阵中的阵元位置，实现全空域扫描，从而降低副瓣损耗。

本例给出于间隔均匀、互不重叠的发射子阵，该条件不是方案的限制条件。由于发射时相位中心间距较大，互不重叠的子阵角度分辨率具有很大优势。通过控制发射阵列相位中心位置，可以改变接收波束的宽度。阵元的准确数量和指定子阵的重叠量将取决于所要求的其他参数，比如辐射方向图旁瓣电平、接收权值以及系统的数字处理能力；与重叠子阵有关的复杂性的完整介绍不在此讨论范围之内。

4. 空域搜索精度

单脉冲雷达的角度估计精度可通过下式求出

$$\sigma=\frac{\theta}{k\sqrt{\mathrm{SNR}}} \tag{6-32}$$

式中，σ 是角度误差；θ 是半功率波束宽度；k 是单脉冲灵敏度因子，SNR 是信噪比。假设一个单脉冲灵敏度因子，角度误差随着波束宽度和检测 SNR 而变化。与式(6-23)所示虚拟阵列相同的波束宽度可由下式得出

$$\theta_{\mathrm{MIMO}}=\frac{N_{\mathrm{t}}\cdot\theta_{\mathrm{Con}}}{2N_{\mathrm{t}}-M} \tag{6-33}$$

每个子阵的阵元数量用 X 表示，可重新表示为

$$M=\frac{N_t}{X} \tag{6-34}$$

由于 SNR 是由式(6-34)得到的常数，因此单脉冲误差也减少到

$$\frac{\sigma_{\mathrm{MIMO}}}{\sigma_{\mathrm{Con}}}=\frac{N_{\mathrm{t}}}{2N_{\mathrm{t}}-M}=\frac{1}{2-\dfrac{1}{X}}=\frac{X}{2X-1} \tag{6-35}$$

这是式(6-31)所估算的 MIMO 改善因子的倒数。

5. 目标跟踪的 SNR

参考文献[90]详细介绍了 MIMO 雷达搜索和跟踪的性能差异。假设目标位置具有先验信息，通过提高最大 ERP(通过将发射和接收波束的增益最大化)和积累时间的目标的检测 SNR，可优化目标的估计精度。

采用指向目标方向的发射子阵 MIMO 设计会降低目标方向的 ERP。假设驻留时间恒定，MIMO 与常规(雷达)的 SNR 之比为

$$\frac{\mathrm{SNR}_{\mathrm{MIMO}}}{\mathrm{SNR}_{\mathrm{Con}}}=\frac{\dfrac{1}{X}\cdot P_{\mathrm{a}}\cdot G_{\mathrm{t}}\cdot T_{i\,\mathrm{con}}}{P_{\mathrm{a}}\cdot G_{\mathrm{t}}\cdot T_{i\,\mathrm{con}}}=\frac{1}{X} \tag{6-36}$$

由较低 ERP 造成的子阵数量会使信噪比更低。

(6) 跟踪精度

将波束宽度和 SNR 的公式代入式(6-32)，MIMO 角误差可以写为

$$\sigma_{\mathrm{MIMO}}=\frac{\dfrac{\theta_{\mathrm{Con}}\cdot N_{\mathrm{t}}}{\left(2N_{\mathrm{t}}-\dfrac{N_{\mathrm{t}}}{X}\right)}}{\sqrt{\dfrac{\mathrm{SNR}_{\mathrm{Con}}}{X}}} \tag{6-37}$$

当照射时间不变时，角度误差之比用子阵数量可表示为

$$\frac{\sigma_{\mathrm{MIMO}}}{\sigma_{\mathrm{Con}}}=\frac{\sqrt{X}}{\left(2-\dfrac{1}{X}\right)} \tag{6-38}$$

图 6.47 为 1～10 个子阵时的关系图。图中给出了在指定驻留时间内采用 $X=2$ 的子阵进行跟踪，由于波束宽度下降很小，跟踪提高较少(约 5%)。(忽略前面讨论的阵列误差和多路径偏差)。对于大量子阵而言，SNR 损耗占了误差项的大部分。

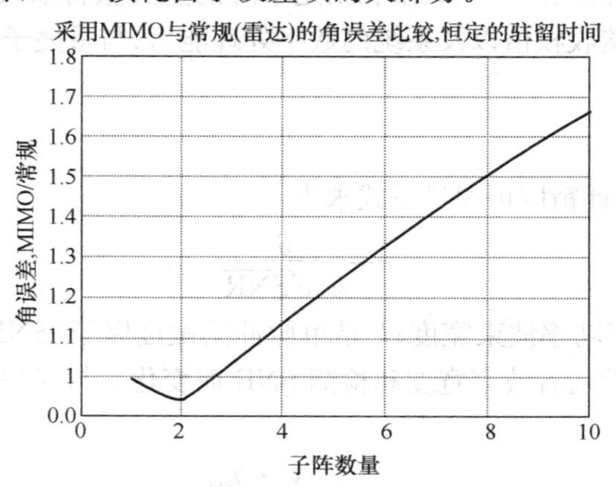

图 6.74 恒定驻留时间时，MIMO 和常规(雷达)的角度误差

如果驻留时间不受限，可以进一步提高跟踪性能。由于存在角误差，跟踪精度不会随着 SNR 无穷地增大而改善。在某个点上，与 SNR 无关的量化误差和其他误差源占了主要部分，提高 SNR 对性能改善无影响。图 6.75 表明了这种情况，图中给出最大值 SNR=30dB 时 4 个子阵 MIMO SNR 与积累时间的曲线图。所参照的驻留时间经归一化，常规处理可实现 30dB 的 SNR。这个 SNR 是任选的，根据雷达设计而不同。

图 6.76 给出了与图 6.75 有关的角误差曲线。该误差经归一化为常规情况下可获得的限制。MIMO 雷达进行长时间波束驻留，则随着最大 SNR(在该情况下为 30dB)的改善，有效波束宽度的估计精度提高越小。

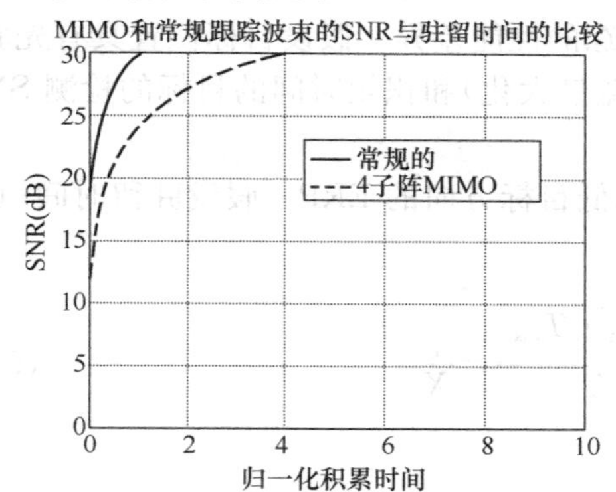

图 6.75 MIMO 和常规跟踪波束受限的 SNR 与驻留时间的比较

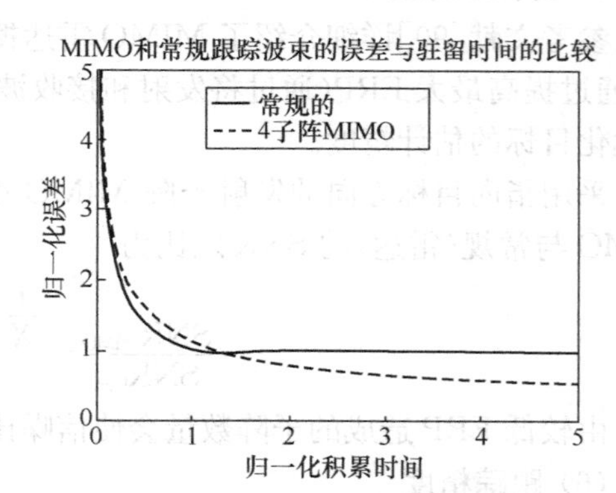

图 6.76 MIMO 和常规跟踪波束在长驻留时间时的角度误差

总之，采用发射子阵 MIMO 处理可以改善跟踪精度。这些情况受限子阵数为 $X=2$ 或允许长时间驻留的情况。如果在目标所处的角度中多路径是主要误差，那么如上所述，采用 MIMO 也可以改善跟踪精度。

3. 举例

假设雷达系统阵列为均匀线阵，阵元间距为半波长($0.5*\lambda$)。3dB 波束宽度接近 $102/N$，其中 N 是阵列中阵元数量。在这种情况下，每个子阵所需阵元数量用 $102/Y$ 计算，其中 Y 是要求的角度覆盖范围。例如，雷达阵列有 20 个阵元，需要搜索 10°角度范围，那么每个子阵的尺寸 102/10≈10 阵元为最佳。这样产生如图 6.77（发射）和图 6.78（接收）所示的能量管理方案，接近 10°的搜索范围且 $2\times N-M=2\times 20-10=30$ 阵元的虚拟阵列。图中给出了多个接收波束。

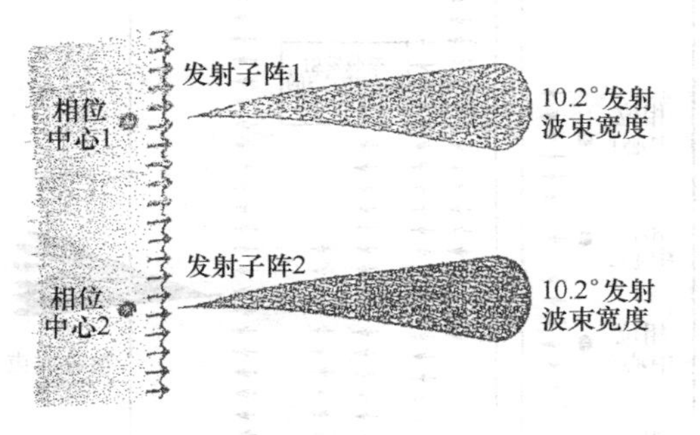

图 6.77　$N=20$ 阵元和 $M=10$ 子阵阵元的发射子阵

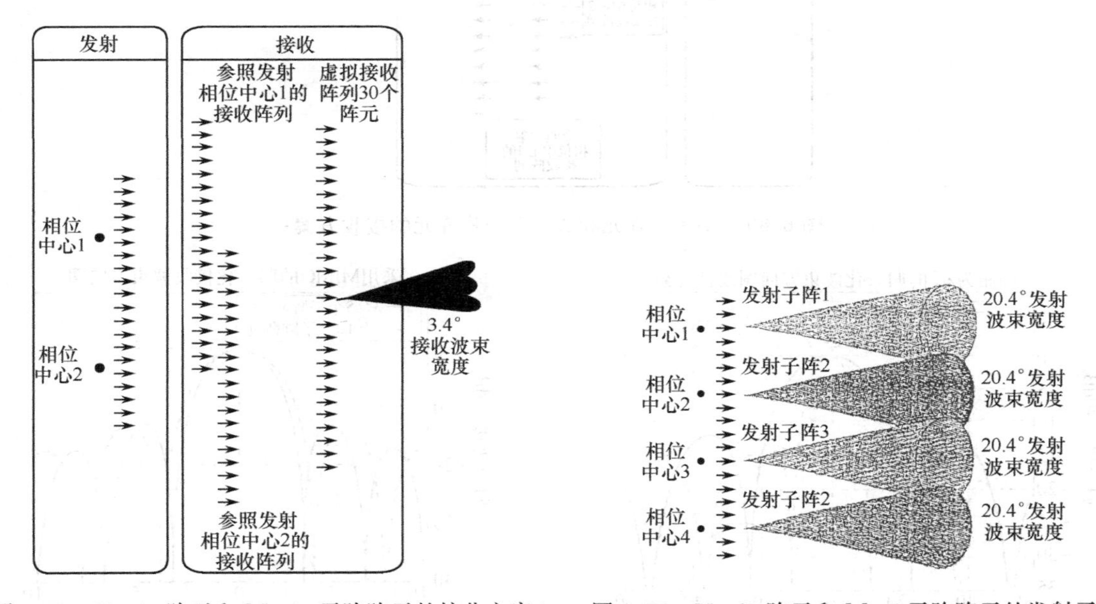

图 6.78　$N=20$ 阵元和 $M=10$ 子阵阵元的接收方案

图 6.79　$N=20$ 阵元和 $M=5$ 子阵阵元的发射子阵

类似地，图 6.79 和图 6.80 给出角度范围为 20°的发射和接收阵列。图 6.81 示出了两种情况下的发射波束图形。

图 6.82 给出了两种情况下的接收波束方向图。图 6.82 中，当 $M=5$ 时，虚拟孔径增大，所以波束宽度变窄。在这种情况下，MIMO 雷达联合处理中的加权可忽略不计。虚拟阵列中心阵元的回波经多次计数（见图 6.80），能有效地在孔径进行步进三角加权。

综上所述，在现有技术、频谱和应用的局限性的基础上，探讨这种具有处理性能优势的 MIMO雷达结构。MIMO 雷达结构通过动态选择发射子阵尺寸可有效地扩大搜索空域，与常规雷达相比，能有效改善角度估计精度和分辨率。在受限情况下，还可改善目标跟踪精度。

此外，在参考文献[95]中，Dr. Eli Brookner 提出由密布发射阵列和稀布接收阵列组成的 MIMO 阵列雷达系统能够提供比传统阵列高一个甚至几个数量级的测角精度、分辨率和目标识别性能，即分辨和识别目标的能力，值得关注。

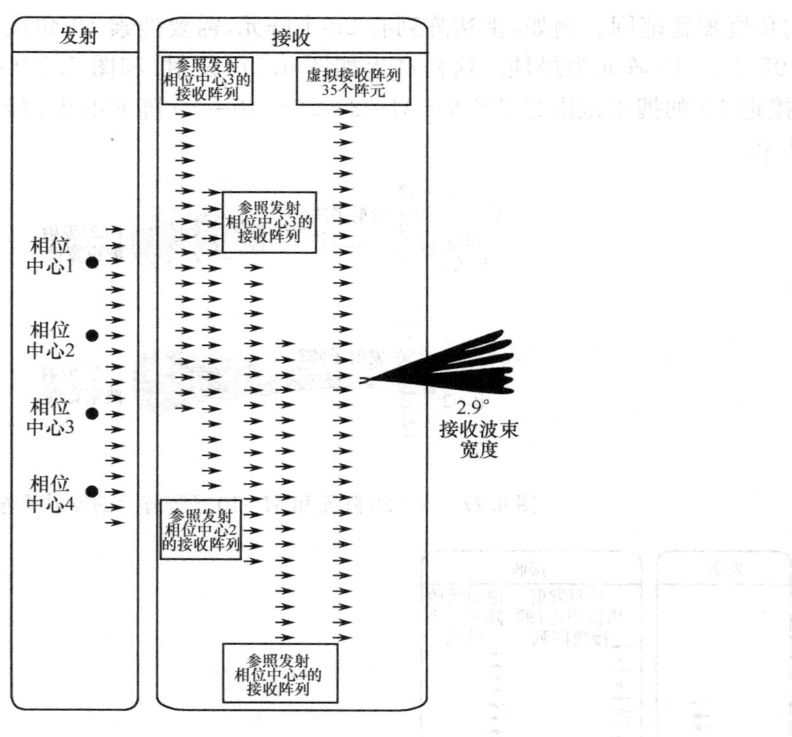

图 6.80　$N=20$ 阵元和 $M=5$ 子阵阵元的接收方案

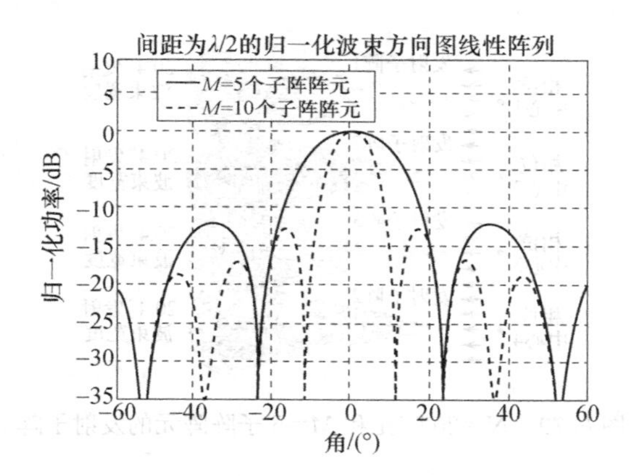

图 6.81　$N=20$ 阵元阵列的 $M=10$ 和 $M=5$ 阵元子阵的发射波束图形

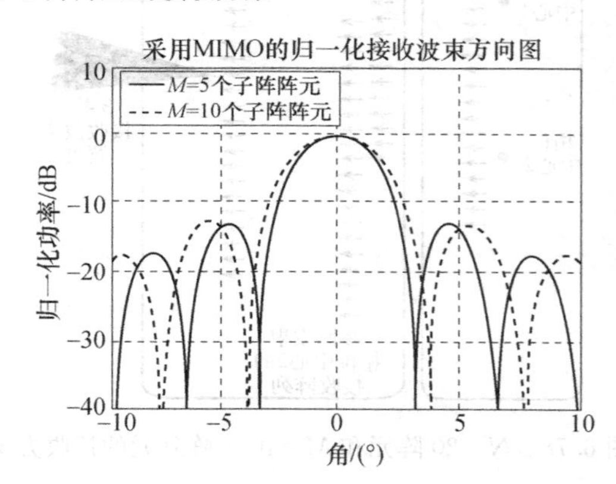

图 6.82　$N=20$ 阵元阵列且 $M=10$ 和 $M=5$ 阵元子阵时接收 MIMO 未加权波束方向图

最后应该指出，虽然 MIMO 雷达相比相控阵雷达有独特的优势，但目前急需提高 MIMO 雷达的动态范围和任意波形发生器性能；还需要采用各种传输结构来提高 MIMO 技术；同时还要求采取措施减小角度估计误差。

第7章　脉冲压缩雷达

7.1　概　　述[1,11]

正如表7.1所列雷达的窄脉冲高距离分辨力能力表所表明的那样，用窄脉冲可以获得的高距离分辨力，这对于许多雷达应用来说是重要的。不过，窄脉冲的应用也有局限性。由于脉冲的频谱带宽与脉宽成反比，因此，窄脉冲的带宽很大，而大带宽会提高系统的复杂性，对信号处理提出更高的要求，增加了对来自电磁频谱的其他用户干扰的可能性。另一种限制是在一些高分辨率雷达中，常规显示器所具有的有限分辨单元数可能导致相邻回波信号显示时重叠；如果检测决策是由操作员确定的，则会导致折叠损失。大带宽也意味着接收机的动态范围较小，因为接收机的噪声功率与带宽成正比。而且，用窄脉冲波形测到的径向速度精度比用多普勒频移所测到的低。尽管有这些局限性，但人们还是采用它，因为它提供了一些重要的能力。

表7.1　窄脉冲高距离分辨力雷达的能力[1]

距离分辨力	通常在距离上比在角度上更容易分离(分辨)多个目标
距离精度	具有良好分辨力的雷达同样具有良好的距离精度
杂波衰减	通过减少与目标回波信号相竞争的分布式杂波量可以提高目标—杂波比
杂波内可见度	对一些“片状”类陆地和海杂波，高分辨力雷达可在杂波片间的清晰区域中检测运动目标
闪烁衰减	当采用高分辨力隔离(分辨)构成目标的各个散射体时，可以减少由多个散射体组成的复杂目标所引入的角度和距离跟踪误差
多路径分辨力	距离分辨力可将所希望的目标回波从经由较长路径传播或多路径散射而到达的雷达回波中分离出来
多路径测高	当高距离分辨力能将由于地球表面对雷达能量的散射而引起的多路径与直接路径相区分时，就可确定目标高度而无需对仰角直接进行测量
目标分类	在有些情况下，目标的距离或径向剖面可以测量目标的径向尺寸，从目标的距离剖面，人们可以根据尺寸和特征性的剖面将一种目标与另一种目标区分开来，特别是可以得到横向距离剖面的话更是如此
多普勒容错	采用窄脉冲波形时，运动目标的多普勒频移与接收机带宽相比显得较小；因而只需单个匹配滤波器检测，而不需要采用匹配滤波器组，且将每个滤波器调谐到一个不同的多普勒频移
最小作用距离	窄脉冲可以使雷达以最短小的距离工作。它也可以减小高脉冲重复频率雷达的盲区(重叠)

我们知道，雷达的距离分辨力取决于信号带宽。在普通脉冲雷达中，雷达信号的时宽带宽积为一常量(约为1)，因此不能兼顾距离分辨力和速度分辨力两项指标。

近年来，从改进雷达体制方面来扩大作用距离和提高距离分辨力方面已有很大进展。这种体制就是脉冲压缩(PC)雷达体制，它采用宽脉冲发射以提高发射的平均功率，保证足够的最大作用距离，而在接收时则采用相应的脉冲压缩法获得窄脉冲，以提高距离分辨力，因而能较好地解决作用距离和分辨能力之间的矛盾。

常规脉冲雷达的距离分辨力为

$$\delta_r = c/2B \tag{7-1}$$

式中，c为光速；$B=\Delta f$为发射波形带宽。

对于简单的(未编码)脉冲雷达，$B=\Delta f=1/\tau$，此处τ为发射脉冲宽度。因此，对于简单的脉

冲系统，分辨力为

$$\delta_r = c\tau/2 \tag{7-2}$$

脉冲压缩常用于高功率雷达中，因为采用窄脉冲实现远作用距离存在一个严重局限性，因大脉冲能量要有高峰值功率。特别在高频时，由于波导尺寸小，高峰值功率雷达的传输线会被电压击穿。如果峰值功率受到击穿的限制，则脉冲可能不会有足够的能量。例如，考虑一部较常规雷达，它的脉冲宽度为 $1\mu s$，峰值功率为 1MW，这些参数在中程空中监视雷达中就有。在这个例子里，包含在单个脉冲中的能量需 1J(焦耳)(每个脉冲的能量和累积的脉冲数决定了一个目标的可检测性)。

一个 $1\mu s$ 的脉冲具有 150m 的距离分辨力，如果想要 15cm(ft/s)[①] 的分辨力，脉冲宽度必须减小到 1ns 且峰值功率增加到 10^9 W，这样才能维持 1J 的脉冲能量。这是一个大得非同寻常的峰值功率，在微波雷达频段常用的传输线上传输时不被击穿是不可能的。

与地基雷达相比，机载雷达能够经受的击穿电压更低，因而可优选脉冲压缩。脉冲压缩几乎总是用于固态发射机的高功率雷达中，因为固态器件不像真空管，它必须用高占空因子、低峰值功率和比通常脉冲宽度宽得多的脉冲工作。脉冲压缩也应用于 SAR 和 ISAR 成像系统中，以获得可与横向距离分辨力相比的距离分辨力。

表 7.2 列出了雷达的若干应用及其相应的典型脉宽值。显然，对于某些雷达考虑到发射平均功率等因素，宜采用脉冲压缩技术，才能同时满足作用距离和距离分辨力的要求。在脉冲压缩系统中，发射波形往往在相位上或频率上进行调制，接收时将回波信号加以压缩，使其等效带宽 B_e(或用 Δf_e 表示) 满足 $B_e = \Delta f_e \gg 1/\tau$。令 $\tau_e = 1/B_e$，则式(7-1) 变成

$$\delta_r = c\tau_e/2 \tag{7-3}$$

表 7.2　不同雷达应用的典型脉冲宽度

雷达类型	距离 /km	脉冲宽度 /μs	分辨力 /m
空中交通管制 远程监视	100 ~ 300	1	200
近程监视	40	0.4	50
目标截获	20	0.1 ~ 0.2	20
跟踪	10 ~ 20	0.050	10
高分辨力搜索	10	0.020	4

式中，τ_e 表示经脉冲压缩后的有效宽度。因此，脉冲压缩雷达可用宽度 τ 的发射脉冲来获得相当于发射脉冲有效宽度为 τ_e 的简单脉冲系统的距离分辨力。发射脉冲宽度 τ 与系统有效(经压缩的) 脉冲宽度 τ_e 的比值便称为脉冲压缩比，即

$$D = \tau/\tau_e \tag{7-4}$$

因为 $\tau_e = 1/B_e$，所以式(7-4) 可写成

$$D = \tau B_e (\text{或写成 } \tau\Delta f_e) \tag{7-5}$$

即压缩比等于信号的时宽 — 带宽积。在许多应用场合，脉冲压缩系统常用其时宽 — 带宽积表征。近年来，从改进雷达体制方面来扩大作用距离和提高距离分辨力方面已有很多进展。窄脉冲具有宽频谱带宽。如果对宽脉冲进行频率或相位调制，那么它就可以具有和窄脉冲相同的带宽(幅度调制也可以增加宽脉冲的带宽，但雷达中很少采用，因为它会导致发射机的效率降低)。调制后的脉冲带宽增加了，假如增加的等效带宽为 B_e，则通过接收机的匹配滤波器压缩后，带宽变

① ft:英制长度单位、英尺的缩写，1ft = 12in，1in = 25.4mm，1ft = 304.mm。

成 $1/B_e$，这个过程叫脉冲压缩。

我们知道，匹配滤波器的输出为接收信号加噪声和发射信号复制品两者间的互相关。当信号噪声比很大时，匹配滤波器的输出通常可以用发射信号的自相关函数来近似表示，也即忽略了噪声。这种假设没有考虑目标回波信号的多普勒频移，从而认为接收到的回波信号和发射信号的频率相同。然而，在实际雷达应用中目标是移动的，使得其回波信号有一个多普勒频移。因而，匹配滤波器的输出不再是发射信号的自相关函数，而必须将它考虑成具有多普勒频移的接收信号和发射信号间的互相关。

一个理想的脉冲压缩系统，应该是一个匹配滤波系统（对于数字系统则为相关器）。它要求发射信号具有非线性的相位谱，并使其包络接近矩形；要求压缩网络的频率特性（包括幅频特性和相频特性）与发射脉冲信号频谱（包括幅度谱与相位谱）实现完全的匹配。图 7.1 示出理想线性调频信号的脉冲压缩系统示意图。在这类理想脉冲压缩系统模型中，我们假定在电波传播和目标反射过程中，以及在微波通道、收发天线和压缩网络前的接收通道传输过程中，信号没有失真，而且增益为 1。因此，接收机压缩网络输入端的目标回波脉冲信号就是发射脉冲信号，其包络宽度为 τ，频谱为

$$U_i(\omega) = |U_i(\omega)|\ e^{j\varphi_i(\omega)}$$

压缩网络的频率特性为 $H(\omega)$，根据匹配条件应满足下式：

$$H(\omega) = K\ |U_i(\omega)|\ e^{-j\varphi_i(\omega)} e^{-j2\pi f t_{d_0}} \tag{7-6}$$

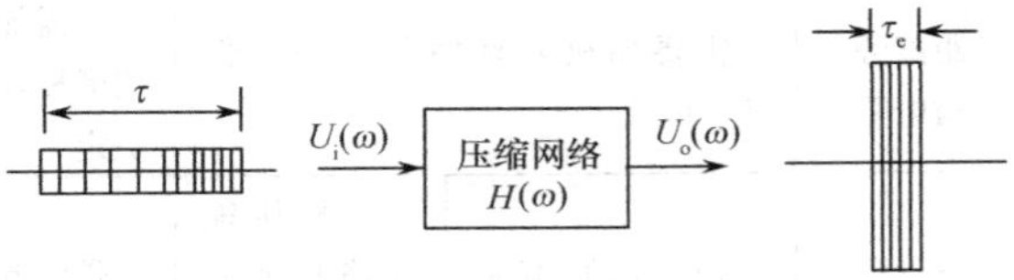

图 7.1　理想线性调频信号的脉冲压缩系统示意图

式中，K 为比例常数，使幅频特性归一化，t_{d_0} 为压缩网络的固定延时。经压缩后输出信号包络宽度被压缩成 τ_e，峰值提高了。脉冲压缩的输出表达式为

$$U_o(\omega) = U_i(\omega)H(\omega) = K\ |U_i(\omega)|^2 e^{-j2\pi f t_{d_0}} \tag{7-7}$$

根据上面讨论，我们可以归纳出实现脉冲压缩的条件如下：

(1) 发射脉冲必须具有非线性的相位谱，或者说，必须使其脉冲宽度与有效频谱宽度的乘积远大于 1。

(2) 接收机中必须具有一个压缩网络，其相频特性应与发射信号实现“相位共轭匹配”，即相位色散绝对值相同而符号相反，以消除输入回波信号的相位色散。

第一个条件说明发射信号具有非线性的相位谱，提供了能被“压缩”的可能性，它是实现“压缩”的前提；第二个条件说明压缩网络与发射信号实现“相位共轭匹配”是实现压缩的必要条件。只有两者结合起来，才能构成实现脉冲压缩的充要条件。

必须指出：这是一种理想情况，在实际实现时往往不可能得到完全的匹配，迫使系统工作在一定程度的“失配”状态下。

是否选用脉冲压缩系统取决于所选的波形及其产生和处理的方法。而影响是否选择某种特定波形的主要因素通常是雷达的作用距离、多普勒频率范围、距离和多普勒旁瓣电平、波形灵活性、干扰抑制性能和信噪比（SNR）等。根据产生和处理信号所使用的是有源还是无源技术，脉冲压缩的实现方法可分成两大类，即有源法和无源法。

有源法是指对载波进行相位或频率调制，得到信号波形，但实际上它并没有进行时间展宽。载波的数字相位控制就是一个例子。无源法则是用窄脉冲激励某种器件或网络来获取时间展宽的编码脉冲。由声表面波（SAW）延迟器件组成的展宽网络就是一个例子。有源法信号处理是将延迟后的发射脉冲样本与接收信号混频，是一种相关处理法。无源法的处理则是使用与展宽网络

共轭的压缩网络处理接收信号，是一种匹配滤波法。尽管在一个雷达系统中可同时使用有源和无源技术，但是大多数系统的信号产生和处理都采用同一种方法。如基于无源技术的脉压雷达系统同时采用无源信号产生和无源信号处理。

常见脉冲压缩系统的性能摘要见表 7.3。系统性能比较的前提是假设目标信息是通过处理单个波形来提取的，这与多脉冲处理不同。符号 B 和 τ 分别代表发射波形的带宽和时宽。脉冲压缩提高了距离分辨力，因而具有更好的杂波抑制性能。在多普勒频移不太大的应用中，距离分辨力是发现杂波中目标的主要手段。

表 7.3　不同脉冲压缩实现方法的性能摘要

	线性调频		非线性调频		相位编码	
	有　源	无　源	有　源	无　源	有　源	无　源
作用距离范围	每个有源相关处理器有限的距离范围	整个距离范围	每个有源相关处理器有限的距离范围	整个距离范围	每个有源相关处理器有限的距离范围	整个距离范围
多普勒频率范围	多普勒频率范围达 $\pm B/10$，但引入了距离误差。多普勒频移大时，信噪比、时间旁瓣性能差		需要间隔 $(1/\tau)$Hz 的多路多普勒信道		需要间隔 $(1/\tau)$Hz 的多路多普勒信道	
距离旁瓣电平	需要加权处理使距离旁瓣低于 $\sin x/x$		不需加权处理就可获得低距离旁瓣，距离旁瓣由波形的设计决定		低距离旁瓣，N 位编码的旁瓣为 $N^{-1/2}$	
波形灵活性	带宽和脉宽是可变的	每种压缩网络只能有一个带宽和脉宽	带宽和脉宽是可变的	每种压缩网络只能有一个带宽和脉宽	带宽、脉宽和编码是可变的	
干扰抑制性能	杂波抑制性能差		杂波抑制性能好		杂波抑制性能好	
信噪比	由于加权和随距离产生的波动损失而降低	由于加权而降低	由于随距离产生的波动损失而降低	无 SNR 损失	由于波动损失而随距离降低	无 SNR 损失
注释	(1) 随着高速数字器件的出现流行；(2) 可获得极宽的带宽	(1) 过去被广泛使用；(2) 技术相当成熟	(1) 应用有限；(2) 流行采用数字波形产生方法	(1) 应用有限；(2) 发展很有限	(1) 应用广泛；(2) 波形很容易产生	(1) 应用有限；(2) 波形的产生有中等的困难

由于篇幅有限，本章仅讨论有源法。

脉冲压缩可以有多种调制技术来提供宽带连续波发射波形，脉冲压缩（宽带）连续波调制技术包括：

(1) 线性、非线性频率调制；

(2) 相位调制（相移键控 PSK）；

(3) 频率跳变（频移键控 FSK）、Costas 阵列；

(4) 相位调制与频率跳变组合（PSK/FSK）；

(5) 噪声调制。

在此主要介绍常用的脉冲压缩技术：线性调频脉冲（chirp）和二进制相位编码。

表 7.4 给出了一些能够实现脉压的波形实例。

就脉冲压缩系统形式而言，有全模拟式脉冲压缩系统、数模相结合式脉冲压缩系统和全数字式脉冲压缩系统。图 7.2(a) 和(b) 分别示出两种典型的脉冲压缩系统信号处理框图。

表 7.4　能够实现脉压的波形实例

调制类型	带　宽	被压缩的脉宽
伪随机二进制序列	码率(比特率)	(码率)$^{-1}$
线性调频扫描从 f_1 到 f_2	$\lvert f_1-f_2\rvert$	$\lvert f_1-f_2\rvert^{-1}$
非线性调频扫描从 f_1 到 f_2	$\lvert f_1-f_2\rvert$	$\lvert f_1-f_2\rvert^{-1}$
噪声(带宽 $=B$)	B	B^{-1}

有两种方法可以描述脉冲压缩雷达的性能，一种是根据模糊函数，分析接收时调制过的宽脉冲信号是通过匹配滤波器输出的时间和多普勒频率的函数，它对于理解雷达波形特征，特别是对分析测量精度、目标分辨力、距离和径向速度以及杂波响应等的影响很重要。这些内容随后将提及，详细分析在"信号检测和估计"课程中将着重介绍；另一种方法是下面将要介绍的线性调频脉冲压缩，它是在模糊函数这一概念之前提出的。

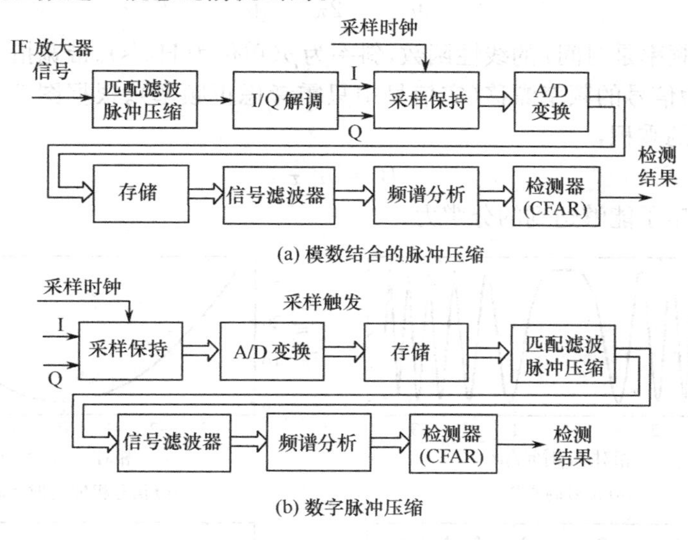

图 7.2　典型脉冲压缩系统信号处理的原理框图

下面我们主要讨论线性调频和相位编码两类信号，以及它们的模拟和数字脉冲压缩系统和频谱特性。

7.2　线性调频脉冲压缩[11]

7.2.1　线性调频脉冲压缩的基本原理

图 7.3 示出一种常规线性调频脉冲雷达框图，图中除了发射机是调频的且接收机里有一个脉冲压缩滤波器(与匹配滤波器相同) 外，该框图与常规雷达的框图相似。不过，目前更通常的是产生低功率的调频波形并由功率放大器进行功率放大，而不是像图中所示的对功率振荡器进行频率调制。

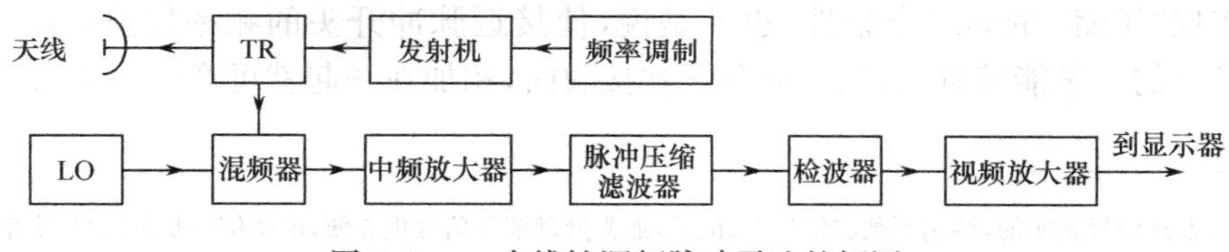

图 7.3　一个线性调频脉冲雷达的框图

在时域中，一个理想线性调频信号或脉冲的持续时间为 τ（单位为 s），振幅为常量，中心频率为 f_0（单位为 Hz），相位 $\theta(t)$ 随时间按一定规律变化。物理探测系统经常发射这种形式的脉冲。由于频率的线性调制，相位是时间的二次函数。当 f_0 为 0 时，信号的复数形式为 ①

$$s(t)=\text{rect}(t/\tau)\exp\{\text{j}\pi\mu t^2\} \tag{7-8}$$

式中，t 是时间变量（单位为秒），μ 是线性调频率（单位为 Hz/s）。图 7.4 给出了 $f_0=0$ 时的一个复线性调频信号示例。实部和虚部都为时间的振荡函数，振荡频率随着远离时间原点而逐渐增大。

从图 7.4(d) 的时频关系中可以看出信号被称为线性调频（或 μ 被称为线性调频率）的缘由。脉冲相位由式(7-8) 中指数项的辐角给出

$$\varphi(t)=\pi\mu t^2 \tag{7-9}$$

单位为 rad。如图 7.4(c) 所示，其为时间的二次函数。对时间取微分后的瞬时频率为

$$f=\frac{1}{2\pi}\frac{\text{d}\varphi(t)}{\text{d}t}=\frac{1}{2\pi}\frac{\text{d}(\pi\mu t^2)}{\text{d}t}=\mu t \tag{7-10}$$

单位为 Hz。这说明频率是时间 t 的线性函数，斜率为 μ（单位为 Hz/s）。带宽指主要 chirp 能量占据的频率范围，或者为信号的频率漂移（实信号中只需考虑正频率）。根据图 7.4(d)，带宽是 chirp 斜率及其持续时间的乘积，

$$B=|\mu|\,\tau \tag{7-11}$$

单位为 Hz。带宽决定了能够达到的分辨力。

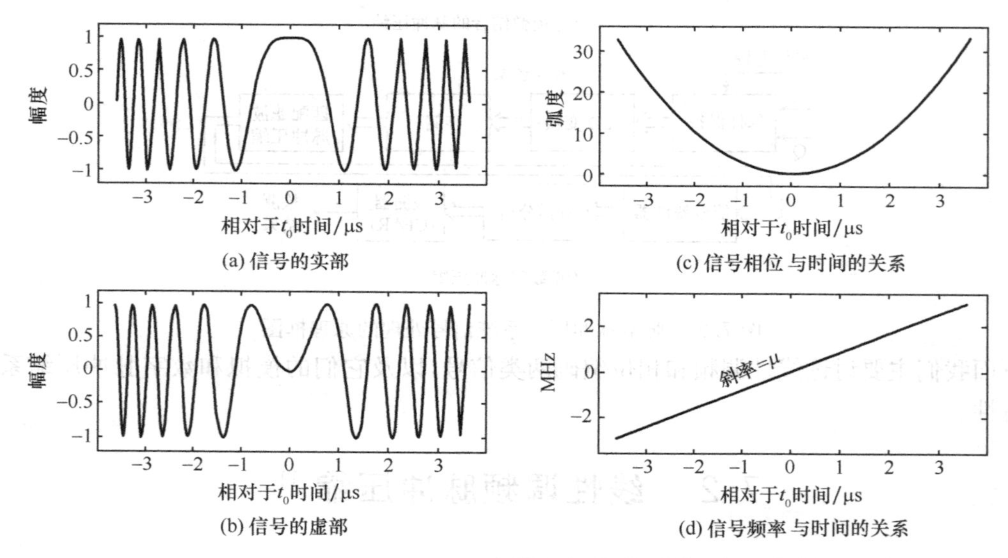

图 7.4　线性调频脉冲的相位和频率。为了清楚地观察(a) 和 (b) 信号的幅度结构，进行了 5 倍的过采样

由图 7.4(c) 可知，线性调频脉冲发射信号具有抛物线式的非线性相位谱，且 $B\tau\gg1$，具备了实现脉冲压缩的第一个条件。为了实现压缩，必须在接收机中设置一个与发射信号“相位共轭匹配”的压缩网络，即相位色散绝对值相同，符号相反；在频率时间特性上则为调频斜率相同，方向相反。满足实现“压缩”的第二个条件。也就是说，使接近脉冲开头的频率发量在滤波器中被延迟，使最后发射的分量能够赶上。当所有分量被接收时，相加在一起就可产生一个大的输出。

① 实际上，发送信号是实的，调制到载波信号上。但是，通常处理解调信号更方便，解调信号是复信号。实信号与复信号的该方面的性质相同，包括非零中心频率 f_0 的影响。

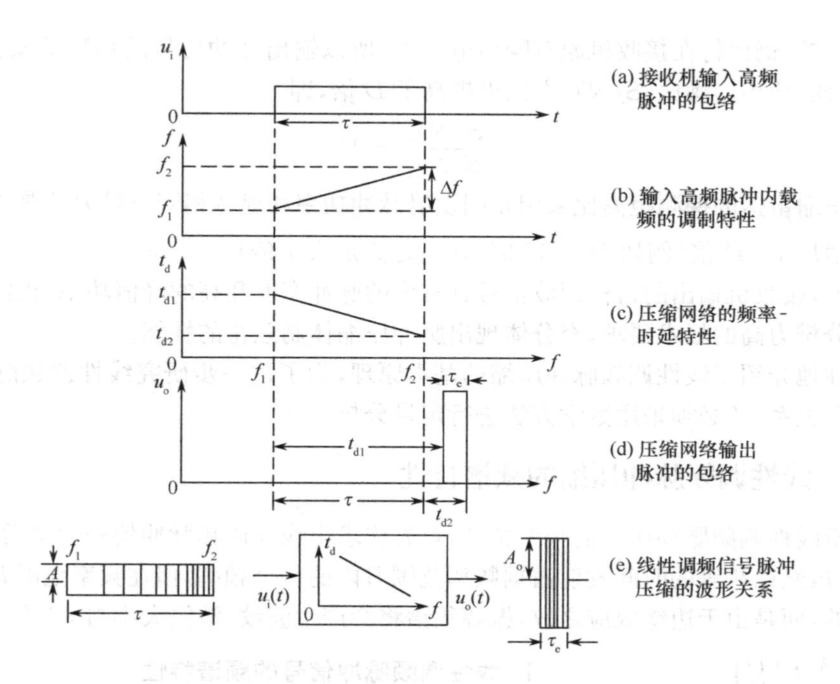

图 7.5　线性调频脉冲压缩的基本原理示意图

线性调频脉冲(简称 chirp)压缩的基本原理如图 7.5 所示。图 7.5(a)、(b) 表示接收机输入信号，脉冲宽度为 τ，载频由 f_1 到 f_2 线性增长变化，调制频偏 $\Delta f = f_2 - f_1$，调制斜率 $\mu = 2\pi\Delta f/\tau$。图 7.5(c) 为压缩网络的频率 — 时延特性，它与信号共轭匹配的传输特性曲线相对应，其时延特性按线性变化，但为负斜率，与信号的线性调频斜率相反，高频分量延时短，低频分量延时长。因此，线性调频信号低频分量(f_1) 最先进入网络，延时最长为 t_{d1}，相隔脉冲宽度 τ 时间的高端频率分量(f_2)，最后进入网络，延时最短(t_{d2})。这样，线性调频信号的不同频率分量，几乎同相($\varphi = \omega_1 t_{d_1} = \omega_1 t_{d_1} = \omega_i t_{d_i} = \cdots$) 从网络输出，压缩成单一载频的窄脉冲 τ_e，其理想输出信号包络如图 7.5(d) 所示。图 7.5(e) 为线性调频信号脉冲压缩的波形关系示意图。从图 7.5(d) 所示可以得到网络对信号各斜率成分的延时关系为

$$\tau + t_{d2} = t_{d1} + \tau_e \quad 即 \quad \tau_e = \tau - (t_{d1} - t_{d2}) \tag{7-12}$$

因为 $t_{d1} > t_{d2}$，故 $\tau_e < \tau$ 可见，线性调频宽脉冲信号 τ 通过压缩网络后，其宽度被压缩，成为窄脉冲 τ_e。由于

$$\tau_e = 1/B_e \tag{7-13}$$

故
$$D = \tau/\tau_e = \tau B_e$$

式中，B_e(或 Δf_e) 为线性调频信号的调频频偏或有效频谱宽度，与式(7-13) 一致。

如果压缩网络是无源的，它本身不消耗能量也不加入能量，则根据能量守恒原理

$$E = P_i\tau = P_o\tau_e$$

故
$$D = \tau/\tau_e = P_o/P_i \tag{7-14}$$

式中，P_i 为输入脉冲的峰值功率，P_o 为输出脉冲的峰值功率。可见，输出脉冲的峰值功率增大了 D 倍。

若输入脉冲幅度为 A_i，输出脉冲幅度为 A_o，则由式(7-14) 可得

$$A_o/A_i = \sqrt{\tau/\tau_e} = \sqrt{D}, \quad A_o = A_i\sqrt{D} \tag{7-15}$$

可见，输出脉冲幅度增大了 $\sqrt{D}$ 倍。

由于无源的压缩网络本身不会产生噪声，而输入噪声具有随机特征，故经压缩网络后输入噪

声并不会被压缩，仍保持在接收机原有噪声电平上。所以输出脉冲信号的功率信噪比$(S/N)_o$与输入脉冲信号的功率信噪比$(S/N)_i$之比也提高了 D 倍，即

$$\frac{(S/N)_o}{(S/N)_i} = D \tag{7-16}$$

这就使脉冲压缩雷达的探测距离比采用相同发射脉冲功率和保持相同分辨力的普通脉冲制雷达的探测距离增加了$\sqrt[4]{D}$倍（例如 $D = 16$ 时，作用距离加大 1 倍）。

由此可见，接收机输出的目标回波信号具有窄的脉冲宽度和高的峰值功率，正好符合探测距离远和距离分辨力高的战术要求，充分体现出脉冲压缩体制独特的性能。

以上定性地介绍了线性调频脉冲压缩的基本原理，为了进一步研究线性调频脉冲与压缩脉冲之间的内在关系，还必须采用数学方法进行定量分析。

7.2.2　线性调频脉冲压缩的频谱特性

为了分析线性调频脉冲压缩的频率特性，首先应求出线性调频脉冲信号的频谱。从以下分析中将会说明：虽然以相等的时间发射占据频率范围 B 内的每个频率，但在频率范围 B 内振幅频谱并不是均匀的，而是由于边缘效应之故，振幅频谱将会产生波纹（波纹大小与 τB 有关）。

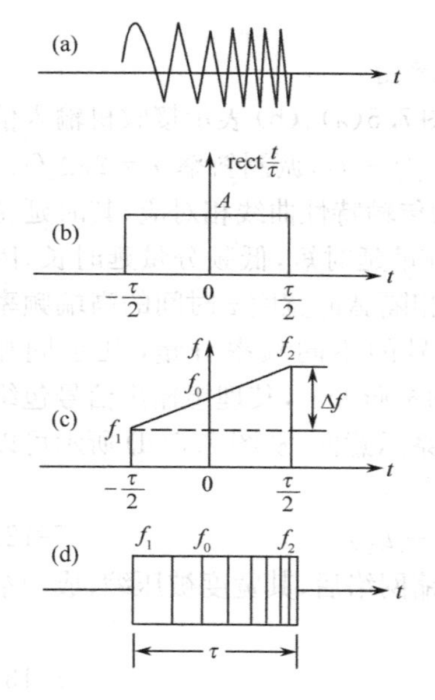

图 7.6　线性调频脉冲信号的波形及其表示方法的示意图

1. 线性调频脉冲信号的频谱特性

线性调频脉冲压缩体制的发射信号，其载频在脉冲宽度内按线性规律变化，即用对载频进行调制（线性调频）的方法展宽回波信号的频谱，使其相位具有色散特性。同时，在 P_t 受限情况下为了充分利用发射机的功率，往往采用矩形宽脉冲包络，如图 7.6 所示。图 7.6(a) 为线性调频脉冲信号的波形；图 7.6(b) 为信号的包络，其幅度为 A，宽度为 τ；图 7.6(c) 为载频的调制特性，在 τ 内由低端(f_1)至高端(f_2)按线性规律变化。为简便起见，常将图 7.6(a) 所示的线性调频信号波形用图 7.6(d) 来表示。

从图 7.6(c) 中可以看出

$$B = \Delta f = f_2 - f_1$$

Δf 称为调制频偏，用对应的角频率表示可写成 $\Delta\omega = 2\pi\Delta f$，故调频斜率为

$$\mu = \Delta\omega/\tau = 2\pi\Delta f/\tau \tag{7-17}$$

若信号的载波中心角频率为 $\omega_0 = 2\pi f_0$，则线性调频信号的角频率变化规律为

$$\omega = \omega_0 + \mu t \qquad |t| \leqslant \tau/2 \tag{7-18}$$

因而信号的瞬时相位 $\phi_i(t)$ 为

$$\phi_i(t) = \int_{-\infty}^{t} \omega \mathrm{d}t = \int_{-\infty}^{t} (\omega_0 + \mu t)\mathrm{d}t = \omega_0 t + \frac{1}{2}\mu t^2 + C \tag{7-19}$$

由此可得线性调频脉冲压缩体制的发射信号表达式为

$$u_i(t) = \begin{cases} A\cos(\omega_0 t + \mu t^2/2) & |t| \leqslant \tau/2 \\ 0 & |t| > \tau/2 \end{cases} \tag{7-20}$$

或者将式(7-20)表示成

$$u_i(t) = A\mathrm{rect}(t/\tau)\cos(\omega_0 t + \mu t^2/2) \tag{7-21}$$

式中，$\mathrm{rect}(t/\tau)$ 为矩形函数，即

$$\mathrm{rect}(t/\tau)=\begin{cases}1, & |t|\leqslant\tau/2\\ 0, & |t|>\tau/2\end{cases}\tag{7-22}$$

为分析和计算简便，$u_{\mathrm{i}}(t)$ 用复数形式表示

$$u_{\mathrm{i}}(t)=A\mathrm{rect}(t/\tau)\mathrm{e}^{\mathrm{j}(\omega_0 t+\mu t^2/2)}\tag{7-23}$$

信号的复频谱 $U_{\mathrm{i}}(\omega)$ 为

$$U_{\mathrm{i}}(\omega)=\int_{-\infty}^{+\infty}u_{\mathrm{i}}(t)\mathrm{e}^{-\mathrm{j}\omega t}\mathrm{d}t=\int_{-\infty}^{+\infty}A\mathrm{rect}(t/\tau)\mathrm{e}^{\mathrm{j}(\omega_0 t+\mu t^2/2)}\mathrm{e}^{-\mathrm{j}\omega t}\mathrm{d}t=A\int_{-\tau/2}^{+\tau/2}\mathrm{e}^{\mathrm{j}[(\omega_0-\omega)t+\mu t^2/2]}\mathrm{d}t\tag{7-24}$$

将积分项内指数项进行配方

$$(\omega_0-\omega)t+\frac{1}{2}\mu t^2=\frac{\mu}{2}\left[\frac{2(\omega_0-\omega)t}{\mu}+t^2\right]=\frac{\mu}{2}\left[\left(t-\frac{\omega-\omega_0}{\mu}\right)^2-\left(\frac{\omega-\omega_0}{\mu}\right)^2\right]$$

配方结果代入式(7-24)得

$$U_{\mathrm{i}}(\omega)=A\int_{-\tau/2}^{+\tau/2}\mathrm{e}^{\mathrm{j}\frac{\mu}{2}\left[\left(t-\frac{\omega-\omega_0}{\mu}\right)^2-\left(\frac{\omega-\omega_0}{\mu}\right)^2\right]}\mathrm{d}t=A\mathrm{e}^{-\mathrm{j}(\omega-\omega_0)^2/2\mu}\int_{-\tau/2}^{+\tau/2}\mathrm{e}^{\mathrm{j}\frac{\mu}{2}\left(t-\frac{\omega-\omega_0}{\mu}\right)^2}\mathrm{d}t\tag{7-25}$$

为查表方便起见，令积分项内指数项为

$$\frac{\mu}{2}\left(t-\frac{\omega-\omega_0}{\mu}\right)^2=\frac{\pi}{2}x^2\tag{7-26}$$

进行变量变换，由式(7-26)可得

$$x=\sqrt{\frac{\mu}{\pi}}\left(t-\frac{\omega-\omega_0}{\mu}\right)\tag{7-27}$$

因而

$$\mathrm{d}t=\sqrt{\frac{\pi}{\mu}}\mathrm{d}x\tag{7-28}$$

将式(7-26)和式(7-28)代入式(7-25)，并且积分上、下限分别用 v_2 和 $-v_1$ 代换后，信号频谱可写为

$$U_{\mathrm{i}}(\omega)=A\sqrt{\frac{\pi}{\mu}}\mathrm{e}^{-\mathrm{j}(\omega-\omega_0)^2/2\mu}\int_{-v_1}^{+v_2}\mathrm{e}^{\mathrm{j}\pi x^2/2}\mathrm{d}x\tag{7-29}$$

式中，积分的上、下限由 $t=\pm\tau/2$ 代入式(7-27)确定。可得

$$-v_1=\sqrt{\frac{\mu}{\pi}}\left(-\frac{\tau}{2}-\frac{\omega-\omega_0}{\mu}\right)=\frac{-\mu\tau/2-(\omega-\omega_0)}{\sqrt{\pi\mu}}$$

$$v_2=\sqrt{\frac{\mu}{\pi}}\left(\frac{\tau}{2}-\frac{\omega-\omega_0}{\mu}\right)=\frac{\mu\tau/2-(\omega-\omega_0)}{\sqrt{\pi\mu}}$$

为计算方便，将 $\mu=2\pi\Delta f/\tau$ 和脉冲压缩比 $D=\Delta f\tau$ 代入上式，v_1 和 v_2 可写成

$$v_1=\sqrt{D}\,\frac{1+(\omega-\omega_0)/\pi\Delta f}{\sqrt{2}},\quad v_2=\sqrt{D}\,\frac{1-(\omega-\omega_0)/\pi\Delta f}{\sqrt{2}}\tag{7-30}$$

式(7-29)中的积分项可进一步整理成

$$\begin{aligned}\int_{-v_1}^{+v_2}\mathrm{e}^{\mathrm{j}\pi x^2/2}\mathrm{d}x&=\int_{-v_1}^{+v_2}\cos\left(\frac{\pi}{2}x^2\right)\mathrm{d}x+\mathrm{j}\int_{-v_1}^{+v_2}\sin\left(\frac{\pi}{2}x^2\right)\mathrm{d}x\\&=\int_0^{+v_2}\cos\left(\frac{\pi}{2}x^2\right)\mathrm{d}x-\int_0^{-v_1}\cos\left(\frac{\pi}{2}x^2\right)\mathrm{d}x+\mathrm{j}\left[\int_0^{+v_2}\sin\left(\frac{\pi}{2}x^2\right)\mathrm{d}x-\int_0^{-v_1}\sin\left(\frac{\pi}{2}x^2\right)\mathrm{d}x\right]\\&=c(v_2)-c(-v_1)+\mathrm{j}[s(v_2)-s(-v_1)]\end{aligned}\tag{7-31}$$

式中
$$c(v)=\int_0^{+v}\cos\left(\frac{\pi}{2}x^2\right)\mathrm{d}x,\quad s(v)=\int_0^{+v}\sin\left(\frac{\pi}{2}x^2\right)\mathrm{d}x \tag{7-32}$$

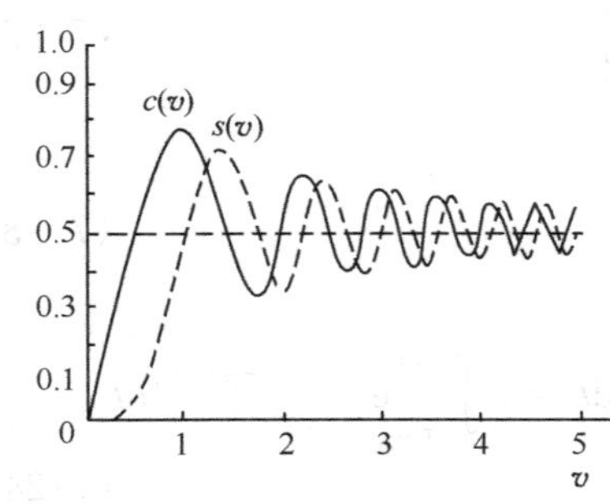

图 7.7　菲涅耳积分的图像的示意图

称为菲涅耳积分，它们的数值可以在专门的函数表上查出，按函数表画出的图形如图 7.7 所示，它们具有如下特性

$$c(-v)=-c(v),s(-v)=-s(v)$$

$$\lim_{v\to\pm\infty}c(v)=\lim_{v\to\pm\infty}s(v)=\pm 0.5$$

考虑到菲涅耳积分的奇对称性，式(7-31) 可写成

$$\int_{-v_1}^{+v_2}\mathrm{e}^{\mathrm{j}\pi x^2/2}\mathrm{d}x=c(v_1)+c(v_2)+\mathrm{j}[s(v_1)+s(v_2)] \tag{7-33}$$

将式(7-33) 代入式(7-29)，则最后得到 $U_{\mathrm{i}}(\omega)$ 的表达式为

$$\begin{aligned}U_{\mathrm{i}}(\omega)&=A\sqrt{\frac{\pi}{\mu}}\mathrm{e}^{-\mathrm{j}(\omega-\omega_0)^2/2\mu}\{[c(v_1)+c(v_2)]+\mathrm{j}[s(v_1)+s(v_2)]\}\\&=A\sqrt{\frac{\pi}{\mu}}\{[c(v_1)+c(v_2)]^2+[s(v_1)+s(v_2)]^2\}^{1/2}\times\mathrm{e}^{\mathrm{j}\left[-\frac{1}{2\mu}(\omega-\omega_0)^2+\arctan\frac{s(v_1)+s(v_2)}{c(v_1)+c(v_2)}\right]}\end{aligned} \tag{7-34}$$

由式(7-34) 可求得线性调频脉冲信号的幅频特性和相频特性，如图 7.8 所示。

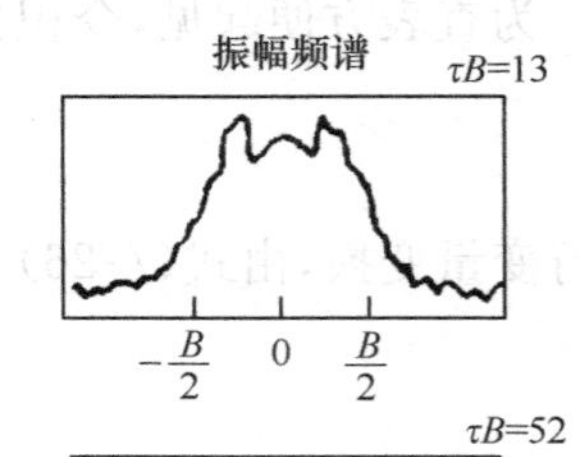

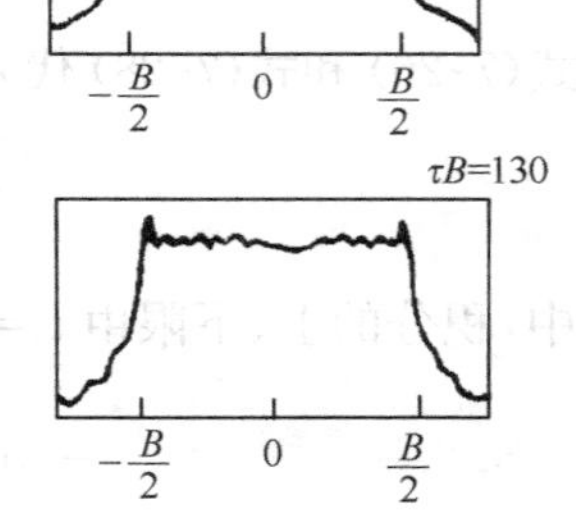

图 7.8　线性调频脉冲信号的幅频特性例图

(1) 幅频特性

信号的幅度谱为

$$|U_{\mathrm{i}}(\omega)|=A\sqrt{\frac{\pi}{\mu}}\{[c(v_1)+c(v_2)]^2+[s(v_1)+s(v_2)]^2\}^{1/2} \tag{7-35}$$

① 当 $\omega=\omega_0$ 时：由式(7-30) 求得

$$v_1=v_2=\sqrt{D/2}$$

当 $D\gg 1$ 时，例如 $D>30$ 后，$v_1=v_2>\sqrt{15}$，查表可得

$$c(v_1)=c(v_2)\approx 0.5,\qquad s(v_1)=s(v_2)\approx 0.5$$

代入式(7-35)，则 $|U_{\mathrm{i}}(\omega_0)|$ 为

$$|U_{\mathrm{i}}(\omega_0)|\approx A\sqrt{2\pi/\mu}$$

② 当 $\omega=\omega_0+\dfrac{\Delta\omega}{2}$ 时：v_1、v_2 分别为

$$v_1=\sqrt{2D},\quad v_2=0$$

若 $D\gg 1$，可得

$$c(v_1)=s(v_1)\approx 0.5,\ c(v_2)=s(v_2)=0$$

则有
$$\left|U_{\mathrm{i}}\left(\omega_0+\frac{\Delta\omega}{2}\right)\right|\approx\frac{A}{2}\sqrt{\frac{2\pi}{\mu}}$$

即幅度为中心角频率 ω_0 时的一半。

③ 当 $\omega=\omega_0-\dfrac{\Delta\omega}{2}$ 时：v_1、v_2 分别为

$$v_1=0,\quad v_2=\sqrt{2D}$$

若 $D\gg 1$，可得

$$c(v_1)=s(v_1)=0,\quad c(v_2)=s(v_2)\approx 0.5$$

则有

$$\left|U_{\mathrm{i}}\left(\omega_0-\frac{\Delta\omega}{2}\right)\right|\approx\frac{A}{2}\sqrt{\frac{2\pi}{\mu}}$$

即幅度也是中心角频率 ω_0 时的一半。

运用式(7-31)、式(7-35)以及查表，可以直接计算 $|U_{\mathrm{i}}(\omega)|$ 的确切值。当压缩比 D 值不同时，$|U_{\mathrm{i}}(\omega)|$ 将随之变化。图7.8画出了 $D=13$，$D=52$，$D=130$ 时的幅频特性。由图可以看出，D 值越大，则幅频特性在 $(\omega_0-\Delta\omega/2)\sim(\omega_0+\Delta\omega/2)$ 之间越平坦，在这个频带之外幅度下降越快，信号能量主要集中在此频带范围内。计算表明，若 $D=10$，则95%的信号能量包含在此频带范围内；而 $D=100$ 时，则有98%的信号能量包含在此频带范围内。由于通常使用的线性调频脉冲信号均满足 $D=\tau B\gg 1$，故其频谱的振幅分布很接近矩形，可近似地表示为

$$|U_{\mathrm{i}}(\omega)|=\begin{cases}A\sqrt{2\pi/\mu}, & |\omega-\omega_0|\leqslant\Delta\omega/2\\ 0, & |\omega-\omega_0|>\Delta\omega/2\end{cases}\tag{7-36}$$

如图7.9所示。自变量用 f 表示，幅度谱可写成

$$|U_{\mathrm{i}}(f)|=\begin{cases}A\sqrt{\tau/B}, & |f-f_0|\leqslant B/2\\ 0, & |f-f_0|>B/2\end{cases}\tag{7-37}$$

(2) 相频特性

信号的相位谱为

$$\phi_{\mathrm{i}}(\omega)=-\frac{(\omega-\omega_0)^2}{2\mu}+\arctan\frac{s(v_1)+s(v_2)}{c(v_1)+c(v_2)}$$

它包含两部分，平方相位部分和剩余相位部分。

① 平方相位谱 $\phi_1(\omega)$

$$\phi_1(\omega)=-\frac{(\omega-\omega_0)^2}{2\mu}$$

当 $\omega=\omega_0$ 时，$\phi_1(\omega_0)=0$；当 $\omega\neq\omega_0$ 时，$\phi_1(\omega)$ 与 $(\omega-\omega_0)^2$ 成正比，其图形如图7.10(a)所示。

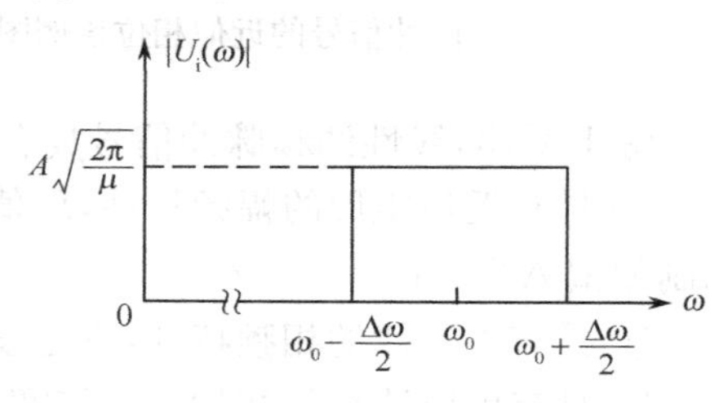

图7.9 D 值很大时线性调频脉冲信号的近似幅度谱例图

② 剩余相位谱 $\phi_2(\omega)$

$$\phi_2(\omega)=\arctan\frac{s(v_1)+s(v_2)}{c(v_1)+c(v_2)}$$

用分析幅频特性相同的方法可知，D 值不同时，$\phi_2(\omega)$ 将随之变化。图7.11画出了 $D=13$，$D=52$，$D=130$ 时的剩余项相频特性。由图中可见，D 值越大，$\phi_2(\omega)$ 在 $\omega_0-\Delta\omega/2$ 到 $\omega_0+\Delta\omega/2$ 之间越平坦，趋向于一个常数。即若 $D\gg 1$，且 $\omega_0-\Delta\omega/2<\omega<\omega_0+\Delta\omega/2$ 时，有

$$\frac{s(v_1)+s(v_2)}{c(v_1)+c(v_2)}\approx 1$$

因而

$$\phi_2(\omega)\approx\arctan 1=\pi/4$$

如图7.10(b)所示。

因此，D 很大时，相频特性可近似地表示为

$$\phi_{\mathrm{i}}(\omega)=-\frac{(\omega-\omega_0)^2}{2\mu}+\frac{\pi}{4}\qquad|\omega-\omega_0|\leqslant\Delta\omega/2\tag{7-38}$$

如图7.10(c)所示。

由此可得线性调频信号在 D 很大时的频谱表示式为

$$U_{\mathrm{i}}(\omega)=\begin{cases}A\sqrt{2\pi/\mu}\,\mathrm{e}^{\mathrm{j}\left[-\frac{(\omega-\omega_0)^2}{2\mu}+\frac{\pi}{4}\right]} & |\omega-\omega_0|\leqslant\Delta\omega/2\\ 0 & |\omega-\omega_0|>\Delta\omega/2\end{cases}\tag{7-39}$$

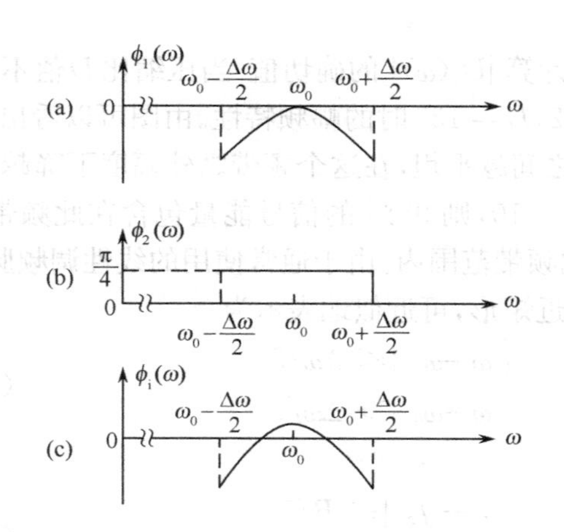

图 7.10　D 值很大时线性调频脉冲信号的近似相位谱例图

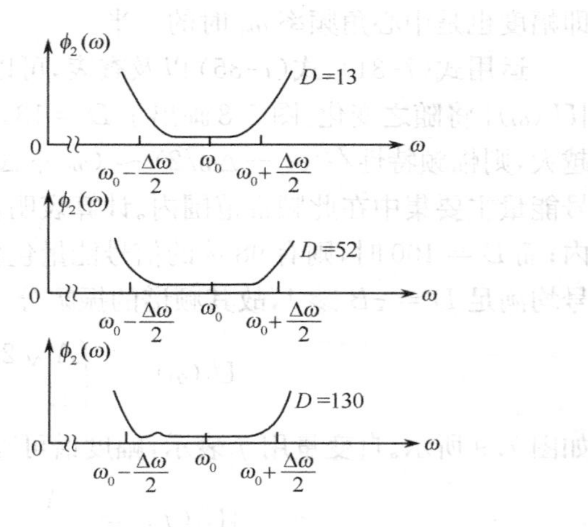

图 7.11　线性调频脉冲信号的剩余项相频特性例图

综上所述，线性调频脉冲信号具有如下特点：

① 具有近似矩形的幅频特性，D 值越大，其幅频特性越接近矩形，频谱宽度近似等于信号的调制频偏 $\Delta f=B$。

② 具有平方律的相频特性，它是设计匹配滤波器时主要考虑的部分。

③ 具有可以选择的"时宽 — 带宽乘积"(即 $D=\tau B$)。普通脉冲雷达的信号是单一载频脉冲信号，它的时宽 — 带宽乘积是固定的，大约等于1，即 $\tau B\approx 1$，而线性调频脉冲信号的 τ 和 B 都容易做得很宽，使得 $\tau B\gg 1$。目前，线性调频脉冲压缩雷达的 τB 值可达到几百、几千，甚至几万。

2. 线性调频脉冲信号匹配滤波器频谱特性

前面已讨论，如果接收机输入信号频率特性为

$$U_{\mathrm{i}}(\omega)=|U_{\mathrm{i}}(\omega)|\,\mathrm{e}^{\mathrm{j}\phi_{\mathrm{i}}(\omega)}$$

设匹配滤波器频率特性为 $H(\omega)$，那么根据匹配条件应满足下式关系

$$H(\omega)=K\,|U_{\mathrm{i}}(\omega)|\,\mathrm{e}^{-\mathrm{j}\phi_{\mathrm{i}}(\omega)}\mathrm{e}^{-\mathrm{j}\omega t_{\mathrm{d}_0}}$$

式中，ωt_{d_0} 为由压缩网络附加力固定延时 t_{d_0} 所引入时附加固定相位。或者说匹配滤波器幅频特性和相频特性应满足如下关系

$$\begin{aligned}|H(\omega)|&=K\,|U_{\mathrm{i}}(\omega)|\\ \phi_{\mathrm{H}}(\omega)&=-\phi_{\mathrm{i}}(\omega)-\omega t_{\mathrm{d}_0}\end{aligned}\tag{7-40}$$

前面已分析线性调频信号的频率特性为

$$\begin{aligned}|U_{\mathrm{i}}(\omega)|&=\begin{cases}A\sqrt{2\pi/\mu} & |\omega-\omega_0|\leqslant\Delta\omega/2\\ 0 & |\omega-\omega_0|>\Delta\omega/2\end{cases}\\ \phi_{\mathrm{i}}(\omega)&=-\frac{(\omega-\omega_0)^2}{2\mu}+\frac{\pi}{4}\qquad |\omega-\omega_0|\leqslant\Delta\omega/2\end{aligned}\tag{7-41}$$

由此可得到线性调频脉冲信号匹配滤波器的频率特性 $H(\omega)$。

(1) 幅频特性 $|H(\omega)|$

$$|H(\omega)|=\begin{cases}KA\sqrt{2\pi/\mu} & |\omega-\omega_0|\leqslant\Delta\omega/2\\0 & |\omega-\omega_0|>\Delta\omega/2\end{cases}\tag{7-42}$$

为讨论问题方便起见,令 K 为归一化系数,即 $K=\sqrt{\mu/2\pi}/A$,则 $|H(\omega)|$ 可写成

$$|H(\omega)|=\begin{cases}1 & |\omega-\omega_0|\leqslant\Delta\omega/2\\0 & |\omega-\omega_0|>\Delta\omega/2\end{cases}\tag{7-43}$$

如图 7.12(a) 所示。匹配滤波器具有接近于矩形的幅频特性,通频带近似为矩形。

(2) 相频特性 $\phi_{\mathrm{H}}(\omega)$

$$\phi_{\mathrm{H}}(\omega)=\frac{(\omega-\omega_0)^2}{2\mu}-\frac{\pi}{4}-\omega t_{d_0},\quad |\omega-\omega_0|\leqslant\Delta\omega/2\tag{7-44}$$

如图 7.12(b) 所示。匹配滤波器具有平方律的相位特性,它与信号的平方律相位谱相同而符号相反,另有一附加相位项。

因此,线性调频脉冲信号的匹配滤波器频率特性可近似为

$$H(\omega)=\mathrm{e}^{\mathrm{j}\left[\frac{(\omega-\omega_0)^2}{2\mu}-\frac{\pi}{4}-\omega t_{d_0}\right]},\quad |\omega-\omega_0|\leqslant\Delta\omega/2\tag{7-45}$$

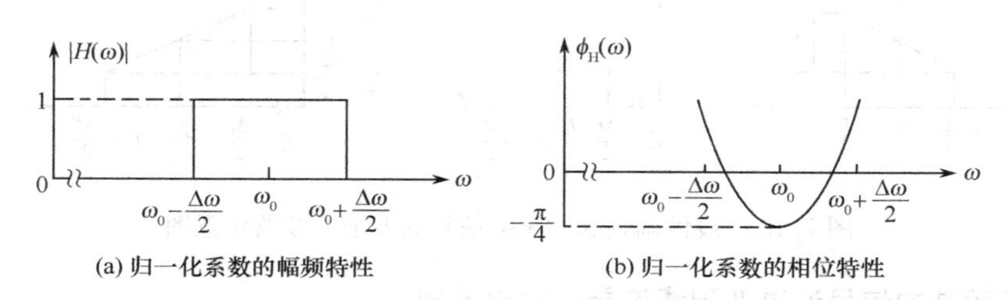

图 7.12　线性调频脉冲信号的匹配滤波器近似频率特性例图

(3) 群延时特性 $t_{\mathrm{d}}(\omega)$

我们在阐述脉冲压缩基本原理时,为便于理解脉冲压缩的物理过程,曾引入压缩网络的频率 - 时延特性这一概念。频率 — 时延特性又称群延时特性。所谓"群延时"是指对信号频谱成分能量的延时,定义为 $\phi_{\mathrm{H}}(\omega)$ 的导数 $\mathrm{d}\phi_{\mathrm{H}}(\omega)/\mathrm{d}\omega$。这一定义可用如下简单实例来说明。

设加入网络输入端的电压有两个频率相近的成分

$$u_{\mathrm{i}}(t)=A_1\cos\omega_1 t+A_2\cos\omega_2 t$$

在输入端,当 $t=0$ 时的能量达到最大值,即

$$u_{\mathrm{i}}(0)=A_1+A_2$$

在网络输出端,两个成分由于频率不同经受了不等的相移。

$$u_{\mathrm{o}}(t)=A_1\cos(\omega_1 t-\varphi_1)+A_2\cos(\omega_2 t-\varphi_2)$$

设能量最大处经过的时延为 t_{d},则有

$$\omega_1 t_{\mathrm{d}}-\varphi_1=\omega_2 t_{\mathrm{d}}-\phi_2,\text{故 } t_{\mathrm{d}}=\frac{\varphi_2-\varphi_1}{\omega_2-\omega_1}=\frac{\Delta\varphi}{\Delta\omega}$$

当 $\Delta\omega\to 0$ 时,其极限为

$$t_{\mathrm{d}}=\mathrm{d}\varphi(\omega)/\mathrm{d}\omega\tag{7-46}$$

这就是信号能量的时延值。

对于脉冲压缩网络,其相频特性为式(7-44),相应的延时特性为

$$t_{\mathrm{d}}(\omega)=-\frac{\mathrm{d}\phi_{\mathrm{H}}(\omega)}{\mathrm{d}\omega}=-\frac{\omega-\omega_0}{\mu}+t_{d_0},\quad |\omega-\omega_0|\leqslant\Delta\omega/2\tag{7-47}$$

因为延时相当于信号的相位滞后，故在 $d\phi_H(\omega)$ 前加了负号。将 $\omega = 2\pi f, \mu = 2\pi B/\tau$ 代入上式还可写成

$$t_d(f) = -\frac{(f - f_0)\tau}{B} + t_{d_0}, \quad |f - f_0| \leqslant B/2 \tag{7-48}$$

可见压缩网络群延时随频率而变化，即要求滤波器具有色散特性。式中，t_{d_0} 为附加延时，这是滤波器物理实现所决定的。

滤波器的群延时特性正好和信号的相反，因此通过匹配滤波器后相位特性得到补偿，而使输出信号相位均匀，信号幅度出现峰值。可见，滤波器的相频特性与群延时特性有着确定的关系，它们是等价的。

图 7.13 画出了匹配滤波器的组成，可以看成由振幅匹配和相位匹配两部分组成。振幅匹配保证所需的 $f_0 \pm B/2$ 的通频带，相位匹配部分保证所需的群延时特性。实际工程中，振幅匹配和相位匹配可由一个滤波器完成。

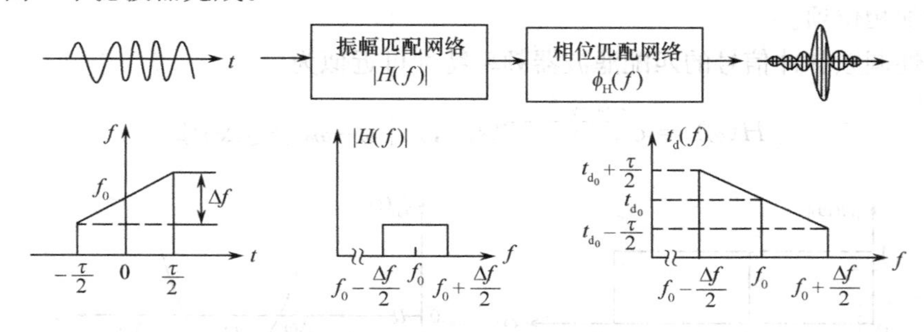

图 7.13　线性调频脉冲压缩信号的匹配滤波器示意图

3. 线性调频脉冲信号通过匹配滤波器的输出波形

设匹配滤波器输出信号为 $u_o(t)$，其频谱 $U_o(\omega)$ 为

$$U_o(\omega) = U_i(\omega)H(\omega) = A\sqrt{\frac{2\pi}{\mu}}e^{-j\omega t_{d_0}}, \quad |\omega - \omega_0| \leqslant \Delta\omega/2 \tag{7-49}$$

其幅值谱 $|U_o(\omega)|$ 和相谱 $\phi_o(\omega)$ 如图 7.14 所示。

匹配滤波器输出的信号为

$$u_o(t) = \frac{1}{2\pi}\int_{-\infty}^{+\infty} U_o(\omega)e^{j\omega t}d\omega$$

$$= \frac{1}{2\pi}\int_{\omega_0-\Delta\omega/2}^{\omega_0+\Delta\omega/2} A\sqrt{\frac{2\pi}{\mu}}e^{j\omega(t-t_{d_0})}d\omega$$

$$= \frac{A}{2\pi}\sqrt{\frac{2\pi}{\mu}}\frac{1}{j(t-t_{d_0})}\left[e^{j\Delta\omega(t-t_{d_0})/2} - e^{-j\Delta\omega(t-t_{d_0})/2}\right]e^{j\omega_0(t-t_{d_0})}$$

$$= \frac{A\Delta\omega}{2\pi}\sqrt{\frac{2\pi}{\mu}}\frac{\sin[\Delta\omega(t-t_{d_0})/2]}{\Delta\omega(t-t_{d_0})/2}e^{j\omega_0(t-t_{d_0})}$$

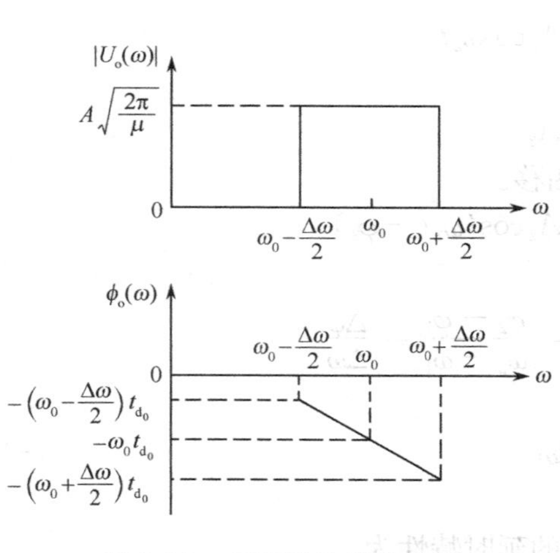

图 7.14　匹配滤波器输出信号的频谱的示意图

将 $\Delta\omega = 2\pi B, \mu = 2\pi B/\tau, \omega_0 = 2\pi f_0$ 代入上式，得

$$u_o(t) = A\sqrt{D}\frac{\sin[\pi B(t-t_{d_0})]}{\pi B(t-t_{d_0})}e^{j2\pi f_0(t-t_{d_0})}$$

上式表示的信号为复数，而实际的信号应为实数，故

取其实部得到输出信号 $u_o(t)$ 为

$$u_o(t) = A\sqrt{D}\frac{\sin[\pi B(t-t_{d_0})]}{\pi B(t-t_{d_0})}\cos 2\pi f_0(t-t_{d_0}) \tag{7-50}$$

由于 $f_0 \gg B$，故输出信号的载波为

$$\cos 2\pi f_0(t-t_{d_0})$$

而信号的包络为

$$A\sqrt{D}\frac{\sin[\pi B(t-t_{d_0})]}{\pi B(t-t_{d_0})} \tag{7-51}$$

波形如图 7.15 所示。

4. 时间(距离)旁瓣的压低[3]

由图 7.15 可见，当输入为线性调频正弦波时，匹配滤波器的 $\sin\pi B(t-t_{d_0})/\pi B(t-t_{d_0})$ 包络输出具有较高的峰值时间旁瓣，它在主响应的旁边，为 -13.2dB。通常这是不可接受的，因为高旁瓣会误判成目标或者掩盖附近较弱的目标信号。通过发射一个具有非均匀幅度的脉冲可以减小时间旁瓣。

在线性调频脉冲雷达中，为减小标称矩形频谱产生的 $\sin x/x$ 旁瓣，色散滤波器的频率响应可以故意失配，从而当 $f \neq 0$ 时，$|H(f)|$ 被锥削。这对输出波形 $u_0(t)$ 的影响与对矩形天线(有锥削照射)电压方向图的影响类似。图 7.16 示出一个加权后和未加权的脉冲压缩响应。当旁瓣降低时，主瓣波峰的幅度降低，并被展宽。图 7.17 示出了效率 η_f 和脉宽因子 $K_\tau = \tau_0 B$(其中，τ_0 是在 -3dB 电平时测量的)与旁瓣电平的关系。匹配损耗为 $L_m = 1/\eta_f$。

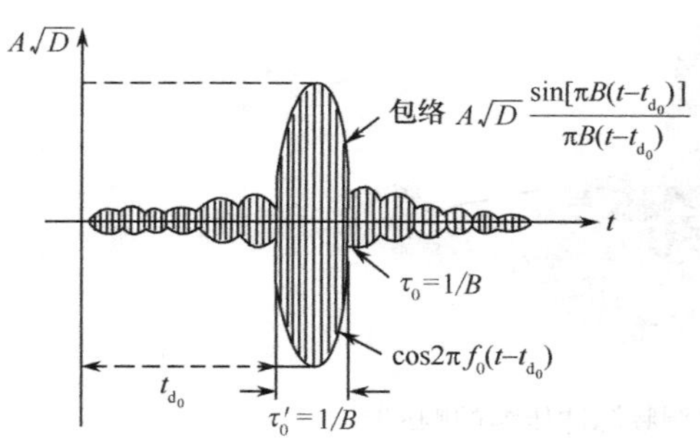

图 7.15　线性调频脉冲信号通过匹配滤波器的输出波形示意图

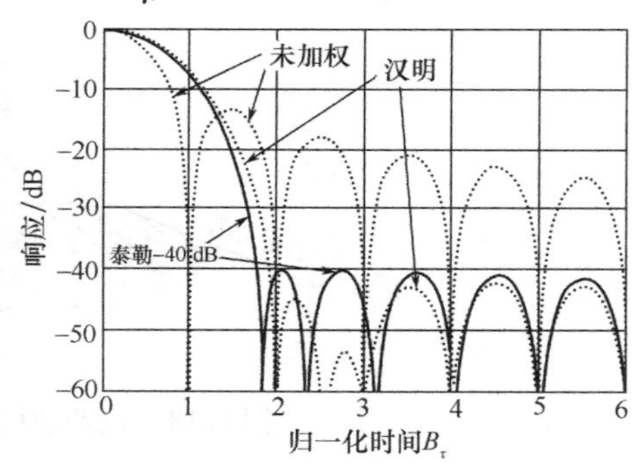

图 7.16　加权后和未加权的脉冲压缩响应[3]

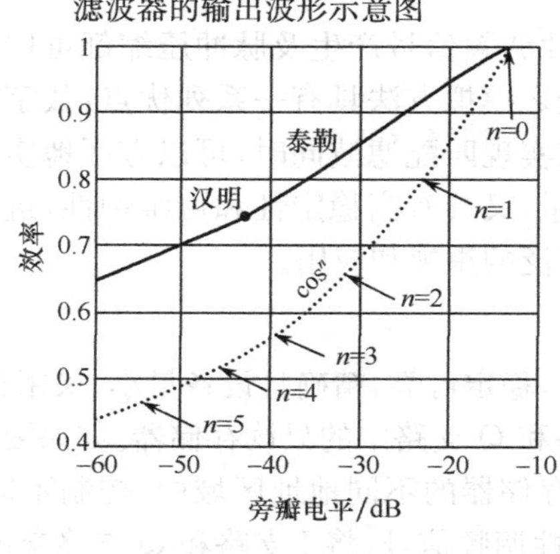

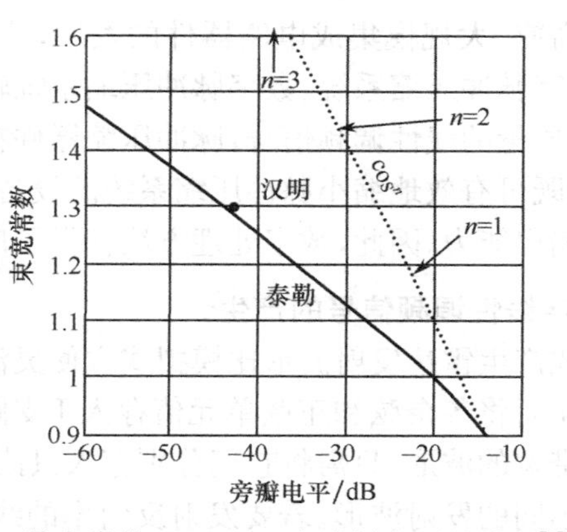

图 7.17　对于泰勒和 $\cos^n$ 加权函数，效率 η_f、脉宽常数 $K_\tau = B\tau_0$ 与旁瓣电平的关系[3]

5. 线性调频脉冲压缩的模糊函数[3]

线性调频脉冲雷达系统还可通过时延 τ_R 和多普勒频率 f_d 呈现其分辨特性。这些特性可通过响应函数$\chi(\tau_R, f_d)$ 或交叉模糊函数 $|\chi(\tau_R, f_d)|^2$ 来描述。我们知道，雷达匹配滤波器的输出的响应函数为

$$\chi(\tau_R, f_d) = \int_{-\infty}^{+\infty} u(t)u^*(t+\tau_R)e^{j2\pi ft}dt \tag{7-52}$$

式(7-52) 的幅度平方 $|\chi(\tau_R, f_d)|^2$ 称为交叉模糊函数，即

$$|\chi(\tau_d, f_d)|^2 = \left|\int_{-\infty}^{+\infty} u(t)u^*(t+\tau_R)e^{j2\pi ft}dt\right|^2 \tag{7-53}$$

它是时延 τ_R 和多普勒频率 f_d 的函数。

对用汉明加权处理的线性调频脉冲，其响应 $|\chi(\tau_R, f_d)|$ 的平方根，即交叉模糊函数如图 7.18 所示。此函数几乎所有的体积都集中在脊下(此脊对角地通过矩形响应区域 $2\tau \times 2B$)。此脊的斜率为 $-\tau/B$(单位为 Hz/s)(对于正斜率的线性调频脉冲)。从调谐点有多普勒偏移 f_d 的目标，在距真正延迟 $t_{d_0} = -\tau(f_d/B)$ 的时刻会产生一个峰值输出。因此，在$(t_{d_0}, 0)$ 的目标和在$(0, f_d)$ 的目标之间有模糊。由于 $|t_{d_0}| \ll \tau$，所以这对 $|f_d| \ll B$ 不会构成重大问题。例如，在S波段，采用 $\tau = 50\mu s$ 和 $B = 2MHz$，一个亚声速目标($v_R = 300m/s$) 的多普勒频移为 $f_d = 6kHz$ 和 $t_{d_0} = 0.15\mu s$。这比输出脉宽的三分之一要小，而且如果不进行校正，其所引起的目标位置误差仅为 22m。

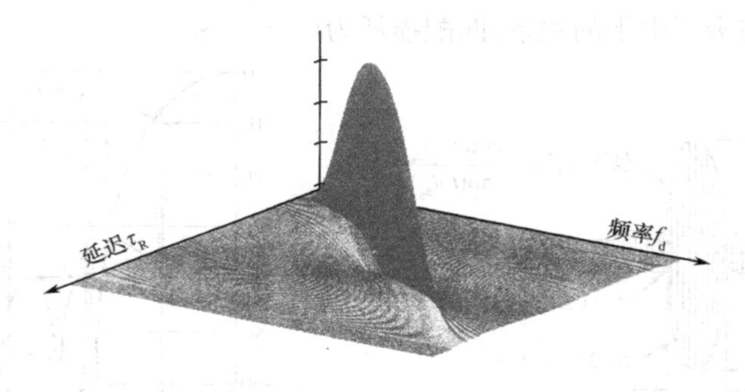

图 7.18　汉明加权线性调频脉冲压缩的响应[3]

7.2.3　线性调频脉冲信号数字产生及时域压缩处理

随着高速、大规模集成电路器件的发展，线性调频信号产生及脉冲压缩都可用数字方法实现，形成数字脉冲压缩系统。数字脉冲压缩系统较之模拟方法具有一系列优点：数字法可获得高稳定度、高质量的线性调频信号，脉冲压缩器件在实现匹配滤波同时，可以方便地实现旁瓣抑制加权处理，既可有效地缩小脉冲压缩系统的设备量，又具有高稳定性和可维护性，进一步提高了系统的可编程能力。因此，数字处理方法获得了广泛的重视和应用。

1. 数字线性调频信号的产生

数字式产生雷达发射波形比模拟式方便灵活，稳定可靠，精确且设备量小。采用直读法，只需在波形量化后将各余弦和正弦单元值存入 I 支路和 Q 支路中的只读存储器。如果要发射不同时宽和不同带宽的波形，只需将它们分别存入只读存储器的不同地址区域中，控制不同地址区域，就能获得不同的发射波形。若要发射反斜率的线性调频信号，将 I 支路和 Q 支路交换一下即可。图 7.19 示出一种数字式线性调频信号产生的原理框图。

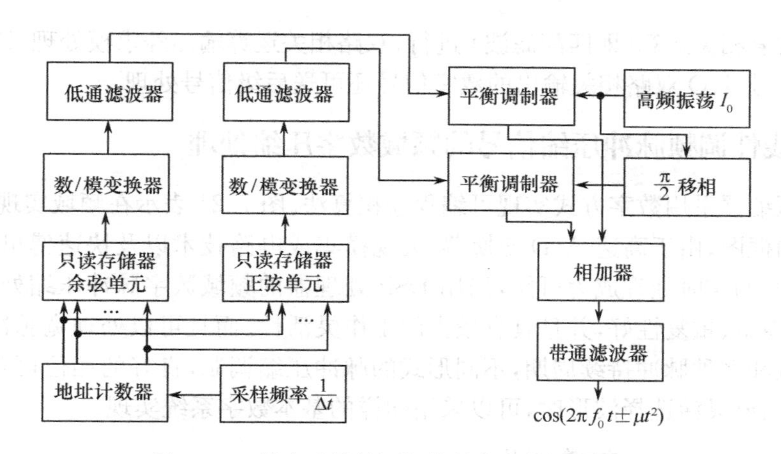

图 7.19　数字式线性调频信号产生的原理框图

LFM 信号的复数形式可表示为

$$s(t) = u(t)\mathrm{e}^{\mathrm{j}2\pi ft} = \mathrm{e}^{\mathrm{j}2\pi(ft+\mu t^2/2)} \qquad (-\tau/2 < t \leqslant \tau/2) \tag{7-54}$$

式中，$\mu = B/\tau$ 为频率变化斜率，$B(=\Delta f)$ 为频率变化范围。

将式(7-54) 用实信号表示为

$$\begin{aligned} p(t) &= \mathrm{Re}[s(t)] = \cos[2\pi(ft+\mu t^2/2)] \\ &= i(t)\cos 2\pi ft - q(t)\sin 2\pi ft(-\tau/2 \leqslant t \leqslant \tau/2) \end{aligned} \tag{7-55}$$

式中，$i(t)$ 和 $q(t)$ 分别为同相分量和正交分量。

$$i(t) = \cos(\pi\mu t^2) \qquad (-\tau/2 \leqslant t \leqslant \tau/2) \tag{7-56a}$$

$$q(t) = \sin(\pi\mu t^2) \qquad (-\tau/2 \leqslant t \leqslant \tau/2) \tag{7-56b}$$

按式(7-56) 用计算机进行辅助设计，产生精确 $i(t)$、$q(t)$ 分量，然后按 Δt 间隔对 $i(t)$、$q(t)$ 分量作抽样、量化，获得离散数字信号样值 $i(n)$、$q(n)$ 存放于电路的存储器中，只要改变计算的参数，即可得到不同时宽、不同带宽 LFM 信号的离散 $i(n)$、$q(n)$ 样值(或其他形式的波形)，构成数字波形库。

产生 LFM 信号的数字电路还需要设计 D/A 变换器、存储器、控制逻辑以及平衡调制器等电路。在此不再讨论。

双路 I、Q 数字线性调频信号产生，降低了对器件的速度要求，但是 I、Q 两路相位特性的一致性要求较高，否则会引起系统误差。

线性调频信号数字产生，也可在中频直接完成。此时在存储器中直接存储中频信号的采样值 $s(n\Delta t)$，该采样信号数据值经 D/A 变换和带通滤波处理，即为中频线性调频信号 $s(t)$。中频直接产生法避免了双通道不一致性引入的误差，有利于进一步提高波形质量，但是对器件的速度要求提高了很多倍。根据两种方案的各自特点，在实际应用中，可视具体要求选择。

2. 时域数字压缩处理

线性调频信号的时域数字脉冲压缩处理，通常在视频中进行，并采用 I、Q 正交双通道处理方案，以避免回波信号随机相位的影响，可减少约 3dB 的系统处理损失。线性调频信号数字脉冲压缩处理的原理框图如图 7.20 所示。图中中频回波信号经正交相位检波，还原成基带视频信号，再经 A/D 变换形成数字信号，进行数字脉冲压缩处理。I、Q

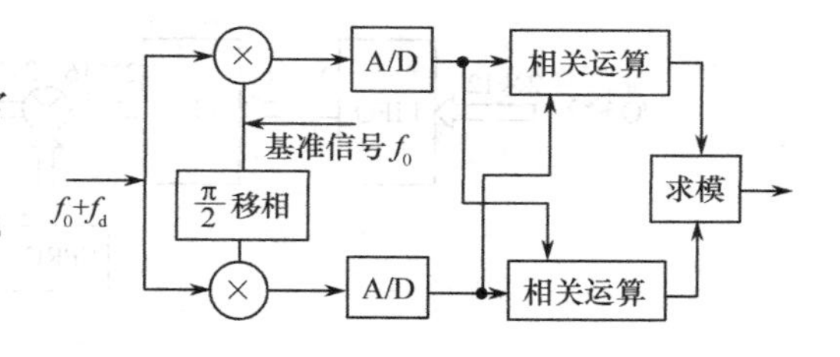

图 7.20　线性调频信号脉冲压缩处理的原理框图

双路数字压缩按复相关运算(即匹配滤波)进行,双路相关运算输出经求模处理、D/A 变换,输出模拟脉冲压缩信号;I、Q 双路相关输出的数字信号还可送后级信号处理。

7.2.4 线性调频脉冲压缩信号的频域数字压缩处理

现代脉冲压缩器采用数字方式实现可编程卷积算法。图 7.21 表示在频域实现线性调频信号数字脉冲压缩的框图。由于高速 A/D 变换器、大规模集成电路技术以及快速傅里叶变换技术的应用,使宽带信号的实时处理成为可能,采用 DSP 处理器的频域数字脉冲压缩处理的优点是处理速度高、工作稳定、重复性好,并且具有较大的工作灵活性。而且可以处理宽脉冲波形。如果想要采用多种带宽和多种脉冲持续周期,不同形式的脉冲压缩调制,良好的相位可重复性,较低的时间旁瓣,或者当要灵活选择波形时,可以采用同样的基本数字系统实现。

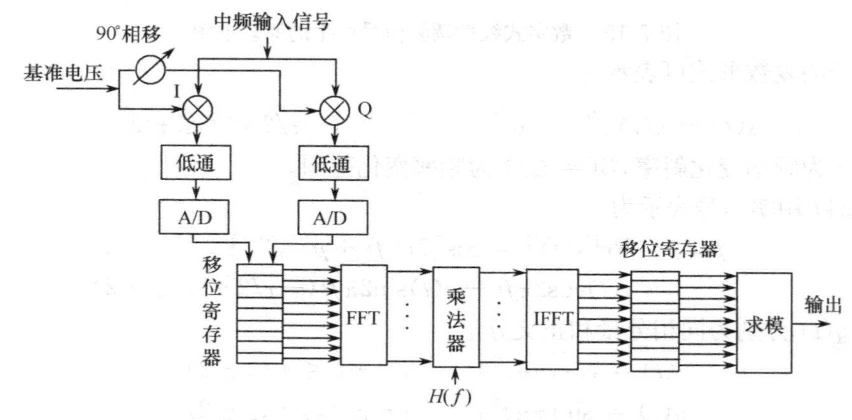

图 7.21 线性调频脉冲信号频域数字处理的原理框图

设输入信号为

$$s(t) = a(t)\cos[\omega_0 t + \varphi(t)] \tag{7-57}$$

经两个相干检波器检波后,分别得到同相支路(I) 和正交支路(Q) 的两个零中频信号为

$$V_{\mathrm{I}}(t) = a(t)\cos\varphi(t), \quad V_{\mathrm{Q}}(t) = a(t)\sin\varphi(t) \tag{7-58}$$

式中

$$a(t) = \sqrt{V_{\mathrm{I}}^2(t) + V_{\mathrm{Q}}^2(t)}, \quad \varphi(t) = \arctan\left(\frac{V_{\mathrm{Q}}(t)}{V_{\mathrm{I}}(t)}\right) \tag{7-59}$$

I、Q 两路信号经 A/D 采样后输入移位寄存器,经快速傅里叶变换(FFT) 后与存放在大规模集成电路"只读存储器" 中的加权系数相乘,其乘积的逆快速傅里叶变换(IFFT) 是脉冲压缩后的数据。再经移位寄存器,并求模后输出。只要处理电路能满足雷达系统实时吞吐量的要求,就可完成给定发射信号指标的脉冲压缩。

图 7.22 给出了采用 PDSP 16510 器件实现的匹配滤波器系统的框图。该系统是由先进/先出(FIFO)I/Q 存储器、用于正向和 IFFT 的两个处理器和一个高速复数乘法器组成。

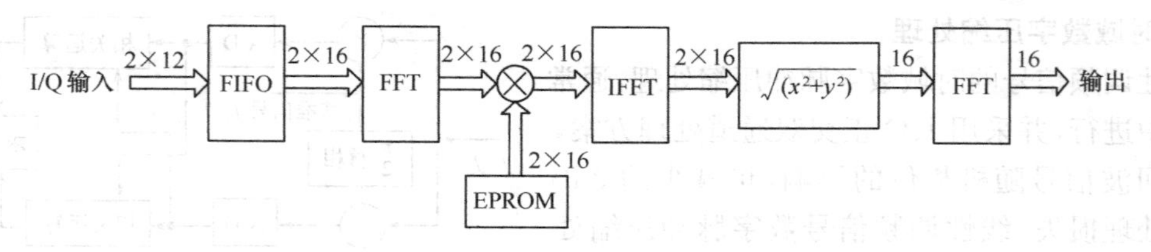

图 7.22 数字匹配滤波器在输入端接收 12 位的 I/Q 样本,在输出端产生 16 位的压缩脉冲运算框图

基带输入信息量的同相和正交分量以 12 位分辨力数字取样。该分辨力与目前可得到的高速

数模转换器(ADC)的性能相适应,并足以将系统的量化噪声降到可以忽略的电平。图 7.22 中,FFT 输出的 16 位复数与只读存储器(EPROM)存储的 16 位复数相乘同时输出 16 位复数数据。IFFT 输出压缩脉冲幅度也以 16 位表示。整个系统以流水线方式工作,并以批处理方式完成诸如数据采集、FFT、与参考频谱的复相乘、IFFT 和下载数据输出。

由图 7.21 和图 7.22 可知,频率数字脉冲压缩实际上就是对信号先进行一次 FFT,然后进行复乘,再进行 IFFT。由于它们在运算的先后顺序上是数据流驱动的,即只能按照 FFT、复乘,再 IFFT 的顺序依次运算。

脉冲压缩所需的吞吐量取决于对接收信号卷积所需运算量和输入数据率,它也是所需电路量的直接量度。对于直接卷积,所需的运算次数与 N^2 成正比。此处,N 是数据组的总长度。采用傅里叶变换法,运算次数与 $N\log_r N$ 成正比。基数 r 是 2 的二进制倍数。

脉冲压缩器的设计要使下列要求达到最佳:吞吐量、体积、灵活性和模块化。对于有限空间的机载雷达,体积、质量和功率必须关注。为了满足具有不同吞吐量和不同体积要求的系统的需要,模块化十分重要,发展模块化设计,可使成本降低。

吞吐量必须有利于雷达系统中大多数要求模式的实时处理的需要。图 7.21 或图 7.22 是快速卷积脉冲压缩系统的传统方法。达到的吞吐量直接与完成的流水量成正比,并且等于数据电路的时钟频率,也可以是,用较慢的流水量时钟频率并联几个图 7.21 的结构来达到所需的吞吐量。直接采用图 7.21 方框图不利于模块化。各级 FFT 需要不同的数据和系统存储。如果想使这些级模块化,则就目前的技术水平所需的电路量使体积做到最小成为不可能。

但这种方法经过改进后却能在吞吐量最佳情况下达到较好的体积。图 7.23 和图 7.24 是其实现途径[119]。

图 7.22 和图 7.23 中的计算积木块是基 4FFT 运算单元。对现有存储器的结构和体积,所需的脉冲压缩比以及对组件和器件的引脚的研究结果表明,基 4FFT 单元是目前脉冲压缩器运算单元的最佳积木块。

这种运算单元可串接成几个流水线级,然后再把几个这样的通道并联起来,以得到所需的吞吐量,图 7.23 是这种结构的三级单通道方案,图 7.24 则是这种结构的二级 3 通道方案。

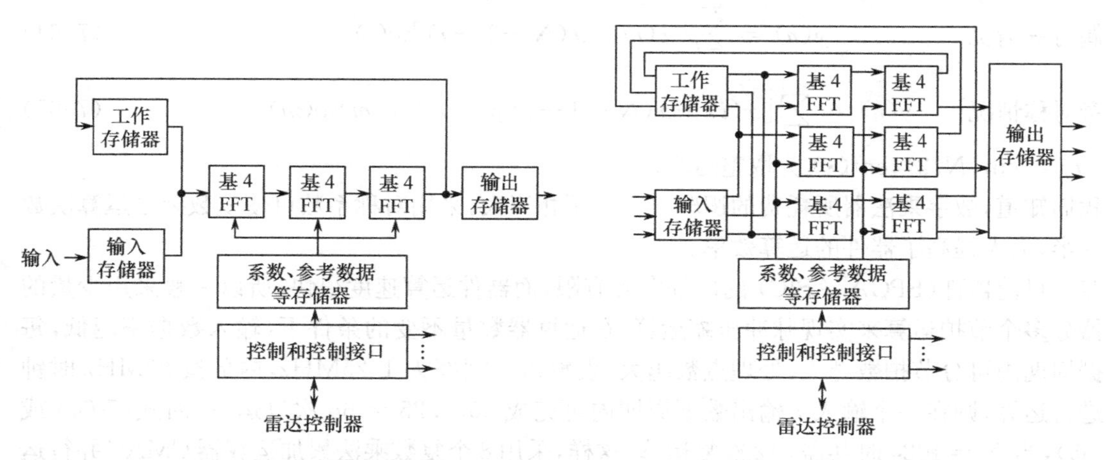

图 7.23　单通道三级脉冲压缩器的原理框图　　　　图 7.24　二级 3 通道脉冲压缩器的原理框图

所提出的模块化结构可以实现采用卷积的算法以对不同雷达波形进行脉冲压缩。含有模块结构的积木块是现场可更换组件(LRM),它们采用 VHSIC 电路技术、多芯片封装和半定制专用集成电路(ASIC)或现场可编程门阵列(FPGA)。它所能获得的吞吐量、体积、质量及功率能与应用于现代多模式机载雷达系统的要求相匹配。这里提出的构造方法能使脉冲压缩处理机的结构满足各种雷达系统的要求。

上面介绍了时域和频域实现数字脉压的概念。最后，介绍一个采用时域匹配滤波方法用FPGA等器件实现数字脉冲压缩的例子。设脉冲压缩器输出为

$$y(n)=\sum_{i=0}^{N-1}x(i)w(n-i) \tag{7-60}$$

式中，$x(i)$ 为信号采样，$w(n)$ 为滤波器系数，N 为信号的采样单元数(即脉压点数)。式(7-60)可用复信号形式表示如下：

$$x(n)=x_{\mathrm{I}}(n)+\mathrm{j}x_{\mathrm{Q}}(n) \tag{7-61}$$

$$w(m)=w_{\mathrm{I}}(n)+\mathrm{j}w_{\mathrm{Q}}(n) \tag{7-62}$$

式中，$x_{\mathrm{I}}(n)$ 和 $x_{\mathrm{Q}}(n)$ 分别为接收信号的实部和虚部，$w_{\mathrm{I}}(n)$ 和 $w_{\mathrm{Q}}(n)$ 分别为滤波器系数的实部和虚部。将式(7-61)和式(7-62)代入式(7-60)，有：

$$\begin{aligned}y(n)=&\sum_{i=0}^{N-1}x_{\mathrm{I}}(i)w_{\mathrm{I}}(n-i)-\sum_{i=0}^{N-1}x_{\mathrm{Q}}(i)w_{\mathrm{Q}}(n-i)+\\&\mathrm{j}\left[\sum_{i=0}^{N-1}x_{\mathrm{Q}}(i)w_{\mathrm{I}}(n-i)-\sum_{i=0}^{N-1}x_{\mathrm{I}}(i)w_{\mathrm{Q}}(n-i)\right]\end{aligned} \tag{7-63}$$

若直接采用式(7-63)，则不仅需要4套实数脉压系统结构[如图7.25(a)所示]，还需要将实部和虚部各两个滤波器输出结果相加，这就使得设备量庞大，且很难满足速度快的要求。针对FPGA器件的特点和信号形式上的特点，应对式(7-63)进行简化。

FPGA器件内部计数器、运算器的工作频率可达100MHz以上。当输入信号带宽不宽，输入、输出为低数据率时，内部运算采用高速并行流水复用的逻辑结构，分时、分节拍运算，以节省内部资源，尽量减小电路规模。

对雷达信号而言，常用线性调频、非线性调频和编码信号三种信号形式。对线性调频和非线性调频信号，其匹配或失配滤波器系数均可设计成对称形式。对于对称系数的FIR滤波器，式(7-60)可改写为

偶对称情况 $$y(n)=\sum_{i=0}^{m-1}[x(i)+x(N-1-i)]w(i) \tag{7-64}$$

奇对称情况 $$y(n)=\sum_{i=0}^{m-1}[x(i)+x(N-1-i)]w(i)+x(m)w(m) \tag{7-65}$$

式中，$m=\mathrm{ent}(N/2)$，$\mathrm{ent}(\cdot)$ 为取整运算。

我们知道，数字乘法器所耗费的逻辑电路资源相当大，采用对称系数可使复数乘法运算次数下降一半，大大提高了器件的运算效率。

鉴于目前器件(FPGA/ASIC)的内部资源有限，而器件运算速度很快，所以一般采用少量的运算器分多个节拍运算来实现脉冲压缩运算。在运算器数量不变的条件下，输入数据率越低，每个数据周期内可分节拍数越大，处理点数越大。设输入数据率为1.25MHz，内部按80MHz时钟频率进行运算，则在一个输入/输出数据周期内可完成 $80/1.25=64$ 次复运算。对式(7-64)或式(7-65)，当 $N=1024$ 时共需512次复运算。这样，采用8个复数乘法累加运算器CMAC并行运算，再进行输出组合即可完成1024点以内的时域脉压运算。这时，为了与运算器对应，数据延时链也应分为8段。实际电路如图7.25(b)所示，偶对称和奇对称算法的电路略有不同，只需在电路中加以简单的控制。

电路中采用了16×64级×32位D型触发器作为数据序列延时存储器，中心对称折叠后组成

数据对，分 8 段经选择器分时输出，按式(7-64) 或式(7-65) 对数据对相加，后与权系数进行乘法累加运算，乘法累加结果合成后得到脉冲压缩输出(以上运算均为复数运算)。

图 7.25(b) 中的 CMAC 是复数乘法累加器，是脉冲压缩器的核心，其运算速度直接影响每一输入 / 输出节拍内能够运算的次数。当运算速度高时，在相同的数据率条件下，可以得到更高的脉冲压缩比；同样，在相同的脉冲压缩比条件下，也可以得到更高的数据率。所以，运算速度是 CMAC 的一个重要指标。

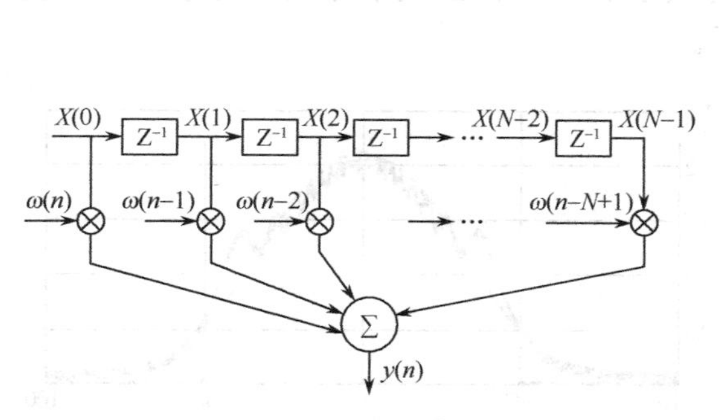

(a) 数字脉冲压缩的实域算法结构图

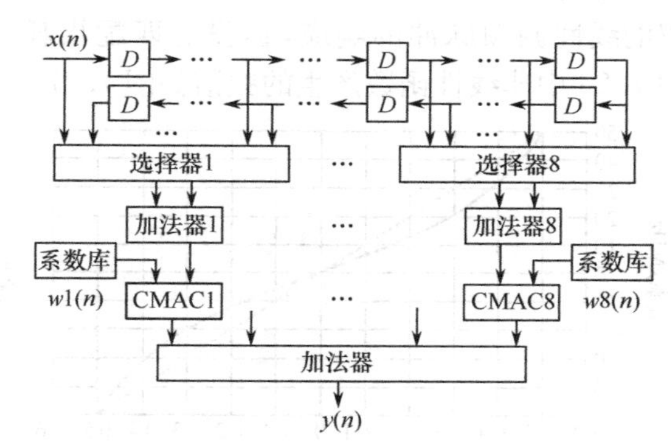

(b) 一种采用FPGA/ASIC的脉冲压缩器的电路框图

图 7.25　脉冲压缩器的电路框图

在多接收通道应用场合，如阵列信号处理时，可采用多通道复合传输处理方式，以节省硬件资源。在此不再讨论。

脉冲压缩器通用化，既可减少大量的重复设计，又适应了多模式信号处理的要求，使得数字脉冲压缩的优势更加突出，使用更加便捷。将原来复杂的数字脉冲压缩电路集成到一个单片内，降低了成本，减少了体积，还大大提高了系统的可靠性。通用脉冲压缩器电路非常适合制成 ASIC，也可以用 FPGA 实现。

7.3　非线性调频脉冲压缩[3,6]

比起线性调频，非线性调频的优点是用幅度恒定的波形和一个理论上无损耗的匹配滤波器可以产生较低的时间旁瓣。非线性调频不会有线性调频脉冲压缩系统中用来减小旁瓣的失配滤波器有关的信噪比损失。幅度恒定的包络可以有效地产生高功率。频率的非线性变化率起着频谱幅度加权相同的作用。如果某部分频谱所用的时间少一点，就等效于减小了该频谱的幅度。此外，压缩脉冲没有明显的展宽。当采用对称的非线性调频时，模糊图是图钉状的，也就是它有一个单一的峰值而不是一个脊背(对称波形是这样的：它的频率在脉冲的前半部分增大而在后半部分以相似的方式减小，反之亦然)。因而对称非线性调频波形对于大的多普勒频移会更敏感且不具有多普勒容错性。非对称波形只利用对称波形的一半而且具有一些线性调频距离多普勒耦合的特点。

与线性调频波形相比，非线性调频波形会导致系统更复杂。可以用声表面波色散延迟线和数字方法来产生和处理非线性调频波形。设计非线性调频波形的目的是，产生与前面所提到的经典幅度加权函数等效的波形。在目前已报道的非线性调频波形的例子中，它们基于可以得到低旁瓣(−35 ～−40dB 或更好) 的 40dB 泰勒加权、海明加权、高斯截断加权和基底上加余弦平方加权。

几种有利用价值的非线性度可引入到调频扫描中来。扫描沿着非线性曲线进行，可提供频谱的锥削，并降低旁瓣而不会引起匹配损耗。从一个子脉冲到另一个子脉冲，频率可分步改变，从而在频带 B 上产生一均匀频谱。另一方法是，根据近似线性或步进频率扫描的编码，在子脉冲之间相位进行步进变化。现对几种非线性调频脉冲波形及方法进行简介。

7.3.1 非线性调频

在非线性调频中，在发射脉冲尾部附近，扫描速率提高，而在接近中心位置，扫描速率则降低，如图 7.26 所示。其结果是使发射频谱锥削，并使匹配滤波器响应有低的旁瓣。例如，如果使调频斜率与汉明加权函数的平方根成反比变化，则在接收机中使用匹配滤波器会产生接近汉明加权的线性调频脉冲的响应，但没有匹配损耗。与表示汉明加权函数平方根的理想频谱相比，图 7.26 中非线性函数产生的频谱如图 7.27 所示。

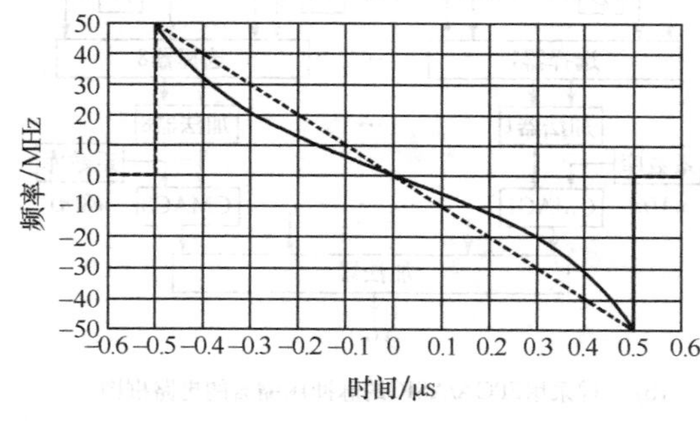

图 7.26 与有相同偏移的线性扫描相比，对汉明加权函数的非线性调频脉冲

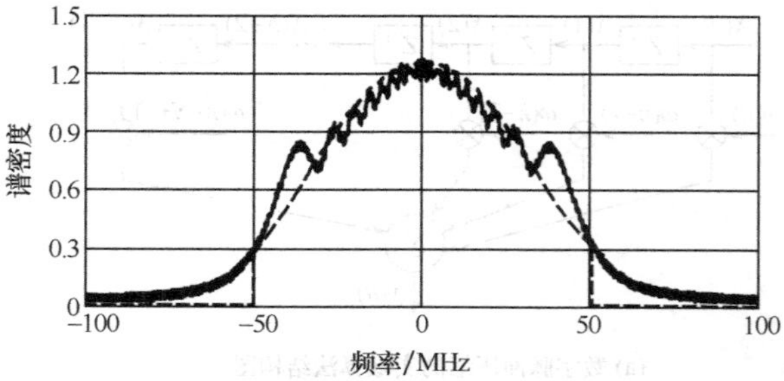

图 7.27 与理想频谱（汉明加权函数的平方根）相比，非线性调频波形的频谱

非线性调频脉冲频谱中的菲涅耳波纹可使旁瓣比接收机中仅用汉明加权所获得的电平提高几个分贝。响应函数有一个与线性调频脉冲类似的对角脊背，但需其中心有一个尖锐的峰（见图 7.28）。

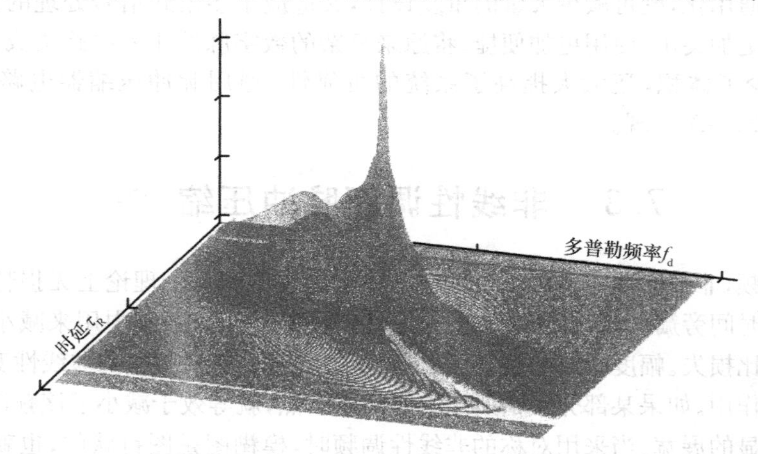

图 7.28 汉明加权的非线性调频脉冲的响应

7.3.2 步进频率调频

在步进频率调频中，发射机频率在连续子脉冲上离散跳动来覆盖带宽 B，如图 7.29(a) 所示。图 7.29(b) 中的相位与时间关系图成一直线分段，接近于点划曲线所示的线性调频特性。图 7.29(c) 所示的频谱接近线性调频的矩形频谱。步进频率和线性函数之间锯齿形差异的存在会在时间响应中产生栅瓣，但如果频率步进值 B/m 小于步进周期（如 $m^2 > B\tau$）的倒数 m/τ 的话，则这些栅瓣很小。除了这些栅瓣外，图 7.30 示出步进频率调频波形的响应函数。

7.3.3 步进相位调频

与线性调频进一步不同的是相位步进信号，如图 7.31 所示，它逼近步进调频波形的线性相

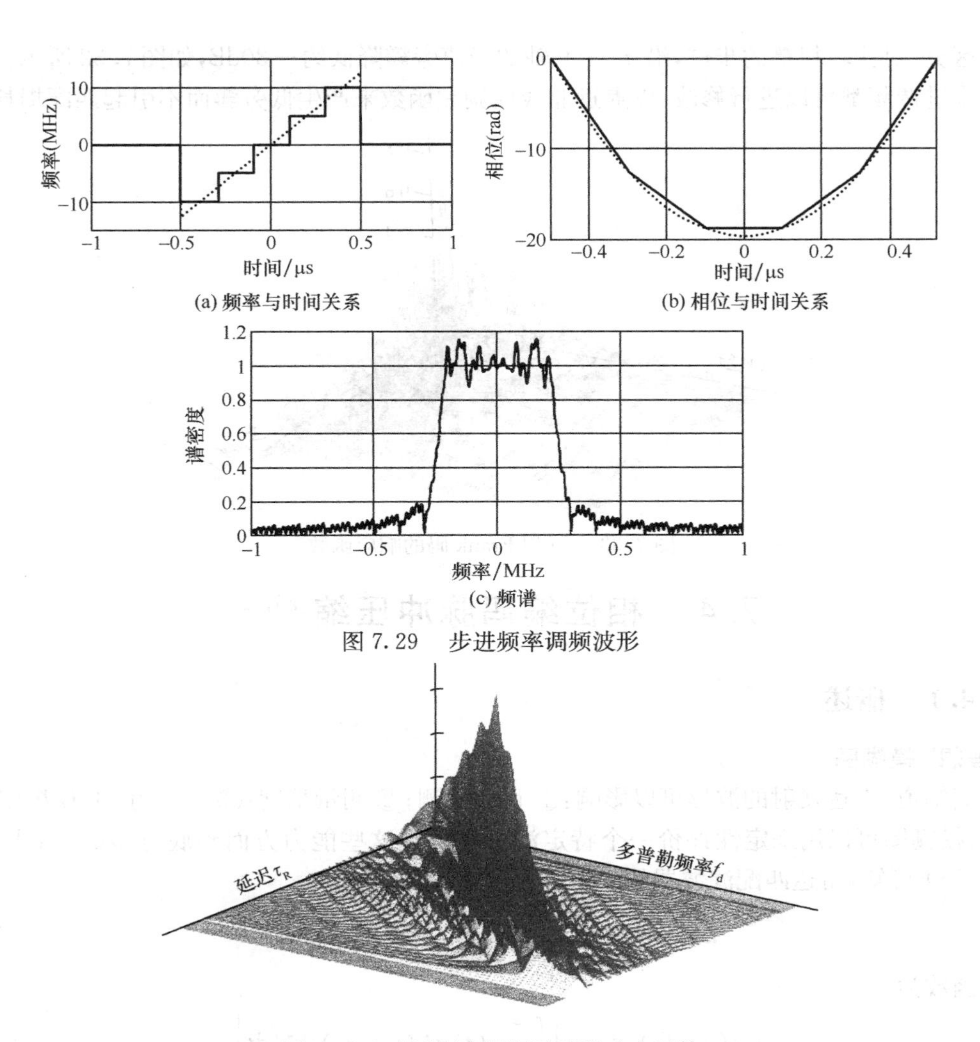

(a) 频率与时间关系

(b) 相位与时间关系

(c) 频谱

图 7.29　步进频率调频波形

图 7.30　步进频率调频波形的响应函数

位部分。这种编码相应于 Frank 多相编码或 Lewis 和 Kretschmer 所描述的一种相关的NRL P 编码。时间延迟上五相 Frank 码的典型响应如图 7.32 所示。延迟—多普勒空间上五相 Frank 码的响应函数如图 7.33 所示。

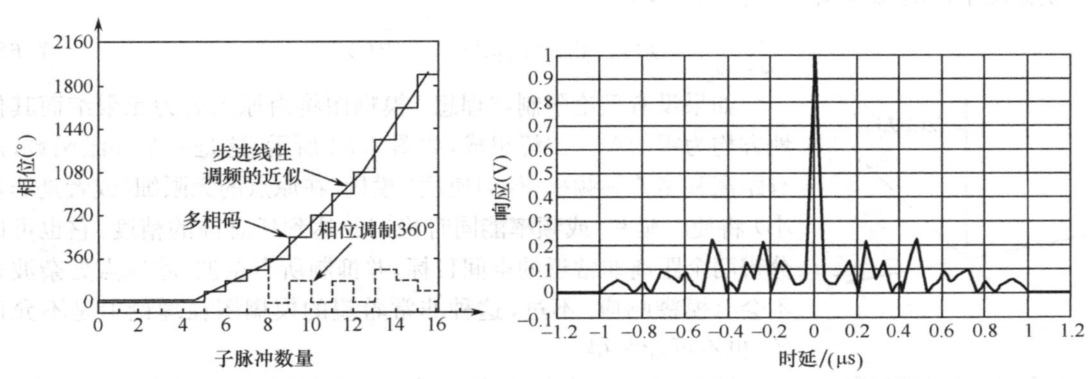

图 7.31　与步进调频波形相位相比较的 Frank 多相码

图 7.32　多普勒频移为零时，时间延迟中五相 Frank 码的响应

如果相位量化和频率步进做得非常细小，则步进相位波形及其模糊函数就难以从线性调频

脉冲中区分。对比较粗糙的步进，沿 $f_d=0$ 轴的峰值旁瓣降低约 -30dB，如图 7.32 所示。这种波形以及步进调频都可以进行修改，以逼近非线性调频函数来产生低旁瓣而不引起匹配损耗。

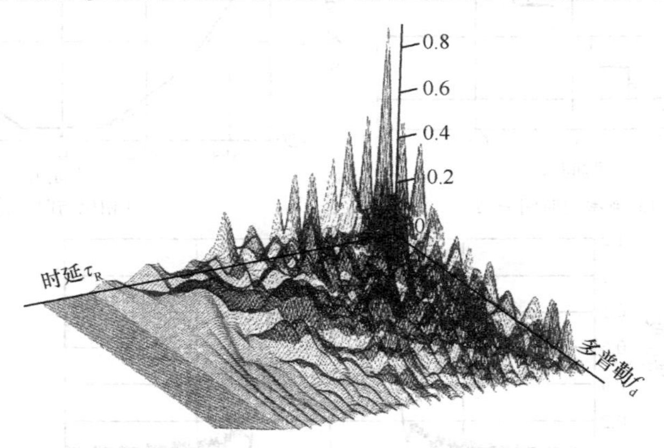

图 7.33　五相 Frank 码的响应函数

7.4　相位编码脉冲压缩[25,32]

7.4.1　概述

“理想”模糊图

我们知道，雷达发射的波形可以影响：① 目标检测；② 测量精度；③ 分辨力；④ 模糊度；⑤ 杂波抑制。模糊图可以用来定性评价一个特定波形在实现这些能力方面到底有多好。由式(7-52)和式(7-53) 可知，雷达匹配滤波器的输出可表示为

$$\chi(\tau_R, f_d)=\int_{-\infty}^{+\infty} u(t)u^*(t+\tau_R)\mathrm{e}^{\mathrm{j}2\pi ft}\,\mathrm{d}t \tag{7-66a}$$

其模糊函数为

$$|\chi(\tau_d, f_d)|^2=\left|\int_{-\infty}^{+\infty} u(t)u^*(t+\tau_R)\mathrm{e}^{\mathrm{j}2\pi ft}\,\mathrm{d}t\right|^2 \tag{7-66b}$$

其三维图形是模糊图，它是时延 τ_R 和多普勒频率 f_d 的函数，模糊函数的最大值为：

$$|\chi(\tau_d, f_d)|^2_{\max}=|\chi(0,0)|^2=(2E)^2 \tag{7-67}$$

模糊图下面的总体积也等于$(2E)^2$，即

$$\int_{-\infty}^{+\infty}\int_{-\infty}^{+\infty}|\chi(\tau_d, f_d)|^2\mathrm{d}\tau_R\mathrm{d}f_d=(2E)^2 \tag{7-68}$$

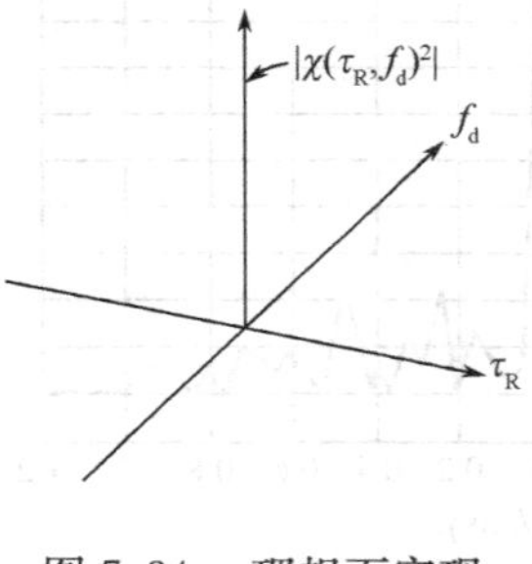

如果没有理论限制，“理想”模糊图将由原点处为无限细而其他地方均为零的单个尖峰组成，如图 7.34 所示。这是一个冲激函数，没有距离和多普勒频率(径向速度) 模糊。在原点的无限细(或者是非常小) 将使时延和/或频率能同时确定并达到任意高的精度，它也可以分辨两个距离非常近的空间目标，并抑制所有杂波，除原点处杂波外不会有模糊响应。不过，这种非常希望的模糊图在理论上是不允许的，也不可能获得。

$|\chi(\tau_R,f_d)^2|$　f_d　τ_R

图 7.34　理想而实现不了的模糊图

图 7.35 是对良好模糊的图的一个近似。由于只有单个尖点，波形不会产生模糊。通常，当只获得一个尖峰时，就像这里所示的一样，则沿时延轴和多普勒频率轴波形会很宽，从而使精度和分辨力都较差。在实际中，通常在靠近原

点附近狭窄区域外面的模糊图某处，波形会有大响应。实际波形不会与图 7.34 理想模糊图相近似，甚至不会与图 7.35 这个更现实的形式相近似。

我们知道，伪随机编码信号的模糊函数大都呈现近似图钉形，如图 7.36 所示，图钉的好处是，时延和频率测量的精度可分别由调制带宽和脉冲持续时间独立确定。

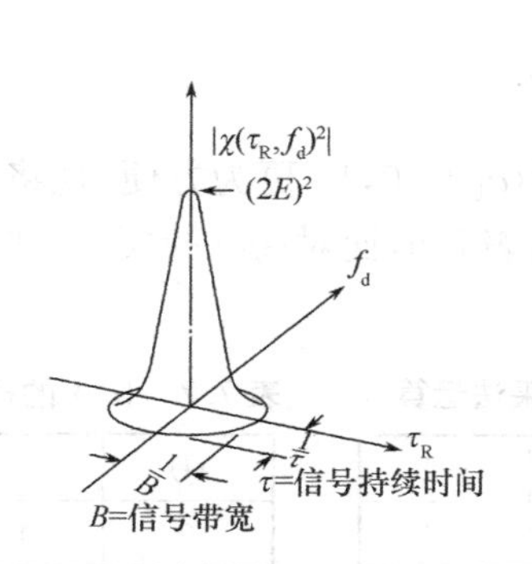

图 7.35　一个近似理想的模糊函数限制条件为，在原点的值始终为$(2E)^2$，而且$|\chi(\tau_R,f_d)|^2$表面下的体积也由$2(E)^2$给出

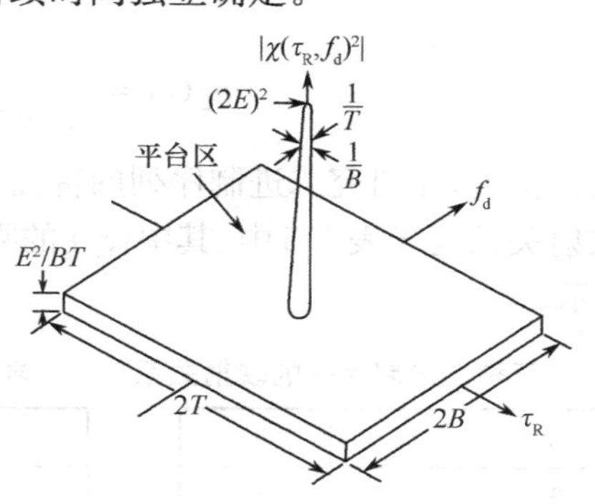

图 7.36　理想的图钉状模糊图，可能由类噪声波形或伪随机编码脉冲波形（未给出旁瓣结构的细节）产生

7.4.2　二相编码信号

用相位变化可以增加用于脉冲压缩的宽脉冲信号带宽。一个脉宽为 T 的宽脉冲分解成 N 个宽为 τ_1 的子脉冲。通过改变每个子脉冲的相位可以增加带宽（因为相位随时间的变化率是频率）。相位变化的常见形式是二元相位编码（二相编码），在这个形式中，每个子脉冲的相位可以根据规定的准则选为 0 或 π 弧度。如果相位 0 和 π 的选择是随机的，那么得到的波形近似一种噪声调制的信号，并且有图钉状的模糊函数，如图 7.36 所示。匹配滤波器的输出将是一个脉宽为 T 的压缩脉冲，而且将有一个比宽脉冲的峰值大 N 倍的峰值。脉冲压缩比等于子脉冲的数量 $N=T/\tau_1=BT$。其中带宽 $B\approx 1/\tau_1$。匹配滤波器的输出在峰值响应的两边延续一个时间 T。不想要的但无法避免的部分输出波形不是压缩脉冲而是大家知道的时间旁瓣。如果相位选择是随机的，那么预计最大（功率）旁瓣比压缩脉冲峰值低大约 $2/N$。下面作数学分析。

一般相位编码信号的复数表达式为

$$s(t)=a(t)\mathrm{e}^{\mathrm{j}\varphi(t)}\mathrm{e}^{\mathrm{j}2\pi f_0 t} \tag{7-69}$$

信号的复包函数为

$$u(t)=a(t)\mathrm{e}^{\mathrm{j}\varphi(t)} \tag{7-70}$$

式中，$\varphi(t)$ 为相位调制函数。对二相编码信号来说，$\varphi(t)$ 只有 0 或 π 两个可能取值。可用二进制相位序列$\{\varphi_k=0,\pi\}$表示，也可以用二进制序列$\{c_k=\mathrm{e}^{\mathrm{j}\varphi_k}=+1,-1\}$表示。如果二相编码信号的包络为矩形，即

$$a(t)=\begin{cases}1/\sqrt{N\tau_1} & 0<t<T=N\tau_1\\ 0 & 其他\end{cases} \tag{7-71}$$

则二相编码信号的复包络可写成

$$u(t)=\begin{cases}\dfrac{1}{\sqrt{N}}\displaystyle\sum_{k=0}^{N-1}c_k v(t-k\tau_1) & 0<t<T\\ 0 & 其他\end{cases} \tag{7-72}$$

式中，$v(t)$ 为子脉冲函数，τ_1 为子脉冲宽度，N 为码长，$T=N\tau_1$ 为编码信号持续期。利用 δ 函数的性质，式(7-72) 还可改写成

$$u(t) = v(t) \otimes \frac{1}{\sqrt{N}} \sum_{k=0}^{N-1} c_k \delta(t - k\tau_1) = u_1(t) \otimes u_2(t) \tag{7-73}$$

式中

$$u_1(t) = v(t) = \begin{cases} 1/\sqrt{\tau_1} & 0 < t < \tau_1 \\ 0 & \text{其他} \end{cases} \tag{7-74}$$

$$u_2(t) = \frac{1}{\sqrt{N}} \sum_{k=0}^{N-1} c_k \delta(t - k\tau_1) \tag{7-75}$$

值得指出，在研究二进制序列的特性时，有时采用$\{q_k = 0,1\}$更为方便。现将三种二进制序列的映射关系列于表7.5中。其中$\{c_k\}$的乘法运算表为表7.6，而对$\{q_k\}$的模－2加法运算表如表7.7所示。

表7.5　三种二进制序列的映射关系

φ_k	c_k	q_k
0	+1	0
π	−1	1

表7.6　$\{c_k\}$的采法运算

×	+1	−1
+1	+1	−1
−1	−1	+1

表7.7　$\{q_k\}$的模－2加法运算

⊕	0	1
0	0	1
1	1	0

图7.37示出二相编码信号的波形图。

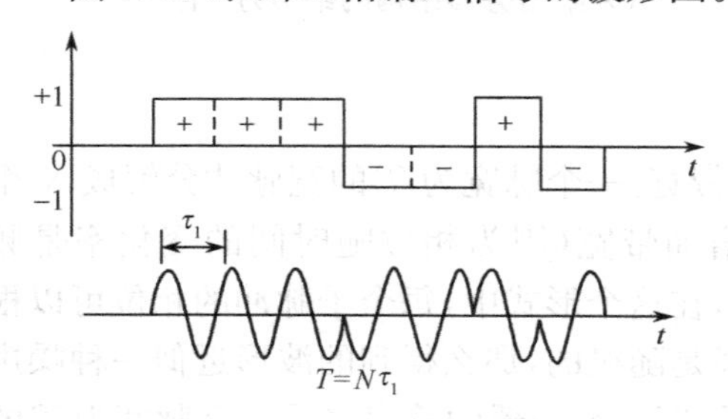

图7.37　二相编码信号的波形图

1. **二相编码信号的频谱**

应用傅里叶变换对

$$\text{rect}(t/\tau_1) \rightleftharpoons \tau_1 \text{sinc}(f\tau_1)$$

$$\delta(t - k\tau_1) \rightleftharpoons e^{-j2\pi fk\tau_1}$$

不难得到式(7-74)和式(7-75)中$u_1(t)$和$u_2(t)$所对应的频谱表达式，即

$$u_1(t) = \frac{1}{\sqrt{\tau_1}} \text{rect} \frac{t - \tau_1/2}{\tau_1} \rightleftharpoons U_1(f)$$

$$= \sqrt{\tau_1} \text{sinc}(f\tau_1) e^{-j\pi f\tau_1} \tag{7-76}$$

$$u_2(t) = \frac{1}{\sqrt{N}} \sum_{k=0}^{N-1} c_k \delta(t - k\tau_1) \rightleftharpoons U_2(f) = \frac{1}{\sqrt{N}} \sum_{k=0}^{N-1} c_k e^{-j2\pi fk\tau_1} \tag{7-77}$$

于是，根据傅里叶变换卷积规则，由式(7-73)可求得二相编码信号的频谱为

$$U(f) = U_1(f)U_2(f) = \sqrt{\frac{\tau_1}{N}} \text{sinc}(f\tau_1) e^{-j\pi f\tau_1} \sum_{k=0}^{N-1} c_k e^{-j2\pi fk\tau_1} \tag{7-78}$$

式(7-78)表明二相编码信号的频谱主要取决于子脉冲频谱$U_1(f)$，至于附加因子$\sum_{k=0}^{N-1} c_k e^{-j2\pi fk\tau_1}$的作用则与所采用编码的形式有关。

计算表明二相编码信号的带宽B与子脉冲带宽相近，即

$$B \approx 1/\tau_1 = N/T \tag{7-79}$$

信号的时宽—带宽乘积或脉冲压缩比为

$$D = TB = TN/T = N \tag{7-80}$$

采用长的二进制序列，就能得到大的时宽—带宽积的编码脉冲压缩信号。

2. **二相编码信号的自相关函数**

二相编码信号的距离模糊函数或自相关函数为

$$\chi(\tau,0)=\sum_{m=-(N-1)}^{N-1}\chi_1(\tau-m\tau_1,0)\,\chi_2(m\tau_1,0) \tag{7-81}$$

式中，$\chi_1(\tau,0)$ 为单个矩形脉冲的自相关函数，即

$$\chi_1(\tau,0)=\frac{\tau_1-|\tau|}{\tau_1},\qquad |\tau|<\tau_1 \tag{7-82}$$

$\chi_2(m\tau_1,0)$ 为归一化二元伪随机序列的非周期自相关函数。为了简化起见，今后以 $\chi(m,0)$ 表示非归一化伪随机序列的非周期自相关函数，其数学表达式可写成

$$\chi(m,0)=\sum_{k=0}^{N-1-m}c_k c_{k+m} \tag{7-83}$$

显然，二相编码信号的自相关函数 $\chi(\tau,0)$ 主要取决于所用二元序列的自相关函数 $\chi(m,0)$。

7.4.3 二元伪随机码信号[3,6]

伪随机码，它是具有近似随机序列[噪声的性质，而又能按一定规律（周期）产生和复制的序列]产生和复制的序列。因为随机码是只能产生而不能复制的，所以称其为"伪"随机码。

伪随机码虽然是一种完全确定的、有规律的序列，但它在某些方面和真正的二元随机码非常相似。例如二元码中"+1"和"−1"出现的概率，"+1"游程和"−1"游程出现的概率，特别是它们的自相关函数和真正的二元随机码非常相似。在此着重介绍二元伪随机码。

1. 巴克(Barker)码

0 和 π 相位的某些随机选择比其他的随机选择好（这里好是指最大旁瓣电平低）。如果想得到具有低时间旁瓣的压缩波形 —— 通常是这样，完全随机选择不是个好主意。一种选择子脉冲相位的准则是使压缩脉冲所有的时间旁瓣都相等，这种使时间旁瓣相等的 0、π 二相码称作巴克码。它是一种特殊的二进制码，是唯一能使时间旁瓣在单位电平上保持相等且仅沿零多普勒轴的编码。其特点是其自相关函数峰值旁瓣的幅度都小于或等于 $1/N$，这里 N 是码长而输出信号电压（即最大输出电压）则用 1 来归一化。

巴克码是一种二元伪随机序列 $\{c_n\}$，$c_n\in(+1,-1)$，$n=0,1,2,\cdots,N-1$。其非周期自相关函数很理想，满足

$$\chi(m,0)=\sum_{k=0}^{N-1-|m|}c_k c_{k+m}=\begin{cases}N & m=0\\ 0\ \text{或}\ \pm1 & m\neq0\end{cases} \tag{7-84}$$

显然有 $|\chi(m,0)|\leqslant1$，$m\neq0$，故也称最佳有限二元码。但这种序列数目不多，目前只找到下列几种巴克码，最长的是 13 位（见表 7.8）。

表 7.8 巴克码

长度 N	序列 $\{c_n\}$	$\chi(m,0)$ $m=0,1,2,\cdots,N-1$	主旁瓣比 /dB
2	−+，+−	2，+1；2，−1	6
3	++−	3，0，−1	9.5
4	++−+，+++−	4，−1，0，+1；4，+1，0，−1	12
5	+++−+	5，0，+1，0，+1	14
7	+++−−+−	7，0，−1，0，−1，0，−1	16.9
11	+++−−−+−−+−	11，0，−1，0，−1，0，−1，0，−1，0，−1	20.8
13	+++++−−++−+−+	13，0，+1，0，+1，0，+1，0，+1，0，+1，0，+1	22.3

图 7.38(a) 所示为长度 $N=13$ 位的巴克码。"+"表示相位为 0，而"−"表示相位为 π；图 7.38(b) 所示为匹配滤波器输出它的自相关函数。在峰值的每边有 6 个相等的时间旁瓣，每个

旁瓣电平低于主瓣 22.3dB(巴克码的旁瓣电平是峰值信号电平的 $1/N^2$)；图 7.38(c) 所示的是一个多抽头延迟线，当从左边输入时它可产生长度为 13 位的巴克码。如果接收信号是从右边输入的，同样的多抽头延迟线滤波器可作接收机的匹配滤波器。各种巴克码列在表 7.6 中。没有一个长度超过 13 位，因而巴克码的最大脉冲压缩为 13。对于脉冲压缩雷达的应用来说，这个值相对较低。其他实际的二进制编码可以是任意长度，但它们的旁瓣特性并不称心如意。

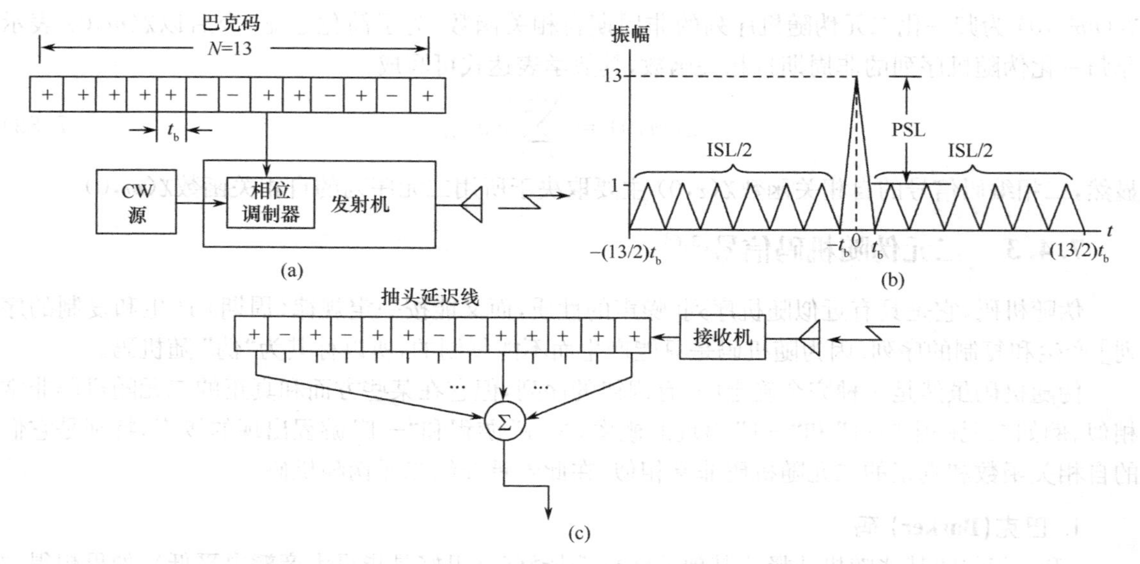

图 7.38 (a) 长度为 13 位的巴克码，共有 13 等分的子脉冲，且每个子脉冲的相位是 0° 或 180° 的宽脉冲；(b) 图(a) 的自相关函数，表示匹配滤波器的输出；(c) 产生长度为 13 位的巴克码的多抽头延迟线

以 7 位巴克码为例来说明。$N=7$ 的巴克码为 $\{c_n\}$ =+++−−+−，其镜像码为 $\{c_{-n}\}$ =−+−−+++。按下列步骤可以很快求得巴克码的非周期自相关函数 $\chi(m,0)$。

```
{c_n} =+++−−+−
{c_-n} =−+−−+++
---------------------------------------------
−   − −  + +  − +
+ +  + −  − +  −
   −  − −  + +  − +
     − −  − +  + −  +
       +  + +  − −  + −
            + +  + −  − +  −
               +  + +  − −  + −
---------------------------------------------
χ(m,0) = −1, 0, −1, 0, −1, 0, +7, 0, −1, 0, −1, 0,
```

值得提出的是多数伪随机码的非周期自相关特性并不具有 0,1 相间的理想形式，编码信号自相关函数的旁瓣将由于相邻三角形重叠而破坏了旁瓣的规则性和均匀性。

由匹配滤波器理论知道，信号通过匹配滤波器的输出就是信号的自相关函数。因此，在雷达信号中所用的二相编码信号，应要求其自相关函数具有高的主峰和低的旁瓣。现再以巴克码为例说明。巴克码自相关函数的主旁瓣比等于压缩比，即等于码长 N，旁瓣均匀，是一种较理想的编码脉压信号。可惜它的长度有限，已经证明，对于奇数长度，$N\leqslant 13$；对于偶数长度，目前也未找到大于 4 的巴克码序列。根据巴克码的自相关函数公式求出自相关函数后，即可求出编码信号的功率谱，以 13 位巴克码为例，其功率谱函数为：

$$P(\omega)=(\tau_1)\left[\frac{\sin(\omega\tau_1/2)}{\omega\tau_1/2}\right]^2\left[12+\frac{\sin(13\omega\tau_1)}{\sin\omega\tau_1}\right] \tag{7-85}$$

可认为其频谱宽度主要由子脉冲宽度 τ_1 决定。

图 7.39(a) 示出巴克码信号的频谱($N=13$)，图 7.39(b) 示出其局部模糊函数。

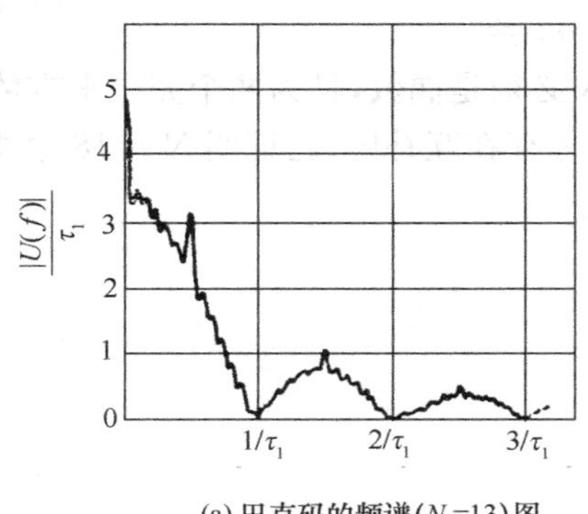

(a) 巴克码的频谱(N=13)图

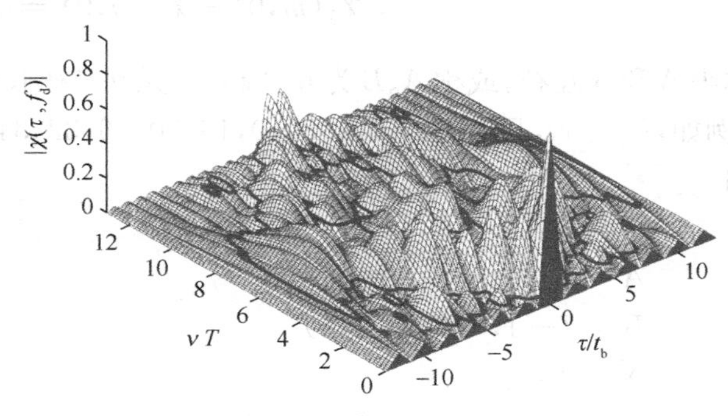

(b) 巴克码的局部模糊函数(N=13)图

图 7.39　巴克码的频谱和局部模糊函数图

2. 互补码

下面具体讨论：已经证明 4 位巴克码具有特殊的性质，它可以使我们不仅可消除旁瓣，而且可以组成很长的码。

4 位巴克码和两位巴克码都有补码形式。对应地，这两种形式产生的旁瓣具有相反的相位。因此，如果我们用这两种方式的编码交替地调制相继的发射脉冲，并且在延迟线输出中适当地切换相位反转器的位置，在交替的脉冲间隔期间，当将相继脉冲得来回波被累积时，则各个旁瓣被对消(见图 7.40)。

更为重要的是，以一定的方式把补码形式链接在一起，就可以构造任意长度的码。如图 7.41 所示，4 位编码的两种形式正好是 2 位编码的两种组合，而两位编码又正好是两种基本二进制码“+”和“−”的组合。

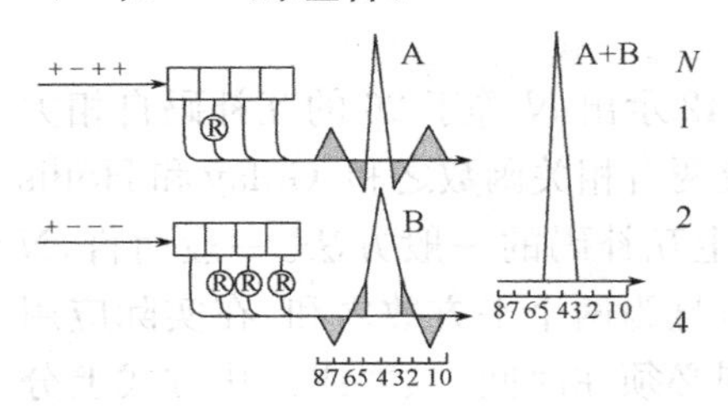

图 7.40　在交替的脉冲间隔期间，从同一目标接收到用巴克码补码编码的回波。当输出被累积时，旁瓣被对消

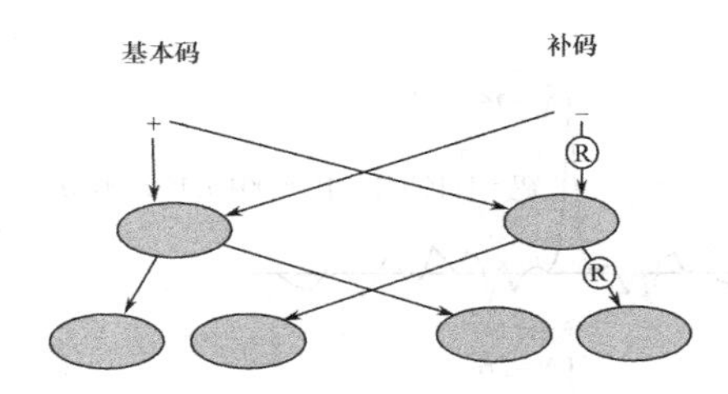

图 7.41　补码是怎样形成的。通过链接基本的二进制数字(−＋−)到其补数(−)，就形成基本的 2 位码。通过链接基本的二进制数字(+) 到其带符号(+) 的补数，就形成互补的 2 位码。通过链接基本的 2 位码到其互补的 2 位码，就形成 4 位码。通过链接基本的 2 位码到其带反转符号的互补 2 位码，就形成互补的 4 位码，以此类推

不同于没有链接的巴克码，链接的巴克码产生幅度比单个巴克码的旁瓣高。但由于链接是互补的，所以当相继脉冲被累积时，这些较高的旁瓣可以对消。

互补码由长度 N 相等的两个序列组成，两序列非周期自相关函数的旁瓣在幅度上相等，但符号相反。两自相关函数之和的峰值为 $2N$，旁瓣电平为 0。

设有一对长度相同的有限二元码$A=\{a_n\}, a_n \in (+1,-1), n=0,1,\cdots,N-1$和$B=\{b_n\}$，$b_n \in (+1,-1), n=0,1,\cdots,N-1$，其非周期自相关函数分别为

$$\chi_A(m,0)=\sum_{k=0}^{N-1-|m|} a_k a_{k+m}, \qquad \chi_B(m,0)=\sum_{k=0}^{N-1-|m|} b_k b_{k+m} \tag{7-86}$$

如果

$$\chi_A(m,0)+\chi_B(m,0)=\begin{cases}2N, m=0\\ 0, \quad m\neq 0\end{cases} \tag{7-87}$$

就称码A和B互补，或称A、B为互补码。二元互补码长度N必须是偶数，且为两个完全平方数之和。例如，$N<50$，只有$N=2,4,8,10,16,20,26,32,34,40$才存在互补码（已证明$N=18$除外）。例如

$N=4$：

$A=(1,1,-1,1)$

$B=(-1,-1,-1,1)$

$N=8$：

$A=(-1,-1,-1,1,-1,-1,1,-1)$

$B=(-1,-1,-1,1,1,1,-1,1)$

$N=16$：

$A=(1,1,1,-1,-1,-1,1,-1,-1,-1,-1,1,-1,-1,1,-1)$

$B=(1,1,1,-1,-1,-1,1,-1,1,1,1,-1,1,1,-1,1)$

都是一对互补码。以$N=4$为例，其非周期自相关函数分别为

$$\chi_A(m,0)=+1,0,-1,+4,-1,0,+1$$

$$\chi_B(m,0)=-1,0,+1,+4,+1,0,-1$$

由此可得

$$\chi_A(m,0)+\chi_B(m,0)=\begin{cases}2N=8, & m=0\\ 0, & m\neq 0\end{cases} \tag{7-88}$$

也就是说A与B为一对互补码。

互补码虽然具有理想的非周期自相关特性，但是实际应用时，需要两个独立的信道，系统比较复杂。

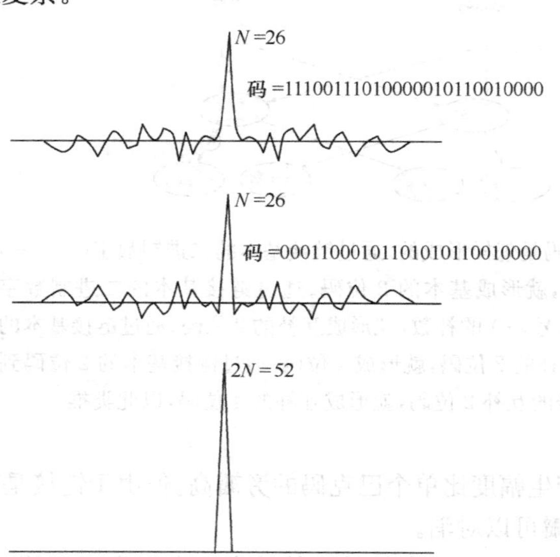

图 7.42　互补码的非周期自相关函数图

图 7.42 示出N等于 26 的互补码自相关函数，以及两自相关函数之和。Golay 和 Hollis 讨论了产生互补码的一般方法。一般而言，N须是偶数，且为两个平方数之和。在实际应用中，两序列必须在时间、频率或极化方式上分开，使雷达回波去相关，因此，旁瓣不可能全部对消。所以，互补码在脉冲压缩雷达中并没有得到广泛应用。

3. *M* 序列

前面已提到，伪随机码具有近似随机序列（噪声）的性质，而又能按一定规律（周期）产生和复制的序列。其中，由线性反馈移位寄存器产生的周期最长的序列称为M序列，n级线性反馈移位寄存器产生的M序列的长度为

2^n-1。如图 7.43 所示，4 级移位寄存器与模 2 加法器构成的 M 序列发生器，它产生的 M 序列为 000111101011001（需要将 a_3 的初值设为 1），长度（周期）是 15 位。模 2 加法运算是线性运算，所以是线性的反馈逻辑。

另外，如果反馈逻辑中的运算含有乘法运算或其他逻辑运算，则称作非线性反馈逻辑。由非线性反馈逻辑和移位寄存器构成的序列发生器所能产生最大长度序列称作最大长度非线性移位寄存器序列，也称作 M 序列，该 M 序列的长度是 2^n。如图 7.44 所示，4 级移位寄存器与模 2 加法器和乘法器构成的 M 序列发生器，它产生的 M 序列为 0000111101011001（初值均为 0），长度（周期）是 16 位。

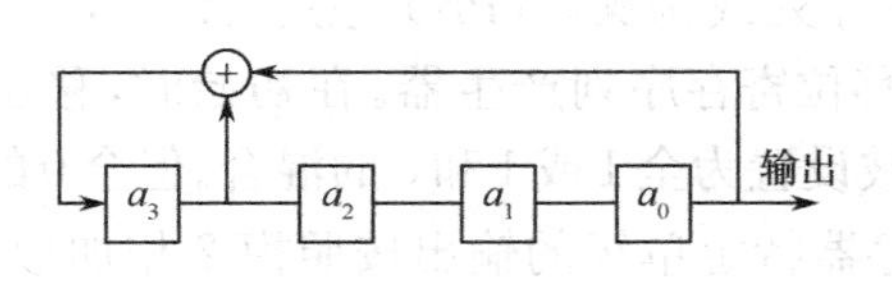

图 7.43　线性反馈移位寄存器

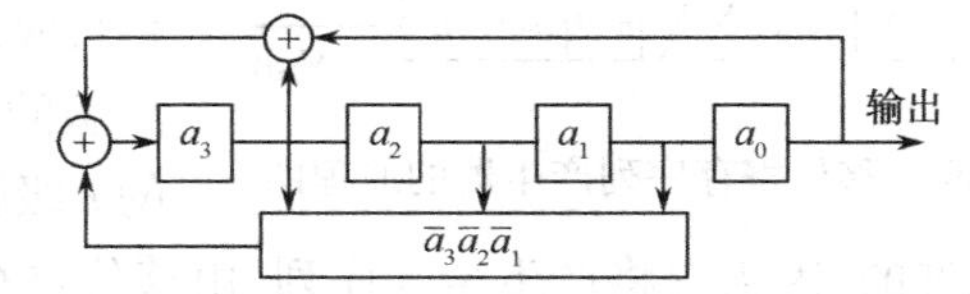

图 7.44　非线性反馈移位寄存器

M 序列也是一种二元伪随机序列，它的周期自相关函数很理想，而且模糊函数呈各向均匀的图钉形。但是非周期工作时，自相关函数将有较高的旁瓣，当 $N \gg 1$ 时，主旁瓣比接近 $\sqrt{N}$。

实际应用中常采用线性逻辑反馈移位寄存器来产生 M 序列。为此，霍夫曼定义 M 序列为 $X_0=\{x_0,x_1,x_2,\cdots,x_{N-1},\cdots\}$，$x_i\in(0,1)$，且满足下列关系式：

$$(I\oplus D\oplus D^2\oplus\cdots\oplus D^n)X_0=0 \tag{7-89}$$

式中，$\oplus$ 表示模 2 相加；D 表示单元位移。当 $(I\oplus D\oplus D^2\oplus\cdots\oplus D^n)$ 为不可分解的多项式，且又是原本的多项式时，X_0 具有最大长度，称为 M 序列。长度 $N=2^n-1$，n 为多项式的阶次，也是移位寄存器的级数，多项式表示反馈连接情况。例如：$n=3$，多项式为

$$I\oplus D\oplus D^2 \tag{7-90}$$

与其对应的 M 序列产生器如图 7.45 所示。

设起始存数为 $(x_1,x_2,x_3)=(0,1,0)$，那么，在移位脉冲作用下，输出端可得 $N=2^3-1=7$ 的 M 序列为 $X_0=$ (0 1 0 0 1 1 1…)。

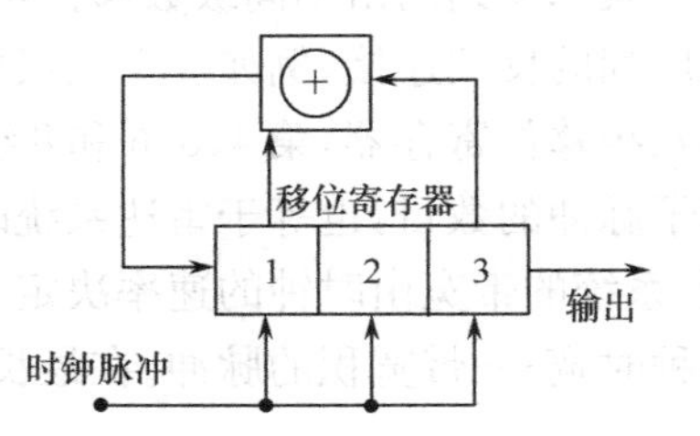

图 7.45　M 序列产生器的原理图

M 序列具有许多重要性质，下面介绍与波形设计有关的几条：

(1) 在一个周期内"-1"的个数为 $(N+1)/2$，"$+1$"的个数为 $(N-1)/2$，即

$$\sum_{k=0}^{N-1} x_k=-1 \tag{7-91}$$

(2) M 序列与其移位序列相乘，可得另一移位序列，即

$$(x_q)(x_{q+k})=(x_{q+h}),\quad k\not\equiv 0(\mathrm{mod}\ N) \tag{7-92}$$

(3) M 序列 $\{x_q\}$ 的周期自相关函数为

$$\chi(m,0)=\sum x_k x_{k+m}=\begin{cases}N, & m\equiv 0(\mathrm{mod}\ N)\\ -1, & m\not\equiv 0(\mathrm{mod}\ N)\end{cases} \tag{7-93}$$

(4) M 序列的傅里叶变换为复数周期序列 $\{X_m\}$，序列周期仍为 N，且有

$$X_m=\sum_{k=0}^{N-1} x_k \mathrm{e}^{-\mathrm{j}\frac{2\pi}{N}km},\quad |X_m|^2=\begin{cases}1, & m\equiv 0(\mathrm{mod}\ N)\\ N+1, & m\not\equiv 0(\mathrm{mod}\ N)\end{cases} \tag{7-94}$$

(5) M 序列的模糊函数为

$$\chi^2(k,s)=\left|\sum_n x_n x_{n+k}^* \mathrm{e}^{\mathrm{j}\frac{2\pi}{N}ns}\right|^2=\begin{cases}N^2, & k,s\equiv 0,0(\bmod N)\\ 0, & k\equiv 0(\bmod N),s\not\equiv 0(\bmod N)\\ 1, & k\not\equiv 0(\bmod N),s\equiv 0(\bmod N)\\ N+1, & k,s\not\equiv 0,(\bmod N)\end{cases} \tag{7-95}$$

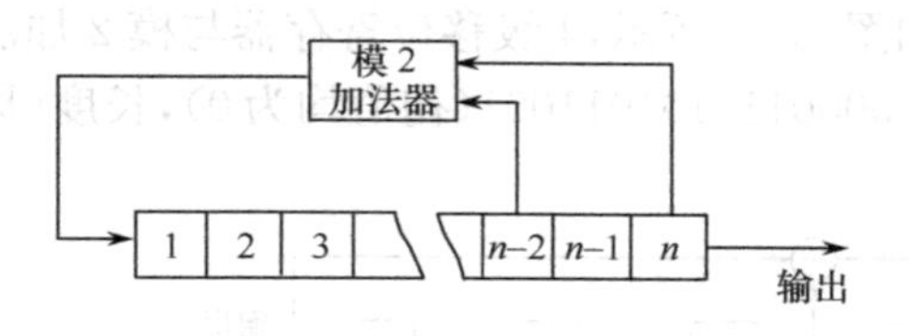

图 7.46　移位寄存序列产生器的原理图

由以上讨论可知，M 序列是线性反馈移位寄存器所能获得的最长序列。而且，结构与伪随机码相似，因而具有理想的自相关函数。这些序列通常被称为伪随机(PR) 序列或伪噪声(PN) 序列。图 7.46 示出一个典型的移位寄存序列产生器。在初始时，移位寄存器的 n 级被设置为全 1 或 1 和 0 的混合。但全 0 的特殊情况是不允许的，因为它将产生全 0 序列。由移位寄存器特定单级的输出按照模 2 相加形成输入。模 2 加法只取决于被相加的 1 的数量。如果 1 的数量是奇数，其和为 1，否则为 0。移位寄存器由时钟频率或移位频率触发，任何一级的输出均是二进制序列。

最长序列的长度 $N=2^n-1$，式中，n 为移位寄存器产生器的级数。n 级移位寄存器产生器可获得的最长序列的总数 M 为

$$M=\frac{N}{n}\prod\left(1-\frac{1}{N_i}\right) \tag{7-96}$$

式中，N_i 为 N 的素数因子。对于一个给定的 n 值存在许多不同的序列，这一点对那些需要长度相同、序列不同的应用来说是很重要的。

通过研究原始多项式或不可约多项式，可以确定提供最长序列的反馈连接。皮特森和威尔顿给出这些多项式的一览表。

表 7.9 列出由不同级数移位寄存产生器得到的最长序列的长度和数量。并给出一个产生最长序列的反馈连接。例如一个七级的移位寄存器，第 6 级和第 7 级输出的模 2 加被反馈至输入端。而八级移位寄存器，第 4，5，6 和 8 级输出的模 2 加被反馈至输入端。最长序列的长度 N 等于序列中子脉冲的数目，也等于雷达系统时宽和带宽的乘积。低级数寄存器能得到大的时宽 — 带宽乘积。系统的带宽由时钟的速率决定。改变时钟速率和反馈连接方式可产生各种脉宽、各种带宽和各种时宽 — 带宽积的脉冲。在最长序列中，0 ～ 1 或 1 ～ 0 的转变次数等于 2^{n-1}。

表 7.9　最大长度序列

级数 n	最长序列的长度 N	最长序列的数目 M	级间反馈连接
2	3	1	2,1
3	7	2	3,2
4	15	2	4,3
5	31	6	5,3
6	63	6	6,5
7	127	18	7,6
8	255	16	8,6,5,4
9	511	48	9,5
10	1023	60	10,7
11	2047	144	11,9
12	4095	176	12,11,8,6
13	8191	630	13,12,10,9
14	16383	756	14,13,8,4

(续表)

级数 n	最长序列的长度 N	最长序列的数目 M	级间反馈连接
15	32767	1800	15,14
16	65535	2048	16,15,13,4
17	131071	7710	17,14
18	262143	7776	18,11
19	524287	27594	19,18,17,14
20	1048575	24000	20,17

若移位寄存产生器处于连续工作状态，可得到周期波形。连续波(CW) 雷达有时采用这些波形。当输出一个完整的序列后，截断寄存器的输出则可获得非周期波形。这些波形经常应用于脉冲雷达。就旁瓣结构而言，上述两种波形的自相关函数是不同的。图 7.47 示出周期和非周期序列的自相关函数，其中序列是由 4 级移位寄存器产生的一个典型的 15 码元最长序列。周期波形的自相关函数旁瓣电平是常量 -1，重复周期是 $N\tau_1$，峰值是 N，其中 N 是序列的子脉冲数目，τ_1 是每个子脉冲的宽度。主旁瓣峰值电压比等于 $-N$。

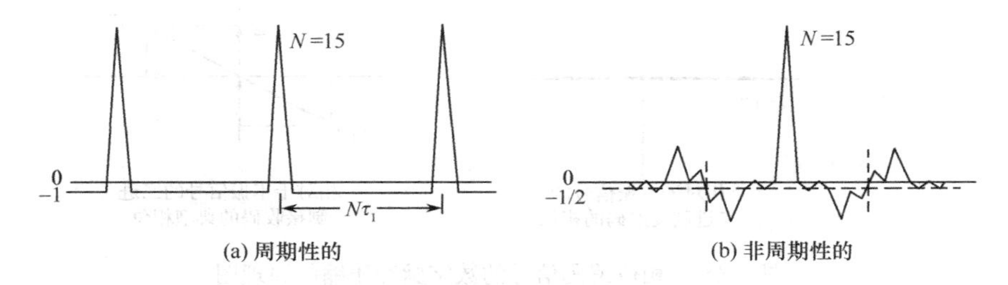

图 7.47　自相关函数的示意图

值得指出的是，M 序列的非周期自相关函数不如巴克码序列理想。有人研究了不同的反馈连接所产生的 M 序列，及其循环移位序列的截短序列，以期找出非周期自相关函数较好的序列。

二元伪随机序列除了以上几种外，还有 L 序列、双素数序列、霍尔序列等。这里不一一介绍了，有兴趣的读者可参考有关文献。

以上介绍的几种伪随机序列，周期自相关函数都很理想。作为脉冲压缩信号，我们更关心的是序列的非周期自相关函数。具有良好的周期自相关特性的序列并不一定都具有良好的非周期自相关特性，M、L 序列就是这个例子。虽然人们通过其循环移位寄存寻找其非周期自相关函数较好的序列，获得了一定的成果，但总的看来，旁瓣仍然比较高。于是，人们转向在复平面上综合最佳序列。互补序列的非周期自相关特性虽然很理想，但前已指出，实际应用需要两个信道，限制了它的应用。巴克码序列是最佳序列，但其长度 $N \leqslant 13$，这就限制了它的广泛应用。用组合码的方法，可以增加序列的长度，但旁瓣较高，所以，如何抑制旁瓣是二相编码作为脉冲压缩信号必须解决的课题。

7.4.4　二相编码系统的实现[2]

二相编码系统通常采用数字方法来实现脉冲压缩。数字脉冲压缩系统的方框图如图 7.48 所示。编码产生器输出二进制序列，然后送给射频调制器、发射机和相关器。接收的中频信号通过与子脉冲宽度匹配的带通滤波器后，被 I 和 Q 相位检波器检波。I 和 Q 相位检波器在同一频率上比较中频接收信号和同频本振(LO) 信号的相位。射频调制器也使用本振信号来产生二相调制的发射信号。相对于本振信号，每个发射二进制码元的相位是 0° 或 180°。然而，接收信号的相位和本振信号的相位相比有一个相移，相移的大小取决于目标的距离和速度。数字脉冲压缩采用两个处理通道，一个用于恢复接收的同相分量，另一个则用于恢复正交分量。这些信号被 A/D 变换器变换为数字量，它们与存储的二进制序列相关，并将 I、Q 分量合成，如平方和再开方。这类处理系统包含同相通道、正交通道和两个匹配滤波器或相关器，被称为零差式或零中频系统。如果只用一个通道，而不是 I 和 Q 通道，将有平均 3dB 的信噪比损失。实际上，每个相关器可由几个相关器组成，数字信号的每个量化比特位对应一个相关器。

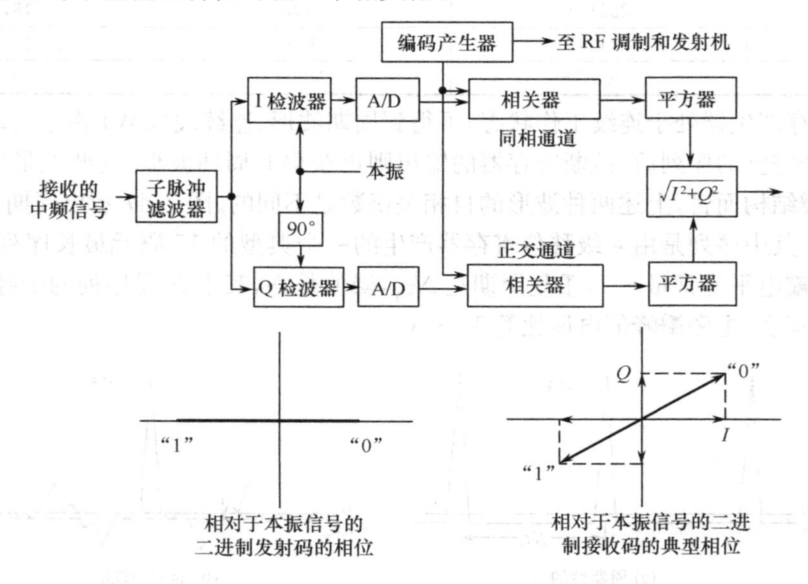

图 7.48　相位编码信号的数字脉冲压缩的原理图

相关器的两种实现方法如图 7.49 所示。图 7.49(a) 为固定参考序列相关器，即仅使用一个二进制序列。接收到的输入序列在时钟触发下连续输入一移位寄存器，该移位寄存器的级数等于序列的码元数。每一级的输出乘上加权系数 a_i，a_i 根据参考序列等于 +1 或 −1。求和电路输出相关函数或压缩脉冲。

图 7.49(b) 示出一种对每一发射脉冲的参考序列都可变的脉冲压缩方法。发射的参考序列输入参考移位寄存器。接收到的输入序列按时钟频率连续输入信号移位寄存器。在每个时钟周期，比较计数器计算两移位寄存器间匹配总数与不匹配总数之差，即输出端相关函数。在某些系统中，只计算匹配总数，然后再加上 $-N/2$ 的偏移值。

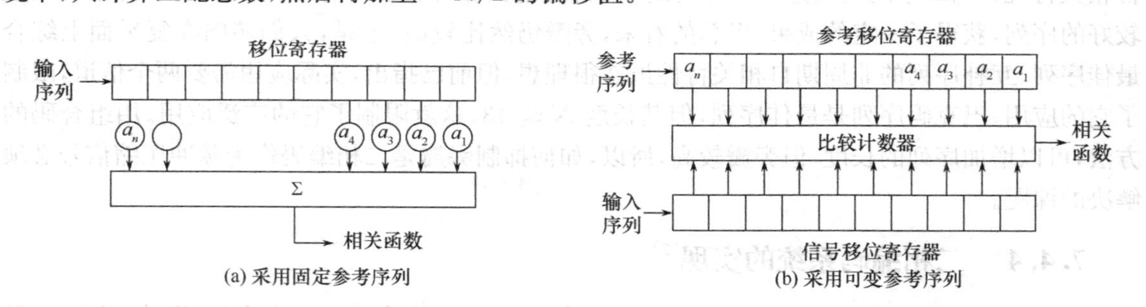

图 7.49　数字相关器的运算示意图

多普勒效应和多普勒修正。

二相编码波形产生图钉状的模糊图，因此当目标回波信号的多普勒频移较大时就需要一组匹配滤波器(每个滤波器调到一个不同的多普勒频率点)。而当多普勒频移较大时，这些波形存在更严重的问题，即图钉状的平台区旁瓣可能相对较高，而且单个目标会导致响应不止来自一个滤波器，从而在不正确的多普勒频移点出现模糊和/或虚假目标报告。因此当出现较大的多普勒频移时二相编码可能不适用。

在许多实际应用中，展宽脉冲宽度的多普勒效应是可以忽略的，因而不需要多普勒修正或补偿。这些应用中发射的是窄相位编码脉冲，展宽脉冲的多普勒效应产生的相移是可以被忽略的。当展宽脉冲宽度的多普勒相移不能被忽略时，就要采用多路多普勒通道，使信噪比损失最小。接收信号与多个本振信号混频（见图 7.46），然后根据多普勒分辨单元的位置，进行一定的频率补偿。其中多普勒分辨单元的大小是展宽脉冲宽度的倒数。

另一可行方案是在图 7.48 中采用一个本振和一位 A/D 变换器。多普勒补偿在 A/D 变换器之后和相关器之前完成。它在多普勒频率等于 180° 相移时将数据比特位求反，即将码元 1 改为 0，码元 0 改为 1。例如，每一个多普勒信道对应的多普勒频率在整个脉冲宽度内的相移等于 360°。比特位在每半个脉冲宽度后被反转，并在后半个脉冲宽度内保持不变。第二个多普勒信道的反转发生在四分之一脉冲宽度时刻，而第三个多普勒信道则在八分之一脉冲宽度时刻，等等。负多普勒频率信道的处理和正多普勒频率信道的处理相同，但是正向信道反转的比特位在负信道中则不反转，而在正信道中没有反转的比特位在负信道中反转。零多普勒信道则不发生反转。每个多普勒信道由单比特 I,Q 相关器和合成器（如平方和再开方）组成。初始检测后，使用线性多普勒处理可降低信噪比损失。例如，图 7.46 的本振将与得到初始检测的多普勒频率相对应，并使用 A/D 变换。一些雷达系统使用单比特多普勒补偿的宽脉冲来获得初始检测，然后再切换成不需多普勒补偿的窄脉冲。

7.4.5 多相编码(Polyphase Code)信号[3]

前已指出，二元伪随机码除了巴克码外，其他码的非周期自相关函数都不太理想。相位编码并不限于仅仅两种增量（0°，180°）。编码可以采用任何相位差，一般地可被使用的相关相位是 0°、90°、180°、270°。人们开始突破二元码的范围，在复数多元码中寻找非周期自相关函数良好的伪随机码，称为多相伪随机序列或多相码。多相序列是幅度恒定、相位 ϕ_k 可变的有限长离散时间复序列。多相编码对连续载波进行相位调制，多相序列由许多离散相位组成。

在相位编码脉冲压缩中，子脉冲的相位不需要严格限制在 0 和 π 两个值。多相编码，它们的相位量化小于 2π。多相码产生的旁瓣电平比二相码低，如果多普勒频移不是太大，它们具有多普勒频移容错特性。其数学表达式可写成

$$c = \{c_0, c_1, c_2, \cdots, c_K, \cdots, c_{P-1}\} \tag{7-97}$$

式中，复数 $c_K = |c_K| e^{j\varphi_K}$。

多相编码信号的复包络表达式仍可写成

$$u(t) = \frac{1}{\sqrt{P}} \sum_{K=0}^{P-1} c_K u_1(t - KT) \tag{7-98}$$

式中

$$u_1(t) = \begin{cases} 1/\sqrt{T} & 0 < t < T \\ 0 & 其他 \end{cases} \tag{7-99}$$

只是式中 $\{c_K\}$ 为复数序列。

对于多相巴克码 $\{c_n\}$，其中 $c_n = a_n e^{j2\pi n/k}$，k 为非零整数。已经证明，多相巴克码能够保持二元巴克码的旁瓣特性：$|\chi(m,0)| \leqslant 1, m \neq 0$。但是 4 相或 6 相巴克码的最大长度也不超过 15。满足巴克准则的多相序列（所谓多相巴克码）目前还在研究之中，试图找到更长的序列。

有的作者提出组合巴克码的设想，以增加其长度。例如，我们以 4 位巴克码 {+ + − +} 作为 13 位巴克码的码元，或以 13 位巴克码作为 4 位巴克码的码元，都可以编造长度 $P = 13 \times 4 = 52$ 的组合巴克码。有的作者比较了两种编法所得组合巴克码的非周期自相关函数，结果表明组合巴

克码不再保持原巴克码的旁瓣特性，除高度为1的旁瓣外，还出现两个高度为13的旁瓣，以及12个高度为4的旁瓣。值得注意的是两种编法旁瓣分布各不相同。第一种编法高度为4的旁瓣分布较均匀，高度为13的旁瓣出现在$m=\pm1, \pm3$处。第二种编法高度为4的旁瓣集中出现在主瓣附近，高度为13的旁瓣出现在$m=\pm13, \pm39$处。所以该作者倾向于用短的序列作为码元，按长的序列组合编码。如果码元和组合码在译码时加入相应的加权网络，主旁瓣比可达到30dB以上。而加权带来的S/N损失一般小于1dB。采用组合法增加巴克码的长度，采用加权法抑制旁瓣，使巴克码有应用于长序列的可能。

多相码种类繁多，这里着重介绍：弗兰克(Frank)码和霍夫曼(Huffman)码，并简要介绍Costas码。

1. 弗兰克多相码(FH序列)

1963年，R. L. Frank设计出一种与线性调制和巴克码密切相关的多相码，即弗兰克码。

对于弗兰克码，通过360°除以编码中要用的不同相位数目M，就得到其本相位增量φ。把M组中的M个脉冲段链接在一起，就构成了编码脉冲。因此，在脉冲中脉冲段的总数等于M^2。

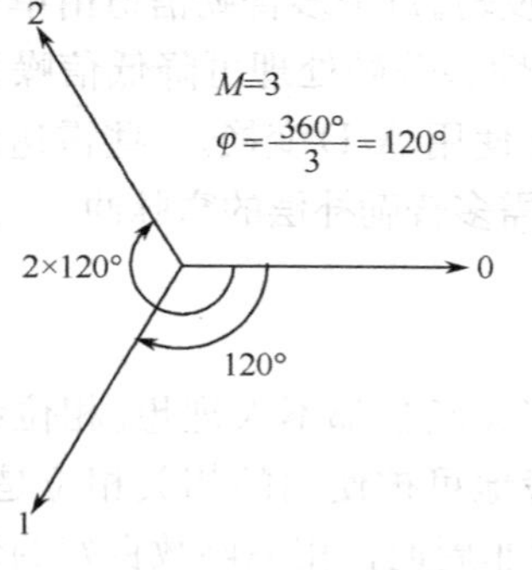

图7.50 弗兰克码的相位增量，在相位增量中，相位数$M=3$

例如，在三相编码中(图7.50)，基本脉冲增量是$360°\div3=120°$，形成的相位是0°，120°，240°。编码脉冲有三组，每组有三个脉冲段，共9个脉冲组成。

根据两个简单的规则，相位被指派到单个脉冲段中。规则(1)每组中的第一个脉冲段的相位是0°。即0° __ __，0° __ __，0° __ __。规则(2)每组中剩余脉冲的相位增量如下：

$$\Delta\Phi=(G-1)\times(M-1)\times\varphi$$

式中，G是编组数；φ是基本增量，所表示的相位模为360°。

对一个三相编码($M=3$，$\varphi=120°$，$M-1=2$)，那么$\Delta\Phi=(G-1)\times2\varphi$，因此在第一编组中，相位增量0°；第二编组中的相位增量是2ϕ；第三编组的相位增量是4φ。

对$M=3$，编码的9个数字用φ表示为

编组1	编组2	编组3
0,0,0	0,2φ,4φ	0,4φ,8φ

用120°代替φ，并减去360°的整倍数，编码变为

编组1	编组2	编组3
0°,0°,0°	0°,240°,120°	0°,120°,240°

把回波通过一个带抽头的延迟线(或等效的数字装置)，回波就被解码。这与二进制编码回波的方式相同，唯一的不同是在抽头中的相移有多个值。

一般弗兰克(Frank)多相码是由$M\times M$矩阵定义的。矩阵中的每个数字都要乘一个等于$2\pi/M$弧度(或$360°/M$)的相位，多相码从矩阵左上角开始，可获得一长度为M^2的序列。脉冲的压缩比为$M^2=N$，N是子脉冲总数。

对给定数目的脉冲段，弗兰克码提供的脉冲压缩比与二进制码所提供的相同，弗兰克码提供的峰值幅度对旁瓣幅度比也与巴克码所提供的相同。而且通过使用更多的相位值(增加到M)，编码可以任意长。然而，随着M的增加，基本相位增量的尺度就会减小，使得性能对外部引入的相移更加敏感，对未压缩脉冲的宽度和最大多普勒频移强加了更多的严格限制。

使用矩阵技术可导出弗兰克多相编码子脉冲的相位序列。海米勒(Heimiler)和弗兰克提出

构造多相码$\{c_n\}$的方法如下：

定义一平方长度$N=M^2$的原始弗兰克码$c_n(1\leqslant n\leqslant N)$的码元为$c_{(n-1)}(k-1)/M$，弗兰克最初用以下显式给出的$M\times M$离散傅里叶变换矩阵表示码的值为

$$\begin{pmatrix} 0 & 0 & 0 & \cdots & 0 \\ 0 & 1 & 2 & \cdots & (M-1) \\ 0 & 2 & 4 & \cdots & 2(M-1) \\ \vdots & \vdots & \vdots & & \vdots \\ 0 & (M-1) & 2(M-1) & \cdots & (M-1)^2 \end{pmatrix} \tag{7-100}$$

在以上矩阵中M表示码的相数，$2\pi(k-1)/M$表示基本相移，k是与M互质的整数，这里取$k-1=1$。矩阵元素表示基本相移的倍乘系数，根据矩阵式(7-100)按行(或列)依次串行排列，可得长度为$N=M^2$的相位序列$\{\varphi_n\}$。由此得到的复数序列$\{c_n\}$称为弗兰克多相码或FH序列。

再以$M=3$为例，基本相移为$2\pi/3$，根据矩阵

$$\begin{bmatrix} 0 & 0 & 0 \\ 0 & 1 & 2 \\ 0 & 2 & 1 \end{bmatrix}$$

可导出长度为$N=3^2=9$的弗兰克码

$$\{\varphi_n\}=\{0,0,0,0,2\pi/3,0,4\pi/3,4\pi/3,2\pi/3\}$$

或
$$\{c_n\}=\{1,1,1,1,1,e^{j2\pi/3},e^{-j2\pi/3},e^{-j2\pi/3},e^{j2\pi/3}\}$$

这实际上是德朗(Delong)的三相码。

已经证明，弗兰克码的周期自相关函数为

$$\chi_c(m,0)=\sum_{K=0}^{P-1}c_Kc_{K+m}^*=\begin{cases}N, & m=0(\mathrm{mod}\ N)\\ 0, & m\neq 0(\mathrm{mod}\ N)\end{cases} \tag{7-101}$$

可以证明，弗兰克码的非周期自相关函数主瓣高度为$N=M^2$，旁瓣高度的上限为$1/\sin(\pi/M)$。当M很大时，$\sin(\pi/M)\approx\pi/M$，旁瓣高度趋于(M/π)，或主瓣比趋近于$M^2/(M/\pi)=\pi M$。和同样长度的M序列、L序列相比，主旁瓣比提高大约10dB。但是相位数M太大时，无论信号产生和处理都比较困难。通常取$M=2\sim 8$。图7.51示出$M\leqslant 8,N\leqslant 64$弗兰克码的非周期自相关函数。

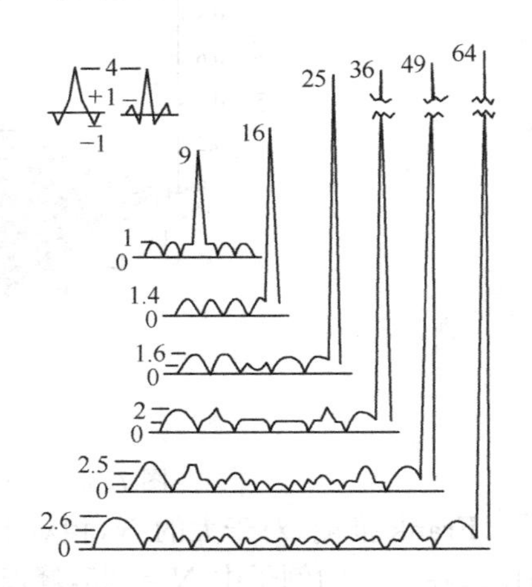

图7.51　弗兰克多相码的自相关函数图

值得指出，弗兰克多相编码信号的模糊函数与线性调频脉冲信号的模糊函数相似，接近倾斜刀刃形。以$M=8$为例，基本相移为$2\pi/8$，倍乘系数为{0,0,0,0,0,0,0,0;0,1,2,3,4,5,6,7;0,2,4,6,0,2,4,6;0,3,6,1,4,7,2,5;0,4,0,4,0,4,0,4;0,5,2,7,4,1,6,3;0,6,4,2,0,6,4,2;0,7,6,5,4,3,2,1}，相位随码元变化规律近似为二次方规律，可以近似为阶梯线性调频信号。

现讨论$N=16(M=4)$的构成法。为计算16个元素的弗兰克码的相位值，先列出4×4弗兰克矩阵为

$$\begin{bmatrix} 0 & 0 & 0 & 0 \\ 0 & 1 & 2 & 3 \\ 0 & 2 & 4 & 6 \\ 0 & 3 & 6 & 9 \end{bmatrix}$$

16 个元素的弗兰克码通过弗兰克矩阵按行依次串联排列，并倍乘 $2\pi/M = 2\pi/4 = \pi/2$。得到 16 个元素的相位码为

$$\begin{bmatrix} 0 & 0 & 0 & 0 & 0 & \frac{\pi}{2} & \pi & \frac{3\pi}{2} & 0 & \pi & 2\pi & 3\pi & 0 & \frac{3\pi}{2} & 3\pi & \frac{9\pi}{2} \end{bmatrix}$$

取相位值模(系) 数为 2π，得

$$\begin{bmatrix} 0 & 0 & 0 & 0 & 0 & 0 & \frac{\pi}{2} & \pi & \frac{3\pi}{2} & 0 & \pi & 0 & \pi & 0 & \frac{3\pi}{2} & \pi & \frac{\pi}{2} \end{bmatrix}$$

图 7.52 示出 16 个元素弗兰克码的周期自相关函数。

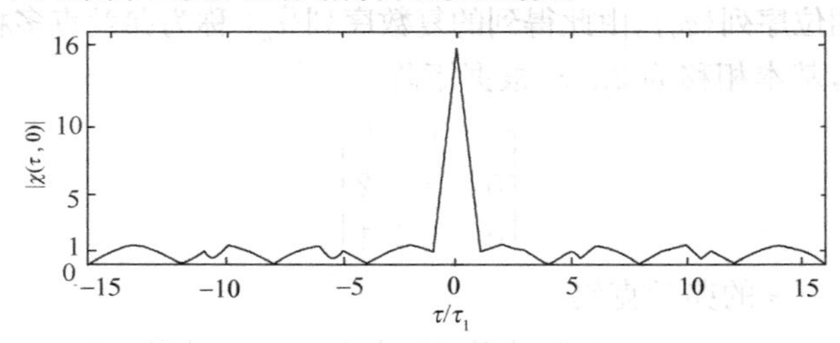

图 7.52　采用 16 个元素的弗兰克码的一种脉冲编码的自相关函数图

由图 7.52 可见，由于弗兰克矩阵的行是正交的，所以偏离 N 整数倍处，其自相关函数为零。还可看到大于或小于 M 的整数倍处，自相关函数具有单位幅值。图 7.53 示出一幅 16 个元素的弗兰克码的局部模糊函数图。

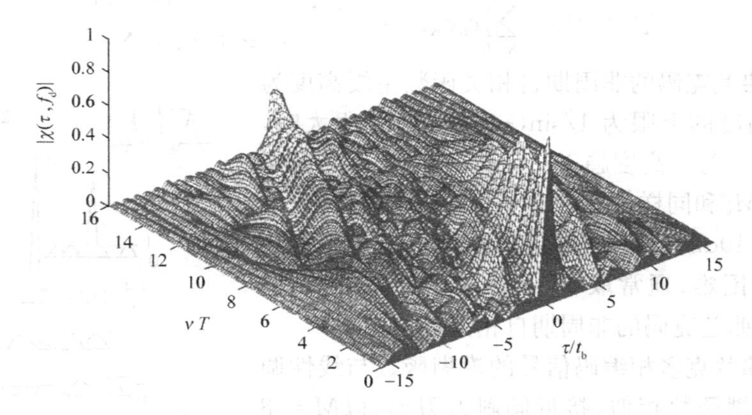

图 7.53　16 个元素的弗兰克码的局部模糊函数图

Frank 推测，对于大的 N，相对于压缩脉冲峰值，多相码的最高旁瓣是 $\pi^2 N = 10\times$(脉冲压缩比)。在上面的例子中 $N = 25$，峰值旁瓣为 23.9dB(作为比较，长度为 31 的最接近它的最大长度移位寄存器序列的峰值旁瓣为 17.8dB)。

2. 霍夫曼码

到目前为止，本节讨论的进行压缩的波形都是等幅的未压缩脉冲。通过相位或频率而不是幅度调制可以提高信号的带宽。一方面，霍夫曼码由在幅度和相位上都变化的单元组成。当多普勒频移为零时，它们产生的自相关函数在时间轴上没有旁瓣，但在压缩波形的两端都有单个不可避免的旁瓣。这两端的旁瓣电平是一种设计折中。

弗兰克码限定 $|c_n|=1$，这对充分利用发射设备提高信号能量是有利的，但非周期相关函数不理想。霍夫曼放弃了这一限制条件，在复数域中综合得到非周期自相关特性良好的序列，称为霍夫曼码。它是长度为 P 的复数序列 $\{c_n\}$，$c_n = a_n \mathrm{e}^{\mathrm{j}\varphi_n}$，一般可表示为"幅度、相位对"序列 $\{a_n, \varphi_n\}$，其非周期自相关函数为

$$\chi_{\mathrm{b}}(m,0)=\begin{cases}2E, & m=0\\ 0, & m\neq 0;\ |m|\neq(P-1)\\ \pm 1, & m\neq 0;\ |m|=(P-1)\end{cases} \tag{7-102}$$

E 为霍夫曼编码信号的能量。其非周期自相关函数和单个子脉冲的自相关函数一样[除了在 $\pm(P-1)T$ 处有一对很小的旁瓣外]，故也称脉冲等效序列。

霍夫曼码的综合方法，可简单介绍如下：一个长度为 P 的复数序列 $\{c_n\}$ 用一个 z 的 $(P-1)$ 阶多项式

$$F(z)=c_1+c_2 z+c_3 z^2+\cdots+c_P z^{P-1} \tag{7-103}$$

来表示，则与之对应的匹配滤波器响应可写成

$$F^*(z)=c_1^*+c_2^* z^{-1}+c_3^* z^{-2}+\cdots+c_P^* z^{-(P-1)} \tag{7-104}$$

式中，c_i^* 表示 c_i 的复共轭。

于是，匹配滤波器的输出响应，即序列的非周期自相关函数可由下式求得

$$F(z)F^*(z)=c_1 c_P^* z^{-(P-1)}+\cdots+(c_1 c_1^*+c_2 c_2^*+\cdots+c_P c_P^*)z^0+\cdots+c_1^* c_P z^{(P-1)}$$

式中，z^m 的系数即为 $\chi_{\mathrm{b}}(m,0)$。霍夫曼码要求上式只保留三项，即

$$F(z)F^*(z)=c_1 c_P^* z^{-(P-1)}+2E+c_1^* c_P z^{(P-1)} \tag{7-105}$$

而且 $|c_1 c_P^*|=1$。这里 $2E=c_1 c_1^*+c_2 c_2^*+\cdots+c_P c_P^*$ 表示编码复信号的能量。

例如，$P=14$ 的霍夫曼码为

$$\{c_n\}=\{-0.57,0.27,-0.56,0.55,-0.14,-0.28,-0.34,-1,\\ -0.43,0.5,0.037,-0.34,0.22,0.43\}$$

霍夫曼码的振幅起伏很大，不能充分利用发射管的平均功率，这就大大限制了其实用价值。已有学者对霍夫曼码做了一些修正，以减小序列的幅度起伏。例如，已得到 $P=0.95/195.0°$，$0.90/346.5°$，$0.97/202.5°$。

霍夫曼序列非周期自相关函数的主旁瓣比取决于信号能量 E。

霍夫曼指出，为获得所要求的判别式，$F(z)$ 多项式的根应位于由

$$\left[\left|\frac{1}{2a}\right|\pm\left(\frac{1}{4a^2}-1\right)^{1/2}\right]^{1/(P-1)} \tag{7-106}$$

给出的，半径为 R 和 R^{-1} 的两个圆上相隔 $2\pi/(P-1)$ 的 Z 平面中。

霍夫曼码的设计由指定的码元数目 P，边缘旁瓣电平 a 和特定选择的 z 平面零点组成。

图 7.54 示出了 $P=23$ 霍夫曼码的自相关函数。图 7.55 示出了 $P=23$ 霍夫曼码的局部模糊函数图。

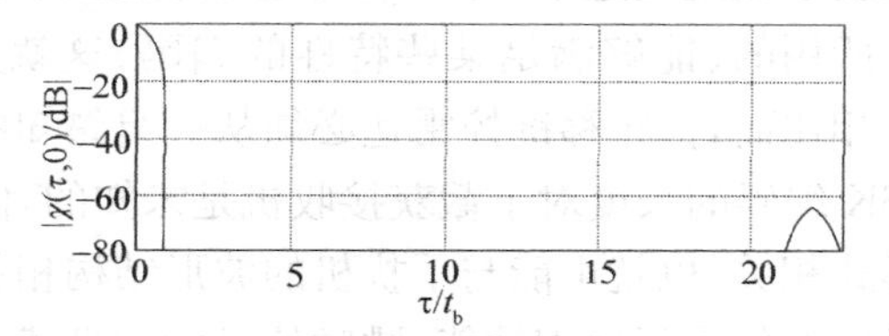

图 7.54 $P=23$ 霍夫曼码的自相关函数图

图 7.56 示出了 $P=23$ 霍夫曼码的实包络。

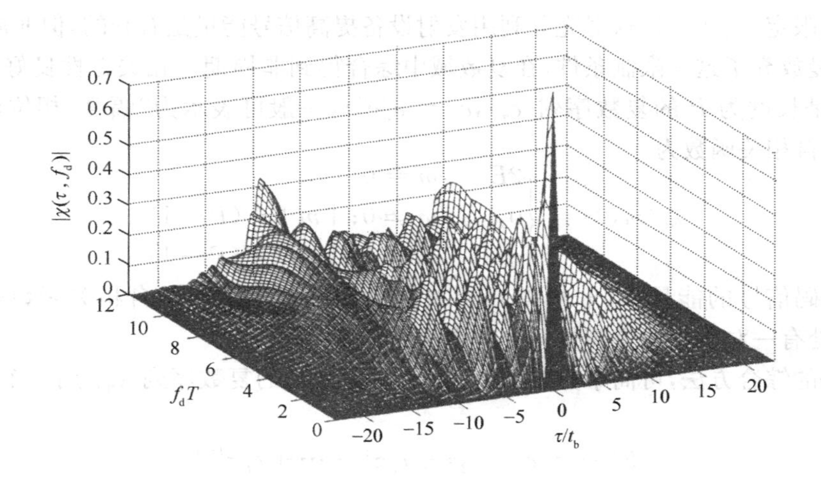

图 7.55　$P=23$ 霍夫曼码的局部模糊函数图

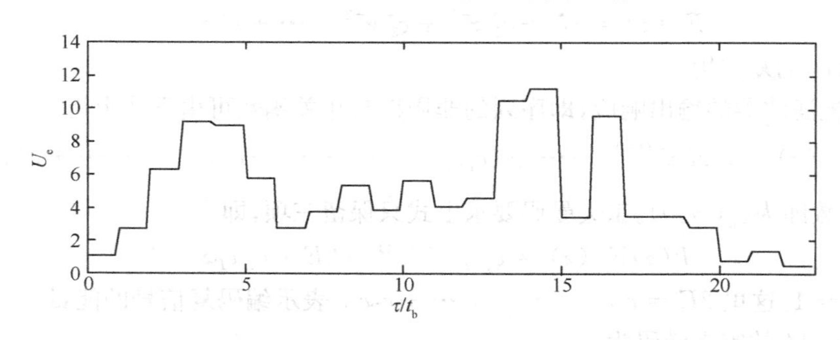

图 7.56　$P=23$ 霍夫曼码的实包络图

前面讨论的是利用相移键控技术实现相位编码脉冲压缩。除此技术之外，还可利用频移键控技术或频移键控与相移键控组合来实现雷达信号的编码脉冲压缩[43]。

采用跳频技术的雷达是在一个宽的带宽上使发射频率随时间跳跃或变化，以防止非合作的接收机截获其波形。相比于 FMCW 和 PSK 技术，发射机频率快速变化的 FH 技术并没有降低发射信号的功率谱密度，而是使功率谱密度根据跳频序列移动。所以说，跳频雷达被检测的可能性要比 PSK 和 FMCW 波形大，但是仍然具有很低的截获概率。

在相移键控雷达中，所有的控制电路、调制器和解调器都个必须具有足够的带宽，以避免发射的二阶效应，从而使得整个系统价格昂贵。跳频雷达的一主要优点是其频移键控的结构简单，尤其是跟踪处理和大带宽信号的产生。其主要缺点是输出带宽受到数字器件速度的限制。

跳频雷达的另一个优点是其距离分辨力不依赖于跳频带宽（不同于 FMCW 和 PSK 技术）。跳频雷达的距离分辨力只取决于其跳变速率。另一个明显的好处在于所用跳频序列的保密性。跳频雷达的性能只轻微依赖于所用的、能够满足某些特性的编码。这就允许编码有较大的变化范围，从而使得截获更加困难。相比而言，相移键控雷达必须从一组熟知的编码中进行选择，这是由于模糊特性的要求。尽管 PSK 编码的长度对于截获接收机是未知的，但是它仍然是循环重复的，试图与检测时的特定信号形式相关，也就可能与干扰机的波形结构相关。

发射频率的顺序会明显影响信号的模糊性能。跳频信号的周期模糊函数（PAF）很容易得以近似，这是因为当频差相对于信号持续时间的倒数（或倒数的倍数）较大时，不同频率的互相关信号接近于零。在多个 LPI 发射机的环境中，一个重要的需求是使发射机的相互干扰尽量小。当两个或多个发射机同时发射相同的频隙时，相互干扰就会产生，相互干扰的程度与跳频序列的互相关特性有关。另一个优点是闪烁（目标闪烁）误差频谱被明显展宽，这是因为当发射频率变化时，闪烁误差被有效地去相关。

下面仅介绍频移键控技术中所使用的 Costas 码。

3. Costas 码

J. P. Costas 在研究中提出了频率序列的产生技术，这些频率可以产生无模糊的距离和多普勒，同时使频率间的串扰最小[4]。总之，Costas 频率序列提供了一种跳频编码，该编码会在周期模糊函数（PAF）上产生峰值旁瓣。在整个时延 — 多普勒频率平面内，旁瓣比主瓣响应低 $1/N_F$。因此，Costas 序列或阵列中各频率的次序可以在一定程度上进行选择，以使其模糊响应呈图钉形（窄的主瓣和尽量低的旁瓣）。

Costas 码的子脉冲频率按规定的方式变化。跳频或时 — 频编码波形是通过将脉冲宽为 T 的宽脉冲分成 M 个相连子脉冲序列而得到的[图 7.57(a)]。每个子脉冲的频率可在带宽 B 内从 M 个毗邻的频率中选择[图 7.57(b)]。这些频率之间的间隔等于子脉冲宽度的倒数（或 $\Delta B = M/T$）；有 B/M 个不同频率供子脉冲选择；每个子脉冲的脉宽 T/M。如果子脉冲频率是以如下方式选择的，即从一个脉冲到另一个脉冲的频率是单调递增（或递减），那它将是一个步进式频率波形，近似于线性调频波形，特别是在步进频率且步进时间较小的时候。它的模糊图成脊背状，就像线性调频波形的模糊图。当频率随机选择时，如图 7.57(c) 所示，结果为一图钉状模糊图。脉冲压缩比是 $BT = (M\Delta B)T = M(M/T)T = M^2$。只需要 $M = \sqrt{BT}$ 个子脉冲，而不是像二相码那样要 BT 个子脉冲。

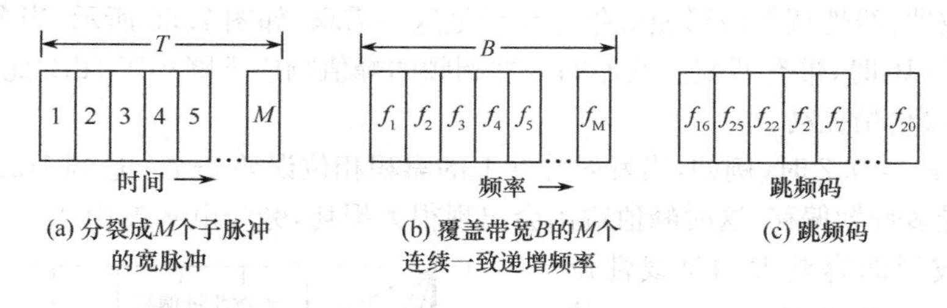

图 7.57　离散频率编码脉冲压缩波形

不过，有些随机选择比其他的要好，可以产生旁瓣较低的模糊图，因而任意选择频率是不明智的。从 M 个频率中为 M 个脉冲各选一个频率，那么有 $M!$ 个不同的序列。除非 M 的值很小，否则盲目费力地全面搜索最好的序列是不切实际的。

J. P. Costas 建议一个可以很好控制距离和多普勒旁瓣的选择频率顺序的方法。Costas 码试图使旁瓣不高于 1 个单位，这样图钉状模糊图的最大（电压）旁瓣电平是第 $1/M$ 个中心峰值（电压），其中 M 是子脉冲数。在远离模糊图中心的区域，模糊图（以相对功率表示）的旁瓣相对于峰值大约为 $(1/M)^2$，而在中心峰值附近接近 $(2/M)^2$。

基于 Costas 准则的波形可用一个 M 行代表频率和 M 列代表时间间隔（子脉冲）的阵列来表示。在每一行和每一列都有精确标记，如果对于所有的整数对 $(r,s) \neq (0,0)$，$|r| \leqslant M-1$，$|s| \leqslant M-1$，重合函数满足 $c(r,s) \leqslant 1$，则这样的阵列叫作 $M \times M$ Costas 阵。重合函数给出了原始阵及其沿时间和 / 或频率轴的位移这二者之间的标记重合数。这可以看成（未归一化的）模糊函数的离散形式。参数 r 和 s 定义了位移的量；r 是移到右边或左边（列位移）的整数，而 s 是向下或向上（行位移）移动的整数。

例如，考虑图 7.58 的 6×6 Costas 阵，图中虚线表示向右两个时间周期间隔、向上三个频率

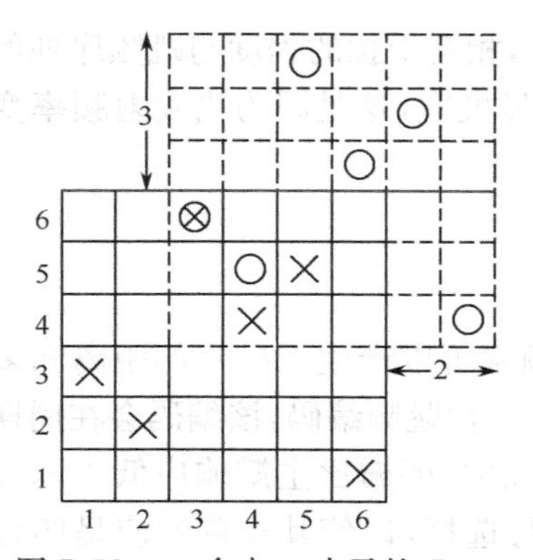

图 7.58　一个由×表示的 Costas 阵列及由虚线和○表示的向右移 2 和向上移 3 后的位移(2,3)。一个单一符合出现在格子(3.6)内(取自 Chang 和 Scarbrough, 1989　IEEE 版权)

间隔的阵列位移。符号×确定了原始阵列中发射频率的位置,而符号○是位移阵列中的相同频率。根据这一离散表示,可获得模糊图上的一点。在图 7.58 的例子中,原始阵和位移阵中仅有一个单元的标记×和○(信号)是重合的,因而在模糊图上点(2,3)的值是 1。通过将这两个阵列沿着 r 和 s 的所有值移动,可获得基于该离散阵列的完整模糊图。

因而 Costas 码是跳频信号,在原来的阵列和位移后的阵列之间有不超过一个的相重合点。如果不位移,就会出现 M 个重合点,这就是模糊图中心的峰值。这样最大旁瓣(电平)的比率为 $1/M$。由于用的是离散数值,所以这个比值是大概的,进行更为精确的模糊函数计算时在中心峰值附近的旁瓣电平可能超过 $1/M$。

一般说来,多相编码信号非周期自相关函数的主旁瓣比高于同样长度的二相编码信号的主旁瓣比。但是信号产生和处理系统比较复杂,所以不如二相编码信号应用得广泛。

4. 脉冲压缩波形的比较

有许多不同的脉冲压缩波形,它们各有不同的优缺点。

(1) 脉冲压缩波形的多普勒容差

在搜索雷达的应用中,人们希望能够探测各种速度的目标,而无须采用与许多不同多普勒频移相匹配的滤波器。线性调频波形能够很好地满足这一需求,如图 7.59 所示。当多普勒与调谐频率的差 $|f_d| < B/10$ 时,带有匹配滤波器的线性调频的峰值响应下降小于 1dB。此时,相对于峰值响应来说,旁瓣仅稍稍提高。

当乘积 $|f_d\tau| > 0.2$ 时(例如,当发射脉冲上的累积相位误差 $2\pi f_d\tau$ 达到 1rad 时),相位编码波形更难以承受多普勒偏移,这时峰值输出会出现很大损耗,旁瓣电平被抬高。

相位编码波形的容差大约是线性调频容差的 $B\tau/2$(脉冲压缩比的一半)。当使用长脉冲时,问题是严重的。例如,如果用一个 13 元的 Barker 码来将一个 26μs 的脉冲压缩到 2μs,系统可以容许的多普勒频移约为 ±8kHz,在 S 波段对应于 400m/s。较长的相位编码序列必须在多个接收机通道(调谐成可覆盖所期望目标的速度)中进行处理。在抑制带外目标回波时,这种灵敏度是有用的,可以将它们从强主瓣转换成一系列旁瓣。但是,在存在连续杂波的情况下,不管接收机调谐如何,平均响应几乎保持相同。这就排除了用这一分辨特性来抑制杂波的可能性。

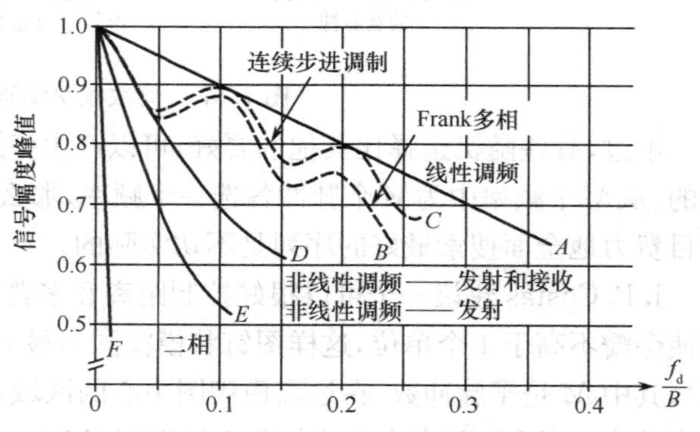

图 7.59　对不同脉冲压缩波形的峰值响应和多普勒频移的关系

(2) 脉冲压缩波形的分辨率

相位调制脉冲分为两类:

① 相位编码,其分辨面积为 $1/B\tau$,在整个面积 $4B\tau$ 上,有很大旁瓣;

② 调频(连续相位),沿对角线有延伸的主瓣(分辨面积为 1)。在此情况下,尽管旁瓣也会在区域 $4B\tau$ 的其余部分扩展,但与相位编码波形相比,旁瓣能量要小得多。

对不同的脉冲和脉冲压缩波形,主响应波瓣的形状及被大的旁瓣所占据的区域如图 7.60 所示。没有相位调制的脉冲,其波瓣从圆形变化到椭圆形,分辨面积接近 1。对长脉冲,延迟上主轴加长,对短脉冲,频率上主轴加长。旁瓣仅出现在频率坐标中,对峰值延迟超过 $\pm\tau$ 时,响应降低到零。对这些脉冲,分辨面积保持恒定。

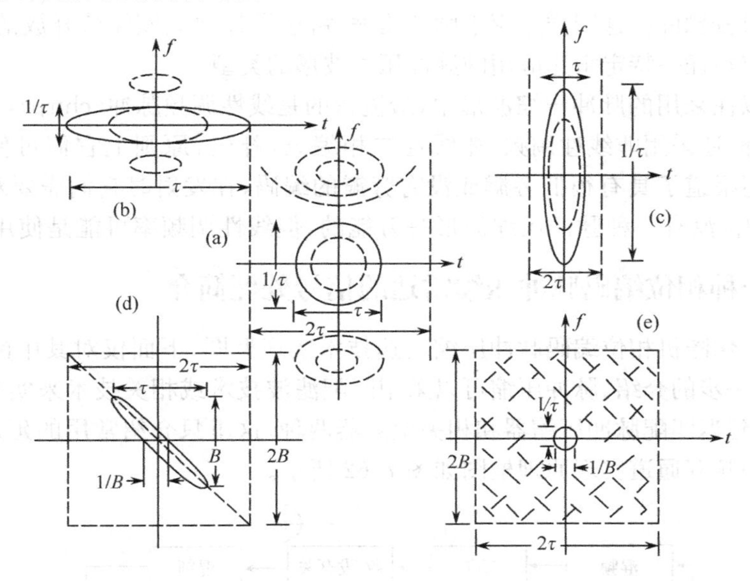

(a) 中等脉冲宽度;(b) 长脉冲宽度;(c) 短脉冲宽度;(d) 线性调频长脉冲;(e) 相位编码长脉冲

图 7.60　单个脉冲的分辨力图

表 7.10 给出了线性调频和二相码脉冲压缩波形的简单比较。

多相码比二相码的旁瓣低,对于大的多普勒频移它们没有好的多普勒容错性,但是适合于检测具有飞行速度的目标。它们对于脉冲压缩应用是有意义的,但没有被广泛应用。B. Lewis 建议的滑动窗修正看来可以提供比其他任何一种脉冲压缩方法更低的旁瓣,但信噪比有小的损失。

表 7.10　线性调频和二进制相位编码脉冲压缩波形的比较

特 性	线性调频	二进制相位码脉冲
多时间旁瓣	当接收加权和约 1dB 损失可以容忍时是好的(—30dB)	可以等于 $1/2N$,不易改善,多普勒旁瓣差
多普勒	多普勒容错	需要滤波器组
模糊图	脊背状	图钉(但在基底上有高旁瓣)
脉冲压缩滤波器	单个滤波器可以被用做发射和接收,对高分辨力通常是模拟的	单个滤波器可以被用做发射和接收,但在相反的末端输入,通常是数字的
复杂性	不太复杂,特别是可以采用展宽时	较复杂(需要滤波器组)
应用	高分辨力(宽带)	长脉冲
其他	距离多普勒耦合,比其他脉冲压缩应用更广泛	带宽受到 A/D 变换器的可应用性限制,被错误地认为对 ECM 欺骗干扰不太敏感

与相位编码波形相比，Costas(跳频) 码可用较小的子脉冲实现一个特定的脉冲压缩比。它们的旁瓣几乎和普通的二相码波形一样。给定长度的许多不同 Costas 码比二进制相位码更容易获得。在针对某些电子对抗形式的军用雷达中，这一特性可能是最令人感兴趣的。

沿零多普勒时间轴应该产生零旁瓣的补码和霍夫曼码有着令人感兴趣的理论特性，但也有使它们在雷达上较难以使用的严重实际局限性。

在工程设计上，当有一种以上的方法可以用来实现所期望的目标时，很少有一种解决办法对所有应用而言都是最好的。这同样适用于脉冲压缩。雷达设计师应该保持开放的心态，仔细检查可选方案，以确定在任一特定雷达应用的脉冲压缩波形的类型。

综上所述，以往采用的脉冲压缩波形中，最流行的是线性调频脉冲(chirp)，另一种类型是二相编码脉冲。此外，还采用非线性调频，非线性二相编码，补码，原则上它们可使产生的时间旁瓣为 0，有文献还报道了具有很低旁瓣或没有旁瓣的编码，在发射时它们需要对子脉冲进行幅度调制。应该指出，没有一种脉冲压缩波形是万能的，但线性调频率可能是使用最为广泛的。

7.4.6　一种相位编码脉冲压缩雷达的信号处理简介

图 7.61 示出伪随机相位编码脉冲压缩雷达技术实现框图。下面仅对其中的关键部件——脉冲压缩器作进一步的介绍。脉冲压缩可以采用匹配滤波技术或相关技术来实现。所以，相位编码脉冲压缩器有延迟匹配脉冲压缩器和相关检测器两种。这里只介绍常用的延迟匹配脉冲压缩器，其中一种零中频双通道实现原理框图如图 7.62 所示。

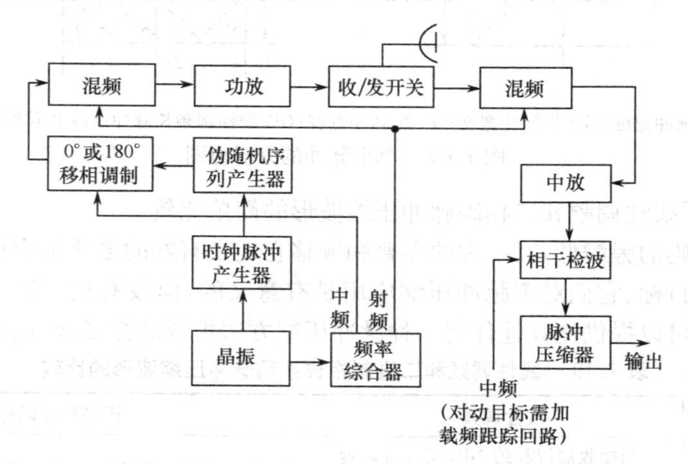

图 7.61　相位编码脉冲压缩雷达技术的实现框图

该方法通常将高频或中频二相编码信号经过相位检波器变为双极性视频编码信号，然后送到视频解码器(匹配滤波器)，在其输出端得到压缩后的脉冲。因为回波信号出现的时间及初始相位是未知的，解码器应采用正交双通道的零中频处理，如图 7.62(a) 所示。如果回波信号有多普勒频移，应设法在相干振荡器的频率中予以补偿。图 7.62(b) 画出 $N=5$ 时巴克码的视频匹配滤波器及其冲激响应。$N=5$ 时的巴克码为＋－＋＋＋。匹配滤波器各抽头延迟线的加权顺序与信号码相反。整个滤波器带宽应和子脉冲宽度 τ_1 相匹配，因而滤波器的冲激响应也为 $N=5$ 的编码信号，子脉冲宽度为 τ_1，编码顺序和信号相反，满足匹配滤波器的条件：$h(t)=s(t_0-t)$，而 $t_0 \geqslant N\tau_1$。匹配滤波器对各种时延信号均适应，且在输出端可以得到信号自相关函数的整个波形(主旁瓣)，以保证在全部距离范围接收信号。图 7.63 画出了图 7.62(b) 中 $N=5$ 巴克码脉冲压缩处理及结果的示意图。

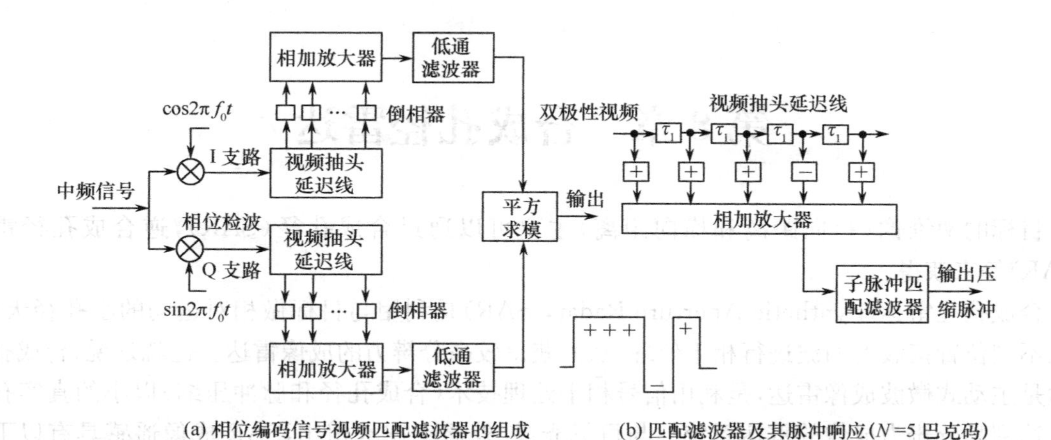

(a) 相位编码信号视频匹配滤波器的组成　　(b) 匹配滤波器及其脉冲响应（N=5 巴克码）

图 7.62　零中频双通道解码器的原理图

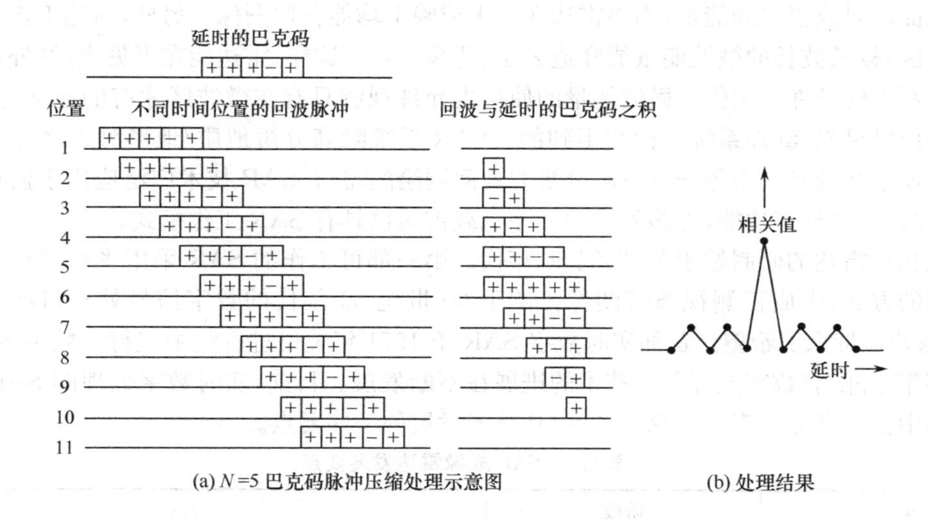

(a) N=5 巴克码脉冲压缩处理示意图　　(b) 处理结果

图 7.63　N = 5 巴克码脉冲压缩处理及结果的示意图

第8章　合成孔径雷达

目标的两维像(径向距离和横向距离)主要可以通过合成孔径(SAR),逆合成孔径雷达(ISAR)等来获得。

合成孔径雷达(Synthetic Aperture Radar, SAR)是利用与目标做相对运动的小孔径天线,把在不同位置接收的回波进行相干处理,从而获得较高分辨力的成像雷达。也就是说,合成孔径雷达是主动式微波成像雷达,是利用信号相干处理技术(合成孔径和脉冲压缩)以小的真实孔径天线达到高分辨力成像的雷达系统。与可见光/红外遥感技术相比,SAR成像遥感具有以下几个优点。由于雷达是一种拥有自己的照射源的有源传感系统,因此与无源传感系统不同,它不依靠地球表面反射或辐射的能量,因而雷达在白天或晚上均能获取图像。另外,雷达工作于电磁频谱的微波区,较长波长的微波能量能穿透云层、薄雾和雨。这样,雷达能在可见光/红外系统不能使用的不利天气条件下工作。微波能量的使用也允许观测只有在微波区才有的地球特征,而这些特征采用可见光/红外系统是检测不到的。SAR系统除高分辨地质/地形测绘之外,近年来,随着对地侦察和精确打击等任务对高分辨力地面测绘的需求,SAR技术广泛应用于监视/搜索/测绘、图像匹配制导等功能,许多先进的战斗机载雷达也具有SAR工作模式。

合成孔径雷达的研制始于20世纪50年代。第一部可工作的SAR采用飞行后在地面进行光学处理的方式,生成正侧视条带图像。始于20世纪60年代的数字信号处理(DSP)为实时SAR成像处理带来了希望。首部实时数字SAR于1971年装机进行空中飞行。数字SAR的研制持续多年,并随着数字处理关键技术的进展在不断发展。目前,实时数字处理的SAR图像在很多应用中都已常见。表8.1总结了SAR技术发展的一些要点。

表8.1　SAR成像雷达发展要点

年代	阶段	特征
20世纪50年代	概念研制	—Carl Wiley的DBS的概念 —Illinois大学试验 —Michigan/Wolverine项目
60年代	光学SAR	—光学处理 —非实时
70年代	数字SAR	—通过数据链进行实时侦察 —战术/战略精度NAV更新和武器投射 —星载SAR
80年代	逆SAR	—基于目标运动和非雷达运动的目标成像
90年代	成熟SAR	—商用现货(COTS)元器件 —先进的算法 —世界范围
21世纪初	UAV SAR	—将SAR用于UAV —小型UAV的微型SAR

本章重点讨论合成孔径雷达的技术原理和成像算法,并对ISAR成像的基本原理进行简单介绍。

8.1 概　　述

雷达技术中角分辨力(在两坐标雷达中为方位分辨力或称为横向距离分辨力)经典概念的数学表达式为

$$\delta_x = \lambda R/D \quad (\text{rad}) \qquad (8\text{-}1)$$

式中,λ 为波长;D 为天线孔径;R 为斜距。

例如,高空侦察飞机的飞行高度为 20km,用一 X 波段(λ=3cm)侧视雷达探测,如图 8.1 所示。设其方位向孔径 D=4m,则在离航迹 35km 处(此处 $R\approx$ 40km)的方位分辨力约为

$$\delta_x = \lambda R/D = \frac{0.03}{4} \times 40777000 = 300(\text{m})$$

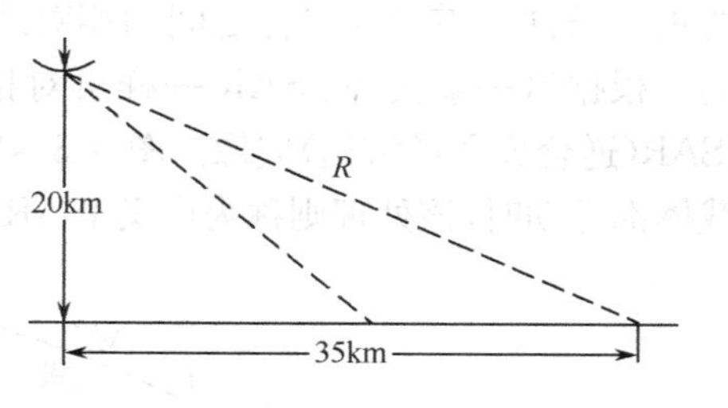

图 8.1　侧视雷达侦察、测绘的示意图

显然,300m 的空间分辨力不能满足军事侦察要求。

提高方位分辨力的常规方法只有两条技术途径:一是采用更短的波长;二是研制尺寸更大的天线。但是这两个技术途径都是有限度的,对某些应用场合是不可取的。然而,可利用雷达与被测物体之间相对运动产生的随时间变化的多普勒频率,对之进行横向相干压缩处理(等效地,增大了天线的有效孔径),从而实现方位上的高分辨力。

下面先给出将对常规雷达天线、非聚焦合成孔径和聚焦合成孔径三种类型的分辨力比较,且采用合成孔径的专用术语。有关距离和方位联合分辨力的更详细的推导将在本章的后面部分给出。

常规情况的线性方位分辨力可由下式给出,即

$$\delta_{x_R} = \lambda R/D \quad (\text{rad}) \qquad (8\text{-}2)$$

而非聚焦型情况下 SAR 的分辨力为

$$\delta_{x_u} = \sqrt{\lambda R}/2 \quad (\text{rad}) \qquad (8\text{-}3)$$

聚焦型情况下 SAR 的分辨力为

$$\delta_{x_s} \approx R\lambda/2L_s \quad (\text{rad}) \qquad (8\text{-}4)$$

式中,λ 为雷达发射信号的波长(m);R 为到需要分辨目标的距离(m);D 为实际天线的水平孔径有效长度(m);δ_{x_R} 为采用实际天线的横向距离分辨力(m);δ_{x_u} 和 δ_{x_s} 分别为采用非聚焦型和聚焦型合成天线的横向距离分辨力;L_s 为合成天线的有效长度(m)*。

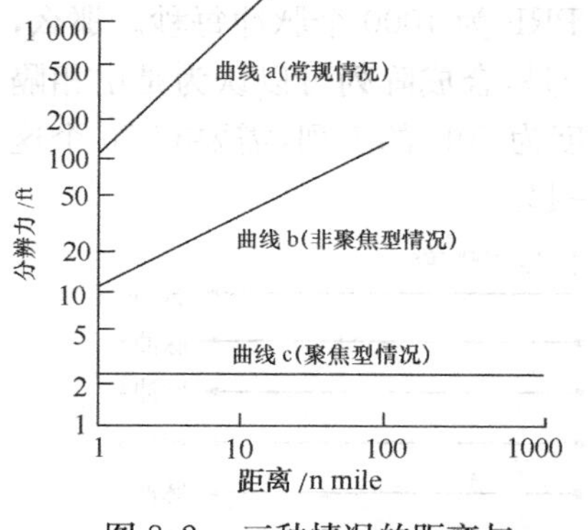

图 8.2　三种情况的距离与方位分辨力关系曲线

图 8.2 是这三种情况的方位分辨力与雷达距离的关系曲线,是在天线孔径为 5ft,波长为 0.1ft 的情况下画出的。

这三种情况的方位分辨力有三种技术:(1) 常规技术,这种情况下的方位分辨力依赖于发射波束宽度;(2) 非聚焦型合成孔径技术,合成孔径的长度可以达到非聚焦技术所能容许的数值;(3) 聚焦型合成孔径技术,合成天线的长度等于每个距离上发射波束的线性宽度。

提高横向距离分辨力所采用的合成孔径技术原理上有三种不同的方法:由于 SAR 可以在托曳波束条带模式或者扫描波束广域搜索(WAS)中实现。WAS SAR 常常被称作

* 为书写方便,后面将两种聚焦方式的横向距离分辨力统一用 δ_s 表示。

多普勒波束锐化(DBS)(该模式下获得的地图与具有极窄波束的实际阵列产生的地图相同,所以称 DBS)。DBS 与 SAR 模式的区别在于阵列长度不与待测区域的距离成正比,而是在所有距离上都一样,本章不作讨论。另两种是侧视的合成孔径雷达(SAR)和利用目标转动的逆合成孔径雷达(ISAR)。其中,让雷达沿直线移动(此时目标不动),并在不同移动位置发射信号,然后对各处接收的回波信号进行综合处理来提高方位分辨,这就是所谓 SAR 成像。不难看出,上述合成的重要条件是雷达与目标之间的相对运动。如果让雷达不动而目标移动,那么同样存在相对运动。根据这一事实,同 SAR 一样可对接收的目标回波信号进行方位向高分辨合成处理,这就是 ISAR(逆合成孔径雷达)成像。图 8.3(a)和(b)分别示出 ISAR 和 SAR 的几何关系。当目标和雷达载体都运动时,该处理则称为广义 ISAR 成像处理。

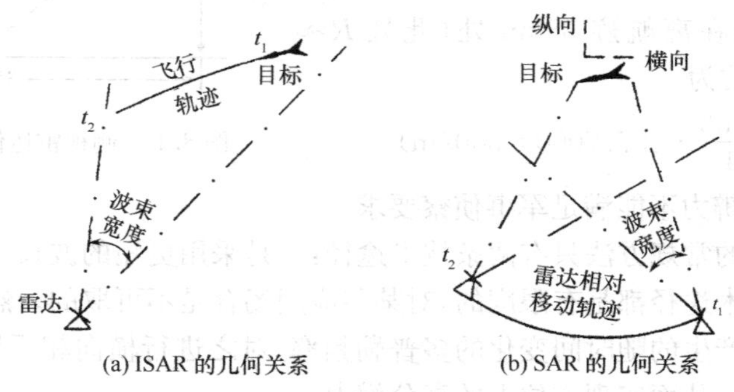

图 8.3　ISAR 和 SAR 的几何关系的示意图

8.2　合成孔径雷达原理的直观解释[6,14,22]

现用一个简单例子(非聚焦阵列)来说明。一部机载 X 波段雷达随飞机以匀速度和固定高度直线飞行[6]。雷达天线稍稍指向下方,其指向与飞行路线成 90°的固定角度,如图 8.4 所示。

在飞机向前飞行时,波束扫过与飞行路线平行的一个宽的地面区域。然而,在该区域中只有一个较窄的部分才是我们真正感兴趣的。比如说,它是离飞行路线约 8n mile、宽 1n mile 的条形区域。

飞机的任务要求以大约 50ft 的分辨力测绘该条形区域中的地面。正如后面要说明的,为了在 8n mile 距离处获得 50ft 的分辨力,假想的 SAR 必须合成一个大约 50ft 长阵列。

假设,飞机的对地速度为 1000ft 每秒(600n mile 每小时),PRF 为 1000 个脉冲每秒。那么,雷达每发射一个脉冲,雷达天线中心就沿飞行路线前进 1ft。于是,合成阵列可以认为是由相隔 1ft 的辐射单元组成的线阵(见图 8.5)。为了合成出所需的长度为 50ft 的阵列,需要有 50 个这样的单元。换句话说,需要将 50 个连续发射脉冲的回波加在一起。

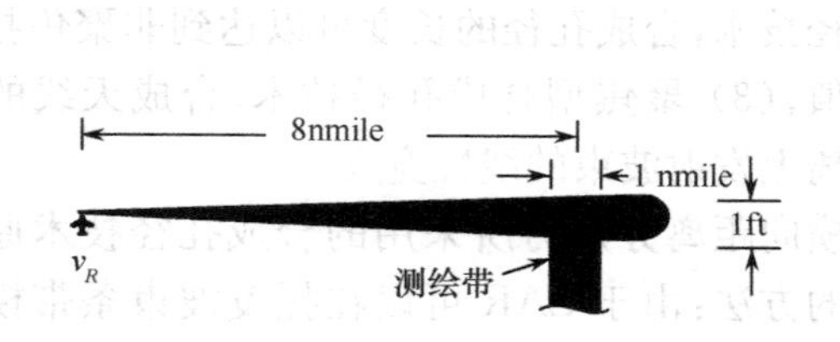

图 8.4　SAR 的假想工作状态当实天线的指向与飞行路线成 90°的固定方位角时,该雷达测绘 8n mile 处一个 1n mile 宽的区域

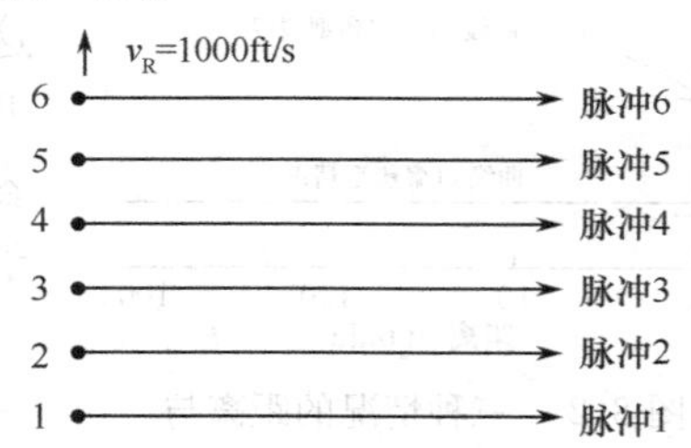

图 8.5　各点表示发射连续脉冲时的天线中心位置每个点构成合成孔径的一个“单元”

通常，这种相加是在接收机输出信号数字化以后进行的。给出的一组距离门，其宽度刚好是要测绘的1nmile距离区间(见图8.6)，每次发射以后，来自该区间内每个可分解距离增量的回波就加到对应的距离门中去。

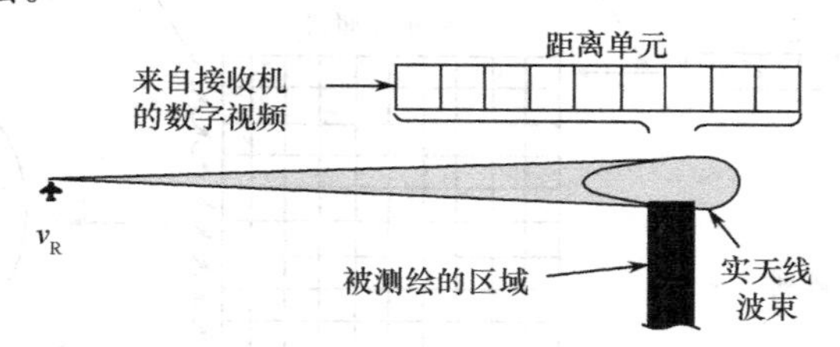

图8.6　合成阵列各单元接收的回波在一组按检测距离间隔设置的距离波门中相加

这种操作功能相当于将实天线阵列的辐射单元连接在一起的馈电结构所完成的加法功能。其本质差别是，对实阵列来说，每发射一个脉冲，来自每个距离增量处的回波由全部阵列单元同时接收。而对合成阵列来说，回波在雷达通过阵列的时间内由各个单元依次接收。

来自第一个脉冲的回波完全由1号单元接收，来自第二个脉冲的回收完全由2号单元接收，以下以此类推。

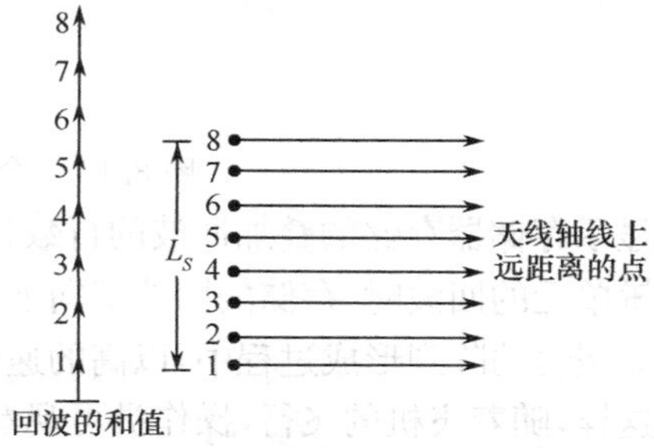

图8.7　从每个阵列单元到天线轴线上一个远距离点的距离是相同的；因此，来自该点的回波同相相加

然而，结果基本上是一样的。若目标距离比阵列长度大得多，则由处在天线轴线(垂直于飞行路线)上的一块地面到每个阵列单元的距离基本上是相同的。因此，由所有单元接收到的来自这块地面的回波有几乎相同的射频相位。在与到这块地面的距离相应的距离门中同相相加后，产生一个和值(如图8.7所示)。

另一方面，对一块不完全处在轴线上的地面来说，由这块地面到各阵列单元的距离逐渐出现差异。因此，由各单元接收到的来自这块地面的回波逐渐出现相位差异，且趋于对消。于是，形成了一个等效的很窄的天线波束(如图8.8所示)。

当形成阵列所需的来自50个脉冲的回波积累后，每个距离门中相加的和值就基本上代表了来自单个距离/方位分辨单元的总回波(如图8.9所示)。因此，一组距离门中的值就代表了来自宽度为1n mile的测绘区域内单独一行分辨单元的回波。

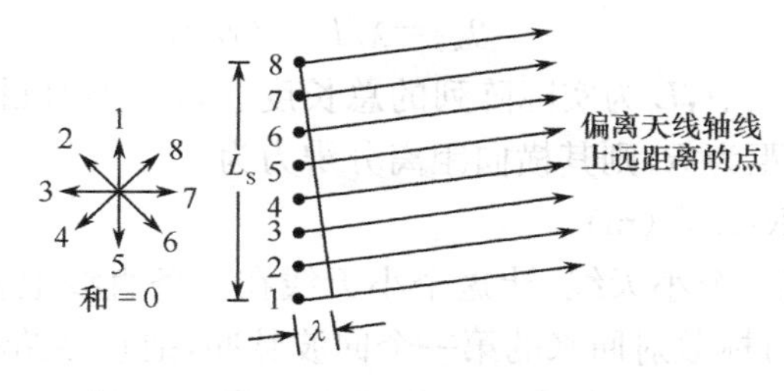

图8.8　从各阵列单元到偏离轴线的一点的距离逐渐出现差异，因此，来自该点的回波趋于对消。图中给出了零值的情况

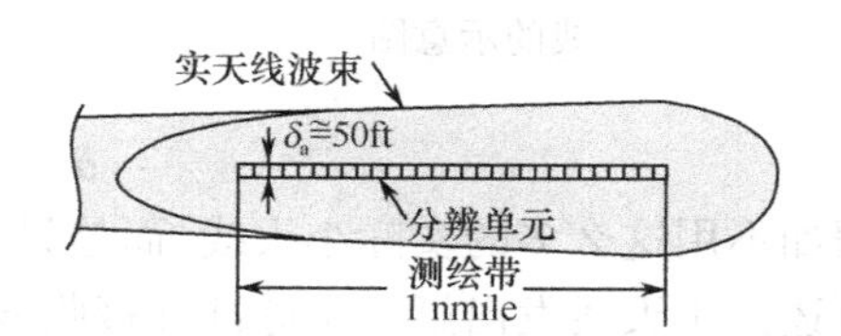

图8.9　当50个脉冲的回波相加后，距离门中的值代表来自单独一行距离/方位分辨单元的回波

这时，各个距离门中的数据被传输至存储器(扫描变换器)的相应位置供雷达显示用(如图8.10所示)。接着，信号处理器开始形成新的一行，雷达波束扫描穿过刚刚测绘过的那行单元之前的1n mile宽区域。由于一次形成一行地图，所以，这种SAR所采用信号处理的方法就称

做逐行处理。

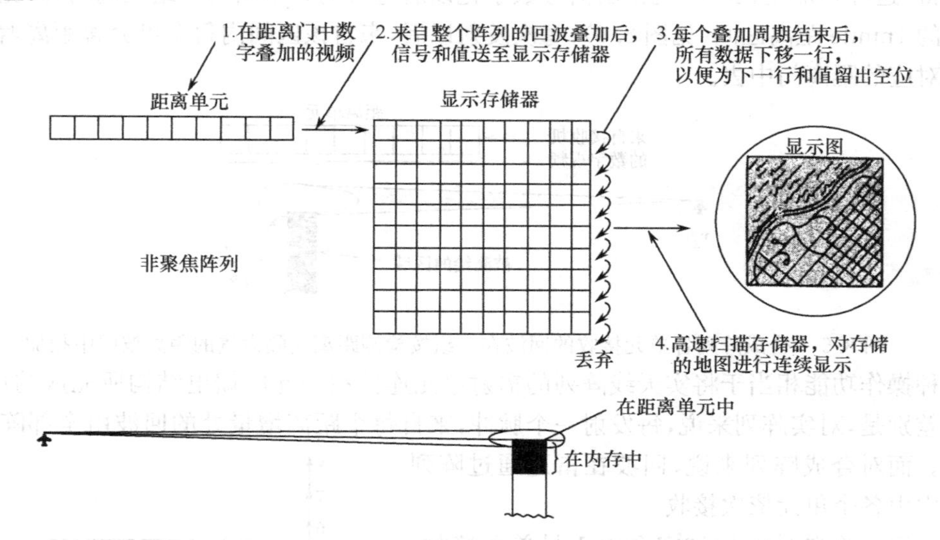

图 8.10　合成一个简单非聚焦阵列的步骤

显示存储器存储的叠加回波的行数为雷达显示器每次显示所需的行数。当接收到来自新的一行分辨单元的回波时，存储的回波就向下移一行，为新数据腾出位置，而最底行的数据则被丢弃掉。在相对缓慢的阵列形成过程中，以高的速率重复扫描显示存储器中的数据，在显示器上形成连续图像。这样，随着飞机的飞行，操作员可观看到一个带状区域的图像实时移动通过显示器。

有了上例给出的非聚焦合成孔径概念后，下面对 SAR 的原理进一步讨论。[22]

以图 8.11 所示 N 个阵元的线性阵列为例，此线性阵列的辐射方向图，可定义为单个阵元辐射方向图和阵列因子的乘积。阵列因子是阵列里天线阵元均为全向阵元时的总辐射方向图。若忽略空间损失和阵元的方向图，则阵列的输出可表示为

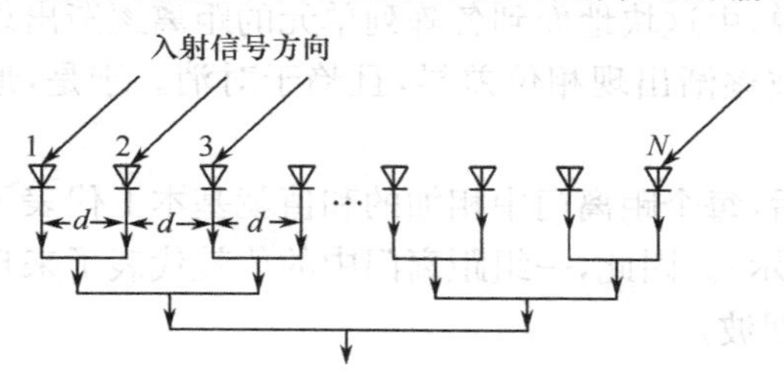

图 8.11　N 个阵元的线性阵列天线的示意图

$$V_{\mathrm{R}}=\sum_{n=1}^{N}\{A_n\exp[-\mathrm{j}(2\pi/\lambda)d]\}^2 \quad (8\text{-}5)$$

式中，V_{R} 为阵列输面的各阵元幅度的平方之和；A_n 为第 n 个阵元的幅度；d 为线性阵列阵元的间距；N 为阵列中阵元的总数。

因此，阵列的半功率点波瓣宽度为

$$\theta_{0.5}=\lambda/L \quad (\mathrm{rad}) \quad (8\text{-}6)$$

式中，L 为实际阵列的总长度。若阵列对目标的斜距为 R，则其横向距离分辨力为

$$\delta_x=\lambda R/L \quad (\mathrm{m}) \quad (8\text{-}7)$$

假如不用这么多的实际小天线，而是只用一个小天线，让这个小天线在一条直线上移动，如上例所述。小天线发出第一个脉冲并接收从目标散射回来的第一个回波脉冲，把它存储起来后，就按理想的直线移动一定距离到第二个位置。小天线在第二个位置上再发一个同样的脉冲波(这个脉冲与第一个脉冲之间有一个由时延而引起的相位差)，并把第二个脉冲回波接收后也存储起来。以此类推，一直到这个小天线移动的直线长度相当于阵列大天线的长度时为止。这时候把存储起来的所有回波(也是 N 个)都取出来，同样按矢量相加。在忽略空间损失和阵元方向图情况下，其输出为

$$V_s = \sum_{n=1}^{N} \{A_n \exp[-j(2\pi/\lambda)d]\}^2$$

式中，V_s 为同一阵元在 N 个位置合成孔径阵列输出的幅度平方之和。其区别在于每个阵元所接收的回波信号是由同一个阵元的照射产生的。

所得的实际阵列和合成阵列的双路径方向图不同点示于图 8.12 中。合成阵列的有效半功率点波瓣宽度近似于相同长度的实际阵列的一半，即

$$\theta_s = \lambda/2L_s \quad (\text{rad}) \tag{8-8}$$

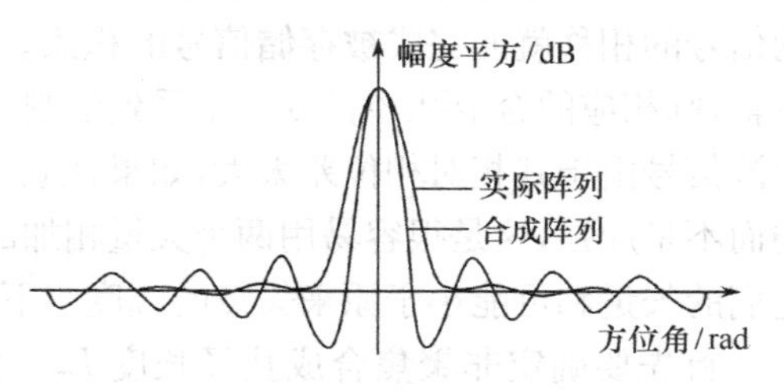

图 8.12　实际阵列和合成阵列的双路径波束的示意图

式中，L_s 为合成孔径的有效长度，它是当目标仍在天线波瓣宽度之内时飞机飞过的距离，如图 8.13所示；因子 2 代表合成阵列系统的特征，出现的原因是往返的相移确定合成阵列的有效辐射方向图，而实际阵列系统只是在接收时才有相移。从图 8.12 中还可看到合成阵列的旁瓣比实际阵列稍高一点。

用 D_x 作为单个天线的水平孔径，合成孔径的长度为

$$L_s = \lambda R/D_x \tag{8-9}$$

则合成孔径阵列的横向距离分辨力为

$$\delta_s = \theta_s R \tag{8-10}$$

或将式(8-8)和式(8-9)代入式(8-10)，得分辨力为

$$\delta_s = \frac{\lambda}{2L_s}R = \frac{\lambda R}{2}\frac{D_x}{\lambda R} = D_x/2 \tag{8-11}$$

式(8-11)有几点值得注意：首先，其横向距离分辨力与距离无关。这是由于合成天线的长度 L_s 与距离成线性关系，因而长距离目标比短距离目标的合成孔径更大，如图 8.14 所示。

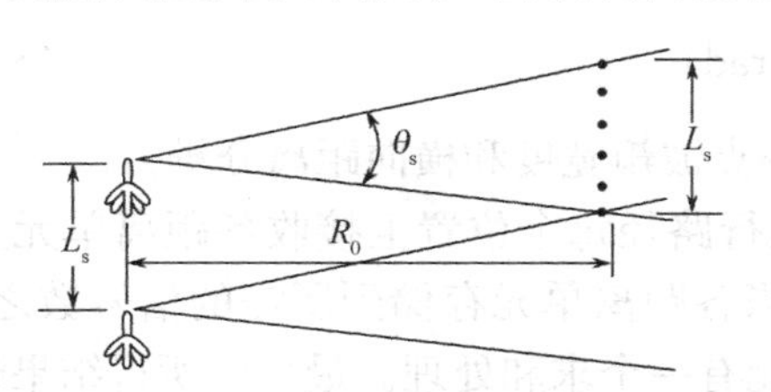

图 8.13　侧视 SAR 的几何图的示意图

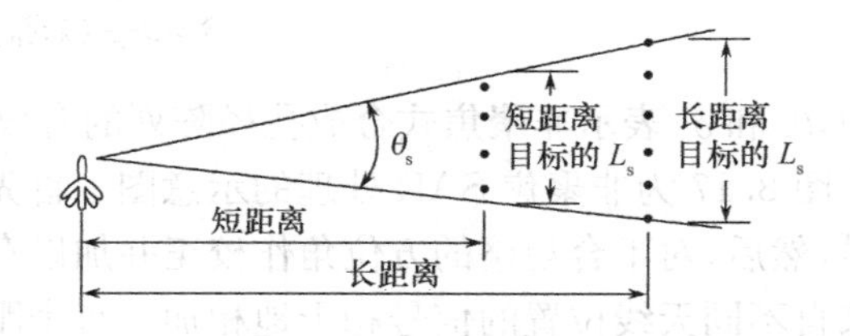

图 8.14　目标距离对侧视 SAR 的影响的示意图

其次，横向距离分辨力和合成天线的“波束宽度”不随波长而变。虽然式(8-8)所表示的合成波束宽度随波长的加长而展宽，但是由于长的波长比短的波长的合成天线长度更长，从而抵消了合成波束的展宽。

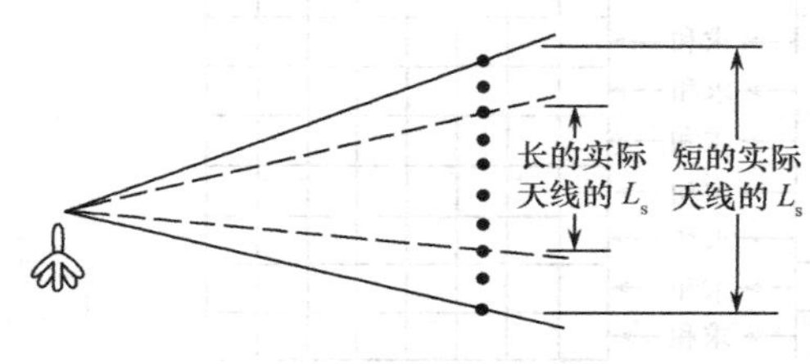

图 8.15　单个天线尺寸对侧视 SAR 的影响的示意图

最后，如果将单个天线做得更小些，则分辨力就会更好些，这正好与实际天线的横向距离分辨力的关系相反，这可参照图 8.15 来解释。因为单个天线做得越小，则其波束就越宽，因而合成天线的长度就更长。当然，单个天线小到什么程度有其限制，因为它需要足够的增益和孔径，以确保合适的信噪比。

为达到式(8-11)的分辨力需要对信号进行附加处理，所需的处理就是要对 SAR 天线在每一位置上所接收到的信号进行相位调整，使这些

信号对于一个给定的目标来说是同相的。它属于聚焦型合成孔径。

合成孔径可分为聚焦式和非聚焦式。所谓非聚焦式就是指不用改变孔径内从各种不同位置来的信号的相移就能完成被存储信号的积累。可以想到，既然对各种不同位置来的回波不进行相位调整，则相应的合成孔径长度一定受到限制。设 L_s 为非聚焦合成孔径长度，超过这个长度范围的回波信号由于其相对相位差太大，如果让它与 L_s 范围内的回波信号相加，其结果反而会使能量减弱而不是加强，这是很容易用两个矢量相加的概念来理解的。如果两个矢量的相位差超过 $\pi/2$，则它们的矢量和可能小于原来矢量的幅度。下面我们来计算非聚焦式合成孔径雷达的分辨力。

首先要确定非聚焦合成孔径长度 L_s。由图 8.16 所示的几何关系得

$$\left(R_0+\frac{\lambda}{8}\right)^2=\frac{L_s^2}{4}+R_0^2 \tag{8-12}$$

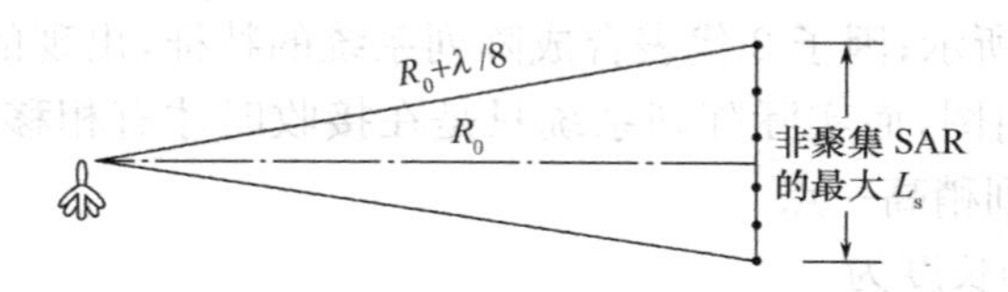

图 8.16　非聚焦 SAR 的 L_s 限制的示意图

图 8.16 表明，一个目标到非聚焦式合成阵列中心和边沿的双程距离差应等于 $\lambda/4$，以保证合成孔径范围内的回波相干相加。式(8-12)可简化为

$$\lambda\left(R_0+\frac{\lambda}{16}\right)=L_s^2 \tag{8-13}$$

式中，R_0 为航线的垂直距离。由于非聚焦处理时，散射体总是在合成天线的远场区，所以 $R_0\gg\lambda/16$。式(8-13)就变成

$$L_s\approx(\lambda R_0)^{1/2} \tag{8-14}$$

将式(8-14)代入式(8-8)，得

$$\theta_s\approx\frac{\lambda}{2}(\lambda R_0)^{-1/2}=\frac{1}{2}\left(\frac{\lambda}{R_0}\right)^{1/2} \tag{8-15}$$

将式(8-15)代入式(8-10)，得

$$\delta_s\approx\frac{1}{2}(\lambda R_0)^{1/2}\quad(\text{rad}) \tag{8-16}$$

式中，θ_s 和 δ_s 表示非聚焦式合成孔径阵列的有效半功率点波瓣宽度和横向距离分辨力。

图 8.17 为非聚焦 SAR 处理的示意图。首先，在飞行路径每个位置上接收各距离单元上的信号，然后，对不合规格的方位角作校正并加以存储。当各距离单元存储到所需的信号数之后，将来自不同天线位置的信号相干地相加。每个距离单元有一个求和处理。最后将所得结果送入显示阵列。为产生连续的移动显示，显示阵列对每个求和处理是移动的。

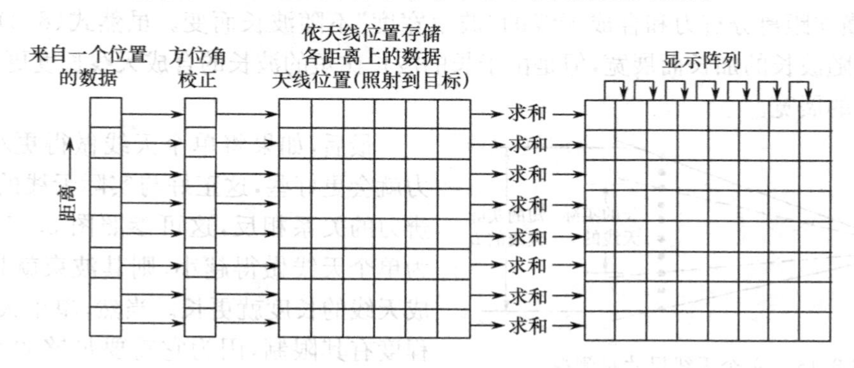

图 8.17　非聚焦 SAR 处理的示意图

对于式(8-14)和式(8-16)的结果，可能通过绘出图 8.18 所示的非聚焦阵列的增益和波速宽度与阵列长度的关系曲线来分析。从图中的几何关系可以看出，对应于给定增益及波束宽度的

阵列长度与$\sqrt{\lambda R_0}$成正比，这里λ为波长，R_0为距离。为了使图8.18适用于任何λ和R_0的组合，阵列长度在这里用$\sqrt{\lambda R_0}$来表示(见图8.18)。最大有效阵列长度为

$$L_{\mathrm{eff}}=1.2\sqrt{\lambda R_0} \tag{8-17}$$

研究散焦作用的另一个途径是这样的。假定从足够远的距离处到各个阵列单元的视线基本平行，向给定长度的一个非聚焦阵列靠近，那么在此距离上向阵列靠近，阵列的波速宽度不会随其靠近而发生变化。然而，当到达阵列长度为最佳而散焦作用开始显现的距离时，波速宽度开始增加。方位分辨尺寸，也就是该距离处可达到的最高分辨力，大致是阵列长度的40%，即

$$\delta_{s_{\max}}=0.4L_{\mathrm{eff}} \tag{8-18}$$

进而，当超过该距离时，就无法像希望的那样使雷达的方位分辨力与距离无关。当进一步增加阵列长度时，方位分辨尺寸按距离的平方根而增加(见图8.19)。

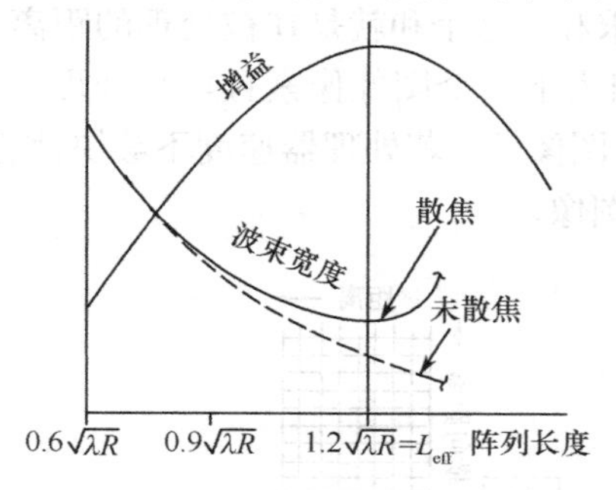

图8.18　阵列长度的增加对非聚焦合成阵列增益及波束宽度的影响。当长度$L=1.2\sqrt{\lambda R}$时，增益最大，而波束宽度最小

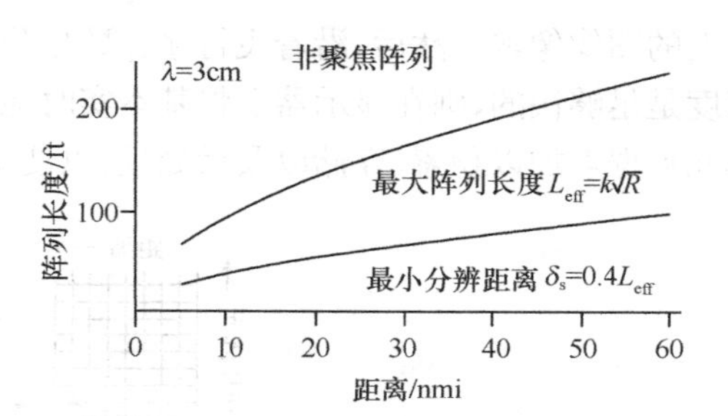

图8.19　非聚焦阵列的最大有效长度按距离的平方根增大。长度达到最佳分辨尺寸大约为阵列长度的40%

注意：非聚焦型合成天线的横向线性分辨力与实际天线孔径大小无关，采用短的波长可改善横向距离分辨力。该分辨力与$\sqrt{\lambda}$成比例地变化，并随着距离的平方根增加而变坏。

在聚焦式中，给阵列中每个位置来的信号都加上适当的相移，并使同一目标的信号都位于同一距离门之内。于是，同目标的距离无关，D_x的全部横向距离分辨力潜力都可以实现。图8.20示出距离有差别的一组样本的数据，图8.20(a)为一组原始样本数据，图8.20(b)为一组聚焦校正后的样本数据。

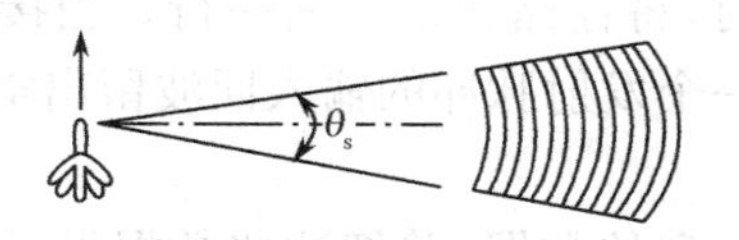

(a) 在聚焦校正前目标的数据位置

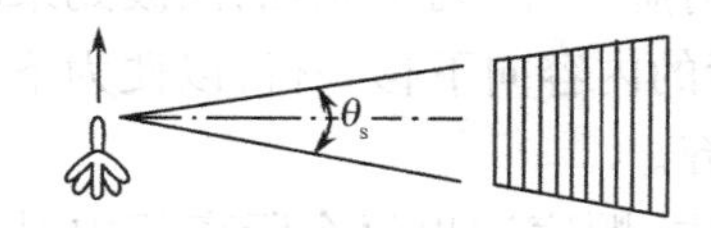

(b) 在聚焦校正后目标的数据位置

图8.20　聚焦前、后的数据的示意图

相位校正采用图8.21所示的原理。对于第n个阵元位置的相位校正，根据所示的图形可列出方程如下

$$(\Delta R_n+R_0)^2=R_0^2+(ns)^2 \tag{8-19}$$

式中，R_0为从垂直的SAR阵元到被校正的散射体的距离；ΔR_n为垂直的SAR阵元和第n个阵元之间的距离差；n为被校正阵元的序号；s为阵元之间的飞行路径间距。

假设$\Delta R_n/2R_0\ll 1$，则由上述方程解出

$$\Delta R_n=\frac{n^2 s^2}{2R_0} \tag{8-20}$$

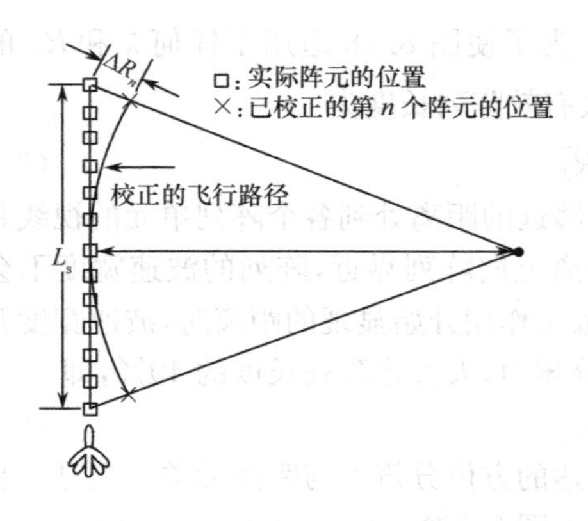

图 8.21　聚焦原理的示意图

与聚焦距离误差有关的相位误差为

$$\Delta\varphi_n = \frac{2\pi(2\Delta R_n)}{\lambda} = \frac{2\pi n^2 s^2}{\lambda R_0} \tag{8-21}$$

式中,$2\Delta R_n$ 是考虑来回双程之故。

图 8.22 为聚焦的处理示意图。数据阵由每个阵列阵元(行)的每个距离单元(列)的 I 和 Q 两路组成。在相位角校正后,数据阵就被图中所示的"框住了"。该框表示实际天线的波束,而框内的数据为一个 SAR 处理的数据。框内的全部数据阵都实施相位校正,于是,由图 8.20(a)表示的数据变换成图 8.20(b)所表示的数据。其结果在被校正的距离单元范围内求和。这个和就是在被处理的距离和横向距离上的图像像素。然后,沿着飞行途径数据阵列逐步引入下一个图像像素且重复处理。若处理器速度是足够快的,则在显示器上将基本实时地呈现一条图像带。若处理器速度不够快,则需将一批阵元数据点加以积累、存储以及后处理,以便得到一个图像。

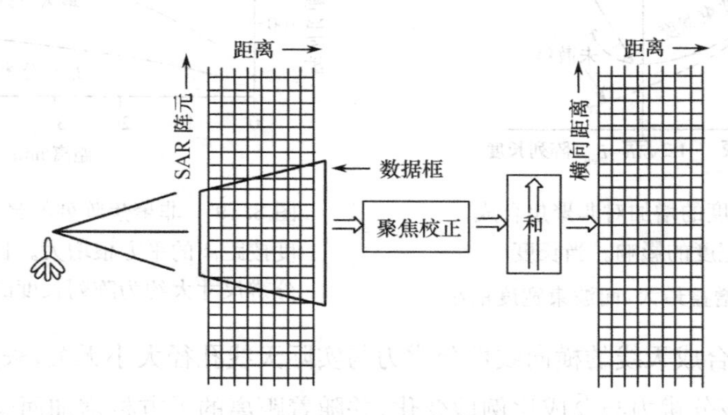

图 8.22　聚焦处理的示意图

为了简化叙述起见,这里省略了预先求和的步骤。此外,还假定阵列长度、脉冲重复频率和距离的组合使分辨横向距离 δ_s 约等于阵列单元的间距 δ_a。图 8.23 是对图 8.22 的进一步说明[6]。当未做预先求和时,为了使阵列聚集,必须为各距离门提供与阵列单元一样多的存储行数。任何一个发射脉冲(阵列单元)的回波到来时,将存储在最上面一行。当接收到最远距离单元的回波时,各行的内容向下移一行,以便为下一个发射脉冲的输入回波留出空位置。最下面一行的内容则被丢弃。

在移位过程中,顺序读出每个距离门中对应列的数据,并把这些数据做适当相移后再相加(该过程称为方位压缩过程)。把每个距离门和值的振幅值送入显示存储器最上一行中的适当距离位置。于是,(对该例子中假设的条件而言)每当接收到来自另一个发射脉冲的回波时(即雷达每前进一个等于阵列单元间距的距离时),合成出另一个阵列。①

综上所述,可由图 8.24 示出 SAR 数据处理图像的示意图。因为在方位向合成孔径必须在一个时间周期内建立,所以来自所谓"距离线"的相继发射脉冲的雷达回波必须存储在存储器中,直到获得足够产生目标图像的方位向样本数为止。因此,所得 SAR"行数据"具有一种矩形格式,沿距离一维对应于"距离时间"t_g,另一维则对应于"方位时间"t_A。

① 若分辨力 δ_s 大于阵列单元间距,则只有在雷达前进一个距离 δ_a 之后才会合成一个阵列。

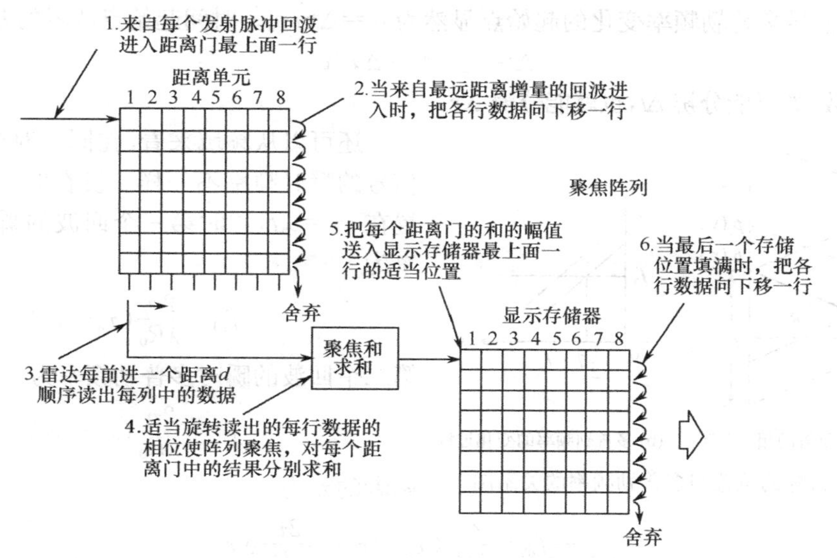

图 8.23　逐行处理器中阵列如何聚焦。为了简化叙述起见，
假设分辨横向距离 δ_s 等于阵列单元间距 δ_a。因此，
每发射一个脉冲，就必须合成出一个新的阵列

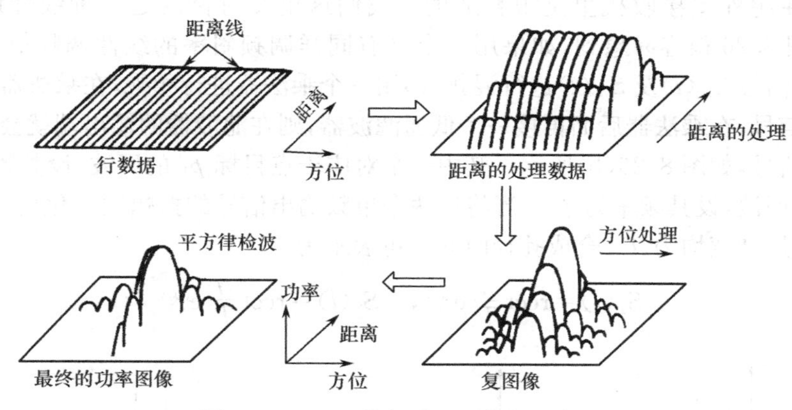

图 8.24　SAR 数据处理图像的示意图

8.3　从频谱分析、相关、匹配滤波角度解释合成孔径原理[14]

设地面两个点目标 p_1、p_2，它们与飞机航向的垂直斜距相同，均为 R_0，但两者所处的方位不同，如图 8.25(a)所示。它们在 x 方向的坐标分别为 x_1 和 x_2。根据上述，它们的回波信号都是线性调频信号。这两个线性调频信号的带宽都等于多普勒频移的带宽，其值为

$$\Delta f_d = \frac{2v_a^2}{\lambda R_0} T_s \tag{8-22}$$

式中，T_s 表示合成孔径时间。两者区别在于多普勒频率变化过程的始点和终点不同。如图 8.25(b)所示，设机载雷达天线从时间起点 $t=0$ 和位置起点 $x=0$ 开始向前移动，并发射第一个脉冲。天线波束在目标 p_1 处的波束宽度，即合成孔径长度 $L_s=\theta_a R_0$。若这时波束前沿刚好照射到目标 p_1，p_1 回波信号多普勒频率变化的时间起始点 $t_1=0$。设第二目标 p_2 与 p_1 的直线距离为

$$\Delta x = x_2 - x_1$$

则 p_2 的回波信号多普勒频率变化的起始点显然为 $t_2=\Delta x/v_a$。时间起始点两者的差别为

$$\Delta t=t_2-t_1=\Delta x/v_a$$

由于 v_a 是常数，如果能分辨 Δt，也就能分辨 Δx。

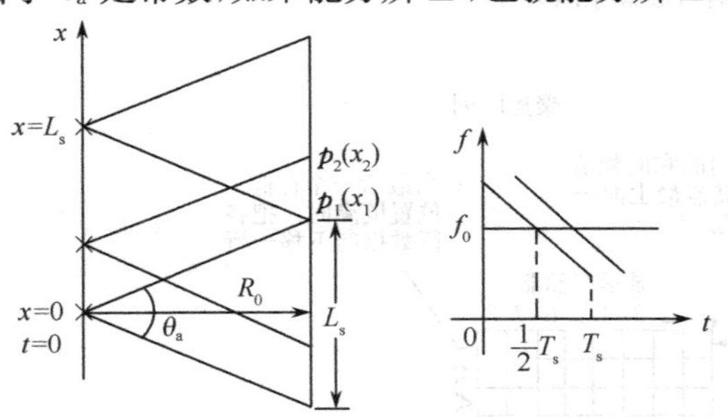

(a) 雷达与目标位置的相互关系　(b) 多普勒频率的变化过程

图 8.25　目标的位置与多普勒频率的关系图

还可以从频域来看，在同一时刻，两个回波信号的瞬时频率不一样。设在时刻 t 飞机的位置在 $x_a=v_at$，这时第一个回波的瞬时多普勒频率为

$$f_{d1}=\frac{2v_a}{\lambda R_0}(x_a-x_1) \tag{8-23}$$

第二个回波的瞬时多普勒频率为

$$f_{d2}=\frac{2v_a}{\lambda R_0}(x_a-x_2) \tag{8-24}$$

两者的差为

$$f_{d1}-f_{d2}=\frac{2v_a}{\lambda R_0}(x_2-x_1)=\frac{2v_a}{\lambda R_0}\Delta x \tag{8-25}$$

如果能分辨这两个频率差，也就能分辨 Δx。

在无线电技术里，分辨频率或分辨时间通常通过混频和相关两条技术途径。

混频技术在超外差接收机里是很普通的。我们这里要对付的是一种线性调频信号。从图 8.25(b)或图 8.26 很容易想到，如果用一个具有同样调频斜率的线性调频信号作为本地信号，和两个回波信号 $S_{r1}(t)$ 及 $S_{r2}(t)$ 进行混频，即用一个乘法器进行相乘，在乘法器的输出端就会有和频及差频信号，在乘法器后面再接一个低通滤波器，则在滤波器的输出端就会得到两个恒定频率(单频)的信号，如图 8.26(b)所示。其中一个对应于点目标 p_1 的回波，设其频率为 f_1，另一个对应于 p_2 的回波，设其频率为 f_2。当将这两个单频输出信号的振幅归一化后，变为矩形振幅的单频脉冲信号，脉宽均为 T_s(合成孔径时间)，可表示为

$$S_1(t)=\mathrm{rect}\,\frac{t}{T_s}\mathrm{e}^{\mathrm{j}\omega_1 t},\quad S_2(t)=\mathrm{rect}\,\frac{t}{T_s}\mathrm{e}^{\mathrm{j}\omega_2 t} \tag{8-26}$$

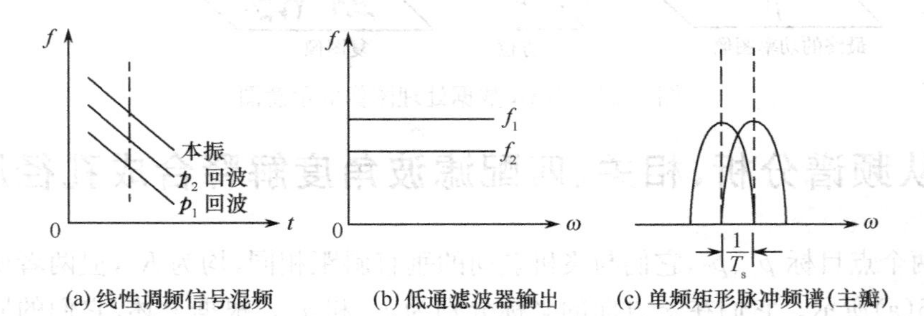

(a) 线性调频信号混频　(b) 低通滤波器输出　(c) 单频矩形脉冲频谱(主瓣)

图 8.26　混频技术分辨目标回波例图

这类脉冲信号的频谱是呈 sinc 型($\sin x/x$ 型)的，可通过简单的傅里叶变换得到

$$S_1(\omega)=\int_{-T_s/2}^{T_s/2}\mathrm{e}^{\mathrm{j}\omega_1 t}\mathrm{e}^{-\mathrm{j}\omega t}\,\mathrm{d}t=T_s\,\frac{\sin[(\omega-\omega_1)T_s/2]}{(\omega-\omega_1)T_s/2} \tag{8-27}$$

$$S_2(\omega)=\int_{-T_s/2}^{T_s/2}\mathrm{e}^{\mathrm{j}\omega_2 t}\mathrm{e}^{-\mathrm{j}\omega t}\,\mathrm{d}t=T_s\,\frac{\sin[(\omega-\omega_2)T_s/2]}{(\omega-\omega_2)T_s/2} \tag{8-28}$$

其频谱形状示于图 8.26(c)。它们的半功率点频谱宽度为

$$\Delta f\approx 1/T_s \tag{8-29}$$

即带宽与脉冲宽度成反比。

这两个谱线的峰值点距离 $\omega_1-\omega_2$ 或 f_1-f_2，是由两个目标所产生的回波多普勒频移的起始点决定的，也就是由两个目标的坐标差 Δx 决定的，其关系式(8-60)重写如下

$$f_{\mathrm{d1}}-f_{\mathrm{d2}}=\frac{2v_{\mathrm{a}}}{\lambda R_0}\Delta x$$

由此可见，如果能分辨这两个谱线的峰值点，也就能分辨相距 Δx 的两个目标。

一般规定，可分辨的极限为两个谱线峰值点之差等于半功率点的频谱宽度，即

$$\Delta f=f_{\mathrm{d1}}-f_{\mathrm{d2}}\geqslant 1/T_{\mathrm{s}} \tag{8-30}$$

由式(8-25)及式(8-30)得

$$\frac{2v_{\mathrm{a}}}{\lambda R_0}\Delta x=1/T_{\mathrm{s}}$$

由此可算出

$$\Delta x=\frac{\lambda R_0}{2v_{\mathrm{a}}}\frac{1}{T_{\mathrm{s}}}=\frac{\lambda R_0}{2L_{\mathrm{s}}}$$

设单个天线方位向孔径为 D_x，则 $L_{\mathrm{s}}=\lambda R_0/D_x$，代入上式即得方位分辨力的理论值

$$\delta_{\mathrm{s}}=\Delta x=D_x/2 \tag{8-31}$$

与式(8-11)一致。

另一种相关技术也是大家熟悉的。如图 8.27 所示，第一个回波信号 $S_{\mathrm{r1}}(t)$ 与另一经过连续可调延时线的具有同样调频斜率的原线性调频信号 f_{t1} 相乘，再取积分。积分器输出端即为原信号的自相关函数 $\mathscr{R}_{11}(\tau)$，它是时延 τ 的函数，用数学式表示为

$$\mathscr{R}_{11}(\tau)=\int_{-T/2}^{T/2}S_{\mathrm{r1}}(t)S_{\mathrm{t1}}(t+\tau)\mathrm{d}t \tag{8-32a}$$

式中，T 为信号的持续时间，在点目标回波的情况下，T 就是合成孔径时间 T_{s}。

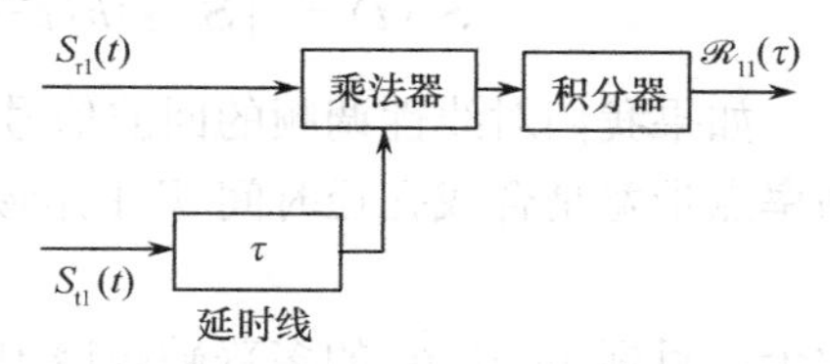

图 8.27　相关技术的原理图

为简化运算，通常用复数信号来表示，这时上式应写成

$$\mathscr{R}_{11}(\tau)=\int_{-T/2}^{T/2}S_{\mathrm{r1}}^{*}(t)S_{\mathrm{r1}}(t+\tau)\mathrm{d}t \tag{8-32b}$$

式中 * 号表示共轭复数。

第一个回波的线性调频信号可写成，$S_{\mathrm{r1}}(t)=\mathrm{e}^{\mathrm{j}\pi k_{\mathrm{a}}t^2}$，其自相关函数根据式(8-32b)可求出，即

$$\mathscr{R}_{11}(\tau)=\int_{-T_{\mathrm{s}}/2}^{T/2}\mathrm{e}^{-\mathrm{j}\pi k_{\mathrm{a}}t^2}\mathrm{e}^{\mathrm{j}\pi k_{\mathrm{a}}(t+\tau)^2}\mathrm{d}t \tag{8-33a}$$

$$\mathscr{R}_{11}(\tau)=\mathrm{e}^{\mathrm{j}\pi k_{\mathrm{a}}\tau^2}\int_{-T_{\mathrm{s}}/2}^{T_{\mathrm{s}}/2}\mathrm{e}^{\mathrm{j}2\pi k_{\mathrm{a}}\tau t}=T_{\mathrm{s}}\frac{\sin(\pi k_{\mathrm{a}}T_{\mathrm{s}}\tau)}{\pi k_{\mathrm{a}}T_{\mathrm{s}}\tau} \tag{8-33b}$$

可见其输出自相关函数也成 sinc 型。其峰值点发生在$\tau=0$处，这是一般相关函数的规律。如图 8.28 所示，其第一个零点发生在式(8-33b)中分子等于 0 时，这时

$$\pi k_{\mathrm{a}}T_{\mathrm{s}}\tau_1=\pm\pi \quad 或 \quad \tau_1=\pm 1/k_{\mathrm{a}}T_{\mathrm{s}} \tag{8-34}$$

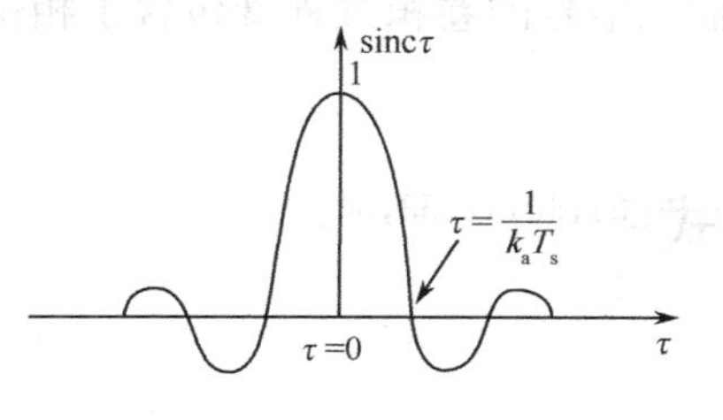

图 8.28　线性调频回波信号的相关函数的示意图

主瓣宽度为

$$2\tau_1=2/k_{\mathrm{a}}T_{\mathrm{s}}$$

半功率点宽度一般取为主瓣宽度的一半，即

$$\Delta\tau=1/k_{\mathrm{a}}T_{\mathrm{s}} \tag{8-35}$$

第二个目标 p_2 的回波相关函数的形状与第一个完全相同，只是峰值出现的时间稍晚，有一个时延 Δt，显然 Δt 与目标 p_1、p_2 的距离 Δx 有如下关系

$$\Delta t = \Delta x / v_a \tag{8-36}$$

与混频技术中所述的情况相似。一般规定，两个峰值可分辨的极限是，第二个峰值的延时 Δt 应不小于主瓣的半功率点宽度，即

$$\Delta t \geqslant 1/k_a T_s \tag{8-37}$$

于是得到时间分辨力为 $\delta_t = \Delta t = 1/k_a T_s$。用 $k_a = 2v_a^2/\lambda R_0$ 代入可得时间分辨力为

$$\delta_t = \Delta t = \frac{1}{2}\frac{\lambda R_0}{v_a^2 T_s} = \frac{1}{2}\frac{\lambda R_0}{v_a L_s}$$

单个天线方位向孔径为 D_x，则 $L_s = \lambda R_0 / D_x$，代入上式得

$$\delta_t = \Delta t = D_x / 2v_a \tag{8-38}$$

由式(8-36)得到空间分辨力为

$$\delta_s = \Delta x = \Delta t v_a = D_x / 2 \tag{8-39}$$

我们从相关分析角度又得到聚焦型合成孔径的理论分辨力表达式(8-11)。

熟悉匹配滤波器和相关技术的读者，可能已经注意到，上述聚焦型处理中的自相关过程是等效于匹配滤波处理的。

根据匹配滤波器理论，匹配滤波器的冲激响应 $h(t)$ 应是输入信号 $S_i(t)$ 的延时镜像，即

$$h(t) = KS_i(t_0 - t) \tag{8-40}$$

式中，K 是增益常数。其输出信号为输入信号 $S_i(t)$ 与冲激响应 $h(t)$ 的卷积，即

$$S_o(t) = \int S_i(\tau) h(t-\tau) \mathrm{d}\tau, \quad 或 \quad S_o(t) = \int S_i(t-\tau) h(\tau) \mathrm{d}\tau \tag{8-41}$$

如果我们对线性调频的回波信号进行匹配滤波，则其输出端的信号频谱呈 sinc 形状，其半功率点带宽是合成孔径时间 T_s 的倒数。

$$\Delta f = 1/T_s \tag{8-42}$$

两个点目标 p_1 和 p_2 的多普勒频谱中心的宽度为

$$f_{d1} - f_{d2} = \frac{2v_a}{\lambda R_0} \Delta x \tag{8-43}$$

其方位分辨力的理论值也一定是

$$\delta_s = D_x / 2 \tag{8-44}$$

我们曾经说过，聚焦型合成孔径技术中的信号处理实质上包含两个步骤：第一步是对回波信号进行相位加权或相位调整，使每个信号的相位成为同相(这就是"聚焦"过程)；第二步是同相信号相加。这里我们介绍的混频、相关和匹配滤波处理，都是包含以上两步内容的。在混频技术中的两个线性调频信号相乘过程以及相关处理中的延时相乘过程，都是对回波信号进行相位加权使之成为同相的过程。相乘以后的低通滤波器实际上与相关器中的积分器的作用是一样的，都是相加过程。匹配滤波器实际上是一个相位校正网络，它与输入信号的卷积过程既包含了相位加权，也包含了同相相加。

8.4　合成孔径雷达的工作模式[31,40,47,53,54]

8.4.1　概述[31,47,53,54]

为了便于数学分析，先把机载合成孔径雷达在运用过程中的几何关系作一说明。图 8.29 示出机载合成孔径雷达在运用过程中的几何关系。图中示出的是雷达位置和波束在地面覆盖区的

简单几何模型。雷达系统可以采用单基站、双基站或多基站结构，这由接收机和发射机的相对位置决定。在此主要考察收发公用天线的单基站雷达。

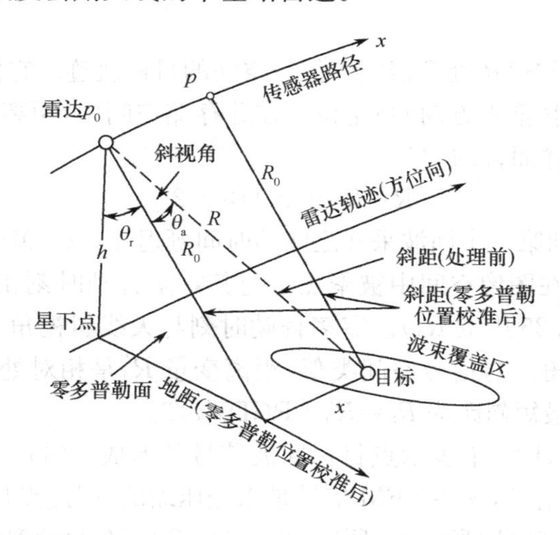

图 8.29　机载合成孔径雷达运用的示意图

图 8.29 中的目标是被 SAR 照射的地球表面上的一个假想点，称其为点目标或点散射体，又简称为目标或散射体。随着平台的前移，具有电磁能量的脉冲以一定的间隔向地面发射。在某个脉冲的发射过程中，雷达天线的波束投影到地面的某个区域，称其为波束覆盖区。该覆盖区的位置和形状由天线波束方向图和地球与雷达间的几何关系决定，又称为雷达波束照射区域。

在合成孔径雷达系统中，雷达连续地发射线性调频脉冲信号，然后从回波信号中提取目标信息，这个从回波信号到图像的过程就称为成像处理。我们知道成像的目的是获取目标的后向散射系数。点目标的回波信号是后向散射系数与雷达系统函数的响应，雷达系统函数包括发射信号和天线增益。

在理想情况下，成像算法将把后向散射系数的冲激响应再压缩成一个点(冲激)。由于理想点目标响应(冲激函数)具有无限大带宽而实际雷达系统的带宽却总是有限的，因而也只能得到带宽有限的近似的点目标图像。

信号空间和图像空间：信号处理器中的 SAR 数据用到两个二维空间。信号空间包含接收的 SAR 数据，而图像空间包含处理后的数据。雷达图像细节无法通过信号空间中的数据进行辨识，只有对输入数据进行进一步的处理后，才会显现图像细节。处理后的数据定义在图像空间中，因为 SAR 数据已成为一幅含有信息的图像，见图 8.30。

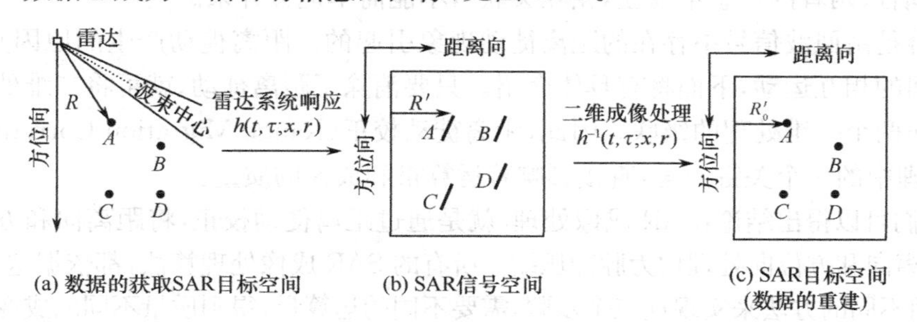

图 8.30　SAR 系统和处理器中不同点的距离定义

图 8.30 中示意了输入信号空间内的距离和经过零多普勒压缩后的图像距离之间的区别。图 8.30(a)显示的是具有 4 个地点目标的自然坐标系。假设天线指向朝前，也就是前斜视，即与

图 8.29 一样，唯一不同的是图 8.30 的天线为左视。雷达朝页面的下方移动，波束中心同时经过目标 A 和目标 B，然后经过目标 D，最后经过目标 C。正如图 8.29 所示，距离 R 是沿着雷达波束测量的。

图 8.30(b)示意了存于 SAR 处理器输入信号空间的目标轨迹。它们依据各自的距离(水平方向)和波束中心穿越时刻(垂直方向)被定位。在此存储空间中，距离 R' 是相对于由距离延迟门(RGD)决定的第一个采样而言的，有

$$R = R' + \mathrm{RGD} \times c/2 \tag{8-45}$$

式中，RGD 是从脉冲发射到第一个回波采样之间的时间延迟，$c = 2.997925 \times 10^8\,\mathrm{m/s}$ 为光速。

在图 8.30(c)中，目标在图像空间中被聚焦于与其零多普勒时刻相对应的位置。此时距离位于零多普勒方向(见图 8.25 中的 R_0)。零多普勒时刻与天线斜视角无关，所以最终图像中的目标位置并不依赖于斜视角。与信号空间类似，距离变量 R_0' 是相对处理后的第一个采样而言的，对于一个特定目标，其最短斜距为 $R_0 = R_0' + \mathrm{RGD} \times c/2$。

图 8.30 中，图(a)和图(b)4 个表示点目标回波信号的形成。雷达沿方位向运动(方位向时间 t)，接收到一系列 LFM 信号，这些 LFM 信号是未经压缩的，因此点目标的回波信号在信号空间中是呈弥散状的[为图 8.30(b)所示]。所以，我们对“成像”有两种理解：

一是将二维的弥散开的回波信号经过距离向和方位向二维压缩得到点信号，也就是二维脉冲压缩；

二是由于雷达系统是线性的，因此可以在接收端设置一个雷达系统的逆系统，对回波信号进行反卷积，从而获得点目标的信息，即后散射系数[如图 8.30(c)所示]。

上述两者是等价的，二维脉冲压缩是二维反卷积的一种实现方式。整个过程中涉及目标空间与信号空间的变换。场景中，众多的目标位于各自的位置上，彼此之间相对独立；而信号空间中由于回波信号的弥散，相邻目标的回波彼此交融重叠，某点的回波不仅与其自身有关，还与相邻的目标点有关；成像处理的目的，就是从信号空间中得到相应的点的目标，并与相邻目标区分开来，重建与场景相对应的目标空间。

点目标回波是后向散射系数与雷达系统函数的二维卷积，因此最直接的方法就是在时域中采用二维匹配滤波器对回波信号进行压缩。这种方法原理简单，但运算量非常大，早期只能通过光学处理实现。后来 Cenzo 尝试过在高速数字信号系统上采用二维移变滤波算法，但随着分辨力的提高，这种方法的计算效率会变得很低，不适合高分辨力 SAR 成像。

由于直接的二维处理存在很多缺点，因此，对 SAR 成像的基本思路是：将二维处理分解为两个一维处理，简化处理过程并降低运算量。但由于 SAR 系统的特点，回波信号的距离向和方位向之间存在耦合(两者的信息不独立，相互关联)，不能简单地分开来。

这种耦合是由回波信号中存在的距离徙动现象引起的。距离徙动产生的原因是 SAR 载机平台和目标间的相互运动，下面将有具体介绍。只要消除了距离徙动，就可将二维处理分解成距离向和方位向两个一维处理的级联。因此，距离徙动校正(Range Migration Corretion，RMC)是 SAR 成像处理中的一个关键问题，直接影响着运算量和成像的质量。

由此，我们可以得出结论：SAR 成像处理，就是通过距离徙动校正，将距离向和方位向分开处理的过程，距离向和方位向处理均为脉冲压缩。所有的 SAR 成像处理算法，都依据这个思路，不同点就在于采用不同的方法来实现这三个步骤，需要不同的运算量，得到质量不同的成像结果。

实际上，合成孔径雷达采用宽脉冲的宽频带发射信号，常用的是包络为矩形的线性调频(LFM)信号，它先在快时间域通过匹配滤波(脉冲压缩)得到窄脉冲，因此窄脉冲回波是 sinc 函数形状。

附带说明一下方位压缩与第7章中所述的脉冲雷达中的距离压缩的相似性[6]。

在SAR中，采用多普勒处理的聚焦和方位压缩处理与脉冲压缩雷达（采用线性调频脉冲信号时用到压缩）中解线性调频信号的去斜率和距离压缩处理相比较。它们主要的区别在于压缩处理的速度。距离压缩通常在10～100μs内完成，而方位压缩则需要1～10s才能完成。对于这两种情况，去斜率（聚焦）既可以采用上面介绍的数字方法实现，也可采用模拟方法实现。

通过对点目标回波的快时间域（距离域）和慢时间域（多普勒域）的脉冲压缩，并将点目标所在地作为原点得到二维输出脉冲为

$$s_0(\hat{t},t_m,R_s)=\mathrm{sinc}(\Delta f_r\hat{t})\ \mathrm{sinc}(\Delta f_d t_m) \tag{8-46}$$

式中，Δf_r 和 Δf_d 分别发射信号带宽和回波序列的多普勒带宽。

对场景作二维成像，相当于从回波重建点目标，而场景里的点目标是十分密集的，且数值的变化可能很大，必须对输出旁瓣在低电平方面提出高的要求，sinc函数形的输出脉冲是不合适的，它的旁瓣太高，对快时间域的回波在作脉冲压缩时必须加权以降低距离旁瓣。至于慢时间序列的回波包络，它决定于雷达收发双程方向图，它本来就不是矩形的，有时为了进一步降低多普勒旁瓣，还再对回波序列进一步加权。

合成孔径雷达成像在原理上虽然简单，但要精确实现空变的二维匹配滤波是比较复杂的。因此在工程上研究成像算法主要有两个方向：其一是根据成像质量（主要是对分辨力）的要求讨论是否可加以近似简化；其二是在不能近似简化的条件下探索易于实现的算法。此外，研究更高质量的成像算法以满足进一步的高要求也是重要方面。

合成孔径雷达的成像算法是一个理论问题，更是一个工程实际问题。为了能使合成孔径雷达得到广泛应用，应探索能满足应用需要，而又便于实现的成像算法。为了满足合成孔径雷达在发展中提出的成像质量更高和应用范围更广的要求，又需要新的成像算法。为此，8.5节有必要对合成孔径雷达的成像算法作专门讨论。

8.4.2 常用的SAR工作模式简介[35]

1. SAR的不同工作模式

合成孔径雷达可以按许多不同方式进行工作，例如多系统工作方式，或者单个系统中包含不同模式的工作方式。其中部分工作模式包括：

➢ 条带合成孔径雷达（Stripmap SAR）。在这种模式下，随着雷达平台的移动，天线的指向保持不变。天线基本上匀速扫过地面，得到的图像也是不间断的。该模式对于地面的一个条带进行成像，条带的长度仅取决于雷达移动的距离，方位向的分辨力由天线的长度决定。

➢ 扫描合成孔径雷达（Scan SAR）。这种模式与条带模式的不同之处在于，在一个合成孔径时间内，天线会沿着距离向进行多次扫描。通过这种方式，牺牲了方位向分辨力（或者方位向视数）而获得了宽的测绘带宽。扫描模式能够获得的最佳方位分辨力等于条带模式下的方位向分辨力与扫描条带数的乘积。

➢ 聚束合成孔径雷达（Spotlight SAR）。通过扩大感兴趣区域（如地面上的有限圆域）的天线照射波束角宽，可以提高条带模式的分辨力。这一点可以通过控制天线波束指向，使其随着雷达飞过照射区而逐渐向后调整来实现。波束指向的控制可以在短时间内模拟出一个较宽的天线波束（也就是说一个短天线），但是波束指向不可能永远向后，最终还是要调回到前向，这就意味着地面覆盖区域是不连续的，即一次只能对地面的一个有限圆域进行成像。

➢ 双站合成孔径雷达（Bistatic SAR）。在这种工作模式下，接收机和发射机分置于不同的位置。对于遥感SAR来说，接收机和发射机通常很接近，可以近似成单工模式。

➢ 干涉合成孔径雷达(InSAR)。在这种工作模式下,可以通过复数图像的后处理来提取地形高度和移位。将两幅在同一空间位置(差分干涉 SAR)或间隔很小的两个位置(地形高度干涉 SAR)获得的复数图像进行共轭相乘,就能得到一幅具有等高度线或位移线的干涉图。

图 8.31 和图 8.32 分别示出目前在方位向和俯仰向常用的工作模式。即常规 SAR、聚束 SAR 和多波束 SAR。随着有源相控阵天线的应用,SAR 工作模式将包括:

➢ 宽测绘带/中分辨 SAR 模式;

➢ 窄测绘带/高分辨 SAR 模式;

➢ 斜视 SAR 模式;

➢ 很高分辨聚束/多波束模式;

➢ 动目标 MTI/ISAR 模式。

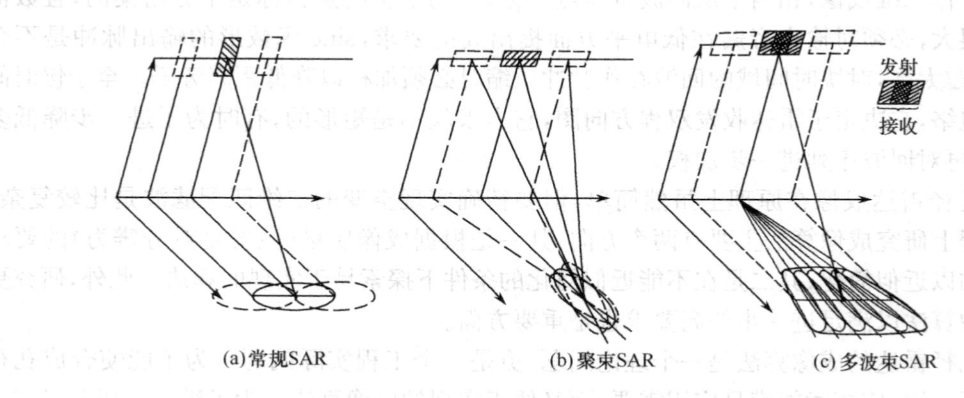

图 8.31　方位高分辨力概念

条带成像的合成孔径雷达(Stripmap SAR)可以采用正侧视(雷达波束指向与雷达平台运动方向垂直),也可以采用斜侧视(雷达波束指向与雷达平台运动方向有一定夹角)的工作方式,通常使用最多的是正侧视工作方式。下面以正侧视为例,如图 8.33 所示,简要说明一下条带成像合成孔径雷达的工作原理。为了获得远大于天线波束范围的带状地域图像,它对于位于不同位置的目标,例如 $X_1, X_2, \cdots, X_n$ 采取依次成像的方法。因为各点目标回波多普勒历史均相同,只是起始和终了的时刻不同罢了,利用信号处理(如脉压方法)就可顺序获得方位向不同位置目标的图像。

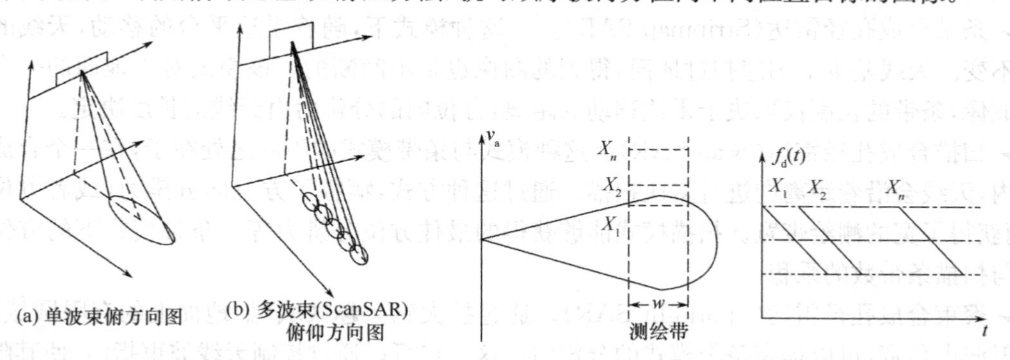

图 8.32　俯仰高分辨力概念　　　　图 8.33　条带成像示意图

扫描合成孔径雷达(Scan SAR)的主要目的和用途是实现超宽测绘带成像,其代价是横向分辨力下降。Scan SAR 的原理是以两个或两个以上子测绘带之间的时间共享超宽测绘带覆盖的,图 8.34 给出了比较简单的三个子测绘带 Scan SAR 成像的三维立体示意图。图 8.34 所示为 Scan SAR 成像时,多个子波束切换次序及波束照射地面位置,其总的测绘带宽度等于各子测绘带宽度的和。由于SAR模糊特性的限制，每一个子测绘带应该对应一个特定的高低向波束指向、波束宽度以及脉冲重复频率，且在波束切换过程中会丢掉几个脉冲重复周期的回波信息，这是因为切换过程需要时间。因此，粗略地讲，有几个子测绘带，其总测绘带宽度就增加几倍，而其横向分辨力至少也要下降几倍。

可以看出，要实现Scan SAR功能，最重要的是天线高低波束及信号参数的快速切换，通常，只有采用高低向波束电扫天线及计算机控制和管理才能满足这一要求。另外，正是由于上述的波束和信号参数的不断切换，使得在Scan SAR工作模式下的系统控制、数据管理及成像处理过程等变得比较复杂，在此不再展开叙述。

聚束合成孔径雷达(Spotlight SAR)工作模式是一种适应于小区域、高分辨率的工作模式。对于条带式，由于方位向天线波束宽度限制了合成孔径的长度，因此，其方位分辨率不会优于天线长度的一半。而SpotlightSAR工作模式可通过控制星载SAR方位方向天线波束指向，使其沿飞行路径连续照射同一块成像区域以增大其相干时间，从而增加合成孔径长度，天线波束宽度不再限制方位分辨率。

干涉合成孔径雷达(InSAR)的主要目的是利用干涉原理获得地形的高度信息。因为在地形测绘时，除要求得到地形特征的几何位置、几何形状的信息外，还要求得到有关的高度信息。因此，这种干涉SAR就是一种三维坐标成像雷达。一种是双天线干涉仪法，即在同一飞行平台上装两个高低略有差别的天线，一个天线既发射又接收，另一个天线只接收。图8.35给出干涉SAR的简单示意图。雷达具有上下两个天线，通过两个天线接收信号的相位差及已知的一些参数就可以得到目标的高度维信息。在此过程中，值得注意的是由于两个天线接收信号的相位差被限制在$(-\pi,\pi)$主值范围内，为了得到真实的目标高度信息，一般需要解相位模糊以便得到全相位差。对于InSAR原理下面将进一步说明。

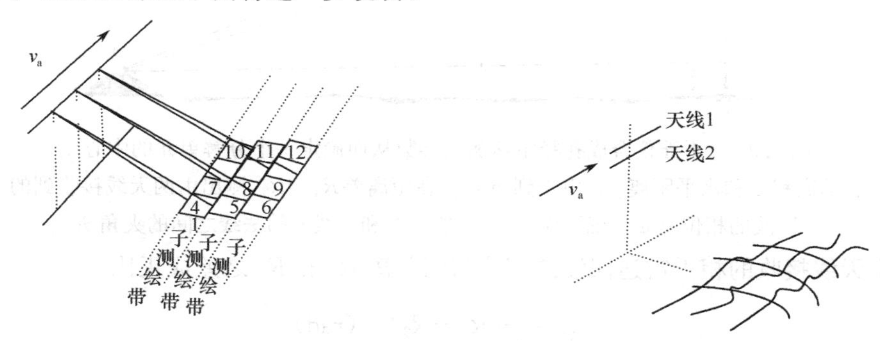

图8.34　Scan SAR波束切换次序及子测绘示意图　　　图8.35　干涉SAR成像示意图

2. 干涉仪合成孔径雷达(InSAR)原理简介[35,47]

InSAR不同于传统的光学干涉。它用具有一定视角差的两部天线来接收地面目标回波信号，经成像处理后得到同一观测区域两幅具有相关性的SAR单视复数图像，经干涉处理后检测出相位差，按照一定的几何关系进行变换，可以得到观测区域的地形高度。与传统的高分辨力地形图绘制结合，干涉仪高度测量使三维地形图的绘制成为可能。

星载雷达采用的干涉仪合成孔径方法能够提供地球物理学运用所需要的精确、高分辨力全球地形图。机载雷达采用的干涉仪合成孔径方法能够提供分辨力精细得多的局部地形图。

(1) 基本概念

InSAR主要利用SAR图像的相位信息，在SAR数据处理时必须保持相位信息，以产生两幅复数图像供干涉处理用。

通过测定到所需绘制区域中的每个分辨单元中心的高程视角，干涉仪合成孔径雷达可获得三维绘图所需的高程数据（如图 8.36 所示）。根据视角(θ_e)、雷达高度(H)和到分辨单元的斜距(R)，可计算该分辨单元的高度和到雷达的水平距离。

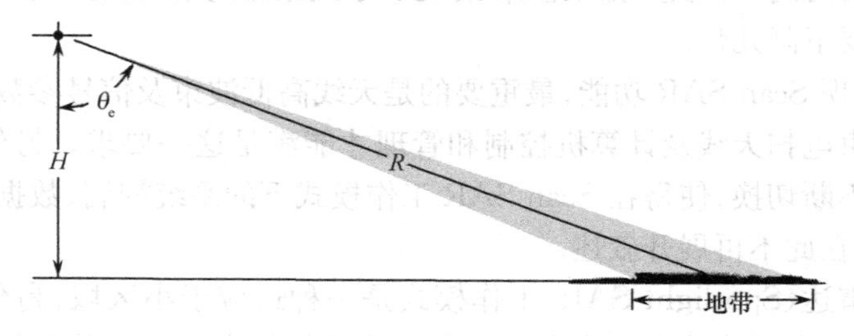

图 8.36　为获得三维绘图所需的高程数据，合成孔径雷达测量视线到绘制地带或区域的每个分辨单元中心的高程视角 θ_e

与相位比较单脉冲系统测定追踪误差一样，雷达可以测定一个分辨单元的高程视角。如图 8.37所示，分辨单元的中心 p 点的雷达回波由在相对短的距离 r 内的在一个交叉的轨道基线上的两个天线分别收到。基线向绘制区域倾斜一个规定量。从两个天线到 p 的距离 R_1 和 R_2 有一定量的不等，该量等于 r 乘以基线的法线和到 p 的视线之间的夹角 θ_L 的正弦。

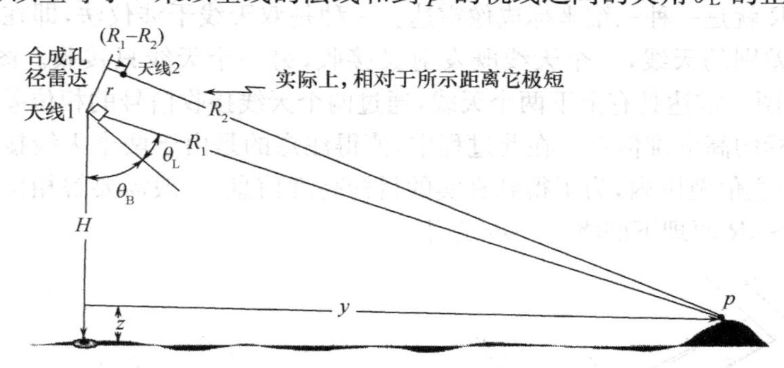

图 8.37　干涉仪合成孔径雷达测量参数从而确定一个分解单元的中心点 p 的高程 z 和水平距离 y。由于到 p 点存在距离差 R_1-R_2，测出由两天线接收到的回波的相位差 φ，继而确定到 p 点的视线和基线 r 的法线之间的夹角 θ_L

由两个天线接收的相干雷达回波的相位与两距离 R_1 和 R_2 之差成正比

$$\varphi=\frac{2\pi}{\lambda}(R_1-R_2)\quad(\text{rad})$$

通过相位比较单脉冲，进行 φ 的测量，可计算 r 的法线和到 p 的视线之间的高程角(θ_L)。

从图 8.37 中几何图解直接获得一个由 R_1、λ 和 r 的长度和倾斜表示的 φ 的方程式。基于该方程，类似地可获得 θ_L 的一个精确方程。为方便起见，两个方程列出如下：

$$\varphi=\frac{2k\pi}{\lambda}[R_1-(R_1^2+r^2+2R_1 r\sin\theta)^{1/2}] \tag{8-47}$$

$$\theta_L=\arcsin\left[\frac{\lambda^2\varphi^2}{8(k\pi)^2R_1 r}-\frac{\lambda\varphi}{2k\pi r}-\frac{r}{2R_1}\right] \tag{8-48}$$

式中，$k=1$ 对应收/发分置测绘（单路）；$k=2$ 对应单基测绘（双路）。

从图 8.37 中几何图形获得的干涉仪合成孔径雷达方程。对于单基地绘图，由于对应从两线到 p 点的往返距离差存在相移 φ，所以取 $k=2$。计算了 θ_L 的值，然后把基线法线和竖轴的夹角 θ_B 加到 θ_L 上，可获得高程角 θ_e。

$$\theta_e = (\theta_L + \theta_B) \tag{8-49}$$

有了 θ_e 和距离 R_1，p 点的水平位置(y)和高程(z)就可以计算了。

$$y = R_1 \sin\theta_e \tag{8-50}$$

$$z = H - R_1 \cos\theta_e \tag{8-51}$$

(2) 实现

目前，由于星载 SAR 系统安装两部天线较为困难，因此一种近似的实现方法是重复飞行干涉，即同一卫星在两次重复飞行(轨道稍有差异)中所获得的 SAR 数据，被当作为同一时刻获得的数据进行干涉。

因此可用两种不同方法对地面区域(swath or patch)测绘可以实现 InSAR。

① 为带有两副交叉跟踪距离(cross-track distance)为 r 的天线的雷达配置单通道。一副天线发射信号，收发分置的两副天线都可以接收信号。

③ 将被交叉基线 r 精确隔开的两个通道配置给同样的天线，每个通道按单静态工作。

有关 SAR 工作模式的深入分析，可参考有关专著，在此不再讨论了。

8.5 SAR 处理算法

目前 SAR 成像算法有：距离多普勒算法(Range-Doppler，RD)、二次距离压缩算法(Second Range Compression，SRC)、Chirp Scaling 算法(CS)、波数域算法(ωK)；谱分析算法(Spectra Analysis，SPECAN)，频率变标(Frequency Scaling，FS)算法和极坐标格式(PFA)算法等。

RD 算法是经典、传统的成像算法，目前在正侧式 SAR 中仍然广泛使用。其距离徙动校正是在距离向压缩后的 RD 域中，利用插值实现；SRC 算法是对 RD 算法的改进，提高了分辨力；CS 算法适合于大斜视角、宽测绘带情况下的 SAR 成像。它利用在频域乘上的相位校正因子来完成距离徙动校正，避免了插值运算；波数域算法将信号变换到二维频域，利用 STOLT 变换完成距离徙动校正和方位向聚焦，是 SAR 二维移变滤波器的最优实现。谱分析算法是将谱估计引入到 SAR 成像处理中，减少了方位向处理的运算量，改进了信噪比和分辨力。这些成像方法的运用，都有力地推动了 SAR 技术的发展。

限于篇幅，我们仅讨论 RD 算法、CS 算法、ωK 算法和 SPECAN 算法。由于各种算法均涉及距离徙动，所以先对距离徙动概念作介绍。

8.5.1 距离徙动概念

讨论距离徙动主要因为在许多成像算法里都需对距离徙动直接或间接地进行补偿。下面讨论各种情况下距离徙动与雷达和目标之间位置参数和运动参数之间的关系。

距离徙动的情况对不同的波束指向会有所不同，首先讨论正侧视情况，这时距离徙动可用图 8.38 来说明。所谓距离徙动是雷达直线飞行对某一点目标(如图 8.38 中的 p)观测时的距离变化，即相对于慢时间系统响应曲线沿快时间的时延变化。如图 8.38 所示，天线的波束宽度为 $\theta_{0.5}$，当载机飞到 A 点时波束前沿触及点目标 p，而当载机飞到 B 点时，波束后沿离开 p 点，A 到 B 的长度即有效合成孔径 L_s，p 点对 A，B 的转角即相干积累角，它等于波束宽度 $\theta_{0.5}$。p 点到航线的垂直距离(或称最近距离)为 R_B。这种情况下的距离徙动通常以合成孔径边缘的斜距 R_e 与最近距离 R_B 之差表示，即

$$R_q = R_e - R_B = R_B \sec(\theta_{0.5}/2) - R_B \tag{8-52a}$$

在合成孔径雷达，波束宽度 $\theta_{0.5}$ 一般较小，可取 $\sec(\theta_{0.5}/2) \approx 1 + (1/2)\theta_{0.5}^2$，而相干积累角 $\theta_{0.5}$

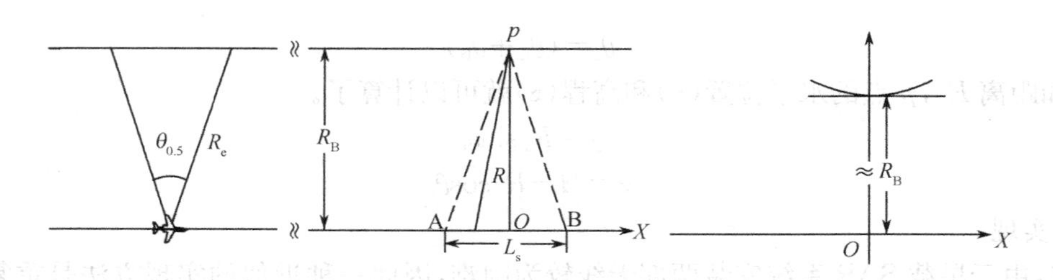

图 8.38　正侧视时距离徙动的示意图

与横向距离分辨率 δ_s。有以下关系：$\delta_s=\lambda/2\theta_{0.5}$。利用这些关系，式(8-52a)可近似写成

$$R_q\approx\frac{1}{8}R_B\theta_{0.5}^2=\frac{\lambda^2R_B}{32\delta_s^2}\tag{8-52b}$$

假设条带场景的幅宽为 W_r，则场景近、远边缘与航线的垂直距离分别为 $R_s-(W_r/2)$ 和 $R_s+(W_r/2)$，其中 R_s 为场景中心线与航线的距离，由此得场景内外侧的距离徙动差为

$$\Delta R_q=\frac{\lambda^2W_r}{32\delta_s^2}\tag{8-53}$$

距离徙动 R_q 和距离徙动差 ΔR_q 的影响表现在它们与距离分辨力 δ_s 的相对值，若 R_q 比 δ_s 小得多，则可将二维的系统响应曲线近似看做与航线平行的直线，作匹配滤波时，就无需对二维回波作包络移动补偿，这是最简单的情况。如果 R_q 可以和 δ_s 相比拟，甚至更大，但 ΔR_q 比 δ_s 小得多，则对二维响应曲线(因而对二维回波)必须作包络移动补偿，但不必考虑场景中垂直距离而导致的响应曲线的空变性，这也要简单一些。为此，定义相对距离徙动(R_q/δ_s)和相对距离徙动差 $\Delta R_q/\delta_s$，作为衡量距离徙动的指标。

通过上面的讨论，距离徙动与合成孔径雷达诸因素的关系是明显的，从图 8.38 和式(8-53)可知，对距离徙动直接有影响的是相干积累角 $\theta_{0.5}$，$\theta_{0.5}$ 越大则距离徙动也越大。需要大相干积累角的因素主要有两点：一点是要求高的横向分辨力(即 δ_s 要小)，另一点是雷达波长较长。在这些场合要特别关注距离徙动问题。此外，场景与航线的垂直距离 R_B 越大，距离徙动也越大。这里要特别关注场景条带较宽时的相对距离徙动差，它决定对场景是否要考虑响应曲线的空变性，而要将场景沿垂直距离作动态的距离徙动补偿。

8.5.2　距离—多普勒(RD)算法[35,53,54,57]

上面已经提到，根据距离徙动影响的不同，有多种成像算法，下面先从距离徙动对包络位移影响可以忽略的最简单情况开始讨论。

1. 基本概念

距离—多普勒(Range-Doppler，RD)算法是 SAR 成像处理中最直观、最基本的经典方法，目前在许多模式的 SAR，尤其是正侧视 SAR 的成像处理中仍然广为使用，它可以理解为时域相关算法的演变。

RD 算法的基本思想是将二维处理分解为两个一维处理的级联形式，其特点是将距离压缩后的数据沿方位向作 FFT，变换到距离—多普勒域(由于方位向的频率就是多普勒频率，因此将此时信号所处的域称为距离—多普勒域)，然后完成距离徙动校正和方位压缩。由于距离徙动校正在距离—多普勒域中完成，因此称为 RD 算法。该算法根据距离和方位上的大尺度时间差异，在两个一维操作之间使用距离徙动校正(RCMC)，对距离和方位进行了近似的分离处理。

由于 RCMC 是在距离时域—方位频域中实现的，所以也可以进行高效的模块化处理。因为方位频率等同于多普勒频率，所以该处理域又称为“距离—多普勒”域。RCMC 的“距离—多普

勒”域实现是 RDA 与其他算法的主要区别点，因而称其为距离—多普勒算法。

距离相同而方位不同的点目标能量变换到方位频域后，其位置重合，因此频域中的单一目标轨迹校正等效于同一最近斜距处的一组目标轨迹的校正。这是算法的关键，使 RCMC 能在距离多普勒域高效地实现。

为了提高处理效率，所有的匹配滤波器卷积都通过频域相乘实现，匹配滤波及 RCMC 都和距离可变参数有关。RDA 区别于其他频域算法的另一主要特点是较易适应距离向参数的变化。所有运算都针对一维数据进行，从而达到了处理的简便和高效。

因此，RD 算法包括三个主要步骤：距离向压缩、距离徙动校正和方位向压缩，完成聚焦处理。

RD 算法通过脉冲压缩获得了距离向和方位向的高分辨力。与时域相关算法不同的是，RD 算法的相关是将信号和参考函数转换到频域完成的，同时进行了距离徙动校正，使方位压缩成为与距离向相互独立的一维处理过程。

2. 算法原理与实现

假定条带式 SAR 在二维平面 x-y 内(不考虑高度)沿直线飞行，以正侧视方式照射分布有 n 个目标(x_i, y_i)的成像区域，那么 SAR 成像系统坐标系如图 8.39 所示，图中 $\theta_{0.5}$ 是波束宽度角。设 SAR 发射线性调频信号为

$$p(t)=a(t)\cos[\omega_0 t-\varphi(t)] \qquad (8\text{-}54)$$

式中，
$$a(t)=\begin{cases}1 & 0\leqslant t\leqslant\tau\\ 0 & \text{其他}\end{cases}$$

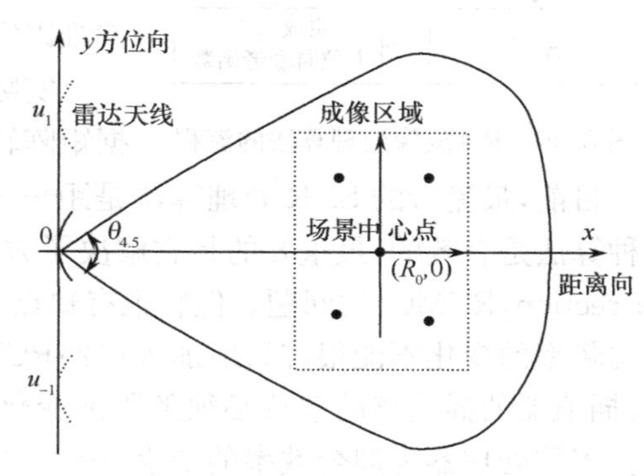

图 8.39 SAR 成像系统的坐标系

是矩形窗函数 $\varphi(t)=-\pi\mu t^2$ 是调频相位。其中 ω_0 是载波角频率；τ 是脉冲宽度；μ 是调频率。若不考虑幅值衰减和天线的加权作用，则回波信号为

$$s(t,u)=\sum_n b_n p\left[t-\frac{2R_n(u)}{c}\right] \qquad (8\text{-}55)$$

式中，b_n 是第 n 个目标的反射系数，该目标到雷达的距离是 $R_n(u)=\sqrt{x_n^2+(y_n-u)^2}$，而 $2R_n(u)/c$ 为相应的双程延时。而任何成像算法都是借助信号处理，从回波信号中尽可能准确地还原出目标函数，即

$$f(x,y)=\sum_n b_n\delta(x-x_n, y-y_n) \qquad (8\text{-}56)$$

RD 算法是最早应用的 SAR 数字成像处理算法，是匹配滤波思想的直接实现。下面对一种改进的 RD 算法——时域频域混合相关法进行简单介绍。

对式(8-55)做进一步推导，可得出 SAR 回波信号的模型为

$$s(r,u)=f(r,u)\otimes_{ru}[h_1(r,u)\otimes_r h_2(r)] \qquad (8\text{-}57)$$

式中
$$h_1(r,u)=\exp\{-\mathrm{j}4\pi R(u)/\lambda\}\delta[r-R(u)] \qquad (8\text{-}58\text{a})$$

$$h_2(r)=\frac{2}{cv}a(r)\exp\left[-\mathrm{j}\pi\mu\left(\frac{2r}{c}\right)^2\right] \qquad (8\text{-}58\text{b})$$

式中，$\otimes_{ru}$ 表示二维卷积，$\otimes_r$ 表示对 r 的卷积；r 为距离；u 为方位；$R(u)$ 为随方位 u 变化的斜距；λ 为波长；c 为光速；v 为载机速度。对窄带/窄波束 SAR 来说，可借助菲涅耳近似简单表示出斜距的变化规律。若建立场景坐标系(以场景中心点作为坐标原点，见图 8.39)，则用 R_0+6x_n 代替 x_n 后，斜距的表达式为

$$R(u)=\sqrt{(R_0+x_n)^2+(y_n-u)^2}\approx R_0+x_n+\frac{(y_n-u)^2}{2(R_0+x_n)}\approx R_0+x_n+\frac{(y_n-u)^2}{2(R_0)} \qquad (8\text{-}59)$$

从式(8-57)看出,SAR 回波信号可表示为目标散射特性相继与两个脉冲响应函数进行卷积,所以 RD 算法的处理过程可分成距离处理和方位处理两步,即依次对 $h_2(r)$ 和 $h_1(r,u)$ 进行匹配滤波。其中 $h_2(r)$ 为距离 r 的一维函数,与方位 u 无关,故可分离出来,只需用一维匹配滤波器就能完成距离压缩处理;但 $h_1(r,u)$ 是距离 r 和方位 u 的二维函数,故必须用二维参考函数校正距离徙动。理论上,此二维匹配滤波器的距离向维数,即距离徙动跨越的距离单元数,而方位向维数等于合成孔径时间和脉冲重复频率的乘积。因此在大距离徙动情况下,二维处理的计算量将激增。并且,此时需要进行多普勒参数估计,随时更新方位向参考函数。如果忽略多普勒参数随距离的变化,始终采用根据场景中心点的参数构造出来的方位参考函数,那么方位向聚焦就难以完成,成像精度将受到严重影响,甚至导致图像失真。

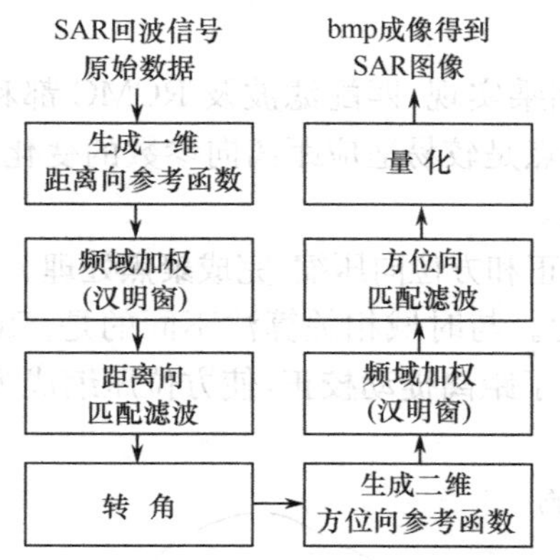

图 8.40 RD 成像处理算法的流程

实际中为便于编程,在距离处理后加入转角过程,即数据矩阵转置,故 RD 成像处理算法的流程图如图 8.40 所示。

目前,最流行的 SAR 处理算法是距离—多普勒方法,以及由它为基础的一些变形的方法。这种算法是有效的,最重要的是它解决了方位聚焦和距离单元徙动修正(Range Cell Migration Correction,RCMC)的问题。但它也有缺点,距离一多普勒处理器的缺点是:(1)二次距离压缩随方位频率的变化不能很容易地加入;(2)RCMC 需要用一个插值器来完成。为了获得精确的结果,插值器的插值核的系数必须随距离变化。实际上,这就引起了理想的精度和效率之间的交换。多数处理器为迎合效率的要求,用 4～8 点的插值核来处理 RCMC,但插值核的截断就损失了处理精度。

8.5.3 Chirp Scaling(CS)算法[35,54,57]

距离一多普勒算法是为民用星载 SAR 开发的第一个成像处理算法。由于它能兼顾成熟、简单、高效和精确等因素,至今仍是使用最广泛的成像算法。但是,在一定条件下该算法存在两点不足。首先,当用较长的核函数提高距离徙动校正(RCMC)精度时,运算量较大;其次,二次距离压缩(SRC)对方位频率的依赖性问题较难解决,从而限制了其对某些大斜视角和长孔径 SAR 的处理精度。

因为在利用经典的距离—多普勒算法或相关的频域技术处理 SAR 数据时,需要一个随空间变化的插值器来补偿信号能量在不同距离分辨力单元上的徙动。一般来讲,插值器要花费较多的计算时间,并且导致图像质量的下降,尤其是在复图像时。Chirp Scaling 算法(简称 CS 算法,即 CSA)避免了 RCMC 中的插值操作。该算法基于 Papoulis 提出的 Scaling 原理,通过对 chirp 信号进行频率调制,实现了对该信号的尺度变换(变标)或平移。基于这种原理,可以通过相位相乘替代时域插值来完成随距离变化的 RCMC。此外,由于需要在二维频域进行数据处理,CSA 还能解决 SRC 对方位频率的依赖问题。

由频率调制实现的变标或平移不能过大,否则将引起不利的信号中心频率和带宽改变。这种限制可以通过对 RCMC 进行两步操作予以避免。首先通过 Chirp Scaling 操作,校正不同距离门上的信号距离徙动(RCM)差量(Difference);使所有信号具有一致的 RCM,然后在二维频域通过相位相乘很方便地对其进行校正。以上两步分别称为“补余 RCMC”(Differential RCMC)和“一致 RCMC”(Bulk RCMC)。

这种算法的实现只需要复数相乘和 FFT 两种运算。它是相位保留的,适合于宽测绘带、大波束宽度和大斜视等应用。

ScanSAR 的工作过程分为两个相关的部分，即发射接收方式与波束切换方式，两种方式交替工作，而条带工作模式始终工作在发射接收方式。

1. 接收信号模型

现只考虑机载侧视 SAR 的情况。假定载机飞行过程中雷达发射线性调频脉冲为

$$s_0(\tau)=\exp\{-\mathrm{j}\pi\mu_r\tau^2\} \tag{8-60}$$

接收信号解调后，位于距离 r 和方位时间 $t=0$ 的一个散射器的响应（不考虑距离和方位向的加权）为

$$s(\tau,t;r)=\exp\left\{-\mathrm{j}\pi\mu_r\left[\tau-\frac{2R(t;r)}{c}\right]^2\exp\left[-\mathrm{j}\frac{4\pi}{\lambda}R(t;r)\right]\right\} \tag{8-61}$$

式中，点目标的距离可表达为

$$R(t;r)=\sqrt{r^2+v^2t^2} \tag{8-62}$$

式中，τ 为斜距离方向的延迟时间；t 为方位时间；c 为光速；λ 为雷达波长；r 为雷达到目标的最近距离；v 为载机飞行速度。式(8-61)中第一个指数项代表调频斜率为 μ_r 的距离 chirp 和距离徙动，第二个指数项是方位多普勒调制。在斜视角和方位照射时间很小的情况下，式(8-61)第一个指数项中的距离徙动可以忽略，接收信号近似为两个一维函数。但在实际情况中，距离徙动导致距离和方位调制的耦合，所以从每个目标接收到的 SAR 信号变成一个二维空间变化的函数。

由于接收 SAR 信号大的时间带宽积，应用驻定相位原理可得到式(8-61)的距离—多普勒域表达式，即

$$s(\tau,f_a;r)=C\exp\left\{-\mathrm{j}\pi k(f_a;r)\left(\left[\tau-\frac{2R(f_a;r)}{c}\right]\right)^2\right\}\exp\left\{-\mathrm{j}\frac{4\pi}{\lambda}r\sqrt{1-\left(\frac{\lambda f_a}{2v}\right)^2}\right\} \tag{8-63}$$

式中，C 为复常数，f_a 为方位频率，它的变化范围是

$$-\frac{\mathrm{PRF}}{2}+f_{dc}\leqslant f_a\leqslant f_{dc}+\frac{\mathrm{PRF}}{2} \tag{8-64}$$

式(8-63)中第二项对应于频域方位调制，式(8-63)中第一项表明距离线性调频信号的调频斜率与方位频率 f_a 和距离 r 有关，如果忽略这种变化，距离冲激响应将恶化。式(8-63)中等效距离调频变化率为

$$\mu(f_a;r)=\frac{\mu_r}{1+\mu_r r\dfrac{2\lambda}{c^2}\dfrac{(\lambda f/2v)^2}{[1-(\lambda f/2v)^2]^{3/2}}} \tag{8-65}$$

上式可改写成

$$\frac{1}{\mu(f_a;r)}=\frac{1}{\mu_r}+r\frac{2\lambda}{c^2}\frac{(\lambda f/2v)^2}{[1-(\lambda f/2v)^2]^{3/2}}=\frac{1}{\mu_r}+\mu_{src} \tag{8-66}$$

在距离维处理中 μ_{src} 项的修正称作二次距离压缩(SRC)。

2. Chirp Scaling 算法

Chirp Scaling 算法利用线性调频信号的固有特性，在 SAR 数据经过方位 FFT 得到式(8-63)后，再乘上一个调频斜率较小的线性 chirp 信号作距离微扰，使得不同距离单元徙动的轨迹变成一致的形状，等于在一选定的参考距离 r_{ref} 处的散射器的徙动轨迹，从而在二维频域中精确的 RCMC 可通过一个相位函数乘来完成。

CS 基本流程如图 8.41 所示。主要步骤包括 4 次 FFT 和三次相位相乘。各步骤说明如下：

通过方位向 FFT 将数据变换到距离—多普勒域。

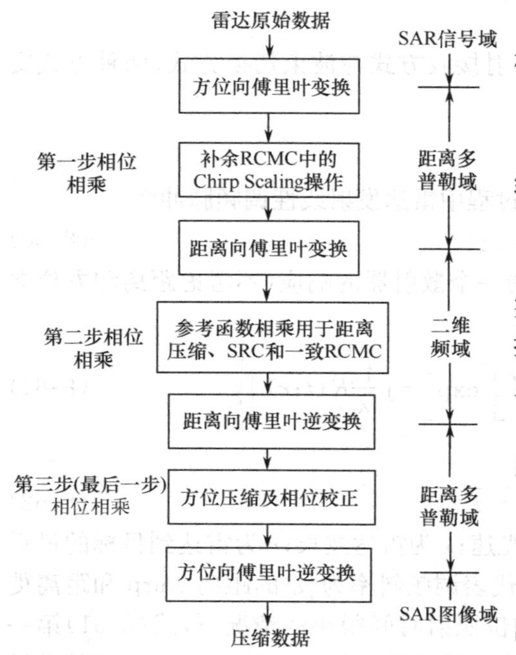

图 8.41　Chirp Scaling 算法流程图

通过相位相乘实现 Chirp Scaling 操作，使所有目标的距离徙动轨迹一致化。这是第一步相位相乘。

通过距离向 FFT 将数据变到二维频域。

通过与参考函数进行相位相乘，同时完成距离压缩、SRC 和一致 RCMC。这是第二步相位相乘。

通过距离向 IFFT 将数据变回到距离—多普勒域。

通过与随距离变化的匹配滤波器进行相位相乘，实现方位压缩。此外，由于步骤 2 中的 Chirp Scaling 操作，相位相乘中还需要附加一项相位校正。这是第三步(最后一步)相位相乘。

最后通过方位向 IFFT 将数据变回到二维时域，即 SAR 图像域。

现作简介如下：

(1) 方位 FFT

这是 CS 算法的第一步。为了与 RD 算法中方位向 FFT 后的距离多普勒域相区别，将变换后的域称为距离—多普勒域。两者的区别就在于 RD 算法是距离压缩后，再作方位向 FFT 的，而 CS 算法在尚未作距离压缩时进行方位 FFT 的。原始数据首先在方位向作 FFT，变换到距离—多普勒域中，信号由式(8-63)表示，这是这一算法的出发点。

(2) Chirp Scaling 相位函数

由于 CS 处理时已进行了方位向 FFT，变换到距离一多普勒域中，所以方位压缩直接从与参考函数相乘开始，这一步在距离一多普勒域进行，目的是为了使所有点的回波信号的距离徙动相位项都等于参考距离的距离徙动相位，即在距离一多普勒域中，所有点的距离徙动曲线具有相同的曲率。

在距离—多普勒域中，信号 $s_1(\cdot)$ 乘上一个函数 $\Phi_1(\cdot)$，适当选择其相位，可使不同距离单元上的散射单元的距离徙动轨迹与参考距离处的距离徙动轨迹相一致。所需的 Chirp Scaling 相乘函数为

$$\Phi_1(\tau, f_a; r_{\text{ref}}) = \exp\{-\mathrm{j}\pi\mu(f_a; r_{\text{ref}})a(f_a)[\tau - \tau_{\text{ref}}(f_a)]^2\} \tag{8-67}$$

式中

$$a(f_a) = \frac{1}{(\sqrt{1-\lambda f/2v})^2} - 1 \tag{8-68}$$

为线性 Chirp Scaling 因子。而

$$r_{\text{ref}} = \frac{2}{c} r_{\text{ref}}[1 + a(f_a)] \tag{8-69}$$

为参考距离在距离—多普勒域中的时间轨迹。

式(8-63)的信号乘上 $\Phi_1(\cdot)$后，所有信号的相位中心遵循同样的参考距离轨迹：

$$\tau(f_a) = \frac{2}{c}[r + r_{\text{ref}} a(f_a)] \tag{8-70}$$

进行的距离压缩包括三个步骤，距离 FFT，距离压缩和距离徙动校正以及距离向 IFFT。下面作简要介绍。

(3) 距离 FFT

上述函数相乘后，再进行距离 FFT，使 Chirp Scaling 相位函数乘的效果就变得明显了。结

果在二维频域中信号为

$$S_2(f_\tau,f_a)=C'\exp\left\{-\mathrm{j}\frac{2\pi}{\lambda}r\left[1-\left(\frac{\lambda f_a}{2v}\right)^2\right]^{1/2}-\mathrm{j}\theta_\Delta(f_a;r)\right\}\times$$

$$\exp\left\{+\mathrm{j}\pi\frac{f_\tau^2}{\mu(f_a;r_{\mathrm{ref}})[1+a(f_a)]}\right\}\exp\left\{-\mathrm{j}\frac{4\pi}{c}f_\tau[r+r_{\mathrm{ref}}a(f_a)]\right\} \tag{8-71}$$

式中

$$\theta_\Delta(f_a;r)=\frac{4\pi}{c^2}\mu(f_a;r_{\mathrm{ref}})[1+a(f_a)]a(f_a)(r-r_{\mathrm{ref}})^2 \tag{8-72}$$

式(8-71)中，第一个相位项为方位调制，第二个相位项为距离 chirp 调制，第三个相位项携带每个散射单元正确的距离位置 r 和它的距离曲率，由于上面的 Chirp Scaling 相乘，对所有的距离单元来讲，相对距离曲率是相同的值 $r_{\mathrm{ref}}a(f_a)$。

(4) RCMC，距离压缩和二次距离压缩(Secondary Range Compression，SRC)

在二维频域中，RCMC 和距离压缩(包括 SRC)的实现又可通过一相位函数乘来完成，根据式(8-71)得到此相位函数为

$$\Phi_2(f_\tau,f_a;r_{\mathrm{ref}})=\exp\left\{-\mathrm{j}\pi\frac{f_\tau^2}{\mu(f_a;r_{\mathrm{ref}})[1+a(f_a)]}\right\}\exp\left\{+\mathrm{j}\frac{4\pi}{c}f_\tau r_{\mathrm{ref}}a(f_a)\right\} \tag{8-73}$$

式中，第一个相位因子完成距离聚焦和 SRC，第二个相位因子完成 RCMC。

(5) 距离 IFFT

距离聚焦完成后，仅留下方位维要作聚焦。经过距离 FFT 反变换后，信号表示为

$$S_3(\tau,f_a)=C's_0\left(\tau-\frac{2r}{c}\right)\exp\left\{-\mathrm{j}\frac{4\pi}{\lambda}r\sqrt{1-\left(\frac{\lambda f_a}{2v}\right)^2}-\mathrm{j}\theta_\Delta(f_a;r)\right\} \tag{8-74}$$

此式乘上最后一个相位项就可完成方位聚焦。

(6) 方位滤波和残余相位补偿

式(8-70)中相位因子中第一个因子是多普勒调制，它必须经匹配滤波以聚焦方位信号。由式(8-72)表示的第二个相位因子 $\theta_\Delta(f_a;r)$是由 Chirp Scaling 相乘引起的一个残余相位，也必须补偿。所以最后一个相位乘函数为

$$\Phi_3(\tau,f_a)=\exp\left\{-\mathrm{j}\frac{2\pi}{\lambda}c\tau\left[1-\sqrt{1-\left(\frac{\lambda f_a}{2v}\right)^2}\right]+\mathrm{j}\theta_\Delta(f_a;r)\right\} \tag{8-75}$$

然后做 IFFT 变换。

(7) 方位 IFFT

算法流程结束是由一方位 FFT 反变换结束，到此可得到聚焦的复图像数据。

需要注意的是，由于需要在数据中保留距离向 chirp 信息，以实现步骤 2 中的 Scaling 操作，所以 CSA 不能像 RDA 那样首先进行距离压缩。如果数据已经过距离压缩(在某些情况下)，则需要通过距离延拓重建数据的距离向 chirp 信息。同时，还可以在步骤 4 的相位相乘中附加一致方位压缩，虽然这并不能带来任何好处。

由此可知主要处理是在不同数据域进行的。一般而言，第一步相位相乘在距离时域和方位频域(距离多普勒域)进行，第二步相位相乘在二维频域进行，第三步相位相乘又在距离多普勒域进行。由此可见，CSA 是一种同时具有距离—多普勒域处理和二维频域处理特征的混合算法。

综上所述，由于 Chirp Scaling 方法在完成 RCMC 时不用插值器，所以 CS 方法既能维持合理的效率，又有较高的精度，是一种很有前途的处理方法。

8.5.4 波数域 ωK 算法[35],[54],[57]

上面已经介绍了两种 SAR 处理算法，即 RD 算法(简称 RDA)和 CS 算法(简称 CSA)。另一

种可以与上述两种算法相媲美的算法是ωK算法(简称ωKA)。ωKA在二维频域通过一种特殊操作来校正距离方位耦合与距离时间和方位频率的依赖关系。就使ωKA具有了RD算法和CS算法难以具有的对宽孔径或大斜视角数据的处理能力。

图8.42给出了ωKA的两种实现流程。图8.42(a)给出的是ωKA的精确实现。图8.42(b)给出的则是在一定条件下能够满足精度要求的近似实现。

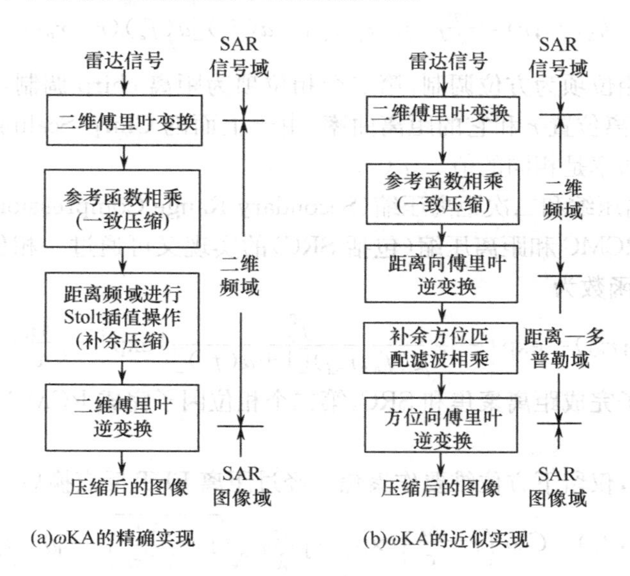

图8.42　ωKA的主要步骤

ωKA的精确实现主要有以下步骤：

① 通过二维FFT将SAR信号变换到二维频域。

② 参考函数相乘,这是ωKA的第一个关键聚焦步骤。参考函数根据选定的距离(通常为测绘带中心)来计算,它补偿了该距离处包括距离向频率调制、距离徙动、距离方位耦合和方位向频率调制在内的各种相位。经过参考函数相乘,参考距离处的目标得到了完全聚焦,但非参考距离处的目标仅得到了部分聚焦。

③ Stolt插值,这是ωKA的第二个关键步骤。它在距离频域用插值操作完成其他目标的聚焦。可以认为第二步的参考函数相乘完成的是"一致聚焦"(Bulk focusing),而Stolt插值完成的是"补余聚焦"(Differential focusing)。

④ 通过二维IFFT将信号变回到时域(即图像域)。

从以上步骤可以看出,两种实现的主要操作都是在二维频域中完成的,因此ωKA不能像RDA那样随距离向变化而调整中心频率。

与CSA不同,ωKA也适用于距离压缩后的数据。与其他算法一样,通常需要将压缩后的图像重采样到地距或某一特定的地图网格中。这一操作一般通过插值完成。由于它与SAR聚焦无关,所以没有包含在图8.42中。

8.5.5　频谱分析(SPECAN)算法[47,54,57]

对于无斜视条带数据,RDA是最常用的算法。但是,其精度较高,不适于实时成像。能否找到一种具有较低分辨力的快速实时处理算法,即是否可以通过降低分辨力来换取测绘带的提高?在条带模式下,所有目标都被波束完整扫过,即照射时间与方位照射区长度成正比。若不需要全分辨力,则每一目标不必被全部波束照射。这意味着波束可以将时间用于对其他地区进行照射。

这就是扫描 SAR(ScanSAR)中的基本思想。

事实证明条带模式的快视处理以及 ScanSAR 的日常处理都可以利用一种称为频谱分析(Spectral Analysis,简称为 SPECAN)的算法来实现。通过这种算法,可以先对数据进行浏览,以确定需要进行精确成像的地区。与 RDA 相比,该算法效率更高,所需内存较少,适于中等分辨力下的图像处理。

图 8.43 给出了 SPECAN 算法的流程图。距离压缩一般与 RDA 相同,其余部分则是 SPECAN 快视处理算法所独有的。SPECAN 算法的核心在于其进行方位压缩的方式。它通过“解斜”(deramping)后的 FFT 操作来完成。

SAR 的其他各种算法读者可参阅有关 SAR 的专著和文献。

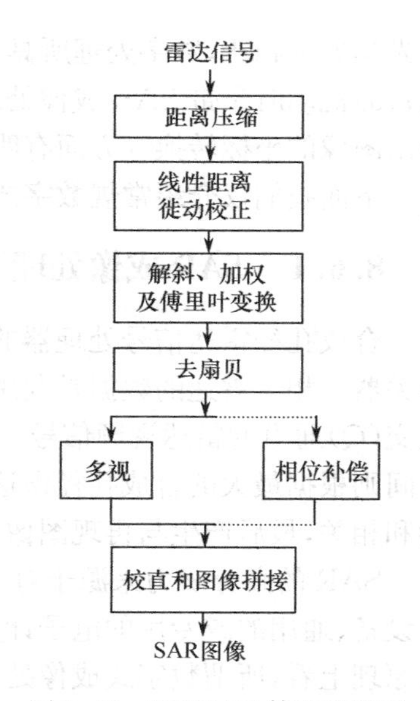

图 8.43 SPECAN 算法流程图

综上所述,CS 算法(Moreira,1996)是一种先进的成像算法。CS 是指线性调频信号与一个具有相关调频率的线性调频信号(CS 因子)相乘,可以使调频信号的相位中心和调频率发生微小的变化。在 SAR 成像处理中,通过 CS 因子相乘,修正不同距离上目标的距离徙动曲线的微小差别,可以将所有距离徙动曲线补偿到相同形状,然后进行精确的距离徙动校正和方位处理。从算法的步骤来看,与 RD 算法和波数域算法不同,CS 算法不需要先进距离压缩,而是直接从 SAR 的回波信号出发,通过傅里叶变换和相位补偿完成成像处理。该算法不需要插值处理,仅通过复乘和 FFT 就可以实现整个成像算法。从 CS 算法的推导过程可以看出,此算法相位补偿精确,是一种优秀的成像处理方法。

Cafforio 等提出的波数域算法(也称为 ω-k 算法)(Cafforio,1999),其主要思路是基于波动方程,分析距离处理后信号的二维频谱,是一类不同于 RD 算法的成像处理方式。该方法较为精确,可以对距离徙动较大的情况进行成像处理,但是在变量置换时要运用插值处理,将引起计算量的增加和成像精度的下降。

SPECAN(Spectra Analysis,谱分析)算法,就是将频谱分析的方法应用到 SAR 成像中。SAR 成像包括距离向和方位向两个一维压缩处理,通常是通过匹配滤波器来实现的:信号作 FFT,然后与参考函数在频域相乘,再 IFFT 变换到时域。

SPECAN 算法的距离向处理、距离走动校正和多普勒参数估计与 RD 算法都是相同的,不同之处在于方位向压缩,采用的是谱分析方法。

8.6 常规 SAR 数字信号处理器

假如用户提出的使用要求中对方位分辨力要求不是特别高,而对实时成像的要求却很迫切,系统设计者可考虑采用非聚焦型的合成孔径技术,这比聚焦型技术要简单得多,并且可采用模拟电路或模拟与数字相结合的混合型处理技术以达到实时成像的目的。

假如在要求适中的空间分辨力(如 10m),并不要求实时成像的情况下,可采用光学处理方法。光学处理器的优点是透镜本身就有聚焦作用,自然就得到聚焦型的高分辨率图像。透镜还具有同时进行二维处理的能力,能高速处理大量数据。20 世纪 80 年代前,光学处理在合成孔径雷达成像技术中占有重要地位。

20 世纪 80 年代以来,用电子计算机进行数字信号成像处理已成为 SAR 信号处理的主流。

与光学处理相比，数字处理所具有的优势：(1)实时机上飞行处理，(2)非正侧视 SAR 即倾斜模式；(3)机动时条带 SAR 成像处理(IFP)。可见数字处理更精确，也更灵活，且在距离徙动校正、输出图像的坐标转换等方面有明显的优势。

下面我们仅介绍常规数字式 SAR 成像处理器技术。

8.6.1 SAR 成像处理器概述

合成孔径雷达信号处理器的数字化设备包括数据存储、运动补偿和数字化雷达视频信号的相关器。相干雷达的数据是利用幅度和相位信息来处理的，所以在雷达接收机内产生同相(I)和正交(Q)通道的雷达视频信号。I 和 Q 信号经数字化处理后存储在处理器的存储器内，存储的时间则根据最大的合成孔径雷达观察时间的需要而定。合成孔径雷达信号相关器完成运动的补偿和相关，最后产生与再现图像灰度成比例的输出信号。

SAR 的高分辨力来源于对回波数据进行距离—方位二维脉冲压缩。通常，采用数字化的电子设备、通用的或专用的电子计算机，对合成孔径雷达回波信号进行处理，以获得高分辨力图像。从原理上看，所谓数字式成像处理就是将回波信号数字化以后，再用各种数字电路的组合来实现二维匹配滤波，或二维相关处理，也称二维脉冲压缩。也就是说，可以把合成孔径时间 T_s 里的 N 个回波脉冲看成是对一个很宽脉冲的 N 个抽样，这个很宽脉冲的宽度显然就是 T_s。经过合成孔径技术处理后得到的高的方位分辨力相当于把这个宽脉冲压缩成窄脉冲。前面已分析过，在合成孔径技术里，回波信号由于产生了多普勒频移，也是一种具有平方律相位变化的线性调频信号，对这种信号进行处理恰恰也是用匹配滤波或相关技术。而方位分辨力的提高倍数也等于时宽—带宽积 $T_s\Delta f_d$(合成孔径时间 T_s 与多普勒带宽 Δf_d 的乘积)。

由于合成孔径雷达的数据率高，数据量大，存储时间又长，这就要求有很大的存储容量和很高的运算速度，因此无论从硬件实现或软件实施都带来很大的困难。改进的办法之一是充分利用合成孔径雷达信号的特点，在 A/D 变换后，先施以预处理，这样可以大大降低对数字处理器的要求。例如，一般合成孔径雷达，测绘带内回波所占据的时间只占脉冲重复周期的很小一部分。利用这一特点，就可以采用缓冲电路，让回波数据高速存储进入，低速取出，只要取出周期不大于脉冲重复周期即可，这样对存储量和运算速率的要求就可以降低。又如，一般合成孔径雷达的脉冲重复频率比回波多普勒带宽宽得多(在机载情况下，重复频率常常在 1000Hz 左右甚至更高，而多普勒带宽往往只有 200Hz 左右，相差 5 倍)。这种比抽样定理要求高得多的抽样率，从信号处理角度来看是不必要的，它引起处理速率不必要的加大。为了降低这种抽样率，人们就采用了预置滤波电路，也称预求和电路。它的主要功能是低通滤波和再抽样。

运动补偿信息是由机载惯导系统通过参考信号发生器向合成孔径雷达处理器提供的。这些信号用来补偿由于飞机姿态扰动、风速和飞机机动所引起的飞机速度的变化。

改进办法之二是算法的改进。从算法角度看，无论是距离向脉压还是方位向脉压，其算法本质上都是时域的卷积或相关。若我们直接做数字相关运算，则对每一输出点要求有 N 个存储单元，并进行 N 次复数乘法运算(这里的 N 值，对线性调频信号来说，至少应等于其时宽—带宽积)，如果输入的数字信号 $s(n)$ 有 B_s 位，抽样率为 F_s，则要求的存储单元位数 M 和运算速率 R_c 将分别为

$$M=2B_sN,\quad R_c=NF_s \tag{8-76}$$

这样的要求在许多场合都是大得无法接受的。一个改进的算法是将相关器分组，分组处理后再进行相干叠加。另外一种改进算法就是用快速傅里叶变换技术。其基本思想是：将信号经 FFT 变换到频域，然后乘以匹配滤波所要求的频域加权系数，再经逆 FFT 变换到时域。FFT 算法是高效的，而且在 FFT 技术领域内，也还有各种技术方法值得探索。此外，还有人用沃尔

什变换来代替 FFT,将时域卷积运算变换成相乘运算。也有人将合成孔径雷达信号的二维处理表示为二维循环卷积,然后对信号做多项式变换,将一个大尺寸的二维卷积分解成多个小尺寸的互相独立的二维卷积,再用超大规模集成电路处理片组合成处理网络,每一个单片完成一个小尺寸的二维卷积,整个网络就完成了大尺寸的二维卷积等。毫无疑问,算法的改进还会继续向前发展。

经过距离压缩和方位压缩后,就进入数字成像过程,称该过程为后处理和图像输出。这里的后处理主要包括几何失真的校正,以及为了消除相干斑点而必须进行的多视非相干叠加处理等,最后是图像输出。整个处理过程如图 8.44(a)所示,图 8.44(b)示出其 A/D之前的 SAR 框图。

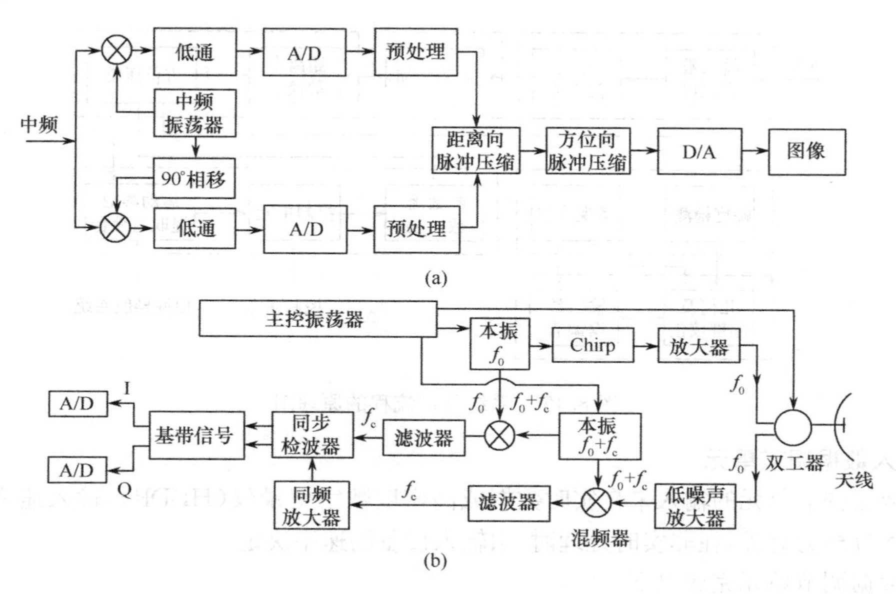

图 8.44　数字化处理的原理框图

值得一提的是,要对距离—方位二维进行正确的脉冲压缩,依赖于高精度的脉冲压缩参数的获取,对固定目标,只需确知发射信号的调频参数、载机运动参数及波束投射角,就可确定所需参数而完成 SAR 的精确成像。对未知的运动目标,其多普勒参数不能被确知而造成错误定位和方位模糊,成像质量下降甚至不能成像。由于载机及雷达系统不能提供对运动目标进行脉冲压缩所需的参数,故必须谋求其他的解决办法,其中,最主要的方法是利用雷达回波数据提取所需的信号处理参数。

根据运动目标的运动方向,可将其分为三类:第一类为运动方向与载机飞行方向平行;第二类为运动方向与载机飞行方向垂直;第三类为运动方向与载机飞行方向有一定夹角。假设目标运动速度为 v_T,波束宽度为 θ_0,擦地角为 β_0,则对第一类目标,目标运动造成的频移为 $\pm 2v_T/\lambda\cos\beta_0\sin(\theta_0/2)$;对第二类目标,造成的频移为 $\pm 2v_T/\lambda$;第三类介于前两类之间。

对不同的运动目标,可采用不同的方法进行运动目标成像处理。

当运动目标频谱可与固定目标频谱分离时,我们可以抑制固定目标频谱,以提取正确的运动目标多普勒参数用于运动目标成像。

当运动目标频谱与固定目标频谱不能分离时,其典型的情形为第一类运动目标,其多普勒带宽的扩展或压缩将造成多普勒斜率的变化。通过检查不同距离门中多普勒斜率的非正常改变,可以发现混杂在固定目标中的运动目标,并对其进行粗略成像。

8.6.2 设计SAR数字信号处理器例子[11]

实际应用的先进的数字SAR成像处理应具有以下特征：①实时处理能力；②模块实现；③正侧视、斜视两种工作模式；④数据量和幅宽的综合能力；⑤可变视角的处理能力；⑥距离迁移校正系数的可编程能力；⑦多普勒参考函数的可编程能力；⑧高速储存和高速数据传输；⑨VLSI的可行性；⑩可靠性。

SAR实时信号处理机将完成以下功能，它们是：①输入数据调节；②距离压缩；③方位压缩；④幅度检测及多视叠加；⑤参数综合及参考函数产生；⑥输出数据调节。其处理流程如图8.45所示。

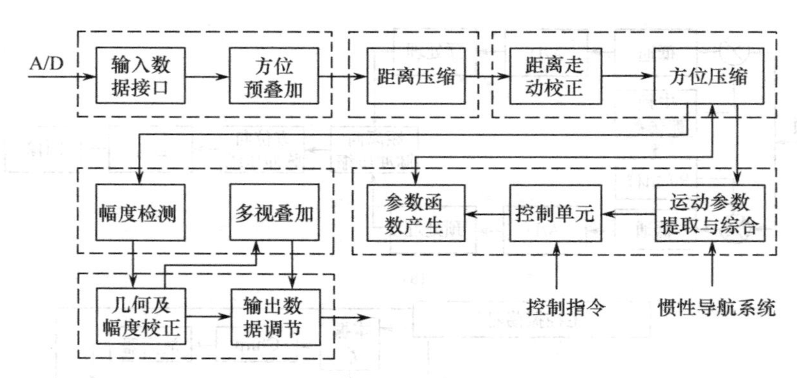

图8.45 系统处理流程的原理图

1. 输入数据调节单元

输入数据调节单元的输入来自实时数据或高密度数字记录仪(HDDR)，输入速率在实时处理时与距离分辨力有关，在非实时处理时，由输入设备的速率决定。

输入数据调节单元完成以下工作：

① 根据控制指令选择需要处理的距离段数据；

② 根据距离压缩的要求安排数据储存格式；

③ 储存多余距离线数据，完成方位预叠加处理。

2. 距离压缩单元

虽然距离压缩比方位压缩的困难要小得多，但仍有巨大计算量的要求。一般选用高效FFT算法来完成距离压缩。

3. 方位压缩单元

方位压缩单元应完成距离迁移校正和方位相关两个功能，并向运动参数提取单元提供方位压缩后的成像数据。距离迁移校正去掉载机非理想状态下的距离走动和距离弯曲的影响，并能完成斜视模式下的质心偏移校正及运动补偿。方位相关仍可用FFT算法完成，压缩参考函数可根据控制单元提供的运动参数改变。为满足方位向的多视处理能力，方位相关能对处理长度有可编程能力。

4. 幅度检测是计算方位压缩后的复数据的幅度

多视叠加有两种工作状态：一是在未作方位预叠加的条件下，利用PRF对方位多普勒带宽的余量，进行方位向的四视叠加。此时，方位压缩也应作相应的四视处理；二是利用斜视SAR对某一区域作多次照射，从而将得到的多幅高分辨力单视图像作非相干叠加，以提高图像的分辨力。

5. 输出数据调节单元

输出数据调节单元完成处理器外部接口所要求的功能，对成像数据进行几何校正和幅度校正，以保持恒定的输出像素间隔；对输出数据进行分块或抽样，以满足不同的输出终端的要求。

6. 控制单元

控制单元完成多普勒参数的计算和综合、方位参考函数生成和执行控制功能。多普勒参数由惯性导航系统提供的载机动态数据和回波数据得到，根据现有的多普勒数据生成用于方位压缩的方位参考函数。执行控制包括：①接收和处理外部指令；②变换 SAR 成像处理的工作模式；③根据接收到的引导数据产生处理系统结构控制信息；④根据载机动态飞行数据，改变方位参数函数更新速度。

SAR 实时处理系统的硬件实现是实时处理的核心，下面从假定的机载 SAR 系统指标，讨论其中的技术要求、难点及解决方案。

机载 SAR 系统指标：

分辨力　　5m×5m

测绘带宽　　30 km

作用距离　　100 km

方位波束宽度　　1°

波长　　0.03 m

脉冲重复频率　　1100 Hz

飞行速度　　230 m/s

(1) 系统参数分析

① 系统带宽：对 5m 的距离分辨力，则对应的线性调频信号带宽应为

$$\Delta f_r = c/2\delta_r = 30(\text{MHz}) \tag{8-77}$$

② 压缩比及匹配滤波器长度：

$$D_r = 1840, \quad N_F = 1840$$

③ 最大合成孔径时间：

$$T_{s\max} = \theta_a R_{\max}/v_a \approx 7.5(\text{s}) \tag{8-78}$$

而对于 SAR 处理来说，必须以两个孔径的数据进行处理得到一个孔径的图像，再加上处理时间延迟，所以，从观察目标区域开始到处理出图像大约需要 30s。

④ 方位多普勒带宽：

$$\Delta f_d = 2\theta_a v_a/\lambda \approx 250(\text{Hz}) \tag{8-79}$$

而在方位上的采样率就是脉冲重复频率 $f_r = 1100\text{Hz}$，大大超过多普勒带宽，为了避免不必要的过采样，在方位上预叠加以降低数据率，可采用四线预叠加，以使方位上数据降低为原来的 1/4 倍。

(2) 数据量分析

① 距离向：其数据量 N_r 为

$$N_r = 8192$$

其中选择 A/D 采样速率为 40MHz，过采样率为 1.3。

② 方位向

$$N_a = 5600 \tag{8-80}$$

所以总的数据量为

$$N = 4 \times N_a N_r \approx 184(\text{MB}) \tag{8-81}$$

考虑到处理精度的要求，每个复数据由 32bit 表示，再加上图像的缓存，所以总的存储量要求为

$$N = 4 \times 4 \times N \approx 3000(\text{MB})$$

如此大的存储容量在硬件实现上目前还是不现实的，必须采取一定的措施降低存储容量要求。第一个技术途径是采用方位向预叠加，可以使存储量降低为原要求的 1/4 倍，此时要求的存储量为 750MB 左右；另外一个途径就是距离向上分段处理，例如，采取将距离向分成三段，每段 10km，在第一阶段，仅对 10km 宽的数据进行方位处理，这样可以降低存储容量，仅为原要求的 1/3 倍，即要求的存储容量为 250MB。

（3）分系统分析

① A/D 单元：

A/D 单元主要是采样频率和量化位数。A/D 采样频率为

$$f_{\mathrm{AD}}=K\frac{c}{2\delta_{\mathrm{r}}}=40(\mathrm{MHz}) \tag{8-82}$$

式中，K 是过采样因子，取 1.3。

A/D 量化位数主要考虑到系统动态范围、信噪比的要求，选取 8bit。

A/D 部分框图如图 8.46 所示。其中，延迟计数用来产生 f_{r} 脉冲起始的延迟时间，以选择距离向上的成像区域，可以预置。采样窗用来限制成像区域大小，对于 30km 的成像区域，产生的采样窗宽度为

$$8192/40\approx205(\mu\mathrm{s})$$

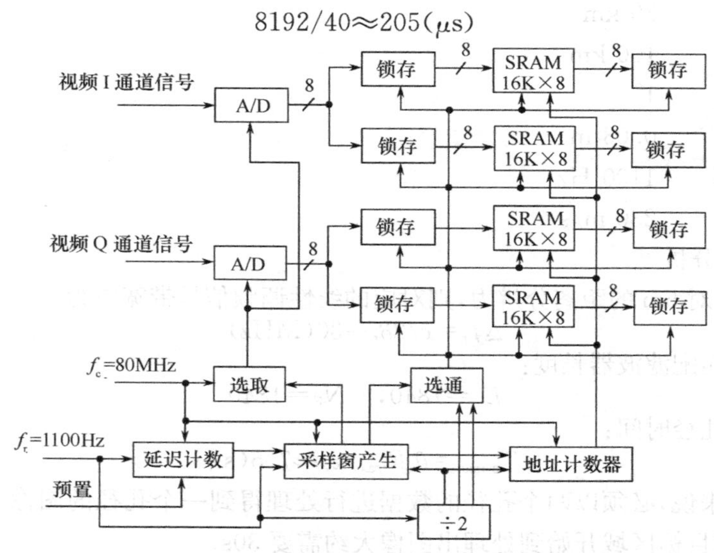

图 8.46　SAR 接收通道 A/D 系统的原理框图

② 预叠加和距离压缩：

距离压缩之前应进行预叠加，即将 4 个脉冲重复周期的数据叠加形成一个脉冲周期的数据，以降低方位向数据率。预叠加公式为

$$y=\sum_{i=0}^{3}a_i x_i \tag{8-83}$$

每一个数据要进行 16 次乘法，16 次加法，则总共需进行 1468 兆次实运算，在 $T_{\max}$ 内完成，则总的运算速度要求为 196 百万次运算每秒。

可采用通用 DSP 加硬件 FIR 滤波来实现，则要求 FIR 至少 4 节，其数据吞吐率为 $f_{\mathrm{r}}\times$采样窗宽度$\times f_{\mathrm{AD}}=1100\times205\times10^{-6}\times40\times10^{6}\approx9\mathrm{MHz}$。

经过预叠加的数据为 8192 点，加上匹配滤波器长度 1840 点，应进行 16000 点 FFT、参考函数相乘和 IFFT，所要求的运算速度为 550 百万次运算每秒。

对于如此高的运算速度要求，可采用硬件 FFT 芯片来实现，对硬件 FFT 数据吞吐率则为 36MHz。

预叠加和距离脉压如图 8.47 所示。其中，参考函数相乘是隐含在 FFT 单元中的。

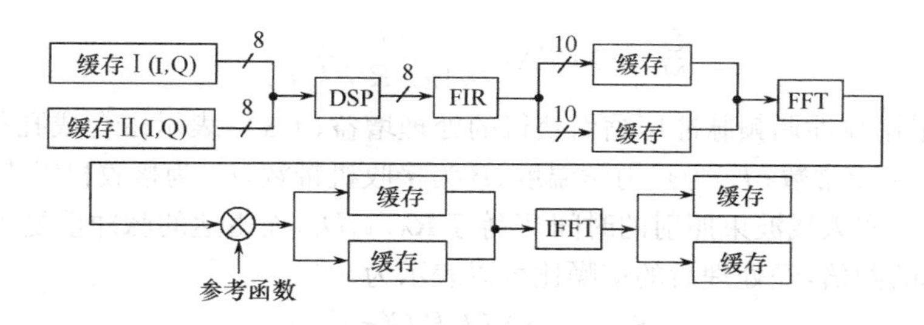

图 8.47　预叠加和距离压缩流程图

(4) 方位相关及运动补偿单元

方位处理前,必须将两个孔径的数据进行缓存并经过转置变换才进行方位相关处理。

方位缓存所需要的存储量为

$$\frac{3}{2}\times 8\times 5600\times 8192\approx 550(\mathrm{MB})$$

若选取距离向的 10km 数据进行方位处理,则所需存储量为 180MB。

方位相关处理主要包括运动补偿、多普勒参数估计、参考函数产生、方位压缩、取模等部分。对于方位压缩,采用 FFT 法,用硬件 FFT 实现,可大大提高方位压缩的运算速度。方位相关的主要运算是集中在 FFT、多普勒参数 f_d 估计、参考函数产生三部分上。若再结合惯性导航的参考数据,则可以提高运动补偿多普勒参数提取的速度,也可以降低这三部分的运算量要求,其运算速度为每秒 2000 百万次运算。对于 10km 距离带宽需每秒 800 百万次运算。

方位相关部分的原理框图如图 8.48 所示。

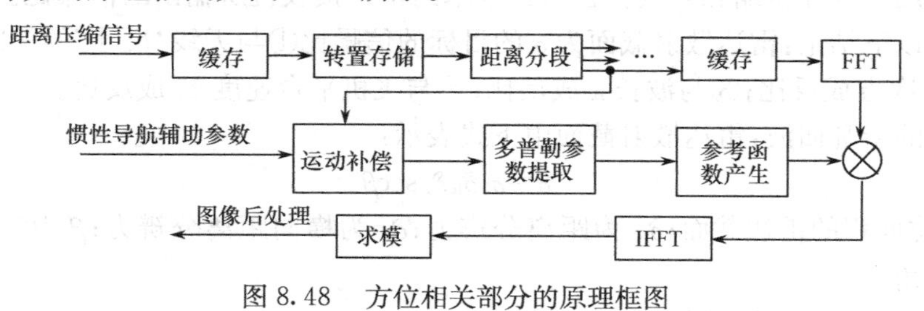

图 8.48　方位相关部分的原理框图

8.7　合成孔径雷达的系统考虑[11]、[14]

在一般常规雷达的系统设计过程中,通常总是以雷达方程作为基本出发点。以此为基础,再根据使用要求来选择系统设计中的一些主要参数。这些参数往往是互相制约的,必须进行各种折中以达到优化的目的。合成孔径雷达的总体设计和各分系统的技术设计是比较复杂的。下面仅从基本概念上介绍系统设计过程中应注意的一些问题。

8.7.1　信号强度考虑

天线接收的功率 P_r 是由大家熟悉的雷达距离方程给出(单基地应用时)

$$P_r=\frac{P_t G^2 \sigma \lambda^2}{(4\pi)^3 R^4} \tag{8-84}$$

式中,P_t 为发射功率(峰值);G 为收/发天线增益;σ 为照射目标区域的雷达有效散射面积。

现在来推导合成孔径雷达系统所需要的发射功率表示式。因为合成孔径雷达系统都倾向于采用线性调频脉冲压缩来改善距离分辨力,所以与此过程有关的处理增益也应包括在内。

采用线性调频脉冲压缩和合成孔径处理的雷达系统经处理后的信噪比为

$$\frac{S}{N}=\tau\Delta f T\Delta f_{\mathrm{d}}\ \frac{P_{\mathrm{t}}G^{2}\sigma\lambda^{2}}{(4\pi)^{3}R^{4}kT_{0}BF_{\mathrm{n}}} \tag{8-85}$$

式中，$\tau\Delta f$ 表示采用线性调频脉冲压缩而获得的处理增益；$T\Delta f_{\mathrm{d}}$ 表示由合成孔径处理获得的处理增益；k 为玻耳兹曼常数；T_0 为热力学温度；B 为接收机带宽，F_{n} 为接收机噪声系数。

因为目标被真实天线波束照射的时间 T 等于$R\lambda/v_{\mathrm{a}}D_x$，而雷达的脉冲重复频率 f_{r} 至少应为最大多普勒频率的两倍，经处理后的信噪比可以表示为

$$\frac{S}{N}=\frac{\tau\Delta f f_{\mathrm{r}}P_{\mathrm{t}}G^{2}\sigma\lambda^{3}}{2(4\pi)^{3}R^{3}kT_{0}BF_{\mathrm{n}}D_{x}v_{\mathrm{a}}} \tag{8-86}$$

乘积 $P_{\mathrm{t}}\tau f_{\mathrm{r}}$ 表示平均发射功率 P_{av}，接收机带宽 B 通常选择得与调频带宽相匹配。将这些代入信噪比的表达式便有

$$\frac{S}{N}=\frac{P_{\mathrm{av}}G^{2}\sigma\lambda^{3}}{2(4\pi)^{3}R^{3}kT_{0}F_{\mathrm{n}}D_{x}v_{\mathrm{a}}} \tag{8-87}$$

将天线增益 G 用有效孔径 A_{e} 来表示，即

$$G=4\pi A_{\mathrm{e}}/\lambda^{2} \tag{8-88}$$

此有效孔径便可用天线尺寸表示。假定雷达天线为椭圆形，其半轴尺寸为 D_x 和 D_y，且利用系数为 50%，于是

$$A_{\mathrm{e}}=\frac{\pi}{8}D_{x}D_{y} \tag{8-89}$$

代入式(8-85)，可得

$$\frac{S}{N}=\frac{\pi P_{\mathrm{av}}D_{x}D_{y}^{2}\sigma}{512R^{3}kT_{0}F_{\mathrm{n}}v_{\mathrm{a}}\lambda} \tag{8-90}$$

上式便表示采用了脉冲压缩和合成孔径雷达技术的雷达接收机所输出的信噪比。

可以做出以下结论：雷达散射截面为 σ 的目标的信噪比①与天线“尺寸”的三次方成正比；②与距离 R 的三次方成反比；③与波长 λ 成反比；④与飞机平台速度 v_{a} 成反比。

对于分散的杂乱回波，雷达散射截面由下式表示：

$$\sigma=\sigma_{0}\delta_{\mathrm{R}}\delta_{x}\sec\beta \tag{8-91}$$

式中，σ_0 为单位面积的雷达截面；δ_{R} 为距离分辨力；δ_x 为横向距离分辨力；β 为雷达波束与水平面之间的入射角。

于是，分散杂乱回波的信噪比表示式为

$$\frac{S}{N}=\frac{\pi P_{\mathrm{av}}\sigma_{0}\delta_{\mathrm{R}}\sec\beta D_{x}^{2}D_{y}^{2}}{1024R^{3}kT_{0}F_{\mathrm{n}}v_{\mathrm{a}}\lambda} \tag{8-92}$$

目标和分散杂乱回波信噪比的表示式之间的显著差别是后者包含有与天线尺寸的 4 次方有关的项。

8.7.2 主要参数间的互相制约关系

我们假定飞机的高度 h 和速度 v_{a} 已经确定，波长 λ 或频率 f_0 已经选定，则系统设计时往往首先要解决空间分辨力、测绘带和脉冲重复频率之间的关系问题，因为它们是互相制约的，不能割裂开来单独作任意选择。

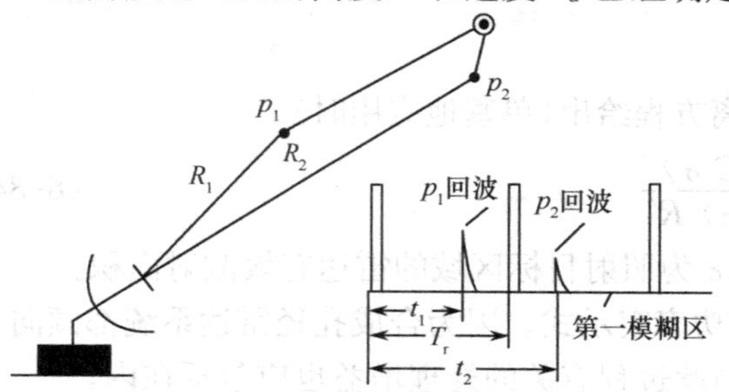

图 8.49　常规雷达距离模糊的示意图

我们先从避免或减小距离模糊和方位模糊的概念说起。

在常规雷达里，如果脉冲重复频率 f_{r} 选得太高，就会引起距离模糊。如图 8.49 所示，脉冲重复频率为 f_{r}，即重复周期为

$$T_r = 1/f_r$$

离雷达天线距离较近为 R_1 的第一个目标 p_1 的回波到达天线的时间为

$$t_1 = 2R_1/c$$

并设 $t_1 < T_r$。第二个目标 p_2，距离较远为 R_2，它的回波到达的时间为

$$t_2 = 2R_2/c$$

若脉冲重复频率太高，即重复周期太小，则可能发生 $t_2 - t_1 > T_r$ 的情况，这就会引起距离模糊。在显示器上，p_2 回波会出现在

$$R_2 = (t_2 - T_r)c/2$$

处。因此，在一般脉冲雷达设计时，重复频率的选择必须考虑最大作用距离 R_{max} 的要求，f_r 必须满足下列关系：

$$f_r \leqslant c/2R_{max}, \quad T_r \geqslant 2R_{max}/c$$

这表示，最大距离处目标回波的到达时刻应该在第一个重复周期之内。

在合成孔径雷达中，距离模糊要比上述情况复杂得多。天线波束照射的目标是大地，不但距离向主波束要照射全测绘带，它的旁瓣也要照射到大地，也要产生回波，这就对脉冲重复频率有更严格的要求。首先，要求从测绘带范围内来的目标回波应在同一重复周期内到达。设测绘带两端最短和最长距离分别为 R_1 和 R_2，则 f_r 应满足下列关系：

$$\frac{(n-1)c}{2R_1} \leqslant f_r \leqslant \frac{nc}{2R_2} \tag{8-93}$$

即使 f_r 满足这一条件，但由于天线旁瓣发射的能量也照射地面，因而总有一些地面回波与测绘带来的回波在某一周期内同时到达天线，引起距离模糊。为了定量地研究这类距离模糊的严重程度，通常用距离模糊比来表达，其定义为

$$R_r = \frac{\text{从所有模糊区来的回波输出总功率}}{\text{从规定的测绘带来的回波输出总功率}}$$

在通常情况下，天线第一旁瓣引起的模糊最主要，称为第一模糊区；第二旁瓣发射的能量已经很小，再加上模糊区的距离已经很远，可以忽略不计，上述定义可近似为

$$R_r = \frac{\text{从第一旁瓣引起的模糊区来的回波输出功率}}{\text{从测绘带来的回波输出功率}}$$

根据上述雷达方程，可求得

$$R_r = \frac{G_a^2 R^4 \delta_s}{G^2 R_a^4 \delta_{sa}} \tag{8-94}$$

式中，G_a 表示第一模糊区的天线增益，即天线第一旁瓣的增益；R_a 表示模糊区的斜距；δ_{sa}表示模糊区的方位分辨力。

从式(8-94)可以看出降低模糊比的办法是：压低天线距离向的第一旁瓣以得到较小的 G_a/G 的值，选择较低的重复频率以得到较小的 R^4/R_a^4，这样 R_r 值就能减小很多(平方与 4 次方的关系)。此外，模糊区的分辨力 δ_{sa}一定比测绘区的分辨力 δ_s 差($\delta_{sa} < \delta_s$)，这是因为雷达系统中的处理器总是调到与测绘带来的回波信号相匹配，而模糊区来的回波信号，由于斜距 $R_a > R$，多普勒信号的调频斜率与斜距有关，肯定与处理器是失配的，因而引起模糊区分辨力 δ_{sa}变坏。这也有利于降低模糊比 R_r。

f_r 不但有一个上限，如上所述，它也有一个下限，这个下限由方位多普勒信号的带宽决定，即由方位分辨力 δ_s 的要求决定。

上面已经提到过，重复频率为 f_r 的脉冲串等效于对一个线性调频连续波信号的抽样。f_r 就是抽样频率。根据抽样定理，f_r 应不小于信号最高频率的两倍，而方位向线性调频信号的带

宽正好等于多普勒频移中最高频率的两倍。于是得 f_r 的下限为

$$f_r \geqslant \Delta f_d = \frac{2v_a^2}{\lambda R_0} T_s \tag{8-95a}$$

由于 $L_s = v_a T_s$，$L_s / R_0 = \theta_\alpha$，上式也可写成

$$f_r \geqslant 2 v_a \theta_\alpha / \lambda \tag{8-95b}$$

θ_α 为天线方位向波束角。如果我们引入方位分辨力参数 δ_s，由于 $\theta_\alpha = \lambda / D_x$，$\delta_s = D_x / 2$，式(8-95b)可写成

$$f_r \geqslant v_a / \delta_s \tag{8-96}$$

式(8-96)说明，若飞机航速固定，则方位分辨力要求越高，f_r 的下限越大，这是合理的。因为 δ_s 要求越高，多普勒带宽要求越宽，抽样频率也相应要求越高。

从式(8-96)还可得到一个重要结论。将式(8-96)改写成

$$\delta_s \geqslant v_a / f_r = v_a T_r \tag{8-97}$$

式(8-97)右边表示飞机在一个重复周期内的前进距离，这个距离不得大于一个分辨单元 δ_s。这个结论也是合理的、重要的。若 f_r 太低，T_r 太大，飞机在一个重复周期时间前进的距离大于一个分辨单元，则有些分辨单元得不到微波照射，这显然是不允许的。

合成孔径雷达的脉冲工作方式也会带来方位模糊。我们用合成天线的概念来分析这一现象。

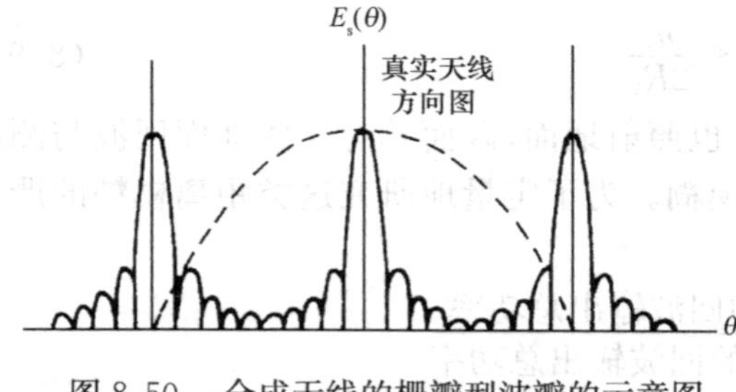

图 8.50　合成天线的栅瓣型波瓣的示意图

在合成孔径长度 L_s 内，由于真实小天线脉冲工作的结果，形成一种类似于双程相移的线阵天线。这种天线的方向图呈栅瓣型，如图 8.50 所示。其数学表达式为

$$E_s = \left| \frac{\sin\left[(2N+1)\frac{2\pi}{\lambda}\Delta x \theta\right]}{\sin \frac{2\pi}{\lambda}\Delta x \theta} \right| \tag{8-98}$$

式中，$2N+1$ 表示合成孔径时间内雷达发射的脉冲个数；Δx 为真实小天线发射脉冲的间距

$$\Delta x = v_a T_r = v_a / f_r \tag{8-99}$$

这种方向图有许多幅值相同的峰值，峰值点的位置可从式(8-98)求出

$$\theta_n = \frac{n\lambda}{2\Delta x} \quad (n = 0, \pm 1, \pm 2, \cdots) \tag{8-100}$$

相互间隔为 $\lambda / 2\Delta x$。方位模糊就是由这种栅瓣型多峰值造成的。这种方位模糊的严重程度也可用方位模糊比来定义

$$R_a = \frac{\text{从所有方位模糊区来的回波输出总功率}}{\text{从测绘带来的回波输出功率}}$$

我们也可以着重于只考虑第一模糊区，忽略远区旁瓣的影响，则上式可近似为

$$R_a = \frac{\text{从第一模糊区来的回波输出总功率}}{\text{从测绘带来的回波输出功率}}$$

可以想到，抑制方位模糊的办法是对真实天线的方向图加权，使其对合成方向图产生影响。

若真实天线的方位向孔径为 D，设其孔径处场强为均匀分布，则其方向图为

$$E_r = \left| \frac{\sin[\pi(D/\lambda)\theta]}{\pi(D/\lambda)\theta} \right| \tag{8-101}$$

其第一零点位置在

$$\theta = \lambda / D \tag{8-102}$$

于是合成天线的实际方向图为

$$E_{s\omega}=E_{r}E_{s}=\left|\frac{\sin[\pi(D/\lambda)\theta]}{\pi(D/\lambda)\theta}\right|\left|\frac{\sin\left[(2N+1)\dfrac{2\pi}{\lambda}\Delta x\theta\right]}{\sin\dfrac{2\pi}{\lambda}\Delta x\theta}\right| \tag{8-103}$$

为了抑制栅瓣，尽量减小方位模糊，就必须使真实天线方向图的第一零点与第一栅瓣的位置重合，或者使第一零点的位置小于第一栅瓣所在的位置，从式(8-100)和式(8-102)得

$$\theta=\lambda/D\leqslant\lambda/2\Delta x\quad 或\quad 2/D\leqslant 1/\Delta x \tag{8-104}$$

由于 $\delta_s=D/2$，代入上式后，两边再各乘以 v_a，得

$$v_a/\delta_s\leqslant v_a/\Delta x=f_r \tag{8-105}$$

这一结果与式(8-86)完全一致，也得出了 f_r 的下限，以及 f_r 与 δ_s、v_a 的制约关系。

这一分析还表明，要降低方位模糊比，真实天线的方位向主瓣不能太宽，即不能超过 E_s 的第一个栅瓣，这就限制了合成孔径长度 L_s，从而限制了多普勒频带和方位向理论分辨力 δ_s。此外，真实天线的旁瓣也必须压低，这也是为了抑制合成天线栅瓣。

综上所述，从抑制距离模糊和方位模糊的要求出发，可以总结出脉冲重复频率 f_r、方位分辨力 δ_s 和测绘带 W 之间的制约关系如下：

① 为了抑制方位模糊，也为了满足方位向理论分辨力的要求，f_r 有一个下限

$$f_r\geqslant v_a/\delta_s=\Delta f_d \tag{8-106}$$

如果 f_r 选择得太低，这相当于抽样频率太低，就会丢失信息，使方位分辨力变坏。

② 为了抑制距离向模糊，测绘带必须全部位于同一重复周期之内，测绘带与 f_r 有一定的制约关系，从图 8.51 所示的几何关系以及上述 f_r 与斜距 R_1 和 R_2 的关系，可得

$$W\leqslant\frac{c}{2\cos\beta}\frac{1}{f_r}$$

这表明测绘带的最大值为

$$W_{\max}=\frac{c}{2\cos\beta}\frac{1}{f_r}$$

如果把关系式 $f_r=v_a/\delta_s$ 代入，则得

$$W_{\max}=\frac{c}{2\cos\beta}\frac{\delta_s}{v_a}$$

这表明，测绘带也受理论分辨力 δ_s 的制约，δ_s 越好(即 δ_s 值趋小)，测绘带就不能太宽。

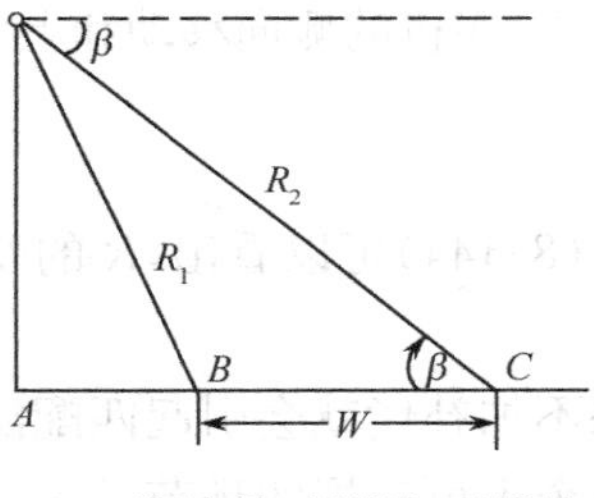

图 8.51　测绘带、斜距与天线俯角关系的示意图

③ 为了降低距离和方位的模糊比，关键的措施有两条：一是适当压缩真实天线在距离向和方位向的主瓣宽度；二是压低真实天线的旁瓣。第一条措施当然要影响测绘带宽度和合成孔径长度，使方位分辨力变坏。第二条措施看来是最重要的，但这会增加天线设计的难度。从国内外已经达到的水平看，把天线旁瓣压低到－30～－35dB 是可能的。

8.7.3　相位误差

合成孔径雷达是 20 世纪 50 年代发展起来的一种相干雷达。它的主要特点就是要充分利用信号之间的相干性来提高空间分辨力。

回波多普勒相位信息叠加在一起，造成干扰，轻则使分辨力降低，重则不可能获得图像。因此，必须采取措施，保证相干性。这就要使发射信号、接收机本振信号以及相位检波器基准信号都有良好的中心频率稳定度。通常的办法是用一稳定的石英晶体振荡器产生的信号经不同的倍频后供给各部分需要的信号。由于晶振提供全系统的基本信号，对它的频率稳定性的要求是严格的。

系统设计时，要考虑制定全系统相位误差的容许限度，以及各分系统相位误差的分配方案。

我们知道，与距离无关的横向距离分辨力为

$$\delta_s = D_x/2 \tag{8-107}$$

因为在系统里存在着相位误差，所以它实际上不可能实现。产生这些相位误差还有两个原因：大气现象和飞机速度矢量的随机变化。

我们已知回波信号的多普勒频率是正比于航速$|\boldsymbol{v}_a|$，同时也与$\boldsymbol{v}_a$矢量和目标所在位置的径向矢量$\boldsymbol{R}$的夹角的余弦成比例，即

$$f_d = -\frac{2\boldsymbol{v}_a}{\lambda}\cos(\boldsymbol{v}_a, \boldsymbol{R})$$

式中，$(\boldsymbol{v}_a, \boldsymbol{R})$表示$\boldsymbol{v}_a$与$\boldsymbol{R}$两个矢量的夹角。因此，无论是$\boldsymbol{v}_a$的数值起了变化（飞机的地速起了变化），或是$\boldsymbol{v}_a$的方向起了变化（如飞机偏航），都将使回波多普勒频率失真，这就必须加以补偿。具体说来，应该补偿的因素以及补偿的技术措施主要包括：

① 飞机的偏流角变化、俯仰角变化以及横滚的变化通常可用三轴稳定的天线平台进行补偿。这个平台的控制系统，在飞机遇到高空风或其他原因引起偏流角变化超过一定限度时，它能控制平台保持稳定，补偿飞机偏流角引起的变化到一定限度。当飞机发生俯仰和横滚运动时，它也能使天线平台保持水平。

② 由于天线平台机械转动的精度有一定限度，要依靠它来完全补偿飞机偏流角引起的回波多普勒频率的变化到允许范围内是不可能的，因此还必须用电路技术来进行补偿，这是很重要的一个环节，通常称为杂波锁定（或杂波跟踪）技术，就是要把多普勒频谱的中心频率锁住。

③ $\boldsymbol{v}_a$的数值变化（方向不变）称为地速变化，也必须进行补偿。最普通的地速补偿方法之一是使记录胶片（光学成像时）或记录磁带（数字成像时）的走速v_t和飞机的地速v_a同步。

④ 飞机的侧向移动和上下移动（即高度变化）会影响飞机与目标之间的斜距R变化。即

$$f_d = -\frac{2v_a}{\lambda R}\Delta x = -\frac{2v_a^2}{\lambda R}(t - t_0) \tag{8-108}$$

由式(8-144)可以看出，R的变化会影响回波多普勒信号的调频斜率。

$$k_a = -2v_a^2/\lambda R \tag{8-109}$$

如果不加补偿就会引起匹配滤波处理过程的失配，影响分辨力和图像质量，因而斜距补偿电路也是一个不可忽视的环节。

⑤ 高精度的飞机导航设备能提供飞行过程中的各项姿态数据（偏流角、地速和航速等）。这些具有足够精度的姿态数据是运动补偿系统各个环节所不可少的。因而导航设备是机载合成孔径雷达的一个重要组成部分。目前，国内外的机载合成孔径雷达上一般都采用高精度的惯导系统。

当考虑到与飞机运动有关的这些补偿校正时，横向距离分辨力的表达式就将与径向加速度的标准偏差、斜距R和飞机速度v_a以及波长λ有关。

$$\delta_s = \frac{R}{2v_a}\left(\frac{\lambda\Delta\alpha}{\pi}\right)^{1/2} \tag{8-110}$$

式中，$\Delta\alpha$是径向加速度未经补偿的均方根值偏差。

8.8　SAR 全系统组成

我们以丹麦的 SAR 系统为例来说明 SAR 全系统组成。丹麦的 KRAS（相参雷达和先进的信号处理系统）是一种实验雷达。KRAS SAR 系统参数列于表 8.2 中。

表 8.2　KRAS SAR 系统参数

频　　率	5.3GHz	方位 3dB 波束宽度		2.7°
发射机峰值功率	2kW	仰角方向图宽度		30°
接收机噪声系数	2.5dB	极化		VV
系统损耗估值	3dB	分辨力	距　离	2m,4m 或 8m
脉冲宽度	0.64～20μs		方　位	2m,4m 或 8m
最大带宽	100MHz	斜距测绘带宽(原始数据)		12km,24km 或 48km
天线增益	26.8dB	最大距离		80km

8.8.1　系统概述[153]

图 8.52 示出该 KRAS SAR 框图。图中,运用 300MHz 的中频和 5GHz 的射频本机振荡器,该系统是根据常规的外差方法来实现的。雷达前端的所有定时信号都锁相至中频。

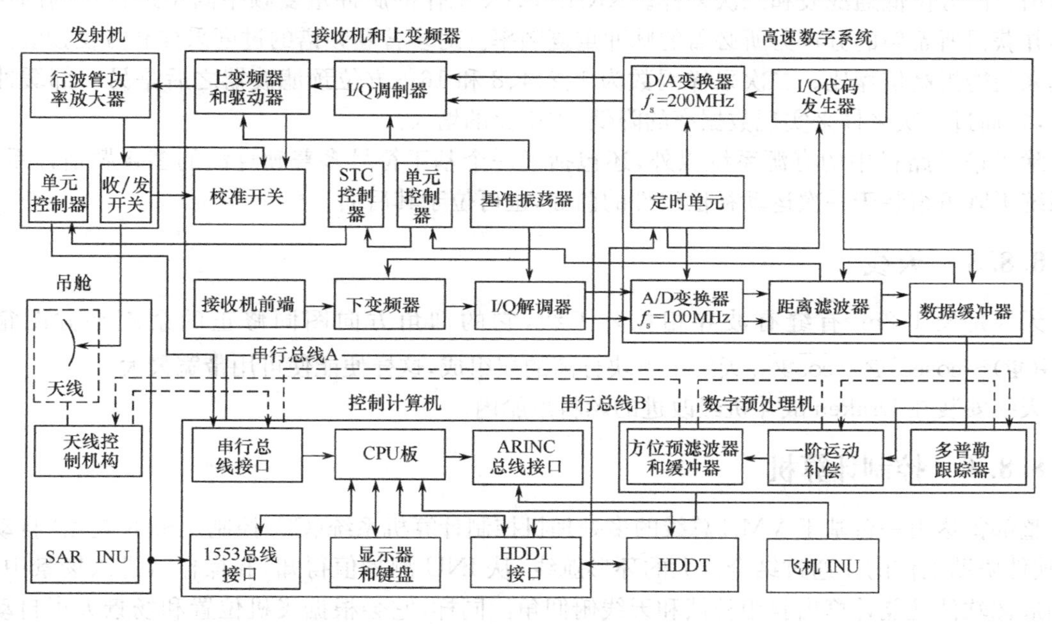

图 8.52　丹麦的 SAR 的原理框图

对于分辨力和测绘带来说,其所需的灵活性是通过在发射机里产生数字信号并在接收机里进行数字预处理而获得的。发射波形是根据操作者选择的带宽、脉冲宽度和编码类型,由飞机中的控制计算机产生的。它从控制计算机下载到一个非常快速的缓冲存储器。该方法具有最大的灵活性,允许信号预失真,使系统误差如调制器中缺乏正交或平衡、转移函数误差等得到校正,这样便改善了距离旁瓣。不过为此灵活性所需付出的代价是需要一个大的、快速的缓冲存储器;4096 个复合码字存储于 RAM 缓冲器,支持脉冲宽度达 20.48μs。信号读出后传递给两部其采样率为 200MHz 的数字/模拟变换器,以 150MHz 的截止频率进行低通滤波,然后经同相/正交调制到 300MHz。

同相/正交调制器和上变频器把基带信号转换成 5.3GHz 的射频信号(可变量),它被固态驱动器放大到+23dBm,然后输入到行波管(TWT)。系统中,驱动器和 TWT 信号都同校正系统相连。2kW 的 TWT 输出通过收/发转换开关送到天线。接收到的回波经收/发转换开关从天线送到低噪声放大器(LNA),然后经校正开关组件进入接收机。通过运用可变射频衰减器(40dB的变化范围)而使系统的动态范围最佳。该衰减器不仅用于固定增益设备,而且用于灵敏度时间控制(STC)。接收到有限带宽的中频信号,运用正交解调器便可转换到基带。运用两部 8 位、100MHz 的 A/D 变换器便可把同相和正交基带信号变换成数字信号。

8.8.2 数字联机预处理

A/D变换器的输出经过一系列实时组件如距离滤波器、数据缓冲器、第一次运动补偿和方位预滤波器。距离滤波器(同相/正交)是100MHz的有限脉冲响应滤波器,它们可编程为低通滤波器并对接收到的信号进行二次采样。在低分辨力模式下,通过在对同相和正交分量进行二次采样之前对它们进行低通滤波便可提高信噪比。距离滤波器能够由因数1、2或4进行二次采样,因此在相同的因数条件下降低了数据率且加宽了测绘带。距离滤波器之后是一缓冲存储器,该缓冲存储器能以它最简单的模式把高数据率、低占空比转换成更低的数据率、80%~95%的占空比。一次运动补偿组件运用了一次运动补偿(与距离无关的相位漂移)。该运动补偿还把信号的方位频谱下变频到零多普勒补偿,而且以可编程方位预滤波器的信号进行预处理,即进行信号的方位低通滤波和二次采样。KRAS SAR工作的脉冲重复频率高于进行正确的信号采样并获得所希望的分辨力所必需的脉冲重复频率。对多普勒频谱的过度采样和方位预滤波结合起来便能提高信噪比。二次采样因数为1、2、4、8和16。方位预滤波器之后是另一部缓冲存储器,它通过二次采样来实现数据率的降低/占空比的增大。

除了信号路径中的有源系统以外,还包括了一个基于符号多普勒算法的多普勒估计系统。该系统板既可组装于一次运动补偿组件的前面,也可位于其后面。

8.8.3 天线

天线是长1.2m、有缝有波导相控阵天线,它的仰角方向图同修正的余割平方图很相似[$G(\Psi)\sim \mathrm{cosec}^2\Psi\sqrt{\cos\Psi}$]。天线由4块分离的权组成,这样便能使可用带宽最大。

天线安装在Draken战斗机经改进的燃料吊舱内。

8.8.4 控制计算机

整部雷达由一台基于VME总线的多处理机控制计算机系统(CC)控制。SAR是由“自动成像”软件协助工作的。通过结合巨大的环形航线(从INU测量值得知)和操作者进入场景中心,自动成像软件就能计算出斜距补偿和天线俯仰角。同样,它会根据飞机位置和场景大小自动地起始和停止成像。CC启动和自动控制所有的雷达部件,或者通过操作者的输入来完成。操作者可通过由菜单驱动的触摸屏或键盘进行通信。它为数字脉冲发生器产生代码,并且计算灵敏度时间控制(STC)表,以及为距离滤波器和方位预滤波器计算滤波系数。CC和雷达惯性导航装置通信,而且根据惯性导航装置测量值来控制脉冲重复频率和天线指向。CC将惯性导航装置和多普勒跟踪器的测量结果结合起来,而且提供实时运动补偿参数。它还包括许多BITE(机内测试设备)设施和软件,以分析所获的数据。

8.8.5 数据处理机

在成像过程中,来自数字处理机的数据记录在高密度数字磁带(HDDT)上。随后,数据是在实验室的阿波罗(Apollo)DN 1000[(扩充的RISC)、装备有16兆的主存储器、一个330兆的系统盘和两个660兆的数据磁盘]上处理的。数据通过IEEE 488总线从高密度数字磁带传输到阿波罗(Apollo)。

SAR处理软件是以距离多普勒算法为基础的,该算法通过在距离—多普勒域中内插距离变换便可对距离弯曲进行校正。快速傅里叶变换的性能对该算法很重要,因此研究了运用其他快速变换或卷积算法的潜在优势之后,认为快速傅里叶变换是最合适的,主要是由于其他一些方法要求有专用硬件。

第一种型号的脱机处理机旨在支持雷达实时处理的研究和设计。因此,灵活性,而不是处理速度就成了主要的考虑方面。由于改进后有了更好的人机接口,所以该处理机现在更适合于军事应用。

该处理机分为三个处理模块。距离模块按距离长短顺序来处理数据。它提供一种或多种可选功能:多普勒矩心估计、一阶运动补偿、方位预滤波、距离移动校正、距离压缩、二阶运动补偿和非聚焦 SAR 处理。这些功能的顺序可根据需要选择。距离模块的输出通常(但不是必须)经过计算后转换到 16 位 I 通道和 16 位 Q 通道,然后储存在磁盘上。在角转动模块之后的方位模块提供以下功能:方位压缩(包括距离弯曲校正)、斜距/地面距离再采样、检测、多次查看和强度转换。

处理机还有一个分析模块,包括直方图分析仪、频谱分析仪、多普勒速率估计器(自动聚焦模块)和惯性导航装置数据分析仪。

脱机处理机大约需要 3 小时把 9km×6km 的图像处理成分辨力为 2m 的图像。现在,对磁盘结构做了改变,可处理 9km×24km 的场景。运用机载实时方位预滤波器,最大的场景可达 9km×48km,分辨力为 2m 或 36km×48km,分辨力为 8m。

8.9 SAR 的发展趋势

近年来,SAR 的应用主要体现在机载和空载 SAR 越来越显示出其在许多方面的作用,例如,新款 F-22 战机拥有被称为合成孔径雷达(SAR)的技术,可提供下方地形图像,令战机能够更好地进行目标识别。SAR 技术向地面发射信号并分析返回信号,使得飞行员能够动态测量目标区域,在飞行中作出调整去打击新的目标。不同学科的科学家和生态学家们正对地球遥感数据产生浓厚的兴趣,军事上在侦察、测绘方面也已得到应用。由于 SAR 能够渗过云层,所以只有 SAR 系统才能保证对地球的持续观测。另外,SAR 还有一些优点:它具有全天候工作能力,低频段的这类雷达甚至能渗透到地下。

一般来说,用户需要获得他所想观测、识别和分类目标的特殊物理或地理参数。这些需求则要求特殊的 SAR 系统参数,比如几何和辐射测量分辨力、成像带宽度、特殊目标的类型和特性、检测精度(探测、辨别、识别和描述)及特殊的精度、校准和重复率等(参见表 8.3)。

表 8.3　特殊物体的不同检测精度所需的分辨力及信号带宽(BW)

目　标	探　测		识　别		辨　别		描　述	
	分辨力(m)	带宽(MHz)	分辨力(m)	带宽(MHz)	分辨力(m)	带宽(MHz)	分辨力(m)	带宽(MHz)
桥	6	25	4.5	33	1.5	100	0.9	170
物资仓库	1.5	100	0.6	250	0.3	500	0.25	600
军事驻地	6	25	2.1	71	1.2	125	0.30	500
机场设备	6	25	4.5	33	3	50	0.30	500
飞　机	4.5	33	1.5	100	0.9	170	0.15	1000
中等舰船	7.5	20	4.5	33	0.6	250	0.30	500
车　辆	1.5	100	0.6	250	0.3	500	0.05	3000
港　口	30	5	15	10	6	25	1.5	100
庭院和火车车厢	30	5	15	10	5	25	1.5	100
道　路	9	17	6	25	1.8	83	0.6	250
城　区	60	10	30	5	3	50	3	50
矿　区	9	17	6	25	0.9	170	0.025	6000

8.9.1 SAR 技术现状

1. 频率选择限制

一般来说，应用目的会影响到频率的选择。例如，微波的渗入深度随着频率的升高而降低。大气会引起与频率有关的衰减，所以设立一频率上限，机载雷达大约为 90GHz，空载雷达大约为 15GHz。国际协议也对频段的使用做了限制。

2. 硬件主要考虑因素

发射机功率和天线是雷达设计中的关键。目前，对射频功率发生器效率的技术限制是极其重要的设计因素。

3. 数据库

SAR 系统的数据量非常惊人，如在 SIR-C/X-SAR 系统中，每个通道的数据率为 45Mb/s，7 个通道总的数据率为 315Mb/s。若要求更高分辨率和更大的成像带，则数据率更大，因此处理一幅画面的时间较长。

8.9.2 机载 SAR 的关键技术和发展趋势

SAR 系统具有广泛的应用范围，包括高分辨率地质/地形测绘、对海运所关心的海况与冰情的定时监测，以及可见光/红外遥感技术所探测不到的热带地区森林/草木的详细估测。军事应用 SAR 系统分为机载和航天器载两种，并能定期或根据需要进行区域或全球覆盖。

至今，美国已是第五代 SAR 了，第一代 AN/APQ－102A，方位和距离分辨力为 15m×15m；第二代 AN/APD—10，分辨力为 3m×3m；第三代 AN/APD—11，分辨力为 1.5m×1.5m；第四代 AN/VPD—X 是先进的全数字侧视 SAR，有两种工作模式，一种为搜索，另一种为定位，可以对固定目标，移动目标定位；可以实时处理和显示目标信息，也可以把信息发送到地面处理，处理后可以及时转换成图像，其分辨率为 0.7m×0.7m。第五代产品为 E—8A 飞机上的 AN/APY—3，其特点是可以对运动目标成像，对静止目标的分辨力为 1m×1m。

军用和商用在技术上两者之间没有明显的界限，它们相互渗透，同步发展，并致力开发 SAR 新的应用领域。下面简要列出机载 SAR 的关键技术和发展趋势。

1. 多波段、共极化、多模式

随着新技术发展，多功能的应用，SAR 将是多极化、多频段、多操作模式、多种测量范围集于一体的一个全新的系统。该系统将连续工作，覆盖范围大。根据应用需要，可以选用工作频率、极化方式，从其信息数据中获得各种有用的图像和信息。

今后，机载 SAR 一般采用多极化，并且也都由单一波段逐步改进为多波段，甚至可以在几个波段同时多极化工作。机载 SAR 为了适应不同的分辨力需要、不同的地理环境，采用多模式，例如，条带照射模式、聚束照射模式、InSAR、动目标成像等。

2. 采用相控阵天线

SAR 的天线，因为是装在机体或星体上，所以在质量和尺寸上要求十分严格，而天线又是决定 SAR 性能的重要因素。因此，天线技术是 SAR 关键技术之一。

机载 SAR 采用相控阵天线是其发展趋势之一。相控阵天线固定在载机中，不需要稳定旋转支架，可以方便地瞬时补偿载机偏航，减小误差。由于相控阵天线波束扫描的灵活性，能够对成像区域精确选择，也为灵活的工作方式提供了基础。在相控阵天线的基础上，利用子孔径技术，能够实现动目标显示和无模糊干涉处理。

现在 SAR 天线技术已有重大突破，具有半导体收/发模块的相控阵天线已经可以工作在 P 波段、L 波段和 C 波段。Terra SAR 可以使用 X 波段的收/发模块。

在未来的发展趋势中，采用新工艺、新技术，进一步提高 SAR 的性能。为了降低造价，尽量利用商用先进的数据处理软件、商用部件或分系统。将出现超轻天线和大型基础部件，例如，可折叠或充气式的支架、膜和多功能阵列天线。

3. 动目标成像

运动目标的成像技术仍然是 SAR 的关键技术，这是因为运动目标往往是模糊的，常受地物杂波影响大，对运动目标成像就得滤除固定目标。近 10 年来，对 SAR 动目标显示研究得最多的是空时二维处理，主要利用阵列面天线来实现 AMTI，如果没有动目标图像显示功能，对战场目标就无法进行持续监视侦察，因此，以后加大 GMTI 的研究与应用，并把 SAR/GMTI 功能综合一体化，将成为军用机载 SAR 系统的标准体制。

4. 干涉 SAS(InSAR)

三维成像技术自 20 世纪 80 年代开始研究，现技术已经成熟，但仍然是重要的研究和实践课题。三维成像也是在二维成像的基础上进行研究的，利用干涉仪方法。

几乎所有的机载 SAR 正逐渐配备 InSAR 模式，以对目标区域立体成像和检测目标区域的变化。对于 InSAR，有单航过 InSAR 和多航过 InSAR。多航过 InSAR 必须具有精确的运动测量装置和飞行控制系统。一般是将 IMU 和 GPS 结合测量载机的运动参数，此参数送到飞行控制系统，计算下一次航过的飞行路线。单航过 InSAR 将成为机载 SAR 的必备工作模式。

5. 实时成像

在载机上实现 SAR 实时成像或无人机上 SAR 的数据传送给地面控制站的近似实时成像，也是机载 SAR 正在发展的项目。由于 SAR 的数据量非常大，需要存储容量大、速度快、满足精度要求的数据处理系统。例如，由 Selex Galileo 英国公司研制的 X 频段 Pico SAR AESA 雷达具有卓越的全天候 SAR/GMTI 能力，适用于战术无人机(TUAV)、直升机和固定翼有人机。Pico SAR 雷达的结构独特，小巧紧凑，整个雷达就是一个内置风扇风冷的外场可更换单元(LRU)。这个 LRU 由两个部分组成，即天线/IMU 和支持硬件(包括处理器和 GPS 卡等)。重量 10 千克，扫描范围±45°。

影响 SAR 性能的关键是数据处理速度，因为 SAR 生成大量的数据，要求实时地处理和评估，以进行校正和减少传输链上的数据传输率。

目前处理速度最高水平是几个吉浮点级，存储器小于 10G 字节级。发射和存储的数据处理速度最高为 200Mb/s。雷达卫星(Radar SAT)数据处理速度为 110Mb/s。

现在大都要用陆基数据处理，高质量的实时图像处理还不能实现。因而提高 SAR 机上处理能力是关键技术之一。

6. 数字波束形成技术

对相控阵天线来说，数字波束是主要发展方向。数字波束形成(DBF)技术使每个单元都有发射天线、滤波器、低噪声放大器、混频器、数字转换器和微处理器等，进一步提高了系统的可靠性。这种以数学计算方法形成的阵列天线波束，在接收时，也可使波束同时集中在整个照射区域，为了消除干扰，可以生成便于观测的多波束，也可以生成置零信号，以获得低噪声图形。

7. 发射功率

发射功率也是 SAR 中的关键技术。一般而言，固态功率器件，S 波段 45%的效率，功率为

100W；X 波段为 25％的效率，功率为 12W。行波管的平均功率为几百瓦，峰值功率为 6～10kW。目前最高达到 6～10kW。提高功率，牵涉到载体的动力供应，现在已研究通过太阳能发电机和原子能发电机获得动力。

8. 多传感器组网和信息融合技术

为了最大限度地发挥 SAR 的优势，SAR 将作为多传感器系统的一个组成部分与其他传感器配合使用，如光电传感器，并将各种不同的传感器信息融合起来，使指挥人员能够看到一幅有关战场情况的更为完整和准确的图像。

未来 SAR 系统将以软件为基础，进行组网工作，信息共享，这样可以进行数据融合，在全球范围内实时监视侦察。现在空载 SAR 系统已经融于卫星通信、全球定位系统之中。因为在复杂的杂波环境中识别和分类小目标尚受限制，就得使用特殊编码的询问机，通过标记在 SAR 图像中识别目标，这就需要 GPS 信号。

总之，随着未来的科技发展，将在 SAR 总体领域、应用领域、信号处理、目标识别、成像领域等方面进行更新、更先进的开发研究。使未来的 SAR 向多模式、多功能、高重访速率、大覆盖范围、高分辨力、高定位跟踪精度、质量轻、结构合理、组网工作、数据融合的方向发展。

8.10 逆合成孔径雷达的基本原理简介

8.10.1 概述

传统的 SAR 不适合为船只和飞机这类可以转动的目标成像，然而，可采用 ISAR 提供目标成像。因为在 ISAR 雷达中横向距离分辨力是由高多普勒频率分辨力来保证的。动目标的每个部分相对于雷达的相对速度都不同，尤其是在目标运动有很大旋转的分量的情况下，多普勒频率分辨使得动目标的不同部分在横向距离上能分辨出来，径向距离分辨可以由窄脉冲或脉冲压缩来实现。

对于 ISAR，其原理与 SAR 聚束模式是相同的。但是距离变化率差异的原因在于相对于观测雷达而言，被照射的目标由于偏航、倾斜和翻滚带来的转动。引起两者区别如图 8.53 所示。

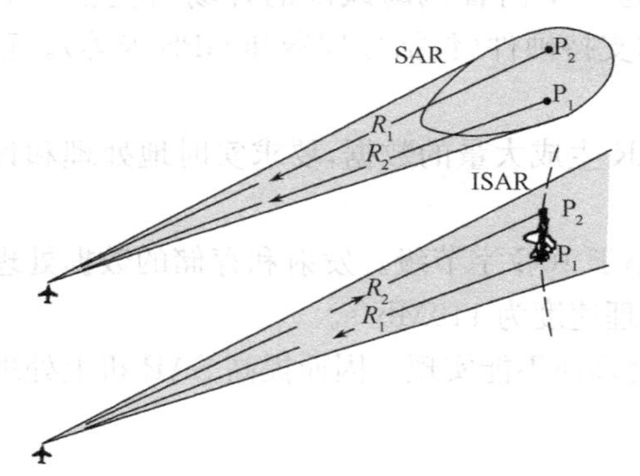

图 8.53 对于常规 SAR，能够提供角度高分辨的多普勒频差是由机载雷达的前向运动引起的。而对 ISAR，频差是由目标相对于观测雷达的角度转动引起的

因为图 8.53 所示的目标背向雷达(顺时针)运动，所以轨迹上 P_1 点的距离变化率比 P_2 点的距离变化率稍微小一些。这样，来自 P_2 点和 P_1、P_2 之间所有点的回波的多普勒频率随各点到 P_1 点的距离的不同而变化。

为了对目标成像，首先必须进行相位校正以补偿在雷达接收用于成像的回波信号期间目标相对于雷达的位移。这个过程称为运动补偿。把来自每个可分辨距离增量处的回波送入一多普勒滤波器组，那么，与常规 SAR 测绘一样，滤波器的输出信号就能生成目标图像。

由此可见，逆合成孔径雷达(ISAR)也是利用雷达与目标之间相对运动成像。它是一种高分辨率的微波成像雷达，它用于取得空中目标、海上目标、外空目标，以及月亮和行星等天体的雷达图像。这是一种相参雷达，它利用距离和多普勒分辨技术来得到目标的图像。也就是说，一方面利用宽频带的脉冲信号来得到很高的径向分辨力；另一方面，利用由于目标相对于雷达的姿态转动所产生的多普勒频率变化梯度来得到很高的横向分辨力；然后将采集到的信号进行相应的处理，就可以获得目标的二维雷达图像。由于目标的运动，使成像技术的复杂性和难度大为增加，因为必须对目标进行探测跟踪和参数测量，并进行复杂的信号处理后，才能获得目标的二维图像。

我们知道，目标被雷达辐射的电磁波所激励，形成电磁波的二次散射源，其中一部分能量重新返回雷达站，这就构成雷达检测目标的物理依据。雷达接收机收到的回波应是目标各部分散射能量的综合。若雷达所提供的分辨单元过大，则在雷达接收机与其信号处理机的输出，只能获得目标上各部分散射的总向量和，分辨力不可能很高。实际上雷达目标各部分的散射强度不尽相同，若雷达能给出很小的分辨单元，则就可能得到高分辨力的雷达图像——即雷达目标各部分散射强度的分布图。显然，这种高分辨力的雷达图像提供了识别目标的最强有力的依据。图 8.54示出了低分辨力雷达和高分辨力雷达所得到的雷达图像。

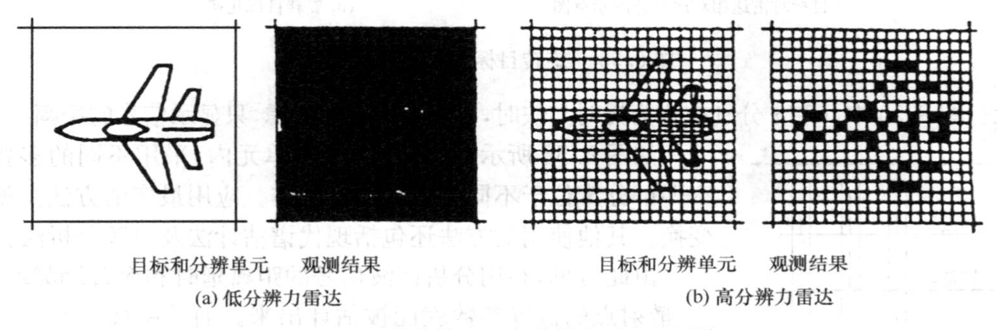

图 8.54　低分辨力和高分辨力雷达的图像

与 SAR 成像类似，雷达不动而目标移动的 ISAR 成像必须是纵向和横向二维高分辨力的。分辨力的要求取决于目标的大小及成像的清晰要求。ISAR 成像的基本原理也是利用距离—多普勒原理来获得需要的目标图像，即发射大带宽信号获得好的距离分辨力，利用目标相对于雷达的转动产生多普勒频率梯度来获得好的方位向分辨力。

8.10.2　ISAR 成像的机理

首先将目标和雷达的相对运动分解成目标上某个参考点相对于雷达的轨道运动和目标绕参考点的转动两部分，如图 8.55(a)所示，雷达目标从 A 移到 B，等效为 A 移动到 C 并旋转 θ 角(至于从 C 到 B 的那一段圆周运动，由于切向速度对于多普勒频率没有贡献，此段运动对方位分辨不起任何作用)。在从 A 到 C 的平移运动中，由于目标所有的散射点都作相同的径向运动，因此它们产生的多普勒频率是相等的，对于区分不同的散射点不起作用。只有目标相对于参考点 O 的旋转运动才会产生所需的能够成像的多普勒频率。可见，首先要通过运动补偿去掉雷达回波中的目标参考点的轨道运动成分，然后才可用各种 ISAR 成像算法进行成像处理。

ISAR 成像处理的基本任务是以散射点模型为依据，对雷达回波进行相干积累，重建目标散射点的空间分布。雷达成像可以理解为由许多散射点构成“目标的图像”。

转台成像

首先只考虑目标绕原点的旋转，忽略雷达与目标在距离上的平动[见图 8.55(b)]。

采用不同的时间延迟可以分辨不同距离上的散射体。采用匹配滤波器技术、延伸技术或步进频率技术之类的宽带技术能提高距离分辨力。

当目标旋转角度很小时，假设从相同散射体返回的相邻回波信号(见图 8.56)，被集中在相同距

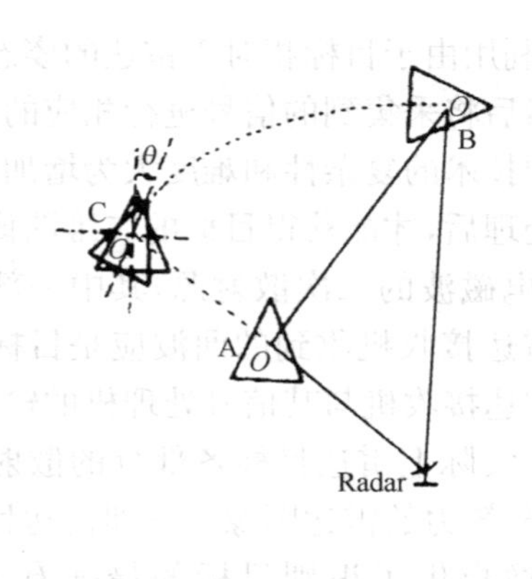

(a) 目标对雷达相对运动分解示意图

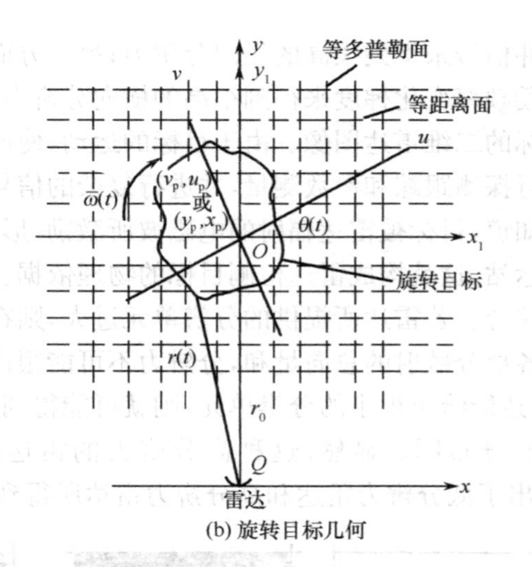

(b) 旋转目标几何

图 8.55 旋转目标成像的示意图

离单元。图 8.56 中，t 和 τ 分别被称为慢时与快时，出于清晰度的考虑，只显示信号的振幅。

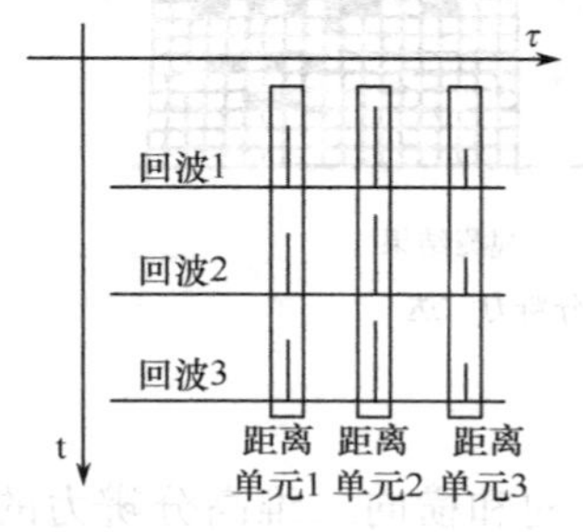

图 8.56 距离压缩信号

如图 8.56 所示，在每一个距离单元内，采用不同的多普勒频率即可分辨位于不同方位角的散射体。应用最广的方法是傅里叶变换。其他使用的方法还包括现代谱估计法及时频分析法。

由此可见，利用分析回波信号的距离延时和多普勒频率，(x_0, y_0)散射点的位置参数就能被估计出来。而等距离平面是一组垂直于雷达视线方向的平行平面；等多普勒平面也是一组平行平面，且平行于由目标转轴与雷达视线方向形成的平面，如图 8.59所示。下面对转动成像进行分析。

如图 8.55(b)所示，目标绕某点 O 转动，角速度是 $\omega(t)$，雷达处于 x-y 坐标系的原点 Q。x_1-y_1 是以 O 为原点的坐标系，其中 y_1 轴与 y 轴重合且同向，它是雷达的视线轴，因此它是距离轴(纵向轴)，x_1 是方向轴(横向轴)。u-v 坐标系固定在目标上，并随目标旋转，其原点仍为 O，u-v 坐标系、x-y 坐标系与 x_1-y_1 坐标系共面。在 t 时刻，u 轴与 x_1 轴夹角为 $\theta(t)$，即

$$\theta(t)=\int_0^t \omega(\tau)\mathrm{d}\tau \tag{8-111}$$

O 点在 x-y 坐标系上坐标为$(0, r_0)$，则有如下坐标变换关系：

$$\begin{cases} x=x_1 \\ y=y_1+r_0 \end{cases} \tag{8-112}$$

$$\begin{cases} x_1=u\cos\theta(t)-v\sin\theta(t) \\ y_1=u\sin\theta(t)+v\cos\theta(t) \end{cases} \tag{8-113}$$

$$\begin{cases} u=x_1\cos\theta(t)+y_1\sin\theta(t) \\ u=-x_1\sin\theta(t)+y_1\cos\theta(t) \end{cases} \tag{8-114}$$

p 是目标上任意一点，$p-Q=r(t)$，p 点在 x_1-y_1 坐标系中坐标为$(x_{1p}(t), y_{1p}(t))$，在x-y坐标系中坐标则为$[x_p(t), y_p(t)]$，在 u-v 坐标系中坐标是(u_p, v_p)，故

$$r(t)=[x_p^2(t)+y_p^2(t)]^{1/2} \tag{8-115}$$

依据式(8-112)的关系，上式变为

$$r(t)=\{x_{1p}^2(t)+[y_{1p}(t)+r_0]^2\}^{1/2} \tag{8-116}$$

由式(8-113)的关系，上式可进一步变成

$$r(t)=\{[u_p\cos\theta(t)-v_p\sin\theta(t)]^2+[u_p\sin\theta(t)+v_p\cos\theta(t)+r_0]^2\}^{1/2}$$

$$\Rightarrow r(t)=[r_0^2+u_p^2+v_p^2+2u_pr_0\sin\theta(t)+2v_pr_0\cos\theta(t)]^{1/2} \tag{8-117}$$

D_r 是目标的最大径向尺寸，D_a 是目标的最大横向尺寸，若 r_0 远远大于目标尺寸，即 $r_0\gg D_r$，$r_0\gg D_a$ 时，式(8-117)可以近似为

$$r(t)\approx r_0+\frac{u_p^2+v_p^2}{2r_0}+u_p\sin\theta(t)+v_p\cos\theta(t) \tag{8-118}$$

忽略其二次项，有

$$r(t)\approx r_0+u_p\sin\theta(t)+v_p\cos\theta(t) \tag{8-119}$$

假定目标作匀速旋转运动，即 $\omega(t)=\omega$ 是常数，则由式(8-112)有

$$\theta(t)=\omega t \tag{8-120}$$

代入式(8-119)有

$$r(t)\approx r_0+u_p\sin\omega t+v_p\cos\omega t \tag{8-121}$$

雷达工作波长为 λ，则 p 点相对于雷达的多普勒频率是

$$f_{dp}=\frac{1}{\lambda}\frac{d[2r(t)]}{dt}=\frac{2}{\lambda}\frac{dr(t)}{dt}\Rightarrow f_{dp}\approx\frac{2u_p\omega}{\lambda}\cos\omega t-\frac{2v_p\omega}{\lambda}\sin\omega t$$

$$=\frac{2u_p\omega}{\lambda}\cos\theta(t)-\frac{2v_p\omega}{\lambda}\sin\theta(t) \tag{8-122}$$

若雷达仅在 $t=0$ 附近极小的范围内[$\theta(t)\ll 1\text{rad}$]处理回波信号(此区间称信号处理区间)，这样

$$\sin\theta(t)\approx 0,\qquad \cos\theta(t)\approx 1 \tag{8-123}$$

则式(8-122)变为

$$f_{dp}\approx 2u_p\omega/\lambda \tag{8-124}$$

式(8-121)变为

$$r(t)\approx r_0+v_p \tag{8-125}$$

由于 p 点是目标上任意一点，故可以消去式(8-124)、式(8-125)中 v_p 和 u_p 的下标，从而得到：

$$f_d=2u\omega/\lambda \tag{8-126}$$

$$r(t)=r_0+v \tag{8-127}$$

从式(8-126)中可以看出，在 ω、λ 不变的情况下，不同的 u 值，即不同方位(横向)上的点对应着不同的多普勒频率(在方位上存在着多普勒频率梯度)，同一方位，即等 u 值上的点对应着相同的多普勒频率，故在目标上的等 u 值线即等多普勒线。

从式(8-127)中可以看出，不同的 v 值(距离)对应着不同的距离，相同的 v 值对应着相同的距离，故在目标上的等 v 值线即为等距离线。

因此可以通过对回波的多普勒频率滤波，得到目标的方位向信息，通过对回波进行距离上的选通即可得到目标距离向的信息，这两个方向上的信息组合起来就可构成目标的二维图像。

归纳起来，如果：① r_0 远远大于目标尺寸；② 信号的处理区间(相干处理时间)很短[$\theta(t)\ll 1\text{rad}$]，即小转角成像；③ r_0、ω 和 λ 参数已知的情况下，目标的散射函数 $\sigma(u,v)$ 可以从接收到的回波中的不同距离和不同多普勒频率值所对应的回波幅值和相位中获得。把目标上所有的点 $\sigma(u,v)$ 都求得后，就获得了目标的微波图像。

雷达的距离分辨力 δ_r 是由单个脉冲信号具有的带宽决定的，即

$$\delta_r=c/2B \tag{8-128}$$

式中，c 是电磁波传播速度；B 是信号带宽。

由式(8-128)可见，要获得高的距离分辨力，必须使发射信号具有大带宽。雷达的方位分辨力 δ_s 是由对回波信号的多普勒频率的分辨力 Δf_d 决定的，由式(8-126)有

$$\Delta f_d = \frac{2\omega}{\lambda} \cdot \Delta u \Rightarrow \Delta f_d = \frac{2\omega}{\lambda}\delta_s$$

则

$$\delta_s = \frac{\lambda}{2\omega}\Delta f_d \tag{8-129}$$

要达到 Δf_d 的多普勒频率分辨力，则要求相干积累时间 ΔT 必须满足

$$\Delta T = 1/\Delta f_d \tag{8-130}$$

故

$$\delta_s = \frac{\lambda}{2\omega}\frac{1}{\Delta T} \tag{8-131}$$

由式(8-120)得

$$\theta(\Delta T) = \omega \Delta T = \theta \tag{8-132}$$

代入式(8-131)得

$$\delta_s = \lambda / 2\theta \tag{8-133}$$

这里 θ 是目标转角，从式(8-133)可见，方位分辨力与转角 θ 有直接的关系，在 λ 不变的情况下，要提高方位分辨力，必须增大 θ 值(即处理区间)。实际上，式(8-133)是在小目标转角条件下推导出的一个近似表达式，在这种情况下可以利用距离—多普勒二维可分的信号处理进行成像，但是，当 θ 值增大时，$r(t)$ 值和 f_d 值均会发生变化，其变化值可能超过式(8-128)的 δ_r 值和式(8-129)的 Δf_d 值(即可能使等距线的变动超过一个距离分辨单元，使等多普勒线的变动超过一个多普勒分辨单元，这就是走动现象)，使式(8-126)和式(8-127)的简单近似关系不成立。也就是不能用简单的距离—多普勒二维可分的信号处理进行成像，而要采用坐标或更复杂的成像处理方法才可能，否则会造成离旋转中心比较远的散射点穿越分辨单元现象。因此若想按式(8-126)和式(8-127)的简单表达式作为成像依据，必须限制转角 θ 或相干积累时间 ΔT，使目标上的散射点的走动不超过一个距离分辨单元 δ_r 和一个横向分辨单元 δ_s。

没有走动现象出现的条件是

$$\theta D_s/2 < \delta_r \text{ 和 } \theta \cdot D_r/2 < \delta_s \tag{8-134}$$

由式(8-133)得到

$$\theta = \lambda / 2\delta_s \tag{8-135}$$

代入式(8-134)得

$$\begin{cases} \delta_s \delta_r > \lambda D_s/4 \\ \delta_s^2 > \lambda D_r/4 \end{cases} \tag{8-136}$$

式(8-136)是目标最大径向尺寸和最大横向尺寸分别为 D_r、D_s 的条件下，没有走动时可能达到的分辨力条件。

假定 $\delta_s = \delta_r = \delta$，即距离分辨力值等于方位分辨力值，则有

$$\begin{cases} \delta^2 > \lambda D_s/4 \\ \delta^2 > \lambda D_r/4 \end{cases}, \quad \text{即} \begin{cases} \delta > \sqrt{\lambda D_s}/2 \\ \delta > \sqrt{\lambda D_r}/2 \end{cases} \tag{8-137}$$

式(8-137)表明，当要成像的目标尺寸 D_r、D_s 很大时，不可能要求 δ 值很小，否则就会出现走动现象，造成图像模糊。此时，可以通过校正方法克服距离走动的影响。以上仅介绍 ISAR 成像的基本概念，进一步的知识请参考相关文献。

图 8.57 是引用 1989 年 IEEE 文献中提供的一架 Lockheed L-1011 飞机[见图 8.57(b)]的雷达 ISAR 图像[见图 8.57(a)]。该雷达采用一部发射机和两部接收机，其中一部接收机与发射机布置在一起，而另外一部则距离发射机有 25m，它们对同一目标成出两个不同的像，然后把两个接收天线组合起来作为一个干涉仪成出目标的第三个像，如图 8.57(a)所示。

8.10.3 ISAR 成像关键技术简述

ISAR 技术是在 SAR 技术的基础上发展起来的，虽然 ISAR 成像和 SAR 成像从基本原理上

(a) 由三个独立的像与它们各自的颠倒像重叠组成的 L-1011 飞机的 ISAR 雷达成像

(b) 用于比较的 L-1011 飞机的轮廓图

图 8.57　在飞行中 Lockheed L-1011 飞机的雷达图像

讲是一样的，它们同样要依靠成像物体与雷达之间的相对运动实现横向高分辨，利用大带宽信号实现纵向高分辨，但各具有其技术特点。ISAR 成像关键的问题是由于目标为非合作目标，我们很难得到目标的精确运动轨迹，这给精确地进行运动补偿带来很大困难。其次，我们很难得到目标本身在成像期间姿态的变化信息，这些变化导致成像质量下降。而且在 ISAR 中成像物体主要是飞机、舰船等较小的目标，为了获得可辨认的雷达图像以达到识别的目的，其分辨力要求一般比 SAR 高。故高要求的分辨力与难以精确实现的运动补偿使得 ISAR 成像技术难度增加。

利用 ISAR 成像技术对运动目标成像主要包括运动补偿、成像处理两个方面的研究。运动补偿将目标相对于雷达的运动中的平移分量精确地补偿掉，使之等效为转台运动的模式。成像处理就是利用这种等效的转台回波数据进行图像重建，勾画出散射点对电磁波反射的空间分布。下面简要对一些主要的运动补偿和成像方法进行介绍，并讨论其特点和存在的问题。

要实现二维高分辨力成像，就要减小距离单元宽度和增加相干处理时间，这两种情形都会增大脉冲回波出现距离走动的可能性。在相干处理时间内，距离在脉冲间存在较大变化，回波包络函数可能出现数倍于发射脉宽的变化，因此在运动补偿之前，应先对回波采样信号进行距离校正。

在雷达系统中，通常采用卡尔曼滤波器将每个波形的第一个强回波置于特定距离门，这样实现距离跟踪。例如，飞机目标上最强点可能是机翼，那么就将机翼对不同脉冲的回波锁定在同一距离门，从而使不同距离门的回波分别作相干处理。但由于多个反射点的闪烁效应，这种方法不一定有效，即可能出现数据对不准现象，因此就应该采用自动算法重新校正，这就是所谓的距离校正。

目前，常用的距离校正方法有两种，一是频域校正法，另一种是空域校正法。国外对未知航迹运动目标回波的处理大都采用空域校正法，然后再进行运动补偿。

1. 运动补偿技术[155]

由于运动目标的非合作性，ISAR 中的运动补偿相对于 SAR 中的运动补偿难度增加很多，为此人们做了大量研究工作。运动补偿技术是 ISAR 成像技术中的一个关键问题，它是后面进行成像处理和图像分析的基础，在此仅作概念性介绍。

前面的分析只考虑了目标围绕原点旋转的情况。现在再考虑雷达与目标在距离上的平动情况。距离成像是相同的，但方位成像则更加复杂。在进行傅里叶变换之前必须先消除平动的影响，这就称为平动补偿。

平动补偿包括距离对准和相位调整。距离对准使回波移位，从而使得来自相同散射体的相邻回波信号聚集在相同的距离单元。而相位调整则是消除由平动引起的多普勒相位。这里只讨论平动补偿的这两步方案。但是，需要指出的是，距离对准和相位调整不单在快时域进行，在慢时域及频域内同样能够进行。最小熵平动补偿即使没有相关的平动信息也同样适用。

因此，ISAR 运动补偿过程可分为距离对准和相位对准两步，也称为径向距离运动补偿和横向距离运动补偿。距离对准使相邻重复周期的回波信号在距离上对齐；相位对准则把目标距离走动造成的多普勒相移补偿掉。

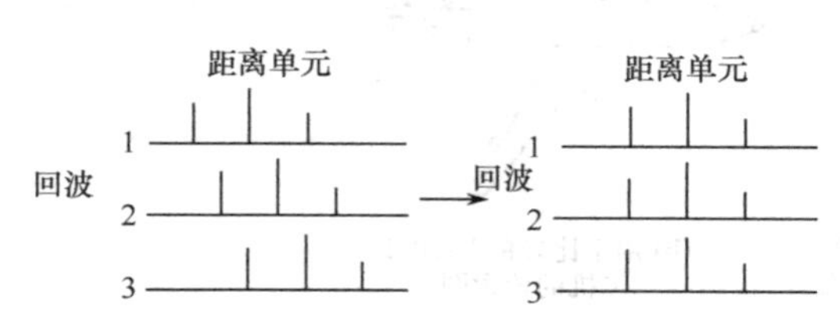

图 8.58　距离对准的示意图

(1) 距离对准

平动的一个结果是使得来自相同散射体的信号在相邻回波中位于不同的距离单元内。因此，需要使回波移位，从而使得来自相同散射体的不同回波信号聚焦在相同的距离单元，这就被称为距离对准（见图 8.58。出于清晰度的考虑，只显示信号的振幅）。如果事先没有平动的相关信息，则距离对准通常基于回波包络的相似性。常见的方法包括峰值法、最大相关法、频域法、Hough 变换法及最小熵法等。

(2) 相位调整

平动的另一个结果是信号相位中包含了一个与时间变化相关的平动多普勒相位。通常，由于平动多普勒相位的缘故，对应于一个散射体的多普勒频率已经不再是一个常数了。这意味着方位成像时，若直接采用傅里叶变换，则所成的图像会比较模糊。

因此，在进行傅里叶变换前，必须消除平动多普勒相位，将之转换为一个常数。这就被称为相位调整。相位调整常用方法包括主散射体法、散射重心法、相位梯度法、时频法、最大对比法以及最小熵法等。但上述各种方法大多数仅适用于平稳飞行目标。下面，我们仅对运动补偿技术进行简述：

设某次回波信号为

$$s(t)=f(t)\mathrm{e}^{\mathrm{j}\omega_0 t} \tag{8-138}$$

式中，$f(t)$为回波复包络；ω_0 为载波角频率。设回波延迟一个时间 τ，则时延信号为

$$s(t-\tau)=f(t-\tau)\mathrm{e}^{-\mathrm{j}\omega_0\tau}\mathrm{e}^{\mathrm{j}\omega_0 t} \tag{8-139}$$

通常信号处理在基频进行，时延后的复包络为

$$s(t-\tau)\mathrm{e}^{-\mathrm{j}\omega_0 t}=f(t-\tau)\mathrm{e}^{-\mathrm{j}\omega_0\tau} \tag{8-140}$$

由此可见，根据目标回波的特征，运动补偿可分为两步进行：第一步对复包络 $s(t-r)$做时延平移对准（粗补偿），即包络对齐，其对准误差一般要求小于半个距离单元（通常为几十厘米）；第二步对复包络对准后的回波做初相 $\omega_0\tau$ 的进一步校准（精补偿），不过精补偿要求的精度比粗补偿高得多，以波长 $\lambda=3\mathrm{cm}$ 为例，若距离对准误差为 1.5mm，则初相误差达 36°，故允许的误差精度应是亚毫米级的。

第一步包络对齐：由于观察目标的视角变化很小，ISAR 回波信号相邻两次回波之间的相关性很强，包络幅度相关法就是利用相邻两次回波的距离像平移相关处理，并以相关系数最大为对齐的准则。两次回波的复包络 $f_1(t)$，$f_2(t)$的幅度相关函数定义如下：

$$R(\tau)=\int_{-\infty}^{+\infty}[|f_1(t)||f_2(t+\tau)|]\mathrm{d}t \tag{8-141}$$

求 $R(\tau)$的最大值，用这个最大值所在的位置 τ_0 作为运动轨迹的估计值。一般来说，包络幅度相关法的对齐精度可以满足成像要求。但只采用相邻两次回波相关对准，会因误差积累而产生漂移，使总的对齐误差超过一个或几个距离单元。而且在干扰和模型突变等情况下，相邻两次回波的相关性会变得很差，从而产生突跳误差。

为减少包络相关法的误差积累和突跳误差，可采取多回波相关的办法，将一次回波与前面的几次回波相关，然后进行综合处理，减少因逐次相关而导致误差积累的漂移。而利用指数加权法、卡尔曼滤波法、超分辨法、最大熵法也可减少漂移和突跳误差。

频域法是利用相邻两次回波的相位变化来估计包络的位移量,若相邻两次回波中,由于转动引起的相位变化相对于平移引起的相位变化来说很小,经处理后可以较好地估计出包络的位移量。但在实际中转动引起的相位变化可能较大,会给估计带来误差。

散射重心借助物理学中物体重心的概念,定义雷达回波的时延重心为

$$\tau_0 = \sum_i \sigma_i \tau_i / \sum_i \sigma_i \tag{8-142}$$

式中,σ_i 为第 i 个单元的回波功率;τ_i 为该距离单元的时延。用重心 τ_0 的位置作为实际目标运动轨迹的估计。由于 τ_0 是各次回波独立计算的,不存在误差积累的问题,但每次估计的误差可能较大,需要进行平滑或卡尔曼滤波。

第二步初相校准:初相校准的方法有很多,归纳起来主要有以下几类。

① 散射点跟踪的补偿方法:它包括特显点法、多特显点综合法、散射重心法以及改进的散射重心法等。其基本思想都是设法从回波中找出一个参考点,以其作为初相调整的基准。

② 参数估计的补偿方法:它利用最大似然估计的原理,通过回波的相位关系,估计出目标的运动参数,以完成初相校准。

2. 成像处理

在运动补偿完成后,就可进行成像处理,也就是对转台目标成像。

(1)距离—多普勒成像法

图 8.59 示出了常规的距离多普勒(RD)ISAR 成像处理图。首先把雷达接收机接收的相位历史数据(去斜坡后的或解调的步进频率信号)进行距离压缩,再经过粗略的距离对准后进行精细的横向相位校准使径向运动得以补偿。最后,可用傅里叶变换成其他超分辨率频谱分析法来生成感兴趣的目标 ISAR 图像。

该 DR 方法采用 FFT 进行谱分析得到多普勒信息,具有速度快的优点,对于平稳飞行目标成像时,往往可以得到较为清晰的目标 ISAR 图像。但当目标机动飞行时,运动过程就很复杂,这时各个散射点的多普勒频率变化差异很大,而且是时变的,此外目标散射点还会产生距离单元游动,目标图像就会变得模糊。下面介绍几种 RD 法。

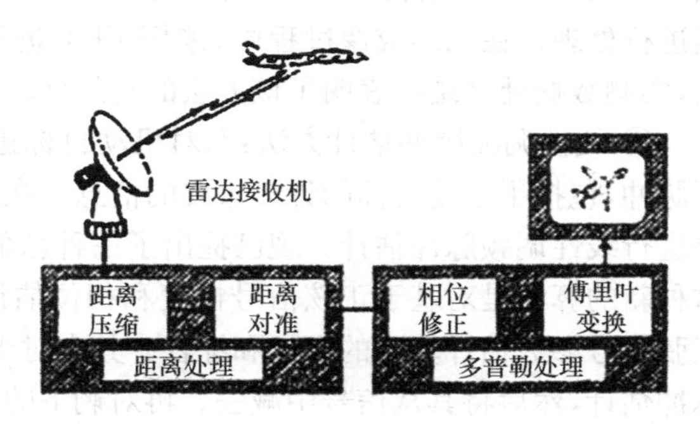

图 8.59　常规的 ISAR 成像系统的原理框图

① 直角坐标距离—多普勒成像(RD 方法):适用于小转角(3°～5°)成像,在观测时间内散射点的走动不超过一个分辨单元的情况下,所获得的频率域目标信号的极坐标数据可近似被认为是直角坐标网格上的数据,对距离和方位向的数据分别进行傅里叶变换就可获得目标的雷达图像。这种方法的优点是运算量小,适合于实时处理。

② 子孔径距离—多普勒成像:在长的相干积累时间内,目标散射点出现走动,可采用子孔径 R-D 成像法将获得数据分成若干个小的子孔径,使得每个子孔径满足 RD 方法的处理条件。每个子孔径按 RD 方法处理可得到一个低分辨的目标像,最后将这些低分辨目标像进行相干叠加而得到高分辨的目标像。

③ 极坐标距离—多普勒成像:实际情况中,尤其是在大转角成像时,接收的回波数据更接近极坐标格式,这时需要将极坐标网格上的回波数据经插值变换成直角坐标网格上的数据,然后进行二次傅里叶变换得到目标像。插值变换的质量直接关系到图像的清晰度,插值不当可能产生虚假目

标，而过高的插值精度使得运算量大大增加。需要在要求的插值精度和运算量之间进行折中。

④ 子区距离—多普勒成像：如果目标较大，可以在距离和方位方向上进行分割，将目标分成若干个子区，使得每个子区满足 RD 方法的条件，对每个子区进行 RD 成像，最后将得到的各个子区图像拼接起来，即可得到一幅完整的目标图像。

(2) 时频变换替代傅里叶变换

近年来，将时—频分析或小波分析应用机动目标 ISAR 成像，也取得了重要进展。

由于由傅里叶变换谱分析得到的是某一段时间内信号所包含的频率，并且目标机动飞行时各散射体点回波多普勒是时变的，为了对机动目标进行 ISAR 成像，可以用在时间和频域同时具有高分辨率的时频变换代替傅里叶变换，分析信号不同时刻的频率，从而得到目标的距离—瞬时多普勒像，用时频方法可以得到较为清晰的目标图像且已经过实测数据检验。用时频方法不仅可以得到清晰的目标图像，而且不需要对各个散射点进行复杂的运动补偿。原则上任何在时间和频域同时具有高分辨率的时频变换都可以用来替换傅里叶变换进行谱分析。

(3) 超分辨 ISAR 成像算法

超分辨 ISAR 成像技术，实质上是将高分辨最佳估计应用于该领域，具体算法很多。该类算法以空间谱估计技术为基础，其基本思想是基于正交子空间概念，求解过程就是找到信号子空间或噪声子空间。该类算法的分辨精度克服了 FFT 算法受照射角度和照射频率带宽的限制，其分辨力较 FFT 提高了近一个数量级，它主要适用于短数据或飞机动性较强的情况。它的缺点是对 SNR 比较敏感，且运算量较大。超分辨 ISAR 成像的主要算法有以下两种。

① 矩阵束法：为了提高成像分辨率，可以采用现代谱估计中的外推技术，利用观测数据估计出测量范围之外的一部分空间谱数据。结合目标回波为谐波的特点，将用于谐波恢复的矩阵束法(MP)在谱域对数据进行外推，同时仍然采用高效的傅里叶变换(FFT)算法对外推后的谱域数据进行处理。在二维成像过程中，采用 FFT 进行距离向分辨，横向分辨采用 FFT 和矩阵束方法，实测数据处理结果表明了该方法的有效性。

② 线性调频脉冲估计方法：在对机动目标进行 ISAR 成像时，雷达回波信号通常为线性调频脉冲，包括了运动目标的许多重要的信息。在 ISAR 成像中需要线性调频信号去斜率，这也需要进行线性调频脉冲估计。现已提出了一种新的应用于 ISAR 成像的线性调频脉冲估计算法，这种新的算法是对基于正弦信号幅度和相位估计(APES)的自适应 FIR 滤波方法的扩展，是对正弦信号参数估计算法的概括和综合。其中对于滤波器的设计思想是：首先对具有最大能量的脉冲估计，然后将其从信号中减去。再对剩下的信号重复这个过程，直至剩下的信号的能量极小为止。

(4) 用 RAT 法进行转角估计

在对目标进行 ISAR 成像时，需要知道目标与雷达之间的相对总转角变化 $\Delta\theta$。因为在已知总转角后，才能完成对目标的横向定标，否则，横向尺寸仅为多普勒频率信息，无法真实反映目标的横向维大小；对于较大转角和大目标情况，传统 RD 方法会产生散射点距离单元走动现象，从而影响成像质量。而当已知总转角后，就可采用极坐标内插技术很好地解决这一问题。在实际的 ISAR 成像中，目标通常为非合作运动，相对转角只能是近似知道或根本不知，因此通过目标的回波准确估计出未知的转角是很必要的。现已提出了一种新的方法来对转角进行估计。这种方法是根据目标转动时，在不同的纵向距离单元中引入不同调制率的线性调频信号的特点，采用 RAT(Radon-Ambiguity Transform)法估计线性调频分量的调制率，进而得到目标相对雷达的总转角，从而达到横向定标和改善成像质量。在实际应用中通常需要对多个纵向距离单元进行计算，然后对各估计值统计平均以便使估计值合理有效。该方法不需要目标的轨迹信息，且估计精度较高。同时，它无需隔离孤立散射点，具有较好的稳健性。

(5) 幅度和相位压缩方法

大量的用于 ISAR 成像的数据需要进行压缩。随着雷达成像技术的发展，近年来雷达图像数据的有损压缩已引起了相当的关注。ISAR 是一个有源、高分辨力及相干微波成像系统，且其图像的相干特性将其和不相干的光学图像区分开来，因此将光学图像的先进的压缩方法用于 ISAR 图像的压缩是不现实的。雷达图像的压缩是面向目标的，它即可在时变的相位领域也可在图像领域进行。已提出了一种在时变的相位领域进行的方法，因为幅度矩阵和相位矩阵具有不同的特性，提出一种幅度和相位分别压缩的方法用于对 ISAR 相位数据压缩，它包含了两步：对于幅度数据的有损压缩及对于相位数据的无损压缩。相位分量的无损压缩和光学图像的压缩是一样的，可以用哈夫曼编码来实现。因此可以将重点放在幅度矩阵的压缩上，幅度矩阵的压缩可以用 DPCM 方法或建立在 DCT 基础上的方法来实现。

(6) ISAR 图像重建算法

① 建立在小角方法基础上的视线图像重建。其中图像是将极坐标用小角方法通过逆傅里叶转换重新得到的。

② 采用德朗奈三角测量法以最临近值内插为基础通过极坐标与直角坐标之间的转换来对固定点的图像进行重建。在坐标转换中，再取样这一标准的过程得到了广泛的应用。

③ 一种非常规的方法已提出，即不进行坐标转换直接从极坐标对图像进行重建，实验证明这是比较好的一种方法。随着计算机技术的发展，这种方法将是可行的。

④ 傅里叶变换在 ISAR 图像重建中应用十分广泛，但是为了获得一个清晰的图像需要进行运动补偿。当目标平稳运动时，运动补偿只需进行距离对准和相位对准；但是当目标运动较为复杂如旋转和机动运动时，运动补偿也就较为复杂，如极坐标的重排也是需要的。为了进行极坐标的重排，还需要目标的初始动态数据。通过使用空间相关 ISAR 图像重建，可以将这种限制去掉。在重建过程中，要从复杂轨迹的 ISAR 返回信号提取目标的几何反射函数；并且需要预先知道速度矢量分量及特定时刻物体质量中心的坐标。

有关成像处理算法可参阅有关文献，目前仍属于探讨阶段。

8.10.4 ISAR 成像技术的优缺点

1. ISAR 成像技术的主要优点

① 当目标姿态转角速度较大时，目标图像质量较好。

② 横向分辨能力与目标距离无关，故成像作用距离较远。

③ 适用于对空中或海面目标进行监视和识别。

④ 雷达的二维分辨能力是相互独立的，横向分辨能力不依赖于径向分辨能力。

2. ISAR 成像技术的主要缺点

① 横向分辨能力是建立在目标姿态转动的基础上，因此，对于姿态不转动或转速极低的目标成像极为困难。

② 由于从雷达信号中不能直接确定目标姿态旋转的方向，所以 ISAR 图像较难表示出目标的真实姿态。

③ 当目标姿态转速较低时，产生每幅图像所需时间太长，往往达到几秒或十几秒的时间。

3. 军用雷达成像方面的进展

最新进展主要在下列方面：高分辨率 ISAR、压缩传感 ISAR、3D-ISAR、偏振 ISAR 与无源雷达成像。此外，还有：

① ISAR 目标特征提取；

② 极化、收发分置、多元静态、无源 ISAR；

③ 合成 SAR/ISAR 成像；

④ ISAR 在非协作目标上的应用。

综上所述，ISAR 动目标成像在军事和民用的许多方面都非常重要，包括非合作飞机的 ATR（自动目标识别），战场观察，低可观察飞机的开发及维修和目标特性识别，在射电天文学研究中对月球和行星成像，以及机场的地面交通监视。与通常的低分辨率大范围监视雷达相比，ISAR 能改善探测和跟踪性能并提供现代雷达需要的专有的目标识别能力。鉴于这种情况，世界许多国家现在尽力将实验室的这种技术转入实际应用。

在转台成像框架中可以将 ISAR 和 SAR 的基本原理加以统一。当今，实时产生固定目标高分辨率的图和图像的 SAR 技术是一种成熟的技术，而且近 30 种空载和机载 SAR 系统目前正在军事和民用中广泛使用，并且世界上正在研制更多的 SAR 系统。另一方面，ISAR 成像仍处于开发和研制阶段，只建立了很少几个实验系统。这种不平衡发展的原因在于雷达和目标的相对运动在 SAR 中是合作的，因此相比 ISAR 的非合作相对运动更容易被补偿。在固定目标的 SAR 成像中，从机载雷达的运动平台得到的导航数据可用来确定运动参数的预先估算。对 SAR 成像而言已提出了许多复杂的运动补偿算法，剩下的问题是如何在图像质量和计算成本之间做出一种较好的折中选择。然而，ISAR 成像的运动补偿比固定目标 SAR 成像的情况复杂得多，因为雷达跟踪数据不能达到产生可辨别图像所需要的精度，而且运动参数只能通过基于数据的自聚焦算法来获得。因此，如何设计鲁棒且高效的自聚焦算法成了 ISAR 成像的主要问题，因为一旦聚焦后，就可使用成熟的 SAR 成像技术形成 ISAR 图像。

前面分别讨论了 SAR 和 ISAR 的目标成像概念。最后我们提及一下由 V. C. Chen 等[199]介绍一种基于混合 SAR/ISAR 处理的分布式 ISAR 动目标成像概念。它可改进目标的高分辨率图像，并通过混合处理多基随机分布式 ISAR 数据来提取三维目标特征。

混合 SAR/ISAR 处理的方法通过综合利用 SAR 和 ISAR 的优势来生成动目标的高分辨率图像。混合 SAR/ISAR 概念于 20 世纪 90 年代初期首次提出[200]。SAR 通过移动雷达平台观测静止目标。目标的任何运动都会使 SAR 图像质量下降。相反地，ISAR 基于静止平台来观测动目标。任何雷达平台的运动都会影响 ISAR 图像的质量。正如文献[200]所述："通过构造一种混合 SAR/ISAR 成像的理论来同等地处理目标和平台运动，从而分析传统 SAR 和 ISAR 图像质量下降的原因并确认处理这些混合图像的最佳方式。"混合 SAR/ISAR 处理（也称为组合 SAR/ISAR 处理）就是以这种最优化的方式来处理 SAR 或 ISAR 数据的。

混合 SAR/ISAR 有两种处理方式可以对数据进行最优化处理，从而实现三维动目标的高分辨率成像。

(1) 在 SAR 图像中对动目标聚焦：要完成这一点，首先要对 SAR 子孔径数据进行 ISAR 处理，然后将处理后的子孔径数据相干组合为新的 SAR 数据，再次对动目标聚焦。这种混合 SAR/ISAR 处理利用了 ISAR 处理优势，可以在 SAR 处理中获得动目标的聚焦图像。

(2) 将多个 ISAR 数据相干处理组合为 SAR 数据：将 SAR 处理用于组合数据可以提高横向分辨率并提取三维目标特征。这种混合 SAR/ISAR 处理将 SAR 处理的优势运用到 ISAR 数据处理中。在此不再进一步讨论了。

第9章　双基地雷达

9.1　概　　述

双(多)基地雷达是相对于常见的单基地雷达而言的，它是从雷达收发站配置的角度来命名的。把收/发公用天线或收/发天线分开距离不大的雷达称为单基地雷达。如果用一部发射机发射信号，而用远离发射机的多部接收接收信号，就称多基地雷达。图9.1(a)示出多基地雷达系统的配置几何图形，图9.1(b)示出其系统的原理框图。

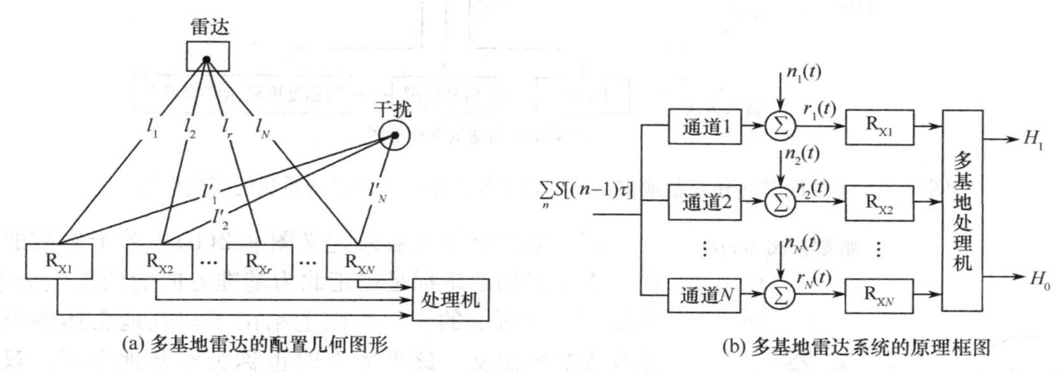

图9.1　多基地雷达系统配置几何图形及系统的原理框图

由于双(多)基地雷达使用两个或两个以上的分离基地(其中包括有源和无源基地雷达)。因此按照不同的军事要求，有多种可能的组合形式，如地发/地收、空发/地收、地发/空收等双基形式。多基地雷达还具有一发多收、多发多收等形式。

双基雷达的历史要追溯至雷达的早期。双基雷达所具备的一些优势包括：

- 双基雷达在远离单基方向检测形成散射能量的目标方面有潜在优势；
- 接收机被隐藏，因此在很多状况下更安全；
- 难以部署对抗双基雷达的干扰措施；
- 增加使用基于无人机(UAV)的系统使双基系统更具吸引力；
- 以前多数非常困难的同步和地理定位问题现在易于用GPS解决；
- 额外的自由度更易于在应用遥感时从双基波提取信息。

我们仅讨论双基地雷达。双基地雷达定义为使用相隔甚远的天线进行发射和接收的雷达。图9.2分别示出单基地雷达和双基地雷达的配置几何关系以及双基地雷达的简化框图。双基地雷达发射天线位于某处，常采用扇形波束，接收天线位于另一处，两者相隔距离称为基线距离或简称基线。目标则位于第三处。三者所处位置可在地面、机上或空间，相对于地球而言可以是静止的，也可以是运动的。以目标位置为顶点，发射站和接收站之间的角度叫做双基地角，也称为相交散射角。发射信号经过两条途径到达接收机：一条是从发射机到接收机的直接途径；另一条是通过目标的散射途径。双基地雷达接收机能够测量的数据是：①总路径长度(R_T+R_R)或散射信号的总传播时间；②散射信号的到达角；③直接信号与散射信号的频率(目标运动时这两者是不同的)。

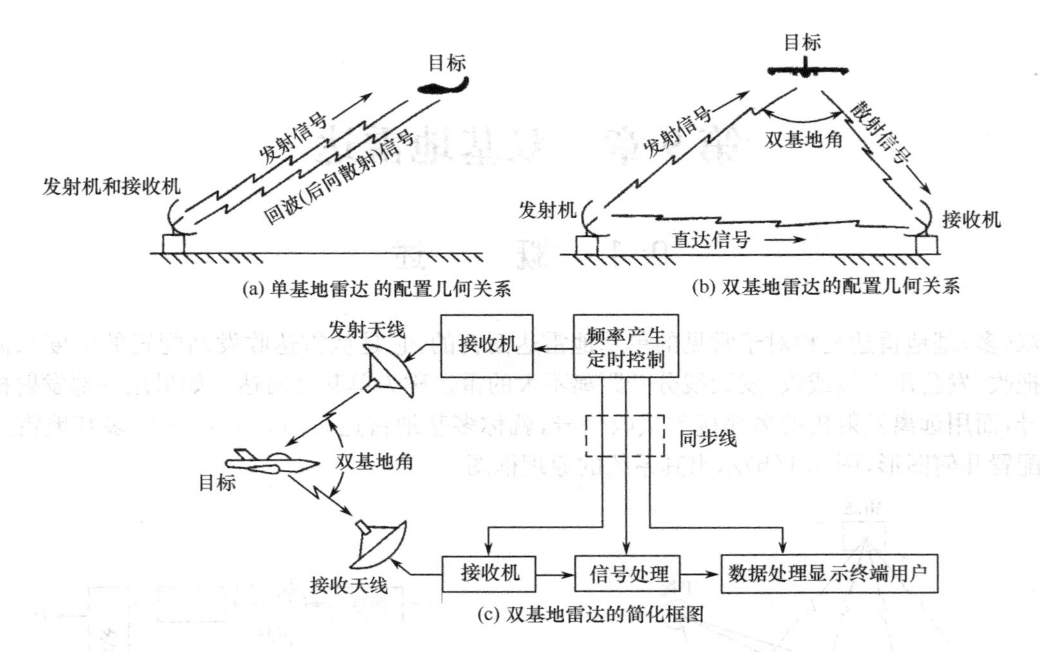

图 9.2　单基地雷达和双基地雷达的配置几何关系以及双基地雷达的简化框图

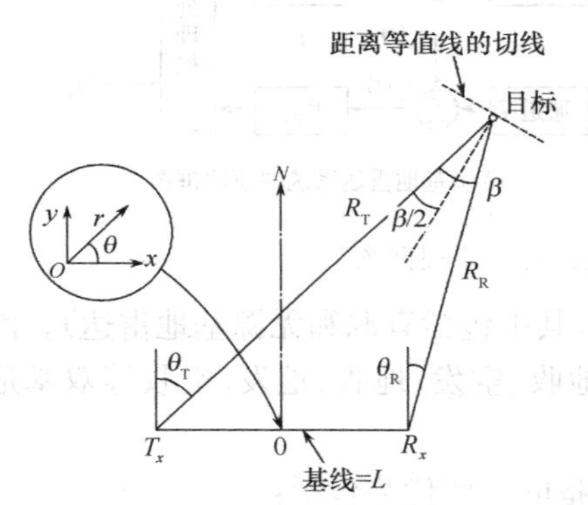

图 9.3　两维的双基地雷达正北坐标系的示意图

现在通过坐标系数来定义图 9.2(b)中若干参数的术语。本章采用的坐标是以正北为基准方向的两维坐标系。在如图 9.3 所示的 x-y 平面上给出了双基地雷达的坐标系和参数的定义。该平面有时也称为双基地平面。双基地三角形处在双基地平面内。发射机和接收机间的距离 L 称为基线距离或简称基线。θ_T 和 θ_R 分别是发射机和接收机的视角，它们也被称做到达角(AOA)或视线角(LOS)。双基地角 $\beta=\theta_T-\theta_R$，也称交角或散射角。用 β 来计算与目标相关的参数及用 θ_T 或 θ_R 来计算与发射机或接收机相关的参数是很方便的。

若以发射基地和接收基地为焦点做椭圆，那么椭圆在目标处的切线和双基地角的平分线垂直，这是一个很有用的关系。该椭圆就是距离等值线。在双基地"足迹"内，即在发射波束和接收波束的交叠区内，该切线是距离等值线的一个好的近似。

单基地雷达和双基地雷达可以从几何关系上加以区分。若设定 $L=0$ 或 $R_T=R_R$ 和 $\beta=0$，则可等效为单基地雷达。

9.2　双基地雷达的若干基本关系[2]

9.2.1　基本要求

双基地雷达的目标检测和定位与单基地雷达的目标检测和定位相似，但更为复杂。为检测目标，与单基地雷达一样，目标首先被发射站照射，然后由接收站检测和处理目标回波，对于匹配滤波工作方式，接收站必须得到发射波形，而对相干接收方式，接收站还要得到发射波形的相位。

像单基地雷达那样，为进行目标定位，双基地接收站通常估计目标回波的距离并测量其到达角(AOA)。双基地AOA的测量一般是在以接收站为中心的方位和俯仰平面上进行。双基地距离估值可由发射站经目标到接收站的信号传输总时间的测量结果导出。因此，接收机必须获得信号传输时间。该时间测量值被变换成距离和的估值(R_T+R_R)，这里 R_T 是发射站到目标的距离，R_R 为目标到接收站的距离。在单基地雷达中，$R_T=R_R$；而在双基地雷达中，几乎在所有情况下 $R_T \neq R_R$。因此，要求出 R_T 和 R_R 的估值，双基地雷达必须求解发射站—目标—接收站组成的三角形，即双基地三角形。求解中通常要求已知发射站相对于接收站的位置估值。

接收站可按两种方法求得所需的时间和相位同步数据。

(1) 直接法：若接收站与发射站在视线范围内，则接收并解调沿基线("直射路径")传输的发射信号。

(2) 间接法：在接收站和发射站中采用完全一样的稳定时钟，并在工作开始前使之同步。发射机波形和位置数据可由数据通信链得到，也可以由双基地接收站的截获接收机和发射机定位系统得到。

有时，发射机的直接路径信号太强以致使双基地接收机饱和，特别是当发射天线的主波束指向接收站时。在这种情况下，接收站必须采取措施来衰减发射信号。这些措施包括：① 时间选通；② 多普勒滤波；③ 空间(方向)零化，例如通过地形遮挡或旁瓣对消。第一种手段适用于脉冲信号，第二种和第三种方法则适用于脉冲或连续波信号。

可见，双基地雷达突出的特点是：① 要求发射站和接收站之间数据互相联系；② 由双基地三角形决定的几何结构；③ 双基地雷达所采取的用以消除几何配置引起的有害影响的手段，以及有时利用几何配置带来的有益影响的手段。

9.2.2 距离关系

双基地距离方程形式上与单基地距离方程相似，可用类似的方法导出。两方程主要差别在于：R_TR_R 取代了 R_M^2，其中 R_T 为双基地发射机至目标的距离；R_R 为双基地接收机到目标的距离；R_M 为单基地发射机和接收机到目标的距离。这一简单差别导致单基地和双基地工作有显著不同。一个主要差别是：双基地热噪声限制的检测性能等值线为下面将讨论的卡西尼卵形线，而不是单基地情况下的圆。这些卵形线在确定双基地雷达工作区域时是十分有用的。第二个差别是：双基地距离和 R_T+R_R 等值线为一椭圆，它不与双基地检测性能等值线卡西尼卵形线共线。而在单基地情况下，两者皆为圆。这一差别限制了双基地雷达的工作范围，并导致目标的 S/N 随其在距离和等值线上位置的不同而变化，这一点与单基地情况不同。第三个差别是：双基地距离单元宽度随距离和等值线(或椭圆)上目标位置的不同而改变，而单基地情况下，它是个不变量。第四个差别是：双基地发射方向图和接收方向图传播因子分别为 F_T 和 F_R，可能会显著不同，而对于单基地，它们通常相等，只是在单基地雷达采用分别为发射和接收天线方向图或工作于不可逆传播介质时才有所不同。

可以用与单基地雷达完全相似的方法，推导双基地雷达的距离方程。基于这种相似性，双基地雷达的最大距离方程可以写成

$$(R_TR_R)_{\max}=\left[\frac{P_TG_TG_R\lambda^2\sigma_BF_T^2F_R^2}{(4\pi)^3kT_eB_n(S/N)_{\min}L_TL_R}\right]^{1/2} \tag{9-1}$$

或

$$(R_TR_R)_{\max}=\kappa \tag{9-2}$$

式中，R_T 为发射机到目标的距离；R_R 为接收机到目标的距离；P_T 为发射机输出功率；G_T 为发射天线的功率增益；G_R 为接收天线的功率增益；λ 为波长；σ_B 为双基地雷达的目标截面积；F_T 为发

射机至目标路径的方向图传播因子；F_R 为目标至接收机路径的方向图传播因子；k 为玻耳兹曼常数；T_e 为接收系统的噪声温度；B_n 为接收机检波前滤波器的噪声带宽，足以通过发射信号的全部频谱分量；$(S/N)_{min}$为检测所需的信号噪声功率比；L_T 为未包括在其他参数中的发射系统损耗（>1）；L_R 为未包括在其他参数中的接收系统损耗（>1）；κ 为双基地最大距离积。

方程式(9-1)与相应的单基地最大距离方程有如下关系：

$$\sigma_M=\sigma_B,\quad L_TL_R=L_M \text{ 以及 } R_T^2R_R^2=R_M^4$$

式(9-1)适用于所有波形形式，诸如CW波、AM波、FM波或脉冲波等。同样，式(9-2)与相应的单基地最大距离方程的关系是$(R_M)_{max}=(\kappa)^{1/2}$，$(\kappa)^{1/2}$项有时称为等效的单基地距离，当发射站与接收站配置在一起时出现这种情况。

本章采用式(9-1)是因为它更清晰地阐明了信噪比等值曲线（卡西尼卵形线）的通用性和其他一些几何关系。式(9-1)的右边就是双基地最大作用距离常数κ。

1. 卡西尼卵形线

取$(R_TR_R)_{max}=\kappa$，式(9-1)就是最大距离卡西尼卵形线。只需简单地去掉(R_TR_R)和(S/N)的下标max和min，就可估算在任意R_T和R_R距离上的信噪功率比。由式(9-1)得到的(S/N)为

$$S/N=K/R_T^2R_R^2 \tag{9-3}$$

式中，S/N 为距离R_T、R_R处的信噪功率比，且有

$$K=\frac{P_TG_TG_R\lambda^2\sigma_BF_T^2F_R^2}{(4\pi)^3kT_eB_nL_TL_R} \tag{9-4}$$

式中，K 为双基地雷达常数。K 和κ 的关系是

$$K=\kappa^2(S/N)_{min} \tag{9-5}$$

式(9-3)表示一种卡西尼卵形线。若将R_T和R_R转化为极坐标(r,θ)，则卡西尼卵形线就可画在双基地平面上。由此可导出

$$R_T^2R_R^2=(r^2+L^2/4)^2-r^2L^2\cos^2\theta \tag{9-6}$$

式中，L 为基线长。当$K=30L^4$时，任意K值的卡西尼卵形线如图9.4所示。

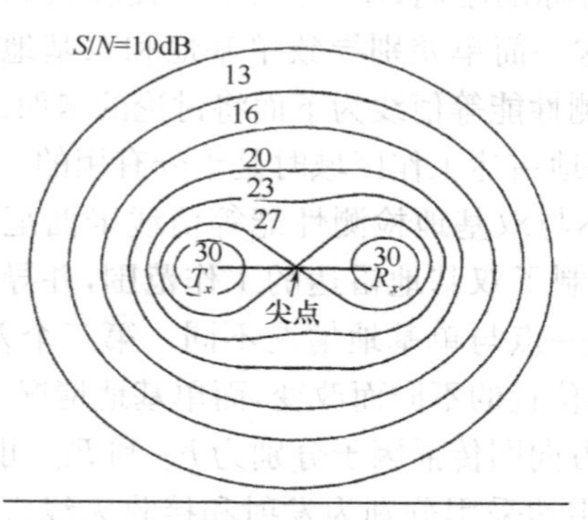

图9.4　信噪比等值线或卡西尼卵形线（基线$=L$，$K=30L^4$）

图9.4中的卵形线是任意双基地平面上的信噪比等值线。这些曲线假定发射机—目标路径和接收机—目标路径存在合适的视线，以及σ_B、F_T和F_R不随r和θ变化。虽然事实上并非如此，但这种简化假设对于理解双基地的基本关系和限制是很有用的。随着S/N或L的增大，卵形线逐渐收缩，最终断裂为围绕发射站和接收站的两个部分。卵形线断裂在基线上的点称为尖点。信噪比等于尖点信噪比的卵形线称为双扭线（两部分），当$L=0$，$R_TR_R=r^2$时，即为单基地情况，卵形线变成圆。

2. 工作区

卡西尼卵形线族确定了双基地雷达的三个不同工作区，即以接收机为中心的区域、以发射机为中心的区域及以发射机和接收机为中心的区域（简称共基地区）。选择这些工作区域的准则是双基地雷达常数K。式(9-4)中的许多项都是由发射机控制的，因此用控制K值来定义三种发

射机配置是很便利的，即专用的、合作的和非合作的发射机配置。专用发射机是指发射机的设计和操作均从属于双基地雷达系统。合作式发射机是指为其他功能服务而设计的，但又可适当地支持双基地工作并受其控制。非合作式发射机尽管适宜双基地工作，但不受控。有时称双基地接收机是“搭乘”合作式或非合作式发射机，被搭乘的通常是单基地雷达。

表 9.1 以工作区和发射机的配置分类综述了双基地雷达的一些用途。“以发射机为中心的区域”一行省略的两项是雷达工作的限制，即专用或合作式发射机以单基地方式工作比远处双基地接收机更容易收集近距离目标数据。“共基地区”一行省略的两项是技术的限制，即为了产生足够大的双基地雷达常数，发射机的设计和工作必须对双基地工作最优化，因此，专用式发射机常常只能用于共基地区。例外情况是利用高频地波传播和偶发大气波导。

表 9.1　双基地雷达的应用

双基地雷达工作区	距离关系	发射机配置		
		专　用	合作式	非合作式
以接收机为中心的区域	$R_T \gg R_R$ K 小	1. 空对地袭击（静默渗透） 2. 半主动寻的导弹（发射后锁定）	1. 近程防空 2. 地面监视 3. 无源位置识别	1. 无源位置识别
以发射机为中心的区域	$R_T \gg R_R$ K 小	—	—	1. 智能数据采集 2. 导弹发射告警
共基地区	$R_T \sim R_R$ K 较大	1. 中程防空 2. 卫星跟踪 3. 距离测量 4. 半主动寻的导弹（发射前锁定） 5. 入侵检测	—	—

3. 距离等值线

双基地雷达测量的发射机—目标—接收机距离是 R_T 与 R_R 之和。这个和将目标定位在一个焦点为发射站和接收站的椭球面上。双基地平面与该椭球面相交构成等距离和椭圆，或者距离等值线。

由于距离等值线（等距离和）和卡西尼卵形线（等 S/N）不共线，所以距离等值线上的每个目标位置的信噪比是变化的。在一个双基地距离单元处理目标回波时，这个变化很重要。双基地距离单元由间距 $\Delta R_B \approx c\tau/2\cos(\beta/2)$ 的两条距离等值线决定。式中，τ 为压缩后的脉冲宽度。距离等值线上的 S/N，即 $(S/N)_i$ 为

$$(S/N)_i = \frac{4K(1+\cos\beta)^2}{[(R_T+R_R)^2-L^2]^2} \tag{9-7}$$

式中，分母确定距离等值线，而双基地角 β 确定目标在距离等值线上的位置。

距离等值线上的最大双基地角 $\beta_{max}=2\arcsin[L/(R_T+R_R)]$。式中，$L/(R_T+R_R)$ 为距离等值线的离心率。所有距离等值线上的最小双基地角 β_{min} 均为零。例如，当 $L/(R_T+R_R)=0.95$ 时，$\beta_{max}=143.6°$，$(S/N)_i$ 在 β_{max} 时的值比在 β_{min} 时低 20dB。

9.2.3　面积关系

1. 定位

双基地雷达通常需要测量目标相对于接收基地的位置（θ_R，R_R）。接收机视角 θ_R 可以被直接测量，也可由目标方位角和仰角直接转化。波束分裂技术可用来提高测量精度。

接收机到目标的距离 R_R 不能直接测量，但可通过求解双基地三角形来获得，如图 9-3 所示。椭圆坐标系中的典型解为

$$R_R=\frac{(R_T+R_R)^2-L^2}{2(R_T+R_R+L\sin\theta_R)} \tag{9-8}$$

通过专用式发射机提供的坐标或由发射定位系统测量出的坐标可计算出基线长 L。距离和 (R_T+R_R) 有两种估算方法。直接法是由接收机测量接收到发射脉冲和目标回波的时间间隔 ΔT_{rt} 后，再由 $R_T+R_R=c\Delta T_{rt}+L$ 来计算距离和。这种方法可用于任意发射机配置，只要发射机和接收机之间有合适的视线。间接法在接收机和(专用)发射机间安装稳定的同步时钟。接收机测量发射脉冲与接收到回波的时间间隔 ΔT_{tt}，再用公式 $R_T+R_R=c\Delta T_{tt}$ 来计算距离和。若收/发的时间同步不是由直接路径来实现的，则间接法对视线就没有要求。

当在特殊情况下双基地雷达采用直接法计算距离和时，且有 $L\geqslant c\Delta T_{rt}$ 时，式(9-8)可近似地被写为

$$R_R\approx\frac{c\Delta T_{rt}}{1+\sin\theta_R} \tag{9-9}$$

这种近似不需要估算 L，当 $0°<\theta<180°$ 和 $L>4.6c\Delta T_{rt}$ 时，式(9-9)的误差小于 10%。

其他目标定位方法也是可行的。发射波束指向角 θ_T 可用来代换 θ_R。由于牺牲了波束分裂，因此除非发射机也是一部跟踪目标的单基地雷达，否则目标定位精度将降低。也可采用双曲线测量系统，它用接收机测量两个分立发射机的传播时间差。目标位置的轨迹是一双曲线，与接收机到达角(AOA)的交点可确定目标的位置。使用第三个发射机可对目标提供完整的双曲线的定位。而角度-角度定位技术可使用 θ_T、θ_R 和 L 的估值。其中 θ_T 常用扮演合作式双基发射机的单基地雷达提供。

对于椭圆定位系统，若忽略信噪比的变化，则目标定位误差通常随其临近基线而增大。误差主要来源于式(9-8)的固有几何关系。当直接采用距离和估计方法时，还会产生其他误差，包括直接路径信号干扰(类似日月食)、脉冲不稳定度和多径效应。当发射机采用脉冲压缩技术时，日月食问题是来自距离旁瓣的干扰。若采用线性调频脉冲压缩技术，则采用汉明或余弦平方时域加权和采用同类型的频域加权相比，接收机的近距离旁瓣抑制约能改善 5dB。

在双曲线定位系统中，目标定位误差随目标接近两发射机的连线而下降。在角度-角度定位系统中，当目标位于基线的垂直平分线上且 $\beta=45°$ 时，误差最小。在其他位置上，误差则相应增大。当测量数据(或冗余数据)持续提供给双基地或多基地雷达时，可以由卡尔曼滤波器或其他类型的滤波器来估计目标的状态。

2. 覆盖范围

和单基地雷达类似，双基地雷达的覆盖范围也是由灵敏度和电磁波传播情况决定的。双基地雷达的灵敏度由 $(S/N)_{min}$ 等值曲线和卡西尼卵形线确定。双基地雷达传播要求目标和两个基地间有适当的路径，而且必须包括多径效应、绕射、遮蔽、吸收及几何关系。前 5 个方面的影响通常包含在式(9-1)的方向图传播因子和损耗因子中。

若目标、发射机和接收机高度给定，则目标必须同时处在发射基地和接收基地的视线内。对于平坦地面而言，这些视线要求可以由各基地为圆心的覆盖范围圆来确定。落在两圆的公共区域内的目标满足上述要求，如图 9.5 所示。但对于 4/3 的地面模型而言，这些覆盖范围圆的半径(以 km 计)近似为

$$r_R=130(\sqrt{h_t}+\sqrt{h_R}) \quad 和\ r_T=130(\sqrt{h_t}+\sqrt{h_T}) \tag{9-10}$$

式中，h_t 为目标高度(km)；h_R 为接收天线高度(km)；h_T 为发射天线高度(km)。

若接收机通过直接链路建立同步关系，则发射机和接收机间也必须有适当的视线。在这种情况下，$h_t=0$，$r_R+r_T\geqslant L$。式中，L 为基线长，因此有

$$L \leqslant 130(\sqrt{h_R}+\sqrt{h_T}) \tag{9-11}$$

若通过稳定时钟来建立同步关系，则没有发射机和接收机间视线的要求，系统只需满足式(9-10)的要求即可。

如图 9.5 所示，公共覆盖范围区域 A_C 是两个覆盖范围圆的相交部分，且有

$$A_C=\frac{1}{2}[r_R^2(\phi_R-\sin\phi_R)+r_T^2(\phi_T-\sin\phi_T)] \tag{9-12}$$

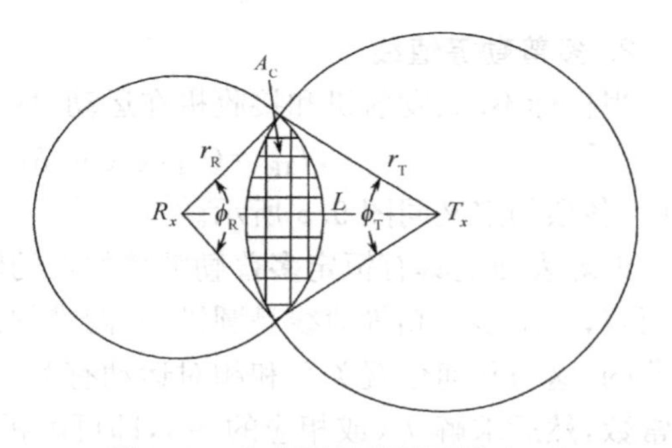

图 9.5　公共覆盖范围区域 A_C 的几何关系的示意图

式中的 ϕ_R 和 ϕ_T 如图 9.5 所示，并且

$$\phi_R=2\arccos\left(\frac{r_R^2-r_T^2+L^2}{2r_RL}\right) \tag{9-13}$$

$$\phi_T=2\arccos\left(\frac{r_T^2-r_R^2+L^2}{2r_TL}\right) \tag{9-14}$$

地形和其他类型的阻挡或遮蔽会降低单基地和双基地雷达的覆盖范围，陆基双基地发射机和接收机则降得更为严重。由于这个原因，因此一些防空双基地雷达使用高架的发射机或机载的发射机。无论是双基地雷达还是双基地雷达网，其覆盖范围都比单基地雷达小，这是一条基本规律。

9.2.4　多普勒关系

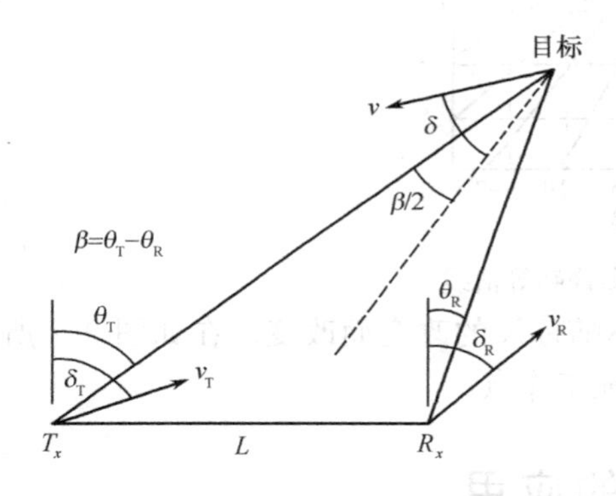

图 9.6　双基地多普勒的几何图

当目标、发射机和接收机均在运动时，可用如图 9.6所示定义双基地多普勒的几何位置关系和运动关系。目标速度矢量的大小为 v，相对于双基地角平分线的视角为 δ。发射机和接收机速度矢量的大小分别为 v_T 和 v_R，以正北坐标系(如图 9.6 所示)为参考的视角分别为 δ_T 和 δ_R。

1. 目标多普勒

当发射机和接收机静止($v_T=v_R=0$)时，目标在接收基地的双基地多普勒频移 f_B 为

$$f_B=(2v/\lambda)\cos\delta\cos(\beta/2) \tag{9-15}$$

当 $\beta=0°$时，式(9-15)变成单基地多普勒频移。δ 是速度矢量和雷达—目标视线的夹角，并且视线和双基地角平分线共线。当 $\beta=180°$时，即前向散射情况，对任意的 δ，$f_B=0$。式(9-15)表明：

(1) 对于给定的 δ，双基地目标多普勒频移永远不会大于双基地角平分线上的单基地雷达所检测到的目标多普勒频移；

(2) 对所有 β，当 $-90°<\delta<90°$时，双基地多普勒频移为正；在此界定下，以双基地角平分线为参考的趋近目标将产生一个正的或上升的多普勒频移；

(3) 对所有的 β，当目标速度矢量垂直于双基地角平分线($\delta=\pm90°$)时，双基地目标多普勒频移为 0，该矢量与通过目标位置(目标零多普勒频移曲线)的距离和画出的椭圆相切；

(4) 对所有的 $\beta(\beta<180°)$，当目标速度矢量和双基地角平分线共线时，双基地多普勒频移的绝对值最大；该矢量也和通过目标位置画出的正交双曲线相切；该双曲线是目标的最大多普勒频移曲线。

2. **多普勒等值线**

当目标不动、发射机和接收机在运动时(如机载),接收站的双基地多普勒频移 f_{TR} 为

$$f_{TR}=(v_T/\lambda)\cos(\delta_T-\theta_T)+(v_R/\lambda)\cos(\delta_R-\theta_R) \tag{9-16}$$

式中,各项的定义同图 9.6 所示。

地球表面上具有恒定多普勒频移的点的轨迹称为多普勒等值线。对于单基地雷达和平坦地面而言,三维多普勒等值线是圆锥面,两维的是以雷达为原点的射线。双基地多普勒等值线却是扭曲的,这与几何位置关系和相对运动有关。对于平坦地面和两维的情况,令式(9-16)中的 f_{TR} 为常数,然后求解 θ_R(或相应的 θ_T),即可解析地推导出这些曲线。

图 9.7 是两维双基地平面上的双基地多普勒等值线。图中,取发射机和接收机的高度为零或接近于零,且假设

$$v_T=v_R=250(\text{m/s})\quad \delta_T=0^\circ$$
$$\delta_R=45^\circ\quad \lambda=0.03(\text{m})$$

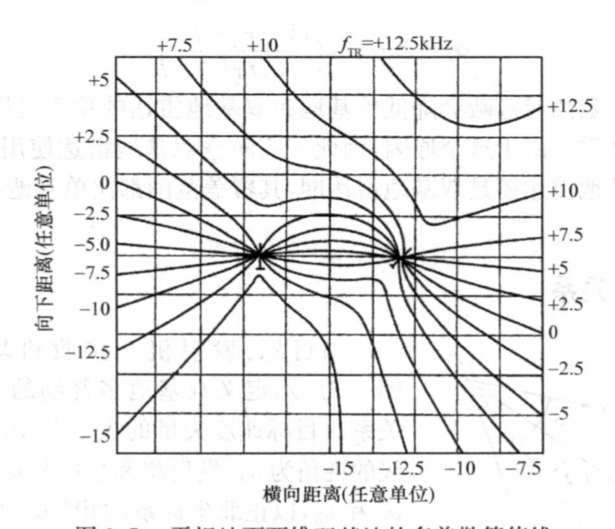

图 9.7　平坦地面两维双基地的多普勒等值线

则双基地平面上栅格的大小是任意的,即多普勒等值线不随标尺的改变而改变。在如图 9.7 所示左、右两边的多普勒等值线接近于射线,对应于伪单基地工作点。

9.3　双基地雷达的应用

9.3.1　概述

第二次世界大战爆发之前,美、英、法、德、日、苏便同时开始了收/发天线分离的雷达(或其他类型雷达)的研制,以满足远距离全天候情况下检测和定位敌机的要求。

1936 年,雷达双工器发明后,这就允许雷达采用同一天线交替地发射和接收,且提供了必要的发射机和接收机的隔离。至此之后不久,单基地雷达系统便完全取代了双基地雷达系统,直到 20 世纪 50 年代末期,才重新恢复对双基地系统的研究兴趣。

目前,在许多应用领域中,已有多种双基地雷达被提出、分析、研制和试验。其中:

(1) 反隐身和抗反辐射导弹方面有独特的优点。采用双基地或多基地雷达反隐身和抗反辐射导弹,是目前双基地雷达重新被重视的主要原因。因此,目前最重要的工作是取得隐身飞机的单基地 RCS 与双基地 RCS 的对比数据,这是决定双基地雷达是否有实用价值的关键。

(2) 半主动导弹寻的(其发射站通常在导弹发射架上,而接收站装在导弹上)。图 9.8 示出半主动导弹寻的系统的简化框图。

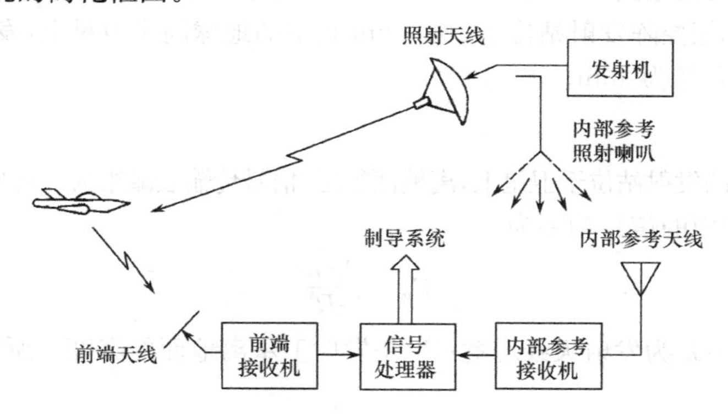

图 9.8　半主动导弹寻的系统的简化的原理框图

20 世纪 50 年代,半主动导弹寻的—双基地系统被采用。它们利用地基发射机照射目标,而导弹载接收机处理反射信号。所需的发射机照射信号,是由导弹中一个单独的面向背后的接收天线提供。这种利用半主动寻的系统的导弹有美国的鹰(Hawk)、爱国者(Patriot)、标准导弹(Standard missile)、黄铜骑士(Talos)、鞑靼人(Tartar)、小猎犬(Terrier)、海麻雀(Sea Sparrow)和英国的侦探(Bloodhound)等。

(3) 前向散射栅栏,它利用间隔很大的发射站—接收站,采用波束指向沿着或接近基线的固定发射和接收波束来检测基线附近的运动目标。

(4) 利用外辐射源的双基地雷达,它利用(可能是敌方的,也可能是我方或友方的雷达,甚至于电视台等)随意发射机来检测和定位发射站或接收站一定距离上的目标。

战术双基体制系统的代表是美国 TSC 公司研制的"圣殿"雷达。它使用地面相干雷达接收站与机载发射机协同工作,担负对空监视和目标跟踪任务。1980 年 8 月,该系统在太平洋导弹测试中心完成了试飞,探测到了 100km 外的目标。它主要包括防空双基地和空地双基系统等。

双基地雷达检测目标和测定目标的坐标比较复杂,成本高,而且不像单基地雷达那样方便地实现半球面覆盖,一般双基地雷达只覆盖一个扇面,要实现半球面覆盖要求发射天线与接收天线同步扫描。

关于多基雷达系统,目前,美国已经建成了 SPASUR 和 MMS 两个多基雷达系统。其中 SPASUR 是为海军研制的对空监视和警戒系统,它有 3 个发射站和 6 个接收站,作用距离为 1000～1600km,测角精度 0.02°。MMS 则服务于陆军,用于对大气层内目标进行高精度跟踪和测量,其精度比单基地雷达高出好几倍,同时还能测出目标的速度和加速度。对于小尺寸目标,MMS 的作用距离为 500～700km,在 75km 高度上,测量目标位置的精度为 3m,测量速度精度为 0.05m/s,对加速度的测量精度大约为 $0.1m/s^2$。

9.3.2　空基有源双基地雷达[163]

有源双基地雷达概念设计实现的功能类似于有源单基雷达,只是雷达发射机和接收机不放在同一颗卫星上。有源双基雷达星座由 3～4 颗 GEO(轨道高度 22300m,搭载雷达发射机)和 24～26颗 LEO(搭载雷达接收机)组成。

有源双基雷达系统的关键问题之一是实现 AMTI 功能要求雷达发射机的天线直径超过了 100m,而要实现 GMTI/SAR 功能雷达发射机的天线更大;另外一个关键问题是发射和接收的同步技术。有源双基雷达的另一种设计思想是使发射机放在 LEO 上,接收机放在无人机上。

现以天基大功率相控阵系统为分析对象[157]，它利用天基大功率相控阵发射站，再配以天基接收站、空间接收站或地基接收站就可以形成不同形式的天基双/多基地雷达。

假设天基大功率相控阵发射站位于86000km高空的地球同步卫星上，发射机功率为10kW，工作在L波段，天线孔径为40m。

1. 信号分析

天地双基地雷达的发射站位于卫星上，离地面很远，信号传输衰减很大。首先作一下信号分析。

发射信号到达地面的信号功率为

$$P_g = \frac{P_t G_t}{4\pi R_1^2} \tag{9-17}$$

式中，P_t 为发射功率；G_t 为发射天线增益；R_1 是发射卫星离地面的高度。所以，接收站接收到的信号功率为

$$P_r = \frac{P_g \sigma A_r}{4\pi R_2^2} = \frac{P_t G_t \sigma A_r}{(4\pi)^2 R_1^2 R_2^2 L_s} \tag{9-18}$$

式中，L_s 为电波的大气衰减。普通接收机的噪声灵敏度为

$$P_{r\min} = kT_0 B\left(F_n - 1 + \frac{T_A}{T_0}\right)D \tag{9-19}$$

式中，k 为玻耳兹曼常数；T_0 为标准室温（$T_0 = 290°K$），$kT_0 = 4\times10^{-21}\ W/Hz$；$T_A$ 为天线有效温度；F_n 为接收机噪声系数；D 为与接收机识别检测有关的系数。

因此，当 $D=1$，$T_A = T_0$ 时接收机的临界灵敏度为

$$P'_{r\min} = kT_0 BF_n \tag{9-20}$$

根据式(9-18)计算得到的 P_r 值一般都比式(9-20)计算得到的接收机灵敏度值$P'_{r\min}$小得多。这说明需要通过信号处理来提高信噪比以发现目标。

2. 几种应用简介

(1) 低轨卫星接收站探测系统

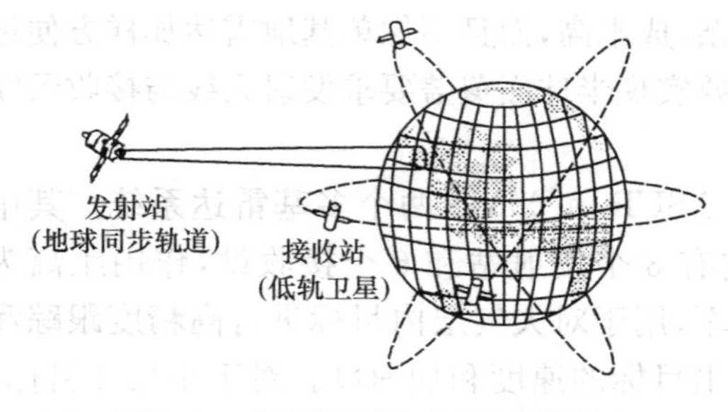

图 9.9 低轨卫星接收站探测目标

设低轨卫星的高度为2000km，接收天线孔径为30m。当雷达截面积(RCS)为2m²的目标离接收站为4000km时(如图9.9所示)，我们可以用公式(9-18)计算出接收到的目标回波信号功率 P_r 约为−188dBw(大气衰减 L_s为5dB)。假设接收机带宽为1MHz，我们可以计算出接收机的临界灵敏度 $P'_{r\min}$为−141dB。P_r 比 $P'_{r\min}$低47dB。考虑到大气衰减5dB，检测目标需要12dB的信噪比(与识别系数 D 有关)，故信号处理增益必须大于59dB。

(2) 无人驾驶飞机接收站探测系统

假设无人驾驶飞机飞行高度为5000～10000m，接收天线面积约5m²。对于雷达截面积(RCS)为2m²、距离接收站为200km的目标(如图9.10所示)，可以计算出此时的回波功率为−183.8dBw，因此也需要55dB的信号处理增益才能发现目标。

1997年，美国罗姆空军基地和MITRE公司提出了多种天地双基地雷达系统方案，在距地面38500km上空建立卫星照射平台，并利用无人驾驶飞机或低轨卫星作为接收站，构成天地双/多基地雷达探测系统。他们假设，在航天技术方面2010年美国对有些关键元件或部件所能达到的技术水平为

太阳能电池阵列	200kg
电能功率存储	175kh/kg
可充气膨胀的天线孔径	$0.4kg/m^2$
L 波段天线接收阵列	$1.8kg/m^2$
低轨道发射推力	>20000kg
氙离子推进特殊脉冲	3300s

因此，到 2010 年美国可建立起发射功率达 20kW(L 波段)，天线孔径达 100m，总质量达 15000kg 的卫星平台。接收平台分为两种，一种是利用无人驾驶飞机，飞行高度 20km，上带 6m×1m 的天线，可以探测 100km 左右的目标。另一种是用 25 颗低轨道卫星构成对地无缝隙探测，卫星轨道距地面 1600km，天线孔径 36m，可以探测距卫星 4700km 的飞机目标。

(3) 地面或舰艇接收站探测系统

接收站放在地面或军舰上(见图 9.11)。此时，接收天线可以比无人驾驶飞机上大。假设接收天线的面积为 $50m^2$(天线直径约 8m)，则在其他条件与(2)相同的情况下，探测目标的距离就可能增加到 350km 左右，需要的信号处理增益也在 55dB 左右。

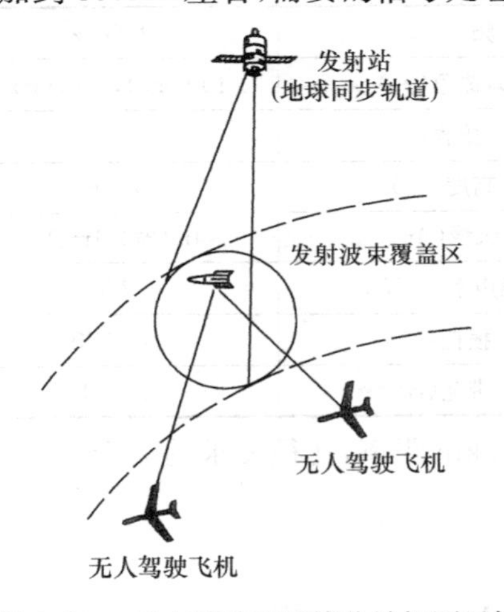

图 9.10　无人驾驶飞机接收站探测目标

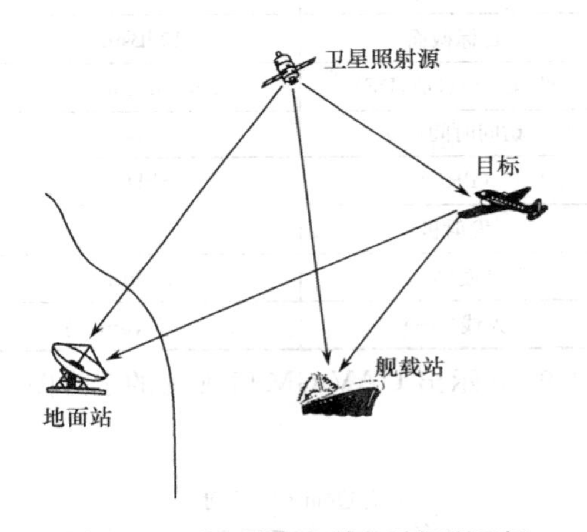

图 9.11　地面或舰艇接收站探测目标

(4) AMTI 和 GMTI 卫星系统的例子

一般双基雷达用于对空中动目标和地面动目标的检测。对机载动目标显示(AMTI)雷达和地面动目标显示(GMTI)雷达的参数选择上有所不同。因为地面目标速度较慢，而空中目标速度较快，加上重访的时间不同。因此，AMTI 雷达常选 L 波段，GMTI 雷达可选 S 波段。S 波段比 L 波段可获得更宽的带宽，且可保持较短的积累时间。

例如 AMTI 卫星和 UAV 双基系统的参数如表 9.2 所示。而 GMTI 卫星和 UAV 双基系统的参数如表 9.3 所示。下面分别进行简要介绍它们的例子。

表 9.2　AMTI 卫星系统参数

功　　率	20kW
发射孔径	100m
频　　率	800MHz
接收孔径	36m

表 9.3　GMTI 卫星系统参数

功　　率	2kW
发射孔径	25m
频　　率	3.2GHz
接收阵列	100m×10m

① AMTI 例子简介：我们考察一卫星载雷达工作在 800MHz 上的 AMTI 系统。在天底上

其照射部位是直径约为 150km 的一个圆周。

若检测一个 0.5m² 目标，接收卫星偏离 5°擦地角（4700km 距离），且需有 12dB 的信噪比，则需要 36m 的接收天线。在 L 波段上，36m 天线的增益约为 50dB。主要系统参数见表 9.3。要在天底覆盖 150km 直径的圆周，波束数需从几个变到一百个，而且还与双基几何图有关。

图 9-12 示出 150km 宽照射部位和一架在 100km 外 UAV 的示意图。一个 6m×1m 的多波束天线提供的灵敏度等于在距离为 300km 上的卫星接收机的灵敏度。由于其有效的波束赋形，所以长的积累时间有助于降低杂波，且还要采取旁瓣抑制措施。

② GMTI 例子简介：GMTI 系统工作在 S 波段而不是 L 波段是因为其带宽的可获得性，且可保持积累时间适当地短。

覆盖一个最小 150km 直径的部位需要高达 100 个接收波束。

因为积累时间在 3s 范围内，所以需考虑目标的加速度。这就需加若干加速滤波器。

如果要在 S 波段（3.2GHz）上照射 150km GMTI 监视部位，则需 25m 孔径的天线，其参数见表 9.4。

表 9.4　双基监视设计参数

频　　率	10GHz	频　　率	10GHz
目标截面	10dBsm	地擦角(γ_T)	10°(min)，60°(max)
监视区域(DA,DE)	250km,250km	接收机	
访问时间(t_s)	10s	高度(h_R)	20km
(PRF)	5kHz	天线(A_R)	4m(宽),1m(高)
发射机		噪声系数(N_f)	3dB
高度(h_T)	800km	损耗(L)	11.5dB
天线(A_T)	10m(宽),5m(高)	带宽(B)	10MHz

图 9.13 示出 UAV GMTI 照射的示意图。对于 200km 距离，孔径要求约为 1m×0.25m 的阵列。

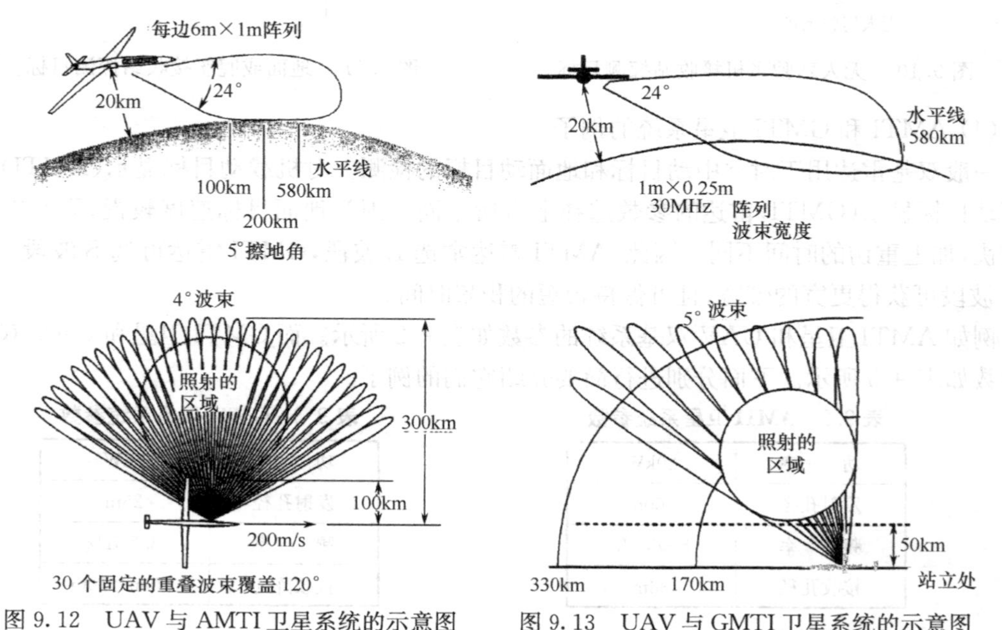

图 9.12　UAV 与 AMTI 卫星系统的示意图　　图 9.13　UAV 与 GMTI 卫星系统的示意图

综上所述，地基双/多基地雷达由于收发分置，从体制上具有反侦察、反干扰和反隐身等方面的优势。但是它需要解决时间同步、相位同步和空间同步等关键技术。

天地双/多基地雷达指发射站置于卫星上，然后利用位于卫星、地面、飞机或舰船上的接收站探测空中目标的系统。由于接收站离目标近(相对于卫星接收站)，所以从目标到接收站的信号使输出衰减要小一些。天地双/多基地雷达具有以下一些明显的优点：

- 天地双基地雷达其发射站在卫星上，可以自上往下照射很大的区域，故探测范围广，而且可全天时、全天候工作。
- 目前对卫星安全构成的威胁尚少，发射站相对安全。而接收站不发射信号，是寂静的，不易被侦察定位，也不易被干扰。
- 天地双基地雷达发射信号自上往下照射，接收站接收侧向散射信号，目标的散射面积比常规的后向散射面积要大，对检测小目标或改善跟踪精度有好处。故有利于探测隐身目标。
- 发射站自上往下照射，无低空盲区，适当布置接收站就可以探测低空飞行目标。
- 它也同样需要解决时间同步、相位同步和空间同步等关键技术。

9.3.3 潜水艇上部署双基地雷达

最后，我们介绍另一个双基地雷达的概念。

在攻击潜艇上装备双基地雷达的接收和处理阵元，使其在入水时能转为监视方式工作。

该装备利用来自于非合作平台上的“施主”雷达的发射信号，它将连同一个现有的装在桅杆上的低剖面(20cm×15cm)全向天线一起工作。其中施主雷达为导航设备等。

9.3.4 无源双基地雷达

无源双基雷达概论设计只能用于实现AMTI功能。无源双基雷达的设想类似于有源双基雷达，只是雷达发射机不是搭载在卫星上，而是一些地面电视、广播的发射机。有源双基雷达和卫星上搭载的接收机组网来发现两者之间存在的运动目标。这些信号是全方向发射的，当这些发射机的位置和卫星接收机的位置之间有飞机通过时，部分信号将被遮挡，雷达接收机通过识别遮挡来判断是否存在空间运动目标。无源双基雷达的关键技术问题是大动态范围宽带接收机的设计与实现。

9.4 地面和空间动目标监视用空间双基地雷达的设计考虑

现在举一个美国计划实施的由天基卫星载发射机和无人机载(或低轨卫星载)多波束接收机构成的双基地雷达的例子，如图9.14所示。

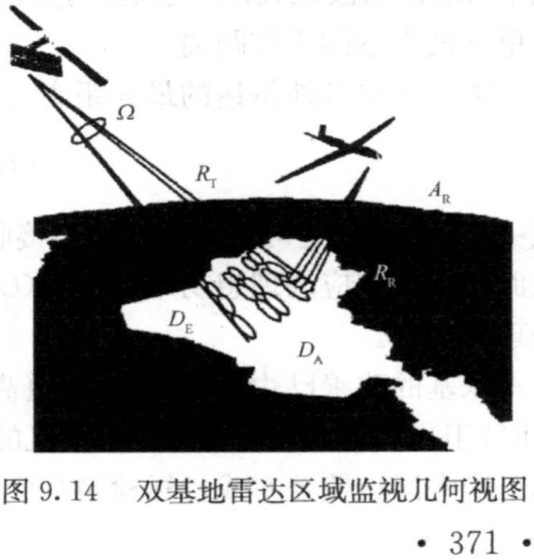

图9.14 双基地雷达区域监视几何视图

1. 单基地雷达区域监视

在单基地雷达情况下，雷达设计主要根据保持在$D_E \times D_A$感兴趣的瞬间范围内，确定卫星数目和卫星轨道高度，并根据可靠的检测给定尺寸目标的要求，确定功率孔径积(PA)。根据目标的机动性和可观察战术区域的大小来确定其区域覆盖率的要求。

功率孔径积(PA)设计要求取决于目标截面系数σ，到目标的距离$R_T = R_R$和区域覆盖率Ω / t_s(rad²/s)，用方程表示为

$$P_{\mathrm{T}}A_{\mathrm{R}}=\frac{4\pi kT_0F_{\mathrm{n}}L(S/N)_{\min}}{\sigma}\frac{\Omega}{t_{\mathrm{s}}}R_{\mathrm{T}}^2R_{\mathrm{R}}^2 \tag{9-21}$$

对于单基地雷达，发射孔径和接收孔径通常为同一尺寸，并观察同一角空域。因此，由给出的几个区域覆盖率上雷达的功率孔径积要求与卫星轨道高度的一阶关系曲线如图 9.15(a)和(b)所示。图 9.15(a)为检测一个 0dBsm 目标情况，图 9.15(b)为检测一个 10dBsm 目标情况。显然，雷达的尺寸很大，且成本也很高。由此提出了双基地雷达设计的构想，以便在检测小目标或改善跟踪精度时使所要求的孔径尺寸得到降低。

一旦雷达的功率孔径积确定，就可从式(9-21)确定最大距离方程为

$$(R_{\mathrm{T}}R_{\mathrm{R}})_{\max}=\kappa \tag{9-22}$$

式中，κ 是一个常数。

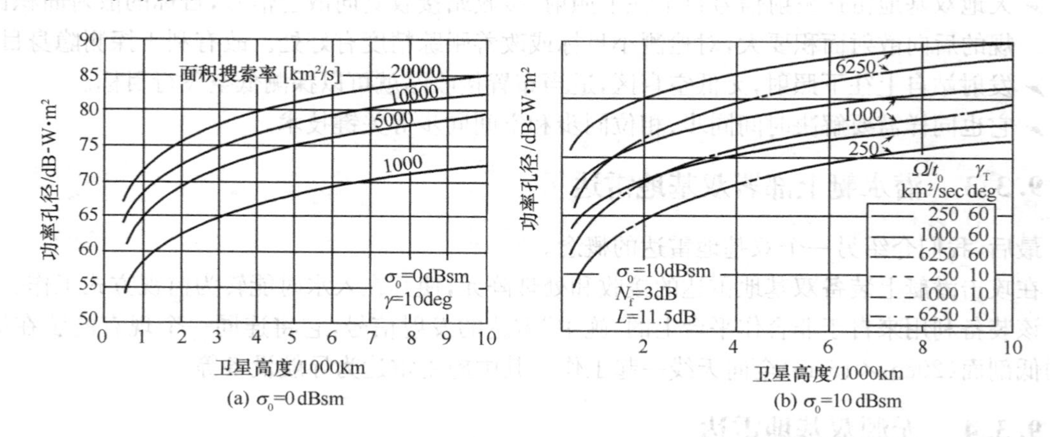

图 9.15　空间雷达的功率孔径积与卫星轨道高度的关系曲线

2. 双基地雷达区域监视

双基监视与单基监视有若干重要区别。由图 9.15 可见，这些区别包括：

① 发射和接收孔径尺寸不同，带宽也不同。

② 发射距离(R_{T})和接收距离(R_{R})不同。

③ 视域的几何图形不同，为确保接收足够的发射能量，要求发射和接收波束方向图对准。由双基几何图可见，由于接收机离目标的距离较近，可获得一个双基改善因子 I_{B}，它与接收天线的孔径尺寸 A_{R} 和距离 R_{R} 有关，即

$$I_{\mathrm{B}}=\left(\frac{A_{\mathrm{R}}}{A_{\mathrm{T}}}\right)\left(\frac{R_{\mathrm{T}}^2}{R_{\mathrm{R}}^2}\right)L_{\mathrm{B}} \tag{9-23}$$

式中，L_{B} 是由波束失匹配引起的损耗，因子 I_{B} 将定性地估算孔径设计的效果和判定双基地雷达对单基地雷达的工作距离。

类似于单基地雷达的最大距离方程(9-22)，双基地雷达最大距离方程为

$$(R_{\mathrm{T}}R_{\mathrm{R}})_{\max}=\kappa\left(\frac{G_{\mathrm{Tv}}G_{\mathrm{Rv}}}{G_{\mathrm{T}}G_{\mathrm{R}}}\right)^{1/2} \tag{9-24}$$

式中，G_{Tv}和 G_{Rv}是可调的发射机和接收机的增益；G_{T} 和 G_{R} 是正好与卫星天线波束搜索所射到地面覆盖区相应的理想功率增益。($G_{\mathrm{Tv}}/G_{\mathrm{T}}$)与($G_{\mathrm{Rv}}/G_{\mathrm{R}}$)之比总是小于 1；并用于度量扫描空域处理的效果。

双基的改善已由若干卫星轨道高度和接收机的配置的组合估算。图 9.16 示出 LEO 和 MEO 卫星高度和一部 UAV 接收机的结果。由此可预计到它比单基卫星设计有明显的改善，有利于增大区域覆盖率或目标检测精度更好。

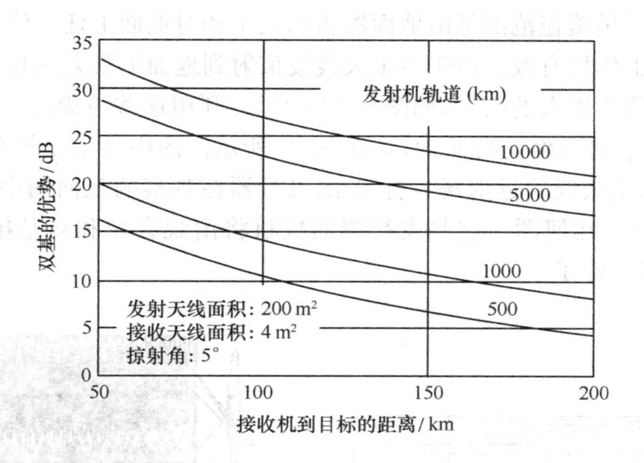

图 9.16　空间雷达(SBR)发射机和无人机(UAV)接收机的双基地雷达的改善关系曲线

因此,接收机孔径需设计成能同步地接收与照射的范围相匹配的有效区域的能量。若不能达到这一点,则监视距离无效。由于发射机的照射区域通常比接收天线的波束宽度所覆盖的区域大,所以必须采用多波束天线,以最佳地处理接收的能量。

对地目标检测的功率孔径积要求比对空中监视要低一个量级,由于目标较大,且较长的重访时间要求之故。

3. 双基监视设计参数

在此,选择一组参数,作为研究中空基 MTI 设计低成本 SBR 的监视系统的代表(设计参数列在表 9.4 中),这些参数用于分析发射机的区域覆盖,接收机和多波束覆盖的设计。

4. 雷达的照射要求

监视的几何图形取决于发射机的高度(h_T)和接收机的高度(h_R),以及对地球上公共点的地擦角(γ_T 和 γ_R),如图 9.17 所示。或从发射机,或从接收机到地球表面的距离唯一可由地擦角确定,并给出为

$$R_i = R_E\cos(\gamma_i + \pi/2) + [(R_E\cos(\gamma_i + \pi/2)^2 - R_E^2 + (h_i + R_E)^2]^{1/2} \tag{9-25}$$

式中,i 或是 R(接收机),或是 T(发射机),R_E 是地球的半径。由于大气折射,对于低于 10km 高度的机载接收机,常取 $4/3R_E$ 来计算。

发射的俯仰波束数目由方位×俯仰搜索区域的角宽度决定。图 9.18 示出 250km(D_E)×250km(DA)所定搜索区域所要求的发射波束数目。

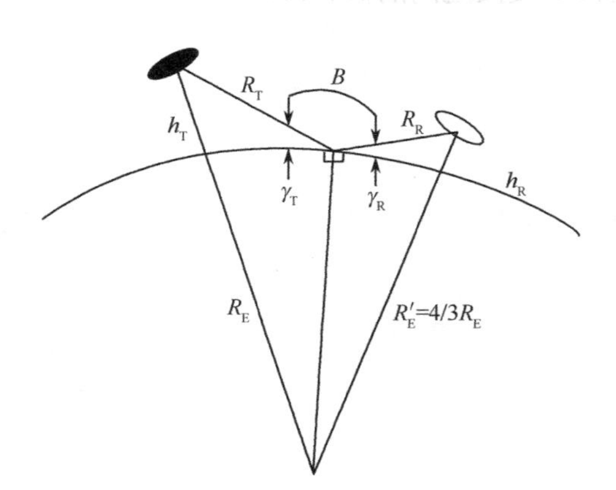

图 9.17　计算从发射机或接收机到由地接角 γ_T 和 γ_R 给出的地表目标的距离的几何图

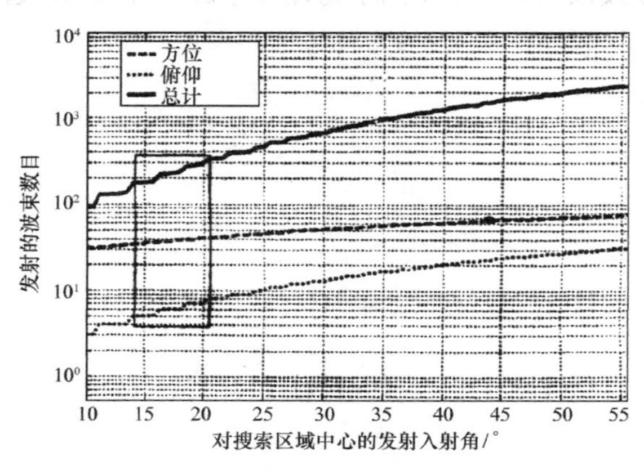

图 9.18　覆盖 250km×250km 的卫星照射的波束位置关系图

对于区域监视的卫星覆盖范围是由地面覆盖的大小和对地面上任一位置重访率建立的。这对单基或双基雷达的工作均有效。由于卫星天线波束射到地面的覆盖区按 cscγ 变化，所以较长距离比较短的距离可覆盖更大的面积，如图 9.19 所示。利用这些波束的大小和密集度，抑制在监视区域上的发射波束的栅格是可能的，如图 9.20 所示。图中还示出机载接收机的候选位置(图中示出飞行器侧面上天线的近似场)，标 A 的飞行器在观察的几何图中是伪单基的，而那些标 B 的飞行器是 90°双基几何图。这些飞行器的数目将由观察域和双基接收机检测距离来决定。对此，不再进一步讨论了。

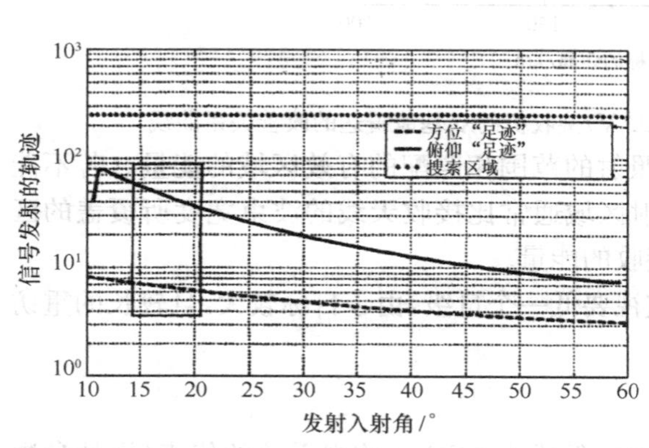

图 9.19　发射的轨迹维数与地擦角的关系图

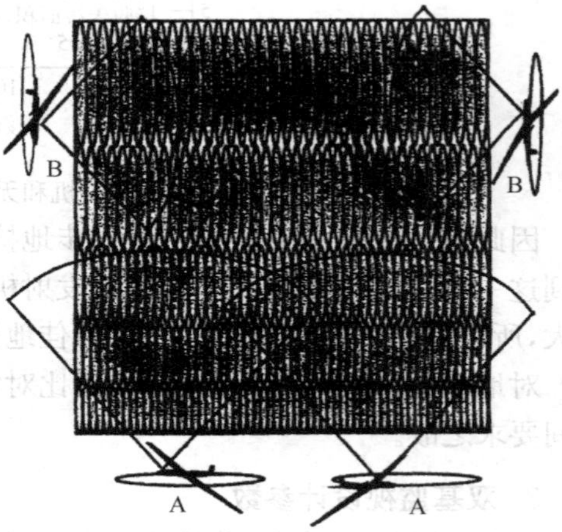

图 9.20　在沿机载接收机的地擦角 17.5°上，在监视区域中的发射的轨迹栅格的示意图

5. 雷达接收机的要求

在设计一个卫星到 UAV 工作的双基接收机中，需考虑两个因素：第一个是覆盖地球表面上的每个发射机轨迹所要求的波束数目，它随投射的距离或地擦角而变。第二个是为取得目标检测所需信号—噪声电平，以及在每个位置上所要求的相干驻留时间。对此，也不再深入讨论了。

6. 工作波段的选择

工作波段的选择主要取决于雷达截面对频率的灵敏度和传播效应。高轨和中轨天基雷达的传播效应限制其工作在 C 波段或以下；电离层的闪烁以及临近赤道和极地的限制，其工作在 L 波段或以上。对于检测小物理尺寸目标，宜选 L 波段和 C 波段之间的低频段。

第10章　超视距雷达

10.1　概　　述

当今，许多国家要求超视距雷达（OTHR）能够提供远距离、大范围的监视能力，以对付现代化的恐怖分子、走私者和满足监视其专属经济区以及保护近海资源的需要。OTHR系统工作在3MHz～30MHz的高频（HF）频段。它利用电磁波在电离层与地面之间的反射和电磁波沿地球表面的绕射（OTH）传输高频能量，从而可探测到常规雷达无法探测到超远距离目标，其作用距离不受地球曲率限制。

美国空军和海军在20世纪50年代研制的“梯皮”（Tepee）后向散射超视距雷达成为美国后来发展的许多超视距雷达的基础。到了60年代，美国海军研究实验室研制成作用距离达900～4000km的“麦德雷”（Madre）高频超视距雷达，首先向人们证明了超视距雷达的能力，其中包括对低空飞机、弹道导弹和水面舰艇的探测能力。

随着世界反雷达技术的日益进步和发展，超视距雷达在现代防空体系中的作用就显得越来越突出。超视距雷达作为对地—地导弹、轨道武器和战略轰炸机的早期预警手段之一，可在洲际导弹发射后1分钟发现目标，3分钟提供预警信息，预警时间为30分钟。超视距雷达在警戒低空、超低空突防的飞机，巡航导弹和水面舰艇时，可在200～400km的距离内捕获目标。与微波雷达相比，对空中目标的预警时间提高了5～10倍，对水面目标的预警时间提高了30～50倍。

10.2　超视距雷达的工作原理[11]、[43]

电波传播的主要方式有如下4种。

(1) 表面波传播。表面波传播时电波沿地球表面传播，传播路径是弯曲的，因而无视距的限制，雷达可以利用这种传播方式观测视距以外的目标，常称为地波超视距雷达。

(2) 对流层传播。对流层的高度通常在100km以下，电波在对流层中传播路径是直线，因而观测低空目标时有视距限制，常规微波雷达主要采用对流层传播方式。

(3) 电离层传播。超视距雷达一般工作在短波波段，而短波一般是难以穿过电离层的，往往碰到电离层，就会折回地面，遇到目标时，经散射后的一部分能量沿原路径返回，且被设在同一处或相隔不远的接收机所接收。这种利用电离层折射效应观测视距以外目标的雷达，常称为天波超视距雷达。

(4) 散射传播。由于大气或电离层的不均匀性，电磁波被散射，散射效应可用于通信或气象雷达中。综上所述，超视距离雷达分天波OTHR和地波OTHR两大类。

由于天波超视距雷达是靠电波在电离层折射的方法观测目标的，因而其性能取决于电离层的性质（电离层中电子集聚的密度）、雷达频率以及雷达方程中的标准参数。首先介绍一下电离层的特性电离层定义为因充分电离而影响无线电波传播的高层大气部分。研究OTHR系统特性要求必须理解什么是电离层及其特征。图10.1所示为包围住地球的中性大气层和包含电离气体的电离层结构。左边图形表示高度（单位为km）和温度（单位为K）的函数关系。距离地球表面10km的大气层是对流层，所有天气现象都发生在此层。对流层上面是平流层，其内部空气运动是水平的。平流层上面是中间层，它的温度随高度的增加而上升。中间层上面的大气层就是电离层。图 10.2 的右边（电离气体）表示高度（单位为 km）和等离子体密度（单位为 cm^{-3}）的函数关系。它还说明了白天和夜晚的电离层结构。等离子体是一种典型的电离气体，等离子体密度是指电子密度。

电离层是距离地球表面 80km 以上的大气层，它是从地球中心算起的地球最外层区域。电离层由电离粒子组成。它能在距离地球表面 90～350km 高度间反射无线电波，使远距离的无线电波传播成为可能。自由电子密度是表示电离程度的指标，用来测量大气层中的电离层结构。白天它们分为 D、E、F1 和 F2 层，晚上始终有一个 F 层，有时还会出现一个 E 层。在对流层中传播的无线电波称为表面波或地波，而被电离层折射的无线电波称为天波。

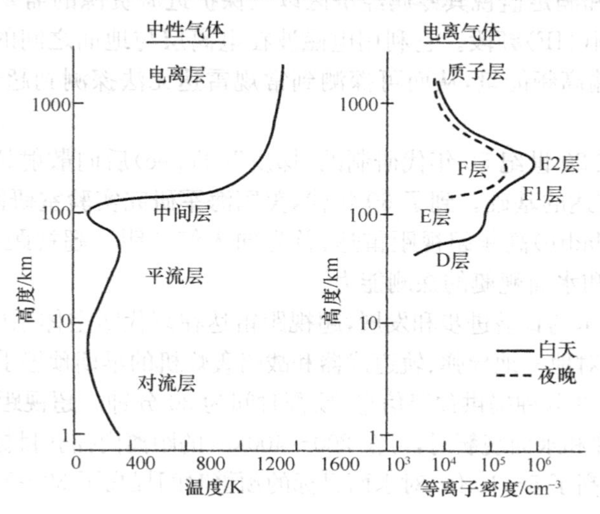

图 10.1　温度及中性气体和电离气体的等离子体密度与高度的函数关系[25]

D 层位于电离层下面距离地球表面 48km～80km 的高度。该层仅存在于白天，它的吸收效应使无线电波的传播距离缩短。除了 D 层外，电离层的各层分布如图 10.2 所示。E 层位于地球表面之上 88～145km 的区域。该层的最大电子密度在 110km 高度附近，为 1.5×10^5 电子数/cm^3。E 层能够折射 HF 无线电波使其传播距离在白天能够达到 2000km。F 层在白天分为 F1 和 F2 层，晚上仅有一个 F 层。F 层位于高度 273～321km 之间。F1 层在 160～240km 间，有时候该层的电子密度不足够大，因而无法将其辨认为单独一层。F2 层在 257～402km 之间，大多数的 HF 雷达信号是从该层被折射并获得最大传播距离。每层的典型峰值高度为：D 层 90km、E 层 110km、F1 层 200km 和 F2 层 300km。由此可见，电离层包含三个折射区，最高的折射区称为 F_2 区，这个区域折射时单次折射距离最远，对应于高频段最高的工作频率（频率越高折射能力越弱，穿过的深度越深）；第二个折射区称为 F_1 区，F_1 区只在白天出现，而且夏季比冬季更显著；第三个折射区是 E 区，在这个高度上有时会产生高密度电离斑点，称为散射 E 层。如果利用 E 层折射，散射 E 层会影响传播稳定性。由于多折射区的存在，同一目标的反射回波经过不同的途径反射回来，就有不同的延迟时间，从而产生了多路径效应，使雷达性能变坏。为了减小多路径效应的影响，应适当地选择雷达频率且采用比较窄的仰角波束，从而使只有一个途径的信号能量可达到目标。

在电离层，折射率 n 与电子密度 N、工作频率 f(kHz)的关系为

$$n=\sqrt{1-80.8(N/f^2)} \tag{10-1}$$

式中，N 是高度的函数。上式表明，f 一定，N 愈大，则 n 愈小；而当 N 一定时，f 愈低，则 n 愈小

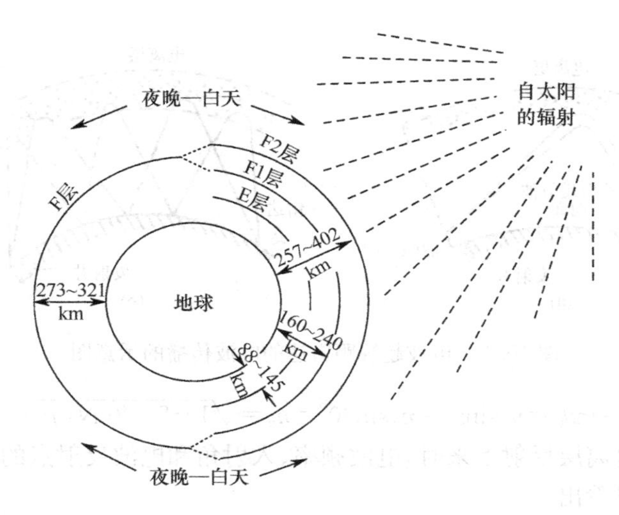

图 10.2　白天和夜间的电离层分布图

(n 的最大值为 1)。

电离层电子密度的分布是不均匀的,愈往上电子密度愈大,见图 10.3。当某一频率的电波以入射角 θ_0 由大气空间进入电离层时,由于各层电子密度是自下而上依次增大,故折射率依次减小,即

$$N_1 < N_2 < N_3 < \cdots < N_n$$

$$n_1 > n_2 > n_3 > \cdots > n_n$$

因此,电波在通过每一层时都要折射一次。按折射定律

$$\sin\theta_0 / \sin\theta_1 = n_1 \tag{10-2}$$

得

$$\sin\theta_1 = \sin\theta_0 / n > \sin\theta_0 \tag{10-3}$$

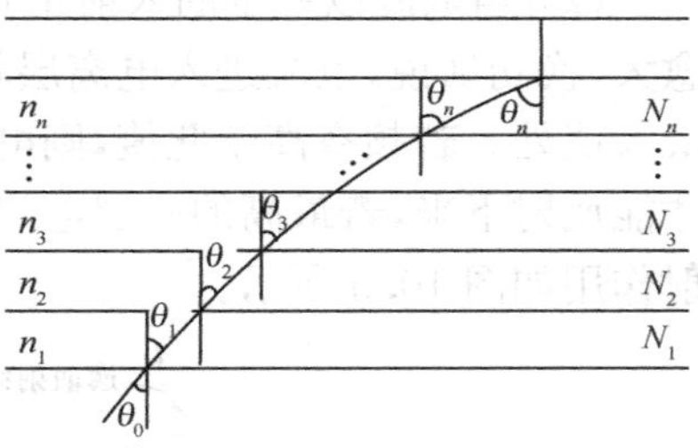

图 10.3　电波在电离层内连续折射的示意图

由此可知折射角 $\theta_1 > \theta_0$,以此类推,其折射角是依次加大的,即 $\theta_0 < \theta_1 < \theta_2 < \cdots < \theta_n$,结果电波的传播方向逐渐向下偏,如图 10.3 所示。

如果电波在到达电子密度最大层以前,电子密度之值大到使折射角 $\theta_n = 90°$,这时电波的路径到达最高点,满足全“反射”条件,于是电离层对电波产生全反射,并使之返回地面,这就是平常所说的电波在电离层中的“反射”现象,如图 10.4(a)所示。超视距雷达正是利用电波在电离层中可以产生“反射”,而且反射后的电波能够到达雷达视线以下的特性,探测刚发射的弹道导弹和刚起飞的轰炸机群。有时候,电波从电离层返回地面后,又从地面反射到电离层,再从电离层反射回来,这就是电离层电波传播的跳跃现象,如图 10.4(b)所示。若雷达发射功率足够大,天线定向性好,接收机灵敏度高,可以利用电波的“二跳”、“三跳”探测更远距离的目标。通常情况下,超视距雷达利用“一跳”可探测 1000～5000km 的远距离目标,若利用“二跳”、“三跳”其探测距离可达上万千米。因此,超视距雷达是一种有效的超远程预警雷达。

还应指出,并不是所有频段的电磁波射向电离层都会发生上述的“反射”现象,而是有一定条件的,如图 10.3 所示。根据折射定律得出

$$(\sin\theta_0/\sin\theta_1) = n_1, (\sin\theta_0/\sin\theta_2) = n_2, \cdots, (\sin\theta_0/\sin\theta_n) = n_n \tag{10-4}$$

则

$$\sin\theta_0 = n_1 \sin\theta_1 = n_2 \sin\theta_2 = \cdots = n_n \sin\theta_n \tag{10-5}$$

我们知道,随着电波深入电离层,电子密度 N 增加,折射率 n 减小,折射角 θ 逐渐增大,当电波深入到某一高度时,电子密度 N 的值大到使 $\theta_n = 90°$,这时电波的轨迹到达最高点,电波产生反射。将式(10-1)代入式(10-5)得出电波在电离层中反射的条件为

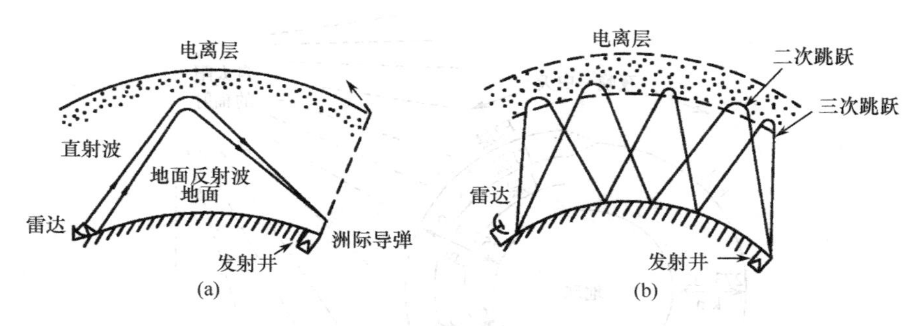

图 10.4　电波超视距雷达的电波传播的示意图

$$\sin\theta_0 = n_n \sin\theta_n = n_n \sin 90° = n_n = \sqrt{1-80.8(N/f^2)} \tag{10-6}$$

式(10-6)表示电波由电离层反射下来时，电波频率、入射角和电波反射点的电子密度之间应有的关系。由式(10-6)可以看出：

(1) 当频率为 f 的电波以一定的入射角 θ_0 进入电离层时，一直要深入到电离层的电子密度 N 能满足式(10-6)所要求的数值时，才能由该点反射下来，若电离层的最大电子密度 N_{max} 尚不能满足式中要求的数值，则电波将穿出电离层而不能反射。

(2) 当电波以一定的入射角 θ_0 进入电离层时，频率 f 愈高，使电波反射所需的电子密度 N 愈大，换句话说，电波进入电离层就愈深。当频率高至某一值时，电波将深入到电离层电子密度最大值处。若频率高于此值，则电波将会穿出该电离层直到更高一层电离层的较大电子密度处才能反射下来，若最高的一层电离层也不能反射，则电波将穿出电离层。电离层对不同频率的反射作用如图 10.5 所示。

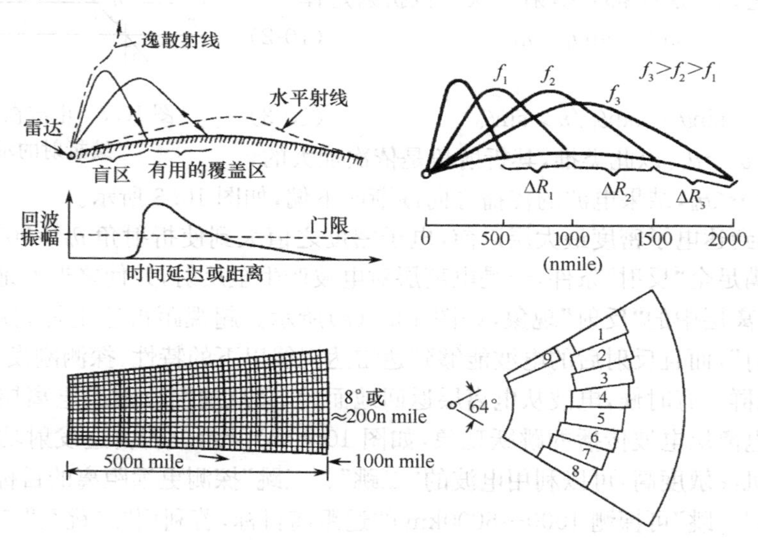

图 10.5　左上是单跳天波传播与用距离表示的覆盖范围的关系示意图；右上是用 3 个频率使覆盖范围得以延伸；右下是方位扫描平面图；左下给出一个发射机覆盖区中的接收分辨单元

图 10.5 是适用于飞机和舰船目标的雷达探测范围和空间分辨力的举例。图 10.5的左上部是射线路径示意图。其辐射角仰角较大的射线是逸散的，用来形成覆盖范围的跳距盲区，其他的射线直至反射高度水平的射线均能够返回地面，且有用的覆盖范围处于两种极端情况之间。虽然图中只画了一跳，但多跳是存在的，且能量可以多次周期性地返回地面。图 10.5 右上部是射线路径图，表示可以通过采用不同的工作频率来照射到不同的距离范围，较远的距离需要较高的

频率。在这个例子中，一种工作频率可照射到 500n mile 的距离范围。其后沿可以变化，是雷达参数和目标尺寸的函数，但是前沿只取决于频率选择并且紧邻跳距盲区。图 10.5中右下是覆盖面积平面图，表示 9 个不同区域分别被波束宽度为 8°的单个发射波束所照射。由于进行 64°方位扫描时电离层可能会变化，因此若只用单个频率工作，则发射机的覆盖区将随方位角而变化，然而，常常对每一个 8°选用不同的工作频率以保证获得所需要的照射区。采用 16 个相邻接收波束来覆盖一部发射机的覆盖区，使每个波束的宽度均为 0.5°。图 10.5中左下是一个照射扇区，被分成接收分辨单元，每个单元的宽度约 10n mile。

由上述讨论可知，要使电波从电离层反射下来，雷达的工作频率应小于最高反射频率 $f_{\max}$。其值可利用式(10-6)中的 N_n 用 $N_{\max}$ 代替求得，即

$$f_{\max}=\sqrt{\frac{80.8N_{\max}}{1-\sin^2\theta_0}}=\frac{\sqrt{80.8N_{\max}}}{\cos\theta_0} \tag{10-7}$$

例如，F_2 层中最大电子密度 $N=2\times10^6$，在入射角 $\theta_0=78°$时，求得 $f_{\max}=60\text{MHz}$。

当入射角 $\theta_0=0$(即电波垂直投射到电离层)时，这时最高可用频率最低，通常称其为临界频率，此频率为

$$f_{\text{cr}}=\sqrt{80.8N_{\max}} \tag{10-8}$$

所以，超视距雷达的工作频率应合适选择。若选用的频率太高，超过 $f_{\max}$，则电波将不能折回；若选得太低，则电波将受到强烈吸收。一般工作频率范围为 2～60MHz。

此外，超视距雷达的作用距离可通过改变发射角(应小于 25°，通常低于 5°)和发射波束的频率来控制。图 10.5 为可以选择 3 个不同的频率 f_1、f_2 和 f_3 及不同的发射角来实现 500～2000 n mile之间覆盖的示意图。

应该指出，电离层的特性在一天的不同时间和一年的不同季度都是不同的，而且电离层对超视距雷达的正常工作有直接影响。因此，超视距雷达应具有在很宽频率范围(随时调整最佳工作频率)内工作的能力，例如能在 3 个倍频程(4～32MHz)内变化的工作频率。另一方面，需有一个专门对雷达实施频率管理的电离层探测分系统，不断监测电离层(也可监测敌方干扰频谱)的变化，保证超视距雷达有效地工作。

对于地波超视距雷达来说，由于电磁波绕地球表面传播，不受电离层的影响，因而更容易探测目标，工作也较稳定。但由于地表面对电磁波的衰减较大，其探测距离较近，对低空飞机的探测距离为 200～400km。

下面分别介绍天波超视距雷达和地波超视距雷达。OTHR 系统工作在 3～30MHz 的高频(HF)频段，采用地波传播或天波传播方式。天波 OTHR 系统部署在内陆，利用离地球表面几百千米的电离层对无线电波的折射效应，克服地球表面曲率对雷达视野的限制。地波系统工作在 HF 频谱的低频段部分，它安装在海岸线上，利用发射无线电波与海面的电磁耦合使传播距离超出视距。

10.3 (天波)超视距雷达(OTHR)

天波 OTHR 系统的发射波形被电离层反弹后下射到目标，来自目标的反射波弹回到电离层再折射回接收天线阵，如图 10.6 所示。

天波 OTHR 系统常部署在内陆，利用离地球表面几百千米的电离层对无线电波的折射效应，克服地球表面效率对雷达视野的限制。

天波超视距雷达发展史第一阶段(20 世纪五六十年代)就是用来探测洲际弹道导弹主动段

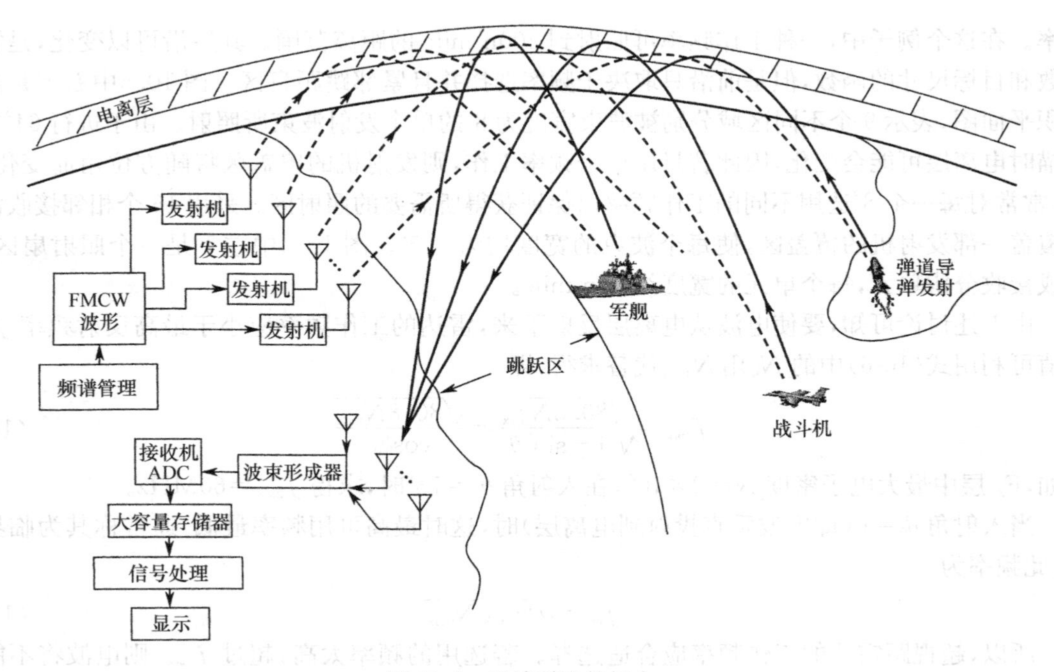

图 10.6　天波雷达的概念

(发射段)信息。当时美国 OTHR 型号有 Teepee、Madre 与 AN/FPS—95,前苏联在白俄罗斯与西伯利亚也部署了两部 OTHR(型号为 H—17),由他们对美洲大陆发射的弹道导弹基地进行监视,60 年代中后期又在乌克兰建造了第三部天波超视距雷达。

天波超视距雷达发展史的第二阶段:探测远距离低空飞机与海面舰船目标阶段(20 世纪 70～90 年代),这个时期,天波超视距雷达技术发展迅速,美国相继研制出三部不同水平的装备,WARF(70 年代)、AN/FPS—118(80 年代)、AN/TPS—71(90 年代)。据报道,特别是为美海军研制的 AN/TPS—71 可搬迁重建式 ROTHR 雷达能在海杂波背景中检测和跟踪舰船目标,且具有较高的目标定位精度,是一种战术型双站警戒雷达系统,平时它用于缉毒,监视和跟踪毒品走私飞机和船只的动向,直接指挥美国海岸警卫队对非法目标进行拦截。在这期间,澳大利亚的天波超视距雷达 Jindalee 与俄罗斯第四部天波超视距雷达 LADOGA 均为海军建造,监视和探测该海域的舰船目标,探测距离范围为 900～2500km。

法国的 Valensole OTHR 系统从 1960 年开始进行电离层探测以及海态探测实验。目前,法国航空空间研究院(ONERA)正在研制一部名为 Nostradamus 的 OTHR 系统,该 OTHR 为单站系统,具有二维天线阵,能够同时在方位和仰角上实现波束形成,以提高对多模和多径回波的区分能力和对电离层信息的反演精度。

我国第一代天波超视距雷达是在 20 世纪 70 年代后期开始研制的,该实验雷达系统为脉冲雷达,工作于单基地方式。目前正在研制新一代天波超视距雷达系统。

天波超视距雷达最本质的优点有两条:一是作用距离远(“一跳”可达到 900～5000km),覆盖范围大(对于 300～3000km、60°扇形区的覆盖域,其面积为 4×10^6 km²);二是工作频率处于高频频段(2～60MHz),这是区别于其他体制雷达的本质特征。在该频段,大部分飞行器的散射波都处在瑞利区和谐振区。在瑞利区,目标散射面积(RCS)同形状无关(或影响甚小),而同其体积有关。在谐振区,则 RCS 明显增强,因此任何形状的飞行器设计都会在这个波段产生某种谐振。另一方面,隐身用的吸收材料对较长波长(相对于物体外形尺寸)是无效或效能较低的,加上由于超视距雷达的波束经电离层反射,因而入射波自上而下照射目标,这也是隐身飞行器设计的弱点，因此它将可望成为探测隐身飞行器的一种手段。当然，在高频频段工作会带来天线规模庞大等问题，欲形成较窄的水平波束，天线阵面的等宽度排列的单元规模需 1～2km。因此，为了节省造价，通常采用收、发分置的天线系统，发射天线可小于接收天线，而在接收端常采用多路并行接收通道设计来形成等效的窄波束。

另外，在超视距雷达中，确定目标的高度比较困难，主要原因是电波在电离层中的轨道是曲线，而且轨道的形状又受电离层参数变化的影响。因此，在目标参数测量中，超视距雷达的精度较常规视距雷达为低。

必须指出，尽管超视距雷达可以为防空系统提供更多的预警时间，但仅能探测导弹弹道的初段，却无法探测在电离层之上的中段弹道，而且它不能确定导弹的飞行轨道，测量的精度有限，因此超视距雷达还必须和其他警戒、跟踪雷达相配合，才能组成完整的预警系统。

天波超视距雷达分为两种基本类型：前向散射超视距雷达和后向散射超视距雷达。

前向散射超视距雷达按"双基地"方式工作，即发射机和接收机分设在相距很远的两地，一般相隔为 10000km 左右。电波自发射机发射后在电离层与地面之间跳跃传播，当遇到地平线以下目标后，目标前向散射的电波为另一地点的接收机所接收，从而可发现目标。这种雷达的优点是比较简单，可由一般的雷达设备改装而成，但性能有限，只能判断来袭导弹的大致方向，不能用来测定目标的距离和其他参数。

使用后向散射的目的是表明系统的几何关系，由于其发射机与接收机的距离很近，因此实质上是单基地雷达。对于双基地的几何关系，其发射和接收路径间有一个大的夹角，导致目标和杂波的 RCS 发生变化。后向散射系统的目标探测模式有两种。检测空中目标和发射阶段的弹道导弹时称为空中探测模式。检测地球表面目标时称为表面探测模式。尽管它们是两种截然不同的工作模式，但是我们仍然期望能将这两种模式组合在一起，这两种模式都会明显受到电离效应影响。

后向散射超视距雷达的例子是美国 20 世纪 80 年代出产的 AN/FPS—118 雷达，它是一部双基地调频连续波雷达，其收/发功能完全由计算机控制，收/发间通信由宽/窄带对流层散射无线电通信和光纤链路实现。有关该雷达的技术和性能参数见表 10.1。

表 10.1　AN/FPS —118 雷达技术和性能参数

项　目	技 术 参 数	项　目	技 术 参 数
工作频率	5～28MHz	峰值功率	100kW
作用距离	800～2880km	信号	FMCW
覆盖范围	180°(方位;3 个 60°扇形区)	波束宽度	2.75°(接收)
分辨力	8～30km(距离)，1°～3°(方位)	天线尺寸	发射:1106m(长)　10.67～41.15m(高) 接收:1518m(长)　19.5m(高)

该雷达两站间同步工作时延小于 1μs，它对亚声速威胁的预警时间达 3.3h，对超声速威胁的预警时间为 1～1.5h，对洲际导弹的预警时间为 30 分钟。目前，该雷达有一个 180°的东海岸系统和一个 180°的西海岸系统，在 20 世纪 90 年代初就具备工作能力。另外，还有 4 个 60°扇形区的中央系统和两个 60°扇形区。这就满足了美国军方 1984 年 2 月提出的部署 12 部覆盖 60°扇形区的超视距雷达，全高度监视美国本土的东、西和南方向的要求。

图 10.7 示出 AN/FPS—118 超视距雷达单跳作用距离示意图。图 10.8 示出 AN/FPS—118 的发射天线。

后向散射超视距雷达的发射机和接收机放在同一地点或较近的地点，电波自发射机发射后，就在电离层和地面之间跳跃传播，在遇到目标时，便由目标向后散射的电波经电离层反射回到同

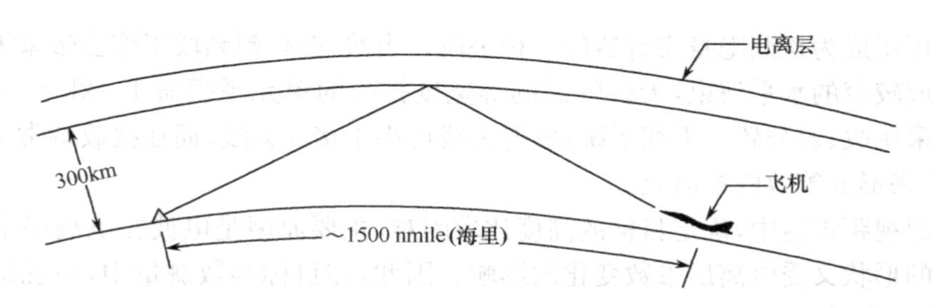

图 10.7 AN/FPS—118 后向散射超视距雷达单跳作用距离示意图

图 10.8 AN/FPS—118 的发射天线

一地点，为接收机接收。这种雷达的性能比较优越，它不仅能指出目标的存在及其方位，而且可以测量发射信号到接收回波信号之间的时间，获得目标的距离。后向散射超视距雷达的缺点是设备比较复杂，但因其性能好，所以目前主要研制和使用这种超视距雷达。

前苏联研制的后向散射超视距雷达(OTHR)，发射波形为强功率脉冲串，即每秒 10.5 个脉冲串，每个脉冲串内含有 20 个不同的方波脉冲，宽度不足 2ms。工作频率为 4～30MHz，作用距离为 800～3000km，可覆盖西欧、北大西洋、斯堪的纳维亚和地中海区域的大部分。

由于超视距雷达的工作在很大程度上取决于电离层的状态，而电离层的状态又在时刻变化中，所以给超视距雷达带来了下列一些特殊的技术问题：

(1) 要求超视距雷达具有电离层实时预测设备，并能自动选择工作频率和电波入射角；

(2) 要求有很大的输出功率并能快速跳频的发射机。由于超视距雷达作用距离远，电波传播途中衰减很大，因此，要求发射机的输出功率很大，同时发射频率要随计算机的控制信号而变化。

(3) 应具备在噪声电平中提取微弱信号的能力。由于电波能量经电离层和地面传播衰减很大，且有大气噪声、地物干扰、天电干扰、电台干扰等存在，通常地球表面的后向散射要比希望检测到的运动目标回波的幅度大许多量级，因此高频超视距雷达必须采用某种多普勒信号处理的形式，以便从杂波背景中提取希望检测到的目标信号。

(4) 要求超视距雷达的大型天线阵列能在宽带内扫描。超视距雷达由于工作在短波波段，天线阵列一般十分庞大，天线有 10 层楼那么高，这样的天线阵列只能用电扫描来完成波束的灵活指向。

10.4 天波系统最大探测距离和主要分系统[2]、[43]

10.4.1 最大探测距离[110]

表 10.2 列出若干天波 OTHR 系统的相对性能。OTHR 最重要的一个性能参数是最大探测距离。图 10.9 显示了 OTH-B 天线系统的目标探测几何关系。雷达接收机收到的来自目标的接收功率可以表示为

$$P_r=\frac{P_{av}G_tG_r\lambda^2\sigma_t}{(4\pi)^3R_t^2R_r^2L_{p2}L_fL} \tag{10-9}$$

式中：P_{av}是单位为 W 的平均发射功率；G_t 是发射天线增益；G_r 是接收天线增益；λ 是载频 f_c 的波长；σ_T 是目标的 RCS；L_{p2}是在 10～20dB 量级上的双程传输路径损耗；L 是包括了发射机和接收机子系统的 15dB 系统插损；L_f 是电离层的法拉第极化损失，其典型值为 3dB；R_t 是电磁波从雷达经电离层反射再到目标的路径距离；R_r 是电磁波从目标经电离层反射再到雷达接收机的距离。了解电离层和它是如何影响发射和（来自目标）接收波形的，对于预测 OTHR 性能至关重要。例如，电离层可以调制目标的多普勒图像而使其无法被探测到。

表 10.2 若干天波 OTHR 系统的相对性能[43]

雷达		功率				分辨力（典型值）	
国家	系统名称或类型	P_t/dBW	G_t/dB	G_t/dBs	t/dBs	$\Delta\theta$/(°)	ΔR/km
澳大利亚	Jindalee-B	52	21	32	17	0.5	20
中国	OTH-B	61	18	26	6	5	15
法国	Valensole	24	20	26	25	1	22.5
美国	MADRE	27	28	22	20	1	7.5
	WARF	43	20	30	11	0.5	0.8
	CONUS-B(AN/FPS-118)	61	23	28	3	3	20
	ROTHR(AN/TPS-71)	53	21	34	11?	0.5	?

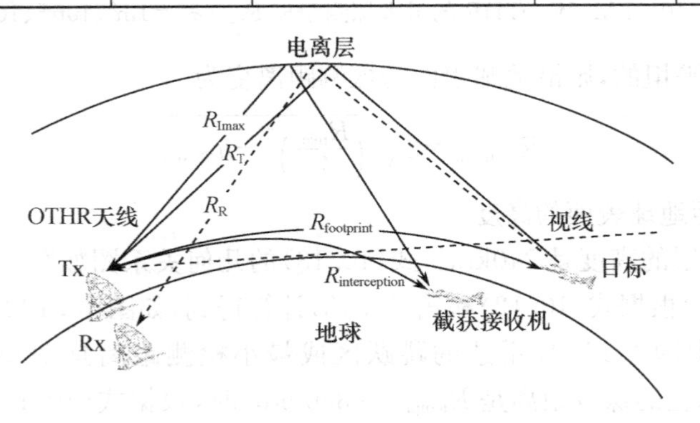

图 10.9 目标探测示意图

最小输入信噪比 SNR_{ri}与接收机灵敏度 δ_r 有关。接收机能够在这个信号幅度以上检测和处理输入的目标信号。雷达的最大探测距离（电离层反射）表示为

$$R_{max}=\left(\frac{P_{av}G_tG_r\lambda^2\sigma_t}{(4\pi)^3\delta_rL_{P2}L_fL}\right)^{1/4} \tag{10-10}$$

其中，假设 OTHR 发射机和接收机与目标的距离都相同，即 $R_t=R_r$。灵敏度 δ_r 等于输入端

最小的 SNR_{ri} 与接收机带宽内噪声功率的乘积，为

$$\delta_r = kT_0 F_r B_{ri}(SNR_{ri}) \tag{10-11}$$

式中，k 是玻耳兹曼常数（$k=1.3807\times10^{-23}$J/K）；T_0 是标准噪声温度（290K）；F_r 是接收机噪声系数，还包括大于接收机热噪声 20～50dB 的其他噪声；B_{ri} 是接收机的输入带（Hz）。

最大探测距离（电离层反射）可以表示为

$$R_{max} = \left(\frac{P_{av}G_t G_r \lambda^2 \sigma_T}{(4\pi)^3 kT_0 F_r B_{ri}(SNR_{ri}) L_{P2} L_f L}\right)^{1/4} \tag{10-12}$$

考察中国 FMCW OTH—B 雷达的特性，其中 $P_{av}=1.2$MV（61dBW），工作频率为 14.5MHz 时，其 $G_t=18$dB 和 $G_r=26$dB，$F_r=40$dB，$B_{ri}=30$MHz，$L_{P2}=-15$dB，$L=-15$dB 和 $L_f=-3$dB。中国 FMCW OTH-B 雷达的典型间隔距离是 60～200km。根据分布的距离分辨力 15km，由 $\Delta R=c/2\Delta F$ 可以计算出调制带宽 $\Delta F=10$kHz。图 10.10 所示的是在工作频率 $f_c=14.5$MHz，目标 RCS 为 $1m^2$、$10m^2$ 以及 $100m^2$ 时，该雷达的最大探测距离（电离层反射）与输入 SNR（SNR_{ri}）的函数关系曲线。

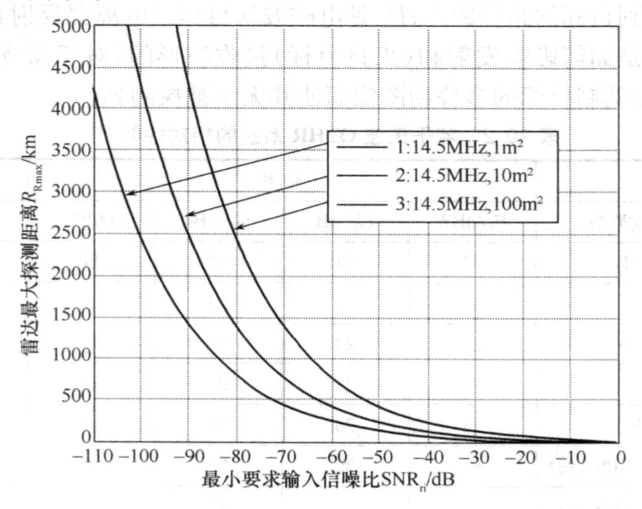

图 10.10 FMCW OTHR 的最大探测距离 R_{max}（$\sigma_T=1m^2$、$10m^2$、$100m^2$）

假设地球表面是平坦的，则沿地球表面的探测距离变为

$$R_{footprint} = 2\sqrt{\left(\frac{R_{max}}{2}\right)^2 - h_{F2layer}^2} \tag{10-13}$$

式中，$h_{F2layer}$ 是 F2 层距地球表面的高度。

对本例，假设 F2 层的高度是 240km。式（10.13）的几何关系图如图 10.11 所示。平坦地球上的探测距离（$R_{footprint}$）根据式（10.12）和式（10.13）计算得到，如图 10.12 所示。

根据文献[96]，中国 OTH-B 雷达的跳跃区或最小检测距离是 700km，最大探测距离是 3500km。当平坦地球上的探测距离是 $R_{footprint}=3500$km 时，根据式（10.12）计算，最大探测距离 R_{max} 为 3532km。根据图 10.9，当 $f_c=14.5$MHz 和 $\sigma_t=1m^2$、$10m^2$ 和 $100m^2$ 时，要求最小输入 SNR（SNR_{ri}）分别为 −107dB、−97dB 和 −87dB。因此，使用发射波形的处理增益能够为目标检测提供足够的 SNR。

检测到目标后，对多跟踪路径进行坐标配准，将斜距和斜视方位角变换到地面坐标。最近报道了几种基于平面和球面模型的方法。而且，通过复杂的处理可消除由非均匀运动目标造成的相干积累损失，从而可以极大地降低发射功率。

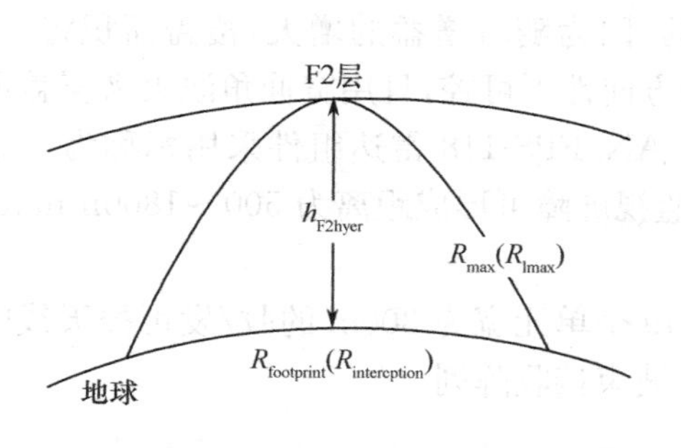

图 10.11　计算探测距离的几何关系图

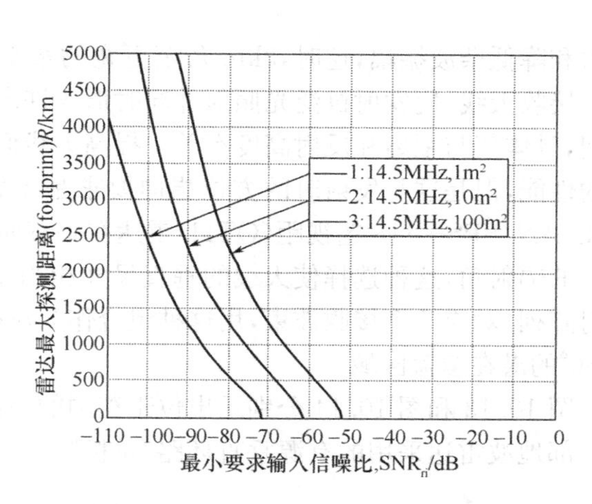

图 10.12　$\sigma_t=1m^2$、$10m^2$、$100m^2$ 时，FMCW OTH-B 的最大探测距离[22]

10.4.2　主要分系统简介

已经使用OTHR发射波形有以下几种：简单脉冲(如余弦平方脉冲)、调频脉冲或脉冲多普勒信号。由于这些波形的占空比非常小，需要用大峰值功率信号来克服传播损耗。又因为必须与其它授权用户工作在相同的发射频率带内，因此还必须采用许多的抗干扰措施。虽然大功率的脉冲波形能够有效地检测到目标，但是，它们也能被非合作截获接收机远距离地截获，导致被定向、发射机被识别、受到电子攻击(干扰)和欺骗。

1. 发射机

美国的超视距雷达一般都以调频连续波方式工作，以便使其平均功率最大，大多数雷达的设计和任务需求都要求发射机平均功率在10kW～1MW之间。由于天线通常是由单元组成的阵列，一般趋向于一个单元用一个放大器驱动，这样，就可以在放大链中实现波束的低电平控制。功率控制和振幅赋形还要求设计一种线性放大器。由于这种雷达采用多普勒滤波的信号处理方法将目标与杂波分开，因此由发射机辐射引起杂波的相位和振幅噪声边带电平应低于预期的目标回波谱电平，这就给发射机的发射信噪比提出了苛刻的条件。前级信号合成器的信噪比必须满足要求。在低功率电平上的放大器通常能设计得较好，即放大时不增加噪声。由于高功率放大器中的机械振动会增加噪声，因此在设计气冷或液冷系统时必须小心。

每个发射机末级的有源单元可能是传统的真空管，也可能是固态器件。如果雷达要监视大范围的空域，就要求频繁地改变频率以覆盖不同的距离，另外也要求在每一个放大链中有相应的相位或者时延变化以实现方位控制。对于大范围对空监视雷达，要求具有宽带性能并能与驻波比可变的负载相容。由于天线单元是宽带的，因此需要使用谐波滤波器。例如，一个发射机与谐波滤波器的组合可得到5～9MHz的通带和阻带截点为10MHz以上的阻带，使用另一个放大器和谐波滤波器组合，通常可达17MHz，阻带可达18MHz以上，如此继续可以达到最高的工作频率。

2. 天线

单部天线能以双工方式工作，即可用于发射也可用于接收。美国海军研究实验室(NRL)的磁鼓记录装置(MADRE)的天线就是一个例子。这个宽为100m、高为40m的孔径在HF频段的高端为在白天跟踪飞机提供了足够的增益和角分辨力。2倍宽度的水平孔径在夜间可以提供类似的分辨力，只是应工作在HF频段的低端。然而，为了保证定位精度，可能需要更好的方位分辨力和降低杂波振幅，这时，3km 乃至更宽的水平孔径也许是有用的。通常采用分离的发射天线和接收天线，使发射机泛光照射并同时形成许多的接收波束。在垂直面要求辐射角在 0°～40°之间，具体值与距离和反射高度有关。提高天线仰角的方向性而获得雷达灵敏度会直接改善雷达的性能，但是这与发射时的方位指向要求是矛盾的，因为随着增益的增大，覆盖面积将减小。例如，AN/FPS—118 超视距(OTH)雷达在垂直面的方向性不可控，且用宽仰角波束来覆盖所有必需的辐射角，这种选择使天线的垂直尺寸相当小。AN/FPS-118 雷达组件采用标称为 7.5°的发射阵列，对应 5 个接收波束，用这种组合作为对空监视屏障可形成距离为 500～1800n mile、宽为 60°的潜在覆盖区域。

图 10.13 和图 10.14 分别示出位于英国的一部 49 个单元宽为 300m 的收/发可控天线阵列和一部地波雷达采用的有源垂直环路/单极阵元的多波束接收阵列。

图 10.13　位于英国的一部 49 个单元宽为 300m 的收/发可控天线阵列的照片

图 10.14　地波雷达采用的有源垂直环路/单极阵元的多波束接收阵列(英国)的照片

3. 接收机—处理器

基于垂直探测数据、可用预估法来判断所测路径的损耗和观测噪声的长期中值，但是统计描述只对月或季节的每一天的几个特定小时。这类统计对定义检测和跟踪的要求来说是不充分的。这里给出用固定频率长时间驻留一个目标的例子，所用数据是为了说明所要求的动态范围和处理机大小，并且说明检测和跟踪过程的输入。图 10.15 给出了用分贝数表示的幅度电平。分贝数是相对于任意基准的。图 10.15(a)是在一个距离门内相对于多普勒频率的接收功率电平的短时段记录。波形重复频率(f_{wr})为 20Hz。图 10.15(b)标出了在波形重复频率的一半处的噪声(N)取样、在目标峰值处对目标的采样(T)，以及朝向雷达的海浪谐振峰值 A 和背向雷达的海浪谐振峰值R。当相参积累时间(CIT)为 12.8s 时，多普勒滤波器带宽的标称值为 0.08Hz，并且至少必须用 256 个多普勒滤波器。为了看到小目标所要求的动态范围，最小噪声点与最大杂波点在幅度上相差 100dB 的量级。为了进行数字处理，A/D 在数量级上至少要 16 位精度。如果对按如图 10.5 所示工作的雷达进行数据处理，在 10kHz 分辨带宽的情况下，500n mile 的距离范围要求大约 60 个距离门。为了在$\pm f_{wr}/2$ 之间显示不模糊的目标多普勒频率，I/Q 通道处理要求的抽样率应为 40kHz。以图 10.5 为例，对多波束接收需要 16 路同时接收处理的通道。图 10.15(c)给出了相应的功率电平分布。这些分布近似于典型的对数正态分布，用于大范围监视非常需要自动检测和跟踪。图 10.5 所示的单部发射机覆盖区有 800 个距离方位接收单元。对跟踪器的要求不同于其他传感器，此时可通过需要设置一个门限。该门限允许许多非目标响应通过。其常用的办法是当一个航迹被确认后再确认该目标的存在，从而降低了虚警率。

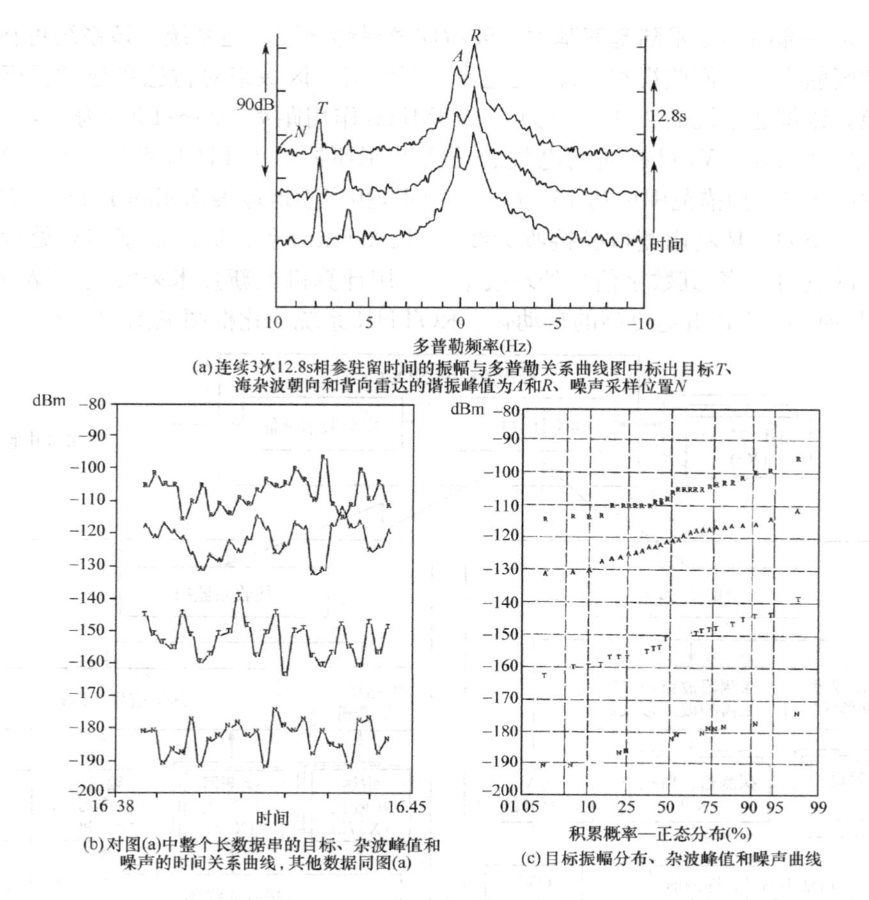

图 10.15　长驻留时间目标实例图

10.5　一部可重定位短波超视距雷达

本例介绍的可重定位超视距雷达(ROTHR)AN/TPS—71 原是雷声公司专为美国海军研制用来为美国舰队提供大范围的警戒，以防止海上和空中目标的袭击，如今的 ROTHR 主要用于缉毒。AN/TPS—71 几乎网罗了当代雷达领域最先进的技术设备，它的发射功率只有 200kW 为 AN/TPS—118 的六分之一，作用距离达 3300kW，覆盖面积为 550 万平方千米。由于其动力设备要求较小，所以便于卸载重装。该 ROTHR 系统对水面目标距离分辨力为 6km，方位分辨率约为 15km。根据实时扫频电高层探测术，其频率是可变和可选择的。下面我们简要介绍 ROTHR 的系统组成及基本性能。

10.5.1　简述

超视距雷达一般是固定式的，一旦建立便无法再移动。雷声公司为美国海军研制的可重定位超视距雷达(Relocatable Over-The-Horizon Radar，ROTHR，型号 AN/TPS—71)却可以从一个地方挪动到另一个地方。然而，ROTHR 并不是一个真正意义上的“可移动的机动系统”。据雷声公司称，它的可搬移性仅限于能把弗吉尼亚的电子设备如发射机、接收机和工作控制中心通过陆地、海洋和空中搬运到阿拉斯加重建，其收/发天线是不搬迁的，阿拉斯加还需另建一座新的天线阵，不过这种天线阵可以设计成可拆卸重装式。

ROTHR 是一部高频战术陆基双基地天波后向散射超视距雷达系统。该系统可在其覆盖区域内对飞机和艇船进行全面监视和跟踪，通过局部照射某一区域来对付感兴趣的目标或评估进攻部队的规模。该雷达系统的工作频率为 5～28MHz，作用距离 500～1600 海里，覆盖范围为 64°扇形区发射功率 200kW，只有通用电气公司为空军研制的 OTH-B 系统（型号 AN/FPS—118）发射功率的 1/6。扫描范围可达 163 万平方海里，相当于地球表面积的 1.1%，需要 12 架预警机才能覆盖。ROTHR 利用宽口径接收天线阵（长 2.5km）和先进的数字信号处理技术来补偿它相对较小的发射功率，其数字信号处理技术是采用计算机最新技术来实现从噪声中检测出信号，具有比其他 OTH-B 雷达更高的自动化。ROTHR 系统简化框图见图 10.16。

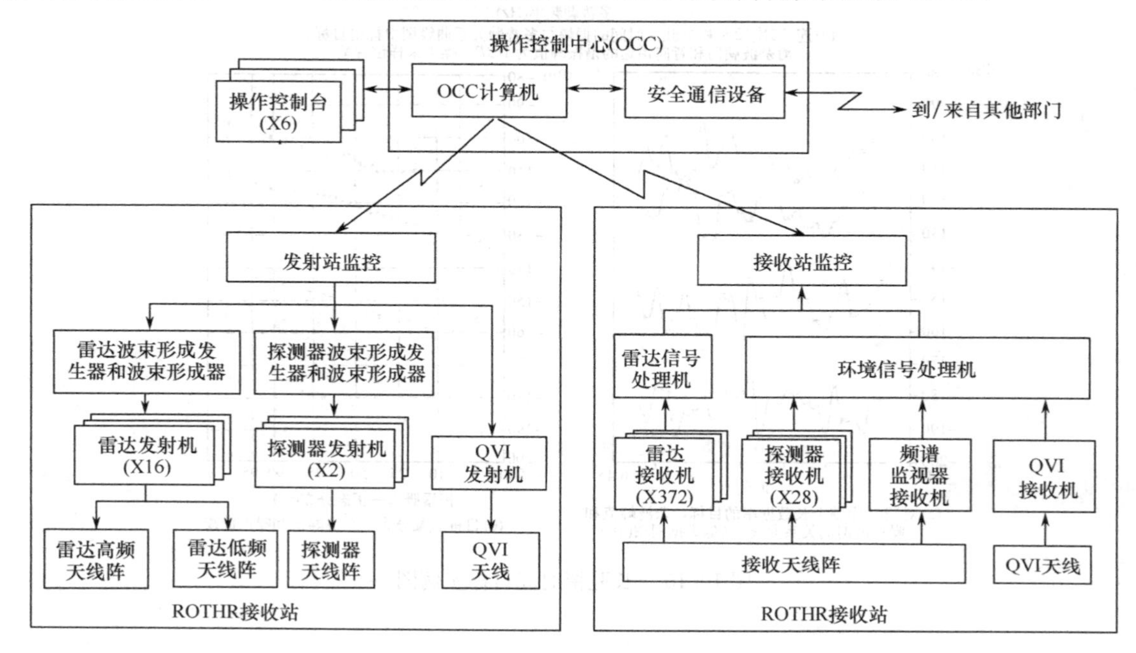

图 10.16　ROTHR 系统简化的原理框图

10.5.2　ROTHR 系统组成及其基本性能

1. 发射系统

发射系统由两副对数周期天线和 10 个方舱组成，每副发射天线由 16 个垂直极化对数周期天线阵元组成。发射天线口径为 365m，约为 OTH-B 的发射天线阵的口径（1.1km）的三分之一。发射机采用许多个 5kW 固态放大器，每个舱内由 4 个固态放大器进行功率合成输出到一个额定阵元上。天线阵中心单元固态发射机输出功率达 20kW，10 个方舱合成功率为 200kW，边上的阵元相应要低些，为 10kW 或 5kW。阵列边沿功率逐步减小可获得低旁瓣，从而减小后向散射回波中的杂波以利于目标检测。

ROTHR 发射机工作频率覆盖整个 5～28MHz，用一个选定的点频发射以达到要求距离的下靶区，但必须有两套发射天线，一套工作在高频段（10～28MHz），另一套工作在低频段（5～12MHz）。每个天线阵由一组不同长度的偶极子辐射阵元组成，全部悬挂在一个塔上，每个偶极子调谐到一个特定频率上。ROTHR 可以控制送到辐射阵元上的信号相位，通过控制相位，可以把波束最大值调到指定方向。由于 ROTHR 发射机是全固态的，所以稳定性较好，且较易维护。

2. 接收系统

接收天线阵是一个庞大的高增益天线系统，其阵面长度为 2.58km，由 372 对 6m 高的单极子组成，与空军新建的OTH-B接收天线阵列长度差不多。每部接收机接一对单元，输入信号由其数字化，信号由光纤线路送到雷声公司开发的信号处理机。信号处理采用数字波束形成(Digital Beam Former)技术，以形成18个接收波束。通过对接收波束的多普勒处理，从地杂波中分离出活动目标。一旦数字信号处理机检测到目标，4台DEC公司的VAX8600的计算机同时进行数据处理以保持跟踪。美海军将改用新的6400数字计算机。ROTHR的数据处理分系统采用的Fortran计算机语言，程序共有429000行。

ROTHR系统具有自动传播管理和诊断功能，因此它不需要依赖外部的探测数据就能判定电离层和选定适当的频率以满足目前的环境要求。这个自动系统采用了一台准垂直入射探测器以测出发射站和接收站附近的电离层高度，并采用一台后向散射仪以测出150～3300km目标区的电离层高度。从这些探测器输入的实时数据和存储在计算机内的数据进行比较，一旦这些数据与某个电离层模型相匹配，就用这些模型操作ROTHR。这些电离层模型的数据占有200MB的计算机磁盘存储容量。

3. 操作控制中心

操作控制中心(OCC)是整个系统的神经中枢，所有复杂的雷达功能在这里都捆绑在一起。这个中心可以远离发射站和接收站，或者与接收站设在一起。通过大型彩色显示器，操作员可以监视雷达覆盖区域内的所有目标，每个目标的位置、航向和速度都有助于操作员判断此目标是否是贩毒工具。

4. 基本性能

ROTHR并不能同时覆盖163万平方海里的区域，而是将此区域分成176个扇形区进行监视和跟踪，扇形区的大小视其离发射站的远近而异。该系统采用相控阵波束锐化技术，能在1～49s内使能量集中到任何一个要求的扇形区。对于飞机目标只需在一个扇形区中停留几秒，若是检测舰船则要在一个扇形区停留35s或更长一些。但它不能同时在一个扇形区检测飞机和舰船，因为检测飞机和舰船所使用的算法是不相同的。ROTHR可以同时搜索12个扇形区，在其覆盖范围内从左到右形成一道屏障，作用距离500～1600海里。

图10.17示出ROTHR发射站照片，图10.18示出ROTHR接收站照片，它们之间相隔50～100nmi。

图10.17 ROTHR发射站照片
(Courtesy of Raytheon Co.)

图10.18 ROTHR接收站照片
(Courtesy of Raytheon Co.)

综上所述，超视距雷达以其覆盖范围广、成本比星载雷达低以及良好的反低空突防、反隐身目标和抗反辐射导弹威胁性能而成为近期各军事大国的重要军用装备。在1991年的美国国防部关键技术计划中超视距雷达已被列入高灵敏度雷达项目中，可以看出，超视距雷达仍将作为21世纪的重要防空预警雷达，得以继续发展，并将出现众多可以增强其性能的改善措施，提高超视距雷达的可用性、灵敏度、探测精度和分辨力等，使它能够发挥更为广泛的作用，具备多种使用价值。

另外，俄罗斯空天防御部队已正式启用29B6型“集装箱”超视距(OTH)雷达系统，并将其部署在俄罗斯西部军区。

在完成初始研发与试验后，第一套“集装箱”雷达系统已经于2016年12月2日进入作战值班。目前，第2套29B6型“集装箱”雷达系统正在俄西部军区建造，计划将于2018年服役。

29B6型“集装箱”雷达为双基地雷达系统，具有独立的发射器和接收器，发射器与接收器之间的距离相隔250km。

雷达传输频率3～30MHz，信号可反射到电离层以提供超视距能力。通过植入一个单一的信号反射器，其精度比冷战时期的超视距雷达有明显改进，可监视3000km的空域范围，并可探测巡航导弹、无人机等高机动性的空中目标。而老式的超视距雷达为了使弹道导弹，预警的监视范围更远，采用的是多重信号发射器。

10.5.3 天波超视距雷达系统面临的挑战

目前正在研究如何改进和提高ROTHR的性能，为了跟踪各种各样的复杂目标，研究人员正在研究新跟踪技术，以便提高跟踪质量和保持连续性。ROTHR不但能探测飞机，也能探测其他交通工具，如小型舰船和运输车辆，即将面世的探测和跟踪技术将会使其探测能力得到更进一步的提高。

由于ROTHR系统的下视特性，所以接收信号的大部分是以地杂波和海杂波形式存在的，这些回波非常平稳，且一般占有多普勒频谱的一小部分，所以，根据其运动引起的多普勒频移，可以探测出目标。但电离层对这种目标探测法提出了许多挑战。电离层中的极光和赤道不稳定性会导致远离ROTHR正常覆盖范围的固定杂波回波产生多普勒频移。在处理雷达信号时运用模糊手法，使这些回波信号能进入ROTHR覆盖区域，并扩散到被发现的慢速目标区。进入大气层的流星和陨石会留下一股游离的气体，ROTHR接收机会探测到它们。由于它们的驻留时间很短，所以时常会在多普勒频谱中完全扩散，从而隐藏真实目标。若极光、陨石和赤道不稳定性引起的多普勒频移以一种不需要的杂波形式出现，则其他环境因素(如闪电)会给接收信号增加大量的噪声脉冲。所有这些原因使得对小型慢速飞机的探测更为困难。ROTHR的性能正得到不断的提高以减弱不需要的环境影响和提高目标探测性能。新的信号处理方法已经问世，从而可以有效地阻止赤道电离层的模糊杂波回波扩散到ROTHR的覆盖区域。

由于ROTHR系统的工作状态取决于电离层的变化。电离层主要包括三层：E、E1和E2。这些层的密度、高度和厚度随地球位置、时间、季度以及太阳黑子周期(约11年)会发生大的变化。为了完成探测任务，往往需要两部雷达协同工作：一部用来搜索目标，而另一部则用于监视电离层环境变化。剧烈的太阳活动甚至会中断超视距雷达的工作。所以美海军部门认为，不能依赖一个这样的系统来监视一个大地区，而是需要多个探测系统的相互配合。

单个的传感器系统多次扫描目标得到的补充数据能提高跟踪精度。借助适当的几何算法，辅助传感器系统有助于解决针对各种电离层状态进行坐标定位时的不确定性。使用不同的雷达进行跟踪，其系统位置上的差异有利于提高对电离层高度的估计。实际操作中，利用多个

ROTHR系统可跟踪重复覆盖区内的目标，甚至可以将 ROTHR 坐标定位轨迹与多传感器多源目标包括微波雷达网络和陆基及空中无线电信号转发器的轨迹相融合，采用二维人工实时射线跟踪（A two-dimensional manual real-time-tracing）算法，可望将跟踪精度提高 50%。

为了提高这种雷达的识别精度，研究人员正在研究用于电离层建模的新算法，并将斜坐标转换为标有地面经纬度的图像。经过这些改进措施加上一台先进的大容量计算机和新的高分辨显示器，ROTHR 操作员能更清楚地监视目标。

尽管天波超视距雷达的优点很多，但是它工作在高频频段、利用电离层反射进行传播以及下视工作方式也带来许多问题，天波超视距雷达系统面临许多挑战。

（1）在高频频段存在许多外部干扰和噪声，包括宇宙噪声、大气噪声（闪电）、短波电波等，这些外部干扰和噪声通常比接收机内部噪声高 20～40dB，成为限制接收机灵敏度得主要因素。

（2）天波超视距雷达信号经过电离层传播，由于电离层电子浓度的不规则性（非平稳），使得各次回波信号的相位附加了一个准随机扰动，导致信号不能实现有效的相干积累，杂波谱展宽等，使低速目标（舰船等）检测变得非常困难。

（3）电离层的多层性使得在某些工作频率上，雷达信号可能经过不同的电离层传播，出现多个目标具有相同的斜距（多模传播）或者一个目标具有不同的斜距（多径传播）的情况。多模传播导致杂波谱展宽，影响目标的正常检测，而多径传播使目标的定位和跟踪复杂化。

（4）天波超视距雷达的下视工作方式使回波中含有强大的海/地杂波，为提高目标的信杂比，通常要求雷达具有较高的方位、距离和多普勒分辨力。但是方位、距离以及多普勒分辨力的提高都受到一些客观因素的限制，这导致目标检测变得非常困难。

（5）空中目标检测是天波超视距雷达工作的一个重要方面，但是目标做机动飞行时，其回波信号是非平稳的，使相干积累变得困难，目标探测能力下降。

（6）海面目标探测也是天波超视距雷达工作的一个重要方面，但是海面目标的运动速度较低，与杂波谱相近，因此海面目标有效探测也是天波超视距雷达面临的一个挑战。

综上所述，天波超视距雷达面临的挑战是多方面的，如果这些问题不能得到很好的解决，天波超视距雷达对目标的检测性能将大打折扣，天波超视距雷达的优势也就无从体现。而这些问题的解决还需要依靠信号处理，相对于微波雷达，天波超视距雷达的信号处理要复杂得多。

10.6 地波 OTHR[43]

虽然知道表面波或地波 OTHR 的基本工作原理已经有几十年了，但是要想使它们保持隐蔽仍然是个挑战。图 10.19 所示为发射机和接收机空间位置分离的 OTHR 的概念。OTHR 发射机（XMTR）发射的无线电波沿着海面传播并一直延伸到视距之外。使用垂直极化天线的地波雷达与含盐导电液体接触时能够很好地工作。海水是一种良导体，而空气是绝缘体。作为这种现象的结果，空气的最下层和海洋的最上层构成了一个波导，其内的 HF 辐射受内部反射的限制。始终选择垂直极化天线是为了避免在水平传播时产生相对较高的衰减。这种对海面的耦合辐射效应提供了一种检测超出视距目标的方法，从而克服了传统微波雷达系统探测距离受到视线限制的问题。

地波方法不能使用在陆地上、淡水湖上和被淡水稀释了的海洋（如波罗的海或尼罗河三角洲）上。它们不需要实时了解电离层特性。这些系统最适合于海军的应用。例如，监视一个国家的专属经济区和为海面战舰对抗反舰巡航导弹提供早期预警。由于相对便宜，它们还可以广泛应用于收集高质量的海浪、海流和潮汐信息。

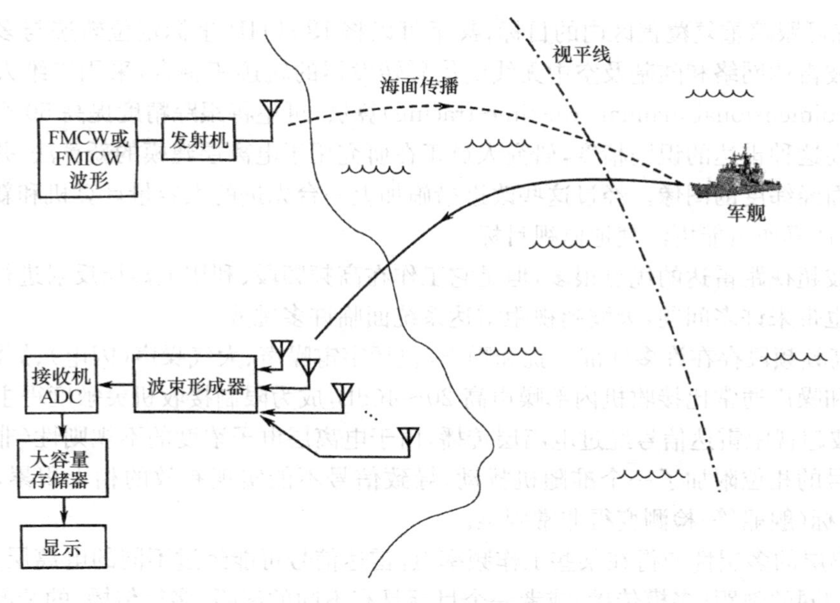

图 10.19　地波雷达的概念

地波 OTHR 系统能够检测 10～400km 的表面或空中目标。这个距离受发射功率大小和实际衰减的限制。衰减量可以利用检查海面上的修正折射指数图进行预测，它是海面状态和大气层条件的函数。计算机程序如高级折射效应预测系统(AREPS)能够对世界上任何地方的当前衰减情况做出准确的预测。系统之间的距离分辨力变化范围较广，取决于所使用的调制带宽，其典型值为几兆赫。最佳地波载波频率主要取决于在多普勒空间中感兴趣的目标相对于杂波的位置。

下面介绍一个地波 OTHR 系统的例子。

雷神(Raytheon)公司的加拿大海岸监视雷达被设计用于检测和跟踪最大距离为 400km 的船舶、飞机和冰山的信息。为简化在偏远地区的安装难度，雷达采用场地安装方式，并且是可无人值守运行的功能广泛的监视系统，还具有频谱管理能力以提高性能的可靠性。优化的 SWR—503 雷达(3.5～5.5MHz)可用于远程监视最大距离为 407km 的目标。同 SWR—503 相比，SWR—610(6～10MHz)的配置是为中程应用设计的，具有检测和跟踪小型目标的功能。发射天线为单极对数周期序列，如图 10.20 所示。接收阵列是一个 16 阵元的地面阵，如图 10.21 所示。带宽为 3～80kHz，典型值是 20kHz($\Delta R=7.4$km)。典型速度分辨力为 0.1km/h(冰山)、0.9km/h(船)、7.4km/h(飞机)。平均发射功率为 3.2kW，峰值功率为 16kW。SWR—503 对各类空中和表面目标的检测能力，如图 10.22 所示。

综上所述，20 世纪 50 年代早期，OTHR 地波系统首先得到研究并投入使用，随后才出现了高效率的天波系统。尽管在世界范围内天波 OTHR 仍在持续发展，但是，从长远来看，利用表面波传播的地波系统，具有更大的吸引力，因为它们的体积更小、移动更方便。天波与地波雷达的最大区别是天波雷达具有更大的超视距探测距离 1000～4000km，而地波系统只能发现 400km 范围内的目标。天波雷达之所以监测范围比地波雷达广，是因为大气电离层的电离和吸收损失比地面波的衍射损失小。另外，电离层造成的多径效应和多普勒扩展也很重要。巡航导弹、隐身飞机、弹道导弹和航空母舰等超出视距很远的目标均能够被 OTHR 系统检测到。

最后应该指出，组网超视距雷达系统是值得引起大家关注的系统。未来的超视距雷达有望在所有性能方面得到显著提升，包括 LPI 性能。在第 6 章中介绍的 MIMO 雷达概念应用于超视

图 10.20　SWR—503 发射天线配置[43]

图 10.21　SWR—503 接收天线配置[43]

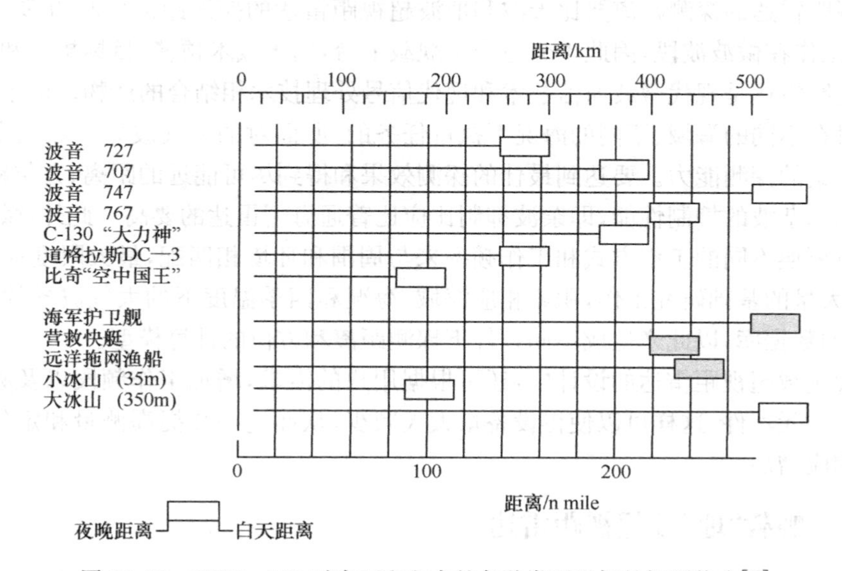

图 10.22　SWR—503 对表面和空中的各种类型目标的探测能力[43]

距雷达有三个直接的好处。首先,它提供了一种可在雷达灵敏度和监视覆盖区域间进行折中的雷达管理方法,前面两点允许更加有效地利用资源(监视区域需求、灵敏度、目标动态特性,以及目标特性与数据处理算法的交互作用)。MIMO 雷达也是一种实现发射自适应处理以抑制杂波的简便方法。通过改变发射阵列的照射源能更有效地抑制杂波。因此,在组网超视距雷达系统中经常应用到正交波形信号。同时使用多个发射正交波形可以得到更好的灵敏度和更灵活地权衡覆盖区域。它还允许对发射波束的自适应管理以便最小化杂波,并为提高杂波抑制性能而简化传播模式的选择。

在一个超视距雷达中,发射机和接收机子系统可以视为 $M \times N$ 维数字阵列。发射子系统由一个波形发生器经发射功率放大器和发射天线单元构成。接收子系统由每个阵元上的数字化接收机组成。要让连续波集合在空间—时间模糊度上实现完全正交是不可能的。采用多发射机和多接收机的空时自适应处理技术允许每个发射阵元有一个波形发生器,并使发射/接收波束形成完全在接收站实现。利用低功率波形产生的目标散射分集可以得到更好的检测性能。

10.7 海基微波超视距雷达和高频表面波雷达技术

10.7.1 海基微波超视距雷达

微波超视距雷达利用的则是海水和大气之间特殊自然现象形成的大气波导和对流层的非均匀散射现象。在一定条件下,当海水和大气之间的折射率梯度小于某一个值时,出现超折射现象,在大气层和海面构成犹如波导的大气管道,使得以一定频率和仰角发射的电磁波能在其中传输,这样电磁波不再以直线的方式传播而是沿地球的表面传播到视距以外。人们利用这一特殊现象,研制出一种微波超视距雷达系统,它可以在很宽的频带内以主动(有源)和被动(无源)交替的工作方式完成对目标的探测。在主动工作方式下,雷达主要利用大气超折射现象;被动工作方式则利用对流层非均匀散射特性来实现对超视距辐射源目标的探测。通常主动方式发现目标的距离可达 100～200km,被动方式可发现 200～500km 的水面目标。

微波超视距雷达的探测距离要比天波和地波超视距雷达的探测距离要小得多,但精度却要高得多,而且工作在微波波段,因此十分适合于舰载平台,用于战术预警、目标指示和导弹引导。

微波超视距雷达是现代微波通信技术和现代信号处理技术相结合的产物。由于超视距雷达的载舰是随时在不同的海域、不同的海况下执行任务的,所面对的大气波导当然也会有所差别,从而影响到雷达的探测能力。要达到最佳的探测效果和得到尽可能远的距离、方位精度,必须提高对陆杂波和海杂波的抑制性能,即杂波抑制比应比普通海用雷达的要高。此外,微波超视距雷达还需要随时更换不同的工作方式和工作频率来与周围和环境相匹配,最大限度地利用大气波导,这需要做大量的基础研究工作,积累相应海域、海况和四季温度下的大气波导的有关技术资料,建立相应的数据库,以此来生成不同条件下探测距离和方位的计算模型。

在新一代舰载超视距雷达的设计中,还可根据用户的需求,增加工作频段以及频段的带宽,采用高集成度的元器件,这样可以使得设备量大大减少,从而进一步提高测量和定位的精度,作用距离也会相应增加。

10.7.2 舰载"地"波超视距雷达

另一种超视超雷达是舰载高频表面波雷达即舰载"地"波超视距雷达,它利用高频电磁波在导电海洋表面传播时衰减较小的特点,使用 2～30MHz 波段垂直极化天线辐射电磁波,使电磁波沿地球曲面绕射传播，从而能超越视距地探测和跟踪在海平面和视线以下的舰艇、飞机和导弹。

地波超视距雷达系统一直以来吸引着各国的极大关注。一些国家的海军已认识到“地”波超视距雷达在加强对反舰巡航导弹的防御方面有着潜在的优势，它能探测低空飞行的武器，而且大大超过用厘米波长传感器探测时所能达到的距离。一般而言，地波超视距雷达没有天波超视距雷达结构复杂，制造费用也较低，也不需要实时了解电离层的状况，尤其适于舰艇使用，为海上作战时对来袭的反舰巡航导弹提供早期预警。

第11章　超宽带雷达技术

11.1　概　　述

超宽带(Ultra-Wideband Radar,UWB)雷达的主要特征为具有很宽的带宽和相当好的距离分辨力。它通常的定义是相对带宽B_{FW}大于25%的雷达。

设雷达的中心频率f_0与上端频率f_h和下端频率f_l的关系为

$$f_0=\frac{f_h+f_l}{2} \tag{11-1}$$

绝对带宽B_W定义为信号频谱所占的频率区间宽度,也就是最大频率和最小频率之差,或

$$B_W=f_h-f_l \tag{11-2}$$

瞬时相对带宽B_{FW}定义为绝对带宽(f_h-f_l)与平均频率$(f_h+f_l)/2$之比。因此,瞬时相对带宽定义为

$$B_{FW}=\frac{f_h-f_l}{f_0}\times 100\%=\frac{2(f_h-f_l)}{f_h+f_l}\times 100\% \tag{11-3}$$

由于$B_{FW}>20\%$时,雷达的角度和时间/频率分辨力将变成一个综合问题,因此窄带雷达的许多技术和分析难于适用超宽带雷达。

UWB雷达作为一种新的探测技术,已引起国内外专家的广泛重视。利用其超宽带特性和高分辨力特性,可获得复杂目标的精细回波响应,对目标识别和目标成像极为有利。此外,超宽带雷达可增强RCS和改进对杂波的抑制,从而提高探测目标的能力。当然,在UWB雷达的数字信号处理方面,其采样率将随着带宽的增大而提高,因而对信号处理的能力要求更高;对UWB雷达天线和波形的产生也有特殊的要求。

11.2　超宽带雷达信号及产生方法[104]、[105]、[106]、[108]、[147]

超宽带信号波形具有下列两种时域特性之一:有极短的持续时间或有复杂的波形(含有许多频率分量)。超宽带波形具有杂波抑制、目标增强的独特优势在于分辨单元尺寸减小,波长增加以及波形极性鉴别,其中,对角度和时间—频率分辨力之间的关系的利用是超宽带波形所独有的。

通常UWB波形可分为冲激脉冲波形,脉冲压缩波形和分布频谱波形。下面对这几种波形进行简单介绍。

1. 冲激脉冲波形

UWB冲激状的信号可以在时域上分成三类:①单脉冲,或者按照固定的间隔重复的单脉冲;②同样的脉冲按间隔晃动(随机地)重复;③不相同的脉冲,重复时间间隔或者相同或者不同。图11.1给出了几种可能的UWB信号结构[106]。

冲激脉冲波形通常是利用极高速开关产生极高峰值功率(数GW)的极窄脉冲宽度(0.10ns~数ns)的波形,其频谱范围接近直流至数GHz。

通常采用类似于只有一个或几个周期的正弦波来构成脉冲宽度极短的UWB波形,其脉冲宽度$\tau=NT$或N/f_0,其中N为周期数,T为周期,f_0为频率。

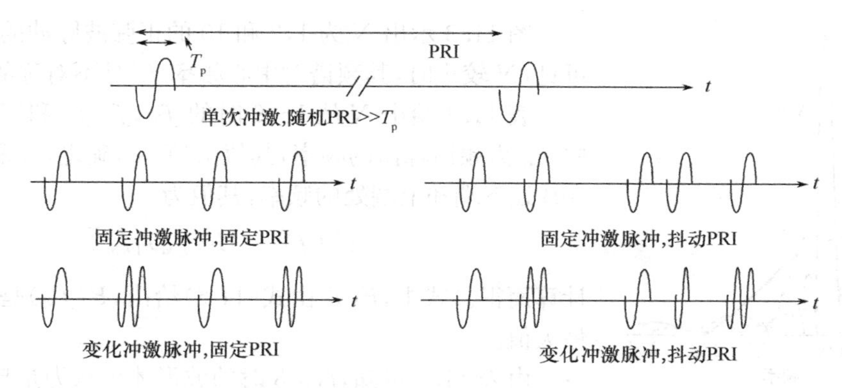

图 11.1　几例冲激脉冲 UWB 信号结构(这给出了在 UWB 雷达系统中可能遇到的冲激序列的一些概念。基本点是冲激或冲激组的宽度比相邻的冲激组之间的间隔要小得多。在雷达中,冲激的出现基本是一个随机现象)

我们知道,波形 $f(t)$ 和其频谱 $F(f)$ 的关系为

$$F(f)=\int_{-\infty}^{+\infty} f(t)\mathrm{e}^{-\mathrm{j}2\pi ft}\mathrm{d}t \tag{11-4}$$

因此,频率为 f_0 的正弦信号构成的脉冲宽度为 τ 的信号,其频谱 $F(f)$ 为

$$F(f)=\int_{-\tau/2}^{\tau/2}\sin(2\pi f_0 t)\mathrm{e}^{-\mathrm{j}2\pi ft}\mathrm{d}t=\frac{\mathrm{j}\tau}{2}\left[\frac{\sin[\pi(f_0+f)]\tau}{\pi(f_0+f)\tau}-\frac{\sin[\pi(f_0-f)]\tau}{\pi(f_0-f)\tau}\right] \tag{11-5}$$

用 $\tau=N/f_0$ 代入式(11-5),得

$$|F(f)|=\frac{2}{\pi f_0}\left|\frac{\sin(N\pi f/f_0)}{1-(f/f_0)^2}\right| \tag{11-6}$$

因此,对于 $N=1$ 的单周正弦波,其能量谱可写成

$$W_\tau(t)=\left[\frac{\tau}{\pi}\frac{\sin(\pi f\tau)}{1-(f\tau)^2}\right]^2 \tag{11-7}$$

由此可导出 τ 与能量谱峰值及 3dB(半功率)的上端和下端处频率的关系式

$$f_{\mathrm{M}}=0.84/\tau,\quad f_{\mathrm{l}}=0.411/\tau,\quad f_{\mathrm{h}}=1.31/\tau \tag{11-8}$$

图 11.2(a)和(b)分别示出理想的单周正弦波及其能量谱密度(虚线)和从 f_{l} 到 f_{h} 带限下的波形和能量谱密度(实线)。

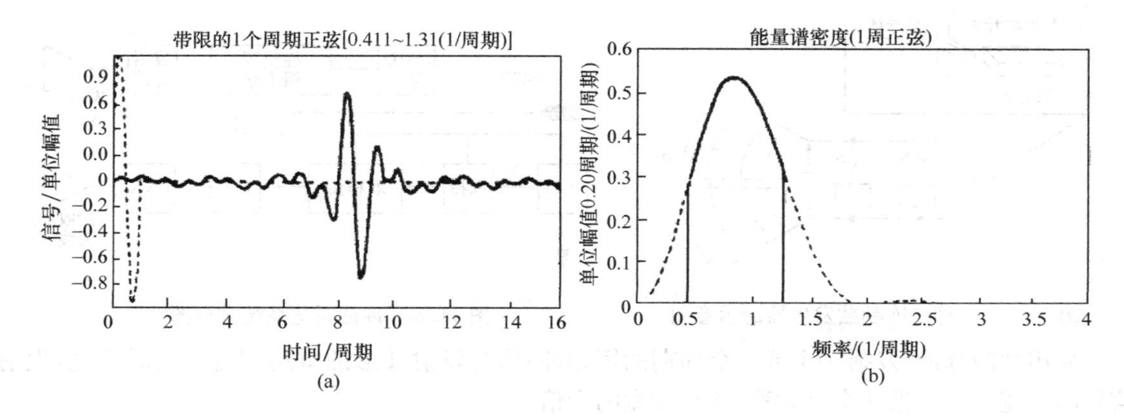

图 11.2　单周正弦波及其能量谱密度(虚线为理想情况,实线为带限情况)例图

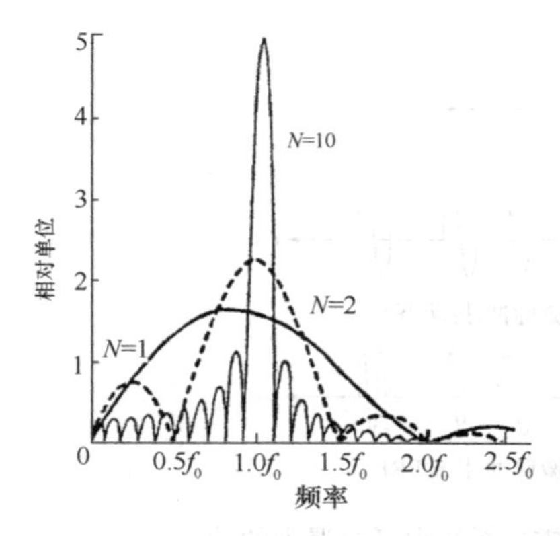

图 11.3　周期数 N 为 1,2 和 10 的正弦波脉冲频谱例图

图 11.3 示出 N 为 1,2 和 10 的正弦波脉冲的频谱。由图可见,N 较小时,其频谱对中心频率 f_0 是不对称的。

表 11.1 给出 N 从 1～9 时的 f_M,f_l,f_h 和 B_{FW}的值。其中 f_M 为频谱峰值的频率,其值由$F(f_M)$确定,f_l 和 f_h 分别为 3dB 处下端和上端处的频率,其值为

$$|F(f)| = |F(f_M)|/\sqrt{2} \tag{11-9}$$

计算而得。式中,$F(f)$由式(11-6)给出,$F(f_M)$是式(11-6)的最大值。

由表 11.1 可知,$N<3$ 时的波形才可认为是超宽带信号。

(1) 利用高速开关产生冲激脉冲波形

常用的冲激源是某类赫兹发生器,图 11.4 示出一种冷冻赫兹发生器(Forzen Hertixidn Generator)的示意图。这种发生器通过在半导体开关中利用激光脉冲驱动,将高压直接转变成超宽带电磁波。

表 11.1　周期数 N 从 1～9 的正弦波脉冲的相对带宽

	$N=1$	$N=2$	$N=3$	$N=4$	$N=5$	$N=6$	$N=7$	$N=8$	$N=9$
f_M/f_0	0.84	0.96	0.98	0.99	0.99	1.00	1.00	1.00	1.00
f_l/f_0	0.42	0.75	0.84	0.89	0.91	0.93	0.94	0.95	0.95
f_h/f_0	1.30	1.18	1.18	1.10	1.08	1.07	1.06	1.05	1.04
B_{FW}	88%	43%	29%	21%	17%	14%	12%	10%	9%

1977 年美国 RADC 研制成峰值功率为 2MW、上升时间为 70ps、脉宽为 100ps 的赫兹发生器。近年来,大功率光导开关有了新的发展,1989 年美国 LOS Alamos 国家实验室研制出一种光导开关冲激发生器。同年,美国 Power Spectra 公司研制出一种极高速固态开关器 BASS——体雪崩半导体开关,拟用于超宽带雷达。1990 年,马里兰大学研制成兆瓦级光导开关发生器。除高速开关外,该系统的关键部件和技术还有能量存储、脉冲形成网络和对负载(高功率微波器件)的耦合。

图 11.5 示出一个冲激雷达方框图,它由分离的发射天线和接收天线、发射机、接收机、信号处理机和存储器组成。

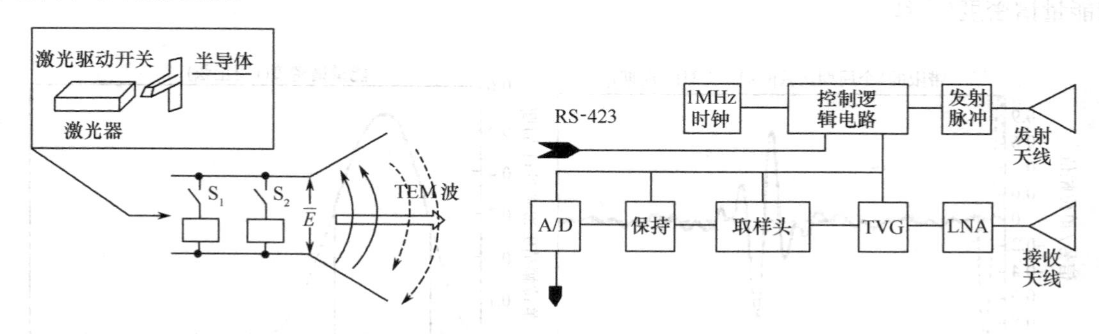

图 11.4　一种冷冻赫兹发生器的示意图

图 11.5　冲激雷达系统方框图[102]

采用冲激脉冲(发射一个或多个周期的短脉冲)作为发射波形的雷达带宽是瞬时带宽,发射信号的带宽可能占据几个倍频程,甚至带宽的十倍。

发射天线和接收天线是不同的,天线采用它们的传递函数来设计,而不是依据它们的增益或有效孔径。窄带雷达距离方程处理最多的量是功率,因此相位失去了,而宽带雷达距离方程涉及

实际电压，因此相位信息保留了。于是电场被发射天线辐射、被目标反射、再入射到接收天线上，主要由宽带天线复阻抗来定义的。宽带目标散射传递函数由目标距离 R 的散射电场对目标上入射电场之比（且包括极化效应）来定义。

能够用于冲激雷达的天线有单极、偶极子、圆锥天线、蝴蝶结天线以及阵列天线。

上述方法是基于利用相当低的功率源来存储能量，然后利用高速开关将能量突然释放，从而获取短持续时间的高峰值功率的波形。这种方法存在如下问题：① 能量效率低；② 难以控制脉冲形状；③ 难以保持精确的 PRF；④ 难以避免对友邻接收机的干扰。

(2) 利用傅里叶级数系数的合成冲激脉冲波形

下面介绍一种用傅里叶级数系数的合成概念来产生冲激脉冲波形方法。我们知道，任一周期信号可用直流项加正弦和余弦项组成的傅里叶级数来表示，即

$$f(t)=\alpha_0+\sum_{n=1}^{+\infty}\left(\alpha_n\cos\frac{n\times 2\pi}{T}t+b_n\sin\frac{n\times 2\pi}{T}t\right) \tag{11-10}$$

因此，冲激脉冲信号可用加权的或不加权的正弦波分量合成而得。在实际雷达应用中，可采用有限数目的发射源，此时，脉冲串可用 N 个傅里叶分量表示，即

$$f(t)=\alpha_0+\sum_{n=1}^{N}\alpha_n\cos(\omega_n t) \tag{11-11}$$

式中，$\omega_n=2\pi f_n$；$f_n=f_1+(n-1)\Delta f\quad(n=1,2,\cdots,N)$。所要求的发射源数目 N，根据脉冲持续时间和脉冲重复频率而定。这类波形产生的原理框图如图 11.6 所示。图 11.7 示出在从 0.5～5.5GHz，相间 $\Delta f=0.5$GHz 的 5GHz 频带内，用 11 个等幅频率源合成的一个 $T_r=2$ns，$\tau=200$ps的脉冲串。还可对上述 11 个频率源赋以不同权值，以控制时间旁瓣。

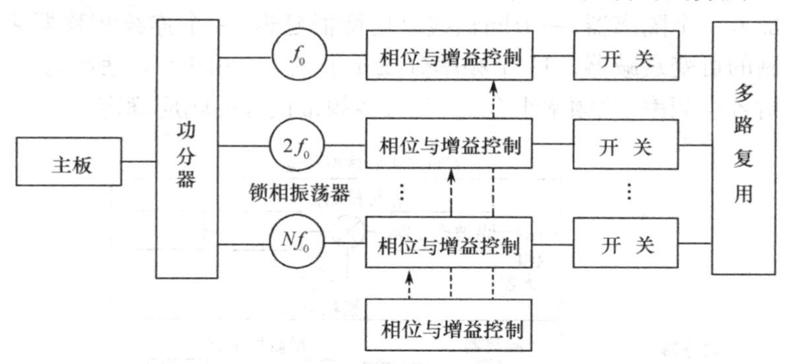

图 11.6　傅里叶合成波形的原理框图

傅里叶级数的直流分量不能被发射，因此所合成的波形无直流分量。虽然这些因素限制了合成的波形接近于理想的波形。但只要合适地设计天线，使其无色散地发射，仍可达到预定的效果。

不同波形的傅里叶系数可预先计算并加以存储。当希望产生某一特定波形时，从波形系数库中提取相应系数，并对相应的振荡器进行相位与幅度控制即可。

合成波形的脉冲宽度(τ)与谐波的数目和基频的高低有关。脉冲重复频率(PRF)可通过转换开关控制振荡器来完成。

基于上述概念的 UWB 雷达的概念设计框图如图 11.8 所示。在发射时，每个发射源定在所要求形成脉冲串的一个频谱上，公用的主控振荡器用于对锁相振荡器组馈电。

图 11.9 示出一种发射信道的设计方案。在工作时，多个不同频率 $f_1, f_2, \cdots, f_N$ 产生经多路、多频段馈源发射，所辐射的多种频率信号在空间合成，构成时域脉冲串。由图 11.9 可见，11 个相参频率源构成一组相位锁定振荡器，为对 11 个频率源都相位锁定，用一个主控振荡器作为基准源。11 个频率源的频率必须选为基准源频率的整数倍，而且基频必须足够低，以确保振荡

器设计所要求的长期稳定性。该基频信号经一功分器馈至 11 个锁相振荡器。所有相位锁定振荡器均应具有良好的频率精度、频率纯度、频率稳定度以及低噪声。

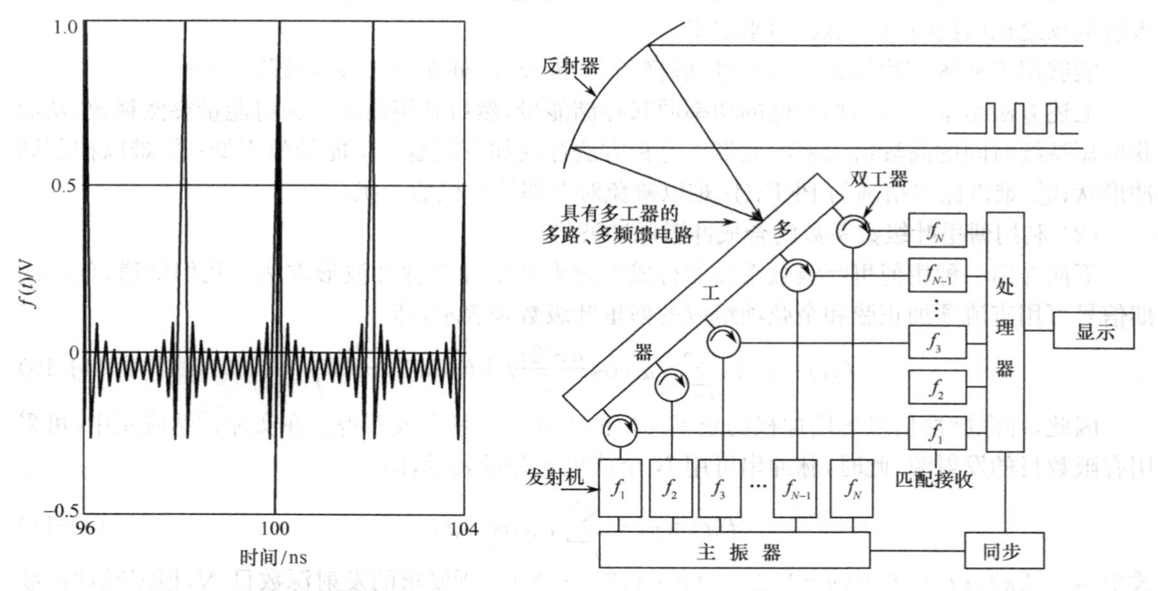

图 11.7　以 Δf=0.5GHz，从 0.5～5.5GHz 频带的 11 个等幅频率分量计算而得的 τ=200ps，T_r=2ns 的脉冲例图

图 11.8　一种 UWB 雷达的概念设计框图

每个频道还加入一个隔离器，一节同轴线以均衡群延迟，一个连续相移器来微调相位，以及一个作为增益控制的可变衰减器。11 个频率分成 4 个频带，如图 11.9 所示。一个多路、多频段馈源用于组合辐射各组频率，此频率组合由多路、多频带馈源的响应确定。

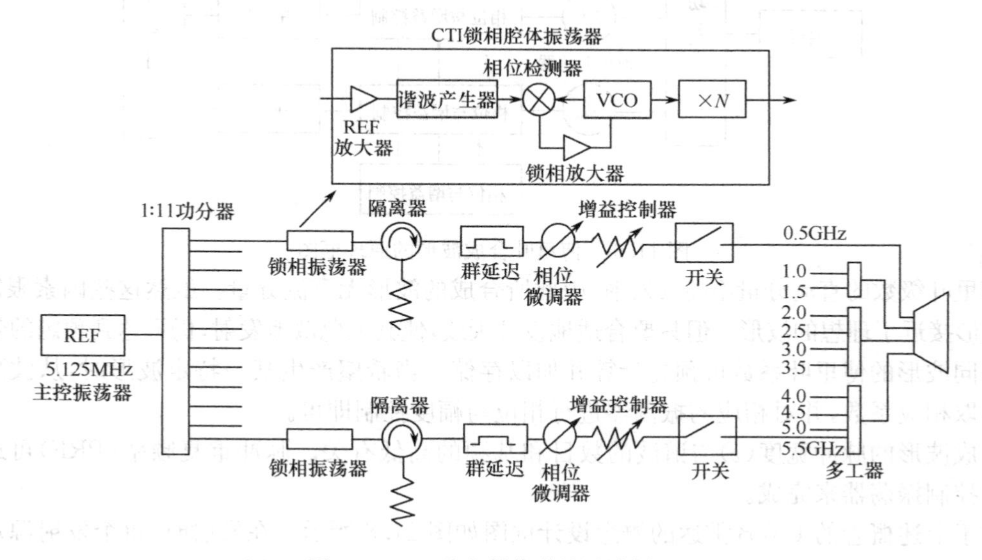

图 11.9　一种发射信道的设计例图

2. 脉冲压缩波形

脉冲压缩主要是为了达到高的发射平均功率，同时又具有短的有效距离分辨单元，并使雷达所接收的杂波量小。其发射波形是宽脉冲，可以是相位或频率调制，在通过雷达接收机的匹配滤

波器(脉冲压缩)压缩后产生所需的窄脉冲;也可将这种宽脉冲分裂成若干个具有不同载波或相位的窄子脉冲方法发射各种编码脉冲,然后再将接收信号与合适的编码信号在数字相关器中进行相关处理实现脉冲压缩。这种方法能保证将那些与发射编码失配的固定编码干扰脉冲抑制掉,最佳情况下,主旁瓣比可达到40dB。

目前常用的UWB信号脉冲压缩有以下几种方法。这些方法有其各自的优缺点,在实现时技术上的难度也不一样。

第一种方法是宽带脉冲压缩技术。采用线性频率或相位调制压缩技术,数据率高,信号处理实时性好。利用表面声波器件,脉冲线性调频的带宽可以达到500MHz或1000MHz。但这种波形要求雷达系统有很大的瞬时带宽,并且要求采样速度极高的模/数变换器。

第二种方法是时间—带宽转换技术。其基本原理是发射宽带的线性调频宽脉冲信号,而在接收后的信号处理中,用时间—带宽转换技术和窄带信号处理技术,即在接收时,将信号中所含的不同的时间(距离)信息变换成不同频率信息,然后对频率信息做数字FFT处理。这种方法可以降低采样和模数变换的速率以及脉冲宽度的要求。但它会引起雷达作用距离减小。

第三种方法是步进跳频波形技术。它在不同的重复周期发射不同载频的脉冲信号,周期间载频按一定规律步进变化,然后对接收信号进行综合处理。这种技术的具体步骤为:

(1) 发射N个短脉冲串(在几毫秒内完成),脉间频率阶跃为Δf_r,跳频总带宽$B_r=N\Delta f_r$;

(2) 对每个脉冲回波的同相分量和正交分量进行采样和模/数变换并存储数据;

(3) 对每组脉冲串的N个复数数值进行离散傅里叶逆变换得出合成的距离分布图,提取高分辨力的距离轮廓,其纵向分辨力是跳频总带宽的倒数。该方法具体说明如下:

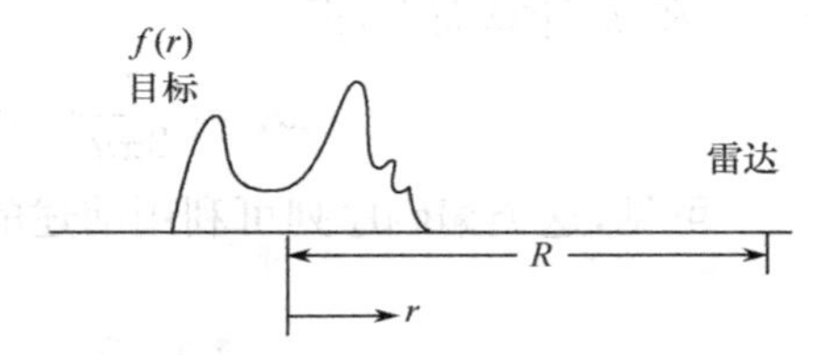

图 11.10 目标距离几何形状的示意图

如图11.10所示,有一个距离雷达为R的目标,设目标的散射函数为$f(r)$,在一脉冲串中的每个相继脉冲的频率单调增长Δf_r,其发射频率为

$$f_k=f_0+k\Delta f_r \qquad (k=0,1,\cdots,N-1)$$

来自目标的雷达回波可表示为

$$G(k)=I_k+jQ_k=A\int_{-\infty}^{+\infty}f(r)\exp\left[-j\frac{4\pi}{c}(f_0+k\Delta f_r)(R-r)\right]dr \tag{11-12}$$

式中,A为一标度系数,它取决于发射功率、信号传播等。在此,假设脉冲宽度能覆盖整个目标区,积分是沿r对整个目标区进行的。式(11-12)可写成

$$G(k)=A\exp\left[-j\frac{4\pi}{c}(f_0+k\Delta f_r)R\right]\int_{-\infty}^{+\infty}f(r)\exp\left[+j\frac{4\pi}{c}(f_0+k\Delta f_r)r\right]dr \tag{11-13}$$

应该注意,$f(r)$是距离r的连续函数,而$G(k)$是频率k的离散复函数。式(11-13)的积分为$f(r)$的傅里叶逆变换形式,而积分号之外的项是一个相对于距离的复常数。因此,目标散射函数$f(r)$可通过对$G(k)$求DFT来重构。由于经全部N个频率的步进频率Δf_r是恒定的,所以可直接应用FFT来重构$f(r)$。

由式(11-13)可知,若两个散射体的间隔$\Delta r\leqslant c/2\Delta f_r$,则它们将位于同一距离门中。因此,根据$G(k)$的DFT获得的合成距离分布图,其无模糊距离间隔为

$$\Delta t_s=c/2\Delta f_r \tag{11-14}$$

由于无模糊距离间隔为Δt_s,而且在雷达回波范围内通过N点FFT得到的距离单元数为

N,所以距离单元宽度或距离分辨力 Δr_s 为

$$\Delta r_s = \Delta t_s / N = c/2B_r \tag{11-15}$$

式中,$B_r = N\Delta f_r$ 是由 N 个脉间的步进频率 Δf_r 合成的有效带宽。

式(11-15)表明,距离分辨力仅取决于总的有效带宽,而与各子波形的瞬时带宽无关。

第四种方法是利用傅里叶级数合成法形成脉冲压缩信号。利用图 11.6 中每个频道上加以幅度和相位控制,就可用傅里叶级数合成法产生编码脉冲压缩波形。

函数 $f(t)$ 的傅里叶级数近似展开式为

$$f(t) = \sum_{n=1}^{N}\left[a_n\cos\left(\frac{2\pi nt}{T}\right) + b_n\sin\left(\frac{2\pi nt}{T}\right)\right] \tag{11-16}$$

对上式两边取微分,得

$$\begin{aligned} f'(t) &= \sum_{n=1}^{N}\left[\frac{2\pi n}{T}a_n\sin\left(\frac{2\pi nt}{T}\right) - \frac{2\pi n}{T}b_n\cos\left(\frac{2\pi nt}{T}\right)\right] \\ &= \sum_{n=1}^{N}\left[\alpha_n\cos\left(\frac{2\pi nt}{T}\right) + \beta_n\sin\left(\frac{2\pi nt}{T}\right)\right] \end{aligned} \tag{11-17}$$

式中

$$\alpha_n = -\frac{2\pi n}{T}b_n, \beta_n = \frac{2\pi n}{T}a_n$$

若 $f'(t)$ 可表示成 δ 函数序列,则可比较式(11-17)的两边来确定 α_n 和 β_n。系数 a_n 和 b_n 可从 α_n 和 β_n 计算而得,即

$$a_n = \frac{T}{2\pi n}\beta_n = \frac{1}{n\omega_0}\beta_n, \qquad b_n = \frac{-T}{2\pi n}\alpha_n = \frac{-1}{n\omega_0}\alpha_n$$

可见,这类编码序列可利用前述的傅里叶系数合成来近似构成。

11.3 超宽带信号的接收机

接收机在雷达中有两个含意:其一是指以电路和软件形式出现的物理设备,用于把电磁信号转换成有用的显示或消息;其二是指从存在噪声的信号中提取信息的过程,即信号检测的数学描述。

1. UWB 和窄带接收机的差别[106]

在窄带和 UWB 信号的接收之间可以指出一些基本的差别。图 11.11 总结出了 UWB 信号的检测与窄带信号检测的差别。需要记住的差别有:

(1) 窄带接收机

- 把感兴趣的被接收信号范围限定在一个小带宽内,容纳信号的载频和比载频低得多的调制频率。
- 一般使用被接收信号的包络,也就是说,感兴趣的是在一个小频率范围内被接收的瞬时功率。

(2) UWB 接收机

- 一定具有足够大的带宽,超过期待或需要的最快信号上升时间或最高频率分量。
- 在损耗元件对信号失真之前检测信号,或把短时间的高强度信号积分变成长时间的低强度信号。检测可能直接在信号本身上完成,而不是在中频上完成。
- 信号存在的检测需要使用参考信号波形通过门限检测或相关检测完成。门限检测需要信号的瞬时功率和频率分布在接收机的检测门限 S_{th} 之上,如图 11.11 所示的被接收信号加噪声。相关接收是一个波形比较处理过程,它把被接收的信号与图 11.11 中间的参考信

号 $r(t)$进行相关积分。相关把一个长时间的低功率瞬态信号在幅度和相位都与参考信号匹配时变成短时间的高功率信号，如图 11.11 中最下方所示。相关处理可以对被接收的波形与参考波形进行积分处理，也可以对功率谱密度(PSD)特性进行积分处理。

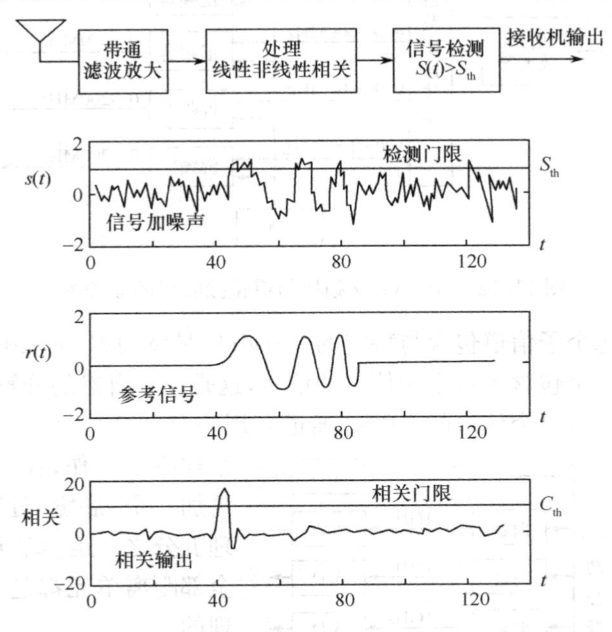

图 11.11　雷达接收机信号检测(接收到的信号加干扰经过带通滤波，再加上一些内部噪声。接收机的噪声确定了最小的可检测信号的电平。信号在送往门限比较器件之前接受了某些形式的检测。如果处理后的信号电平高于门限，就产生用于显示和再处理的检测信号。门限和相关是两种主要的方法。门限检测需要信号电平超过某个门限电平，它通常是接收机噪声电平的一个倍数。相关检测把接收到的信号波形与参考信号波形比较，给出由信号强度和被接收的信号与参考信号波形的相似程度来决定的一个输出)

2. 超宽带信号的接收机实现方法

超宽带信号接收机有许多问题需要解决：① 接收机与发射机隔离问题。目前尚无合适的超带宽隔离器和环行器，所以只能采用分离的发射和接收天线进行空域滤波。② 提高接收机灵敏度问题。由于接收机是超宽带的，进入接收机的热噪声功率很大，所以接收机灵敏度很低，为此需采用超宽带低噪声放大器。③ 接收机的构成形式问题。冲激雷达接收机输入信号波形是窄脉冲(ns 量级)瞬时信号，具有很宽的频带，要在接收机输出端得到不失真的波形，一般有两种方法：采样接收机和信道化接收机。采样接收机利用采样示波器的核心部件采样头，对周期信号进行逐次延时采样，输出瞬时信号的样本(数字量化)。信道化接收机是将工作频带划分成许多(几百～几千)个通道，每个通道的带宽为十几～几十兆赫，将各通道的输出进行综合得到输出波形。各通道必须相参，频率特性要相同，因而结构复杂，造价极高。

UWB 雷达接收机要求宽的瞬时带宽，通常的接收机难以满足。可满足宽瞬时带宽和合适 PRF 的一种接收机结构是某种形式的信道化接收机，如图 11.12 所示。大多数信道化接收机中的关键部件是多工器或信道截断(带通)滤波器。这类多工器或滤波器是最贵的器件之一，而且往往是支配着最终接收机的性能。

若雷达应用中采用数字信号处理，则子信道带宽和子信道的数目由所采用的 A/D 变换器来决定。例如，若 A/D 变换器采用 200MHz 采样率，则覆盖 1GHz 带宽，要求 5 个子信道以及一个 1∶5 的功分器或截断滤波器。

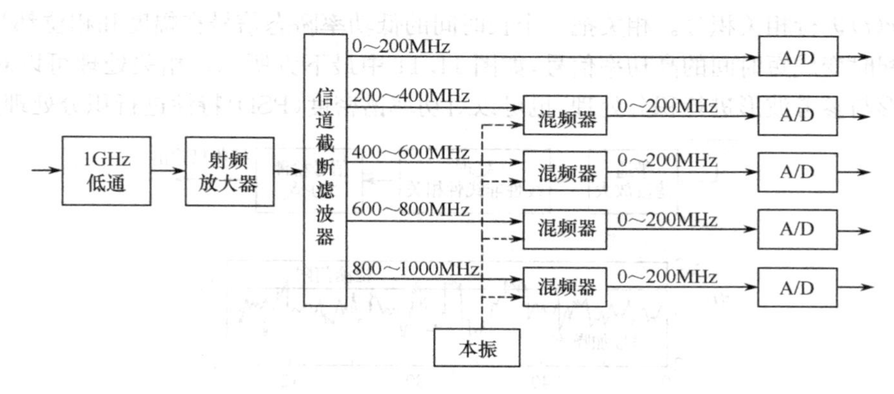

图 11.12　0~1GHz 频域信道化接收机的原理图

由图 11.12 可见，每个子信道包含与特定的 200MHz 带宽频率（0~200MHz，200~400MHz 等）有关的信息。对于一个包含多重窄带信号的信号，这是一种自然的分解。

若在上述 5 个信道中，每个信道的 I 和 Q 通道采用一个 8 位的 A/D 变换器，并在 200MHz 采样率下工作，在 5 组 A/D 变换器之后再加 5 个“展宽”处理器。每个处理器处理五分之一距离单元。因此，整个波形和全部距离单元都是由 5 个接收信道来处理的。

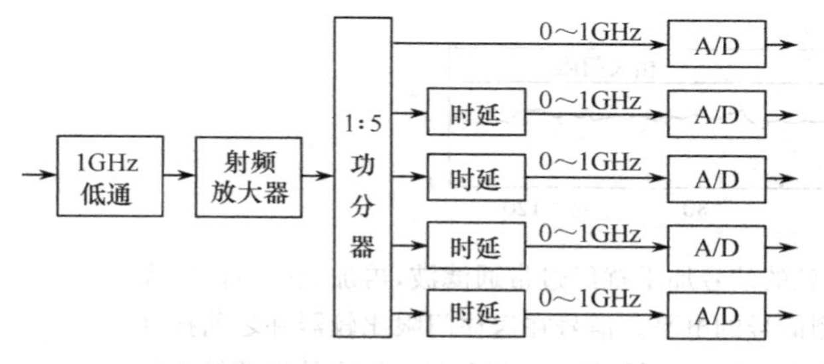

图 11.13　0~1GHz 时延信道化接收机的原理图

图 11.13 示出一种时域接收机。它采用了 5 个相同的 200MHz A/D 变换器，而对每个 A/D 的输入需加上时延，这就可提供一个等效的 1GHz 采样率。

11.4　超宽带天线[108]、[139]、[147]、[149]

UWB 天线是一种工作在宽频带范围内的天线。在理论上，它应无失真地发射和接收很窄的脉冲。一般概念的“宽频带”天线指可将能量从源耦合到空间的频率范围至少 8∶1 的天线，对于“超宽带”天线而言，则应大于上述频率范围（一般指 $B_{FW}>20\%\sim25\%$）。

对于超宽带雷达天线的要求是极为严格的，它需考虑波形不失真和良好的杂波性能，因此要求天线为低旁瓣的，且在所定的频率范围保持相对恒定的波束宽度和增益。另一方面，为了在所用的最低频率端能提供合适的高角度分辨力和低旁瓣，要求天线孔径至少为 6 个或 10 个波长。

UWB 天线的设计过程必须紧密与系统设计结合完成，并要考虑来自发射机的可变的脉冲形状，对目标所要求的脉冲形状和可采用的信号处理。此外，发射和接收天线的传输函数必须不使脉冲波形失真到不可接受的程度。

UWB 天线目前用行波天线和阵列天线。在行波天线方面采用 TEM 喇叭做馈源构成孔径为抛物面的反射天线。已有报道的天线还有：喇叭天线（如“神鹰”系统公司的 AS-4861 双极化四脊喇叭天线，它在频率范围为 9∶1 内，其增益为 5~18dB，频带宽度为 2~18GHz）；双锥天线（适当地选择锥角，这种天线的频带能做得非常宽），尤其是其改进型蝴蝶结形天线和曲折线阵天线，后者在 12∶1 的带宽可用数层相距为 1/4 波长左右的印制电路板来实现；频率无关天线，这类天线的特性仅与角度有关，它是以二维螺旋线、曲折线及三维圆锥螺旋线为基础构成的。

目前采用阵列天线作为UWB天线越来越多，下面对冲激阵列的基本原理进行简单介绍。

11.4.1 自由空间中单个阵列单元的辐射

图11.14示出在自由空间，由构成传统的微分天线的单个假设阵列单元的示意图。

在体积V_0中，一个时间相关的电流密度$\boldsymbol{J}(r_0,t)$在远距离$\boldsymbol{r}-\boldsymbol{r}_0$处产生电矢量为

$$\boldsymbol{A}(\boldsymbol{r}_0,t)=\frac{1}{4\pi}\int_{V_0}\frac{\boldsymbol{J}(\boldsymbol{r}-\boldsymbol{r}_0,t^*)}{\boldsymbol{r}-\boldsymbol{r}_0}\mathrm{d}V_0 \quad (11\text{-}18)$$

式中，t^*为$t-(\boldsymbol{r}-\boldsymbol{r}_0)/c$；$c$为光速。

对于图11.14中沿z轴向的单元偶极子，式(11-18)变成

$$\boldsymbol{A}(\boldsymbol{r},t)=\frac{h\boldsymbol{I}(t^*)}{4\pi\boldsymbol{r}}\hat{z} \quad (11\text{-}19)$$

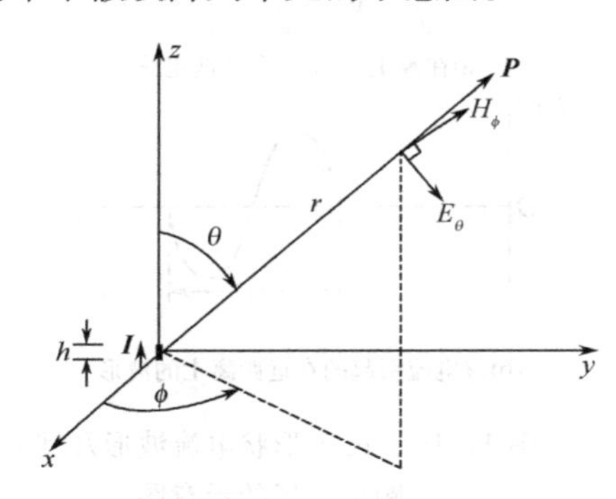

图11.14　在自由空间中的单元电流偶极子的示意图

式中，$\boldsymbol{I}(t^*)$为偶极子中的电流，h为偶极子的长度。

在远场中电矢量为

$$\boldsymbol{E}(\boldsymbol{r},t)=-\mu\frac{\partial\boldsymbol{A}(\boldsymbol{r},t)}{\partial\boldsymbol{t}}=\frac{-\mu h\boldsymbol{I}'(t^*)}{4\pi\boldsymbol{r}}\hat{z} \quad (11\text{-}20)$$

电场明显地与电流波形有关。因此，若电流写成如下形式：

$$\boldsymbol{I}(t)=\boldsymbol{I}_0f(t) \quad (11\text{-}21)$$

式中，$\boldsymbol{I}_0$为恒定幅值矢量，$f(t)$为单位幅值波形系数。于是，式(11-20)变成

$$\boldsymbol{E}(\boldsymbol{r},t)=\frac{-\mu h\boldsymbol{I}_0}{4\pi\boldsymbol{r}}f'(t^*)\hat{z} \quad (11\text{-}22)$$

在远场中，传播电场分量为$\boldsymbol{E}_\theta$，给出为

$$\boldsymbol{E}_\theta=\frac{\mu h\boldsymbol{I}_0}{4\pi\boldsymbol{r}}\sin\theta f'(t^*) \quad (11\text{-}23)$$

而对应的传播磁场矢量分量为

$$\boldsymbol{H}_\phi=\boldsymbol{E}_\theta/\eta \quad (11\text{-}24)$$

式中，$\eta=\sqrt{\mu/\varepsilon}$是自由空间的本征阻抗。

例如，考虑图11.15(a)所示的$\cos^2$形状的电流波形

$$f(t)=\begin{cases}\frac{1}{2}\left[1+\cos\left(\frac{2\pi t}{\tau}\right)\right], & |t|\leqslant\tau/2\\ 0, & |t|>\tau/2\end{cases} \quad (11\text{-}25)$$

在这种情况下，根据式(11-23)，远距离电场为

$$\boldsymbol{E}_\theta=\frac{-\mu h\boldsymbol{I}_0}{4\pi\boldsymbol{r}}\sin\theta\cdot\frac{\pi}{\tau}\sin\left(\frac{2\pi t}{\tau}\right),\ |t|\leqslant\tau/2 \quad (11\text{-}26)$$

如图11.15(b)所示，这是单个正弦周期。

图11.16(a)示出另一个典型的可实现的方波，图11.16(b)示出在远场中，该方波产生的不相连的正和负脉冲。

(1) 有反射背面的情况

图11.17示出由一反射背面及在其前放一个单元偶极子组成的实际排列，该电流单元放在平面之前距离为l之处，其中

$$l>c\tau/2 \quad (11\text{-}27)$$

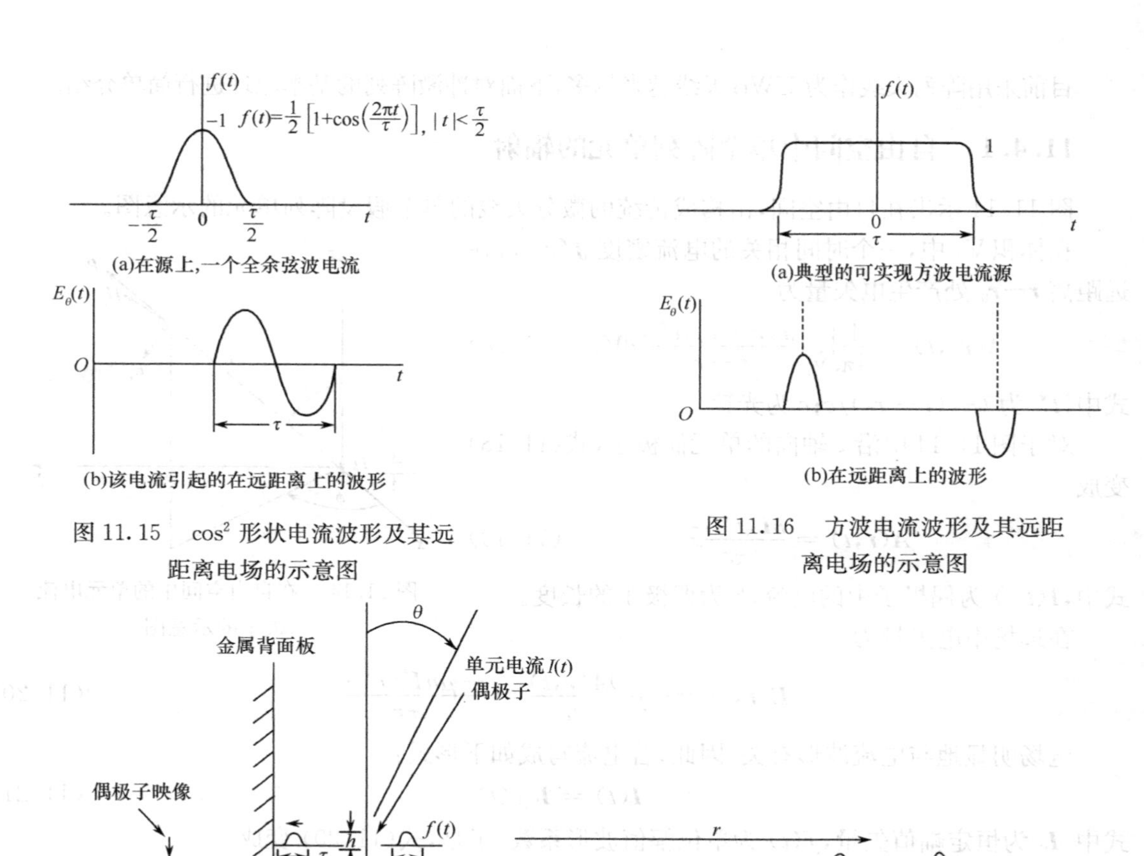

图 11.15　$\cos^2$ 形状电流波形及其远距离电场的示意图

图 11.16　方波电流波形及其远距离电场的示意图

图 11.17　在反射背面之前一个阵列单元所产生的辐射的示意图

在严格的条件下,可确保所产生和反射的脉冲之间无相互作用。图 11.18 示出 $l=c\tau/2$,$c\tau/4$ 和 $3c\tau/4$ 时辐射的电流脉冲及在远距离处产生的不规则波形。

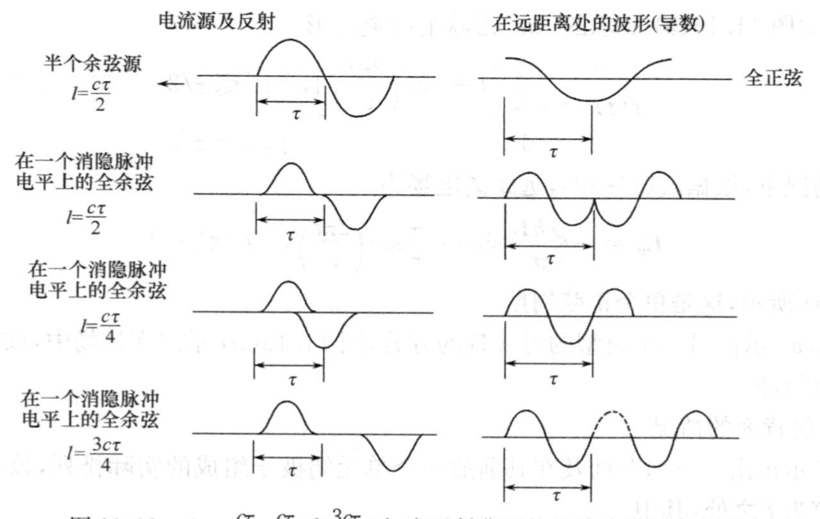

图 11.18　$l=\frac{c\tau}{2},\frac{c\tau}{4}$ 和 $\frac{3c\tau}{4}$ 时,有反射背面的几种波形的示意图

(2) 有吸收背面的情况

若有一致的背景吸收装置，则所产生的远距离波形如图 11.19 所示。

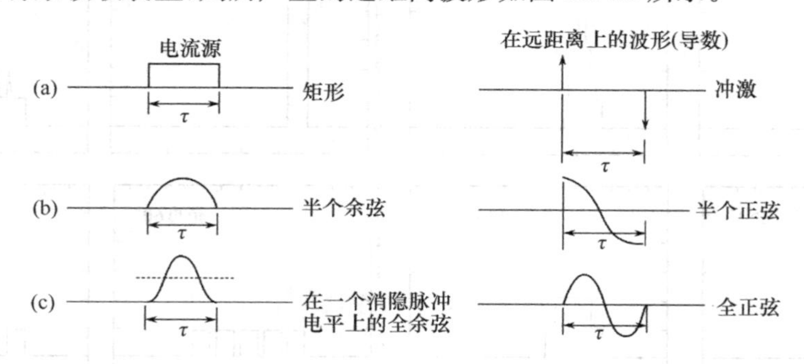

图 11.19　在自由空间或有吸收背面情况下的波形的示意图

11.4.2　自由空间中多个单元的阵列的辐射

图 11.20 示出多个单元电流偶极子的直观线阵。偶极子与 z 轴平行排列。

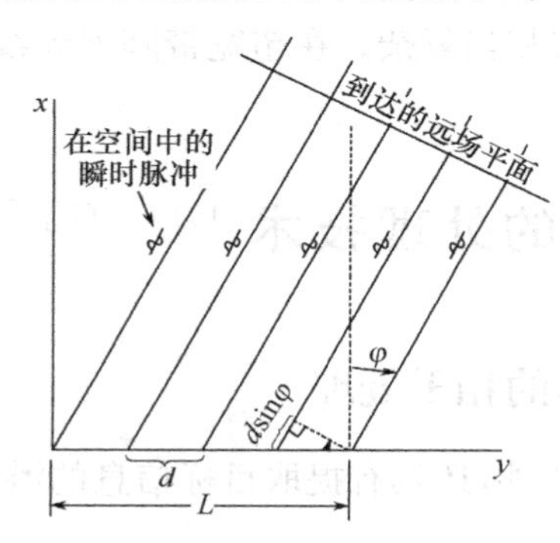

图 11.20　多个单元电流偶极子的直观线阵的示意图

设在每个偶极子中 $\boldsymbol{I}(t)$ 是同时的，在远离原点的点(r,θ,φ)上，由中心(第零个)单元，得

$$A_z(t)=\frac{h\boldsymbol{I}(t-r/c)}{4\pi r} \tag{11-28}$$

根据式(11-23)和式(11-22)，得

$$\boldsymbol{E}_\theta=\frac{\mu h\boldsymbol{I}'(t-r/c)}{4\pi r}\sin\theta \tag{11-29}$$

对于间距为 d 的 N 个单元线阵，在远距离点(r,θ,φ)的合成电场为

$$\boldsymbol{E}(t)=\frac{\mu h}{4\pi r}\sin\theta\sum_{n=0}^{N-1}\boldsymbol{I}'\left(t-\frac{r}{c}+\frac{nd\sin\varphi}{c}\right) \tag{11-30}$$

当常规阵列在正弦波之间具有相位关系时，此系统显然涉及窄脉冲之间的延时关系，图 11.21 示出 5 个单元阵列分别在 $d/c\tau=0.5$ 和 1.5 时，τ 为单位幅值的脉冲的远场矩形 $\boldsymbol{E}$ 场脉冲随偏离法线向的角度而展宽的几个图形。

前面曾提到过，由于远场脉冲具有零直流值，所以理想矩形形状是物理不可实现的。但可用一个三角形电流脉冲或一个全正弦波的半周作为源，从而在远场产生半个方波。图 11.21 中的水平标度是归一化的时间 t/τ。

由此可见，天线的近场和远场中脉冲的形状随角度区域而变。同理，其波束宽度也随角度区域而变。

应用阵列天线可得到合理的方向性，其增益近似地等于阵元总数 N，阵元间距 $d=cT_\tau$，c 为

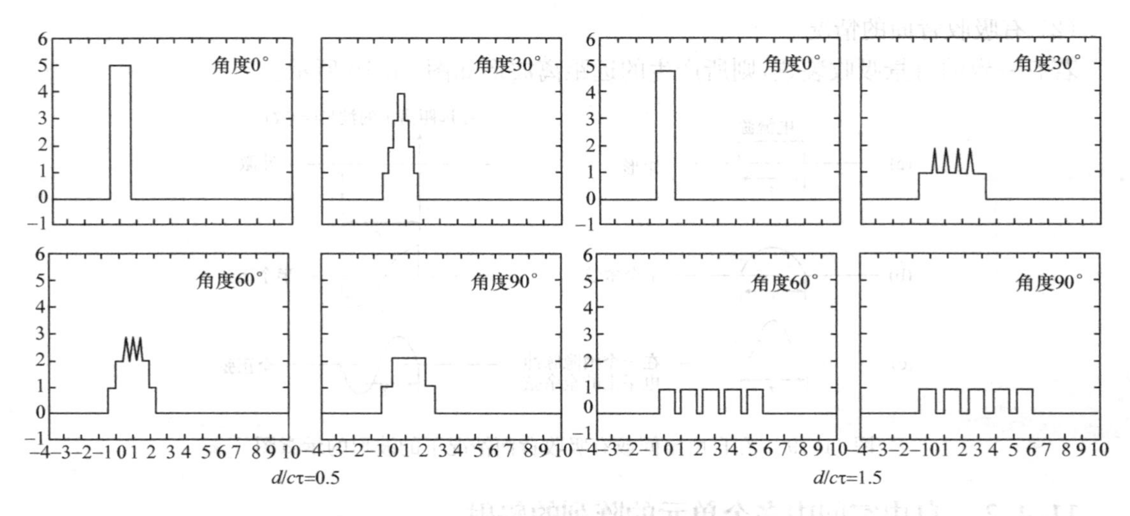

图 11.21　$d/c\tau=0.5,1.5$ 时矩形脉冲的展宽的示意图

光速，T_τ 为电流脉冲的上升时间。若要得到 20dB 的增益，需 100 个阵元，各阵元的连接及其时延量的要求均十分严格，实现起来相当复杂。在超宽带阵列天线的理论与实现方面尚有许多问题待研究解决。

11.5　超宽带信号的处理技术[104]、[105]、[108]、[147]、[149]、[150]、[151]

11.5.1　UWB 雷达信号的相干处理

UWB 雷达在探测目标存在之外，还具有提取目标信息的潜力，这可能给系统增加一个检测并评估目标回波信息的功能。

常规脉冲多普勒雷达是利用目标运动引起的窄带信号的频移，从所观察的环境中将固定目标与运动目标分离，并获取相参信号的增益，这类相参雷达取决于获取从脉冲到脉冲的相位和幅度信息。对于 UWB 雷达来说，这意味着需要有精确的脉冲包络，发射触发和接收采样的控制，这对于冲激雷达是难以实现的。另外，由于 UWB 雷达的脉冲很窄(典型的情况比目标长度还短)，也即 UWB 雷达的分辨力远远小于它必须探测的目标长度，因此回波信号是时间分割回波的合成，这些回波信号来自整个大目标的各个散射中心，每个目标都有它自己独特的回波特征，且这些特征随观测点不同而变化。因此，虽然 UWB 雷达通常发射的信号形式是已知的，但接收信号的形式未必完全知道。

另一方面，在常规雷达中，散射体中的 N 个元素是不可解析的，但可以获得 N 个元素振幅的合成信号，这就可产生回波信号波动及“角度跟踪”闪烁。而对 UWB 雷达来说，这 N 个元素是可以解析的，这样就不会产生波动和闪烁。因而，通常散射体 N 个元素中，第 i 次散射的振幅和第 i 次散射的时延全部未知。再加上发射机的色散作用，发射和接收天线，多路径散射以及传播路径的色散作用等。因此常规的匹配滤波和 MTI 方法须作较大修改才可用于 UWB 雷达。

(1) UWB 雷达信号处理的方案之一是利用其高分辨力与区域 MTI 相结合获得的。在这类方案中，通过对相继观察取平均来抑制噪声的影响。首先估计背景回波的波形，然后根据此波形的变化提取目标。

UWB 雷达不是寻求脉冲间的多普勒变化，而是寻求脉冲间的目标位置变化。所以上述方案称它为区域 MTI，也有人称其为非多普勒动目标显示(NMTI)。另外，由于 UWB 雷达的极高距离分辨力，其所需的杂波改善因子要小得多，为采用此法提供了条件。

NMTI 的根据是目标从一个位置分辨单元向另一个位置分辨单元的运动，这归结于其径向速度分量，而杂波在位置上保持固定，因而固定杂波的回波因其维持在一个距离单元上能被对消掉。

PRF 越低，运动目标在脉冲间的位置变化就越大，且在固定目标中的探测越容易。但如果 PRF 太低，就会引起固定回波的幅度调制，这是由于天线增益在脉冲间的变化引起的，因而 PRF 的选择需在良好的杂波抑制和低的天线扫描调制之间做出折中考虑。

图 11.22 示出利用上述概念的一种可探测掠海式导弹的 UWB 雷达简化框图。图 11.23 示出该雷达中 NMTI 的构想。图中设想一种带有抽头的 NMTI 延迟线对消器的 5 个对消时间间隔(CTI)，其最小可探测径向速度为 100kn(节)。在图 11.23 之后是一个速度判断滤波器，用于对其他的杂波进行抑制，选择 5 个 CTI(对消时间间隔)是为了增强杂波的对消又减少目标的对消，因此这些目标以相同的速度出现在有效距离范围内。该方法并不能产生很大的杂波衰减，但对在海杂波中检测导弹目标来说已足够了。

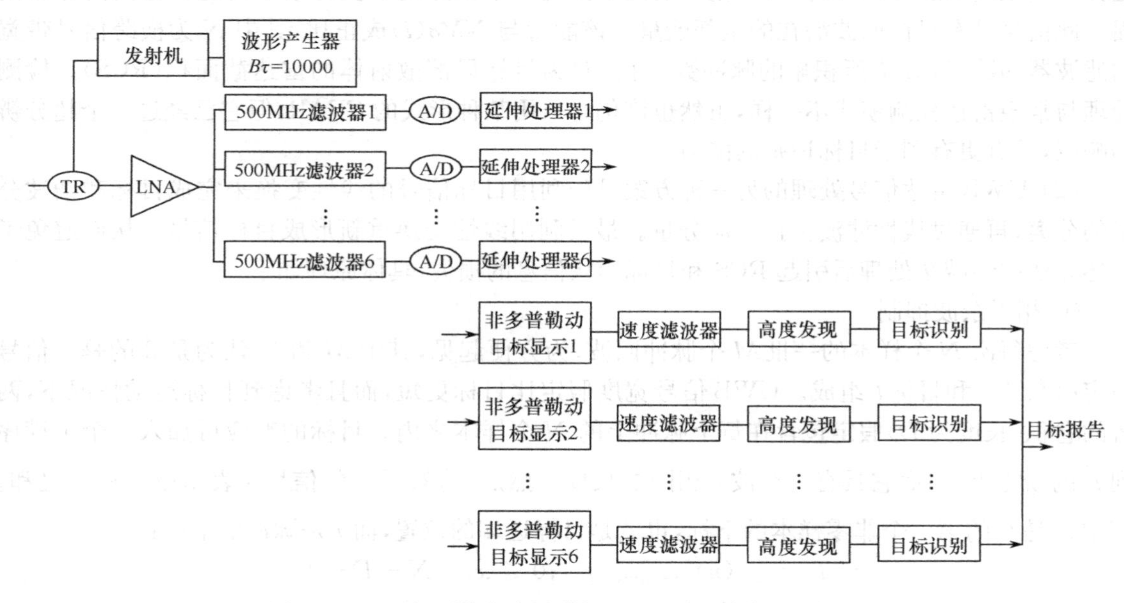

图 11.22　可探测掠海式导弹的 UWB 雷达简化原理框图

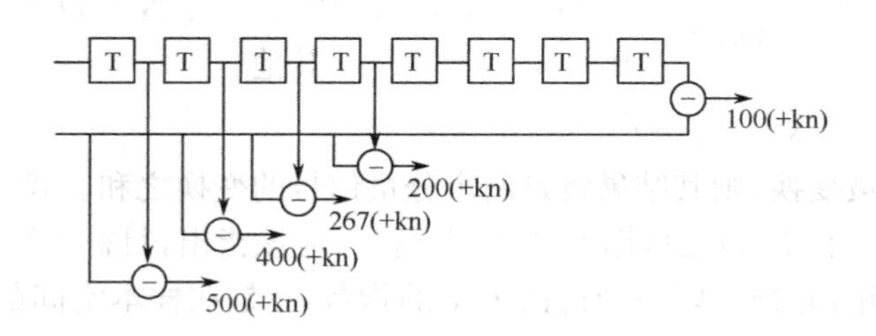

图 11.23　一种 NMTI 构想——降低天线扫描对杂波对消的限制例图

PRF＝8kHz，时延(T)＝0.125ms，距离分辨力 Δr＝5cm(注：1kn≈1 852m)

它实际上是一种 UWB 雷达时域相干处理方案。一般而言，采用一种与常规雷达的多普勒滤波器组等同的称其为延迟求和滤波器组(DSB)。DSB 横跨预期目标速度的区间。每个“滤波器”是按照在跨距中对不同离散速度校直后的已抑制杂波的脉冲回波之和构成的。对于单个滤

波器 d_n 的这种处理如图 11.24 所示。图中采用了一个做信号校直用的，用算子 $\widetilde{Z}$ 表示的环形移位。整个 DSB 如图 11.25 所示。图中假设在滤波之前采用了信号内插，以改善被分辨速度的粒度。

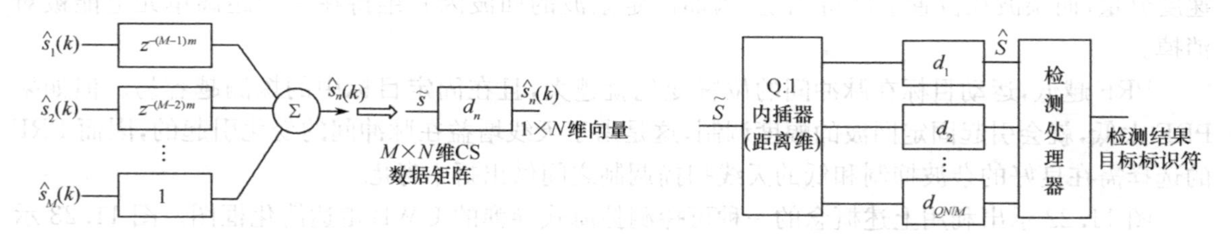

图 11.24　简单的时域目标滤波器的原理图　　　图 11.25　延迟求和滤波器组的概念图

图 11.25 中，数字杂波抑制滤波器以每次 N 个样本的一批 M 个脉冲方式接收数据，并产生同等数量的已抑制掉杂波的数据作为输出。随后接一组速度匹配滤波器。每批数据对于以任一 QN/M 速度的运动目标分别加以解析，检测之前的相干积累。这种时域算法只要求相加和位移运算。当正确的速度匹配时，每个生成的波形描述一个在随机干扰背景中匹配目标的高分辨剖面。此信号具有目标回波潜在的全部能量。该能量与 $NM\sigma(i)$ 成正比，其中 N 为横跨信号带宽的滤波器的数目，M 为所积累的脉冲数，而 $\sigma(i)$ 为目标局部散射体的雷达截面积(RCS)。检测处理与常规雷达检测模式不一样，虽然也许仍可采用某种形式的 CFAR，但它已经过一个超分辨的响应，具有更有利于目标识别的能力。

(2) UWB 雷达信号处理的另一种方案是先利用目标信号的线性变换来完成目标和杂波分量的分离，再通过线性滤波去掉杂波分量。最后利用线性变换重新形成目标信号。从而避免了上述方法中经减法处理后引起 RCS 和目标形状信息的损失，具体原理如下。

① 相干杂波抑制

考虑每次 N 个样本的一批 M 个脉冲回波，为方便起见，其中 M 和 N 认为是 2 的幂。信号假定由杂波 c 和目标 t 组成。UWB 信号宽度假定比目标更短，而且考虑到目标运动情况下，两者的卷积(长度为 D)假定包含在每个脉冲上的 N 个样本之内。目标的响应可加入一个填满序列 $\widetilde{t}$ 的新零点，因而它具有与杂波 c 相同的长度。然后，将被采样的信号 s 表示成 c 和 $\widetilde{t}$ 之和。其中 x 是 $\widetilde{t}$ 的第一个非零样本的下标，也就是目标近端的位置，而 i 是脉冲的下标：

$$t_i = \{t_i(n)\}_{n=x,\cdots,x+D-1};0 \leqslant x \leqslant N-D-1$$

$$c_i = \{c_i(n)\}_{n=0,\cdots,N-1};$$

$$\widetilde{t}_i(n) = \begin{cases} \{t_i(n)\}_{n=x,\cdots,x+D-1};0 \leqslant x \leqslant N-D-1 \\ 0; \quad \text{其他} \end{cases}$$

$$s_i = c_i + \widetilde{t}_i \tag{11-31}$$

若任一脉冲回波被变换，则其结果将是两个分量信号的变换之和。式(11-31)的傅里叶变换表示在式(11-32)中，其中 $T(n)$ 是目标 t 的 D 点变换。应该指出，目标 t 的变换已根据其理想变换在两方面进行了修正：它被乘以一个正比于 x 的指数，x 是在样本空间的位置；以及其变换已按照从 t 构成填满的零 $\widetilde{t}$ 所采用的一个系数来标度。

$$S_i(n) = C_i(n) + W_N^{-nx} T(nD/T_r) \tag{11-32}$$

现在设 $x = m_i + x_0$，因而目标是 x_0 上开始的线性移动且以 m 个样本/脉冲间隔的速度移动。那时脉冲回波谱变成式(11-33)：

$$S_i(n) = C_i(n) + W_N^{-nmi} T(nD/T_r)\, W_N^{-nx} \tag{11-33}$$

注意，左乘 T 的项在从脉冲到脉冲的 i 中是相位线性的（T 的右乘项是可忽略的常数项）。因此，为了从目标中分离杂波，需在每个频率样本点上执行类似于常规多普勒滤波的附加变换。这种附加变换称为横向距离变换，以便与称之为距离变换的式(11-32)之变换对比。杂波将全部落入横向距离变换的零频滤波器中，反之，目标回波将主要落入除零频之外的滤波器中。完成这种变换后，可利用给包含杂波的滤波器开槽来滤除变换系数（即可将任一距离单元中横向距离变换的输出乘一个加权函数来完成，该加权函数选在常规雷达领域中对于合适的中心频率可最佳地分离杂波和信号）。在执行变换序列的逆变换时，先在每个频率单元上执行横向距离的逆变换，然后在被变换的脉冲数据序列上执行逆距离变换，从而重新形成杂波抑制后的信号回波。频域带通滤波器（沿距离维）可顺利地加到处理链上，以降低噪声。图 11.26 示出这种处理的概况。利用这种杂波相干抑制算法和下面将讨论的能量积累的算法，可有效地从固定杂波分离出运动目标。

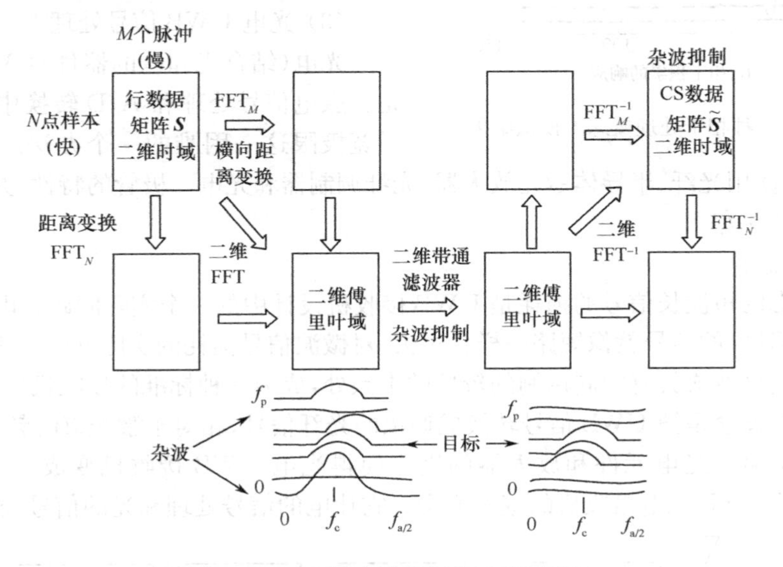

图 11.26　频域杂波抑制算法的原理图

也有人仅用雷达数据的横向距离变换来完成上述杂波的抑制，如图 11.27 所示。其工作过程可用式(11-34)来描述：

$$\widetilde{S}_i(k)=S_i(k)-\frac{1}{N}\sum_{j=1}^{M}S_i(k)\quad(k\in N,i\in N)\tag{11-34}$$

因此，对于 UWB 雷达的杂波抑制就十分方便了。在此不再深入讨论。

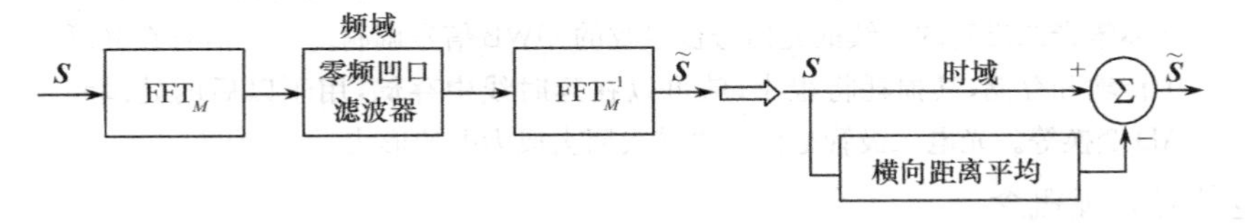

图 11.27　简化的时域杂波抑制算法的示意图

② 相干积累

在窄带(NB)情况中，常用相位概念来说明相干积累，而在 UWB 情况下，用时移概念来说明更方便。因为根据傅里叶变换特性，时移可变换成谱分量的相移，两种观点实际上是一致的。通常在常规雷达中需估计单个谱分量的幅值，而在 UWB 雷达中，需估计时间的平滑函数。若能控制采样，就可估计与时间函数上相同点对应的相同下标的相继样本。因而每个下标上样本的问题就变成一个估计噪声中常量的问题。在这种情况中，最终的相干积累变成简单的相加。

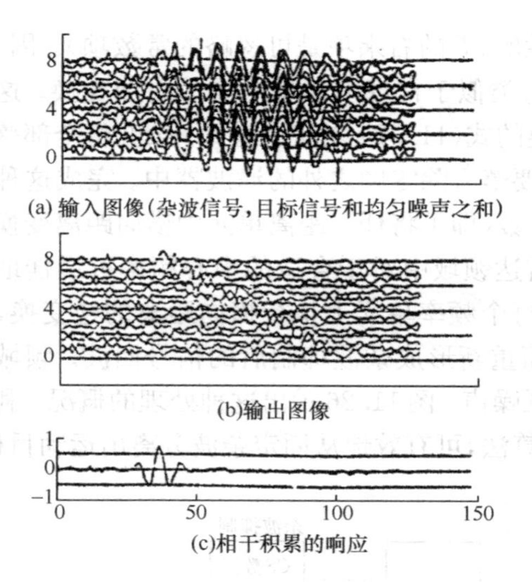

图 11.28　一种相干处理概念的模拟结果

参照式(11-31)的数学模型,在适当地补偿反射目标回波的运动下,目标的响应可在每个抑制了杂波的脉冲中被复制。若目标响应作适当地去掉目标运动影响的校直,并逐点脉冲相加,则就可获得相干积累。采用这种方法,一直到杂波被抑制后,不必为校直和积累而确定信号的位置。根据这种假设,去掉真实目标的速度时,已校直响应之和为最大。

图 11.28 示出一种采用希尔伯特变换完成上述相干处理的模拟结果。

(3) 光电 UWB 信号处理[106]。

光电(结合光和电的器件)UWB 接收机可能是克服电信号处理和 A/D 转换中的元件损耗的带宽极限这一困难的一个办法。光电接收机对信号进行处理,使用光纤、半导体激光放大器、光纤调制器和光电二极管的特性,并在光纤中作了以前不能提供的保存。

① 光电调制器

电路对瞬态的短波长信号的损耗是 UWB 接收机设计中的一个实际问题。电路中的寄生电容对于频率达 GHz 的信号就像短路一样。过去,对微波信号损耗的实际办法是用外差把具有较高频率调制的信号变成具有相同调制的较低的中频处,成为一种标准的接收机特性。

光信号处理概念是把 UWB 信号转换成调幅的光纤信号,相对于激光束的频率,这是一个相对带宽很小的信号。光电元件和放大器的进步使得光电 UWB 接收机变成一个实际的概念。图 11.29给出了 UWB 光电接收机的基本概念。它让电的信号处理和光的信号处理一起工作。

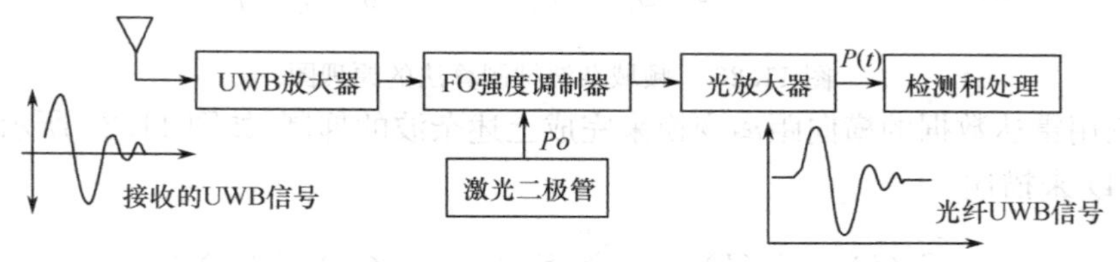

图 11.29　把 UWB 信号波形保存为光纤信号的光电 UWB 接收机的概念。被接收的信号通过一个宽带放大器,然后驱动光纤(FO)强度调制器。来自半导体激光二极管的连续的光信号被接收的 UWB 信号调制。一旦信号在光纤中传输和存储,其损耗将很小,就可以在延时线中存储,用于以后的处理和 AD 变换等。光电二极管把信号再转换回去成为电的形式

② 光电信号处理概念

下面几段解释了在对短时、随机 UWB 信号的处理中使用光缆延时线的几种方法。

➢ 利用延时线的信号重复

图 11.30 给出了把单个瞬态 UWB 信号转换成事先确定重复数量的、规则重复的信号的概念 。重复的冲激串输出可以用于交错的 A/D 变换。从冲激到脉冲串的转换器是一系列的光缆延时线模块。每一个延时线模块使用一个半导体激光放大器在每一个延时元件的输出分裂和生成一个激光信号。设计可以采用任意多数量的延时线以重复信号。如图 11.30 所示的单脉冲信号可以是任意需要的信号形式,也可以是任意的长度,只要延时线的长度大于信号的长度。

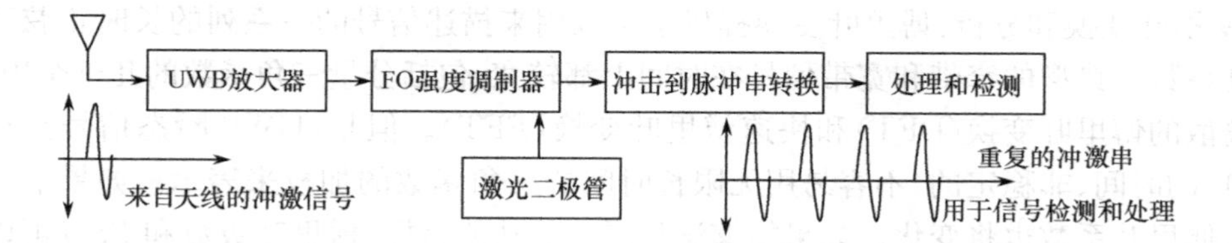

图 11.30　光电 UWB 接收机中信号重复的概念(设计的目标是尽快地把电磁信号转换成光纤信号,以避免在电路中的损耗。光纤信号可以被延时,变成一串重复的信号,再用于处理和检测。潜在的光的和光电的处理包括执行相关或自相关的光模拟技术、瞬时频谱分析、高阶信号分析等)

➢ 相关用的光 FIR 滤波器和横向滤波器

图 11.31 给出了对强度调制的光缆信号的光电 UWB 信号相关器。接收到的冲激信号(或者编码的脉冲串信号)$s(t)$在光电调制器中被转换成光缆信号。相关器使用光分路器和光延时元件对被接收的信号连续地采样和相关。使用不同长度的光缆允许对波形进行规则的或变间隔的采样,对于 0.8ft 长的线,间隔可以小到 100ps。光延时线允许比声延时线更小的采样间隔。系数 $w_1,\cdots,w_n$ 的设置在互相关时是基于参考波形,在自相关时是基于采样的发射波形并进行系数的调整。

对于先进的相关概念,考虑如图 11.31 所示的相关器,它根据某些性能准则,不停地调整系数,构成神经网相关检测器。

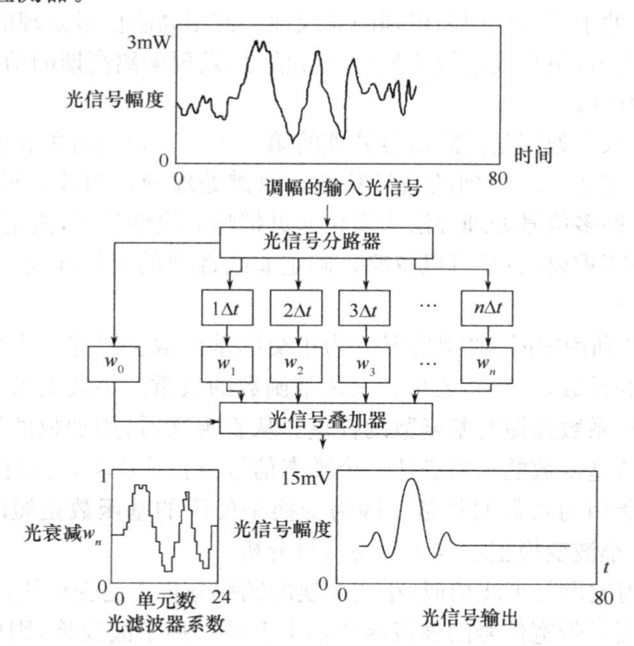

图 11.31　光电信号相关器(用光纤延时线允许对信号用很小的间隔采样。(衰减)系数 $w_0,\cdots,w_n$ 可以是固定的衰减器,也可以是电控的、性能可变的材料构成的。光输出通往(光的或电的)非线性检波器进行检波)

(4) 先进的信号处理和截获处理。

随着硬件技术的发展,新的信号处理技术正产生重要的进步。本节将简述用于 UWB 领带处理和检测的一些先进的信号处理的概念和某些分析方法。

① 傅里叶变换和分析:傅里叶变换提供了可以用来描述信号的一系列的长时正弦和余弦波形的幅度系数。典型的窄带和宽带信号在时间上都较宽,包括分量三角函数的几千个周期,这导致使用离散的傅里叶变换(DFT)和快速傅里叶变换(FFT)。但是,UWB 瞬态信号具有相反的特性;极短的时间、非稳定的、不容易用无限长时间的三角函数的加权来表示。如果信号随机变化,那么,傅里叶系数也将变化。如果能够满足雷达的功能目标,傅里叶级数和 PSD 可以用来描述 UWB 波形。如果不能满足这个功能目标,那么,还需要选用其他的方法。

② 奇异值扩展法(SEM)信号分析:SEM 是把短时瞬态信号模型化成为一系列的具有一定幅度、频率和阻尼系数的正弦波之和。它涉及 SEM 雷达信号处理,用以描述目标回波的特性。SEM 表示法的优点是它比较紧凑的描述了瞬态 UWB 信号,所用的数学处理比傅里叶变换要少。采用奇异值和阻尼系数是描述一个瞬态信号的自然的方法。利用模型目标和冲击信号的研究表明,对于给定的目标和脉冲激励波形,反射信号的 SEM 模型是一种外观自在、独特的合理方法。

③ 高阶谱信号处理:首先讲述高阶谱处理概念。功率谱估计提供了一个观察信号的好的方法,已经成为比较实际的信号处理的基础。但是,功率谱估计强调了频率的内容而压制了信号分量之间的相位关系。虽然功率谱对高斯信号是一个合适的描述,仍然有些情况需要观察功率谱以外的东西,观察偏离高斯的情况和观察具有相位关系的情况。要在功率谱以外覆盖相位关系,就得到了高阶谱信号处理。

信号指纹高阶谱,或称为多谱,用矩或高阶统计来表述,包含了信号的相位关系,可以区分不同的信号波形,发现有助于信号处理和识别的非线性。使用高阶信号处理的动机包括下述技术:压制附加的有色高斯噪声;识别或重构非最小相位信号;发现偏离高斯的信息;检测、确定和识别信号和系统的非线性特性。

再介绍双谱处理:双谱处理是高阶信号处理的第一步。双谱处理的优点是它对噪声有抵抗能力,可以提取傅里叶变换不能得到的信号特性。双谱处理确定与波形模板有关的非线性项。这里,概念上的跳跃是许多信号处理方法为简化起见把响应线性化了,假定了非线性项对大部分设计和处理目标,或是不重要,或是可以忽略。确定非线性项的工作涉及相当的计算量,对许多实时处理系统并不适合。

④ 小波:小波变换利用短时、典型情况下为正交的基函数去描述一个信号。傅里叶变换产生可以完全定义信号的系数,这些系数是其三角基函数的权重。小波变换也产生可以完全定义信号的系数,但是,这些系数是短时基函数的权重。从直观来看,用加权的短时基函数的和而不是用无限长时间的三角基函数的和来表达一个瞬态信号更合乎逻辑,可以提高信号处理的精度,减少表达时域内信号所用的系数的数量。因为变换中使用的基函数是短时的、有限长度的“小波”,而不是三角函数,小波变换很适合于瞬态信号分析。

因为 UWB 的单周波形与小波相似,小波变换的频率分辨力是变化的,非常适于检测冲激雷达的瞬态回波信号。而且带宽信号的模糊函数基本上是一种子波变换,因此存在直接发射不同频率间隔的子波,从而存在利用子波分析目标的可能性。

11.5.2 UWB 信号检测[106]

1. 基本概念

图 11.32 给出了基本的 UWB 接收机的概念,图 11.32(a)为门限检测,11.32(b)为相关检测。在两种接收机中,UWB 信号直接进入 UWB 检波器,它可以有多种模拟或数字的实现途径。

在图 11.32(a)中,门限检波确定接收到的信号电压值是否在给定的时间宽度(或瞬时的频

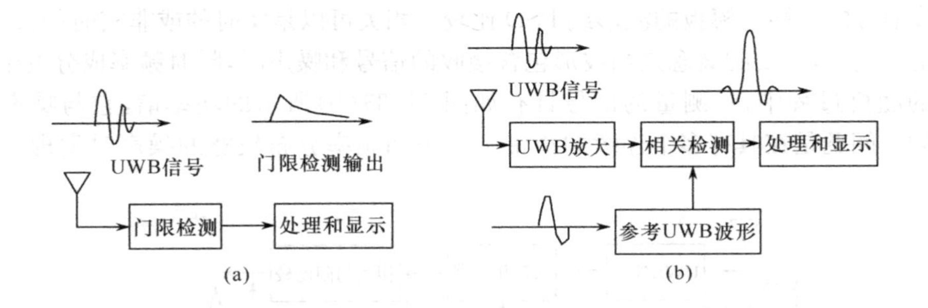

图 11.32 UWB 信号的门限检测和相关检测的方块图。(a)UWB 门限检测接收机方块图。门限检测可以用线性元件,也可以用像隧道二极管这样的非线性元件,检测 UWB 冲激的存在,把它转换成宽度较大的常规信号,供处理和显示。(b)UWB 相关检测接收机方块图。接收机具有宽的输入和处理带宽,保留被接收的信号波形,与参考波形相关。检测发生在被接收的波形与参考波形之间的匹配超过某个预定的电平时。相关需要被接收的信号和参考信号

率分布)内超过某个门限。

在图 11.32(b)中,相关检波把被接收的信号与参考信号比较。波形的频率分量包含在信号的形状随时间的变化中。相关把这两个信号相乘、取平均,得到正比于两者匹配程度的输出。输出正比于给定的一段时间内相关的程度。检测把处理后的相关器的输出与一个门限相比。相关后的处理可以是线性的或非线性的。对 UWB 的相关检测概率和预测的虚警概率的分析就是探讨在 UWB 系统带宽内的具有某种频率和电压分布的随机噪声和干扰信号是否与参考信号足够相关,以至能够产生超过上述检测门限的输出。

UWB 雷达接收机设计的第一步考虑是采用什么样的检测,是门限检测还是相关检测。门限检测需要正的信噪比,把信号转换成相对的长时信号显示。相关检测能在低信噪比下工作,但是相关器相对要难做一些。

(1) 门限检测

如果到达接收机的 UWB 信号或冲激信号的强度足够大,在检测处其电压将超过门限,但是,除非接收的带宽足以处理最快的上升时间,否则输出将不反映原波形。被接收的信号必须有足够大的能量以克服带宽限制和积累的效应。接收机的性能集中在需要多强的信号才能得到可靠的检测。如果想利用信号波形作进一步的处理以提取信息,那么就是在讨论具有足够能够覆盖信号的最高有效频率的带宽的接收机。如果只要确定信号的存在,那么需要某种非线性的门限检测器件,用以在输入信号超过某个门限时产生显示用的时间较长的信号。

(2) 相关检测

相关检测的优点是它以相对于参考信号的形式累积被接收的信号,可以产生大于噪声电平的输出信号。而缺点是它仅指示能够产生输出的参考波形,或它的某些组合。

相关是把一段信号与参考波形进行比较、产生正比于该时间段内乘积的积分的一个处理过程。相关接收机,或相关类的接收机,是通过执行类似于相关功能的计算以检测在噪声中的弱信号的电设备。有关的术语是相关检测(调制)系统,它描述了基于被接收的信号与在本机生成的具有已知的发射波特性的函数乘积的平均的信号检测。这一平均乘积可以由相乘、积分或通过匹配滤波器形成,这个滤波器的冲激响应如果在时间上倒过来,就是本机所产生的函数。严格地讲,上述定义用于互相关。相关检测也用于自相关,这时,本机生成的函数就是被接收的信号的延时或复制。

图 11.33 给出了在时域和频域表示的信号相关的整个概念。在这两种情况下,相关的目标

是把被接收信号的特性与模板的波形或 PSD 比较。相关可以是实时的或非实时的过程，取决于雷达的应用。这里，重要的概念是当波形包含接收的信号和噪声时，瞬时频率成分发生改变。考虑在基本的随机过程中，被测量的信号具有如图 11.33(b)所示的功率谱，它与噪声和干扰的 PSD 均不同。问题是在具有多个连续的窄带干扰源和频率分布较宽的噪声时发现这样的信号的存在。

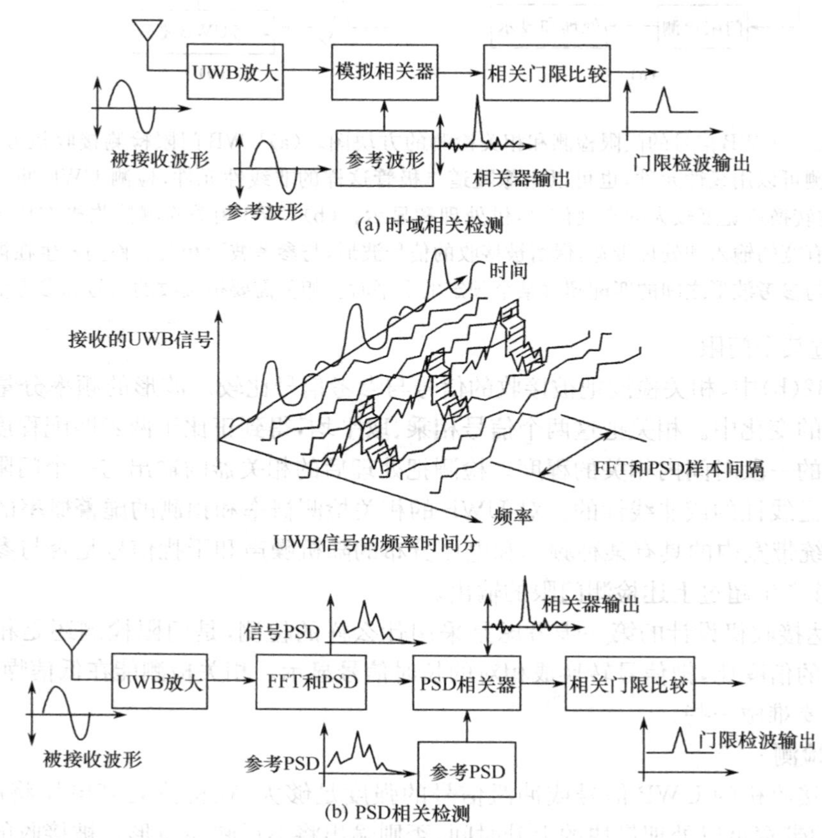

图 11.33　UWB 相关检测方法。波形相关和 PSD 相关是两种相关检测的方法。波形相关把被接收的信号加噪声与参考信号[见图(a)]比较。PSD 相关需要提取被接收的信号的采样段的 PSD，把它与参考的 PSD，即与图(b)作比较

图 11.34 给出了两种不同的信号相关器的方块图。图 11.34(a)给出了一种模拟的相关方法，图 11.34(b)给出了使用有限冲激响应(FIR)滤波器的相关器结构，这可以是数字的，也可以是模拟的。相关器的输出是相关系数的鉴别器，产生正比于信号 $x(t)$ 和 $s(t)$ 大小、宽度和波形的输出信号，在图 11.34(a)中，输出为

$$y(t)=\int_0^{\tau}x(t)s(t)\mathrm{d}t \tag{11-35a}$$

在图 11.34(b)中的有限冲激响应相关器，输出为

$$y(t)=\sum_n x(t-n\tau)w_n \tag{11-35b}$$

式中，w_n 为用于各采样信号段的加权系数组，$y(t)$ 是相关输出。相关器的输出是一个指示存在噪声的波形与参考波形有多匹配的信号。相关器通过把有噪声的信号与已知的波形序列相乘，产生大于信号和掩盖信号的噪声的输出。

注意相关器的输出正比于被接收的信号强度，因此，对于给定的信号强度或加权系数存在一

个最小的可检测强度。相关接收增加了接收机的复杂性，仅仅检测与参考波形相近的信号波形的存在。换句话说，相关不能直接从波形中提取信息。相关检测的信息含义是波形的存在或不存在，以及信号相对于其他事件（比如前一个波形或本地时钟信号）的时间。除非信号专门用数字存储器或延时线储存下来，相关破坏了被接收的信号。

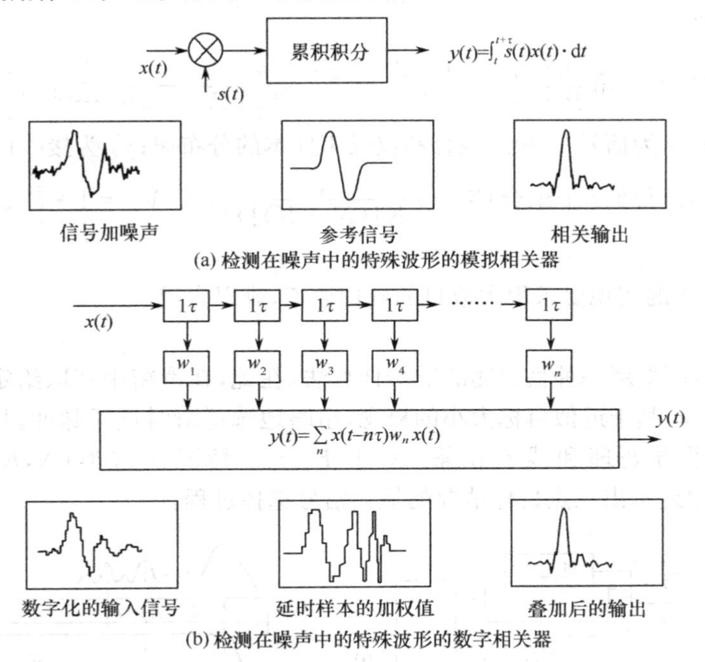

图 11.34　实际的相关概念（相关检测有参考信号组成的信号的存在。如果信息（比如 0 和 1）由不同的波形传输，接收机需要对每一个波形有一个相关器。模拟相关器[见图(a)]把被接收的信号与本地的参考信号相乘。被接收的信号与参考信号的同频将影响到相关的输出。对于传输滤波器[见图(b)]，或者有限冲激响应滤波器，相关器用的是数字化的信号，并把每一个样本与参考信号加权系数相乘。对于这一类的滤波器，同步不是问题）

相关检测包括两个过程：累积相对于参考信号的被接收波形的相关过程，把相关输出与门限电平比较的非线性检测过程。在此不再展开讨论了。

2. UWB 信号检测器

我们知道，信号检测器的基本形式有：① 能量检测器，主要用于目标检测，其积累时间必须大于目标伸展的往返传播时间，故距离分辨力会降低；② 匹配滤波器检测器，其脉冲响应等于单元反射点回波波形的时间倒置，实际上不可能严格地实现，但可以近似构成。匹配滤波器的输出对目标的每个散射区信噪比最大，没有利用回波总能量，因而它较适用于目标识别；③ 互相关检测器，需事先选定参考信号，要检测某一距离范围内的目标，需将该范围划分成许多段，每一段设一互相关检测器，共需相应段数的互相关检测器，硬件实现相当复杂；④ 混合检测器，如将能量检测器和互相关检测器相结合，采用多通道接收机，人工或自动切换可获得高的检测性能，保持高的距离分辨力和目标识别能力。这种混合检测器性能的理论分析与硬件实现问题，尚需进一步研究。

由于 UWB 雷达的接收信号参数的高度不确定性，如匹配检测器和相关检测器等均不适用。

由于 UWB 雷达回波信号存在许多未知参数，如瞬态回波信号波形、到达时间和信号持续时间等参数，使得信号检测非常困难。有人提出用小波变换和高阶谱估计技术在变换域内进行检测的算法，尤其是子波变换在提供回波瞬态信息方面较为有效，这类方法尚在探索之中。下面，我们根据 UWB 信号检测的特点，简单介绍一种在噪声背景中检测未知多点目标的方法。

通常，符合沿目标方向独立分辨间隔的数目 N 大于随机定位的间隔的数目 K。为获得这种情况中完全已知信号的检测器，有必要考虑从 N 个间隔经 K 个亮点的全部组合。在这种情况中，似然函数的对数(LLF)为

$$l(y)=\ln\frac{P_1(y)}{P_0(y)}=\frac{1}{C_N^K}\left(\frac{V_0}{V_1}\right)^K\sum_{l=1}^{C_N^K}\exp\left[\left(\frac{1}{2V_0}-\frac{1}{2V_1}\sum_{i=1}^{K}y_{il}^2\right)\right] \tag{11-35c}$$

式中，$P_0(y)$ 和 $P_1(y)$ 为信号＋噪声混合和仅噪声样本的分布律；y_{il}^2 为接收信号 y_i 个样本组成的，除 K 个尖头信号之外的 l 个组合 $C_N^K=\dfrac{N!}{\{K!(N-K)!\}!}$；$V_0/V_1=1+\overline{E}/K$；$\overline{E}$ 是接收信号的总平均能量。

算法式(11-35c) 的实现要求很大数目的处理通道，难以完成。

(1) 秩检测器

为减少通道数，可采用一种秩检测的准最佳算法，在此，在滑窗中获取给定瞬时选取脉冲中最大信号幅值的选择。基于近似目标大小的概念，粗略地选择瞬时选通脉冲。只有具有最大值的被选信号才受到平方处理和线性积累，对于 $K=3$ 情况的这类(N,K) 检测器方案如图 11.35 所示。图中还示出三点目标情况的最大信号选择过程。

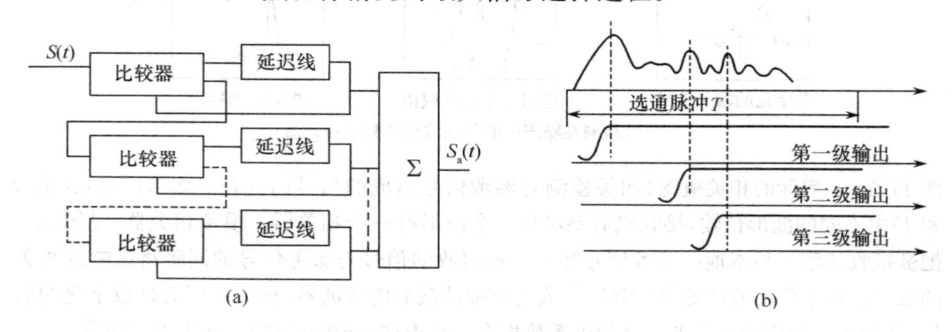

图 11.35　多通道的秩检测器的原理图

(2) 在非高斯噪声背景中检测

为检测在非高斯噪声和杂波背景中的 UWB 雷达信号，处理单元被合成，且是不变的，对不同分布律的杂波自适应的。对于非高斯杂波的情况，似然函数的对数(LLF)表达式为

$$l(y)=\sum\phi(y_i)x_i \tag{11-36}$$

式中，$\phi(y_i)=-\dfrac{\mathrm{d}}{\mathrm{d}y_i}\ln P_n(y_i)$，是描述非惯性的非线性变换单元(NNTU)幅值特性的函数。

式中

$$y_i=x_i+n_i\quad(i=1,2,\cdots,N) \tag{11-37}$$

x_i和 n_i为信号样本和非高斯杂波相应的独立的离散量；$P_n(y_i)$为杂波分布的密度。

若杂波服从

$$P(y)=\frac{b\sqrt{n}}{2\Gamma(1/b)}\exp(-|y|^b\eta^{b/2}) \tag{11-38}$$

一类归一化分布。式中 $\Gamma(\cdot)$为伽马函数，η 为 $1/2\sigma^2$；b 为分布参数(在 $b=2$ 时即为高斯分布)。则式(11-36)的算法实现方案如图 11.36 所示。

(3) 信息检测器

考虑到基于目标大小的概念选择目标的检测器，它在宽瞬时窗中完成“粗”的目标检测。这种检测器的分辨力为几米。因而难以实现 UWB 信号在目标上的亮点分辨或在低仰角上亮度的

检测等方面的潜在能力。

为此，就建立了在“粗”目标检测器的瞬时选通脉冲中使用的实时检测器。

该检测器是基于信息准则制成的，在噪声背景中信号的存在会导致在给定电平的门限范围内噪声过程的短脉冲群速率加快。因为噪声过程是稳态过程，所以在限定的时间区间中，穿过门限的平均数是常量。若存在从多点目标反射来的 UWB 信号，则穿过门限 Λ 的数目就增加了，图 11.37 清楚地作了图示说明。对于用信号加噪声超过门限的平均数与仅存在噪声时超过门限的平均数之比作为目标检测通常认为是充分满足统计律的。

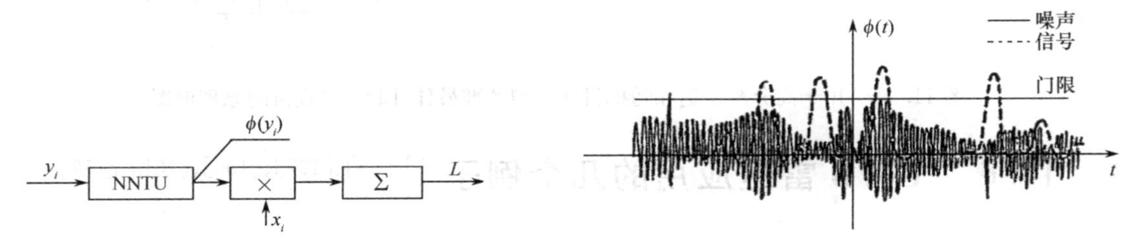

图 11.36　对噪声分布律处理不变的方案的示意图　　图 11.37　信号加噪声穿过门限的数目的示意图

下面我们引用随机目标的高分辨雷达的接收机设计中的若干内容，以便结合上面的内容探讨实现 UWB 信号的检测。

若发射波形由 M 个子脉冲组成，回波向量 $\boldsymbol{Z}$ 及其协方差矩阵的维数为 $M+N-1$，则根据似然比判断准则会使对接收的信号进行平方运算再设置门限为 Λ 的处理器为

$$\boldsymbol{Z}\boldsymbol{Q}\,\boldsymbol{Z}\geqslant\Lambda \tag{11-39}$$

这种平方形式的系统 $\{q_{ij};i,j=1,\cdots,(M+N-1)\}$，取决于目标回波的协方差矩阵和噪声系统特性。这一结果与匹配滤波器接收机不同，后者应用于确定性信号的检测。

最佳处理器的原理框图如图 11.38 所示，它由一组线性滤波器组成，对接收到的信号进行相干处理，然后进行平方律检波和非相干加权积分，并设置门限 Λ。滤波器系数和加权因子通过对矩阵 $\boldsymbol{Q}=\{q_{ij}\}$ 的本征分析而导出，且都取决于波形和目标类别。

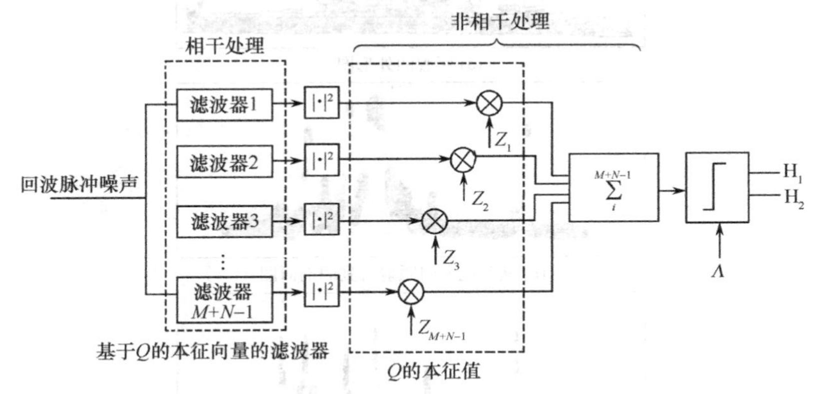

图 11.38　用于高分辨雷达和随机目标模型的最佳接收机原理框图

对于低 S/N 作为最佳接收机受限的情况，得到了准最佳处理方案，如图 11.39 所示。在这种情况下，相干处理器只是发射波形的匹配处理器，然后再设置一时间波门从 $N+2(M-1)$ 个取样中选取 N 个样本，然后沿下视距离进行平方律检波和非相干加权积分。

在该方案中，相干部分取决于发射波形，而非相干部分所具有的加权是由所期望的目标 RCS 沿下视距离分布给定的。这种接收机的 P_d 和 P_{fa} 可表示为 $(N+1)$ 个参数的函数，即门限 Λ 和矩阵 $\boldsymbol{Q}$ 的 N 个非零本征值（N 为被分辨的散射体个数），它们的总和就是等效低分辨雷达的信噪比。

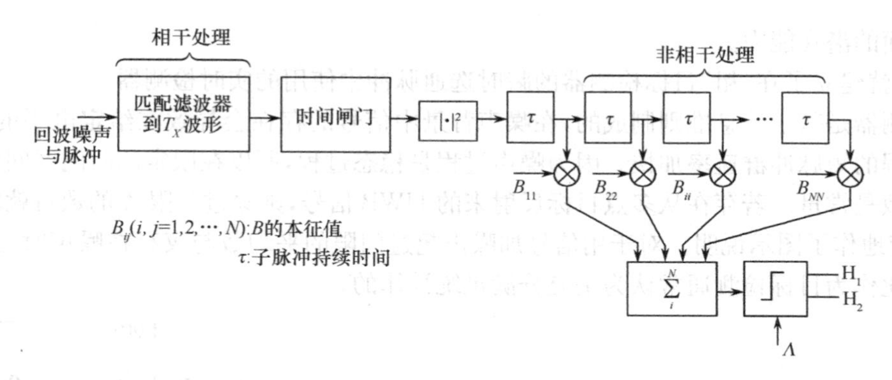

图 11.39　用于高分辨雷达和随机目标模型的准最佳(LEC)接收机的原理框图

11.6　UWB 雷达应用的几个例子[1]、[58]、[107]、[108]、[151]、[152]

11.6.1　用高距离分辨力雷达实现一维成像[1]

一部雷达如果有足够高的距离分辨力,那么它就能分辨出一个目标中不同的散射中心,而且能给出目标的径向剖面图(一维像)。用目标的径向剖面图可以测定目标在距离维的长度,但是用这种方法不能精确测得目标的物理长度。这主要是由以下几个原因造成的:通常情况下目标边缘的回波比较小,这样就可能探测不到目标边缘;也有可能目标的某一端被目标其他部分挡住了;或者所测的目标相对于雷达的姿态角不精确知道。即使能够精确地测出目标的尺寸,用它来识别大部分感兴趣的特定目标类别通常也不是一种好方法。

图 11.40 是由分辨力约 0.3m 的 X 波段雷达获得的一艘大型海军军舰的径向剖面图。由图可以看出,该目标的径向剖面图与一年后测得的图基本一样。

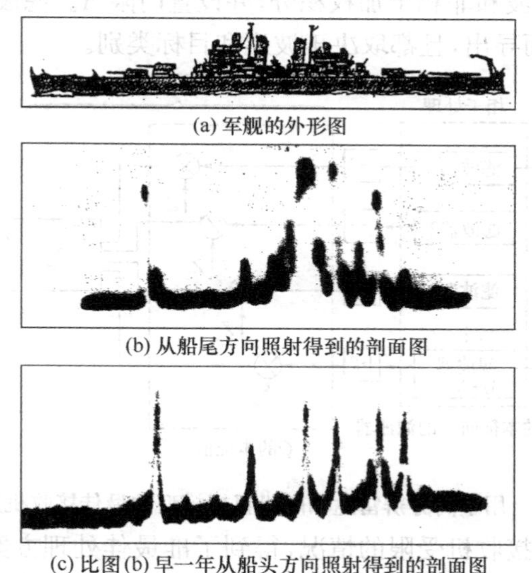

图 11.40　由具有 1ft 距离分辨力的 X 波段雷达获得的前美国海军 USS Baltimore 驱逐舰的径向剖面图
(该图由海军研究实验室前工作人员 I. W. Fuller 提供)

经常有人认为,用径向剖面图来对飞机目标进行分类是一种可行的方法。然而用这种方法进行目标分类有一个比较严重的困难:只要目标姿态角有很小的变化,目标径向剖面图就会变化，也会出现目标的一部分被其他部分挡住的情况。若在雷达的一个分辨单元内有不止一个散射中心，则姿态角变化就会造成各个散射中心相对相位的改变。这将引起各散射体的相加或相减性干涉，结果就会改变雷达分辨单元内总的散射截面积，因此要将此方法用于目标识别，必须建立一个径向剖面图数据库，用于对未知剖面图匹配时，库中每个目标必须用不同姿态角下的剖面图进行表征。

11.6.2 探地雷达(GPR)[58]

探地雷达目前是一种普遍采用的地球物理探测技术。探地雷达普遍采用宽带或超宽带技术。其原因为：①要实现地下（介质中）目标探测，必须降低雷达工作频率，一般不高于 2GHz。在同样发射功率条件下，工作频率越低，探测深度越深。例如城市管道探测，工作频率不高于 3010MHz。②大多数地下目标探测需要较高的分辨力，例如公路探测，其分辨力要求小于 10cm，如此高的空间分辨力需要大的绝对带宽，如 1GHz。综合上述两各个因素，探地雷达系统的相对带宽一般大于 50%，因此是超宽带雷达。

目前探地雷达的体制按所用的信号形式主要有冲激、线性调频脉冲，步进频率和噪声信号 4 种，如图 11.41 所示。此外，还有调频—连续波和编码信号等。

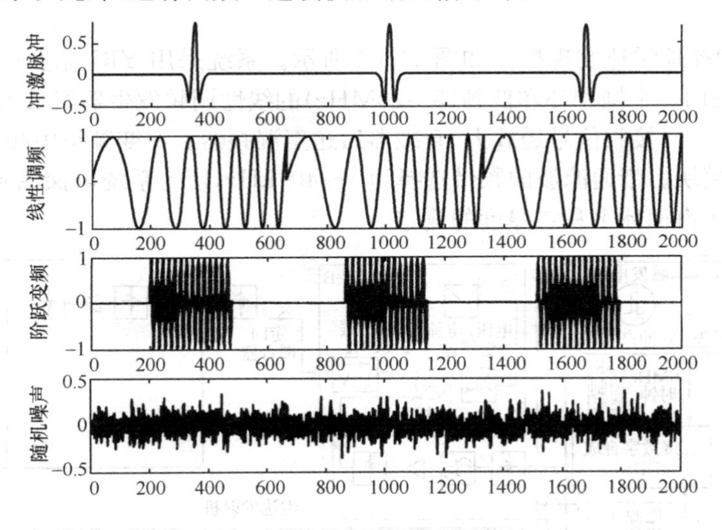

图 11.41　4 种典型的探地雷达信号形式

对于深层远距离探测，在工作频段确定后，系统的平均功率是首先考虑的因素，这类系统的信号形式通常选择线性调频和步进频率体制系统。在浅层近距离探测应用中，分辨力和系统造价是优先考虑的内容，常选用无载波冲激体制系统。

任何探地雷达的系统性能首先依赖于硬件性能，而硬件性能指标(诸如，目标空间分辨力；探测深度和近表层下探测能力等)的确定随应用的不同而不同。探地雷达系统是穿过介质对其中的目标进行探测的，工作示意图如图 11.42 所示。

1. 无载波冲激脉冲体制

正弦波信号雷达的一个特例。其发射波形为一极窄脉冲(瞬时频带颇宽)。可获得较高的距离和角分辨力。它主要由纳秒高压冲激脉冲源、宽带脉冲天线、宽带采样示波器及信号处理装置等部分组成(见图 11.43)。

基于非正弦波技术的冲激脉冲雷达与常规雷达截然不同，它直接辐射时宽极小、幅度有限的周期性冲激脉序列，而不再借助于正弦载波。冲激脉冲雷达的峰值发射功率为千兆瓦级，在毫微秒或更短的时间内发射。

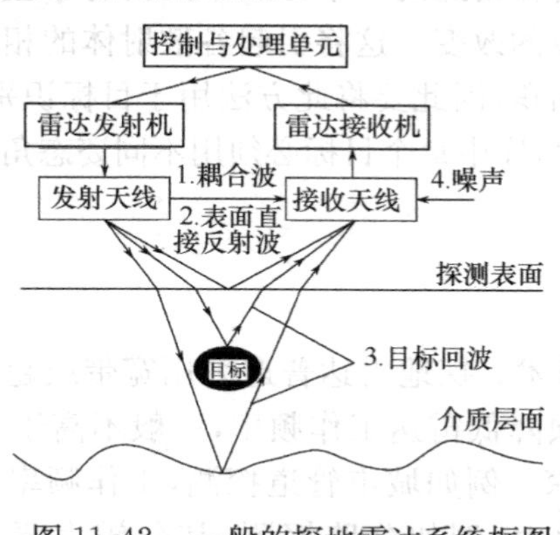

图 11.42　一般的探地雷达系统框图

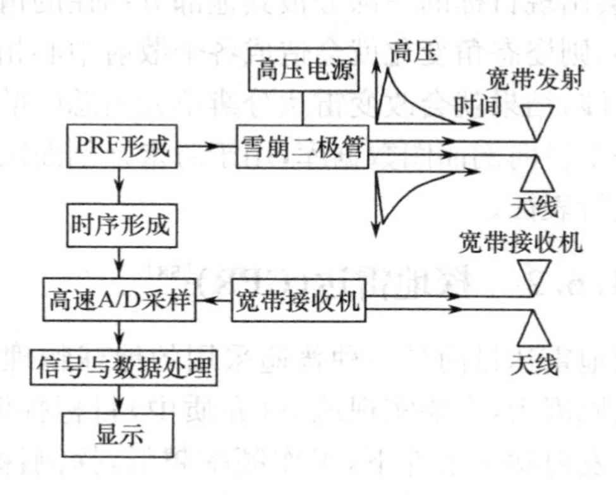

图 11.43　冲激脉冲雷达的组成

2. 线性频率调制体制

线性频率调制脉冲压缩体制已在第 8 章中讨论过，这种体制采用宽脉冲发射以提高发射的平均功率，保证足够的作用距离，而在接收时则采用相应的脉冲压缩法获得窄脉冲，以提高距离分辨力。

一种线性调频探地雷达实现框图如图 11.44 所示。系统采用 YIG 晶振产生宽带的线性调频信号。模块 B 采用一个锁相环和低频（5～20MHz）的线性调频发生器组成的负反馈电路以提高频率调制的线性度。接收信号经放大、衰减器后送至混频器。下变频至中频后，经过多级滤波器进入 A/D 变换模块。带通滤波的频带选择为 4～400kHz，使得系统可探测到距离 150m 处的目标，有效地应用于海面冰上积雪厚度的测定。

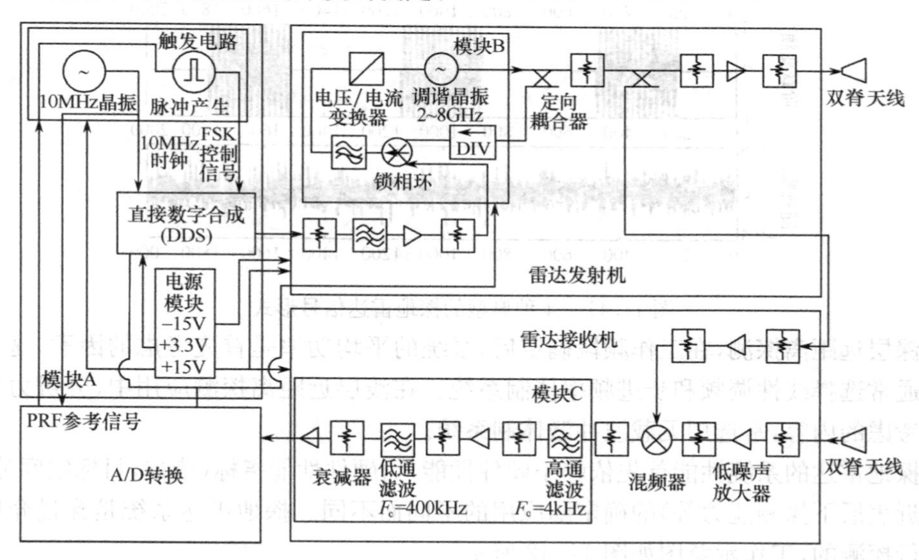

图 11.44　线性频率调制探地雷达实现

3. 步进频率体制

步进频率雷达的波形由 N 个相干脉冲串组成，其脉间频率通常以一个固定的频率增量 Δf 递增，第 n 个脉冲的频率可写成

$$f_n = f_0 + n\Delta f \tag{11-40}$$

式中，f_0 为起始载频，Δf 为频率步进量，也就是脉间的频率变化。

步进频率雷达除了包含一个典型的相参雷达所具有的基本部件之外，还需一个相参步进频率合成器，它包括附加的上变频和下变换电路，如图 11.45 所示。步进频率源产生脉冲至脉冲间的频率变化。发射机、接收机、天线系统的带宽要满足宽带信号的辐射和接收。

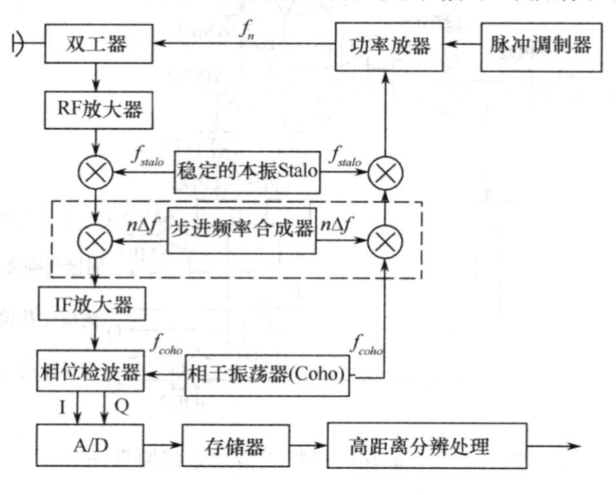

图 11.45　步进频率雷达的组成框图

在发射端，第 1 个相干振荡器(Coho)和频率合成器的频率在混频器中相加，然后，两个频率之和与稳定的本机振荡器混频，上变频到 RF。由稳定的本机振荡器，相干振荡器，回波和频率合成器组成的合成信号被放大和发射。因此，在 N 个脉冲串之内第 n 个发射脉冲的频率为

$$f+f_{stalo}+f_{coho}+n\Delta f\quad(n=0\sim N-1)\tag{11-41}$$

在接收端，回波信号通过与稳定的本机振荡器混频，下变频到 IF，然后在 IF 放大器中加以放大和带限。接着通过将 IF 输出与频率合成器混频进一步下变频到基带。在这种步进频率雷达中，频率合成器被同步，以便在脉冲重复间隔内保持发射机和接收机在相同频率上。在同步检波器中 IF 输出被进一步变换到基带。为保留幅值和相位信息，同步检波器的输出为同相(I)和正支(Q)分量形式。然后，I 和 Q 分量被采样，数字化和存储，最后被高距离分辨处理。

4. 噪声信号体制

使用超宽带随机噪声发射机的动机源于对高距离分辨力和距离测量精度的需求。相比于传统的窄带系统，超宽带雷达可以获得更多有关所扫描目标的结构和材料特性的信息。在高 SNR 和精度校准的情况下，距离精度甚至可以接近毫米和亚毫米量级。超宽带雷达还具备增强杂波抑制的能力，将来或可用于解决掠海反舰艇导弹检测的难题；对于树叶、墙壁和地面的穿越探测和成像也同样有用。对于穿墙 UWB 雷达，美国(FCC)许可的频率为 1.99～10.6GHz，欧洲允许 30MHz～18GHz 频率范围用于穿墙和探地。

噪声信号探地雷达系统发射噪声信号，接收信号与经过时延的发射信号相关处理实现对地下目标的检测和定位。噪声信号雷达系统原理框图如图 11.46 所示。

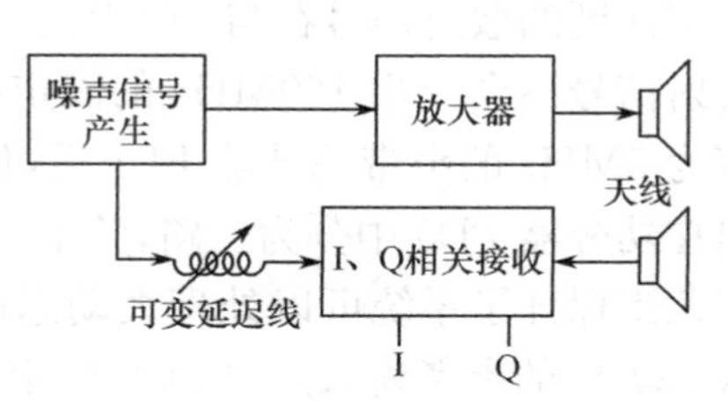

图 11.46　噪声信号雷达示意图

以美国内布拉斯卡大学的相参超宽带噪声雷达为例，系统原理如图 11.47 所示。该系统主要用于浅层目标探测，信号带宽 1～2GHz。从原始数据中，系统可以产生 4 个图像，分别对应同极化接收幅度、交叉极化接收幅度、去极化比以及正交极化接收信号的极化相位差。

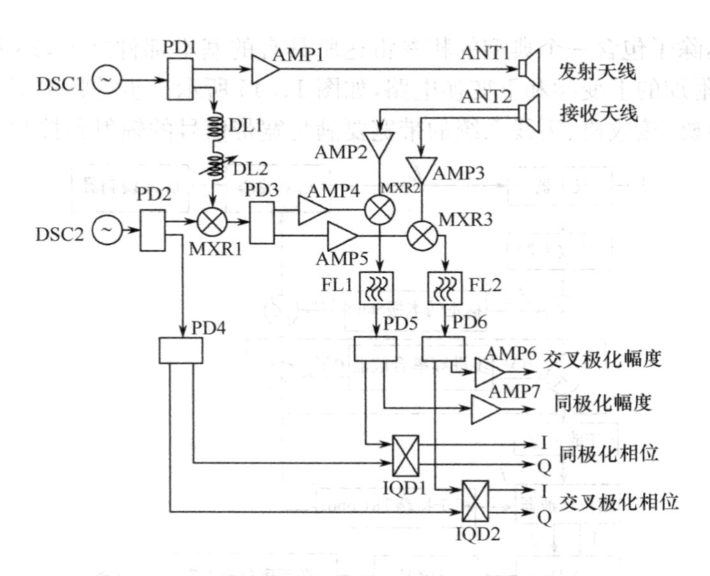

图 11.47　极化随机噪声雷达系统原理图

DSC1 产生一超宽带噪声信号，幅度服从高斯分布，在 1～2GHz 的频率范围内功率谱密度均匀，噪声产生器的平均功率输出为 0dBm。在 PD1 中，此输出分为二路同相分量，3dB 功分器有 1dB 插入损耗，因此功分器的输出标称电平为－4dBm。经过 AMP1 放大后，平均功率为＋30dBm(1W)。放大器的输出馈至一个双极化宽带(1～2GHz)对数周期发射天线 ANT1。对数周期天线除了宽带外，还具有不随频率变化的常增益 7.5dB、优越的交叉极化隔离性能(大于20dB)，以及在工作频带内优于 30dB 的主后向旁瓣比。

功分器 PD1 的另一路接一个固定延时线 DL1 和一个可变延时线 DL2。这两个延时线对功分后的发射信号提供必要的时延以适应不同的探测深度。固定时延线 DL1 用于保证相关操作仅从空气—土壤的接口以后开始，如此消除了地表杂波。因为总的探测深度不大于 1m，延时线相对较短，最大损耗不超过 1dB。这些延时线用低耗相移器实现，可以快速编程设置适当的时延以获得不同的探测深度。为完成噪声信号的相关处理，可以采用独特的频率变换方案，这一技术的基本主要部件是一个 160MHz 的锁相本振 DSC2，其输出功率为＋13dBm，此信号通过功分器 PD2 输入给低旁瓣混频器 MXR1。MXR1 的输出频率范围是 0.8～1.84GHz。MXR1 的输出由功分器 PD3 一分为二，经放大后送至同极化信道和交叉极化信道。

原理上，两种极化信道的信号处理基本上一致的，以同极化为例，PD3 功分器的一路输出经 AMP4 放大后，为混频器 MXR2 提供一个平均功率 0dBm 的本振信号，MXR2 的输入是目标和各种接口对 1～2GHz 的发射信号的散射和反射信号。由于 LO 信号具有特定的时延，只有来自一定深度的散射信号在与 LO 混频后产生精确的 160MHz 中频信号。而其他深度单元的散射或反射信号不会产生 160MHz 的固定中频信号，这样 MXR2 的输出经过中心频率为 160MHz、带宽为 5MHz 的窄带滤波器 FL1 后，仅有中心频率为 160MHz 窄带信号通过。滤波器 FL1 的输出在功分器 PD5 中分为二路，其中一路由动态范围是 70dB 的对数放大器 AMP7 放大，宽的动态范围保证了系统可以处理大动态的散射电平。PD5 的另一路输出是 I/Q 检测器 IQD1 的输入，IQD1 的参考输入来自 DSC2。因此，IQD1 的输入都是精确的 160MHz 信号，I/Q 检测器提供了二路信号相位差的 I、Q 分量，如此埋地目标或者接口的同极化散射特性包含在 I、Q 输出中。系统总的输出包括：①同极化幅度；②同极化相位；③交叉极化幅度；④交叉极化相位。

5. **四种体制的性能比较**

系统体制的选择主要取决于应用，当然也决定于硬件复杂度、器件水平等。表 11.2 给出了四种主要的探地雷达体制性能比较。

表 11.2　四种体制的性能比较

信号形式＼性能	辐射能量	发射波形可控	动态范围	硬件复杂度	EMC	测量速度
冲激	小	不可控	小	简单	差	快
LFM	大	精确可控	较大	较复杂	较差	快
SF	大	精确可控	大	较简单	好	慢
噪声	较小	可控	较小	复杂	差	较慢

目前已经研制了几种应用类型探地雷达，主要有定位煤气管道、水管道和传输电缆等公用事业用探地雷达；探测埋藏的爆炸物，非金属物雷达以及检查军械、毒品等军用和警用探地雷达；地下考古、地质构造以及矿物、地下水和石油等地质考察探地雷达；机载地面下目标检测、环境监视以及冰层和永久性冻土剖面成像用地面透视雷达等。

探地雷达(GPR)的检测范围受许多因素影响，诸如土壤参数；目标的深度、尺寸和材料；土壤杂质的程度；地下多种管道的铺设形式和拥挤程度等。

提高探地雷达的有效性必须从理论上解决以下问题：

① 介质的电磁物理特性与信号的波形关系；

② 目标的电磁物理特性与信号的波形关系；

③ 超宽带电磁波高效辐射与接收问题。

系统实现难点有：

① 硬件实现技术，包括超宽带高效辐射与接收天线、高动态低噪声接收机、发射波形控制等；

② 数据解译技术，包括超宽带系统校准技术、收发耦合抑制技术、高分辨力成像技术、地下目标分类技术等。

11.6.3　一种 UWB 透墙成像雷达[152]

图 11.48 示出一种 Xaver 800 透墙成像雷达，它是轻便的 UWB 微波功率雷达，其天线由 24 个阵元组成，系统的带宽为几 GHz，可提供几十 ps 的极短的自相关脉冲(这意味着调准灵敏度仅几 ps)。该雷达可为用户提供快捷和可靠的 3D 视觉信息，能以足够的分辨力显示位于墙背后的目标。可观察到人体不同部分的反射点，如图 11.49 所示。图 11.49(a)示出一个弯着腰的人的雷达反射波的图像，并可区分人体的脚、手、头及弯腰姿态。图 11.49(b)示出一个人带一条狗的雷达反射波的图像，显然，高者是一个人，矮者为一条狗。可见，Xaver 800 UWB 雷达透墙“观察”的分辨力已相当高了。

我们知道，许多现存的能“感知”墙背后人的技术分辨力均很低，且只能提供 2D 图像。理论上，高分辨力可通过展宽所用系统中的 UWB 信号的带宽来获得。然而，UWB 信号运用于多通道系统会出现无调准的难题，从而使图像不聚焦和失真。Xaver 800 采用独特的信号处理和图像处理算法，因而可实时捕获和显示隐藏在墙背后目标的高分辨 3D 图像。

为了获得高精确的时域信号，并获得高分辨的图像，这种多通道系统涉及的关键技术是以极高的分辨力估算每个通道的延迟，因此所有通道应该彼此调准。这种调准的处理就是下面将讨

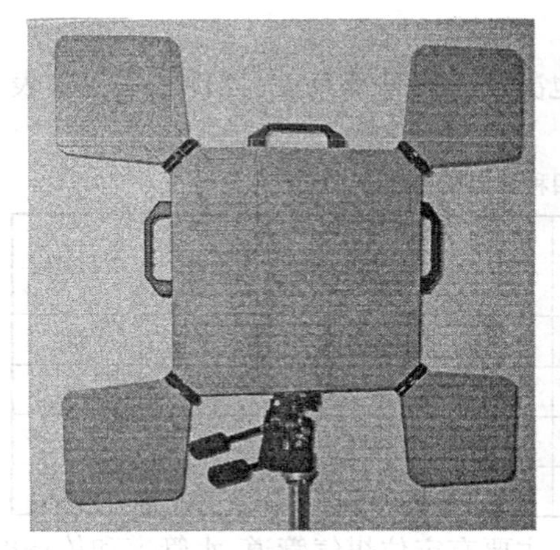

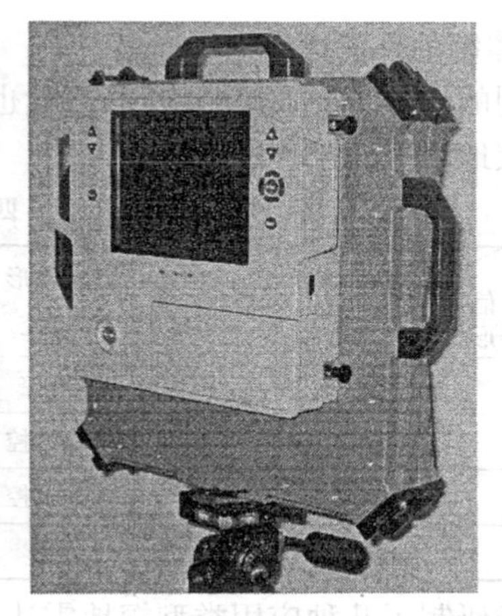

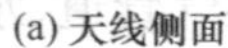

(a) 天线侧面　　　　(b) 前视折叠的系统

图 11.48　Xaver 800 的照片

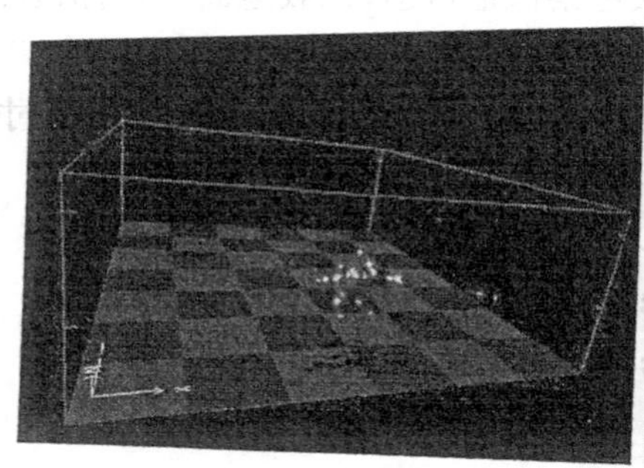

(a) 弯腰的人

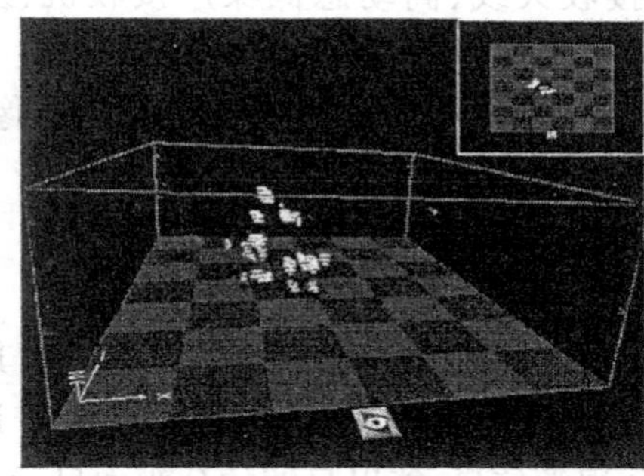

(b) 牵狗的人

图 11.49　Xaver 800 的两幅透墙成像照片

论的相干配准。

一般，多通道阵列的 UWB 成像雷达的性能对通道间相对延迟的不精确性很敏感，这意味着系统所有通道应该共同调准，要不然，重构的图像将会散焦，甚至于完全失真。“Xaver 800”采用一种可给出约为几 ps 的很窄自相关脉冲的带宽，它满足很精确的通道调准机理的要求。下面先讨论无调准问题，然后介绍 Xaver 800 采用的配准技术。

(1) 无调准问题

在通道之间延时变化主要来源于恒定的和可变的延时不精确性。恒定因素由在每个通道的前端硬件(阵元，RF 组件，采样器，定时设计、电路设计和板材等)中变化引起的。变化因素主要受电子元器件参数的变化和天线阵面的机械变化影响的。克服这些问题的机理应该解决系统中恒定的和可变延迟的不精确问题。

图 11.50 示出具有 $\Delta\tau$ 延迟的无调配通道矢量 ***ch***。每个通道相对于预定的定时基准 t_0 有不同的延时，在某些情况通道之间的时差是自相关脉冲持续时间的小部分，它会引起图像变得模糊，而在另一些情况通道之间的时差大于自相关脉冲的持续时间，它多半会产生较大的图像失真。

图 11.51 示出了一个包含恒定部分 $C\Delta\tau$ 和可变部分 $V\Delta\tau$ 两类延时来源的时间延时通道的等效模型，两者叠加构成调准的通道矢量 $\boldsymbol{ch}^*$ 。

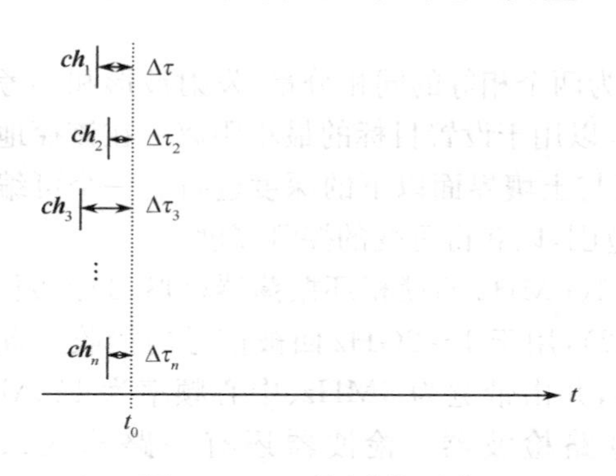

图 11.50　无调准的通道

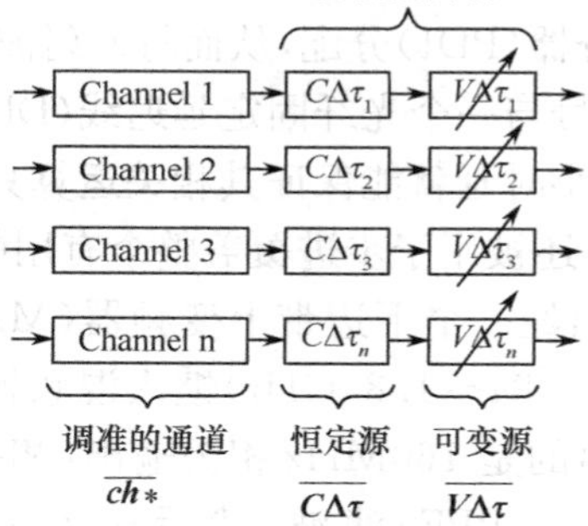

图 11.51　恒定的和可变的时间延迟的来源

(2) 相干配准

相干配准一般应该作为系统中的基本处理之一，并且在其他信号处理和图像重构功能之前。相干配准模件补偿在不同通道中引起的时延生成元(素)。它可认为是可变的和恒定的时延。恒定时延可脱线测量，并用一种固定的时延补偿机制来校正，而可变时延应在运作期间，自适应地加以测量和补偿，如图 11.52 和图 11.53 所示。

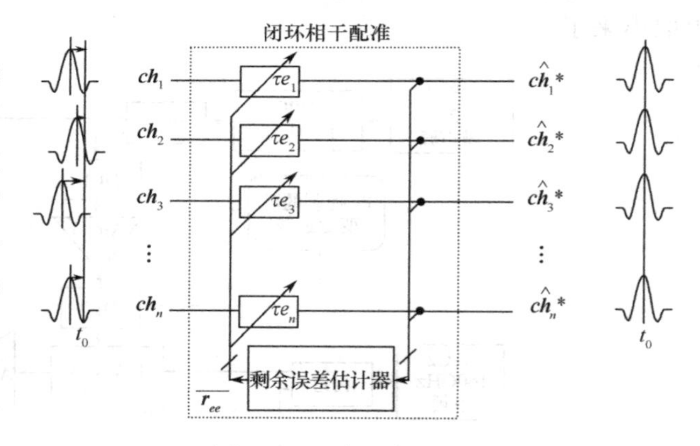

图 11.52　闭环相干配准

图 11.52 描述一种闭环校正方法，图中剩余误差估计(量)矢量 $\boldsymbol{r}_{ee}$ 是基于组合的通道矢量 $\boldsymbol{ch}^*$ 产生的。图 11.53 描述一种开环校正方法，图中误差估计量矢量 $\boldsymbol{e}_e$ 是基于无调准矢量 ***ch*** 的输入产生的。

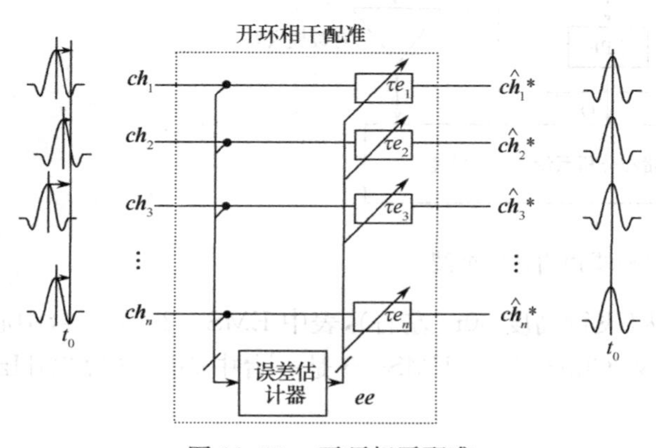

图 11.53　开环相干配准

闭环法比开环法一般收敛于更精确的结果，因为它仅基于合成的输出，其中在开环布局中，其性能还取决于校正性能。当在同步点上校正时延时，开环结构也许是优先的选择，因为它快捷，且给出同样的精度。

上述两种相干配准方法为 Xaver 800 透墙成像雷达提供了时偿补偿机制，得到了较高的图像分辨力。这种 UWB 透墙成像雷达是侦察和反恐的重要工具。

11.6.4 地面透视雷达

在探地雷达系统中，有一种由 Narayanan 等人最先介绍的随机噪声雷达[43]。图 11.54 示出的是该系统结构的框图。其发射采用的是一种 UWB 高斯噪声波形，目标检测是采用一个外差式相关接收机完成的，相关接收机将接收信号与一个经时移和频移的发射信号样本进行互相关。发射机采用了一种微波噪声二极管(OSCI)，经带通滤波器(BPF)带限，再经一个宽带功率放大器(AMP1)放大。发射信号呈高斯幅度分布，在 1～2GHz 的频率范围内平均范围内平均输出功率为 0dBm(1mW)。

功率经功分器(PD1)分配，从而将发射波形分割为两个相等的同相分量(发射波形和参考信号)。该参考信号与一个光纤固定延迟线(DL1)相连，以用于设置目标的最小距离。在该探地雷达系统中，该最小时延就能保证其相关运算只在空气与土壤界面以下的深度进行。一个可编程的延迟线(DL2)还被用于步进覆盖整个有用的时延范围，以获得可变的探测深度。

延迟线输出经一个下边带上变频器(MXR1)与 160MHz 的锁相环振荡器(OSC2)混频，上变频器的输出(0.84～1.84GHz)馈入混频器(MXR2)，用于 1～2GHz 回被信号的接收。混频器(MXR2)输出的是 160MHz 相关输出(相关系数)，并由带宽为 5MHz、中心频率为 160MHz 的带通滤波器(IF BPF)滤波，然后送入 I 路和 Q 路检波器。检波器还有一路输入来自 160MHz 的振荡器(OSC2)。然后，I 路和 Q 路的检测器输出被采样、积分、信号的包络也就被提取出来了。

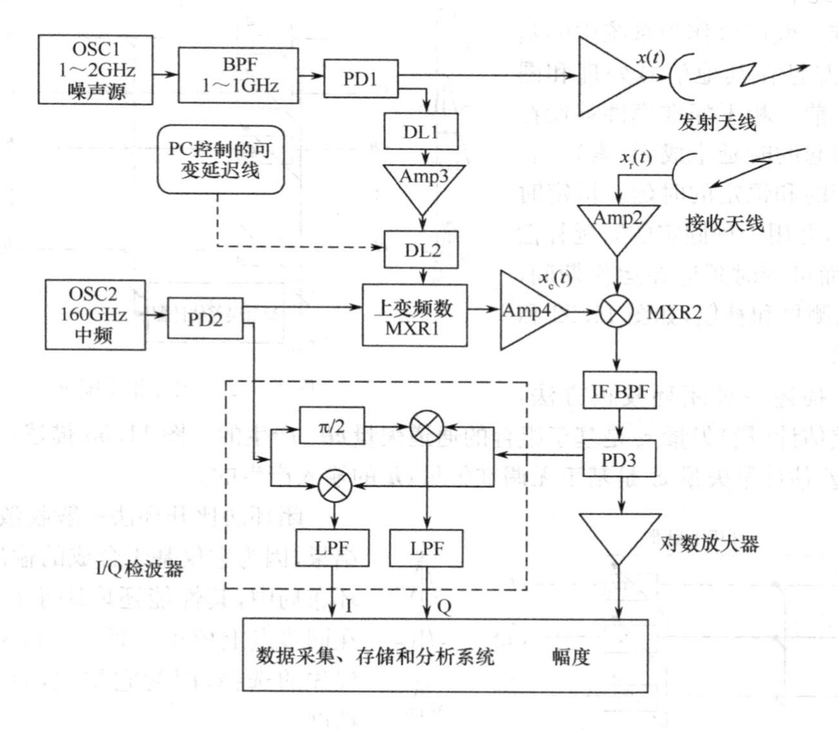

图 11.54　随机噪声雷达的框图

表 11.3 列出两种直升机载地面透射雷达(飞行高度 30m 左右)，表中 EMS—20 是一台中心频率为 503MHz，带宽为 500MHz 的 FM—CW Chirp 雷达；EMS—5 是一台中心频率为 3GHz，带宽为 2GHz 的 FM—CW Chirp 雷达。

表 11.3　机载地面透视雷达的特性

	EMS—20	EMS—5
形　式	FM—CW Chirp	FM—CW Chirp
中心频率	503MHz	3GHz
通　带	500(250～750)MHz	2～4GHz
脉　宽	5ns	500ps
脉冲重复速率	100 个脉冲/秒	100 个脉冲/秒
连续功率	1W	4W
时宽—带宽积	5×10^6	2×10^6
天　线	双极化螺旋形	16 个单元阵列
总有效系统增益	～160dB	～16dB
有效分辨力	～0.7m	～0.4m
透视深度(干沙)	20m	5m

11.6.5　一种探测掠海式导弹的微波 UWB 雷达

由于掠海式导弹的飞行高度极低(它能飞行在两米高度),在这一高度舰载雷达对其观测的范围相当小,大概是 10～12 海里。因此可采用微波 UWB 雷达来探测低空飞行的掠海式反舰导弹。表 11.4 列出了 UWB 海面监视雷达的主要性能。

表 11.4　探测掠海式导弹的 UWB 雷达的主要性能参数

频　率	8.5～11.5GHz(30%带宽)	频　率	8.5～11.5GHz(30%带宽)
天线类型	由 TEM 喇叭馈电的抛物面反射体	脉冲宽度	3.2μs,压至 0.33ns
天线尺寸	直径 2m	脉冲重复频率	8kHz
波束宽度	正常 1°	接 收 机	6 个并行的 500MHz 频道
发射机类型	行波管或者多个行波管组合	噪声系数	5dB
功　率	平均功率 5kW,峰值 2kW	信号处理	数字式,8 位,500MHz A/D
波　形	10000∶1 脉冲压缩比(线性调频,展宽或 Costas 码)	杂波抑制方法	非多普勒动目标显示

采用该 UWB 雷达具有下列吸引人的特性:

杂波抑制是通过探测运动目标在脉冲与脉冲之间的变化实现的,而不是像传统 MTI 雷达和多普勒雷达那样,通过使用多普勒频移来实现。这种探测运动目标的方法之所以可行,应归功于 UWB 雷达极高的距离分辨力(5cm)。非多普勒处理意味着不再有盲速和阻塞脉冲,也不需要发射多重复频率和多波束来消除距离和多普勒频移上出现的模糊现象。极高的距离分辨力可用来确定低空目标的高度,这是通过测量各个路径回波的间隔来实现的。目标高度的精确测量值可用做防御导弹的引导指令。在短暂距离内实现指令引导非常有吸引力,尤其是可以缩短防御掠海式低空导弹 SAM 系统的工作时间。

(1) 发射机

发射机要求几千瓦的平均功率,可采用有源宽带的高峰值功率、短脉冲周期的功率振荡器和由固态器件与真空器件组合的微波功率模块(MPM)。

发射机的选择应考虑器件所获得的平均功率而不是短脉冲时的高峰值功率。另一方面,还必须满足带宽的要求。而该 X 波段短脉冲 HPM 源可以实现满足此类应用要求的功率和带宽,且可单管实现,无需采用诸如 n 只行波管组合等手段来实现。值得注意的是,对军舰而言,发电机是现存的,雷达的质量无关紧要。

(2) 天线

天线的直径应是 2m,它能产生 1°的正常波束。可选择由宽带馈源(如 TEM 喇叭)馈电的天线。当然,任何一种大的带宽,都必须考虑 UWB 信号由天线所带来的影响。

另外，UWB 所需的收/发开关尚未找到合适的成品，若无合适的收/发开关，权宜之计是发射和接收各采用一个天线。

(3) 接收机

UWB 的接收机，如采用模拟方式(使用光纤延迟线)或者采用一种超宽带信号多通道采集与恢复方法，如图 11.29 所示。

(4) 信号处理

在 UWB 雷达的研制中，信号处理构成了最大的挑战。在 UWB 雷达中发射的信号形式已知，但接收信号的形式通常不完全知道。因为 UWB 雷达的分辨力(5cm 以下)远远小于它必须探测的目标的长度，回波信号是时间分割回波的合成，这些回波信号来自整个大目标的各个散射中心，而每个目标都有它自己独特的回波特性，且这些特性随观测点的不同而变化。

杂波中的信号检测：UWB 雷达不是寻求脉冲间的多普勒变化，而寻求脉冲间的目标位置变化，称做区域动目标显示或非多普勒动目标显示。这方面内容前面已进行了说明。

11.6.6 高功率微波 UWB 防空雷达

高功率微波 UWB 防空雷达有两方面值得注意。最大的探测距离正比于 $P_t^{1/4}$，因此提高雷达功率，将增大其作用距离。而短脉冲可提高距离分辨力，这样就可以对目标进行精确定位，甚至可根据随时间变化的回波信号辨别出目标。俄罗斯在托木斯克地区进行野外演示试验的高功率微波 UWB 雷达就是一例，其主要参数为：频率 f_0 为 X 波段；峰值功率 P_t 为 1GW；脉冲宽度 τ：5ns；重复频率 f_r 为 100Hz。

演示结果表明，该雷达探测到了 50km 以外的飞机，其距离分辨力小于 10m，该雷达在 1～10km 内具有软杀伤能力。这种雷达的突出优点为，在空防中，即使敌方实施干扰，仍有检测来犯敌机和导弹的能力。

第12章　毫米波雷达

近年来，随着对毫米波系统需求的增长，毫米波技术在研制发射机、接收机、天线以及毫米波器件等方面有了重大突破，毫米波雷达进入了各种应用的新阶段。尤其在直升机和无人(自动)驾驶汽车领域，毫米波探测和防撞雷达已成为感知周围环境和障碍物环境不可缺少的传感器。

毫米波雷达的组成及其功能与微波雷达相似，在此不再进行介绍。本章主要介绍毫米波雷达的特性及其若干应用例子。

12.1　毫米波频段划分

迄今，毫米波频段尚无精确的定义，通常将30～300GHz的频域称为毫米波(波长为1～10mm)，但是IEEE(1976年)所颁布的标准中将40～300GHz作为毫米波的标准频率范围，而把27～40GHz称为Ka频段。其他流行术语还有近毫米波(100～1000GHz)和亚毫米波(300～3000GHz)等。毫米波和亚毫米波为介于微波和红外之间的电磁频谱(从光学观点来看，"超远红外"频段为从远红外一直降到150GHz频段)。毫米波频段的划分和代号尚无统一精确定义。图12.1示出毫米波频段的划分图。

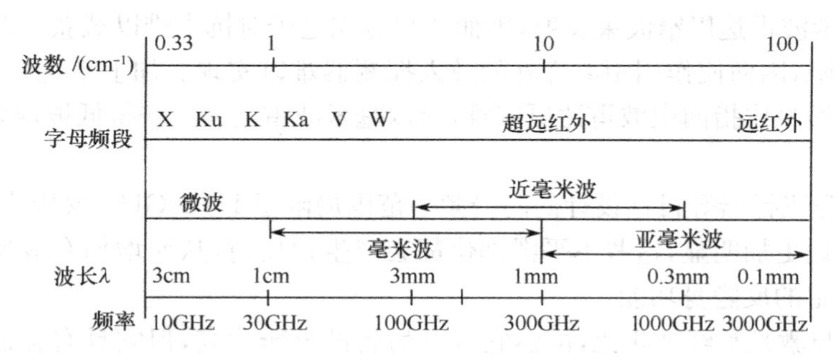

图12.1　毫米波频段的划分图[36]

12.2　毫米波雷达的特性[27]、[36]、[39]

20世纪80年代以来由于对毫米波雷达需求的日益增长，从而形成了开发毫米波雷达的热潮，这取决于毫米波雷达具有以下特性。

(1) 频带极宽，如在35GHz、94GHz、140GHz和220GHz这4个主要大气窗口中，可利用的带宽分别为16GHz、23GHz、26GHz和70GHz，均接近或大于整个厘米波频段的宽度，适用于各种宽带信号处理。

(2) 可以在小的天线孔径下得到窄波束，方向性好，有极高的空间分辨力，跟踪精度较高。

(3) 有较宽的多普勒带宽，多普勒效应明显，具有良好的多普勒分辨力，测速精度较高。

(4) 地面杂波和多径效应影响小，低空跟踪性能好。

(5) 毫米波散射特性对目标形状的细节敏感，因而，可提高多目标分辨和对目标识别的能力与成像质量。例如，图12.2示出了由毫米波线性扫描传感器获得的大型汽车的高分辨力图像，其主要的成像参数为中心频率 35.3GHz,信号带宽 0.87GHz,目标距离 75m[143]。

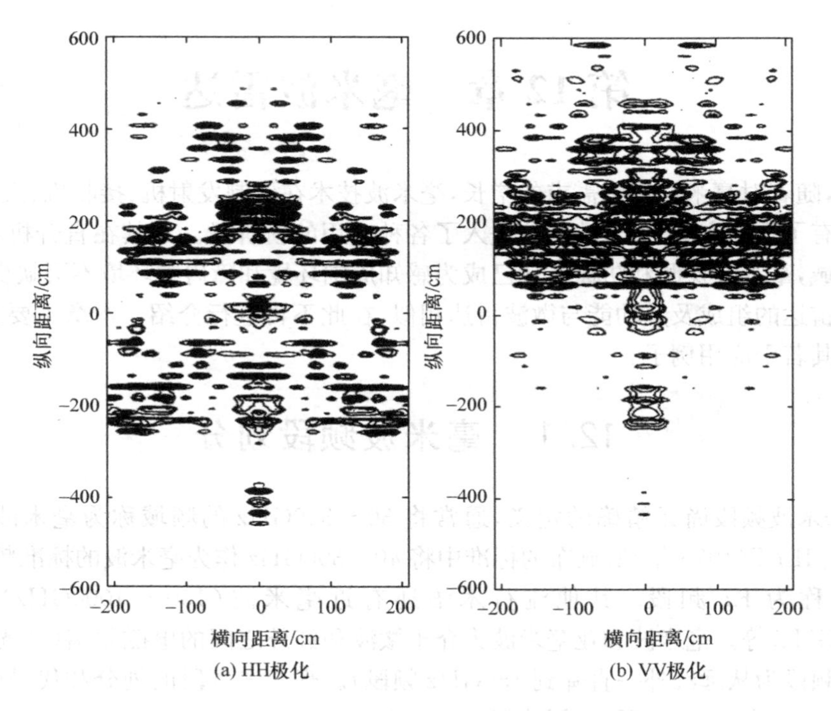

图 12.2　整个大型汽车的 2D 图像[143]

(6) 由于毫米波雷达以窄波束发射,因而使敌方在电子对抗中难以截获。此外,由于毫米波雷达作用距离有限,因而使作用距离之外的敌人探测器难以实现。加上干扰机正确指向毫米波雷达的干扰功率信号比指向微波雷达更困难,所以毫米波雷达易于获得低被截获概率性能,抗电子干扰性能好。

(7) 目前隐身飞行器等目标设计的隐身频率范围局限于 1～20GHz,又因为机体等不平滑部位相对毫米波来说更加明显,这些不平滑部位都会产生角反射,从而增加有效反射面积,所以毫米波雷达具有一定的反隐身功能。

(8) 毫米波与激光和红外相比,虽然它没有后者的分辨力高,但它具有穿透烟、灰尘和雾的能力,可全天候工作。

毫米波雷达的缺点主要是受大气衰减和吸收的影响,目前作用距离大多限于数十公里之内。另外,与微波雷达相比,毫米波雷达的元器件目前批量生产成品率低。加上许多器件在毫米波频段均需涂金或涂银,因此器件的成本较高。

下面,对上述若干特性作一简述。

12.2.1　天线的波束宽度窄[36]、[39]、[190]

雷达角分辨力由天线半功率点波束宽度 θ 决定,天线孔径为 D 的天线方向图的波束宽度 θ 与波长 λ 的关系为

$$\theta = k\lambda / D(\text{rad}) \tag{12-1}$$

式中,k 为常数。对于 -25dB 的旁瓣,取 $k = 4/\pi$。

表 12.1 列出了几种天线孔径下波束宽度与雷达频率的关系数据。图 12.3 示出了天线孔径尺寸、增益和波束宽度与频率的关系曲线。由表 12.1 和图 12.3 可知,所选频率越高,则波束宽度越窄。

由式(12-1)、表 12.1 和图 12.3 均可得知,θ 与 f 成反比。因此,对于一固定天线孔径,在

9.5GHz 工作的雷达比在 95GHz 上工作的雷达发射天线的波束宽度约大 10 倍，即

$$\theta_{95} = \theta_{9.5}/10 \tag{12-2}$$

表 12.1　天线孔径下波束宽度(°)与雷达频率的关系

天线孔径(m) \ 波束宽度(°)	雷达频率(GHz)				
	10	35	95	140	220
0.01	—	62.5	23.1	15.6	9.9
0.1	21.9	6.3	2.3	1.6	1.0
1.0	2.2	0.63	0.23	0.16	0.1

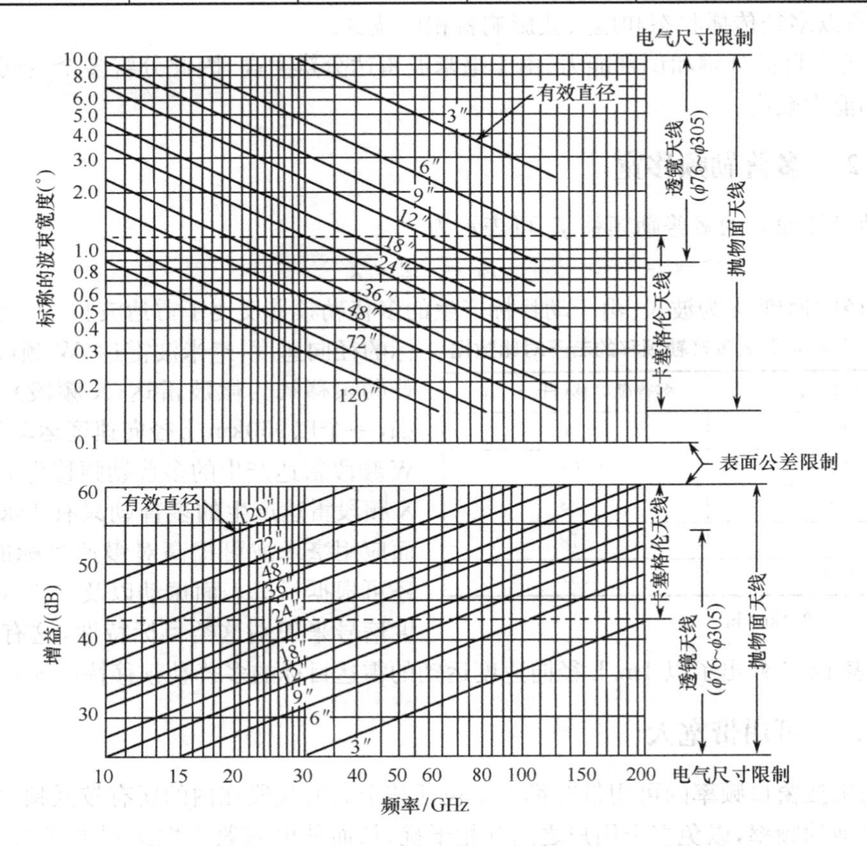

图 12.3　天线孔径尺寸、增益和波束宽度与频率的关系曲线[190]

毫米波雷达提供的窄天线波束具有以下重要优点。

(1) 高天线增益：Skolnik 给出一个各向同性辐射体的天线增益 G 为

$$G = 4\pi A_e/\lambda^2 \tag{12-3}$$

式中，A_e 为天线孔径的有效面积。显然，天线增益与波长的平方成反比。因此与微波相比，相同天线增益的天线孔径较小。

(2) 高的角跟踪精度：在热噪声限定情况下，雷达的角跟踪精度直接与天线波束宽度 θ 相关，即

$$\sigma_t = (k_t\theta)/[(S/N)_0 n]^{1/2} \tag{12-4}$$

式中，σ_t 为均方根(rms)角跟踪误差；k_t 为取决于跟踪形式的常数；$(S/N)_0$ 为接收机输出信噪比；n 为脉冲积累数。

由式(12-4)可见,窄的天线波束可获得小的角跟踪均方根误差。

(3) 不易受电子干扰。窄的雷达波束宽度减少了干扰机将能量注入雷达主波束的机会,因而可降低雷达对干扰的灵敏度。此外,较高的天线增益降低了经天线旁瓣的干扰。雷达的基本横向分辨力 δ_t 定义为

$$\delta_t = \theta_x R \tag{12-5}$$

式中,θ_x 为横向半功率波束宽度;R 为雷达至目标的距离。

毫米波雷达可获得较高的角分辨力,在如箔条或云雨之类体杂波背景中可实现目标的空间分辨,从而增强了目标信号与杂波之比,且改善了检测性能。

(4) 减少了低仰角上的多径效应和地杂波影响。由于毫米波雷达的窄波束宽度照射截取的地面较小,所以多径传播状态和地杂波影响就相应减少。

(5) 改善多目标分辨和识别能力。由于毫米波雷达分辨力高,因此分辨多个空间近距离目标和目标识别能力较高。

12.2.2 多普勒频移宽

雷达动目标回波的多普勒频移 f_d 可表示为

$$f_d = -2v_r/\lambda \tag{12-6}$$

式中,v_r 为径向速度;λ 为波长。由于动目标产生的多普勒频移反比于雷达波长,因此对于同一目标的径向速度,毫米波雷达(W 频段)产生的多普勒频移约为微波雷达(X 频段)的 10 倍。例如,一个以 960km/h 径向速度运动的空中目标,W 频段雷达产生的多普勒频移为 169.8kHz,而 X 频段雷达产生的多普勒只有 18kHz 左右,因而应用毫米波可提高对慢速目标的检测能力。还可根据目标表面振动以及二阶或更高阶的速度信号来识别这类目标特性,这有助于目标的自动分类。表 12.2 列出了以 1m/h 径向速度运动的雷达目标的多普勒频移特性的若干数据。

表 12.2　毫米波雷达多普勒频移的若干对比数据

频率(GHz)	多普勒频移(Hz/m/h)
10	30
35	104
95	283
140	418
220	657

注:1mph = 1.6934km/h。

12.2.3 可用带宽大

任一毫米波窗口频率的可用带宽都大于包括整个微波频段在内的所有较低频率。因此,可以使用许多单独的频率,以免多个用户之间互相干扰,从而使电磁兼容性达到更高水平。由于可用带宽大,有利于采取扩谱工作方式,使敌方在不精确知道被扰系统的工作频率时,更难于进行干扰。对雷达而言,可用带宽大能提高距离分辨力。

表 12.3 列出了三种频段雷达性能的综合比较。

表 12.3　三种频段雷达性能的综合比较

雷达的性能	微波	毫米波	红外	雷达的性能	微波	毫米波	红外
识别能力	差	良	优	恶劣气象适用性	优	良	极差
定位精度	差	良	高	烟尘环境适用性	优	优	差
测距、测速能力	有	有	无	结构尺寸、质量	大	较小	最小
覆盖能力	差	良	优	造价	较低	较高	低
搜索范围	优	良	差				

由表 12.3 可见，毫米波兼有微波与红外、光波两个区域的特性，因而融合微波和红外、光波传感器的优点。特别是，窄的波束宽度、宽的系统带宽和大的多普勒频移特性，十分有利于增强对电磁干扰的抗干扰能力，有利于系统采取扩谱工作方式，有利于提高系统的距离和速度分辨能力，有利于目标识别处理。这些均为毫米波雷达系统的发展提供了巨大的潜力。

应该说明的是，在此论述毫米波雷达的优点，并不是否定其他传感器或其他频段雷达的作用。因为毫米波雷达的大气传播损耗较大，只适用于近距离的场合，在远程和超远程应用中，微波雷达仍然是探测目标的主力军。微波、毫米波、红外、激光等系统的作用应该是互补的、缺一不可的。

12.3 传播效应

12.3.1 衰减和反射(或散射)[27]、[36]、[39]

一般来说，可用图 12.4 概括毫米波频段大气的传播效应。其中大气是对电磁波传播路径的衰减以及影响雷达接收信号的主要因素。

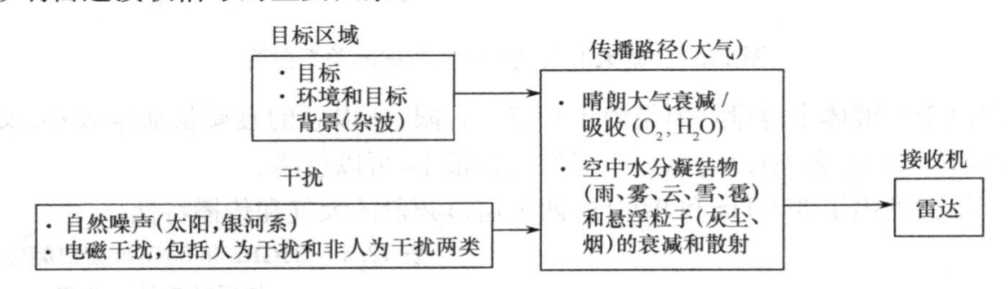

图 12.4　影响雷达接收信号的主要因素示意图

我们最关心传播路径(对于地基雷达主要是大气)上的衰减和反射(或散射)的影响，现在讨论如下。

1. 大气衰减

在毫米波频段，水蒸气和氧气的衰减影响要比微波频段严重得多，水蒸气和氧气之所以造成这么大的影响，是因为它们的分子具有极化结构。水蒸气是电极化分子，氧气是磁极化分子，在毫米波频段，这些极化分子与入射波作用会产生比微波频段更强烈的吸收。吸收的强弱还与入射波的环境的大气压力、温度以及海拔高度等有关。

大气中的悬浮微粒由于散射和吸收作用产生的毫米波衰减，各自取决于微粒的大小、液体水容量、介电常数、温度和湿度。比较低的大气层中的毫米波吸收作用是自由分子与悬浮的粒子所造成的，如凝聚成雾和雨的水珠。在晴天的大气中，氧气和水蒸气是造成吸收的物质。

在毫米波频段，大气成分中的氧和水蒸气造成几个大气吸收的峰值，以及几个称为窗口的大气吸收极小的区域。图 12.5 示出了由于大气中氧气和水蒸气造成的水平传播衰减。由图可知，毫米波频谱可分为传播带和吸收带，其 4 个传输带分别近似在 24 ~ 48GHz(衰减 0.1 ~ 0.3dB/km)；70 ~ 110GHz(衰减在 0.3 ~ 1dB/km)；120 ~ 155GHz(衰减在 1 ~ 2.5dB/km)；190 ~ 300GHz(衰减在 2 ~ 10dB/km)。因此，毫米波的“传播窗口”的标称工作频率为 35GHz，95GHz，140GHz 和 220GHz。大气损耗大的中心频率为 22GHz，60GHz，118GHz 和 183GHz。

由空中水分凝结物(如雨、雾、雪、霜、云等)会引起附加的衰减。图 12.6 示出了从微波到光波的大气吸收特性和由雨、雾造成的衰减曲线。显然，与光波相比，毫米波在传播窗口由大气吸收和衰减所产生的损耗相对较低，因此毫米波探测器在恶劣气象条件下比光电探测器更有效。

除非能见度很低(例如低于 100m)，一般雾引起的损耗(与温度有关)较小，而云的衰减率可

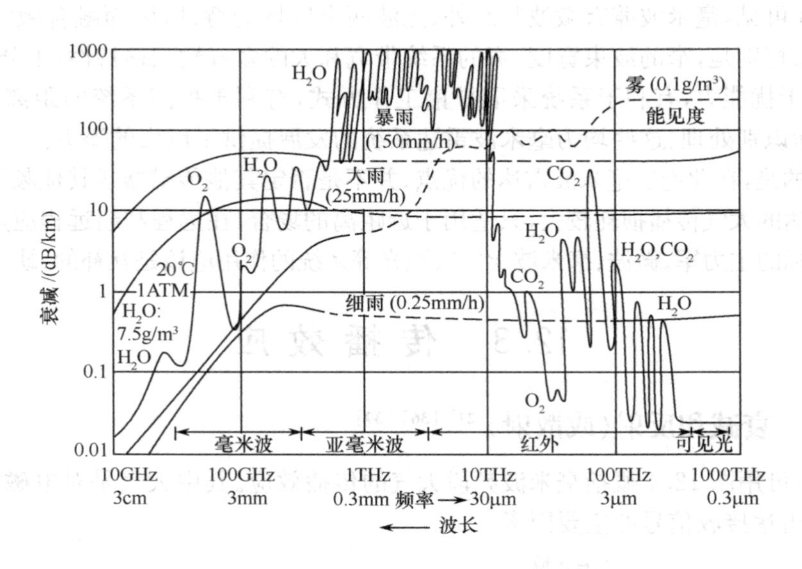

图 12.5 晴天的大气衰减与频率的关系曲线

能不太小(取决于其液体水容量),但是由于其范围有限,所以总的衰减量通常较小。又因为冰的介电常数比液体水小得多,所以卷冰云引起的衰减很小,可以忽略。

表 12.4 概括列出了 35GHz 和 94GHz 两个窗口频段的大气和传播特性。

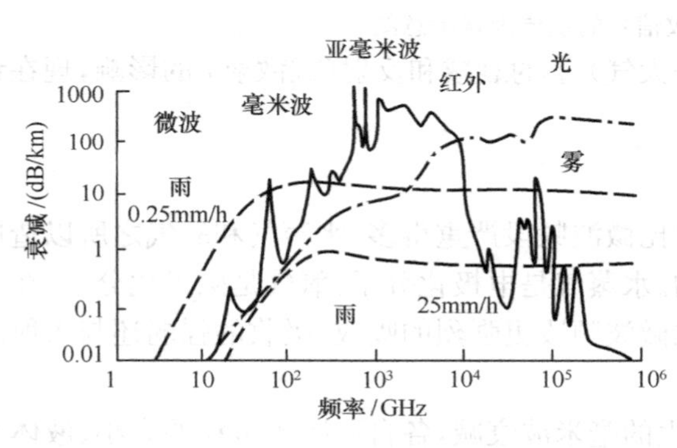

图 12.6 大气、雨和雾引起的衰减与频率的关系曲线

表 12.4 35GHz 和 94GHz 窗口频段的大气和传播效应的一览表

参数	单程损耗(dB/km)	
	35GHz	94GHz
晴天的大气衰减	0.12	0.4
雨衰减(mm/h)		
0.25	0.07	0.17
1.0	0.24	0.95
4.0	1.0	3.0
16.0	4.0	7.4
云衰减		
雨云	5.14	35.04
干云	0.50	3.78
雾衰减(g/m^3)		
0.01(薄)	0.006	0.035
0.10(厚)	0.06	0.35
1.0(浓厚)	0.6	3.5
雪(0℃ 时)	0.007	0.0028

虽然毫米波通过空中的微粒(如灰尘、烟及战场的或自然的遮蔽物)会引起衰减,但毫米波探测器的传播效率比光—电探测器高。有文献证实,在战场上和自然环境中出现的悬浮在大气中的灰尘和烟的数量,在 140GHz 以下所产生的衰减,实际上难以觉察到的。

2. 大气散射

在毫米波频段,雨的后向散射是可观的,它与发射信号的频率、极化、雨滴的数量和大小有关。因为很多雨滴都近似为球形,根据雨滴的直径和波长的比值,可能会有三种散射状态:雨滴直径与波长的比值(D/λ)很小的瑞利(Rayleigh)区;D/λ 比值接近于1的振荡区以及 D/λ 比值很大的光学区。在瑞利区内，随着频率的增加，后向散射将急剧地增加；在振荡区内，当频率有少量变化时，后向散射便会出现很大的变化；而在光学区内，后向散射便与频率无关，只跟雨滴的大小（横截面积）有关。图 12.7 示出了 BRL 和佐治亚技术研究所测得的雨中平均后向散射系数与降雨率和工作频率（9.375GHz，35GHz，70GHz 和 94GHz）的函数关系。由图可见，雨的后向散射会随着降雨率的增加而增加，而且在频率未达到 70GHz 之前，也会随着频率的增加而增加，但当频率高于 70GHz 后，后向散射随频率变化的关系便会反过来。

图 12.8 示出了测得的降雪中的衰减与降雪率和工作频率（36GHz，54GHz 和 312GHz）的函数关系。

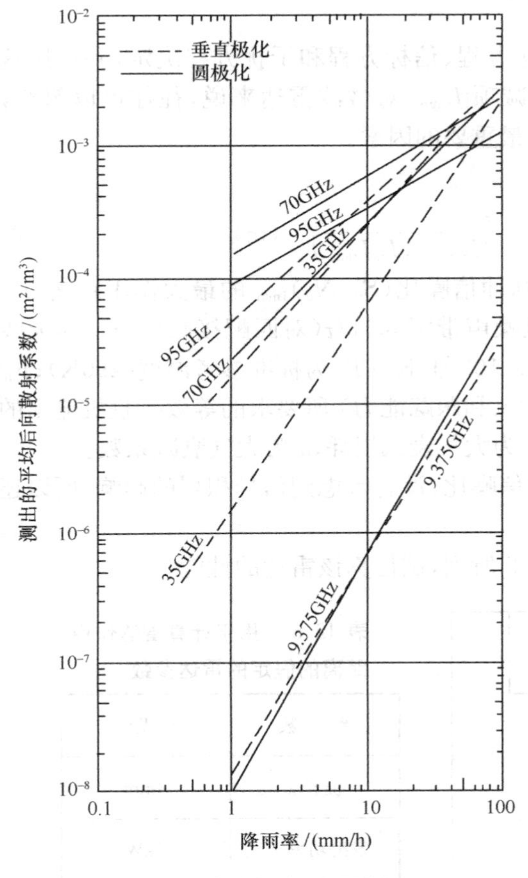

图 12.7 测得的雨中后向散射系数与降雨率的关系（圆和垂直极化）曲线[2]

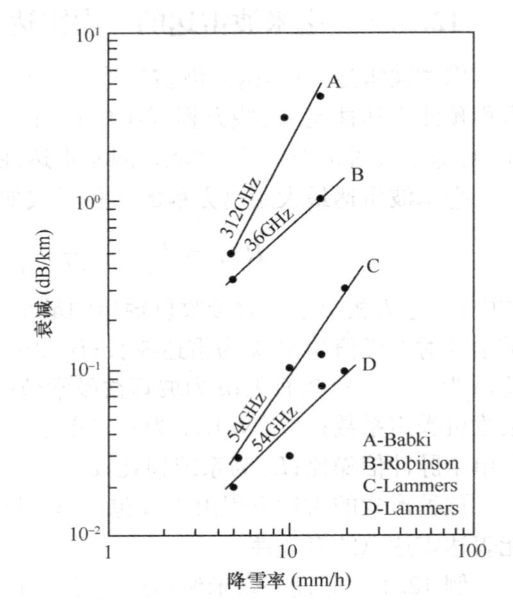

图 12.8 测出的下雪中衰减与降雪率的关系曲线[2]

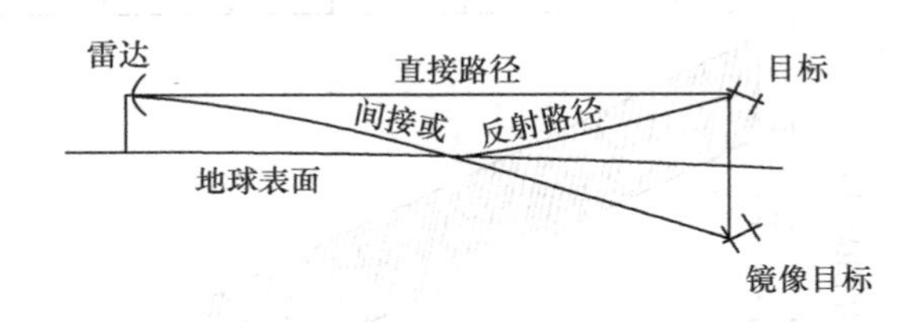

图 12.9 雷达观测目标的多径几何示意图

在毫米波信号的传播路径中，由于相对于海拔高度的大气密度不均匀性还会引起折射，折射率的非均匀性还会引起某些传播相移，这种相移又会造成传播闪烁效应、到达角起伏和去极化等。然而，在毫米波频段，只有闪烁和到达角起伏比较重要。实验证明，闪烁效应对毫米波系统影响不大，只影响系统的极限性能，而大气扰动效应造成的到达角变化约为 0.35mrad，这个数值与其他许多系统所要求的准确度约为同一水平。

12.3.2 多径效应

当射频信号入射到地表面时，一部分入射电磁能量向前散射到达目标。这样，从发射机直射到目标的能量与经过地表面散射到目标的能量应当向量相加，可能同相相加，也可能反相相加。

上述散射信号产生的影响总称为“多径”，它造成目标信号强度起伏，在跟踪系统里会引入较大跟踪误差。多径情况的简化几何图如图 12.9 所示，图中绘出了直接路径和间接路径示意图。多径效应的大小与入射到地面的能量、地面反射系数、直射到目标的能量以及直射能量与反射能量的相位等有关。

上面已提到，由于毫米波雷达的窄波束宽度照射截取的地面较小，所以多径效应相应减少。

12.4 毫米波雷达系统的静目标探测性能

12.4.1 毫米波雷达的一次雷达方程[36]

像微波雷达一样，毫米波雷达性能由基本雷达方程、信标方程和干扰方程决定，并可按这些方程预测雷达性能。这些方程式中的自由空间衰减项 L_{atm}，对微波雷达来说，往往可以忽略，然而，对毫米波雷达来说，则可能是限制雷达性能的最重要的因素。

毫米波雷达最大距离方程的一种形式如下：

$$R_{max}=\left(\frac{P_tG^2\lambda^2\sigma}{(4\pi)^3(kT_0B_n)F_n(S_0/N_0)_{1min}L_sL_{atm}}\right)^{1/4}\ (\mathrm{m}) \tag{12-7}$$

式中，R_{max} 为相应于等效接收机输出的最小单个脉冲信噪比$(S_0/N_0)_{1min}$ 的最大作用距离；P_t 为雷达发射的峰值功率；λ 为雷达波长；B_n 为接收机噪声带宽 $\approx 1/\tau$（对匹配接收机）；G 为天线增益；σ 为雷达目标截面积；k 为玻耳兹曼常数（1.38×10^{-23}J/K）；T_0 为标准参考温度（290K）；F_n 为接收机噪声系数；$(S_0/N_0)_{1min}$ 为一定雷达功能（检测和跟踪能力）所要求的等效接收机输出的最小单个脉冲信噪比；L_s 为系统损耗；$L_{atm}=10^{0.2\alpha R}$ 为大气衰减损耗；α 为大气衰减系数。

这种形式的雷达方程由于仅包含单个脉冲的信噪比，没有考虑到信号积累的影响，所以还不能表达雷达总的有效性。

例 12.1 假设一毫米波雷达的参数如表 12.5 所列，试估算该雷达的性能。

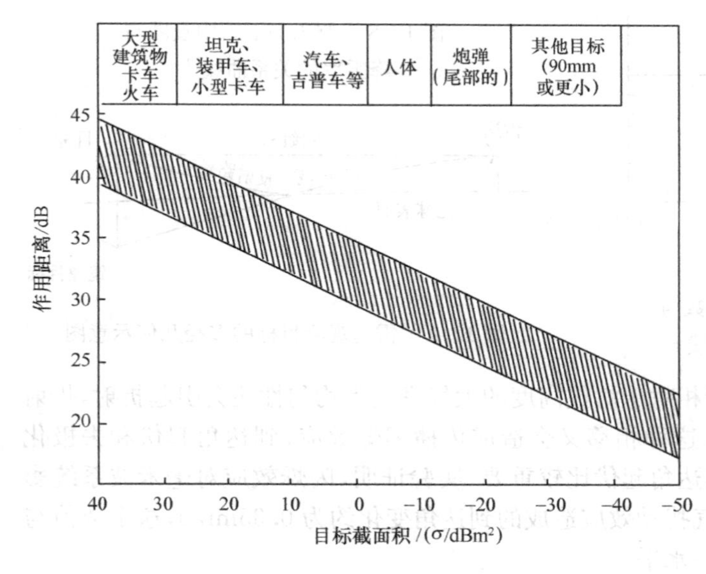

图 12.10 假定的毫米波雷达的目标截面积与设计最大距离性能关系曲线

表 12.5 用于计算雷达作用距离的假定的雷达参数

参　数	假设值
波长 λ	3mm
发射功率 P_t	4kW
天线增益 G	37dB
脉冲宽度 τ	50ns
带宽 B_n	20MHz
噪声系数 F_n	10dB
损耗（L_s 和 L_{atm}）	6dB
信噪比 $(S/N)_1$	13dB

由于传播损耗 L_{atm} 与距离有关，所以要避免确定最大作用距离的迭代求解过程。本例中假定

用一个与距离无关的常数作为包括系统损耗 L_s 和大气传播损耗 L_{atm} 在内的损耗因子为 6dB，同时不考虑积累或信号处理增益。

按表 12.5 中所列参数计算出预期的雷达作用距离与目标截面积（RCS）的关系曲线，如图 12.10 所示。图中绘出几类目标截面积取值的一般范围。此图将性能曲线绘成带状，表明由于系统综合过程中的协调变动、大气传播损耗、距离不独立性等原因所造成雷达性能的变化范围。图中的这些性能曲线是对晴天而言。而且，由于没有包括杂波等因素（后面再讨论），所以它们对所采用的参数来说是性能的上限。本例中计算出的距离性能受所假定的天线孔径尺寸影响较大，若选用较大天线孔径，则雷达作用距离相应增大。

12.4.2 用信噪比（S/N）表示雷达方程[144]

由于输出信噪比在雷达信号检测中是一个很重要的参数，所以在许多场合，常把雷达最大距离方程式（12-7）改写成

$$\left(\frac{S_0}{N_0}\right)_{1\min}=\frac{P_t G^2 \lambda^2 \sigma}{(4\pi)^3 R_{\max}^4 (kT_0 B_n) F_n L_n L_{atm}} \tag{12-8}$$

例 12.2 表 12.6 列出了信噪比与 R 关系分析用的典型雷达参数。图 12.11 示出了表 12.6 所列参数所得 S/N 与 R 的关系曲线。由曲线可看到，斜率为 -12dB/10 倍程，加大气衰减 $L_{atm}=10^{0.2\alpha R}$ 的影响。滚降的 -12dB 部分可从雷达方程式分母的 R^4 项确定。由图 12.11 曲线可知，在 2.5km 上 35GHz 与 95GHz 系统具有相同的信噪比随着距离增大，显然，大气衰减对 95GHz 系统的影响比 35GHz 系统更严重。

表 12.6 SNR 分析用的雷达参数

参数	35GHz 系统	95GHz 系统
P_t(W)	1000	1000
G(dB)	38	43
λ(mm)	8.57	3.16
σ(m²)	10	10
B_n(MHz)	1	1
F_n(dB)	8	8
L_s(dB)	7	7
L_{atm}(dB/km)	0.3	1

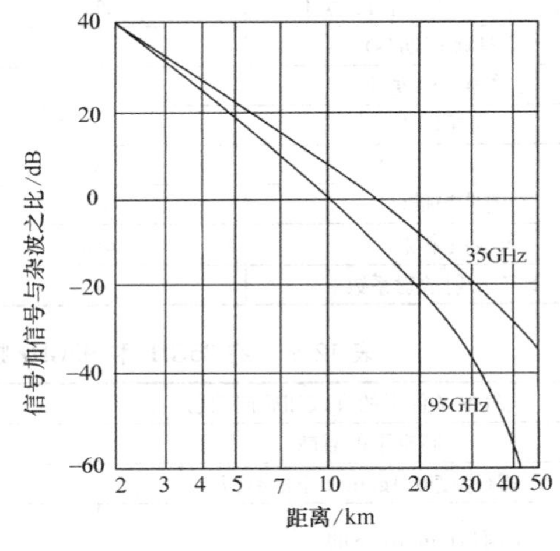

图 12.11 35GHz 和 95GHz 的单个脉冲（S/N）曲线

近几年来，安装在直升机上的机载毫米波雷达的静目标探测在技术上已经受到很大重视。这些静目标可能包括像坦克和卡车这样的静止地面目标，或者悬停在空中的直升机。探测可能是在地面杂波回波环境中以及在像雾和雨这样的恶劣气候条件下进行，如图 12.12 所示。因为探测距离并不很远（大约为 10km），毫米波雷达很适合于这种应用。这主要是由于毫米波雷达波束宽度较窄，被照射的目标所处的地杂波区域比较小，就可得到较好的目标与杂波信号之比。同样，由于波束宽度较窄，雷达所照射的雨量也很小，从而降低了由于雨的后向散射引起强的杂波影响。

目前，在静目标探测中主要采用 35GHz 和 95GHz 两种雷达，本节在给定的上述两种雷达的参数情况下，对它们的探测性能进行比较。

表 12.7 列出了具有代表性的晴天，4mm/h 的雨中和 10mm/h 的雨中的三大衰减系数 α 值。

显然，在 10mm/h 的雨中，95GHz 雷达比 35GHz 雷达的衰减大得多。

例 12.3 35GHz 和 95GHz 两雷达的参数列在表 12.8 中，大气衰减和雨后向散射列在表 12.9 中。本例将通过计算，比较两雷达的静目标探测性能。

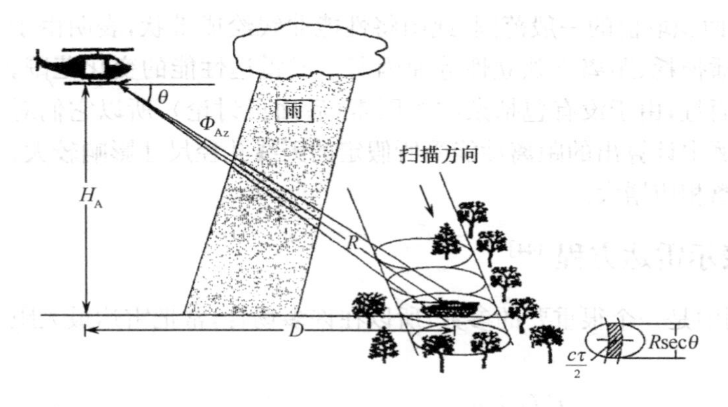

图 12.12 毫米波雷达探测环境的示意图

表 12.7 大气衰减值 α

环境状态	α(dB/km)	
	35GHz	95GHz
晴 天	0.05	0.3
4mm/h 的雨	1.0	4.5
10mm/h 的雨	2.6	6.0

表 12.8 例 12.3 题中的毫米波雷达参数

项 目	符 号	35GHz	95GHz
峰值功率(W)	P_t	20	20
脉冲宽度(s)	τ	50E—9	50E—9
PRF(Hz)	f_r	10000	10000
RCS(m²)	σ	30	30
天线口径(m²)(直径 12 英寸)	A_e	0.073	0.073
雷达帧周期(s)	t_s	3.6	4.1
等效噪声温度(K)	T_0	1166.45	1468.47
损耗(dB)	L_s	9.2	12.86
方位扫描(°)	A_z	60	60
俯仰扫描(°)	E_l	4	4
天线波束宽(°)	Φ_{Az}	1.609	0.593
地面反射散射系数	σ°	0.01	0.01

表 12.9 在 35GHz 和 95GHz 频率上的大气衰减和雨后向散射

不同气候条件下的衰减和后向散射		35GHz	95GHz
晴空下的衰减		0.18(dB/km)	0.24(dB/km)
雾(厚度 0.1g/m³)下的衰减		0.06(dB/km)	0.35(dB/km)
小雨(1mm/h)下的	衰减	0.24(dB/km)	0.95(dB/km)
	后向散射	0.21(cm²/m³)	0.89(cm²/m³)
中雨(4mm/h)下的	衰减	1(dB/km)	2.8(dB/km)
	后向散射	1.2(cm²/m³)	2(cm²/m³)
大雨(16mm/h)下的	衰减	4(dB/km)	7.4(dB/km)
	后向散射	4.9(cm²/m³)	3.9(cm²/m³)

对于一个采用匹配滤波的雷达，其雷达方程可改写成

$$R=\left(\frac{P_{av}A_e\sigma}{16k_0T_0F_n(S_0/N_0)_1L_sL_{atm}}\frac{t_s}{\Omega}\right)^{1/4} \tag{12-9}$$

或改写成信噪比方程

$$(S_0/N_0)_1=\frac{P_{av}A_e\sigma}{16k_0T_0F_nR^4L_sL_{atm}}\left(\frac{t_s}{\Omega}\right) \tag{12-10}$$

式中，P_{av} 为平均功率；A_e 为天线平面孔径；t_s 为雷达扫描时间；Ω 为雷达角搜索范围；σ 为雷达目

标截面积。

雷达杂波截面积 σ_c 为

$$\sigma_c = \sigma^\circ A \tag{12-11}$$

式中，σ° 为杂波的后向散射系数（是测定值）；A 为毫米波雷达小波束宽度所截取的面积。

将式(12-11) 代入式(12-10) 得雷达杂噪比方程为

$$(S_0/N_0)_1 = \frac{P_{av}A_e\sigma_c}{16k_0T_0F_nR^4L_sL_{atm}}\left(\frac{t_s}{\Omega}\right) \tag{12-12}$$

在雷达俯角很小时，A 可用下式表示：

$$A = c\tau/2\Phi_{Az}R \tag{12-13}$$

将式(12-13) 代入式(12-11) 和式(12-12)，得

$$(S_0/N_0)_1 = \frac{P_{av}A_e\Phi_{Az}c\tau\sigma^\circ}{32k_0T_0F_nR^3L_sL_{atm}}\left(\frac{t_s}{\Omega}\right) \tag{12-14}$$

雨的后向散射雷达截面 σ_r 可通过计算雨占据的体积，并将此体积乘以适当的后向散射系数 σ°_i 求得，σ°_i 为测定值。雨的后向散射最大体积取决于天线波束所覆盖区域和距离选通门的宽度，即

$$\sigma_r = \frac{\pi}{4}(R\Phi_{Az})^2\left(\frac{c\tau}{2}\right)\sigma^\circ_i \tag{12-15}$$

则得表示雨的杂噪比方程

$$(S_0/N_0)_1 = \frac{P_{av}A_e\pi\Phi_{Az}^2c\tau\sigma^\circ_i}{128k_0T_0F_nR^2L_sL_{atm}}\left(\frac{t_s}{\Omega}\right) \tag{12-16}$$

在探测中，目标信号要与杂波信号和雨信号相抗衡。为了在地杂波背景中探测到目标，静止地面目标的信号应该大于地杂波信号。同样，它也要超过雨的后向散射信号，以便在恶劣的气候条件下探测到目标。值得注意的是，从式(12-10)、式(12-14) 和式(12-16) 可知，目标信号的信噪比式(12-10) 与 R^4 成反比，地杂波的杂噪比[见式(12-14)]与 R^3 成反比，而雨的后向散射杂噪比[式(12-16)]与 R^2 成反比。

除了以上讨论的地杂波和雨的后向散射以外，在穿过大气时引起电磁能量损耗的大气衰减也应该计入目标探测和信噪比计算中。在式(12-10)、式(12-14) 和式(12-16) 中，体现在 $L_{atm} = 10^{0.2\alpha R}$ 中。

大气衰减和雨的后向散射均随频率的升高而增大，因此它们在 35GHz 频率上通常比在 95GHz 频率上要小得多，可从表 12.9 所列数据上看出。

根据表 12.8 和表 12.9 所给出的数据，可计算如下：

$\tau = 50$ns 脉冲宽度得到的距离分辨单元 Δr 为

$$\Delta r = \frac{c\tau}{2} = \frac{3\times10^8(\text{m/s})\times50\times10^{-9}(\text{s})}{2} = 7.5(\text{m})$$

$$P_{av} = P_1\tau f_r = 20\times50\times10^{-9}\times10000 = 0.01(\text{W})$$

给定 $\sigma = 30\text{m}^2$，$F_n = 6$dB(35GHz)，7dB(95GHz)，并假定 35GHz 和 95GHz 雷达的天线是 12cm × 2.54cm 的抛物面天线，则它们的波束宽度为 $\Phi_{Az} = \lambda/D$。

雷达帧周期 t_s 是覆盖方位和俯仰合成的 60°×4° 区域的时间，35GHz 的 $t_s = 3.6$s，95GHz 的 $t_s = 4.1$s。由于是用 TV 光栅扫描，又由于 95GHz 雷达的波束宽度较窄，所需俯仰扫描行数更多，因而需要较长的往返时间。

取 $\sigma^\circ = 0.01$，这个值是在小俯角情况下对落叶后的树林求得的，并在潮湿和干燥气候条件下求平均值。

本例中，95GHz 雷达的系数损耗为 12.86dB，比 35GHz 雷达的损耗 9.2dB 大些，主要是由于 95GHz 雷达天线波束较窄，在搜索方位上需要重叠所造成的。

对于给定的雷达和目标参数，可以编写出计算机程序，计算出作为距离函数的各自信噪比和信杂比，再计入大气衰减，并绘成曲线。

表 12.10　95GHz 和 35GHz 雷达探测静止地目标的探测距离

气候条件 \ 探测距离(km) \ 频率(GHz)	35	95
晴朗	1.5	4
雾	1.7	4
小雨	1.5	4
中雨	1.2	3
大雨	1.1	1.5

根据表 12.8 和表 12.9 的参数，表 12.10 列出了对于静止地面目标，得到的探测距离。由表可知，对于静止地面目标，95GHz 雷达比 35GHz 雷达可得到更大的探测距离。其主要原因是天线波束窄，截取的杂波信号较少之故。在晴朗的气候条件下，95GHz 雷达的探测距离大约为 35GHz 雷达的 3 倍，与天线波束宽度的倍数相同。但在雨天，此倍数明显变小，这是因为 95GHz 雷达的雨滴衰减明显比 35GHz 雷达的衰减大之故。

12.5　若干毫米波雷达的应用例子

毫米波技术的应用范围极广，在雷达、通信、精密制导、遥感、射电天文学、医学、生物学等方面有广泛的应用。表 12.11 列出了毫米波雷达、通信和辐射系统的目前发展的平均状态。

表 12.11　毫米波雷达、通信和辐射系统的目前发展的平均状态

系统	最广泛研制的频率	系统	最广泛研制的频率
卫星通信	30(GHz)	遥感	183(GHz)
本地通信	60(GHz)	射电天文学	450(GHz)
雷达	94(GHz)		

毫米波雷达主要应用于搜索与目标截获、制导、火控与跟踪、测试、防撞、测绘、成像以及外层空间应用等。在此不可能一一介绍，仅举五个例子来反映毫米波雷达的发展现状。

12.5.1　Mini-PRV 毫米波监视雷达[133]

图 12.13 示出了装备毫米波雷达传感器的小型无人机(Mini-PRV)。它能够对战区前沿(FEBA)以外提供实时的战场监视。该雷达工作在 W 频段，具有静目标增强(FTE)和动目标显示(MTI)两种工作模式，还具有高分辨地图(HRGM)工作模式，适用于战场监视或轰炸效果评估。图 12.14示出了该小型 PRV 毫米波监视雷达框图。

图 12.13　装有毫米波监视雷达的阿奎拉无人机

该毫米波雷达提供大约±20°的前向方位覆盖，作用距离从 1～3km，在最大作用距离处，对杂波中的每一个 $30m^2$ 固定目标，在晴天或可见度为 120m 的雾天，可望得到 99%的累积检测概率。距离分辨力可达到 3m，方位分辨力为 7.5m。

PRV 超越战区前沿飞行，并利用毫米波雷达系统收集数据，如图 12.15 所示。它可将收集的数据越过战区前沿转发回 PRV 的控制站。

表 12.12 列出了小型 PRV 侦察雷达参量。

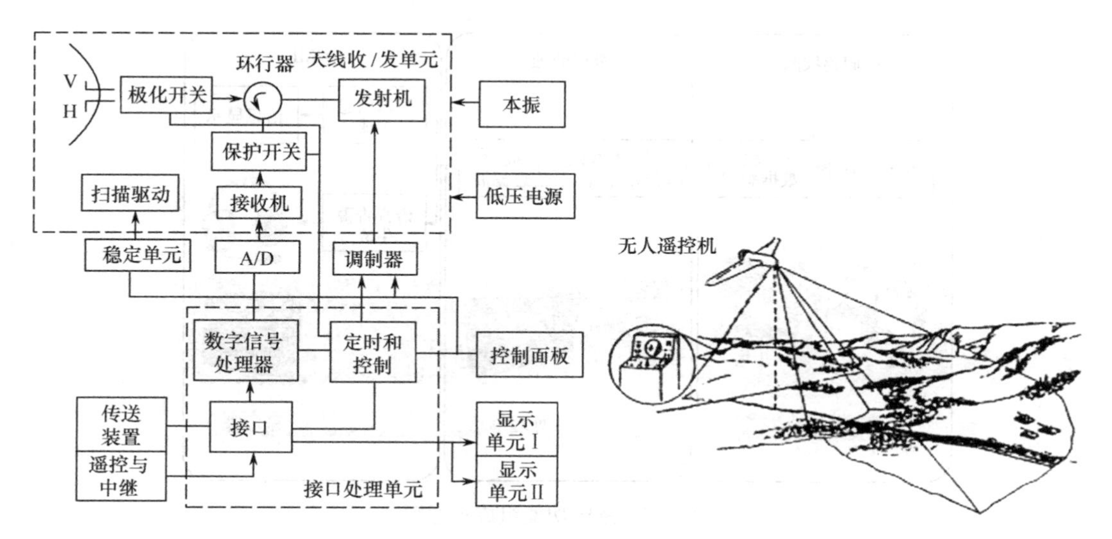

图 12.14 小型 PRV 的毫米波监视雷达的原理框图　　图 12.15 毫米波监视雷达工作方式的示意图

表 12.12 小型 PRV 侦察雷达参量

参　　量	性　能	参　　量	性　能
射频中心频率	95(GHz)	脉冲宽度	20ns,50ns
射频带宽	1(GHz)	脉冲形状	近似为余弦平方
(瞬时)射频带宽	60(MHz)	距离单元	878
方位波束宽度	7.5(mrad)	距离波门宽度	20.5ns
扫描速度	50[(°)/s]	距离覆盖	1～3km
(43 脉冲/3dB 波束宽度) 脉冲重复频率	5(kHz)	A/D 采样速率 A/D 量化	65.8MHz 6 位

注意:三种人工选择的处理器方式:

① 静目标显示(FTI)—视频积累;

② 静目标增强(FTE)—极化分集;

③ 动目标显示(MTI)—延迟线对消积累。

12.5.2 基于低造价毫米波雷达技术的直升机近场障碍告警系统[166]

毫米波(mmW)信号最适合于诸如环境监测、遥感、短程目标探测、车辆防撞报警和自动着陆系统等应用场合。其中,因直升机具有独特的悬停和垂直起降勇力,使其深入极难进入地区、悬停作业或在无准备场地起降的理想运输工具。然而,它在可视度降低且处于未知或空间局限区域的情况下,各种障碍物都有造成碰撞的可能,这一直是造成各类直升机事故的首要原因。为了增强飞行安全性能,Volker Ziegler 等提出了一种基于低造价毫米波雷达技术的直升机近场障碍告警演示系统。图 12.16 示出该系统功能组成示意图,其中:

- 障碍物探测:通过基于雷达的传感器系统感知周围环境。
- 数据处理:通过数字雷达输出综合功能来合成障碍物环境。
- 人机接口(HMI):通过语音或视觉工具向飞行员提供障碍物信息。

根据上述功能和应用情况,可推导出对系统的主要要求。

对于传感器系统,它是采用分布式传感器配置形式,即将多个平面雷达传感器集成在直升机机身周围,以实现对整个下半球的覆盖。通过选用市场上大量使用的汽车雷达传感器并对其进行改造来确保降低系统的造价。相比之下,仅对两个主要功能进行了更改:①实现不同视场的天

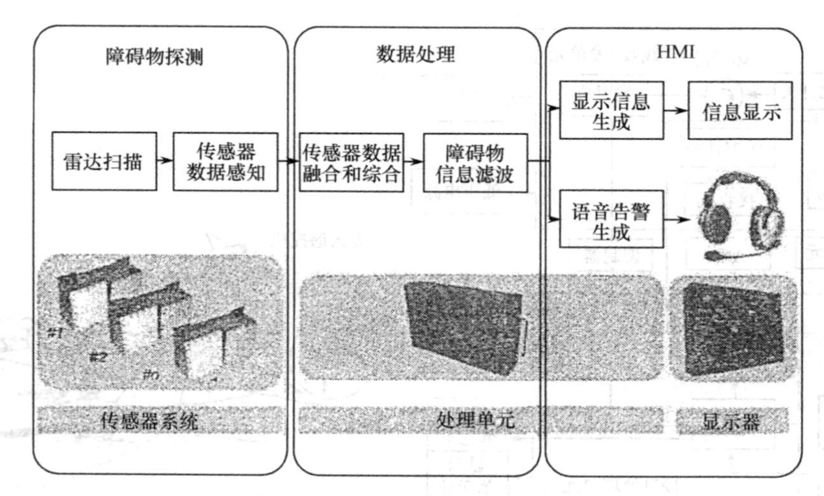

图 12.16　系统功能组成示意图

线;②实现 3D 成像的信号和数据可视化处理。为了实现对直升机周围的完全覆盖,最终将在直升机周围放置若干个低剖面雷达传感器(总传感器厚度约为 3cm),如图 12.17 中前端传感器配置图所示。该演示系统的参数列于表 12.13 中。

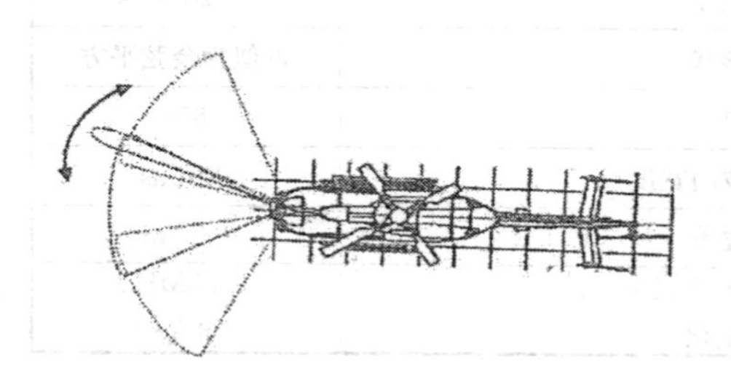

图 12.17　障碍物探测传感配置及传感视场

表 12.13　雷达传感器的参数

参数	数值
最小/最大探测距离	3～250m
目标动态范围	−10dBm@250m,+30dBsm@3m
距离分辨率	1.5m
速度分辨率	0.15m/s
水平视场	+/−30°
垂直视场	+/−10°
垂直波位	−7.5°,−2.5°,+2.5°,+7.5°
垂直波束宽度	5°
水平波束宽度	4°
波束数量	15
目标更新速率	50ms

图 12.18 示出系统 RF 前端框图以及天线连接图,它是由 4 个接收芯片(每个芯片带有 4 个独立的天线通道)、发射芯片(带有 2 个独立的发射通道)、附加功放(在发射天线上)组成 RF 前端的框图。

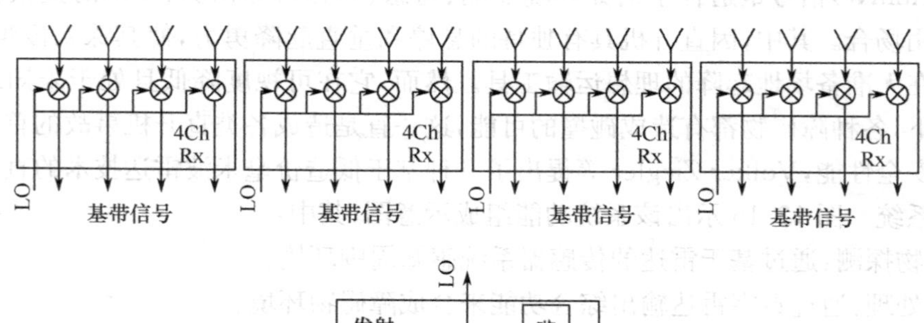

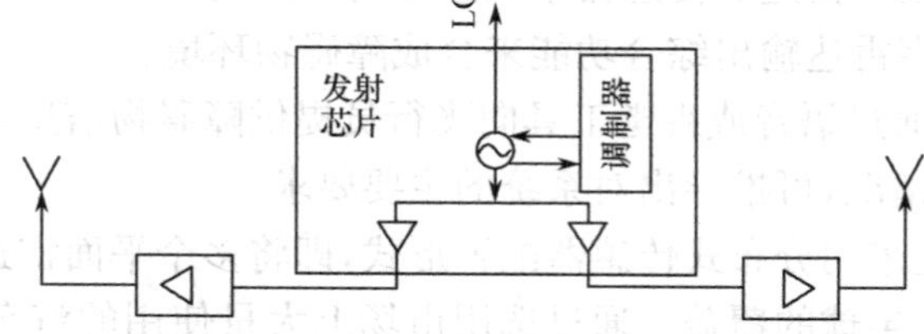

图 12.18　带有发射芯片和接收芯片的 RF 前端框图以及天线连接图

图 12.19 示出制作的 RF 前端。图中具有 RF 芯片组、天线和直流连接器(左)以及整个传感器电路板(右)。

用于数字波束形成的天线配置包括两个发射和 16 个接收梳状线阵列,发射和接收阵列的配置完全相同。接收阵列的水平孔径分布通过调整由窗函数确定的 16 个梳状线阵列中每个阵列的功率电平来实现。

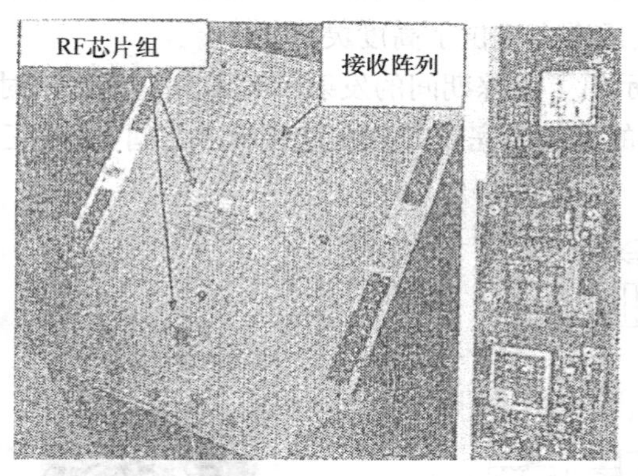

图 12.19　制作的 RF 前端,具有 RF 芯片组、天线和直流连接器(左)以及整个传感器电路板(右)

竖直孔径分布通过对梳状线阵列的设计来实现。每一个梳状线阵列都包括由微带线串行馈电的辐射短截线。这里只使用非谐振辐射元,其优点是阵列具有良好的阻抗匹配。图 12.20 示出的是为梳状线阵列的一个辐射元。

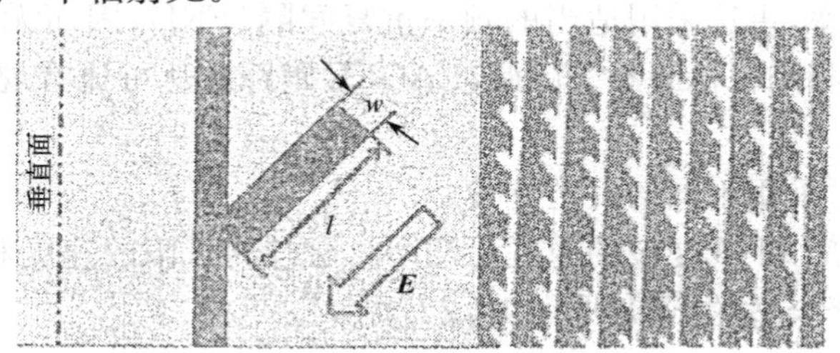

图 12.20　梳状阵列的每个辐射元,设计和排列(左),接收阵列详图照片(右)

12.5.3　高精度 35GHz 跟踪雷达 EAGLE[132]

由 Ericsson Radar Electronics AB 研制的 EAGLE 跟踪雷达可满足近距离跟踪(达到 20km)、全天候、高精度(尤其对低飞行目标)和高抗 ECM 性能要求。EAGLE 雷达的技术参数见表 12.14。

表 12.14　EAGLE 技术参数

<table>
<tr><td rowspan="6">天线</td><td>形　式</td><td colspan="2">双扭转卡塞格伦单脉冲</td><td rowspan="6">发射机</td><td>形　式</td><td colspan="2">螺旋状 TWT</td></tr>
<tr><td>尺　寸</td><td colspan="2">70cm(直径)</td><td>峰值功率</td><td colspan="2">100W</td></tr>
<tr><td>增　益</td><td colspan="2">44dBi</td><td>平均功率</td><td colspan="2">达 20W</td></tr>
<tr><td rowspan="2">典型波束宽度</td><td colspan="2" rowspan="2">17mrad</td><td>MTI 改善因子</td><td colspan="2">30dB</td></tr>
<tr><td>频　率</td><td colspan="2">35GHz</td></tr>
<tr><td>旁　瓣</td><td colspan="2"><−40dB</td><td>RPF</td><td colspan="2"><45kHz</td></tr>
<tr><td rowspan="2">激励器</td><td colspan="2">形式　抽样的相位锁定(SPLL)</td><td rowspan="2">接收机</td><td colspan="2">形式　双超外差,单脉冲</td><td rowspan="2">信号处理器</td><td>形式　可控数字的,计算机</td></tr>
<tr><td>任意两频间转换的时间</td><td>脉冲之间</td><td colspan="2">噪声系数　9dB</td><td>测试距离　20km</td></tr>
</table>

该跟踪雷达常分成两个主要组合装置：集成收/发信机模块(ITRM)和信号处理单元(SPU)。每个组合均配有冷却系统和电源，ITRM 组合由天线单元和收/发信机单元(TRU)组成。

为确保低损耗和高瞄准视线轴稳定度，天线单元收/发机单元构成整体。图 12.21 示出了 EAGLE 的跟踪系统配置。

信号和数据处理在很大程度上取决于微处理器和其他可编程器件。这对特定应用(如非合同目标识别等)和未来的改进潜力提供了高度灵活性。

图 12.22 和图 12.23 示出了跟踪期间的发射示意图。它允许同时 MTI 和脉冲间频率捷变。MTI 滤波是在同相同频率的脉冲内完成的。在这些脉冲之间，雷达正在发射和接收频带内的其他频率上的脉冲。

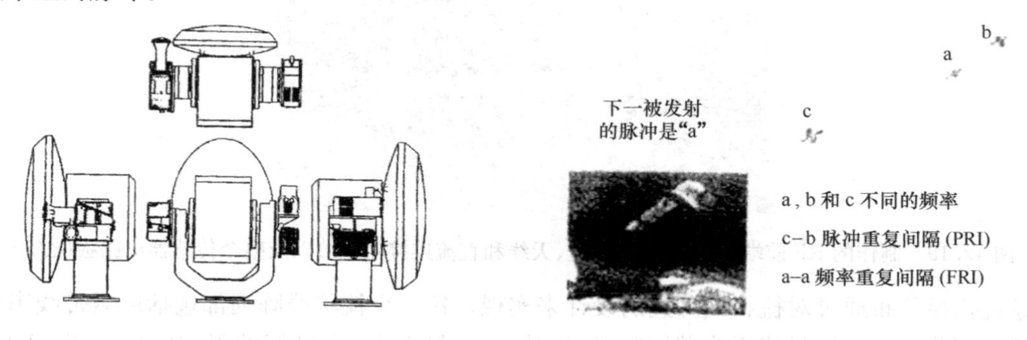

图 12.21　EAGLE 的跟踪系统的配置图　　　图 12.22　在跟踪期间的发射示意图

对于每个所用的频率，雷达采用适当的频率重复间隔(FRI)，因而无模糊地测量目标距离。所用频率数目取决于实际的目标距离。因此，EAGLE 跟踪雷达可比常规跟踪雷达多获取5～10倍的目标脉冲。

在搜索和捕获期间，采用不同的发送方案。

图 12.24 示出自适应 MTI 滤波的原理示意图。通过测量雨的速度和目标的速度来获取多普勒响应，然后选择一个合适的 FRI(见图 12.23)。

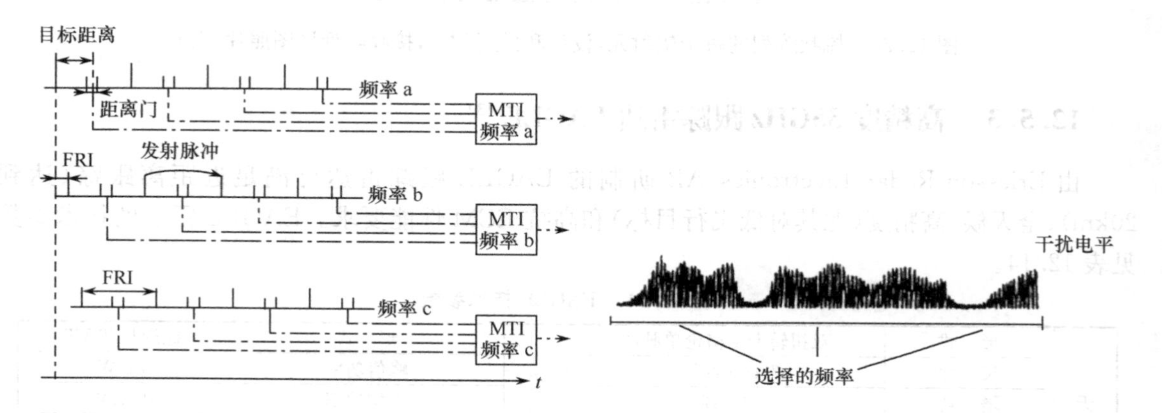

图 12.23　同时 MTI 和频率捷变示意图　　　图 12.24　自适应 MTI 滤波的原理示意图

自适应频率选择通过测量整个频带范围内的干扰电平来实现，然后，在具有最低干扰电平的频率上发射，如图 12.25 所示。

该雷达的信号处理单元(SPU)是一个包含接收机、TRU 接口、数字信号处理、电源和接口等的空气冷却的组合。

SPU 中实现以下功能：

(1) 具有全天候工作的自动风速补偿的自适应 MTI 处理功能。

(2) 在 ECM 情况下最佳处理的 CFAR 功能。

(3) 在瞄准线视轴上检测到干扰时的干扰告警功能。

(4) 雷达控制(模式逻辑等)功能。

(5) 回避点干扰的自适应频率选择功能。

(6) 在杂波和 ECM 环境中有关目标检测的最佳发送方案选定功能。

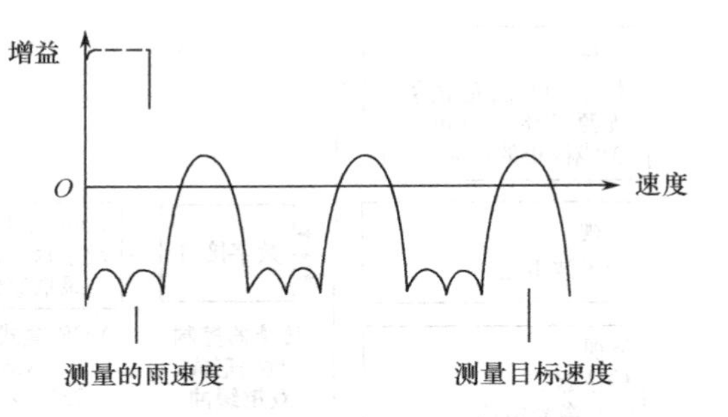

图 12.25　自适应滤波选择的示意图

(7) 提取目标径向速度的多普勒速度测量功能,从而给出高精度跟踪机动目标的可能性。

由于具有高占空因子的脉冲压缩方案,将确保足够的距离性能和低的跟踪噪声。

该雷达天线单元由一单脉冲馈电的双扭转卡塞格伦天线构成。发射/接收单元包含具有逻辑和控制电路的发射机和接收机,且与天线单元组合在一起。

12.5.4　机载多传感器中的毫米波雷达[131]

本例介绍 MTI/Lincoln 实验室研制的机载多传感器系统中的毫米波雷达。

MTI/Lincoln 实验室的红外机载雷达(IRAR)目前由下列三种传感器系统构成:一部前视的 CO_2(10.6μm)多维激光雷达;一部下视 GaAs 激光(0.85μm)行扫描器和一部前视毫米波(85.3MHz)雷达。林肯实验室研制的 CO_2 激光雷达能同时录取 6 种数据(激光距离强度,1m 的绝对距离,激光多普勒强度,多普勒速度,视频图像和 8～12μm 的无源红外)。由 Perkin-Elmer 军事系统部制造的 GaAs 系统以 0.15m 的精度测量相对距离,由通用动力公司(Pomona 部)研制的毫米波雷达具有 0.3m 的距离分辨力。3 个系统一起装在 Gulfstream G-1 飞机上,且能用来提供几乎同时的信息。系统具有一个附加的下视传感器工作在 8～12μm 频段(有源的和无源的)。表 12.15 示出了各传感器系统的性能参数。

表 12.15　机载多传感器系统

		前视			下视		
传感器		CO_2 雷达	无源红外	毫米波雷达	CO_2 雷达	GaAs 系统	无源红外
波长		10.6μm	8～12μm	3.5mm	10.6μm	0.86μm	8～12μm
分辨力	角度	100μrad	100μrad	0.8°	1mrad	500μrad	1mrad
	距离	0.95m		0.37m	0.30m	0.15m	
	多普勒 NEΔT	1.60pkm/h	0.1c				0.1c
视域	方位 仰角	±10° 0°～−15°	±10° 0°～−15°	±10° 0°～−15°	±45° −90°	±45° −90°	±45° −90°

所有这些传感器系统的组合要求一个稳健的录取系统。IRAR 初期的磁带录像机只具有 700kb/s 的最大录取能力。现时的读数系统是一台 Amepx DCRSI 数字微型盒式录取系统(如图 12.26 所示)。一个定制的数字接口将来自所有传感系统的输出组合成单一数据流。

DCRSI 容纳所有传感器的要求(高达 13Mb/s),且存储容量大(每个磁带近似为 2Gb/s)。

在此,我们仅介绍有关毫米波雷达部分。

为了研究几个不同传感器组合的优点,大量的工夫花在确定传感器的配准上。当试图将一套激光雷达图像与一套实孔径的毫米波雷达图像比较时,此问题尤为重要。所选定的毫米波雷达是由通用动力公司 Pomona 部研制。它是一部连续波调频(FMCW)雷达,工作频率为 85.5GHz

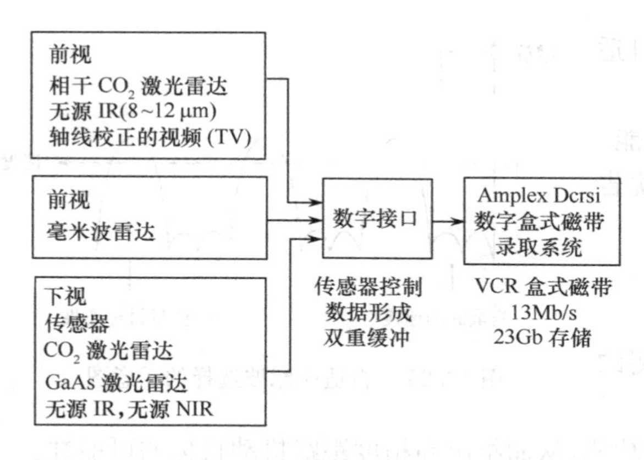

图 12.26　多传感器录取系统的原理图

(3.5mm)。直径 31cm 的天线装在飞机的前锥体内的一个万向支架上，该支架从属于激光雷达瞄准镜的运动，如图 12.27 所示，因此就确保两个传感器的配准，而且两种数据流同时被录取。毫米波雷达具有 15mrad 的波束宽度，它比激光雷达的长 2.4mrad、宽 0.2mrad 的瞬时视场大得多(见图 12.27)。在采用 PRF=1.6kHz 工作时，由于行扫描速率为 2.5Hz，所以方位向的视域被高度地过取样，传感器的性能技术条件表明，在 2km 距离上的一个 $25m^2$ 的目标将产生的信噪比为 26dB。

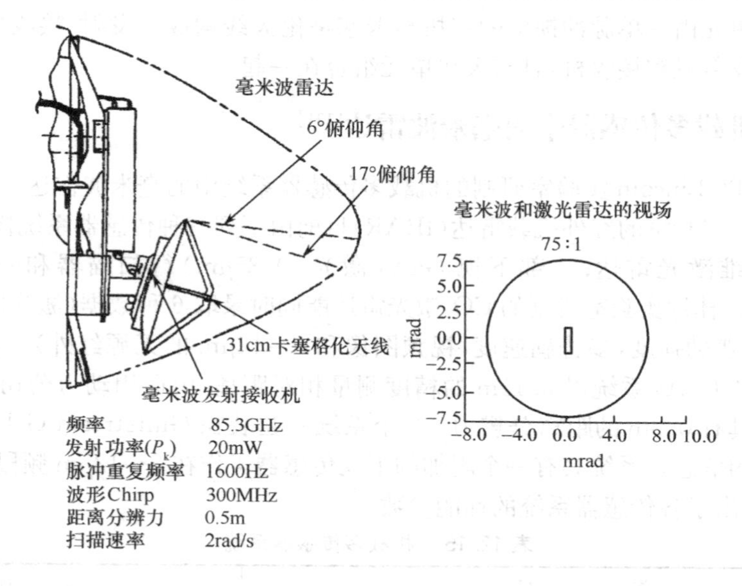

图 12.27　毫米波雷达的组态视图

正如前面提及的，毫米波雷达与无源红外和激光传感器进行轴线校正。图 12.28 示出了无源红外和毫米波雷达对三辆大卡车的行扫描图像(下部为红外图像，上部为雷达图像)。

图 12.28　同时的毫米波和无源红外数据的照片

12.5.5 俄罗斯和美国的毫米波大型空间监视相控阵雷达[145]

大型机械扫描的毫米波天线遇到许多难题，它们是：

(1) 很难保证抛物面的制造精度。

(2) 用非常窄的机载扫描波束去搜索、截获和跟踪目标非常困难。

(3) 无法跟踪多批目标。

(4) 难以获得具有高功率的大功率微波器件。

(5) 难以将发射机(高功率放大器，HPA)输出信号传送到天线，馈线系统要承受很高功率。

由于以上原因，远程毫米波雷达应采用相控阵天线。毫米波相控阵雷达在空间监视中有重要作用，除了保证对多目标的高分辨率和高精度测量外，也是实现对小目标观察的重要手段。远程毫米波相控阵雷达在空间目标观测中的主要应用项目列于表 12.16 中。

表 12.16 远程毫米波相控阵雷达的空间应用

项　　目	主要作用
空间监视 低轨空间目标编目	• 精确定轨 • 跟踪国外新发射的卫星 • 跟踪近地卫星，修正卫星编目数据 • 对近地卫星进行成像 • “空间碎片”(Space debris)数据搜集
空间目标识别(SOI)	• 对重要目标提供毫米波特征测量 • 实时距离—多普勒成像 • ISAR 二维成像 • 与其他频段雷达测量的目标特征信息进行对比与综合处理
再入大气层飞行器测量	对洲际弹道导弹(ICBM)、再入飞行器(RV)、诱饵(Decoys)、箔条(Metallic-foil chaff)、关机后的飞行器(Postboost Veheicles，PBV)等搜集数据
卫星拦截试验系统	提供高精度目标指示与精确引导数据
载人航天安全控制	• 精确测定有效载荷分离 • “空间碎片”威胁预报
支撑 TMD 与 BMD	• 对预警雷达已跟踪上的目标进行精确测量，改善导弹落点与发点的预报精度 • 对重点目标进行特征测量，改善对目标威胁度的评估 • 协助弹道导弹预警雷达过滤诱饵目标 • 对反弹道导弹拦截器进行精确的脱靶量(Interceptor-miss distances)测量评估 • 对拦截器命中目标后产生碎片的分析测量(the analysis of post-impact debris)
“空间垃圾”(空间碎片)的观测	• 近地空间的“空间垃圾”观测与编目 • 在重点航天器飞行轨道附近的危险空间碎片的预报 • 导弹与卫星发射时监视可能脱落的零部件

其中，监视“空间垃圾”(尺寸到 1cm 左右)是保证载人航天和重要航天任务的一个重要问题，由于这类目标尺寸很小，如仍用普通雷达，由于其波长较长，目标 RCS 急剧减小，很难观察。

用空间目标监视的远程毫米波相控阵雷达的一个实例为俄罗斯的“RUZA”相控阵雷达。该雷达观测的目标有：卫星、空间飞行器(Space-crafts)、近地空间目标(Objects in the near earth space)和空间碎片(Space debris)。该雷达为有限相位扫描雷达，相控阵天线由 120 个子天线(抛物面天线)组成，安装在方位、仰角可转动的天线座上。该毫米波相控阵雷达的主要性能列于表 12.17中。该雷达天线及各分系统的布置图如图 12.29 所示。

表 12.17 远程毫米波相控阵雷达(RUZA)的重要性能

参数		性能
频率(GHz)		33.95～34.25(λ=8.797mm)
天线	天线孔径	7.2m
	天线增益	60dBi(不包括圆波导损耗) 56dBi(考虑圆波导损耗)
	天线单元数目	120 个子天线
	天线单元尺寸	(0.6m×0.6m)
	天线波束宽度	发射:0.06°;接收:0.073°
	相控扫描范围	0.83°
	天线机扫范围	±135°(方位);0～180°(仰角)
	天线最大转速	4(°)/s
发射机	极化类型	LHCP(发射);RHCP(接收)
	最大旁瓣电平	-16dB(发射);-20dB(接收);-10dB(最大栅瓣)
	波束指向误差	<20s(0.0055°)
	阵面指向误差	<6s(0.0016°)
	天线座直径	20.5m
	天线输入端功率	1MW
	发射管	高功率回旋速调管(Gyroklystron)
	发射机输出功率	峰值功率:1MW;平均功率:10kW
	信号脉冲宽度	100μs
移相器		铁氧体移相器;相位量化:45°;开关时间:60μs; 插入损耗:<1dB
接收机		低噪声放大器:两极参放,固态泵源,噪声温度 550K

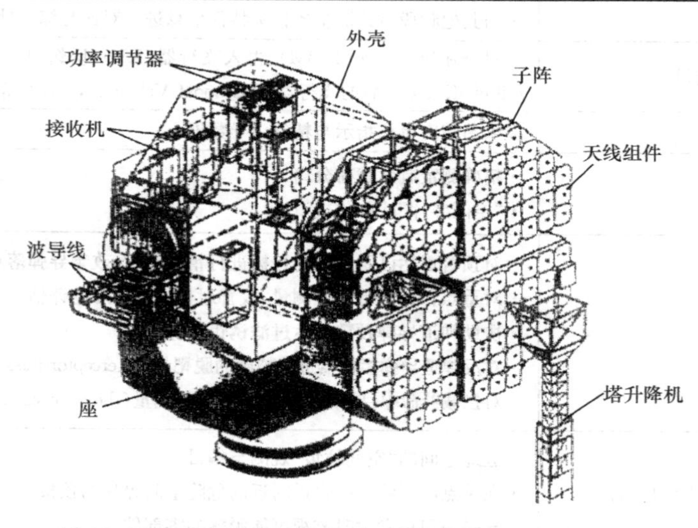

图 12.29 毫米波相控阵雷达天线及各分系统的布置图

大型毫米波雷达应用的例子还有美国夸加林岛(Kwajalein Atoll)上的 Ka 波段(波长 8mm 左右),发射机平均功率为 10kW,采用反射面天线,其直径为 13.7m,天线波束宽度为 0.76mrad (0.043°),天线增益为 70dBi,天线波束转动速度可达 12(°)/s。表 12.17 列出了美国两种远程毫米波雷达的主要性能。

该大型功率 MMW 雷达(Abouzahra, and Avent, 1994)的空间应用包括:① 空间监视、低轨空间目标编目;② 空间目标识别(SOI)、重要目标的 MMW 特征测量;③ TBM,BMS;④ 再入大气层测量、洲际弹道导弹(ICBM)等载入大气飞行器(RVs)、诱饵(Decoys)、箔条(Metallic-foil chaff)及关机后的飞行器(Postboost Vehicles, PBVs)等的数据搜集;⑤ 为光学、红外、激光等高精度设备提供引导数据;⑥ 载入航天安全控制。

表 12.18 远程毫米波雷达(美国夸加林岛)的主要性能

参 数	Ka 波段	W 波段
频率/波长	35GHz/8.57mm	95.48GHz/3.14mm
天线尺寸	13.7m	13.7m
天线波束宽度	0.76mrad(0.045°)	0.28mrad(0.0168°)
天线增益	70.1dB	77.3dB
天线波束转动速度	12(°)/s	12(°)/s
发射机峰值功率	60kW	60kW
信号工作比	0.1	0.1
发射机平均功率	6kW	600W
信号重复频率	50～2000Hz	50～2000Hz
信号脉冲宽度	50μs	50μs
最大信号带宽	1000MHz	1000MHz
发射极化	RC(右旋圆极化)	RC(右旋圆极化)
数据通道(Data Channels)	LC,RC,ΔA_z,ΔE_z	LC
测量精度 距离角度	0.9m±0.01m 0.035mrad(方位) 0.035mrad(仰角)	

12.5.6 美国 AH—64"阿帕奇"和 RAH—66"科曼奇"直升机载 8 毫米波火控相控阵雷达

AH—64"阿帕奇"直升机装备 8mm 波雷达和寻的器,该雷达的关键部件是 8 毫米波收/发机的核心电路——砷化镓 MMIC 功放模块(PAM)。每个 PAM 含有 19 个 MMIC 芯片,每个芯片输出功率标称值 1W,放大器模块有 16W 的功率输出。雷达系统是一部 8 毫米波火控雷达 APG—78,安装于 AH—64D 主旋翼桅杆顶端,外有扁圆形天线罩。攻击时,目标数据传送至 AGM—114L"狄火Ⅱ"导弹,导弹装载数量多可达 16 枚,并可在 30s 内发射。"狄火Ⅱ"另配有专用8 毫米波相控阵寻的雷达,导弹发射距离 8km。"长弓"毫米波雷达主要战术指标见表 12.19。

表 12.19 "长弓"毫米波雷达主要战术指标

战术指标	参 数
工作频段	Ka 频段
作用距离	8km(运动目标),6km(静止目标)
目标处理能力	发现、定位和分类 128 个静止或运动目标,按威胁等级排序 16 个目标(在 1min 内)
目标分类	可分为坦克、轮式车辆、空防部署、直升机和固定翼飞机
工作模式	空中目标模式(ATM):检测、定位、分类和优先排序固定翼或旋转翼飞机的威胁。8km 范围的 360°覆盖,180°、90°、30°扇扫 地面目标模式(GTM):检测和定位地面和低空目标,在飞机轴线±90°范围内提供 90°、45°扇扫 地形轮廓模式(TPM):速度 90km/h 以上时,提供 2.5km×90°范围的障碍物检测,速度 90km/h 以下时,提供 2.5km×80°范围的障碍物检测 内置检测模式:监视雷达的性能,在维护前和维护中隔离故障

RAH—66"科曼奇"侦察直升机火控雷达是目前直升机载火控雷达中最为先进的雷达。该

雷达是在“长弓”雷达基础上改进，采用了相控阵电子扫描，具有低可探测性的特点。RAH—66电子设备的作用距离是阿帕奇直升机上“长弓”雷达的两倍，搜索面积是“长弓”雷达的4倍。

12.5.7 高分辨力机载毫米波 FM—CM SAR[189]

紧凑的 FM—CW 雷达技术和高分辨力 SAR 处理技术的结合将使体积小，重量轻且性价比高的成像雷达适合于小型飞机，甚至无人机载平台。

高分辨力合成孔径雷达(SAR)成像应用毫米波有非常好的分辨力。与其他频段雷达相比，毫米波雷达提供的优点在于 SAR 信号处理，这是因为给定了天线孔径就有较高的主瓣分辨力，而成像距离转移成聚焦深度这些引起成像失真的因素就可忽略不计。

图 12.30(a)、(b)分别示出 SAR 的几何图，FGAN 的 35GHz 频段的 SAR 图像。

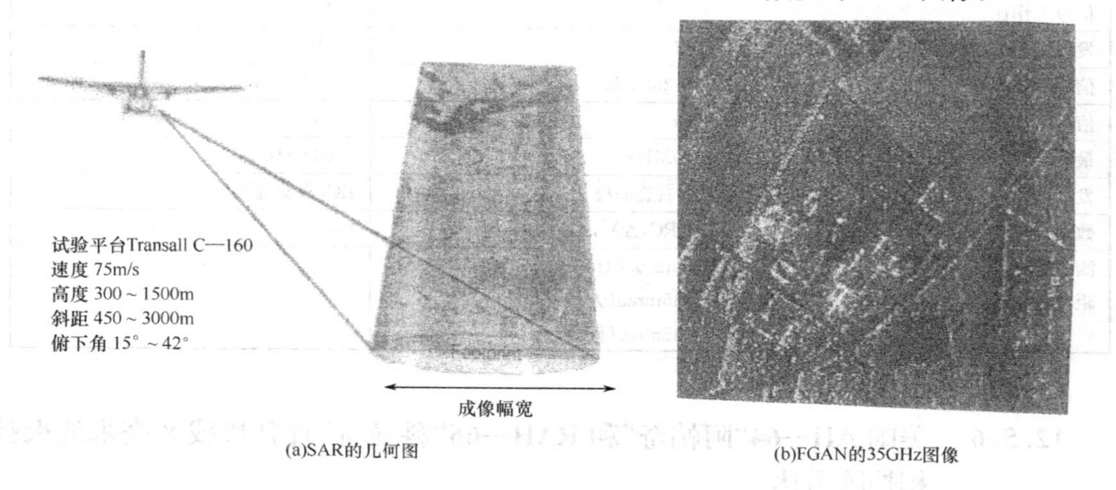

(a)SAR的几何图　　(b)FGAN的35GHz图像

图 12.30　SAR 成像

另一部由林肯实验室(Lincoh Laboratory)研制的 ADTS(Advanced Detection Technology Sensor)是一部 Ka 频段的 SAR，载于 Gulfstream G1 飞机。ADTS 包括雷达、导航和记录系统，1987 年投入使用。它的载频是 33.56GHz，采用全极化，有聚束照射模式和条带照射模式。斜距为 7.26km 时，距离向的条带宽度为 375m。发射机以 3kHz 重复频率依次发射垂直极化和水平极化脉冲，相同极化脉冲的 PRF 是 1.5kHz。发射脉冲采用线性调频，带宽为 600MHz，脉宽为 30μs。接收信号经去线性调频、下变频和 A/D 变换后，变成中心频率为 31.25MHz、带宽为 50MHz 的数字信号。数字信号经相位补偿和再采样后，得到间隔为 0.2287m 的方位再采样数据，并被记录到磁带上待地面进行数据处理。

表 12.20　ADTS—SAR 特性

参　数	性　能
频率/GHz	33.5
模式	侧视 SAR，扫描 SAR，正向实孔径
极化发射	H 或 V，RHC 或 LHC
极化接收	同时同相极化和交叉极化
幅值平衡/dB	<0.5
相位平衡/(°)	<3.0
绝对校准/dB	<2.0
成像幅宽/m	150
天线俯角/(°)	10～50
飞机速度/(m/s)	50～110

表 12.20 示了一 ADTS—SAR 的性能参数[189]。此外，在智利建成了采用毫米波和亚毫米波的目前世界最大的天文观测装置。

12.6 毫米波雷达的发展趋势

可以预料，在 21 世纪初，微波雷达中已广泛采用的各种新体制和新技术，如毫微秒脉冲雷达技术、脉冲压缩技术、扩频技术、频率捷变技术和极化捷变技术等，将广泛应用于毫米波雷达，从而大大提高系统的测量精度、分辨力和抗干扰能力。

20 世纪 90 年代以来，在毫米波元器件方面，固态器件在高频性能、工艺结构、成本、功率容量和响应速度等方面均有较大的进展。复合型器件，特别是以 GaAs MESFET 为基础的毫米波单片集成电路(MMIC)将广泛应用于毫米波雷达。另外，高功率应用的电真空器件在工艺结构上、功率容量上将会有明显的改进。大功率的毫米波源仍然使用电真空器件，主要有磁控管、行波管、速调管、分布作用振荡器(EIO)或分布作用放大器(EIA)、返波管振荡器以及回旋管等。俄罗斯科学院的四腔连续波回旋管放大器在 94GHz 上有 2.5kW 的功率；美国麻省理工学院报告指出磁控管和行波管在 100GHz 产生的峰值功率可达几千瓦。

正在研制中的毫米波发射机采用高效固态模块、回旋行波管(TWT)以及快波器件，如自由电子激光器(FEL)、电子回旋加速管(回旋管)以及回旋加速自谐振器(CRAM)。这些器件构成的发射机的出现，使以前受空间、效率或者发射功率限制的用途得以发挥。此外，功率更大、效率更高的固态发射机模块已促进毫米波战术相控阵列雷达的研制。

毫米波器件和电路用于接收机的基本要求是：噪声系数低和增益高。美国 ELE 公司的 94GHz 连续波 Gunn 振荡器有 100mW 以上输出功率。目前肖特基二极管混频器具有宽范围的频率响应，且可在高达 460GHz 频率上工作。毫米波接收集成电路，特别是单片集成电路的技术发展较快。在 20 世纪 90 年代 W 频段低噪声放大器已达到如下水平：单级增益 7dB，噪声系数仅 1.3～2.6dB；三级增益 21dB，噪声系数仅 3.5dB；U 频段三级低噪声放大器增益为 24dB，噪声系数仅 3dB；140GHz 单级低噪声放大器噪声系数仅 1.3dB。

毫米波雷达所需的无源元器件有传输线、开关、环行管、衰减器、相移器、混合接头、滤波器、耦合器和隔离器等，目前它们均可在高达 140GHz 的工作频率上运用且已批量生产。

毫米波与光学技术结合是值得注意的发展动向。众所周知，在毫米波频段，波导、微带线等的损耗大，成本高。光纤将会在某些毫米波雷达中替代这类传输线，而且已发展为可完成信号分配，波束控制和形成等功能。此外，目前光纤光栅和其他光无源器件将逐步替代各类毫米波无源器件。

准光学传播是利用自由空间 Gaussian 波束方法传输信号。其原理是利用反射器或透镜将一个波束聚焦在另一个反射器或透镜上，从而构成一波束波导。将光学导电效应用来控制毫米波固态器件时，其优点为宽带宽，低损耗，在控制和被控制元器件之间几乎完全隔离，抗电磁干扰好、重量轻、紧凑，响应迅速且可单片集成。特别在利用光学外差作用产生精确的毫米波信号，准光学极化处理、滤波、功率合成、收发双工、控制放大器增益，毫米波检波和下变频，光电转换等方面具有独特的优点，可望大大提高毫米波雷达的性能。图 12.31 示出了一种准光学双工的雷达收发系统。

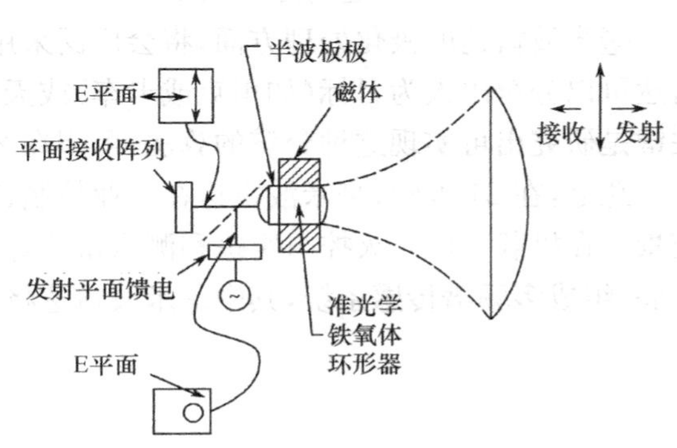

图 12.31　一种利用 Gaussion 光学透镜天线的准光学双工小型雷达收发系统的原理图

在天线方面，由于毫米波波段的天线公差要求很高，因此，将进一步发展热稳定的铝蜂房式的，用碳—纤维材料制作的反射器。在天线转盘方面将采用温度膨胀系数非常好的金属合金驱动器。

目前光子技术和电子技术结合的光电子技术可以用突飞猛进来形容。已研制出 Ka 波段和 W 波段的 GaAs MMIC 相控阵天线。

图 12.32 示出由两级光纤(FO)分配系统级联组成 MMW 相控阵天线的结构框图[135]。该阵列由 2^{12}(即 4096)个 T/R 模块组成，分成 2^{6}(即 64)个子阵，每个子阵有 64 个阵元。图中，激光阵列 1 和数字时延单元构成分配网络的第一级；激光阵列 2 和模拟时延单元构成第二级；大孔径天线分线子阵，它们由第二级分配网络馈送。因此光控相控阵毫米波雷达是值得关注的技术。

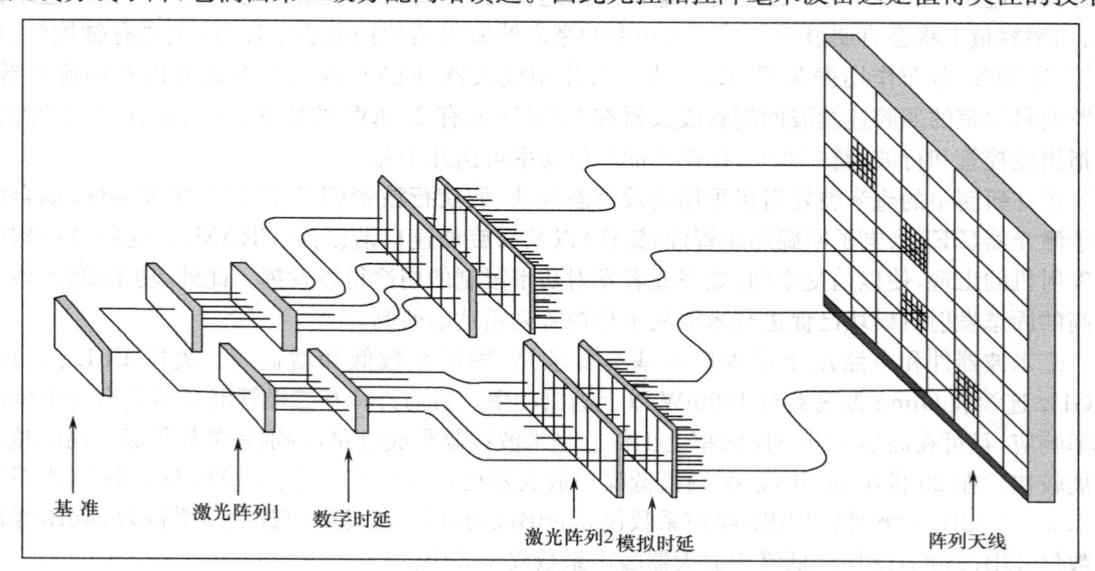

图 12.32　光控相阵天线的级联系统框图[139]

毫米波波段雷达系统将使用相控阵、自适应相控阵，并引入光纤等以减轻重量，增加灵活性，提高抗干扰能力。

毫米波雷达的信号处理方面，除采用常用的视频积累、脉冲压缩、极化分集、动目标显示(MTI)、快速傅里叶变换(FFT)外，部分毫米波雷达将会采用合成孔径(SAR)、逆合成孔径(ISAR)以及其他一些超高分辨技术。

毫米波雷达的极化处理方面，将会广泛采用线性极化或圆极化捷变技术，这种技术主要是使雷达可以分辨出人为目标(如坦克或卡车)或天然目标(如雨点或树叶)之间的差别。这种技术的关键是研究出可实现这种分辨的算法，可望在 21 世纪进一步解决。

总之，在 21 世纪，毫米波雷达在工业控制、交通管制、空间技术等方面将会有更广泛的应用前景。在机载、制导、火控与跟踪和测量雷达等应用领域，将会向微波/毫米波/光电一体化方向发展，组成多频谱传感系统，其中毫米波雷达将起重要角色。

参 考 文 献

[1] M I Skolink. Introduction to Radar Systems.(Third Edition). McGram—Hill Book Co. 2004
[2] M I Skolink. Padar Handbook. McGram-Hill Book Co,1990
[3] D K Barton. Radar System Analysis and Modeling. Artech House Inc,2005
[4] (美)杰里 L. 伊伏斯,爱德华 K. 里迪. 现代雷达原理. 北京:电子工业出版社,1991
[5] (美)伊利. 布鲁克纳. 雷达技术. 北京:国防工业出版社,1984
[6] G W Stimson. 机载雷达导论 . 北京:电子工业出版社,2005
[7] R J Mailloux. 相控阵天线手册(第二版). 北京:电子工业出版社,2007
[8] 张光义,赵玉洁 . 相控阵雷达技术 . 北京:电子工业出版社,2006
[9] 陈春林. 动目标选择雷达. 北京:国防工业出版社,1981
[10] 丁鹭飞,耿富录 . 雷达原理 . 西安:西安电子科技出版社,2006
[11] 张明友,汪学刚 . 雷达系统(第三版). 北京:电子工业出版社,2011
[12] (美)伊利 . 布鲁克纳 . 雷达技术 . 北京:国防工业出版社,1984
[13] 蔡希尧. 雷达系统概论. 北京:中国科学技术出版社,1983
[14] 陈宗骘等. 现代雷达. 北京:国防工业出版社,1988
[15] M. 卡尔庞蒂埃. 现代雷达基础. 北京:电子工业出版社,1987
[16] 丁鹭飞,张平. 雷达系统. 西安:西北电信工程学院出版社,1984
[17] 张光义,王德纯,华海根,倪晋麟. 空间探测相控阵雷达. 北京:科学出版社,2001
[18] 王意青,张明友. 雷达原理. 成都:电子科技大学出版社,1993
[19] 毛士艺等. 脉冲多普勒雷达. 北京:国防工业出版社,1990
[20] D K Barton. Radar System Analysis. Raytheon, Company, 1964
[21] M J B Scanlan. Modern Radar Techniques. Collins Professional Books, 1987
[22] Byron. Radar Principles, Technology Applications. PTR Prentice Hall, Englewood Cliffs. 1993
[23] D L Mensa. High Resolution Radar Imaging. Artech House, Inc, 1981
[24] 张有为. 雷达系统分析. 北京:国防工业出版社,1984
[25] 林茂庸,柯有安. 雷达信号理论. 北京:国防工业出版社,1984
[26] N Levanom, E. Mozeson. Radar Signals. A John Wiley & Sons, Inc,2004
[27] S L Johnoston. Millimeter Wave Radar. Artech House. Inc,1980
[28] D C Schleher. MTI and Pulsed Doppler Radar. Artch House, Inc, 1991
[29] 张光义. 相控阵雷达系统. 北京:国防工业出版社,1994
[30] G V 莫里斯等. 机载脉冲多普勒雷达. 北京:航空工业出版社,1990
[31] F E Nathanson,J P Reilly,M N Cohen. Radar Design Principles-Signal Processing and the Environment(Second Edition). McGraw-Hill,Inc,1991
[32] 汪学刚,张明友 . 现代信号理论(第二版). 北京:电子工业出版社,2005
[33] 王殿勇. 雷达对抗. 北京:国防工业出版社,1979
[34] 戴树荪等,数字技术在雷达中的应用. 北京:国防工业出版社,1981
[35] 周岩仁,敬忠良,王培德. 机动目标跟踪. 北京:国防工业出版社,1991
[36] KJ 巴报,JC 威尔顿. 毫米波系统. 方再根等译. 北京:国防工业出版社,1989
[37] 黄振兴,张明友等. 自适应阵处理进展. 成都:四川科学技术出版社,1991
[38] 张明友. 信号检测与估计(第三版). 北京:电子工业出版社,2011
[39] 向敬成,张明友. 毫米波雷达及其应用. 北京:国防工业出版社,2005

[40] 保铮,邢孟道,王彤. 雷达成像技术. 北京:电子工业出版社,2006
[41] A. D惠伦·噪声中信号的检测. 北京:科学出版社,1977
[42] M. Greenspan. Potential Pitfalls of Cognitive Radar;2014 IEEE Radar Conferece P1288-1290
[43] P. E. Pace. 低截获概率雷达的检测与分类(第2版),陈祝明,江朝抒等译. 北京:国防工业出版社,2012
[44] 张明友. 雷达—电子战—通信一体化概论. 北京:国防工业出版社,2010
[45] B. Д. 维利卡洛夫等. 弹道导弹突防中的电子对抗. 电子对抗国防科技重点实验室,信息产业部电子第二十九研究所,2000
[46] 中航雷达与电子设备研究院. 机载雷达手册. 北京:国防工业出版社,2004
[47] 魏钟栓. 合成孔径雷达卫星. 北京:科学出版社,2001
[48] 刘永坦. 雷达成像技术. 哈尔滨:哈尔滨工业大学出版社,1999
[49] 张公礼. 全数字接收机理论与技术. 北京:科学出版社,2005
[50] 龚跃寰. 自适应滤波. 北京:电子工业出版社,2003
[51] 张明友. 数字阵列雷达及软件化雷达. 北京:电子工业出版社,2008
[52] 张明友. 光控相控阵雷达. 北京:国防工业出版社,2008
[53] 皮亦鸣,杨建宇等. 合成孔径雷达成像原理. 成都:电子科技大学出版社,2007
[54] J C Carlander,RN Mcdonoagn. 合成孔径雷达系统与信号处理. 北京:电子工业出版社,2006
[55] 张明友,吕明. 近代信号处理理论与方法. 北京:国防工业出版社,2005
[56] J Tsui. ,宽带数字接收机. 杨小牛等译. 北京:电子工业出版社,2002
[57] J G Cumming,F H Wong. 合成孔径雷达成像算法与实现. 北京:电子工业出版社,2005
[58] 粟毅等. 探地雷达理论与应用. 北京:科学出版社,2006
[59] 吕辉,贺正洪. 防空指挥自动化系统原理. 西安:西安电子科技大学出版社,2003
[60] 赵树芗等. 雷达终端. 西安:西北电讯工程学院出版社,1977
[61] J D Tylor,E C Kisenwether. Introduction to Utra-wideband Radar Systems. CRC Press,Inc. 1995
[62] 陆伟宁. 弹道导弹攻防对抗技术. 北京:中国宇航出版社,2007
[63] P E Pace. Advanced Techniques for Digital Receivers. Artech House,Inc,2000
[64] D D Curtis,32-Channel X-Band Digital Beamforming Plug and-Play Receive Array,0-7803-7827-X03/ $ /7. 00～2003 © IEEE.
[65] D Daniels. Application of Impulse Radar Technology. Radar 97. 14～16 October,1977
[66] I Immoreev. Feature Detection in UWB Radar Signals. ©2001 CRC Press LLC
[67] G S Gill. High-Resolution Step-Freguency Radar. ©2001 CRC press LLC
[68] T. W. Jeffrey. Use of Reference Architectures to Achieve Low-Risr, Affordable Radar Designs; 2010 IEEE Radar Conference.
[69] 吕连元. 现代雷达干扰和抗干扰的斗争. 电子对抗. N01,2003
[70] 张光义. 相控阵技术在机载火控雷达中的应用. 现代雷达,1995(2)
[71] T F Brukiewa. Active Arrays: The Key to Future Radar Systems Development. Journal of Electronic Defense. September,1992
[72] 焦培南. 短波天线超视距雷达可用性评述. 现代雷达,1991(1)
[73] F Le Chevalier. Future Concepts for Electromagnetic Detection. From Space-Time-Frequency Resources Management to Wideband Radars. IEEE AES systems Magazine. October 1999.
[74] T. W. Jeffrey. Phosed-Array Radar Design-Application of Radar Fundamentals,SciTech,2008
[75] 黄德森. B. D. O,摩尔. J. B. 最佳滤波. 北京:国防工业出版社,1983
[76] D R Carey,W Evans. The Patriot Radar in Tactical Air Defense. Microwave Journal. 1988
[77] R Tang,R W Bums. Array Technology,Proceeding of the IEEE. 1992,80(1)
[78] R J Mailloux. Antenna Array Architechture. Proceedings of the IEEE,1992. 80(1)
[79] 程伟,左继章,许悦雷. 数字波束形成器的FPGA实现. 现代雷达,2003(5)

[80] 朱庆明. 数字阵列雷达述评. 雷达科学与技术，第 3 期 2004(6)
[81] B Cantrell, et a1. Development of a Digital Array Radar (DAR). 0-7803-6707-3/01/ $ 10. 00@2001 IEEE, IEEE International Radar Conference
[82] B H Cantrell, et a1. Digital Active-Aperture Phased-Array Radar. 0-7803-63 45-0/00/ $ 10. 00@2000 1EEE. IEEE International Radar Conference
[83] M Zatman. Digiti gation Requirements for Digita1 Radar Arrays. 0-7803-6707-3/01/ $ 10. 00@2001 IEEE. IEEE International Radar Conference
[84] H Sju, et a1. Digita1 Radar Commercial Applicatlon 0-7803-5776-0/00/ $ 10. 00@ (2000 IEEE). IEEE Intemational Radar Conference
[85] Y Wu, et al. The Design of Digital Radar Receivers. 0-7803-3731-X/97 $ 10. 00 @ 1997IEEE, IEEE International Radar Conference
[86] 翟伟建，戴国宪. 现代雷达数字接收机. 电子侦察干扰，2003(1)
[87] 孙垦. 雷达数字化接收机，舰船电子对抗. 2003, 26(147)
[88] A Becker, F L Chevalier Wideband Coherent Airborne Radar Systems: Performances for Moving Targe Petection. 0-7803-7000-7/01/ $ 10. 00@2001 IEEE
[89] 鲁加国，吴曼青等. 基于 DDS 的有源相控阵天线. 电子学报 Vol. 31No. 2. 2003. 2
[90] E. Brookner. MIMO Radar, Demy stified, Microwave Journal, January 2013
[91] Dr. Eli Brookner MIMO Radar Demystified and Where it Makes Sense to Use; 2013 IEEE International Symposium on Phased Array Systems & Technology, P399-407
[92] T. D. Grakam etal. Radar Architecture Using MIMO Transmit Subarrays; Phased Array Systems & Technology, 2013 International Symposium, P408-415
[93] S. Haykin, Cognitive radar: a way of the future, Signal Processing Magazine, IEEE, vol. 23, no. 1, pp. 30, 40, Jan. 2006
[94] Space Based Radar for SDI, National/Defence, 1986, 5
[95] J. R. Wilson. 赛博战将引发人类第五维战争. 国际电子战，2015. 07
[96] D. Viergutz. 保护美国国防部不受赛博攻击，国际电子战，2015. 12
[97] 王金础，杨正远. 一种高性能数字中频接收机的设计及实现. 现代雷达，2002(1): 71～73
[98] 吕远斌，李景文. 直接中频采样及数字相干检波的研究. 电子学报 1994, 22(10): 105～106
[99] T Kikuta, H Tanaka. Grourd Probing Radar System. IEEE AES Magazine. June, 1990
[100] R M Lockerd, G E Crain. Airborne Active Element Array Radars come of Age. Microwave Journal, Jan. 1990
[101] 蒋庆全. 冲激脉冲雷达及其研究动向. 空载雷达，No3, 1997
[102] A Beeri, R Daisy. Hig h-RosolutionThrough-wall Imaging. proc. of SPIE V01-6201 62010J-1
[103] L R Whicker. Active Phased Array Technology Using Coplanar Packaging Technology. IEEE Transactions on Antennas and Propagation, Vo1. 43, No. 9, September, 1995
[104] B D Nordwall. Ultra-Reliable Radar Technology to Benefit ATF Program. Aviation Week& Space Technology, June, 1998
[105] J Raistion, System Analysis of UWB Instrumentation Radar: Impulse vs Stepped-Chirp Approaches. AD-276624, 1993
[106] G T Ruch. UWB Radar Receiver. SPIE V01. 1631 Ultrawideband Radar 1992
[107] R M Cameron, et a1. Development and Application of Airborne Ground-Penetration Radar for Environmental Disciplines. US. Patent No. 4381 544
[108] M Skolnik, et al. An UWB Microwave Radar Conceptual Design. IEEE International Radar Conference, 1995
[109] P Tortiol, M Baldanzi，改进雷达脉冲压缩的数字技术. 空载雷达，1998(4)
[110] Liu, B. Y, Pace, P. E. , et al. HF skywave FMCW OTH-B systems expected emitter footprint, Proc. of the IEEE System of Systems Engineering Conf. , Monterey, CA, June 2008
[111] A V Gunawardena, I. D. Longstaff 超宽带宽波束合成孔径雷达的时-空处理 . 空载雷达，1998(2)
[112] 郭飚，陈曾平. ISAR 雷达成像算法综述. 现代电子，1998(3)
[113] 卢运华. 低截获概率雷达及其关键技术. 现代电子，1997(4)

[114] 陈勇译. The Design of a Future-wideband SAR. EUSAR 1996, pp. 31～35

[115] 斗子译. SAR Technique and Technology, its Present State of the Art with Respect to User Requirements. EUSAR, 1996, pp. 1919～24

[116] 皮亦鸣. 逆合成孔径雷达成像理论及实现. 成都：电子科技大学博士论文，1993 年

[117] 罗琳. 逆合成孔径雷达成像方法的实验研究. 西安：西安电子科技大学博士论文，1998 年

[118] M Skolnik. Spaceborne Radar for the Global Surveillance of Ships over the Ocean. 0-7803-3731-X/97 $ 10. 00 @1997. IEEE National Radar Conference

[119] K Teitelbaun. A Flexible Processor for a Digital Adaptive Array Radar. CH2952-0/91000-0103 $ 10. 00@ 1991 IEE

[120] G L Guttrich, et al. Wide Area Surveillance Concepts Based on Geosynchrous Illumination and Bistaic Unmanned Airborne Vehicles or Satellite Reception. 0-7803-3731-X/97 $ 10. 00@1997

[121] D J Rabideau, S M Kogen. A Signal Processing Architecture for Space-Based GMTI Radar. 0-7803-4977- 6/99 $ 10. 00@ 1999 IEEE

[122] M Binjun, et al. A Pulse Compression System Using Digital and Analog Techniques. Nanjing Researcn Institute of ElectronicTechnology.

[123] J W lannicllo, F D Stroili. An Adavanced pulse Compression Proccssor. NAECON—90

[124] 曲长文，何友，龚沈光. 机载 SAR 发展概况. 现代雷达，2002(1)

[125] 周崇敏，21 世纪机载合成孔径雷达技术发展展望. 空载雷达，2002(4)

[126] 孔瑛. 逆合成孔径成像技术浅述. 空载雷达. 2003(4)

[127] 季节. 新军事变革与航空电子的发展. 空载雷达，2004(3)

[128] J Rowlston, P Holboum. 机载雷达的未来发展，空载雷达，2004(3)

[129] R W Brower. 综合射频系统的开放系统结构. 空载雷达，2004(3)

[130] R W Brower，洛克希德公司 F—22"猛禽"战斗机. 空载雷达，2004(3)

[131] Gscawadtner A B. Airborne High Rosolution Multisensor System. Military Microwave 90.

[132] 1 Oderland, et al. EAGLE—A High Accuracy 35GHz Tracking Radar. IEEE International Radar Conference. 1990.

[133] Kosowsky L, A mm-Wave Radar for the Mini-PRV. Milimeter Wave Radar. Artech House, Ine, 1980：207～210

[134] 向敬成，张明友. 3mm 波雷达技术的现状和发展动向. 电子科技大学学报，1991

[135] NMD, X-Band Radar. 因特网 http://www. Raytheon. com/es/esproducts

[136] J F Crawford, et al. Ground Based Radar-Prototype(GBR-P) Antenna. National Conference on Antennas and Propagation 30 March-1 Aprill 1999, Conference Publication No. 461. ©IEE, 1999

[137] Countermeasures to Ballistic Missile Defenses: Past and Current Programs in the United States, France, and Britain. 2000.

[138] C L Temes. Impulse Arrays. AD—A235799 1991. 5

[139] P R Heczfield, A S Daryoush. Fiber-Dptic Feed Network for large Aperture Pased Array Antennas. Microwave Journal, August 1987

[140] 龙斌，徐锐. 预警探测系统综合对抗技术——TMD 相控阵雷达综合对抗. 雷达干扰/抗干扰技术，信息产业部电子第二十九研究所，2000

[141] 1997 Report to the Congression Ballistic Missile Defence Organization，美国国防部，因特网 DoD.

[142] J. A. Nelson. Net Centric Radar Technology and Development Using an Open System Architecture Approoch. 2010IEEE Radar Cenference

[143] X Xu, Z Fan. High Resolution lmaging of Large Vehicle by MMW Scanning Sensors. 0-7803-2120—0/ 95/0000—0431 $ 4. 00@(19951EEE)

[144] N C Carrie, et al. MMW System Trade-off, IEE AES Magazine. October, 1988

[145] 张光义. 毫米波相控阵雷达技术需求分析. 北京：电子科学技术评论，2001(3)

[146] 郭剑. 美军电子战理论的发展. 国际电子战，2003(10)

[147] S R Cloude, et al. Analysis of Time-Domain UWB Radar Signals. SPIE V01. 1631 Ultrawideband Radar. 1992

[148] M Schreiner, H Leier. 用于新型共形相控阵雷达的模块的结构和互连技术. 空载雷达，2005(1)

[149] I Immoreev et al. Features of UWB Radar Projectmg. IEEE International Radar Conference,1995

[150] A Farina,et a1. Detecion with High Resolution Radar:Advanced Topics & Potential Applications,Systems Engineering and Electronics,V01. 3,No,1,1992

[151] G F Ross at el,Next Generation UWB Intrusion Detection Radar. AD-A 305556,1994 James D. Taylor,P. E. "Ultra-Wideband Radar". IEEE MTT-S Dlgest,1991

[152] H F Engler,et al,Technical Lases in UWB Radar. Journal of Electronic Defense. January,1995

[153] S N Madsen,et a1. The Danish SAR System:Design and Initial Test. IEEE Trans. On Geoscienc and Remote Sensing,V01. 29,No. 3 May 1991

[154] R Birk,et al. 合成孔径雷达成像系统. 空载雷达,1997(3)

[155] J Wang,et al. 逆合成孔径雷达的全局距离对准. 空载雷达,2004(2)

[156] 范丽京. 美欧无人机载合成孔径雷达简介. 空载雷达,第 4 期,2004

[157] E Brookner. Phased Array Radar-Past,Present and Future. IEEE490 Radar 2002 Edinbaryh International Conference Center,uk 15～17 Vctober,pp. 104～117

[158] J H G Ender,A R Brermer. PAMIR-A Wideband Phased Arrag SAR/MTI System. IEE Proc～Padar Sonar Navig. Voll50,No. 3,June 2003,pp. 165～172

[159] D J Rabideau,P. Parker Ubiguitous MIMO Multifunction Digital Array Radar. 0-7803-8104-1/03 $ 17. 00 @ 2003 IEEE. pp. 1057～1065

[160] J. A. Nelson. Net Centric Radar Technologyand Development Using an Open System Architecture Approoch. 2010 IEEE Radar Cenference

[161] 吴顺君,孙晓闻,张林让. 天地双/多基地雷达及其发展. 雷达科学与技术,Nol,2003

[162] R Sato,M Shinriki,Time Sidelobe Reduction Technique for Binary Phase Coded Pulse Compression. IEEE 2000 Intem-ational Radar Conference,P809～814

[163] D Dolfi,D. Mongardien,Photonics for Airborne Phased Array Radars. IEEE 2000 International Conference on Phased Array System and Technology

[164] A Seeds,Optical Beamforming Techniques for Phased Array Antennas. Microwave Journal July 1992

[165] J J Pan,Fiber Optics for Microwave/Millimeter-Wave Phased Arrays. MSN,July,1989

[166] V. Zigler. etal. Helicoper Near-Field Obstacle Warning System Based on Low-Const Millimeter-Wave Radar Technology;IEEE Transactions on Microwave Theoty and Techniques,vol. 61,Jan. 2013,P658-665

[167] R T Newberg,Application of Digital Fiber Optics Technology to a Radar Unit-to-Unit Cable. IEEE/AIAA 10th Digital Avionics Systems Conf

[168] 张光义,相控阵雷达中光电技术的应用. 相控阵雷达技术文集,信产部第 14 电子研究所情报信息中心

[169] P K Lee. T F Coffey,Space-Based Bistatic Radar Opportunity for Future Tactical Air Surveillance[c]. The Record of the IEEE International Radar Conference,1985

[170] A Garrod,Digital Moduler for Phased Array Radar. 0-7803-2100-0/95/0000-0726/ $ 4. 00 ©1995IEEE

[171] J Xueming,et al,Experimental Study on a Digital T/R Module for Phased Array Radar. 0-7803-7000-7/01/ $ 10. 00 © 2001 IEEE

[172] P N Drackner,An Active Antenna Demonstrator for Future AESA-System. 0-7803-8882-8/05/ $ 20. 00 ©2005 IEEE.

[173] 保铮,张庆文,一种新型的米波雷达——综合脉冲与孔径雷达. 现代雷达,1995 年第 1 期

[174] 李悦丽、周智敏、薛周义,一种基于 DSP 和 FPGA 的雷达信号处理设计. 现代雷达,第 26 卷第 10 期 2004 年

[175] E Fishler,et al,Spatial Diversityin Radar-Models and Detection Performance. IEEE Transactions on Signal Processing,2004

[176] E Fishler,et al,MIMO Radar:An Idea Whose Time has Come. 0-7803-8234-X/04/ $ 20. 00 ©2004 IEEE

[177] V. S. Chernyak. On the Concept of MIMO Radar. 2010 IEEE Radar Conference,P327-332

[178] M. Zatman. Beam Steering Techniques For Phased Array Multi-Input-Multi-Output(MIMO)Search Radars. 2010 IEEE Radar Conference

[179] Jian Li,P. Stoica,Xu Luzhou,and W. Roberts. On Parameter Identifiablity of MIMO Radar. IEEE Signal Processing

Letters, vol. 14, No. 12, pp. 968-971, Dec. 2007

[180] Jian Li, P. Stoca. MIMO Radars with Colocated Antennas. IEEE Signal Processing Magazine, pp. 106-114, Sep. 2007

[181] V. S. Chernyak. Fundamentals of Multisite Radar Systems; Multistatic Radars and Multiradar ystems, Gordon and Breach Science Publishers, 1998(Russian edition in 1993)

[182] E. Fishler et al Spatial diversity in Radars——Models and Detection Performance. IEEE Trans. Signal Processing, vol. 54, No. 3, pp. 823－838, March 2006

[183] F C Robey, et al, MIMO Radar Theory and Experimental Results, 0-7803-862-1/04/S20. 00 ©2004 IEEE.

[184] D J Rabideau, L C Howard, Mitigation of Digital Array Nonlinearities. 0-7803-6707-3/01/ $ 10. 00 ©2001 IEEE.

[185] H A Khan, et a1, Ultra Wideband Multiple-Input Multti1e-Output Radar 0-7803-8882-8/05/ $ 20. 00 ©2005 IEEE.

[186] A HaJimiri, et al, Phased Array Systems in Silicon. IEEE Communications Magazing. August 2004.

[187] J J Alter, R M White, Ubiquitous Radar: An lmplementation Concept. 2004 IEEE Radar Conference

[188] J Holloway, Design Considerations for Adaptive Active Phased-Array 'Multifuncetion' Radar. Electronics& Communication Engineering Journal, December 2001

[189] FGAN Home. FGAN-FHR/HZ MEMPHIS. http://www. fhr fgan. de/fhr/his/c hsz memphis e. html

[190] Millimeter Wave Products. Millitech co.（美国）, 1995

[191] M F Hartnett. Bistatic Surveillance Concept of Operations. 0-7803-6707-3/01/ $ 10. 00 ©2001 IEEE

[192] D E Iverson. Coherent Processing of Ultra-wideband Radar Signals. IEE Proc-Radar Sanar Naviaa. Vol. No 3. 1994

[193] 李耐和. 战斗机有源电扫阵列雷达综述. 国际电子战, 2006. 10

[194] F Luy, et al, Configurable RF Receiver Architectures, 1527-3342/04/ $ 20. 00 ©2004

[195] D J Rabideau, et al, An S-Band Digital Array Radar Testbed, 0-7803-7827-X/03/ $ 17. 00 ©2003 IEEE

[196] D K Barton. Low-Angle Radar Tracking. Proceedings of the IEEE, 1974, 62(7)

[197] K. Lijimam, et al, Superconducting Sub-array Module as T/R Module for X-band Active Phased Array Antenna; 2015 IEEE Radar Conference, P0214-0219

[198] J. R. Guerci. 雷达的发展路线图. 国际电子战, 2015. 12

[199] V. C. Chen, B Liu. Hybrid SAR/ISAR for Distributed ISAR Imaging of Moving Targets. 2015 IEEE Radar Conference, 0658-0663

[200] R. J. A. Tough, K. D. Ward. A Theory for Hybrid SAR/ISAR Radar Imaging. Memorandum no. 4532, Defense Research Agency, Malvern, U. K. 1991